见识城邦

更新知识地图　拓展认知边界

1

THE ANCESTOR'S TALE

A PILGRIMAGE TO THE DAWN OF LIFE

祖先的故事

[英]理查德·道金斯 [英]黄可仁——著 许师明 郭运波——译

中信出版集团 | 北京

图书在版编目（CIP）数据

祖先的故事 /（英）理查德·道金斯，（英）黄可仁著；许师明，郭运波译 . -- 北京：中信出版社，2019.7

书名原文：The Ancestor's Tale: A Pilgrimage to the Dawn of Life

ISBN 978-7-5086-9632-4

Ⅰ . ①祖… Ⅱ . ①理… ②黄… ③许… ④郭… Ⅲ . ①生命起源—普及读物 Ⅳ . ① Q10-49

中国版本图书馆 CIP 数据核字（2018）第 232708 号

祖先的故事

著　　者：［英］理查德 · 道金斯　［英］黄可仁
译　　者：许师明　郭运波
出版发行：中信出版集团股份有限公司
　　　　（北京市朝阳区惠新东街甲4号富盛大厦2座　邮编　100029）
承 印 者：河北鹏润印刷有限公司

开　　本：880mm × 1230mm　1/32　　印　　张：31.25　　插　　页：16　　字　　数：750千字
版　　次：2019年7月第1版　　印　　次：2019年7月第1次印刷
京权图字：01–2017–3506　　广告经营许可证：京朝工商广字第8087号
书　　号：ISBN 978–7–5086–9632–4
定　　价：148.00元（全三册）

文笔优美……道金斯的这部作品引用了过去和现在一大批生物学家的工作成果。没有哪本书能像这本书一样展现出过去一个世纪以来进化生物学家们那种纯粹而多元的智能活力。几乎每一页都是洞察力的见证，正是这种令人难忘的洞察力洞见了自然的奇异与丰饶，以及它遭遇的困境和非凡的跃迁。

——约翰 · 康韦尔（John Cornwell），
《星期日泰晤士报》（*Sunday Times*）

作为对思想史的一大贡献，本书代表了不列颠公共知识的最顶尖水平。书中观点一如既往地鲜明，正是我们所期待的道金斯作品应有的样子。

——马特 · 里德利（Matt Ridley），《卫报》（*Guardian*）

迄今为止内容最丰富的进化学著作……在道金斯的生花妙笔之下，朝圣者的故事给人以无限惊喜。他极擅长解释科学问题，哪怕是超出进化生物学领域的话题，不管是数学还是宇宙学，他都能让读者轻松理解……我们不奢望会有（另）一部杰作能与《祖先的故事》媲美。

——克莱夫 · 库克森（Clive Cookson），
《金融时报》（*Financial Times*）

道金斯是我们这个时代的一位杰出的科学发明家，他发明的不是实验或者机器，而是概念。在过去30年里，他成为一位了不起的讲解员，将严肃的科学研究与风趣的通俗写作融为一体……900余页明晰的文字和上百幅优美的插图，以极具冲击力的方式向我们描绘了地球上的生命从40亿年前诞生直至今日的故事……这本书试着把我们自命不凡的人性看作一部宏大戏剧中微小的一章，好似漫长的一天中最后几秒钟的疯狂，这种处理方式极具才华且比较成功。

——乔纳森·雷（Jonathan Ree），《旗帜晚报》（*Evening Standard*）

读者不但能得到生物进化方面的丰富知识，而且还能体会到科学研究那种强烈的紧迫感和专注感。

——马雷克·科恩（Marek Kohn），《独立报》（*Independent*）

《祖先的故事》是一场朝圣。道金斯此书的主题是生命的历史……你将时刻记得我们在这里讨论的是我们自己的族谱……别的书不曾给我这样的感受，无数年的进化带来的改变如此奇异而宽广，所有生命的联系是如此紧密，比我们几年前以为的要紧密得多，这一切都给人一种即时的眩晕感……道金斯的行文精细明晰，毫无模糊不清之感，只要付出时间和思考，哪怕最棘手的段落也保证让人有所收获。

——罗伯特·汉克斯（Robert Hanks），《每日电讯报》（*Daily Telegraph*）

这场朝圣作为“逆向”的历史，既是对我们何以存在的深入探寻，又是一种提醒——尽管我们傲慢地以为“人类是进化的最终章”，但进化并不以我们为终点……《祖先的故事》正是这样令人满意的作品：不仅跟前贤的杰作一样引人深思，而且更加能够反映出这个主题应有的慷慨与热情。道金斯的写作一贯简洁生动，而且常常既优雅又诙谐。

——约翰·伯恩赛德（John Burnside），《苏格兰报》（*Scotsman*）

这位伟大的进化学家向我们呈现了一部新的生命编年史，而且插图非常精美。

——《经济学人》（*Economist*）

每一位刚启程探索这个世界的聪明年轻人都应该拥有这本书。它将激起他们的好奇心和敬畏感，向他们证明这个世界拥有着不会枯竭的魅力。

——安东尼·丹尼尔斯（Anthony Daniels），
《星期日电讯报》（*Sunday Telegraph*）

这确实是一部史诗级的作品，全赖道金斯先生的技巧才得以成功，丝毫不曾将观点的复杂性献祭给贪婪的简化之神。

——丹·科尔韦尔（Dan Colwell），《华尔街日报》（*Wall Street Journal*）

《祖先的故事》完成了近乎无法完成的任务：使生物学（不是生物化学、脑科学或野鸟观察，而是完整的生物学）再次变得有趣。

——史蒂夫·琼斯（Steve Jones），《柳叶刀》（*Lancet*）

这本书的最后一页很好地阐释了它的中心哲学。朝圣暗示着敬畏，而这样的敬畏应该致予这个庄严壮丽的现实世界。

——克里斯平·蒂克尔（Crispin Tickell），
《文学评论》（*Literary Review*）

《祖先的故事》是一本无畏的书，一项里程碑式的工作，将我们带回生命在这颗星球上起源的时刻。

——迪克 · 阿尔斯特伦（Dick Ahlstrom），

《爱尔兰时报》（*Irish Times*）

这本书写作上乘，插图一流，讲的又是人类起源这样一个永远迷人的主题……细节翔实，认真动人。

——乔治 · 沃尔登（George Walden），《每日邮报》（*Daily Maily*）

惊人而卓越……道金斯是极温和又能振奋人心的说服者，文雅而高尚……这本书将博学与亲切融为一体，极其迷人，无论是立意还是结构都富有原创性。

——詹姆斯 · 格里夫（James Grieve），

《堪培拉时报》（*Canberra Times*）

《祖先的故事》让读者为它的多样和精巧感到惊奇……配以杰出而且精美的插图，道金斯这种清晰的诠释能力令人敬畏。

——昆廷 · 贝德叶尔（Quentin de la Bédoyère），

《天主教先驱报》（*Catholic Herald*）

如果我说没有多少人会对原口动物、蜥形纲和海鞘感兴趣，我想我代表了大多数人的心声。但当你意识到我们必然先成为这样的生物才能进化成人时，它们就显得非常迷人了，而道金斯清晰审慎的文字使它们以一种可靠却出人意料的方式变得愈加令人陶醉。

——比尔 · 布莱森（Bill Bryson），《每日快报》（*Daily Express*）

缅 怀

约翰·梅纳德·史密斯（John Maynard Smith，1920—2004）

他审阅了本书的草稿，并和蔼地接受了题献。然而令人悲伤的是，如今它只能作为悼词面世。

别管那些讲座或者“讲习班”；忘掉前往当地风景名胜的客车旅行；抛下花哨的视觉教具和麦克风；学术会议上唯一重要的事情是约翰·梅纳德·史密斯必须在场，而且必须有一个宽敞欢乐的酒吧。如果你筹划的会议日期对他来说不凑巧，那么你最好换个日子……他将以他的魅力和幽默征服年轻的研究者，他会倾听他们的发现，启迪他们的思想，重新点燃他们或许已经疲惫的热情。等他们重新回到实验室或者泥泞的田野时，他们就会又变得生机勃勃、精神抖擞，急于尝试他向他们慷慨分享的新想法。

从今以后，不同以往的不只是学术会议。

再版前言

在本书第一版问世 10 年之际，黄可仁（Yan Wong）和我在牛津大学自然历史博物馆（Oxford Museum of Natural History）见面，讨论出版 10 周年新版的可能性，这个会面地点倒是符合我们讨论的主题。黄可仁曾是我的本科生，在我写作本书第一版时，他是我的研究助手。后来他去了利兹大学（University of Leeds）做讲师，还当了电视节目主持人。在本书第一版的立意和完成过程中，他都发挥了极为重要的作用，同时还是好几个章节的共同作者。在随后的 10 年里，我们在讨论中意识到又出现了许多新的信息，尤其是有许多来自世界各地分子遗传实验室的新证据。黄可仁负责了大部分修订的内容，我因此向出版方提议，这一次他应该作为整本书的共同作者才恰当。

在我们乔叟式的幻想里，我们把生命的起源之处称为坎特伯雷（Canterbury）[1]，朝圣者们在不同的会合点加入这场前往生命起源的伟大朝圣。幸运的是，新的研究并不曾大幅改动会合点的次序。读者会发现有一两处小范围的次序反转，以及几处新增的会合点，还有一些年代的改变。在本书初版中，我们曾小心地指出不同的基因有着不同的遗传路径，这会导致一些出乎意料的分支家系，这一版里几个新增或修订的故事将对这些分支予以更加充分的探索。我们特别对每个会合点的年代做了更具体的说明，对物种之间的遗传关系的看法也有细微的改进。单一的生命树（与后文的“进化树”“系统发生树”同义）只是对进化过程的必要简化，当我们的旅程到达顶峰，接近我们的坎特伯雷时，我们就应愈加谨慎，因为越来越多的证据表明在我们的细菌远亲中存在着水平基因转移。

跟本书第一版相比，地球上数百万种生物之间的基本关系在新版中的呈现方式更为优雅。伦敦帝国学院的詹姆斯·罗森德尔（James Rosindell）是黄可仁以前在利兹大学的合作者，他发展出了一种极好的办法，以分形（fractal）来表示巨大的进化树。他那了不起的探索式“OneZoom”可视化页面特别适用于展示我们沿着生命树的朝圣。本书中每个会合点处都有静态的分形截图以助理解，它们构成了本书配套网页上探索式生命树的基础（参见 www.ancestorstale.net）。

我们新增了几篇故事，另有一些故事被删除或者被修改之后交由其他更合适的朝圣者来讲述。在说明一种基于个体 DNA（脱氧核糖核酸）重建人类人口学历史的新技术时，拿我自己的基因组（因为做电视节目的需要，在 2012 年我的基因组得到完整测序）做例子，这是黄可仁的灵感。这部分内容连同基于多人基因组进行的类似分析，一起被整合进了《夏娃的故事》。

从化石中提取的古代基因组剧烈地改变了我们对近期人类进化的理解，也支持了我们之前关于尼安德特人（Neanderthal）和人类曾经杂交的猜测，而且揭示出一种原先不为人知的人类亚种的存在。这些“丹尼索瓦人”（Denisovan）以他们的故事取代了第一版中尼安德特人的故事。古代 DNA 同样颠覆了象鸟的故事，这让我颇为满意。原先象鸟的故事的寓意现在交由树懒在新故事里呈现。新故事的出现受到陆续公布的现存生物全基因组测序结果的督促。想想看，在未来以自然为师的学生手里，如此丰富的信息注定将成为老生常谈的知识，这是多么伟大非凡！我们新增了三位故事讲述者，它们是黑猩猩、腔棘鱼和丝叶狸藻。在其他情况下，像在长臂猿、小鼠和七鳃鳗的故事里，新增的基因组信息让我们对原先的故事做了重大修改，有时还为故事新增了序言或后记。最近的化石发现也改变了我们原先的讨论（比如人属、南方古猿属和地猿属的新发现），还启发了一个新故事，即肺鱼的故事。最后必须提一下熔岩蜥蜴的故事，这个古怪的补充故事原先是篇发表在《卫报》上的文章，是我乘着一艘小船在加拉帕戈斯群岛之间漫游时写的。

考虑到生物学新发现不断涌现的速度，自不必说新版书中也会有一些材料被淘汰。这是科学进步的方式。确实，就在本书出版之前的那几个月里，又有好几篇学术论文揭示了生命之树深处的新分支。一个特别突出的变化是，DNA 测序技术的进步使得今天的博物学者处于一个尴尬的位置，一方面拥有物种的完整基因组信息，另一方面却对该物种的其他方面一无所知。在我们的朝圣之旅中，这样的物种既包括位于旅程这端跟现代人相似的丹尼索瓦人，也包括位于另一端的诸多无法培养的细菌系群。谁知道将来还会有什么新发现？不管怎样，第一版中的大部分内容在 10 年之后依然是正确的，而对于我们在此写下的这些对自然世界的洞察来说，这显然是个好兆头。

在第一版中，我们尝试以新的途径回答关于系统发生的问题，即把基因和承载它的躯体区别开，独立追踪基因的家系历史。如今这已经成为多数现代生物学研究所采用的基本办法，这着实令人欣慰。同样的办法遍及新版的新章节。我希望你们原谅我将之作为“基因视角”（gene’s-eye view）的又一次辩护，因为在我职业生涯的大部分时间里，我一直不遗余力地推崇着这一视角。

任何合著的作品都面临一个尴尬的问题，需要为行文确定一个人称代词：单数还是复数？“我”还是“我们”？本书第一版以“我”通行全书，它的写作确实是来自我个人的视角，其中也包括我个人的逸事和随想。出版人合理地指出，若是换成“我们”则会显得不太搭调，并向我们建议，出于一致性的考虑，应该仍然通篇用“我”，哪怕是在主要由黄可仁完成的章节里。不过仍然有些地方我们两人希望一起承担可能的风险，比如关于某个理论的某个观点以及分类学技术等。遇到这样的情况，我们会使用“我们”一词，而且指的确实是这个意思。

理查德·道金斯

2016 年

注释

1. 典故出自中世纪英国诗人杰弗里·乔叟（Geoffrey Chauser，1343—1400）所著的《坎特伯雷故事集》。这是一部诗体短篇小说集，讲的是一群朝圣者聚集在伦敦的泰巴德客栈，整装前往坎特伯雷。店主哈里·贝利自告奋勇担当导游，并提议往返途中每个人讲两个故事，以解旅途无聊。众人职业身份各异，代表了广泛的社会阶层。《坎特伯雷故事集》是英国印刷史上公认的第一本书，乔叟也被看作英国诗歌的奠基人。——译者注

后见之明的自负

历史不会重复，却押着相同的韵脚。

——马克·吐温[1]

认为历史会重复，这是关于历史的诸多误解之一。

——克拉伦斯·达罗[2]

有人把历史描述为一些相继发生的事件。你可以把这话当作一种警告，警告我们远离两种诱惑。第一种诱惑是，历史学家倾向于在历史中寻找重复出现的规律，或者用马克·吐温的话说，寻找万事的理据和韵脚。这种对规律的爱好会让那些坚称历史没有方向可依、没有规律可循的人感到不悦，就连马克·吐温自己也说过："历史通常是一些混乱随机的事件。"另一种与此相关的诱惑则是执今绳古的虚荣，以为历史有目的地走向我们所在的当下，仿佛历史大剧中的人物们除了昭示我们的存在便无所事事了。请注意，我将带着小心同时游走于这两种诱惑的边缘。

在人类历史上，这两种诱惑以各种各样的名义真实存在着，至于是哪些名义倒不必在此赘述了。进化涉及的时间尺度比人类历史更长，这两种诱惑的势头也更加凶猛，而其谬误却不曾稍减。你可以把生物的进化史看作一连串倒霉物种的相继更替，但许多生物学家都会跟我一样觉得这种观点很乏味。以这样的方式看待进化，你会错过大多数关键的东西。进化押着韵脚，规律不断重现，这一切并不是出于偶然，而是有着明晰的理据——主要是达尔文主义的理据。跟人类历史学甚至物理学不同，生物学已经有了自己的大统一理论，所有有识的从业者都已对此达成了共识，尽管在具体的版本和理解上还有差异。在写作进化史的时候我不会回避对规律和原理的追寻，但我会尽可能小心谨慎。

那么第二种诱惑，即认为历史的存在是为了引出我们的当下，这种后见之明的自负又是怎么回事呢？有这样一幅漫画：我们的类人猿祖先们排着队蹒跚而来，从后往前身躯渐次挺直，而走在最前面的正是现代智人（*Homo sapiens*），他挺拔魁梧、昂首阔步。这幅画几乎跟旅鼠跳崖的故事[3]一样无处不在（那个故事也是假的），就像已故的斯蒂芬·杰伊·古尔德[4]指出的那样，它已经成为进化在大众迷思中的主要标志，仿佛人类是进化的最终章（而且这幅画里领头的总是男人而非女人），仿佛整个进化历程都是为了指向人类，仿佛人类就像磁铁一样，将进化从过去引向辉煌。

顺便一提，在物理学家中也存在类似的倾向，即“人择论”观点（anthropic notion）[5]，不过自负的程度没有这么明显而已。这种观点认为，物理规律或者宇宙的基本常数都是经过精心调校的，而这一切费尽心机的计算都是为了最终使人类能够存在。这倒不一定是出于虚荣，也不必然是声称宇宙是专门为了我们的存在而设计的。它只是说，我们如今已经存在于此了，若是换一个没有能力生成我们的宇宙，那么我们是不可能存在的。就像物理学家说的那样，我们的天空中能看见星星，这绝非偶然，因为星星对于任何能够生成人类的宇宙而言都是不可或缺的一部分。同样，这并不意味着星星的存在是为了制造人类。这一切不过是因为，如果没有星星，那么元素周期表里就不会有比锂更重的原子，而只有三种元素参与的化学反应显然过于贫瘠而无法支撑生命。甚至就连“看”这个动作，也只有在能看见星星的宇宙里才能进行。

不过有必要多说两句。我们的存在依赖于将我们孕育出来的那些物理规律和常数，这是毋庸置疑的，可是人们仍然会忍不住怀疑，这些强大的基本法则又为何会存在呢？物理学家们或许会根据他们的假设而推测说，若把各种可能存在的宇宙视为一个集合，那么能够容许物理学发展成熟并凭借恒星衍生出化学、凭借行星衍生出生物学的那些宇宙只是它的一个子集，而总集的成员数目将远远超出这个子集的成员数目。对于有些人来说，这意味着那些规律和常数必然在一开始就经过事先调校（不过我不理解为什么会有人把这种说辞当作可靠的解释，因为不管用它解释什么，那个问题都会自然退化成一个更大的问题：你需要解释那个同样精细且同样不可能存在的“调校者”从何而来）。

另一些物理学家却没这么肯定，也许物理规律和常数本来就不是可以任意变更的。我小时候不太明白为什么5乘以8一定等于8乘以5，只好把它当作大人们声称的一种事实接受了。直到后来，也许是通过把乘法看作矩形，我才明白了为什么相乘的一对数不能脱离对方独立变动。我们知道圆的周长和直径不是彼此独立的，否则我们便可以据此推演出无穷多个可能的宇宙，各有一个不同的圆周率。诺贝尔奖获得者、理论物理学家史蒂文·温伯格[6]和另一些物理学家提出，虽然我们现在以为那些宇宙基本常数彼此独立，但也许等到未来某个时代有了完备的大统一理论之后，人们会发现它们的自由度其实没我们以为的那么多，也许宇宙只有一种可能的存在方式。如果是这样的话，人类的诞生就不会像看起来那样出于偶然。

其他物理学家，比如现任皇家天文学家[7]马丁·里斯爵士（Sir Martin Rees），却认为这种偶然性是真实存在的，有必要加以解释。他们猜测有许多平行存在却彼此无法沟通的宇宙，它们各有自己的一套物理规律和常数。[8]很显然，正在思考这些问题的我们，也必然置身于其中某个宇宙当中，无论这个宇宙多么罕见，它的物理法则和常数确实有能力孕育出我们。

理论物理学家李·斯莫林（Lee Smolin）聪明地引入了达尔文主义的思路来解释我们的存在，使之在统计上显得更为可能。根据斯莫林的模型，母宇宙会产生子宇宙，这些子宇宙的物理规律和常数各不相同。子宇宙来自母宇宙制造的黑洞，继承了母宇宙的物理规律和常数，却有一定的概率发生随机的小变化，即“突变”。那些能够自我复制的子宇宙（比如存活得足够久，足以产生黑洞）当然也就能将它们的物理规律和常数传递给各自的子代。黑洞的前身是恒星，而在斯莫林的模型里，黑洞的形成正是子宇宙的诞生。在这个宇宙达尔文主义的图景里，能够产生恒星的宇宙自然受到了偏爱。某些宇宙的特性使它可以将这种天赋带向未来，也正是同样的特性使之有机会偶然产生大原子，包括生命攸关的碳原子。经过一代又一代的演变，渐渐进化出能够产生生命的宇宙，而这不过是进化的副产品。

最近我的同事安迪·加德纳（Andy Gardner）证明，斯莫林的理论和达尔文主义的进化过程可以采用相同的数学描述。在我看来这套逻辑相当靠谱，我想任何一个有想象力的人都会有同感，不过我并没有能力来评判其中的物理学。据我所知，没有哪个物理学家将这个理论斥为谬论，最负面的评价不过是称其为废话。就像我们提过的，有些人梦想出现一个最终理论，在其框架之下所谓对宇宙的精心调校不过是一个幻觉。我们现有的知识不能否决斯莫林的理论，而且他为自己的理论赋予了可测试性（testability）[9]。可测试性是一种备受科学家们推崇的美德，相比之下许多普通人却对它不以为然。斯莫林的著作《宇宙的生命》（*The Life of Cosmos*）值得一读。

关于后见之明的自负，物理学家的版本不过是段题外话，而从达尔文开始，生物学家的版本更容易被人忽视，达尔文之前的情况则正好相反。我们这里关注的正是这个生物版本。生物进化不存在什么高贵血统，也没有预定的终点。时至今日，生物进化来到了数百万个暂定的终点（数目取决于观察时存活的物种数目），除了虚荣——既然是我们的叙述，那自然是人类的虚荣——之外，再没有别的理由认为任何一个物种比其他物种更高贵或更特别。

但正如我将不断重申的那样，这并不意味着进化的历史不存在任何理据或韵脚。我相信存在着不断重现的规律。我还相信，进化可能被认为是有方向的、进步的甚至可预测的，这种说法其实不无道理，尽管现在比从前多些争议。但是值得强调的是，进步不等于朝着人类的方向进步，而我们必须承认，进化中可预测的部分仍然是微弱和无趣的。进化史学家在连缀语句的时候必须小心谨慎，免得在自己的叙述中引入哪怕一丁点儿的倾向，让人误以为进化是朝着人类的巅峰前行。

我手头的一本书（总体而言是本好书，所以我就不点名了，免得为它招致侮辱）便是一个例子。书中在比较能人（*Homo habilis*，人属物种，很可能是我们的祖先）和更早的南方古猿（Australopithecine）[10]时说，能人“显然比南方古猿更加进化”。更加进化？这话除了表明进化是朝着某个预定的方向进行的之外还能有什么别的意思？这本书让我们毫不怀疑那假定的方向是什么。“很明显是第一次出现了下巴的迹象。”“第一次”这个词让人不禁预期第二次、第三次，一直到具备人类下巴的全部特征。“牙齿开始显得跟我们的类似……”仿佛那些牙齿之所以长成那样子，不是因为适应能人的饮食，而是因为它们踏上了变成人类牙齿的道路。该段末尾这句话尤其说明问题，讲的是一个较晚些的人种——直立人（*Homo erectus*）：

> 尽管脸孔特征仍然不同于我们，但他们的眼睛却跟我们相似得多。他们就像是创作中的雕塑，未完成的作品。

创作中？未完成？只有带着后见之明的愚昧才会这么认为吧。替此书辩解一句，若是我们能有机会和一位直立人面对面，我们眼里的对方也许真的像是一尊创作中的半成品雕塑，但这只不过是因为我们眼里带着人类的后见之明。一个活的生物所关心的永远只是在它自己的环境中活下来，所以它从来不是半成品——或者在另一种意义上，永远都是半成品。我们大概也不例外。

后见之明的自负还在其他历史舞台上诱惑着我们。从人类的角度看，我们的远古鱼类先祖从水中向陆地迈出了意义重大的一步，这是进化史上值得庆祝的事件。这个事件发生在泥盆纪（Devonian），迈出这重要一步的是肉鳍鱼（lobe-finned fish），有点像现代的肺鱼（lungfish）。我们看着那个时期的化石，满怀渴望想要目睹我们的祖先，当然这份渴望是可以理解的。我们知道随后会发生什么，并被这个念头引诱着，不由自主地认为这些泥盆纪的鱼朝着变成陆生动物的方向走了半程，它们的一切特征都是实实在在的过渡性的，它们注定要朝着陆地发动一场史诗级的远征，开启进化史的下一个宏伟篇章。可这并不是那时候的真相。那些泥盆纪的鱼要拼命谋生存，既不曾领有进化的使命，也不曾参与前往遥远未来的远征。一本关于脊椎动物进化的书在提到鱼类的时候这样说（除此之外倒不失为一本卓越好书）：

（这些鱼）在泥盆纪末期冒险走出水面前往陆地，可以说是跳过了横亘在两个脊椎动物纲之间的鸿沟，成为最初的两栖动物……

这“鸿沟”只是后见之明的说法。在那时候并没有什么类似鸿沟的隔阂，我们今天认定的那两个纲之间的差异在那时候并不比两个物种之间的差异大。我们之后会看到，进化并不会跳过鸿沟。

将我们的历史叙事指向现代智人，并不比指向任何其他现代物种更合理或更不合理，无论它是章鱼（*Octopus vulgaris*）、狮子（*Panthera leo*）还是红杉（*Sequoia sempervirens*）。若是雨燕有历史观，它想必会对飞行引以为豪，把飞行当作生命最重要的成就，这是不言而喻的。它会把雨燕类看作进化的顶点，毕竟这些长着后掠双翅的飞行机器能力惊人，可以持续滞空一年时间，甚至能一边飞行一边交配！斯蒂芬·平克[11]有一个奇思妙想，我们可以在此基础上稍做延伸。如果大象可以书写历史，它们或许会把貘（tapir）、象鼩（elephant shrew）、象海豹（elephant seal）和长鼻猴（proboscis monkey）看作长鼻子进化之路的探路者。探路者笨拙地迈出了第一步，却出于某种原因都没能走到最后一步，终点可望而不可即。也许大象天文学家会想知道，在别的星球上是否有外星生命完成了最后一跃，越过鼻子的卢比孔河[12]，发展出充分的长鼻特征。

我们既不是雨燕也不是大象，我们是人。当我们在想象中徜徉于某个消逝已久的时代时，出于人性，我们难免会对自己的祖先心存一丝特殊的温情和好奇，这实在再自然不过了，虽然除此之外它们也只是普通的生物。想起来感觉既有趣又怪异，在任何一个历史时期，总存在那么一个物种可以算作我们的先祖。作为人类很难抗拒这样一种诱惑，认为这个物种处于进化的“主线”上，而其他物种像是配角、龙套或者替补演员。有一种办法，既能避免这种错误，又可以适当地纵容人类中心主义，同时还符合历史规范。这种办法便是采用倒叙法追溯我们的历史，这正是本书的做法。

在寻找祖先时，逆向年代学确实是一个巧妙的办法，它所指向的遥远目标是唯一的，那是所有生命的共同始祖。不论我们的起点是哪个物种，大象或苍鹰，雨燕或沙门氏菌，巨杉或人，我们都将不可避免地会聚到我们的共同始祖。不管是逆向年代学，还是正向年代学，二者都是有用的好方法，只是用于不同的目的。逆着时间回溯，你将为生命的统一而欢庆。沿着时间向前，你会因生命的多样而赞叹。不仅在大时间尺度上是这样，换作小时间尺度同样如此。哺乳动物的时间跨度虽说不小，却也大得有限，正向年代学讲述的是分支越来越多的故事，可以向我们揭示这群毛茸茸的恒温动物的多样性；若是采用逆向年代学，不管以现代哪种哺乳动物作为起点，最终都将会聚到同一种特殊的原始哺乳动物：跟恐龙生活在同一个时代，以昆虫为食，有点鬼鬼祟祟的，喜欢在夜间活动。这是一个短途的会聚。所有啮齿类的最近共同祖先是更短途的会聚，其生活年代大概和恐龙灭绝的时代相同。所有猿类（包括人类）朝向共同祖先的逆向会聚还要更近一些，时间大概是在 1 800 万年前。我们在更大的尺度上也能找到类似的会聚，比如我们可以从任何脊椎动物出发寻找它们的共同祖先。从任何动物出发寻找所有动物共同的祖先，则是更大规模的会聚。而规模最大的会聚是从任何现代生物——动物、植物、真菌或细菌——出发回溯所有现存生物的共同祖先，它很可能类似某种细菌。

上一段里我使用了“会聚”这个词，但我其实想把这个词留作另一个用途，它在正向年代学里有完全不同的含义。那么为了我们当前的目的，我应该用“汇流”这个词来替换它，或者用“会合”更好一些，稍后您便会看到为何后者更好。我本来可以用“溯祖”（coalescence）一词，但我们之后将会看到，遗传学家已经用了这个词，给它赋予了更加确切的含义，跟我所说的“汇流”意义相近，但它指的是基因而非物种。在逆向年代学里，任何一群不同物种最终都将在某个特定的地质年代相会。它们的会合点便是它们的最近共同祖先，我将称其为“共祖”（concestor）[13]：比如啮齿类共祖、哺乳动物共祖或者脊椎动物共祖。最古老的共祖便是所有现存生物的始祖。

我们可以非常肯定地说这个星球上所有现存的生命形态都有同一个共祖。证据便是迄今所有已测的物种都共享同一套遗传密码（对于大部分物种来说，这套密码完全一样；对于剩下的少数例外来说，也是几乎完全一样的）。这套密码如此详细，考虑到密码本身的复杂性和编码设计的随意性，不太可能被发明两次。尽管并不是所有物种都被检测过，但我们已经覆盖了足够多的样本，可以肯定不会再有意外发现——唉，真遗憾，如果我们现在发现一种足够陌生的生命形态居然拥有一套截然不同的遗传密码，不管它来自地球还是别的星球，都将是我成年以来最激动人心的生物学发现。就目前看来，似乎所有已知的生命都可以追溯到某个单个祖先，其生活年代距今超过 30 亿年。即便生命还有别的独立起源，那它也不曾留下任何后代让我们发现。如果现在又有新的生命开始起源，它们很快就会被吃掉，而且吃掉它们的很可能就是细菌。

所有现存生物的宏伟汇流和生命的起源并不是一回事。原因在于，我们推测所有现存物种有同一个共祖，而共祖并非生命之源，而是晚于最早的生命，否则就意味着最初的生命形式在诞生之后立刻分出了多个支系，并且有不止一个支系存活到今天，这种巧合不太可能发生。现在教科书上的正统说法认为，最古老的细菌化石可以追溯到大约 35 亿年前，生命起源的时间必定更早。所有现存生物的最近共祖——最大规模的汇流——生存的年代可能比最古老的化石还要早（它没有形成化石），或者它可能一直活到 10 亿年后（除了一个支系之外其他的都灭绝了）。

无论从何处开始，逆向年代法最终都会走向大汇流，有鉴于此，我们便可以合理地纵容我们人类自身立场的偏见，而专注于我们自己的祖先所在的单一支系。我们可以出于偏爱选择现代智人作为逆向年代学的起点，这样选择并无不妥，而且不必假装现代智人是进化的目标。在通往过去的诸多可能路径里，我们挑选了现代智人这条路，是因为我们对自己的远祖（great grancestor）感到好奇。与此同时，尽管无须了解其中的细节，但我们不要忘记还有许多其他物种的“历史学家”和动植物从各自的起点，沿着它们各自的道路，溯流而上，前去朝拜自己的祖先，最终走向我们共同的祖先。我们在追踪自己祖先脚步的过程中，将不可避免地遇见这另外一群朝圣者，按特定的次序跟它们一一会合，这会合的次序便是我们的支系相交的次序，便是血脉由亲而疏蔓延渐广的次序。

朝圣？跟朝圣者会合？对呀，为什么不呢？把这段回到过去的旅程看成朝圣恰如其分，而本书将以叙事体的形式记述这段由现在到过去的朝圣。所有道路都通向生命之源，但既然我们是人类，那么我们将沿着人类祖先走过的那条道路前行，这将是一场人类寻找人类祖先的朝圣之旅。我们将在路上遇见其他朝圣者，它们会依着严格的次序跟我们会合，和我们一起遇见大家共同的祖先。

我们将在大约 600 万年前第一次遇见其他朝圣者并向它们问好。这次相遇的地点是在非洲腹地，正是斯坦利跟利文斯通握手的地方[14]；我们问好的对象是两种黑猩猩（chimpanzee）。在和我们相遇之前，它们已经先彼此会合了。我们沿着自己的旅程继续回溯，接下来将要遇见的朝圣者是大猩猩（gorilla），然后是猩猩（orang utan）。这时候我们已经深入过去很远了，而且很可能已经不在非洲了。随后我们要与长臂猿（gibbon）打招呼，之后是旧世界猴（Old World monkey）[15]，然后是新世界猴（New World monkey），再然后是其他各类群的哺乳动物……直到所有参加朝圣的生物都会合至一处，一同朝着生命的起源上溯前行。我们回溯得越来越远，直到无法叫出会合地点所在大陆的名字。由于板块运动这一非凡现象的存在，这时候的世界地图跟今天差异很大，各大洲原先的名字都不再有意义。我们从这里继续前行，而接下来的一切会合都将发生在海洋里。

人类朝圣者只需经过大概 40 个会合点就来到了生命起源之处，这着实让人惊讶。每一次会合，朝圣者们都会找到一位特定的共同祖先，即共祖，其编号跟会合点的次序一致。比如在第 2 会合点，一边是大猩猩，另一边是 { 人类 +{ 黑猩猩 + 倭黑猩猩 }}，我们遇见的 2 号共祖就是两边的最近共同祖先。而 3 号共祖是 { 人类 +{ 黑猩猩 + 倭黑猩猩 }+ 大猩猩 } 和猩猩的最近共同祖先。最后一位共祖则是所有现存生物的远祖。0 号共祖是个特殊情况，是所有现存人类的最近共同祖先。

我们的朝圣队伍不断壮大，不断有其他朝圣团体跟我们会合，共享随后的行程。其他朝圣者队伍在前来跟我们会合的道路上也同样在不断膨胀。每一次相会之后，我们都再度启程，一起踏上通往太古宙的道路，那里有我们的目标，我们的“坎特伯雷”。当然这里也可以借用别的典故，我差点效仿班扬[16]以《天路历程》(*Pilgrim's Regress*)作为本书的标题。不过我和我的助手黄可仁在讨论时一再回到乔叟的《坎特伯雷故事集》，而在写作过程中想起乔叟似乎也显得越来越自然。

跟乔叟的（大多数）朝圣者不同，我的朝圣者虽然都是从当代同时启程，但它们不是从一开始就聚在一起的。其他朝圣者从不同的地方出发，朝着它们各自的坎特伯雷前行，一路上在不同的会合点加入我们人类的朝圣队伍。从这个角度讲，我的朝圣者跟聚在伦敦泰巴德客栈的那些朝圣者不太一样。我的朝圣者更像是阴险的寺僧和他那不忠却情有可原的乡仆，在白利恩林下的波顿村加入了乔叟的朝圣者队伍，这时候它们离坎特伯雷只有5英里远。效仿乔叟的先例，我的那些形形色色、分属不同物种的朝圣者将有机会在途中讲述各自的故事，而它们的坎特伯雷是生命的源头。这些故事构成了本书的主要内容。

死人不会讲故事，而像三叶虫（trilobite）这样已经灭绝的生物也注定不能作为朝圣者来述说它们的故事，但我将允许两类特殊例外。有些动物，比如渡渡鸟（dodo），一直存活到人类历史时期，而且我们依然保留着它们的DNA，所以它们会作为现代动物界的荣誉成员，跟我们同时启程朝圣，并将在某个特定的会合点加入我们。既然我们应该为它们不久前的灭绝负责，那么这么做也算是尽一点起码的心意。另一群同样豁免于死人不得言说这一规则的荣誉朝圣者其实是人类。人类朝圣者此行的直接目的就是寻找自己的祖先，那些可能作为人类祖先候选人的化石自然也要成为人类朝圣团的成员。我们将听到几位这样的“影子朝圣者”讲述它们自己的故事，比如其中的能人。

我觉得让我的动植物朝圣者以第一人称讲述各自的故事实在有些矫情，所以我不打算这么做。除了偶尔的旁白和开场白，乔叟的朝圣者们也没有用第一人称。乔叟的许多故事都有各自的序章，有些还有后记，全是以乔叟本人的口吻写就的，乔叟自己是整个朝圣旅程的叙述者。我会时不时仿照他的先例，从旁观者的角度讲述他者的故事。就像乔叟所做的那样，我也会拿后记充当两个故事的桥梁。

乔叟的故事在开始之前有一篇长长的总序介绍出场人物，介绍了小客栈里准备出发朝圣的人们的职业，有时候还包括姓名。不过我不打算这么做，而是等到新朝圣者加入我们的时候再介绍它们的身份。乔叟笔下那位个性活泼的旅馆主人主动提议做朝圣者们的向导，而且一直在鼓励众人讲自己的故事，直到旅程结束。我在这里也充当了主人的角色。我将在总序里介绍重建进化史所用的方法和遇到的问题，以便帮读者做好准备，因为在讲述我们的历史时，无论采用倒叙还是正叙的手法，这些问题都是我们必须要面对和解决的。

然后我们会启程逆着时间上溯我们的历史。尽管我们将专注于我们自己的祖先，只有当其他生物加入我们的时候才会注意到它们，但我们将时不时从眼前的道路上抬起头来，提醒自己：还有其他朝圣者正沿着它们自己或多或少独立的道路，朝着我们共同的终极目标前行。那些标着会合点编号的里程碑，加上几个用来帮助我们明确年代的必要的中途标记物，为我们的旅程提供了基本的框架。每一个标记点都会单列一章，我们会在这里停下来盘点我们的朝圣旅程，也许还会听一两个故事。偶尔适逢当时周围的世界有重要事情发生，我们的朝圣者也会短暂停留，做些反思。但是大多数时候我们都是用那 40

个天然的里程碑来标记我们前往生命黎明的旅程，它们不仅是里程碑，也是让这段朝圣之旅更加丰富多彩的约会。

注释

1. 马克·吐温（Mark Twain，1835—1910），美国作家、小说家和幽默大师，代表作有《竞选州长》《汤姆·索亚历险记》等。——译者注
2. 克拉伦斯·达罗（Clarence Darrow，1857—1938），美国刑法专家和民权律师，曾为斯科普斯案（Scopes Case）辩护。1925 年美国田纳西州颁布法令，禁止在课堂讲授进化论，美国公民自由联盟便资助一位名叫约翰·斯科普斯（John Scopes）的教师自愿讲授进化论挑战这条法律，之后斯科普斯被起诉，达罗为其辩护。——译者注
3. 传说当北欧挪威的旅鼠达到一定数量时会变得烦躁不安，开始集体迁移，奔赴悬崖跳海自杀。现已证明旅鼠大规模群体自杀并不属实。——译者注
4. 斯蒂芬·杰伊·古尔德（Stephen Jay Gould，1941—2002），美国古生物学家、进化生物学家、科学史学家和科普作家，以间断平衡理论享誉世界。——译者注
5. “人择论”又称“人择原理”（anthropic principle）。——译者注
6. 史蒂文·温伯格（Steven Weinberg，1933— ），美国物理学家，于 1967 年提出了统一电磁作用和弱相互作用的模型，即电弱理论，凭此于 1979 年获得诺贝尔物理学奖。——译者注
7. 皇家天文学家是英国王室的一个高级荣誉职位，负责在天文及相关科学方面提供建议，享有极高声誉。——译者注
8. 不应该把这个“多宇宙”假说跟休·埃弗雷特提出的量子力学“多世界诠释”相混淆，尽管这种混淆时常发生。戴维·多伊奇在《真实世界的脉络》（*The Fabric of Reality*）一书中对后者有精彩的推介。这两种理论只有表面上的相似性，并无实际意义。它们可能都是对的，也可能都是错的，可能一个对另一

个错，也可能反过来。提出这两种理论是为了回答截然不同的问题。在埃弗雷特的理论中，不同的宇宙具有相同的基础常数，而我们在这里考虑的理论的核心要义就是不同的宇宙有不同的基础常数。——作者注

9. 简单来说，如果一个假说是有可能通过某种办法被证实或证伪的，那我们就说这个假说具有可测试性。——译者注

10. 动物命名法则遵循着严格的优先次序，想把 *Australopithecus*（南方古猿）改成一个不那么容易让缺乏古典教育的当代民众混淆的名字，恐怕希望渺茫。这个名字跟澳大利亚（Australia）没有任何关系。这个属的所有种都不曾在非洲以外的地区被发现。Australo 这个词的含义只是“南方的”而已，而澳大利亚是南方的大陆，Aurora australis（南极光）则是 Aurora borealis（北极光，boreal 的意思是“北方的”）的南方版本。最早发现的南方古猿化石“汤恩小孩”（Taung child）出土于南非，因此得名。——作者注

11. 斯蒂芬·平克（Steven Pinker，1954— ），著名实验心理学家、认知科学家和科普作家。著有《语言本能》（*The Language Instinct*）等科普名作。——译者注

12. 卢比孔河是意大利北部的一条河流，“越过卢比孔河”（Crossing the Rubicon）是英语习语，意思是“破釜沉舟”，典故来自公元前 49 年恺撒破除将领不得带兵越过卢比孔河的禁忌并取得胜利的故事。——译者注

13. 非常感谢妮基·沃伦的建议。——作者注

14. 亨利·莫顿·斯坦利爵士（Sir Henry Morton Stanley，1841—1904）是英裔美国记者、探险家。1871 年 3 月，他被派往非洲寻找失踪已久的英国传教士、探险家戴维·利文斯通（David Livingstone，1813—1873）。1871 年 11 月 10 日，斯坦利在坦噶尼喀湖（Lake Tanganyika）附近的乌吉吉找到了利文斯通。——译者注

15. 即猴科（Cercopithecidae）动物，分布在亚非欧地区。西方传统上把哥伦布发现新大陆之前欧洲人所认识的世界称为旧大陆或旧世界（Old World），而把美洲称为新大陆或新世界（New World）。澳大利亚在不同情形下可能被划为新大陆或旧大陆，但在讨论生物学问题时所称的新大陆仅指美洲。相应地，新世界猴指的是分布在中南美洲的四个科的灵长类动物。——译者注

16. 约翰 · 班扬（John Bunyan，1628—1688），英格兰基督教作家、布道家，其著作《天路历程》出版于 1678 年，是一部基督教寓言诗，也被认为是小说。作者仿《天路历程》的标题，以“Regress”（后退）强调这是逆着时间的朝圣。——译者注

总　序

我们如何认识过去，又将如何确定过去的日期？什么能够帮助我们窥见古代生命的剧院，重建消逝许久的场景和演员，看见它们的离场和入场？传统上，人类历史研究有三种主要方法，而我们将会见到这些方法在进化的大时间尺度上的变体。首先是考古学方法，研究遗骨、箭头、陶片、贝丘（shell mound）[1]、小雕塑和其他遗物与遗迹，这些遗存都是来自过去的实体证据。在进化史上，最明显的实体遗存就是骨头和牙齿，还有它们最终形成的化石（fossil）。其次是再生遗存（renewed relics），记录本身也许并不古老，但它包含或承载着某种古老信息的代表或副本。人类历史上那些书面或口头的记述代代相传，不断重复、重印或以别的方式复制更新，从过去一直流传至今。我觉得 DNA 是进化上最主要的再生遗存，等价于书面复制的记录。第三种方法是三角推断法（triangulation）。这个名字来自一种通过测量角度来判断距离的方法：先测量目标的方位角，然后朝侧面走出一定距离，再测量一次方位角，通过两角的截距便可计算出目标的距离。某些照相机的测距仪用的就是这个原理，而地图测绘员传统上凭借的也是这个方法。通过对某个古代物种传至今天的两种或多种后代进行比较，进化学家们可以推断出该物种的生存年代，可以说这也是一种三角推断法。我将依次介绍这三种实证研究对象或方法，首先从实体遗存开始，具体而言就是化石。

化石

有时候尸体或遗骨不知怎的躲过了鬣狗（hyena）、埋葬虫（burying beetle）[2]和细菌的侵害得以保存下来，从而引起了我们的注意。意大利蒂罗尔（Tyrol）的“冰人”（Ice Man）[3]在冰川里保存了5 000年，而被包裹在琥珀（即石化的树胶）里的昆虫历经亿年而不朽。没有冰或琥珀的帮助，最有可能被保存下来的只是牙齿、骨头和贝壳这样的硬物，其中牙齿最耐保存，道理显而易见：为了发挥它在生活中的作用，它必须比主人可能食用的任何食物都更坚硬。出于不同的原因，骨头和贝壳也必须坚硬才行，因而它们也能保存很长时间。偶尔这些坚硬部件会被石化形成化石，从而保存上亿年，甚至在极其幸运的情况下，柔软的组织也可以变成化石。近年来，科学家甚至可以利用跟医院检查扫描人体类似的技术，直接扫描包含化石的岩石，为化石分析开辟了一个全新的领域。

不提化石本身的魅力，即便没有它们，我们也依然会对自身的进化史有相当程度的了解，这一点很让人惊奇。假如有神奇的魔法让所有化石都消失，那么通过比较现代生物的相似性，尤其是基因序列相似性在不同物种之间的分布规律，以及比较不同物种在大陆和岛屿之间的分布差异，我们依然能够应对所有合理的怀疑，证明自身的进化史，证明所有现存生物都有血缘联系。神创论者总是不厌其烦地喋喋不休于所谓化石记录的“空缺”，但我们应该记住，化石的存在是一种额外的福利，我们当然乐于接受这样一种福利，但它不是必需的。哪怕化石记录有巨大的空缺，支持进化的证据依然具有压倒性的优势。反过来，如果我们只有化石记录而没有其他证据，进化的事实也依然有不可抗拒的证据支持。实际情况是，两方面的证据我们都有。

按照惯例，“化石”一词指的是任何超过1万年的遗存。这不是一个很有帮助的约定，因为像1万年这样的约数没有任何特别之处，如果人类的手指少于或多于十根，那么我们就会把另外一组不同的数字用作约数。当我们说起“化石”时，通常意味着原先的物质已经被另一种化学成分不同的矿物质渗入或取代，也可以说它们因此从死亡那里获得了新的租约。原先的生物形态留下的印迹在石头里可以保存很久，甚至可能还混合了一些原先的生物物质。化石形成的途径多种多样，在技术上被称为埋葬学（taphonomy），我把其中的细节留给《匠人的故事》，这里先不涉及。

在化石刚被发现和标定地点的时候，其年代还是未知的，这时候我们最多只能对其古老程度进行相对排序，而年代排序依据的是叠覆原理（Law of Superposition）。很显然，如果没有特殊情况，年轻的地层总会覆盖在古老地层的上面。尽管有时候会有例外情形的出现并造成一时的困扰，但通常其成因都相当明显，因而易于识别。比如，一块包含化石的古老岩石，可能因为冰川滑移而被抛到年轻地层的上面，或者一连串地层有可能整体翻转，造成其垂直顺序彻底逆转。只要跟世界其他地方对应的岩石进行比较，就可以识别处理这些异常现象。这一步完成之后，古生物学家就可以利用来自世界各地的重叠交错的化石序列信息，以一种锯齿状的方式拼出全体化石记录的真正顺序。原理虽然并不复杂，但由于世界地理格局本身在随着时间变迁，实际操作起来要复杂得多，我们将会在《树懒的故事》里阐明这一点。

为什么必须是锯齿状的拼接？为什么不可以直接往下挖掘，不管挖多深都把它看作在逆着时间匀速上溯？时间本身的流逝或许是匀速的，但这并不意味着世界任何地方的沉积层都平缓连续地贯穿整个地质史。化石层的沉积是断断续续的，只有条件合适的时候才有可能发生。

如果任意指定一个地点和一段时间，很可能找不到沉积岩，也就不会有化石。但如果只是任意指定一段时间，则非常可能在世界某个地方找到化石沉积。世界上不同的地方会有不同的地层碰巧接近地表方便挖掘，古生物学家就可以从一个地方来到另一个地方，有望拼出一个近乎连续的记录，为相对地质年代立下名副其实的基石。当然，没有哪个古生物学家可以遍历所有化石沉积地点逐个挖掘。他们或者穿梭于博物馆之间，考察抽屉里的样本，或者翻阅大学图书馆里的期刊，研读关于化石的书面记录，这些记录还会含有化石发现地点的详细标注。凭借这些描述信息，他们就可以把来自世界各地的碎片拼成一张完整的图。

事实上，岩石特征明确易识别且总是包含同一类化石的地层会在不同地区反复出现，这让古生物学家的工作变得更简单了。举个例子，下页图左下部分标注的“泥盆纪”（Devonian）得名于美丽的德文郡（Devon）出产的古老红色砂岩，同样的岩石也出现在不列颠群岛、德国、格陵兰岛、北美等许多其他地方。不管来自哪里，泥盆系岩石总会被认为属于泥盆纪，部分是因为岩石自身的特点，同样也是因为它们内部所包含的化石证据。这听起来像是循环论证，但其实并不是。就像学者利用《死海古卷》（Dead Sea Scroll）中的内部证据来论证它是《撒母耳记上》（First Book of Samuel）残篇一样，某些特征性化石的存在也能可靠地标记出泥盆系岩石的身份。

截至最早有硬体化石出现的时期，同样的办法也适用于其他地

宙	代	纪		世	时间（Ma）
显生宙	新生代（Cz）	第四纪(Q)		全新世	
				更新世	2.58
		第三纪	新近纪(N)	上新世	
				中新世	23.03
			古近纪(Pc)	渐新世	
				始新世	66
				古新世	
	中生代（Mz）	白垩纪(K)		晚白垩世	
				早白垩世	145
		侏罗纪(J)		晚侏罗世	
				中侏罗世	201.3
				早侏罗世	
		三叠纪(TR)		晚三叠世	
				中三叠世	252.17
				早三叠纪	
	古生代（Pz）	二叠纪(P)		乐平世	
				瓜德鲁普世	298.9
				乌拉尔世	
		石炭纪(C)	宾夕法尼亚纪	晚期	
				中期	
				早期	358.9
			密西西比纪	晚期	
				中期	
				早期	
		泥盆纪(D)		晚泥盆世	
				中泥盆世	419.2
				早泥盆世	
		志留纪(S)			443.8
		奥陶纪(O)		晚奥陶世	
				中奥陶世	485.4
				早奥陶世	
		寒武纪(€)		芙蓉世	
				第三世	
				第二世	541
				纽芬兰世	

宙		代	百万年前（Ma）
显生宙			66
			252.17
			541
前寒武纪	元古宙	新元古代（NP）	1 000
		中元古代（MP）	1 600
		古元古代（PP）	2 500
	太古宙	新太古代	2 800
		中太古代	3 200
		古太古代	3 600
		始太古代	4 000
	冥古宙		

本图是国际地层委员会（International Commission on Stratigraphy）地质年代表的简化版本。图中阴影代表的是年代的久远程度（颜色越浅距今越近，越深距今越远）。地质年代被分为宙（eon）、代（era）、纪（period）和世（epoch）。时间单位是“百万年前”（Ma）。请注意图中“第三纪”（Tertiary）已经不再是官方用语了，但有些地质学家认为应该重新将之投入使用，因此我们在这里也把它标了出来。“宾夕法尼亚纪”（Pennsylvanian）和“密西西比纪”（Mississippian）被美国地质学家用作石炭纪的代名词。该年表的下限仍然没有正式确定，尽管一般认为它远至46亿年前，即地球和太阳系其他部分初形成的时候。

质时期的岩石。从古老的寒武纪（Cambrian）到今天所在的第四纪（Quarternary），我们刚刚看过的地质年表中所列的各个地质时期大都是基于化石记录的变化进行分期的。因此，一个时期的结束和另一个时期的开始常常是根据明显打断了化石记录连续性的灭绝事件分界的。用斯蒂芬·杰伊·古尔德的话说，没有哪个古生物学家会分不清一块岩石是早于还是晚于二叠纪末的大灭绝，因为灭绝之前和之后的动物类型几乎不存在任何重叠。确实，化石（特别是微型化石）在岩石的标记和定年过程中作用巨大，这一方法的主要使用者甚至还包括了石油业和采矿业。

通过将岩石记录以锯齿状垂直拼接，人们早就建立了测定岩石相对年龄的方法。在绝对定年技术出现之前，人们出于相对定年便利性的考虑，便为各个地质时期命名。相对定年法直到今天也依然有用。不过，对于所含化石比较稀少的岩石，相对定年就比较困难了，而这包括了所有形成于寒武纪之前的岩石，差不多相当于前九分之八的地球历史。

本书中的年代大多采用“百万年前”（millions of years ago）这一单位（希腊拉丁写法为“megaannums”，简写为Ma，这种写法不优雅，而且有误）。但这种绝对纪年法是相当晚期才出现的进展，靠的是最近物理学特别是放射物理学的发展。我们需要对这些方法做些解释，不过更多的细节需留待《红杉的故事》来展示，目前我们只要知道，现在有一系列可靠的方法给化石或者包裹化石的岩石标定绝对年龄。这些方法各有不同的灵敏度，覆盖了数百年（树木年轮）、数千年（碳–14定年法）、百万年、亿年（铀–钍–铅定年法）乃至数十亿年（钾–氩定年法）等全部年代范围。

再生遗存

就像考古标本一样，化石多多少少算是来自过去的直接遗存。我们接下来要转向第二类历史证据，即一代代复制传递的再生遗存。对研究人类史的历史学家来说，再生遗存指的可能是通过传统的口头叙事或书面文字记录流传下来的目击证词。要想了解生活在 14 世纪的英格兰是种什么体验，我们并没有活着的目击者可供咨询，但幸亏我们有包括乔叟作品在内的书面文件。这些文件包含的信息可以被复制，被印刷，被储藏在图书馆里，被重印分发，今天我们还可以读到它们。一个故事一旦被印刷，或者像今天这样被储存进某种计算机媒介，那么它的副本就有相当大的机会长存不朽，流传至遥远的未来。

书面记录和口头传承的可靠性有极大的差异，前者可靠得多。就像我们了解自己的父母一样，你也许认为每一代孩子都了解他们的父母，也会认真聆听父母讲述过往的故事细节，然后再转述给下一代。你大概会觉得，如此这般五代以后，会有大量口头传承保存下来。实际上，我虽然还清楚地记得自己的四位祖辈，但对自己的八位曾祖辈却只知道寥寥无几且支离破碎的几件逸事。我有一位曾祖父会习惯性地哼一支无名小调（我也会哼），而且只在系鞋带的时候哼。第二位非常贪吃奶油，而且输棋的时候会掀棋盘。第三位是一名乡村医生。这就是我所知的全部。八个完整的人生是如何被削减到只剩下这么一点的？即使我们跟当事人之间的传话链条是这么短，即使人类语言是如此丰富，组成八个完整人类生命的成千上万个私人细节还是这么快就被遗忘了，这是如何发生的？

令人沮丧的是，口头传承往往很快消亡殆尽，除非被吟游诗人的词句神化，就像荷马写下的那些篇章一样，即便如此，关于那个时期的历史也很难称得上准确。它会渐渐退化为不知所云的虚假传说，而这个过程快得惊人，甚至用不了几代人的时间。关于真实存在的英雄和恶棍、动物和火山的历史事实会快速退化（或者升华——这取决于你的口味）为关于半神和恶魔、半人马和喷火龙的神话。[4] 不过我们不必为口头传承及其不完美性耽搁太久，毕竟在进化史上没有类似口头传承的现象。

书写是一种巨大的进步。纸张、莎草乃至石板都可能会腐朽风化，但书面记录却有可能被准确复制无穷多代，尽管实际上复制并不是百分之百准确的。我需要解释一下，我所说的“准确”和“代”都有特定的含义。如果你手写一张便条给我，然后我抄了一份传给第三个人（即下一“代”复制者），我写的副本并不是原先版本的精确复制，因为我们的字体不一样。如果你写得足够细心，而我又煞费苦心地从我们共享的字母表里找到一个字母匹配上你每一个潦草的笔画，那你的信息有很大机会被完全准确地复制。理论上，这种准确性可以历经无穷多代传抄而依然保存，因为作者和读者有一份约定的字母表，而且字母表是离散的，所以复制才能使信息在原稿损毁之后依然存在。书写的这种性质被称为“自规范”（self-normalising）。书写之所以有这种性质，是因为字母表是非连续的。这种说法让人想起模拟信号和数字信号的区别，关于这一点，需要再多解释几句。

在英语硬辅音[5] c 和 g 之间存在一个中间辅音（即法语的硬辅音 c，如法语单词 comme 里的 c）。但没人想着用一个看起来介于 c 和 g 之间的字符来表示这个发音。我们都知道英语的书面字母必须是字母表里 26 个字母中的一员，我们也知道法语使用的是同样的 26 个字母，但它们表示的发音却不完全一样，其中某个发音可能介于英语的两个发音之间。在各种语言乃至各种地方口音或方言中，字母表都“自规范”到不同的发音上。

自规范机制可以对抗“中国式耳语”（Chinese Whispers）[6]造成的信息代际衰减。一幅画也可以由一群艺术家进行一连串的仿制临摹，却没有同样的机制保护其中的信息免于衰减，除非这幅画的绘画风格包含了某种仪式化的传统来充当它的自规范机制。历史事件的目击证词不同于绘画，一旦书于纸面，就有很大的机会保持准确，甚至几个世纪之后的历史书依然能够准确地复述它。我们今天仍然可以大概准确地描述出庞贝城（Pompeii）在公元 79 年的毁灭[7]，这要归功于一个名叫普林尼（Pliny）的年轻目击者，他在寄给历史学家塔西陀[8]的两封信里记下了自己看到的景象。经过一代代的传抄，塔西陀的部分著作流传了下来，最终被印刷出版，使我们今天可以读到。哪怕是在谷登堡[9]之前的年代，文件的复制全凭抄写，跟记忆和口头传承比起来，书写依然代表着准确性的巨大进步。

不断复制却依然保持完美的准确性，这是只存在于理论中的理想情况。实际上抄写很容易犯错，更不必说抄写者会调整自己的抄本，使之能够更加“如实地”反映他所理解的原意。最著名的例子是对《圣经 · 新约全书》历史的修订，使之更符合《圣经 · 旧约全书》的预言，19 世纪的德国神学家对此曾有不辞辛劳的详述。该研究涉及的那些抄本或许不是故意编造的谎言。那些福音的作者生活的年代距离耶稣之死已经很久了，而他们真心地相信耶稣是《圣经 · 旧约全书》中弥赛亚预言的化身，因此他“必须”出生于伯利恒（Bethlehem），“必须”是大卫（David）[10]的后代，如果文献居然莫名其妙地没有这么写，那么一个尽职尽责的抄写员就有义务纠正这一缺陷。我猜，就像我们会理所当然地更正一个拼写错误或语法不当，一个虔诚的抄写员也不会将这种“纠正”视为伪造。

跟有意的修改不同，一切重复、复制过程都难免发生一些诸如串行、漏词这样的低级错误。但不管怎样，我们不能指望书写资料带我们回到文字发明之前的时代，而文字的历史只有 5 000 年左右。标识符、计数符和图画更古老一些，大约有几万年的历史，但这些跟进化的时间尺度比起来依然是微不足道的。

幸运的是，涉及进化时有另一种复制信息，它也经历了许多代的重复拷贝，复制代数简直超乎想象，若以略带一点诗意的眼光去看它，我们可以认为它等价于书面文字：就像一份历史记录一样，它不断更新，传抄了许多亿代，却依然保持了惊人的准确度，因为就像我们的书写系统一样，它也有一份自规范的字母表。所有现存生物的 DNA 分子都来自远古的祖先，有着令人咋舌的保真度。DNA 分子中的原子固然在不断更新，但它所编码的信息却被复制了数百万年，有时候甚至达到数亿年。我们可以凭借现代分子生物学技术直接读取这份记录，一个字母一个字母地逐字读出 DNA 的拼写序列，或者采用稍微间接的方法，读出它们编码的蛋白质的氨基酸序列。或者我们可以采用更间接一些的方法，就像隔着毛玻璃一样，研究 DNA 的胚胎产物，从中读取有关信息，包括个体的外形、器官以及生化反应。不需要依赖化石，我们同样可以窥见历史。由于 DNA 的代际改变非常缓慢，历史实际上以它独有的字符编码被铭刻编织进了现代动植物的脉络纤维里。

DNA 信息的书写有一套名副其实的字母表。就像罗马、希腊和斯拉夫书写系统一样，DNA 的字母表是一个严格限定的字符集，其中的字符是人为规定的，因此并没有不言自明的含义。人为选择的字符被组合起来之后能够表达无限复杂和无限量的信息。英语字母表里有 26 个字母，希腊字母表里有 24 个，但 DNA 的字母表只有 4 个字母。

许多至关重要的 DNA 序列片段只包含 3 个字母组成的单词，而这些 3 个字母组成的单词又都来自一部仅有 64 个词的字典。字典里的每个词都是一个密码子（codon），这些密码子当中有一些是同义词。也就是说，这些遗传密码实际上是“简并的”[11]。

这部字典给这 64 个密码赋予了 21 种含义：20 种生物体所需的氨基酸，加上一个万能的标点符号。人类语言数不胜数，而且在持续变化，字典里有数以万计的不同词汇，但 DNA 那个普适的字典只有 64 个单词，而且基本上一成不变（只在极其罕见的情况下有非常细小的变化）。这 20 种氨基酸连缀成串，每一串都是一个特定的蛋白质分子，长度通常为数百个氨基酸。尽管只有 4 个字母和 64 个密码子，但密码子的不同序列所能编码的蛋白质数目却是不计其数的，没有理论上限。一串密码子组成“一段话”，编码一个特定的蛋白分子，构成一个可识别的单元，这个单元通常被称为“基因”。一个基因和它的邻居（或许是另一个基因，或许是无意义的重复序列）之间并没有任何分隔符，其边界只能通过其序列本身来判断。但从这一点看，它们有点像缺少标点符号的电报报文，不过电报还会在词和词之间留空格，而 DNA 并没有。

跟书面语不同，DNA 序列中有意义的片段好像孤岛一样被无意义的海洋隔开，那些无意义片段从来不会被转录（transcribe）[12]。有意义的外显子（exon）在转录过程中被组装成“完整的基因”，而无意义的内含子（intron）序列直接被阅读装置丢弃。在许多情况下，即便是有意义的 DNA 片段，其信息也从来不被读取，也就是说这些基因很可能已经作废了，虽然曾经有用，但它们现在只是待在那里而已，就像杂乱的硬盘里存放着某一书稿章节的早期版本。在阅读本书时把基因组想象成一个亟需整理的旧硬盘，确实会时不时有所帮助。

有必要再次重申，对于死亡很久的动物来说，其 DNA 分子本身并不会保存下来。可以永久保存的是 DNA 所包含的信息，而且其保存必须借助频繁的复制。《侏罗纪公园》的剧情设定虽然不无聪明，但在实践上却是不可行的。当然，吸了恐龙血的昆虫在被裹进琥珀之后的一小段时间里，其体内确实含有复活一只恐龙所需的必要信息，特别是化石证据表明恐龙的红细胞包含 DNA（这一点跟它们的后裔鸟类一样，却和我们哺乳动物不同）。另外，有些生物分子确实有可能保存几千万年，比如，研究者从一只 4 600 万年前的蚊子化石里提取出了血红蛋白样的化学物质，甚至令人难以置信地从一根 7 000 万年前的恐龙骨头里提取出了胶原蛋白。但这都是些小而稳定的物质，脆弱的长链 DNA 完全是另外一回事。一旦缺少持续的维护，DNA 就开始崩解破碎，用不了几年就衰败得一塌糊涂，对于一些软组织来说，甚至用不了几天就完全无法解读其中的 DNA 信息了。

DNA 信息衰减直至消亡的过程难以逆转，但寒冷缺氧的条件确实可以在一定程度上减缓这一过程。目前有记录的最古老的基因组是从一根有 70 万年历史的马骨中提取出来的，加拿大的永久冻土使之得以保存。即使在冰点以上，冰冷而稳定的环境也可以将 DNA 保存数十万年之久。从冰冷洞穴中发掘出来的遗骨向我们提供了数量不等的古人类 DNA，其中最为惊人的是 5 万年前一名近亲繁殖的尼安德特人的完整基因组（我们后面将会介绍）。想象一下如果有人成功把她克隆出来，将引起怎样的轰动！不过，虽然从人类生活的角度看，不管几十万年还是几万年都是相当长的时间跨度，但和我们前往过去的旅程比起来，它们只占了其中一小部分。唉，化学规律告诉我们，我们理论上能获得的可识别的古代 DNA 的年龄上限只有几百万年，显然不足以带我们回到恐龙时代。

关于 DNA 很重要的一点是，只要生物繁殖的链条没被打破，那么它所编码的信息就会在旧分子破坏之前被复制到一个新的 DNA 分子上去。通过这种方式，DNA 编码的信息的寿命远远超出 DNA 分子本身。DNA 之中的信息是可以复制更新的，而且每次复制时大多数字母都可以得到完美的复制，因此这些信息也就具备了无限保存的潜力。我们祖先的 DNA 信息有许多经由一代代活生生的个体传递至今，分毫未改，有些甚至经历了数亿年的光阴。

以这种方式去看 DNA，它所记录的信息对于历史学家来说简直是一个丰盛得难以置信的馈赠。哪个历史学家敢于奢求这样一个世界，里面每个物种的每个个体都随身携带着一份代代相传的书面文档，冗长而详尽？甚至文档的内容还会发生随机的变化，变化发生的频率足够低，不至于把记录搞乱，又足够高，可以生成标新立异的新版本。其妙处还不止于此。文档的内容并不是任意的。我在《解析彩虹》（*Unweaving the Rainbow*）一书中提出了一个达尔文主义的观点，把动物的 DNA 看作“死者的遗传之书”，一部对祖先世界的描述性记录。这个说法依据的是一个事实，即在达尔文主义进化过程中，任何一个动物或植物的外形、先天行为乃至细胞生化活动都是一篇密文，其中包含了它的祖先所生存的世界的相关信息：它们寻觅什么样的食物，摆脱什么样的天敌，耐受什么样的气候，引诱什么样的配偶，等等，这一切信息最终都写入了 DNA，又通过了一连串自然选择。我们知道海豚的祖先曾经在陆地上生活，向我们泄露秘密的是海豚特殊的解剖和生理特点。将来有一天等我们学会了正确地解读 DNA 包含的信息，也许它们的 DNA 会向我们再次确认这一点。4 亿年前，所有陆生脊椎动物的祖先，包括陆生的海豚祖先，离开了生命自起源之时就一直栖居的海洋。毫无疑问，我们的 DNA 里记录了这个事件，只是我们还不懂得如何解读。任何一只现代动物，它的一切，它的肢体、心脏、大脑和繁殖周期，尤其是它的 DNA，全都可以被看成一份文档，一部关于它的过去的编年史，尽管这部编年史是一部被复写了许多遍的抄本。

DNA 的编年史也许是赠予历史学家的礼物，但它并不容易解读，需要有理有据地深入解读。若是能够跟我们的第三种历史重建方法结合起来，它会变得更为有力。所以我们现在来看看这种方法，而且我将再次以人类历史中的类似情况做类比，具体而言是和语言的历史相类比。

三角推断法

语言学家经常希望能够逆着历史追溯各种语言的演变。如果有现存的书面记录，那么这是一件相当容易的任务。语言历史学家可以用我们重建历史的第二种方法，追踪再生遗存的变化。借助连续的文学传承，从莎士比亚到乔叟再到《贝奥武甫》[13]，现代英语可以回溯到中古英语（Middle English）再到盎格鲁-萨克逊语（Anglo-Saxon）。很显然语言本身的历史远远早于书写的发明，更何况很多语言根本没有发展出文字。对于已经消亡的语言来说，语言学家研究它们的早期历史所借助的方法正是我所称的“三角推断法”的一个变体。他们比较现代语言的差异并对其分组，把它们分层级地归入不同的语系和语族。罗曼语族（Romance）、日耳曼语族（Germanic）、斯拉夫语族（Slavic）、凯尔特语族（Celtic）和其他一些欧洲语族、印度语族一起构成印欧语系（Indo-European）。语言学家相信，真实存在过一种原始印欧语（Proto-Indo-European），在大约 6 000 年前，它曾是某个部族的口语。他们甚至基于其现代后裔的共通之处进行逆推，试图复现这门语言的诸多细节。同样的方法还被用于回溯世界其他地方跟印欧语系同级别的各语系，比如阿尔泰语系（Altaic）、达罗毗荼语系（Dravidian）、乌拉尔–尤卡吉尔语系（Uralic-Yukaghir）等。有些语言学家持有一种乐观却颇有争议的观点，他们相信可以继续回溯，将所有这些主流语系纳入一个包容力更强的超语系。他们坚信通过这种方法可以重建出一种原始语言以及它的各个要素，他们称之为“诺斯特拉语”(Nostratic)，认为它曾作为口语存在于1.5万年前到1.2万年前。

许多语言学家一方面乐于认可原始印欧语和同级别的其他古语言的存在，另一方面却怀疑是否真的可能重现像诺斯特拉语这样古老的语言。他们的专业质疑也加强了我本人作为业余者的怀疑。不过毫无疑问的是，类似的三角推断法可以用于研究进化的历史，以各种技术手段对现代生物进行比较，穿越亿万年的光阴。即便没有化石，通过对现代动物进行细致的比较，我们依然可以清楚可靠地重建出它们的祖先。语言学家可以依据现代语言复现已经消亡的语言，凭借三角推断法穿透历史，揭秘原始印欧语，我们也可以做同样的事，只不过将比较对象换成现代生物的外部特征、蛋白质或DNA序列。当世上的图书馆积累的物种精确DNA长序列越来越多，我们进行三角推断的可靠性也会随之提高，特别是这些DNA序列有着大面积的重叠，这对我们尤为有利。

请允许我解释一下我所说的“大面积的重叠”是什么意思。哪怕物种的关系极其疏远，比如人类和细菌，也依然能明确地找到大段相似的DNA。至于关系非常近的物种，比如人类和黑猩猩，相同DNA序列就更多了。如果你挑选分子进行物种间比较的时候足够精明，你会发现物种间共享DNA的比例随着血缘接近的程度而稳定连续上升，从不间断。远到人类和细菌，近到两种不同的蛙类，用于比较的分子需要覆盖整个比较的谱系。而两种语言之间的相似性就比较难判断了，除非这两种语言本身就很接近，比如德语和荷兰语。有些语言学家满怀希望地推论出诺斯特拉语的存在，可他们的推理链条过于细弱，其中所谓的联系正是另一些语言学家质疑的对象。拿人类和细菌去做三角推断得到的会不会是DNA版本的诺斯特拉语？人类和细菌的确有些共同的基因，自它们的"诺斯特拉"，即二者的共同祖先存在以来就几乎不曾改变。而且，既然遗传密码在所有物种之间几乎完全一样，那么生物共同的祖先所采用的必然也是相同的密码。也许你可以这么说，任何一对哺乳动物之间的相似性就好比德语和荷兰语之间的关系。而人类和黑猩猩的DNA是如此相似，就好比同样是英语，只是口音略微有些差异。而英语和日语之间或西班牙语和巴斯克语之间的差异太大，没有哪对活着的生物可以用来类比，就连人类和细菌都不行。人类和细菌的DNA序列相似到什么程度？就好比整段话每个词都一样。

我一直在讲DNA可以用于三角推断。理论上，用粗略的形态学特征也可以进行同样的推断，但缺少了分子层面的信息，推断出来的远祖就会像诺斯特拉语一样难以捉摸。跟用DNA推断一样，依据形态特征，我们也可以假设后代共有的那些特点很可能（或者稍微倾向于可能而非不可能）遗传自共同的祖先。比如，所有脊椎动物都有一根脊柱，我们假定它们都是从同一个远祖那里遗传了脊柱（严格来讲是遗传了那些负责形成脊柱的基因）。从化石记录来看，这位拥有脊柱的远祖大概生活在5亿多年以前。本书正是用这种形态学三角推断来帮助大家想象共祖的身体形态。尽管我情愿更多倚重DNA证据直接推断共祖的形态，但目前我们的能力尚不足以让我们根据一个基因的变化推断它对生物体形态的影响，因此也不足以完成这个任务。

纳入许多物种进行三角推断将会更加有效，但这要求我们采用许多细致的方法，而应用这些方法的前提是建立准确的系谱图。我们将在《长臂猿的故事》中介绍这些方法。三角推断本身还有助于建立另外一种技术，用来计算任何一次进化分支产生的年代，即“分子钟”（Molecular Clock）技术。简单来说，这种方法是对现存物种的分子序列差异性进行计量。血缘相近的物种有相对晚近的共同祖先，其序列差异就小于关系疏远的物种之间的差异。因此，两个物种共同祖先的年龄就跟二者的分子差异成正比，至少我们是这样希望的。借助几个年代已知的关键分支点，以及这个时期碰巧存留的化石，我们就可以对分子钟的时间尺度进行标定，把它转换成真实的年份。实践上并没有这么简单，《天鹅绒虫的故事》后记里讲的主要就是在这个过程中遇到的各种复杂情况、诸多困难和相关的争论。

乔叟在他著作的总序里逐个介绍了朝圣之旅的所有出场人物，可我的出场角色表实在太长了，没法逐一介绍。不管怎么说，这本书本身就是对 40 个会合点所做的一连串长长的介绍。不过，一个初步的介绍仍然是必要的，只是我采用的方式并不是乔叟式的。他的出场角色表里是一个个的人，我的则是一串类别。这里有必要介绍一下动植物的分类法。比如在第 11 会合点，会有大约 2 000 种啮齿目动物（rodent）和 90 种穴兔（rabbit）、野兔（hare）、鼠兔（pika）加入我们的朝圣，它们统称为啮齿动物（Glires）。我们对这些物种以层级的方式进行分组，并为每个组赋予独特的名字。比如，形态跟家鼠相似的啮齿目动物被归入鼠科（Muridae），而像松鼠的啮齿目被归入松鼠科（Sciuridae）。这种分组的每个层级都有自己的名字，鼠科和松鼠科都是科（family），而啮齿目（Rodentia）是它们所属的目（order）的名字。啮齿目再加上各种兔类就构成了一个统称为啮齿动物的总目（superorder）。这些分类组别共同构成一个层级系统，而科和目位于层级中间的位置。各个物种接近层级的底部，而从种往上有属、科、目、纲、门等，此外还有“亚”和“总”这样的前缀来填补各级中间的位置。

就像我们将在不同的故事中看到的那样，物种处于一个特殊的地位。每个物种都有一个独一无二的拉丁学名，由两个词组成。第一个词是首字母大写的属名，紧跟着是小写的种名，两个词都用斜体字。豹子、狮子和老虎都是豹属（*Panthera*）的物种，其学名分别为 *Panthera pardus*, *Panthera leo* 和 *Panthera tigris*。豹属隶属于猫科（Felidae），后者又依次属于食肉目（Carnivora）、哺乳纲（Mammalia）、脊椎动物亚门（Vertebrata）和脊索动物门（Chordata）。关于分类学原理，我在这里不再赘述，而会在本书随后需要的时候详述。

注释

1. 又称贝冢，是一种古代人类居住遗址，以包含大量食用后抛弃的贝壳为特征。——译者注
2. 葬甲科（Silphidae）昆虫的俗称，具有照顾幼虫的习性，属于亚社会性动物。——译者注
3. 即冰人奥茨（Ötzi），1991 年于阿尔卑斯山脉奥茨塔尔山冰川被发现，保存完好。——译者注
4. 约翰·里德（John Reader）在《大地上的人》（*Man on Earth*）一书中提到，印加人虽然没有文字（除非他们那些打了结的绳不仅用来计数，同样也算作一门文字，就像近来有人提出的那样），却发展出一种也许是补救的办法来提高口头传承的准确性。官方史官“有义务记住大量信息，并在执政者需要的时候复述出来。毫不奇怪，史官的身份职责是父子相继的”。——作者注

5. 指发音时舌后部向软腭抬高并爆破（即软腭化）的辅音，英语中 c 和 g 在位于元音 a、o、u 之前时发硬辅音 [k] 或 [g]。——译者注
6. 在“中国式耳语”（美国孩子把它叫作“打电话”）这个游戏里，孩子们排成一列，先把一个故事小声告诉第一个孩子，然后他再小声传给下一个孩子，以此类推，直到传到最后一个孩子，由他讲出他所听到的版本，这时原先的故事已经变得面目全非，从而令人发笑。——作者注

   这个游戏还有许多其他名字，但之所以被欧洲人称为“中国式耳语”，是因为 17 世纪欧洲人刚刚接触中国时发现中国的语言和文化对欧洲人来说非常难以理解，后来便用“中国式”来形容那些难懂的、不可理解的事物。——译者注
7. 古罗马的庞贝城位于意大利那不勒斯湾维苏威火山脚下，于公元 79 年被维苏威火山喷发的火山灰覆盖。——译者注
8. 普布利乌斯·科尔奈利乌斯·塔西陀（Publius Cornelius Tacitus，约 55—约 117），罗马帝国执政官、雄辩家、元老院元老，也是著名的历史学家与文体家，主要著作包括《历史》和《编年史》等。——译者注
9. 约翰内斯·谷登堡（Johannes Gutenberg）是第一个发明活字印刷术的欧洲人，其发明引发了一场媒介革命，被认为是现代史上最重要的事件之一。——译者注
10. 大卫是公元前 10 世纪以色列联合王国的第二任国王，根据《圣经》，耶稣的父亲约瑟是大卫的后裔。——译者注
11. 人们有时候错误地使用“冗余”（redundant）一词替代“简并”（degenerate），但实际上“冗余”有别的含义。诚然，遗传密码确实是冗余的，因为 DNA 分子双螺旋中的任意一条链都可以被用于解码，两条链编码的信息是相同的。实际上细胞只对其中一条链进行了解码，另一条链则被用于纠错。工程师们也同样采用冗余——或曰重复——来纠错。而我们在此讨论的遗传密码的简并性与之不同，一套简并的密码会包含一些同义词，因此它实际上覆盖的内容少于它本来所能容纳的。——作者注
12. 在分子生物学中，转录指的是遗传信息从 DNA 转换到 RNA 中的过程。——译者注
13. 《贝奥武甫》（*Beowulf*）是完成于公元 8 世纪的英雄叙事长诗，是以古英语记载的传说中最古老的一篇。——译者注

目　录

第0会合点

所有人类 // 003

塔斯马尼亚人的故事 // 005

《塔斯马尼亚人的故事》后记 // 014

《农民的故事》序 // 017

农民的故事 // 018

克罗马农人的故事 // 028

早期智人 // 031

《夏娃的故事》序 // 035

夏娃的故事 // 036

《夏娃的故事》后记 // 056

《丹尼索瓦人的故事》序 // 060

丹尼索瓦人的故事 // 064

《丹尼索瓦人的故事》后记 // 068

匠人 // 070

匠人的故事 // 077

能人 // 083

能人的故事 // 085

猿人 // 097

阿迪的故事 // 104

《阿迪的故事》后记 // 111

第 1 会合点

黑猩猩 // 127

《黑猩猩的故事》序 // 131

黑猩猩的故事 // 133

《黑猩猩的故事》后记 // 138

倭黑猩猩的故事 // 139

第 2 会合点

大猩猩 // 149

大猩猩的故事 // 150

第 3 会合点

猩猩 // 159

猩猩的故事 // 161

第 4 会合点

长臂猿 // 169

长臂猿的故事 // 173

《长臂猿的故事》后记 // 190

第 5 会合点

旧世界猴 // 197

第 6 会合点

新世界猴 // 203

吼猴的故事 // 207

第 7 会合点

眼镜猴 // 223

第 8 会合点

狐猴、婴猴及其亲属 // 229

指猴的故事 // 232

白垩纪大灭绝 // 238

第 9 和第 10 会合点

鼯猴和树鼩 // 247

鼯猴的故事 // 249

第 11 会合点

啮齿类和兔类 // 255

小鼠的故事 // 258

《小鼠的故事》后记 // 262

河狸的故事 // 264

第 12 会合点

劳亚兽 // 277

河马的故事 // 280

《河马的故事》后记 // 287

海豹的故事 // 288

第 13 会合点

异关节总目和非洲兽总目 // 305

《树懒的故事》序 // 315

树懒的故事 // 321

第 14 会合点

有袋类 // 335

袋鼹的故事 // 339

第 15 会合点

单孔目 // 347

鸭嘴兽的故事 // 351

星鼻鼹鼠对鸭嘴兽说了什么 // 361

似哺乳爬行动物 // 366

第 16 会合点

蜥形纲 // 379

熔岩蜥蜴的故事 // 381

《加拉帕戈斯地雀的故事》序 // 385

加拉帕戈斯地雀的故事 // 389
孔雀的故事 // 394
渡渡鸟的故事 // 407
象鸟的故事 // 414

第17会合点

两栖动物 // 427
蝾螈的故事 // 432
狭口蛙的故事 // 446
美西螈的故事 // 449

第18会合点

肺鱼 // 461
肺鱼的故事 // 462

第19会合点

腔棘鱼 // 473
腔棘鱼的故事 // 475

第20会合点

辐鳍鱼 // 483
叶海龙的故事 // 484
狗鱼的故事 // 487
丽鱼的故事 // 489
洞穴盲鱼的故事 // 499
比目鱼的故事 // 503

第 21 会合点

鲨鱼及其亲属 // 509

第 22 会合点

七鳃鳗和盲鳗 // 515

七鳃鳗的故事 // 520

第 23 会合点

海鞘 // 529

第 24 会合点

文昌鱼 // 537

文昌鱼的故事 // 538

第 25 会合点

步带动物总门 // 543

第 26 会合点

原口动物 // 549

沙蚕的故事 // 558

卤虫的故事 // 563

切叶蚁的故事 // 569

蝗虫的故事 // 571

果蝇的故事 // 591
轮虫的故事 // 604
藤壶的故事 // 616
天鹅绒虫的故事 // 620
《天鹅绒虫的故事》后记 // 637

第 27 会合点

无腔扁虫 // 653

第 28 会合点

刺胞动物 // 661
水母的故事 // 666
珊瑚虫的故事 // 668

第 29 会合点

栉水母 // 679

第 30 会合点

扁盘动物 // 685

第 31 会合点

海绵 // 691
海绵的故事 // 694

第 32 会合点

领鞭毛虫 // 699

领鞭毛虫的故事 // 700

第 33 会合点

蜷丝球虫 // 707

第 34 会合点

DRIPs // 713

第 35 会合点

真菌 // 719

第 36 会合点

不确定的会合点 // 727

第 37 会合点

变形虫 // 731

第 38 会合点

捕光者及其亲属 // 737

花椰菜的故事 // 747

红杉的故事 // 752

丝叶狸藻的故事 // 763
混毛虫的故事 // 774
历史性大会合 // 782

第 39 会合点

古菌 // 793

第 40 会合点

真细菌 // 799
根瘤菌的故事 // 800
水生栖热菌的故事 // 810
坎特伯雷 // 817
主人归来 // 844
重新进化 // 845
价值中性和价值负载的进化 // 863
进化能力 // 871
主人的告别 // 882
致　谢 // 887
延伸阅读 // 891
关于系统发生树及复原图的说明 // 895
参考文献 // 907

第0会合点

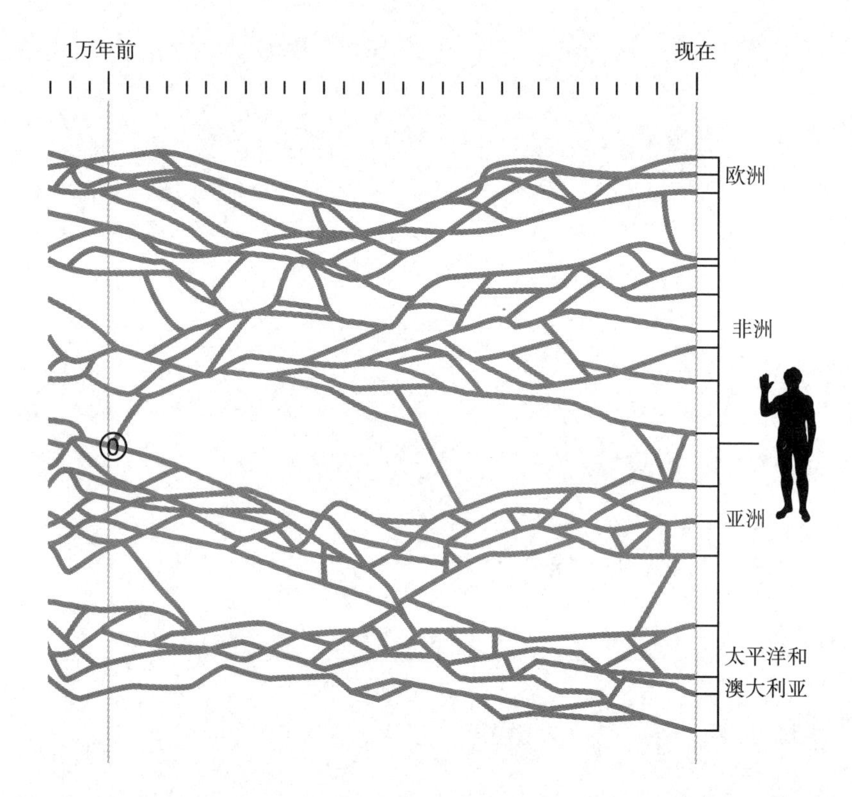

人类。本图是对人类家系图的程式化表达，它并不精确，因为真实的家系图极其繁密，以至于无法呈现。图中灰线代表混血的途径，同一片大陆内部混血较为频繁，而大陆之间有偶尔的迁徙。标着数字的圆圈代表 0 号共祖，即所有现存人类的最近共同祖先。你可以自己验证：从 0 号共祖开始向右可以抵达任何一个作为终点的现代人。

所有人类

是时候开始这场朝圣之旅了。我们可以想象自己乘着时光机，前往过去寻找我们的祖先，或者严格来说，去寻找我们祖先的基因。但我们所说的到底是谁的祖先？你的还是我的？是班布蒂俾格米人[1]的祖先还是托雷斯海峡群岛岛民[2]的祖先？

从长远来看，是谁的祖先都无所谓。只要我们往回走得足够远，所有人都有同样的祖先。那时候，不论你是谁，你的各位祖先都是我的祖先，我的祖先也都是你的。这并非一种近似的说法，而是名副其实的事实。你琢磨之后就会明白，这是一句不需要更多证据的真理，只需借用数学家的归谬法，单凭推理就可以证明它是正确的。让我们乘着想象的时光机疯狂地回溯历史，比如说回到1亿年前，那时候我们的祖先还跟鼩鼱或负鼠差不多。我个人必然有一位祖先生活在这个古老的时代，生活在这个世界的某个角落，否则我现在就不会在这里。我们姑且称这位特殊的小哺乳动物为亨利吧（碰巧我们家族里真有人叫这个名字）。现在我们要证明，如果亨利是我的祖先，那他必定也是你的祖先。让我们想象一下相反的情况，也就是说，虽然我是亨利的后代，但你不是。如果这是真的，那就意味着你的家系和我的家系肩并肩进化了1亿年直到今天，其间毫无接触，不曾混血，却最终来到了相同的进化点，而且两个家系如此相似，以至于你的亲戚依然可以和我的亲戚通婚。这个推论显然太荒谬了。如果亨利是我的祖先，那他必定也是你的祖先。他如果不是我的祖先，也必定不可能是你的祖先。

我们刚刚证明了，如果一个足够古老的个体最终留下了人类后裔，那么它必定是整个人类种族的共同祖先，尽管我们并没有明确到底多古老才算“足够古老”。对于一群像人类这样追溯祖先源流的后裔子孙来说，如果追溯得足够远，那么最后找到的祖源关系必然是“全或无”（all or nothing）的——要么是整个人类种族的祖先，要么跟所有活着的人都没有关系。而且，完全有可能一方面亨利是我的祖先（既然你能以人类的身份阅读这本书，那他必定也是你的祖先），另一方面他的弟弟威廉是所有现存袋熊的祖先。在历史上必然存在某个时刻，同一个物种的两个个体之中有一个成为所有人类的祖先，后代之中没有一只袋熊，另一个成为所有袋熊的祖先，后代中没有一个人类。这并非只是一种可能性，而是一种显著的事实。这两个个体很可能曾经相遇，甚至可能是同胞兄弟。你可以把袋熊换成任何一个你喜欢的现代物种，上述论断必定依然成立。把这些想通了你就会发现，它其实基于这样一个事实，即所有物种都是彼此的亲戚。你思考的时候请务必记得，“所有袋熊的祖先”也同样是许多其他非常不同的物种的祖先，像我们将在第 14 会合点遇见的有袋类动物（marsupial），包括袋鼠、考拉、袋狸和兔耳袋狸，以及其他位于南美和澳大利亚的东道主动物。

我前面推理所用的归谬法假定亨利生活的年代足够久远，如此才能保证他要么是所有人类的祖先，要么不是任何人的祖先。那么到底多远才算足够久远？这个问题就比较困难了。1 亿年肯定够远了，足以确保我们的结论。如果我们只往回走 100 年，没有哪个个体可以号称整个人类种族都是他的直系后代。回溯 100 年和 1 亿年的结果是显而易见的，可是在二者之间的那些不太明显的情况呢？关于 1 万年、10 万年或者 100 万年我们又能说些什么呢？

既然我们把 0 号共祖定义为所有现存人类的最近共同祖先，那么这个问题就不仅有趣，而且还关系到我们的第一个会合点。我在《伊甸园之河》（*River Out of Eden*）一书中讨论过这个问题，当时我还不知道如何准确地计算这个时间点。不过令人高兴的是，耶鲁大学的统计学家约瑟夫 · 张（Joseph T. Chang）已经研究了这个问题，他的结论构成了我们第一个故事的基础。这个故事的讲述者是塔斯马尼亚人（Tasmanian），稍后我们将会看到为什么要由他们讲述这个故事，原因将是显而易见的。

塔斯马尼亚人的故事

寻根觅祖是一种令人陶醉的消遣。就像研究历史一样，它也有两种方法。你可以逆着时间向后追溯，依次列出你的双亲、四位祖辈、八位曾祖等等。或者你也可以挑一位远祖，顺着时间向前罗列出他的儿女、孙辈、曾孙辈，直到你自己。系谱学爱好者会双管齐下，既向前也向后，在代与代之间求索，穷尽户籍和家谱资料，尽可能地补全家系图。这一节的故事以及这整本书采用的都是向后的办法。

我们可以随便挑两个人，然后向后追溯，或早或晚我们将遇见两人的最近共同祖先。不管是你和我，还是水管工和女王，任何一组人都必然在一位（或一对）共祖那里会聚。但除非我们挑的是近亲，要找到共祖必须有一张庞大的树状家系图，可惜树上大部分位置都是未知的。寻找所有现存人类的共祖自然更不必说了。确定现存人类的 0

号共祖亦即最近共同祖先生活的年代，这可不是一项能够交由职业系谱学家完成的任务。这项任务的要点在于估算，这是数学家的专长。

应用数学家们试图通过建立世界的简化版本即“模型”来理解真实世界。模型让思想变得简明，却不至于完全丧失照亮现实的力量。有时候它可以为我们提供一个基线，让我们由此出发阐明真实的世界。

要建立数学模型框架来估测所有现存人类的祖先生活的年代，一个很好的简化办法是设想这样一个好比玩具世界的地方，整个繁殖种群都生活在一座岛上，种群的大小恒定不变，没有移民进入或离开。我们可以假设塔斯马尼亚的原住民正是这样一个理想化的种群。在19世纪的外来定居者来到这里把他们当作农业害虫消灭之前，塔斯马尼亚人一直快乐地生活在这座岛上。最后一名纯血的塔斯马尼亚人楚格尼尼（Truganinni），死于1876年，之前不久她的朋友“比利王”（King Billy）刚刚过世，他的阴囊被做成了一个烟袋，这让人想起“纳粹的灯罩”[3]。大约1.3万年前，海平面上升淹没了通往澳大利亚的陆桥，从此塔斯马尼亚的原住民与世隔绝，再没见过任何一名外来者，直到19世纪的大屠杀，显然这次他们一下子遇见了太多的外来者。出于建模的考虑，我们假定塔斯马尼亚人一直彻底与世隔绝了1.3万年，直至公元1800年。我们在模型中所想象的“现在”指的就是这一年。

下一步是对配偶方式进行建模。在真实世界里，人们的结合或者出于爱情，或者由于包办婚姻，但在建模的时候，我们会用易于处理的数学去无情地替换掉人类世界的细节。我们可以设想出不止一种配偶方式。在随机扩散模型（random diffusion model）中，男人和女人就好像微观粒子一样，从出生的地方随机扩散到其他地方，因此更容易遇见近处的邻居。一个更简单也更不真实的模型则是完全随机配偶模型（random mating model）。在这个模型里，我们彻底忘掉距离的存在，只是简单地假设在岛屿范围内，任何男人和任何女人婚配的可能性都是相等的。

当然，这两个模型都非常不真实。随机扩散模型假定人们离开出发点之后可以随便走向任意方向，但现实中却有道路指引着他们的脚步，道路构成了狭窄的基因通道，穿过岛上的森林和草地。完全随机配偶模型更加不真实。不过不管怎样，我们先把模型建立起来看看在理想简化的情况下会发生什么——也许会有些出人意料的结果，然后我们再考虑真实世界是更加出乎意料还是更平淡无奇，以及偏差出现在哪个方向。

依循数学遗传学家们的悠久传统，约瑟夫·张选择了完全随机配偶模型，并把人口规模看作常数。他所建立的模型并不是专门针对塔斯马尼亚的，但我们可以再次谨慎地假定一种过度简化的情形，即在我们的玩具世界里，人口总是稳定在 5 000 人上下，这个数字是对公元 1800 年塔斯马尼亚原住民人口的一个估计，当时大屠杀还没有发生。我必须再次申明，这种对于数学建模来说必需的简化并不是方法上的瑕疵，反而在某些情况下是一种优势。张当然不会相信人的配偶行为是完全随机的，就像欧几里得不会真的相信线条没有宽度。我们先顺着大略的假设看看结果如何，然后再决定它和真实世界在细节上的差别是否真的重要。

那么，我们的玩具种群需要上溯多少代才能找到所有现存个体的共同祖先呢？张的计算表明，只要超过 12 代即可。在人类家系图上，一个世纪只能挤进去三四代人。也就是说，我们把塔斯马尼亚人的共祖锁定在了不到四个世纪之前。这个时间也许近得出人意料，不过得出这样晚近的年代是有充分理由的。这件事要这么来看：逆着时间上溯，任何人的祖先支系数目都在迅速增加。你有一对父母，四位祖辈，八位曾祖辈，以此类推，数目呈现出数学家所说的指数增长：2，4，8，16，32，64，128，256，512，1 024，2 048，4 096，8 192……如此看来只要回溯十几代就能找到共同祖先好像也就没那么出奇了。

循着这个思路，在 13 代以前，你有 8 192 位太祖。对于任何一名塔斯马尼亚人来说，情况并无二致。可是我们假设了塔斯马尼亚的人口规模稳定在 5 000 人，这不就矛盾了吗？问题的关键在于，我们这个指数增加的家系路径是可以重叠的，多条路径可以彼此重叠最终通向同一个实际存在的祖先[4]。

如果人口规模更大会怎样？张提供了一个一般性的答案，告诉我们平均而言需要回溯多远才能找到一位共同祖先，也就是当祖先家系的路径数目（并不必然等于祖先个体的数目）正好等于种群规模的时候。那到底是多少代？拿 2 和自身相乘，结果再乘以 2，以此类推直到得到种群规模的大小，乘了多少次就需要回溯多少代。数学家称之为以 2 为底的对数。以我们理想化的塔斯马尼亚种群为例，5 000 以 2 为底的对数约为 12.3，我们由此得出结论，12 代过后就能找到塔斯马尼亚人的共祖。

如果把某个种群的最近共同祖先所生活的年代称作张氏 1 号节点（Chang One），那么从张氏一号回溯，用不了多久我们就会遇到张氏 2 号节点（Chang Two）。在这个时间点，种群中的每一个个体，要么是种群所有现存后代的共同祖先，要么没有留下任何后代。只有在张氏 1 号和 2 号之间的短暂过渡期里，才存在一个中间类群，其中的个体留下了一些现存后代，却不是所有人的共同祖先。由此可以得到一个出乎意料却很重要的推论，我在这里先不解释它背后的道理：从张氏 2 号开始继续回溯，有大量的人都是所有现存后代的共祖。实际上，在任何一代人里都有大约 80%的个体在理论上是所有遥远未来后代的祖先。

至于具体的时间，数学结果表明，张氏 2 号比张氏 1 号大约古老 1.77 倍。12.3 乘以 1.77，只需不到 22 代人，六个多世纪。也就是说，我们在塔斯马尼亚乘着时光机逆着时间回溯，在大约杰弗里·乔叟的时代就会进入“全或无”的领域。以这个时代为起点继续回溯，一直回到塔斯马尼亚岛还和澳大利亚大陆相连、我们这里所有假设都不再适用的时代，我们的时光机在这个过程中遇见的每一个人，都要么是整个后代种群的祖先，要么没有留下任何后代。

我不知道你怎么想，可我觉得，尽管上述一切符合逻辑，但这些计算出来的日期实在晚得令人震惊。而且，即便你设想一个更大规模的种群，结果也不会有太大的变化。以英国不列颠岛如今 6 000 万人口的规模来建模，我们也只需要回溯 23 代人就能到达位于张氏 1 号节点的最近共同祖先。如果把模型应用于英国，那么对于在张氏 2 号节点的任何一个个体来说，要么全体现代英国人都是他的后代，要么没有任何现代英国人是他的后代，而张氏 2 号节点在大约 40 代人以前，相当于公元 850 年。如果这个模型的假设是真的（当然不是真的），要么所有现代英国人都是阿尔弗烈德大王[5]的后代，要么没有一个人是他的后代。

我必须重申开头的警告。不管是英国的例子还是塔斯马尼亚的例子，模型和真实世界的种群之间总是存在着各种各样的差异。历史上英国人口不曾有今天的规模，其间经历过人口激增的阶段，这会彻底影响我们的计算结果。在任何真实的种群中，其个体都不会完全随机地配对。他们偏爱自己的部落、自己的语族或自己的同乡，理所当然每个人还有个人的偏好。除此之外，英国的历史还让事情变得更加复杂。尽管在地理上是一座岛，但英国的族群却远远算不上与世隔绝。几个世纪以来，一拨又一拨来自欧洲大陆的移民席卷而来，罗马人、撒克逊人、丹麦人、诺曼人皆在其列。

塔斯马尼亚和不列颠固然是岛屿，但其实整个世界都可以被看成一座"大岛"，没有移民进入或离开。不过这个更大的岛屿不太理想，被分割成了几块大陆还有一些小岛。除了海洋，还有高山、河流和沙漠在不同程度地阻碍着人们的迁徙。就像配偶行为的非随机性一样，部族之间的这种部分隔离也超出了我们先前过分简化的计算。现在全球有 70 亿人口，要是只根据 70 亿以 2 为底的对数便推论出第 0 会合点在中世纪，那就太疯狂了！跟我们现在计算的时间相比，人类在很久很久以前就已经分散成各种小群体了，单凭这一点就知道真实的第 0 会合点要早得多。既然像塔斯马尼亚这样的岛屿可能与世隔绝了 1.3 万年，那么人类整个种族的共同祖先就不可能晚于 1.3 万年前出现。

我们可以找到与世隔绝最久的岛屿，看上面的岛民在隔绝之前最后一次与外界混血发生在什么时候，以此设定第 0 会合点的年代下限。但是要想得到一个值得严肃对待的年代下限，隔绝必须是绝对彻底的。之所以有这样的要求，跟我们先前得到的 80% 这个数字有关。一个来到塔斯马尼亚的外来移民一旦充分融入社会并正常繁育后代，就有 80% 的机会最终成为所有后代塔斯马尼亚人的共同祖先。因此哪怕只是寥寥几个外来移民都足以将一个原本隔绝的种群嫁接回到大陆的家系上。第 0 会合点的年代很可能取决于最与世隔绝的人类群体与它最近的邻居彻底隔离的时间，再加上这位邻居和它的邻居隔绝的时间，以此类推。也许还要考虑在岛屿间进行几次跳跃式迁徙的时间，这样所有的分支才能联结在同一张家系图上，不过这段迁徙的时间应该只是微不足道的几个世纪，然后我们就会遇到 0 号共祖。

要想确定第 0 会合点的年代，我觉得没法指望人类迁往偏远岛屿的真实记录，这种记录既稀缺又不可靠。不过可以做个不无根据的推测。道格拉斯·罗德（Douglas Rohde）、史蒂夫·奥尔森（Steve Olson）跟约瑟夫·张合作，建立了一个模拟地球的计算机模型，模型里有真实的国家疆界，有历史上真实存在的港口，在地区间还有随机但不频繁的人员流动。虽然跟真实世界比起来这依然是简化的情况，但他们希望借此对可能的时间范围做一个大致的估计。既然如今没有纯血的塔斯马尼亚人帮我们把第 0 会合点推回到 1.3 万年前甚至更早，那他们得到的结论是什么？多次模拟的平均结果显示，第 0 会合点距今不过 3 500 年！

我不确定能说服自己接受这样一个晚得令人震惊的年代。不过有些有趣的迹象表明它离真相也许并不太远，或者至少它可以说明，尽管地理和文化樊篱强烈地影响着人类的配偶行为，但我们祖先的指数扩张却可以超越这种限制。第一点迹象来自现成的系谱学成果。这些结果表明，哪怕相距遥远的人们，也可以共享相对晚近的共同祖先，这种联系往往来自皇室王族，但并不是因为贵族们自己有什么特异之处，而只是因为他们有着翔实的家谱记录，为系谱学家们提供了丰沃的狩猎场。比如，研究显示美国总统贝拉克·奥巴马（Barack Obama）是英国国王爱德华一世（Edward I）的直系后裔。实际上，欧洲和北美的每个人几乎都有这种皇室先祖。比如道金斯家族可以经由克拉伦斯公爵（Duke of Clarence）追溯到国王爱德华三世（King Edward III），克拉伦斯公爵就是后来被溺死在马姆齐甜酒桶里的那位。[6] 系谱学家们不无道理地指出，任何人但凡有一丁点儿欧洲血统，其血缘都可以追溯到查理大帝（Charlemagne，死于公元 814 年）[7]，因为所有欧洲王室都认其为祖先。穆罕默德[8]生活的年代略早一些，可以作为一个非王室的例子。考虑到欧洲南部摩尔人（Moor）[9]的历史，我几乎肯定是穆罕默德的直系后代。若往更大的范围看，我所有读者的祖先中不仅有许多历史伟人（从尼布甲尼撒二世[10]到中国的第一位皇帝），而且还有与这些伟人同时代却不为人知的人［从巨石阵（Stonehenge）[11]的建造者到娜芙蒂蒂王后[12]的发型师］，不一而足。

阻碍人类通婚的屏障其实千疮百孔，关于这一点的第二个迹象来自遗传学。2013 年，彼得·拉尔夫（Peter Ralph）和格雷厄姆·库普（Graham Coop）分析了 2 000 多名欧洲人的基因组数据，寻找不同人拥有的几乎完全相同的 DNA 长片段。共享这种长片段就意味着较近的血缘关系，我们将在《夏娃的故事》中解释其中的道理。研究者限定了共享片段的长度，搜寻在过去数千年间至少有一位共同祖先的样本。你大概猜到了，来自相同地区的个体会拥有更多的共同祖先。但即便是像英国和土耳其这样相隔遥远的国家，其基因数据依然让拉尔夫和库普得出结论："从家系图上看，过去 1 000 年里生活在欧洲两端的人们有数百万名共同的祖先。"

伟大的统计学家和进化遗传学家罗纳德·费歇尔爵士[13]以其典型的预见性预言了这些晚得惊人的年代。他在一封于 1929 年 1 月 15 日写给莱昂纳多·达尔文少校（Major Leonard Darwin，即查尔斯·达尔文排行倒数第二的儿子）的信中写道："所罗门王[14]生活在 100 代人以前，他的血脉也许已经断绝。如果没有断绝，我敢打赌他是我们所有人的祖先，而且不管他的智慧在后代中的分配是多么不均，他的血脉在后代中基本都是平均分配的。"我不知道费歇尔所说的"我们所有人"是不是真的包括了美洲印第安人（Amerindian）和祖鲁人

（Zulu）[15]，而且就像我在本节后记中所说的，我不认为他所说的“基本平均分配”适用于DNA。但是基于约瑟夫·张的计算，再加上遗传学的证据，关于第0会合点的结论似乎已经很清晰了。0号共祖，即所有现存人类的共同祖先，他生活的年代距今只有数千年，最多几万年，不会更久了。

第0会合点的地点也几乎同样令人吃惊。你也许倾向于认为是非洲，我的第一反应也是如此。既然人类最早的几次遗传分歧都发生在非洲，那么在非洲寻找所有现存人类的共同祖先似乎顺理成章。有个老生常谈的说法是，如果抹掉撒哈拉以南的非洲地区，我们将失去绝大部分人类遗传多样性，反过来如果抹掉非洲以外地区则几乎没什么影响。不管怎样，0号共祖很可能来自非洲以外的地方。作为人类的最近共同祖先，0号共祖需要把地理上最与世隔绝的人群跟外部世界联系起来。出于讨论的便利，我们把塔斯马尼亚人当作这群最与世隔绝的人。让我们假设，在塔斯马尼亚人与世隔绝的同时，世界上其他地方（包括非洲）的人们长期维持着一定程度的通婚，那么根据张的计算所用的逻辑，应该推测0号共祖生活在非洲以外，离塔斯马尼亚人的祖先启程移民的地方不远。实际上，罗德、奥尔森和张等人进行的多次计算机模拟几乎每次都把0号共祖定位在东亚。但这并不是说人类遗传家系的主体部分来自亚洲。这好像是个悖论，我们将在《夏娃的故事》里解决这个问题，在那个故事中，我们探索的家系属于基因，而非族群。

通过对张氏1号节点的计算，我们可以推定起始会合点的年代并锁定0号共祖的身份，但更有趣的目标其实是具有普遍性的张氏2号节点，尽管我们并不能为这个稍远的里程碑挑出一个引人注意的代表人物。等到了张氏2号节点，我们遇见的每一个人都可能是我们的共同祖先，如果不是，那他不会是任何现代人的祖先。到了这个点，也就标志着我们可以不必再担心遇见的那个人是你的祖先还是我的祖先：从这一点开始，我的全体读者将排成朝圣者的方阵，一起肩并着肩朝着过去前行。

《塔斯马尼亚人的故事》后记

我们的结论出人意料，即 0 号共祖很可能生活在大约 1 万年前，而且很可能不在非洲。其他物种可能也普遍有着相当晚近的共同祖先。但《塔斯马尼亚人的故事》迫使我们重新审视的生物学观点还不止于此。一个种群中有 80% 的个体会成为后代群体的普遍共同祖先，这种说法在达尔文主义的专家看来像是一种悖论。我需要为此解释一二。我们习惯认为，单个生物体致力于最大化一种叫作“适合度”（fitness）的量化性质。但适合度指的到底是什么呢？这是个有争议的问题。一种常见的近似说法是“子代的总数”，另一种则说是“孙辈的总数”，不过并没有什么明显的理由让我们止步于孙辈，而不去考虑曾孙辈或更远的后代。许多权威学者更喜欢说“在某个遥远的将来存活的后代总数”。但在我们那个理论上的理想种群中，可以说 80% 的个体都拥有最大化的“适合度”。换句话说，他们可以宣称整个种群都是自己的后代！这对达尔文主义者来说可不能等闲视之，因为他们普遍相信，“适合度”是动物需要持续奋斗才能最大化的东西。

长期以来我一直强调，但凡生物体的行为表现得好像有某种目的，或者它仿佛有能力把什么东西最大化，那都是因为制造它的那些基因经过了一代又一代的筛选才活了下来。人们有一种把生物体拟人化的倾向，并诉诸“动机”（intention），把“基因在过去的生存史”

替换为“在将来繁殖的动机”或者类似的话，比如“个体想要在将来拥有许许多多的后代”。这种拟人化也同样被应用于基因：我们倾向于把基因看成某个有影响力的人物，其所作所为可以增加同样的基因在将来的拷贝数目。

无论谈论的是个体还是基因，采用这种拟人化语言的科学家们心里清楚这只是一种表达方式。基因不过是 DNA 分子。如果你认为“自私的”基因真的挖空心思想要生存，那你一定是疯透了！我们总是可以把它翻译成更合适的语言：世界充满了从过去存活下来的基因。由于世界具有一定的稳定性，不会任性地突然变化，所以那些从过去存活下来的基因往往也是将来存活得不错的基因。也就是说，这些基因对身体的程序控制使个体更容易活下来，繁殖出子代、孙辈以及更遥远的后代。于是我们又绕回原先对适合度的定义，即基于个体、面向未来的定义。但我们现在知道了，个体之所以重要，完全是因为它是基因存活的载体。这又把我们带回那个悖论：80% 的个体都能繁育后代，这似乎都快挤到天花板了，最大适合度已经饱和了！

要解决这个悖论，我们需要回到我们的理论基础，即 DNA。为了解决这个悖论，我们需要引出另一个悖论，仿佛错上加错就能变成正确。想想看：一个个体哪怕不曾传递一丁点儿 DNA 给后代种群，也依然可以是某个遥远的未来里整个后代种群的普遍共同祖先！这怎么可能？

生物体每有一个孩子，就将不多不少正好一半的 DNA 复制给了那个孩子；每有一个孙子，平均上就有四分之一的 DNA 传给了那个孙子。父母任意一方对子女 DNA 的贡献都是精确的 50%，但祖辈对孙辈的 DNA 贡献比例却是一个统计数值，可能比四分之一多，也可能比四分之一少。你一半的 DNA 来自你的父亲，另一半来自母亲。

反过来，等你生育了孩子，你就把自己的一半DNA传递给了孩子，但给的是哪一半呢？对于任何一段DNA片段（“基因”）来说，你给出的可能是从父亲那里遗传来的版本，也可能是从母亲那里遗传的版本，二者机会均等，纯凭偶然。可能你传给孩子的碰巧全是来自母亲的版本，没有一个来自父亲。这种情况下，你父亲将不会有任何DNA传给孙辈。当然这种情形极难发生，但当我们顺着家系越走越远，对于更遥远的后代来说，有那么一位完全不为后代提供任何DNA的祖先的可能性就越来越大。一般说来，你可以预期自己有八分之一的DNA传给了曾孙，十六分之一给了玄孙，但实际情况可以更多，也可以更少。以此类推，完全有可能不为某个特定的后代贡献任何DNA。

我们可以从另一个角度来看这个问题。就像我之前说的，但凡你有一点欧洲血统，都可以通过至少一个家系追溯到查理曼。这个过程需要经过大约40代人，平均而言可以预期你基因组里有一万亿（2的40次方）分之一的DNA来自这个特别的家系，但你的基因组里总共只有30亿个字母！你从这条家系途径遗传得到的DNA平均数量似乎才是一个DNA字母的一小部分。基于这个计算，你从查理大帝那里遗传的DNA接近于零，很可能一点都没有。实际上，只要往上多追溯几代人，一般说来那时候你的大部分祖先都不曾遗传给你任何DNA。当然，这么说也不完全准确，因为你几乎总是可以通过许多不同的路径追溯到某个特定的祖先。不管怎样，在通向过去的逆向旅程中，我们将注定遇到一些人，他们是全体人类的直接祖先，却不曾把DNA传给任何现在活着的人。顺着时间向前看，这也依然成立。尽管我的读者当中大概有80%的人肯定会成为几千年后所有存活人类的共同祖先，但最终真正将DNA复制给后代的人却少得多。

作为《自私的基因》（*The Selfish Gene*）的作者，也许我有着自己的偏见，但我认为，逆着时间去思考基因如何存活至今，而非顺着时间去思考个体或基因如何努力活着走向未来，可以算作另一个支持基因作为自然选择单位的理由。若是能够小心谨慎地避开误解，那么“正向的动机论”的思维方式也是有用的，但这种方式并不十分必要。等你习惯了“逆向的基因”语言，你会发现它同样清晰，离真理更近，并且不太容易导致错误的答案。

《农民的故事》序

我们已经把最初的会合点定于大约几万年前。在这个时间点走出时光机时，我们会见到怎样不同的祖先？实际上我们遇见的人跟我们的差别不会超过今天的人们彼此之间的差别。请记住我所说的“今天的人们”包括了德国人、祖鲁人、俾格米人、中国人、柏柏尔人（Berbers）[16]和美拉尼西亚人（Melanesians）[17]。哪怕回到5万年前那么远，我们跟祖先的差异依然和我们今天环顾世界看到的差异不分伯仲。

如果不存在生物层面的进化，那么我们回溯数万年跟回溯几十万年甚至上百万年看到的情况有什么不同？在我们乘时光机旅行的起始阶段，主导我们舷窗外景象的是另一种进化过程，其演变速度比生物进化要快好几个数量级。它有好几种叫法，可以称其为文化进化（cultural evolution）、体外进化（exosomatic evolution）或技术进化（technological evolution）。我们提到汽车、领带或英语的进化时所说的便是它。我们必须避免过度强调它和生物进化的相似性，而且无论如何不会为它耽搁太久。前方还有40亿年的路要走，很快我们就要把时光机的速度调得飞快，以至于整个人类历史都变成飞逝的一瞥。

不过目前我们的时光机仍然停留在低速挡，在人类史而非进化史的时间尺度里运行。有两次主要的文化进步是我们必须要探索的。《农民的故事》讲的是农业革命。对于世上其他物种来说，人类的发明当中大概数它带来的反响最为深远。《克罗马农人的故事》讲的是“文化大跃进”（Great Leap Forward）。在某种意义上，人类思维的如花绽放为进化本身提供了新的媒介。

农民的故事

大约 1.2 万年前，在末次冰期即将结束的时候，位于底格里斯河和幼发拉底河之间的所谓新月沃地诞生了农业革命。农业同样崛起于中国和尼罗河沿岸，而且很可能是各自独立孕育而来的。农业在新世界[18]是完全独立发展的，而另一个关于农业文明独立起源的例子来自新几内亚岛（New Guinea）那极度与世隔绝的内陆高原。农业革命的诞生标记着新石器时代（Neolithic）的开始。

从居无定所的狩猎采集生活到定居的农业生活，这种转变可能意味着人们第一次有了家的概念。在世界其他地方，跟最早的农民同时代的那些转不过脑筋的狩猎采集者差不多一直过着游荡的生活。狩猎采集的生活方式（这里狩猎也包括打鱼）确实不曾消亡，在世界各处的偏远之地都有人仍然过着这种生活：澳大利亚的原住民（Australian Aborigines）、南非的桑族（San）和其他被称为布须曼人（Bushmen）的相关部族、美洲的原住民（Native American）部落（由于一次导航错误而被称为“印第安人”），以及北极的因纽特人（Inuit，他们不喜欢被称为爱斯基摩人[19]）。典型的狩猎采集者既不种植作物，也不养殖牲畜。实际上在纯粹的狩猎采集者和纯粹的农耕者或牧民之间存在着各种中间类型，但在大约1.2万年之前，全人类都是狩猎采集者。而在不远的将来，很可能不会再有任何狩猎采集者残存，目前剩下的那些人会被“文明化”，当然你也可以称之为腐化，这取决于你的立场。

科林·塔奇（Colin Tudge）在他那本小书《尼安德特人、强盗和农民：农业诞生的真相》（*Neanderthals, Bandits and Farmers: How Agriculture Really Began*）里赞同了贾雷德·戴蒙德[20]在《第三种黑猩猩》（*The Third Chimpanzee*）中阐述的观点，即从狩猎采集向农业生活的转变绝不像我们以为的那样是一种改善，那只不过是我们自以为是的后见之明。在他们看来，农业革命并没有增进人类的福祉。跟它所替代的狩猎采集生活方式比起来，农业养育了更多的人口，却没有明显提升人们的健康状况或者幸福感。事实上，更大规模的人群一般携带着更恶性的疾病，这背后有着扎实的进化理论支持（对于一只寄生虫来说，只要能轻易找到一个新宿主，它何必在乎怎么延长现任宿主的生命）。

不过，我们作为狩猎采集者生存的世界也不会是个乌托邦。最近有一种时髦观点，认为和我们比起来，狩猎采集者和原始[21]农业社会跟自然的关系更平衡。这很可能是个错误。他们也许拥有更多关于田野的知识，但这只是因为他们是在田野中维持生存的。就跟我们一样，他们似乎也在当时能力允许的范围之内，把知识用于最大限度地开发（常常是过度开发）环境。贾雷德·戴蒙德强调过，早期农业者的过度开发导致了生态的崩溃和他们自己社会的消亡。前农业时代的狩猎采集者们不仅远远算不上跟自然平衡共处，而且很可能要为全球各地许多大型动物的大面积灭绝承担责任。考古记录显示，就在农业革命之前，随着狩猎采集人群向偏远地区殖民，许多大型（大约也很可口）鸟类和哺乳动物紧跟着灭绝了，这种情况一再发生，让人怀疑它不太像巧合。

我们倾向于把“城市”看作“农业”的对立面，但在本书所必须采用的更宏远的视角下，应该把城镇居民跟农民们一起放在狩猎采集者的对立面。城镇所需的几乎全部食物都来自有主的耕地，这些耕地在古代是环绕城镇的农田，在现代则可能在全球任何地方，而食物经由中间人的运输和销售之后才被消费掉。农业革命很快导致了社会分工。陶匠、织工和铁匠们拿他们的技能交换别人种出的食物。在农业革命之前，食物不是来自有主的耕地，而是在无主的公共土地上捕获或采集到的。在公地上放养牲畜的畜牧业或许曾是一种中间阶段。

不管农业革命让生活变得更好还是更坏，它都不应该是突然发生的。农耕不是某个天才一觉醒来灵光一闪的主意，并不存在一位新石器时期的“芜菁汤森”（Turnip Townshend）[22]。最开始，在无主开放野地里狩猎的猎人们也许会保卫他们的猎场，排挤敌对的猎人，或者在追踪兽群的同时顺带保卫它们的安全。接下来，他们顺理成章地放养、喂养它们，最后给它们建起畜栏和厩舍。我敢说这些变化发生的时候没人会觉得这将是革命性的。

与此同时，动物正处于进化之中，被某些初级形式的人工选择驯化。达尔文主义对动物的作用应该是渐变的。我们的祖先不曾刻意繁育驯良温顺的动物，却还是无意间改变了动物承受的选择压力。在畜群的基因库里，敏捷灵巧或者其他野外生存技能再也不是最优先的特质了。在舒适的驯养条件下，一代代家养的动物变得越来越驯良，越来越不能照料自己，同时也越来越兴旺，越来越容易养膘增肥。在驯化方面，社会化的蚂蚁和白蚁也提供了迷人的例子供我们类比。它们不仅会驯养蚜虫作为“畜群”，还会种植真菌作为“庄稼”。蚂蚁朝圣者们将会在第 26 会合点跟我们相会，而我们将在《切叶蚁的故事》

里看到相关内容。

和现代种植养殖业者不同，农业革命时代的先民们并不会有意筛选有利的性状。我怀疑他们是否知道，为了增加牛奶产量，得让高产母牛跟其他高产母牛生出来的公牛交配，同时抛弃低产母牛生出来的小牛。关于驯化带来的偶然遗传后果，俄国人用银狐（*Vulpes vulpes*）做了些有趣的工作，可以给我们一些启示。

贝尔耶夫（D. K. Belyaev）和同事们用捕来的银狐繁育并筛选驯良的品种，按部就班，成果极为显著。贝尔耶夫让每一代里最温良的个体彼此交配，只用了不到20年时间就培育出了一种跟边境牧羊犬（Border Collie）[23]一样喜欢主动和人亲近的狐狸，见到人还会摇尾巴。或许变化发生的速度很不寻常，但这事儿本身还不算特别出奇。真正让人想不到的是人工筛选温顺性状带来的副作用。这些经遗传驯化的狐狸不仅习性堪比牧羊犬，就连长相都跟牧羊犬差不多。他们披着黑白相间的皮毛，长着白色的鼻头，脸上还有点点白斑。它们没有野生狐狸那标志性的高高竖起的耳朵，却长着一双可爱的垂耳。由于繁殖相关的激素平衡被打破，它们还养成了新的习性，不再只在繁殖季生育，而是全年都可繁殖。研究发现，它们体内的神经活性物质血清素的水平偏高，这很可能跟它们的攻击性降低有关。人工选择只花了20年就把狐狸变成了“狗”。[24]

我给“狗”加上了引号，是因为我们养的狗并不是由狐狸驯化而来的，它们是狼的后裔。顺带一提，康拉德·洛伦茨（Konrad Lorenz）那个广为人知的猜测是错误的。他认为只有某些品种的狗（比如他宠爱的松狮犬）来自狼，其他狗的祖先则是豺（jackal）。他用来支持自己理论的证据乃是一些跟性情和行为相关的逸事以及他自己的洞察力，不过人类的洞察力还是输给了分子分类学。分子证据清楚地表明，现代所有犬种都是灰狼（*Canis lupus*）的后代。[25] 狗（以及狼）最近的亲属是郊狼（coyote）[26] 和金豺（golden jackal，现在看来也许应该叫金狼）[27]。身体两侧有条纹且背部是黑色的“真正”豺狗跟狗的亲缘关系反而更远一些，尽管它们也还是属于犬属（*Canis*）。

毫无疑问，当初狼进化为狗的故事应该跟贝尔耶夫拿狐狸重新模拟的情况差不多，唯一的区别在于贝尔耶夫是刻意地培育温顺的性状，而我们的祖先却是无心插柳，而且很可能这样的驯化过程在世界上不同的地方独立发生了好几次。也许最初狼只是喜欢在人类的营地周围捡些残羹剩饭，而人类也许觉得有这些拾荒者来清理垃圾还挺便利，或许还会用它们来放哨，甚至晚上会依靠它们的体温取暖。若是觉得这种和善美好的场景有些意外，那么请记得，那些把狼当作来自森林的神秘恐怖象征的中世纪传说不过是出于无知而已。我们的祖先生活在更加开阔的旷野，懂的可比我们多。实际上他们确实比我们懂得多，毕竟是他们最终把狼驯化成了忠诚可靠的狗。

从狼的角度来看，人类的营地提供了丰富的垃圾可供拾取，而最能从中受益的自然是那些血清素水平和其他脑特征使之能够和人安处的个体，即“有温顺的倾向”的个体。有些作者曾推测，失去双亲的狼崽可能会被孩子们当作宠物收养，这很有可能。一旦温顺演变成了相互依赖，其他行为就会同样暴露于无心的选择之下，来自布达佩斯（Budapest）的维尔莫斯·塞尼（Vilmos Csányi）和同事们聪明地证明了这一点。实验表明，家犬比狼更善于识别人的面部表情。与此同时，我们也能读懂它们的表情，跟狼比起来，狗的面部表情也变得越来越像人类。这是人类无意间筛选的后果。这也许是为什么我们会觉得狼看起来比较凶险，而狗显得忠心可爱，楚楚可怜，痴情细腻，诸如此类。

俄国人的狐狸实验证明了驯化发生的速度可以有多快，还证明了筛选温良性状可能导致一系列意料之外的结果。不管是牛、马、猪、羊、鸡、鸭、鹅还是骆驼，其驯化过程完全可能发生得同样迅速，而意料之外的伴随效果也完全可能同样丰富。在农业革命之后，可能我们自己也同样走过了一条平行的驯化之路，走向我们自己的温良版本以及伴随而来的副作用性状。

某些情况下，我们自己的驯化故事就清楚地写在我们的基因里。最经典的例子是乳糖耐受。威廉·德拉姆（William Durham）在他的《共同进化》（*Coevolution*）一书中细致地记录了这个故事。奶本来是婴儿的食品，不是给成年人食用的，对他们也没什么好处。奶中所含的乳糖需要一种特殊的酶即乳糖酶（顺便一提，这个命名传统值得注意。一种酶的名字通常是在它所作用的底物后面加上一个“酶”字）来分解。一旦过了正常断奶的年龄，哺乳动物就会关闭乳糖酶基因。基因当然还在。只在幼时有用的基因在用过之后并不会从基因组里删除，连蝴蝶都不会这么做，它们携带着大量只有毛毛虫才需要的基因。在大约 4 岁的时候，在其他调控基因的影响下，人类幼儿会停止乳糖酶的生产，于是成年之后喝鲜奶会感到不舒服，症状包括胃胀气、肠痉挛或者腹泻呕吐。

所有成人都这样吗？当然不是，总会有例外发生。我本人是例外之一，你可能也是。我这个概括是把人类作为一个整体来看，同时还暗含着我们未开化的人类祖先。就好比我说“狼是一种凶猛的大型食肉动物，成群狩猎，向月而嗥”，与此同时我心里清楚京巴犬（Pekinese）和约克夏犬（Yorkshire terrier）不在此列。区别在于，我们有“狗”这个词专指驯化了的狼，却没有一个词专指驯化了的人。驯化动物的基因也因为一代代跟人相处而发生了变化，无意间就跟被驯化的银狐一样，走上了跟银狐基因相似的道路。因为一代代跟驯化的动物相处，（某些）人类的基因也发生了改变。部分欧洲部落的人进化出了对乳糖的耐受性，而根据最近来自青铜时代（Bronze Age）的 DNA 证据，这个变化发生得出乎意料地晚。此外，在世界其他地方也零星有类似的变化，包括卢旺达的图西族（Tutsi）和他们的宿敌胡图人（Hutu），不过后者的耐受程度较低，还有西非游牧的富拉尼人（Fulani，有趣的是，定居生活的富拉尼人分支却是乳糖不耐的）、北印度的信德人（Sindhi）、西非的图阿雷格人（Tuareg）还有东北非的贝沙人（Beja）。引人注意的是，这些部落的共同之处在于它们都有游牧的历史。

在乳糖耐受谱线的另一端是那些保留了人类正常的成年乳糖不耐特征的人，包括中国人、日本人、因纽特人、大多数北美原住民、爪哇人（Javanese）、斐济人、澳大利亚原住民、伊朗人、黎巴嫩人、土耳其人、塔米尔人、僧伽罗人（Singhalese）、突尼斯人，以及许多非洲部落，其中包括非洲南部的桑族人、茨瓦纳人（Tswana）、祖鲁人、科萨人（Xhosa）和斯威士人（Swazi）、北非的丁卡人（Dinka）和努埃尔人（Nuer），以及西非的约鲁巴人（Yoruba）和伊博人（Igbo）。整体而言，这些乳糖不耐的民族都不曾有过游牧史，但有一些发人深省的例外。东非马赛人（Masai）的传统饮食除了奶制品就是血制品，很少有别的，你大概会觉得他们应该特别能耐受乳糖。事实却非如此。原因可能是他们等奶凝结了才吃，就像奶酪一样，大部分乳糖都被细菌清除了。这倒是一种消除不良后果的好办法：直接消灭不良物质。另一个办法是改变你的基因，以上所列的其他游牧部落都属于这种情况。

当然这些人不是刻意改变了自己的基因。即使是今天，科学才只是刚刚开始弄明白怎么实现这个目的。一如既往，是自然选择替我们完成了这份工作。这事儿发生在几千年前。我不知道自然选择具体是如何筛选出了成年人的乳糖耐受。也许成年人在饥馑绝望之时求助于婴儿的食物，而最能耐受这种食物的个体更有机会存活。也许有些文化推迟了断奶年龄，在这样的条件下对儿童存活率的自然选择会渐渐蔓延，发展为成年耐受性。不论细节如何，乳糖耐受的变化虽然是基因层面的，却是由文化驱动的。在牛羊进化得越来越温顺、奶产量越来越高的同时，牧养它们的部落民众也对乳糖越来越耐受。这两种变化都是真切无疑的进化趋势，因为它们反映的其实是群体中基因频率的变化。同时，二者又都是由非遗传的文化变化驱动的。

乳糖耐受是不是只是冰山一角？我们的基因组里是不是充满了驯化的证据？驯化是否不但影响了我们的生化系统还影响着我们的思维方式？就像贝尔耶夫驯化的狐狸，就像被我们称作狗的家狼，我们是不是变得越来越温顺，越来越讨人喜欢，长着人类版本的垂耳和痴情脸，以人类的方式摇着尾巴？我把这个问题留给你来思考，然后继续向前赶路。

当狩猎渐渐转为畜牧，采集大概经历了相似的变迁，转变成作物种植。跟畜牧一样，这种改变很可能也不是有意而为的。毫无疑问，在改变之初曾有过创造性发现的时刻，比如人们第一次注意到，如果把种子放进土里，它就会长成一株新苗，跟当初采下种子的那棵植物一样，或者第一次观察到给它们浇水、除草、施肥会让它们长得更好。可能比较困难的是意识到也许应该留下最好的种子用作耕种，而不是想当然地按照习惯吃掉最好的，拿秕谷去播种。20世纪40年代，我父亲曾在非洲中部教自耕农种地，那时他还年轻，刚刚大学毕业。后来他告诉我说，留下好种子用于播种是最难教会的一课。不过对于当事人来说，就跟猎人转为牧人一样，从采集者到耕作者的转变基本上同样顺理成章，波澜不惊。

自农业发出曙光以来，经过初时无意后来有意的人工选择，我们的许多粮食作物，包括小麦、燕麦、大麦、黑麦和玉米，其所属的禾本科已经发生了极大的改变，其基因组里暗藏玄机。在这数千年的农业史里，可能我们自己的基因也发生了改变，以增加我们对谷物的耐受性，就跟我们进化出对鲜奶的耐受性一样。在农业革命以前，富含淀粉的谷物，比如小麦和燕麦，不能在我们的饮食里占据突出地位，因为跟柑橘和草莓不同，谷物种子是不“想”被吃掉的。在动物的消化道里走一遭，这是李子和番茄种子的传播策略，却不是谷物种子的策略。人类的消化道没办法独立地从禾本科植物的种子里吸收多少养分，站在我们的立场看，它们的淀粉储备太贫瘠，外壳太硬太不友好。磨粉和烹饪有助于消化，不过似乎也可以想见，就像我们进化出对鲜奶的耐受性一样，跟我们未开化的先祖比起来，我们大概也针对小麦进化出了更强的生理耐受性。我们现在知道，许多人依然有小麦不耐受的问题。这些不幸的人通过痛苦的经历发现自己最好不要吃小麦。若是把桑族这样的狩猎采集民族和其他祖祖辈辈长期食用小麦的农业民族放在一起去比较小麦不耐受的发生率，就像人们曾经做过的关于不同部落乳糖耐受性的比较一样，结果或许能够发人深思。我还没见人做过这种关于小麦耐受性的大型比较研究。关于酒精不耐的系统比较研究也会同样有趣。我们已经知道有一些等位基因会让我们的肝脏不像我们期望的那样擅长分解酒精。

不管怎样，动物和它们食用的植物之间的共同进化并不是什么新鲜事。在我们开始驯化小麦、大麦、燕麦、黑麦和玉米几百万年前，食草动物就已经对禾本科的植物们施加了一种温和的达尔文式选择压力，把它们的进化引向一条合作共生的方向。化石记录里的花粉表明禾本科植物在 2 000 万年前就已经存在，很可能在那之后的大部分时间里，它们就因为食草动物的存在而愈加繁盛。当然并不是某株植物会因为被吃掉而得到什么好处，而是说跟敌对的植物比起来，禾本科植物更能耐受切割损伤。敌人的敌人便是朋友，如果食草动物同样也吃跟禾本科植物竞争土壤、阳光和水的其他植物，那么禾本科植物即便自己也同时被啃食，也最终会更加繁盛。几百万年过去了，禾本科植物变得越来越能在野牛、羚羊、马匹和其他食草动物（最终还包括割草机）存在的情况下繁荣兴旺。与此同时，食草动物的装备也变得越来越好，比如特化的牙齿，以及包含了微生物发酵培养室的复杂消化道，它们靠着禾本科食物繁荣昌盛。

这不是我们通常所说的驯化，但实际上相差不远。大约 12 000 年前，小麦属（*Triticum*）的野生禾本科植物被我们的祖先驯化为我们今天所谓的小麦。在某种意义上，同样的事情早已进行了 2 000 万年，我们的祖先不仅延续了多种多样的食草动物对小麦属的祖先所做的事，而且加速了这个过程，特别是后来我们从无意、偶然的驯化转向了有目的、有计划的筛选育种以及最近的科学杂交和基因改造的突变。

这就是我想说的关于农业起源的故事。随后我们的时间机器将一次跨越数十万年甚至数百万年。在此之前，我们想再做一个短暂的停留，时间大概是 5 万年前。这时候的人类社会里完全只有狩猎采集者，而且正在经历着一次或许比农业革命更大型的革命，即“文化大跃进”。文化大跃进的故事将由一位克罗马农人讲述。克罗马农这个名字来自多尔多涅（Dordogne）河畔的一个洞穴，这个人类种族的化石最早是在那里发现的。

克罗马农人的故事

考古学告诉我们，大概在5万年前，我们的种族经历了一件非常特别的事。从解剖上看，我们的祖先在这个分水岭前后并没有什么差别。如果对分水岭之前的人类取样，他们跟我们的区别不会超过他们同时代不同地区人类的差别，也不会超过我们当代人内部的差别。这是单看解剖结构的结果。如果看的是文化，你就会发现天壤之别。当然，即使在今天，世界各地的不同民族之间也有巨大的文化差异。但如果我们上溯得更久，来到远远超出5万年前的时候，那情况就截然不同了。在5万年前这个分水岭有事发生，许多考古学家认为它发生得非常突然，足以被称作一次"事件"。我喜欢贾雷德·戴蒙德给它起的名字：文化大跃进。

在大跃进之前的100万年里，人工制品几乎没有任何变化，留存至今的基本都是形制相当粗糙的石制工具和武器。毫无疑问，木头（或者亚洲的竹子）是工作中更常用的材料，但木质遗存很难保存下来。据目前所知，那时候没有绘画，没有雕刻，没有塑像，没有陪葬品，没有装饰物。而在文化大跃进之后的考古记录里，这些东西突然全都出现了，同时出现的还有骨笛这样的乐器，随后不久克鲁马农人还创作了让人叹为观止的拉斯科岩画（Lascaux Cave murals，见彩图1）。若有一个漠然中立的外星观察者从远处打量我们的文化，他也许会把电脑、超音速飞机和太空探索都看作文化大跃进的余音回响。在漫长的地质时间尺度上，我们所有的现代成就，从西斯廷教堂（Sistine Chapel）到狭义相对论（Special Relativity），从《哥德堡变奏曲》（*Goldberg Variations*）到哥德巴赫猜想（Goldbach Conjecture），跟维伦道夫的维纳斯（Venus of Willendorf）和拉斯科岩画几乎都可以算作同一时期，属于同一次文化革命。经过旧石器时代早期漫长的停滞之后，这些全都是突然暴涨的文化高潮中的一部分。实际上，我不确定那位外星观察者所持的这种均变论[28]观点能否经得住进一步的考察，但至少能够为它做个简单的辩护。[29]

有些权威学者非常看重文化大跃进，认为它跟语言的起源完全一致。他们问道，除了语言的诞生还有什么能解释这种突然的变化？语言突然凭空出现，这种想法并不像听起来那么傻。没人否认，书面文字只有几千年的历史，而且所有人都同意像文字发明这么晚近的事不可能伴随人脑解剖结构的变化而出现。理论上口头语言不过是同一件事的另一个例子。不过我凭直觉认为语言的诞生要早于大跃进，这个看法也得到了像斯蒂芬·平克这样的权威语言学家的支持。等我们的朝圣之旅向过去再多深入 100 万年时，我们会再回到这个话题，那时我们将会遇见匠人（*Homo ergaster*）或直立人。

跟文化大跃进同时发生的如果不是语言的诞生，那么可能是某种突然的发现，或许是新的语法技巧，比如条件从句的出现，它一下子就让“如果……会怎样”这样的想象得以绽放，也许我们可以称之为新的软件技术。再或者，也许大跃进之前的早期语言只能用来谈论在场的事物，而某个被遗忘的天才突然意识到，词汇的使用可以采用指涉的方式，把词汇作为符号来谈论不在场的事物，就好比“我们俩都能看见的那个水塘”和“假如山那边有个水塘”之间的差别。在大跃进之前的考古记录里几乎不存在任何表征艺术，也许艺术正是通往指涉语言的桥梁，也许人们先学会了画野牛，然后才学会用语言谈论不能立即看到的野牛。

文化大跃进的确是个令人迷醉的话题，尽管我非常愿意在此继续流连，但还有一个漫长的朝圣之旅等着我们完成，我们必须继续向后回溯。我们之前估计过，第 0 会合点的时间大概在几千到几万年前。下一次跟黑猩猩朝圣者的正式会合还在几百万年之外，剩下的会合点里更是有许多在几亿年外。为了有机会完成我们的朝圣，我们需要开始加速，准备进入深时[30]。我们必须加速掠过大约 30 次壮观的冰期，它们标志着过去 300 万年的光阴。在 600 万年前到 450 万年前，地球上发生了另一些剧烈的变化，比如地中海在干涸之后又被填满，这些变化也一并被我们略去。为了让最初的加速变得轻松一些，我将冒昧破例在途中做几次额外停留。我们将在这些中间里程碑处遇见自己的直系祖先，或者至少是我们直系祖先的最佳备选。当然，我们格外关注人类自己的家系，因此我将让其中一些人讲述他们的故事，请这些“影子”朝圣者满足我们对自身历史的偏好。

早期智人

在通往第 1 会合点的路上，我们遇见的第一块里程碑位于 20 万年前。跟后来气温骤降的强冰期相比，这一时期的气候相对温暖。气候变暖一定曾是这段时期人类历史的主要推动力。

有两个原因让我们选择在这个小站停留。首先是关于我们的最近女性共同祖先的。几种最主要的猜测都认为她就生活在这个年代。细胞的线粒体只来自母亲，因此我们可以利用线粒体里那一小段 DNA 来追踪母系家系，因此我们最近的女性共同祖先也常被称为“线粒体夏娃”（mitochondrial Eve）。基于线粒体 DNA 的推理方法曾在阐明人类晚期历史的过程中发挥了重要作用，我们将在《夏娃的故事》中讨论这一方法的陷阱。

在这里停留的另一个原因是想看看在埃塞俄比亚奥莫河畔（Omo river）发现的化石。这些化石最早是由理查德·利基（Richard Leakey）于 1967 年发现的，但在 2008 年又重新回到聚光灯下，因为据估计，它们的历史长达 19.5 万年。其中最有趣的两件化石是两块残缺的头盖骨，分别来自河流两岸，二者之间有细微的差异。第一块头骨几乎完全可以被当作现代人的，但第二块就跟我们的不太一样了：底部有点宽，额部则略平。更完整的样本来自赫托（Herto），也是在埃塞俄比亚，年代略晚一些，有 16 万年历史。这些化石当中的头骨也有类似的“近似现代”的形态。姑且不管“现代”和“近似现代”之间微不足道的差别，很明显这些头骨捕捉到了一个渐变的过渡时期，也就是如今被我们统称为“早期智人”（Archaic *Homo Sapiens*）的先辈向我们过渡的过程。

在有些权威学者笔下，“早期智人”一词的指代范围可以一直延伸到大约 90 万年前。时间越早，智人就越像另一个较早的物种，即直立人。其他人则倾向于给这些桥梁一般的中间物种各起一个单独的拉丁学名。在这里我们将避开这些争论，转而采用我的同事乔纳森·金登（Jonathan Kingdon）的英国式叫法，把它们分别称为“现代人”（Moderns）、“古人”（Archaics）和“直立人”（Erects），以及其他一些名字，我们稍后遇到的时候会再提到。不管是在古人和进化出古人的直立人之间，还是在古人和他们所进化出的现代人之间，都不可能划出一条清晰的界限。顺带一提，请务必小心不要混淆，因为事实上直立人比古人更“古老”，而这三种类型全都是直立的！

就我们所知，这种从古人到现代人的解剖结构转变只发生在非洲。不过古人类型的化石却在世界各地都有发现，年代不尽相同，但都有几十万年的历史，比如德国的“海德堡人”（Heidelberg man）、赞比亚的“罗得西亚人”（Rhodesian man，赞比亚曾被称为北罗得西亚）和中国的“大荔人”（Dali man）。古人也像我们一样有着硕大的颅腔，平均脑容量在 1 200 毫升和 1 300 毫升之间，比我们的平均值 1 400 毫升略小，不过古人和现代人的脑容量分布范围是完全重叠的。跟我们比起来，他们的躯体更强壮，颅骨更厚，眉骨更突出，下巴却没我们明显。他们比我们更像直立人，后见之明会把他们看成过渡类型。有些分类学家把他们当作智人的亚种，比如称其为海德堡智人（*Homo sapiens heidelbergensis*）。若是考虑亚种的话，我们就是现代智人（*Homo sapiens sapiens*）。另一些人则不把古人当成智人，直接称其为海德堡人（*Homo heidelbergensis*）。还有人进一步将古人分成多个物种，比如海德堡人、罗得西亚人（*Homo rhodesiensis*）和先驱人（*Homo antecessor*）。每个思考过这个问题的人都知道，如果对物种的划分毫无争议，那才是值得我们担心的事情，因为从进化的角度来看，生命本来就应该有一系列连续的过渡类型。

不幸的是，这一系列连续的化石形态会造成一种倾向，让人把它们想象成一条笔直单一的进化路径，比如把它们按照脑容量排列起来。我们将会看到，人类起源晚期历史的真实图景其实复杂得多。进化是一个乱糟糟的历史过程，不太可能直线前进。最明显的例子是尼安德特人。这类人最早的化石发现于尼安德河谷（Neander Valley），尼安德特人也由此得名[31]。

关于尼安德特人，一种看法是把他们当作我们的表亲，认为他们代表了从古人进化而来的另一个独立分支。我们是在非洲进化的，他们则是在欧亚大陆（Eurasia）和中东地区（Middle East）。在某些方面尼安德特人比我们更像古人，据信他们从古人分化出来的时间也比我们早一倍，大概是在50万年前甚至更早。西班牙北部的胡瑟裂谷（Sima de los Huesos[32]）记录了他们的独立进化路径，这里有一批40万年前的珍贵化石，年代早于尼安德特人的经典类型，有许多尼安德特人标志性的特征，却又不完全相同。

在我们当前会合点所处的时代，这些生活在欧亚大陆上的人已经积累了一批足够鲜明的特征，使得有些人更愿意把他们归为一个单独的物种（即 *Homo neanderthalensis*）。他们保留了古人的一些特点，比如现代人所不具备的高眉骨（这也是为什么有些权威学者认为他们只是古人的一个类型）。作为对寒冷环境的适应，他们拥有粗壮的身材、短小的四肢和巨大的鼻子，想必他们还穿着温暖的衣服，而这衣服大概是由动物皮毛制成的。

尼安德特人的粪便化石使我们有机会推断出他们的食谱。他们的食物以肉为主，掺有少量蔬菜。人们常说他们的大脑比我们略大，但体重校正之后的结果证明，我们依然是更有脑子的那个，这方面内容请参见《能人的故事》。有些迹象表明他们会为死者举行葬礼，还创造简单的艺术，人们常对此进行过度解读。没人知道他们是不是有语言，关于这个重要的问题众说纷纭。考古学迹象表明，尼安德特人和现代人之间可能有双向的技术流动，但这完全有可能是借助模仿而非语言来完成的。

这就为我们带来一个棘手的问题，即尼安德特人和现代人的相互关系。随着现代人扩散出非洲，其活动区域开始跟尼安德特人有所重叠，最开始是在大约 10 万年前的中东，随后是西亚，最后是欧洲。现代人大概在 4.5 万年前进入欧洲，之后没过几千年，大概在 4 万年前，尼安德特人就基本上从化石记录中消失了。时间上的吻合让许多人猜测是现代人造成了尼安德特人的灭绝，不知是通过屠杀还是竞争。

研究者从多份尼安德特人遗骨中提取出了 DNA，这一惊人的成果使得尼安德特人消失的问题出现了新的转机。一份研究表明，西欧和东欧的晚期尼安德特人之间存在一个重要差异。在现代人抵达之前，西欧的尼安德特人就发生了一次突然的遗传多样性下降，时间正好和一段极度寒冷的时期相吻合。这就证明，即使没有现代人的竞争，尼安德特人种群的规模和地点本身就存在波动。另外一些关于古代 DNA 的研究则有助于阐明尼安德特人是否曾和现代人混血，如果是的话，那就意味着他们根本没有灭绝。在本篇末尾《丹尼索瓦人的故事》的序言中我们会谈到这个问题。这篇序言将向我们介绍这个故事最惊人的观点，即除了尼安德特人之外，人类还有另一群表亲。这位神秘的“第三人”（实际上证据来自一位年轻的女孩）的存在完全是根据 DNA 证据推断出来的，这是我们第一次介绍关于基因的研究。

《夏娃的故事》序

我们在《塔斯马尼亚人的故事》里介绍过系谱学上的祖先。在传统系谱学家眼里，当代人的祖先都是真实存在过的人物，是“人的祖先”。对人所用的方法同样可以用于研究基因。基因也有父辈基因、祖辈基因和孙辈基因之分。基因也有家谱，有家系图，有最近共同祖先。而且，跟传统的历史人物家系图比起来，基因家系图有一个巨大的优势：它的图样是印在现存的基因组里的。关于家族历史的书面记录在几个世纪之后就会渐渐消亡，而完全根据活着的人类推断出的基因历史和“基因家系图”却可以揭示数百万年的人类历史。

在继续讲述之前，我必须澄清一些可能的误解。误解跟“基因”一词的含义有关。对不同的人来说，这个词可能指代许多不同的东西。但当我在“基因家系图”的语境下谈论基因时，我指的是一段独特的 DNA 序列，这段序列作为一个整体代代传递。某些生物学家，特别是分子遗传学家，会称其为遗传性变异体（genetic variant）、变异体（variant）或等位基因（allele），有时候也叫单倍型（haplotype）。他们留着“基因”一词用来表示染色体上的某个特定的位置，即基因座（locus），特别是包含特定信息的区域，用来指导已知生物分子（通常是某种蛋白质）的合成。而“等位基因”表示坐落在那个基因座上的基因的不同版本。举一个过度简化的例子，眼睛的颜色主要由某个基因决定，而这个基因有不同的版本或等位基因，包括蓝色等位基因和褐色等位基因。另一些生物学家，特别是我所属的这一群，有时被叫作社会生物学家、行为生态学家或动物行为学家，倾向于用“基因”这个词来表示等位基因所包含的意思。当需要表示任何一组等位基因在染色体上的位置时，我们倾向于使用“基因座”一词。我们这些人喜欢说，“设想一个基因决定了蓝色的眼睛，而一个对立的基因决定褐色的眼睛”。不是所有的分子遗传学家都能接受这种做法，但这是我们这类生物学家相沿成习的，而我将时不时地遵循这一惯例。

夏娃的故事

“基因家系图”和“人物家系图”有一个明显的区别。人有两位父母，但基因只有一位。你的任何一个基因要么来自你的母亲，要么来自你的父亲，必定来自而且只来自你四位祖辈当中的一位，必定来自而且只来自你八位曾祖辈当中的一位，以此类推。但当一个人按照传统的方式追溯自己的祖先时，其血脉将平均地来自他的一双父母、四位祖辈、八位曾祖父母，以此类推。这意味着“人物家系图”比“基因家系图”更混杂。在某种意义上，任何一个基因都只不过是从人物家系图上那许多纵横交错的路径中择取了一条单独的路线。基因的遗传方式跟姓氏更像。你的姓氏在完整的家系图上选了一条细线传到你这里，它强调的是你的父系家族史：由男性到男性再到男性。除了我稍后提到的两个明显例外，DNA 不像姓氏那么性别歧视：基因以均等的概率沿着父系和母系追溯它的祖先。

人类家谱最完好的记录来自欧洲王室。我们来看看萨克森–柯堡王室（House of Saxe-Coburg）的家谱（见下页），请注意四位王子：阿列克谢（Alexei）、沃尔德玛（Waldemar）、海因里希（Heinrich）和

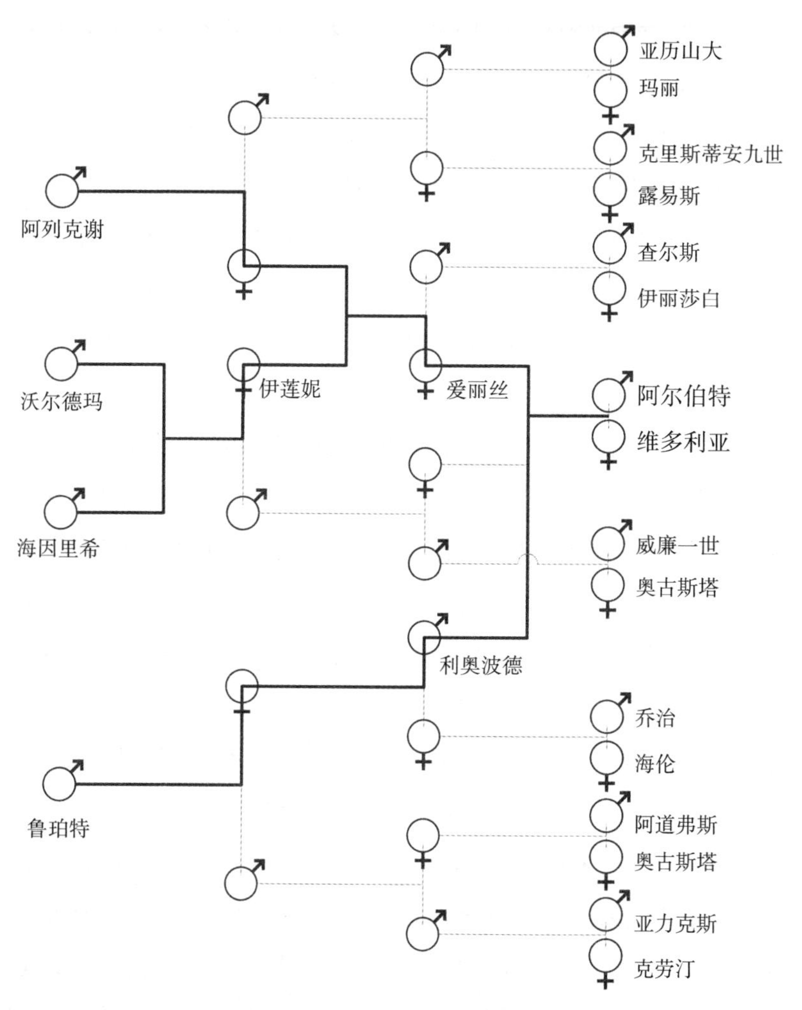

不幸的萨克森－柯堡王室血脉

鲁珀特（Rupert）。他们有一条基因是有缺陷的，这对他们来说是种不幸，但对我们来说却是运气，因为疾病让这条基因的家系变得非常易于追踪。这条缺陷基因让四位王子以及他们不幸家族中的许多其他亲属都罹患一种很容易辨识的疾病，即血友病：他们的血液不能很好地凝结。血友病的遗传方式很特别，属于X染色体遗传。男性只有一条X染色体，得自他们的母亲。女性有两条X染色体，一条来自父亲，一条来自母亲。只有当来自父母双方的基因都是缺陷版本时才会患上血友病，也就是说，血友病是隐性遗传的。男性因为只有一条X染色体，缺少额外的保障，所以只要这条X染色体携带缺陷基因就会患病。女性患病的情况少得多，但很多女性都是致病基因的“携带者”。携带者的任何一个孩子都有50%的概率遗传到她携带的缺陷基因。因此怀孕的女性携带者会希望生出一个女儿，但不管女儿跟谁结婚，她的外孙仍然有相当高的患病风险。如果一个男性血友病患者活得足够久，生育了后代，那他不可能把致病基因传给儿子（男性绝不可能从父亲那里得到X染色体），却必定会传给女儿（女儿一定会得到父亲唯一的X染色体）。知道了这些规律，又知道了哪名男性王族成员患有血友病，我们就可以追踪致病基因的家系图。我们已经在家系图上做了标注，血友病基因的上溯路径由粗线表示。

突变似乎来自维多利亚女王[33]，而不会是阿尔伯特（Albert），因为他的儿子利奥波德王子（Prince Leopold）患血友病，而儿子的X染色体不会来自父亲。维多利亚的旁系亲属之中无人患有血友病。她是第一个携带这个基因的王室成员。基因的错配突变要么发生在她母亲萨克森–柯堡的维多利亚公主（Victoria of Saxe-Coburg）的某个卵细胞中，要么像史蒂夫·琼斯在《基因的语言》（*The Language of the Genes*）中解释的那样，发生在“她父亲肯特公爵爱德华那庄严的睾丸中”。

尽管维多利亚的父母都没有血友病，也都不携带致病基因，但其中一人有一条亲代基因（严格来讲叫等位基因）最后突变成了王室的血友病基因。尽管无法检测，但我们可以想象维多利亚的血友病基因在突变之前的源流。尽管维多利亚的基因副本致病，而该基因的前身却不致病，但致病与否除了诊断上的便利之外，跟我们的用意并不相关。当我们沿着家系图回溯基因的历史时，我们不关心这个基因的具体作用，除非它有助于显示基因的存在。血友病基因的家系一定早于维多利亚，但继续往前回溯它突变为血友病基因之前的历史，那些可见的线索就消失了。我们从中得到的信息是，每个基因都必然有一个亲代基因，哪怕突变使它们变得不完全相同。同样，它只有一个祖辈基因、一个曾祖辈基因，以此类推。这么想也许显得有些奇怪，但请记得，这是一场寻根觅祖的朝圣，我们现在所做的练习让我们能够从基因而非生物个体的视角看清一场寻根觅祖的朝圣应该是什么样子。

在《塔斯马尼亚人的故事》里，我们提到了“最近共同祖先”，把它当作“共祖”的另一个说法。我们把“共祖”这个词留着专指人类或其他生物个体的最近共同祖先，所以当谈论基因的家系时，我们就用“最近共同祖先”一词。不同生物个体体内的两条或多条等位基因当然有一个最近共同祖先，也就是说，每一条等位基因都是当初那条古老基因的副本（很可能是突变的副本）。普鲁士的沃尔德玛王子和海因里希王子的血友病基因有一个最近共同祖先，它坐落在二人的母亲、黑森和莱茵的伊莲妮公主（Irene von Hesse und bei Rhein）的某一条X染色体上。当伊莲妮还是个胎儿的时候，她携带的那条血友病基因生成了两个副本，并传递给两个卵细胞，这两个卵细胞便是她两个儿子不幸的源头。同样，这些基因跟俄国王储阿列克谢（Tsarevitch Alexei of Russia，1904—1918）的血友病基因也有同一个最近共同祖先，由他们的外祖母、黑森的爱丽丝公主（Princess Alice of Hesse）携带着。最后，把我们选择的这四位王子的血友病基因全部囊括进来，它们的最近共同祖先正是最初宣示自己存在的那个基因，也就是维多利亚自己的那个突变基因。

遗传学家常用“合并”或“溯祖”一词来描述一个基因的逆向源流。逆着时间回溯，两个基因的家系会在某一点合并。而如果顺着时间去看，亲代基因的两个副本又正是在同一点被传给了两个子代。这个合并点就是它们的最近共同祖先。任何一个基因系谱图上都有许多合并点。沃尔德玛和海因里希的血友病基因合并为他们的母亲伊莲妮所携带的最近共同祖先基因，然后又与阿列克谢王储所在的支系合并。就像我们看到的那样，所有王室血友病基因的大合并发生在维多利亚女王身上。她的基因组里有整个王朝的血友病基因的最近共同祖先基因。

在这个例子里，四个王子的血友病基因在维多利亚身上合并，而维多利亚正是他们的共祖，他们家谱上的最近共同祖先。不过这只是一个巧合。如果我们选择另一个基因（比如眼睛的颜色），它在家系图上的路径将会非常不同，而这些基因将会在一个比维多利亚古老得多的祖先那里合并。如果我们挑出决定了鲁珀特王子褐色眼睛的基因，和决定了海因里希王子蓝色眼睛的基因，那它们的合并至少跟眼睛颜色基因在古代的分离事件同样古老，而一个基因分成褐色和蓝色两种亚型，这件事发生在史前时期。每一段DNA都有自己独立的家系图，不同于我们通过出生、婚配和死亡记录追踪姓氏得到的家系图，而是与之平行。

我们甚至可以用同样的方法研究同一个人身上两条相同的基因。查尔斯王子[34]有一双蓝眼睛，由于蓝色眼睛是隐性遗传的性状，这意味着他有两条蓝色眼睛基因[35]。这两条基因必然在过去某个时候合并，但我们不知道它发生在何时何地。通常是在几千年前，但对于查尔斯王子的特殊情况来说，这两条蓝眼睛基因的合并可能晚至维多利亚女王。这是因为，查尔斯王子的家系实际上可以经由两条线追溯到维多利亚女王：一条线是通过国王爱德华七世（King Edward VII），另一条是通过黑森的爱丽丝公主。在这个假设的框架下，维多利亚的一条蓝眼睛基因在不同的时间复制了两个副本。这同一个基因的两个副本分别传递给了现任女王[36]（爱德华七世的曾孙女）和她的丈夫菲利普亲王（爱丽丝公主的曾孙）。因此，来自维多利亚的一个基因的两个副本便可能在查尔斯王子身上再度相遇，分别坐落在他的两条不同的染色体上。事实上，几乎可以肯定这样的事情一定会发生在他的某些基因上，不论它是不是决定蓝眼睛的基因。而且，不管他那两条蓝眼睛基因是在维多利亚女王那里合并，还是在更早的某位祖先那里合并，这两条基因必定在过去某个特定的时候有个最近共同祖先。不论我们谈论的这两条基因来自同一个人（比如查尔斯），还是两个不同的人（比如鲁珀特和海因里希），逻辑都是一样的。对于任何一对等位基因，不管它们来自同一个人还是不同的人，下面的问题总是适用的：回溯历史，这些基因在什么时候、在谁身上合并？扩展开来，我们还可以针对种群里位于相同遗传位点（基因座）的任意三条或更多条基因问同样的问题。

如果回溯到更古老的时代，我们还能针对不同基因座的基因问出同样的问题，因为基因可以通过“基因复制”过程在新基因座生成新基因。在《吼猴的故事》和《七鳃鳗的故事》中我们还会遇到这种现象。

每个基因或DNA片段都有一系列合并点以特有的样式绘成特定的基因家系图。血缘相近的两个人会在许多基因的家系图上处于相邻的位置。但同时会有另一些基因家系图投“少数票”，让他们跟血缘较远的亲戚相邻。我们可以把人的亲属关系看成基因投出的多数票，好比某些 DNA 片段投票认为女王是你的一位不算太疏远的表亲，还有一些 DNA 片段则争论说你跟另一些表面上看起来要疏远得多的个体更亲近，而就像我们将会看到的那样，有时候那些亲戚甚至属于不同物种。若是询问它们关于历史的看法，每个基因都会有自己的独特见解，因为它们各自在代际搏杀出了一条不同的道路。只有对基因组上许多区域进行取样，我们才有希望获得一个全面的图景。但如果一对基因落在同一条染色体上相距很近的位置上，那我们就必须小心了。要想理解其中的道理，我们需要对重组（recombination）现象有所了解。

每个精子或卵细胞在形成的过程中都会发生重组。发生重组时，随机选择的 DNA 片段在染色体之间进行了交换。平均而言，人类每条染色体只发生一次或两次交换（形成精子时少些，形成卵细胞时多些，尚不清楚为什么会这样）。经过许多许多代以后，最后染色体上许多不同的片段都曾被交换过。一般来说，同一条染色体上的两个 DNA 片段距离越近，二者之间发生交换的可能性越低，也就越有可能被同时遗传给同一个后代。

因此，我们考虑基因的“选票”时必须记得，一对基因在染色体上的距离越近，就越有可能经历相同的历史。这就驱使着相邻的基因投出相同的选票，以至于在极端的情况下，整段整段的 DNA 紧紧绑定成一个单元，整体穿过历史的长河。在生物遗传的国会里，有许多这样的党团，其中两个尤为引人瞩目，不是因为它们的历史观更加可靠，而是因为它们常常被用来解决生物学中的争端。二者都有着性别歧视，一个只借助雌性的身体遗传，而另一个从来不曾离开过雄性的身体。我们之前提到的基因遗传都是无偏见的，而这两位便是最大的例外。它们是 Y 染色体和线粒体。

就像姓氏一样，Y 染色体（的雄性特异性部分）总是只通过男性遗传。和其他少数几个只有雄性才需要的基因一起，Y 染色体包含的遗传物质实际上可以将哺乳动物胚胎切换为雄性发育模式，而脱离雌性模式。另一方面，线粒体 DNA 只通过雌性家系遗传，但线粒体并不负责让胚胎发育成雌性，雄性也有线粒体，只不过它们不会把线粒体传递给后代。就如我们将在伟大的历史性会合中看到的那样，这群小东西的前身曾经是自由生活的细菌，大约在 20 亿年前，它们住进了细胞里，从此只在细胞内以简单分裂的无性生殖方式进行复制。它们丧失了作为细菌的诸多特质和大部分 DNA，但仍保留了足够的 DNA 让遗传学家们可以施展手脚。我们体内的线粒体构成了一个独立的遗传复制家系，跟主流的细胞核家系并无关联，而后者包含着我们认为属于“自身”的基因。

Y 染色体和线粒体都被用于追踪人类的历史。有一份设计精巧的研究在现代不列颠地区沿直线取样，研究了 Y 染色体上小片段 DNA 的情况，发现盎格鲁–撒克逊人的 Y 染色体从欧洲大陆向西横穿英格兰，在威尔士边境戛然而止。不难想象为什么这条只由男性携带的 DNA 不能代表基因组的其他部分。举个更明显的例子，维京人的 Y 染色体（连同其他基因）乘着长船，散布到遍及各处的人群中。在大多数人类社会中，跟女性比起来，男性更倾向于在离他们的出生地不远的地方定居和繁衍。看来似乎维京人的 Y 染色体违背了规律。从统计上看，跟背井离乡的冒险者比起来，其他维京基因更偏爱家乡的土地，而 Y 染色体有更丰富的“旅行经历”：

> 你抛下了怎样的女人，
> 还有炉火和田亩，
> 去追随那灰色苍老的寡妇制造者？
>
> ——鲁德亚德·吉卜林[37]《丹麦女人的竖琴之歌》

线粒体 DNA 同样可以透露许多信息。比较一下你我的线粒体 DNA，我们就能知道它们多久之前有着同一个线粒体祖先。而且，由于我们的线粒体全都来自我们的母亲、外祖母、曾外祖母……对线粒体的比较就能使我们得知，最近母系共同祖先生活在什么年代。对 Y 染色体做同样的事情应该能告诉我们最近父系共同祖先生活的年代，但由于技术上的原因，实际上并没有那么简单。Y 染色体和线粒体 DNA 的美妙之处在于，它们都不会受到两性基因组混合的影响，因此这类特殊的寻根任务变得容易。

如果确定了所有人类线粒体的最近共同祖先，我们也就锁定了作为我们的母系最近共同祖先的那个"人"。有时候她被称为线粒体夏娃，也就是这个故事的主人公。显然，对应的父系共同祖先也可以被称为 Y 染色体亚当（Y-Chromosome Adam），所有男人都携带着亚当的 Y 染色体（神创论者们请克制，不要刻意误引这句话）。如果姓氏的遗传总是严格遵循着现代西方的规则，那我们也都随着亚当的姓，不过这样的话姓氏也就失去了存在的意义。

"夏娃"这个说法很容易招致误解，因此最好略做防范。实际上这些误解很有启发意义。首先很重要的一点是，需要在此强调线粒体夏娃不是距离我们最近的"所有人的母亲"，就像 Y 染色体亚当也不是"所有男人的最近共同祖先"。类似的话常被用作新闻标题，却是罔顾事实的说法，引起了很多误解。实际上，我们沿着不同的路径追溯历史时会遇见许多男性最近共同祖先和许多女性最近共同祖先，而夏娃和亚当只不过是其中的两人。当我们分别沿着从母亲到母亲再到母亲，或从父亲到父亲再到父亲这样的特殊路径穿过家系图，我们找到的共同祖先就会是夏娃和亚当。但基因还可以通过许多不同的路径贯穿家系图：母亲—父亲—父亲—母亲，或母亲—母亲—父亲—父亲等，不胜枚举。每一种可能的路径都会有一个不同的最近共同祖先，所有的最近共同祖先共同将全人类联系成一个整体，有些最近共同祖先要比亚当或夏娃晚得多。

其次，夏娃和亚当并不是一对夫妇。即便他们曾经相遇，那也纯粹是概率极低的偶然事件，他们甚至可能相隔了几万年。有多方面的独立证据支持更进一步的观点，即女性共同祖先要早于男性共同祖先。在繁殖成功率方面，男性之间的差异要大于女性之间的差异。不同女性的子女数量可能相差 5 倍，但最成功的男性的子女数量可能是不成功者的数百倍。这意味着，一个成功的男性，一个史前时代的"成吉思汗"（Genghis Khan）[38]，能以很快的速度成为一名共同祖先。而一个成功的女性需要更多代才能达成同样的壮举，因为她的家庭规模不可能很大[39]。在不同人群中比较父系和母系的基因家系图，大多数情况下的结果都支持这一论断。不过，这不是一个严格的规律，而是一个一般情况下成立的统计结论。而且，也许有些出乎意料，但最近的遗传研究表明我们现在的 Y 染色体亚当就是一个特例，他生活的年代可能早于我们现在的线粒体夏娃。

第三，亚当和夏娃是个不断易主的荣誉称号，而非某个特定人物的名字。如果明天某个边远部落的最后一名成员突然死去，那么亚当或夏娃的接力棒可能会骤然前推几百年。根据不同的基因家系图定义的其他最近共同祖先也是同样的情况。为了说明其中的道理，让我们假设夏娃有两个女儿，其中一人最终繁衍出塔斯马尼亚的原住民，另一人则是剩余全体人类的祖先。再做一个完全有可能的假设，即联结"剩余全体人类"的母系最近共同祖先所生活的年代比夏娃还要晚 1 万年，其他所有并行的夏娃后代分支当中只有塔斯马尼亚人幸存，别的支系全部灭绝了。当最后一名塔斯马尼亚人楚格尼尼死去的时候，夏娃的头衔就立刻被推进了1万年。

第四，亚当和夏娃在他们生活的年代并没有什么可以让他们脱颖而出的特别之处，除却那富有传奇色彩的头衔。线粒体夏娃和Y染色体亚当并不孤单，他们各自有着许多同伴，甚至可能各自有许多性伴侣，并和他们留下了至今仍在的后裔。他们唯一与众不同的地方在于，亚当最终在纯父系家系上留下了许多后代，夏娃则在纯母系家系上留下了许多后代。他们同时代的其他人则在别的家系上留下了后代，而且总数并不逊色于他们。

"夏娃"和"亚当"不光名字引人遐想，而且在逻辑上也同样令人信服。一条单一的纯母系家系和一条单一的纯父系家系必然曾存在于某个时间点，这是家系图的原理所决定的。[40]但这两个名字指向的各是一个变动的点，一个庞大的树状基因家系图的根部。如果要用线粒体和Y染色体来解析人类历史，那我们就不能只关注夏娃和亚当。在这两个基因家系图上，其他所有合并点要重要得多。而且即便是在处理其他合并点时，我们也必须极其小心。

在我写本书第一版时，有人送给我一部BBC的电视纪录片《故土》(*Motherland*)，号称是"一部极为深刻的电影""非常美丽，令人难忘"。影片的英雄主人公是三位从牙买加移民来到英国的"黑人"[41]。他们的DNA被拿去跟全球数据库比对，试图找到他们被掠作奴隶的祖先来自非洲哪个地区。然后制片公司安排了一场伤感的"重逢"，让我们的英雄和他们失散许久的非洲家人相认。他们用来进行序列比对的是Y染色体和线粒体DNA，正如我们前面提过的，这部分DNA比基因组其他部分更容易追踪。但是不幸的是，制片人从来没有讲清楚这些方法的局限，特别是他们近乎有意欺骗了这些人还有他们失散的非洲亲戚们，使重逢场面越发地催人泪下。从电视制作的角度看，他们这么做毫无疑问有着充分的理由，但事实上这场重逢根本不值得如此动情。

让我解释一下。当马克（Mark，后来改用部落名 Kaigama）访问尼日尔的卡努里（Kanuri）部落时，他相信自己回到了“族人”的土地。葆拉（Beaula）来到几内亚外海的一个小岛，8 名布比族（Bubi）妇女迎接了她，把她看作失散许久的女儿，她们的线粒体 DNA 跟她吻合。葆拉说：

> 就像血与血相融……就像是一家人……我只是哭，眼睛里充满了泪水，心怦怦狂跳，脑子里只有一个念头：“我回到了故土。”

这些煽情的话尽是胡扯！她不应该被如此欺骗，以至于产生这样的想法。就已有的证据来看，不管是她还是马克，他们访问的那些人其实只是与他们共享线粒体而已。事实上，马克已经被告知他的 Y 染色体来自欧洲，这让他很不安，后来他得知自己的线粒体有着令人骄傲的非洲根源，就明显松了一口气。葆拉当然没有 Y 染色体，但他们显然没想着去看看她父亲的 Y 染色体，尽管这会很有趣，因为她的肤色其实相当浅。没人告诉葆拉和马克以及观众们，他们线粒体外的 DNA 几乎一定来自许多不同的“故土”，跟那个出于纪录片的目的而确定的故土距离遥远。如果追踪他们的其他基因，他们就会在成百上千个不同的地方都有同样催人泪下的“重逢”，遍及非洲和欧洲，很可能还有亚洲。当然，这样也就破坏了片子的戏剧性。

请记住这个例子，因为我们接下来将要处理一个关于人类起源的主要争论，论辩所用的证据也是线粒体和稍晚些的 Y 染色体 DNA。

“走出非洲”理论认为非洲以外地区所有现存的人类都来自大约10万年前到5万年前的一次大迁徙。争辩的另一方是“独立起源”理论或“多地区起源说”，持这种观点的人相信如今生活在亚洲、澳大利亚和欧洲的人在远古时代就是分开的，各自独立地从当地的早期直立人进化而来。这两派的名称都有些误导。“走出非洲”这个名字的不足之处在于，其实所有人都承认，只要追溯得足够远，我们的祖先必定来自非洲。“独立起源”同样不是一个理想的名字，也是因为只要追溯得足够远，不管哪个理论都承认，分歧将不复存在。真正的分歧在于我们走出非洲的日期。所以我们换用另一种说法，把两种理论分别称为“晚近非洲起源说”（Recent African Origin，RAO）和“古代非洲起源说”（Ancient African Origin，AAO）。这种做法还有一个额外的好处，即强调了二者之间的连续性。

既然这篇故事名为“夏娃的故事”，那我们就先说线粒体证据。前面讲过，线粒体完全复制自母亲，这意味着它们的祖先源流合并而成的树状图整齐而清爽。在非洲以外地区，原住民的线粒体似乎总是属于两条分支之一，或者可以把这种分支称为“单倍群”（haplogroup）：不是M型（主要在亚洲）就是N型（广泛分布于欧亚大陆）。一般来说，一段属于M型的DNA序列和另一段属于N型的序列相差大约30个DNA突变。既然知道了线粒体DNA里哪一部分比较重要，哪一部分可以随便变化而不影响功能，我们就可以用“分子钟”技术（参见《天鹅绒虫的故事》后记）来估测积累这些突变大概需要多长时间。人类和黑猩猩的线粒体相差的不是30个突变，而是大约1 500个。假设人类和黑猩猩之间累积这些差异花了700万年（我们将在《黑猩猩的故事》里检视这个有争议的数字），那么M型和N型之间的差异大概需要5万到9万年的进化。还有别的方法可以用于测算线粒体的突变率。利用从人类化石中提取的DNA，并对化石进行放射性测年，也得到了相似的结果，大概在6.5万年到9万年间。

从更大的范围看，M型和N型不过是繁茂的非洲基因树上的两根小枝丫，而最深的合并点（夏娃）还要古老两到三倍。很明显，最近走出非洲的线粒体替代了之前一直占据剩余世界的古老版本。无论是欧洲人、亚洲人、北美原住民，还是澳大利亚原住民以及其他人群，他们的纯母系家系全都是晚近非洲起源的。虽然我们知道，某个合并点跟特定历史事件的联系往往是松散的，但线粒体的例子还是支持近期走出非洲的观点。更准确地说，M型和N型分支内部分型的地理分布提示我们，大迁徙的人群离开非洲之角（Horn of Africa）[42]，绕过阿拉伯半岛南部海岸，通过亚洲到达世界其他地区，抵达澳大利亚的时间刚好可以解释蒙戈人化石[43]所具备的完整的现代人特征。

不过请记得，这些故事都是基于一小段DNA。若是把线粒体当作人类历史的象征，那就落进了跟电视纪录片《故土》一样的陷阱。起码我们还要再咨询一下Y染色体的意见。

Y染色体的DNA含量比线粒体丰富数千倍，这意味着它的信息含量更加丰富，却也更难研究。目前的证据指向一个跟线粒体大致相同的进化模式，所涉及的分型虽不相同，但我们的Y染色体应该也是同样源出于非洲。我们还不能为最古老的合并点给出一个准确的时间估计，部分是因为2013年出土了一个罕见的非洲支系的遗存，这也许意味着可能有一个新的“亚当”生活在“夏娃”之前。在本篇后记中我们会再回到这个故事。随着越来越多非洲人的基因组得到测序，我们很可能会发现更古老的亚当（可能还有更古老的夏娃）。

非洲以外地区的纯父系家系就像是梢头伸出了几根细枝，除此之外，Y染色体的家系图完全是集中于非洲的。每一根细枝根部分叉的时间都跟线粒体大致相同（也许稍早一点）。在欧洲和亚洲，更细的分型的地理分布大致对应着今天线粒体的分布，却并不完全相同。多个分支可能对应着多次迁徙，或者同一次迁徙携带了多组不同的 Y 染色体，其中有部分得以流传至今，欧亚大陆上的男人们仍然携带着这些 Y 染色体的后代。

截至目前，晚近非洲起源说的情况还不错。但是，不管是线粒体还是 Y 染色体，都具有潜在的欺骗性。这并不只是因为它们都只代表了我们基因组中很小的一部分，甚至不是因为它们都只偏重于单一性别。问题在于，任何一个单一的家系图都受到偶然机会和自然选择的巨大影响，其中后者的影响更为隐蔽。以 Y 染色体家系扩散出非洲为例，它可能代表了一次人类大迁徙，却也可能只是一次偶然，或者是自然选择的结果，也许根本不存在什么大迁徙。我来解释为什么这是可能的。想象一个几十万年前的世界，人口稠密，人们从不迁徙，只和邻居通婚，如果 Y 染色体上出现了一个潜在有利的新基因，比如说让胡子变得更加茂密，让我们来考虑一下这个新基因的命运。在严寒的气候下，这个基因会比其他版本更受青睐。而且，由于 Y 染色体上的全部 DNA 都是整体一起遗传的，那些碰巧位于有利基因附近的基因也同样得到了这个“正向选择”的好处。当这个 Y 染色体和它的后代们通过通婚散布北半球的时候，旧的版本就会被替代。如果我们今天只看 Y 染色体，就很容易错误地以为它的家系图代表了整个种群的快速扩张和替代，而实际上那不过是单个“基因”的快速扩张和替代。换句话说，尽管基因像涟漪一样传播开去，可种群自己有可能还停留在原处。

这个假想的情形说明了一个重要而普遍的原则，即单个基因家系图不足以把自然选择那看不见的手跟更普遍的变化区分开，比如种群规模的变化、迁徙活动或者部族的分裂。要重建历史上的人口学特征，我们的DNA证据需要横跨整个基因组。

在这场探索中，遗传重组是我们的盟友。你应该还记得，重组是切开并重新连接DNA片段的过程。有些基因曾频繁地被重组过程分开，比如在染色体上相距很远的基因，它们可以为人类历史提供多方面的见证。事实上，只选择相距遥远的基因实在是过于局限了。我们正在开发把全部DNA都加以利用的新技术。这是未来的必然趋势，但它要求我们先解决面前的问题，即重组的复杂性。

首先想象一下如果我们逆着时间追溯一群人的全部DNA会发生什么。如果一段DNA序列的两个副本可以追溯到某一条单独的染色体，我们知道它们会在某个共同祖先那里合并。但如果涉及的是一大段DNA长序列或者一整条染色体，我们就必须考虑另一种可能性。一段DNA序列副本内部的片段有可能来自多个不同的祖先。顺着时间去看，如果来自父亲的片段和来自母亲的片段合并成了一条新的染色体，那么就会发生这种事情，即我们逆着时间追溯的时候所见到的不再是两条家系合并成一条，而是一条家系分叉生成两条。这条染色体不同部分的历史在这个岔路口分道扬镳，各自回退。

家系逆向合并或分支形成的图形被称为祖先重组图（ancestral recombination graph，ARG），此处所谓的"图"指的是交错的线条组成的网络。有时候它还被称为遗传历史学家的"圣杯"，因为计算出这幅图就好比是把一大堆基因组携带的系谱学信息全部压缩起来。不幸的是，这种计算是不可能实现的。哪怕只是寥寥几个基因组之间的关系，也需要无穷多的祖先重组图来表示，而且我们永远不能确定到底哪个才是完全准确的。遗传学家采用的是替代的办法，使用计算机将一系列概率较高的可能性进行平均。这样做或许显得粗糙，但基因组包含的信息是如此丰富，哪怕只对几个人使用这种方法都能得到丰厚的回报。惊人的是，哪怕只有一个人的基因组也同样可以运用这种方法，因为我们的大多数 DNA 都有双份副本，一份来自母亲，一份来自父亲。来自剑桥桑格研究院（Sanger Institute）的理查德·德宾（Richard Durbin）和李恒[44]（Heng Li）发明的这个方法能够挑选出一些可能的祖先重组图，它们可以合理地解释你的父源 DNA 和母源 DNA 之间的差异。配合“分子钟”技术，这种方法可以估算任何一段染色体的父源序列和母源序列在古代合并成共同祖先的年代。基因组各个部位都可以提供一个合并的年代，从而为你的基因历史绘制出一张全面的图谱，并且免于自然选择影响单个基因所导致的偏差。

刚刚说的是“你”的基因历史，当然这个方法首先需要获取你的个人基因组序列。本书的作者之一（理查德·道金斯）有幸对他自己的全部 DNA 进行了测序，当时是为了拍四频道（Channel 4）[45]的一部电视纪录片《性、死亡和生命的意义》（*Sex, Death and the Meaning of Life*）。我们在此用道金斯的基因组做例子，但重要的是，再过几年等测序变得足够便宜之后，每个读者都可以用自己的基因组做同样的事情。谁不想看看自己的基因组里记录着什么样的历史呢？

考虑到我们在《塔斯马尼亚人的故事》里看到的那些时间点，也许你会像我们当初一样，以为这些个人合并点也会相当晚近。这样的话你就错了。欧洲王室家庭姑且不论，大多数人的父源和母源基因的合并点都发生在至少 2 万年以前。事实上，有相当多的合并点距今超过 100 万年（这跟之前的结论并不矛盾，即个体的最近共同祖先要比基因的最近共同祖先晚得多）。因此，道金斯的 DNA，或者任何一位读者的 DNA，都可以被用于三角推断，一直追溯到我们的非洲根源，捕捉到人类的大部分历史。

要弄懂这种了不起的推理背后的道理，需要明白合并点的位置反映了种群过去的规模。种群规模越小，祖先家系碰撞的可能性越高，合并的速度也就越快。所以，如果基因组内许多不同的部位都在相似的时间合并，就暗示着一个较小的种群规模，在极端情况下甚至代表“瓶颈”的存在。相反，合并点的匮乏也就意味着在一段时间里种群规模很大。因此，“道金斯合并点”的频率可以被用于推断过去不同时间点的“有效种群规模”，如下图。

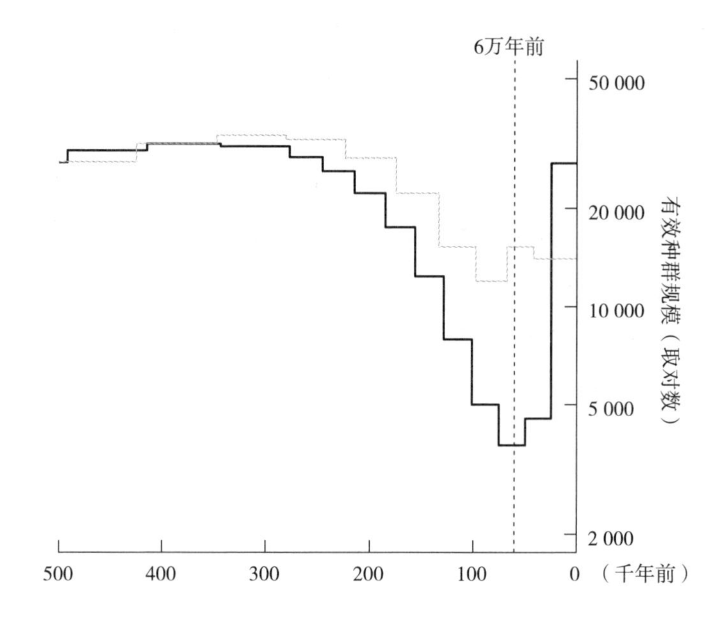

从个人基因组中读出人类的历史。黑线反映了道金斯的父源和母源 DNA（都来自欧洲）的共同祖源，即它们合并的年代。灰线来自一个典型的尼日利亚人。这种被称为 PSMC 的方法是由李恒和理查德·德宾发明的 [247]。

图中随时间变化的线条揭示出一个典型的特征，即在大约 6 万年前，种群规模发生了一次急剧下降，这一点在非洲以外地区所有人类当中都是成立的。把这个下降看成一次数千名先驱者走出非洲的大迁徙，这种想法不仅诱人，而且很可能是正确的。尽管非洲撒哈拉以南地区的基因组显示，这里的种群规模也发生了一次下降（灰线来自一位尼日利亚人），但远远达不到同等严重的程度。事实令人震惊，哪怕你是地球上最后一位活人，也依然能从你个人的基因组里读出人类的大部分历史。

如果从单个卑微的个体能得出这样的故事，那么想象一下若是我们能够比较数十上百乃至上千人的基因组并为每个基因座推演完整的家系图会有怎样的威力！可惜，如此繁重的计算任务远远超出了当今计算机的能力。不管怎样，理查德·德宾实验室的同事斯蒂芬·谢弗尔斯（Stephan Schiffels）发明了一些捷径办法，使得我们可以估算更简单的东西：为少数几个人的每一个基因座计算出最近的合并点。下页图展示的结果就来自这样的分析，数据来源是 9 位来自全球不同地方的本土居民。在他们的基因组中有数百万个合并点，很好地为我们描绘了过去几十万年间人类内部通婚和分裂的历史。图中横线标注的时期存在极少数共享的合并点，意味着必然发生了通婚，不过极为罕见。这很有力地总结了我们从何而来的问题。

跟线粒体或 Y 染色体家系图比起来，这种全基因组分析才是对晚近非洲起源说的真正考验。为了强调这一点，我们把图上非洲以外的分支标成了白色。这些分支并不是从一开始就彼此分离的，与之形成对比的是墨西哥人的分支，干脆利落地标记着原住民对美洲的殖民。大约在 6 万年前确实发生过一次走出非洲的大迁徙，但它可能不是一劳永逸的。在最初的分离之后，出走的人群和其他非洲族群之间依然存在有限的通婚，可能持续了数万年。另外还有两个发现，让人对完全的晚近非洲起源说产生了疑虑。第一个发现是关于欧洲人和亚洲人的（特别是中国人和墨西哥原住民）。从图上可以看出，欧洲人和亚

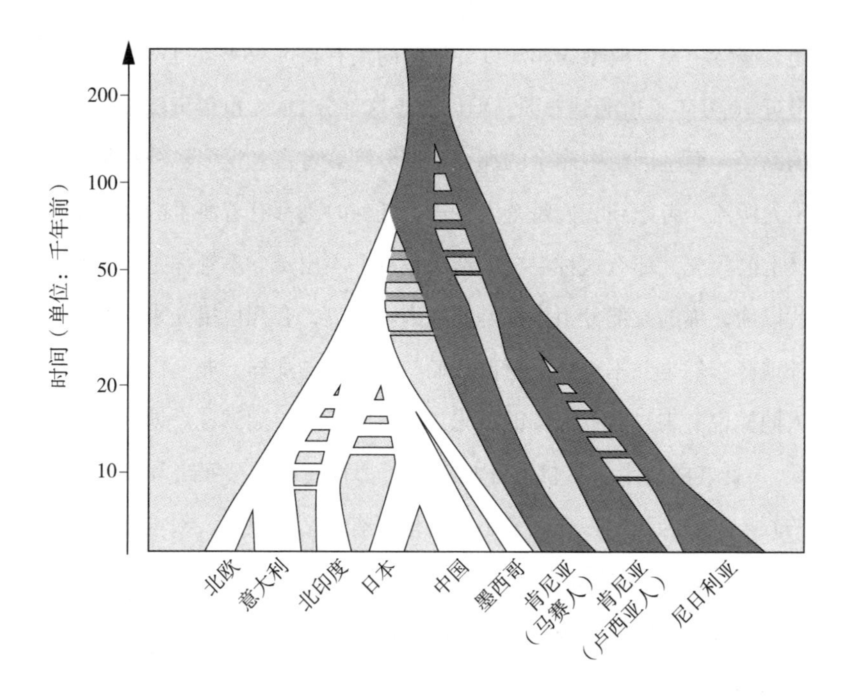

人类来源总结。本图反映了各地原住民基因组片段的最近合并点的分布情况。水平线代表各组之间少量的共享祖源所在的时间点。图片来自谢弗尔斯和德宾。

洲人分离的时间较晚，大概是在 2 万年前。但图上没有显示的是，谢弗尔斯和德宾发现，这些基因组中大约有十分之一早在 10 万年前就已经表现出了欧亚分离。这个时间意味着，早在近期走出非洲的大迁徙前，就存在着某种早期迁徙。第二个发现是，北欧基因组与尼日利亚基因组的差异之中有一小部分甚至来自 20 万年以前。这跟接下来那个故事里的证据是一致的。大多数欧亚人都会有百分之几的 DNA 来自尼安德特人或者别的某种古人。

化石证据表明，现代人的解剖特征扩散到世界各处靠的是近期走出非洲的大迁徙。但似乎单独一次、孤立的走出非洲大迁徙是个过度简化的模型。关于这一点，我们的基因比他们留下的化石揭示得更清楚。诚然，一个典型的非洲以外地区的人有超过95%的DNA可以在最近10万年里追溯到非洲，但即使是这部分DNA也很可能来自不同的路径。而基因组中剩余的那一小部分隐藏着古老得多也神秘得多的祖先源流。考虑到我们每个人在过去任何时刻都有着海量的系谱学意义上的祖先，那么这种混合的情况也许并不出奇。不管你是谁，几千代以前，你的大部分祖先都是非洲人。不过，有几位祖先来自非洲以外地区当然也并不奇怪。就像我们将要看到的那样，非洲以外地区的人同样也有来自欧亚大陆的祖先，很可能可以追溯到各个地区的直立人。《夏娃的故事》提供的证据摧毁了那种简单的“亚当和夏娃”式的叙事。因为我们在那么多不同的地区有那么多祖先，根本不可能从如此多样的人类追溯到一个单一的种群，更不必说追溯到某一对配偶！最好从人的叙事转向基因的叙事：每一段DNA都有各自的历史，而我们的寻根之路就是把它们编织成一面挂毯。

《夏娃的故事》后记

《夏娃的故事》警告我们不要只凭一小段DNA就试图得出有普遍意义的推论。人们太容易轻易地假定单个基因的家系图可以为整个物种的历史代言，甚至连专业的生物学家都难逃这个陷阱，阿尔伯特·佩里（Albert Perry）和Y染色体亚当的故事就是一个例子。阿尔伯特·佩里是一位非洲裔美国人，曾是南卡罗来纳州的一名奴隶。他在死后名声大振，起因是2013年他曾孙的DNA被意外提交给一家商业系谱学公司，其Y染色体的家系被确认属于一支很早之间就分裂出去的支系，以前从未见过。阿尔伯特·佩里的古老家系得到了家族另一名男性成员Y染色体的确证，那是另一支族人的一位玄孙。随后在亚利桑那大学（University of Arizona）进行的遗传搜索工作也成功找到了几条位于同一个古老分支上的 Y 染色体。它们的那一小群携带者生活在今天的喀麦隆西南部，很可能佩里先生不幸的先祖就是从那里被掳走的。

Y 染色体基因家系图上新近发现的这个古老分支意味着，我们需要重新确定一个新的“Y 染色体亚当”。自佩里先生的父系家系跟我们其他人的家系分离以来，家系图的各个分支已经积累了成千上万的新突变。在最初宣布这个发现的时候，支系分离的年代被确定为大约 34 万年前，而用于支持这个结论的只是其中一小部分突变。最近通过分析全球各地的完整 Y 染色体，包括这个罕见的喀麦隆类型，研究者发现这个合并点以及相应的 Y 染色体亚当的年代为大约 24 万年前。不管我们采信哪种估计，它都早于现代人类的出现时间，这就是陷阱之所在。有些遗传学家（他们本不该如此无知）提出质疑，声称这根本就不可能：怎么可能一个现代人的基因甚或一整条染色体居然早于现代人自身的起源？

自不必说，神创论阵营抓住了这个说法，急于证明他们还有着更深层的误解。请放心，这样古老的分歧不仅可能，而且在意料之中。实际上，跟其他基因比起来，它们还算不上特别古老。根据迈克尔·布卢姆（Michael Blum）和马蒂亚斯·雅各布森（Mattias Jakobsson）2011 年的发现，人类基因家系图上最早的分支点往往出现于超过 100 万年以前。也就是说，我们今天的许多基因差异都早于现代人类的起源，而且往往要早几十万年。我们再一次遇到了基因思维和个体思维的差异。

遗传学上的差异甚至可以追溯到几千万年以前，尤其当自然选择倾向于保存种群内部多样性的时候更是如此。下面这个例子就是这样。假设有A和B两种血型，赋予了机体对不同疾病的抗性。一种血型具有抗性的疾病对于另一种血型来说却是易感的。当某种血型数量众多的时候，能够攻击这种血型的疾病也就肆虐起来，因为它能传播开来。所以，如果B血型的人（姑且称为B类人）在种群中很常见，那么能够感染他们的疾病就会得以传播。于是B类人就会死亡，直到他们不再常见，而A类人会增加。反之亦然。只要我们有两种类型，稀少的类型就会因其稀少而受到青睐。这是保持多态性（polymorphism）的秘诀：为了维持多样性而青睐多样性。作为一种著名的多态性，早被人们熟知和理解的ABO血型系统很可能就是出于这种原因而被保持至今的。

某些多态性可以相当稳定，以至于哪怕新形成的物种也依然继承了这种多态性。我们的ABO血型多态性同样存在于许多猿类甚至是猴类当中。有些研究者认为，基于相同的原因，所有这些物种各自独立地“发明”了这种多态性。但是最近的研究表明，我们都是从同一位祖先那里继承了它，然后各自独立地把它保留了数百万年，留给不同的后代，原因很可能是那些疾病或者类似的疾病在此期间一直存在着。实际上，负责形成A型血和B型血的那些基因很可能在我们跟旧世界猴分离之前就已经分化了，那大概是在2 500万年前。进化上出现的这种特殊现象被称为跨物种多态性（trans-specific polymorphism），它无疑表明，人类内部的差异可能追溯到人类自己尚不存在的时期。

我们可以进一步演绎出更加惊人的结论。从某些基因的角度来看，你可能跟一些黑猩猩比跟其他人更相似。我跟一些黑猩猩的相似性要高于你我之间（或者我跟“你的”黑猩猩之间）的相似性。不管是作为个体的人，还是作为物种的人类，都不过是基因临时的载体，承载着不同来源的基因混合物。基因穿过历史的路径彼此交错，而个体是路上临时的交会点。这是在以家系图的方式重新阐释我在第一本书《自私的基因》中的核心观点。就像我在那本书中说过的："我们完成我们的职责后就被弃于一旁，但基因却是地质时代的居民——基因是永存的。"在美国一次会议的会后晚宴上，我背诵了这样的诗句：

一个巡回的自私的基因说：
"身体，我见过许多许多。
你自以为聪明，
可我长生不朽。
你只是我用以生存的机器。"

作为身体对基因的即时回应，我拙劣地模仿了之前引用的那首《丹麦女人的竖琴之歌》：

那是怎样的身体，你先占据了她，
哺育了她，然后又抛弃了她，
去追随那盲眼钟表匠？

这本书是一部 DNA 的自然史。不同的路径贯穿时间，一堆看起来黯然无生气的指令把它们编织在一起，而这本书就是关于这些指令的历史。尽管听起来平凡乏味，但实际却截然相反。每一代，每一天，每一小时，这些指令都被织造成精细而多样的生命形式，使我们的朝圣由平淡趋向庄严。

《丹尼索瓦人的故事》序

从古代遗体中提取 DNA 肯定能跻身于我们这个时代最伟大的科技成就之列，相当于遗传学上的起死回生术。这门技术困难重重。随着时间的流逝，DNA 会逐渐降解，即便留下了一些片段，也必定经过了化学修饰。死后不久就有大量微生物侵入了骨骼，将它们的基因组跟死者原先的基因组混在一起。更隐蔽的危险则是无处不在的污染问题，来自现代的 DNA 覆盖着每一个裸露的表面，充斥着我们周遭的空气：真菌孢子、飘浮的细菌、飞沫携带的病毒、人体皮屑以及各种生命过程留下的各种遗传碎屑。我们必须遵循极其严格烦琐的程序，才能可靠地对古代 DNA 筛选、扩增、测序和鉴定。

尽管人们想要克隆出已灭绝的物种，可直到最近都很少重构出完整的基因组，考虑到该技术的难度，这毫不奇怪。作为替代，大多数研究都着眼于小片段 DNA，其中常被选用的就是我们前面在《夏娃的故事》里提到的线粒体 DNA，因为这种母系序列在每个细胞里都有数千个副本。最早从尼安德特人遗骨中提取出的 DNA 序列片段就是线粒体 DNA。用来提取 DNA 的那根骨头也不一般，正是来自最初在尼安德河谷发现的那具骨架，即“尼安德特 1 号”（Neanderthal 1）。1997 年，德国斯万特·帕博[46]实验室公布了相关结果，该结果被广泛用以说明尼安德特人是跟现代人完全分离的支系。他们的线粒体跟我们相差平均超过 200 个 DNA 字母，而现代人内部的差异最多不超过大约 100 个字母。但请记得《夏娃的故事》里的教训。不同的基因会讲不同的故事，而线粒体 DNA 实际上相当于单个基因。本书第一版曾提醒大家小心其中的陷阱，因为当时只有线粒体 DNA 可用。今天我们可以更加全面地解决这个问题，这要多谢尼安德特人生活的严寒环境对DNA的保护。

2010年，帕博实验室公布了一个残缺不全的尼安德特人基因组草稿，用于提取DNA的遗骨来自三份克罗地亚地区的样本，距今大约4万年。3年之后，他们公布了一位5万年前的西伯利亚尼安德特妇女的完整基因组。时至今日，已经有许多尼安德特人的基因组可用，提供的数据量是线粒体DNA序列的几十万倍。

全基因组为我们打开了一扇窥见尼安德特人生活的窗户。比如那位西伯利亚尼安德特人，我们可以通过她的父源和母源DNA的相似性，推断出她的父母基本上是血亲通婚，其血缘亲近的程度相当于同父异母或同母异父的兄弟姐妹或者叔伯和侄女的关系。也许他们是由于种群人数的匮乏而不得不如此。我们在《夏娃的故事》里曾利用道金斯的基因组计算祖先的种群规模，同样我们也可以用单个尼安德特人的基因组来呈现尼安德特人种群在几十万年间的逐渐衰减，而同一时期里我们生活在非洲的祖先似乎正在经历种群规模的增长。我们还可以通过已知基因的突变来寻找进化变迁的证据。帕博实验室最近发表的一篇文章这样写道："我们发现，跟骨骼形态相关的基因在尼安德特人的祖先家系中改变更多……而跟行为和色素相关的基因在现代人类家系中改变更多。"

不过可以理解的是，公众媒体只关心一个问题：我们是否曾和尼安德特人杂交？或者我们的基因组中是否有一部分来自他们？尼安德特人和现代人的DNA都不过是一串串字母，而且大部分是雷同的，那我们怎么才能确定尼安德特人在我们的基因组中是否留下了足迹？我们又不能拿一串现代人的序列，轻轻巧巧挑出里面散发出尼安德特人臭味的区域。

有一个办法可以回答这个问题。它依赖于一个事实，即尼安德特人生活在欧亚大陆。我们在尼安德特人和现存欧亚人当中寻找现存非洲人不具备的新突变，这些新突变可以作为近期共享祖源的指征。首先要找到在现代人内部存在差异的DNA位点，亦即同一段序列存在两个有细微差别的版本。通常这种差别只是单个字母的突变，即所谓的“单核苷酸多态性”（SNP[47]）。人类基因组中分散着百万个甚至千万个常见SNP，平均每2 000个字母中就有一个。它们通常存在于基因以外的区域，未必有重要的功能。我们在这里要找的是中性的“标记”。

只是找到尼安德特人和（大多数）欧亚人共享的字母还不足以推断近期祖源。因为有这么一种可能，即他们共享的是旧版本，非洲人的才是新版本。为了核查这种可能性，我们还需要看看黑猩猩或大猩猩的对应序列，因为它们的版本通常是最初的版本。这样我们就可以找到把欧亚人和尼安德特人联系起来的新突变或“衍生”的突变。这方面有确凿的证据让我们得出结论：尽管并不频繁，但人类和尼安德特人绝对曾经杂交过。我们的基因组中有许多DNA长片段——通常是几万或几十万个DNA字母组成的连续片段——表现出这种共享的衍生突变的痕迹。

这种大段DNA包含着丰富的信息。比如，我们可以利用它们的长度来计算杂交发生的时间。之所以可以这么做，是因为时间过得越久，基因组中的长片段就越有可能被重组过程切断和交换。完整片段越长，杂交之后经过的代数就越少。与尼安德特人同时代的现代人DNA确认了这个现象。作为样本的古人类来自西伯利亚，有着现代人的形体特征，是名副其实的现代人（*Homo sapiens sapiens*，即现代智人）。对他们来说，与尼安德特人的杂交必定是相当近的事件，而他们基因组里的完整尼安德特人片段确实要比我们的长。基于这些考量，我们与尼安德特人杂交的时间应该在6万年前到5万年前，让人想起我们走出非洲的大迁徙的时间[48]。

一个可以追问的问题是，这些共同的DNA片段到底是尼安德特人传给我们的，还是反过来由我们传给他们的？要回答这个问题，我们可以看看同一段DNA中所包含的其他SNP。如果这个片段最初来自现代人，那么它所包含的其他单字母突变应该在现代欧亚人和非洲人家系中累积，却不会出现在尼安德特人的祖源家系中。这样的突变非常少。出人意料的是，几乎所有DNA传递都是由尼安德特人向古代人类的传递。随着更多的古代基因组被测序，这个估计也许会有些微改变，但如果它是普遍的现象，那是不是意味着是尼安德特人的血脉混入了现代人，混血的后代在现代人的部族里长大成人？不一定。主流解释是，混入现代人基因组的尼安德特人搭上了现代人种群扩张的顺风车，而传入尼安德特人的现代人基因很可能在尼安德特人种群缩减的过程中丢失了。

还有一个有趣的现象：我们的基因组好像是“尼安德特人的荒漠”，相隔很远才有一个共同的SNP。最惊人的要数整条X染色体。通过对其他哺乳动物杂交的研究，我们知道许多影响生育力的基因都位于X染色体上，而且通常影响的是雄性的生育能力。有人指出，人类和尼安德特人的混血后代，特别是男性后代，可能会有生育问题，这也许可以解释为什么那些主要表达于睾丸中的基因较少来自尼安德特人祖源。如果这是真的，那我们的尼安德特人血脉很可能是经由混血女性而非男性传递下来的。

假设这些共同的DNA片段大多是由尼安德特人传递给我们而非反过来，那么我们到底有多少尼安德特人基因（neandergene）呢？你可以找一家商业公司测测你有多少“尼安德特成分”，结果将会微乎其微。一个现代欧洲人平均含有1.2%的尼安德特人DNA，而现代亚洲人则有大约 1.4%，非洲人几乎不含任何尼安德特人基因。但如果我们把许多人基因组中的尼安德特区域合并在一起，它大概能覆盖 20% 的基因组，而随着越来越多活着的人的基因组被测序，这个比例还有望增加。事实上，我们可能携带着总体高达 40% 的尼安德特人基因组，零落分散在不同的现代种群中。显然，尼安德特人并不曾彻底灭绝，而且，如今很难再把他们当作一个跟我们不同的物种。

只需单个高质量的尼安德特人基因组，我们就可以进行如上推理。对古代 DNA 进行测序的能力为我们理解自己的进化历史打开了一扇神奇的新大门。与此同时，它还为我们引出了新的谜团，而这篇长序言使我们有了足够的准备，去理解其中最诱人的一个谜题。

丹尼索瓦人的故事

《丹尼索瓦人的故事》很短，和我们对这群人的了解倒是相符，因为我们知道得太少了。他们得名于西伯利亚阿尔泰山的丹尼索瓦山洞（Denisova Cave），这个洞穴是因一位曾住在这里的 18 世纪的隐士丹尼斯（Denis）而得名。在 10 多年以前，几乎没人听说过这个地方，更别说知道这个地名怎么发音[49]。而现在，在关于近期人类进化史的争论中，它处于舞台正中央。2009 年，约翰尼斯 · 克劳斯（Johannes Krause）和付巧妹（Qiaomei Fu）[50] 尝试从 4 万年前的半个指骨中提取 DNA。这块化石采自丹尼索瓦洞底深处，据报道，一位考古学家曾将其描述为“我见过的最貌不惊人的化石”。

事实证明，这块化石的惊人之处不仅在于其 DNA 保存得极其完整，更在于它后来对人们既成观念的扭转发挥了作用。最先被测序的是线粒体 DNA，结果发现它跟现代人和尼安德特人都不相同，应该来自基因家系图上一个更古老的分支。大概1年之后，两颗出土于丹尼索瓦挖掘点几乎同一地层的臼齿贡献了更多的线粒体DNA。它们明显比尼安德特人的牙齿更大，更像是直立人或更早些的原始人类[51]的牙齿。等我们的朝圣走得更远一些，我们会遇见这些原始人类。如今那个指骨化石已经被彻底破碎用以提取DNA，于是我们现有的关于丹尼索瓦人的全部有形证据就只剩下那两颗牙齿。

迄今我们描述的发现尽管激动人心，但作为新的人类亚种存在的证据却尚薄弱。但现在你应该有了一些警惕，不会对从一个变成化石的线粒体中提取出来的那点儿DNA进行过度解读。幸运的是，那个丹尼索瓦人的手指尖在被毁灭的过程中给予我们的非凡馈赠是一个完整的基因组，而不只是线粒体DNA。这个基因组保存得如此完好，它所提供的DNA序列的可靠性堪与活人序列媲美。显然这为丹尼索瓦人赢得了在此讲述一个故事的资格。

跟他们的线粒体DNA比起来，丹尼索瓦人的完整基因组整体上看起来跟尼安德特人更为相似，不过它依然支持先前由线粒体得出的结论，即丹尼索瓦人是一个独立的亚种。尼安德特人在大约80万年前跟古人分离，而计算表明，丹尼索瓦人跟尼安德特人分离的时间大约在64万年前。根据基因合并点的年代推断，丹尼索瓦人的种群规模似乎也经历了跟尼安德特人相似的大衰减，而且很可能是在同一时期。那个手指尖化石所属的女孩大概是她的族群最后的幸存者之一。

更让人惊讶的结果来自丹尼索瓦人跟现代人的比较。因为已经知道尼安德特人也曾生活在西伯利亚，我们也许会猜测丹尼索瓦人的情况跟尼安德特人类似。还记得吗？现代欧亚人继承了尼安德特人的DNA，数量不多却不容忽视。可是相反，大部分现代人几乎没有任何丹尼索瓦人的DNA，只有一个族群例外。这个例外族群生活在位于遥远的东南方的……大洋洲！没错，距离西伯利亚有数千英里之遥而且气候迥异的大洋洲。今天，携带丹尼索瓦人DNA最丰富的是澳大利亚原住民、新几内亚人和菲律宾人，携带比例稍少一些的是波利尼西亚人[52]和西印度群岛[53]岛民。我们这里说的DNA数量也不是个小数目：它可以高达基因组的8%。发布丹尼索瓦人基因组的戴维·莱克（David Reich）和同事们还注意到，与这些地区临近的印度尼西亚东部族群几乎没有任何丹尼索瓦人DNA，他们因此推论说，丹尼索瓦人DNA并不是简单地经由现代人携带到大洋洲的。相反，丹尼索瓦人曾生活在大洋洲，就像他们曾生活在西伯利亚，只是西伯利亚的证据更加充分。看起来似乎现代人和丹尼索瓦人的混血主要只发生在大洋洲，但他们的混血后代没能再返回亚洲大陆，也许是受到了华莱士线（Wallace line）的阻隔。这是一条著名的生态分界线，由于深海海峡的阻隔而形成，我们将在《树懒的故事》里遇到它。但并不是说在别的地方就完全没有混血情况的存在。有个不无道理的说法认为，藏族人从丹尼索瓦人那里继承了跟高海拔适应性有关的基因，而他们生存的区域正好位于西伯利亚和大洋洲之间。

如果这还不够令人惊奇，那么让我们以另外两个结论作为收尾。目前提取出来的最古老的人属（*Homo*）DNA来自西班牙的胡瑟裂谷，我们前面讲到尼安德特人的时候曾提起过它。那些骨头比我们说的这些基因组还要古老10倍。尽管片段化严重，但他们的大多数DNA都提示他们属于尼安德特人，跟我们预期的一样。但他们的线粒体DNA要分开来看，因为线粒体DNA序列显示他们属于丹尼索瓦人。不用说你也知道西班牙离澳大利亚有多么远。

最诱人的结果是丹尼索瓦人、尼安德特人和现代非洲人之间的三重比较。你应该还记得，根据计算，平均而言丹尼索瓦人和尼安德特人的基因组之间的差异小于他们各自跟现代非洲人的差异。但是，在基因组的某些区域，非洲人和尼安德特人关系更近，反倒是丹尼索瓦人属于一个远远的分支。目前最好的解释是，丹尼索瓦人的部分基因组可以追溯到一个生活在非洲以外地区的古老得多的群体，仿佛有人在小声说：直立人。是不是某些现代东南亚人的祖源可以直接追溯到爪哇人这一目前已发现的最古老的古人类化石[54]？也许是的。我们能证明吗？在这个飞速发展的领域，很难预计到底还有些什么惊人的证据躺在角落里。变化的节奏这么快，无疑我们现在写作的这些内容用不了几年，甚至只要几个月就会过时，甚至被推翻，这也提醒我们这个故事到这里就该收笔了。

在本书前一个版本中，尼安德特人讲了一个故事，而这个故事在这里被《丹尼索瓦人的故事》取代，尽管我们对丹尼索瓦人的了解远不如对他们的表亲尼安德特人的了解。丹尼索瓦人带给我们两条启示，这些启示并不局限于任何一组人类祖先。他们代表了我们关于自身历史的伟大新知，而这些新知只需通过一个指尖就可以得到。更重要的是，他们代表了我们的无知。人类的故事远比我们过往相信的更复杂。可以确定的是，在前方还有许多丰实的工作会让一代又一代研究人类进化的学生们耗费毕生的精力。而几乎可以肯定的是，我们仍然有望发现其他有待发现的古代人类亚种，而他们之间有着复杂的混血历史。在历史上不同时期里，人类很可能也做过同样的事情。我们会在自己的近亲黑猩猩中见到这样的情况，在稍远一些的亲戚比如长臂猿中也是如此，实际上这样的情形在前方整个朝圣之旅中都不鲜见。

《丹尼索瓦人的故事》后记

本篇的两个故事都只关注人类和人类的基因。当然，所有物种都有自己的家系图，所有物种也都传递着遗传物质。所有有性生殖的物种——实际上这涵盖了大多数物种——都有自己的亚当和夏娃。基因和基因家系图是地球上所有物种普遍具有的特征。猎豹的 DNA 揭示了 1.2 万年前的种群瓶颈，这个瓶颈对于猫科保护主义者来说非常重要。玉米 DNA 上打着明显的印记，标记着它在墨西哥长达 9 000 年的驯化史。不同 HIV[55] 毒株在家系图上的合并模式可以被流行病学家和医生们用来理解和控制这种病毒。基因和基因家系图揭示了北半球动植物群的历史，比如冰川消涨带来的大规模迁徙：冰川扩张迫使温带物种进入欧洲南部的避难所，而冰川消退使极地物种被困在孤立的山峰上。所有这些事件以及更多其他事件都可以通过 DNA 在全球的分布情况来追踪。

迄今为止，对其他物种进行的遗传研究主要着眼于单个基因，但对人类 DNA 的分析正使得一连串的全基因组技术如星火燎原一般迸发，这注定将革新整个生物学领域。我们的孩子将会以崭新的眼光看待地球生命的进化，这是确定无疑的。虽然我们自己的基因组已经得到了深入的研究，但我们知道这些技术仍然只是碰到了皮毛而已。我们知道，基因组里还有更多的历史包含在“基因家系图”的形状和结构里，同样的历史还包含在一代代传下来的 DNA 片段的身份里。我们还知道，各种各样的生物还有不知道多少亿的基因组正等着讲述它们自己的故事。

我之前提到过我在《解析彩虹》一书中用到的一个说法，“死者的遗传之书”。在那本书里，我用这个说法来让当时的预言显得更戏剧化：也许 DNA 最终能让我们详尽地读出我们的祖先曾在什么样的状况下生活。如今虽然我们自己的 DNA 故事篇章不曾改变，但《丹尼索瓦人的故事》为我们提供了一种略微不同的解读。现代技术对 DNA 的解读方式使我们可以从时间上和空间上定位史前人类种群经历的关键事件：他们的迁徙，分裂和重逢，瓶颈和扩张。我为当今统计遗传学技术的鉴证能力所折服，它让那些深埋在过去中的信号重见天日。我预见还将有更多惊人的发现，不光是人口学和地理学方面的，而且还会有关于我们祖先的整个生活的，那将是一部讲述祖先的故事的数字编年史。

匠人

我们朝着历史的深处前行，在100万年前再次停下，寻找我们的祖先。这个时期的备选全都属于我们通常所说的直立人，不过有人将非洲的直立人称为匠人，我在这里也沿用这个称呼，而且我给他们也找一个英语式的名字，叫作Ergasts。在这里把他们称为匠人而非直立人（Erects），部分是由于我相信我们的大多数基因都可以追溯到非洲，另一部分则是因为，就像我之前说过的，他们并不比他们的先辈能人或后辈（即我们）更直立。不论我们偏爱什么名字，匠人类型的古人类在欧亚大陆和非洲从大概180万年前一直存活到大约25万年前。目前普遍认为他们是古人的直接先辈，而且曾和古人同时存在过一段时间，而他们反过来又是我们现代人的直接先辈。

匠人看起来明显不同于现代智人，而且跟古代智人不同的是，在某些特征上他们跟我们没有任何重叠。已发现的化石表明他们曾生活在中东和远东包括爪哇岛在内的地区，因此代表着古代一次走出非洲的大迁徙。你也许听过他们的旧名字，比如爪哇人和北京人。在被纳入人属之前，他们有着各自的拉丁属名*Pithecanthropus*和*Sinanthropus*。他们像我们一样以双腿直立行走，但脑容量较小（早期样本平均大约800毫升，晚期样本超过1 000毫升）、颅骨更加后凸而且顶部更加扁平、下颌更不明显。他们面庞宽大，突出的眉骨在眼睛上方形成一道明显的隆起，而眼睛侧后的颅骨向内凹陷。

尽管冒着显得过于直白的风险，可我们还是应该指出，同一种群中的匠人可能彼此差异很大。非洲以外地区发现的最古老的 5 块匠人头骨来自欧洲的一个洞穴，位于格鲁吉亚的德马尼西（Dmanisi），这说明他们很可能来自同一个种群，但他们的形态和尺寸相差非常大，脑容量高的有 780 毫升，其实也是相当小的数值，但脑容量最低的那个下巴极其突出的男性个体才只有 546 毫升，和我们将在下一章遇到的“猿人”南方古猿不相上下。为了免得这个差异显得过于惊人，我们应该指出，今天人类脑容量的范围约为 1 000 毫升到 1 500 毫升。

毛发不太容易形成化石，那我们该如何讨论我们到底是在哪个进化节点上失去了身上大部分毛发，只留下头顶奢侈的一点例外？既然古人类化石没给我们关于皮肤和毛发的诱人许诺，那我们最好的线索也许要指望人类遗传学。犹他大学（University of Utah）的研究者们检查了黑皮质素 –1 受体（melanocortin I receptor）的 DNA 序列差异，这是一个跟肤色相关的基因。他们发现，在至少 100 万年前，这个基因在我们的非洲祖先体内经历了一波自然选择。这也许是一个迹象，表明匠人开始丢失那些可以遮挡非洲烈日的体毛，但这并不意味着他们跟我们一样毛发稀少。实际上，这个迹象的关联如此脆弱，即使有人把想象中的匠人复原图绘成黑猩猩一般毛茸茸的样子，或者绘出任何一种介于人类和黑猩猩之间的体毛丰富度，我们都不应为此感到不满。现代人，或者说至少是现代男性，依然保留了程度各异的体毛。体毛的丰富程度属于那种可以在进化过程中屡次增减的特征。人的皮肤不管多么光溜，都潜藏着退化的毛发和相关的细胞支持结构，随时准备响应自然选择的号召，复出形成一层厚毛（或再次退化）。不信可以看看最近一次冰期时欧亚大陆上迅速进化出来的毛茸茸的猛犸象和披毛犀。虽说听起来颇为诡异，但我们将在《孔雀的故事》里再次回到人类的体毛在进化中消失的问题。

有些细微的证据说明匠人有着重复使用的炉灶，说明至少某些匠人群体发现了火的用法。以后见之明看来，这是人类历史上的重大事件。这方面的证据不如我们期望的那样确凿。烟灰和木炭熏黑的痕迹保存不了太长时间，但火会留下其他能够保存更久的痕迹。现代实验学家曾系统地点起各种不同的火，然后检查事后的痕迹。他们发现，专门点起的篝火对土壤的磁化方式不同于丛林大火或燃尽的树桩——我不知道为什么。但这样的痕迹可以证明匠人在大约 150 万年前的非洲和亚洲使用过篝火。这并不一定意味着他们懂得如何生火。最开始他们可以获取和照看自然发生的火焰，给它添柴，像照看一只电子宠物一样让它保持生机。也许他们在学会用火烹饪食物以前，曾用火吓退危险的动物，拿它来取暖、照明或是把火塘作为社交中心。

匠人还会打造和使用石器，很可能还包括木器和骨器。没人知道他们是否有语言，而且不太容易找到相关的证据。你也许觉得“不太容易找到”这种说法低估了其中的困难，但如今我们的逆向旅程已经走得足够久远，化石证据开始显现。就像篝火会在土壤中留下痕迹，语言也要求骨骼发生细微的变化。这种变化不会像南美森林里的吼猴那样瞩目，用喉咙里中空的盒状结构来进一步放大其洪亮的嗓音，但我们仍然有望在一些化石里观察到能够说明问题的迹象。不幸的是，迄今为止发现的各种迹象都不足以敲定结论，因此这依然是一个有争议的问题。

现代人大脑中有两个区域似乎跟语言能力有关，分别是布罗卡区（Broca’s Area）和韦尼克区（Wernicke’s Area）。在人类进化史上，这些区域是在什么时候开始增大的？我们所拥有的最接近大脑化石的东西是颅腔模型，我们将在《匠人的故事》中介绍它。不幸的是，区分不同脑区的那些线条在化石中显得不够清晰，但有些专家认为，他们有把握断言大脑语言区域的增大早于 200 万年之前。那些愿意相信匠人具备语言能力的人为此备受鼓舞。

然而，如果继续往下看骨架的结构，他们又会感到丧气。目前最完整的匠人骨骼是图尔卡纳男孩（Turkana Boy），他在大约 150 万年前死于肯尼亚的图尔卡纳湖（Lake Turkana）。他的椎间孔（供神经通过椎骨）尺寸很小，连同他的肋骨形态，一起表明他对呼吸缺乏精细控制，而这一控制能力跟语言的发音相关。另一些科学家通过对头骨基部的研究得出结论说，就连尼安德特人都不会讲话。他们的证据在于，尼安德特人咽喉的形状使他们不能像我们一样发出全套的元音。但另一方面，就像进化心理学家斯蒂芬·平克说的："e lengeege weth e smell nember ef vewels cen remeen quete expresseve。"[56] 既然希伯来书面语没有元音却不妨碍理解，那我不知道尼安德特人甚至匠人的口语为什么不可以省略元音。资深的南非古人类学家菲利普·托拜厄斯（Philip Tobias）怀疑语言甚至可能在匠人之前就出现了，有可能他是对的。就像我们前面看到的那样，还有一些人持另一种极端的观点，认为语言的起源和文化大跃进是同一时间，也就是说距今只有几万年。

也许这就属于那种永远无法解决的争论。任何针对语言起源问题的理论开篇总会引用巴黎语言学会（Linguistic Society of Paris）于 1866 年颁布的禁令。该禁令认为语言起源注定是个无用而且无法回答的问题，因此禁止了对这个问题的讨论。然而这个问题虽说不易回答，却还不像某些哲学问题一样从根本上就是无法回答的。对于科学上可能出现的奇思妙想，我向来持乐观的态度。就像如今有多方面的证据使得大陆漂移说无可置疑，就像 DNA 指纹分析能够确切地找到一滴血的主人，其可靠性正是曾经的法医专家们梦寐以求的，我有保留地期待着将来有一天科学家会发现某种天才的新方法，明确我们的祖先开口说话的时间。

可即便是我也不指望将来我们能够知道他们彼此交谈过什么，或者他们使用的是什么语言。最开始是不是只有词汇没有语法，就像婴儿牙牙学语只说一些名词？或者会不会语法很早就出现了，而且是突然出现的？这并非全无可能，甚至这并不是个蠢问题。也许大脑深处早就具备了语法所需的能力，只是把它用作别的用途，比如规划和取舍。甚至是否有这样的可能，语法，或者至少是应用于交流的语法，其实来自某个天才的突然发明？我不认为如此，但在这个领域我不能信誓旦旦地将任何可能排除在外。

随着一些颇具前景的遗传证据的出现，我们也在寻找语言起源之日的路上迈出了一小步。有代号为“KE”的一家人罹患一种怪异的遗传病。3 代人总计大约 30 名家庭成员中有差不多一半是正常的，但另外 15 人表现出一种奇怪的语言失调，似乎语言表达和理解都受到了影响。这种病被称为言语运用障碍（verbal dyspraxia），最初的症状出现在儿童期，表现为无法清楚地发音。有些权威认为这主要是由于患者无法协调面部和口腔的快速动作。另一些人则怀疑问题的根源要深得多，因为它还同时影响了语言的理解和书面语言的运用。这种异常的疾病表现非常明确，而且明显是遗传性的，跟一种基因的某个突变有关。所有脊椎动物都有这种名为 *FOXP2* 的基因。该基因编码一种转录因子（transcription factor）。转录因子是一类可以和 DNA 结合并开启和关闭其他重要基因表达的蛋白质，而在这个例子里，*FOXP2* 在大脑的不同脑区中都有功能。KE 家族的那个特殊突变干扰了 *FOXP2*

和 DNA 的结合。幸运的是，那些受影响的患者还从另一位父母那里遗传了第二个正常的 *FOXP2* 副本。之所以说他们是幸运的，是因为实验表明，携带相似突变的小鼠如果同时具有两个突变拷贝，就会很早夭折，致死原因很可能是脑部、肺部以及运动方面的缺陷。这清楚地表明 *FOXP2* 并不单单是“语言基因”，而媒体有时会以此为名吹捧它。不管怎样，KE 家族的证据说明，*FOXP2* 基因对于人类某些语言相关脑区的发育是至关重要的。

于是自然而然地我们想要比较一下，正常的 *FOXP2* 基因在人类和其他没有语言的动物之间有什么区别。只要比较一下 *FOXP2* 基因编码的蛋白质的氨基酸序列，我们就会发现一个有趣的现象。在这个蛋白的 715 个氨基酸中，小鼠和黑猩猩的版本只差一个氨基酸，而跟这两种动物比起来，人类的版本又多了两个氨基酸差异。你明白这可能意味着什么吗？尽管在蛋白质序列上人类和黑猩猩通常只存在非常小的差异，但 *FOXP2* 是个例外。这个基因在大脑中发挥功能，而且在我们跟黑猩猩分道扬镳以来这短暂的时间内，它在人类当中发生了快速的进化，就这一点而言它似乎是独一无二的。而我们跟黑猩猩最重要的区别之一就是我们有语言，而它们没有。如果我们试图理解语言的进化，那么我们应该寻找的基因就应该是这种在人跟黑猩猩分离之后朝着人类变化的基因。在不幸的 KE 家族里，也正是同一个基因发生了突变。人们还发现了一个跟 KE 家族毫不相干的患者具有同样的语言缺陷，其基因突变不同于 KE 家族，但产生突变的是同一个基因。

我们必须小心，因为单个基因的几个突变不太可能突然生成一种全新而且具备高度适应性的功能，比如学习语言的能力。在 *FOXP2* 控制的“下游”基因中必定还有其他进化上的改变[57]。不过，*FOXP2* 很可能是诸多关键之一。在本书第一版问世之后，我们又看到了尼安德特人和丹尼索瓦人的基因组，发现他们也有跟我们一样的 *FOXP2* 突变，这是一个不错的征兆，说明他们的大脑构造在某种程度上会有助于语言的进化，但他们是否真的曾开口讲话，这就是另一回事了。不过至少他们拥有语言所需的一个主要部件。既然我们已经有了他们的完整基因组，那么等将来我们对大脑发育的遗传学有了足够了解，也许可以重新揭示他们的神经功能范围，最终为他们是否讲话给出一个确切的答案。这是一个惊人的想法，但它并不能帮助我们解决他们的祖先匠人能否讲话的问题，除非未来的技术能够从古代遗骨中提取出匠人的基因组（那岂不是棒极了？）。

不过，我们还有另一种方式来利用从 *FOXP2* 得到的遗传证据，重新审视我们祖先的语言起源问题。这需要用到我们在《总序》里提到的“遗传三角推断法”。一种直观的办法是用现代人内部的多样性进行逆向三角推断，试着计算出我们的 *FOXP2* 基因有多古老。可是除了像 KE 家族成员这样的罕见特例，人类 *FOXP2* 基因的氨基酸序列不存在任何个体差异，根本没有足够的多样性用以进行三角推断。不过幸运的是，我们的基因被切割成不同的区域，有些区域会被翻译成蛋白质的一部分，这种片段被称为外显子；而把外显子隔开的那些区域却永远不会被翻译，它们被称为内含子。内含子中的大多数序列都不发挥功能，因此可以自由突变而不会引起自然选择的“注意”，也就提供了一堆“静默”的密码字母。跟被表达的字母不同，这些静默的字母在个体间存在很大的差异，在人和黑猩猩之间也是如此。多么好的三角推断素材！看一看静默区域的多样性模式，我们就能对基因的进化多一些理解。尽管这些静默的字母本身不会受到自然选择，但它们可能会跟着相邻的外显子一起被淘汰。更妙的是，通过对静默内含子多样性模式进行数学分析，我们可以对自然选择筛选事件发生的时间以及基因内部受到筛选的区域得出一个很好的估计。再加上尼安德特人的遗传多样性数据，我们就有了一个有力的工具，借以研究历史上发生过的自然选择。然而真实图景比原先想象的更加复杂。*FOXP2* 基因最近一次受到自然选择是在不到 20 万年前，甚至可能不到 5 万年前。但这就跟尼安德特人也拥有现代人版本的 *FOXP2* 蛋白产生了矛盾。目前提出的解释是，这些自然选择淘汰过程针对的并非那两个氨基酸的变化，而是 DNA 上的另一个区域，具体来说是在内含子内某个难得有用的部位。而在这个例子里，新突变位于一个小区域，*FOXP2* 基因激活之后它便会发挥作用。如果这是真的，那就引出了一堆新问题。因为不光尼安德特人有较老的版本，还有一小群非洲人也同样如此，想必这些非洲人有正常的语言能力。显然这里少不了那句传统的警告："尚待更多研究。"不管怎样，这些精巧的遗传学技术的存在使我越发乐观起来，有一天科学会找到办法挫败巴黎语言学会的那群悲观主义者。

匠人是我们在朝圣之旅中遇见的第一位明确属于另一个物种的化石祖先。在接下来我们即将踏上的这段朝圣路上，最重要的证据大多来自化石，而且化石证据所占的比例会越来越高——尽管其重要性永远无法超越分子证据——直到我们来到极其古老的时代，那时候有用的化石证据变得越来越少。现在是一个合适的时机来了解更多关于化石的细节，了解它们是如何形成的。这个故事将由匠人来讲述。

匠人的故事

理查德 · 利基动人地描述了他的同事奇摩亚 · 奇美乌（Kimoya Kimeu）在 1984 年 8 月 22 日发现图尔卡纳男孩的故事，这副距今

150 万年的化石是迄今发现的最古老的接近完整的原始人类骨架。同样动人的还有唐纳德·约翰森（Donald Johanson）对大家熟悉的南方古猿“露西”（Lucy）的描述。“露西”年代更加古老，所以毫不奇怪她的化石没有那么完整。“小脚丫”的发现同样不同寻常（见 103 页）。是怎样奇异的情形赐予了露西、“小脚丫”和图尔卡纳男孩这种特殊形式的永生？而不管它是什么，难道我们不希望自己寿终之时也能享有同样的待遇吗？要实现这样的抱负，我们必须跨越怎样的障碍？化石到底是怎么形成的？这正是《匠人的故事》讲述的主题。首先，我们需要稍微偏下题来谈谈地质学。

岩石是由晶体构成的，尽管这些晶体往往小到肉眼不可见的程度。每颗晶体都是一个巨型的分子，内部的原子排列成整齐的网格，规整的间隔模式可以重复数十亿次，直到最终抵达晶体的边界。当原子离开液体环境并排列在已有的晶体的扩张边缘时，晶体就会生长。这个液体环境通常由水构成，但在某些情况下它并不是溶剂，而是熔化了的矿物本身。晶体的形状及其表面相交的角度大体上是原子网格的重演。有时候网格的形状能以很大的尺寸得到呈现，比如钻石或紫水晶的表面形状就向裸眼观察者泄露了内部原子阵列自组织的三维几何结构。不过，通常构成岩石的那些晶粒都太小了，肉眼是看不到的，这也是为什么大多数岩石都不透明。比较重要且常见的岩石晶体包括石英（二氧化硅）、长石（主要还是二氧化硅，但有些硅原子被铝原子替代）和方解石（碳酸钙）。花岗岩是石英、长石和云母紧密排列堆积而成的混合物，由熔化的岩浆结晶而成。石灰岩的主要成分是方解石，砂岩的主要成分是石英，而这两者都是由沙土或泥浆中沉积的细碎矿物堆叠而成。

火成岩（igneous rock）来自冷却的岩浆，而岩浆是熔化的岩石。

和花岗岩一样，它们通常是晶体状的，有时候看起来跟玻璃一样，仿佛是凝固的液体。运气特别好的话，熔化的岩浆有时候会在天然的模具里面塑形，比如恐龙的脚印或者空荡荡的颅骨。但对于生命历史学家来说，火成岩最主要的用途是年代测定。就像我们将在《红杉的故事》中看到的那样，目前最好的年代测定方法只适用于火成岩。化石自身往往不能直接测定精确的年代，但我们可以寻找附近的火成岩。我们或者可以假定化石和找到的火成岩是同一时期形成的，或者可以在化石地层的上方和下方各找到一个可以用于测年的火成岩样本，为化石的年代确定一个上限和下限。这种三明治测年法可能有轻微的风险，因为尸体可能会被洪水或鬣狗或鬣狗的恐龙同行们携带到年代不同的地方。运气好的时候这种情况很容易被识别出来，否则我们就要看看结果跟一般统计模式是否一致。

像砂岩和石灰岩这样的沉积岩（sedimentary rock）是由细小的碎片构成的，以前的岩石或贝壳之类的硬物被风化或水流侵蚀就形成了这样的碎片。它们以泥沙、淤泥或灰尘等悬浮物形式在别的地方一层层沉降下来，渐渐压缩成新的岩层。大多数化石都在沉积层。

沉积岩的本质决定了它的成分物质是在不断循环的。古老的山脉，比如苏格兰高地（Scottish Highlands），被风水渐渐侵蚀削低，生成的物质随后成为沉积物，最终也许会在别处被重新抬高成为新的山脉，比如阿尔卑斯山，然后开始新的循环。在这样一个循环的世界里，我们不得不克制那种强人所难的想法，即要求有连续的化石记录填补每一个进化的空位。诚然，化石记录常常间断，但这并不只是因为我们的运气不够好，而是沉积岩的生成方式决定的必然结果。如果化石记录没有任何间断，反倒值得我们担心。古老的岩石连同其中的化石总是在持续不断地被摧毁，也正是同一个过程在持续不断地生成新岩石和新化石。

通常化石的形成是由于含有矿物质的水渗透了被掩埋的生物结构。动物的骨头就像海绵一样疏松多孔，这样不仅很好地符合了结构要求，而且非常经济。一年年过去，水渗过遗骨中的缝隙，矿物质缓慢地沉积下来。我说“缓慢”几乎已经成了一种惯例，但它并不一定总是缓慢的。想想水壶里水垢生得有多快！有一次我在澳大利亚的沙滩上找到了一枚嵌在石头里的瓶盖。不过通常而言，这是个缓慢的过程。不管是快是慢，化石里的石头最终取得了骨头原先的形态，又在几百万年之后把这个形态展现给我们，哪怕最初骨头中的每个原子都已经不在了，尽管未必总是如此。在亚利桑那州的彩色沙漠（Painted Desert），石化森林里的树木组织已经被地下水里渗滤出来的硅和其他矿物质取代。这些树木早在 2 亿年前就已经死去，如今里里外外都是石头，但即便是在石化的状态下，许多细胞的显微特征依然清晰可见。

我前面提到过，有时候原先的生物或部分身体会形成一个天然的模具或印模，随后又丢失或溶解。我深情地想起 1987 年在得克萨斯州度过的两天快乐时光，我蹚着帕拉克西河（Paluxy river）的河水检视着光滑的石灰岩河床上保存的恐龙脚印，甚至还把我自己的脚踏进那些脚印里。当地渐渐发酵出一个怪异的传说，称这些脚印当中除了确切无疑的恐龙脚印之外，还有一些是同时代的巨人的脚印，以至于在附近的玫瑰谷（Glen Rose）小镇蓬勃兴起了一种家庭手工业，专门用水泥块伪造巨人脚印，毫无艺术感，专门卖给那些好欺骗的神创论者，因为他们熟知《圣经·创世记》第六章第四节：“那时候地上有巨人”。经过细心整理，关于这些脚印的真实故事如今也已经清楚且迷人地呈现出来：那些有三根脚趾的脚印明显是属于恐龙的，而那些没有脚趾、看着有点儿像人类脚印的实际上来自一些用脚背行走而非用脚趾奔跑的恐龙。而且，黏稠的泥浆会渗入脚印边缘，使恐龙侧面脚趾的印记变得模糊。

让我们更加动心的是难得一见的原始人类的真实脚印。2013 年在英国诺福克郡（Norfolk）的黑斯堡（Happisburgh）海岸上，一组不明脚印从北海（North Sea）里暴露出来，之后又被冲刷干净。幸运的是，在它们被侵蚀干净之前的两周时间里，科学家们拍照留下了脚印的细节，并确定它们是将近 100 万年前的一个人类物种留下的，其中有成人也有小孩。地质记录竟包含了这样的瞬间，这是多么惊人啊！可大部分记录都不为人知地被毁掉了，这又是多么令人失望！我们确实比较幸运，因为有时候这些印迹会以更持久的形式留存下来，比如在坦桑尼亚的拉托里（Laetoli）留下的那些 360 万年前的脚印（见彩图 2）。在那里，曾有三位原始人，很可能是南方古猿阿法种（*Australopithecus afarensis*），一同在当时还新鲜的火山灰上漫步，留下了这些亲切的脚印。有谁不好奇这些人彼此之间是什么关系？他们漫步的时候是否牵着手？甚至他们是否交谈？他们在那个上新世（Pliocene）的黎明一起做了什么被时光遗忘的事？

就像我前面谈论岩浆时提到的，有时候模具会被另一种物质填满，形成原先动物或器官的塑像。我正在花园里的桌子上写下这些字，桌面是一块 15 厘米厚、4.5 平方米的片状波倍克（Perbeck）沉积石灰岩，来自侏罗纪（Jurassic），距今约 1.5 亿年[58]。除了大量的软体动物外壳化石，根据为我寻得这块桌面的那位乖僻的知名雕塑家的说法，桌子的下表面上还有一个恐龙脚印。不过这个脚印像浮雕一样凸出。原先的脚印（如果它真的是脚印的话，因为在我看来它相当难以辨认）一定是充当了模具，沉积物渐渐填充进去，后来模具消失了，便留下了凸起的印迹。我们对古代人大脑的许多了解都来自这种铸像的形式，头骨内表面的颅腔模型对大脑表面细节印迹的保存常常完整得出奇。

有时候动物的软组织也能形成化石，不过不如贝壳、骨头或牙齿常见。最著名的化石发掘地包括位于加拿大落基山脉（Canadian Rockies）的布尔吉斯页岩（Burgess Shale）和年代稍早一点的位于中国南部的澄江（Chengjiang）化石群，我们将在《天鹅绒虫的故事》里遇见它们。在这两个地方，蠕虫和其他无骨无牙的软体生物（以及通常所见的具有坚硬组织的动物）精彩地记录了大约5亿年前寒武纪的生命情况。澄江化石群（见彩图3）和布尔吉斯页岩的存在是我们莫大的幸运。实际上，就像我之前说过的，不管在哪里，化石的存在本身就是我们的幸运。据估计，90%的物种都不曾留下化石，因此也就不为人所知。物种的数据尚且如此，想想一个生物个体成为化石的概率有多小，而我们实现本故事开头所说的抱负的希望又多么渺茫！有人估计，100万只脊椎动物之中才有1只可以成为化石。这个概率在我看来挺高的，对于没有坚硬组织的动物来说，真实的数字想必要小得多。

能人

从匠人出发再继续回溯 100 万年，我们来到了 200 万年前。这时候我们对自己的遗传根基扎根在哪片大陆再无疑问。包括相信“多地区起源说”的人在内，大家都同意非洲是人类的起源之处。这一时期最令人信服的骨骼化石通常属于能人。有些权威学者识别出该时期另一个跟能人非常相似的类型，称之为卢多尔夫人（*Homo rudolfensis*），而另一些人把他们等同于利基团队在 2001 年描述过的肯尼亚平脸人（*Kenyapithecus*）[59]。还有一些人认为他们并没有真的超出匠人内部的差异范围，因此全应该被统称为“早期人类”（Early *Homo*）。一如既往，我不会纠结于名字，因为真正重要的是有血有肉的真实生物本身。我将为他们统一使用一个英语化的名字：“能人”（Habilines）。能人化石既然更加古老，其数量少于匠人也是可以理解的。保存最好的头骨编号是 KNM-ER 1470，大家通常称其为 1470 号。它距今大约 190 万年。

能人和匠人的差别相当于匠人和我们的差别。毫不意外，还有一些难以归类的中间类型。一般而言，能人头骨不如匠人坚实，而且缺少显著的眉骨。在这方面能人反而跟我们更像。这并不值得奇怪，原始人类的头骨坚实与否和眉骨的高度也许就像毛发一样，也属于那种能够在进化过程中轻易获得或失去的特征。

大脑是人类最显著的特性，而能人的出现是人类历史上大脑开始膨大的标志。或者更准确地说，相对于其他猿类本来就很硕大的脑部，人类大脑的扩张开始超出它们的正常尺寸。实际上，这个区别正是把能人置于人属的理由。对许多古生物学家来说，硕大的大脑是我们这个属的特点。能人的大脑容量突破了750毫升这个屏障，他们也就越过了卢比孔河，成为人类。

也许读者很快就听厌了“卢比孔河”、“屏障”和“间隙”之类的说法，我本人也并不热衷这些词。特别是，并没有理由认为一个早期能人跟他先辈的间隔明显大于他和后来者的差异。这或许是一种诱人的误解，毕竟他的先辈有一个不同的属名（*Australopithecus*）而他的后来者（*Homo ergaster*）“只不过”是另一种人属生物。诚然，如果我们关注的是活着的生物，确实可以说两属之间的差异会大于同属不同物种间的差异。但这并不适用于化石，因为我们在进化上的家系历史是连续的。在任何化石物种及其直接先辈物种之间的分界线上，必然存在一些无法归类的个体，因为归谬法告诉我们，对其归类必然会导致一种荒谬的结论，即一个物种的父母生出另一个物种的子女。若是认为一个人属（*Homo*）的孩子可以来自一对完全不同属（*Australopithecus*）的父母，那就更荒谬了。我们的动物命名法传统在设计上就是不适用于这些进化上的区分的[60]。

把名字搁在一边，我们可以着手进行更具建设性的讨论，即大脑为什么突然开始增大。我们怎么测量原始人类大脑的扩张，并做出一条平均脑容量随地质时间变化的曲线？我们对于时间的单位毫无疑问，在这里所用的时间应该是以百万年为单位的。可是脑容量的单位就没那么简单了。颅骨化石和颅腔模型的存在使我们可以用毫升来估量大脑的尺寸，而且很容易将它转换成克。但我们在这里需要的未必是大脑的绝对尺寸。大象的大脑比人的大，可我们觉得自己比大象更有头脑却不只是出于虚荣。霸王龙的大脑不比我们的小多少，可是所有恐龙都被看作傻乎乎的小脑瓜生物。我们比恐龙聪明，是因为相对于我们的体型，我们的大脑的相对尺寸比恐龙更大。可是如果要求更精确的说法，“相对于我们的体型”到底是什么意思？

有些数学方法可以用于校正绝对尺寸，根据动物的体型得出它的大脑“理应”有多大，这样就可以把动物的实际大脑尺寸表示为理想尺寸的函数。这个话题本身就值得单书一个故事，能人（也称handyman）横跨了大脑尺寸的“卢比孔河”，这个不舒服的姿势为他们赢得了一个有利视角，理应由他们来讲述这个故事。

能人的故事

假定已知一个特定生物（比如能人）的体型，我们想知道它的大脑是否达到或者超过了它的“合理”尺寸。我们都同意（我本人觉得有点不妥，不过不打算深究），大动物就应该有较大的大脑，小动物应该有小号的大脑。考虑到这些，我们依然想知道一个物种是否比其他物种更“有头脑”。那么，怎么才能把体型纳入考量？我们首先需要一个合理的基础，根据动物的体型计算出期望的大脑尺寸，然后才能判断出这个动物大脑的实际尺寸是否达到或超出了预期。

我们在通往过去的朝圣之旅中碰巧遇见了大脑的问题，其实针对身体的任意一个部位都可以问出类似的问题。是否有些动物的心脏或肾脏或肩胛骨大于或小于根据体型计算出来的“合理”值？请注意，“合理”并非是说“行使功能所必需”，而是指“根据相似动物的已知数值而得出的期望值”。既然这是《能人的故事》，而能人最出人意料的特征就是大脑，我们接下来仍然以大脑为题继续我们的讨论。我们从中收获的结论会适用于更广的范围。

首先，我们将许多物种的大脑重量对体重做一张散点图。图中的每个点都代表一种现存的哺乳动物，体型从最小到最大，总计 309 个物种。这张图出自我的同事，著名人类学家罗伯特·马丁（Robert Martin）。人类是图中箭头所指的那个点，离人类最近的点代表海豚。在散点之间穿过的那条粗黑线是根据统计计算得出的最佳线性拟合线[61]。

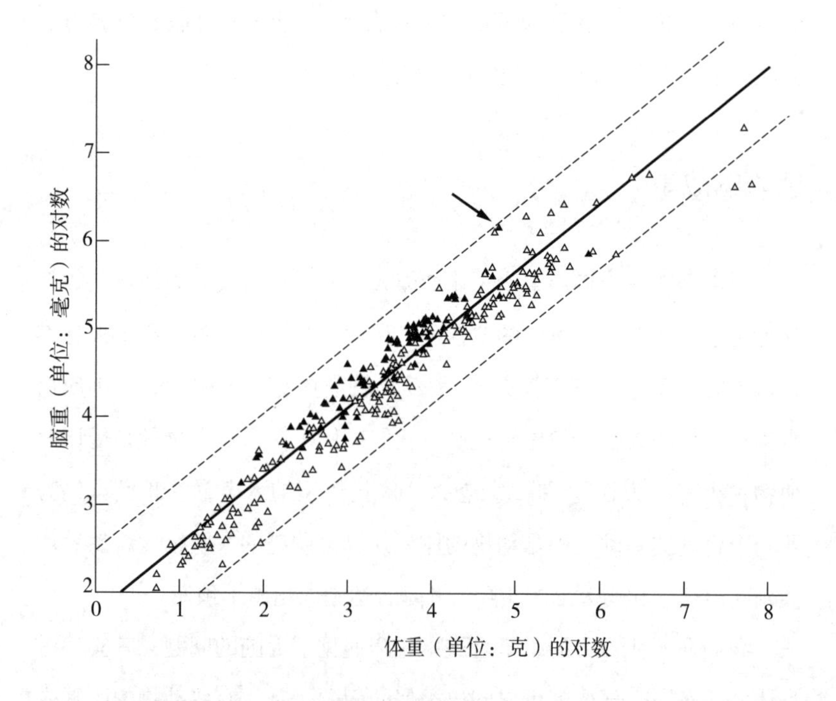

双对数轴显示不同胎盘类哺乳动物物种脑重量和体重的关系，实心三角符号代表灵长类。改自 Martin［268］。

真实情况还略加复杂一些，稍后会说明为什么要这么做，但如果把两个坐标轴都做成对数轴，结果会更直观。这幅图正是如此，左侧纵轴用的是动物大脑重量的对数，而下方横轴是其体重的对数。对数轴的意思是，下方横轴（或左侧纵轴）上的每一个相等的间隔代表的是某个固定的数值（比如10）跟自身相乘的次数，而不像普通图表中那样代表的是这个数值和自身相加的次数。10是个简便的数字，因为我们可以把以10为底的对数看成0的个数。如果要把小鼠的体重乘以100万倍才能得到一头大象的体重，那么只需要把前者的对数加上6就得到了后者的对数。二者在对数轴上的中点，也就是相差三个0的位置，是某种体重为小鼠1 000倍，或者大象体重一千分之一的动物，没准是人类。我们用1 000或100万这样的整倍数只是为了解释起来更容易。“三又二分之一个零”指的是1 000和1万之间的某个地方。请注意，对数轴上的“中点”和普通计算（比如体重的克数）的中值是完全不同的概念，不过查询数值的对数时这个问题会自动得到解决。跟简单的算术轴比起来，对数轴要求有一种完全不同的直觉，这种直觉在多种场景下都有用处。

我们在这里采用对数轴至少有三个很好的理由。首先，它让小鼩鼱（pygmy shrew）、马和蓝鲸可以出现在同一幅图里而不需要准备一张几百米长的纸。其次，它使得我们可以很容易地读出倍数值，而有时候倍数才是我们需要的信息，我们并不满足于知道我们的大脑超出了我们这样的体型所应具有的尺寸，我们还想知道它比“应有”的尺寸大了多少，比方说是不是达到了6倍。这种倍数的判断可以很容易地从对数图上直接读出：这正是对数的用意。选择对数轴的第三个原因需要多加解释。我们可以说，对数轴让我们的散点沿着直线而非曲线分布，但远不止于此。让我试着向不擅长数字的朋友们解释一下。

想象你手中有一个物体，不管它是球体还是立方体，或者干脆是个大脑，假如你给它均匀充气，使它形状不变，但是尺寸增大至原本的 10 倍。对于一个球体来说，这意味着直径增大至 10 倍，而对于立方体来说，则是边长（长宽高）增大至 10 倍。在这样成比例增长的情况下，体积会怎么变？体积增大后可不是原本的 10 倍，而是 1 000 倍！你可以自己证明立方体的情况，只要想象你在垒方糖就好了。对于任意一种形状，同样的道理都是适用的。尺寸增加为 10 倍，只要形状不变，体积就自动增加为 1 000 倍。在 10 倍这个例子里，相当于体积增加 3 个零。更一般地讲，体积跟尺寸的 3 次方成正比，以 10 为底的对数值需要乘以 3。

我们可以对面积进行类似的计算，不过面积跟尺寸的 2 次方而非 3 次方成正比，毕竟数学上 2 次方被称为平方而 3 次方被称为立方可不是平白无故的。一块方糖的体积决定了里面有多少糖，值多少钱，但它溶解的速度却取决于它的表面积（这个计算并不简单，因为随着糖块的溶解，表面积减小的速度要慢于体积的缩小）。当一个物体均匀充气使尺寸（长、宽等等）加倍时，其面积就增大为原先的 4 倍；尺寸乘以 10，则面积增大为 100 倍，或者在原来的数字后面加上两个零。面积增加为倍数的对数相当于尺寸增加为倍数的对数再乘以 2，体积增加为倍数的对数则相当于尺寸增加为倍数的对数再乘以 3。一块 2 厘米见方的糖块含糖量是 1 厘米见方的糖块的 8 倍，但它在茶水里面溶解的速度却只是后者的 4 倍（至少一开始是 4 倍），因为只有糖块表面的糖分才暴露在茶水中。

假设我们现在对尺寸不同的方糖做一幅散点图，横轴是糖块的质量（跟体积成正比），纵轴是起始溶解速度（假设跟表面积成正比），如果不使用对数轴，那么这些点将沿着一条曲线分布，非常难以解读，对我们也没什么用处。但如果用质量的对数和起始溶解速度的对数作图，那么我们从中读出的信息就会多得多。我们会看到，质量的对数增加至 3 个单位，表面积的对数就会相应地增加至两个单位。采用双对数轴之后，散点的分布不再是曲线，而会是一条直线。而且，这条直线的斜率是 2/3，它有着特别确切的含义，即面积坐标轴上每 2 个长度单位对应于体积坐标轴上的 3 个长度单位。面积的对数值每增加 2，体积的对数值就增加 3。[62] 当然我们可能在双对数图中看到各种有意义的斜率，不局限于 2/3。这种图很能说明问题，原因在于直线的斜率让我们能够对体积–面积关系这样的问题有一种直觉的理解，而体积和面积以及它们之间那复杂的关系对于我们理解生物体及其组件极其重要。

我不太擅长数学——这已经是给自己留面子的说法了——但就连我都能体会到这其中的迷人之处。更妙的是，同样的原理适用于所有形状，不但适用于立方体和球体这样整齐的形状，还适用于各种复杂的形状，比如动物体以及像肾脏和大脑这样的器官。唯一的要求就是尺寸的变化只来自简单的膨胀或收缩，而不能影响物体原先的形状。这就给了我们一个零期望值（null-expectation），用以和实际的测量值进行比较。如果两种动物身体形态相同，而一种的体长是另一种的 10 倍，那么前者的质量就是后者的 1 000 倍。实际上，体型尺寸不同的动物，其形态很可能进化出了一种系统性的差异，我们现在就来看看为什么是这样的。

哪怕只是由于我们刚刚说到的面积 / 体积比例规律，大型动物也需要一种跟小动物不同的形态。如果一只鼩鼱膨胀成大象那么大，形状却保持不变，那它根本活不下来。它比以前重了大约 100 万倍，这会带来一大堆新问题。动物面临的问题里有些跟体积（或质量）有关，有些跟表面积有关，还有一些或者以某种复杂的函数关系同时取决于这两者，或者取决于某种完全不同的指征。就像糖块溶解的速度取决于表面积一样，动物通过皮肤散失热量或水分的速度也跟它暴露在外界中的表面积成正比。但它的身体产生热量的速度大概更取决于身体细胞的数目，而细胞数目是跟体积有关的函数。

一只鼩鼱如果膨胀成大象那么大，它纤细的腿会被自身的重量压断，薄弱的肌肉也起不到什么作用。肌肉的力量跟它的截面积而非体积成正比，这是因为肌肉的运动是数百万分子纤维水平相对滑行运动的总和。一块肌肉中堆叠的纤维数目取决于它的截面积（线性尺寸的2次方）。但肌肉需要完成的任务，比如支撑一头大象，则取决于大象的质量（线性尺寸的3次方），于是大象支撑自身重量所需要的肌肉纤维就多于一只鼩鼱。因此，大象肌肉的截面积需要比简单的成比例增大所得到的期望值更大，而大象肌肉的总体积也要高于简单的成比例增长。对于骨骼来说，虽然具体理由不同于肌肉，但结论是类似的。这就是为什么大象这样的大型动物有着树干一样粗壮的腿。

假设有一只大象那么大的动物和一只鼩鼱那么大的动物，前者的体长是后者的100倍。如果二者外形相同，那前者的体表面积将是后者的1万倍，而前者的体积和质量则是后者的100万倍。如果二者皮肤触觉感受细胞的分布是相同的，那么前者需要的感觉细胞的数目将是后者的1万倍，而大脑里服务于这些细胞的脑区应该也需要成比例地增加。大象体内的细胞总数将会是鼩鼱的100万倍，而这些细胞全都依赖于毛细血管的供应。大型动物的血管总长度跟小动物比起来有什么不同？这个计算比较复杂，我们将在后续的故事里加以讨论。目前我们只需要知道，我们在计算的时候不能忽视体积和面积之间这种比例规律，而对数图是一种很好的方法，让我们对这类事情可以有一种直觉的理解。这里的主要结论是，当动物的体型在进化上变得更大或更小时，我们可以有把握地说它们的形态会朝着特定的方向发生变化。

我们是在讨论大脑尺寸的时候遇见体积和面积关系问题的。在拿人类大脑和能人、南方古猿或其他物种的大脑进行比较时，不能不考虑体型的差异。我们需要某种指标，既能衡量大脑尺寸，又考虑到体型的影响。虽说略好于直接比较大脑的绝对尺寸，但我们还是不能直接拿大脑尺寸除以体型。一个更好的办法是利用我们刚刚讨论过的对数图。以身体质量的对数值为横轴，以大脑质量的对数值为纵轴，对许多体型不同的物种作图，数据点很可能沿直线分布。事实正是如此，如 86 页图所示。如果直线斜率是 1/1（大脑尺寸正比于体型大小），那就说明每个脑细胞可以服务于固定数目的体细胞。如果斜率为 2/3，则说明大脑就像骨骼和肌肉一样，一定体积的身体（或一定数目的体细胞）需要匹配有一定的脑表面积。如果是其他斜率，那就需要有其他理解方式。那么，这条直线的真实斜率到底是多少？

斜率既不是 1/1，也不是 2/3，而是在二者之间。准确地说，这条斜率是 3/4 的直线对数据拟合得非常好。为什么是 3/4？这件事本身值得专门为它讲一个故事，而你也许猜到了，故事的讲述者是花椰菜（大脑看起来确实像一棵花椰菜）。为了不剧透《花椰菜的故事》，我在这里只能说，3/4 这个斜率并不限于大脑，它会在各种各样的生物（包括花椰菜这样的植物）的各个部位显现出来。相关的直觉原理要留待《花椰菜的故事》介绍，但本节开头提到了“期望”一词，我们将赋予它的含义正是这条跟大脑尺寸有关的斜率为 3/4 的直线。

尽管数据点都聚集在这条斜率 3/4 的“预期”直线的附近，但并不是所有点都正好落在线上。一个“有头脑”的物种，它在这幅图上的数据点会落在直线上方，也就是说它的大脑比它的体型对应的“期望值”更大。而大脑比“期望”更小的物种则会落在直线下方。不管位于直线上方还是下方，数据点跟直线的距离正是我们衡量大脑超出或低于期望多少的指标。如果一个数据点正好落在直线上，那说明这个物种的大脑尺寸正好是它的体型对应的期望值。

这个“期望”的根据是什么呢？有一个前提假设，即为这条直线的计算贡献了数据的必须是一群有代表性的物种。所以如果数据来源是一群有代表性的陆地脊椎动物，小到壁虎，大到大象，那么事实上所有哺乳动物都位于直线上方（所有爬行动物都位于直线下方），这意味着哺乳动物的大脑超过了你“期望”一个典型的脊椎动物应有的尺寸。如果我们单独为一群具有广泛代表性的哺乳动物计算一条线，它将平行于脊椎动物的直线，斜率依然是 3/4，但整体高度要高于脊椎动物的直线。我们还可以为一群代表性的灵长类动物（猴和猿）单独计算一条线，它将比哺乳动物的线更高，但依然与之平行，斜率依然是 3/4。人类所处的位置比它们都高。

即便以灵长类动物的标准来看，人类的大脑也显得“太”大了。而若是参考哺乳动物的普遍标准，灵长类大脑的平均尺寸也超标了。同样，相对于脊椎动物的标准，哺乳动物的平均大脑尺寸也显得太大了。换用另一种表述方式，脊椎动物散点分布范围比哺乳动物散点的分布更宽，而哺乳动物散点的分布范围又比其中灵长类动物散点的范围更宽。在哺乳动物的散点图中，代表异关节总目动物的数据点（这个总目的动物分布于南美洲，包括树懒、食蚁兽和犰狳）位于哺乳动物平均线的下方。

哈利·杰里森（Harry Jerison）是研究化石大脑尺寸的先驱，他提出了一个指标，称之为“脑商”（Encephalisation Quotient），简称 EQ，用以衡量某个特定物种的大脑超出或低于它的体型所“应当”具有的尺寸的多少，前提是给出它所属的组群，比如属于脊椎动物还是属于哺乳动物等。请注意，EQ 要求我们规定该物种所属的组群，以之作为比较的基线。一个物种的 EQ 就是它高出或低于这个特定组群平均线的距离。当时杰里森以为这条线的斜率是 2/3，但现代研究一致认为应该是 3/4，所以正如罗伯特·马丁指出的那样，杰里森自己对 EQ 的估算值需要相应地加以修订。修订以后发现，现代人的大脑大概是期望值的 6 倍，这是相对于体型相当的哺乳动物而言的（若是参照全体脊椎动物而非哺乳动物的标准，计算所得的 EQ 值会更大。而如果参照的是全体灵长类的标准，所得值就会更小）[63]。相较于典型的哺乳动物，一只现代黑猩猩的大脑大概是期望值的两倍，而南方古猿的大脑也是如此。作为很可能在进化上位于我们和南方古猿之间的物种，能人和直立人的大脑尺寸也位于中间，其 EQ 值都大概为 4，也就是说，以同等体型的哺乳动物为标准，他们的大脑大概是期望值的 4 倍。

下页图对多种化石灵长类和猿人的 EQ 或“头脑指数”（braininess index）进行了估计，横轴反映的是它们生活的年代。此处你应该有所警惕，不过暂且可以认为这幅图粗略地说明了一个物种在进化上的年代越古老，头脑就越不发达。图中上方是现代人，EQ 大约为 6，也就是说我们的大脑比一个同等体型的典型哺乳动物的大脑重 6 倍。图里最下方的那些化石很可能代表了 5 号共祖（Concestor 5），即我们和旧世界猴的共同祖先。据估计它们的 EQ 大概为 1，也就是说，它们的大脑尺寸跟今天一个同等体型的典型哺乳动物的大脑基本相当。位于中间的是南方古猿各种和人属各种，在它们各自生活的年代里，其大脑尺寸很可能和我们当时的直系祖先相去不远。同样，图中的直线是图上各点的最佳拟合线。

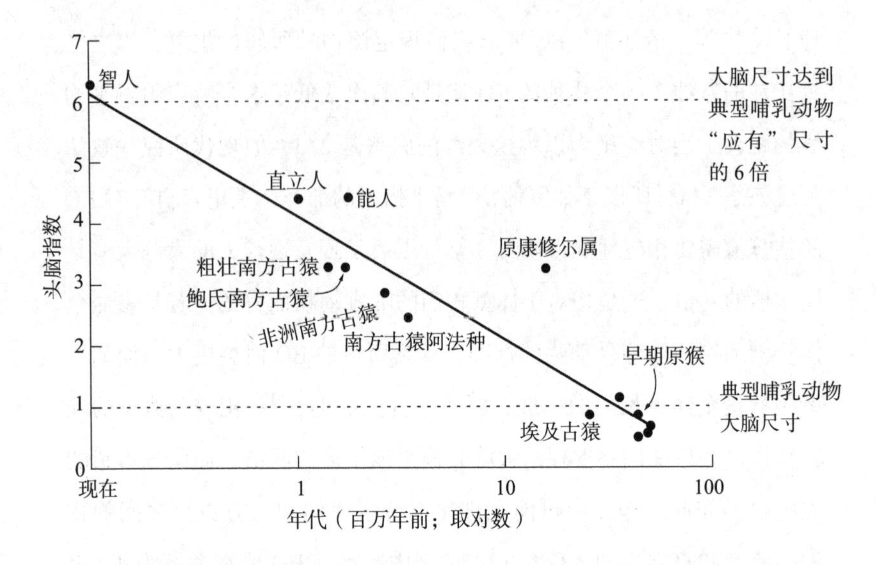

不同化石物种的EQ或“头脑指数”，横轴取对数，单位是百万年。结果以3/4斜率参考线为准做过校正（参见正文）。

我刚才建议你应该有所警惕，现在让我们把它升级为满腹疑云。EQ或者“头脑指数”是通过两个测量值计算而来的，即大脑的质量和身体的质量。但对于化石，这两个量都只能通过我们发现的那些碎片进行估计，这种估计可能存在很大的误差，特别是对体重的估计尤为如此。从图中的数据点来看，能人比直立人还要“有头脑”，我不相信事实是这样的。直立人大脑的绝对尺寸更大，这是毋庸置疑的。能人EQ数值的膨胀是因为对他们体重的估计远远低于直立人。想想现代人与人之间的体重差异有多么大，你就会对这种估计的偏差程度有所了解。请记得，根据EQ的计算公式，体重的误差在传递给EQ时会被提升一个数量级，因此EQ作为一个指标对体重估计的偏差极为敏感。因此，数据点在直线周围的分散主要反映了体重估计的不确定性。另一方面，直线所表示的随时间变化的趋势很可能是真实的。我们在这一节里介绍的方法，特别是对 EQ 的估算，证实了我们的主观印象，即在过去 300 万年的进化史中，我们发生的最重要的变化就是让本来就已经硕大的灵长类大脑继续膨胀。接下来一个明显的问题是，什么样的达尔文主义选择压力驱动着大脑在过去 300 万年间增大？

由于这件事发生在人类直立行走之后，有人便认为双手的解放让大脑有机会对灵巧的动作进行精细控制，从而驱动了大脑的扩张。整体而言，我觉得这不失为一个合理的想法，但它也没有比其他理论更合理。不过，从进化的趋势上来看，人类大脑的膨胀似乎是爆炸性的。我认为，若想解释这种进化上的急速膨胀，我们需要一种特殊的膨胀理论。《解析彩虹》这本书里有一章名为“思维的气球”（*The Balloon of the Mind*），对大脑急速膨胀的问题有所发展，我在其中借用了一个具有普遍性的原理，我称其为“软硬件协同进化”（software-hardware co-evolution）理论。如果用计算机来类比的话，就是软件的创新和硬件的创新会相互促进，形成一种螺旋上升的态势。软件的创新要求硬件的提升，而硬件的进步反过来又刺激软件的革新，于是就此加速膨胀。我所说的这类软件创新在大脑里又对应着什么呢？我有几个备选，分别是语言、兽迹追踪、投掷和文化因子“觅母”(meme)。

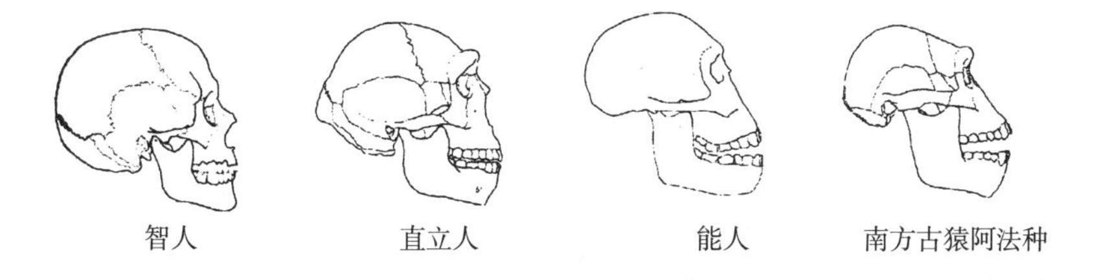

人类大脑的膨胀。对四种原始人类头骨的比较，可以明显看出能人脑容量的增长。图中各头骨分别是多件化石的平均，且被调整到相同高度。

关于大脑的膨胀还有一个理论，我在先前那本书里没有给它应有的地位，正是出于这个原因，我将在本书稍后的内容里专门着重介绍，它就是性选择理论。

有没有可能增大的大脑或者它的产物，比如体绘（body painting）、史诗和祭祀舞，在进化上是作为某种精神上的孔雀尾而存在的？我一直以来对这个理论心向往之，但没人把它发展成一个适当的理论，直到杰弗里·米勒（Geoffrey Miller）写出了他的著作《求偶心理》（*The Mating Mind*）。他是一位年轻的美国进化心理学家，目前在英格兰工作。等鸟类朝圣者在第 16 会合点加入我们，我们将在《孔雀的故事》里听到他的想法。

猿人

大众媒体对人类化石的炒作背后是一种所谓的雄心壮志，即找到“最古老”的人类祖先。这太蠢了。你可以提出一个具体的问题，比如“最早习惯双足行走的人类祖先是谁？”或者“最早是哪种生物在作为我们祖先的同时却不是黑猩猩的祖先？”，再或者“脑容量最先超过600毫升的人类祖先是哪个？”这些问题起码有着理论上的意义，尽管它们实际上非常难以回答，而且有的问题还会导致一种恶习，即在平滑的连续体上制造出人为的间隔。但“谁是最早的人类祖先”这样的问题没有丝毫意义。

更为隐蔽的风险在于，寻找人类祖先的竞赛意味着每有新的化石发现，但凡有一丝可能性，它就会在人们的吹捧之下被置于于人类进化的“主线”上。但随着越来越多的化石出土，事情逐渐明朗起来。在有原始人类以来的大部分时间里，非洲同时存在着许多种不同的双足猿类。这意味着，大多数号称人类祖先的化石物种最终都会被证明只是我们的表亲而已。

在相当长的一段时间里，大概介于300万年前和100万年前，我们的非洲祖先们都在和一些矮小粗壮的原始人类分享着这块大陆，这些原始人类也许还不止一种。一如既往，他们的亲缘关系乃至确切的物种数目，都是备受争论的问题。赋予这些生物的名字（我们在《能人的故事》的图里见到过）包括粗壮南方古猿（*Australopithecus robustus*）或粗壮傍人（*Paranthropus robustus*）、鲍氏南方古猿（*Australopithecus boisei*）或鲍氏傍人（*Paranthropus boisei*）或鲍氏东非人（*Zinjanthropus boisei*），以及埃塞俄比亚南方古猿（*Australopithecus aethiopicus*）或埃塞俄比亚傍人（*Paranthropus aethiopicus*）。它们似乎是由更苗条（相对于粗壮而言）的猿类进化而来的。跟粗壮类型一样，这些苗条猿类的身高大约是我们的四分之三，大脑比我们小得多，也被古生物学家们归入南方古猿属（*Australopithecus*）。我们自己也几乎肯定是从身材纤细的南方古猿进化而来的。实际上，早期人属和纤细南方古猿常常难以区分，这也为我上文的抨击提供了理据。

人属的直接祖先也可以被认作某种纤细型的南方古猿。我们来看一些例子。距今超过200万年、年代最晚而且保存最好的化石物种之一是南方古猿源泉种（*Australopithecus sediba*），标本采自南非的比勒陀利亚（Pretoria）附近。第一份标本发现于2008年，包括一个头骨和一副骨架，据信属于一位9岁男童，其发现者是古人类学家李·伯杰（Lee Berger）的儿子，正好时年9岁[64]。附近的另一些骨头可能来自其他家庭成员，包括一名男性、一名女性和三个婴儿，死亡时间差不多是同时。在那个年代，这里是一个洞穴，他们掉进了洞里。对牙石中残留的植物成分的显微分析表明，他们的食物包括各种树叶、水果、树皮和某些草类。绝无仅有的是，这些猿类化石似乎保留了石化皮肤的细微痕迹，不过仍有待彻底的研究。南方古猿源泉种混合了早期人属和晚期南方古猿的特征，发现者据此认为他们应属于人类家系。另一些研究者则以年代更古老的人属化石为例，暗示南方古猿源泉种就像粗壮南方古猿一样，只不过是进化上的另一个死胡同。当然，随之而来的争论是意料之中的事。

离南方古猿源泉种的发现地不足 16 千米，曾出土了一个不那么立即引起争议的化石，普莱斯夫人（Mrs Ples），其年代还要再古老 50 万年。自从比勒陀利亚的德兰士瓦博物馆（Transvaal Museum）向我展示了普莱斯夫人那漂亮的头骨铸模之后，我心里就一直对她有特别的好感。当时正值她被发现五十周年，我在罗伯特·布鲁姆纪念讲座（Robert Broom Memorial Lecture）发表演讲，讲座正是为了纪念她的发现者而命名的。她的昵称部分来自属名 *Plesianthropus*（迩人属），这是她最初被赋予的属名，后来人们决定将她归入南方古猿属；另一部分则是由于她（很可能）是名女性。其他单个的原始人类化石也常被冠以类似的昵称。后来也是在斯泰克方丹洞穴（Sterkfontein cave）系统中发现的另一个化石自然而然也就被命名为“普莱斯先生”（Mr Ples），二者属于同一个物种，南方古猿非洲种（*Australopithecus africanus*）。其他拥有昵称的化石还有“亲爱的男孩”（Dear Boy），这是一个粗壮南方古猿，也被称为“Zinj”，因为他最初被命名为鲍氏东非人（*Zinjanthropus boisei*），此外有“小脚丫”和“阿迪”（很快我们就会遇见他们），还有著名的露西，我们接下来就要介绍她。

露西被发现于东非而不是南非。遇见她的时候，时光机的里程表指向了 320 万年前。人们常常提及她，因为她所属的南方古猿阿法种在一段时间里是人类祖先的唯一候选者，直到后来人们发现了更多与之相似且同时代的物种[65]。露西仍是目前保存最完好的纤细南方古猿。她的发现者唐纳德·约翰森和同事们在同一个区域发现了来自另外 13 名相似个体的化石，并称其为“第一家庭”（First Family）。在东非其他地区还发现了其他的“露西”，距今 300 万年到 400 万年。玛丽·利基（Mary Leakey）在拉托里发现的那些 360 万年前的脚印（见第 81

页）被认为属于南方古猿阿法种。不论学名怎么叫，在那个时候曾有人双足行走是确定无疑的。近来古生物学家们又发现了这个时期的石器、骨头以及类似记号的刻痕。露西跟普莱斯夫人的差别不算特别大，有些人把她看作普莱斯夫人的早期版本。不管怎样，跟粗壮南方古猿比起来，她们二者较为相似。据称，早期东非"露西们"的大脑比南非的"普莱斯夫人们"略小一点，不过差别微乎其微。她们大脑的差别不会大于现代人之间的差别。

正如我们预料的那样，像露西这样比较晚近的阿法种个体，跟390万年前最早的阿法种形态有些细微的差异。差异会随着时间累积，而当我们深入过去达400万年时，我们会发现更多生物可能是露西及其亲属的祖先，同时它们跟露西的差异又足以为它们各自赢得一个不同的种名，而这种差异主要让它们显得更像黑猩猩。米芙·利基（Meave Leakey）率队发现的南方古猿湖畔种包括超过80块化石，来自图尔卡纳湖附近的两个不同地点。虽然未曾发现完整头骨，但有一个极好的下颌骨，很可能属于我们的某位祖先。

也许来自这个时期的最振奋人心的发现是一份仍然有待充分书面描述的化石。这具被人们喜爱地称为"小脚丫"的骨骼又把我们带回到367万年前的南非和斯泰克方丹洞穴。它的发现过程简直是一个值得柯南·道尔[66]将之付诸笔端的侦探故事。1978年，小脚丫左脚的一些碎片在斯泰克方丹出土，但这些骨头没有引起注意，也未经标记便被收了起来，直到1994年，在菲利普·托拜厄斯指导下工作的古生物学家罗纳德·克拉克（Ronald Clarke）偶然在一个盒子里发现了它们，当时盒子被放在了斯泰克方丹洞穴的工人们使用的小屋里。3年之后，克拉克在金山大学（Witwatersrand University）的一间储藏室里偶然发现了另一箱来自斯特克方丹的骨头。盒子的标签上写着

“Cercopithecoids”（猕猴）。克拉克对这类猴子很感兴趣，于是打开盒子看了一下，结果兴奋地注意到在猴子骨头中间混了一块原始人类的足骨。盒子里有好几块足骨和腿骨看起来似乎跟之前在斯泰克方丹的小屋里发现的骨头相匹配，其中包括右腿的半截胫骨。克拉克把这截胫骨的铸模交给两位非洲助手，恩克瓦内·莫莱费（Nkwane Molefe）和斯蒂芬·莫措米（Stephen Motsumi），让他们去斯泰克方丹找到缺失的另一半。

> 我交给他们的任务就好比大海捞针。岩洞又大又深，一片漆黑，洞顶、地面还有石壁上到处都是伸出来的角砾岩。然而举着手提灯找了两天之后，他们找到了。那天是1997年7月3日。

更惊人的是莫莱费和莫措米拼图的壮举，因为跟他们的铸模相匹配的那截骨头位于先前挖掘地点的另一头。尽管在65年前或者更早的时候被采石灰的工人们炸到了一边，但骨头依然能够完美拼接。在暴露出来的右胫骨的左边，可以看见左胫骨的断面，正好可以接上连着足骨的下截胫骨。再往左可以看到断掉的左腓骨。下肢这些骨头的位置依然符合正确的解剖关系，看上去似乎整具骨架都头朝下栽在那里。

实际上骨架并不在那里，不过在仔细斟酌过这一地区的地质塌陷情况之后，克拉克推算出了它的位置。果不其然，莫措米的凿子在预计的地点找到了它。克拉克和他的团队确实有好运气，不过这也是一个绝佳的例子，验证了那句自路易斯·巴斯德[67]以来被科学家们信奉的格言：“幸运垂青于有准备的头脑。”

由于掩埋骨架的洞穴碎屑已经固结，小脚丫的出土花费了20多年，至今还没有完整的书面报道，但初步报告已经表明这是一个惊人的发现，其完整程度可以和露西媲美。而且，虽然跟露西差异微小，但以古人类学的标准来看，足以让我们把它当作一个独立物种来看待，即南方古猿普罗米修斯种（*Australopithecus prometheus*）。小脚丫看起来更像人类而非黑猩猩，但跟我们比起来，它的大脚趾跟其余脚趾分得更开。这也许说明小脚丫能够用脚勾住树杈，而这是我们做不到的。它几乎一定是双足行走的，但很可能还会爬树，而且走路的姿态也跟我们不同。就像其他南方古猿一样，它可能在树上花了不少时间，也许像黑猩猩一样在树上露营过夜。

双足行走是人类和其他哺乳动物之间最显著的区别，值得为它单独讲一个故事。本书第一版将讲述这个故事的职责授予了小脚丫，这在当时是合理的。但同时我们还提到，在东非发现了一些更古老的骨头，被归入地猿始祖种（*Ardipithecus ramidus*），它们有可能也是直立行走的。2009 年，这些猜测获得了惊人的证实。在距离露西的发现地只有 80 千米的地方，蒂姆·怀特（Tim White）率领的团队已经在此工作了 15 个年头。他是利基团队和露西发现者共同的校友。这只昵称“阿迪”的古猿被某种巨型食草动物踩进了上新世的泥潭，始作俑者早已死去，可如今阿迪却已成为古生物复原术惊人杰作的代表。虽说距今足有 440 万年，可她的头骨和骨架——特别是手脚——保存得比露西还要完整得多。这给了我们一个不容抗拒的理由，必须在这里暂停我们的旅程。另外人们还发现了一些来自其他个体的遗骨，特别是牙齿，其中雄性拥有相对较小的犬齿，说明雄性之间的竞争削弱了，此外还可以解读出其他一些社会行为特征，参见《海豹的故事》。就像对待其他任何古代化石一样，我们必须小心，不要先入为主地假定阿迪就是我们的直系祖先。不过，她那些出人意表的特征向我们透露了大量的信息。特别是她提醒我们，当我们拿黑猩猩和大猩猩跟我们祖先的运动特征做比较时，我们也许完全找错了目标。

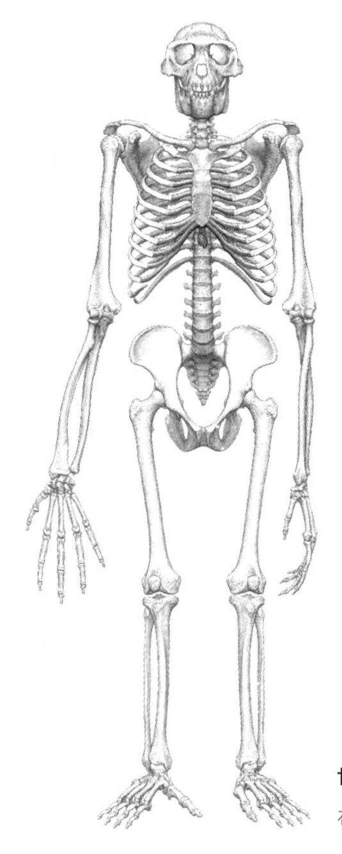

阿迪被某种巨型食草动物踩进上新世的泥潭。蒂姆·怀特和同事们一丝不苟地重建了地猿始祖种的骨架。

尽管体型和黑猩猩相仿，大脑尺寸也相吻合，但阿迪的运动方式既不像黑猩猩，也不像南方古猿，也并非二者的中间态。黑猩猩和大猩猩将爬树和行走结合在一起，进化出一种特殊的运动方式。需要爬树的时候，它们就用钩子一样的双手挂住树干和枝杈，在密林里攀缘悠荡。而来到地面上，它们就四肢着地行走，但僵硬的双手意味着它们无法将手掌平摊在地面上，也不能像猩猩一样握成拳头，而是用指关节前突着地。

跟其他在树林里生活的小型灵长类动物一样，阿迪很可能在树上度过了许多时光。她的骨架告诉我们她长着对生的大脚趾，还有其他一些能够说明问题的特点。她拥有灵活的手腕和较短的手臂，这说明她可以抓握攀爬，而不是像黑猩猩一样挂在树上。但在地面上（也许有时候在树上也是如此），阿迪完全是双足行走的，这一点得到了多方面的证据支持，包括头骨相对身体的位置以及足骨和骨盆的特征。她没有任何明显的跟四足行走相关的特化结构或者指关节着地之类的特征。即便不是我们的直系祖先，阿迪也向我们证明了，四足行走和指关节着地这种中间形态，对于从树上生活向双足行走的转变并非是必需的。有可能我们的任何一位祖先都不曾像黑猩猩那样行走，而大猩猩和黑猩猩各自独立地发展出了同样的运动方式，某些解剖学研究也暗示了这一点。

有时候我们不得不一遍又一遍不厌其烦地提醒人们，我们并不是由黑猩猩进化而来的。如今真的找到了证据从几个重要的方面说明我们的共同祖先并不非得跟黑猩猩或大猩猩相似，这真让人松了一口气。也许这就是阿迪给予我们的遗赠，有鉴于她的重要影响，现在应该由她而非小脚丫来讲述人类双足行走的来龙去脉。

阿迪的故事

凭空想象为什么双足行走是一件普遍有益的事，这并不是一种特别有用的做法。如果事实真的如此，那么姑且不论其他哺乳动物，至少黑猩猩们应该也会双足行走。没有明显的理由声称双足行走或者四足行走更快或者更高效。通过脊椎的上下灵活运动，习于奔跑的哺乳动物可以实现有效的大步跨越，从而达到惊人的速度，更不必提这样还有别的好处。但鸵鸟又向我们证明了，像人一样的双足步态也能够跟四足快马相匹敌。确实，顶尖的人类短跑选手虽然比马或狗（或鸵鸟，或袋鼠，诸如此类）跑得慢，但没有慢到丢人的地步。四足运动的猿类或猴类的跑步能力通常都很普通，也许是因为出于攀爬的需要，它们的身体设计必须在这方面有所牺牲。像狒狒这样一般在地面上觅食奔跑的动物，也要回到树上睡觉和躲避天敌。不过在必要的时候，狒狒跑起来还是很快的。

所以，当我们问为什么我们的祖先要用后腿支撑着身体直立起来，以及当我们想象自己错过了怎样的四足运动的可能性的时候，我们不应该以“猎豹”或类似的动物做对比，这不公平。我们的祖先最初站立起来的时候并没有因此获得特别明显的效率或速度优势。我们应该去别处寻找驱使我们走向这个步态革命的自然选择压力。

就像其他四足动物一样，我们可以训练黑猩猩双足行走，而且它们自己本来也经常会这么走上一小段路。所以如果有足够的好处，转为直立行走对它们来说恐怕并没有难到无法实现。猩猩在这方面做得甚至更好。野生长臂猿最快的运动方式是悬臂摆荡，即把手臂悬吊在树木枝杈上凭摆荡运动，但它们穿越林间空地的时候也是后腿直立奔跑。有些猴子会在高高的草丛里直立张望，或者站起来蹚水过河。维氏冕狐猴（Verreaux’s sifaka）大部分时间都在树上生活，它们在树上灵巧得好像杂技演员，但也会凭后腿直立，“跳着舞”穿过林间的平地，同时双手高举着，有一种芭蕾的优雅。

医生有时候会让我们戴着面罩原地奔跑，以便测量我们在极限条件下的氧气消耗率以及一些别的代谢指标。1973 年，两位美国生物学家，泰勒（C. R. Taylor）和朗特里（V. J. Rowntree），让经过训练的黑猩猩和卷尾猴（capuchin monkey）在跑步机上运动。研究人员让动物或者四足奔跑，或者双足奔跑（双手有东西可以抓住），然后比较它们在两种步态下的氧气消耗量和运动效率。他们预期四足奔跑更有效率，毕竟这两种动物天生就是这么运动的，而且它们的解剖结构也适于这种运动方式。然而结果并非如此。两种步态对氧气的消耗没有明显的差异。泰勒和朗特里推论道：

> 在有关人类双足运动进化的争论中，不应该牵涉奔跑时双足和四足的相对能耗问题。

这个说法即使有些夸大，但它至少鼓励我们去别的地方寻找我们反常步态的好处。这让人忍不住怀疑，作为双足运动进化的驱动力，不管我们设想出什么样的无关运动的好处，它很可能并不需要对抗运动方面的损失。

双足行走会有什么跟运动无关的好处呢？一个颇具启发性的建议是俄勒冈大学（University of Oregon）的玛克辛·希茨–约翰斯通（Maxine Sheets-Johnstone）提出的性选择理论。她认为人类凭后腿直立是为了炫耀我们的阴茎，至少对于长着阴茎的男人来说是这样的。至于雌性为什么要直立，在她看来原因刚好相反，是为了遮蔽生殖器，因为对于雌性灵长类来说，四肢着地反而使生殖器更加暴露。这是一个有趣的想法，但我并不会为它摇旗呐喊。我提起它只是为了举例说明我所谓的“非运动理论”指的是哪类理论。就跟其他类似的理论一样，我们忍不住会想，为什么它适用于我们的家系，却对其他猿类或猴子不起作用。

另一类理论则强调说，直立行走可以解放双手，这是一种极其重要的优势。也许我们单凭后腿直立不是因为这样走路更好，而是因为这样的话就可以用双手做许多事情，比如携带食物。许多猿猴以植物为食，植物虽然随处可见，但营养并不丰富，所以必须持续进食，走到哪里吃到哪里，跟牛多少有些相像。而像肉类或大块块茎这样有价值的食物虽然不容易找到，但一旦找到，就值得你把吃不完剩下的那部分带回家。豹子杀死猎物之后所做的第一件事通常是把尸体拖上树，挂在树枝上，在那里食物相对安全，比较不容易被食腐动物掠夺，这样它以后还可以再回来吃。豹子用它有力的颌骨咬住尸体，四肢并用才能爬上树。相比之下，我们祖先的颌骨要小得多，也弱得多。当他们需要把食物带走的时候，双足行走的技巧让它们可以把手腾出来携带食物，他们是否因而从中受益？食物也许是带给配偶或孩子的，也许是拿去和其他同伴交换的，或者可以藏起来以备将来之需。

顺便一提，上述后两种情况之间的联系比看起来更密切。（接下来这种解释应该归功于斯蒂芬·平克。）道理在于，在冰箱被发明之前，最好的肉类储藏室就是同伴的肚子。为什么这么说？当然，肉被同伴吃掉就没了，但它换来的好意却可以长期安放在同伴的脑子里。你的同伴会铭记在心，等风水轮流转的时候报答你当初的帮助[68]。黑猩猩以分享肉食换取帮助著称。等到了信史时代，这种“欠条”被符号化，于是有了金钱。

这种“带食物回家”理论有一个具体版本是由美国人类学家欧文·洛夫乔伊（Owen Lovejoy）提出来的。他最近把它用到了地猿（*Ardipithecus*）身上。他认为，照顾婴儿会妨碍雌性的觅食活动，因此它们不能走很远去寻找食物。随之而来的营养不良和泌乳不足会延迟断奶时间。哺乳期的雌性是不育的。若是雄性为哺乳期的雌性提供食物，会加快孩子的断奶进度，使它可以重新受孕。在这样的情况下，它可能就会青睐为她提供食物加快断奶的雄性，乐于跟它生育。于是，跟那些找到食物就地吃光的雄性比起来，能携带大量食物回家的雄性就获得了直接的繁殖优势。于是进化就选择出了能够解放双手携带食物的双足行走方式。

另一些关于双足进化的假说强调身高的优势，也许因为在高高的草丛里只有站直了才能瞭望，或许站直了就能在蹚水过河的时候把脑袋露出水面。后面这个充满想象力的“水猿”（aquatic ape）理论是阿利斯特·哈迪（Alister Hardy）提出的，并得到了伊莱恩·摩根（Elaine Morgan）的有力拥护。约翰·里德在他那部迷人的非洲传记[69]里表达了对另一个理论的偏爱。该理论认为，直立的姿态使暴露于阳光中的面积最小化，仅限于头顶，这也是为什么头顶留下了有保护作用的头发。而且，如果身体不必弯腰驼背贴近地上，热量的散失就会更快。

我的同事乔纳森·金登是一名著名的艺术家和动物学家，他的著作《低起源》（*Lowly Origin*）整本书都是围绕着人类双足行走的进化问题展开的。在生动地回顾了 13 种多多少少不尽相同的理论之后，其中也包括了我刚才提到的那些，金登进一步提出了他自己的理论。他的理论包含多个层面，非常精致。金登没有为直立行走寻找立竿见影的益处，而是详细地阐述了解剖上的一系列定量变化，这些变化由其他因素产生，却使得双足行走变得更容易，这种现象的术语叫作预适应（pre-adaptation）。金登在这里提出的预适应是他所称的“蹲姿觅食”（squat feeding）。蹲姿觅食在野外的狒狒中很常见，而金登仿佛看见了我们的猿人祖先在森林里做着类似的事，翻开石块或成堆的落叶，寻找昆虫、蠕虫、蜗牛以及其他富有营养的小吃。为了更有效地进行蹲姿觅食，它们不得不放弃一些树上生活的适应特征。它们的双脚原先像手一样便于握住树枝，后来变得更平坦，以便为腰臀低位的蹲姿动作提供更好的支撑。现在你大概对这个理论的思路心里有数了。为下蹲而进化出来的更平、更不像手的双脚，后来会成为直立行走的预适应特征。而且稍后你会明白，乍一看起来，这种叙述明显带着目的论的色彩，比如它们必须“放弃”适于树上摆荡的特征等等，一如既往，这只是一种便捷的说法，可以很容易地转译成达尔文主义的语言：有些个体碰巧携带着让双脚更适于蹲姿觅食的基因，因为高效的蹲姿觅食有利于它们的存活，所以它们会有更大的机会活下来，把这些基因传递下去。我将继续使用这种便捷的说法，因为它跟人类天然的思维方式相契合。

对于在树上悬吊摆荡的猿猴来说，若是换个花哨的说法，我们可以认为它们在树枝上倒立行走。若这只猿猴是一只矫健的长臂猿，那它可以算是连跑带跳了，只是它们是把手臂当作“双腿”，把肩胛作为“骨盆”。我们的祖先很可能也经历过在树上摆荡的阶段，于是真实的骨盆变得相当不灵活，被一些长扁骨固定在躯干上，这些扁骨作为一个坚实的部件参与构成僵硬的躯干，使它可以作为一个整体摆荡起来。根据金登的说法，所有这些都必须改变之后才能让一个在树上飘荡的祖先变成高效的蹲姿觅食者。诚然，用于悬吊的长手臂可以算作一种有益的“预适应”，增大蹲姿觅食时的拾取范围，降低起身转移到新地点的频率。但那硕大笨拙、上重下轻的躯干对于蹲姿觅食者来说是很不利的。骨盆需要获得解放，不能那么僵硬地锁死在躯干上，那些扁骨需要缩短，更接近人类的比例。于是你可以再次预见接下来的推理思路（也许你会说，预适应所说的不正是“预见”吗？），被解放的骨盆正是双足行走所需要的那种更好的骨盆。腰部变得更加灵活，脊柱变得更竖直，从而让蹲姿觅食的动物可以在平坦的双脚和臀部低位所提供的平台上旋转，用手臂搜寻更大的范围。肩膀变得更轻巧，身体也不再那么上重下轻。关键在于，这些身体细节的量变以及随之而来与之平衡的代偿性变化顺带为双足行走做了“准备”。

金登的理论丝毫不涉及对未来的“预判”，它只是设想有那么一只古猿，它的祖先原先在树上摆荡生活，它却转向森林地面，喜欢蹲着觅食，如今有了一具让它能够更舒服地后腿直立行走的躯体。蹲姿觅食时每翻遍一块地方就要起身挪到下一个位置，它可能就是在这个时候开始直立行走的。尽管没有意识到正在发生什么，但一代又一代的蹲姿觅食者的身体正朝着双足行走的方向准备着，对双腿直立感觉越来越舒服，反而是四肢着地比较别扭。我故意用了“舒服”一词，因为这并非什么微不足道的小事。我们也能像一只典型的哺乳动物一样四脚行走，但并不舒服，而且很费力，这是由于我们的身体比例已经改变了。这种比例的变化让我们如今觉得双腿直立更舒服，但根据金登的说法，最初它是为了服务于觅食习惯的小改变，以让蹲姿觅食更高效。

乔纳森·金登这个细致复杂的理论还不止于此，我在这里就不再赘述，向你推荐他的著作《低起源》。关于双足行走的起源，我自己也有一个略微出奇的理论，非常不同于金登的理论，但二者并非不可兼容。实际上，大多数相关的理论都可以彼此兼容，可能相辅相成，而非势不两立。跟人脑的扩张问题一样，我不成熟的想法认为双足行走可能也是经性选择进化而来的，所以我再一次把这个问题留给《孔雀的故事》。

不管我们相信哪个起源理论，后来的结果表明，人类双足行走是一个极为重要的事件。包括 20 世纪 60 年代的知名人类学家在内，以前的人们相信进化上最早使我们和其他猿类区别开来的决定性事件是大脑的增大，其次才是后腿直立。其逻辑是，有了更大的大脑来控制和开发新动作，被解放的双手才能做那些技巧性的工作，从而产生驱动后腿直立的利益。最近的化石发现却分明指向相反的次序，最先出现的是双足行走。露西生活的年代远远晚于第1会合点，她双足行走，可脑容量几乎和黑猩猩相同。大脑的增大仍然可能和双手的解放相关，但事情发生的次序是反过来的。如果有什么因素促使了大脑的增大，那就是直立行走对双手的解放。先是身体上新增硬件，然后才进化出利用这些硬件的控制软件，而不是反过来。

《阿迪的故事》后记

不管是什么原因推动了双足行走的进化，最近的化石发现似乎都表明，在我们跟黑猩猩分道扬镳不久，也就是在第1会合点后不久，原始人类就已经开始双足行走，其年代早得令人不安（之所以不安，是因为似乎没给双足行走的进化留出多少时间）。2000年，布里奇特·塞努特（Brigitte Senut）和马丁·皮克福德（Martin Pickford）率领的法国团队宣布，在肯尼亚维多利亚湖东岸的图根山（Tugen Hills）发现了新化石。图根原人（*Orrorin tugenensis*），也被称为“千禧人”（Millennium Man），生活的年代距今有600万年，它被置于一个新的属，即原人属（*Orrorin*）。根据它的发现者的说法，它也是直立行走的。确实，他们认为它的股骨上端靠近髋关节的地方看起来像人类多过像南方古猿。在塞努特和皮克福德看来，这个证据连同一些头骨碎片一起表明，原始人类的祖先是原人而非“露西们”。这些法国研究者进一步提出，地猿可能是现代黑猩猩的祖先而不是我们的祖先。要敲定这些结论，显然需要更多化石才行。其他科学家对法国人的说法充满怀疑，有人甚至怀疑根本没有足够的证据说明原人是或者不是双足行走的。如果是的话，考虑到第 1 会合点在 700 万年前到 500 万年前，很难解释为什么双足行走的进化过程发生得这么快。

如果说双足行走的原人离第 1 会合点近得令人担忧，那么 1 年之后在撒哈拉以南的乍得发现的一个头骨则更加颠覆人们原先的观念。发现者是由米歇尔·布吕内（Michel Brunet）率领的另一个法国团队。这个新发现的昵称是托迈（Toumai），在当地高兰语（Goran）中的意思是“生命的希望”，学名乍得沙赫人（*Sahelanthropus tchadensis*）则来自它的发现地，即位于乍得的撒哈拉南部萨赫尔地区（Sahel）。这个头骨很有趣，从前面看起来跟人很像（不像黑猩猩或大猩猩那样面部前突），但从后面看却很像黑猩猩，长着跟黑猩猩尺寸相同的脑壳。它的眉骨相当高，甚至比大猩猩的还厚，这也是托迈被认作雄性的主要原因。它的牙齿跟人很像，特别是釉质的厚度介于黑猩猩和人之间。枕骨大孔（即颅骨下方脊髓经过的那个大洞）的位置比黑猩猩或大猩猩更靠前，在布吕内看来，这是托迈双足行走的证据，尽管有些人并不这么认为。理想情况下，应该通过盆骨和腿骨来确认这一证据，但不幸的是，目前报道的只有头骨。

由于这一地区没有火山岩遗存，无法进行放射性年代测定，布吕内团队不得不利用这一地区发现的其他化石进行间接测年。通过拿它们跟非洲其他地区可以进行绝对测年的已知动物群进行比对，得出托迈的年龄在 600 万年到 700 万年之间。布吕内和同事们据此认为它比原人还要古老，可想而知，这遭到了原人的发现者们愤愤不平的反击。来自巴黎自然历史博物馆的布里奇特·塞努特曾说托迈是“一只雌性大猩猩”，她的同事马丁·皮克福德则说托迈的犬齿属于典型的“雌性大猴子”。你应该还记得，这两位研究者先前曾为了捍卫自己的孩子——原人——的优先权而否认地猿是人类祖先（没准他们是对的）。其他权威则给予托迈慷慨的欢呼："惊人！""令人惊叹！""小型核弹一样的影响力！"

如果它们的发现者是正确的，即原人和托迈都是双足行走的，那么任何关于人类起源的清爽图景都会遇到麻烦。有一种最天真的想法，认为进化上的变化是沿着时间均匀发生的。如果从第1会合点到现代智人经过了600万年，也许有人会天真地以为这些变化应该成比例地分布在这600万年里。但原人和托迈生活的年代距离分子证据所确定的1号共祖生活的年代很近，也就是说离人类家系和黑猩猩家系分离的时间非常近。甚至按照有些人的解读，这些化石甚至比1号共祖还古老。

假设分子推断和化石定年都是正确的，或许我们有四种办法（或者这四种办法的不同组合）来应对原人和托迈的挑战。

1. 或者原人，或者托迈，或者这二者都不是双足行走的。这非常有可能。不过出于探讨的目的，下面三种可能性都假定它是错的。如果我们接受了这种可能，这个问题也就不存在了。

2. 在1号共祖之后随即出现了一次急速爆发的进化过程。尽管1号共祖自己就像普通的猿类一样，但更像人的托迈和原人很快就毫无阻滞地进化出了双足行走的能力，以至于它们跟1号共祖的年代差异很小，难以辨别。

3. 像双足行走这样的类人生物特征进化了不止一次，甚至可能出现了许多次。原人和托迈代表的是早期非洲猿在双足行走方面的实验，类似的实验没准还包括了别的类人特征。基于这个假说，它们确实可能既双足行走，又比1号共祖还古老，而我们自己的家系祖先在更晚的时候再次对双足行走进行了尝试。

4. 黑猩猩和大猩猩的祖先可能更像人，甚至会双足行走，但它们在后来重新转为四足行走。在这个假说的框架下，像托迈这样的物种就确实有可能是我们的 1 号共祖。

后三种假说认可双足行走的古老起源，却各有各的困难，许多权威专家要么怀疑托迈和原人的年代测定，要么对它们所谓双足行走的能力存有疑虑。如果我们暂且接受它们，那么审视之后就会发现，并没有什么理论上的原因偏爱或者排斥其中任何一种可能。我们将会在《加拉帕戈斯地雀的故事》和《腔棘鱼的故事》中看到，进化的速度既可以极快，又可以极慢，所以上面第二种理论并非完全没有可能。《袋鼹的故事》会告诉我们，进化可能多次沿着相同的路径行进，也可能走向惊人平行的不同道路，所以第三种理论也没什么特别不可能的。乍看上去似乎第四种理论最为惊人。我们太过习惯于"猿站了'起来'成为人"这个想法，以至于第四种理论仿佛显得南辕北辙，甚至还可能侮辱了人类的尊严，使人的特质沦为一种可以讨价还价的东西（据我的经验，人们常常为之捧腹）。而且还有一条所谓的"多洛氏法则"（Dollo's Law），即进化过程从不逆转，而第四种理论似乎违背了它。

《洞穴盲鱼的故事》正是关于多洛氏法则的，它让我们确信事实并非如此，第四种理论没有任何原理上的错误。黑猩猩确实有可能经历过双足行走的"似人"阶段，而后又退回四足着地的"猿样"。实际上，约翰 · 格里宾（John Gribbin）和杰里米 · 切尔法斯（Jeremy Cherfas）确实在他们的两部书里提出了这样的想法，这两本书是《猴子之谜》（*The Monkey Puzzle*）和《第一只黑猩猩》（*The First Chimpanzee*）。尽管并非其理论中不可或缺的部分，但他们甚至提出黑猩猩是（像露西那样的）纤细南方古猿的后代，而大猩猩是（像“亲爱的男孩”那样的）粗壮南方古猿的后代。这想法固然激进得咄咄逼人，但他们在书里解释得很不错。其理论核心是一种早被人们接受的说法，这种说法涉及对人类进化的理解，尽管并非全无异议：人只是幼年的猿提前达到了性成熟。或者换种说法，我们就像永远长不大的黑猩猩。

《美西螈的故事》会解释这种“幼态延续”（neoteny）理论。简而言之，美西螈就像一只大号幼虫，一只有性器官的蝌蚪。德国的维兰·劳夫贝尔格（Vilém Laufberger）曾做过一个经典实验，通过注射激素让一只美西螈完全发育成年，使它长成一只没人见过的新种真螈（salamander）。后来朱利安·赫胥黎[70]也做了这个实验，却不知道自己是步人后尘，但他的实验在英语世界更为著名。美西螈在进化过程中丢掉了生活史末端的成年阶段。在实验注射的激素干预下，美西螈终于长大，一种可能没人见过的成体真螈再次被创造了出来，原先缺失的生活史阶段也得以恢复。

朱利安的弟弟、小说家奥尔德斯·赫胥黎（Aldous Huxley）听说了美西螈的故事。他的《夏去夏来》（*After Many a Summer*）[71]是我青少年时代最喜欢读的小说之一。书里的主人公是一位名叫乔·斯陀耶特（Jo Stoyte）的富人，他收藏美术品时那种贪婪和满不在乎的架势跟威廉·赫斯特[72]一模一样。他受过严格的宗教教育，这使得他对死亡极为恐惧，于是他雇了一位绝顶聪明却愤世嫉俗的生物学家，西吉斯蒙德·奥维斯波博士（Dr Sigismund Obispo），给予设备支持，请后者研究如何延长人们的生命，特别是乔·斯陀耶特本人的生命。杰里米·波达奇（Jeremy Pordage）是一位英伦风十足的英国学者，被雇来给一批 18 世纪的手稿编目，这些手稿是斯陀耶特先生买来填充私人图书馆的。在第五代歌尼斯特伯爵（Fifth Earl of Gonister）的旧日记里，波达奇找到了一个惊人的发现，并分享给了奥维斯波博士。根据日记里的记载，这位老伯爵即将发现长生不老的奥秘（必须吃生的鱼肠），而且没有任何关于他死亡的证据。奥维斯波带着日渐焦虑的斯陀耶特来到了英格兰，寻找第五代伯爵的遗体，却发现他还活着，已经200岁高龄了！故事的包袱在于，我们都是幼年的猿，而伯爵终于从幼猿长成了成猿：四脚着地，浑身毛发，一副生人勿近的样子，一边哼着走调得不成样子的莫扎特咏叹调，一边在地板上撒尿。奥维斯波博士放声大笑，他显然知晓朱利安·赫胥黎的工作。他坏兮兮地跟斯陀耶特说，你明天就可以开始吃鱼肠了。

格里宾和切尔法斯实际上在说现代黑猩猩和大猩猩就像歌尼斯特伯爵一样，好比长大成熟的人类（或者南方古猿、原人、沙赫人），重新变成四足着地的猿，变回猿类和人类共同祖先的样子。我从来不觉得格里宾和切尔法斯的理论有什么傻气。像原人和托迈这样极古老的类人生物如今刚被发现，其生活的年代逼近了我们跟黑猩猩分道扬镳的年代，几乎像在小声说着“你看我说过吧”，来证实格里宾和切尔法斯的观点。

即使我们同意原人和托迈是双足行走的生物，我也不会轻易在第二、第三和第四种理论之间做出选择。而且我们千万不能忘记，第一种理论，即它们其实不会双足行走，其可能性即便渺茫却也依然存在，如果它是对的，那么这个问题就消失了。当然，这些不同的理论都会影响到1号共祖的身份，影响我们下一个停靠点的位置。前三种理论一致认为，1号共祖是手脚并用四足行进的，就算时不时用双足行走也是别别扭扭的。第四种理论与它们都不同，它所预言的1号共祖更像人类。在讲述1号会合点时，我不得不在它们之间做出选择。

尽管有些不情愿，我还是决定少数服从多数，假设我们的祖先是四足行走的。让我们去会会它。

注　释

1. 班布蒂俾格米人（Bambuti Pygmy）是生活在刚果东部伊图里热带雨林中的原住民民族，平均身高不足 137 厘米，从事狩猎采集活动。——译者注
2. 托雷斯海峡位于澳大利亚大陆和新几内亚岛之间，海峡里散布着大量小岛，其中大多数无人居住，少数岛屿上生活着属于美拉尼西亚人的原住民，即托雷斯海峡群岛岛民。——译者注
3. "二战"后有流传甚广的说法称，纳粹曾把集中营囚犯的皮肤制成灯罩，但并没有找到相关证据。——译者注
4. 实际上，随着我们逆着时间回溯，祖先家系路径的数目会持续增加而没有极限，很快就能超过地球人口的总数。等我们回到 1 万年前的时候，这个数字就已经远远超过可观测宇宙中所有原子的总和。——作者注
5. 阿尔弗烈德大王（King Alfred the Great，849—899）是盎格鲁–萨克逊英格兰时期威塞克斯（Wessex）王国国王，率众抗击维京人入侵，使英格兰大部分地区回归盎格鲁–萨克逊人的统治。——译者注
6. 第一代克拉伦斯公爵（George Plantagenet，1449—1478）是玫瑰战争中的重要人物，被他的兄长、国王爱德华四世指控谋反并处决，据说被溺死在马姆齐甜酒桶里。——译者注
7. 查理大帝也称查理一世（Charles I，742—814），是法兰克王国加洛林王朝国王，后被罗马教皇加冕为皇帝，被称为查理曼（Charlemagne），也被误译作"查理曼大帝"，但实际上"曼"（-magne）即有"大帝"（the Great）的意思。——译者注
8. 穆罕默德（Mohammed，571—632）是伊斯兰教的创传者，成功地将阿拉伯半岛诸部族统一于伊斯兰教之下，被穆斯林尊为先知。——译者注
9. 摩尔人是中世纪欧洲南部和非洲北部的穆斯林居民。历史上，摩尔人主要指

在伊比利亚半岛的伊斯兰征服者。——译者注

10. 尼布甲尼撒二世（Nebuchadnezzar II，前 634—前 562），古巴比伦伽勒底帝国最伟大的君主，曾建成著名的空中花园，征服犹太王国和耶路撒冷，毁掉所罗门圣殿，并流放犹太人。——译者注
11. 巨石阵是英国最著名的史前建筑遗迹，被列入世界文化遗产。——译者注
12. 娜芙蒂蒂王后（Queen Nefertiti，前 1370—前 1330）是古埃及第十八王朝法老埃赫那顿的王后。——译者注
13. 罗纳德·费歇尔爵士（Sir Ronald Aylmer Fisher，1890—1962）是英国统计学家、进化生物学家和遗传学家。他是现代统计学的奠基人，也是达尔文主义的现代综合理论的奠基人之一。——译者注
14. 所罗门王（King Solomon，？—前 931）是以色列王国第三任君主，大卫王的儿子，耶路撒冷第一圣殿的建造者，以智慧闻名。——译者注
15. 祖鲁人主要生活在南非的夸祖鲁–纳塔尔省（Kwa Zulu-Natal），讲祖鲁语。——译者注
16. 柏柏尔人主要分布在非洲北部，讲柏柏尔语（属亚非语系），民族主体为逊尼派穆斯林。——译者注
17. 美拉尼西亚人主要居住在太平洋西南部的美拉尼西亚群岛，大多数使用巴布亚诸语言（Papuan languages）。——译者注
18. 传统上欧洲人对美洲的称呼。——译者注
19. Eskimos 原意为“穿雪鞋的人”，有歧视意味。——译者注
20. 贾雷德·戴蒙德（Jared Diamond，1937— ）是美国进化生物学家、生理学家、生物地理学家和科普作家，他最为人熟知的作品是《枪炮、病菌和钢铁》，曾获普利策奖。——译者注
21. 本书所用的“原始”一词仅有技术层面的含义，即“更接近祖先的状态”，我无意暗示任何“低劣”之意。——作者注
22. 指英国子爵查尔斯·汤森（Charles Townshend）子爵，他因大力提倡种植芜菁而被称为“芜菁汤森”，是英国农业革命的代表人物之一。——译者注
23. 原产苏格兰和英格兰边境的牧羊犬，温顺聪明，一般被认为是智商最高的犬种。——译者注

24. 加拿大考古学家苏珊·克劳克福德（Susan Crockford）把这种变化归因于两种甲状腺激素的变化。——作者注
25. 分子证据还表明，这很可能发生在农业出现之前。而且，即便在狗理应已经被驯化以后，在多个地区依然会发生当地犬种跟野狼的杂交。——作者注
26. 北美的一种小型狼。——译者注
27. 又叫亚洲胡狼，分布于北非、东非、欧洲东南部、南亚至缅甸一带。——译者注
28. 均变论（Uniformitarianism）认为当今世界的自然规律和过程是放之四海而皆准的，而且也同样适用于以前的世界。在地质学中，均变论还吸收了渐变论（gradualism）的概念，认为地球表面的所有特征都是经由难以察觉的自然过程历经漫长的时间而形成的。现代地质学家已经不再坚持绝对的均变论，认为地球的历史总体上是个缓慢的渐变过程，但同时也受到偶然的大型灾难性事件的影响。——译者注
29. 戴维·刘易斯–威廉斯（David Lewis-Williams）在《洞穴中的心智》（*The Mind in the Cave*）一书中考察了整个旧石器时代晚期的洞穴艺术，以及它们对智人意识绽放过程的揭示。——作者注
30. 深时（deep time）是一个地质学概念，指的是整个地质时间，其跨度远远超出人类的时间经验。——译者注
31. 咬文嚼字（Pedant's Corner）：Thal 或者现代德语中的 Tal 的意思是峡谷（同时还是货币单位“thaler”或“dollar”的词源）。19 世纪末德语进行了拼写改革，尼安德峡谷的名字从 Thal 变成了 Tal，但尼安德特人的拉丁学名受限于动物命名法则，依然是 *Homo neanderthalensis*，不曾变动。为了跟传统和拉丁名称保持一致，本书倾向于在英语拼写中使用原先的形态，保留字母 h。如果有人喜欢不带 h 的写法，尽请自便。——作者注
32. 西班牙语，意为“骨洞”。——译者注
33. 维多利亚女王（Alexandrina Victoria，1819—1901）于 1837 年即位为英国女王，在位长达 63 年零 7 个月，在位期间英国工业、政治、文化、科学、军事都得到极大发展，大英帝国大幅扩张，因此这一时期被称为“维多利亚时代”。她和表弟萨克森–柯堡与哥达的阿尔伯特亲王成婚，后代遍布欧洲王

室，因此维多利亚女王也有“欧洲祖母”的称号。——译者注

34. 查尔斯王子（Charles Philip Arthur George，1948— ）是英国女王伊丽莎白二世的长子和第一顺位继承人，著名的戴安娜王妃就是他的第一任妻子。

35. 实际上，基因组上有多个基因座参与决定眼睛的颜色，不过原理是一样的。——作者注

36. 指英国女王伊丽莎白二世（Queen Elizabeth II，1926— ，于 1953 年加冕）。她的丈夫菲利普亲王原是希腊和丹麦王子，后来放弃头衔，改从母姓蒙巴顿（Mountbatten）。——译者注

37. 鲁德亚德·吉卜林（Joseph Rudyard Kipling，1865—1936），英国作家和诗人，1907 年获诺贝尔文学奖。——译者注

38. 2003 年的一份针对 2 000 多名男性 Y 染色体的研究表明，在中亚约有 8% 的男性（约 1 600 万人）其 Y 染色体的最近共同祖先距今约 1 000 年，跟成吉思汗（1162—1227）的统治时期大致相符，而且这些男性样本包括了一个自称是成吉思汗直系后裔的巴基斯坦部族（属于哈扎拉族）成员。因此在新闻媒体中流传着一种说法称“全球有 1 600 万（或 1 700 万）人是成吉思汗的直系后代”，但这么说并不准确。——译者注

39. 令人非常难以理解的是，遗传学家竟然声称，和女性比起来，男性倾向于拥有更小的“有效种群规模”。——作者注

40. 为了极尽精确，有必要说明，尽管母系“夏娃”的存在是一种逻辑上的必然，但线粒体夏娃的概念却依赖于这样一条规则，即所有线粒体 DNA 都只来自母亲。对于某些物种来说，比如贻贝和松柏，这条规则是不成立的。甚至在哺乳动物中，包括人类，这条规则也时不时被破坏，但还没有达到让人忧心的程度。Y 染色体亚当的概念则取决于另一条规则，即 Y 染色体上的雄性特异性区域只来自父亲。同样，这条规则也不太可能是绝对正确的，因为 DNA 序列时不时会被基因组其他部分的序列覆盖，但这种罕见情形不至于影响本篇故事的结论。——作者注

41. 关于为什么要给“黑人”加上引号，请参见《蝗虫的故事》。——作者注

42. 指非洲大陆东北部伸入阿拉伯海的半岛地区，是非洲大陆的最东端。——译者注

43. 蒙戈人（Mungo Man）遗存是现今在澳大利亚发现的最古老的人类遗存，相关遗骨出土于澳大利亚蒙哥湖地区，距今约 4 万年，但这一年代有争议。——译者注

44. 音译。——译者注

45. 英国的一家公共电视台。——译者注

46. 瑞典遗传学家斯万特·帕博是整个古人类 DNA 研究领域的推动者。他的著作《尼安德特人：寻找失落的基因组》（*Neanderthal Man: In Search of Lost Genomes*）正是介绍本篇讲述的这个故事。——作者注

47. 这个缩写很有帮助，读作"snip"，全称是"Single Nucleotide Polymorphism"。——作者注

48. 这个领域似乎每个星期都有新发现。在写这段序的时候，研究者从一块 4 万年前的男子颌骨中提取了 DNA 并进行了同样的分析，结果显示，就在 4 代到 6 代之前，他的祖先刚和尼安德特人杂交过。不过，这次混血事件似乎最终走进了死胡同。——作者注

49. 正式读法分别是 de-NEE-sova（丹尼索瓦）和 de-NEE-sovans（丹尼索瓦人）。——作者注

50. 付巧妹是中国古人类学家，现任中国科学院古脊椎动物与古人类研究所古 DNA 实验室主任。她在德国攻读博士期间师从斯万特·帕博，从事古 DNA 研究。——译者注

51. "原始人类"（hominid）这个词非常有用，传统上它可以指任何一个位于人类家系上或由人类家系分支出去的物种，换句话说，任何物种只要它的亲缘关系比黑猩猩离我们还近，都可以被称为"原始人类"，这也是我们在此处所用的含义。但近来"古人类"（hominins）一词变得越来越流行，而"hominid"的适用范围变得更加广泛，将所有类人猿及其亲属也囊括进来。——作者注

52. 波利尼西亚人（Polynesians）是大洋洲一系列族群的总称，分布在北至夏威夷群岛，东南至复活节岛，西南至新西兰群岛的三角形区域。——译者注

53. 西印度群岛（West Indies）泛指位于南北美洲之间的连串岛群。哥伦布在巴哈马群岛登陆时误以为这里是印度，故此得名。——译者注

54. 不必说还有印度尼西亚“霍比特”（hobbit）矮人化石，学名 *Homo florensis*。他们是否直立人（*Homo erectus*）的一个变种仍然备受争议，因此我们不会再提到这个物种。——作者注

55. 艾滋病病毒，全称为“人类免疫缺陷病毒”（human immunodeficiency virus）。——译者注

56. 平克将英语“a language with a small number of vowels can remain quite expressive”（“一门元音稀缺的语言依然可以相当有表现力”）一句中的所有其他元音字母（a、i、o、u）都替换为单一元音字母 e，却不影响读者理解这句话的意思。——译者注

57. 研究人员对小鼠进行了遗传改造，使其携带“人类”版本的 *FOXP2* 蛋白而其他基因仍然是正常的“小鼠”版本。实验结果显示，这些“人源化”的小鼠当然并没有产生任何类似人类语言的东西，但它们的大脑发育确实受到了影响。它们的叫声变得显著不同，从某些方面来看变得更复杂了。从它们对特定种类迷宫的应对能力可以看出，它们在有意识学习和无意识学习之间的切换似乎变得更轻松了。——作者注。

58. 一个记者曾在这块两吨重的巨石边采访我，时间长达一个多小时，然后在他的报纸文章里把它描述为“一张白色熟铁桌”。这是我最喜欢的一个用于说明目击证据不可靠的例子。——作者注

59. 原文此处误为肯尼亚古猿（*Kenyapithecus*），距今 1 400 万年。——译者注

60. 用于定义“人属”的 750 毫升“卢比孔河”最初是由亚瑟·凯斯爵士（Sir Arthur Keith）选定的。理查德·利基在《人类的起源》（*The Origin of Humankind*）一书中讲过，路易斯·利基最初向世人介绍能人时，他的样本脑容量为 650 毫升。所以实际上利基挪动了“卢比孔河”的位置以迁就自己的标本。后来发现的能人标本给出的数字接近 800 毫升，反而为利基对能人的归类做了辩护。类似的情况还不限于大脑。再后来人们发现了一块古老得多的下颌骨，来自 280 万年前，被认为属于“最早的人类”，依据的是臼齿的相对尺寸，尽管下颌的其他特征更接近于南方古猿。在我的“反卢比孔”磨坊里，这些泾渭分明的界限全像谷物一样被磨得粉碎。——作者注

61. 即使得所有点跟直线的距离的平方和最小的那条直线。——作者注

62. 此处的原文有误。“For every doubling of the logarithm of area, the logarithm of volume is tripled. ”应译为“面积的对数值每翻一番，体积的对数值就增大为原先的三倍。”但这在数学上并不成立，应为作者笔误。——译者注

63. 同样的道理也适用于智商（IQ）。IQ 并不是对智力的绝对量度。实际上，你的 IQ 反映的是你的智力跟某个特定人群的平均值比起来高（或低）了多少，而这群人的平均值被标准化为 100。如果我的 IQ 是以我所属的牛津大学的背景人群作为标准的，就会低于以整个英格兰的背景人群作为标准的结果。所以有个笑话说的就是某个政客哀叹国家竟有一半人的 IQ 不足 100。——作者注

64. 最近对牙齿的分析表明，这具遗骨的主人当时 7 岁半，但相当于现代人的 10 岁到 13 岁，因为他们比我们发育得快。顺带一提，盛传伯杰于附近启星洞（Rising Star Cave）的另一次发掘将使得这个发现黯然失色。启星洞化石被公布时，本书刚要付梓。新发现的化石被命名为纳莱迪人（*Homo naledi*），这确实是一个令人激动的发现。尽管目前还不清楚其年代，但它具有某些非常原始的特征，使它有争议地成为现代人直系祖先的一个可能备选。——作者注

65. 截至 2015 年，新发现包括了一些下颌骨，分别属于两个不同物种，羚羊河南方古猿（*Australopithecus bahrelghazali*）和南方古猿近亲种（*Australopithecus deyiremeda*），还有一块未分类的足骨，以及一块有争议的头骨，被奇怪地归入另一个属，肯尼亚平脸人。——作者注

66. 阿瑟·伊格纳修斯·柯南·道尔爵士（Sir Arthur Ignatius Conan Doyle，1859—1930），英国作家、医生，塑造了闻名于世的侦探形象夏洛克·福尔摩斯。——译者注

67. 路易斯·巴斯德（Louis Pasteur，1822—1895），法国微生物学家、化学家，现代微生物学的奠基人之一，发明了预防接种方法，被誉为“微生物学之父”。——译者注

68. 在达尔文主义里，互惠利他（reciprocal altruism）是一个发展完备的理论，最初由罗伯特·特里弗斯（Robert Trivers）开创，后来经罗伯特·阿克西尔罗德（Robert Axelrod）和其他人建模完善。延时回报的交换互助真的有用。我

自己在《自私的基因》（尤其是第二版）中也对它有所介绍。——作者注

69. 指《非洲：一个大陆的传记》（*Africa: A Biography of the Continent*）一书。——译者注

70. 朱利安·赫胥黎爵士（Sir Julian Sorell Huxley，1887—1975），英国生物学家、作家，也是世界自然基金会的创始人之一。朱利安出自著名的赫胥黎家族，其祖父托马斯·赫胥黎（Thomas Henry Huxley，1825—1895）是达尔文的朋友和支持者，严复的《天演论》正是译自托马斯·赫胥黎的著作《进化论和伦理学》（*Evolution and Ethics*）。著名作家奥尔德斯·赫胥黎（Aldous Leonard Huxley，1894—1963）是朱利安的同胞弟弟，他的名作《美丽新世界》（*Brave New World*）和乔治·奥威尔的《一九八四》、叶夫根尼·扎米亚京的《我们》并称世界三大反乌托邦小说。生物学家安德鲁·赫胥黎爵士（Sir Andrew Fielding Huxley，1917—2012）是朱利安的同父异母弟弟，因对动作电位的研究获得了 1963 年诺贝尔生理学或医学奖。——译者注

71. 该书美国版的标题补齐了这句引自丁尼生（Tennyson）的诗句："夏去夏来天鹅死"（After many a summer dies the swan）。——作者注

72. 威廉·赫斯特（William Randolph Hearst，1863—1951），美国报业大亨，赫斯特国际集团创始人。——译者注

第 1 会合点

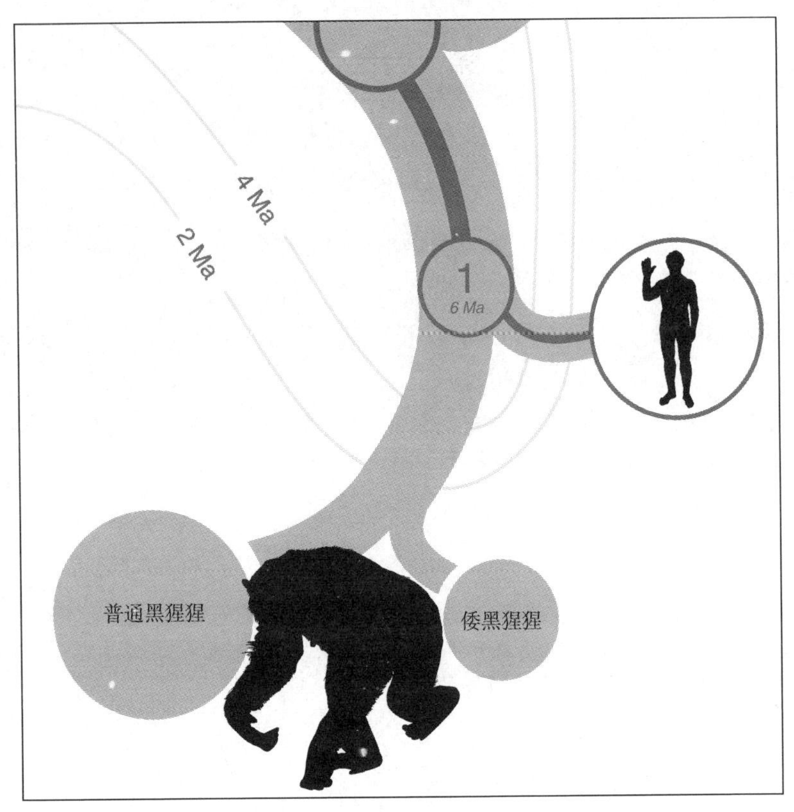

黑猩猩加入。地球上物种总数超过两百万种，为了将它们在同一棵进化树上全部表示出来，我们采用了詹姆斯·罗森德尔创立的分形表示方法［364］。本图显示的是我们所在区域的放大图，该分支包括了我们还有跟我们关系最近的亲属，即两种黑猩猩。从人类出发沿着分支上溯的黑线代表我们前往过去的朝圣路线。请注意，图中分支的长度、宽度以及每个物种所在圆圈的大小并没有特别的含义，其尺寸是根据图中可用的空间大小决定的。

图中年代单位是“百万年前”（Ma），以等值线表示。从图中可以看出，普通黑猩猩和倭黑猩猩的共祖据信生活在不到 200 万年前。而 1 号共祖，即人类和黑猩猩的最近共同祖先，大概生活在 600 万年前。这就是第 1 会合点的年代，在图中以带有数字和年代的圆圈标记。

图中各分支看似实心线，但最好把它们想象成一张巨大的系谱网，就像第 0 会合点那幅示意图一样。在这幅系谱图里，大多数基因的合并点都或多或少比物种的会合点更古老。这就导致基于某些基因得到的亲缘关系跟此处显示的不同，比如它们会认为人类跟普通黑猩猩而非倭黑猩猩关系更近。这是《倭黑猩猩的故事》的主题。

黑猩猩

在大约 700 万年到 500 万年前的非洲某地，我们人类朝圣者经历了一次重要的会面。这里是第 1 会合点，我们第一次遇见其他朝圣物种的地方。确切地说，是两个物种，因为我们在这里遇见的朝圣小队包括两种现存生物的代表：黑猩猩和侏儒黑猩猩（pygmy chimpanzee），后者也叫倭黑猩猩（bonobo）。在跟我们会合之前，这些朝圣者已经彼此相遇，它们相遇的时间距今约 200 万年，比跟我们相遇的时间晚近得多。我们的共同祖先即 1 号共祖，是我们在 25 万代以前的远祖，当然这只是一个大概的估计，就像我将为其他共祖做的估计一样。

在我们走向第 1 会合点的时候，黑猩猩朝圣者们正从另一个方向接近同一地点。不幸的是，我们对另一个方向所知甚少。尽管从非洲出土了数千枚原始人类化石或化石碎片，但确定属于黑猩猩家系且晚于 1 号共祖的化石只有几颗来自肯尼亚的牙齿。这也许是因为黑猩猩是森林动物，而森林里的落叶层对于化石来说不算友好。不管原因是什么，这意味着黑猩猩的朝圣之旅相当迷茫，我们至今尚未发现跟图尔卡纳男孩、1470 号、普莱斯夫人、露西、小脚丫、亲爱的男孩等人类化石同时代的黑猩猩化石。

不管怎样，在我们的幻想世界里，黑猩猩朝圣者们和人类在中新世（Miocene）的森林空地上相遇。它们深褐色的眼睛，连同我们颜色各异的眼睛，一同凝视着 1 号共祖：那既是它们的祖先，也是我们的祖先。在试图想象 1 号共祖模样的时候，一个关键的问题是，它到底更像现代黑猩猩还是更像现代人？是介于两者之间，还是完全不同？

尽管这些猜测让人愉悦，而我也不想排除任何一种可能性，但谨慎的答案是，1 号共祖可能更像黑猩猩，哪怕背后的理由只是黑猩猩比我们更像其他猿类。不管是活着的生物还是化石，人类都是猿类中的异类。我想说的是，自人和黑猩猩的共同祖先以来，人类家系比黑猩猩家系发生了更多可见的变化。但我们不能像很多普通人做的那样，假定我们的祖先就是黑猩猩，或者在各个方面都像黑猩猩。所谓“缺失的一环”这种说法我们提示着这种误解的存在。你仍然会听到人们说这样的话：“好吧，如果我们是黑猩猩进化而来的，那为什么现在还有黑猩猩呢？”

所以，当我们和黑猩猩 / 倭黑猩猩朝圣者在会合点相遇，在那片中新世的林间空地上遇见我们共同的祖先，它很可能毛茸茸的就像黑猩猩一样，而且大脑的尺寸也跟黑猩猩相当。虽然不情愿，我们还是把前一章末尾那几种猜测放在一边，假定它四足行走，尽管未必跟今天黑猩猩的行动方式一模一样。它很可能既在树上生活，也在地面上花不少时间，也许就像乔纳森 · 金登所说的那样以蹲姿觅食。所有现有的证据都表明，它只在非洲生活。它很可能会按照当地的传统使用和制造工具，就像现代黑猩猩仍然在做的那样。它很可能是杂食性的，虽然有时候也会捕猎，但它更喜欢水果。

虽然有人见过倭黑猩猩杀死小羚羊（duiker），但更为常见的是普通黑猩猩的捕猎行为，包括针对疣猴（colobus monkey）的高度协调的集体追踪行动。但对于这两个物种来说，肉食只是水果的补充，后者才是它们的主食。珍·古道尔[1]最先发现了黑猩猩的捕猎行为和族群间的战争，也正是她最先报道黑猩猩会用自制的工具钓白蚁，如今它们这个习惯已经举世闻名。目前还没发现倭黑猩猩有类似的行为，但这也许是因为目前对它们的研究相对较少。非洲不同地区的普通黑猩猩发展出了当地特色的工具使用传统。珍·古道尔研究的那些会钓白蚁的动物位于非洲东部，而位于西部的其他群体发展出了不同的地区传统技能，它们会用石块、木槌或者砧骨砸开坚果。这是一项需要技巧的工作。你得足够用力才能砸开果壳，又不能用力过度把果肉砸得稀烂。

顺带一提，虽然黑猩猩砸坚果常常被当作一个激动人心的新发现，但达尔文出版于1871年的《人类起源》（*The Descent of Man*）的第三章写道：

> 人们常说没有动物使用任何工具，但在自然环境下的黑猩猩会用石块砸开当地一种有点像核桃的坚果。

达尔文引用的证据简略而笼统，出自1843年《波士顿自然历史杂志》（*Boston Journal of Natural History*）登载的一名利比亚传教士的报道，文中只说“黑色类人猿，或非洲黑色大猩猩”喜欢某种不明坚果，并且“会用石头砸开它们，动作跟人一模一样”。

关于黑猩猩这种砸坚果、钓白蚁以及其他类似的习惯，特别有趣的一点在于特定地方的群体有着在当地代代流传的特定习俗。这是名副其实的文化。这种地域文化还包括了社会习惯和行为。比如，位于坦桑尼亚马哈勒山（Mahale Mountains）的一个群体有一种特别的社会性梳毛行为，被称为“握手梳毛”（grooming hand clasp）。在乌干达基巴莱森林（Kibale forest），另一个黑猩猩群体也表现出同样的仪式。但珍·古道尔在贡贝溪（Gombe Stream）做过大量研究的那个种群却从来没有这样的行为。有趣的是，在一群圈养的黑猩猩中也自发地出现了这个姿势并且传播开来。

在野外情况下，如果两种现代黑猩猩都像我们一样会使用工具，那就鼓励我们猜测1号共祖很可能也会这么做。我想很可能事实的确如此。尽管尚未发现倭黑猩猩在野外环境下使用工具，但在圈养条件下它们把工具用得很熟练。不同地区的黑猩猩使用不同的工具这一事实也提醒着我们，如果某个特定地区缺乏这样的传统，不应该把它作为反面的证据。毕竟，珍·古道尔在贡贝溪从来没见过黑猩猩砸坚果。如果把西非砸坚果的传统介绍给它们，很可能它们也会这么干。我怀疑倭黑猩猩也是同样的情况。也许只是因为在野外对它们的研究还不够充分。不管怎样，我觉得这些迹象足以表明，1号共祖会制造和使用工具。事实上，野生猩猩同样使用工具，而且不同地区的种群有不同的习惯，这意味着地区传统的存在，也进一步增加了我们对1号共祖制造和使用工具的信心。而且，正如珍·古道尔还有其他人报道的那样，对工具的使用广泛存在于哺乳动物和鸟类中间。

黑猩猩家系在今天的两个代表都属于森林猿类（forest apes），而我们则属于大草原猿类（savannah apes），更像狒狒，只不过狒狒属于猴子而不是猿。如今倭黑猩猩的分布范围局限于刚果河（River Congo）大拐弯以南和刚果河支流开赛河（Kasai River）以北的区域，而黑猩猩的活动范围好像一条宽得多的带子，位于刚果河之北，西至大西洋，东至东非大裂谷（Rift Valley），横穿整个大陆。

我们将在《丽鱼的故事》里看到，当前达尔文主义的正统理论认为，一个祖先物种分裂成两个子物种，最初通常有一个偶然的隔离，而且经常是地理隔离。如果没有地理屏障，两个基因库之间的生殖混合就会使它们融为一体。在几百万年前，很可能是刚果河充当了这种阻碍基因流（gene flow）的屏障，协助两种黑猩猩物种在进化上发生分化。

其他类人猿家系也同样因为地理隔离而各自分成两个物种：西部大猩猩（western gorilla）和东部大猩猩（eastern gorilla），以及婆罗洲猩猩（Bornean orang utan）和苏门答腊猩猩（Sumatran orang utan）。这也许会让我们怀疑是不是存在过某种地理隔离，使得后来发展成人类的种群跟后来发展成黑猩猩的种群分开。一个备选是东非大裂谷的出现及其导致的东西气候差异。不过最近的发现使这个想法显得过时了。发现于肯尼亚的 50 万年前的黑猩猩牙齿说明，跟我们以前想的不一样，黑猩猩不是一个纯粹的西非物种，而早期原始人类也不单单分布在东非："托迈"的头骨来自乍得，在大裂谷以西数千千米外。更年轻但也更不为人知的羚羊河南方古猿也是如此。

不管是由于东非大裂谷还是由于其他某种地质隔离的出现，总之猿类的某个祖先种群必定曾经一分为二，留下人类在一边，黑猩猩（包括倭黑猩猩）在另一边作为这次分裂的见证，而我们的基因组里遍布着这次分裂的痕迹，接下来的两个故事将展现其中的细节。

《黑猩猩的故事》序

我们为黑猩猩着迷，是因为它们跟我们很像。《黑猩猩的故事》将比较人类和黑猩猩的基因组，而这会帮助我们确定第 1 会合点的年代。而在此之前，我们有必要先解决两个问题，因为在进行这种基因组比较时常常会遇到这两个问题。

最常遇到的那个问题听起来很简单：黑猩猩的基因组跟我们有多少差异？这个问题相当棘手，主要在于很难对问题进行定义。也许可以用同一本书的两个版本来做一个合理的类比。书籍的编辑工作既会涉及句子的删减和词语的替换，也会包括各种复制–粘贴，比如挪动一段话甚至一整章的位置。这就使得我们很难用一个确切的数值评估两个最终版本的差异。跟书籍的编辑类似，在进化过程中会有大段的 DNA 在基因组内移动。比如，无可争议的证据表明，我们的 2 号染色体是由两条类人猿染色体粘接而成的，这也就解释了为什么人类有 23 对染色体，而其他类人猿都有 24 对染色体。很难说这算是一个非常大的变化，还是只是一个小突变，毕竟所有原先的基因都得到了保留。

小段 DNA 会被复制或删除，而据估计，这种得失位（插入或缺失差异）的数量大约有 500 万个，大概占基因组的 3%。但若是据此声称人类和黑猩猩基因组有 3% 的差异，却是误导性的，因为毕竟在某种意义上，一段重复的片段根本算不上什么差异。假如这本书里有一页重复的内容（比如说这页有 400 字），那它跟原书之间的差异应该算是 400 个还是一个？让我们把这种语义问题丢在一边，只看人类和黑猩猩匹配的 DNA 片段中单个字母的小差异。跟插入或缺失差异比起来，这种“单核苷酸变化”（single nucleotide change）要多得多，大约有 3 500 万个，但它们在基因组中占的比例更小，只有 1% 多一点。在这个非常局限的意义上，我们也许可以说，黑猩猩和人有大约 98% 到 99% 的相似性。但是请记住，这个数字不光去除了得失位，而且还不包含那些在人类和黑猩猩之间差异极大，以致完全无法匹配的序列。在基因密度较低的区域，特别是Y染色体上，这样的序列很常见。

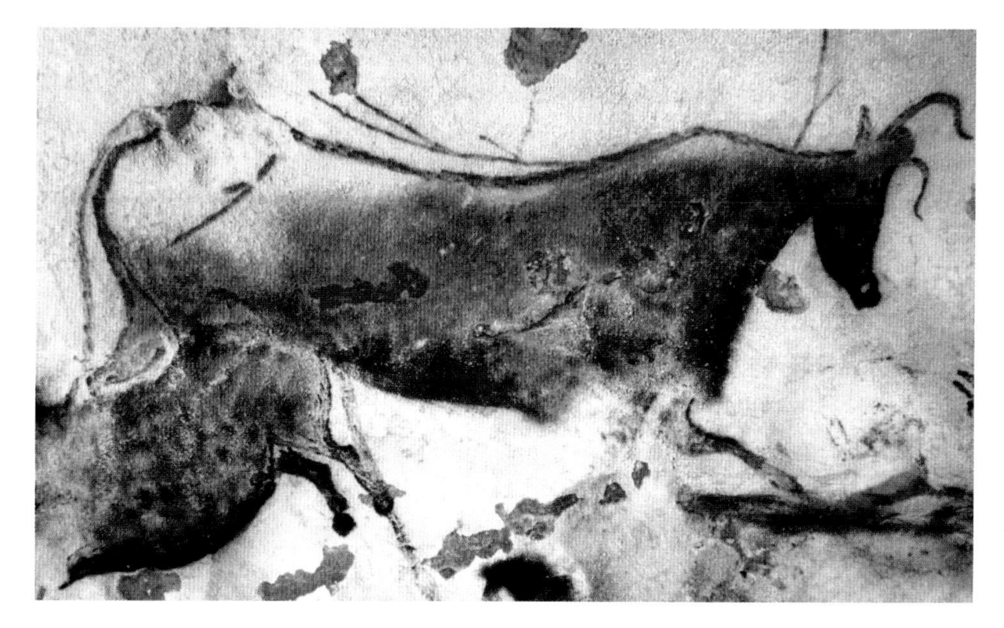

1. 发生了一件非常特别的事……

这幅公牛图出自法国多尔多涅省的拉斯科洞窟。这些被发现于1940年的岩画有超过16 000年的历史，它们展现出创作者对动物形体和运动的深刻理解，以及一种良好的艺术感觉。目前并不清楚这些图画的创作目的。

2. 他们牵着手吗？

这些距今360万年的人类祖先足迹位于坦桑尼亚的拉托里，由玛丽·利基于1978年发现。这些脚印印在火山灰上，后来变成了化石，它们一直向前延伸了大概70米，很可能是由南方古猿阿法种留下的。

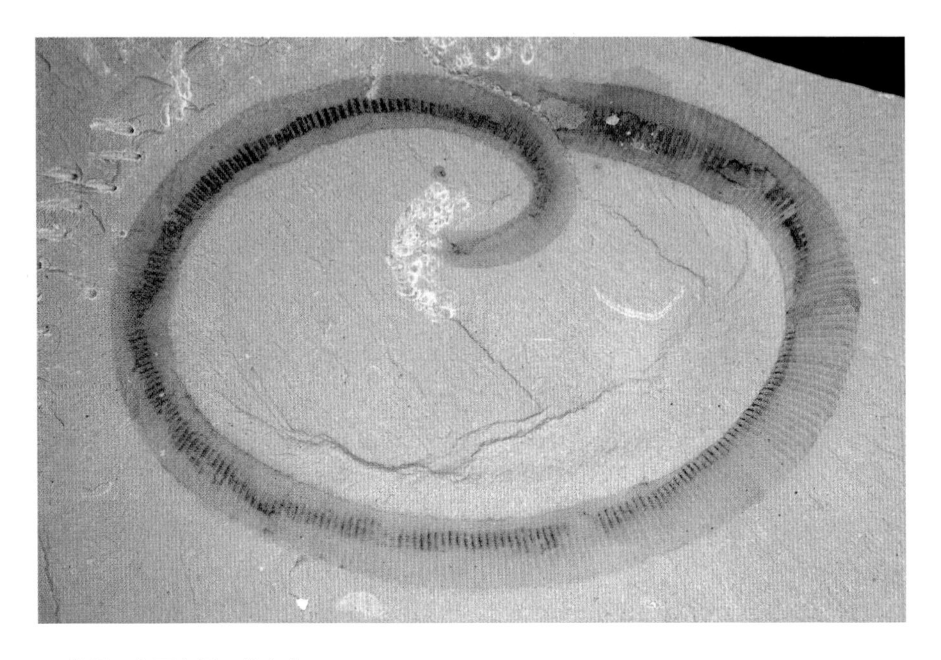

3. 能留下化石真是一件幸事！

来自澄江化石群的一种蠕虫（*Palaeoscolex sinensis*）的化石，细致地呈现了其柔软躯体的结构细节。澄江化石群可以追溯到早寒武世，距今大约 5.25 亿年。

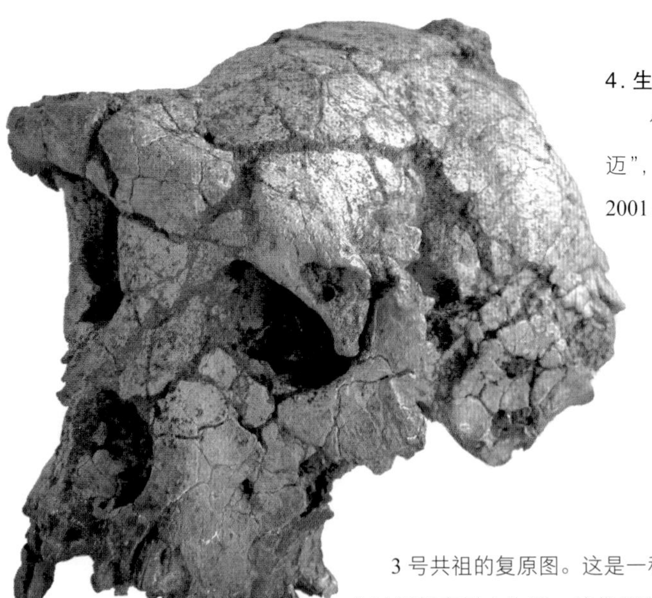

4. 生命的希望

乍得沙赫人头骨，昵称“托迈”，由米歇尔·布吕内和同事在 2001 年发现于乍得的萨赫尔地区。

5. 3 号共祖

3 号共祖的复原图。这是一种大型四足猿，它可能大部分时间都在树上生活。就像所有大型猿一样，它应该具有相当的智力。

7. 如果火星人来到马达加斯加，他会觉得自己像是回到家乡了吗?

马达加斯加岛穆龙达瓦市的面包树大道。这种面包树（*Adansonia grandidieri*）是马达加斯加特有的 6 种面包树之一。

6. 8 号共祖

8 号共祖是一种体形与猫相似的夜行灵长类动物，很可能也在白天活动。它应该是凭借朝前的眼睛和善于抓握的手脚在树枝上觅食的。

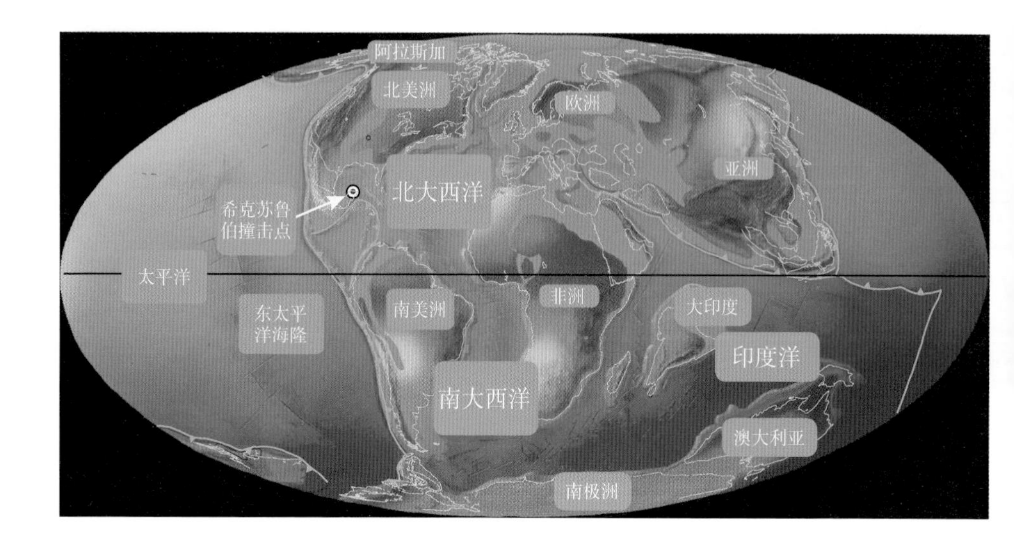

8. 白垩纪–古近纪大灭绝时期的地球，显示了希克苏鲁伯陨石坑的位置 [378]。在白垩纪末期，劳亚古陆和冈瓦纳古陆分裂成的大陆大致近似今天各大洲的形状，只不过欧洲仍然是一座大岛，而印度还在前往亚洲的路上。当时的气候温暖和顺，包括两极地区也是如此。实际上整个中生代都是这样，部分原因在于当时的暖流分布。

9. 在“延伸的表型”里游泳

欧洲河狸（*Castor fiber*）。

10. 令人惊奇的“鲸”

在自然环境中怡然自得的河马（*Hippopotamus amphibius*）。现今在非洲还生活着倭河马（*Hexaprotodon liberiensis*）。化石证据表明，在马达加斯加也许曾有 3 种河马一直存活到全新世。

11. 尺寸至关重要

雌性南象海豹（左）和雄性南象海豹（右）。

12.（左）

13.（下）13 号共祖

本书第一版中的复原图（左图）展现的是一种鼩鼱大小的夜行性生物，攀爬在低处的树枝上捕捉昆虫为食。它具有胎盘类哺乳动物的典型特征。请注意图片背景中的被子植物，它们是最晚进化诞生的主要植物类群。下图是 2013 年更新的复原图。

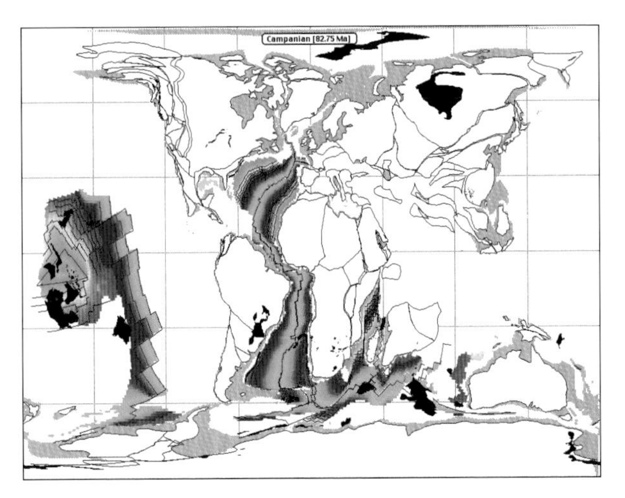

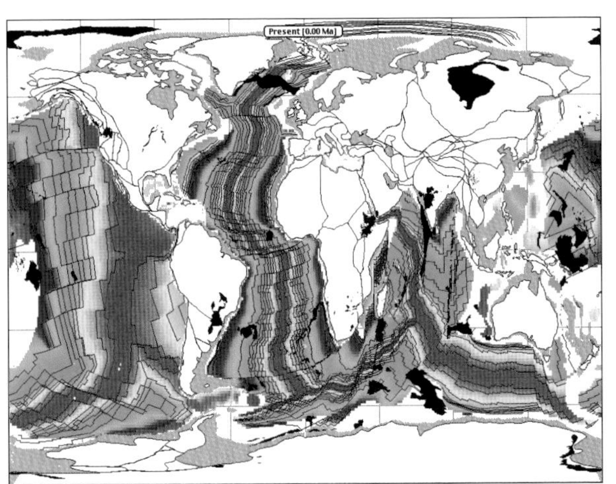

14. 这两幅地图展现了海底岩石的年龄，依据的是岩石剩磁。上方地图显示的是 6 800 万年前的地球，下方地图则是今天的地球。图中的伪彩色条带表明，随着新海底的形成，白垩纪时期的海底岩石被推向大洋两侧，从而使大西洋加宽。同样的运动也发生在太平洋和印度洋。

15. 自然实验

有袋类（左列）和它们的胎盘哺乳类“对应种”。自上而下：袋狼（*Thylacinus cynocephalus*）和灰狼（*Canis lupus*）；纹袋貂（*Dactylopsila trivirgata*）和臭鼬（*Conepatus humboldtii*）；袋鼹（*Notoryctes typhlops*）和金毛鼹（*Eremitalpa granti*）；蜜袋鼯（*Petaurus breviceps*）和鼯鼠（*Glaucomys sabrinus*）。

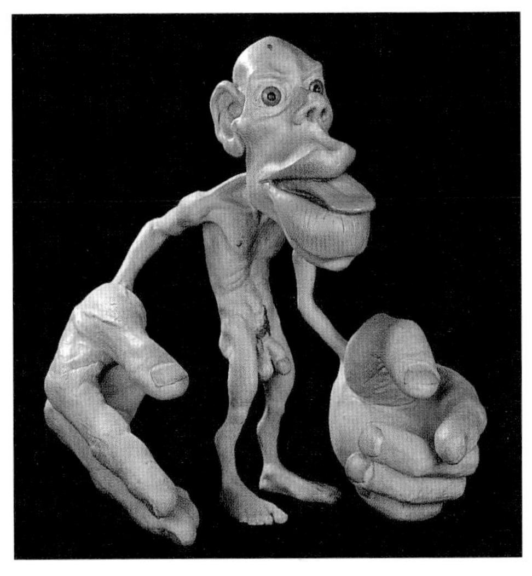

16. 人脑对手的重视

彭菲尔德的“矮人”：按照人类身体各部位的感知觉所占据的大脑皮层区域的大小重新分配躯体的比例。

17. 同样天才的技巧？

匙吻鲟。

18. 感受过去时光的指纹

一只熔岩蜥蜴在岩石上晒太阳，而这些岩石是在火山喷发后数秒内形成的。

19.16号共祖

这是一种形似蜥蜴的生物，行走的时候四肢外展。这幅复原图的背景是干旱的石炭纪地貌。请注意前景中的那一窝属于羊膜动物的卵。

20.17 号共祖

这位共祖很像火蜥蜴，但其前后足可能都有五根足趾。就像大多数现代两栖类那样，它很可能生活在潮湿的地方或者附近。背景是石松、木贼和树蕨，这些正是早石炭世沼泽森林中的典型植物。

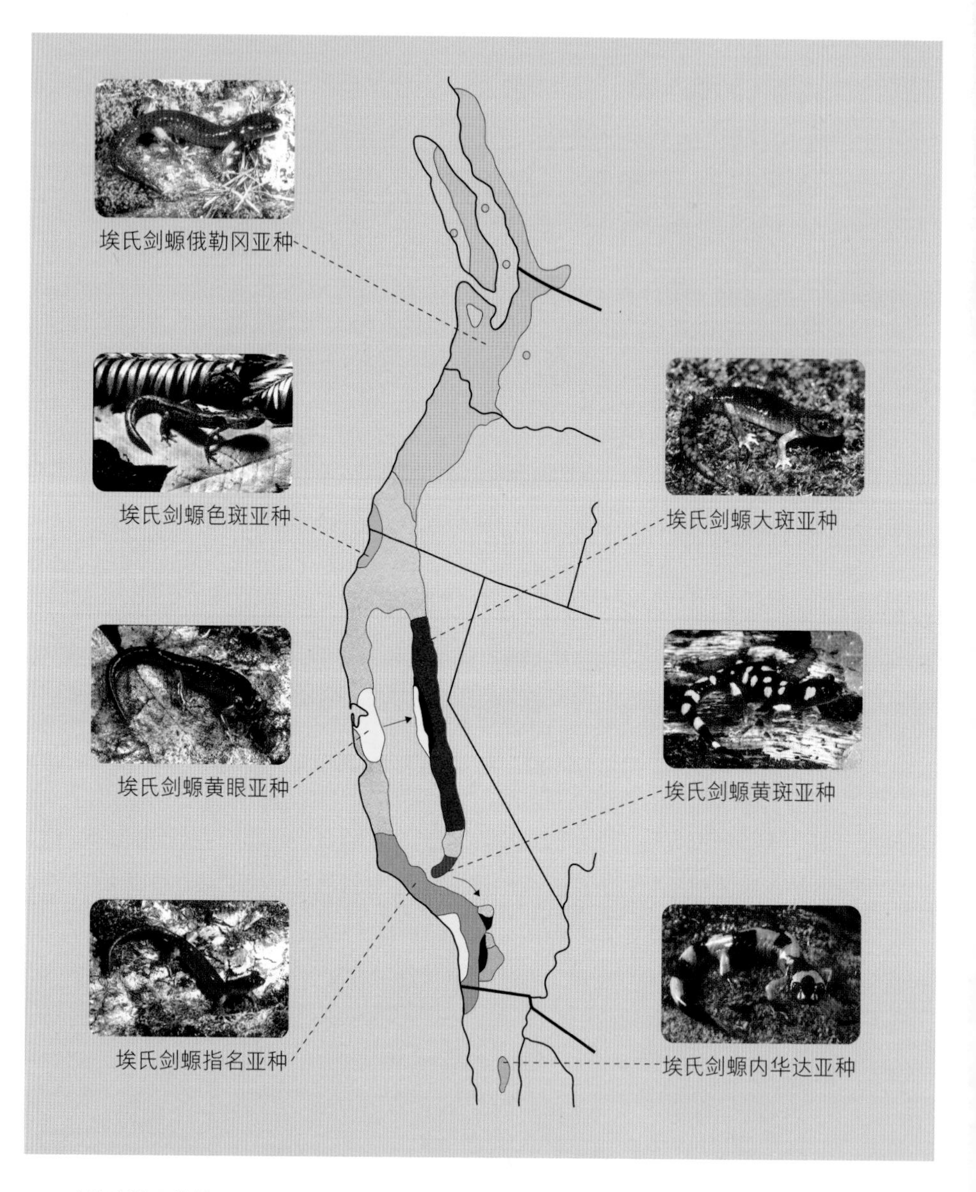

21. 对非连续思维的一记重击

加利福尼亚中央谷地周围的剑螈种群。圆点区域表示过渡地带。本图改自 Stebbins（2003）。

22. 18 号共祖

如复原图所示，陆地脊椎动物由肉鳍鱼进化而来。除了背鳍和不对称的尾鳍，它所有的鳍上都有明显的肉叶，也因而得名。

23. 它们“理应”再年轻 2 亿年

距今 3.9 亿年的扎海尔米行迹是迄今发现的最古老的四足动物脚印化石。据信这些足迹是在一个浅浅的潟湖底留下的。目前仍不清楚这些足迹是什么动物留下的，但它显然具有足趾，最左侧的脚印清楚地证明了这一点。

24.“哪怕看到恐龙在街上散步也不过如此”

矛尾鱼，腔棘鱼的一种。摄于印度洋上科摩罗群岛海岸附近。

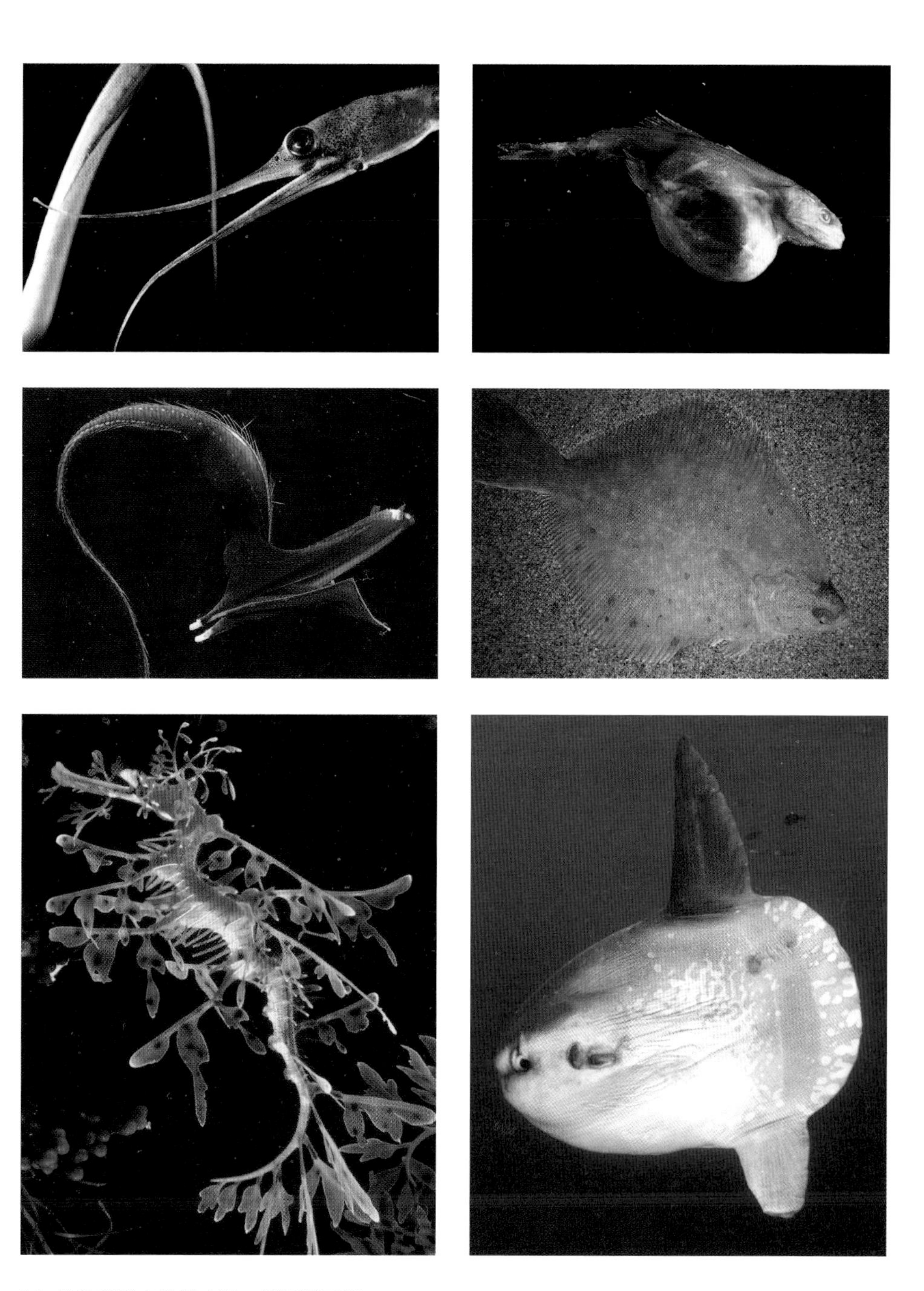

25. 动物的形态像橡皮泥一样灵活可塑

硬骨鱼的各种形态。顺时针左上方起：喙吻鳗；进食后的黑叉齿鱼；鲽鱼；翻车鱼；叶海龙；宽咽鱼。

26. 一个特别利落的实验

颜色发红的尼雷尔朴丽鱼（左图）和颜色发蓝的嗜虫朴丽鱼（下图）。用单色光使它们的颜色显得黯淡后，它们便可以成功杂交。

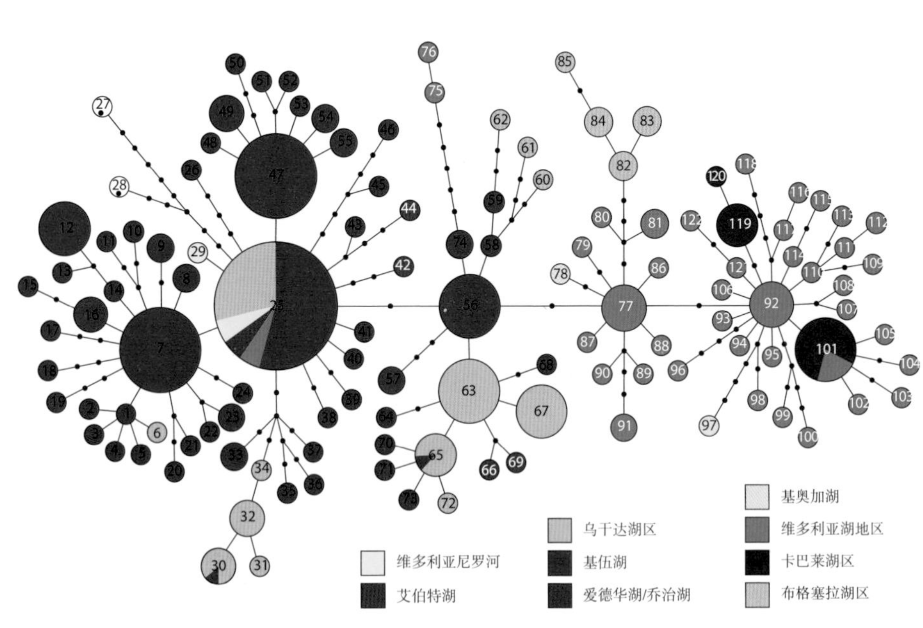

27. 每个圆表示一个基因

丽鱼的无根单倍型网络，引自 Verheyen et al.[295]

28. 这是疯狂的艺术家设计的吧？

无沟双髻鲨（*Sphyrna mokarran*）和小齿锯鳐（*Pristis microdon*）。

29. 幽灵般的外形

米氏叶吻银鲛（*Callorhynchus milii*）有着标志性的大脑袋和看似不协调的硕大胸鳍。

30. 就像副教授拿到了永久教职?

成年的蓝海鞘（*Rhopalaea crassa*）。

31. 一个“火星物种”。其奇异之处向我们展示了我们所不是的样子，让我们更清楚地认识了我们自己

一只红色网瘤海星（*Oreaster reticulatus*）。它为五重轴对称提供了一个美丽的例子。

32.23号共祖

这位共祖据信拥有脊索（一个坚硬的软骨棒），从它原始的大脑一直延伸到尾部，贯穿整个躯干。就像现代的文昌鱼一样，它应该具有厚厚的肌节（V形的肌肉块），而且应该也利用鳃过滤食物。

33. 26 号共祖

这位共祖形如蠕虫，这里显示它生活在海底。它的身体由连续的重复单元构成，身体一端是头部，有一个贯穿身体的消化系统。头上应该有一个作为口部的开口，周围可能有一些辅助进食的附属结构。它可能还有眼睛。

34. 被工蚁带回巢穴的树叶好似一条宽阔的、沙沙作响的绿色河流

切叶蚁带着切下来的叶片返回蚁穴。请注意叶片上搭便车的最小的工蚁。

35. 难道火星人不会把他们分成 1 ∶ 3 的两组吗?

从左到右:康多利萨 · 赖斯(Condoleeza Rice)、科林 · 鲍威尔、乔治 · W. 布什(George W. Bush)、唐纳德 · 拉姆斯菲尔德(Donald Rumsfeld)。

36. 细胞“以为”自己属于另一个体节

同源异形突变果蝇。

37. 进化的奇葩

一种发现于南极的蛭形轮虫（*Philodina gregaria*）的光镜照片。

38. 天鹅绒虫

现代有爪动物，一种南栉蚕。

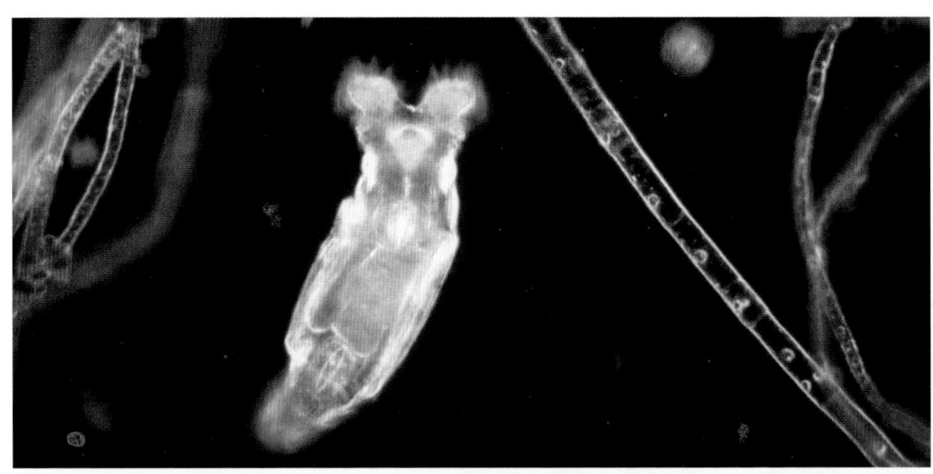

39. 我们如何看待这个？

一种狄更逊水母（Dickinsonia costata），属于埃迪卡拉动物群。

40. 乘风远航

蓝色的银币水母中央可以充气，四周由触手环绕。和它的近亲帆水母一样，银币水母现在被认为是一种高度改良的水螅体，而非一个群落。

41. 水母舰队

西太平洋帕劳群岛，硝水母聚集在水面上。

42. 没有多少动物可以声称自己重绘了世界地图

大堡礁上的赫伦岛。

43. 海底理发店里的信用

在红海里，裂唇鱼正在一条玫瑰副绯鲤（*Parupeneus rubescens*）身上工作。

44. 美化世上的海洋

一只栉水母，其长而黏的触手伸向左方，超出了画面。彩虹色来自它身体上起推进作用的“毛梳”对光线的衍射。

45. 让女神自惭形秽

爱神带水母。

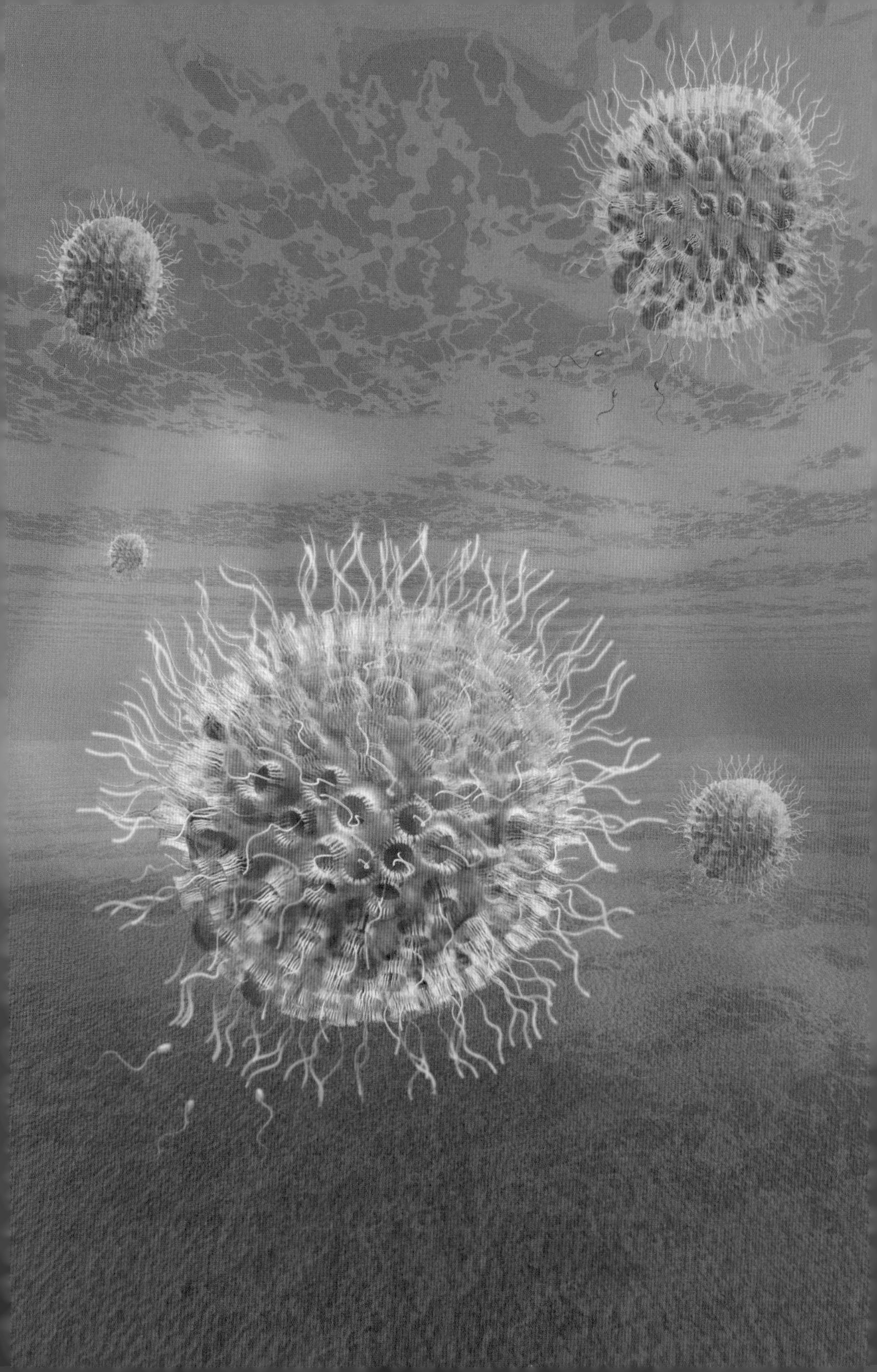

46. 31 号共祖

据信 31 号共组就是一团朝外的领细胞（参见《海绵的故事》），舞动着毛发一样的纤毛来收集细菌。这些多细胞动物进行有性生殖，在这幅复原图中可以看到在细胞群落深处自由游动的精子和卵细胞。

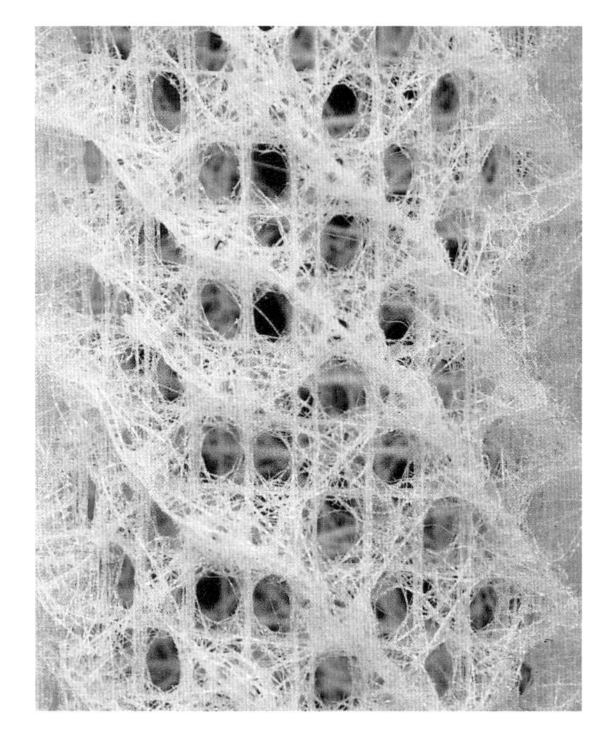

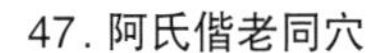

47. 阿氏偕老同穴

玻璃海绵阿氏偕老同穴（*Euplectella aspergillum*）骨针的细节。

48. 蘑菇的狂欢

白鬼笔，这是一种担子菌。

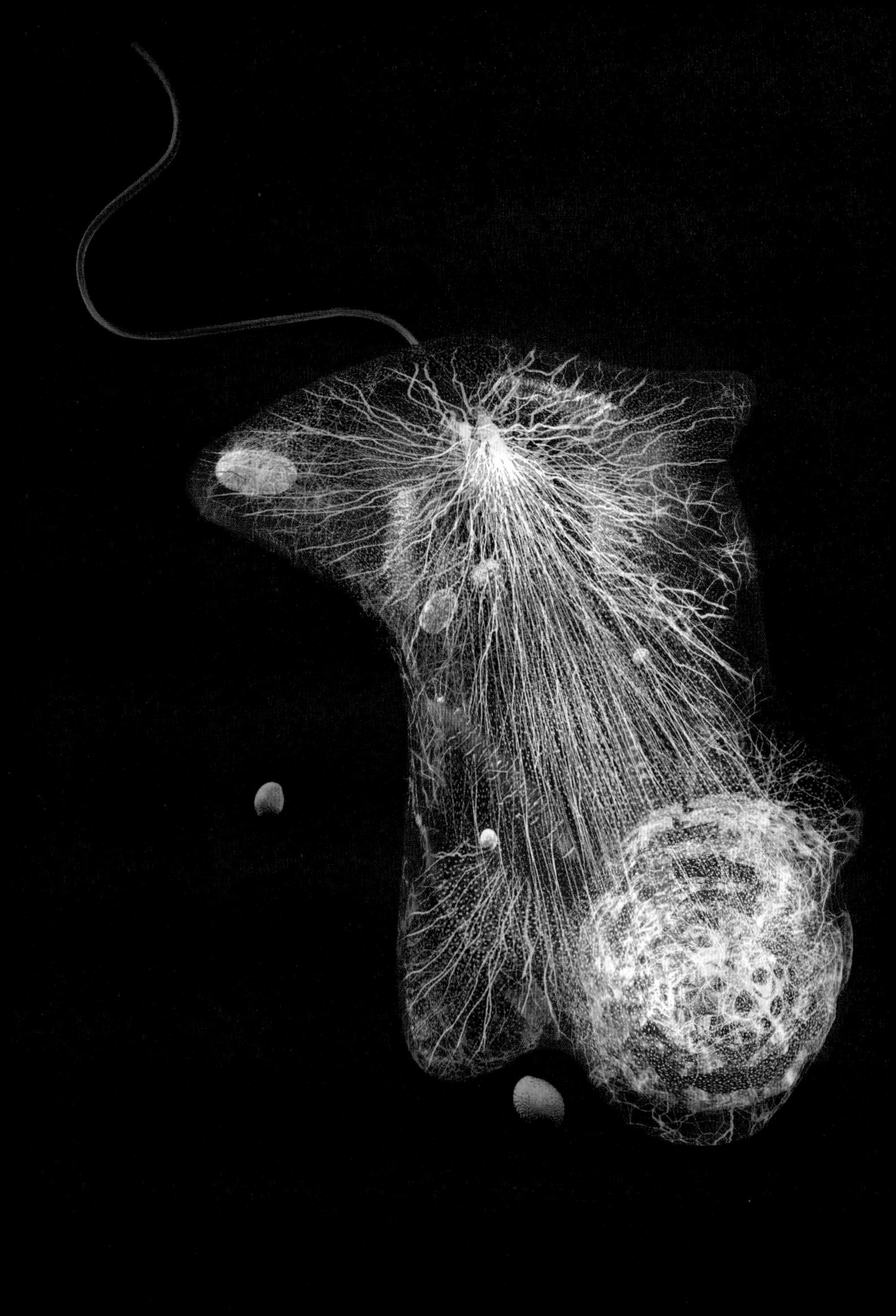

49. 38 号共祖

这是一种真核单细胞生物，细胞核位于右侧底部，周围是内质网片层。细胞结构通过一种细胞骨架（图中的白色线条）来维持。这位共祖很可能既可以利用鞭子一样的鞭毛游动，也可以伸出伪足来移动。

50. 如果你曾见过一棵……

巨杉，位于美国加州红杉国家公园。

51. 把自己打成结

转运 RNA 的电脑图像，通过自配对形成一个小型双螺旋结构。

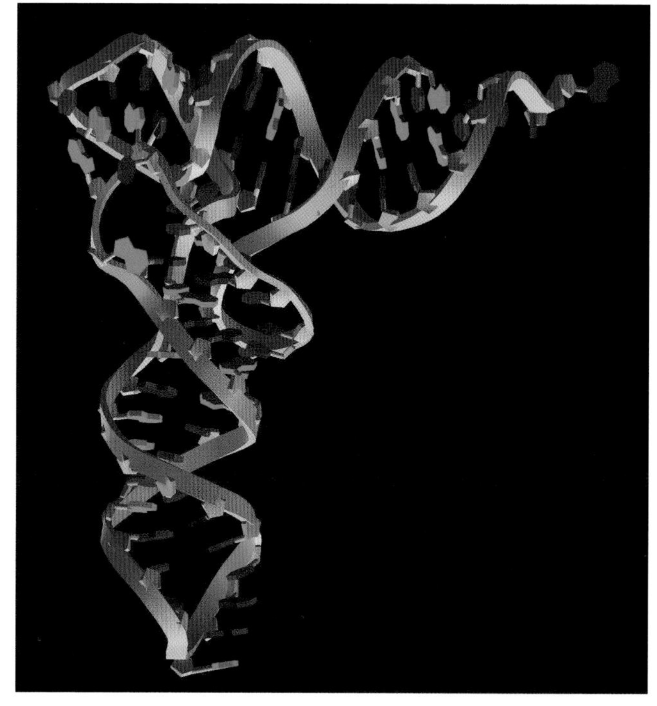

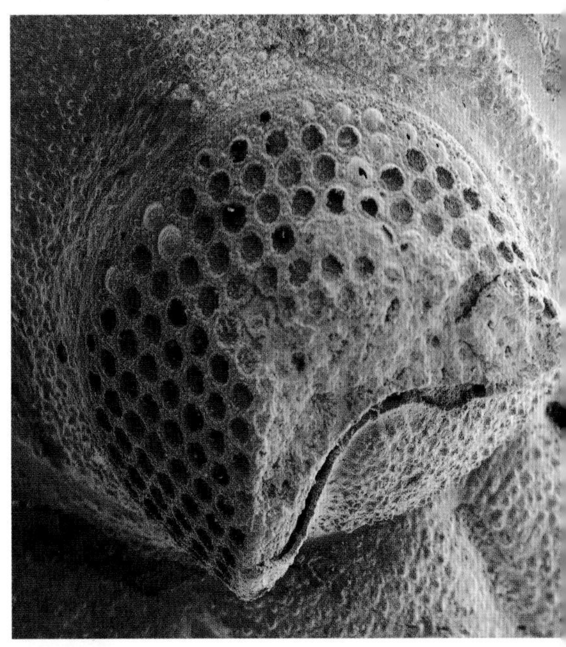

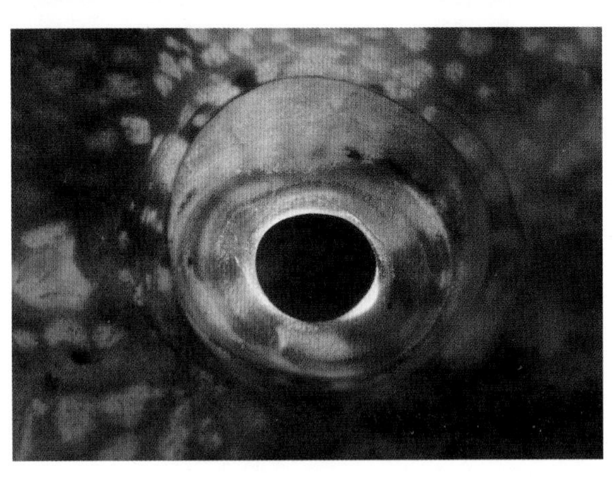

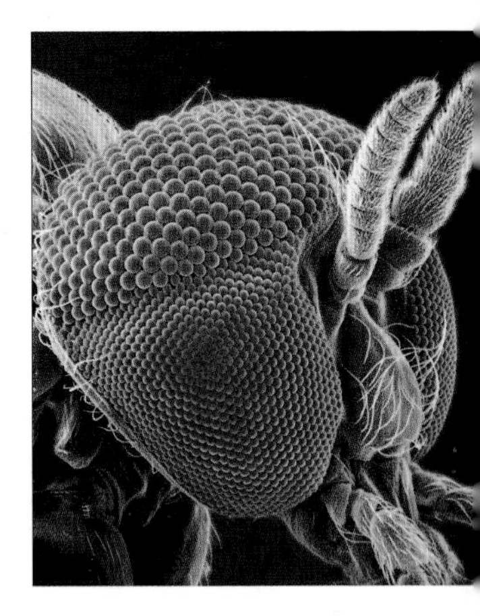

52. 几乎不顾一切地想要进化出眼睛

一些眼睛的例子。顺时针从左上角起：珍珠鹦鹉螺（针孔型眼）；三叶虫化石（镜眼虫，拥有由方解石镜片构成的复眼，图中复眼上部仍有一些镜片保留在原位）；蚋（复眼）；绿鹦鲷（鱼眼）；大雕鸮（角膜眼）。

另一个常见的问题是这些遗传差异所在的位置。这再次涉及标准问题，因为我们的 DNA 里有大约一半是寄生的“垃圾”，而剩下的部分里又有很大部分很可能从未被使用过。传统意义上的基因，即编码蛋白质的 DNA 序列，只占了人类（以及黑猩猩）DNA 的 1%~2%。也许另有 8% 的 DNA 以其他方式发挥作用，其中有些用于调控基因表达的开启或关闭，另一些有着目前仍然未知的功能。换句话说，我们的 DNA 中只有大约 10% 的序列有着活跃的功能。在进化的时间尺度上，这些区域发生的变化非常小，反而是基因组剩下的 90% 才是我们跟黑猩猩的主要差异所在，因为在这里可以发生任何突变，而不会有太大影响。对于自然选择来说，这里累积的变化是不可见的。

一个更为深刻的问题是，人类和黑猩猩之间那些“有意义”的遗传差异位于何处，即哪些差异造成了我们截然不同的外形和行为。这也是一个棘手的问题。要回答这个问题，必须先弄清楚我们的各种 DNA 序列实际发挥的功能，而这是未来的生物学家们的一个主要任务，甚至可能是他们最主要的任务。初步研究表明，许多重要的差异并不怎么影响编码蛋白质的基因，反而影响了负责启动和关闭基因表达的 DNA 序列。《小鼠的故事》关注的正是这个有趣的问题。在下面这个《黑猩猩的故事》里，我们感兴趣的不是少数重要突变，而是大量虽然没有功能却可以随时间自由累积的突变。正是这些突变使得我们可以确定当前会合点的年代。

黑猩猩的故事

“突变”一词会让人们联想起一些怪异生物的图像，也许出自某些肆无忌惮的实验，也许是作为某个放射性灾难的结果大批涌现，但真相多少有些不同。我们每个人都是突变体。我们从父母那里继承的 DNA 包含了一些新的变化，而当他们从他们的父母那里继承这些 DNA 的时候是没有这些变化的，这些新变化就是突变。幸亏有这些突变提供原材料，而后经过自然选择成千上万年的雕琢，才生成了旅途中这些朝圣者的身体。我们每个人继承了多少新突变？这正是《黑猩猩的故事》所讲述的主题。我们对它有特别的兴趣，因为我们要用这个“突变率”（mutation rate）来校准人类进化的时间尺度。

突变有许多种，也各有不同的突变率。在这个故事里，我们只关心单字母突变，这类突变大都来自 DNA 复制过程中的错误。平均而言，每复制多少个 DNA 字母会出现一个未被纠正的错别字？我们没有确切的答案，但是生物化学的研究观察可以告诉我们它的范围，大概每复制 10 亿到 1 000 亿个字母会出现一个错误。问题在于这个错误率是变动的，而且这样小的一个数值实际上很难准确测量，因为这要求我们考察海量的复制事件。

我们还有别的选择。一个可能的办法是，只关注一小段 DNA 经历几千万次复制之后积累的变化情况。当我们比对人类和黑猩猩的同一个基因时，这正是我们间接在做的事。另一个可能的办法是，我们可以关注同一个基因在几千万个个体中的差异，比如有一份研究统计了美国所有新出现的血友病突变。最后，利用现代 DNA 测序技术，我们可以对一个孩子基因组中的 60 亿个 DNA 字母进行测序，把它跟孩子父母的 DNA 序列进行比较，从而直接统计出我们传递给后代的突变数目。这种直接的方法正在动摇原先测定的年代，使人类进化史上一些节点的年头加倍。要理解这一点需要明白一些背后的细节。

在进入分子时代之前，化石证据使人们把黑猩猩祖先和人类祖先的分歧点定在超过 1 500 万年之前。1967 年，来自伯克利的文森特·萨里奇（Vincent Sarich）和艾伦·威尔逊（Allan Wilson）发表了一篇如今非常著名的论文来挑战这一年代，声称分子层面的相似性支持更近的年代，即 500 万年前。萨里奇和威尔逊当时并不能直接测序解读 DNA，他们甚至没有使用基因编码的蛋白质序列，而是采用了一种间接指标，即抗体识别特定蛋白的反应强度，他们用的是血液中的白蛋白。任何拥有免疫系统的动物都可以用于这样的研究，他们选的是家兔。这是一个巧妙的技术。先给家兔注射比方说人类的白蛋白，然后收集它们体内的抗体。这些抗人蛋白的抗体当然会跟人的白蛋白有强烈的抗原抗体反应，但同时也会跟黑猩猩、大猩猩和猴子的白蛋白有更弱一些的反应。反应的强度就可以被用来衡量不同物种间白蛋白的相似性。

萨里奇和威尔逊的兔子们向我们揭示，人、黑猩猩和大猩猩在分子水平上的相似性远远超出我们的预期，它们之间的差异大概只有猿类跟旧世界猴之间差异的六分之一。事实上，可以经由化石实体证据确定猿类跟旧世界猴的分离时间为大约 3 000 万年前，因此萨里奇和威尔逊可以用这个数据来校准人类和黑猩猩的白蛋白分离的时间，于是得到了 500 万年前这个结论。这是运用“分子钟”的典型例子，我们将在《天鹅绒虫的故事》的序言里认真讨论这个问题。那时候我们就会知道，当所研究的物种之间差异很大时，分子钟就会遇到麻烦，因为这些物种的分子进化速度可能天差地别。而且，用本来就问题重重的化石来做校准也同样会带来问题。不过，在猿和猴子的例子里这些都不成问题。萨里奇和威尔逊的估计也确实得到了广泛的认可。随着遗传学家们发展出更复杂的技术对 DNA 序列进行测序和分析，更多类似的研究也多多少少倾向于赞同他们的估计。近期，关于黑猩猩和人类基因分歧时间的平均估计大概在 700 万年前或者 600 万年前。

如果只考虑这些分歧时间的表面价值，我们可以用它们来计算年均突变率，前提是需要忽略那些受到自然选择的突变。只要用人类和黑猩猩序列间差异的总数，除以分歧的时间即可，不过要记得，任何两个现代物种之间分离的时间都两倍于它们跟二者的共同祖先相距的时间，因为自在共同祖先那里分道扬镳开始，突变是在两条岔路上同时累积的。人跟黑猩猩之间的单字母差异占基因组的1.23%，其中大多数对于自然选择来说都是不可见的。根据萨里奇和威尔逊的估算，人和黑猩猩的分歧时间是在600多万年前，为了计算简易，我们姑且认为二者的总分歧时间约为1 230万年，差异比例和分歧总时间可以约掉，最后得到的突变率正好是每年每10亿个DNA字母中出现一个单字母突变。

关于萨里奇和威尔逊测量突变率的间接方法就介绍到这里。那么直接测量呢？跟间接结果一致吗？最近一份研究提供了一个典型的例子。来自雷克雅未克（Reykjavik）的奥古斯丁·孔（Augustine Kong）和同事们对大量冰岛家庭做了测序，看到孩子跟父母的遗传差异平均为每8 000万个DNA字母出现1个突变[2]。如果以25年作为人类一代人的平均时间（野生黑猩猩也是如此），这就对应着每年每20亿个DNA字母中出现1个突变：大约是萨里奇和威尔逊估计的突变率的一半。如果假设人类一代人的平均时间是30年，这个数字跟历史上欧洲人的情况更为吻合，也和我们对狩猎–采集种群的研究一致，那么最后得到的年均突变率还会更小。

我们应该对这些数字多加小心。基因组测序本身会引入错误，而我们必须小心不要把测序仪的错误跟真正的突变相混淆。但通过事先采取办法避免这类错误，大多数研究都趋向大致相同的答案：每年每20亿个DNA字母中出现1个突变。而且，对一个野生黑猩猩种群的类似研究也得到了跟雷克雅未克基本相同的突变率。对大型种群中疾病所致突变的研究也得到了同样的结果。最妙的是，对古代DNA的分析也支持这个结果。来自莱比锡斯万特·帕博研究组的付巧妹和同事们比较了现代人的DNA和提取自一根古代人大腿骨的DNA。这根大腿骨来自寒冷的西伯利亚河岸，被侵蚀暴露了出来。跟那时候的古人相比，我们多了4.5万年的时间积累新突变，因此两个基因组之间的差异——“缺失的突变”——可以被用来估计突变率。再一次，他们发现突变率大约为每年每20亿个字母之中有1个突变。跟之前通过分子钟计算所得的突变率比起来，新结果慢了一半，而显然不是最近才有这种较慢的突变率。乍一看，我们似乎遇到了一个麻烦，不过我们将会看到，这个麻烦并非无法解决。

我们应该为两种方法计算得到的突变率之间这两倍的差异感到忧心吗？从许多方面来看，不必如此。考虑到计算本身的困难，这两个突变率之间的差距并不算太大，而且两个数值都跟生物化学对细胞分裂过程中复制错误的估计相吻合。不管怎样，对学习人类史前史的学生来说，突变率的腰斩有着重要意义。在追溯我们和黑猩猩共同祖先的这段路上，如果这个突变率一直是适用的，那么意味着萨里奇和威尔逊对分歧时间的估计是不准确的，应该加倍才对。我们也不会再认为人和黑猩猩的分歧发生在600万年前，而应该在大约1 200万年前。其他一些事件的发生年代也同样变得更加久远。比如，原先人们认为尼安德特人跟古人的分裂发生在35万年前，对突变率的新估计则说明它可能更应该发生在70万年前。

也许有办法调和两种估计的分歧。也许我们的突变率在遥远的过去曾经更高一些，后来在形成人类家系的过程中渐渐降低，也许在通往黑猩猩和大猩猩的家系路径上也是如此。作为这个想法的一个版本，“人科减速”（hominoid slowdown）假说早在1985年就由分子人类学家莫里斯·古德曼（Morris Goodman）提了出来。古德曼的减速假说并不是专门为了解决我们目前所面临的这个困境。他最初是为了解释为什么跟其他动物（比如牛）比起来，灵长类动物（特别是人类）总体上表现出更低的突变率。减速并非异想天开，它确实有可能发生。举个例子，假如我们和黑猩猩的共同祖先有着跟我们大致相同的代际突变率，但我们和现代黑猩猩每代的时间却更长，那相应地就表现出年均突变率的下降。不管采用哪种解释，就现在看来某种分子减速确实颇为可能。这会使得人类和黑猩猩基因的分歧点比萨里奇的估计更古老，但也许不至于有两倍那么多。我们目前的猜想是，平均而言我们的遗传分歧发生在大约1 000万年前。上一章里，我们在引用这些年代的时候也经历过同样的事情，比如我们最近一次走出非洲的年代。不管具体的年代数字是否完全准确，人类突变率比我们原先以为的要低，而我们对年代的估计比原以为的更多变，这是没有争议的。

《黑猩猩的故事》后记

在《黑猩猩的故事》里，我们提出，人类和黑猩猩基因的平均分歧时间比我们原先以为的更久远，早在1 000万年前甚至更久之前我们就已经分道扬镳。但在这一章开头我们所引用的第1会合点的年代却是700万年到500万年前。这个明显的矛盾有个简单的解释。我们已经知道在成员互相交配的单个群体中，甚至在你自己的身体里，同一个基因不同拷贝的历史合并点可能在几百万年前，而当一个物种一分为二的时候，每个种群中的基因其实都携带着先前的历史。这就意味着，基因的分离可以比物种的分离早几百万年。

只要引入几个假设将问题简化，我们就可以估计物种分歧和基因分歧相差多长时间。艾尔温·斯卡利（Aylwyn Scally）和同事们最近在分析大猩猩基因组的时候观察到，人类基因和大猩猩基因分歧的时间大约在 1 200 万年前。根据他们的计算，如果我们假设物种的隔离彻底而迅速，这就意味着物种隔离大约发生在 900 万年前。相应地，如果认为人和黑猩猩的平均遗传分歧时间在 1 000 万年前，那么推算出的物种隔离时间就近至 600 万年前，具体数值取决于当时的种群规模。一般而言，平均基因分歧时间可能比种群分裂早上几百万年。尽管对于最开始的几次会合点来说这是相当大的时间差异，但随着我们的会合点开始以数千万年乃至数亿年来计量，这种差异就显得越来越不重要了。

所以，这种年代上的矛盾很容易解决。但是，遗传历史还会带来另一种影响，也会引出明显的矛盾。它涉及不同物种之间的关系。倭黑猩猩所在的位置正适合讲述这个故事。

倭黑猩猩的故事

倭黑猩猩（*Pan paniscus*）看起来跟普通黑猩猩（*Pan troglodytes*）很像，在 1929 年之前它们都不被认作独立物种。尽管倭黑猩猩有着另一个应该被抛弃的名字即侏儒黑猩猩，但它们并不明显比普通黑猩猩矮小。跟普通黑猩猩比起来，它的身体比例略有不同，习性也有差异，而这正是它的故事线索。灵长类动物学家弗朗斯·德·瓦尔（Frans de Waal）妙语总结道：“普通黑猩猩通过权为解决性问题；倭黑猩猩通过性解决权为问题……”倭黑猩猩把性作为社会交往的货币，多少有些像我们对钱的使用。他们用交配行为或交配姿态来平息纷争、彰显地位以及巩固跟其他成员的关系，不管对方是多大年龄或哪种性别，就连幼崽也不例外。恋童癖对倭黑猩猩来说不是什么问题，实际上各种“爱癖”（philia）对它们来说都不成问题。根据德瓦尔的描述，他在一群圈养的倭黑猩猩中观察到，每到喂食时间，管理员刚一靠近，雄性倭黑猩猩就立刻勃起。他推测这是在为性行为介导的食物交换做准备。雌性倭黑猩猩则成对组合，开始进行所谓的阴部摩擦（genital-genital rubbing）：

> 两只雌性倭黑猩猩面对面，其中一只手足并用地挂在同伴身上，由对方四脚撑地把她举起来，然后双方开始一起左右摩擦肿胀的阴部，同时咧嘴尖叫着，这也许代表着她们的高潮体验。

自由恋爱的倭黑猩猩这种“嬉皮士”形象在善良的人群中引起一种一厢情愿的想法，也许这些人是在 20 世纪 60 年代长大成人的，也许他们属于“中世纪动物寓言书”所代表的思想流派，以为动物的存在只是为了给我们上道德课，总之他们一厢情愿地认为，我们跟倭黑猩猩的关系比跟普通黑猩猩更近。我们当中的玛格丽特·米德[3]觉得这些温和的典范更可亲近，远胜那些热衷屠戮猴子的父权制黑猩猩。不幸的是，不管我们喜欢与否，这种一厢情愿跟动物学的标准看法相违背。普通黑猩猩和倭黑猩猩在大约 200 万年前有一位共同祖先，比 1 号共祖晚得多。这通常被看作倭黑猩猩和普通黑猩猩跟我们亲缘距离相等的证据。这是一个被人们广为接受的普遍原则，本书第一版里《倭黑猩猩的故事》也是本着同样的精神，但在这一版里多了两个小转折，我们必须承认在第一版里对它们有所忽视。这两个转折都有可能动摇动物学的教条，因此我们很乐于把这个任务交给倭黑猩猩，来解释我们的疏忽。

第一个转折来自我们对个体家系图即家谱的认识。在我们自己的家谱里，我们倾向于将亲戚们按照跟我们关系的远近来分类。这略微有些误导性。比如以你的远房表兄弟为例（你几乎一定有几个远房表兄弟，哪怕你不认识他们），也许跟你想的不一样，他们跟你的血缘距离并不完全相等。这是因为你们有不止一位共同祖先。实际上，他们的每一位祖先在不同程度上也都是你的祖先。你的某位快出五服的族兄弟也许沿着另外一条家系路径就是跟你隔了6代的表兄弟，另一位也许沿着三条不同的路径都是跟你隔了8代的远亲，诸如此类。具体的细节无关紧要，要点在于，家谱中真实的血缘亲疏程度并不是离散的，反而是一种平均的度量，一个模糊的连续体。

系谱学家们大多选择无视这些，而只关注最近的联系。出于实际操作的考虑，你的族兄弟同时还是你隔了6代的远房表兄弟这一事实直接被忽视了。但对于特别遥远的亲戚来说，他们之间最近的联系，亦即我们所称的共祖，并不是一种衡量一般关系的好办法。两个物种的杂交则是一个极端的例子。接下来以归谬法说明一个例子。假如在约200万年前曾有一只特别敢于冒险的准倭黑猩猩（proto-bonobo）跟我们的某位南方古猿祖先进行了交配，生出了一个有生育能力的女儿，这个女儿又杂交进入了后来会进化成人类的种群[4]，也就是在也许几十万“正常”的祖先中间混入了一位混血儿。在概率上，这对今天的物种几乎没有影响。我们甚至可能没有继承她的一丁点儿DNA。不管怎样，我们如果基于最近共同祖先建立进化树，就会发现人类成了倭黑猩猩的姊妹种，反倒是普通黑猩猩成为人类和倭黑猩猩的远房表亲。这就使黑猩猩与倭黑猩猩之间明显的相似性变得毫无意义。即便是在归谬的场景下，我们也希望把倭黑猩猩和普通黑猩猩共同作为我们最近的亲戚，哪怕人类跟倭黑猩猩有一丝更近的联系。尽管这是一个故意编造的荒谬例子，但杂交确实会在许多物种之间发生。即使今天所有的动物学家都把普通黑猩猩和倭黑猩猩当作真正的独立物种，但在圈养条件下它们确实可以杂交，而且这样的事情可能在不久之前的进化史上就时有发生，只不过很难找到过硬的证据。

我们承认，这里关于混血和家谱的讨论相当理论化，特别是我们根本不指望弄清楚历史上联系这三个物种的所有杂交路径。这也是为什么我们转而偏爱 DNA，以及随着 DNA 的节奏而起舞的那些身体外在特征。我们撞到的第二个转折点就在这里。比如，历史上混血的存在就意味着从某些基因的角度来看，对于欧洲人来说尼安德特人是比非洲人更近的表亲。我们这里所说的情况有更广泛的意义。从基因的角度来看，互相冲突的关系模式常常跨越物种，哪怕像倭黑猩猩、普通黑猩猩、大猩猩和人类这样迥异的物种。而且这种冲突这并不依赖混血或杂交，而只需要一个被称为“不完全谱系分选”（incomplete lineage sorting）的重要过程。如果可以轻松地为树状家系图的不同分支（“支系”）做上标记，那么对这一效应的描述会更加容易。就像之前我们在《夏娃的故事》的序言里遇到的 ABO 血型基因，它的家系图上有“A”和“B”两个不同分支。我们曾以基因的视角看到，不管这些基因来自哪个物种，一条“A”跟另一条“A”的关系总是比跟另一条“B”更近。比如，一条来自人类的“A”和一条来自倭黑猩猩的“A”，它们之间的关系要比它们跟一条来自黑猩猩的“B”的关系更近。如果假设人类和倭黑猩猩丢掉了其他血型而只保留了“A”，同时黑猩猩丢掉了其他血型而只留下了“B”，那么从 ABO 基因的角度（以及输血设备的角度）来看，人类和倭黑猩猩是最近的亲属，所有黑猩猩跟人类或倭黑猩猩都不相干。尽管与外观特征相矛盾，但这个生物学特征会把人类跟倭黑猩猩置于同一联盟之下。

对于血型基因来说，不太可能发生这种特殊的基因丢失，因为让上述每个物种的基因家系图上都同时保留 A 和 B 两个支系的是自然选择。这是很不寻常的情况，因为大多数基因都会持续不断地生成新的支系，这些支系往往只存在一段时间，直到最终某一条支系获得了绝对的胜利，其他支系全部走向灭绝，这样的话，只有我们祖先的种群里包含过多种遗传支系，实情也确是如此。我们刚刚讨论过的这种偶然灭绝现象有时候会造成一些出乎意料的亲缘关系。

现在我们有能力窥探到基因组的秘密，确实发现这种情况比比皆是，即便是以前认为没有争议的基因也是如此。亲缘关系明确的物种，比如人类、黑猩猩和大猩猩，在分子水平上也依然表现出不完全的谱系分选。实际上，我们基因组里大约有三分之一的序列反对人类和黑猩猩作为彼此最近的亲属，它们或者把人和大猩猩联系得更加紧密，或者把黑猩猩和大猩猩放在一起。尽管很少得到传统分类学家的认可，但这注定意味着我们的外在特征也表现出进化关系的矛盾。凯·普吕弗（Kay Prüfer）和同事们做过的一个计算跟我们的故事关系更紧密相关。他们在 2012 年对倭黑猩猩的基因组进行了测序，发现人类有 1.6% 的 DNA 更接近倭黑猩猩而非普通黑猩猩。最关键的是，我们有 1.7% 的 DNA 更接近普通黑猩猩而非倭黑猩猩。所以如果有什么区别的话，在生物水平上我们跟黑猩猩的关系（略微）近于倭黑猩猩。

这个颠覆性的结论提供了一个令人满意的证据，说明为什么在进化上真正重要的单元不是个体或物种，而是“基因”。或者换个更精确的说法，是 DNA 序列片段，因为哪怕是在单个基因内部，不同的字母可能表现出不同的遗传模式。实际上，根据普吕弗和同事们的估计，“人类约有 25% 的基因内部包含的片段跟两种黑猩猩之中的一种比跟另一种更为接近”。

这就给我们留下了一个令人担心甚至不安的问题。不论是家谱，还是遗传论证，尤其是后者，似乎已经颠覆了生命进化树这一概念的存在前提，也动摇了我们关于会合点的概念。我们将在《长臂猿的故事》的后记里解决这个问题。我们暂时只需要记住，遗传水平上亲缘关系的冲突通常只牵涉到基因组的一小部分。我们有超过 70% 的基因都支持普通黑猩猩和倭黑猩猩而非大猩猩作为我们最近的亲属，而我们基因组中超过 90% 的序列都确认普通黑猩猩和倭黑猩猩跟我们的亲缘关系是相等的。我们可以根据多数基因的观点建立生命树。或者也许可以更准确地说，我们可以建立这样一棵生命树，它能在真正的统计意义上呈现出最多的信息；当我们第一次接触某种生物的时候，它能告诉我们应该预期看到什么样的生物；它还让我们事先知道，不应该期待某个特定的遗传或形态特征将我们跟倭黑猩猩的关系拉得比跟普通黑猩猩还近。

顺便一提，并不应该由上述的遗传论证推论出我们跟普通黑猩猩和倭黑猩猩同等相似。自我们的共同祖先亦即 1 号共祖以来，如果黑猩猩的变化多于倭黑猩猩的变化，我们也许会像倭黑猩猩多于像黑猩猩，反之亦然。我们很可能会发现，我们跟黑猩猩属的两个表兄弟在不同的方向各有相同的地方，也许比例大致相当。但作为一个经验法则，我们不应该指望跟其中某一个比另一个更亲近，不管是在血缘上还是在外表上。这个法则适用于我们的历史之旅中的每一个朝圣者团体。

在重新出发前往我们的史前坎特伯雷之前，还有最后一项考核。

我们一直在论证，必须从DNA及其物质表现的角度来看待我们的朝圣者，把生物之间的关系看作家系图之间的平均。不过，这跟共祖以及会合点的概念多少有些冲突。一群个体的最近共同祖先或共祖是家谱上的概念，针对的是一群个体的家系图，而非基因家系图。为什么要用共祖来决定我们旅程的步伐节奏?

在这本书中，尽管我们采用基因家系图来定位我们和其他生物的关系，但用它来测定我们旅程中的年代却是有问题的，因为基因组中不同片段的合并点的时间差异极大。基因分歧的时间可以相差几百万甚至几千万年。没错，我们是可以采用一个平均值，但这个平均值跟历史上任何有意义的时间点都没有关系。或者我们可以把会合点定在物种形成的时间。然而这依然是一个缺乏明确定义的时间，因为物种的隔离很少是瞬时完成的。而且正如我们所见到的，哪怕是像黑猩猩和倭黑猩猩这样“真正”的物种，也依然保留着种间杂交的能力。很少存在某个特定的时刻，让我们可以宣称某个物种从此一分为二。规定一个确切的物种形成时间，几乎就是在生物连续体上强行规定一个人为选择的值。如果我们想选择一个确切的时间点，一个里程碑，唯有一个选择，即两个现代物种最近共享的那个系谱学祖先所在的那个历史时间点。这个点会比平均遗传分歧时间更晚，而且由于杂交的存在，还晚于大多数人对“物种形成时间”的估计。但由于我们的共祖代表着历史上某个精确无疑的时刻，由它们来决定我们朝圣的步伐是我们能做出的最有原则的选择。

注释

1. 珍·古道尔女爵士（Dame Jane Goodall，1934— ），英国生物学家、动物行为

学家、人类学家，长期致力于黑猩猩的野外研究工作。——译者注

2. 顺便一提，我们基因组里有数十亿个字母，显然这意味着你我必然都是突变体。实际上，这说明我们的 60 亿个 DNA 字母在每次复制时都平均产生 80 个新的复制错误。考虑到全球几十亿人口，这还意味着在每代人里，几乎人类基因组中的每个 DNA 字母都在世界的某个地方经历了错误复制。当然，这些突变当中的绝大多数最终都会被随机丢弃。——作者注

3. 玛格丽特·米德（Margaret Mead，1907—1978）是美国人类学家，她对南太平洋萨摩亚社会的研究引发了人类学史上的一场重要公案。因为先入之见和调查方法的欠缺，她于 1928 年出版的《萨摩亚人的成年》（*Coming of Age on Samoa*）一书有许多对原始社会的过度美化和不实之言。1935 年，她出版了《三个原始部落的性别与气质》（*Sex and Temperament in Three Primitive Societies*），尽管有同样的毛病，但影响深远，奠定了性别的文化决定论，并影响了 20 世纪 60 年代性解放运动的发展。——译者注

4. 我们在这里选择“女儿”而非“儿子”的原因是尊重“霍尔丹氏法则”（Haldane’s rule）。我们将在本书多个地方遇见这位渊博的霍尔丹先生（J. B. S Haldane）。他指出，在跨物种杂交时，如果有一个性别是不育的，它必定是拥有两条不同的性染色体的那个性别。因此，由于哺乳动物雄性有 X 和 Y 两种性染色体（XY），所以杂交后代比如公骡子总是不育的，但雌性骡子（XX）有时候会有正常后代。鸟类和蝴蝶的情况则正好相反，因为两条 Z 染色体决定了雄性性别，而雌性由 W 和 Z 染色体决定。长期以来，进化生物学家，特别是那些对新物种的起源感兴趣的人，对这一规律都充满了兴趣。——作者注

第 2 会合点

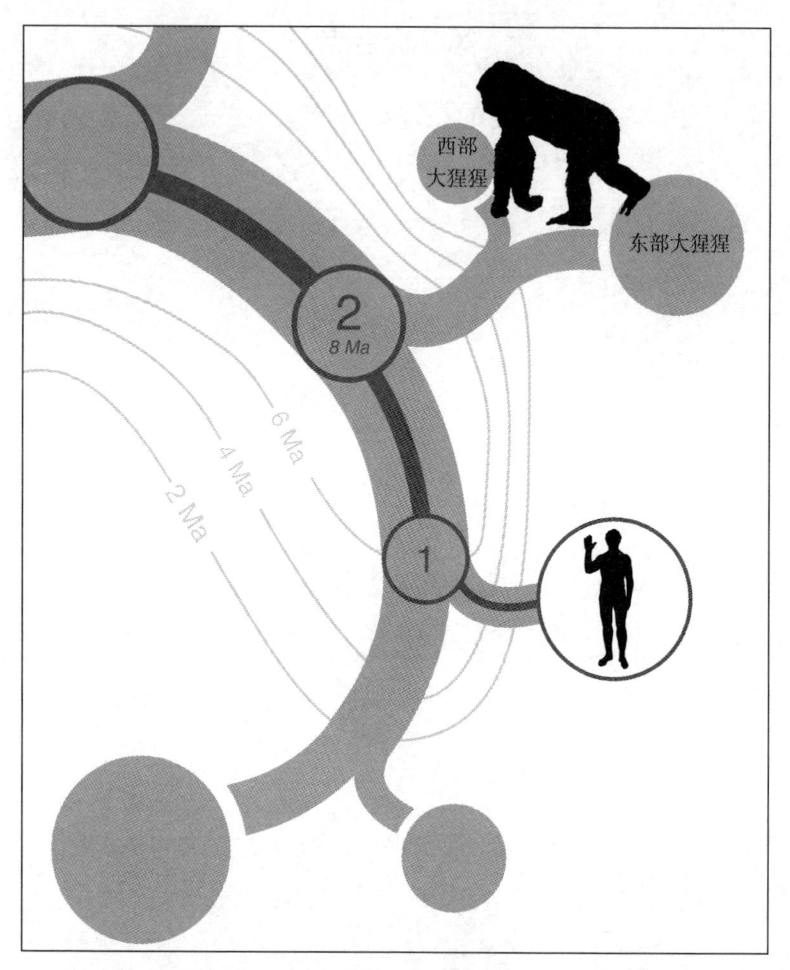

大猩猩加入。跟前一个会合点的分形图案比起来，我们这里的视野放大了一些。我们仍然能从图中找到黑猩猩和人类的位置，尽管黑猩猩不再有剪影标志。同时，我们还能看到下一组朝圣者即大猩猩在第 2 会合点加入我们的朝圣。人类的位置以圆圈中的剪影标记，随着我们逆着时间继续深入，我们会用同样的方法表示人类在生命树上的大致位置。请注意图中人类的位置没有任何特殊之处，分支的方向仅由该分支上的物种数目决定，物种较多的分支朝右，物种较少的分支朝左。

目前认为大猩猩包括两个种、四个亚种。图中的大猩猩剪影描绘的是西部大猩猩（*Gorilla gorilla*），它们居住在靠近海岸的下刚果盆地（lower Congo basin）。另一种体形略大的东部种（*Gorilla beringei*）居于内陆，分布在卢旺达、乌干达和刚果民主共和国的低地和高山林区。

大猩猩

分子钟告诉我们，第2会合点，也就是大猩猩在非洲加入我们朝圣之旅的地方，只比第1会合点远了几百万年。800万年前，北美和南美还没有连为一体，安第斯山脉还没有开始最重要的一次抬升，而喜马拉雅山也刚开始隆起不久。尽管如此，这时候各大洲看起来跟今天大致相同，而非洲的气候除了四季不够明显和略微潮湿一些之外，跟现在也很像。那时候非洲的森林覆盖得比今天彻底，就连撒哈拉在当时都是树木茂密的荒野。

2号共祖也许是我们在30万代之前的远祖，但不幸的是，没有化石记录来填补它和1号共祖之间的沟壑，我们也无从得知它是更像大猩猩还是更像黑猩猩，或者甚至更像人类。我猜它更像黑猩猩，但这只是因为体形巨大的大猩猩显得更为极端，跟猿类的普遍形态不太像。不过我们不应该对大猩猩的不寻常过度夸大，它们并非史上最大的猿类。属于某种巨型猩猩的巨猿（*Gigantopithecus*）比最大的大猩猩还高出一个巨大的肩膀和脑袋。它生活在中国，灭绝时间相当晚，大约是在50万年之前，跟直立人和古代智人的生活时间有所重合。它们灭绝得这么晚，以至于有些幻想家竟大胆猜测它们就是喜马拉雅雪人（Yeti或Abominable Snowman of the Himalayas），但我对此不予置评。据推测，巨猿走路的样子像大猩猩，可能就跟大猩猩和黑猩猩一样用指关节和脚底共同着地，而不是像猩猩一样在树上生活。

就像前面说过的那样，我们不清楚 2 号共祖是不是也用指关节走路。不管是不是，它似乎都很可能跟黑猩猩一样，花一些时间在树上生活，特别是夜里。在热带的烈日下，自然选择会青睐较深的肤色，以防御紫外线的伤害，所以如果要猜的话，我们猜 2 号共祖是黑色或黑褐色的。除了人，所有猿类都是毛茸茸的，1 号和 2 号共祖应该也不例外。由于黑猩猩、倭黑猩猩和大猩猩都在密林里居住，所以把第 2 会合点定位在非洲某处森林里似乎是合情合理的，但并没有什么特别好的理由决定具体是非洲的哪片森林。

大猩猩并不只是大一号的黑猩猩，它们在其他方面也有所不同，我们在试图重建 2 号共祖时必须对此有所考虑。大猩猩是彻底的素食者。雄性大猩猩配偶成群，黑猩猩的交配情况则更加混乱。这种繁殖系统上的差异带来一个有趣的后果，它影响了雄性睾丸的大小，我们将在《海豹的故事》里看到这一点。我怀疑在进化上繁殖体系很容易发生改变，我也不知道有什么明显的理由让我们猜测 2 号共祖属于哪种情况。实际上即使在今天，人类不同文化里的繁殖体系也表现出了巨大的差异，从忠诚的一夫一妻制到可能非常庞大的一夫多妻制不一而足，使我越发不愿意揣测 2 号共祖在这方面的情况，而是决定立即结束对 2 号共祖实际情况的猜测。

猿类尤其是大猩猩，长期以来都是人类神话的强大源泉和受害者。《大猩猩的故事》讲述的是我们对自己最亲近的堂兄弟的态度变迁。

大猩猩的故事

19 世纪达尔文主义的崛起使得人们对猿类的看法发生了两极分

化。反对者对进化论的嫌恶也许还掺杂着一种本能的恐惧，不愿跟那些在他们看来低劣可鄙的生物成为亲戚，因此不遗余力地试图夸大我们和它们的差异，其中尤以大猩猩为最。猿类是“动物”，我们和它们不同。更糟糕的是，像猫和鹿这样的动物至少各有各的美丽之处，可大猩猩还有其他猿类动物由于与我们相似，反而显得夸张而拙劣，扭曲而诡异。

达尔文本人属于另一派，而且从来不会错过支持己方的机会，哪怕有时候是以闲言碎语的形式。比如他在《人类起源》中曾记录了这样一则迷人的观察：猴子们会“抽香烟，并从中获得快乐”。托马斯·赫胥黎，达尔文的杰出盟友，曾跟当时首屈一指的解剖学家理查德·欧文爵士（Sir Richard Owen）有过一场激烈交锋，后者曾声称禽距（hippocampus minor）是人类大脑独有的特征，当然正如赫胥黎指出的那样，这是错误的。现代科学家不光认为我们跟猿很像，而且把人也看成猿，具体而言是把人纳入非洲猿当中。我们转而强调猿（包括人）和猴子的区别。把大猩猩或黑猩猩称为猴子是不恰当的[1]。

情况并不总是这样的。以前人们常把猿跟猴子混在一起，一些早期的描述会把猿跟狒狒或巴巴利猕猴（Barbary macaque）相混淆，而后者确实也叫巴巴利猿（Barbary ape）。更让人吃惊的是，早在人们还根本不了解进化的时候，在人们还不甚清楚猿与猴之间以及不同猿之间的区别的时候，类人猿就常常被误认作人。把这当作一种表面上的对进化的预知固然令人愉悦，但不幸的是它大概更多的是出于种族主义。来到非洲的早期白人探险家们认为黑猩猩和大猩猩是当地黑人的近亲，却跟他们自己没有关系。有趣的是，东南亚和非洲部落的传说为我们通常看到的进化提供了一个反向版本：他们当地的类人猿被看作失去体面的人。猩猩在马来语中的意思是“树林里的人”。

荷兰医生邦蒂乌斯（Bontius）于1658年绘制的一幅“乌朗乌唐”（Ourang Outang[2]）的肖像，用托马斯·赫胥黎的话来说，“不过是一个毛发极其浓密的女人，长相颇为标致，双脚和身材比例都完全像人”。尽管她毛发如此浓密，可令人感到奇怪的是，她的阴部却明显裸露无毛，而这正是真正的女人为数不多的几处长有毛发的地方之一。一个世纪以后（1763年），林奈的学生霍比乌斯（E. Hoppius）绘制的生物除了有条尾巴之外，完全就是人类，不仅双足行走，而且还拿了一支拐杖。若是按照大普林尼[3]的说法，“这个有尾巴的物种甚至可以玩跳棋”。

也许你会以为这种神秘传说会让我们的文化为进化论在19世纪面世做好准备，甚至可能会促进进化论的诞生。显然并非如此。恰恰相反，它反映了人们对猿、猴和人界限的困惑。这让我们很难明了各种类人猿是在什么时候被科学发现的，也常常不清楚文献描述的到底是哪个物种。其中大猩猩是个例外，它是最晚进入科学视野的。

1847年，来自美国的传教士托马斯·萨维奇（Thomas Savage）在加蓬河附近另一位传教士的房子里见到了一块头骨，“据当地人描述，它来自一种像猴子的动物，体形巨大，生性凶猛，习惯独特”。说起“生性凶猛”，这个不公正的评价最初由《伦敦新闻画报》（*Illustrated London News*）的一篇文章清晰响亮地传达给了大众，后来又在《金刚》（*King Kong*）的故事里被大肆夸张。这篇关于大猩猩的文章跟《物种起源》（*Origins of Species*）发表于同一年。文章里充斥着各种错误，其数量之多，程度之离谱，甚至能在当时本来就错误百出的旅行奇谈里脱颖而出：

猿、猴和人的混淆。该图由霍比乌斯绘制，收录于1763年出版的《学术之乐·卷六·人形动物》（*Amoenitates Academicae, VI. Anthropomorpha*），该书由林奈编著。图中人物从左往右依次被标为“Troglodytes”（穴居人），“Lucifer”（有尾人），“Satyr”（黑猩猩）和“Pygmie”（猩猩）。

……几乎无法靠近观察，尤其是它一看见人就会主动攻击。成年雄性力量惊人，牙齿咬合沉重有力，据说它会藏身在森林树木上茂密的枝叶间悄悄看着人靠近，等他们来到树下的时候，就探下那双可怕的后脚，用巨大的拇趾抓住受害人的脖颈，把他拖离地面，最后丢到地上摔死。它这样做完全是出于纯粹的恶意，因为它并不吃死人的肉，而是从杀人这一举动本身获得一种残忍的满足。

萨维奇认为这位传教士拥有的这块头骨属于一个“新的猩猩物种”。后来他确信这个新物种不属于早先非洲旅行见闻里提到的“猩猩属”（*Pongo*），所以在给它正式命名的时候就避开了*Pongo*，而跟他的同事和解剖学家怀曼教授（Professor Wyman）一起重新启用了 *Gorilla* 这个词，这个名字曾被一名古代迦太基海军指挥官用来给一种毛茸茸的野人命名，据他说这种人生活在非洲海岸外的一个岛屿上。*Gorilla* 作为萨维奇的动物的名字就这样保留了下来，既是它的拉丁学名，也是通用名，而 *Pongo* 如今是亚洲的猩猩的拉丁属名。

从它被发现的地点来看，萨维奇的动物肯定是西部大猩猩。当时萨维奇和怀曼把它跟黑猩猩置于同一个属，称之为 *Troglodytes gorilla*。按照动物命名法则，黑猩猩和大猩猩都必须放弃 *Troglodytes* 这个属名，因为它已经被占用了，而占用它的偏偏是小不点儿鹪鹩[4]。*Troglodytes* 作为普通黑猩猩的种名得到了保留，而萨维奇的大猩猩之前的种名被提升为它的属名（*Gorilla*）。“山地大猩猩”（mountain gorilla）直到 1902 年才由德国人罗伯特·冯·波里吉（Robert von Beringe）“发现”：他开枪打死了它！我们接下来会看到，现在它被认作东部大猩猩的一个亚种。你也许觉得不太公平，但现在全体东部黑猩猩都以这个人的名字为名，叫作 *Gorilla beringei*。

萨维奇并不真的相信他的大猩猩就是迦太基水手所说的岛屿人种。“矮人”（pygmy）最早是荷马[5]和希罗多德[6]提到过的传说人种，但在 17 世纪和 18 世纪的探险者们看来，它根本就是当时在非洲新发现的黑猩猩。1699 年，泰森（Tyson）对外展示了一幅“矮人”绘画，用赫胥黎的话说，这不过是一只年轻的黑猩猩，尽管图上的它不光双足直立，而且拿着一支拐杖。当然，现在我们再次启用了“pygmy”这个词来指身材矮小的人种[7]。

这再次把我们带回种族主义。直到 20 世纪后期，这简直是我们的文化病。早期探险家们常常认为森林里的原住民更像黑猩猩、大猩猩或猩猩，却跟探险者们自己不太像。到了 19 世纪，达尔文之后的进化学家们常常把非洲人当作介于猿和欧洲人之间的中间形态，依然在通往至上白人的道路上前行。当然，这完全是一派胡言。就像《倭黑猩猩的故事》所解释的那样，这样的想法不仅不符合事实，而且违背了进化论的基本原则。我们总是感到困惑，不知该把我们的道德和伦理的大网撒向多远，囊括多少物种。在我们审视自己对人类同胞以及猿类——我们的猿类同胞——的态度时，这种困惑就和种族主义一起清楚地凸显出来，有时候这种凸显让人感到难堪。

注释

1. 这也许是本书两位作者唯一有分歧的地方。黄可仁认为应该对“猴子”一词重新定义，使它包括猿，因而也包括人。但这并非当前的规范。——作者注
2. 即 orang utan（猩猩）。——译者注
3. 盖乌斯·普林尼·塞孔杜斯（Gaius Plinius Secundus，23—79），常被称为老普林尼、大普林尼，古罗马作家、博物学者、军人和政治家，以《自然史》（也译作《博物志》）一书留名后世。——译者注
4. 鹪鹩，学名 *Troglodytes troglodytes*，是一种褐色短胖的小型鸟类。——译者注
5. 荷马（Homer，约前 9 世纪—前 8 世纪），相传为古希腊吟游诗人，创作了史诗《伊利亚特》和《奥德赛》，今天被统称为“荷马史诗”。——译者注
6. 希罗多德（Herodotos，约前 484—前 425）是古希腊的作家和历史学家，著有《历史》一书。——译者注
7. 即俾格米人。——译者注

第3会合点

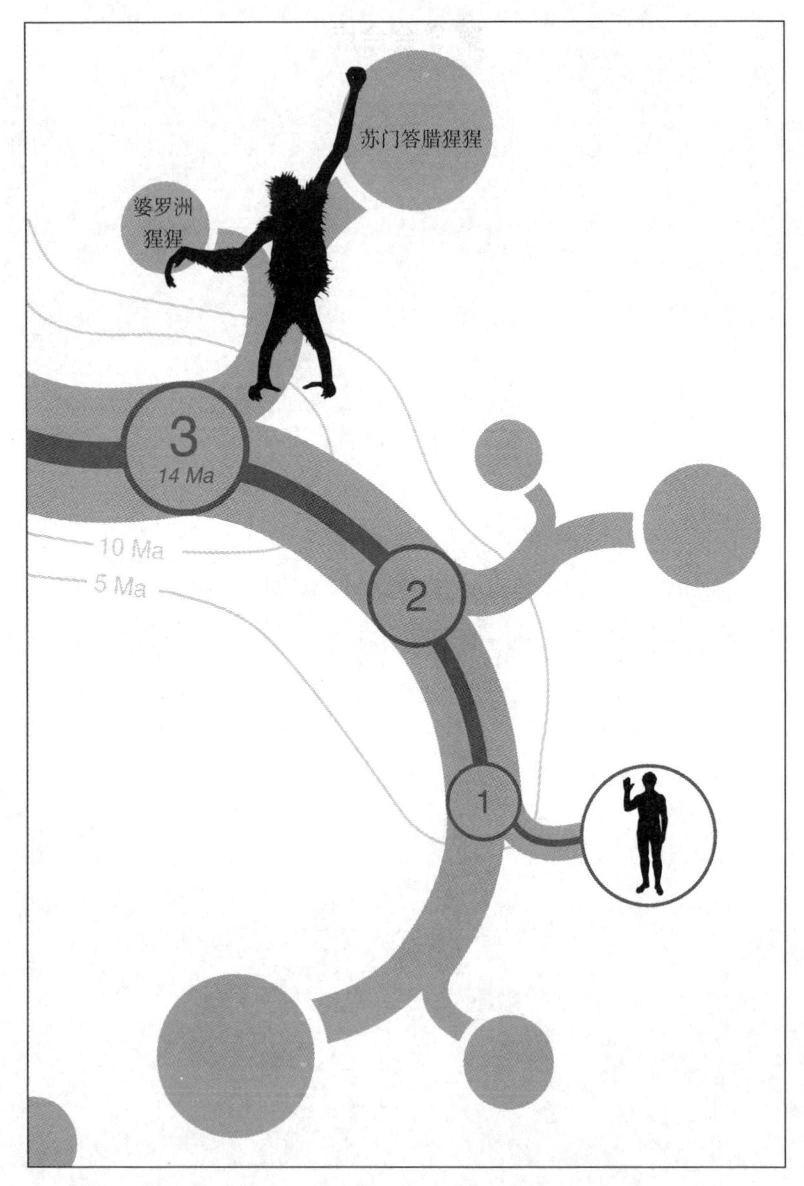

猩猩加入。一般认为，来自亚洲的两种猩猩在第 3 会合点加入我们的朝圣之旅，它们分别是婆罗洲猩猩（*Pongo pygmaeus*）和苏门答腊猩猩（*Pongo abelii*）。关于这幅图及后续其他分形图的细节，请参见第 897 页的说明。

猩猩

猩猩在第3会合点加入我们寻找祖先的朝圣之旅，分子证据显示，第3会合点在1 400万年前，正处于中新世的中间。尽管世界在当时已经开始进入寒冷期，但当时的气候依然比现在温暖，海平面也比现在高。当时各大陆的位置跟今天略有不同，连接亚洲和非洲的陆地，连同欧洲东南部的大部分，都断断续续地被海水淹没。我们将会看到，这会影响我们对3号共祖可能生活地点的计算。跟我们隔了60多万代的3号共祖是像1号和2号共祖一样来自非洲，还是来自亚洲？毕竟它的后代里除了我们之外，还有一种生活在亚洲的类人猿，我们在两块大陆上都有可能遇见它，而不论亚洲还是非洲都不难找到各自的支持者。亚洲的有利因素在于它有着大量的潜在共祖化石，时间也正好合适，即处于中新世中晚期。而从另一方面说，非洲似乎是中新世早期猿类起源的地方。非洲见证了中新世早期猿类生命的繁荣，包括原康修尔古猿（proconsulid）和其他几个物种，比如非洲古猿（*Afropithecus*）和肯尼亚古猿，其中原康修尔古猿又包括了早期猿类原康修尔猿属（*Proconsul*）的几个物种。我们今天最近的亲属，以及所有中新世之后的化石，都来自非洲。

但我们跟黑猩猩和大猩猩的特殊关系只是在最近几十年才为人所知的，在此之前，大多数人类学家都认为，我们跟所有猿类都是姊妹种族，因此跟非洲猿和亚洲猿亲缘距离相等。那时候大家一直青睐亚洲作为我们最近的中新世祖先的故乡，有些权威学者甚至挑出了一位特定的化石“祖先”，即腊玛古猿（*Ramapithecus*）。现在认为这种动物跟先前被称为西瓦古猿（*Sivapithecus*）的化石物种是同一物种，因此根据动物学命名法则里的优先律，西瓦古猿成为它的正式名称，而腊玛古猿这一名称不再使用。这有些遗憾，因为腊玛古猿这一名字已经为人所熟知。有人觉得西瓦古猿 / 腊玛古猿像是人类的祖先，不过大多数权威学者都同意，它跟后来进化出猩猩的支系更接近，甚至可能是猩猩的直接祖先。巨猿可以被视为西瓦古猿的某种巨型地栖版本。还有其他几种来自亚洲的化石也属于差不多同一时期。欧兰猿（*Ouranopithecus*）和森林古猿（*Dryopithecus*）几乎是在推攘着争夺中新世人类祖先最佳候选的头衔。然而我得指出，争夺这个头衔的前提是它们生活在正确的大陆上。我们即将看到，这个前提条件很可能是成立的。

如果最近的中新世古猿被发现于非洲而不是亚洲，那我们就有了一连串可能的化石直接把现代非洲猿跟中新世早期非洲丰富的原康修尔古猿动物群联系起来。分子证据确定无疑地表明我们跟非洲的黑猩猩和大猩猩更为亲近，跟亚洲的猩猩较为疏远，搜寻人类祖先的人们只好不太情愿地背离亚洲。他们假定，尽管单独看亚洲古猿挺像是人类在中新世的祖先，但这一时期我们的祖先家系必定一直待在非洲，只是不知出于什么原因，在中新世早期原康修尔古猿繁盛之后，我们的非洲祖先再没有留下这时期的化石。

这一观点一直持续到 1998 年，这时卡罗–贝斯 · 斯图尔特（Caro-Beth Stewart）和托德 · 迪索特尔（Todd R. Disotell）在一篇名为“灵长类的进化：进出非洲”（“Primate evolution - in and out of Africa”）的

论文里别出心裁地提出了一个天才想法。这个关于亚非之间来回交通的故事将由猩猩来讲述，而我们根据这个故事得到的结论是，3 号共祖很可能还是生活在亚洲。

暂时先不管它生活在哪里，3 号共祖到底长什么样子呢？既然它是猩猩和今天所有非洲猿的共同祖先，那么它也许跟这二者之一长得很像，或者跟它们长得都差不多。哪些化石会给我们有益的提示？先来看看家系图，禄丰古猿（*Lufengpithecus*）、山猿（*Oreopithecus*）、西瓦古猿、森林古猿和欧兰猿都生活在这一时期或者稍晚一些。我们对 3 号共祖的最佳猜想复原图（见彩图 5）大概结合了这五种亚洲古猿化石的特征。接受亚洲作为 3 号共祖的生活地对我们来说不无裨益。让我们来听听《猩猩的故事》怎么说。

猩猩的故事

也许我们有些过于着急假定自己跟非洲的联系可以追溯到极其古老的时代。会不会有另一种可能，我们的祖先家系曾在大约 2 000 万年前迁出非洲，在亚洲繁荣昌盛，直到大概 1 000 万年前重新迁回非洲？

基于这个观点，所有现存的猿类，包括最后生活在非洲的那些，都来自一个曾经从非洲迁徙到亚洲的家系。这些移民的部分后代留在了亚洲，成为长臂猿和猩猩的祖先，另一些晚些的后代则回到了非洲，而这时候那些早期中新世的非洲猿类已经灭绝了。这些返回非洲的移民后代后来发展成了大猩猩、黑猩猩和倭黑猩猩，以及人类。

这个观点跟目前对大陆漂移和海平面涨落的事实认识也吻合，在相应时期确实有陆桥从非洲通往阿拉伯半岛。另一个支持这个理论的证据依赖“简约法”（parsimony），即最少假设原则。根据这个原则，一个好的理论需要用最少的假设解释最多的问题。正如我在别处经常提到的，按照这个标准，达尔文的自然选择理论也许是史上最好的理论。在这里我们所谓的简约指的是将我们关于迁徙事件的假设最少化。与其假设我们的祖先先从非洲迁徙到亚洲（第一次迁徙）然后又迁徙回到非洲（第二次迁徙），不如假定它们一直留在非洲（没有迁徙），表面上看似乎这样在假设方面更加经济。

但是这种简约有些过于狭隘。它只关注我们自身所在的家系，却完全无视了其他猿类，特别是无视了许多化石物种。斯图尔特和迪索特尔重新计算了迁徙事件，但是只考虑那些对于解释所有猿类包括化石物种的分布必需的事件。要做这样的计算，必须首先建立一幅家系图，把信息足够充分的物种在图上标出来，然后为每一个物种标明它的居住地是非洲还是亚洲。下页图摘自斯图尔特和迪索特尔的论文，亚洲化石以黑色标注，而非洲化石用白色。这幅图并没有包括所有已知的化石，不过所有在家系图上位置明确的化石都被斯图尔特和迪索特尔囊括进去了。他们还把旧世界猴画了进去，它们在大约 2 500 万年前跟猿类分离（我们将会看到，猴和猿最明显的区别在于猴保留了尾巴）。迁徙事件在图中以箭头表示。

如果把化石也纳入考量，现在“迁往亚洲又迁回来”的理论就比“我们的祖先一直在非洲”理论更简约。先不管猴子们，在两种理论的框架下，它们都要发生两次独立的由非入亚的迁徙。若是单看猿类的迁徙，“迁往亚洲又迁回来”的理论只需要假设这么两次事件：

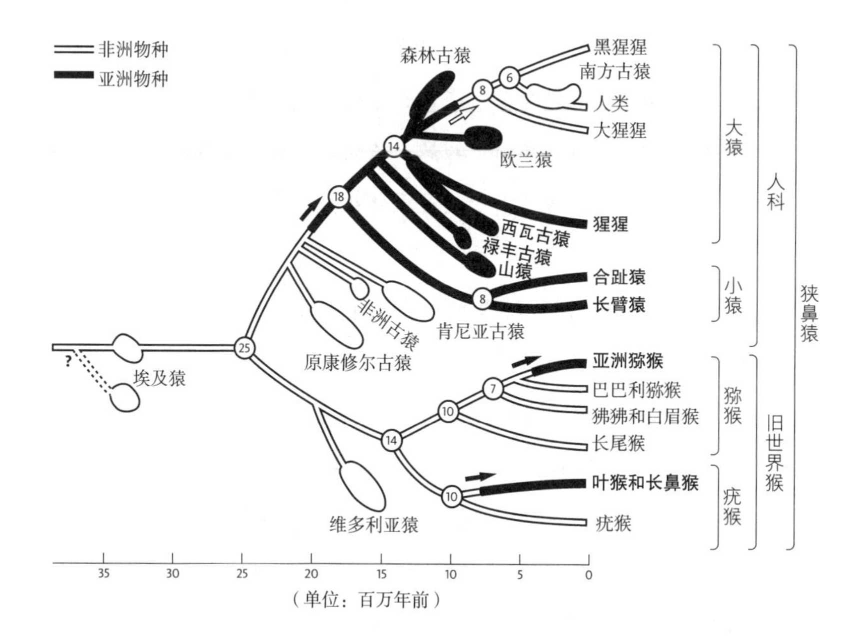

进出非洲。斯图尔特和迪索特尔绘制的非洲猿和亚洲猿家系图。分支膨大的部位代表化石证据所确定的年代，其间联系的路径则根据简约法分析得到。箭头表示推论出的迁徙事件。改自 Stewart and Disotell［403］。

1. 在大约 2 000 万年前，一个古猿种群从非洲迁往亚洲，成为所有亚洲猿的祖先，包括长臂猿和猩猩。

2. 一个古猿种群从亚洲迁回非洲，成为今天包括我们在内的非洲猿的祖先。

相反，“我们的祖先一直在非洲”理论需要假设六次从非洲到亚洲的迁徙事件才能解释猿类的分布情况：

1. 大约 1 800 万年前，长臂猿的祖先迁出非洲；

2. 大约 1 600 万年前，山猿的祖先迁出非洲；

3. 大约 1 500 万年前，禄丰古猿的祖先迁出非洲；

4. 大约 1 400 万年前，西瓦古猿的祖先迁出非洲；

5. 大约 1 300 万年前，森林古猿的祖先迁出非洲；

6. 大约 1 200 万年前，欧兰猿的祖先迁出非洲。

当然，对迁徙的计数可靠与否依赖于一个前提，即斯图尔特和迪索特尔基于解剖比较所绘制的家系图是正确的。比如，他们认为在这些化石古猿当中，欧兰猿是现代非洲猿最近的亲戚，即它所在的分支最晚离开非洲猿之前的支系。比欧兰猿再稍微疏远一些的，全是亚洲的古猿（森林古猿、西瓦古猿等等）。万一他们把解剖分析搞错了，比如说万一来自非洲的肯尼亚古猿化石才是现代非洲猿的最近亲属，那么对迁徙次数的计算就必须彻底重新来过。

家系图的绘制本身也基于简约法，不过是另一种简约。它并不试图最小化我们需要假设的地理迁徙次数，而是忽略地理信息，让我们需要假设的解剖学上的巧合（趋同进化）最少。当建立起不含地理信息的家系图之后，我们再把地理信息叠加上去（图中以黑白编码地理信息），就可以数出迁徙的次数。我们得到的结论是，“最近的”非洲猿，包括大猩猩、黑猩猩和人类，很可能都是从亚洲迁来非洲的。

现在介绍一个有趣的小故事。斯坦福大学的理查德·克莱因（Richard G. Klein）写了一本业内领先的人类进化教材，很好地描述了我们目前关于这些主要化石的解剖学知识。其中克莱因比较了亚洲的欧兰猿和非洲的肯尼亚古猿，并问二者当中哪个更接近我们自己的近亲（或祖先）——南方古猿。克莱因的结论是，南方古猿更像欧兰猿而非肯尼亚古猿。他接着说道，要是欧兰猿生活在非洲的话，那它也许会成为人类祖先的可能候选者，但“将地理因素和形态因素结合起来”，肯尼亚古猿是一个更好的候选者。你看到了吧？克莱因做了个心照不宣的假设，认为非洲猿不太可能有一位亚洲祖先，哪怕有解剖学证据的支持。地理上的简约性在潜意识里被置于比解剖上的简约性更高的位置。解剖上的简约性让我们认为欧兰猿比肯尼亚古猿离我们更近，尽管没有明确声明，地理上的简约性还是被认为应该胜过解剖上的简约性。斯图尔特和迪索特尔对此反驳道，如果考虑到所有化石的地理分布，解剖和地理上的简约性要求其实是一致的。地理信息实际上支持了克莱因最初的解剖学判断，即欧兰猿比肯尼亚古猿离南方古猿更近。

这个争论也许还没到尘埃落定的时候。权衡地理上和解剖上的简约性要求确实是件麻烦事。斯图尔特和迪索特尔的论文一经发表就收获了大量反馈意见，既有赞同，也有反对。17 年过去了，卡罗–贝斯·斯图尔特写道：“自我们的论文发表以来，我还没见到有哪篇论文将它驳倒。”总的来说，关于猿类进化的“迁往亚洲又迁回来”理论看起来依然符合现有的证据。两次迁徙显然比六次迁徙更简约。而且，亚洲的晚中新世古猿跟我们家系所在的非洲猿（比如南方古猿和黑猩猩）之间确实有显著的相似性。所以“总的来说”，自然是有所偏好，但它使我们把第 3 会合点（以及第 4 会合点）定位在亚洲而不是非洲。

《猩猩的故事》有两点启示。当科学家在心中权衡不同的理论时，简约性总是被优先考虑的，但对简约性的判断并不总是显而易见的。对于在进化理论上更进一步的有力思考来说，一幅好的家系图常常是不可或缺的首要前提。但是绘制一幅好的家系图本身就要求颇高，其中的复杂细节将由长臂猿来展现。等它们在第 4 会合点加入我们的朝圣之旅后，它们将以悦耳的合唱向我们讲述它们的故事。

第 4 会合点

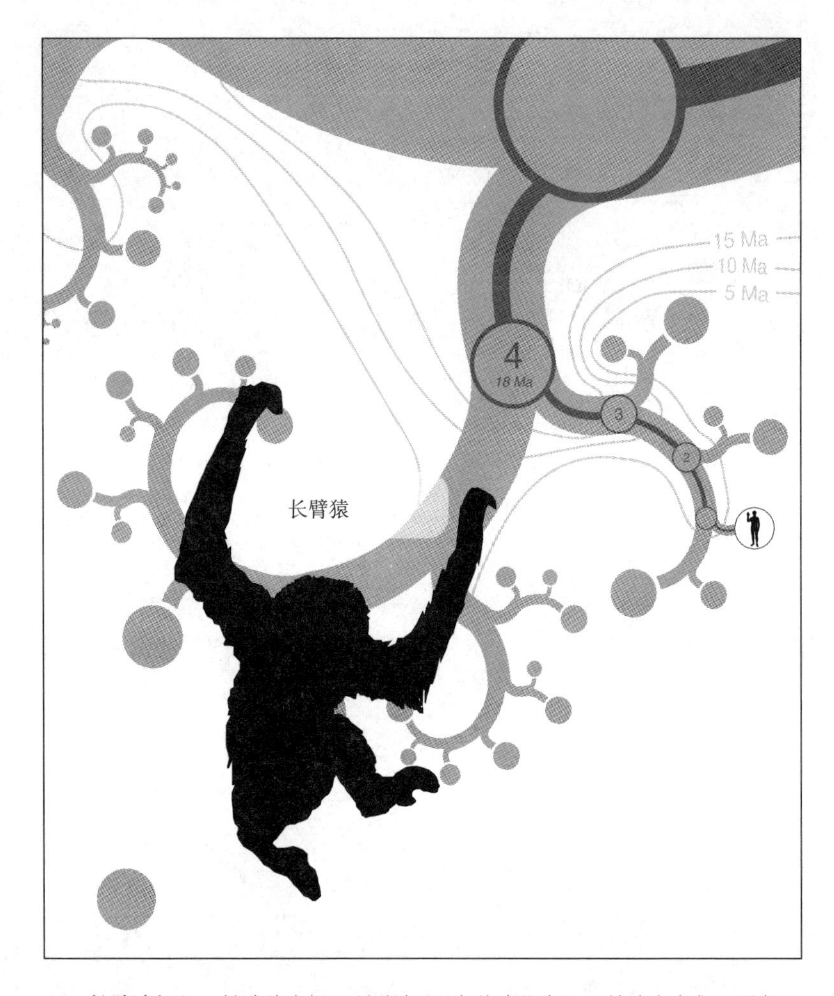

长臂猿加入。长臂猿大概可以分为 16 个种或更多，目前认为它们可以归入 4 个系群，参见第 173 页正文。在这幅分形系统发生图里，4 个系群的关系来自全基因组分析，即长臂猿属最先和其他各系群分离，但这有很大争议。不管最后采用哪种分法，正如我们在《长臂猿的故事》的后记中讨论的那样，它都只不过是以少数服从多数的方式总结了各个家系图的投票结果。从这幅图开始，图里将不会有足够的地方显示单个物种的名字。想要确定各个物种位置或想要了解生命树更多细节的读者，欢迎前往“祖先的故事”网站（www.ancestorstale.net）或 OneZoom 项目网站（www.onezoom.org）。

长臂猿

第 4 会合点是长臂猿跟我们相会的地方，地点很可能在亚洲，时间大约是 1 800 万年前。当时的世界处于早中新世，气候更温暖，植被更茂盛。不同权威学者对长臂猿的分类不同，但现代长臂猿最多可达 18 种。它们全部生活在东南亚，包括印度尼西亚和婆罗洲。以前它们大多被归入长臂猿属（*Hylobates*），而体形较大的合趾猿（siamang）因其标志性的喉部声囊被单列出来。如今人们意识到长臂猿其实应分成 4 个系群而非 2 个，那么再将它们称为“长臂猿和合趾猿”便显得过时了，所以我将把它们统称为长臂猿。

长臂猿属于小型猿，可能是史上最好的树上特技演员。在中新世有许多种小型猿。在进化中体形变大或者变小是很容易发生的变化。就像巨猿和大猩猩各自独立进化成大块头，许多猿也在中新世这个猿类的黄金时代变得体型更小。比如，上猿（pliopithecid）是一种在早中新世繁盛于欧洲的小型猿，尽管并非长臂猿的祖先，但它们的生活方式很可能相同，我猜它们也是用手臂挂在树上摆荡着前进的。

Brachia 在拉丁语中意为“手臂”，吊臂摆荡（brachiation，也译“臂行”）的意思是用手臂而非双腿运动，而长臂猿尤其擅长此道。它们有一双大手用于抓握，再加上有力的手腕，简直像是一对倒着的风火轮，又像绷紧的弹弓一样，让它们可以在树木或枝杈之间摆荡。长

臂猿那长长的手臂像极了物理学上的钟摆，把身体掷出去便可以一次飞跃树冠间长达 10 米的间隔。在我的想象里，这样的高速摆荡比飞翔还要刺激。我愿意设想我的祖先曾经有过这样的享受，那一定是生活所能提供的最佳体验之一。不幸的是，目前看来，我们的祖先不曾经历过跟长臂猿类似的阶段。不过有理由推测，4 号共祖，即跟我们隔了大概 100 万代的远祖，是一种栖息在树上的小型猿，至少在某种程度上它可以熟练地摆荡运动。

在掌握直立行走这一困难技艺方面，长臂猿在猿类当中仅次于人类。长臂猿可以用双脚在树枝上行走，双手只用来保持平衡，然后从一根树枝摆荡到另一根树枝。如果 4 号共祖也具有同样的双足行走的技巧，并把它传给了长臂猿后代，那这项技艺是不是仍然残留了一部分在它的人类后代的大脑里，等着日后在非洲重现？这虽然只不过是一个令人愉悦的猜想，但它跟最近对地猿的重建结果相吻合，更何况猿类总体上本来就有时不时双足行走的倾向。4 号共祖是否也像它的长臂猿后代一样拥有精湛的声乐技艺？如果是的话，这是否预示着人类声音在语言和音乐方面的多才多艺？对此我们只能猜猜而已。长臂猿还实行忠诚的一雄一雌制，不像跟我们关系更近的类人猿那样。实际上在这方面人也不同于长臂猿。在大多数人类文化中，习俗（有时候是宗教）鼓励着或者至少是容许着一夫多妻制的存在。我们不知道 4 号共祖在这方面是更像它的长臂猿后代，还是更像它的类人猿后代[1]。

总结一下我们关于 4 号共祖的猜测。同往常一样，我们只做了一个弱假设，即 4 号共祖的许多特征是它的所有后代共有的，这包括所有猿类，当然也包括人类。跟 3 号共祖比起来，它很可能体形更小，也更专注于树栖生活。如果我所料不差，它们确实以手臂吊在树上摆荡前行，那么它们的手臂很可能不像现代长臂猿的手臂那么长，也没有那样特化适于摆荡运动。它的面貌看起来很可能跟长臂猿一样，短口短鼻。它没有尾巴，或者更准确地说，它的尾椎还在，但像所有猿类一样，在体内融合成一条短尾，即尾骨。

我不知道为什么我们猿类失去了尾巴。生物学家们对这个问题的讨论少得惊人。乔纳森·金登的《低起源》一书固然是个例外，但他也没能得出令人满意的结论。动物学家们遇到这个问题时常常采用比较的思维：看看哺乳动物无尾或短尾的特征是在哪里突然独立出现的，然后试图理解其中的道理。这是一件值得做的事情，但我不认为有人系统地做过这个工作。除了猿类，尾巴同样消失的还有鼹鼠、刺猬、马岛猬（tailless tenrec，学名 *Tenrec ecaudatus*）、豚鼠、仓鼠、熊、蝙蝠、考拉、树懒、刺鼠以及其他一些哺乳动物。也许对于我们的目的来说最有趣的是无尾猴，或者说尾巴短得跟没有没什么两样的猴子，就像曼岛猫（Manx cat）一样。使曼岛猫失去尾巴的只是一个基因，这个基因纯合（即有两个副本）的时候是致死的，所以它不太可能在进化上传播开来。但我确实想过，会不会最初的猿就像是“曼岛猴”，无尾性状来自单个基因的异常。通常来说我反对这种有关“假想的怪物”（hopeful monster）的进化理论，但这次会不会是个例外？要是能够检查一下通常有尾的曼岛动物的无尾突变体的骨骼结构，看看它们是不是采用跟猿相同的方式实现无尾，这将会非常有趣。

巴巴利猕猴（*Macaca sylvanus*）是一种无尾猴，也许正是由于这个原因，它也常常被叫作巴巴利猿。西里伯斯猿（Celebes ape）或黑冠猕猴（*Macaca nigra*）是另一种无尾猴。乔纳森·金登对我说，它的外观还有走路的样子就像是一只小号的黑猩猩。马达加斯加有一些无尾的狐猴，比如大狐猴（indri），还有几个灭绝的物种，比如考拉狐猴（即巨狐猴，*Megaladapis*）和树懒狐猴（古原狐猴科），其中有一些体形堪比大猩猩。

在进化上，如果其他因素不变，任何不再被使用的器官都会退化，哪怕仅仅是出于经济的考虑。尾巴的用途在哺乳动物中具有惊人的多样性。羊在尾巴里储备脂肪。河狸用它划水。至于生活在南美树梢上的蜘蛛猴，它的尾巴好似“第五条腿”，有一个角质垫可以用于抓握。袋鼠那巨大的尾巴好像一个弹簧，可以帮助它跳跃。有蹄动物的尾巴被用来赶苍蝇。狼和许多其他哺乳动物用尾巴传递信息，但这对于自然选择来说，大概属于次要的“机会主义”做法。

但在这里我们需要特别关注的是在树上生活的动物。松鼠用尾巴捕捉风，于是它的跳跃就像滑翔一样。树栖生物大都长着长尾巴，用来保持身体的平衡，或者把尾巴当作舵，控制飞跃时的方向。我们将在第 8 会合点遇见的蜂猴（loris）和树熊猴（potto）会在树上悄悄爬行尾随它们的猎物，而它们的尾巴非常短。它们的近亲婴猴（bushbaby）是精力充沛的跳跃者，它长长的尾巴好像一根长羽毛。树懒没有尾巴，而考拉也许可以被看作树懒的澳大利亚版本，它也是如此。无论是树懒还是考拉，它们都跟蜂猴一样，在树上行动缓慢。

在婆罗洲和苏门答腊岛，长尾猕猴是在树上生活的，而它们生活在地上的近亲却长着猪尾一样的短尾巴。在树上很活跃的猴子通常有长尾，当它们在树枝上用四肢奔跑的时候，需要用尾巴保持平衡，而当它们在树枝间跳跃的时候，身体水平展开，尾巴就在身后伸直，好像一个平衡舵。长臂猿在树上的活跃程度不亚于任何猴子，为什么它们没有尾巴？答案也许在于它们有着非常不同的运动方式。我们已经看到，所有猿偶尔都会双足行走，而长臂猿要么悬吊摆荡，要么用后腿在树枝上奔跑，同时用长长的双臂保持平衡。很容易想象，尾巴对于一个双足行走的生物来说是多么讨厌。我的同事德斯蒙德·莫里斯

（Desmond Morris）告诉我，蜘蛛猴偶尔会双足行走，但它长长的尾巴明显是个大累赘。当长臂猿把自己投向远处的枝条时，它的身体呈现悬垂的姿态，而不是像猴子那样水平纵跃。对于垂直摆荡的长臂猿来说，如果身后拖了一条尾巴，那它绝不是稳定舵，反而是阻力的来源。想必对4号共祖来说也是如此。

关于我们猿类为何失去尾巴的问题，我只能说这些，我觉得动物学家们需要给予这个谜题更多的关注。反事实的归纳法可以催生出一些令人愉悦的猜测。尾巴该怎么跟我们穿衣的习惯相协调？特别是裤子。它赋予那个经典的裁缝问题以不同的紧迫性："先生习惯摆向左边还是右边？"

长臂猿的故事

在第4会合点，我们第一次遇见由两个以上物种组成的朝圣者小队。物种数目的增多会为推定它们关系带来很多问题。随着我们的朝圣继续推进，这些问题会变得越来越严重。如何解决这些问题，便是《长臂猿的故事》讨论的主题。[2]

我们前面提到过，差不多16种长臂猿可以被分作4个系群。每个系群的染色体数目都不相同，如今各有自己的属名，分别是长臂猿属（含7个物种，其中最著名的是白掌长臂猿，学名 *Hylobates lar*）、白眉长臂猿属（*Hoolock*，含2种孟加拉白眉长臂猿，在2005年被重新命名）、合趾猿属（*Symphalangus*，合趾猿）和黑冠长臂猿属（*Nomascus*，含6种"戴帽子"的长臂猿）。这篇故事将会解释如何确立这4个系群的进化关系，换句话说，如何建立它们的系统发生树。

树状家系图可以"有根"，也可以"无根"。如果我们画的是一棵有根树，这意味着我们知道祖先在哪里。这本书里的大多数树状图都是有根的。但是如果完全不清楚祖先在树状图上的位置，我们就只能画一棵无根树。无根树无所谓方向，无所谓时间，常常以星形图的形式呈现。下图给出了三个例子，穷尽了 4 个系群的可能关系。

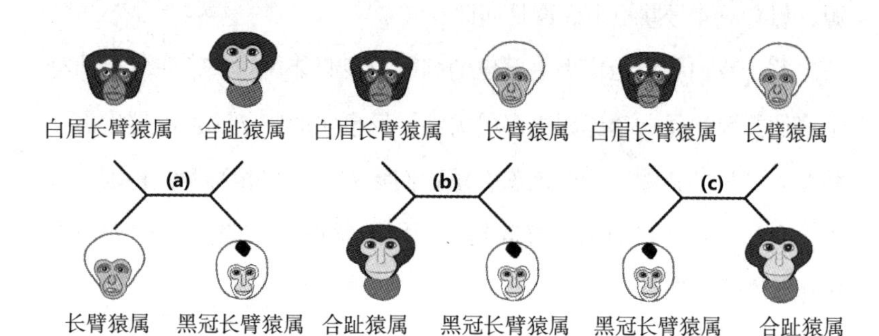

树分叉处的两个分支哪个在左哪个在右其实并无区别。而且目前（本篇故事的后面部分会有所不同）分支的长度并不包含信息。分支长度不包含信息的树状图被称为分支图（cladogram）或分支树（在这个例子里则是无根分支图）。分支图传达的唯一信息便是各分支的次序，其余都是点缀。比如，如果交换图中（a）中白眉长臂猿属和长臂猿属的位置，对 4 个系群的关系没有任何影响。

只要我们限定所有分叉都只一分为二，即形成二歧分支（dichotomy），那么这三幅无根分支图就代表了 4 个物种间所有可能的关系。有根分支树也一样，按照惯例，通常都忽略三歧（trichotomy）或多歧（polytomy）分支，我们需要暂时承认我们的无知，把它们看作无法解析的情况。

一旦我们确定了无根分支图上最老的点（也就是"根"的位置），它就变成了一幅有根分支图。然而这并不总是一个容易做的决定，等我们的朝圣之旅接近尾声时，这个问题还会回来纠缠我们。不幸的是，一旦改变根的位置，各分支的顺序也会随即发生剧烈的变动。以上页图（a）部分为例，如果根被安放在黑冠长臂猿属和其他三个长臂猿系群之间，我们会得到下图左侧所示的有根分支图。如果还是同一幅无根分支图，但这次把根安放在白眉长臂猿属和其他三个系群之间，我们就得到了下图右侧的有根分支图。这两种有根分支图在长臂猿的研究者中各有拥趸。尽管在外行看来，两幅图所示的关系模式极为不同，但实际上它们的差别只在于根的位置。

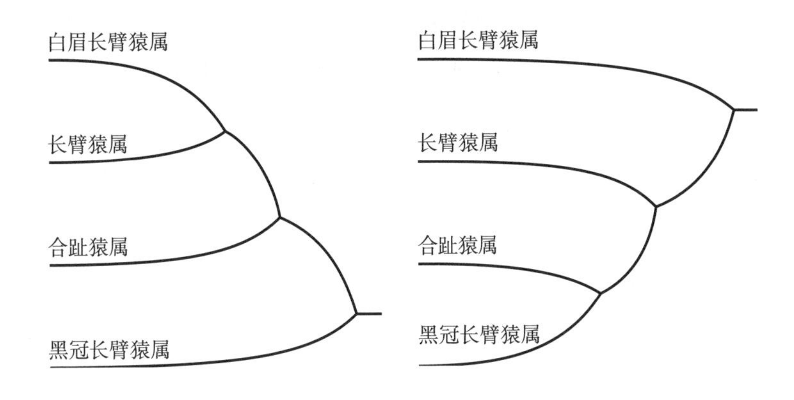

如何才能找到分支图的“根”？通常的办法是把分支图进行扩展，直到它涵盖至少一个——最好不止一个——外类群（outgroup）物种，即事先普遍认为这个物种跟其他系群的关系足够远。比如在长臂猿的分支图里，猩猩或大猩猩，甚至大象或袋鼠都可以充当这个外类群。不论我们对长臂猿内部各系群的亲缘关系有多么不确定，但我们都知道任何长臂猿和类人猿或大象的共同祖先都比各种长臂猿的共同祖先更古老。因此对于一幅包含了长臂猿和类人猿的分支图来说，把根安放在这二者之间是毫无争议的。

有了这些准备，我们现在可以决定上述无根分支图当中哪个才是正确的。4 个长臂猿系群的无根分支图有 3 种可能。如果要鉴定关系的是5个动物系群，那么我们需要考虑的备选分支图就有15种之多。如果动物系群的数目高达20种，则根本不必试图数出备选分支图的数目，因为那将是个天文数字[3]。随着需要归类的系群数目的增加，可能的分支图的数目会急剧增长，即使是最快的计算机也要算到世界末日。不过从原理上看，我们的任务非常简单。我们只需要从所有备选里挑出最好地解释了系群间相似性和差异性的那幅分支图。

怎么才算是最好的解释？任意一组动物之间都存在无穷多的相似性和差异性，要对它们进行计数可能比你想的还要难。某个“特征”是另一个“特征”不可分割的一部分，这种情况常有发生。如果你把它们单独计数，那么你实际上是把同一个东西数了两遍。举一个极端的例子，假设有A、B、Y和Z4种千足虫（millipede），其中A和B在各方面都比较相似，唯一的区别在于A的腿是红色的，而B的腿是蓝色的。Y和Z在各方面比较相似，但跟A或B非常不同，而且Y的腿是红色的，Z的腿是蓝色的。如果把腿的颜色当作单个“特征”，我们就能正确地将A和Y归为一个系群，而把B和Z归为另一个系群。但是如果我们天真地把100条腿各算一个特征，那么这些腿的颜色会使得支持AY和BZ分组的特征数目暴增至100倍。人人都能看出来，我们错误地将同一个特征数了100遍，而它“实际上”只是一个特征，因为胚胎发育时是一个单独的“决定事件”同时决定了所有100条腿的颜色。

左右对称性也有同样的问题。胚胎学的原理决定了，除了少数例外，动物每侧身体都是另一侧的镜像。没有动物学家会在绘制分支图的时候把两侧的镜像各计一遍，但是这种非独立性（non-independence）并不总是如此显而易见。鸽子需要高高突起的胸骨（即龙骨突）来锚定飞行肌，不会飞行的鸟比如无翼鸟（kiwi）则不需要。

当我们考虑鸽子和无翼鸟的区别时，我们应该把龙骨突和翅膀算作两个独立特征吗？还是说我们应该把它们算作一个特征，因为有时候一种特征的状态会决定另一种特征，或者至少不同程度地降低另一种特征的自由度？在千足虫和左右对称性的例子里，合理的答案相当明显，但在龙骨突的例子里则不然。你会发现人们各执一端，而争辩的双方都是富于理性的人。

这些相似或不同都是可见的特征，但可见特征的进化在于它们是 DNA 序列的外在表现，而今天我们可以直接比较 DNA 序列。长链 DNA 还带来额外的好处，即 DNA 文本里有更多可供计数和比较的内容。翅膀和龙骨突多样性的问题可能会被数据的洪流淹没得无影无踪。更妙的是，自然选择对许多 DNA 差异视若无睹，因此给我们保留了一个“更纯净”的祖先信号。举个极端的例子，有些 DNA 密码是同义的，即它们编码相同的氨基酸。如果一个突变把一个 DNA 密码词变成了它的同义词，那么它对于自然选择来说就是不可见的，但对于遗传学家来说，它和别的突变没什么两样。同样的情况也适用于“假基因”（通常来自真基因的偶然重复）和许多其他“垃圾 DNA”序列，这些序列虽然位于染色体上，但其中包含的信息从来不会被实际使用。免于自然选择的 DNA 片段可以自由突变，从而为分类学家们留下了有用的痕迹信息。不过，这些都不会改变基本的事实，即某些突变确实有重要的实际作用。虽然从数量上看，这些突变不过是冰山一角，但正是因为有了这些自然选择看得见的突变，才有了我们熟悉的这些美丽而复杂的生命。

DNA 并不是解决一切问题的灵丹妙药。它的进化有时候会出人意料，让人一不留神就上当受骗。我们将在《丝叶狸藻的故事》里看到，我们的 DNA 里有超过半数来自病毒或病毒样的寄生物，它们借用我们的DNA复制机器来扩散自己的基因组。若是因为某种病毒曾经由一种生物传染给另一种生物就把这两种生物归为一个系群，那实在是误人子弟！即使是那些只在单个生物个体基因组内部进行传播的DNA，也会像千足虫的腿一样，给我们带来重复计数的问题。还有另外一种更为隐蔽的问题，来自生物体内相似的重复DNA序列，比如我们将在《七鳃鳗的故事》里遇到的多种血红蛋白基因。一条既有血红蛋白 α 基因也有血红蛋白 β 基因的祖先染色体可能会留下两类不同的后代染色体，一类丢失了 α 基因，另一类丢失了 β 基因。如果对这两个系群进行比较，我们很可能会犯这样的错误，即拿一个系群中的 α 基因和另一个系群的 β 基因相比较，这无异于拿苹果跟橘子比。正因如此，我们在不同物种之间进行比较时，必须确保我们使用的是相同的“种间同源”（orthologous）遗传序列。

还有另外一些情况，即相对疏远的生物却有大段DNA表现出谜一般的相似性。没人怀疑鸟类跟海龟、蜥蜴、蛇和鳄鱼的关系比跟哺乳动物更亲近（参见第16会合点），但鸟和哺乳动物DNA序列的相似性之高却与它们的疏远关系不相称。它们的DNA都有一些高GC[4]含量的区域，特别是基因附近的序列。这大概来源于它们的DNA修复机制的某些共同特点。纵观整个基因组，哺乳动物和鸟类都微微倾向于在相同的DNA位点累积鸟嘌呤（G）和胞嘧啶（C）。这导致早期的遗传研究将鸟类和哺乳动物归在一处。我们现在知道这些看似多发的相似性其实并不是彼此独立的：它们都来源于同一个遗传机制的偶然改变。DNA看起来像是为生物分类学者们提供了一个乌托邦，但我们必须小心其中的危险，因为我们对基因组的理解仍然有许多不足。

假设怀着必要的小心，我们又该如何使用DNA包含的信息呢？

有趣的是，文学研究者在追踪文本的源流脉络时使用的是跟进化生物学家相同的技巧。更妙的是——简直美好得令人难以置信——这方面最好的例子之一正是来自《坎特伯雷故事集》研究项目。各国的文学研究者组成了一个国际理事会，成员们使用进化生物学的工具追踪《坎特伯雷故事集》的 85 种不同抄本的历史。如果要重现失落的乔叟原始手稿，这些印刷术时代之前的古老手抄本是我们的最佳希望。就像 DNA 一样，乔叟的文本历经多次重复抄写得以保存，而那些偶然的错误也同样被保存了下来。学者们一丝不苟地对累积的差异进行评分，重建了抄录的历史，建立了版本的进化树——这确实是一个进化的过程，随着代代相传，错误也渐渐累积。研究 DNA 进化和文本进化所用到的技术和遇到的困难如此相似，二者之中任何一个都可以被用来类比，作为另一个的解释。

所以，让我们暂时从长臂猿转向乔叟，具体关注《坎特伯雷故事集》85 个手抄版本中的 4 个，即大英图书馆（British Library）本、基督教堂（Christ Church）本、埃格顿（Egerton）本和汉格沃特（Hengwrt）本[5]。《总序》的前两行是这样的：

大英图书馆本：Whan that Aprylle / wyth hys showres soote
The drowhte of Marche / hath pcede to the rote

基督教堂本：Whan that Auerell w^{t} his shoures soote
The droght of Marche hath pced to the roote

埃格顿本：Whan that Aprille with his showres soote
The drowte of marche hath pced to the roote

汉格沃特本：Whan that Aueryll w^{t} his shoures soote
The droghte of March / hath pced to the roote

不管研究的是 DNA 还是文学文本，第一件必须做的事情都是找出相似和不同的位置。因此首先要把它们对应排列起来，这件任务有时候并不容易，因为文本可能只是碎片，又或者可能颠三倒四、长度不等。如果问题确实棘手，计算机能帮很大的忙，不过我们只需要比对乔叟作品《总序》的前两行而已，倒是不必用它了。我们把这些版本的这两行里有分歧的 15 处地方用阴影标了出来。

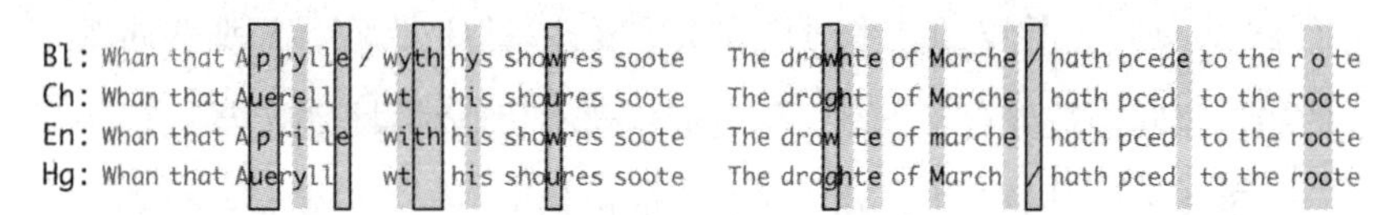

既然已经列出了差异，让我们来看看哪种分支图能够最好地解释这些差异。最快捷而粗糙的办法是采用下述方法的某个变种把这些文本按照整体相似性进行归类。首先，我们找到最相似的一对文本，然后把这对文本取平均，作为单个文本继续跟剩下来的其他文本比较，再选出最相似的一对。以此类推，构建出连续嵌套的组别，直到生成一棵关系树。因为不需要来回倒腾所有可能的关系，所以这种方法很快，其中最常用的一种被称为“邻接法”（neighbour-joining）。但这些方法并没有考虑进化过程自身的逻辑，它们只单纯衡量相似性。支序系统学作为分类学的一个流派，其内在逻辑是基于进化的，不过并非该流派的每个成员都意识到了这一点，因此他们更偏爱其他办法，其中最早被发明出来的是简约法。

正如我们在《猩猩的故事》里看到的那样，“简约”指的是解释的经济性。不管是动物的进化还是手稿的进化，最简约的解释所假设的变化次数一定是最少的。如果两个文本有一个共同的特点，那么简约的解释会认为这个特点是它们从同一个早期文本那里继承得来的，而不是各自独立进化而来的。这并不是一个不可动摇的规则，但起码它比反过来的说法更正确。至少从原理上看，简约法会穷尽所有可能的分支图并选择变化次数最少的那个。

有些类型的差异对于我们衡量不同分支图的简约性是无效的。如果一个差异只存在于单个版本或单个动物物种中，那么它对于简约法来说就不包含有用信息。邻接法会用到这种差异，但简约法会完全无视它们。简约法依赖于包含有用信息的变化，即两个或多个版本共享的变化。理想的分支图会使用共享的祖先源流来解释尽可能多的有用差异。在我们的乔叟作品家系中，有 9 个差异不包含有用信息，因此可以被忽略。6 个包含有用信息的差异在上页图中被框了出来，你可以看到，前 5 个差异将 4 份手稿很清楚地分成两组，基督教堂本和汉格沃特本是一组，大英图书馆本和埃格顿本是另一组。剩下的那个差异是个斜线符，这个文本分隔的差异将大英博物馆本和汉格沃特本归为一组，基督教堂本和埃格顿本归为另一组。最后一个差异跟其他差异发生了冲突。没有哪个分支图只用单次拷贝错误的发生和继承就能解释上述手稿的全部差异。不知在什么时候，必定有两名抄写员犯了同样的错误。

简约性告诉我们应该选择拥有最少变化的那棵分支树：它只包括一次巧合，比如两位僧侣各自独立地在同一个地方插入了一个斜线符。那棵树长这个样子：

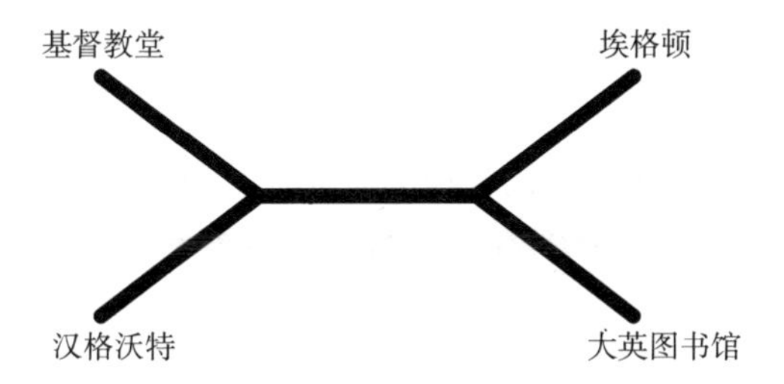

另外两种分支图则要求在抄写过程中发生五次或者六次巧合的错误，这种可能性显然相对较低，不过并非完全不可能发生，尤其是考虑到文本的趋同和反转是比较常见的现象，我们在对乔叟文本的源流下结论时应该多加小心。一位中世纪的抄写员对于改变单词的写法也许没什么顾忌，更不必说增减一个斜线符这样的标点符号。关于版本关系的更好的指征是字词次序的改变。与之对应的遗传改变是那些“罕见基因组改变”（rare genomic changes），比如 DNA 大片段的插入、缺失或重复。我们可以给不同类型的变化赋予不同的权重，以此凸显上述变化的价值。如果同时有其他类型的变化，那些常见或不可靠的变化就被赋予较低的权重，而那些罕见或者已知能够可靠表征亲缘关系的变化就被赋予较高的权重。如果一个变化被赋予了较高的权重，这就意味着我们要特别小心，不要重复计数。整体权重值最低的也就是最简约的分支图。

简约法是建立进化树最常用的方法，然而如果趋同或反转的情况比较常见，就像我们这里的乔叟文本以及许多 DNA 序列一样，那么简约法可能会误导人。它会带来一个臭名昭著的棘手难题，被称为“长支吸引效应”（long branch attraction）。下面解释一下这是怎么回事。

分支图无论有根无根，都只反映分支的次序。系统发生图（phylogram）或系统发生树（phylogenetic tree，希腊语 phylon 指的是种族 / 部落 / 类别）与之类似，但其分支长度也同时传递这些信息。在典型的系统发生树里，分支长度代表进化距离：长支代表发生了许多改变，而短支代表改变次数较少。比如，我们这 4 个版本的《坎特伯雷故事集》片段的关系可以这么来表示：

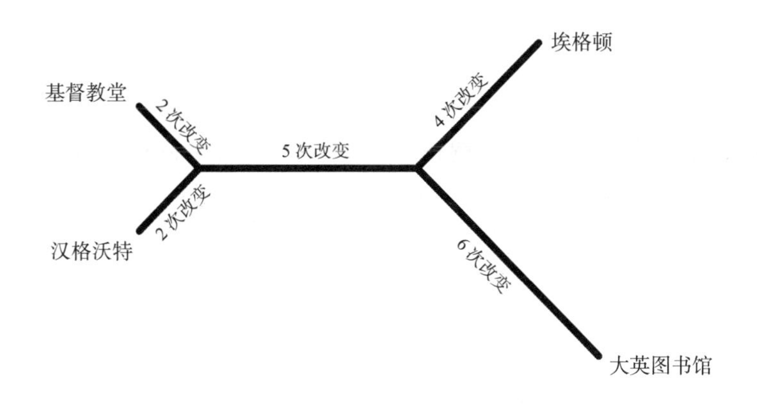

在这幅系统发生图里，分支的长度都差别不大。但是假如其中两份手稿跟另外两份相比存在较多改变，想想会发生什么。这两份手稿所在的分支会变得非常长。版本间会有一部分变化是不局限于某个版本的，发生树上其他地方会碰巧有相同的变化，（这里是重点）特别是另一条长支上。这是因为长支本来就是大多数变化所在的地方。只要有足够的进化改变，这种巧合会掩盖真正的信号，将两条长支错误地联系在一起。基于对变化数量的简单计数，简约法会错误地将特别长的分支的末端归到一起。换言之，简约法使得长支彼此“吸引”，产生假象。

长支吸引问题尤其让生物分类学家头疼不已。只要趋同和反转常有发生，这个问题就会冒头，而且不幸的是，即便把更多文本纳入分析也不能避免这个问题，甚至文本越多，我们找到的虚假的相似性就越多，我们也就越容易相信错误的答案[6]。不幸的是，DNA 数据面对长支吸引现象尤为脆弱。主要原因在于，DNA 编码中只有四种字母，既然大多数差异来自单字母变化，那么多次独立突变碰巧生成相同字母这样的巧合就极有可能发生。这简直像是布设了一片长支吸引的雷区。显然，遇到这样的情况我们就需要一种不同于简约法的新技术。这种技术被称为似然分析（likelihood analysis），在生物分类领域中日渐受到青睐。

似然分析比简约法更依赖计算机的能力，因为在这种方法里分支的长度也纳入了计算，也就是说计算时又多了许多必须满足的条件。除了所有可能的分支模式，我们还必须考虑所有可能的分支长度和突变率。只有借助巧妙的近似和聪明的捷径才有望完成这个极其艰巨的任务，而这正是计算生物学家所研究的一个热点领域。

“似然”并非一个空洞的词汇。恰恰相反，它有极其精确的含义。要这么来理解：首先猜一猜各种类型的变化发生的概率（一个字母被替换成另一个字母的概率、缺失一个字母的概率等等）。同时还要假想出一棵进化树，包括分支的长度。假装这些猜想都是正确的，然后我们可以算一算有多大的概率生成我们实际看到的 DNA 序列，这个概率就是我们那些猜想的“似然”概率（可能是一个非常小的数值）。如果再做一组猜测，我们会得到一个不同的“似然”值，便可以跟第一个值进行比较。以此类推，为尽可能多的猜想——尽可能多的进化树和概率值——计算出似然概率。

有多种方法可以利用似然概率为“最佳”进化树下定义。最简单的办法是认定似然值最高的那棵进化树是最好的，这种办法被称为“最大似然法”（maximum likelihood）自然不无道理，但有一棵最有可能的进化树并不意味着其他可能的进化树不可以有几乎同样的可能性。与其相信单个最有可能的进化树，我们也许应该成比例地给予所有可能的进化树相应的信任度，可能性越高的进化树拥有越高的信任度。这种办法叫作“贝叶斯系统发生学”（Bayesian phylogenetics），也是近来兴起的一项统计学运动的组成部分，即各种概率计算都改用贝叶斯途径[7]（一个例子是互联网垃圾信息过滤器）。就进化树而言，这种途径有两方面的好处。它为每个分支点都提供了一个概率值（尽管根据经验这些数值有时候显得过于乐观)。更重要的是，在它的框架下，进化速度是可以沿着各个分支进行调整的，所以我们可以用分支的长度估量实际的进化时间而非积累的变化数量。实际上这意味着那些变化可以被用作“分子钟”，跟本书提到的许多年代在计算时所用的分子钟是同一回事，我们将在《天鹅绒虫的故事》的后记里回到这个话题。当然，就像最大似然法一样，贝叶斯分析也不可能考察所有可能的进化树，但我们有计算上的捷径可循，而且它们非常好用。

我们对最终选定的进化树是否有信心，取决于我们有多么肯定它各个分支的正确性。一种常见的做法是把我们对各个分支正确性的估计标在分叉点旁边。使用贝叶斯方法时会自动计算出概率，但使用其他方法比如简约法或最大似然法时，我们需要别的办法计算概率，其中比较常用的一种是“自助抽样法”(bootstrap method)，通过对数据的不同部分重复抽样，看它跟最终的进化树有多大差别，换句话说，来判断进化树在误差面前有多稳健。自助抽样值越接近100%，分支点就越稳健，但即使是专家也发现很难解读某个具体的自助抽样值的准确含义。类似的方法还有“刀切法”(jackknife)和“衰减指数法”(decay index)。所有这些方法都是用来评估我们应该对进化树上的每个分叉点怀有多大程度的信任。

在我们离开文学话题回归生物学之前，请先看一下下页图，这是根据乔叟作品的前250行总结的24个抄本的进化关系。在这幅系统发生图中，各分支的次序和长度都是有意义的。你一眼就能看出哪些抄本彼此之间只有细微的差异，而哪些是脱轨的异类。这是一幅无根图，也就是说它无意回答24个抄本之中哪个更贴近“原本”的问题。令人满意的是，我们刚讨论过的那4个版本(名字标注在括号里)在图中的关系，跟我们先前只用前两行计算出来的结果完全相符。

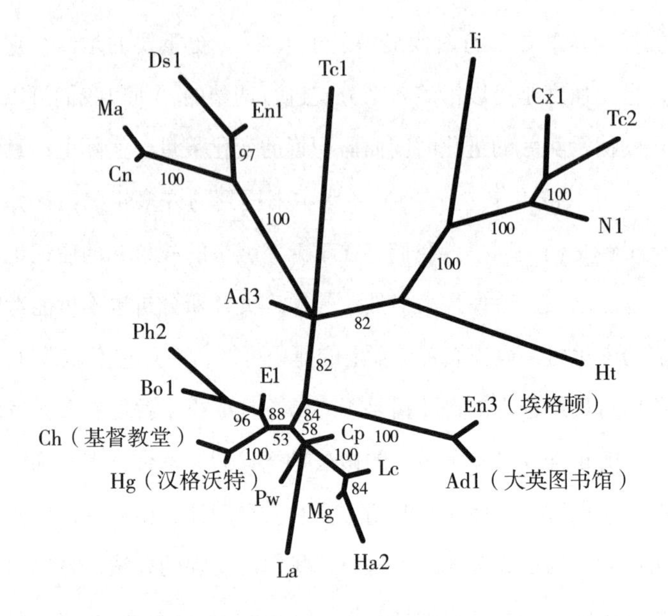

“我不曾做任何增减”（By me was nothyng added ne mynusshyd，卡克斯顿版前言）。根据 24 种《坎特伯雷故事集》抄本的前 250 行绘制的无根分支图。这些抄本是《坎特伯雷故事集》项目所研究的诸多版本中的一部分，本图采用了该项目为这些抄本拟定的缩写代码。该图由简约法分析得出，自助抽样值标注在对应的分支上。正文中讨论的 4 种版本在图中以全称标注。

现在该回到长臂猿的话题了。多年以来，曾有许多人试图解决长臂猿的关系问题。简约法告诉我们存在 4 个系群的长臂猿。接下来需要根据身体特征完成一幅有根分支图。

下页图颇为可信地显示，长臂猿可以按照 4 个已知的属归类，其中所有黑冠长臂猿物种都归在一起（自助抽样值为 100%），长臂猿属很可能也是如此（自助抽样值为 80%），但其他关系大都相当模糊。尽管长臂猿属和白眉长臂猿属归在一处，但自助抽样值只有 63%，在熟悉这些数据的人看来，这样的数值意味着这个关系并不可信。身体特征不足以解决各个长臂猿属之间的关系问题。

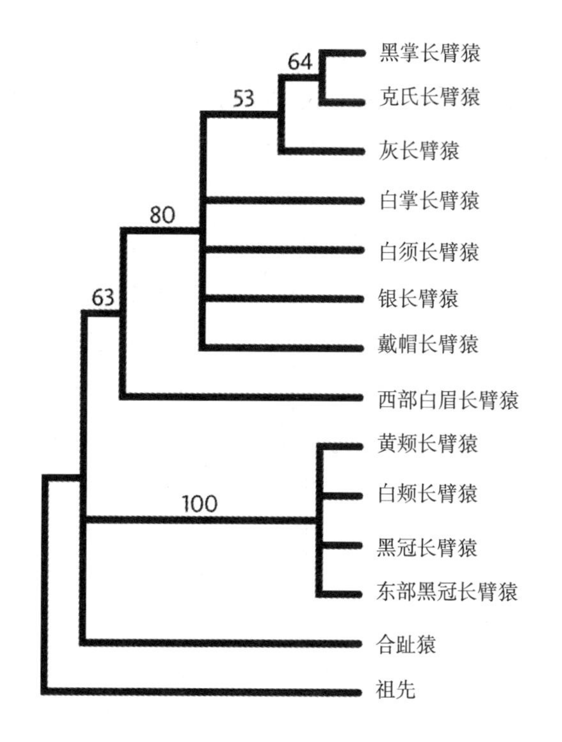

基于形态的长臂猿有根分支图。改自 Geissmann[148]。

出于这个原因，研究者们越来越偏重分子遗传学。《夏娃的故事》介绍了线粒体 DNA，这种只沿母系家系遗传的 DNA 序列常被用于遗传研究。长臂猿线粒体 DNA 方面的顶尖权威克里斯琴·鲁斯（Christian Roos）让我们注意到一份最近的研究，它分析了长臂猿的完整线粒体 DNA 序列。

研究者利用来自若干长臂猿个体以及 7 个外类群的序列，去掉个别无法匹配的片段之后，逐字比对（就像我们对乔叟的文本所做的那样）。然后他们使用最大似然法和贝叶斯分析构建进化树，其中后者还允许进化速度发生改变。最后将得到的线粒体 DNA 家系图（见下页图）末端对齐，以分支长度代表对地质时间的估计。在这幅图中，没有标注数字的分支点代表它是可靠的，即自助抽样值等于100%，贝叶斯概率约等于1.0。因此，跟上一幅基于身体特征的图比起来，这幅图的解析度更高。

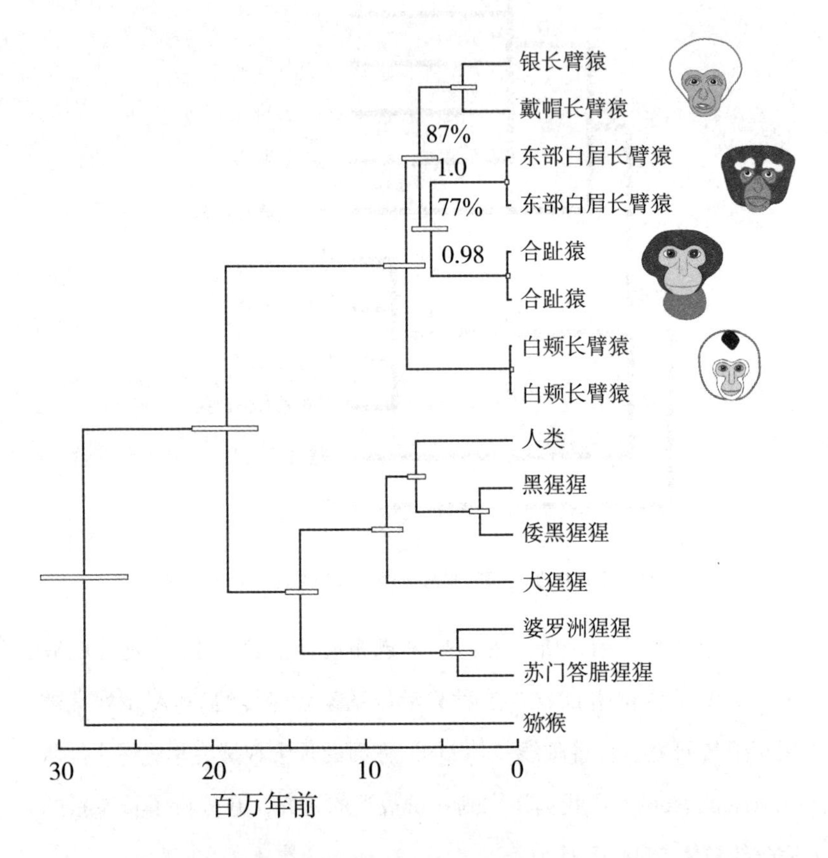

基于完整的线粒体 DNA 序列构建的长臂猿系统发生树。自助抽样值如低于100%或贝叶斯概率低于1.0，则在图中予以标记。贝叶斯方法可以根据人类/黑猩猩（700万到600万年前）、人类/猩猩（1 400万年前）、人类/猕猴（2 900万到2 400万年前）的分歧时间来校正图中各分支点的年代，分枝点处的柱状图表示其年代估计的95%置信区间。改自 Carbone *et al* [148]。

不幸的是，仍然有两个不那么确定的分支点，自由抽样值分别是87%和77%，也依然会影响到长臂猿各属。黑冠长臂猿的线粒体最先分离出去，这件事是确定无疑的。然后分离的是长臂猿属，这也有合理的支持（87%的自助抽样值）。但是把合趾猿属跟白眉长臂猿属联系起来的自助抽样值只有77%，这就低得令人失望了。考虑到这棵进化树是基于将近16 000个DNA字母构建的，这个结果也许还会让人感到吃惊。问题之一在于联系各系群的分支长度。长臂猿进化之初连续发生的数次分歧间隔时间都不长，导致没有充分的时间累积足够的进化差异。幸运的是，对于我们的朝圣来说，进化树上人类所在的这些中间分支应该不太有这样的问题。除了800万年前到600万年前的一个短分支之外，人类进化家系各分叉点之间的距离往往长达500万年甚至更久，足以积累许多有分析价值的进化差异。

进化树上的短分支固然会由于进化差异的匮乏而带来麻烦，但过长的分支也会由于进化上的改变太多而产生问题。随着DNA序列之间积累的差异越来越多，哪怕是最大似然法和贝叶斯分析这样复杂的技术也无法令人满意。当进化上的改变达到一定程度，相当比例的序列相似性其实只是巧合而已，这个比例会高到让人无法接受，换句话说，DNA的差异饱和了。再没有什么花哨的办法可以从中提取出源流信息，因为过往关系的残余已经在时间的蹂躏下被覆盖了。这个问题对于中性的DNA差异来说显得尤为严重。强自然选择会让基因规规矩矩的，在极端的例子里，一些重要的功能基因可以历经数亿年的光阴而纹丝不改。但对于一个从来不发挥任何功能的假基因来说，这样长的时间足以导致令人绝望的差异饱和。遇到这样的情况，我们就需要别的数据。最有希望的办法是利用我们前面提到的罕见基因组改变，即牵涉到DNA重排而非单字母差异的改变。这样的改变既然是罕见的，而且往往还是独一无二的，也就不太可能因为巧合造成的相似性而带来麻烦。一旦找到这样的改变，它们可以透露大量关系信息。等河马加入日渐膨胀的朝圣者团体，我们会从它那令人震惊的精彩故事里听到这方面的内容。

《长臂猿的故事》后记

《长臂猿的故事》解释了如何使用身体特征或遗传序列构建进化树。对长臂猿来说，线粒体 DNA 提供了一个合理的答案。但三思之后我们应该给这个故事加上一个重要的限定；也许我们应该叫它“长臂猿作为物种的衰亡史”。线粒体 DNA 只通过母系家系传递，所以我们知道它反映的是一棵有着严格分支的家系树。基因组的剩余部分则麻烦得多。迄今我们已经在多个故事里强调过，物种是 DNA 的复合体，而这些 DNA 来自许多个不同的来源。每个基因，实际上遗传序列里的每个字母，都有着各自的进化史。每一段 DNA，以及一个物种的每一个侧面，都可以有不同的进化树，这意味着物种之间也许根本不存在什么清爽简洁的关系。我们之前接触到的 ABO 血型就是一个这样的例子。还有一个更明显的例子，我们对它太熟悉反而容易忽视它。如果只把男人、女人和雄性长臂猿的生殖器展示给一位来自火星的分类学家看，他会毫不犹豫地把两位雄性归为一类，认为他们的关系要近于他们跟雌性的关系。确实，决定雄性性别的基因（*SRY* 基因）不曾存在于雌性的身体里，至少在我们跟长臂猿分道扬镳之前很久就一直是这样了。传统上形态学家会把性别特征作为特例，以避免产生“荒谬”的分类。但随着我们对基因组的了解更加深入，科学家们发现这个问题的影响远比他们原先以为的更深广。

下图是露西娅·卡蓬（Lucia Carbone）和同事们做的一幅图，展示的是长臂猿的遗传关系，数据来源不光有线粒体，还包括了整个基因组。它显然糅合了几棵不同的进化树。最常见的那棵树有 15% 的基因组支持，显示长臂猿属有两个物种最先分离。另一棵有 13% 的基因组支持，显示黑冠长臂猿属最先分离。第三组关系则有 11% 的基因组支持，同样把长臂猿置于最早分离的位置，但剩下的 3 个属的分离次序却不同。这份分析同时还选出了其他几种支持较弱的进化树，尽管它们并没有被包含在这幅图里。跟乔叟的例子不同，这些进化树之间的冲突并不是因为偶然发生的趋同现象。我们之所以这么说，是因为即使我们分析的是罕见的大片段 DNA 插入，也依然会暴露出不可调和的进化史分歧。

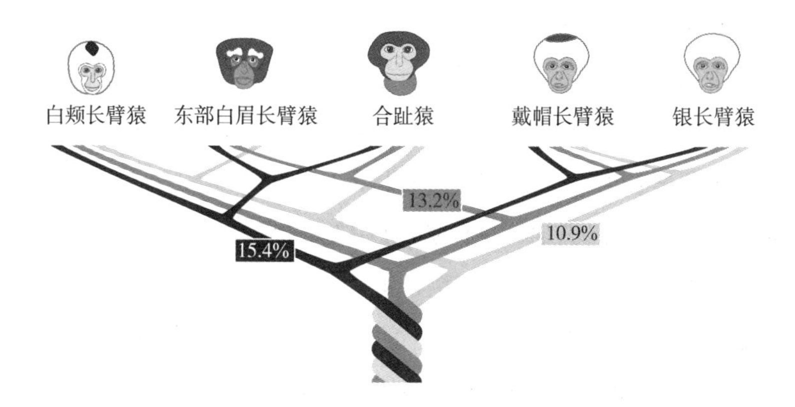

有两种效应会造成这样的问题，而在长臂猿的例子里，这二者可能都有贡献。首先是存在杂交的可能。动物园里不同属的长臂猿可以生下杂交后代，而历史上可能发生过野生物种之间的杂交，从而使不同的基因在物种之间传递。第二种很可能是我们曾在《倭黑猩猩的故事》里遇到过的“不完全谱系分选”。出现这种情况的原因是没有哪个长臂猿物种可以追溯到某一个繁殖对。长臂猿祖先的种群规模始终保持在数千或者数万。在大种群中，每个基因都不可避免地表现出某种多样性，它的家系图包含着许多以前的家系。种群越大，这些祖先家系可能持续的时间就越长。如果大型种群在较短的时间内连续多次形成新物种，不同的DNA片段可能被随机分配到不同的物种当中。

这本书，以及我们前往生命之黎明的旅程，全是基于单一进化树的概念，而这两种效应使得单一进化树是否存在都成为问题。幸运的是，地质时间的冲刷把我们从这个困境中拯救了出来。随着种群朝不同的方向进化，杂交个体出现的概率越来越低，而来自祖先的基因遗传家系就渐渐丢失（也许这一点更为重要）。所以，如果物种的形成相隔了数百万年，大多数基因都趋向于同一棵进化树。只要分支点的间隔足够远，进化树的冲突就很少发生，仅限于个别反常的情况，比如性别或血型决定基因。长臂猿也有同样的现象。尽管长臂猿进化树根部彼此纠缠，但剩下的分支较为清爽。比如，同属于长臂猿属的两个物种总是被分在一起，这也反映出了一个事实，即这两个物种的分离比它们的祖先与其他长臂猿的分离要晚上400万到500万年。

随着我们沿着时间继续回溯，我们会发现大多数会合点的间隔都长达500万年或者更久。这为我们的普遍进化树赋予了合理性。只有当连续的物种形成事件彼此间隔很近时，这一看法才会丧失根基。我们将在第9、第10和第13会合点处理这样的情形。

注释

1. 有人虔诚地希望我们在进化上的祖先也曾拥有长臂猿那样老派优良的家庭价值观，也许长臂猿的美德以及这种虔诚的希望应该引起右翼“道德多数派”

（moral majority）的注意，他们无知而固执地反对进化论教育，已经危及北美诸多落后州的教育水平。当然，从动物的行为引申出道德寓意本来就是一种“自然主义谬误”（naturalistic fallacy），但谬误不正是这些人擅长的吗？——作者注

2. 这篇故事的主旨使它不可避免地比本书其他部分更加困难。读者或者应该准备好开动脑筋，戴上“思考帽”（thinking cap）再来阅读接下来的内容，或者应该直接跳到下一章，等想要锻炼神经元的时候再回到这个故事。顺带说句闲话，我一直好奇“思考帽”是个什么东西，我要是也有一顶就好了。我的赞助人查尔斯·西蒙尼（Charles Simonyi）是世界上最伟大的程序员之一，据说他穿着一件特殊的“调试服”（debugging suit），这大概有助于解释他的伟大成就。——作者注

3. 实际数目等于（3 × 2–5）×（4 × 2–5）×（5 × 2–5）×⋯⋯×（n× 2–5），其中 n 为系群的数目。——作者注

4. 指鸟嘌呤（guanine，缩写为 G）和胞嘧啶（cytosine，缩写为 C）组成的碱基对。——译者注

5. 大英图书馆本手稿原先属于 1501 年继任坎特伯雷大主教（Archbishop of Canterbury）的亨利·迪恩（Henry Dene），它跟埃格顿本手稿还有其他手稿一起，现在都保存在伦敦的大英博物馆。基督教堂本如今保存在牛津（Oxford）的基督教堂图书馆（library of Christ Church），离乔叟当初写这本书的地方不远。关于汉格沃特本手稿，最早的记录表明在 1537 年它属于福尔克·达顿（Fulke Dutton）。这本手稿写在羊皮纸上，因老鼠啮咬而有所损坏，如今保存在威尔士国家图书馆（National Library of Wales）。——作者注

6. 我们会说这种系统发生树位于“费尔森斯坦区域”（Felsenstein zone），这个听起来唬人的名字是为了致敬著名的美国生物学家乔·费尔森斯坦（Joe Felsenstein）。他最近的著作《系统发生推论》（*Inferring Phylogenies*）被看作这个领域的《圣经》。——作者注

7. 托马斯·贝叶斯（Thomas Bayes，约 1702—1761）是英国数学家，以概率论研究闻名。所谓“近来兴起的一项统计学运动”，指的是在实际应用中以贝叶斯概率替代频率概率。粗略地说，频率学派认为概率的不确定性来自随机事件

本身的不确定性，概率表示的是随机事件发生的频率。而贝叶斯学派的出发点是“人的知识的不完备性”，认为概率的不确定性是知识不完备性的体现，随着信息的增多，贝叶斯概率随即发生调整。贝叶斯概率的图景更符合科学发现的实际场景，另外，20 世纪后半叶计算机技术的发展使得贝叶斯统计所要求的多参数建模成为可能，因此近年来贝叶斯统计得到了广泛应用。——译者注

第5会合点

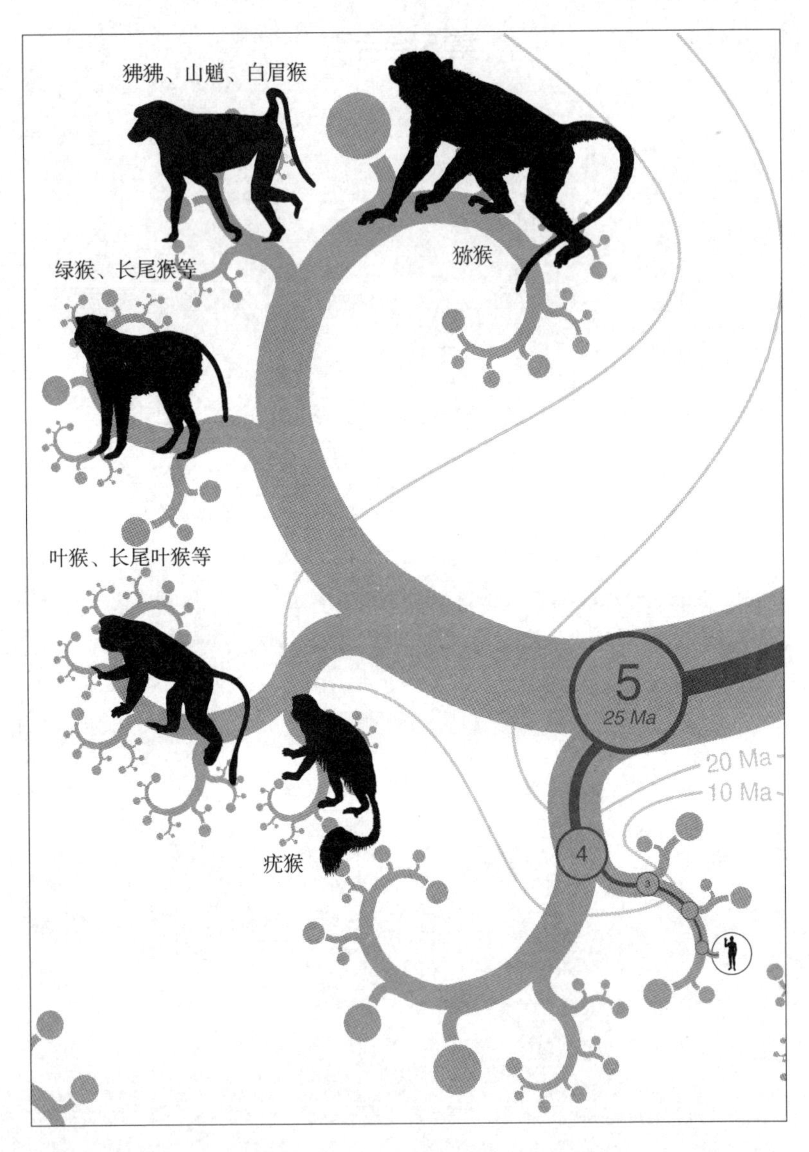

旧世界猴加入。我们在此按照人们普遍接受的看法将130多种旧世界猴分成两个亚科。图中上部的3个系群构成猕猴亚科（Cercopithecinae），包括狒狒、绿猴和猕猴等，它们主要生活在非洲。图中下部所示的疣猴亚科（Colobinae）包括生活在亚洲的叶猴和非洲的疣猴。这种安排方式得到了大量分子分析的支持。

旧世界猴

我们即将到达第 5 会合点向 5 号共祖问好，它大概是我们的第 150 万代远祖，这时我们跨过了一个重要但在一定程度上是人为划定的界限：我们离开了名为新近纪（Neogene）的地质时期，进入了一个更早的时期，即古近纪（Palaeogene）。我们下次再做这样的事情时，将是闯进恐龙的白垩纪。第 5 会合点距今大约 2 500 万年，处于古近纪，更确切地说是处于这一时期中的渐新世。在我们的逆向旅程中，这是最后一站无论气候还是植被都看起来跟今天相似的地方。再继续回溯，我们将不会再看到大片的开放草地，而这正是我们所处的新近纪的典型特点，因此我们也不会看到随着草原的扩张而四处漫游的食草动物群。在 2 500 万年前，非洲完全与世隔绝，离得最近的陆地是西班牙，将二者隔开的那片大海跟今天隔开非洲和马达加斯加的大海一样宽广。正是在这片宽广的非洲大陆上，我们的朝圣队伍迎来了新的成员，它们生机勃勃，机灵活泼，好像新的溪流汇入，激起一片浪花。它们是旧世界猴，我们遇见的第一批长着尾巴的朝圣者。

今天旧世界猴大概包括 130 个物种，其中一些离开了它们起源的大陆，迁徙到了亚洲（参见《猩猩的故事》）。它们可以被分为两大系群：一边是非洲的疣猴以及亚洲的叶猴（langur）、长鼻猴；另一边主要是亚洲的猕猴加上非洲的狒狒、长尾猴（guenon）等。

所有现存旧世界猴的最近共同祖先生活的年代比5号共祖大约晚1 100万年，即大概1 400万年前。对我们揭示这个年代最有帮助的一个化石属是维多利亚猿（*Victoriapithecus*），这些来自维多利亚湖马伯考岛（Maboko Island）的化石如今有超过1 000块碎片，其中包括1块保存极好的头骨。所有旧世界猴朝圣者手拉着手来到大约1 400万年前，向它们的共同祖先问好，这位祖先也许就是维多利亚猿，或者跟它差不多。然后它们一同继续回溯，来到2 500万年前，在5号共祖这里跟猿类朝圣者们会合。

5号共祖长什么样子？也许跟化石物种埃及猿（*Aegyptopithecus*）有点像，它生活的年代实际上比5号共祖早大概700万年。根据我们一贯的经验法则，5号共祖自己很可能也具有它的后代所共有的那些特点。它的后代包括了所有猿类和旧世界猴，统称为狭鼻类动物（catarrhine）。比如，5号共祖很可能有一个窄窄的鼻中隔把紧挨着的两个朝下的鼻孔分开，这也是狭鼻类名字的由来；新世界猴则与之不同，鼻孔浑圆，分得很开，而且朝向侧面，因此也被称为阔鼻类（platyrrhine）。跟猿类和旧世界猴一样，5号共祖的雌性个体很可能具有完整的月经周期，而新世界猴是没有的。它的耳道里可能有鼓骨形成的骨环，而新世界猴的耳朵里没有这样的骨环。

它有尾巴吗？几乎肯定有。鉴于猿和猴之间最明显的区别就是尾巴的有无，我们忍不住做出一个无根据的推测，即2 500万年前的分隔点对应着尾巴丢失的时刻。实际上，5号共祖可能就像几乎所有其他哺乳动物一样长着尾巴，而4号共祖就像它所有的现代猿后代一样没有尾巴。但我们并不知道在从5号共祖走向4号共祖的路上，尾巴是什么时候丢失的，同时也没有什么特别的原因让我们可以突然开始使用“猿”这个字来表征尾巴的丢失。比如我们可以把非洲化石属原康修尔属称为猿而非猴，这是因为它在第5会合点的岔道上跟猿类位于同一边。但事实上，它位于猿类这边并不能告诉我们它是否长着尾巴。权衡各方证据的结果，按一篇权威科学论文标题的说法，“原康修尔属没有尾巴”。但这并不是根据它跟猿类位于会合点岔道的同一边所做的结论。

那么，我们应该怎么称呼5号共祖和原康修尔属之间那些还没有失去尾巴的中间物种呢？一位严谨的支序系统学者会称它们为猿，因为它们位于猿类的分支上。另一流派的分类学家会称它们为猴，因为它们长着尾巴。正如我屡次强调的那样，太过纠结于名字是种很傻的行为。

旧世界猴，或猕猴科，是一个真正的单系群，包含了同一个共同祖先的所有后代。不过，“猴子”一词却非如此，因为它还包括了新世界猴，即阔鼻类。旧世界猴跟猿类一同构成狭鼻类，二者的亲缘关系比旧世界猴和新世界猴的关系更近。所有猿猴一起构成一个天然的单系群，即类人猿亚目（Anthropoidea）。“猴子”是一种人为分类，专业说法叫“并系群”，因为它包括了所有的阔鼻类和一些狭鼻类，却排除了狭鼻类当中的猿类。或许把旧世界猴叫作“长着尾巴的猿”比较妥当。我先前提过狭鼻类都长着朝下的鼻子，即鼻孔朝下，在这个意义上，我们人类都是理想的狭鼻类动物。伏尔泰笔下的邦葛罗斯老师（Dr Pangloss）观察到“岂不见鼻子是长来戴眼镜的吗？所以我们有眼镜”[1]。他本来可以补充道，我们狭鼻类动物的鼻孔朝向多么美妙，这是为了避免雨水灌进去。阔鼻类的意思是拥有扁平或宽阔的鼻子。鼻子虽然不是这两大类灵长类动物之间唯一的辨别特征，却是它们名字的由来。让我们前往第6会合点，见见阔鼻类动物。

注释

1. 伏尔泰（Voltaire，1694—1778），法国启蒙思想家、哲学家和文学家。邦葛罗斯老师以及这句话出自伏尔泰的小说《老实人》，摘自傅雷译本。——译者注

第 6 会合点

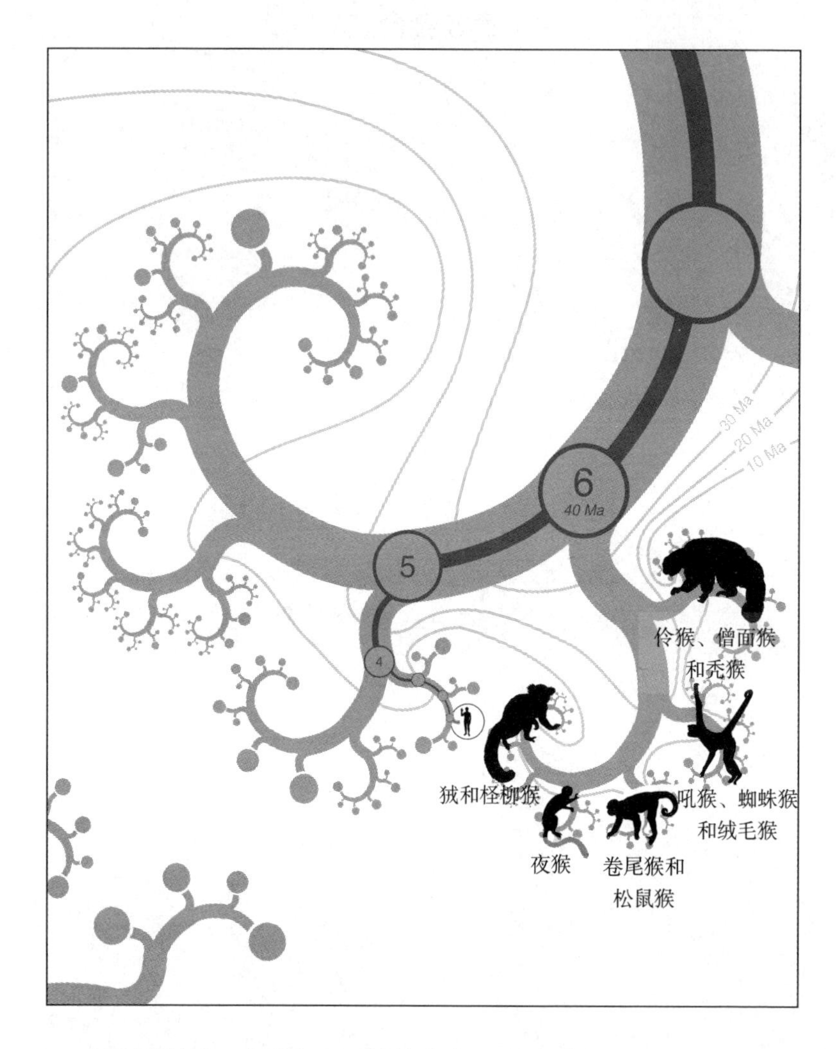

新世界猴加入。如图所示，通常把大约 100 种新世界猴归入 5 个科。从顶部顺时针开始分别是僧面猴科（Pitheciidae）、蜘蛛猴科（Atelidae）、卷尾猴科（Cebidae）、青猴科（Aotidae）和狨科（Callitrichidae）。它们之间在更高层级上的关系多少有些争议，特别是夜猴（属青猴科）的位置。这很可能说明在它们进化的早期曾在短期内有多次物种形成事件。

新世界猴

第 6 会合点距今约 4 000 万年，这是我们遇见来自新世界的阔鼻“猴子们”的地方。在这里我们还会遇见 6 号共祖，它大概是我们 300 万代前的远祖，也是最早的类人猿。那时到处是茂密的热带森林，就连南极洲都有部分被绿色覆盖。尽管今天所有阔鼻猴都生活在中南美洲，但这次会合几乎可以肯定不是发生在那里。我的猜测是，第 6 会合点位于非洲某个地方。稍晚一些时候，一个规模不大的非洲灵长类种群不知怎的来到南美洲定居下来。这事不会发生得太晚，因为早在 3 600 万年前，今天的亚马孙河流域就已经有了松鼠大小的猴子，证据是 2015 年从秘鲁出土的猴子牙齿化石。而且令人满意的是，这些牙齿跟非洲略早些时候的化石很像。那时候两片大陆的距离比现在近，海平面也很低，也许曾暴露出一连串的岛屿，沿着这些岛屿就能从西非越过大海来到美洲。猴子可以乘着筏子在岛屿间迁徙，也许这之间曾存在过小片的红树林沼泽，既可以支撑生命，又可以充当临时的浮游岛。漂流虽然漫无目的，但当时的洋流是朝着正确的方向。作为另一个主要类群，啮齿类（hystricognath rodent）很可能是在同一时间来到南美的。无独有偶，它们很可能也来自非洲。实际上，它们的名字就来自非洲豪猪（*Hystrix*）。猴子们很可能是跟啮齿类动物沿着相同的岛链，乘着同样的洋流来到美洲的，尽管大概不是同一个筏子。

是否所有新世界灵长类都是同一位移民的后代？或者灵长类曾利用[1]这些岛链走廊进行了不止一次迁徙？什么样的证据才能证明多次移民的存在？就啮齿类而言，在非洲仍然有豪猪下目啮齿类的存在，包括非洲豪猪、鼹鼠、非洲岩鼠（dassie rat）和蔗鼠（cane rat）等，如果最后发现某些南美啮齿类跟某些非洲表亲关系更近（比如豪猪），而另一些南美啮齿类跟另一些非洲表亲更近（比如鼹鼠），那么这是很好的证据，表明啮齿类曾不止一次地迁往南美。然而事实却跟另一种观点较为一致，即啮齿类向南美扩散的事件只发生了一次，尽管这证据不是很强。同样，南美各种灵长类动物之间的关系比它们跟非洲灵长类的关系更近，这跟单次扩散假说是吻合的，但证据也同样不是很强。

现在是一个很好的时机让我们重申，乘筏漂流迁徙的发生概率固然很低，但这远不足以成为质疑它曾经发生的理由。这听起来出人意料。在日常生活里，如果某件事的发生概率很小，一般来说这足以让我们认为它不会发生。问题在于，不论是猴子还是啮齿类或者别的什么生物，这种洲际迁徙只需要发生一次就足以引发重大的后果，而允许这件事发生的时间如此漫长，已经远远超出了人类直觉所能把握的范围。一片漂浮的红树林载着一只怀孕的母猴抵达远方的陆地，在任何一个年头发生这么一件事的概率都微乎其微，也许只有万分之一的可能。以人类经验来看，这听起来等同于不可能。但经过数百万年之后，这件事几乎成为无可避免的必然。它一旦发生，接下来就简单了。这只幸运的母猴会诞下一个家庭，然后发展成一个王朝，最后分化成新世界猴的各个物种。它只需要发生一次：伟大的事情始于微不足道的开端。

不管怎样，偶然的漂流迁徙并不像你可能以为的那样罕见。人们经常在水面浮料上看见小动物，甚至还不只是哺乳动物。绿鬣蜥（green iguana）体长通常有1米，有时甚至可达2米。我在这里引用一段由埃伦·肯斯基（Ellen J. Censky）等人写给《自然》（*Nature*）杂志的报告：

> 1995年10月4日，至少15只绿鬣蜥（*Iguana iguana*）出现在加勒比海安圭拉岛（Anguilla）的东海岸。这一物种之前不曾在这个岛上出现过。载着它们来到这里的是由一大堆浮木和连根拔起的树木组成的浮岛，其中一些树木长度超过30英尺（约9米），拥有硕大的根系。当地渔民说，整个浮岛规模庞大，整整两天时间里一直在往岸上堆积。他们报告称，在海岸以及浮木上都看见了绿鬣蜥的踪迹。

据猜测，这些绿鬣蜥本来在另一个岛屿的树上栖息，但飓风把这些树木连根拔起送进了大海。肇事者或者是飓风路易斯，它在9月4日到5日横扫东加勒比地区，或者是飓风玛丽莲，它发生在两周之后。这两场飓风都不曾袭击安圭拉岛。肯斯基和同事们随后在安圭拉岛以及离海岸半公里远的一个小岛上目击甚至捕获到绿鬣蜥。截至2014年，绿鬣蜥一直在当地繁衍生息。顺便一提，鬣蜥和其他蜥蜴们特别擅长占领世界各地的岛屿。鬣蜥甚至还出现在斐济和汤加，这可比西印度群岛远得多。

我忍不住想说，一旦你把这种“只要发生一次就够了”的逻辑扩展到生活中当的意外事件，就会发现它有多么让人不寒而栗。核威慑的本质，以及拥有核武器的唯一勉强合理的理由，便是对大规模报复的恐惧使得没人敢于冒险发动第一波攻击。可是发生误射的概率有多大？可能某个独裁者发了疯，可能某个计算机系统失灵了，可能威胁不断升级，超出了掌控。发生这种严重错误引发末日浩劫的概率有多大？也许在任何一个年头发生这种事的概率只有百分之一。我对此更悲观一些，毕竟我们在 1963 年曾离毁灭如此之近[2]。未来的冲突会在哪里爆发？克什米尔？以色列？朝鲜？即便年均概率低至 1%，考虑到我们所讨论的灾难的规模，100 年不过是很短的一段时间。它只要发生一次就够了。

让我们回到更轻松的话题上——新世界猴。就像许多旧世界猴一样，除了能在树枝上四足行走，有些新世界猴也会像长臂猿一样悬吊甚至摆荡。所有新世界猴都长着尾巴，而蜘蛛猴、绒毛猴（woolly monkey）和吼猴的尾巴还善于抓握，挥舞自如，好似多了一只手臂。它们单凭尾巴就能开心地悬吊身体，或者用四肢和尾巴随意组合。蜘蛛猴尾巴末端并没有长着一只手，可你观察它的时候几乎要相信它们有这么一只无形的手[3]。

新世界猴还包括一些善于在树上跳跃的物种，以及唯一的夜行性类人猿，即枭猴（owl monkey）。与猫头鹰和猫一样，枭猴也有硕大的眼睛，在所有猴子和猿类当中数它眼睛最大。倭狨（pygmy marmoset）跟睡鼠（dormouse）体形相仿，比其他所有类人猿都小。新世界猴中体形最大的是吼猴，可它不过跟大一点的长臂猿差不多。吼猴也像长臂猿一样善于利用手臂悬吊摆荡，而且非常吵闹，不过长臂猿听起来像是纽约市声嘶力竭的警笛，而一群吼猴凭着它们中空骨质的盒式共鸣器，叫起来就让人觉得仿佛有一整队看不见的喷气式飞机轰鸣着掠过树梢，令人毛骨悚然。碰巧吼猴有一个特别的故事要讲给我们这群旧世界猴听。故事是关于我们怎么看见色彩的，因为它们完全独立地得出了同样的解决方案。

吼猴的故事

新的基因不是凭空加入基因组的。它们最初是旧基因的重复拷贝，然后随着时间推移，它们突变、遭受选择和漂变，走上了各自不同的进化道路。我们通常无法目击这个过程的发生，但就像事后来到案发现场的侦探一样，我们也能利用残留的证据拼凑出必然发生过的场景。跟色觉（colour vision）相关的基因就是一个显著的例子。我们稍后便会看到，吼猴特别适合讲这个故事。

在进化之初的几百万年里，哺乳动物一直是夜行生物。白天是属于恐龙的，而根据它们活到今天的亲戚推测，恐龙很可能有着杰出的色觉。我们可以合理地推测，哺乳动物的遥远祖先，那些长得有点哺乳动物模样的爬行动物，很可能也有着出色的色觉，因为在恐龙之前是它们占据着白天的世界。但是后来经历了漫长的暗夜放逐，哺乳动物的眼睛必须捕捉一切可用的光子，不管它是什么颜色。毫不奇怪，它们对色彩的分辨能力渐渐衰退，背后的原因我们还会在《洞穴盲鱼的故事》里继续探讨。直到今天，大多数哺乳动物，甚至包括那些回到白昼生活的动物，其色觉都相当糟糕，只具有双色视觉（dichromatic vision）。这里的“双色”指的是对颜色敏感的细胞即“视锥细胞”（cone cell）的种类。我们狭鼻类猿和旧世界猴有红、绿、蓝三种视锥细胞，因此我们的色觉系统是三色的（trichromatic）。有证据表明，在我们的夜行祖先失去三色色觉之后，我们又重新获得了第三种视锥细胞。大多数其他脊椎动物，比如鱼类和爬行类，都有三种（三色视觉）或四种（四色视觉）视锥细胞，而鸟类和海龟的色觉甚至更加复杂，哺乳动物却不同。我们稍后会讲到新世界猴的特殊情况，其中吼猴的情况尤为特别。

有趣的是，有证据表明澳大利亚的有袋类动物不同于大多数哺乳动物，有着很好的三色色觉。凯瑟琳·阿雷斯（Catherine Arrese）和同事们发现长吻袋貂（honey possum）和袋鼩（dunnart）有很好的三色视觉（之前已经证明小袋鼠也是如此），认为澳大利亚有袋类保留了爬行类祖先的视觉色素，而包括美洲有袋类在内的其他哺乳动物丢失了这种色素。不过，总体上哺乳动物的色觉大概是脊椎动物当中最差的。大多数哺乳动物即便可以看见颜色，也跟人类的色盲患者差不多，灵长类是引人瞩目的例外。跟其他系群的哺乳动物比起来，灵长类更热衷于将明艳的色彩用作性展示，这当然也不是巧合。

澳大利亚有袋类也许从来不曾失去三色视觉，灵长类则跟它们不同。我们只要看看自己的哺乳动物亲戚们就知道，灵长类并没有保留爬行类祖先的三色视觉，而是重新发现了它，而且是两次独立的发现：第一次是旧世界猴和猿类，第二次是新世界猴之中的吼猴。并不是所有新世界猴都具有三色视觉，吼猴的色觉就像猿类一样，却又相当不同，足以暴露出它的独立起源。

为什么良好的色觉如此重要，以至于三色视觉能够在新世界猴和旧世界猴中独立进化出来？一个颇受青睐的看法认为它与食用水果有关。在绿色为主的森林里，水果因为颜色而引人注意。这也不是偶然。很可能水果进化出亮丽的颜色是为了吸引以水果为食的动物，比如猴子，这些动物在种子的播散和成熟过程中发挥重要作用。三色视觉还有助于在深绿背景中发现更新鲜多汁的嫩叶（嫩叶通常呈浅绿色，有时候甚至是红色的），当然这一点可能对植物就没什么好处了。

色彩可以提高我们的警觉。跟色彩有关的词是婴儿最先学会的形容词之一，他们也最急于将它们应用于一切名词。人们常常忘记，我们所感受到的那些色调不过是一些标签，对应的是波长略微不同的电磁辐射。红光的波长大概是700纳米（1纳米等于10亿分之一米），紫光的波长大概为420纳米，肉眼可见的全部电磁辐射范围位于这二者之间，只占据了电磁波全光谱当中很小的一个窗口，几乎小得令人吃惊。电磁波的波长既可以长达数千米（某些无线电波），也可以短至不足1纳米（伽马射线）。

我们星球上的各种眼睛生来都是为了利用这颗星球上最主要的电磁辐射，其波长既取决于太阳辐射最明亮的波段，也取决于我们的大气层允许辐射穿透的窗口范围。这些电磁辐射的波长范围虽然宽泛，但对于采用合适的生化技术检测这些波长的眼睛来说，物理定律为这些技术所能检测到的电磁光谱范围做出了更加严格的限定。没有哪种动物能够看见远红外光，唯一接近这一能力的是蝮蛇（pit viper），它们头部的颊窝虽然离清晰的红外线成像还差得远，但足以让它们根据猎物的体温热量在一定程度上感知其所在的方向。同样，没有哪种动物能看见远紫外线，虽然有些动物，比如蜜蜂，对紫外光的感知能力比我们好一些。但另一方面，蜜蜂看不见我们所谓的红光，也许它们会称之为“黄外光”（infrayellow）。任何动物所能看见的“光”都是一个属于某个狭窄范围的电磁波，其最短波长比紫外线长，最长波长比红外线短。蜜蜂、人和蛇各自定义的“光”的范围只有细微的差别。

视网膜内的光敏细胞有不同的种类，每种细胞的感光范围还要更窄一些。某些视锥细胞对光谱偏红光的部分略敏感，而另一些对蓝光更敏感。正是通过比较视锥细胞感光的差异，我们对色彩的感知才成为可能，而色觉的好坏在很大程度上取决于有多少种不同的视锥细胞可供比较。拥有二色视觉的动物只有两种不同的视锥细胞错杂排列，相应地，三色视觉有三种，四色视觉有四种。每种视锥细胞都有自己的光敏感曲线，其敏感性在光谱某处达到峰值，在峰值两侧渐渐下降，而且曲线形态未必是沿着峰值对称的。一旦波长超出了敏感曲线的范围，可以说细胞就成了瞎子。

假如某个视锥细胞在光谱的绿色部分达到峰值，是不是只要这个细胞向大脑发放神经冲动就意味着它看到了一个绿色的物体，比如青草或者台球桌？当然不是。这个细胞只是需要更多别的颜色的光（比如红光）才能达到绿光引起的冲动发放频率。如果红光强一些，或者绿光弱一些，那么这个细胞的反应是一样的[4]。神经系统需要同时比较（至少）两个细胞的发放频率，才能辨别物体的颜色，而且这两个细胞需要偏爱不同的颜色，作为彼此的对照。如果你能比较三个细胞的发放频率，而且它们的光敏感曲线各不相同，那么你对于物体的颜色会有更好的把握。

彩色电视和电脑屏幕毫无疑问也是基于三色系统的，因为它们就是为我们拥有三色视觉的眼睛而设计的。一个正常的电脑显示屏上，每个像素都包含三个点，它们距离极近，以至于眼睛无法辨别。其中每个点总是发出同样颜色的光，如果在足够大的放大比率下观察显示屏，你总是会看到三种不变的颜色，通常是红、绿和蓝，不过采用其他组合也是可行的。不管是肤色，还是微妙的阴影，任何人眼可能遇见的色调，都可以通过调整这三种主要颜色的强度来实现。但对于拥有四色视觉的动物来说，比如一只海龟，它大概会对我们电视机和电影院屏幕上（对它们来说）失真的画面感到失望。

只要比较三种不同视锥细胞的发放频率，我们的大脑就可以感知海量的色调。就像前面提过的，大多数有胎盘的哺乳动物都没有三色视觉，而是二色视者，视网膜里只有两种不同的视锥细胞。其中一种对紫光（或者在某些情况下对紫外光）最敏感，另一种的光谱峰值则位于绿色和红色之间。对于我们三色视者来说，短波长视锥细胞的光谱峰值位于紫色和蓝色之间，通常被称为蓝色视锥细胞。我们的另外两种视锥细胞可以被称为绿色视锥细胞和红色视锥细胞。有些混乱的是，即使是“红色”视锥细胞，尽管其峰值敏感度对应的波长实际上是有些发黄的颜色，但它们的敏感性曲线整体上还是延伸到了光谱偏红的一端。尽管峰值波长偏黄，但它们在红光下依然能够给出强烈的发放。这意味着，如果从“红色”视锥细胞的发放频率里扣除“绿色”视锥细胞的发放频率，其结果会在你看到红光的时候最为显著。从这里开始，我将忘记峰值敏感度（紫、绿和黄）而分别称呼三种视锥细胞为蓝色、绿色和红色细胞。除了视锥细胞，视网膜上还有另一种光感受细胞，即视杆细胞（rod cell），它们的形态和视锥细胞不同，在夜晚特别有用，却完全不参与颜色感知，因此视杆细胞将不会参与我们的故事。

我们已经相当了解颜色视觉背后的化学和遗传机理。在这个故事里，最主要的分子演员是视蛋白，即视锥细胞（以及视杆细胞）中作为视觉色素的蛋白分子。视蛋白要结合并包裹一个视黄醛分子才能发挥功能，而视黄醛是维生素 A 的衍生物[5]。视黄醛分子的结构必须发生有力的扭转才能跟视蛋白结合，而一旦被颜色合适的光子击中，这种扭转就被拉直，这就给细胞传递了信号，使它发放神经冲动，跟大脑说“我那种光在这里”。随后视蛋白分子又从细胞的库存里结合另一个扭转好的视黄醛分子。

现在问题的关键在于，不是所有的视蛋白分子都是一样的。就像所有其他蛋白一样，视蛋白的生成也受到基因的操控。DNA 的差异导致视蛋白对不同波长的光敏感，而这是前面所说的二色或三色视觉系统的遗传本质。当然，既然所有细胞都有全套的基因，那么红色视锥细胞和蓝色视锥细胞的差异不在于他们拥有的基因的差异，而在于哪些基因得到了表达。有个不成文的规则称，每个视锥细胞只会表达一类基因。

负责制造绿色和红色视蛋白的基因非常相似，都位于我们的 X 染色体上，而 X 染色体作为性染色体，雌性拥有两条拷贝，雄性只有一条。负责生成蓝色视蛋白的基因则有些不同，它不位于性染色体上，却位于一条普通染色体上，或者称常染色体，对于人类来说，是位于 7 号染色体。我们的绿色和红色视锥细胞明显来自一次近期的基因重复突变，而很久之前它们必定又都是通过另一次重复事件，由蓝色视蛋白基因分离出来的。一个生物个体拥有二色视觉还是三色视觉，取决于它的基因组里有多少种不同的视蛋白基因。比如，它如果只有对蓝色和绿色敏感的两种视蛋白，因而对红色不敏感，那么它就是二色视者。

这就是关于颜色视觉工作原理的一般背景。现在，在开始讨论吼猴如何成为三色视者的特殊情况之前，我们先要理解其他新世界猴奇怪的二色视觉系统（顺便一提，某些狐猴也是如此，而且不是所有的新世界猴都是如此，比如夜行性的枭猴只有单色视觉）。出于讨论的便利性，这段讨论里的“新世界猴”排除了吼猴和其他例外物种。我们晚些再处理吼猴的情况。

首先，先不管蓝色视蛋白基因，因为它位于常染色体上，无论雌雄，总是存在于所有个体当中，毫无例外。位于 X 染色体上的红色和绿色视蛋白基因更加复杂，因此吸引了我们的注意力。每一条 X 染色体都只有一个红色或绿色等位基因[6]可能存在的基因座。由于雌性拥有两条 X 染色体，它可能既有红色基因，也有绿色基因。但对于只有一条 X 染色体的雄性来说，它或者有红色基因，或者有绿色基因，不可能二者兼得。所以一只典型的雄性新世界猴只能是二色视者。它只有两种视锥细胞：蓝色视锥细胞，加上绿色或红色视锥细胞。以我们的标准来看，所有雄性新世界猴都是色盲患者，但它们色盲的情况分为两种。一个种群内有些雄性缺少绿色视蛋白，另一些缺少红色视蛋白。而蓝色视蛋白是个个都有。

雌性则可能更加幸运。因为有两条 X 染色体，它们运气好的话会有红色基因在一条染色体上，而绿色基因位于另一条染色体上（当然不必说还有蓝色基因位于常染色体上）。这样的雌性个体会是三色视者[7]。运气不那么好的雌性个体可能会有两条红色基因或两条绿色基因，因此会成为二色视者。以我们的标准来看，这样的雌性也是色盲患者，而且跟雄性一样，也有两种情况。

因此，一群新世界猴，比如柽柳猴或松鼠猴，是个复杂怪异的混合体。全体雄性以及部分雌性具有二色视觉，按我们的标准看属于两种不同类型的色盲。还有一部分雌性是三色视者，有着或许跟我们一样的真彩视觉。实验证据表明，拥有三色视觉的柽柳猴个体在寻找迷彩盒子里的食物时比二色视者成功率更高。也许出去觅食的新世界猴群体仰仗其中那部分拥有三色视觉的幸运者找到本来会被其他个体错过的食物。而从另一方面看，二色视者不管是单独行动，还是跟另一类二色视者合作，都可能有一种奇怪的优势。关于二战时期轰炸机投弹手的逸闻称，机组会故意招募一名色盲成员，因为在识别某些特定类型的伪装方面，他要胜过那些在其他方面更为幸运的三色视者同伴。实验证据确认了人类二色视者确实可以识别某些能够欺骗三色视者的伪装。是否有这样的可能，即跟纯由三色视者组成的群体相比，一群同时包含三色视者和两种二色视者的猴子协作找到的水果种类更多？这听起来也许有些不靠谱，但绝非异想天开。

新世界猴的红绿视蛋白基因为多态性提供了一个例子。多态性指的是在一个种群中同时存在一个基因的两种或多种版本，其中任何一个版本都足够常见，使它不可能是一个最近的突变。在进化遗传学上有一个明确的原则，即像这样易于识别的多态性不太可能平白无故地发生。除非有非常特殊的原因，否则拥有红色基因的猴子跟有绿色基因的同伴比起来，要么有优势，要么有劣势，虽然我们不知道实际是哪种情况，但它们不可能具有同等的优势，这样一来劣势一方就会逐渐灭绝。

因此，在种群中稳定存在的多态性意味着有特殊原因。那么在这里原因到底是什么呢？关于多态性，总体上有两种假说，而其中任何一种都可以应用于此处的情形。它们分别是频率依赖选择（frequency-dependent selection）和杂合子优势（heterozygous advantage）。频率依赖选择指的是，较为罕见的类型具有优势，而它具有优势的原因正是罕见。于是，当某种本来被认为具有“劣势”的类型开始渐渐走向灭绝时，它就不再具有劣势，反而卷土重来。这是怎么回事？让我们假设“红”猴子特别擅长发现红色的水果，而“绿”猴子特别擅长发现绿色的水果。在一个由红猴子主导的种群中，大多数红色水果会被别的猴子占有，而一个孤单的绿猴子也许会因为能够发现绿色水果而拥有优势，反之亦然。这个例子虽然听起来不像真实情况，但它所说的这一类特殊情形却可以使种群保留两种基因类型，任何一个都不至于灭绝。不难看出，我们的“轰炸机投弹手”理论多多少少也许算是这种保持多态性的特殊情形。

现在我们来看一下杂合子优势，有一个近乎陈词滥调的经典例子，即人类的镰状细胞贫血。拥有镰状细胞基因是件坏事，如果一个个体拥有两个拷贝的镰状细胞基因（纯合子），他的红细胞就会受损，看起来好像镰刀一样，并导致贫血，使人虚弱。但是如果某位个体只有一个拷贝的镰状细胞基因（杂合子），这反而是件好事，因为它可以使人免受疟疾的伤害。在疟疾肆虐的地区，镰状细胞基因利大于弊，倾向于在种群中扩散开来，尽管某些不幸的个体作为纯合子会受到负面影响[8]。约翰·梅隆（John Mollon）教授和同事们的研究为发现新世界猴的色觉系统多态性做出了主要贡献。他们认为，具有三色视觉的雌性个体所具有的杂合子优势足以保证种群中红绿基因的同时存在。但其实在这方面吼猴做得更好，这把我们引向这篇故事的讲述者。

吼猴成功地同时享受到多态性两边的好处，办法是把它们合并到同一条染色体上，而一次幸运的易位（translocation）使之成为现实。易位是一类特殊的突变，一段染色体不知怎的被错误拼接到另一条染色体上或同一条染色体上的不同位置。吼猴的祖先之中似乎有一位幸运的突变体，突变的结果使得它的红色基因和绿色基因肩并肩共同存在于同一条X染色体上。这只猴子即便是雄性，也依然可以进化出真正的三色视觉。突变的X染色体在种群中扩散，直到今天所有的吼猴都有它。

吼猴的进化把戏相对容易，因为这三种视蛋白基因之前已经在新世界猴的种群当中流传了，问题在于除了少数幸运的雌性之外，其他猴子只能同时具有其中的两种视蛋白。猿类和旧世界猴独立发展出了相同的特征，但我们的办法却不一样。作为我们祖先的二色视者只有一种类型，并不存在可资利用的多态性。证据表明，我们祖先的X染色体上视蛋白基因的倍增来自一次真正的基因复制。最初的突变使得相同的基因在同一条染色体上有了两个连续的拷贝，比方说连续两个绿色基因，所以跟吼猴的突变祖先不同，我们的突变祖先不是立刻变成了三色视者，而是拥有一个蓝色基因和两个绿色基因的二色视者。

随后由于自然选择的青睐，X 染色体上两个视蛋白基因的色彩敏感性发生了分歧，分别成为绿色基因和红色基因，旧世界猴也就渐渐进化出了三色视觉。

当发生易位时，移动的不只是相关的基因，有时会连同原先染色体上的邻居一起移动到新的染色体上，而这些旅伴会揭露一些信息。此处的情形即是如此。被称作 *Alu* 的基因是个著名的“转座子”（transposable element），这是一种很短的 DNA 片段，跟病毒一样利用细胞的 DNA 复制机器进行复制，像寄生虫一样在基因组里复制转移。*Alu* 是否跟视蛋白在基因组里的移动有关？看起来是这样的。通过研究其中的细节，我们发现了确凿证据：在重复区域的两端都有 *Alu* 基因的存在。很可能视蛋白的复制是“寄生虫”复制时无意造成的副产品。在始新世曾有某只早被历史遗忘的猴子，它体内有一个位于视蛋白基因附近的基因组寄生物试图复制，却不小心复制了一段比预计的大得多的 DNA 片段，于是把我们送上了三色视觉的道路。不过顺带一提，请警惕一种过于常见的想法，即认为既然从后见之明看来基因组寄生物似乎帮了我们一个忙，所以基因组一定是主动俘获了这些寄生物，希望在未来得到好处。自然选择可不是这样工作的。

不管是不是借助了 *Alu*，像这样的错误总会时不时发生。两条 X 染色体联会时可能会发生错误，没能将一条染色体上的红色基因跟对应的另一条染色体上的红色基因并排排列起来，反而由于基因之间的相似性，错误地将一个红色基因跟一个绿色基因排列在一起。如果随即发生了染色体互换，则交换是“不平等的”，即可能造成一条染色体多了一个绿色基因，而另一条染色体完全没有绿色基因。即便不曾发生染色体互换，还有可能发生一种被称为“基因转换”的过程，即一条染色体上的一段短序列被转换成另一条染色体上的对应序列。如果一对 X 染色体联会时不整齐，可能导致红色基因的一部分被替换为绿色基因对应的部分，或者反过来。无论是不平等交换还是排列不齐导致的基因转换，都可能导致红绿色盲。

男人比女人更常罹患红绿色盲（后果不算严重，但仍然是件讨厌的事。患者很可能无法得到其他人享有的美学体验），因为如果男人遗传得到了一条有缺陷的 X 染色体，他们没有另一条 X 染色体备用。没人知道他们眼里的血红色和草绿色是像我们眼里的血红色，还是像我们眼里的草绿色，或者他们以完全不同于我们的方式辨别这两种颜色。确实，这可能在人和人之间存在差异。我们只知道，红绿色盲患者认为草绿色的东西跟血红色的东西颜色差不多。在人类当中，二色色盲（dichromatic colourblindness）影响了大概 2% 的男性。为免混淆，这里顺带一提，事实上其他类型的红绿色盲更为常见，总共影响了大约 8% 的男性。这些被称为异常三色视者（anomalous trichromat）的个体在遗传上属于三色视者，但三种视蛋白之中有一种不发挥功能[9]。

不平等的染色体互换并不总是带来不良后果。有些 X 染色体会因而具有超过两条视蛋白基因。多余的那条似乎总是绿色而非红色，最高纪录极为惊人：12 条绿色基因连续排成一串！不过没有证据表明拥有更多的绿色基因会改善视觉。不管怎样，X 染色体上这段区域这么高的突变率意味着，并非种群中所有的“绿色”基因都完全一样。由于女性有两条 X 染色体，所以至少在理论上有这样的可能，也许某位女性拥有的不是三色视觉，而是四色视觉（甚至是五色视觉，如果她的红色基因也有差异）。据我所知还没人检测这种可能性。

你可能已经感到有些不安。我讲了这么多，就仿佛只要通过突变获得一种新的视蛋白，就会自动拥有更好的色觉一样。当然，除非大脑知道是哪种视锥细胞在发放信号，否则视锥细胞色彩敏感性的变化便没有任何用处。如果对新色彩的感知凭借的是神经网络的遗传变化，那么这个脑细胞跟一个红色视锥细胞相连，那个神经元跟一个绿色视锥细胞相连，这样的一个系统固然可能实现，但它无法处理视网膜上的突变。它怎么可能处理得了呢？脑细胞怎么会“知道”突然有一种对新颜色敏感的新视蛋白可供使用呢？它又怎么知道视网膜里数量众多的视锥细胞中间有那么一群细胞已经开始表达这种新的基因、生成新的视蛋白呢？

看来最有可能的答案是，大脑会学习。假设大脑会对视网膜里大量视锥细胞的发放频率进行比较，并且“注意”到有一群细胞在看见西红柿和草莓的时候发放最为强烈，另一群细胞对天空更为敏感，还有一群细胞则对青草反应强烈。这不过是一种自娱自乐的猜想，但我想类似的过程会使神经系统顺畅地适应视网膜里的遗传改变。我的同事科林·布莱克莫尔（Colin Blakemore）在听我提起这个问题后认为，这个问题代表的是一大类相似的问题，只要中枢神经系统必须对外周的改变做出响应，都会引出这种问题[10]。

《吼猴的故事》教给我们的最后一课是基因重复的重要性。红色和绿色视蛋白基因很显然来自单个祖先基因，这个祖先基因后来把自己复制到X染色体上的不同区域。如果追溯得更久，我们大概可以肯定，曾有一次类似的复制过程，使得常染色体上的蓝色基因[11]被复制到X染色体上，后来发展成红色或绿色祖先基因。位于不同染色体上的基因属于同一个“基因家族”（gene family），这样的事情极为常见。基因家族起源于古代DNA的复制以及随后的功能分化。多项研究表明，每100万年里，任何一个典型的人类基因都有0.1%到1%的概率被复制出重复基因。DNA重复事件可能零星发生，也可能一大波突然涌现，比如一个新的像*Alu*一样的病毒性DNA寄生物席卷基因组，或者整个基因组被整体复制。（全基因组重复在植物当中很常见，而我们将在《七鳃鳗的故事》中看到，在脊椎动物的起源时期，据猜测我们的祖先家系至少发生过两次这样的事情。）不论发生于何时何地，偶然的DNA重复是新基因的主要来源。在进化的时间尺度上，不光基因组里的基因会改变，基因组自己也会变。

注释

1. 如果认为“利用”一词暗含“有意为之”之意，那当然是一种不幸。就像我们将在《渡渡鸟的故事》里看到的那样，没有哪个动物试图殖民一个全新的疆域。但在偶然的情况下，确实会有这样的事情发生，而且往往在进化上有着意义非凡的后果。——作者注
2. 此处可能指的是1962年的古巴导弹危机。——译者注
3. 还有其他一些南美动物系群也有善于抓握的尾巴，包括肉食的蜜熊（kinkajous）、啮齿类的豪猪、异关节总目（Xenarthra）的侏食蚁兽（tree-anteater）、有袋类的负鼠（opossum），甚至蝾螈当中的游舌螈（Bolitoglossa）。莫非南美有什么特别之处？但来自南美以外地区的穿山甲（pangolin）、某些树鼠、某些石龙子（skink）和变色龙也有善于抓握的尾巴！——作者注
4. 这就导致一个有趣的可能性。想象一下，如果神经生物学家往一个绿色视锥细胞中插入一个小小的探针，给它施加电刺激，那么这个视锥细胞就会报告看到了“光”，其他细胞则保持安静。这时候大脑会“看到”一个“特别绿”的色调吗？没有任何真实的光线可以达到这么“绿”的程度，因为真实光线无论多么纯，都总是会同时激活全部三种视锥细胞，只是程度不同而已。——作者注
5. 胡萝卜富含β胡萝卜素，而β胡萝卜素是合成维生素A的原料，因此有谣言说它有助于夜视。第二次世界大战时的战略专家们为了掩盖雷达的秘密而编造了这一谎言。β胡萝卜素确实对健康的视觉有所贡献，但不太可能提高

你的夜视能力。——作者注

6. 实际上，在这个基因座上除了红色和绿色之外还有一系列其他的可能，但我们手头的情况已经足够复杂了。出于讲故事的便利，我们姑且认为它非红即绿。——作者注
7. 任何一个视锥细胞都只表达红色视蛋白基因和绿色视蛋白基因的一种，对于雌性来说，已经有一种机制来确保此事很容易实现。雌性可以关闭细胞中的一整条 X 染色体，有半数的细胞随机关闭一条 X 染色体，另一半的细胞则随机关闭另一条 X 染色体。这种机制很重要，因为 X 染色体上的基因只要一条激活就足以发挥功能，这同时也是必要的，毕竟雄性只有一条 X 染色体。——作者注
8. 不幸的是，它还影响了许多非裔美国人，他们不再像祖先一样生活在疟疾肆虐的国家，却遗传了祖先的基因。另一个例子是囊性纤维化（cystic fibrosis），这同样是一种使人虚弱的疾病，相关基因在杂合子中似乎可以防御霍乱。——作者注
9. 马克·里德利在《孟德尔的恶魔》[Mendel's Demon。该书美国版标题为“协作基因”（The Cooperative Gene）] 中指出，8% 或更高的红绿色盲比例适用于欧洲人以及其他具有良好医疗传统的民族。狩猎采集者以及其他更易受到自然选择压力的“传统”社会则具有更低的比例。里德利认为，自然选择压力的松弛使得色盲比例攀升。奥利弗·萨克斯（Oliver Sacks）的《色盲岛》（*The Island of the Colour-Blind*）以标志性的原创方式全面地讨论了色盲的问题。——作者注
10. 我想鸟类和爬行类必然具有类似的学习能力，它们通过在视网膜表面植入细小的彩色油滴来扩大色彩敏感范围。——作者注
11. 或者紫外基因，或者在那个时代有别的相近的颜色。不管怎样，在进化过程中，随着年代推移，这几类视蛋白的确切光敏感性都会有所变化。——作者注

第 7 会合点

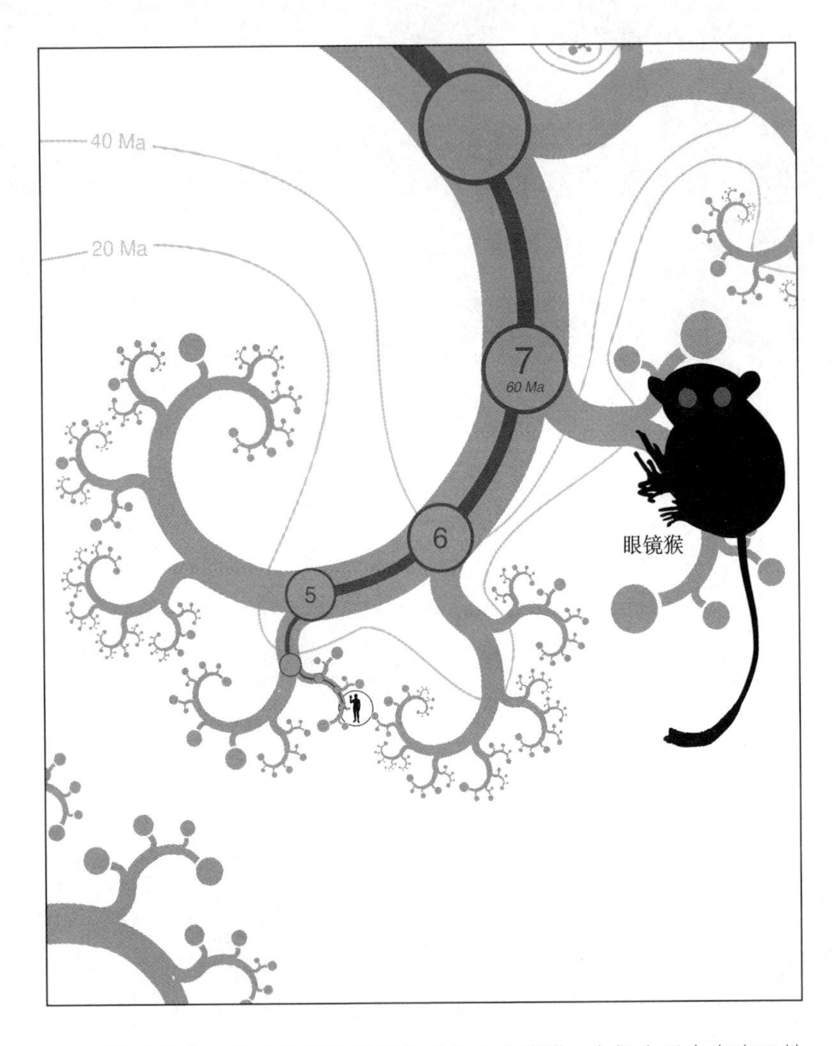

眼镜猴加入。现存的眼镜猴科被分为 3 个系群，全部生活在东南亚地区。最早的分化使得该科被分成东西两个部分，其中位于西部的是西部眼镜猴（*Cephalopachus bancanus*）和菲律宾眼镜猴（*Carlito syrichta*），位于东部的则是属于眼镜猴属（*Tarsius*）的约 10 个物种，它们生活在印度尼西亚的苏拉威西岛。现存眼镜猴物种的确切数目是一个有争议的问题，不过在上图所示的 5 种之外，必定还有别的更为隐秘的东部眼镜猴物种存活（有记载的尚有另外 4 个眼镜猴属物种，其中部分种只是通过博物馆标本才为人所知，未曾观察到活体）。

眼镜猴

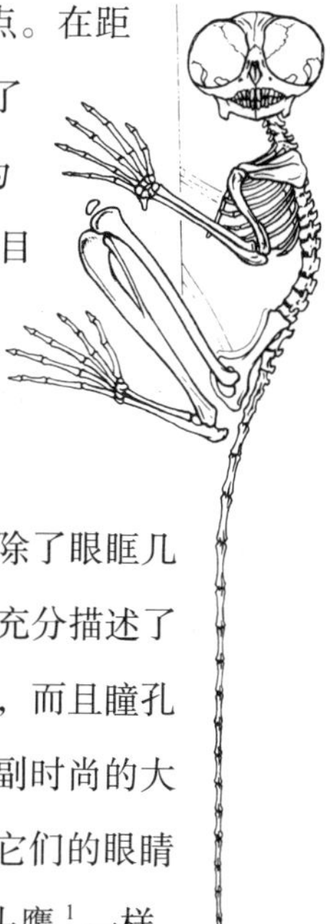

我们这些类人猿朝圣者已经来到了第7会合点。在距今6 000万年的古新世茂密的森林里，我们遇见了一支进化上的细流，即我们的表亲眼镜猴。我们为包含类人猿和眼镜猴的系群取了个名字，即简鼻亚目（Haplorhine）。简鼻亚目包括了7号共祖及其所有后代：眼镜猴、“猴子”和猿。7号共祖大约是我们600万代前的远祖。

眼镜猴最引人注意的地方是它的眼睛，头骨上除了眼眶几乎就不剩什么了。一双会行走的眼睛，这就差不多充分描述了眼镜猴的特征。它的每只眼睛都跟它的大脑一样大，而且瞳孔还张得老大。从正面望去，它的头骨就好像戴着一副时尚的大号眼镜，尺寸就算称不上巨大，也大得不成比例。它们的眼睛如此巨大，以至于很难在眼窝中转动，不过就像猫头鹰[1]一样，眼镜猴另有办法应对这一挑战。它们的脖子极其灵活，转头幅度接近360度。眼镜猴长着这么一对大眼睛，原因跟猫头鹰和夜猴（night monkey）[2]如出一辙——它们是夜行动物，依靠月光、星光和晨暮的微光行动，因此需要充分捕捉每一个可用的光子。

其他夜行哺乳动物的视网膜后面有一个反光层，即反光膜

(tapetum lucidum)，负责将通过视网膜的光子反射回去，从而给视网膜里的色素第二次俘获它们的机会。反光膜的存在使我们很容易发现夜晚的猫和其他动物[3]，只要点个火把在周围晃一圈就行了。火光会吸引附近动物的注意，它们出于好奇会直直盯向光源，而光线从反光膜反射回来，有时候拿火把晃一圈你能找到十几对眼睛。如果电灯光线是动物进化环境的一部分，它们大概不会进化出反光膜，因为太容易暴露位置了。

令人惊奇的是，眼镜猴没有反光膜。有观点认为，眼镜猴的祖先与其他灵长类一样经历过昼行性的时期，并因而丢掉了反光膜结构。这一观点得到了最近的化石证据的支持。阿喀琉斯基猴(*Archicebus*)[4]是一种跟老鼠一般大小的化石物种，是眼镜猴所在支系中目前已知最早的分支。它的眼窝较小，属于昼行动物。现代眼镜猴有着跟大多数新世界猴一样的怪异色觉系统，这很能说明问题。好几个在恐龙时代生活于暗夜之中的哺乳动物系群在恐龙灭绝时转为昼行性，因为恐龙的消失使白天变得安全了。现有的假说认为眼镜猴随后重新回到了夜里，但不知什么原因，它们没能重新进化出反光膜，反而通过让眼睛变得非常大[5]来实现相同的目的，即尽可能多地俘获光子。根据这个理论，如果眼镜猴真的成功长出了反光膜，那么它们就不需要这么巨大的眼睛了，对它们来说也许是件好事。

7号共祖的其他后代，“猴子”和猿，同样缺少反光膜。这毫不奇怪，因为它们全都是昼行性的，只有南美的枭猴是个例外。跟眼镜猴一样，枭猴也是通过大眼睛来弥补夜晚光照的不足的，尽管它的眼睛占头部的比例仍然比不上眼镜猴。我们有理由猜测，就像它所有的后代一样，7号共祖也没有反光膜，但跟眼镜猴不同，它很可能是昼行性的。

除了眼睛，眼镜猴还有什么特别的？它们是出色的跳跃者，长着青蛙或蝗虫似的长腿。尽管体型还没有你的拳头大，但眼镜猴能水平跳出 3 米多远，竖直能跳 1.5 米，无怪乎它们被称作“有毛的青蛙”。跟青蛙一样，它们下肢的胫骨和腓骨也联合形成一根强壮的胫腓骨，很可能这也不是偶然的巧合。

我们斗胆断言，今天的眼镜猴似乎比早期的眼镜猴种类更擅于跳跃。以阿喀琉斯基猴为例，它虽然有着长长的腿，但胫骨和腓骨并没有融合，而且踵骨更像猴子，这也是它的拉丁学名（或者应该说是希腊名）*Archicebus achilles* 的由来[6]。它跟今天的眼镜猴一样住在树上，以昆虫为食。在眼镜猴的另一种亲属始镜猴（omomyid）中，这种生活方式也颇为寻常。跟几乎所有灵长类一样，阿喀琉斯基猴用趾甲取代了爪子，因此它们应该是用手握住树枝，而不是用爪子勾住（有趣的是眼镜猴的第二和第三脚趾确实长着“梳爪”）。似乎有理由推测，7 号共祖能够以它小巧的身躯在树上奔跑、跳跃和攀爬，追逐昆虫。它留下了两个家系，其中之一留在日光之中繁荣发展，最后成为猴子和猿这样的类人生物，而另一个家系退回黑暗之中，成为今天的眼镜猴。

关于第 7 会合点的具体地点，我们没有任何确切的推测，但跟我们在本书第一版中的猜测相反，阿喀琉斯基猴发现于中国。一些早期的始镜猴似乎也是先起源于亚洲，随后以惊人的速度穿过欧洲的森林进入北美。在那时候，北美是通过今天的格陵兰岛跟欧亚大陆紧密联系在一起的。也许 7 号共祖来自中国。

注释

1. 猫头鹰的眼睛略呈圆柱状，因此不能在眼窝中转动。——译者注
2. 即前文和后文提到的鼻猴。——译者注

3. 大多数夜行性鸟类也有可以反光的眼睛，不过这不包括澳大拉西亚的裸鼻鸱（Aegothelidae），或者加拉帕戈斯的燕尾鸥（*Creagrus furcatus*），后者是世界上唯一一种夜行性的海鸥。——作者注
4. 该化石由中国科学院古脊椎动物与古人类研究所的倪喜军研究员率队于2003年发现于湖北荆州附近，相关研究于2013年发表于《自然》杂志。——译者注
5. 论眼睛的绝对尺寸，巨乌贼（giant squid）拥有动物界最大的眼睛，直径接近30厘米。它们同样需要应对非常低的光照情况，不是因为它们是夜行性的，而是因为很少有光子能够穿透深水到达它们居住的深海。——作者注
6. 阿喀琉斯（Achilles）是古希腊神话中的英雄，除了脚踝之外，全身刀枪不入。——译者注

第 8 会合点

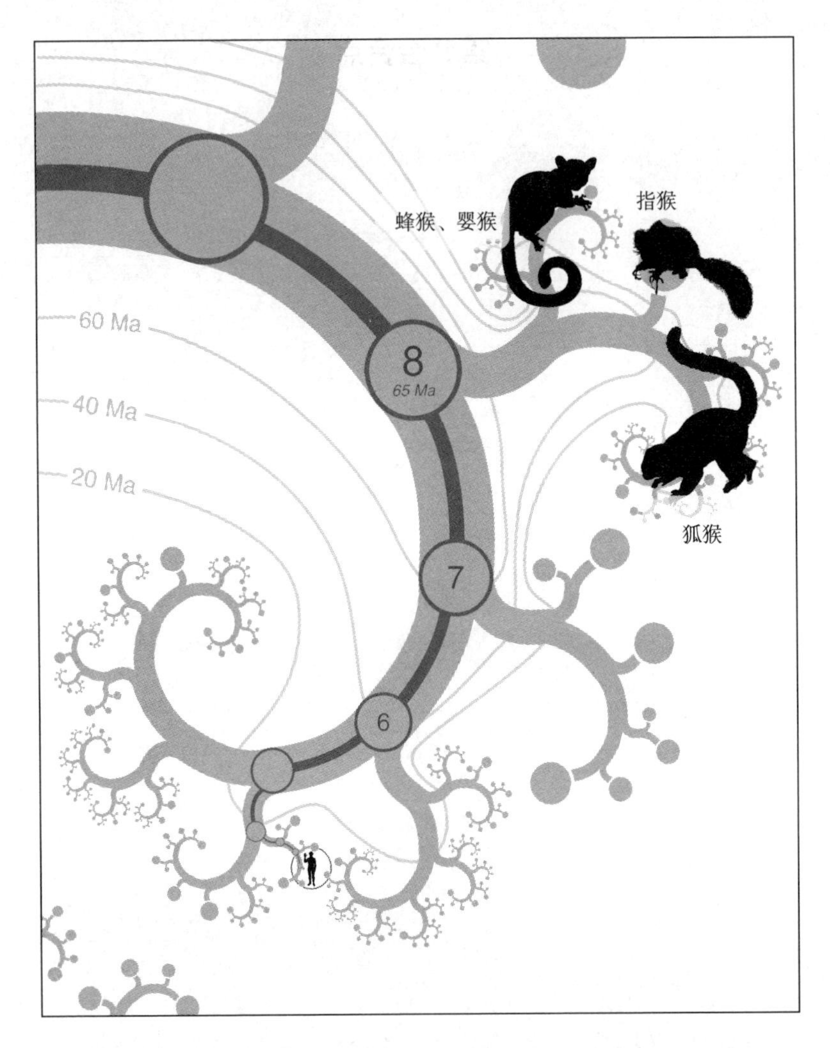

狐猴及其亲属加入。现存灵长类可以被分成两组，一组是狐猴及其亲属，另一组是其他灵长类。该分歧发生的时间存有争议，有些专家认为时间比这里显示的还要再早 2 000 万年，这就导致 9 号、10 号和 11 号共祖的年龄也要相应地增加。分成 5 个科的马达加斯加狐猴（约 100 种）连同蜂猴科和婴猴科（32 种）被统称为“原猴”。狐猴内部的分支次序依然富有争议，特别是指猴的位置依然在持续研究当中。

狐猴、婴猴及其亲属

小不点眼镜猴跳跃着加入了我们的朝圣队伍，我们继续逆着时间朝第 8 会合点前行，在那里我们将会遇见剩下的那些传统上属于原猴亚目（prosimian）的灵长类，其中包括狐猴（lemur）、树熊猴、婴猴和蜂猴。惯例上称除了眼镜猴之外的其他原猴亚目动物为“原猴”（strepsirrhine），英文单词的意思是“隔开的鼻孔”（字面上的意思是扭曲的鼻子）。这个令人有些困扰的名字只不过是在说它们鼻孔的形状跟狗的差不多。包括我们在内的其他灵长类则属于简鼻亚目，意思是简单的鼻子——我们的每个鼻孔都只不过是个简单的洞。

我们这些简鼻亚目的朝圣者在第 8 会合点遇见了我们的原猴表亲，其中绝大多数都是狐猴。关于这一会合点的日期有多种看法。我选了 6 500 万年前这个点，一方面是因为这是人们通常所接受的年代，另一方面是因为这时候我们下章要讨论的那个大灾难刚刚结束，它既标志着白垩纪的结束和恐龙的末日，也标志着现代地质纪元的开始。不过，请记着也有些研究者把这个会合点置于更早的时间点，使之位于白垩纪当中。在 6 500 万年前，大多数大陆的位置都跟今天大致相同（见彩图 8），而地球的植被和气候开始从“白垩纪大灭绝”（Great Cretaceous Catastrophe）中恢复过来。整个世界在很大程度上依然潮湿，森林密布，至少北半球各大洲都有多种落叶针叶林覆盖，还分散着一些开花植物。

也许我们会在某棵树的树枝上看见正在搜寻水果或昆虫的 8 号共祖（见彩图 6）。它是所有现存灵长类的最近共同祖先，大概是我们在 700 万代以前的远祖。能够帮助我们重建 8 号共祖可能形态的化石包括一大类被称为更猴类（plesiadapiform）的物种。它们大致生活在这个年代，而且它们的许多特点正是我们期待全体灵长类的共同远祖应该有的特点。不过也不是全部特点都符合，这也使得它们跟灵长类祖先的近亲关系颇有争议。

在现存的原猴当中，狐猴占大多数。它们只存在于马达加斯加岛，我们将在接下来的故事里遇见它们。其他原猴可以被分成两个主要系群，一个是善跳的婴猴，另一个是喜攀爬的蜂猴和树熊猴。当我还是个 3 岁孩子的时候，我们一家人住在尼亚萨兰（Nyasaland），即现在的马拉维（Malawi）。当时我们有一只宠物婴猴，名叫珀西，是当地一位非洲人送给我们的，很可能是名未成年的孤儿。它很小，小到可以坐在威士忌杯的杯沿上，还会把头埋进杯子里喝酒，而且表现出明显的陶醉。它白天睡觉，这时候它就倒挂着抱住卫生间屋顶某根横梁的下沿。等到它的“清晨”来临（也就是到了夜晚），如果我父母没能及时抓住它（这经常发生，因为它极其矫健，而且是个跳跃高手），它会跑到我的蚊帐顶上，居高临下冲我撒尿。在跳跃前，比如要跳到人身上去的时候，它不会像普通婴猴习惯的那样先往自己手上撒尿，这倒是符合“尿洗手”是气味标记的理论，毕竟它还没有成年。若是根据另一个理论，即用尿湿手有利于抓握，那我就不明白为什么它不这么干了。

我大概永远都不会知道珀西到底属于 21 种婴猴中的哪一种，但它显然爱跳跃而非攀爬。喜欢攀爬的是非洲的树熊猴和亚洲的蜂猴。它们行动缓慢得多，特别是远东地区的“懒猴”（slow loris）。这种隐秘的狩猎者会沿着树枝一寸一寸地接近猎物，直到最后一刻发出闪电一击。

婴猴和树熊猴让我们意识到森林也像海洋一样是个三维的世界。从树冠上方望去，森林表面绿色的波浪翻滚着涌向远方的地平线。如果向这个绿色世界下方更加阴暗的深处潜去，就像在海洋里潜水一样，你也会经过不同的层。森林里的动物就像海里的鱼一样，它们在森林里上上下下就像水平移动一样轻松自如。不过，与海里的情况一样，实际上每种动物都偏爱在某一层生活。在西非的森林里，等到了夜晚，树冠表面上就成了倭丛猴（pygmy bushbaby）和树熊猴的领域，前者捕捉昆虫，后者啖食水果。从树冠层向下，树干之间的间隙使得这一层成为尖爪丛猴（needle-clawed bushbaby）的领地，它们赖以成名的尖爪使它们在跃过树干之间的间隙之后可以轻松抓住树干。再往下深入到森林下层，这里有金熊猴和它的近亲小金熊猴在捕食毛毛虫。等到了黎明时分，夜行性的婴猴和树熊猴会让位给在白天狩猎的猴子，而这些猴子同样把森林分成类似的各层。在南美的森林里也有相似的分层，在那里有多达 7 种负鼠（有袋类），各自独立占据着一层森林空间。

猴子们在非洲大陆进化的同时，一些早期灵长类正被隔离在马达加斯加岛，后来进化出了狐猴。作为一座大岛，马达加斯加岛大到足以作为天然的进化实验室。马达加斯加的故事将由狐猴中的一员来讲述。无论如何，指猴（aye-aye）都算不上最典型的狐猴。睿智博学、谙于教学的哈罗德·普西（Harold Pusey）曾给我们这一代出自牛津大学的动物学家做过关于狐猴的讲座，我已经忘记了讲座的大部分内容，但依然记得他每说一句跟狐猴有关的结论，几乎都会加上一句“*Daubentonia*（狐猴）除外”。“*Daubentonia* 除外”这话让人无法忘怀。

尽管外形如此不同，但指猴确实不折不扣地属于狐猴，而狐猴是马达加斯加岛上最著名的居民。《指猴的故事》是关于马达加斯加的，它像教科书一般给我们展现各种生物地理方面的天然实验。这个故事讲的不光是狐猴，还包括马达加斯加特有的各种动植物。

指猴的故事

一位英国政客曾称一名对手带着“黑夜的气息”（后来这位对手成为他所在政党的领袖）。指猴也给人一种类似的印象。确实，它是彻头彻尾的夜行动物，而且是个头最大的夜行性灵长类。它长着一双苍白如鬼的面孔，双眼的距离宽得让人心慌。它的手指长得离谱，就像是阿瑟·拉克姆[1]笔下的女巫。不过，所谓离谱只是以人类的标准来看，因为我们大概可以肯定那些长长的手指自有其用途，长着短手指的指猴会被自然选择惩罚，尽管我们还不知道为什么。现在科学不再怀疑自然选择的真实性，自然选择理论在这方面足够强大，足以做出预言性的判断。

指猴有一根独一无二的中指，即便以指猴的标准来看也是又细又长。指猴用它在朽木中戳洞，掏出其中的幼虫。指猴会拿这根指头敲击木头寻找猎物，通过音调的变化判断下方昆虫的所在[2]。这并不是它们那根长中指的全部用途。除了马达加斯加以外，杜克大学有着世界上最大的狐猴收藏。我曾在那里看见一只指猴极其小心且精确地将长长的中指塞进自己的鼻孔，不知道它在寻找什么。已故的道格拉斯·亚当斯[3]写了一本游记《最后一眼》（*Last Chance to See*），记录了他和动物学家马克·卡沃丁（Mark Carwardine）的旅程，其中关于指猴有精彩的一章。

指猴是一种夜行性的狐猴。这是一种外形非常怪异的生物，仿佛是拿其他动物的身体部件拼接而成的。它看着有点像长着蝙蝠耳朵和河狸牙齿的大猫，尾巴好像是大鸵鸟的羽毛，中指好像一根长长的枯树枝，而它那双巨大的眼睛直勾勾地望向你的身后，仿佛窥见了一个只存在于你左肩之后的全新世界……就像马达加斯加的绝大部分生物一样，它不存在于地球上其他任何地方。

多么简洁美妙的介绍，而它的作者又是多么令人满怀悲伤地怀念！亚当斯和卡沃丁在《最后一眼》中的使命是为了唤起人们对濒危物种困境的关注。现存100多种狐猴对于单个岛屿来说似乎有些太多了，有些权威学者认为这个数字被高估了一倍。不管怎样，在大约2 000年前，人类破坏性地侵入马达加斯加之前，这里的动物群要大得多，今天的狐猴不过是其中的幸存者。

马达加斯加是冈瓦纳古陆（Gondwana，参见《树懒的故事》）的碎片，在大约1亿6 500万年前与今天的非洲地区分离，又在大约9 000万年前跟后来的印度最终分离。这一系列事件的次序似乎有些出人意料，但我们将会看到，印度一摆脱马达加斯加就飞速离开，以板块构造论比蜂猴还慢的速度标准来看，其速度快得非比寻常。

除了外来的蝙蝠（很可能是飞来的）和人类，马达加斯加的陆生居民要么是古代冈瓦纳动植物的后代，要么是从别处迁来的极其罕见且运气超群的移民。这是一座天然的植物学和动物学的花园，容纳着世界上5%的陆生动植物物种，其中超过80%是马达加斯加独有的。不过，尽管物种极其丰富，但这里完全缺失的主要生物系群数目也同样惊人。不像非洲或亚洲，马达加斯加没有原生的羚羊，没有马或斑马，没有长颈鹿，没有大象，没有兔，没有象鼩，没有猫科或犬科生物，常见的非洲动物这里一概没有，尽管化石记录表明直到近代这里都还有几个河马物种存活。丛林猪（bushpig）似乎是最近才抵达马达加斯加的，很可能是被人类带去的。（在本篇故事末尾我们还会再讲到指猴和其他狐猴。）

马达加斯加仅有的食肉动物是大约10种獴（mongoose）[4]，它们彼此之间明显有血缘关系，肯定是由一个来自非洲大陆的始祖物种分化而来的。其中最著名的是马岛獴（fossa），这是一种大型獴，体型跟小猎犬（beagle）相当，只不过长着一条超长的尾巴。它体形较小的近亲是食蚁狸（falanouc）和马岛灵猫（fanaloka），而后者的拉丁学名 *Fossa fossana* 跟马岛獴的普通名相同，很容易令人混淆。马岛獴自己的拉丁属名是 *Cryptoprocta*，字面意思是“隐藏的肛门”，指的是它的肛门被一个袋状物盖住，据猜测跟气味标记有关。

马达加斯加有一群特有的啮齿类动物，共有9个属，属于同一个亚科，即马岛鼠亚科（Nesomyinae）。其中有会打洞、外形像大老鼠的，有会爬树的，有善跳跃而且长得也像跳鼠的，还有尾巴生有簇毛的“沼鼠”（marsh rat）。这些马达加斯加特有的啮齿类动物是来自一次还是多次移民，长期以来都有争议。就像马达加斯加的食肉动物一样，DNA 证据如今把这些啮齿类动物统一归为一个单独的系群，也就是说它们由同一个祖先种群分化而来，填充不同的啮齿类生境，这又是一个马达加斯加特色的故事。迷人的是，有证据显示，食肉动物和啮齿类动物向马达加斯加殖民的时间基本相同，在2 500万年前到2 000万年前间。是一个追着另一个来的吗？

在全部8种[5]猴面包树中，有6种是马达加斯加的特有种，而马达加斯加的棕榈树多达130种，这个数字比整个非洲大陆加起来还要多（见彩图 7）。某些权威学者认为变色龙起源于马达加斯加，显然，全世界三分之二的变色龙物种是在这里土生土长的。还有一类鼩鼱样的动物也是马达加斯加所特有的，即马岛猬。它们曾经被归入食虫目（Insectivora），现在则属于非洲兽总目（Afrotheria），我们将在第 13 会合点遇见非洲兽总目的动物。就像食肉动物和啮齿类一样，马岛猬很可能也是来自单个祖先种群的后代，一些来自非洲的奠基者在数千万年前来到了马达加斯加。它们如今分化为 27 个物种，有些跟刺猬很像，有些则类似鼩鼱，还有一种像水鼩（water shrew）一样大部分时间生活在水下。这些相似都来自趋同进化，以马达加斯加典型的方式独立进化而来。在与世隔绝的马达加斯加，并没有"真正的"刺猬或"真正的"水鼩，而马岛猬正好幸运地处于合适的位置，进化成为刺猬和水鼩在当地的替代种。

马达加斯加没有任何猴子或猿类，而它们的缺席便是狐猴出场的背景。DNA 证据显示，狐猴是这个岛屿上最古老的哺乳动物。大概在 6 000 万到 5 000 万年前，一群幸运的早期原猴偶然来到了马达加斯加。跟往常一样，我们依然不知道这是如何发生的，不过当时的洋流方向跟现在正好相反，是从非洲流向马达加斯加，应该对此有所帮助。不论狐猴的祖先是怎么抵达马达加斯加的，那必定发生在第 8 会合点（6 500 万年前）之后。从彩图 8 可以看出，与马达加斯加和非洲大陆（1 亿 6 500 万年前）、印度大陆（8 800 万年前）的分离比起来，这个年代要晚得多。所以它们必定不是冈瓦纳古陆物种在当地的孑遗。我在本书中多次使用了"乘筏漂流"的简化说法，实际上它指的是"通过某种未知的方式跨海，尽管这种方式在统计上发生概率极低，但只需要发生一次就够了，而我们知道它必定曾经发生过至少一次，因为我们看到了它的后续影响"。我应该再补充一句，把"在统计上发生概率极低”放在这里只是个形式，实际上就像我们在第 6 会合点看到的那样，证据表明这种广泛意义上的“乘筏漂流”比我们直觉以为的更加常见。最经典的例子是喀拉喀托岛（Krakatoa），灾难性的火山喷发将它彻底毁灭，之后残存的陆地又迅速被生物占据。爱德华·威尔逊[6]在《缤纷的生命》（*Diversity of Life*）中对此有精彩的描述。

在马达加斯加，这种幸运漂流带来了剧烈而可喜的影响，有了今天各种大大小小的狐猴。侏儒鼠狐猴（pygmy mouse lemur）比仓鼠还小，而近期灭绝的古大狐猴（*Archaeoindris*）比巨大的银背大猩猩（silverback gorilla）还重，看起来好像一只熊。还有像环尾狐猴（ring-tailed lemur）这样为人熟知的种类，它们成群地跑过，长着条纹的长尾巴在空中摇来摇去好像一只毛毛虫。还有大狐猴以及喜欢跳舞的冕狐猴，后者大概是除了我们之外最擅长双足行走的灵长类了。

当然，还有我们这个故事的讲述者指猴。如果指猴像我担心的那样最终灭绝，这个世界将变得更加令人悲伤。不过如果这个世界没有了马达加斯加，它就不只是令人悲伤，而是变得贫瘠。如果从地球上抹掉马达加斯加，全球陆地面积只减少了大概千分之一，但足有 4% 的动植物物种将就此消失。

对于生物学家来说，马达加斯加就是一座神佑之岛（Island of the Blest）。在我们的朝圣之旅中，我们将会遇见 5 座大岛，这 5 座位于地球历史关键节点处的岛屿与世隔绝，剧烈地塑造了今天哺乳动物的多样性，而马达加斯加是其中第一座。不止哺乳动物，类似的事情还发生在昆虫、鸟类、植物和鱼类身上。当我们最终跟更遥远的朝圣者会合时，我们将会发现其他岛屿也发挥着同样的作用。并不是每座“岛屿”都是陆地。《丽鱼的故事》将会说服我们，非洲每一个大湖都是一座多水的马达加斯加，而丽鱼就是其中的狐猴。

按照我们遇见它们的次序，那些塑造了哺乳动物进化历程的岛屿或陆岛分别是马达加斯加、劳亚古陆（Laurasia，位于北方的古陆，和南方的冈瓦纳古陆被大海隔开）、南美、非洲和澳大利亚。也许还应该加上冈瓦纳古陆，我们将在第 15 会合点看到，在分裂成今天南半球的各大洲之前，它同样哺育了自己特有的动物群。《指猴的故事》让我们看到马达加斯加极度丰富的动植物资源。我们将在第 12 会合点遇见一大拨来自劳亚兽总目（Laurasiatheria）的朝圣者，而劳亚古陆正是它们在古代的故乡，也是达尔文主义的试验场地。在第 13 会合点，我们将遇见另外两群奇怪的朝圣者，它们分别是异关节总目和非洲兽总目，前者在当时还是陆岛的南美洲度过了自己的进化学徒期，而后者包括一群差异极大的哺乳类，其多样性是在当时的非洲陆岛磨炼出来的。然后在第 14 会合点就轮到澳大利亚和有袋类动物登场了。马达加斯加就像一个微缩的世界，既足够大，让真实世界的规律依然适用，又足够小，让它可以作为一个例证，向我们清楚地展现这些规律。

白垩纪大灭绝

我们这些朝圣者在 6 500 万年前的第 8 会合点遇见了狐猴，这也是位于所谓的白垩纪–古近纪界线或 K/T 界线这边的最古老的会合点。这条 6 600 万年前的界线将哺乳动物时代跟之前更漫长的恐龙时代分隔开来[7]。对于哺乳动物的际遇来说，K/T 界线是个分水岭。在此之前，这些像鼩鼱一样的小东西昼伏夜出，以昆虫为食，它们在进化上的繁荣前景被爬行类的沉重霸权压制了超过 1 亿年。突然间这些压力消失了，在以地质标准来看相当短的时间内，这些鼩鼱的后裔迅速扩张，占据了恐龙留下的生态空间。

是什么导致了这场大灾难？这是一个颇富争议的问题。那时候，印度的火山活动极其活跃，熔岩覆盖面积超过 100 万平方千米，形成了所谓的“德干暗色岩”（Deccan Traps）[8]。这些火山活动必定对气候有剧烈的影响。这一看法受到“西伯利亚暗色岩”（Siberian Traps）[9]的支持。西伯利亚暗色岩地貌面积比德干暗色岩大 5 倍，目前是大约 2.5 亿年前另一次更严重的灭绝事件的主要“嫌疑犯”。事实上，处于二叠纪末期的这次大灭绝是史上最严重的灭绝事件。不过一系列证据渐渐让科学家达成了共识，在白垩纪，造成灭绝的最后一击比印度火山喷发更加突然，更加猛烈。似乎有来自太空的东西击中了地球，也许是一颗大型陨石或彗星。人们熟知侦探通过雪茄烟灰和脚印重建犯罪事实的本领，而这次事件留下的灰烬是遍及全球的一层铱元素，其地层分布刚好跟这一时期吻合。一般说来，铱在地壳中的含量相当低，反而在陨石中很常见。猛烈的撞击将天外袭来的火球化为齑粉，尘埃遍布整个大气层，又最终随着雨水回到地表，遍及全球。撞击留下的“脚印”是一个巨大的撞击坑，即位于墨西哥尤卡坦半岛（Yucatan peninsula）顶端的希克苏鲁伯陨石坑（Chicxulub crater），足有 160 千米宽，48 千米深（见彩图 8）。

太空中充满移动的物体，运动方向各异，相对速度差异很大。一个外来物体相对于地球进行高速运动的可能性远远大于低速运动的可能性。确实，大多数击中地球的物体的运动速度都非常快。幸运的是其中大部分都很小，在大气层中作为“流星”燃烧殆尽，只有个别块头较大的才能抵达地表，依然保留一些固态实体。每隔几千万年，会有一颗非常大的陨石击中地球，造成灾难。因为与地球相对速度很高，这些巨大物体的撞击会释放出不可想象的高能量。受到枪击的伤口会因为子弹的高速而温度升高，向我们撞来的陨石或彗星的速度很可能比高速步枪子弹还快。然而步枪子弹只有几盎司[10]重，而终结白垩纪和残杀恐龙的那位天外来客的重量高达数十亿吨。若是有哪个动物幸运地没有被大爆炸的火焰烧死，没有因风啸窒息而死，没有被席卷沸腾海洋的 150 米高的海啸淹死，没有在比圣安德烈斯断层（San Andreas fault）[11]的最强震还猛烈 1 000 倍的大地震中粉身碎骨，那么它大概也会在以每小时 1 000 公里的速度横扫整个星球的撞击噪声中变成聋子。这还只是撞击之时即刻发生的灾难。随后的余波还包括遍及全球的森林大火，以及烟尘灰烬阻隔日光造成的长达两年的核冬天，大多数植物因此消失，全球食物链因此断裂。

难怪所有恐龙就此灭绝，只有鸟类是个明显的例外，而且不止恐龙，同样灭绝的还有大概一半其他物种，特别是海洋物种[12]。真正的奇迹在于竟然有生物能够熬过这突如其来的灾难。我们清楚而不安地知道，随时都可能有一场类似的灾难向我们袭来。跟白垩纪的恐龙不同，天文学家会提前数年向我们发出警告，至少也会提前几个月。不过这算不上什么赐福，因为基于现在的技术，我们没什么办法阻挡灾难的发生。幸运的是，以保险精算业的正常标准来看，在任何人的一生当中发生这种事的可能性都可以忽略不计。与此同时，几乎可以肯定未来必定有一些不幸的个体，会在其有生之年遇到这样的事情。只不过保险公司不习惯思考那么长远的事情。那些不幸的个体很可能并不是人类，因为基于统计概率，在这种事发生之前，人类应该就已经灭绝了。

面对这种灾难的威胁，人类理性的做法是着手开发防御手段，推动技术进步，以便将来万一收到可靠的警报，我们可以有足够的时间采取行动。现今的技术只能尽可能减小灾难的影响，在地下避难所保存合适比例的种子、家畜和包括计算机在内的机器，以及包含人类文明智慧结晶的数据库，还有一些被特别挑选的人类（这就带来了一个政治问题）。更好的做法是发展出目前梦想中的技术，摧毁入侵者，或者使之转向，从而避免灾难的发生。政客们为了拉动经济增长或者为了给自己拉选票，会凭空捏造外国势力的威胁，也许他们会发现一个可能跟地球相撞的陨石也能满足他们不光彩的目的，跟邪恶帝国、邪恶轴心或者更朦胧抽象的“恐怖”概念一样有效，却还多一样额外的好处：它能够促进国际合作而非分裂。这样的技术本身既像是最先进的“星球大战”武器系统，又像是太空探索技术。人们集体认识到全人类作为一个整体有一个共同的敌人，这会带来不可估量的好处，它会把我们凝聚在一起，而不是像现在这样四分五裂。

既然今天有人类存在，那么很显然我们的祖先曾先后熬过了二叠纪大灭绝和后来的白垩纪大灭绝。对它们来说，这两次灾难以及其他那些过往的灾难必定极其难挨，它们只是勉强虎口逃生，却依然可以继续繁殖，否则我们就不会在这里。因此从整个进化时间的视角来看，它们从这些灾难之中获益了。对于白垩纪的幸存者来说，再也没有恐龙以之为食，再也没有恐龙跟它们竞争。你也许会觉得还有一个不利因素，就是它们也不可能以恐龙为食了。不过，那时候很少有哺乳动物能够大到以恐龙为食，也很少有恐龙会小到被哺乳动物吃掉，因此这算不得什么损失。毫无疑问哺乳动物在K/T界线之后极为兴盛，但这种兴盛具体的形式以及它跟我们的会合点之间有怎样的联系，却是值得争论的。人们提出了三种“模型”，现在是时候对它们加以讨论了。三种模型彼此之间有所重叠，为了简便起见，我将介绍的是它们最极端的形式。我把它们通常使用的名字分别换成了“大爆炸模型”（Big Bang Model）、“延迟爆发模型”（Delayed Explosion Model）和“非爆发模型”（Non-explosive Model）。我们将在《天鹅绒虫的故事》里讨论到所谓的“寒武纪大爆发”（Cambrian Explosion），关于它也有类似的争论，同样也有跟此处对应的不同理论。

1. 极端形式的“大爆炸模型”认为在K/T大灾难之后只有一种哺乳动物幸存，它就像是古近纪的“诺亚”（Noah）。灾难刚刚过去，诺亚的后代就开始繁荣分化。根据大爆炸模型，如果逆着时间向后去看诺亚后代的这种快速分化，会发现大多数会合点都在K/T界线这边不远的地方连成一串。

2. “延迟爆发模型”承认在K/T界线之后有一次主要的哺乳动物多样性爆发，但认为这次爆发中出现的哺乳动物不是单个诺亚的后代，而哺乳动物之间的大多数会合点都位于K/T界线之前。当恐龙突然退场时，有许多鼩鼱似的动物家系活了下来，占据了恐龙的位置。一种“鼩鼱”进化成食肉动物，另一种“鼩鼱”进化成灵长类，如此这般。尽管这些不同的“鼩鼱”彼此颇为相似，但它们各自的祖先源流都可以追溯到很久以前，最终越过 K/T 界线在恐龙时代合并为一。在恐龙消失之后，这些动物家系的多样性在差不多同一时期陡然增加。结果就是，现代哺乳动物的共祖远远早于 K/T 界线，尽管它们的外形和生活方式产生明显的差异是在恐龙灭绝之后。

3.“非爆发模型”从根本上否认 K/T 界线标志着哺乳动物的多样性在进化上出现了陡峭的非连续性变化。无论 K/T 界线前后，哺乳动物都在以基本相同的方式不断分化。就像延迟爆发模型一样，这个模型也认为现代哺乳动物的共祖出现于K/T界线之前，但在这个模型里，它们在恐龙消失之前已经有了相当程度的分化。

在三种模型里，现有的证据尤其是分子证据，也包括逐渐增多的化石证据，似乎都青睐延迟爆发模型。哺乳动物家系的主要分离事件大都非常久远，处于恐龙时代当中。但大多数跟恐龙同一时代的哺乳动物都颇为相似，直到恐龙的消失使它们获得解放，开始了哺乳动物时代的大爆发。这些主要家系当中的个别成员自那时候起就没有发生多少改变，于是，尽管它们的共同祖先极其古老，但它们依然跟彼此很像。比如普通鼩鼱（Eurasian shrew）和鼩形稻田猬（tenrec shrew）非常相像，但这很可能不是因为它们殊途同归趋同进化，而是因为它们从原始时期到现在一直没怎么改变。它们的共同祖先即 13 号共祖距今超过 9 000 万年，比 K/T 界线还早大概 3 000 万年，差不多是 K/T 界线距离现在的时间的一半。

注释

1. 阿瑟·拉克姆（Arthur Rackham，1867—1939），英国著名插画家，曾为《英国童话故事》和《尼伯龙根的指环》绘制插画。——译者注
2. 在新几内亚有一类有袋动物，纹袋貂属（*Dactylopsila*）的长指袋貂，也趋同进化出了同一种习性，用的也是长长的手指，不同之处在于它们用的是无名指而非中指。顺带一提，这些有袋类动物似乎特别善于趋同进化。它们的条纹跟臭鼬一样，而且也像臭鼬一样散发强烈的气味作为防御措施。——作者注
3. 道格拉斯·亚当斯（Douglas Noël Adams，1952—2001）是英国广播剧作家和音乐家，其广播剧改编成的小说《银河系漫游指南》系列使他在科幻界享有极高的声望。他还曾是英国著名科幻电视剧《神秘博士》的编剧。本书作者道金斯是亚当斯的忠实读者和好友，他的现任妻子拉拉·沃德是《神秘博士》的一名演员，二人是通过亚当斯相识的。——译者注
4. 即马达加斯加獴（malagasy mongoose），原先分属不同的科，但基于分子遗传学证据，自2006年起，所有马达加斯加獴都被归入食蚁狸科（Eupleridae）。——译者注
5. 2012年又在非洲东部和南部发现了第9种，学名为*Adansonia kilima*。——译者注
6. 爱德华·威尔逊（E. O. Wilson，1929— ），美国昆虫学家和生物学家，因对生态学、进化论和社会生物学的研究闻名于世。——译者注
7. K/T代表的是Cretaceous-Tertiary（白垩纪–第三纪），其中用“K”而不用“C”是因为“C”已经被地质学家们用来指代石炭纪（Carboniferous Period）。Cretaceous一词来自拉丁语的creta，意思是白垩，而在德语中写作Kreide，因此选用“K”。虽然现在这个界线的正式名称是Cretaceous-Palaeogene(白垩纪–古近纪)，但日常应用中依然保留了“K/T”这个缩写，本书也将沿用这个写法。——作者注
8. 德干暗色岩位于印度南部的德干高原，形成于约6 600万年前的白垩纪晚期，最初形成面积据估计约为150万平方千米，由于侵蚀和板块运动，目前直接

可观测面积约为50万平方千米。——译者注

9. 西伯利亚暗色岩位于俄罗斯西伯利亚，是个巨大的火成岩区，形成时间在二叠纪和三叠纪之间，火山喷发持续了至少100万年，被认为与二叠纪–三叠纪灭绝事件有关，该事件造成了地球上90%的物种消失。——译者注

10. 英制单位，1盎司约等于28克。——译者注

11. 北美洲一处活动频繁的断层，位于太平洋板块和北美洲板块交界处，横跨美国加利福尼亚州西部和南部以及墨西哥下加利福尼亚州北部和东部，导致了1906年的里氏7.8级旧金山大地震。——译者注

12. 人们会忍不住觉得这场灾难有着奇怪的选择性。深海有孔虫类（Foraminifera）几乎全部得以幸免。这是一种有壳的小型原生动物，留下了海量的化石，因此常被地质学家们用作指示种（indicator species）。——作者注

第 9 和第 10 会合点

树鼩和鼯猴加入。这是本书中最不确定的系统发生关系之一（参见《鼯猴的故事》)。在此处发生争执的是鼯猴（4种）和树鼩（20种)。为了强调此处的不确定性，这二者被纳入同一章，但有着各自的会合点，分别是第9和第10会合点。

2007年的一份研究在8个基因中找到了插入或缺失突变（得失位)，其中7个突变支持此图显示的亲缘关系，余下的那个则认为树鼩离我们更近。与之相反，另一份研究找到了一处大规模的染色体重排，根据这个重排，树鼩和鼯猴应该被放入同一个系群，化石证据也隐约支持这个观点。如果这两处会合点相距只有几百万年，那么确实会导致基因组的不同部分拥有相当不同的进化树（参见《长臂猿的故事》后记)。这两次会合点的年代仍然有待确定。

鼯猴和树鼩

在这一章里，我们来到了 7 000 万年前，仍然处于恐龙的时代，哺乳动物多样性还没有开始如花绽放。实际上，开花植物自己也只是刚刚开始繁盛起来。在此之前，多种多样的开花植物只存在于一些动荡的环境中，常常被巨大的恐龙连根拔起或者被野火摧残，但随着进化，现在渐渐也有了各种开花的林冠乔木和下层灌木。我们在这里遇见了两群来自东南亚的哺乳动物，一群是像松鼠一样的树鼩（tree shrew），共有 20 种，另一群则包括 4 种鼯猴（colugo），它们就像是会飞的松鼠。

各种树鼩长得都很像，被归入树鼩科（Tupaiidae），大都像松鼠一样生活在树上，有些物种甚至还像松鼠一样长着蓬松的长尾巴。不过这种相似只是表面上的。松鼠属于啮齿类，而树鼩显然不是啮齿类。那么它们到底是什么呢？这正是下一个故事的主题。它们是鼩鼱吗？就像它们的通用名所暗示的那样？它们是灵长类吗？有一些权威学者长期有此怀疑。或者它们是一种完全不同的生物？一种实用的做法是把它们单独安置在一个位置不定的哺乳动物目别里，即树鼩目（Scandentia，拉丁语 scandere 的意思是攀爬）。

鼯猴长期以来被称为“会飞的狐猴”，这个名字明显是自找无趣，因为它们既不会飞，也不是狐猴。最近的证据表明它们跟狐猴的关系甚至比原先那些错误命名者想得还要近。而且，它们虽然不像蝙蝠或鸟类一样能够进行有动力飞行，却是滑翔方面的高手。传统上认为存在两种鼯猴，一种是菲律宾鼯猴，学名 *Cynocephalus volans*，另一种是巽他鼯猴或马来亚鼯猴，学名 *Galeopterus variegatus*。后者后来又被分为 3 个物种，分别是爪哇鼯猴、婆罗洲鼯猴以及位于马来半岛的鼯猴。在分类上，它们自己占据了一个目，即皮翼目（Dermoptera），意思如字面所示。就像美洲和欧亚大陆的鼯鼠（flying squirrel），来自非洲的同样会滑翔但关系更疏远的鳞尾松鼠（scaly-tailed squirrel），以及来自澳大利亚和新几内亚的有袋类滑翔动物一样，鼯猴也长着由大片皮肤形成的翼膜（patagium），其工作原理就像是一只可控的降落伞。跟其他滑翔动物不同，鼯猴的翼膜不光包裹着四肢，连尾巴也包裹在内，而且一直延伸到指尖和趾间。鼯猴的"翼展"长达 70 厘米，宽于其他滑翔动物。在夜晚的森林里，鼯猴可以通过滑翔抵达 70 米外的树上，而不怎么损失高度。

鼯猴翼膜一直延伸到尾尖、指尖和趾间，这说明它们对滑翔生活方式的投入超出其他任何哺乳类滑翔者。确实，它们在地面上相当笨拙。不过这些劣势在空中得到了补偿，它们可以用那巨大的降落伞高速覆盖大面积的森林区域。这要求它们有良好的立体视觉，才能在夜间精确掌控方向，实现精准降落，不至于一头撞到目标上，发生致命的事故。它们确实有着适于夜视的大眼睛和良好的立体感。

鼯猴和树鼩的繁殖系统都很不寻常，不过却有着截然相反的特异之处。鼯猴的幼崽出生的时候还处于胚胎发育的早期，这一点跟有袋类很像。不过它们不像有袋类那样长着袋子，所以鼯猴母亲会把翼膜折叠起来当作育婴袋，尾部的翼膜向前一折就成了一个临时的袋子，让幼崽（通常只有一个）坐在里面。母亲常像树懒一样倒挂在树枝上，对于鼯猴小宝贝来说，母亲的翼膜就像一个吊床。

一只鼯猴宝贝从毛茸茸的温暖吊床边缘探头张望，这听起来非常惬意诱人。但作为小树鼩就是另外一回事了，它们从母亲那里获得的关怀大概比任何其他任何幼年哺乳动物都要少。至少在某些树鼩物种中，树鼩母亲会有两个巢，一个自己住，一个留给孩子们。她只有在喂食的时候才会去看望自己的孩子，而且停留时间尽可能地短，只有5~10分钟。即便这样短暂的喂食探访，也要48小时才会有一次。与此同时，由于不像其他哺乳动物幼崽那样有母亲的体温帮助取暖，小树鼩们必须从食物中获得必需的热量，因此，树鼩母亲的乳汁极其丰富。

在我们的朝圣之旅中，这是唯一一次有两个独立的会合点被放在同一章里。这表明了一个事实，即树鼩和鼯猴之间以及它们和其他哺乳动物的亲缘关系仍然是一个充满争议和不确定性的问题。我们可以从中学到一课，而这正是《鼯猴的故事》将要教给我们的。

鼯猴的故事

鼯猴本来可以给我们讲一讲在东南亚夜晚的森林里滑翔的故事，但考虑到我们朝圣的目的，它有一个更切实际的故事要讲，而这个故事的寓意是一个警示，警告我们这个看起来井然有序的故事其实并非定论，随着新研究成果的出炉，无论是共祖、会合点还是朝圣者加入的次序，都很可能遭遇异议和修改。本章开头的系统发生图来自一份针对小片段DNA密码插入和缺失突变的研究，我们在《长臂猿的故事》末尾讨论过这种稀少且可靠的突变。该研究表明，我们灵长类跟鼯猴的关系比跟树鼩的略近一些。在本书的上一版里，鼯猴和树鼩是作为同一个团体加入我们的，当时的依据是早先的遗传研究。而在分子证据出现以前，正统的分类学认为只有树鼩是在这个会合点加入灵长类的，而鼯猴还要再等一等，甚至还要等很久。

我们不能保证我们目前的图景以及我们现在为会合点排的次序会一成不变。近期另一些证据提醒我们也许应该复活我们的旧观点，其中既有化石证据，也有关于单个大规模染色体变异的分子证据。未来的进展也许会催生一种完全不同的安排，再次改变我们的排序。正是由于这种持续的不确定性，我们没有给鼯猴和树鼩各自单列一章。以疑虑和不确定性作为一篇故事的寓意似乎挺难让人满意，但趁着我们的朝圣之旅还没有深入太远，这是我们必须学习的重要一课。同样的教训也适用于许多其他会合点。

我们也可以在系统发生树上以多条分支来表示分支的不确定性（即多分支图，参见《长臂猿的故事》）。有些作者会采用这种办法，尤其是科林·塔奇，他在《生命多样性》（*The Variety Of Life*）一书中为地球上所有生命的系统发生做了精彩的总结。但是在某些分支上采用多分支图会有让人误以为其他分支极其可靠的风险。自塔奇的书在 2001 年出版以来，分类学发生了一次重大的变革，正如我们将在第 13 会合点看到的那样，现在认为胎盘类哺乳动物分成 4 个主要系群。他对这些区域的分类在以前被认为是合理而清晰的，但现在情况发生了根本性变化。本书也可能遭遇同样的情形，而且这样的情形未必只局限于鼯猴和树鼩。在第 13 会合点，我们会遇见非洲兽总目和异关节总目的哺乳动物，对于它们加入朝圣的先后次序，我们甚至更加不确定。在第 18 和第 19 会合点，肺鱼和腔棘鱼的排序仍然偶有争议。化石证据和遗传证据对海龟的位置各执一词（第 16 会合点）。最近对栉水母（ctenophore）基因组的测序结果使人对它们的分类位置存有疑虑（第 29 会合点）。而所有这些例子当中最不确定的也许要数多细胞生物主要系群的分支（第 38 会合点）。

至于其他会合点，比如猩猩所在的那个会合点，已经几乎确定无疑，这种会合点自然是喜人的，而且其数目正在增加。也有一些介于确定和不确定之间的情形。所以，与其以近乎主观的方式判断应该对哪些系群进行完整的解析，我们宁愿在主桅杆上钉上各种颜色的旗帜，代表或多或少的不确定性，并在正文中尽可能地对存疑的地方加以解释（只有一个例外，即第 36 会合点，那里的次序太不确定了，连专家们都不愿做没有把握的猜测）。等到适当的时候，随着新证据的出现，可能会发现我们这些会合点当中有一些连同它们的系统发生树都是错的，只是希望这样的点不要太多[1]。

若是有读者觉得不确定性使人感到不安，那么他可以从三件事中获得安慰。首先，自本书第一版出版以来，这 10 年的新数据基本上证实而不是推翻了书中所做的合理推测，我们对眼镜猴的位置（第 7 会合点）以及七鳃鳗和盲鳗（hagfish）的分组（第 22 会合点）有了更多的共识。其次，我们知道哪些地方存在不确定性。除了一个例外（第 23 和第 24 会合点交换位置）之外，本书中会合点的变化只发生在我们先前指出存有争议的地方。第三，有些情况下，有争议的研究正是我们期待看到的。就像我们在《长臂猿的故事》的序言里讨论的那样，当两个会合点相距很近时，可以预计基因组中不同区域具有不同的进化树。这也许是为什么有少数鼯猴基因仍然不支持本次会合点中的分支次序。那些最终进化成鼯猴、树鼩和灵长类的原始鼩鼱样哺乳动物都是在短短几百万年间先后形成的。这一效应也许能够解释我们在旅程中好几处地方遇到的矛盾，特别是第 13 会合点。由对进化史的误解导致的争论正变得越来越少。

对于以前那些没有绑定进化标准的分类系统来说，可能的争议主要在于偏好和判断的分歧。一个分类学家也许会出于博物馆样本展览便利的考虑，认为应该把树鼩跟鼩鼱放在一起，而把鼯猴跟鼯鼠放在一起。对于这种判断来说，没有绝对正确的答案。本书采用的系统发生分类学则与此不同。虽然有时候仍然依赖人类的判断，但这种判断最终会变成无可争议的真理。只不过由于我们还没有了解足够的细节，特别是分子层面的细节，所以我们仍然不能肯定那个真理到底是什么。真理只是挂在那里等着被发现而已，而基于个人品味和博物馆布展便利的判断就不好说了。

注释

1. 神创论者错误引用警告：神创论者们，请不要认为这意味着“进化学家们缺少共识”，并暗示这背后整个庞大的理论都可以被扔掉。——作者注

第 11 会合点

啮齿类和兔类加入。兔形目包括大概 90 种穴兔、野兔和鼠兔，连同 2 300 种啮齿目动物（其中三分之二属于鼠类），共同构成“啮齿总目”。如今有令人信服的分子证据表明，它们是灵长类、鼯猴和树鼩的近亲。我们一起构成胎盘类哺乳动物 4 个总目之中的一个，即灵长总目。这些总目的英文名字都不太朗朗上口，尽管“supraprimates”比更常用的“euarchontoglires”（二者都指灵长总目）略微好读一些。

啮齿类和兔类

我们旅程的第 11 个会合点距今 7 500 万年[1]。我们在这里遇见了一大批啮齿类朝圣者，它们数量庞大，熙熙攘攘，一边匆忙奔走，一边抖动着腮须咬东咬西，好像瘟疫一般席卷而来。除了啮齿类，我们还在这里遇见了兔类，其中包括非常相似的野兔和长耳大野兔（jack-rabbit），以及和它们关系疏远得多的鼠兔。兔类曾被归入啮齿类，因为它们也长着用于啮咬的突出门牙，甚至比啮齿类还多一对。后来，兔类从啮齿类中分了出来，至今仍然单列一目，即兔形目（Lagomorpha），而不再从属于啮齿目。不过，根据现代的权威分类，兔形目动物和啮齿目动物属于同一个“群”（cohort），即啮齿总目（Glires）。换言之，兔形目和啮齿目的朝圣者们先和彼此会合，然后才一起加入我们的朝圣队伍。对于人类来说，11 号共祖大概是我们的 1 500 万代远祖，是我们和老鼠的最近共同祖先。但对老鼠来说，这位祖先的代数要久远得多，因为老鼠每代的寿命比人类短得多。

在哺乳动物中，啮齿类是成功的典范。啮齿类包括了超过 40% 的哺乳动物物种，据说世界上啮齿动物的总数超过了所有其他哺乳动物的数目总和。老鼠不光偷偷从人类的农业革命中受益，还随着人类穿越海洋，遍及每一片陆地，破坏我们的粮仓，损害我们的健康。1 000 多年来，老鼠连同背上的跳蚤，带着腺鼠疫（bubonic plague）[2]

离开它在中亚的宿主沙鼠（gerbil）和黄鼠（ground squirrel），来到欧洲，导致极其严重的后果：除了造成17世纪的大瘟疫，根据遗传证据显示，它更是导致6世纪和7世纪时查士丁尼瘟疫（Justinian plague）的元凶，这次瘟疫比17世纪的大瘟疫更加致命。但要说最恶劣的一次瘟疫，则要数中世纪抹除了欧洲超过半数人口的黑死病（Black Death）了。就算天启[3]降临，到时候为四骑士收尸的也是老鼠——大群大群的老鼠，好像迁徙的旅鼠一样，扫荡着文明的废墟。顺带一提，旅鼠也是啮齿动物。这些北方野鼠的种群规模在所谓的"旅鼠年"（lemming year）呈现近乎瘟疫一般的急剧增长，然后便开始疯狂的大迁徙，其原因目前仍然不太清楚，只是这种迁徙并非谣传的所谓无缘无故的自杀。

啮齿类动物是专事啮咬的机器，长着一对极其突出的门齿，这对门齿可以永久生长，弥补损耗。它们的咬肌格外发达，没有犬齿，门齿和后牙之间的宽阔间隙有助于提高啮咬的效率。它们几乎可以咬穿任何东西。河狸可以咬断大树的树干；鼹形鼠（mole rat）完全在地下生活，也像鼹鼠（mole）一样挖洞，不过它们只用门牙掘土，而不像鼹鼠一样用前爪[4]。各种各样的啮齿类动物遍布世界各地，沙漠里有梳齿鼠（gundi）和沙鼠，高山上有旱獭（marmot）和毛丝鼠（chinchilla），森林树冠上有松鼠和鼯鼠，河流里有水鼠（water vole）、河狸和水豚（capybara），雨林地面上有刺鼠（agouti），热带大草原上有长耳豚鼠（mara）和跳兔（springhare），而北极苔原上有旅鼠。

大多数啮齿动物的大小跟老鼠差不多，但体形更大的依次有旱獭、河狸、刺鼠和长耳豚鼠，乃至南美洲河道里跟绵羊体型相当的水豚。水豚是一种珍贵的肉食来源，除了因为它们体形较大之外，还有另一个怪异的原因：罗马天主教会有一个传统，在星期五大餐中授予水豚作为“鱼”的荣誉资格[5]，而他们这么做的依据很可能只是因为它们在水里生活。尽管现代水豚的体形已经够大了，但跟几种很晚才灭绝的南美大型啮齿类比起来，水豚也只能算是小个子。巨水豚（giant capybara，学名 *Protohydrochoerus*）有驴那么大。南美硕鼠（*Telicomys*）个头更大，像是一头小型犀牛，也跟巨水豚一样是在南北美洲生物大迁徙（Great American Interchange）期间灭绝的。巴拿马地峡（Isthmus of Panama）的形成结束了南美洲的岛屿状态，从而导致了这场大迁徙。这两种巨型啮齿类的亲缘关系并不太近，因此似乎它们是各自独立地进化出了庞大的体形。

这世上如果没有啮齿类动物，将会变得非常不同。与其想象一个没有啮齿类动物的人类世界，反倒是它们主导的无人世界更有可能存在。如果核战争摧毁了人类和其他大多数生物，短期内能活下来的很可能是老鼠，而从长期的进化源流来看，成功的依然是老鼠。我能想象出末日浩劫过后的场景：那时候我们人类连同其他所有大型动物都消失了。作为后人类世界的终极清道夫，啮齿动物开始崛起。它们咬穿纽约、伦敦和东京，将满溢的食品柜、无人的超市和人类尸体消化一空，把它们变成新一代老鼠，种群规模爆炸性增长，从城市漫往乡村。等人类当初的挥霍留下的遗迹消耗殆尽时，它们的种群规模又会再度下降，不仅同类相食，还会捕食跟它们一同清扫垃圾的蟑螂。它们在这段竞争激烈的时期里飞速进化，不仅因为它们繁殖周期较短，也许还因为辐射造成突变率增加。由于人类轮船和飞机消失，岛屿又重新成为岛屿，当地种群与世隔绝，等待着偶尔出现的幸运者乘筏漂流而来。这正是生物多样性进化的理想条件。用不了 500 万年，一系列全新的物种将会取代我们熟知的那些生物。成群的大型食草鼠的身后尾随着长着獠牙的食肉鼠[6]。如果给它们足够的时间，会不会有一种聪明且有教养的老鼠应运而生？啮齿类历史学家和科学家们会不会最终组织起小心细致的考古发掘（也许用的是牙齿？），挖掘出那些早被掩埋的人类城市，重现当初那场暂时性的悲剧，揭示当时那个赐予鼠类进化突破的特殊场景？

小鼠的故事

在数千种啮齿类动物当中，学名为 *Mus musculus* 的小鼠（家鼠）有一个特殊的故事要讲，因为除了人类之外，它们是被研究得最为深入的哺乳动物物种，远远超过常常在英语习语中出现的豚鼠（guinea pig）[7]。世界各地的医学、生理学和遗传学实验室中最主要的实验动物就是小鼠。而且，小鼠是继人类之后第二个被测定全基因组序列的哺乳动物物种[8]。

哺乳动物基因组在两个方面显得出人意料。首先，哺乳动物基因组包含的基因数量相当少，根据最近的估计，人类只有不到 2 万个基因。其次，这些基因组之间高度相似。人类的尊严似乎要求我们应该有着比小老鼠多得多的基因。再说了，难道基因的数量不应该远远超过 2 万个吗？

最后一点意外使得人们猜测“环境”对生物形态的塑造作用一定比我们原先估计的更重要，因为没有足够的基因来决定身体的形态，甚至有一些本不该如此幼稚的人也持有这种幼稚得惊人的逻辑。我们凭什么标准判断到底需要多少基因才能决定一个身体的形态？这种想法其实是基于一个潜意识的假设，认为基因组就像是某种蓝图，每个基因只负责某一小部分身体的构建，然而这种假设是错误的。就像《果蝇的故事》将告诉我们的那样，基因组并不是一个蓝图，而是更像一个菜谱，一个计算机程序，或者拼装说明书。

如果你把基因组看作一幅蓝图，你也许会预期你自己应该比小老鼠需要更多的基因，毕竟人这种动物那么大，那么复杂，而小老鼠的细胞数目则少得多，大脑也更加简单。但是就像我前面说的，基因不是这么工作的。就算把基因组看成菜谱或说明书，如果理解方式有误，也可能会产生误导。我的同事马特·里德利在他的《先天与后天》（*Nature via Nurture*）一书里讲到另一个比喻，我觉得这个比喻清晰又美妙。在我们测序的基因组中，虽然其局部可以被看作一本说明书或者一个计算机主控程序，但基因组整体上并非是关于建造人类或老鼠的说明书或程序。如果基因组真是一个程序的话，也许我们的程序确实应该比老鼠的程序大得多。但我们的基因更像是一部字典，包含撰写说明书所需要的那些字，或者就像我们将要看到的那样，像是一组子程序，等着被主控程序调用。用里德利的话说，《大卫·科波菲尔》（*David Copperfield*）跟《麦田里的守望者》（*The Catcher in the Rye*）[9]所用的字词表几乎一模一样，都是一个有教养的英语母语者的词汇表，而两本书截然不同的地方在于那些字词的排列顺序。

当一个人被孕育成人，或者一只小鼠被孕育成鼠，二者的胚胎发育用的是同一套基因字典，用的都是正常的哺乳动物胚胎发育所用的词汇表。人和小鼠共享这套哺乳动物词汇表中的基因，而它们的差异取决于这些基因被调用的次序，取决于它们在哪些身体部位中被调用，还取决于调用的时机。这一切又受到一系列令人眼花缭乱的复杂机制的调控，对于其中某些机制，我们才刚开始有所了解，它们当中又有相当一部分来自 DNA 上不编码蛋白质的那些区域。我们现在知道，人类基因组中只有 1% 多一点的序列负责编码身体生长和维持所需的蛋白质，而通常只有这部分序列才是我们一般所称的基因。另外大约有 8% 的序列似乎行使着其他重要功能，据信其中大多数似乎负责基因表达的启动和关闭。这些调控区域通常位于它们所调控的基因序列附近，对于生物体的形态至关重要。其中一种常见的操作机制涉及一种被称为转录因子的蛋白质，这些蛋白跟 DNA 上的调控区域相结合，启动或关闭该区域关联基因的表达。有些受到调控的基因本身编码的就是转录因子，这就导致复杂而精细的时间级联控制和反馈回路。凭借这种内在的控制系统，在 DNA 水平上只需要少数细微的调整就可以改变不同基因最终被调用的顺序。

请不要将“顺序”理解为基因在染色体上的排列次序。除了少数例外（我们将在《果蝇的故事》里遇见这些例外情形），基因在染色体上排列的顺序就像词汇表中的字词排列顺序一样随意。在词汇表里，单词的顺序常常是按字母表排列的，但有时候也会出于使用的便利而排列，出国旅行时用的常用语手册里便是如此，机场用语、看医生常用语、购物用语等等手册也是很好的例子。基因在染色体上的排列顺序无关紧要。真正重要的是，当细胞机器需要用到它们的时候，它知道去哪里找到正确的基因，而我们对这一过程的实现机制有了越来越多的了解。在《果蝇的故事》里，我们将会继续讨论那些有趣的例外，在这些例外情形里，基因在染色体上的排列顺序不是任意的，反而像外语的常用语手册一样。目前，我们只需要知道，主要决定老鼠和人类差异的不在于那些基因本身，也不在于它们在染色体“常用语手册”上的排列顺序，而在于它们被启动表达的次序，这个过程就好像狄更斯或塞林格从英语词汇表里选取了哪些单词按怎样的次序连缀成句。

这个单词的比喻在某个方面有些误导性，因为单词太短了，所以有些作者更喜欢把基因比作句子。然而句子的比喻也不够好，有它自己的问题。不同的书并不是从一个固定的句库里抽出句子来进行不同的排列组合，大多数句子都是独一无二的。基因不同于句子，它像单词一样在不同的情境下被一次次反复使用。对于基因来说，比单词或句子更好的比喻是计算机里的工具箱子程序。

我碰巧比较熟悉的电脑是麦金塔（Macintosh，缩写为 Mac）电脑[10]，而且现在距离我上次编程已经有一些年头了，所以我在细节方面的知识必定已经过时了。不管怎样，原理依然不变，而且它对于其他电脑也是适用的。Mac 电脑系统有一个程序工具箱，任何程序都可以调用其中的子程序。这种工具箱程序有数千个之多，各自负责完成一项特定的操作，这些操作可能被不同的程序以不同的方式一遍遍反复调用。比如有个叫 ObscureCursor 的工具箱程序，负责将屏幕上的光标隐藏，直到下次鼠标移动才会显现。虽然你看不见，但每次你打字时光标消失，实际上都调用了这个 ObscureCursor “基因”。Mac 电脑所有程序（以及 Windows 机器上那些仿造品）共享的那些为人熟知的特征，无论是下拉菜单、滚动条，还是可以用鼠标在屏幕上任意拖拽的可调窗口，以及许多其他特征，背后都隐藏着工具箱程序的身影。

之所以所有 Mac 程序都有相似的“外观和感觉”（正是这种相似性成为那场著名诉讼的主题[11]），原因正是在于，无论其作者是苹果公司、微软公司还是任何其他人，所有 Mac 程序都调用了相同的工具箱子程序。假设你是一名程序员，如果你想把屏幕上某块区域整体向某个方向移动，比如说跟随鼠标拖拽，但你却不去调用 ScrollRect 工具箱程序，那么你纯属浪费自己的时间。再比如你想在下拉菜单旁边添加一个复选标记，你一定是疯了才会选择自己写代码实现这一效果。实际上你只需要在程序里调用 CheckItem 子程序，一切就自动完成了。打开一个 Mac 程序的代码看看，不论作者是谁，不论该程序用的是哪种编程语言，也不论它的功能是什么，你会发现大部分内容是在调用那些熟悉的系统内置工具箱子程序。不同的程序只是在以不同的组合和次序调用这些子程序。

在每个细胞的细胞核里，其基因组都是一个包含着许多 DNA 程序的工具箱，这些程序可以执行标准的生化功能。不同种类的细胞，比如肝细胞、骨细胞和肌细胞，以不同的次序和组合调用这些程序，执行诸如生长、分裂和分泌激素等特定的细胞功能。小鼠的骨细胞跟人的骨细胞很像，却和小鼠的肝细胞不像，这是因为骨细胞履行的功能非常相似，而它们需要调用同一批工具箱子程序来实现这样的功能。这就是为什么所有哺乳动物都有着差不多同样数量的基因：它们需要的工具箱是一样的。

不过，小鼠的骨细胞确实跟人类的骨细胞有所不同，这也反映为它们调用不同的细胞核工具箱。小鼠和人的工具箱固然不同，但从原理上讲，即便工具箱相同也不会妨碍人和小鼠发展出两个物种之间的主要差异。要塑造出小鼠和人类不同的形态，其真正关键不在于工具箱本身的差异，而在于对子程序的调用有所不同。

《小鼠的故事》后记

我们在《小鼠的故事》里看到，小鼠和人的主要差异来自对可用工具箱中遗传程序的不同选择。对于多细胞生物来说，这种选择差异在形成不同分化种类的细胞时显得尤为重要。让你的神经细胞不同于肝细胞、肌细胞不同于皮肤细胞的关键，不在于 DNA 命令集本身，而在于哪些命令被启用或停用。与小鼠和人的例子不同，这些细胞之间并没有遗传差异，基本上它们有着完全相同的 DNA。它们的差异是属于“表观遗传”（epigenetic）的——位于基因组之外。这一现象早在

DNA 被发现之前就为人所知，“表观遗传”一词就是康拉德·沃丁顿[12]于 1942 年提出来的，但令人遗憾的是，如今流行的观点是把它鼓吹为某种出乎意料的现象，甚至称它可能颠覆我们传统上对遗传学的认识。媒体一知半解地惊呼,“新”研究表明环境可以影响基因的表达和关闭。哈，环境当然有影响！胚胎发育全指望着这一点呢！环境的影响不只是细胞类型的转变。跟成天歪在沙发上看电视的懒鬼比起来，健美运动员的肌肉里应该有一系列不同的基因得到表达。基因本来就应该对外界刺激做出响应，无论该刺激是胚胎在发育过程中接触到的激素，还是成年人受到的外在影响。20 世纪 60 年代早期，弗朗索瓦·雅各和雅克·莫诺[13]对细菌进行了相关的研究，从此之后基因对环境的响应就不再是新鲜事了。不过就算在此之前，这难道不也是显然的吗？

表观遗传学还延伸出一种更富争议的观点，该观点认为基因调用的模式可以传递给下一代，即代际表观遗传（epigenetic inheritance）。我们听过许多这样的故事，父母的性状特点传给后代，所谓“铁匠把他强健的肌肉传给孩子”这种拉马克式的观点在现代得以复兴[14]。人类心理中似乎有某种东西使我们乐于接受这种灾难性的观点。之所以说它是“灾难性”的，是因为这意味着铁匠的儿子还会继承他父亲的瘸腿、脸上的伤疤以及政治观点（不论是何种倾向）。我们当中的大多数都会庆幸自己没有继承父母的全部获得性状（acquired characteristics）。重新开始具有非凡的意义。

不管怎样，如果把“代际表观遗传”定义为包括身体内部细胞之间的遗传，那它毫无疑问是存在的。肝细胞总是分裂成肝细胞，肌细胞总是分裂成肌细胞，尽管它们的 DNA 都是一样的。如果同样的代际表观遗传也赋予后代新生的躯体，那又有什么值得惊讶的呢？有些间接的证据表明，母亲的饥饿经历会对儿女甚至孙辈产生影响。若是卵细胞里的化学物质携带着母亲的表观遗传印记，这也许不算太出乎意料。但在某些故事里，这种印记实在强得令人难以置信。最近有实验称，经训练而畏惧某些特定气味的雄鼠会通过精子把这种恐惧传递给后代。实验结果也许是可靠的，但"不同寻常的主张需要有不同寻常的证据"[15]。

我们应该指出，这种代际表观遗传效应若要获得与真正的突变媲美的进化意义，那它必须不仅能影响到孙辈那一代，还能无限制地传递给更遥远的后代。实际上，就这种效应表现出来的强度来看，它似乎用不了几代就消亡殆尽了。这就是为什么我们但凡看到适应性的进化现象，就会认为它来自达尔文主义自然选择对 DNA 序列的影响。事实上，我们所知的所有表观遗传都受到基因组的控制，其中最重要的一个例子就是形成多细胞躯体所必需的细胞遗传。与之相反，关于亲代和子代之间代际表观遗传的那种伪拉马克式（pseudo-Lamarckian）的例子显得无关紧要，却有让我们偏离更重要的思想的危险。刚才我们说一切适应性的进化现象都是基于 DNA 的，但对于人类来说这并不成立。我们会把一些获得性状以思想的形式传给后代，如果说存在非基因遗传（non-genetic inheritance）的话，那么这就是一个例子。作为信息传递的另一种形式，这是我们文化的根基，在很大意义上也是人类跟地球上其他物种的区别之所在。

河狸的故事

表型（phenotype）是基因对身体诸多影响的表现，基本包括了身体方方面面的特征。不过有一点细微之处值得强调，跟这个词的词源有关。希腊语 Phaino 的意思是"表现""公开""显现""展现""揭示""揭露”“显露”等。基因型（genotype）是隐藏不可见的，表型则是外在的、可见的。《牛津英语词典》（*Oxford English Dictionary*）把表型定义为“个体可见特征的总和，是个体基因型及其所处环境相互作用的结果”，不过在这个定义之前还有一条更微妙的解释：“凭其可见特征区别于其他生物的生物类型。”

在达尔文看来，自然选择是某些生物类型以对立生物类型为代价而得以存活和繁殖。此处的“类型”指的不是种群、族群或物种。在《物种起源》的副标题里，“优势族群的存活”这句话备受误解，实际上其中的“族群”指的并不是通常意义上所说的族群。达尔文写下这部著作的时候，还没有“基因”这个名字，遗传的本质也不为人知，但如果换成今天的术语，他所说的“优势族群”实际指的是“优势基因的所有者”。

只有当不同类型的差异来自基因时，自然选择才能驱动进化的发生，如果性状的差异不可遗传，那么存活率的差异便对未来的后代没有影响。对于达尔文主义者来说，表型体现出来的是基因受到来自自然选择的审判。当我们说河狸的尾巴变得扁平得好像一支桨时，实际上我们的意思是，有那么一些基因，其表型包括了尾巴的扁平化，而这些基因因为这一表型的优势而得以留存下来。拥有扁尾巴表现型的河狸个体因为更加擅长游泳而存活了下来，造成扁尾巴的基因也借以幸存，被传递给新一代扁尾巴的河狸。

与此同时，巨大而尖锐的门齿使河狸能够咬穿树木，决定这种表型的基因也同样存活了下来。每只河狸都来自河狸基因库里那些基因的排列。这些基因历经一代代河狸祖先而存活下来，事实证明它们跟河狸基因库里的其他基因进行了良好的合作，共同造就了对于河狸的生活方式至关重要的那些表型。

同样，另一些协作的基因在其他基因库里存活了下来，它们所生成的身体通过实践另一些生活方式而得以幸存，于是有“老虎协作基因”“骆驼协作基因”“蟑螂协作基因”“胡萝卜协作基因”等等。我的第一本书《自私的基因》完全可以改用另一个名字，叫作“协作基因”，而正文不必更易一个字。确实，假如真的换成了这个名字，没准还能免去一些误解（有些对这本书最直言不讳的评论家，他们显然只要读到书名就满足了）。自私和协作，是达尔文主义硬币的两个面。每个基因都在推进自己的自私福利，而推进的方式就是跟其他基因协作构建那个它们将要共享的身体。被有性生殖搅动起来的基因库不仅提供了跟它协作的那些基因，也构建它自己立身的环境。

不过跟老虎、骆驼或胡萝卜比起来，河狸有着截然不同的独特生活方式。河狸有“湖泊表型”，这种表型的成因则是“水坝表型”。湖泊属于“延伸的表型”（extended phenotype）。延伸的表型是一种特殊的表型，本篇故事剩下的部分将以之为主题，简略地总结我另一本书的内容，书名正是“延伸的表型”（*The Extended Phenotype*）。这个主题很有趣，其趣味不仅在于它本身，而且在于它可以帮助我们理解传统意义上的表型是如何发展而来的。实际上你会发现，像河狸的湖泊或水坝这样延伸的表型，跟传统的表型——比如河狸的扁尾巴——并没有本质的差别。

一边是骨头血肉组成的尾巴，一边是山谷水坝造成的一潭静水，为什么这二者竟然都可以用“表型”一词来描述？答案在于，它们都是河狸基因的外在表现，都进化得越来越好，越来越有利于保存这些基因，而这些基因的相继表达是依据一种相似的胚胎学因果链。容我解释一下。

河狸的基因决定了它们的尾巴特征，虽然我们还不清楚这一胚胎学过程的细节，但我们对类似的过程有所了解。河狸每一个细胞里的基因仿佛都“知道”自己身处于何种细胞之中。皮肤细胞跟骨细胞拥有相同的基因，但在皮肤和骨骼中被启动表达的基因却不同。我们在《小鼠的故事》里遇见了这个问题。河狸尾巴里有各种各样的细胞，而基因在每种细胞中的表现就“好像”知道自己在哪里一样。这些基因让相应的细胞彼此相互作用，共同使整条尾巴获得那种扁平无毛的典型形态。想要弄明白它们如何“知道”自己身处尾巴的哪个部分，其中有着令人生畏的困难，但我们在原则上明白如何解决这些困难。不论是河狸的尾巴，还是老虎的脚爪、骆驼的驼峰乃至胡萝卜的叶子，其中的困难总是相似的，其解决方案总体上也遵循同一套策略。

动物的行为受到神经机制和神经化学机制的驱动，而这些机制的发育建成也遵循同一类策略。河狸的求偶行为出自本能。雄性河狸的大脑向血液分泌激素，通过神经控制肌肉牵动那些布置精巧的骨骼，以此协调产生一系列和谐的动作，跟雌性河狸的动作精准一致，而雌性自己的一连串动作也同样和谐，同样得益于精心的调控。可以肯定，这样精细的神经肌肉的交响乐必然历经一代代自然选择的砥砺和打磨。这意味着对基因的筛选。在河狸的基因库里，那些决定了一代代河狸祖先的大脑、神经、肌肉、腺体、骨骼以及感觉器官产生有利表型的基因最终存活了下来，所谓“有利”指的是这些表型会提高这些基因历经一代又一代传至今天的机会。

就像“决定”骨骼和皮肤的基因一样，“决定”行为的基因也以同样的方式存活下来。你也许会反驳说，只有决定神经和肌肉的基因，而并不“真的”存在任何决定行为的基因，是神经和肌肉产生了行为。如果是这样的话，那你还依然沉浸在异教徒的迷梦里。若是考虑基因的“直接”效果，那么解剖结构并不具有比行为结构更优越的特殊地位。基因“真正”能够决定的，或曰基因的“直接”效果，只有蛋白或其他直接相关的生化效果。除此之外，无论是解剖上的还是行为上的表型，都是间接的。苛求直接和间接之间的界限是空洞的。在达尔文主义的意义上，真正重要的是基因的差异会表现为表型的差异，自然选择所关心的也只有这种差异。就像自然选择一样，遗传学家们关心的也是这种差异。

还记得《牛津英语词典》里那条更“微妙”的定义吗？“凭其可见特征区别于其他生物的生物类型。”关键词在于“区别”。“决定”了褐色眼睛的基因并不是直接编码合成褐色色素的基因。好吧，也许碰巧就是，但这不是重点。重点在于，对于一个“决定”褐色眼睛的基因来说，跟该基因的其他版本或曰“等位基因”比起来，它的存在造成了眼睛颜色的差异。在两种表型比如褐色和蓝色眼睛之间，造成差异累积的因果链往往冗长而啰唆。一条等位基因产生了一种有差异的蛋白，不同于对应的另一条等位基因的产物，而这种蛋白通过酶促反应影响了细胞化学，继而影响到X，继而影响Y，继而影响Z，继而影响……经过一长串的中间因素，最后影响到我们感兴趣的那个表型。如果这条等位基因的表型不同于另一条等位基因经过同样长串的中间因素而最终产生的对应表型，那么我们就说这条等位基因造成了差异。基因的差异导致了表型的差异，基因的改变造成了表型的改变。在达尔文主义进化过程中，等位基因之所以受到筛选，是由于它跟与其相应的等位基因产生了表型的差异。

河狸故事的要点在于：这种表型之间的比较可以发生在因果链上的任何一个环节。整个链条上的每个中间环节都是实打实的表型，其中任何一个表型的效果都可能让基因受到筛选压力，只要它对于自然选择来说是“可见的”，没人在乎我们是不是看得见它。在这个链条上，根本不存在所谓的“终极”环节，也没有最终的、决定性的表型。等位基因的改变所造成的任何后果，不论它发生在世界上任何地方，也不论这种后果多么间接，不论因果链条多么长，只要它相对于等位基因的其他版本而言影响了该等位基因的存活率，那么自然选择对这些表型后果就都是一视同仁的。

现在让我们来看看是什么样的胚胎发育因果链造就了河狸建造水坝的行为。造坝行为遵循一种复杂的刻板模式，被刻印在河狸大脑里，好似一套精心调校好的发条装置。或者就好比沿着钟表的发展史进入了电子时代，造坝行为是通过大脑中的硬件编码而实现的。我看过一部特别的影片，圈养的河狸被关在空荡荡的、毫无装饰的笼子里，既没有水也没有木头，可是就在这么“一片真空中”，河狸们依然表现出了通常在自然环境下造坝的全部动作，就跟有真的木头和真的水没什么两样。它们仿佛在把虚拟的木头放置在虚拟的坝墙上，可悲地想要用看不见的木材造一座看不见的水坝。这一切都发生在它们牢房里坚硬干燥的平地板上。这让人替它们感到悲哀，就好像它们在绝望地执行着那个沮丧而机械的造坝程序。

只有河狸的大脑里有这种类型的机械程序。其他物种有跟求偶和抓挠打斗相关的机械程序，河狸也有，但只有河狸的大脑里有关于造坝的机械程序，而这种程序必定是由河狸的祖先一点点进化而来的。之所以会进化出这种程序，是因为水坝堰塞成的湖泊非常有用。目前并不十分清楚这些湖泊的全部用途，但它们必然对于作为建造者的那些河狸是有用的，而非任何一只老河狸都会从中受益。最好的猜测认为，湖泊似乎为河狸提供了一个安全的场所建造它的小屋，能够远离大多数捕食者，而且提供了一个运输食物的安全通道。不管那个优势是什么，它必然相当有利，否则河狸不会投入如此多的时间和精力去建造水坝。再次提醒读者，自然选择理论是一个富有预见性的理论。达尔文主义学者可以满怀信心地预言，如果造坝只是对时间的无益浪费，那么不愿意建造水坝的反对派河狸就会有更好的机会存活下来，将不愿造坝的遗传倾向传给后代。河狸如此热衷于造坝，这一事实本身就是很强的证据，说明河狸的祖先从造坝行为中获益良多。

就像其他任何有益的适应一样，大脑中关于造坝的机械程序必定也是通过对基因的达尔文主义选择进化而来的。大脑中的神经联结必然存在能够影响到水坝建造的遗传差异。那些能让水坝造得更好的基因版本有更好的机会在河狸基因库里存活下来。所有达尔文主义适应特征都有同样的故事。但这里的表型是什么？因果链上的哪个环节可以算作遗传差异的外在表现？再次重申，答案是每个存在可见差异的环节都算。大脑内的联结方式？当然，几乎可以肯定。胚胎发育中导致该种联结的细胞化学过程？当然。不过，行为——肌肉收缩的交响曲——也是完全合格的表型。毫无疑问，河狸造坝行为的差异乃是基因差异的显现。同样，这种行为的后果也完全可以算作基因的表型。什么后果？当然是水坝。还有作为水坝后果的那些湖泊（见彩图 9）。湖泊之间的差异受到水坝差异的影响，就像水坝之间的差异受到行为模式差异的影响，而行为模式的差异又是基因差异的后果。我们说尾巴的特征是基因的表型后果，运用同样的逻辑，我们或许也可以说水坝或湖泊的特征也是实打实的基因表型后果。

通常在生物学家眼里，基因的表型只局限于作为基因载体的生物个体皮囊之内。《河狸的故事》告诉我们不必如此。回到“表现”一词真正的意义上，一个基因的表型完全可以延伸到生物个体皮囊之外。鸟巢就是延伸的表型，它们的形状和尺寸，有时候还有复杂的漏斗状和管状结构，这些都是达尔文主义的适应特征，因此必然是通过不同基因存活率的差异进化而来的。是基因决定了筑巢行为？没错。是基因让大脑的神经联系擅长建造合适形状和尺寸的巢穴？是的，通过同样的方式。筑巢用的是草或木棍或者泥，而非鸟类的细胞，但这跟我们的问题不相干，我们关心的是，鸟巢之间的差异是否受到基因差异的影响。如果确实如此，那么鸟巢就是合格的基因表型。鸟巢的差异当然受到基因差异的影响，不然它们怎么会因自然选择而改善？

像鸟巢、水坝（以及湖泊）这样的非自然造物作为延伸的表型的例子是很容易被人理解的。但还有其他一些例子，其逻辑就更……呃，更延伸一些。比如，我们可以说寄生虫的基因会在宿主的身体上表现出表型，哪怕有时候这些寄生者并不居住在宿主身体内部，就像布谷鸟（cuckoo）的例子[16]一样。许多动物通信的例子，其实都可以换用延伸的表型的语言来重新阐述，比如当雄金丝雀（canary）向雌金丝雀唱歌时，雌雀的卵巢就开始生长。但这样就偏离河狸太远了，我们将以最后一个观察结束河狸的故事：在合适的条件下，河狸制造的湖泊可以绵延数英里，这可能使它成为世上各种基因生成的最大的表型。

注释

1. 请注意，在本书第一版中，本会合点及下一个会合点分别被标作第 10 和第 11 会合点。——作者注
2. 俗称鼠疫或黑死病，是由鼠疫杆菌引起的传染病，通常先在啮齿类动物之间流行，然后通过鼠或跳蚤的叮咬传播给人。在病菌侵入肺部造成肺炎后，更会造成次发性的肺鼠疫，通过飞沫传播，进一步扩大疫情。——译者注
3. 天启四骑士的故事出自《圣经·新约全书》末篇《启示录》，故事是对世界末日的预言，描述“大审判”的景象以及耶稣的再临。有四位骑士，分别骑着白马、红马、黑马和灰马，其象征意义存有争议，传统上被解释为瘟疫、战

争、饥荒和死亡。——译者注

4. 15 种鼹形鼠中只有一种例外，其他都是用门牙掘土。作为鼹形鼠中最极端的穴居者，裸鼹鼠（naked mole rat）在集体掘洞作业时排成一长串，领先的“工鼠”（worker）用牙齿掘土，后面的鼠则用脚爪把土往后传送。我特地使用了“工鼠”一词，是因为裸鼹鼠还有另一个卓越的特点，它们是哺乳动物世界里最接近社会性昆虫（social insect）的一种。它们甚至看起来都有点像放大版的白蚁，在我们看来极其丑陋，但它们都是盲眼的，所以大概也不在乎。——作者注

5. 复活节前的星期五又被称为圣星期五（Good Friday 或 Holy Friday），在基督教国家是纪念耶稣受难的传统节日。天主教会把这天作为斋戒日，只吃一顿正餐，而且虔诚的信徒会避免吃红肉。因此许多地方都有在这一餐吃鱼的传统（牛羊肉是红色的，鱼肉则不同）。——译者注

6. 杜格尔 · 狄克逊（Dougal Dixon）早就预见到这个场景，而且凭他的天分将它画了出来，参见他富有想象力的著作:《人类灭绝之后的动物》（*After Man: A Zoology of the Future*）。——作者注

7. 英语习语中常以“guinea pig”代指用于实验的人或物，跟现代汉语中的“小白鼠”对应。——译者注

8. 不过，遗传学中常说的“全基因组测序”多少有些误导。截至本书写作时，即 2016 年，人类“全基因组”中仍有大约 5% 的字母是未知的。这些片段大多位于不包含基因的区域，只是负责维持染色体结构。之所以其序列依然未知，是因为这些序列高度重复，很难比对出正确序列，因此几乎无法拼接。——作者注

9.《大卫 · 科波菲尔》是英国作家查尔斯 · 狄更斯（Charles Dickens，1812—1890）的代表作，带有自传性质;《麦田里的守望者》是美国作家杰罗姆 · 塞林格（Jerome Salinger，1919—2010）的成名作，是 20 世纪美国最杰出的小说之一。——译者注

10. Macintosh 是苹果公司（Apple Inc.）于 1984 年推出的个人电脑品牌，在随后的 10 多年间发展成一个庞大的产品系列。广义上现在所有由苹果公司设计生产并运行 Mac OS 操作系统的个人电脑统统被称为麦金塔电脑。——译者注

11. 指苹果公司于 1988 年发起的针对微软公司（Microsoft Corp.）的侵权诉讼，该诉讼持续 4 年，以苹果公司败诉告终。在这场诉讼中，苹果公司认为 Mac 操作系统的整体外观和感觉受到版权的保护。——译者注
12. 康拉德·沃丁顿（Conrad Hal Waddington，1905—1975），英国发育生物学家、古生物学家、遗传学家、胚胎学家和哲学家，其工作为系统生物学、表观遗传学和进化发育生物学奠定了基础。——译者注
13. 法国生物学家弗朗索瓦·雅各（François Jacob，1920—2013）和雅克·莫诺（Jacques Lucien Monod，1910—1976）共同在细菌中发现了负责乳糖转运和代谢的操纵子。乳糖操纵子基因调节是首个被阐明的遗传调控分子机制，被视为原核生物基因调控的样本。二人和另一位法国生物学家安德烈·利沃夫（André Michel Lwoff，1902—1994）共同获得 1965 年诺贝尔生理学或医学奖。——译者注
14. 拉马克（Jean-Baptiste Lamarck，1744—1829），法国博物学家，进化论思想的早期提倡者，于1809年出版了《动物哲学》（*Philosophie Zoologique*）一书，系统地阐述了他的进化学说，提出了“用进废退”（use/disuse theory）和“获得性状遗传”（inheritance of acquired characteristics）理论，其学说也被称为“拉马克主义”（Lamarckism）。——译者注
15. 这句话是美国天文学家、天体物理学家、宇宙学家、科普作家卡尔·萨根（Carl Sagan，1934—1996）的名言（“Extraordinary claims require extraordinary evidence.”），它更早的版本（“An extraordinary claim requires extraordinary proof.”）出自美国社会学家马切罗·特鲁奇（Marcello Truzzi，1935—2003）。——译者注
16. 指布谷鸟的孵卵寄生性。布谷鸟会把卵产在其他鸟的巢里，让养父母代为孵化和哺育后代。——译者注

第 12 会合点

劳亚兽加入。分子研究一致发现灵长类和啮齿类最近的亲属属于同一个主要的哺乳动物类群，即劳亚兽总目。从狮子到蝙蝠，从刺猬到鲸鱼，包括 2 000 多个物种的劳亚兽总目现在普遍被认为是一个自然系群，但就某些主要类群特别是食肉动物和有蹄类之间关系而言，仍然有很大争议。此外关于两个主要的蝙蝠系群，即体形较大、以水果为食的大蝙蝠（megabat）和体形较小、靠回声定位捕食昆虫的小蝙蝠（microbat）的准确位置也尚不明确。这幅图所示的位置关系有可能是不正确的，而我们这里的不确定性很可能反映了劳亚兽进化早期的快速分歧。

劳亚兽

8 500 万年前，在晚白垩世（Upper Cretaceous）的温室世界里，我们遇见了 12 号共祖，它大概是我们在 2 500 万代前的远祖。在这里，另一群朝圣者加入了我们的队伍。之前在第 11 会合点，啮齿类和兔类的加入使我们的队伍突然壮大。但跟啮齿类和兔类比起来，这些新加入的朝圣者种类更加多样。热心的分类学家给它们起了一个共同的名字，劳亚兽总目，以表明它们共享的祖先源流，但实际上人们很少用这个名字，因为它包含的分支实在太过混杂了。啮齿类都长着突出的牙齿，在同样的身体设计基础上繁衍分化，大概是因为这种设计太好用了。所以“啮齿类”这个名字确实有着明确的意义，它将那些拥有许多共同点的动物联系起来。但“劳亚兽”这个名字用起来跟听起来一样别扭。它把很多不相干的哺乳动物归在一起，而这些动物唯一的共同点就是：在朝圣之路上它们彼此相遇的时间先于它们和我们相遇的时间，而且它们最初都是来自那片古老的北方大陆，即劳亚古陆。

这些来自劳亚古陆的朝圣者是多么不同啊！它们有的会飞，有的会游，还有许多会奔跑，其中一半总是探着头紧张地张望，担心会被另一半吃掉。它们属于 7 个不同的目，包括鳞甲目（Pholidota，如穿山甲）、食肉目（如狗、猫、猎狗、熊、鼬、海豹等）、奇蹄目

（Perissodactyla，如马、貘和犀牛）、鲸偶蹄目（Cetartiodactyla，如羚羊、鹿、牛、骆驼、猪、河马以及……哦，我们稍后再介绍这组动物当中那位让人惊讶的成员）、小翼手亚目（Microchiroptera，如小蝙蝠）和大翼手亚目（Megachiroptera，大蝙蝠）以及食虫目（如鼹鼠、刺猬和鼩鼱，但不包括象鼩或马岛猬，我们要等到第13会合点才会遇见它们）。

食肉目这名字让人不太舒服，毕竟它的意思只是食肉者而已，而吃肉这件事在动物界被独立“发明”了足有数百次。不是所有的食肉动物都属于食肉目，蜘蛛也是食肉动物，而长着蹄子的安氏中兽（*Andrewsarchus*）是恐龙灭绝以来体形最大的食肉者；也不是所有的食肉目动物都是食肉动物，想想温柔的大熊猫，它几乎只吃竹子。在哺乳动物内部，食肉目确实看起来是个不折不扣的单系群，即所有成员都是单一共祖的后代，而这位共祖可以跟它们归为一类。猫（也包括狮子、猎豹、剑齿虎）、犬（也包括狼、豺和南非野狗）、鼬及其同类、獴及其同类、熊（也包括大熊猫）、鬣狗、海豹、海狮以及海象，全都是劳亚兽总目食肉目的成员，全是同一位共祖的后代，而这位共祖也可以被归入同一个目。

食肉目动物必须跟它们的猎物竞速，对速度的要求把它们推向相似的进化路径也就不显得奇怪了。长腿有利于奔跑，而了不起的劳亚兽食草动物和食肉动物各自以不同的方式为自己的腿增加了长度，征用了那些被人类隐藏于手掌（掌骨）或脚掌（跖骨）中的骨头。马的“管骨”（cannon-bone）其实是增大了的第三掌骨（或跖骨）跟两根纤细的赘骨（splint bone）融合在一起，而这两根赘骨是退化了的第二和第四掌骨（或跖骨）的残余。在羚羊或其他偶蹄动物中，管骨由第三和第四掌骨（或跖骨）融合而成。食肉动物同样延长了它们的掌骨和跖骨，不过跟马、牛等有蹄类不同的是，它们的五根骨头没有融合或消失，依然保持独立。

拉丁语 unguis 意为指甲，而 ungulate（有蹄类）指的是用指甲——蹄子——行走的动物。不过，有蹄类的行走方式被重复“发明”了好几次，所以有蹄类更多是个描述性的名词，而非一个可靠的分类学名词。马、犀牛和貘是有奇数脚趾的有蹄动物，其中马只用中间的一个脚趾行走，犀牛和貘用的是中间的三个脚趾，跟进化早期的马以及今天某些返祖突变的马一样。拥有偶数脚趾的偶蹄类动物使用两个脚趾行走，即第三和第四趾。两趾的牛科和单趾的马科都能在南美洲找到跟自己相似但已灭绝的食草动物，与这些趋同进化的动物比起来，牛马之间的趋同进化就显得微不足道了。一类被称为滑距骨目（Litopterna）的动物像马一样独立“发现”了用单个中趾行走的习惯，而且比马还早。它们的腿骨跟马腿骨几乎完全一样。另一群属于南方有蹄目（Notoungulata）的南美食草动物独立“发现”了牛和羚羊的行走方式，即用第三和第四趾行走。在 19 世纪，这种惊人的相似性确实曾经欺骗了一位资深的阿根廷动物学家，使他误以为南美洲是许多哺乳动物大类群在进化上的温床，尤其是他相信滑距骨目动物是马的早期亲属（也许还怀着一些民族自豪感，以为他的祖国可能是这样一种高贵动物的摇篮）。

现在加入我们队伍的这些劳亚兽朝圣者，除了大型的有蹄类和食肉类，还包括一些小型动物。从各个角度看，蝙蝠都是一种非凡的动物。在所有现存的脊椎动物当中，唯有它们能与鸟类比赛飞行。不仅如此，它们还是令人敬佩的特技飞行者。蝙蝠有近千个物种，以物种数目论，它们超过了除啮齿目以外的所有其他哺乳动物目别。而且蝙蝠对声呐技术（即雷达的声波版本）的改进程度超过了其他任何动物类群，就连人类潜艇设计师也不例外[1]。

另一个主要的小型劳亚兽类群是所谓的食虫动物（insectivore）。食虫目包括鼩鼱、鼹鼠、刺猬以及其他一些口鼻突出的小动物，它们的食物包括昆虫和一些小型陆生无脊椎动物，比如蠕虫、蛞蝓和蜈蚣。就像食肉目（Carnivora）和食肉动物（carnivore）的区别一样，我将以大写字母开头的 Insectivora 表示分类学上的食虫目，而用小写字母开头的 insectivore 表示食虫动物，后者可以指任何以昆虫为食的东西。所以穿山甲是食虫动物但不属于食虫目。鼹鼠属于食虫目，确实也以昆虫为食。我在前面说过，真遗憾早期的分类学家用了“食虫目”和“食肉目”这样的名字，这名字跟它们偏爱的食谱之间的关联并不紧密，而且动物对食物的要求往往并不严格。

跟狗、猫和熊这样的食肉目动物关系较近的是海豹、海狮和海象。我们将会在《海豹的故事》中讲到交配制度（mating system）。让我觉得海豹很有趣的还有另一个原因。它们朝着水生生物的方向改变自己的身体，但若以儒艮（dugong）[2]或鲸为参照的话，海豹大概只完成了一半改变。这提醒了我，还有另一类主要的劳亚兽类群有待介绍。让我们打开《河马的故事》，迎来一个真正的惊奇。

河马的故事

我在学希腊语的时候知道了 hippos 的意思是“马”，以及 potamos 的意思是“河流”，那时我还是一个小学童。Hippopotamus（河马）是河里的马（river horse，见彩图 10）。后来当我放弃希腊语改读动物学时，知道了河马其实并不像马，反而和猪一样属于偶蹄动物。当时我并没有多想，不过现在我对此有了更多了解，而新信息如此令人震惊，以至于我依然感到有些难以置信，不过看起来无论如何我都不得不信。河马现存的最近亲属是鲸。偶蹄类动物还包括鲸！不用说，鲸根本没长蹄子，谈何奇蹄和偶蹄！确实，它们连脚趾都没有，所以改用偶蹄类的科学名称 artiodactyl 的话会不那么让人困惑（这个词实际上不过是希腊语的“偶蹄”，所以也好不了多少）。出于完备性的考虑，我应该补充一句，马所属的奇蹄目的科学名称是 Perissodactyla（希腊语的“奇蹄”）。如今基于有力的分子证据，鲸似乎属于偶蹄动物。但它们之前被归入鲸目（Cetacea），而 Artiodactyla（偶蹄目）也是一个广为接受的名字，于是人们新造了一个复合词 Cetartiodactyla（鲸偶蹄目）。

鲸类是这世上的奇迹。它包括有史以来最大的移动生物。鲸游泳的时候脊椎是上下运动的，这源自哺乳动物的奔跑姿态，却不同于鱼类游泳时或蜥蜴奔跑时脊椎左右波状摆动的姿态，大概跟鱼龙（ichthyosaur）[3] 的泳姿也不相同，而后者从其他各个方面看都跟海豚很像，只有尾巴例外：鱼龙的尾巴是竖直的，而海豚的尾巴是水平的，这有利于它们在海中疾驰。鲸的前肢被用于控制方向和稳定躯体，但后肢却没有任何外露的迹象，只有某些种类的鲸体内深处还残留着退化了的盆骨和腿骨。

鲸跟偶蹄类的亲缘比跟其他任何哺乳动物都更近，这一点倒不是特别令人难以置信。某个遥远的先祖留下两个后代分支，一个分支向左走进海洋成为鲸的祖先，另一个分支向右进化出所有的偶蹄动物，这听起来也许有点怪，但还不至于让人震惊到无法接受。真正令人震惊的是，根据分子证据，鲸的分类位置是深深嵌在偶蹄动物内部的。河马跟鲸的关系比河马跟其他任何偶蹄动物（比如猪）的关系都更近[4]。在它们的逆向旅程中，河马朝圣者先和鲸会合，然后它们一起遇见了反刍动物（ruminant），至于其他偶蹄动物比如猪和骆驼，则要等到更深入过去的时候才会跟它们会合。我在本章开头介绍鲸偶蹄目时曾含混地提到这个目还包括一位让人吃惊的成员，它就是鲸。这就是著名的“鲸河马假说”（Whippo Hypothesis）。

这一切的前提是我们相信分子提供的证词[5]。化石证据怎么说？虽然开始时感到有些惊讶，但我发现新理论和证据吻合得相当好。正如我们之前在《白垩纪大灭绝》中看到的那样，哺乳动物在目这一级的主要类别（比目更小的分类级别则不然）大多都可以追溯到恐龙的时代。第 11 会合点（啮齿类和兔类）和第 12 会合点（我们刚刚抵达的这个会合点）都位于白垩纪，正是恐龙统治的巅峰时期。那时候的哺乳动物都是像鼩鼱一样的小不点，不论它们各自的后代将成为小鼠还是河马。哺乳动物多样性的骤然增长是在 6 600 万年前恐龙灭绝之后发生的。正是在那时候，哺乳动物才开始繁荣昌盛起来，发展出各种实用的生活方式，占据恐龙腾出来的空位。对于哺乳动物来说，只有当恐龙消失之后，大体形才成为可能。在随后“自由”的 500 万年里，进化分歧的速度非常快，一大批大大小小、形态各异的哺乳动物席卷大地。等又过了 500 万年到 1 000 万年，到了古新世晚期和始新世早期时，就已经有了大量偶蹄动物的化石。

又过了 500 万年，在始新世早中期，我们找到一群被称为古鲸（archaeocete）的生物。archaeocete 这个名字的字面意思是“古老的鲸”，多数权威学者都认可这些动物当中有现代鲸类的祖先。来自巴基斯坦的巴基鲸（*Pakicetus*）是其中较早的一种，看起来它至少有些时候是生活在陆地上的。较晚些的还有龙王鲸（*Basilosaurus*），*Basilosaurus*[6] 是一个不幸的名字（其不幸倒不在于 Basil，而是因为 saurus 的意思是蜥蜴：最初被发现的时候，龙王鲸被认为是一种海洋爬行动物，虽然我们现在有了更多的了解，但动物命名规则严格执行优先律[7]）。龙王鲸体形极长，若不是早已灭绝的话，倒是挺适合作为传说中的大海蛇的候选。在龙王鲸之类的生物作为鲸类代表的大约同一时期，同时代的河马祖先也许属于一组被称为石炭兽（anthracothere）的生物，在某些版本的复原图里，这种生物看起来跟河马很像。

回到鲸类。在古鲸重新进入水里生活之前，它们的祖先是什么样的？如果分子证据是可靠的，鲸最近的亲属确实是河马，那么我们也许会想要在那些表现出一定的植食性特征的化石当中寻找鲸类的祖先。但另一方面，现代的鲸或海豚都不是植食性的。跟它们完全没有亲缘关系的儒艮和海牛（manatee）则向我们证明了，一个完全海生的哺乳动物完全有可能是纯植食性的。鲸类或者以浮游甲壳类为食，如各种须鲸（baleen whales），或者以鱼类和鱿鱼为食，如海豚和多数齿鲸（toothed whales），或者捕食像海豹这样的大型猎物，比如虎鲸（killer whale）。因此人们开始在陆生食肉动物中寻找鲸类的祖先，其中最早的尝试是达尔文自己的猜测，我从来不明白为什么有时候这个猜测会受到嘲弄[8]：

> 赫恩[9]在北美看到黑熊在水里游泳长达几个小时，像鲸一样大张着嘴，捕捉水里的昆虫。这个例子固然极端，但如果昆虫的供应量保持稳定，如果野外不是已经有了更具适应性的竞争者，那么我看不出有什么困难可以阻止自然选择将某种熊的结构和习性变得越来越适宜水生生活，让它们的嘴变得越来越大，直到造出一种像鲸一样的巨型生物。（《物种起源》，1859 年版，第 184 页）

说句离题的话，达尔文的这个意见表明了一个具有普遍意义的重要进化观点。赫恩看见的那只熊显然是个有进取心的个体，以其物种不常用的方式觅食。我怀疑进化上的新发端经常以类似的方式展开，某个个体以横向思维发现了一个有用的新技巧，并且学着使它越来越完善。如果这种习惯被其他个体包括它自己的孩子们模仿，就会建立起一个新的选择压力。自然选择会青睐那些善于学习这项新技巧的遗传素质，随后的进化顺理成章。我怀疑类似的“本能”觅食习惯，比如啄木鸟啄树干、欧歌鸫和海獭砸烂软体动物的壳，都有着这样的发端[10]。

长期以来，在现存化石中寻找可能的古鲸祖先的人们都青睐中爪兽（mesonychid），它包括一大类在恐龙灭绝之后繁盛于古新世的陆生哺乳动物。中爪兽似乎主要是食肉的，或者像达尔文的熊一样是杂食的。在河马理论出现之前，它们看起来符合我们认为鲸类祖先应有的特点。中爪兽还有额外的一点优势，它们的每根脚趾上都长着一个小蹄子。它们是有蹄子的食肉动物，也许有点像狼，但是用真正的蹄子奔跑。那么它们会不会是有蹄类和鲸类的祖先呢？不幸的是，这个想法跟河马理论不太吻合。尽管中爪兽似乎是今天偶蹄动物的表亲（根据蹄子以及其他部位的特征，我们有理由这么相信），但它们跟河马的关系并不比它们跟其他偶蹄动物的关系更近。我们不断回到那令人震惊的分子证据中去：鲸类不光是所有偶蹄类的表亲，它们还置身于偶蹄类当中，河马跟它们的关系比跟牛和猪还要近。

将所有这些信息集中到一起，我们可以勾勒出如下这些正向年代学的线索。分子证据表明，骆驼和美洲驼在 7 000 万年到 6 500 万年前跟其他偶蹄类分道扬镳，大约跟最后一批恐龙死亡的时间相当。不过，别把它们共同的祖先想象成与骆驼相似的样子。在那个年代，所有哺乳动物看起来都或多或少像是鼩鼱。但是在大约 7 000 万年前，那些将会发展成骆驼的“鼩鼱”跟那些将会发展出其余偶蹄类的“鼩鼱”走上了不同的道路。猪和其他偶蹄类（主要是反刍动物）的分异发生在6 500万年前。反刍动物跟河马的分异发生在大约6 000万年前。随后在大约5 500万年前，鲸的家系从河马家系中脱离，这使得原始鲸类，比如半水生的巴基鲸，能够在5 000万年前进化产生。齿鲸和须鲸的分异发生得更晚，大概是在3 400万年前，最早的须鲸化石就来自这个时期。

关于河马和鲸的关系，我先前曾暗示，像我这样传统的动物学家应该为此发现感到不安，也许这样说有些夸张的成分，但请允许我试着解释，为什么几年前我在读到这个发现时真的感到了不安。不是因为它跟我学生时代学到的知识不同，实际上我一点也不为此担心，反而会因此振奋。真正让我忧心的是，它似乎破坏了人们在动物分类时所做的一切归纳工作的根基，时至今日我依然怀有某种程度的担忧。分子分类学家的一生如此短暂，不可能将所有物种逐一逐对进行比较。相反，以鲸为例，人们只是拿两三个物种出来，假定它们代表了鲸类全体。这相当于假定所有鲸属于同一个系群，共享同一个祖先，而这位共同祖先不是任何其他用作比较的动物的祖先。换句话说，无论被选作全体代表的是哪头鲸，我们假定结果都是一样的。类似地，既然没有时间去比对每一个啮齿类或偶蹄类物种，我们也许只是从某只大鼠或某头牛的体内抽取一点血样[11]。至于被选出来跟鲸类代表相比较的是哪种偶蹄动物，这无关紧要，因为我们再次假定偶蹄类是一个单纯的系群，所以无论选的是牛、是猪、是骆驼还是河马，结果都一样。

但现在我们发现这并不是无关紧要的。拿骆驼血和河马血跟鲸血做比较，真的会得出不一样的结果，因为河马跟鲸的关系比跟骆驼近。看看这把我们带到了一种什么样的境地。如果我们没有把握将偶蹄类看作一个单一的系群，不能以其中任意成员代表整体，那么我们凭什么确信任何其他群体的划分依然是可靠的？甚至我们是否仍然可以假定河马是个单一的系群，所以在跟鲸类做比较的时候，选择倭河马（pygmy hippo）还是普通河马（common hippo）是无关紧要的？万一鲸跟倭河马的关系比跟普通河马近怎么办？实际上我们可以排除这种可能性，因为化石证据显示这两个属的河马分道扬镳的时间跟我们和黑猩猩分异的时间一样晚近，这点儿时间实在不足以进化出各种各样的鲸和海豚。

问题更可能在于，是否所有鲸都属于同一个系群。表面上看，齿鲸和须鲸大有可能代表着两次完全独立的事件，分别从陆地回到海洋。确实，经常有人鼓吹这种可能性。证明了鲸和河马有近亲关系的分子分类学家们非常机智，他们同时提取了一头齿鲸和一头须鲸的DNA，发现两种鲸的亲缘关系确实比它们跟河马的关系更近。但是问题又来了，我们怎么知道是否所有的"齿鲸"都属于同一个系群？又凭什么说"须鲸"属于一个不同的系群？也许所有的须鲸都跟河马有亲缘，唯独小须鲸（minke whale）反而跟仓鼠更亲近呢？不，我不认为是这样的，我确信所有须鲸都属于同一个系群，有着一个只有须鲸才共享的共同祖先。但想必你已经看到了，对河马和鲸关系的发现如何动摇了我们的信心。

只要能够找到一个好理由说服自己为什么鲸在这方面可能是一个特例，我们就可以重拾信心。如果说鲸算是偶蹄类，那么它们在进化上就是突然离开并抛弃了其他偶蹄类。它们最近的亲属河马则保持相对静止，仍然保留着正常偶蹄动物的体面。在鲸的历史上必定曾发生了什么事情，使它们加速进化，进化速度远远快于其他偶蹄动物，以至于模糊了它们起源于这个群体的事实，直到分子分类学家们出来揭秘。所以，鲸的历史到底有什么特别之处呢？

把问题这样写下的时候，答案就跃出了纸面。离开陆地并完全在水里生活，有点像是进入了外太空。我们进入太空时会失重（跟很多人以为的不一样，失重不是因为远离了地球的引力，而是因为处于自由落体，就好像伞兵在拉下开伞索之前的状态），而鲸在水里是漂浮的。海豹或海龟会回到岸上繁殖，但鲸不同，鲸从不停止漂浮，也从来不需要对抗引力。河马也会待在水里，但依然需要像树干一样短粗壮实的腿和强健的肌肉来支持它们在陆地上的活动。鲸完全不需要腿，确实它们也没有腿。可以把鲸看作完全从重力的暴政中解脱出来的河马。当然全部时间都生活在海里还会带来许多其他奇怪的影响，因此鲸的飞速进化似乎也就显得没有那么出人意料了。河马被困在陆地上，陷在一群偶蹄动物当中。这意味着我在前面几段里可能有些过于杞人忧天了。

比鲸进入海洋的时间更早3亿年的时候，在相反的方向上发生了基本同样的事情：我们的鱼类祖先离开水面走向陆地。如果说鲸美其名曰“河马”，那么我们就美其名曰“肺鱼”。当初有那么一群鱼“抛下”了其他鱼类，发展出了四条腿的陆生动物。既然有此先例，那么偶蹄类当中出现一群没有腿的鲸，把其他偶蹄动物留在“身后”，似乎也并不格外惊人。无论如何，这便是我对河马与鲸的亲缘关系的理解，也让我在动物学方面重新找回了镇静。

《河马的故事》后记

忘掉那种泰然自若吧。我在准备本书第一版稿件的时候发现了下面的资料。1866年，伟大的德国动物学家厄恩斯特·海克尔[12]草绘了哺乳动物的进化树（见下页图）。我常看到人们在讲述动物学历史的时候引用这幅图，但之前从来没有注意到鲸和河马在海克尔图中的位置。鲸类在图中写作“Cetacea”，与今天的写法一致，海克尔非常精确地将它放置在偶蹄类旁边。但真正惊人的是他在图里给河马安排的位置。河马在图中的称呼是那个不太好听的名字“Obesa”[13]，它并不在偶蹄类中间，而是位于通往鲸类的小分支上[14]。海克尔把河马归为鲸类的姊妹系群，也就是说在他看来，河马跟鲸的关系比它们跟猪的关系更近，而这三者彼此的关系又比它们跟牛的关系更近。

……日光之下无新事。岂有一件事人们能指着说这是新的？哪知在我们以前的世代早已有了。

——《传道书·第一章·第9、10节》

海豹的故事

在大多数野生动物种群中，雄性和雌性个体的数目是大致相等的。达尔文主义对这背后的道理有很好的解释，伟大的统计学家和进化遗传学家罗纳德·费歇尔对此有清晰的认识。设想有一个雌雄数目不等的种群，跟过剩性别的个体比起来，稀有性别的个体平均而言就拥有了繁殖优势。这并不是因为稀有性别供不应求所以更容易找到配偶（尽管这确实会发生），费歇尔的逻辑涉及更深的层面，而且隐约有一种经济学倾向。假定种群中雄性的数目是雌性的两倍，既然每个孩子都不多不少有一个父亲和一个母亲，那么平均而言，如果不考虑

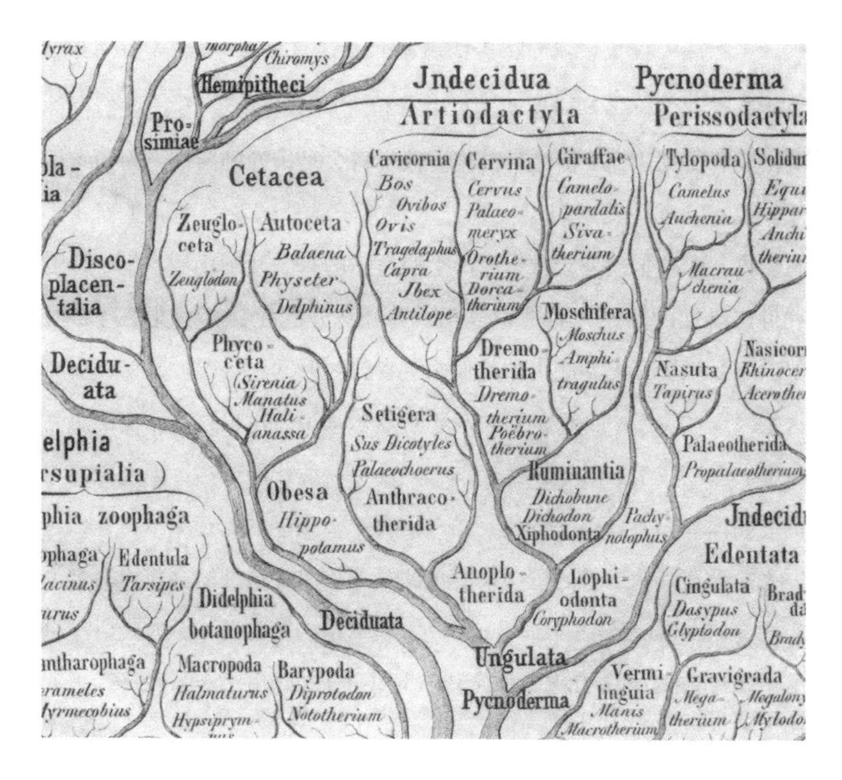

日光之下无新事。厄恩斯特·海克尔所绘哺乳动物进化树局部细节，发表于1866年[170]，图中细节表明了河马和鲸类的近亲关系。

其他因素，则每个雌性的后代数目是雄性后代数目的两倍，反之亦然。这是一个简单的分配问题，把已有的后代分配给已有的父母。所以，任何使得父母青睐儿子多过女儿或者青睐女儿多过儿子的一般倾向，都会立刻被自然选择的相反倾向中和，最后在进化上稳定的性别比例就是50比50。

但事情并不是那么简单的。费歇尔发现了这个逻辑在经济学上的微妙之处。如果养一个儿子的花费是养女儿花费的两倍，也许是因为雄性的体形是雌性的两倍，那又会怎样呢？这样背后的逻辑就变了。

父母面临的选择不再是“我应该要个儿子还是女儿”，而变成“我是应该要个儿子，还是应该花同样的代价要两个女儿”。在这样的群体里，性别比例达到平衡之后，雌性数目将会是雄性的两倍。因为雄性稀少而青睐儿子的父母会发现，生育儿子额外的花费削弱了养儿子的优势。费歇尔预言，自然选择平衡之下的真实性别比例不是雄性的数目比雌性的数目，而是养育儿子的经济开支比养育女儿的经济开支。那么经济开支到底指的是什么？食物？时间？风险？确实，所有这些因素在实践中都很重要。对于费歇尔来说，付出这些开支的总是父母。但经济学家对于开销成本有一个更一般化的描述，他们称之为机会成本（opportunity cost）。父母生育一个孩子的真正成本，是以其失去的养育其他孩子的机会来度量的。费歇尔将这种机会成本命名为亲代支出（Parental Expenditure）。才华卓越的罗伯特·特里弗斯[15]继承了费歇尔的想法，称之为亲代投资（Parental Investment）。特里弗斯也是最先清楚地理解亲代与子代间的冲突（parent-offspring conflict）现象的人，这是一个迷人的现象，而相关的理论后来被同样才华卓越的大卫·黑格[16]引向了令人震惊的方向。

一如既往，哪怕可能让那些学过一些哲学的读者觉得无聊，我也必须再次强调，不应该从字面上去理解我所使用的目的式叙述。父母不曾坐下来商量应该要个儿子还是女儿。食物或其他资源的不同投资方式背后的遗传倾向受到自然选择的青睐或排斥，因而导致整个繁殖种群中父母对儿子和女儿相等或不等的亲代支出。在现实中，结果常常便是种群中雌雄数目相等。

但是那些少数雄性拥有众多配偶的例子又是怎么回事？这是否违反了费歇尔的预期？还有一些例子里，雄性来到求偶场地列队炫耀，雌性则挑挑拣拣，选择最爱，这又是什么道理？ 大多数雌性都偏爱同一类型，因此最终结果等价于一雄多雌制，即少数占优势的雄性不成比例地得到多数雌性。下一代种群中的多数个体都是这一小部分雄性的后代，而剩下的雄性个体只能打光棍。一雄多雌是否违反了费歇尔的预期？令人惊讶的是，答案是否定的。按照费歇尔的预期，在这样的情况下生儿子和生女儿的投资依然是相等的，而他是正确的。雄性也许拥有较低的生育成功率，但一旦成功就会生育大量后代。雌性不太可能没有孩子，但它们同样不太可能拥有很多后代。即便是在最极端的一雄多雌的例子里，这些效应也会相互抵消，费歇尔的原理依然成立。

在海豹当中可以找到一些最极端的一雄多雌的例子。海豹拖着沉重的躯体来到海滩上交配，常常在大面积群栖地里展开激烈的求偶和攻击行为。加利福尼亚动物学家伯尼·勒伯夫（Burney LeBoeuf）有一项关于象海豹的研究很出名，在观察到的所有交配事件中，4% 的雄性占据了 88% 的交配行为。难怪剩余的雄性不太满意，也难怪象海豹争斗的激烈程度在动物界名列前茅。

象海豹得名于它们的大鼻子（不过以大象的标准来看算是短的了，而且只能用于社交用途），但即使是以体形论，这个名字它们也当之无愧。南象海豹（southern elephant seal）的体重可以高达 3.7 吨，比一些母象还重。不过只有雄性海豹才能达到这个体重，这也正是本篇故事的中心。雌性象海豹的体重通常不到雄性的四分之一，因此常常跟幼崽一起被打斗的雄性压扁[17]。

为什么雄性体形比雌性大这么多？因为大块头可以帮助它们赢得众多配偶。大多数小海豹，无论雌雄，其父亲都是一位赢得庞大后宫的大型雄性个体，而非某个不曾赢得众多芳心的小型个体。大多数小海豹，无论雌雄，其母亲体形都相对较小，因为她体形的优化是为了履行生养和哺育幼崽的职责，而非为了取得战斗的胜利。

雄性和雌性特征的分别优化来自基因的筛选，而相关的基因又同时存在于两种性别之中，人们有时会为此感到惊讶。自然选择青睐这种所谓的限性基因（sex-limited gene）。限性基因同时存在于两种性别之中，却只在一种性别的个体体内得到表达。比如，有些基因会告诉发育中的海豹，“如果你是雄性，那么就长成大块头去打架”，有些基因则会说，“如果你是雌性，那么就长小一点，不要打架”。这两类基因都被传递给了后代子女，但在每种性别里只有一类得到表达，另一类则保持沉默。

如果考察全体哺乳动物，我们就会注意到一种一般化的现象。两性异形（sexual dimorphism）现象——雄性和雌性之间存在巨大差异——在一雄多雌制的物种里最为显著，特别是在配偶众多的社会里。我们已经看到，之所以有这一现象，其背后有着很好的理论依据。我们同样也已经看到，海豹和海狮将这一分支趋势发展到了极致。

下页图来自密歇根大学（University of Michigan）著名动物学家理查德·亚历山大（Richard D. Alexander）和同事的一份研究。图中的每个圆圈代表一个海豹或海狮物种，你可以看到，两性异形的程度和配偶的数量有很强的关联。在极端的例子里，比如图里位于顶端的两个圆点所代表的南象海豹和北海狗（northern fur seal），其雄性个体的体重甚至是雌性体重的 6 倍。理所当然，在这些物种里少数成功的雄性会有数量较多的配偶，说少数其实已经是有所保留的说法了。两个极端的物种不足以用来得出一般结论，但对已有海豹和海狮的数据进行统计分析可知，我们看到的趋势是真实的（这一现象只是偶然结果的可能性不足五千分之一）。在有蹄类和猿猴之中也有类似的证据，不过证据较弱。

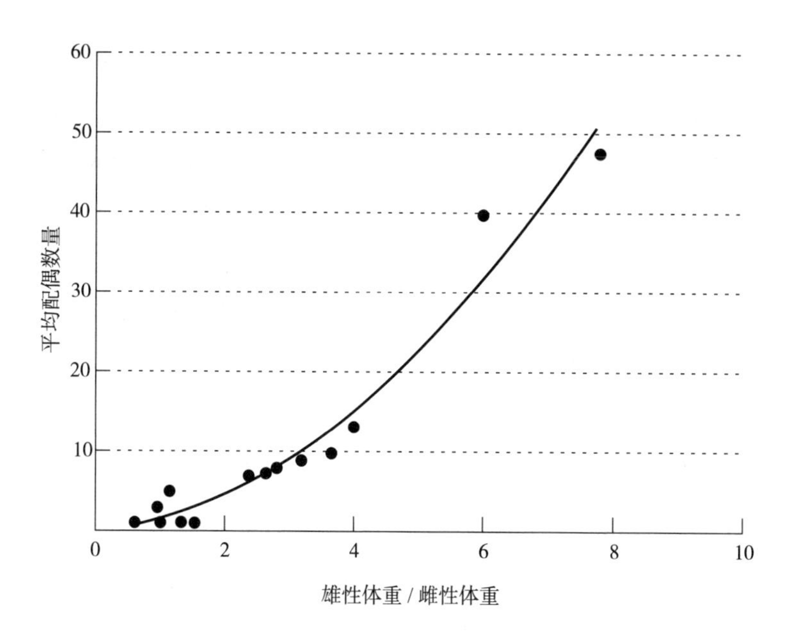

两性异形和配偶数量的关系。每个数据点代表一个海豹、海狗海狮物种。改自 Alexander 等人[5]。

重申一下这一现象背后的进化依据。雄性互相争斗，一旦胜利就有丰厚的回报，而一旦落败同样有巨大的损失。无论哪个性别的个体，其若干代雄性祖先大多成功赢得了众多配偶，而其雌性祖先大多是这些配偶中的一员。因此大多数个体，无论雌雄，也无论其成功或者失败，都继承了帮助雄性健壮身体赢得众多配偶的基因，也继承了帮助雌性加入配偶行列的基因。体形很被看重，而成功的雄性块头确实可以非常大（见彩图 11）。相较之下，雌性从打斗中得不到什么好处，因此它们的体形只需要满足生存所需以及帮助它们成为好母亲就够了。两种性别的个体都遗传到了那些使雌性远离打斗、专注哺育的基因，也都遗传到了那些使雄性乐于打斗的基因，哪怕雄性用于打斗的时间本来可以被用于帮助照顾幼崽。如果雄性同意从今以后通过抛硬币的方式解决彼此的争端，那么它们的体形想必会演变得越来越小，达到与雌性相当的程度，甚至更小，从而节省巨大的经济开支，并把时间用于照顾孩子。在极端的情况下，它们必然需要耗费大量的食物才能积累并维持额外的体重，这是雄性因竞争而付出的代价。

当然，不是所有物种都像海豹一样。许多物种奉行一雄一雌制而且雌雄体形相当。两性体形相当的物种不倾向于多配制，只有个别例外，比如马。雄性体形明显超出雌性的物种倾向于多配制，或者实行其他形式的一雄多雌制。大多数物种都奉行一雄多雌制或一雄一雌制，而一雌多雄（雌性与多个雄性交配）的情况很罕见。在我们的近亲当中，大猩猩具有一雄多雌制繁殖系统，而长臂猿是忠诚的一雄一雌制践行者。其实我们可以根据是否存在两性异形现象来推断出这一结果。一只大型雄性大猩猩的体重差不多是典型雌性体重的两倍，而长臂猿的雌雄个体体形基本相同。黑猩猩的情况则较为混杂，难以辨别。

在文明和习俗湮灭所有痕迹之前，关于我们自己天生的繁殖系统，《海豹的故事》是否也能给我们一些启示？我们的两性异形现象虽然不很显著，但也确切存在、无可否认。许多女人比许多男人还高，但最高的男人总是高于最高的女人。跟许多男人比起来，有许多女人跑得更快，能举起更重的物体，能把标枪投得更远，或者网球打得更好，但人类跟赛马不同，内在的两性异形特征排除了男女不分性别公平参与任何一种顶级运动赛事的可能。对于大多数体能运动而言，世界顶尖的 100 名男选手中的任何一位，都可以战胜世界顶尖的 100 名女选手中的任意一位。

即便如此，若是以海豹或许多其他动物的标准来看，人类只是略微有些两性异形，两性差异的程度不如大猩猩，却超过长臂猿。也许我们这种轻微的两性异形意味着我们的女性祖先在某些时代处于一雄一雌制之中，在某些时代又处于小规模的多配制之中。现代社会如此多样，以至于你可以为任何一种先入之见找到证据支持。乔治·默多克[18]于1967年出版《人种学图集》(*Ethnographic Atlas*)是一种勇敢的汇编之举。这部书列举了从世界各地调查搜集的849种人类社会，并附以详细说明。我们或许可以期望数一数里面有多少个社会允许一夫多妻，又有多少社会厉行一夫一妻制。但问题在于，在对社会进行计数的时候，很少能够划出清晰的界限，或者说很难找到可以用于计数的独立因素。这使得我们很难进行合理的统计。无论如何，这本图集已经尽力了。在849个社会中，有137个（约占16%）奉行一夫一妻制，4个（不到1%）奉行一妻多夫制，而高达83%（708个）的社会奉行一夫多妻制（男性可以有多个妻子）。这708个一夫多妻的社会基本可以平分为两类：在一类社会里，一夫多妻虽然受到社会规则允许，但实际上却较为罕见；在另一类社会里，一夫多妻是司空见惯的常态。当然，准确地说，这种常态对于女性来说意味着获得妻妾的身份，而对于男性来说是对妻妾成群的向往。假定男女数目相等，那么从定义上就决定了大多数男性无人问津。个别中国皇帝和奥特曼苏丹的后宫甚至打破了象海豹和海狗最奢侈的纪录。然而跟海豹比起来，人类两性的体形差异却很小，甚至跟南方古猿相比也是不如，尽管证据还存有争议，但这是不是意味着南方古猿领导人的后宫规模超过了中国的皇帝？

不。我们不能简单照搬这一理论。两性异形的程度和配偶的规模之间只有松散的联系，而体形只是竞争力的一个指标。对于雄性象海豹来说，体形想必非常重要，因为它们赢得众多配偶的方式便是与其他雄性打斗，或者凭借撕咬，或者凭借自身肥肉的压倒性重量。对于原始人类来说，体形大概不能忽略不计，但任何一种在男性个体之间存在差异的力量都可能取代体形的地位，只要它能够让某些男性不成比例地掌控更多女性。在许多社会里，发挥作用的是政治权力。无论是作为领袖的亲信还是作为领袖本人，身份都赋予个人以权力，使他能够压迫对手，就好比大块头雄海豹对小块头对手的身体压迫。再比如，巨大的经济财富不平等可以使你不必通过战斗赢得配偶，而只需要拿钱去买女人，或者付钱雇请战士以你的名义去战斗。苏丹或者皇帝本人也许是个弱不禁风的人，但他仍然能够安享让任何雄海豹都自愧不如的庞大后宫。在这里我想说的是，即使南方古猿两性体形的差异超过我们，我们从南方古猿进化而来却并不意味着背离一雄多雌制。也许这只是表明雄性竞争所用的武器发生了变迁，从简单的体形大小和野蛮暴力转变为经济实力和政治威慑。当然，我们也可能确实是在朝着真正的两性平等转变。

对于我们之中那些厌恶两性不平等的人来说，一个让人感到欣慰的前景是，跟蛮力所致的一夫多妻制不同，文化所致的一夫多妻制也许挺容易摆脱。在表面上，这一变化似乎已经在那些官方推行一夫一妻制的社会里得到了实现，比如（除摩门教以外的）基督教社会。我之所以说在“表面上”和“官方”，是因为也有证据表明，这些表面上实行一夫一妻制的社会并不真的是它们看起来的样子。劳拉·贝齐格（Laura Betzig）是一位有着达尔文主义头脑的历史学家，她揭示的一些有趣的证据表明，表面上实行一夫一妻制的社会，比如古罗马和中世纪的欧洲，真正实行的其实是一夫多妻制。富裕的贵族或者采邑领主也许只有一位合法的妻子，但实际上却拥有一个由女奴、女仆以及佃农妻女组成的实质上的后宫。贝齐格引用的其他证据表明神父们也是如此，就连理应独身的那些人也不例外。

在一些科学家看来，这些历史学和人类学事实，连同人类轻度的两性异形现象，共同表明我们进化出的是一个一夫多妻的繁殖制度。但是两性异形并不是生物学能为我们提供的唯一一个线索，另一个来自过去的有趣信号是睾丸的大小。

作为我们最近的亲戚，雄性黑猩猩和倭黑猩猩都长着极其硕大的睾丸。它们既不像雄性大猩猩那样有众多配偶，也不像长臂猿那样奉行一雄一雌。发情期的雌性黑猩猩通常会和不止一个雄性交配。这种混乱的交配制度并不是一雌多雄，因为那意味着一名雌性和多名雄性建立稳定的关系。它也并不预示着任何一种简单的两性异形模式。但对于英国生物学家罗杰·肖特（Roger Short）来说，这确实为大睾丸提供了一个解释：黑猩猩的基因要一代代传下来，它们的精子必须跟雌性体内来自多名雄性的敌对精子竞争并获胜。在这样的世界里，单单精子的数目就很重要，而这需要硕大的睾丸。另一方面，雄性大猩猩睾丸很小，却有雄壮有力的肩膀和庞大共鸣的胸腔。大猩猩基因通过雄性的打斗和敲胸膛的威胁赢得竞争，赢得雌性，也就预先清除了可能发生在雌性体内的精子竞争，而黑猩猩的竞争由阴道内的精子代理。这就是为什么大猩猩有明显的两性异形，其雄性却有小号的睾丸，而黑猩猩有硕大的睾丸，其两性异形却很微弱。

我的同事保罗·哈维（Paul Harvey）跟包括罗杰·肖特在内的许多合作者一起，利用猿类和猴类的比较证据验证了这个想法。他们研究了 20 个属的灵长动物的睾丸重量，好吧，实际上他们是去图书馆搜集了已发表的关于睾丸重量的信息。大型动物显然倾向于拥有比小动物更大的睾丸，所以必须对此进行校正。他们所用的正是前面《能人的故事》里介绍的校正脑重的办法。在下页图所示的睾丸重量和体重的关系里，每个点代表一个猿属或猴属，而基于我们在《能人的故事》里看到的同样的原因，他们选用了双对数轴。从底部的狨到顶部的大猩猩，这些数据点沿着一条直线分布。就像大脑一样，有趣的问题在于哪个物种拥有相对于其体形而言最大的睾丸，而哪些物种又拥有较小的睾丸？在那些散布在直线周围的数据点里，哪些高于直线，哪些低于直线？

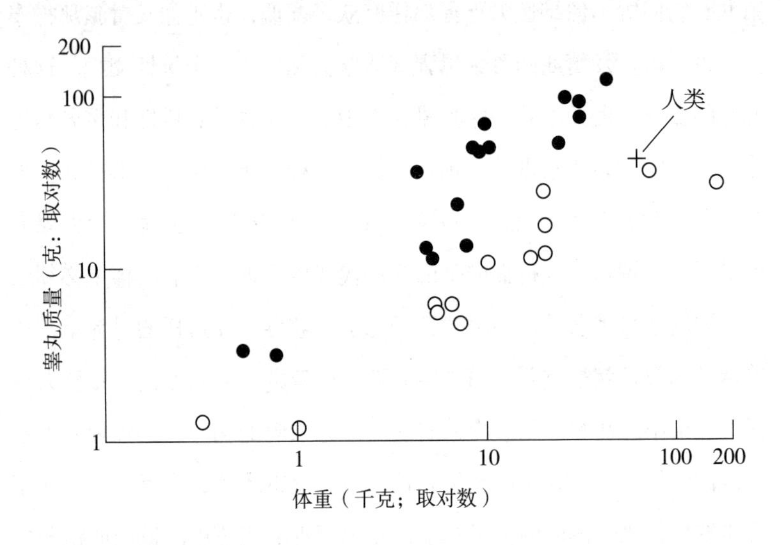

睾丸质量和体重的关系。每个数据点代表一个灵长类物种。改自 Harvey 和 Pagel[185]。

结果颇具启发性。图中实心黑圆代表的是像黑猩猩一样的动物，雌性会跟多于一名雄性交配，因此可能存在精子的竞争。黑猩猩自己是位于最顶部的黑圆。空心圆代表的数据则全部来自繁殖系统不包括太多精子竞争的动物，它们或者像大猩猩（最右的空心圆）一样一雄多雌，或者像长臂猿一样实行忠诚的一雄一雌制。

图里空心圆和实心黑圆泾渭分明，令人满意[19]。我们似乎为精子竞争假说（sperm competition hypothesis）找到了证据。那么接下来我们当然想要知道我们人类在这幅图里处于什么位置。我们的睾丸算大吗？人类在图里的位置（以小十字符号表示）离猩猩很近。看起来我们属于空心圆而非实心黑圆那组。与黑猩猩不同，我们在进化历史上很可能不需要对付过剩的精子竞争。但是这幅图并不能告诉我们人类在进化史上的繁殖体系是更接近于大猩猩，还是像长臂猿一样。这又把我们送回到两性异形和人类学证据那里，而这二者都支持温和的一雄多雌制，即有着一夫多妻制的倾向。

如果确实有证据表明我们近期的进化祖先有着轻微的一夫多妻倾向，我希望不必多说：这不应该被当作某种道德或政治辩护的理由，不管辩护的对象是哪一方。“不能从实然得出应然”已经是老生常谈的说法，以至于再说就有了啰唆的危险。不过这无损于它的真实性。让我们加快脚步，前往下一个会合点。

注释

1. 本来我应该在这里插入《蝙蝠的故事》，但它将会与我另一本书里的某章内容基本雷同，所以我不打算这么做。顺带一提，《蜘蛛的故事》《无花果的故事》以及其他六七个故事也因为同样的限制而不会出现在本书里。——作者注
2. 儒艮为海牛目儒艮科海生哺乳动物，以海草为食，有时被认为是传说中的美人鱼。——译者注
3. 鱼龙是一类外形类似鱼类和海豚的大型海生爬行动物，大约于 9 000 万年前灭绝。鱼龙由一群返回海洋生活的陆生爬行动物进化而来，也像如今的鲸和海豚一样呼吸空气。——译者注
4. 顺带一提，我们以前是把河马和猪作为偶蹄类内部最近的亲属归在一处的，这也是错的。分子证据表明，河马–鲸这一类群的姊妹群体是反刍动物，包括牛、羊和羚羊。猪是它们更远的亲戚。——作者注

5. 支持这个激进观点的分子证据正是我在《长臂猿的故事》里提到的“罕见基因组改变”。在基因组中某些特定基因座发现了非常容易识别的转座子基因，它们大概继承自河马和鲸的祖先。尽管这是非常有力的证词，但同时看一下化石证据才是不失谨慎的做法。——作者注

6. 意为“帝王蜥蜴”。——译者注

7. 维多利亚时代的著名解剖学家理查德·欧文试图把这个名字改成 Zeuglodon。海克尔在他绘制的系统发生图里沿用了这种做法，本篇故事的后记里复制了海克尔的图，但我们依然使用 Basilosaurus 这个名字。——作者注

8. 下面的引文出自《物种起源》1859 年第一版。而在 1860 年出版的第二版及之后各版本中，这段话只保留了第一句对现象的描述，剩下的关于鲸的进化的猜测内容被删去。——译者注

9. 塞缪尔·赫恩（Samuel Hearne，1745—1792），英国探险家、商人和博物学者。——译者注

10. 这个想法有个名字叫“鲍德温效应”（Baldwin Effect），尽管劳埃德·摩根（Lloyd Morgan）在同一年独立提出了同样的想法，而道格拉斯·斯波尔丁（Douglas Spalding）的论述甚至更早一些。我这里的阐述沿用了阿利斯特·哈迪在《流淌的溪水》（*The Living Stream*）中采取的说明方式。不知出于何种原因，神秘主义者和反启蒙主义者很喜欢这个话题。——作者注

11. 实际上对于哺乳动物遗传比对来说，血液不是好的样本，因为一般脊椎动物的红细胞是不包含 DNA 的。——作者注

12. 厄恩斯特·海克尔（Ernst Haeckel，1834—1919），德国生物学家、博物学家、哲学家和艺术家。他曾命名了数千种物种，为所有生命形态建立系统发生树，创建了许多沿用至今的生物学术语，比如生态学、门、系统发生、干细胞等。——译者注

13. 意为“肥胖的”。——译者注

14. 不过，海克尔并不是全对。他把海牛目（儒艮和海牛）放在鲸类当中了。——作者注

15. 罗伯特·特里弗斯（生于 1943 年），美国进化生物学家和社会生物学家。他提出了互利主义、亲代投资、兼性性别比确定和亲子冲突等理论，被斯蒂

芬·平克誉为“西方思想史上最伟大的思想者之一”。——译者注

16. 大卫·黑格（David Haig，生于 1958 年），澳大利亚进化生物学家和遗传学家，任教于哈佛大学。这里指的是他用亲子冲突理论解释基因组印记现象（genomic imprinting）的进化起源，即基因组印记的亲代与子代的冲突假说。——译者注

17. 不要因为雄海豹把同类压扁而感到吃惊。被压扁的小海豹完全可能是肇事者自己的孩子，概率并不低于压死对手的孩子。达尔文主义的自然选择无法剔除这种碾压行为。——作者注

18. 乔治·默多克（George Peter Murdock，1897—1985），美国人类学家，因其在人种学领域的实证研究而闻名。——译者注

19. 在这种图里，应该只包括互不依赖的数据，这很重要，否则就会造成结果不公平的膨胀。哈维和同事们数的是属而不是种，试图以此避免这一危险。这一努力的方向是正确的，但最理想的解决方案是马克·里德利在《有机多样性的解释》里提倡的办法，哈维也极为赞同：考察家系图本身，统计感兴趣的特征的独立进化事件，而非物种或属。——作者注

第 13 会合点

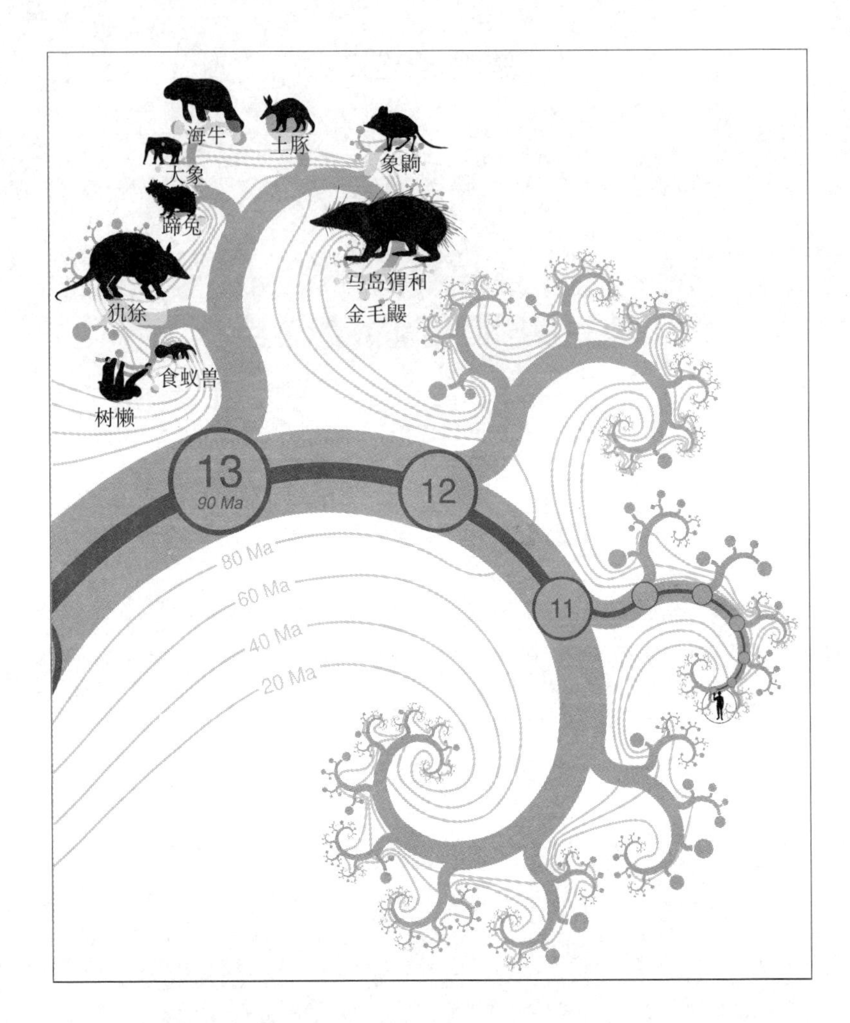

异关节动物和非洲兽加入。分子分类学家确认了 4 个主要的胎盘类哺乳动物总目，其中最早的进化分歧就发生在非洲兽总目（大约 80 种）和位于南美的异关节总目（大约 30 种树懒、食蚁兽和犰狳）之间。非洲兽可以分为两个主要亚群，一边是土豚、象鼩、金毛鼹和马岛猬，另一边则是蹄兔、大象和海牛。后一个亚群内部的分支次序尚不清楚。

正如本章所述，关于这两个总目加入朝圣的次序仍有许多争议。我们在这里为它们安排的出场顺序虽有丰富的证据支持，但不同的基因展现出不同的亲缘关系，许多基因支持我们跟异关节动物的关系近于非洲兽，本书第一版也持同样的观点。基因之间的分歧几乎必然意味着一系列快速的物种形成事件。

异关节总目和非洲兽总目

过去 15 年里，我们对哺乳动物进化的理解有了革命性的进展。现在我们知道了在 20 世纪我们还不知道的事情，即所有活着的胎盘类哺乳动物天然分成 4 个大的朝圣者团体，即 4 个“总目”(superorder)。这合情合理，令人愉悦，唯一的瑕疵便是它们的名字不太雅致。我们在上个会合点遇见了劳亚兽总目，它们跟灵长总目（包括灵长类、啮齿类以及一些杂七杂八的亲属）在那里会合。在第 13 会合点我们将遇到剩下的两个总目，即异关节总目和非洲兽总目，它们分别跟南美洲和非洲联系在一起。这种地理上的联系并非巧合。我们将在《树懒的故事》及其后记中看到，在这次会合发生的年代，陆地正在分裂成我们如今所知的各个大洲。不过，关于非洲兽和异关节动物分异的时间，以及它们之间的确切关系，仍然是一个持续存有争议的话题。在本书第一版中，我们安排它们先后加入朝圣的队伍。最近的证据使得我们相信应该让它们一同与我们会合，尽管我们对此并没有太大信心。等遇到这些动物的时候，我们会再回到这个争议。

异关节总目的名字来自它们“奇怪的关节”：在脊柱下部的椎骨之间有一组额外的古怪联结，有助于强化他们的脊柱，帮助它们在地上挖洞。现存的异关节动物只包括 31 种已知物种，即 21 种犰狳、6 种树懒和 4 种食蚁兽。但直到不久之前——个别物种的例子尤为晚近——它们包含的物种还很多样。在已灭绝的种类当中，最有名的要数雕齿兽（glyptodont）：这些犰狳跟汽车一般大，头上的骨冠好似一顶滑稽的粗呢帽，它们身披重甲，尾巴好像一根大棒，有的还长着骇人的尖刺。它们挥舞这根棒子彼此争斗，大概还用它对付那些愚蠢到竟然敢于攻击它们的大型捕食者。你若是遇到一头雕齿兽，也许会误以为自己遇见了一只恐龙，这情有可原，因为它们像极了白垩纪的甲龙。人类很可能确实曾在美洲遇见过雕齿兽，甚至可能正是人类的狩猎使它们灭绝，也许我们还曾拿它们巨大的甲壳充作临时的住所。美洲还曾有过跟大象一样庞大的大地懒，也长着我们在现代树懒身上见到的那种典型的长而弯的爪子。有种异想天开的想法认为，它们用爪子搜寻腐肉，不过几乎可以肯定它们是纯素食的动物，爪子也许被它们用来勾下树上的枝条。来自乌拉圭的证据表明，人类曾大肆猎杀地懒，也许这就是它们跟大型犰狳在同一时期销声匿迹的原因，这发生在距今仅有 1 万年的时代。一些体形较小的地懒种类殖民了加勒比诸岛——它们的泳技好得出人意料——因此暂时躲开了人类的毁灭行为，甚至也许一直幸存到西班牙殖民者到来前。

雕齿兽戴着滑稽的粗呢帽。这种雕齿兽可以长到 3 米多长。

说起游泳，在已经灭绝的异关节动物中还包括一个相当惊人的类群，那就是长达 2 米的两栖树懒（amphibious sloth）。一系列的化石物种表现出一个随时间渐变的漂亮趋势，从半水生的类型逐渐进化成完全水生的深海生活专家，变成一种从树懒进化而来却跟儒艮和海牛相似的生物。至于这后两者，我们将会在跟非洲兽会合的时候遇见它们。跟儒艮一样，两栖的树懒也是严格食素的，它们也许是用爪子把自己锚定在海底，这样就可以啃食海里的植被。令人失望的是，跟河马的亲戚不同，它们不曾进化出鲸一样庞大的身躯，却在大约 200 万年前走向灭绝，远没有等到人类的到来。

至于食蚁兽，现存的化石证据很少，但我们很幸运，它们曲线优美的身形依然优雅地徜徉于南美的林间和大地上。捕食蚂蚁和白蚁用不着牙齿，所以新世界的食蚁兽跟旧世界的穿山甲一样，都没有牙齿。出于偶然，它们各自独立地发展出了同样的饮食习惯（土豚是另一种趋同进化出食蚁习性的哺乳动物，有趣的是，它向我们证明了“食蚁无牙”这个规则存在着例外，我们后面还会讲到它）。变化的不只是牙齿。在进化的时间尺度上，它们的整个头骨都发生了改变。以大食蚁兽（*Myrmecophaga*）为例，这是一种大型地栖食蚁兽，尾巴长得好像女式羽毛披肩一样，颌骨变得像是一根长长的弯管子，仿佛是一种专用的吸管，进食时先用又长又黏的舌头把蚂蚁和白蚁从它们的巢穴里搅出来，再把它们吸到肚子里。让我再告诉你一点它们的惊人之处。大多数哺乳动物，包括我们，都向胃里分泌盐酸辅助消化，可是南美的食蚁兽不是这样的。它们靠的是甲酸，而这些甲酸来自它们所食用的那些蚂蚁和白蚁。这正是自然选择典型的机会主义。

异关节总目长期以来都被认为是个天然的单系群，但非洲兽总目则不同。它们的共同根源是后来靠 DNA 分析的结果来揭示的。非洲兽最早的祖先跟鼩鼱差不多，后来进化成 7 个差异很大的亚系群。其中最有名的（至少在字典里名列前茅[1]）便是土豚。其他非洲兽还包括大象、蹄兔（hyrax）、南非的金毛鼹（golden mole）、马达加斯加的马岛猬、儒艮和海牛（也被称为海象），以及迷人的象鼩。

我之前从来没见过象鼩，直到我故地重游回到美丽的马拉维。在它还被称作尼亚萨兰的时候，这里曾是我童年的家。后来我和妻子曾在 Mvuu 野生动物保护区度过了一些时光，它位于大裂谷马拉维湖以南，这个国家的名字也是来自这个大湖。很久以前，我曾在湖边的沙滩上度过我的第一个拿小桶和小铲玩沙子的假期。在保护区，我们的非洲向导有着百科全书式的动物知识，而且特别擅长发现它们，眼睛敏锐得令人难以置信，这时他会招呼我们观看，而他称呼它们的方式也极为迷人，这一切都让我们受益良多。他每看到象鼩总会讲同一个笑话，称其为“非洲五小”[2]之一，至于是哪五小，似乎每次的版本都有所不同。

象鼩因长鼻子得名，跟欧洲“真正的”鼩鼱相比，它们体型较大，腿更长，跑动时也跃得更高，有点像是微缩版的羚羊。15 种象鼩中体形较小的类型还会跳跃。象鼩的数量一度非常庞大，种类也更多样，除了存活至今的食虫种类之外，还包括一些植食性物种。象鼩生性谨慎，会花费大量时间和精力给自己制造逃跑通道，以便日后逃避天敌。这听起来像是先见之明，而在某种意义上它确实如此。不过不应该认为这意味着它们事先有着精细的计划（尽管一如既往，这也是一种不能被排除的可能性）。动物的行为常常表现得仿佛知道怎么做对自己的将来有好处，但我们必须小心，不要忘记“仿佛”二字。关于这一类所谓的刻意动机，自然选择才是幕后的伪装者。

尽管它们长着可爱的小长鼻子，但没人会认为象鼩可能跟大象有特别近的亲缘关系。一直以来，人们都假定它们是欧洲鼩鼱的非洲版本。但是，最近的分子证据让我们大吃一惊，大象，而非鼩鼱，才是象鼩更近的亲属，尽管它们相似的长鼻子几乎肯定只是个巧合。为了将它们跟真正的鼩鼱区别开，现在有些人倾向于称呼它们的另一个英文名字，即 sengi。

从“非洲五小”到“非洲五霸”（the big five），我们接下来遇见了真正的大象。现存的大象被分为两个属，分别是印度象（*Elephas*）和非洲象（*Loxodonta*），但以前有许多种类的大象，包括乳齿象（mastodon）和猛犸象（mammoth），曾经漫游在除了澳洲以外的几乎所有大洲上。甚至有诱人的证据暗示它们也曾来到澳洲，那里发现了大象化石的碎片，但也许这些碎片是从非洲或亚洲漂来的。在美洲大陆上，乳齿象和猛犸象一直存活到大约 1.2 万年前，它们的灭绝很可能是克洛维斯人[3]造成的。西伯利亚猛犸象的灭绝相当晚近，以至于直到现在人们还偶尔会在永久冻土里发现它们冰冻的尸体，而根据诗人的传说，人们甚至还把它们煲成了汤：

冰冻的猛犸象

这种生物尽管罕见，
但在西伯利亚北部地区的东面仍有发现。
那群原始人个个都知道，
它的遗骸能做一锅美味好汤。
只是做法至少有一点不足
（我承认这是个严重缺陷）：
如果在煮熟之前刺破了皮肤，

你的佳肴就彻底报废。

所以（由于这野兽的尺寸），

没人尝过它的美味。

希莱尔·贝洛克[4]

和其他所有非洲兽一样，大象、乳齿象和猛犸象的古老故乡也都在非洲，那里是它们进化的根源，也是它们的大多数遗传分歧诞生的地方。

大象所在的目有个正式名称——长鼻目（Proboscidea），名字来自它们放大版的长鼻子。这个长鼻子用途很多，喝水是其中一项功能，也许是最早的用途。作为动物，如果你的个头像大象或长颈鹿那样高，喝水就变成了一件麻烦事。对于大象和长颈鹿来说，大部分食物都长在树上，也许这也部分地解释了它们长那么高的原因。但水有自己的去处，往往低得让人难受。跪下来喝水倒是个办法，骆驼就是这么做的。但重新站起来就不容易了，对大象或长颈鹿来说更是如此。它们的解决方案都是用一根长管子把水吸上来。长颈鹿拿脖子充当这根管子，把脑袋安在管子的顶端，所以它们的头就必须长得很小。大象则把脑袋装在管子的基部，这样它们的头就可以变得更大，也更聪明。大象的管子当然就是它们的鼻子。这个鼻子也可以用来做许多其他事情，非常方便。我在别处曾引用过奥莉亚·道格拉斯–汉密尔顿（Oria Douglas-Hamilton）关于大象鼻子的描写。她和她的丈夫伊恩[5]一生中的大部分时间都致力于研究和保护野生大象。这是一段愤怒的语句，是她在津巴布韦看到大规模屠杀大象的惨烈景象之后写下的：

我看着一个象鼻，那是许多被抛弃的象鼻中的一个，不知经过了几百万年的光阴才进化出这样一种造物的奇迹。它有多达5 000块肌肉，由一个能够匹配这种复杂度的大脑控制着，能以数吨之力扭转推拽，同时竟还能完成最精细的动作，比如采下一枚种荚丢进嘴里。这个灵巧的器官还是一根能装4升水的管子，不管是汲水饮用还是喷水洗澡都很方便。它就像一根延伸的手指，还是一支喇叭或扬声器。象鼻还有社会功能：关怀、性挑逗、安抚、问候以及互相交缠拥抱……然而如今它被割了下来，扔在地上，就跟我在非洲各地见过的那许许多多象鼻一样。

长鼻目还长着突起的长牙，那实际上是极度放大了的门齿。现代大象只在上颌上长着长牙，但是某些已灭绝的长鼻目动物的长牙长在下颌上，或者上下都有。恐象（*Deinotherium*）的下颌上长有巨大的朝下弯曲的长牙，上颌却没有。分布在北美洲的板齿象（*Amebelodon*）属于一个被称为嵌齿象科（Gophotheriidae）的早期长鼻目类群[6]。板齿象上颌上长着跟现代大象很像的长牙，下颌上则有一对扁平的、好像铲子一样的门牙。也许它们确实拿它当铲子使，用来挖掘植物的块茎。顺带一提，这种猜测跟前面所说的长鼻的进化并不矛盾，象鼻作为水管使得大象不必跪下喝水，而下颌末端的两个扁铲子足够长，足以让一头站着的嵌齿象用它轻松地掘开地面。

查尔斯·金斯莱[7]在《水孩子》（*The Water Babies*）里写道，大象“是圣经里那个毛茸茸的小兔子（coney）的嫡亲表兄弟……”在英语字典里，“coney”一词的含义首先是家兔（rabbit），而该词在《圣经》里总共出现了四次，其中两次可以作为证据说明为什么这个词不应被解释为家兔：“蹄兔（coney），虽然反刍，蹄却不分两边，对你们来说是不洁净的。”（《利未记》第 11 章第 5 节，《申命记》第 14 章第 7 节也有非常相似的段落）金斯莱所说的当然也不是家兔，因为他接下来说大象和家兔是隔了 13 代或 14 代的表亲。《圣经》里另外两次提到“coney”指的是一种生活在岩石之间的动物，分别是在《诗篇》第 104 篇（“高山是山羊的住处；岩石是蹄兔的庇护所”）和《箴言》第 30 章第 26 节（“蹄兔之族并不勇猛，却可以在岩石上建家”）。人们普遍认为这里的“coney”指的是蹄兔（hyrax 或 dassie 或 rock badger）。而作为一名令人敬佩的信奉达尔文主义的神职人员，金斯莱的说法是正确的。

好吧，至少在那些烦人的现代分类学家掺和进来之前他是正确的。教科书上说，大象现存最近的亲属是蹄兔，这和金斯莱的说法是一致的。但最近的分析表明，还应该把儒艮和海牛纳入这个大家庭，甚至把这二者划为大象现今最近的亲属，而蹄兔是它们共同的姊妹。儒艮和海牛是完全海生的哺乳动物，连繁殖都不上岸，也许我们正是因此被误导的，就像我们曾忽视了鲸和河马的关系一样。纯海生的哺乳动物摆脱了地球引力的限制，能够沿着自己特有的方向快速进化，而留在陆地上的蹄兔和大象依然彼此相像，就像河马和猪依然彼此相像一样。以后见之明的眼光来看，儒艮和海牛那略长的鼻子还有皱纹密布的脸上的一双小眼睛，都让它们显露出几丝大象的“神韵”，不过这很可能只是巧合。

儒艮和海牛都属于海牛目（Sirenia）。之所以用这个名字，是因为据说它们跟传说中的女海妖[8]很像，尽管我们不得不说这种说法不是很有说服力。确实，它们缓慢慵懒的泳姿确实可能被认为有点像是美人鱼，而且它们也确实用鳍状肢下方的一对乳房给孩子哺乳，但是人们仍然忍不住觉得，当初最早觉得它们像女海妖的那些水手一定是在海上航行了太长时间。除了鲸类之外，只有海牛目是从来不上岸的哺乳动物。在海牛目的4个物种当中，只有亚马逊海牛只生活在淡水里，另两种海牛也会出现在海里，儒艮则只在海里活动。在这4个物种当中，儒艮是最濒危的。这给了我妻子拉拉一个灵感，她设计了一件T恤衫，上面写着“Dugoing Dugong Dugone”[9]。我们本来还可以为这个家庭加入第5个成员，即体形巨大的斯特拉海牛（Steller’s sea cow），可惜它们在不太久之前灭绝了。斯特拉海牛生活在白令海峡，体重超过5吨。白令船长[10]那些命途多舛的船员在1741年发现了它们，然而不幸的是，仅仅27年之后，它们就被人类捕杀殆尽，为海牛目和人类的关系留下不祥的预兆。

就跟鲸和海豚一样，海牛目动物的前肢也变成了鳍，后肢则完全退化。海牛目虽然名字里有个牛字，却跟牛并没有很近的亲缘关系，也不会反刍。因为植食习性的要求，它们的肠道极长，而能耗很低。跟高速游泳的食肉性海豚比起来，素食的儒艮那懒洋洋的随波逐流就好比可操控的气球，而前者好似导弹。

也有一些小型的非洲兽。金毛鼹和马岛猬似乎是近亲，现代大多数权威学者都把它们归入非洲兽。金毛鼹生活在南非，习性跟欧亚大陆的鼹鼠没什么两样，而且技艺绝佳，像游泳一般穿过沙地，对它来说沙子就像水一样。马岛猬主要生活在马达加斯加岛。在西非有一些半水生的“獭鼩”（otter shrew），其实属于马岛猬。我们曾在《狐猴的故事》里看到，马达加斯加的无尾猬有的像鼩鼱，有的像刺猬，还有一种返回水里生活的水生物种，它和非洲大陆的马岛猬很可能是各自独立回到水里生活的。

最后，我们来谈谈孑然一身的土豚。aardvark这个词来自南非荷兰语，意思是“土猪”。它看起来确实像是小号的长耳猪，只是口鼻变得更长，甚至可以媲美专业食蚁的动物。它还有极其卓越的挖掘本领，不断开掘庞大的洞穴系统，身材娇巧的人甚至能钻进去。草原上的其他生物会借用这种洞穴作为自己的避难所。土豚是管齿目（Tubulidentata，意思是管状牙齿）唯一现存的物种。正如我之前暗示的那样，土豚尽管以蚂蚁和白蚁为食，却还保留着几颗臼齿。一种讨喜的观点认为，土豚留着这几颗牙齿，专门用来咀嚼“土豚瓜”（aardvark cucumber）的地下果实。与此同时，这种植物完全依赖土豚把它们的果实挖掘出来，把它们的种子扩散开去，还顺便慷慨地给种子施肥。当然，这种紧密的互利关系可能会遇到问题。如果土豚灭绝了，很可能土豚瓜也会随之灭绝。自然选择可没有什么先见之明。

那时候生活在非洲的便是这些非洲兽，形态迷人，体形各异。后来，非洲又成为许多其他哺乳动物的家园，比如犀牛和河马，羚羊和斑马，以及以它们为食的食肉动物。但这些动物都是后来才来到非洲的劳亚兽，它们来自北方的劳亚古陆。非洲兽是非洲大陆的古代居民，就像异关节动物是南美洲的原住民。

我们还没有讨论异关节动物和非洲兽的实际关系，以及它们和我们之间的关系。就像社会化媒体网站常说的那样，“这很复杂”。有三种可能的情况：非洲兽先加入我们的朝圣队伍；异关节动物先加入；这二者先集合成一个小团体再加入我们，也就是说它们之间的关系比跟其他任何胎盘类哺乳动物都近。至于其中哪种情况是正确的，不同的研究各有分歧。一个日本研究组试图一劳永逸地解决这个问题，重点关注那些独特的 DNA 插入和缺失突变。令人意外的是，他们的结果不偏不倚地同时支持上述三种可能！很显然，要摆脱这种表面上的困境，我们只需采用基因的视角看历史。就像我们在《长臂猿的故事》的后记里看到的那样，基因组的不同部分（或者引申开来，生物不同方面的外观特征）确实可以有不同的亲缘关系。如果我们和非洲兽以及异关节动物的共同祖先，那些像鼩鼱一样的小生物，只花了几百万年就分道扬镳，那么我们完全有理由指望，我们的某些基因跟非洲兽接近，而另一些基因更像异关节动物，还有一些基因跟二者的距离相等。这时候不管我们画出什么样的系统发生树，都很可能只是一种简化，是对一种不完美的遗传共识的说明，而不是对现实的有深度的描绘。简单起见，我们把非洲兽和异关节动物放在了一起，这也许是最常见的安排，而最近一份相当复杂的基因组分析也支持这种情况。不管怎样，一个毋庸讳言的事实是，在这个节点上，不同的基因几乎肯定选取了不同的道路。甚至有可能基因组里的大部分基因都是经由不同的路径传给这里述及的那些物种的。

不管在这个会合点涉及的那些共同祖先真实的关系如何，在外行看来它们应该都跟鼩鼱差不多。我们曾绘制了一幅假想图（见彩图 12）。2013 年，来自美国自然历史博物馆（American Museum of Natural History）的一个团队发表了另一个版本（见彩图 13）。至于它们生活的年代，估计是在 1.2 亿年前到 6 500 万年前不等，但最近的分子钟测年结果位于中间附近，也许是 1 亿年到 9 000 万年前，大概是我们 3 000 万代以前的祖先所生活的年代。这也是各大陆分裂的年代，非洲和南美洲从其他陆块脱离，相背而去，哺乳动物之间的深刻裂痕通常被归因于大陆缓慢的漂移。这提醒我们又到了讲故事的时间。

《树懒的故事》序

现在所说的板块构造论，是现代科学的一个成功范例。在 20 世纪 30 年代，我的父亲还在牛津大学读生物学本科，那时候这个被称为“大陆漂移学说”的理论受到了广泛的嘲弄，尽管并非所有人都是这种态度。人们把这个理论跟德国气象学家阿尔弗雷德·魏格纳（Alfred Wegener，1880—1930）联系在一起，但在他之前就有其他人提出过类似的想法。好多人注意到南美洲的东海岸跟非洲的西海岸吻合得非常好，但通常只把它当作巧合。若是考虑到动植物的分布，甚至有一些更惊人的巧合，只有假设两大洲之间存在陆桥才能加以解释。但当时的科学家们大多认为，地图上的形状是海水涨落冲蚀造成的改变，而非大陆本身横向漂流。魏格纳认为大陆自己会漂移的观点更有革命性，也更有争议。

甚至直到我自己上大学的时候，那是20世纪60年代，离20世纪30年代已经很远，关于这个问题仍然没有定论。牛津大学资深生态学家查尔斯·埃尔顿（Charles Elton）曾给我们讲过这个话题。在课堂结束时，他发起了一个投票（我不得不说，民主不是发现真理的途径），我记得支持两方观点的人数旗鼓相当。就在我毕业后不久，情况很快就发生了变化。事实表明魏格纳比同时代嘲讽他的那些人更接近真理。魏格纳的错误主要在于，他认为现存的大陆块是漂浮在半液体的地幔上的，一路漂移，好像筏子穿越海洋。关于板块构造的现代理论则把地表整体看作一系列板块的组合，既包括可见的大陆，也包括海床。厚而较轻的大陆板块隆出海面，形成山脉，或者下沉侵入地幔。板块之间的分界常常位于海底，却也有同样多的分界处并非如此。确实，如果我们把海完全忘掉，假装它不存在，那么我们对这个理论的理解会更好。我们稍后再请大海回来淹没地势低洼的地方。

板块不曾犁过大海，不管那海里是水还是岩浆。相反，整个地球表面都覆盖着板块，好像装甲一样，这些板块在地表滑移，有时某个板块会冲到另一个板块的下方，即所谓的板块俯冲。当一个板块移动时，它身后并不曾像魏格纳想象的那样留下一个空隙。实际上，“缺口”不断地被那些从地幔深层涌上来的新物质填满，也正是同样的物质构成了板块本身，这个过程被称为海底扩张。“板块”这个词多少给人以坚硬的印象，一个更好的比喻是传送带，或者是带拉盖的书桌。接下来我用一个最简洁最清晰的例子来说明这个问题，那就是大西洋中脊（Mid-Atlantic Ridge）。

大西洋中脊是一条长达 1.6 万千米的水下峡谷，以一个巨大的 S 形蜿蜒着贯穿南北大西洋的中央。这条洋中脊是火山喷发带，熔化的岩浆从地幔深处涌出，然后向东西两侧喷发，就好像两张拉盖书桌。往东去的拉盖将非洲推开，使它远离大西洋中部。向西去的拉盖则把南美洲朝另一个方向推开。这就是为什么这两个大洲彼此相悖而行，速度大概是每年 1 厘米。某人曾极富想象力地指出，这差不多正是人指甲生长的速度。不过，不同板块移动的速度差异很大。在太平洋洋底、印度洋洋底以及许多其他地方（尽管有时候被称为“海隆”而非“洋中脊”）都有类似的火山喷发带。这些扩张的洋中脊是板块运动的发动机。

“推”这个词非常有误导性，仿佛海床的喷发在后面推动着板块。没错，像大陆板块这么巨大的物体怎么可能从背后推得动？确实不能。真实的情况是，地壳和地幔上层的运动来自下方岩浆的环流。与其说板块是被从后方推动的，倒不如说是托起板块的那些液体流动时拖拽着整个板块庞大的下表面。

板块运动的证据优雅而有力，如今该理论已经得到了证实，没有留下什么合理质疑的空间。如果你去测定一个洋中脊（比如大西洋中脊）两侧的岩石年龄，你会发现一个非常显著的事实：最靠近洋中脊的岩石是最年轻的，越远离洋中脊，岩石越古老。结果就是，如果画一幅“等时线图”（将年龄相同的地点连接成轮廓线），就会发现这些等时线跟洋中脊是平行的，从北大西洋一路蜿蜒南下到南大西洋。洋中脊东西两侧均是如此，两边的等时线几乎是彼此的完美镜像（见彩图 14）。

想象一下，我们乘着一台水下拖拉机穿越大西洋底，从巴西的马赛约港（Maceio）出发，沿南纬 10 度线向东驶去，驶向安哥拉的巴拉杜宽扎（Barra do Cuanza），刚好路过阿森松岛（Ascension Island）附近。我们一边前行，一边对履带（轮胎承受不了海底的压力）下方的岩石取样。根据火山活动导致海底扩张的理论，我们只对火成玄武岩（固化的岩浆）感兴趣。它们躺在海底，上面也许覆盖着各式各样的沉积岩。根据这一理论，正是这种火成岩组成的拉盖或传送带使得非洲和南美洲各奔东西。我们需要向下钻透沉积层才能取到下方坚硬的火山岩样本，在有些地方，经过百万年的沉积，这种沉积物可能相当厚。

在这场东行之旅的前 50 千米，我们位于大陆架上。对于我们的目的地来说，这还根本不算是海底。我们还没有离开南美洲大陆，只不过头顶有一些浅水罢了。不管怎样，出于解释板块运动的考虑，我们完全忽略海水。但接下来我们要快速下降到真正的海底，从真正的海床上取出第一个样本，对沉积物下方的玄武岩进行放射性测年。大西洋西边这里的玄武岩属于早白垩世，距今约 1.4 亿年。我们继续向东，按照固定的间隔，从沉积层下方的火山岩取样。然后我们发现了一个非凡的事实：它们以均匀的速率变得越来越年轻。离开出发点 500 千米后，我们就来到了晚白垩世，距今不到 1 亿年。在 730 千米处，尽管看不到任何明显的界限，所见之处只有火山岩，但我们的旅程在此跨过了 6 600 万年前的白垩纪 / 古近纪界线。正是在这个地质时刻，陆地上的恐龙突然消失。年代递减的变化次序依然不变。随着我们继续东行，海底的火山岩继续稳步年轻化。距离出发点 1 600 千米处，我们来到了上新世，眼前这些年轻的石头跟欧洲的猛犸象和非洲的“露西”年岁相当。

我们终于来到大西洋中脊，这里距离南美洲大约1 620千米，距离非洲（沿着同一纬度）稍远一些。我们注意到，这里的岩石样品如此年轻，它们属于我们自己的时代，才刚刚从海底深处喷发出来。确实，如果我们足够幸运，我们有可能在穿越大西洋中脊时在这一地带目睹一次喷发事件。必须运气好才能看见，是因为尽管在我们的想象中板块像拉盖或传送带一样持续运动，但它并不真的是持续运动的。为什么是这样呢？虽然板块平均每年移动1厘米，但并不总是有喷发事件，而有喷发的时候，板块的移动距离不止1厘米。实际上，在洋中脊沿线任何一处地点，喷发的频率每年不到一次。

跨过大西洋中脊，我们继续这次东行之旅，一面朝非洲方向驶去，一面从沉积物下方抽取火山岩样本。我们现在注意到，岩石的年龄变化跟我们之前测量的结果呈现出镜像的关系。随着我们远离洋中脊，岩石越来越古老，这一趋势一直持续到非洲西岸，即大西洋的东面边界。我们的最后一块样品，就在离非洲大陆架不远的地方，年代属于早白垩世，跟它们在大洋西面、毗邻南美洲的镜像一模一样。实际上，整个序列都以大西洋中脊为轴呈现出对称的镜像。这种对称的程度甚至超出了放射性测年技术的精度。不仅如此，接下来要说的事情更有一种极致的优雅。

在《红杉的故事》里，我们将会遇见一种被称为树轮年代学（dendrochronology）的巧妙测年技术。年轮的存在是因为树木每年有一个生长期，并非每年的环境都同样有利于树木的生长，所以就留下了一个有粗有细的环形记号。在自然中，每一次偶然出现类似的指纹痕迹，都是自然对科学的馈赠，一旦遇到这样的机会，我们就要迫不及待地抓住它。我们何其幸运，火山熔岩在冷却固化的过程中，也留下了类似树木年轮的痕迹，尽管它的时间尺度大得多。原理是这样的：当岩浆还是液态时，其内部的分子就好像微型指南针一样，沿着地球磁场的方向整齐排列；当熔岩凝固成岩石，这些指南针当时的状态就被石化固定了下来。因此火成岩就好比一个磁性微弱的磁铁，它的极性则是一份凝固的记录，记录了岩浆固化时地球的磁场。这种极性很好测量，可以告诉我们岩石固化时地球磁北极的方向。

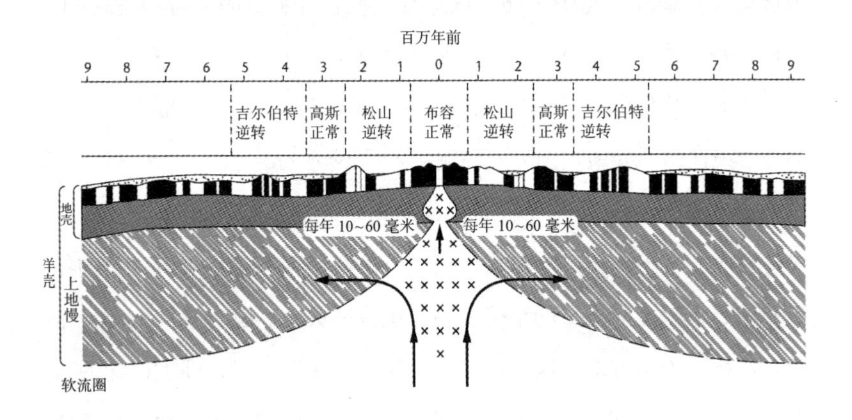

洋中脊两侧的磁条带（magnetic stripe）。黑色条带代表正常磁极，白色条带代表逆转的磁极。地质学家把这些条带归为分别由正常或逆转的磁极主导的磁间隔。弗雷德·瓦因（Fred Vine）和德拉蒙德·马修斯（Drummond Matthews）在 1963 年发表于《自然》杂志上的一篇经典论文最早指出这些磁条带的对称性可以作为支持海底扩张的证据。地壳和地幔坚硬的顶层部分被合称为岩石圈（lithosphere），被地幔下层半固体状软流圈（asthenosphere）的岩浆对流作用分向两边。磁条带的独特模式使我们可以追溯海床岩石的年代直至 1.5 亿前。更古老的海床则已经毁于板块俯冲。

幸运的是，地球的磁场曾经多次逆转，虽然间隔不定，但以地质时间的标准来看，它发生得相当频繁，其时间尺度在数万到数十万年间。你立刻就能意识到这有多么激动人心。随着两条传送带从大西洋中脊向东西两侧传动，测得的磁极会表现出不同的条带，代表着地球磁场的逆转，而当时的地磁情况就这样被固化保存在岩石中。东西两侧的条带模式将会是精确的对称镜像，因为两组岩石来自洋中脊的同一次喷发，当它们是液态时，也曾受到同一个磁场的影响。因此，我们有可能将两侧的条带精确地一一对应起来，对每对条带进行年代测定（当然它们属于同一年代，因为当初它们是一起从洋中脊喷涌而出的岩浆）。在所有大洋底部的扩张区两侧都能发现同样的条带样式，尽管镜像对称的条带之间的距离会有差异，因为不是所有传送带都以相同速度移动。你不能指望比这还有说服力的证据了。

实际情况更为复杂。海床上的平行条带的样式并非简单连续的蜿蜒南下，毫不中断。实际上有大量的破碎地带，即“缺陷”（fault）。我刻意选择南纬 10 度线作为我们的履带拖拉机的行驶路线，是因为在这个纬度上碰巧不会经过任何缺陷地带。若是换一个纬度的话，当我们时不时经过缺陷地带时，年代渐变的序列就会被打破。但是从整个大西洋海床的地质图上，可以很清楚地看到这种平行等时线的整体图景。

那么，关于板块运动的海底扩张学说的证据可谓非常坚实了，而对各种板块运动事件（比如某两个大洲的分离）的年代测定，以地质年代的标准来看，也是准确的。板块运动学说是整个科学史上最顺利的，也是最一锤定音的革命之一。

树懒的故事

《树懒的故事》讲的是全球各大陆的运动、海洋和动物，这是一个关于生物地理学（biogeography）的故事。对于阿尔弗雷德·拉塞尔·华莱士（Alfred Russel Wallace）和查尔斯·达尔文这一对自然选择的共同发现者来说，正是自然历史的地理特性揭露出了进化的事实。

如果物种是被独立创造出来的，为什么造物主选择将 50 种狐猴安排在马达加斯加岛，而别的地方却一只都没有？为什么加拉帕戈斯群岛的那些雀类跟其他海岛上的种类如此不同，却和彼此惊人地相似，而且像极了最近的大陆上的鸟类？为什么造物主为海岛制造出一些会飞的物种，比如鸟类和蝙蝠，却很少有蛙类和陆地哺乳类？

当然，异关节动物，包括食蚁兽、犰狳和树懒，也有特殊的地理分布，它们只生活在南美洲。当初 20 多岁的达尔文曾来到这里，而 16 年后，20 多岁的华莱士也来到了这里。对于达尔文来说，这是他的第一次也是最后一次探险。而对华莱士来说，几乎也是如此（他的弟弟死于黄热病，他自己差点死于疟疾；他的船还失了火，在返程的时候沉没）。两个人都曾提到南美动物的奇异之处，特别是那里的哺乳动物。达尔文曾挖出一块大地懒的头骨，华莱士则尝过树懒肉汤。至于它们曾给予他们怎样的启发，有达尔文著作的前几行为证：

> 当我以博物学者的身份参加贝格尔号皇家军舰航游时，我曾在南美洲看到有关生物的地理分布以及现存生物和古代生物的地质关系的某些事实，这些事实深深地打动了我。在我看来，它们似乎对物种起源的问题给出了一些启示，而这是一个曾被我们最伟大的哲学家之一称为神秘而又神秘的问题。[11]

尽管初次航行劫难重重，但华莱士没有放弃旅行。正是在东南亚的群岛之间，他独立产生了自然选择的理念。也正是在那里，他终于把握住了将地理分布和生物分类学结合起来的力量：

> 毫无疑问，一个既美妙又出人意料的事实是，关于鸟类和昆

虫分布的精确知识应该可以让我们绘制出那些早在人类最早的传说出现之前就已经消失在海底的陆地和大洲。

——《马来群岛》(*The Malay Archipelago*)

华莱士只看到了冰山一角。当我还是个小孩子时，我们一家人生活在非洲。父亲会给我和妹妹讲睡前故事逗我们开心。我们躺在蚊帐里，为他的夜光手表感到惊奇，而他给我们讲述“莱龙”的故事，它们生活在非常遥远的冈瓦克古陆（Gonwonky-land）[12]。我几乎把这事儿忘得一干二净，直到后来我了解到南方的冈瓦纳古陆（Gondwanaland 或 Gondwana[13]）。

冈瓦纳古陆提供了全球超过一半的陆地面积。它早在前寒武纪时代（Precambrian）[14] 就已经形成，维持了 4 亿年之久，有时单独存在，有时则是泛大陆（Pangaea）的一部分。我们这里关心的是它的分裂。以地质时间的标准来看，它发生得相当突然而激烈。在 1.6 亿年前，冈瓦纳古陆西北半部的广大区域包括了今天的南美洲和非洲。它北抵赤道，几乎已经与北部的劳亚古陆断开。冈瓦纳古陆的东南部勉强擦到南极点，这部分是今天的南极洲、印度、马达加斯加和澳大拉西亚（Australasia）[15] 的集合。

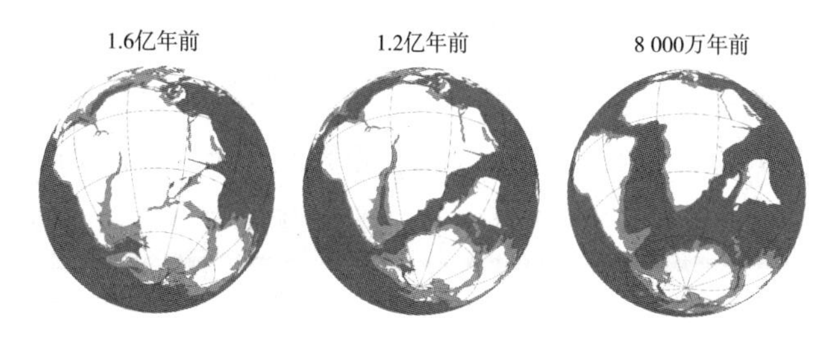

冈瓦纳古陆的分裂。免费软件 GPlates（www.gplates.org）的截图，数据来自［383］。

凭着地幔深处岩浆对流的驱动，板块运动的力量将冈瓦纳古陆一分为二。1.5 亿年前，一条长达 3 200 千米的水湾部分地将冈瓦纳古陆的西北半部和东南半部隔开，裂口的走向对应今天的非洲东海岸。随着水湾加宽，冈瓦纳古陆的这两个部分就此分离，等到了 1.3 亿年前，相连的部分就仅剩下南美洲和南极洲接触的那一点点地方。但是，分道扬镳的不只是冈瓦纳古陆的两个部分，甚至每一部分的内部也在破碎。冈瓦纳古陆的西北部分从上到下纵裂贯穿，一边是南美洲，另一边是非洲，所以在 1.2 亿年前，这两块大洲之间存在着一个极长又极窄的直角形海峡，它后来逐渐加宽成了今天的大西洋。与此同时，在冈瓦纳古陆的东南部分，印度连同马达加斯加一起脱落下来，一路向北。最后一次破碎事件发生在 9 000 万年前，东南部分剩下的陆地开始分裂成南极洲和澳大利亚，印度则放弃了马达加斯加，以一种惊人的速度开始快速向北移动，最终一头撞向亚洲南部海岸，使得喜马拉雅山脉不断隆起。

板块活动对气候也有显著的影响，尤其是对位于南半球中心位置的南极洲而言更是如此。尽管漫长黑暗的冬季使得南极点季节性地被大雪覆盖，但化石证据表明，白垩纪的南极洲大部分地区还覆盖着温带树木，对于动物来说是个不错的地方，不光有温血的哺乳动物生存，还有鳄鱼和恐龙。这一方面是受到了全球高温的影响。火山和洋中脊的喷发活动意味着二氧化碳的浓度比今天高许多倍，导致了明显的“温室效应”（greenhouse effect），跟我们今天眼看就要面临的情况类似。除此之外，那时候的南极洲较为温暖还跟它和冈瓦纳古陆的联系有关。从南极点延伸到赤道的陆地将暖流从热带地区引到南半球高纬度地区，仿佛是今天墨西哥湾流的增强版本，而后者的影响让棕榈树能够在苏格兰的西部繁荣生长。从 5 000 万年前开始，随着南极洲跟南美洲的陆地联系渐渐消失，洋流开始绕着整块南极大陆循环，增加了它在热量上的隔绝程度，使它逐渐成为一片与世隔绝的冰天雪地。

直到今天，在许多动植物的分布方面，冈瓦纳古陆和南极洲的森林依然能够彼此呼应。一个例子是南青冈属（*Nothofagus*）植物的分布。当然现在它已经不再在南极洲生长，但南美洲、澳大利亚和新西兰仍有它们的踪迹，其分布情况当然是大陆漂移的结果。本来不会飞的平胸鸟类（ratite）也常被看作经典的例子，但等到了第 16 会合点时我们就会发现，象鸟（elephant bird）对这种看法提出了令人振奋的挑战。也许最为人知的冈瓦纳类群是有袋类动物，我们要等到下一个会合点才会正式介绍它们。尽管有袋类传统上被人们与澳大利亚联系在一起，但它们似乎是经由美洲来到澳大利亚的，直到现在仍然有一些有袋类动物生活在美洲。标准的解释是，澳大利亚的有袋类是在各大陆分裂前通过南极洲来到这里的。

关于相关物种的分布情况，有两种对立的理论。第一种理论强调长距离扩散的重要性，比如猴子和啮齿类对南美洲的跨洋殖民。替代分布生物地理学（vicariance biogeography）则强调地理过程的作用，比如陆地漂移对生物种群的隔离。对这两种理论取舍的不同可以让生物地理学家爆发惊人激烈的争论。

在第 13 会合点，异关节动物、非洲兽以及北半球的胎盘类哺乳动物几乎同时各奔东西，乍一看这一会合点似乎跟替代分布理论吻合得非常好。南美洲、非洲和劳亚古陆之间仅存的联系便是从巴西到西非的陆桥以及另一个穿过直布罗陀的陆桥。随着大陆漂移和海平面的上升，这两个陆桥被海水淹没，这些大陆之间的陆地联系也就被切断了。也许异关节动物的祖先就是在这些通道消失之前向西离开了非洲，而我们的祖先也在此时向北迁移去了劳亚古陆，只扔下非洲兽的祖先留在了非洲这座孤岛上？这是一个很流行的观点，只是有一个显著缺陷。根据这个观点，这最后一次跨大陆边界的迁徙发生在大约 1.2 亿年前，明显早于我们估计的第 13 会合点的年代，即 9 000 万年前。

如果我们对会合点的年代以及陆桥消失的年代估计得大致不差，那么树懒的祖先必须借助某种扩散方式才能穿越当时正在扩张的大西洋，来到南美洲。这场跨海旅程达到甚至超过了 160 千米。这里我们必须重申之前提过的一点：随着千万年的时间流逝，物种几乎必然能够跨越狭窄的海峡。只有当这些海峡加宽成为海洋时，这种扩散的概率才会下降到可以忽略不计。换句话说，在地质时间尺度上，隔离是一种连续的概率，而非全或无的事件。即使是非常远距离的扩散，也依然保有极小的可能性，新大陆的猴子和啮齿类就是一个例子，它们从非洲出发殖民南美洲的时间可比树懒晚得多，因此它们穿越的海洋也要宽广得多。我们的结论是，真正重要的是扩散和隔离的共同作用。南美洲独特的动物群很可能是扩散的结果没错，但这种扩散越来越受到大陆之间缓慢隔绝的限制。

随着它持续往西漂移，南美洲确实变得越来越与世隔绝。我们之前讲过的那些奇异的异关节动物，像体形庞大的地懒和披着重甲的雕齿兽，正是这种长时间僻居独处的产物。但是，总共有 3 个卓越的哺乳动物类群随着恐龙的没落而崛起，并在南美洲辐射扩散。除了异关节动物之外，另两种实际上支持的也是一种混合的扩散和隔离模型。

我们已经提到过，有袋类动物可以追溯到南美洲。它们在那里进化出了各种像狗、像熊和像猫的食肉动物形态。跟异关节动物不同，它们并不是从非洲来到南美洲的，而很可能是来自北美洲，在那里我们发现了早期有袋类动物的化石，时间大概是 6 500 万年前，这时北美洲和南美洲还不属于同一个大陆（尽管当时两者之间也许已经暂时有了一些岛链）。所以有袋类很可能也是跨海来到了南美洲。

这些南美“老资格”——这个说法借自《光荣孤立》（*Splendid Isolation*）一书，其作者是伟大的美国动物学家乔治·辛普森（George G. Simpson）——的第三个类群如今已经完全灭绝了。这尤其让人感到遗憾，因为这是一些令人惊艳的生物。我们可以约略地称它们为“有蹄动物”，如同我们在第 12 会合点见到的那样，在分类学上这不是一个精确的名字。这些生活在南美洲的“南方有蹄类”跟马、犀牛和骆驼一样以植物为食，但它们是独立进化的。滑距骨目动物早早分化成了像马的类型和像骆驼的类型，从鼻骨的位置来看，它们很可能跟大象一样长着长鼻子。另一个类群，焦兽目动物（pyrothere），似乎也有长鼻子，而且很可能在其他方面也跟大象很像，毫无疑问它们体形庞大。南方有蹄目还包括长得像犀牛一样的大型箭齿兽（toxodon）——有一些箭齿兽的骨头化石是达尔文最先发现的——以及像兔子或啮齿类的较小的类型。

进化使得南美的有蹄动物有着各式各样的进化方向，如此令人迷惑，以至于直到最近都很难判断它们的准确亲缘关系。但在 2015 年，弗里多·韦尔克（Frido Welker）和一大群国际合作者（包括萨姆·图尔维，他曾为本书做过调研）成功地利用博物馆化石样本分析了长颈驼（*Macrauchenia*）的分子序列，这是一种外形类似骆驼的焦兽目动物。他们还利用达尔文收集的标本分析了箭齿兽的序列。鉴于这些化石既不是从寒冷地区采集的，也没有保存在寒冷环境下，你可能会怀疑我们怎么能够分析它们的 DNA 序列。你的怀疑是对的。实际上研究者提取的不是 DNA，而是胶原蛋白。我们之前提到过，它甚至可以在恐龙的化石里保存下来。就像DNA序列一样，胶原蛋白的氨基酸序列一样可以被用来构建进化树。这些古老的胶原蛋白序列表明，这两种南美的有蹄动物跟旧世界的偶蹄动物比如马和犀牛关系最近。它们的祖先必定是在劳亚兽内部发生遗传分异之后才来到南美洲。这就把它们抵达南美洲的年代限定在了不到7 000万年前。这再次提示我们，它们是跨海扩散而来的。

由于冈瓦纳古陆的分裂，马达加斯加岛和澳大利亚就此脱落，成为两只巨型漂流筏，可是南美洲的历史结局有所不同。就像之前的印度，早在人类旅行或多或少地结束了动物隔离之前，南美洲就自然而然地结束了它与世隔绝的孤岛状态。这一事件的发生相当晚近，距今大约300万年。巴拿马地峡的形成导致了南北美洲生物大迁徙。物种的扩散再也不是罕见事件。相反，南北美洲原先隔绝的动物群可以借助地峡造就的那个狭窄走廊自由迁徙，来到对方原先居住的大陆。这使得双方的动物群都丰富起来，与此同时却也导致了双方各有一些动物走向灭绝，其中至少有一部分原因也许是竞争。

因为南北美洲生物大迁徙，如今南美洲有了貘（奇蹄目）和西猯（peccary，偶蹄目），它们通过地峡由北美洲迁徙而来，尽管如今貘已经在南美洲灭绝，西猯的数目也大幅度减少。因为大迁徙，南美洲也有了美洲豹，在此之前，那里没有任何猫科动物，甚至没有任何食肉目动物，倒是有一些食肉的有袋类，其中有一些——比如袋剑齿虎（*Thylacosmilus*）——酷似剑齿虎（sabretooth），令人生畏。这时剑齿虎（真正的猫科动物）则正生活在北美洲。伴随着大迁徙，北美洲也有了地懒以及犰狳（包括巨型的雕齿兽）。另一方面，美洲驼（llama）、羊驼（alpaca）、原驼（guanaco）和小羊驼（vicuña）这些如今南美洲特有的生物都属于骆驼科，而且都来自北美洲，因为骆驼最早就是在北美洲进化而来的。它们后来很晚才扩散到了亚洲、阿拉伯地区和非洲，很可能途径阿拉斯加，一路上进化出蒙古草原上的双峰驼（Bactrian camel）和热带沙漠上的单峰驼（dromedary）。马科的进化同样主要发生在北美洲，但它们后来却在北美洲走向灭绝。当臭名昭著的征服者重新将马匹从欧亚大陆引入北美洲时，美洲原住民竟对马匹惊惑不已。

以地质时间的标准来看，南北美洲生物大迁徙发生得相当晚，以至于在华莱士看来，这个故事痕迹宛然。他是第一个拼出这个故事图景的人。如今我们对南美老前辈的进化根源有了更深的了解，这想必会让他非常高兴。不过也许他还有话要补充。能够解释物种分布的不光是长距离扩散和大陆漂移。在一个更快的时间尺度上，海水的涨落同样可以解释相邻地区动植物的联系。我们将在下一个会合点看到这方面的故事。那时我们将会遇见有袋类动物，以及它们所代表的澳大利亚动植物。这些物种在最近几次冰期海平面较低的时候，通过陆地扩散到了印度尼西亚。跟本篇故事里的其他例子不同，它们的扩散止步于一些狭窄但幽深的海道，这背后的原因尚不为人知（也许只是没有足够的时间完成成功扩散，或许对岸的生态位已经被占据）。不管原因是什么，一条清晰的动植物分界线将印度尼西亚东部和西部分开。这一有关进化历史的线索最早是由华莱士发现的，也恰如其分地被命名为“华莱士线”。婆罗洲和新几内亚之间的那些岛屿构成的中间地带，则被生物学家们称为“华莱西亚”（Wallacea）。以他为名的地名向我们证明，决定树懒及其亲属生物地理学分布的那些因素其实适用于许多其他物种，遍布世界各个地方。

注释

1. 土豚英文名 aardvark 由两个 a 打头，在字典里排序靠前。——译者注
2. 即“the small five”（五个小东西）。与之相对，人们常用“the big five”（五个大家伙）或“非洲五霸”指代非洲草原上五种很难徒手捕猎的动物，包括狮子、大象、非洲水牛、豹子和犀牛。——译者注
3. 克洛维斯文化是北美洲的一种史前古印第安人文化，其遗迹可以追溯到 1 万多年前的末次冰期。克洛维斯人拥有特制的武器可以猎杀大型哺乳动物。——译者注
4. 希莱尔·贝洛克（Hilaire Belloc，1870—1953），英国作家，代表作有《顽童与野兽》（*The Bad child's Book of Beasts*）和《警戒故事》（*Cautionary Tales*）等。——译者注
5. 伊恩·道格拉斯–汉密尔顿（Iain Douglas-Hamilton，1942— ），英国动物学家和动物保护学家，和妻子奥莉亚一同致力于对大象的研究和保护工作，并创立了“拯救大象”（*Save The Elephant*）基金会。——译者注
6. 近来也有作者将板齿象单列为一个科，即板齿象科（Amebelodontidae）。——译者注
7. 查尔斯·金斯莱（Charles Kingsley，1819—1875），英国文学家、学者和神学家，擅长儿童文学创作。——译者注
8. 希腊神话中人首鸟身或鸟首人身的女妖，有时候也被描绘成美人鱼的形象。她们用天籁般的歌喉迷惑过往的水手，使之失神，造成船只触礁沉没。——译者注
9. 这里借用了儒艮的英文名称 dugong 所包含的“go”（离开、消失）一词及其分词形式，分别是它的现在分词“going”（正在消失）和过去分词“gone”（已经消失）。——译者注
10. 维他斯·白令（Vitus Jonassen Bering，1681—1741），丹麦探险家，服役于俄国海军。1741 年，他率领船只从西伯利亚向北美进发，在返程时身患重病，连同 28 名水手一起病死在科曼多尔群岛某个无人居住的小岛，即现在的白令岛上。位于亚洲最东端和美洲最西端之间的白令海峡、太平洋北部的白令

海也以他的名字命名。——译者注

11. 参考周建人、叶笃庄、方宗熙译《物种起源》(叶笃庄修订版),商务印书馆1995年版。——译者注

12. 作者很可能误听了两个单词,"Broncosaurus"应来自"Brontosaurus"(雷龙),而Gonwonky-land即下文提到的Gondwanaland(冈瓦纳古陆)。——译者注

13. "Gondwanaland"一词最初描述的是一个包括了现在的非洲、南美洲以及干涸的南大西洋的大陆,当时人们还不知道大陆会移动。我将依循现在科学界的惯例,采用较短的名字"Gondwana",以避免可能的同义重复,因为梵文中的vana一词指的就是土地(实际上是森林)。但是原先的名字有一点好处,可以将这个庞大古陆跟贡德人居住的印度中央邦区分开,这一地区如今仍被称为冈瓦纳(Gondwana),而且是冈瓦纳地层(Gondwana geological series)一词的来源。——作者注

14. 地质年代中显生宙之前的数个宙的非正式统称,包括了冥古宙、太古宙和元古宙。——译者注

15. 指澳大利亚、新西兰和邻近的太平洋岛屿。——译者注

2

THE ANCESTOR'S TALE

A PILGRIMAGE TO THE DAWN OF LIFE

祖先的故事

[英]理查德·道金斯 [英]黄可仁——著 许师明 郭运波——译

中信出版集团 | 北京

第 14 会合点

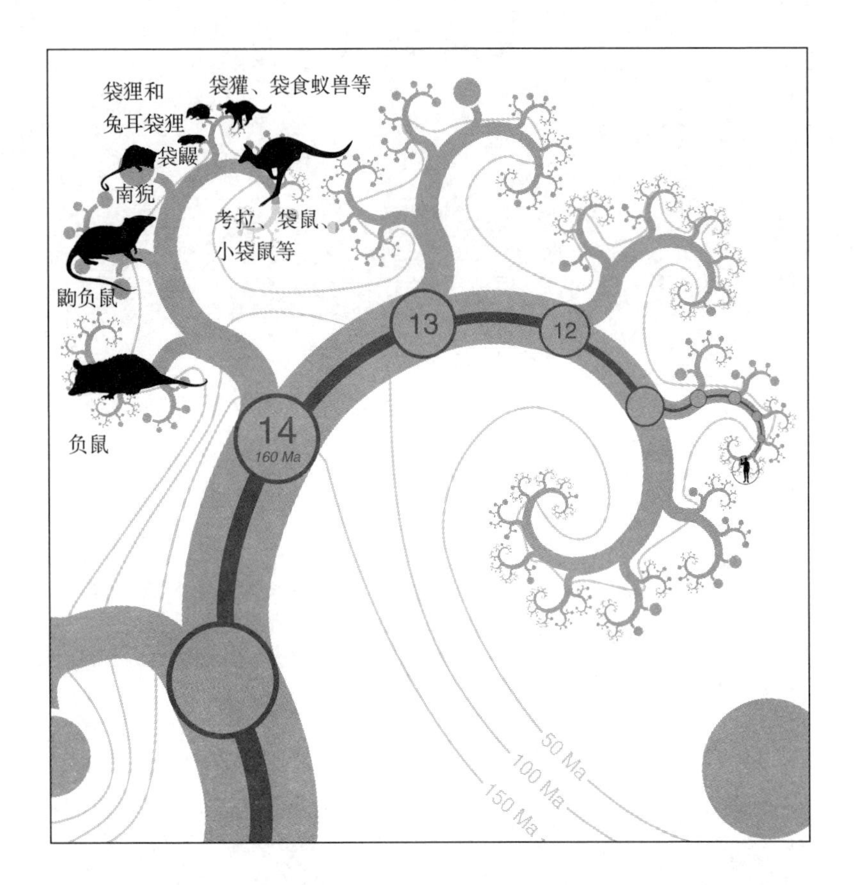

有袋类加入。根据繁殖方式的不同，现存哺乳动物可以分成3个主要支系：产卵的哺乳动物（单孔目动物）、有育儿袋的哺乳动物（有袋类动物）和胎盘类哺乳动物（包括我们自己）。形态学研究以及大多数DNA研究都支持将有袋类和胎盘类归在一组，也就意味着第14会合点是大概340种有袋类动物和大约5 000种胎盘类哺乳动物分歧的地点。

一般认为，有袋类分成7个目（如图所示），最接近根部的是南美洲的两种负鼠类群，尽管不同研究对于到底是哪一种最先分化仍然存有争议。其他几个类群的相互关系就不那么确定了，特别是图中最顶部的3个目。南美洲的南猊在系统发生树上的位置也跳跃不定，但最近的研究将它放在如图所示的位置上，这样一来剩下的4个目就成为一个独立的系群，构成了澳大利亚有袋类。

有袋类

现在我们来到了 1.6 亿年前，时值侏罗纪晚期，我们的 14 号共祖，也就是我们大约 1 亿代之前的祖先，此时正生活在恐龙的阴影之下。正如我们在《树懒的故事》里看到的那样，位于北方的劳亚古陆几乎已经完全和南方的冈瓦纳古陆脱离，同时冈瓦纳古陆自己也开始从正中央崩裂，一边是非洲和南美洲，另一边是南极洲、印度和澳大利亚。当时的气候比今天温暖，尽管在冬季那几个月里，冰雪也许曾让两极地区变成一片洁白。在温带的针叶林和覆盖地球南北部的蕨类植物平原上，只有少数开花植物。与之对应，我们今天知道的那些传粉昆虫在当时也非常稀少。在这样一个世界里，我们这一整群属于胎盘类哺乳动物的朝圣者——不论是马还是猫，是树懒还是鲸鱼，是蝙蝠还是犰狳，是骆驼还是鬣狗，是犀牛还是儒艮，是小鼠还是人类——全都由一只小小的食虫动物代表，向另一大群哺乳动物问好，它们便是有袋类。

Marsupium 一词在拉丁语里意为“小袋子”。解剖学家用这个词作为技术术语指任何一种袋子，比如人类的阴囊。但在动物界，最有名的袋子要数袋鼠和其他有袋类动物用来哺育幼崽的育儿袋。有袋类动物的幼崽出生时还只是小不点儿的胚胎，除了爬什么都不会。对于这些小生命来说，母亲身上的毛发好似一片大森林，它们要穿过森林，钻进育儿袋，在那里咬住母亲的乳头不松口。

除了有袋类之外，另一个主要哺乳动物类群被称为胎盘类哺乳动物，之所以如此称呼，是因为它们滋育后代胚胎凭借的是各式各样的胎盘。在这种大型器官里，长达数千米的胎儿毛细血管和同样长达数千米的母体毛细血管实现了近距离接触。这个卓越的交换系统一方面去除胎儿体内的废物，另一方面为胎儿提供养分，使胎儿可以很晚才出生，享受着母亲身体的保护。以有蹄食草动物为例，它们一出生就可以独自随畜群行走，甚至可以奔跑躲避天敌。有袋类的胚胎也有胎盘，不过它们的胎盘存在时间很短，常常发育不成熟。它们将早期的子宫替换成了育儿袋，而后者实际上相当于一个外置的子宫。母亲的大乳头就好像脐带一样，幼兽跟它紧紧相连，像是一个半永久的附属器官。后来它会松开乳头，就像胎盘动物的婴儿一样，偶尔吸一口奶。等它从育儿袋里露出头来，就仿佛经历了第二次分娩，随后它躲在育儿袋里的时间越来越少，只把它当作临时的避难所。袋鼠的育儿袋是朝前开口的，不过许多有袋类动物的袋子是朝后开口的。

我们已经看到，有袋类动物是现存哺乳动物所属的两个主要类群之一。通常我们把它们跟澳大利亚联系在一起，但从动物区系的角度很容易看出新几内亚以及附近岛屿也应包括在内。我们之前在《树懒的故事》的结尾提到过，这些地区在近来海平面较低的时期是彼此相连的。不幸的是，没有一个广为接受的词，可以用来囊括这两块陆地。“Meganesia”和“sahul”既不好记，也不容易让人想起这是哪里。“澳大拉西亚”也不行，因为它还包括了新西兰，而新西兰的动物跟澳大利亚和新几内亚的没有多少共同点。我将在此为它生造一个词：澳大利内亚（Australinea）。澳大利内亚的动物或者来自澳大利亚大陆，或者生活在塔斯马尼亚或新几内亚，但不会来自新西兰。从动物学的视角来看，新几内亚就像是澳大利亚伸向热带的一只翅膀，尽管人眼看来似乎不太像。两块陆地上的哺乳动物都以有袋类为主。尽管听起来有些奇怪，但相较当地的其他生物来说，澳大利内亚的有袋类其实是后来者。我们已经在《树懒的故事》里看到，有袋类跟南美洲有着漫长而古老的渊源，如今南美洲也依然有它们生活的踪迹，主要以几十种不同的负鼠为主。

尽管在北美洲发现了比较古老的有袋类化石，但迄今为止最古老的有袋类化石是发现于中国的中国袋兽（*Sinodelphys*），距今 1.25 亿年。该化石保存得非常完好，甚至连皮毛都保存了下来。另一个因为年龄而令人愈加震惊的化石是最近同样发现于中国的侏罗兽（*Juramaia*），它距今 1.6 亿年，目前被归为胎盘类哺乳动物，这使得有袋类 / 胎盘类的进化分歧年代深入到了侏罗纪时期。看起来似乎有袋类的大部分进化历程实际上都发生在北半球，也许是亚洲。今天澳大利内亚的有袋类是一场环球巡游的结果，经过北美洲到达南美洲，再来到南极洲。它们最终在北半球走向灭绝，但在冈瓦纳古陆遗留下来的两块主要大陆上幸存了下来，即南美洲和澳大利内亚。正是澳大利内亚为现代有袋类动物的多样性提供了主要舞台。

脱离冈瓦纳古陆以来的大部分历史时间里，澳大利内亚碰巧没有任何胎盘类哺乳动物。也许所有澳大利亚有袋类动物都源自某个奠基者物种的一次迁徙事件，这并非全无可能。一个形似负鼠的物种从南美洲经南极洲迁徙而来，尽管我们并不确切知道这次迁徙发生的年代，但它不可能比 5 500 万年前晚太多，因为那时候澳大利内亚（特别是塔斯马尼亚）跟南极洲的距离已经变得足够远，哺乳动物已经不太可能通过岛间跃迁来到这里。可能会更早一些，这取决于当时南极洲的条件对于哺乳动物来说有多恶劣。澳大利亚人所称的“负鼠”跟美洲负鼠的关系并不比其他澳大利亚有袋类动物跟美洲负鼠的关系更近。至于其他美洲有袋类，则主要是一些化石物种，其关系似乎更为疏远。换句话说，有袋类进化树上较古老的分支大多位于美洲，这也正是我们认为有袋类从美洲迁徙到澳大利内亚而不是反过来的原因之一。但是自从它们的家园与世隔绝，澳大利内亚分支内部变得极为多样。随着澳大利内亚（特别是新几内亚）跟亚洲变得越来越近，这种隔绝状态在大约1 500万年前结束了。蝙蝠和啮齿动物来到了这里，而后者大概是通过岛间跃迁来的。后来晚得多的时候，澳洲野狗（dingo）也来了（我们只能猜它们是跟着贸易独木舟来到这里的）。最后一大群其他动物，像兔子、骆驼和马，被欧洲移民者带到了这里。最讽刺的是，为了猎捕这些后来泛滥的动物，他们又引进了狐狸，将这一努力称作“害虫防治”，倒不失为一种雄辩的说法。

连同下一个加入我们的朝圣队伍的单孔目动物一起，澳大利亚的有袋类动物僻处于澳大利亚这个巨大的漂流筏上，在南太平洋遗世独立，独自进化着。在随后的4 000万年里，有袋类动物（以及单孔目）独占澳大利亚大陆。即便开始时那里曾有过其他哺乳动物[1]，它们也早就已经灭绝了。不管是在澳大利亚还是世界其他地方，需要有新的物种填补恐龙灭绝留下的空位。从我们的视角来看，澳大利亚令人振奋的地方在于它与世隔绝了这么久，而那些有袋类哺乳动物的奠基者种群又是那么小，甚至可以相信当初它只是单一物种。

结果呢？令人眼花缭乱。世界上现存的大约340种有袋类哺乳动物中，约四分之三属于澳大利内亚，剩下的来自美洲，主要是负鼠和几个其他物种，比如谜一般的南猊。240个澳大利内亚物种（这个数目有些出入，取决于我们更愿意当打包工还是拆包工[2]）分化填补了之前恐龙占据的全系列“行当”，而在世界其他地方，则是由其他哺乳动物填补了这些空白。《袋鼹的故事》将逐个讲述其中的一些行当。

袋鼹的故事

地下亦有存活之道，欧亚大陆和北美洲的鼹鼠［属于鼹科（Talpidae）］让我们对地下的生活有所了解。鼹鼠是术业专攻的挖掘机器，它们的前肢特化成了铲子，眼睛因为在地下全无用处，所以几乎已经完全退化。在非洲，鼹科的生态位被金毛鼹［属于金毛鼹科（Chrysochloridae）］填补。金毛鼹外观跟欧亚大陆上的鼹鼠很像，长期以来它们都被放在同一个目即食虫目下面。在澳大利亚，如我们所料，填补同一个生态位的是有袋类动物，即袋鼹（*Notoryctes*）[3]。

袋鼹看起来就像是真正的鼹鼠（即鼹科）和金毛鼹，而且也以蠕虫和昆虫幼虫为食，就连打洞的方式都差不多，跟金毛鼹尤其相似。真鼹鼠一边掘洞寻找猎物，一边在身后留下一个空空的隧道。金毛鼹（至少是生活在沙漠里的那些）则像游泳一样自如地穿过沙堆，身后的空洞随即被塌陷的沙子填满，袋鼹也是如此。进化把鼹鼠的前肢打造成了铲子，而袋鼹和金毛鼹的两只前爪各长着两根（某些金毛鼹是三根）尖爪。鼹鼠和袋鼹的尾巴很短，金毛鼹的尾巴则完全看不见。这三种动物全都是瞎子，而且没有可辨认的耳朵。袋鼹有个育儿袋（这也正是它名字里“袋”字的含义），早产（以胎盘动物的标准来看）的幼崽在里面安居。

这三种“鼹鼠”的相似性是趋同进化的结果：各自从不同的开端，由不会挖洞的祖先独立进化出挖掘的习性。而且这是一种三方趋同：尽管金毛鼹跟欧亚大陆的鼹鼠关系更近，袋鼹跟它们较为疏远，但它们三方的共同祖先肯定不是专业的挖掘者。它们的相似性只是因为它们都擅长打洞。顺带一提，我们早已习惯于哺乳动物填补恐龙空位的观点，可出人意料的是，迄今为止并没有发现哪种恐龙可以真的算作恐龙里的“鼹鼠”。最接近的也许是食草恐龙掘奔龙（*Oryctodromeus*，字面意思“挖掘奔跑者”），它们会挖掘出一些浅浅的洞穴，有点像今天的兔子。

澳大利内亚不仅是袋鼹的家乡。在这个有袋类动物的舞台上，演员的名单还有很长，每一个都或多或少扮演着某种胎盘类哺乳动物在另一个大陆上的角色。有像小鼠的袋鼩（“袋鼩”这个名字比“袋小鼠”更合适，因为它们以昆虫为食），还有袋猫、袋狼（*Thylacinus*）、袋鼯，以及一系列跟世界其他地方的常见动物相对应的动物。在某些情况下，这种对应的相似性非常惊人。美洲森林里的鼯鼠，如南方鼯鼠（*Glaucomys volans*），无论长相还是行为都酷似澳大利亚桉树林里的居民，比如蜜袋鼯（*Petaurus breviceps*）和澳洲袋鼯（*Petaurus gracilis*）。这些袋鼯有时候也被称为“飞袋貂”，尽管它们跟斑袋貂（cuscus）和帚尾袋貂（brushtail possum）不同，并非袋貂科（Phalangeridae）的成员。美洲的鼯鼠是真正的松鼠，跟我们熟知的树松鼠（tree squirrel）有亲缘关系。有趣的是，在非洲占据鼯鼠行当的是所谓的鳞尾松鼠（Anomaluridae），它们虽然属于啮齿类，却不算是真正的松鼠。澳大利亚的有袋类同样独立进化出了3种滑翔动物。说起胎盘类滑翔者，我们已经在第9会合点遇到了神秘的鼯猴，跟鼯鼠和有袋类滑翔者不同，鼯猴除了四肢之外连尾巴也一起被包裹进翼膜里。

袋狼也叫塔斯马尼亚狼（Tasmanian wolf），是趋同进化的著名例子之一。因为背上有条带状的花纹，有时候袋狼也会被叫作塔斯马尼亚虎，但这个名字很不妥当，它们其实更像狼或者狗。在整个澳大利亚和新几内亚，它们一度很常见，而在塔斯马尼亚，它们一直存活到今人记忆中的年代。直到1909年，还有对它们头皮的悬赏，而最后一只真正在野外被目击到的个体在 1930 年被射杀，最后一只圈养的袋狼在 1936 年死于霍巴特动物园（Hobart Zoo）。大多数博物馆都有一只袋狼标本，凭借它们背部的条纹，很容易将它们跟真正的狗区分开来。但若是单看骨架，就没那么容易了。我们这辈人在牛津读书的时候，作为期末考试的一部分，动物学学生需要辨认 100 个动物标本。很快有流言称，即使你觉得自己拿到了一只“狗”的头骨，你也大可以将之确定为袋狼，因为像狗的头骨这么明显的东西必然是个陷阱。然后有一年，主考官聪明地玩了一次虚虚实实的诡计，真把一只狗的头骨放了进去。也许你会感兴趣，辨别二者最简便的办法是通过腭骨中两个明显的洞，这是有袋类动物的普遍特征。至于澳洲野狗，它当然不属于有袋类，而是真正的狗，很可能是由原住民带来澳洲的。袋狼在澳大利亚大陆的灭绝可能是跟澳洲野狗竞争的结果。澳洲野狗从来没到过塔斯马尼亚，这也许是袋狼在那里幸存了下来的原因，直到欧洲殖民者将它们捕杀殆尽。不过，化石证据表明，在澳大利亚还曾有过别的袋狼物种，其灭绝年代如此之早，不可能由人类或澳洲野狗为它们的灭绝负责。

人们常用一系列图片来展示澳大利内亚这个“另一类哺乳动物”的“天然实验”（natural experiment）[4]，将澳大利内亚的有袋类动物与它们更为人熟知的胎盘类版本一一并列（见彩图 15）。但不是所有生态位上的对应物种都彼此相似。长吻袋貂似乎没有任何胎盘类版本。较容易解释的问题是为什么鲸类没有对应的有袋类版本：不光育儿袋难以在水下发挥作用，“鲸”也不会受到隔离的影响，而隔离正是澳大利亚有袋类独立进化的先决条件。同样，这也是为什么没有有袋类版本的蝙蝠。尽管可以把袋鼠看作澳大利内亚版本的羚羊，但它们的形态差异很大。这是因为袋鼠的身体在很大程度上适应了它们不同寻常的步态：后腿跳跃，以巨大的尾巴维持平衡。即便如此，澳大利内亚的 68 种袋鼠和小袋鼠在饮食习惯和生活方式上正好对应于 72 种羚羊和瞪羚。这种生态位的重叠并不完美。有些袋鼠有机会的话也会吃昆虫，而化石表明曾有过一种食肉的袋鼠，想必相当可怖。在澳大利亚以外地区也有胎盘类哺乳动物像袋鼠一样跳跃，但主要是小型啮齿类，比如跳鼠（jerboa）。非洲的跳兔也是啮齿类，而非真正的野兔。它是唯一一种可能被误认为袋鼠（或者体形更小的小袋鼠）的胎盘类哺乳动物。确实，我的同事斯蒂芬·科布（Stephen Cobb）博士在内罗毕大学讲授动物学时说起袋鼠只分布于澳大利亚和新几内亚，曾有学生情绪激动地表示反对，这令他忍俊不禁。

《袋鼹的故事》讲述的是趋同进化。这里所说的趋同是顺着时间方向的真正会聚，而非贯穿本书始终的那个逆向溯祖的隐喻。关于趋同进化的重要性，我们在最终篇《主人的回归》中还会再次提起。

注释

1. 人们在那里发现了几个牙齿，似乎属于踝节目动物（condylarth），这是一类已经灭绝的胎盘类哺乳动物。不过没有晚于 5 500 万年前的此类化石被发现。——作者注
2. 这两个原本直白的词语已经变成了技术术语。打包工（lumper）指那些习惯将动植物归入较大的类群的分类学家，而拆包工（splitter）指那些习惯于将它们拆成较小的类群的分类学家。拆包工会造成名字的扩增，在涉及化石的极端情况下，甚至将他们发现的几乎每一个化石标本都抬升到单独物种的地位。——作者注
3. 南美洲有一种生活在中新世的哺乳动物尸袋猬，据信跟我们的关系比有袋类还疏远，若从习性来看，也算是一种“鼹鼠”。它的名字起得很不合适，字面

意思是“盗墓者”（grave robber）。——作者注

4. 在实证研究中，有时研究对象正好被大自然或者别的超出研究者控制的因素天然分成了实验组和对照组，达到了随机分组的效果，可以按照随机实验的方法对相关现象进行观察和分析，这种实验被称为天然实验。——译者注

第 15 会合点

单孔目加入。现存哺乳动物大概包括 5 500 个物种，全都有皮毛，而且会给幼崽哺乳。迄今为止，我们遇见的那些哺乳动物，无论是胎盘类还是有袋类，据信全都起源于侏罗纪时期的北半球。还有另一个起源于南半球的哺乳动物家系，曾经也丰富多彩，如今仅有的幸存者便是 5 个单孔目物种，它们仍然保留着产卵的习性。

单孔目

第 15 会合点距今约 1.8 亿年，当时的世界正值半季风半干旱的早侏罗世。南方的冈瓦纳古陆仍然跟北方的劳亚古陆毗邻而居——在我们的逆向旅程中，这还是第一次遇到全球的主要陆地都聚在一处，形成一个或多或少连成一片的泛大陆。顺着时间来看，泛大陆的分裂对 15 号共祖的后代有着重大的影响。15 号共祖跟我们隔了大概 1.2 亿代。我们这次会聚是一次众寡悬殊的事件。在这里和其他哺乳动物会合的朝圣者来自 3 个属，即生活在澳大利亚东部和塔斯马尼亚的鸭嘴兽（duckbilled platypus，学名 *Ornithorhynchus anatinus*，鸭嘴兽属唯一种）、在澳大利亚全境和新几内亚都有分布的短吻针鼹（short-beaked echidna，学名 *Tachyglossus aculeatus*，针鼹属唯一种），以及只分布于新几内亚高原地带的原针鼹属（*Zaglossus*）的多种长吻针鼹（long-beaked echidna）[1]。这三个属共同被归为单孔目动物。

截至目前，我们已经有好几个故事都讲述了同一个主题，即岛屿大陆是主要动物类群的育婴房，像非洲之于非洲兽，劳亚古陆之于劳亚兽，南美洲之于异关节动物，澳大利亚之于大多数现存的有袋类，皆是如此。不过，这看起来越来越让人觉得，似乎哺乳动物当中曾存在过一次更古老的大陆隔离。根据一个不无根据的理论，早在恐龙消亡之前，哺乳动物就分裂成了两个主要类群，分别被称为南方楔齿类（australosphenidan）和北方楔齿类（boreosphenidan）。和前面提到的南方古猿一样，这里 australo 一词的意思也不是“澳大利亚”，而是“南方”。Boreo 意为“北方”，跟北极光（aurora borealis）的“北”词根相同。南方楔齿类是在南方冈瓦纳古陆进化而来的早期哺乳动物。北方楔齿类则在北方劳亚古陆进化而来，在某种意义上就像是今天的劳亚兽前世的化身。单孔目动物是南方楔齿类唯一现存的代表。其他所有哺乳动物，包括如今跟澳大利亚关系密切的有袋类动物在内，都属于兽亚纲（Theria），都是来自北方的北方楔齿类的后代。不论是非洲的非洲兽，还是南美洲和澳大利亚的有袋类，这些后来被认为属于南方的兽亚纲动物都是起源于北方的北方楔齿类动物，后来迁移到了南方，并随着冈瓦纳古陆的解体而变得多样。

现在让我们看看单孔目的情况。生活在干旱地区的针鼹以蚂蚁和白蚁为食，有时候也捕食其他无脊椎动物。鸭嘴兽大部分时间都生活在水里，取食泥沙里的小型无脊椎动物。它的“嘴巴”看起来确实酷似鸭嘴，针鼹的喙则更像管子。顺便一提，多少有些出人意料的是，分子钟证据表明针鼹和鸭嘴兽的共同祖先生活的年代甚至晚于化石物种顽齿鸭嘴兽，而顽齿鸭嘴兽无论外形还是生活方式都跟现代的鸭嘴兽极为相似，唯一的区别在于它们的鸭嘴里长着牙齿。如果我们对分子证据的解读是正确的，这就意味着针鼹是一种变形的鸭嘴兽，在不早于 6 000 万年前的年代回到陆地生活，不光丢掉了足趾间的蹼，鸭嘴变窄成了食蚁兽那种探测管，还长出了防御性的针刺。

单孔目动物有一点很像爬行类和鸟类，这也是它们名字的来源。Monotreme 一词在希腊语里的意思是“单个洞”。跟爬行类和鸟类一样，单孔目动物的肛门、尿道和生殖道共用同一个开口，即泄殖腔（cloaca）。单孔目动物与爬行动物尤为相似的地方在于，它们繁殖时从泄殖腔里排出来的是受精卵，而不是幼崽。而且与所有其他哺乳动物的微型受精卵不同，它们的卵直径达到两厘米，有着粗糙的白色革质外壳。蛋里有胚胎所需的养分，直到幼崽借助鸭嘴尖端的卵齿（egg-tooth）敲破蛋壳孵化出来，这一点也与爬行类或鸟类相似。

单孔目动物还有其他一些典型的爬行类特征，比如肩膀附近有着兽亚纲哺乳动物所没有的间锁骨（interclavicle bone），而爬行类动物是有间锁骨的。与此同时，单孔目动物的骨架也有着许多标准的哺乳动物特征。它们的下颌由单个骨头组成，即齿骨（dentary）。爬行类动物的下颌在与头骨其他部分连接的地方还包括 3 块额外的骨头。在哺乳动物进化过程中，这 3 块骨头从下颌移动到了中耳（middle ear），被重新起了名字，叫作锤骨（hammer）、砧骨（anvil）和镫骨（stirrup），负责将声音以一种巧妙的方式从鼓膜（eardrum）传导到内耳（inner ear），物理学家们称其为“阻抗匹配”（impedance-matching）。在这一点上，单孔目坚定不移地站到了哺乳动物一边。不过，它们的内耳结构更像爬行类或鸟类，其耳蜗（内耳中负责检测不同声调的声音的管状结构）形状更笔直，却不是像其他哺乳动物的耳蜗一样卷曲成蜗牛形状，而这种形状正是耳蜗名字的由来。

单孔目动物与其他哺乳动物一样分泌乳汁哺育后代，这也正是哺乳动物最为人所熟知的特点。不过单孔目动物在这方面再次打了折扣：它们没有单独的乳头，相反，乳汁是从腹部大片皮肤的孔隙里渗出来的，它们的幼崽抓着母亲腹部的毛发舔食乳汁。我们的祖先很可能也是这么做的。和典型的哺乳动物比起来，单孔目动物的四肢朝侧面分得更开，你可以从针鼹摇摇摆摆的滑稽步态里看出这一点：不能说跟蜥蜴完全一样，但也不是哺乳动物的典型步态。这让人愈发觉得，单孔目就像是爬行类和哺乳类的中间过渡。

15号共祖长什么样子？当然，没理由认为它长得像针鼹或鸭嘴兽。毕竟它不仅是单孔目的祖先，也是我们的祖先，而我们双方都经过了一个非常漫长的进化历程。可以作为15号共祖候选者的那些侏罗纪化石物种是一群各种各样的小型动物，体型跟鼩鼱或啮齿动物相当，比如摩尔根兽（Morganucodon）和多瘤齿兽（multituberculate），后者是一个庞大的动物类群。下方展示的迷人图画描绘的是这些早期哺乳类当中的另一员，这是一只爬上银杏树的真古兽目动物（eupantothere）。

你的祖先也许长这个样子？这幅图描绘的是一种真古兽目 *Henkelotherium* 属动物。图中画的是现代银杏树的叶子，而侏罗纪时期银杏叶的裂隙更细。图的作者是埃尔克·格罗宁（Elke Gröning）。

鸭嘴兽的故事

鸭嘴兽以前的拉丁学名是 *Ornithorhynchus paradoxus*。它刚被人们发现时，看起来是如此怪异，以至于有一份被送往博物馆的标本竟被认为是一个恶作剧：一部分来自哺乳动物，一部分来自鸟类，然后被缝合在一起。还有人怀疑上帝创造鸭嘴兽的时候也许心情不太好，正好看到工作室地上散落着一些多余的零件，于是便把它们拼凑在一起，免得浪费。有些动物学家的做法更有一种隐蔽的危险（因为他们并不是在开玩笑），把单孔目看作一种“原始”的动物，仿佛原始是一种专门的生活方式。《鸭嘴兽的故事》挑战的就是这样一种观点。

从 15 号共祖到现在，鸭嘴兽跟其他所有哺乳动物一样，都经历了同样长的进化时间。没有理由认为某个类群比另一个类群更原始（请记得，原始的本义便是“与祖先相似”）。单孔目也许在某些方面比我们原始，比如卵生繁殖方式，但没有理由将某个方面的原始特征推广到其他方面，认为它们在那些方面也同样原始。并不存在一种叫作“古老本质”的东西遍布血液，渗入骨头。我们说一块骨头原始，那是因为它很长时间都没怎么改变过。没有任何规定说它旁边的那根骨头也必定同样原始，除非有进一步的证据，甚至没有理由推测它可能是原始的。关于这一点，最好的例子便是鸭嘴兽那得以闻名的鸭嘴。即便鸭嘴兽的其他部分没有改变许多，可这只鸭嘴却在进化之路上走出了很远。

鸭嘴兽的嘴巴看起来有些滑稽，不但形似鸭嘴，而且它相对较大的尺寸使它显得格外不协调，除此之外，鸭嘴本身也有一种内在的滑稽性，也许是唐老鸭的缘故。不过，把这个了不起的器官视作幽默有失公平。如果你要把它看成某种不协调的移植物，请忘掉鸭子，一个更生动的比较对象是"猎迷"侦察机（Nimrod reconnaissance aircraft）[2]上面移植的鼻子。与它对应的美军飞机是 AWACS[3] 预警机，后者更为人们所熟知，但不太适合此处的比较，因为 AWACS 的"移植物"位于机身顶部，而不是像鸭嘴兽的喙一样位于身体前端。

关键在于，鸭嘴兽的喙不同于鸭嘴，它不是一对用来戏水觅食的突出颌骨。当然它也可以做这些事情，但它像橡胶一样富有弹性，而非鸭嘴一样是角质的。不过更有趣的是，鸭嘴兽的喙是一个侦察装置，一个具有预警功能的器官。鸭嘴兽在溪流中寻觅水底泥沙里的甲壳动物、昆虫幼虫和其他小动物，此时眼睛在泥沙里派不上多少用场，所以鸭嘴兽捕猎的时候紧紧闭着眼睛。不仅如此，它把鼻孔和耳孔都闭上了。虽然看不见听不见也闻不见猎物的踪迹，可它们却有非常高的捕食效率：每天捕获的猎物重量达到自身体重的一半！

如果有人声称自己拥有"第六感"，而你对此表示怀疑，那你将怎么展开调查？你会蒙上他的眼睛，塞住他的耳朵和鼻孔，然后让他完成某项感觉测试任务。鸭嘴兽已经为你做了这个实验。它们关掉了那些对我们来说很重要的感官（也许对于它们的陆上生活也很重要），仿佛将全部注意力都集中于某种别的感觉。它们捕食时的另一个行为特点为我们提供了线索。鸭嘴兽一边游泳一边左右摆动着扁扁的喙，这种动作被称为"扫视"（saccade），看起来就像是雷达天线在扫描天空……

埃弗拉德·霍姆爵士[4]在 1802 年发表于《自然科学会报》（*Philosophical Transactions of the Royal Society*）的文章是最早对鸭嘴兽进行科学描述的文章之一。这篇文章极富远见。他注意到，鸭嘴兽面部三叉神经（trigeminal nerve）的分支很特别：

（它的面部三叉神经）大得非同寻常。基于这个现象，我们应该相信它喙部各区域的敏感性非常高，因此它履行了手的职能，能够很好地区分各种不同的感觉。

埃弗拉德爵士触及的只是冰山一角，不过他用“手”比喻却很能说明问题。伟大的加拿大神经学家怀尔德·彭菲尔德（Wilder Penfield）发表过一幅著名的人脑图，图上标明了用于支配身体各部位的大脑比例。下图就是这样一幅大脑区域地图，标示出了负责控制身体不同部位肌肉的单侧大脑区域。彭菲尔德还画了另一幅类似的脑区

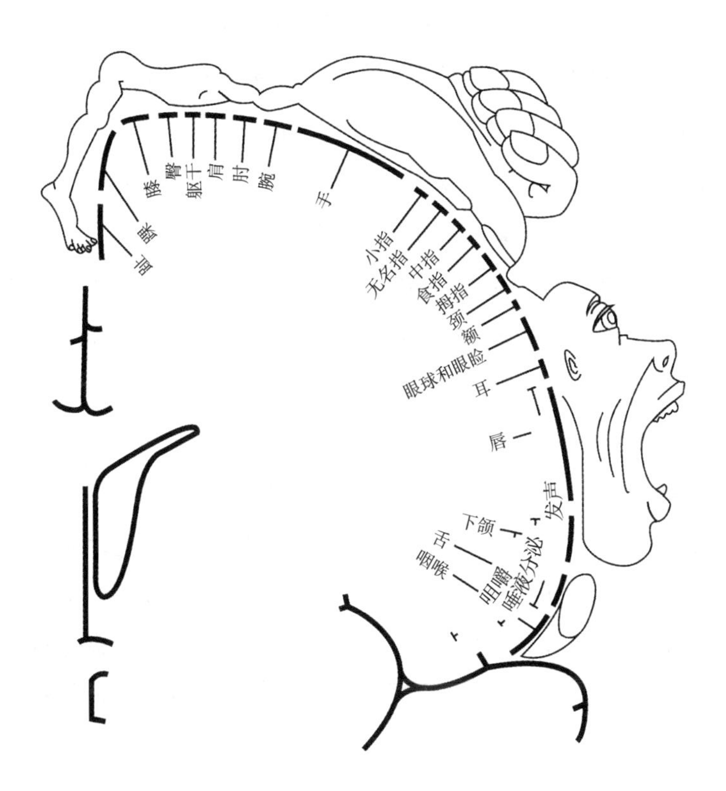

彭菲尔德脑图。改自 Penfield 和 Rasmussen［326］。

图，描绘的是与身体不同部位的触觉相关的脑区分布。两幅图共有的惊人之处在于手占据的比例极其突出。脸对应的区域也同样显著，特别是控制下颌运动的部分，这些运动跟咀嚼和发声有关。不过，当你看到彭菲尔德的“矮人”（homunculus）时，真正引起你注意的还是那只手。彩图 16 展示的是对同一个现象的另一种表述。根据大脑控制身体各部位所投入的区域的大小，这个怪异小人的身体被成比例地扭曲了。从这幅图上我们可以再次看出人类大脑对双手的重视。

这跟我们的主题有什么关系？我这篇《鸭嘴兽的故事》要感谢著名的澳大利亚神经生物学家杰克·佩蒂格鲁（Jack Pettigrew）和他的同事们，其中包括保罗·曼格（Paul Manger）。他们做了一件引人注目的事情：绘制了一幅“小鸭嘴兽”（platypunculus），也就是鸭嘴兽版本的彭菲尔德矮人（见下页图）。首先值得一提的是，这个图要比彭菲尔德矮人精确得多，因为当时彭菲尔德能用的数据有限，而“小鸭嘴兽”的绘制工作进行得非常彻底。从图中可以看到，在大脑上部有 3 只“小小鸭嘴兽”，每一个都是身体表面感觉信息在大脑不同区域的投射。对于这种动物来说，重要之处在于身体各部位和对应脑区之间存在着一种整齐有序的空间映射关系。

请注意，3 只“小小鸭嘴兽”的手脚（黑色区域）与躯干的比例大致同鸭嘴兽的真实身体比例相当，而不像彭菲尔德矮人一样长着夸张的大手。“小鸭嘴兽”身上唯一不成比例的地方便是它的喙。喙的映射区便是图中从身体其他部位延伸向下的那个超大区域。人类大脑看重的是双手，而鸭嘴兽大脑看重的是喙。埃弗拉德·霍姆爵士的猜想看起来是对的。不过我们接下来会看到，在某个方面，鸭嘴兽的喙甚至比我们的手还好用：它能探出去“感受”到那些它并没有真正接触的东西，能感受到一段距离之外的物体。这种能力靠的是电。

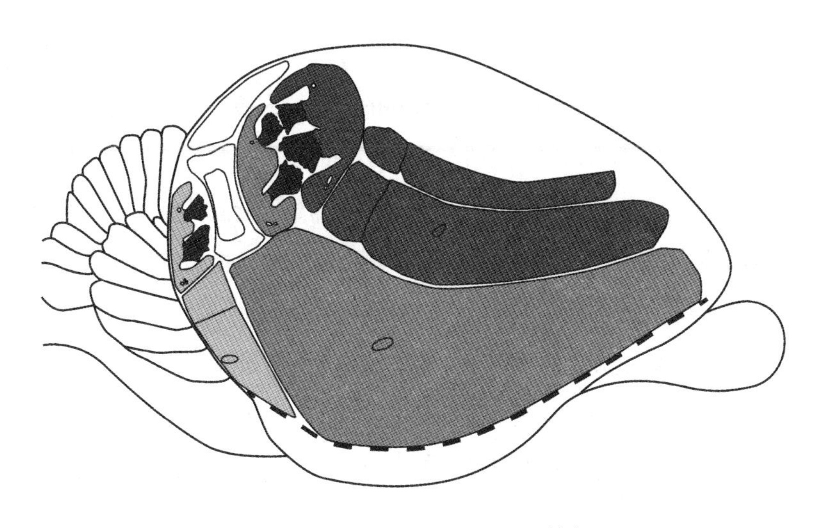

鸭嘴兽的大脑以喙为重。摘自 Pettigrew 等人[330]。

任何动物——比如淡水虾，这是鸭嘴兽的典型猎物——在使用肌肉时，都无可避免地会产生一个微弱的电场，而一个足够灵敏的装置可以检测到这种电场，特别是在水里。若是有许多这样的传感器组成一个庞大的阵列，再有专门的计算装置来处理搜集到的数据，便可以计算出电场的来源。当然，鸭嘴兽的计算方式与数学家或计算机不同，但它们的大脑在某个层面上也胜任了类似的计算工作，证据便是它们捕获了自己的猎物。

鸭嘴兽的喙上有大约 4 万个电传感器，以纵向条带的排列方式遍布于喙的上下表面。正如“小鸭嘴兽”展现的那样，它们的大脑有很大一部分专门用来处理这 4 万个传感器的数据。但还不止于此。除了 4 万个电传感器，还有大约 6 万个被称为“推杆”（push rod）的机械传感器散布在喙的表面。佩蒂格鲁和同事们在鸭嘴兽大脑中找到了接收机械传感器信号输入的神经细胞，还找到了另一些对电传感器和机械传感器都有响应的脑细胞（迄今为止他们还没发现只对电传感器有响应的脑细胞）。这两种细胞在大脑中的位置正是脑区映射图上喙所对应的位置，而且它们那种层状排列的方式让人想起了人类自己的视皮层。人脑细胞类似的分层排列有助于人的双眼视觉。正如我们分层的大脑将两只眼睛的信息整合在一起，从而建立起立体感知，佩蒂格鲁研究组认为，鸭嘴兽也许是以类似的方式将来自电传感器和机械传感器的信息有效整合在一起的。它们是怎么做到的？

他们以闪电和雷声做了个比喻。闪电的闪光和雷声的轰鸣发生在同一时刻，但我们立刻就看见了闪电，过了一会儿才听见雷声，这是因为声音的传播速度相对较慢（而且由于回声的缘故，清脆的巨响变成了低沉的隆隆声）。通过测量闪电和雷声之间的时间延迟，我们便可以计算出风暴的距离。也许猎物肌肉的放电对于鸭嘴兽来说就像闪电一样，而猎物运动激起的水波扰动便是雷声。鸭嘴兽的大脑是不是能够计算出二者的时间间隔从而得知猎物的距离？看起来很有可能。

为了确定猎物的方向，鸭嘴兽必须对映射图上不同受体接收到的信号输入进行比较。它们的喙左右来回摆动扫描，就像雷达会转动天线一样，也许有助于这种信号比较。通过这样一种大型传感器阵列及与其对应的脑细胞阵列，鸭嘴兽很可能建立起了一幅关于周围一切电扰动信号的详细三维影像。

佩蒂格鲁和同事们绘制了下页这幅等值线图，图里轮廓线表示的是鸭嘴兽喙周围电敏感性相同的点。当你再想起鸭嘴兽时，请忘掉鸭子，想想“猎迷”，想想 AWACS，想象一只巨大的手通过远方的探针摸索着前进，想象在澳大利亚的泥浆里有电光闪烁，有雷声轰鸣。

鸭嘴兽并不是唯一一种拥有这种电感应能力的动物。包括匙吻鲟［paddlefish，如美国匙吻鲟（*Polyodon spathula*）］在内，多种鱼类都有同样的技能。虽然严格来讲匙吻鲟属于硬骨鱼，但它们跟它们的亲

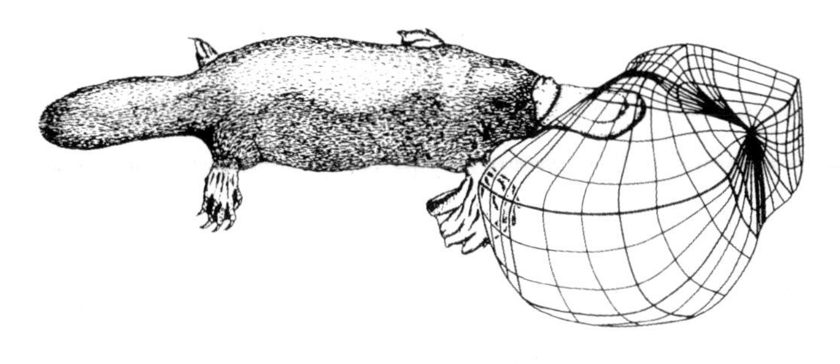

远处的探针。鸭嘴兽的电感知世界。摘自 Manger 和 Pettigrew［264］。

戚鲟鱼（sturgeon）一同进化出了第二套骨骼系统，这套次级骨骼系统就像鲨鱼骨骼一样是由软骨组成的。与鲨鱼不同，匙吻鲟生活在淡水里，而且通常是在浑浊的水体中，它的眼睛派不上多少用场。匙吻鲟吻部的形状很像鸭嘴兽的上颌，尽管它并不是颌骨而是颅骨的延伸。它可以非常长，常常达到体长的三分之一。它也让我想起"猎迷"飞机，甚至比鸭嘴兽还像。

对于这种鱼来说，桨状吻显然在生活中发挥着重要的功能。事实上，我们已经清楚地证明，它的功能与鸭嘴兽的喙一模一样：检测猎物产生的电场。同鸭嘴兽一样，匙吻鲟的电传感器以纵向排列的形式安置在皮肤表面的小孔里。不过，鸭嘴兽和匙吻鲟的两套系统是独立进化的。鸭嘴兽的电感觉孔是由黏液腺（mucus gland）改造而来的，而匙吻鲟的电感觉孔与鲨鱼用来感知电信号的洛伦氏壶腹（ampullae of Lorenzini）如此相似，以至于也被赋予同样的名字。鸭嘴兽的感觉孔沿着喙的长轴排列成十几条窄带，而匙吻鲟在桨状吻中线的两侧各有一条宽阔的感觉带。同鸭嘴兽一样，匙吻鲟也有数目庞大的感觉孔，其数量甚至超过了鸭嘴兽。匙吻鲟和鸭嘴兽对电信号的敏感性都远远超过了它们的单个传感器的灵敏度。它们必定对多个传感器的信号进行了某种复杂的整合。

有证据表明，电感知对于幼年匙吻鲟比成年个体更重要。有些因为事故失去桨状吻的成年个体也活得很好，而且看起来很健康，但没有哪条溪流里有失去桨状吻却还活得很好的幼年个体。这也许是因为幼年的匙吻鲟就像成年鸭嘴兽一样，搜寻和捕捉单个猎物。成年匙吻鲟则更像是以浮游生物为食的须鲸，一路筛过泥浆，将大批猎物一网打尽。凭着这种习性，它们的体形可以很大，虽然不如鲸那么大，但无论体长还是体重都可以与人媲美，比大多数淡水动物都大。成年个体既然批量筛食浮游生物，那么就不像幼年个体精准捕食单个猎物那样依赖准确的猎物定位系统。

所以，鸭嘴兽和匙吻鲟各自独立发明了这个天才技巧。还有别的动物也发现了这个技巧吗？我以前的助手萨姆·图尔维在读博士的时候到过中国研究那里的化石。当时他遇见了一个极其罕见的三叶虫化石，叫作瑞德隐头虫（*Reedocalymene*）。除了一点特别之处以外，它就是一只普通的三叶虫，和隐头虫属（*Calymene*）的达德利虫（Dudley Bug，因形似达德利镇的盾徽而得名）很像。它仅有的独特非凡的地方便在于那巨大扁平的喙，像匙吻鲟的桨状吻一样从身体前端远远探出。这肯定不是为了让身体形成流线型，因为这种三叶虫与其他许多种三叶虫不同，明显不适合贴着海床游泳。它也不可能用于防御，有多方面的因素都排除了这一点。与匙吻鲟和鲟鱼的吻或鸭嘴兽的喙一样，这种三叶虫的喙上也散布着形似感受器的结构，很可能被用来探测猎物。图尔维知道没有任何现代节肢动物具有电感知能力（考虑到节肢动物的多才多艺，这本身就很有趣），但他愿意赌一赌，猜测瑞德隐头虫是另一种“匙吻鲟”或“鸭嘴兽”。

还有一些鱼，尽管没有鸭嘴兽或匙吻鲟那种“猎迷”式天线，却有一种更加复杂的电感知能力。不满足于只是检测猎物无心泄露的电信号，它们可以制造自己的电场，通过自身电场的畸变来发现猎物和障碍物。除了属于软骨鱼的多种鳐鱼（ray）之外，硬骨鱼当中也有两个类群独立地将这门技术发展成了艺术，它们便是南美洲的裸背电鳗科（Gymnotidae）和非洲的象鼻鱼科（Mormyridae）。

这些鱼是如何产电的呢？与作为鸭嘴兽猎物的那些虾、昆虫幼虫以及其他猎物无意间产电的方式一样：通过肌肉。不过，虾是不得不产生一点微弱的电场，因为这是肌肉的本职工作，而电鱼是将自身的肌肉聚在一处，好比将电池串联成电池组[5]。裸背电鳗或象鼻鱼的尾部有一整套串联起来的肌肉群，每个单独的肌肉群都产生一个弱电压，串联起来就形成了更高的电压。电鳗（并非真正的鳗鱼，属于南美淡水中的裸背电鳗科）将这门技术发展到了极致。它尾巴非常长，因此与正常长度的鱼比起来，它能串联起更多级数的电池组。它用来电击猎物的电压可以高达600伏，这样高的电压对人也是致命的。其他还有像非洲的电鲶（*Malapterurus*）这样的淡水鱼，以及生活在海里的电鳐（*Torpedo*），同样可以产生能够杀死或者至少击昏猎物的电压。

这些鱼类产生高电压的能力，似乎最初是用于导航和探测猎物的，而它们将这种能力推向了极致，名副其实地达到了让人晕眩的程度。像南美洲的裸背电鳗属（*Gymnotus*）以及毫不相干的非洲裸臀鱼（*Gymnarchus*）都能生成弱电压，都有一个和电鳗类似的放电器，只是短得多，也就是说它们的电池组里串联起来的肌板（muscle plate）数目更少。一条弱电鱼生成的电压通常不超过1伏。这种鱼在水里将身体绷成一根坚硬的棍子，正如我们即将看到的那样，它们这么做有充分的理由：电流沿着弧线传递，迈克尔·法拉第[6]应该会为此感到高兴。这些鱼的身体两侧遍布着含有电传感器的小孔，这些传感器就像是微型电压表。障碍物或猎物会以不同的方式使电场发生畸变，从而被这些小电压表检测到。通过比较不同电压表的读数并将它们与电场自身的起伏变化（在某些物种里是正弦波，而在另一些物种里是脉冲）相匹配，电鱼就可以计算出障碍物和猎物的位置。它们也把放电器和传感器用于彼此间的交流。

南美洲的电鱼，比如裸背电鳗，与它们在非洲的对手裸臀鱼非常相似，但有一点引人深思的差别。它们身体正中都有一条长长的纵向鳍，对它们来说这条鳍也有着同样的用途。它们不能像正常的鱼一样摆动着身体游泳，因为这样会造成它们电感知觉的扭曲。因此它们不得不将身体绷得笔直，只用那条纵向鳍游泳，让这条鳍像正常的鱼一样来回摆动。这意味着它们游得很慢，但这也许是值得的，因为这可以帮助它们得到清晰可靠的信号。一个美妙的事实是，裸臀鱼的纵向鳍位于背部，而裸背电鳗以及其他南美电鱼（也包括电鳗）的纵向鳍位于腹部。“例外证明了规则的存在”，这句话仿佛正是为了这个情况而出现的。

回到鸭嘴兽。雄性鸭嘴兽的后爪长着一根毒刺。像这种能够进行皮下注射的真正毒刺通常存在于无脊椎动物以及脊椎动物中的鱼类和爬行类，除了鸭嘴兽之外，人们从未在鸟类或哺乳类中发现这种毒刺，除非你算上沟齿鼩（solenodon）和其他一些鼩鼱有毒的唾液（这些唾液使它们的咬伤有轻微的毒性）。雄性鸭嘴兽在哺乳动物当中算是独树一帜的，甚至在所有有毒动物中也可以说是自成一派。只有雄性才有毒刺这一事实表明，这根毒刺既非用于防御天敌（比如蜜蜂），也不用于捕捉猎物（比如蛇），而是用于同类相争。这种毒素并不危险，却会令对手极为痛苦，而且吗啡并不能缓解这种疼痛。看起来似乎鸭嘴兽的毒素直接作用于痛觉受体。如果科学家能弄明白其中的机理，也许有望凭此获得一些线索，对抗癌症引起的疼痛。

在这篇故事开始的时候，我批评了那些动物学家，因为他们称鸭嘴兽“原始”，仿佛这能为它的样子提供某种解释。那最多只能算是一种描述。原始意味着“与祖先相似”，从许多方面看，这确实是对鸭嘴兽的公平描述，但它们的喙和毒刺却是有趣的例外。但这篇故事更重要的主旨在于，哪怕一种动物在所有方面都确实原始，这种“原始”也自有它的道理。祖先的那些特点有利于它的生活，所以没有理由去改变。就像我以前的指导老师阿瑟·凯恩（Arthur Cain）教授常说的那样，动物长成它的样子，是因为它需要长成那副样子。

星鼻鼹鼠对鸭嘴兽说了什么

星鼻鼹鼠（*Condylura cristata*）是在第 12 会合点和其他劳亚兽们一起加入这场朝圣的，它认真听了这篇《鸭嘴兽的故事》，越来越觉得能从中辨认出自己那退化的、好像针孔一样的眼睛。“没错！”它吱吱叫道，音调太高了，以至于有些体形更大的朝圣者都听不见它说了什么，然后它激动地拍着铲状足，“这正是我所经历的……呃，差不多是。”

不，这样行不通。我本来想学习乔叟创造的榜样，至少将一个章节留给朝圣者之间的对话，但我决定只保留标题和第一段，接下来还是用我自己的语言来讲述这个故事。著有《你的狗问兽医的 101 个问题》（*101 Questions Your Dog Would Ask Its Vet*）的布鲁斯·福格尔（Bruce Fogle）或者写下《塔蒂阿娜博士对所有生命的性指南》（*Dr Tatiana's Sex Advice to All Creation*）的奥利维娅·贾德森（Olivia Judson）或许能做到，但我不行。

星鼻鼹鼠是北美洲的一种鼹鼠，除了和其他鼹鼠一样擅长打洞和捕食蠕虫之外，它们还是游泳健将，能够捕捉水下的猎物，常常在河床上掘出深深的隧道。与其他鼹鼠比起来，它们在地表更为自在，不过在地面上也依然喜欢潮湿的环境。和其他鼹鼠一样，它们也长着巨大的铲状前肢。

让星鼻鼹鼠脱颖而出的是它那奇特的鼻子，这也是它名字的由来。一圈奇妙非凡的肉质触手围绕着两个朝前的鼻孔，好像一只长着 22 条手臂的幼年海葵（sea anemone）。这些触手并不是用来握东西的。也许接下来你会猜它们可能有助于嗅觉，事实也并非如此。不，尽管这一章讲了鸭嘴兽的电子雷达，但星鼻鼹鼠的触手不一样。美国田纳西州范德堡大学（Vanderbilt University）的肯尼思·卡坦尼亚（Kenneth Catania）和乔恩·卡斯（Jon Kaas）漂亮地揭示了这些触手的真正用途。星鼻是个触觉器官，像只超级敏感的人手，只是没有人手的抓握能力，反而强调触觉的敏感性。它可不是一个普通的触觉器官。星鼻鼹鼠将触觉发展到了超出我们想象的程度。它鼻子皮肤的敏感程度在所有哺乳动物所有部位的皮肤当中首屈一指，就连人手都甘拜下风。

星鼻鼹鼠的两个鼻孔旁边各有 11 根触手呈弧形排列，编号依次为 1 到 11 号。第 11 号触手靠近身体中线，略低于鼻孔，我们稍后就会看到，这根触手有些特别。虽然不用于抓握，但这些触手既可以独立移动，也可以成组活动。每根触手的表面都覆满了小小的圆形突起，这些被称为艾默氏器（Eimer's Organs）的小突起排列成规则的阵列，每个突起都是一个触觉敏感单元，连着多则 7 根（第 11 号触手）少则 4 根（其他大多数触手）神经纤维。

让触觉的边界超出我们的梦想。与星鼻鼹鼠正面相遇。

每根触手上艾默氏器的密度是一样的。第 11 号触手因为比较小，所以艾默氏器的数目也比较少，但它上面的每个艾默氏器都联结着较多的神经。卡坦尼亚和卡斯成功将每根触手与大脑映射起来。他们发现星鼻在大脑皮层里（至少）有两个独立的映射图，而在每幅图中，对应于每根触手的脑区呈现规则的排列，其中第 11 号触手再次表现出了特别之处。它比其他触手更敏感。不管是哪根触手探测到了什么物体，鼹鼠都会舞动起这些触手，让第 11 号触手能够进一步仔细探查，然后才会决定是否吃掉它。卡坦尼亚和卡斯将第 11 号触手称为星形触手的“中央凹”（fovea）[7]。推而广之，他们说道：

尽管星鼻鼹鼠鼻子的功能是触觉感受，但无论是在解剖上，还是在行为上，它们的这种感觉系统都像是其他哺乳动物的视觉系统。

如果星形鼻不是电感受器，那为什么我要在本节开始时强调鸭嘴兽的电感知能力？卡坦尼亚和卡斯构建了一个模型图示来说明体表各部位所对应的脑组织的相对比例。下图就是他们绘制的“小鼹鼠”(molunculus)，与彭菲尔德的“矮人”和佩蒂格鲁的“小鸭嘴兽”类似。瞧瞧！

你能从下图里看出星鼻鼹鼠最重视的身体部位，也仿佛能够触摸到它的世界。触摸这个词很恰当。这种动物生活在触觉的世界里，在这个世界里，鼻子上的触手占据主导地位，铲状大手和胡须起辅助作用。

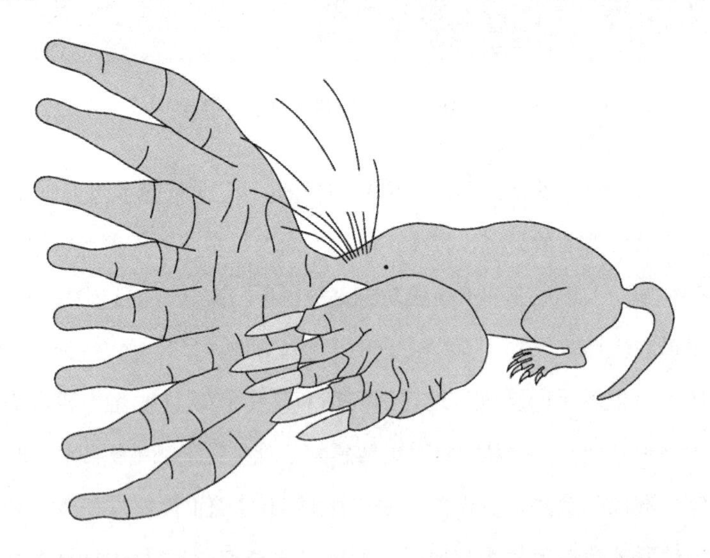

你能看出它的关注点在哪里。星鼻鼹鼠的“小鼹鼠”脑图。请注意，有些部位，比如第 11 号触手，被身体其他部位遮挡，我们看不见。摘自 Catania 和 Kaas［60］。

星鼻鼹鼠的生活是什么样子的？我以前讨论蝙蝠时曾有过一个想法，在这里忍不住为它配套一个星鼻鼹鼠的版本。蝙蝠生活在声音的世界里，它们用耳朵所做的事情基本上和燕子这种食虫鸟用眼睛所做的事情没什么两样。无论是蝙蝠还是燕子，其大脑都需要构建出一个三维世界的模型，用于高速飞行状态下的导航，一方面躲避障碍物，一方面捕捉微小的移动目标。不管用于构建和更新模型的数据来自光线还是回声，这个关于世界的模型终归是一样的。我的推测是，蝙蝠（通过回声）“看见”的世界，与燕子或人通过光线看到的世界，基本上是一样的。

甚至更进一步，我猜测蝙蝠听见的世界是有颜色的。我们感知到的各种色调与它们所代表的光线的特定波长没有必然的联系。名为“红色”（没人知道我看到的红色与你看到的红色是不是一样）的那种感知，不过是人们给长波长的光线指定的标签，它也完全可以用来代表短波长光线（蓝色），而用名为“蓝色”的那种感知来代表长波长的光线。那些色调感知能力存在于大脑之中，可以与外部世界中的任何事物建立联系，只要那是最方便的联系方式。蝙蝠大脑中那些生动的感知若是用于光线纯属浪费，最可能的情形是，它们被用来标记回声的特定性质，没准儿代表着障碍物或猎物的表面质地。

现在我的猜测是，星鼻鼹鼠用它的鼻子“看见”了这个世界。而我更疯狂的猜想是，它们用被我们称为色觉的那些感知能力为触觉打标签。类似地，我愿意猜测鸭嘴兽用它的喙去“看”，也用被我们称为色觉的那些感知能力作为电感知的内在标签。也许这就是为什么鸭嘴兽在用喙的电感知能力捕食的时候紧紧闭上双眼，因为眼睛和喙会在大脑里竞争那些内在标签，若是同时使用两种感觉能力会造成混淆。

似哺乳爬行动物

如今单孔目动物也已经加入了我们的队伍，整个哺乳动物朝圣群体又一刻不停地往前回溯了整整 1.4 亿年，前往第 16 会合点。这是整个朝圣旅程中相距最远的一对里程碑。我们将在第 16 会合点遇到一个比我们的队伍还要庞大的朝圣者团体，它们是蜥形纲动物（sauropsid），包括爬行类和鸟类。这基本上包括了所有在陆地上产卵，卵体积较大而且蛋壳防水的脊椎动物。我说“基本上”，部分是因为已经加入我们队伍的单孔目动物也产这种卵。即便是在海里活动的海龟，也要爬上沙滩产卵。蛇颈龙（Plesiosaur）可能也是这样的。不过，鱼龙很可能就像后来与它们模样相仿的海豚一样，太适应游泳生活了，以至于完全无法回到岸上。它们各自独立地发现了如何直接产下幼年个体——正在分娩的母体形成的化石向我们揭示了这一点。

我刚才说我们的朝圣走过了 1.4 亿年的旅程而没有经过任何里程碑，当然，“没有经过任何里程碑”只在本书的语境下才成立：我们只把和其他现代生物朝圣者会合的地方当作里程碑。在这段时间里，我们祖先家系的进化分支非常丰富，我们可以从大量“似哺乳爬行动物”的化石记录中了解到这一点。不过，这些分支都不能算作一次“会合点”，因为事实上它们都没能存活至今。因此，它们也就没有现代的代表作为朝圣者从我们的时代出发参与朝圣。我们之前在原始人类那里也遇到了同样的问题，当时我们决定给一些化石物种作为“影子朝圣者”的荣誉身份。鉴于我们的朝圣之旅就是为了寻找自己的祖先，我们确实也想知道自己 1.5 亿代以前的远祖长什么样子，所以我们不能无视似哺乳爬行动物，直接跳到 16 号共祖那里。我们将会看到，16 号共祖长得就像只蜥蜴（见彩图 19），15 号共祖则像只鼩鼱，这二者之间的跨度太大了，不容忽略。我们需要对这些似哺乳爬行动物做一番考察，让它们作为影子朝圣者加入我们的长征，仿佛它们还活着一样，尽管它们并不能真的讲述任何故事。不过首先我们需要对这段时间做一些背景介绍，因为这段时间实在太长了。

这段没有会合点里程碑的年代横跨了半个侏罗纪、整个三叠纪、整个二叠纪以及后三分之一的石炭纪。随着我们的朝圣从侏罗纪深入到更炎热、干燥的三叠纪世界——这是地球历史上最炎热的时期之一，全球所有的陆地都连成一片，形成泛大陆——我们经历了三叠纪的大灭绝，当时四分之三的物种走向灭绝。但是与下一次从三叠纪到二叠纪的转变比起来，这也算不得什么。在二叠纪 / 三叠纪界限（Permo-Triassic boundary），大多数物种都消失了，比例高达惊人的 90%，灭绝的物种当中包括所有三叶虫以及其他几个主要动物类群。平心而论，三叶虫早就已经在下坡路上走了很长时间了。但二叠纪末的大灭绝是自古以来最严重的一次大灭绝事件。有人相信这次灭绝事件和白垩纪大灭绝一样，也是由一次大型流星撞击引起的，不过主流理论认为大规模的火山活动才是罪魁祸首。就连昆虫都损失惨重，这在它们的进化史上是唯一的一次。在海里，生活在海底的动物群几乎被一扫而空。在陆上，似哺乳爬行动物当中的诺亚是水龙兽（*Lystrosaurus*）。大灾难过后，矮胖短尾的水龙兽立即在全世界范围内兴盛起来，数量极为庞大，迅速占据了那些空出来的生态位。

人们自然而然会联想起世界末日的大清洗，不过这种联想需要克制一下。实际上灭绝几乎是所有物种的最终结局。地球上所有存在过的物种当中，99% 已经灭绝了。不过，每百万年内物种的灭绝速率不是恒定的，偶尔才会超过 75%，这也是人为指定的“大灭绝”的标准。大灭绝指的是物种灭绝速率突然暴增超过本底速率的情况。

下图显示的是每百万年的物种灭绝速率[8]。出现尖峰的地方必然有事发生，而且是坏事。也许是单个的灾难性事件，比如 6 500 万年前的白垩纪–古近纪大灭绝，某个天外来客的撞击杀死了恐龙。或者像图中 5 个尖峰之中的另外 4 个一样，痛苦可能被延长。按理查德·利基和罗杰·卢因（Roger Lewin）的说法，“第六次大灭绝”（Sixth Extinction）正由智人亲手施行，难怪以前教我德语的老师威廉·卡特赖特（William Cartwright）更愿意将人类称为“愚人”（*Homo insipiens*）[9]。

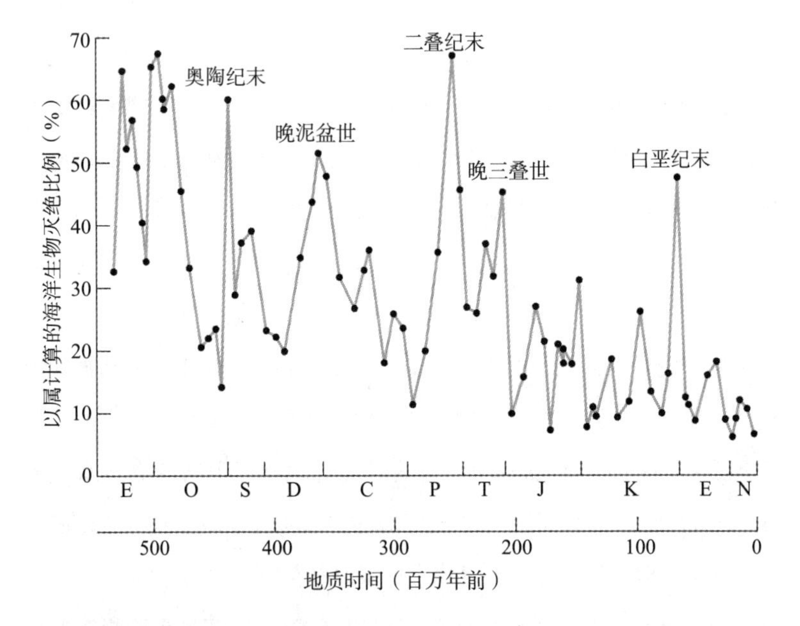

整个显生宙时期以属计算的海洋生物灭绝比例。改自 Sepkoski［382］。

在开始介绍似哺乳爬行动物之前，我们需要面对一个多少有些烦人的命名问题。像“爬行动物”和“哺乳类”这样的词，它既可以指“类群”（clade），也可以指“等级”（grade），而这两者并不是互斥的。类群指的是一位祖先和它所有的后代组成的动物群体。“鸟类”是一个很好的类群，而传统意义上的“爬行动物”不是一个很好的类群，因为它排除了鸟类。因此，生物学家们称爬行动物是一个并系群。某些爬行动物（比如鳄鱼）与某些非爬行动物（鸟类）的关系比与其他爬行动物（海龟）的关系更近。当然，所有爬行动物都具有某种共性，在这个意义上，它们属于同一个等级，而非同一个类群。等级指的是一群动物在某个有明显进化趋势的过程中达到的一个相似的阶段。

不过，美国动物学家们比较青睐的是另一个非正式的等级名称：爬虫（herp）。爬虫学（Herpetology，又译“两栖爬行类学”）是一门研究爬行动物（排除了鸟类）和两栖类的学问。“herp”这个词有些不寻常，它作为一个缩写，却没有对应的完整全称。爬虫就是爬虫学家研究的动物，这样一句话作为一群动物的定义实在是太蹩脚了。它唯一的一个接近定义的别名是《圣经》里说的“爬行的东西”。

“鱼”也是一个等级名，它包括了鲨鱼、多个已经灭绝的化石类群、硬骨鱼（拥有硬质骨骼的鱼类，比如鳟鱼和狗鱼）和腔棘鱼。但鳟鱼与人类的关系比与鲨鱼的还近，而腔棘鱼与人类的关系又要近上一些。因此，“鱼”不是一个类群，因为它排除了人类（以及所有哺乳动物、鸟类、爬行动物和两栖类）。鱼作为一种等级，指那些看起来有些像鱼的动物。要给等级起一个精准的名字，这或多或少是一个不可能完成的任务。鱼龙和海豚看起来有些像鱼，要是我们有可能尝尝它们的味道，十有八九吃起来也跟鱼差不多，但它们不能算作“鱼”这个等级，因为它们是由不像鱼的祖先退化回鱼的样子的。

如果你坚信进化是从某个共同的起点开始的，以平行的路径朝着某个方向逐渐前进，那么这种等级命名方式对你来说并无不妥。比方说，假如你认为许许多多关联的家系全都各自独立地从两栖类进化成爬行类再进化成哺乳类，那么你可以这么说："通过爬行等级，走向哺乳等级。"也许确实曾发生过类似的平行前进过程。我上学的时候，我那位可敬的古脊椎动物学老师哈罗德·普西就持这种观点。我可以在此多费一些笔墨，但这并不是一种得到广泛认可的观点，其命名也并非不可动摇。

如果我们走向另一个极端，采取严格的支序分析的术语，那么"爬行动物"这个词只有包括鸟类才能得到挽救。麦迪逊兄弟（Maddison brothers）创建的权威项目"生命之树"（Tree of Life）采用的就是这种方法。[10]若是循着他们的先例，我们可以就此展开许多内容，或者我们也可以将"似哺乳爬行动物"改成"似爬行哺乳动物"。但是，"爬行动物"这个词的传统含义已经如此深入人心，现在再做改变恐怕会引起混淆困扰。而且有时候过于严格纯粹的支序分析会给出荒唐的结论，我们可以用归谬法做个说明。16 号共祖必定有一个孩子属于哺乳类的家系，也有另一个孩子属于蜥蜴 / 鳄鱼 / 恐龙 / 鸟的家系，后者也可以统称为蜥形纲动物。除此之外，这二者其实没什么差别。实际上，必然存在过一个时期，在这段时间里它们本来是可以互相杂交的。然而，一个严格的支序系统学者会坚持认为其中的一个属于蜥形纲，另一个属于哺乳类。幸运的是，在实践中我们并不经常遇见这种荒谬的情形，但当支序系统学者开始得意忘形的时候，有必要用这个假想的例子让他们冷静一下。

我们习惯于认为哺乳动物继承了恐龙的地位，以至于我们可能会对这个事实感到吃惊：似哺乳爬行动物的繁荣昌盛早于恐龙的崛起，是它们先占据了那些生态位，后来才被恐龙取代，正像恐龙在更晚些的时候被哺乳动物取代一样。实际上，它们占据了那些生态位的次数不止一次，而是连续多次，每次都是在一次大规模灭绝后卷土重来。在这段时间里既然没有活着的朝圣者与我们会合，也就没有相应的会合点里程碑，因此我将标记3个影子里程碑，填补在形似鼩鼱的15号共祖（它把我们和单孔目动物团结在一起）和形似蜥蜴的16号共祖（它把我们和鸟类、恐龙团结在一起）之间的间隔。我的同事汤姆·肯普（Tom Kemp）是研究似哺乳爬行动物的顶尖权威之一，下页图展示了他绘制的某些似哺乳爬行动物以及它们的关系。

往上数1.5亿代，作为你我远祖的那位老奶奶长得可能有点像是三尖叉齿兽（*Thrinaxodon*）。它生活在三叠纪中期，其化石在非洲和南极洲都有发现，那时候这两块大陆还连成一片，都是冈瓦纳古陆的一部分。当然不应该指望三尖叉齿兽或者别的某个碰巧被我们发现的化石正好是我们的16号共祖，因为这个想法有些痴心妄想。与其他化石一样，三尖叉齿兽应该是我们祖先的某位表亲，而非我们的祖先本人。它属于一群被称为犬齿兽（cynodont）的似哺乳爬行动物。犬齿兽看起来酷似哺乳动物，让人忍不住想把它们当成哺乳动物。可是谁在乎我们怎么称呼它们呢？无论如何它们是近乎完美的过渡类型。既然进化是真实发生的过程，若是不曾存在过像犬齿兽这样的过渡类型才奇怪呢。

犬齿兽以及其他几个类群都源自一个较早些的似哺乳爬行动物类群，即兽孔目动物（therapsid）。你往上数1.6亿代的老祖父十有八九是一个生活在二叠纪的兽孔目动物，但很难挑出某个特定的化石来代表它。兽孔目一直占据着大陆，直到三叠纪时期恐龙的到来。甚至到了三叠纪，它们也依然是恐龙不可小觑的对手，其中包括一些超大型的动物，既有长达3米的食草动物，也有以之为食的凶残的大型食肉动物，比如丽齿兽（gorgonopsid），它那可怖的犬齿让人想起后来的

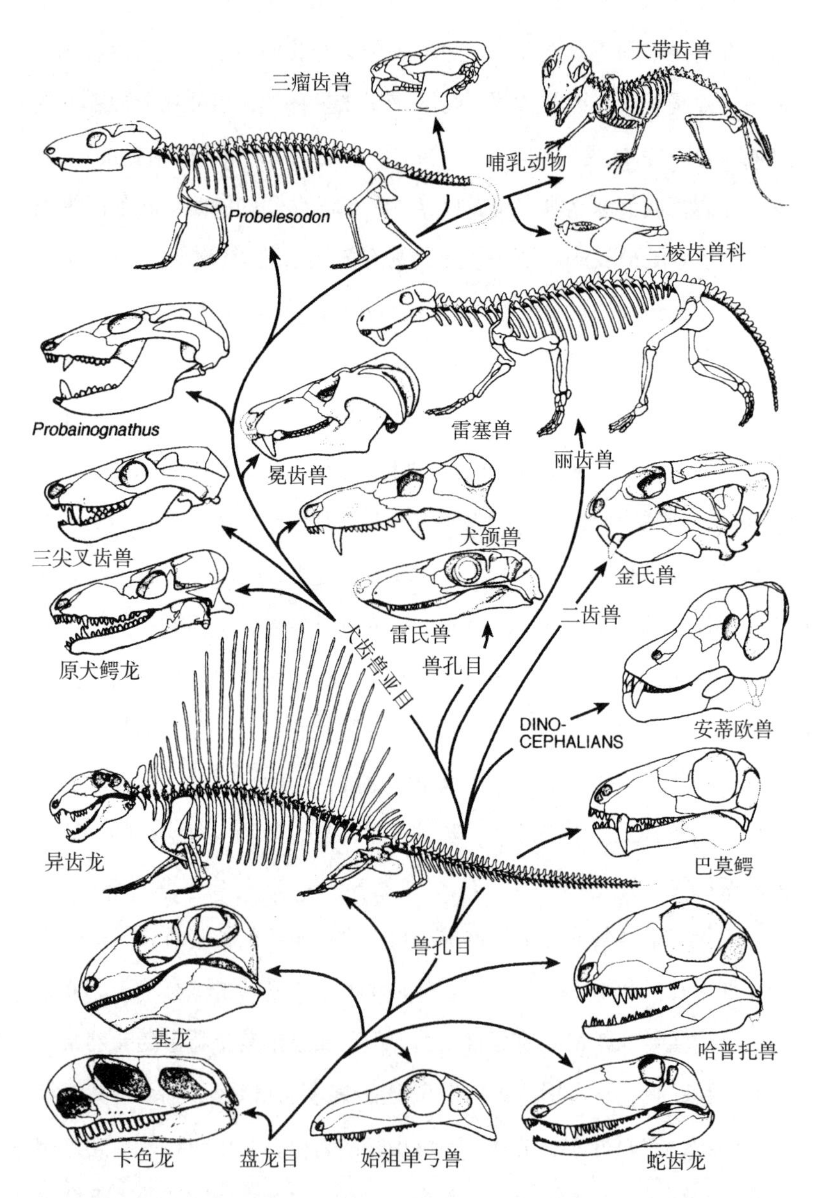

恐龙之前。似哺乳爬行动物的系统发生关系（部分生物暂无中文译名）。改自 Tom Kemp [218]。

剑齿虎和袋剑齿虎。不过，我们的兽孔目祖先应该是一种更小、更不起眼的生物。这仿佛是一条规律，大型或特化的动物，比如这种长着长牙的丽齿兽，比如同样长着獠牙但是食草的二齿兽（dicynodont），在进化上都没有太好的前途，反而属于注定灭绝的那 99% 的物种。倒是只占 1% 的那些诺亚物种，作为我们这些动物的祖先，不论我们这些后代体形有多大，个性有多张扬，它们自身都往往矮小低调。

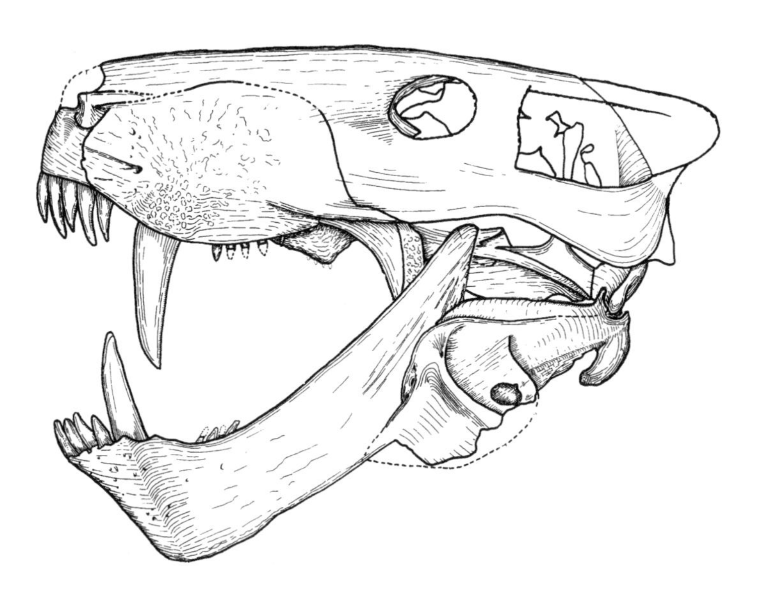

它是否曾以你的 1.6 亿代远祖为食？丽齿兽头骨。Tom Kemp 绘制。

同它们的后来者犬齿兽比起来，早期的兽孔目动物显得不那么像哺乳动物，但它们和哺乳动物的相似程度又超过了它们的前身盘龙目动物（pelycosaur）。盘龙目动物代表了似哺乳爬行动物的早期扩散。在兽孔目之前，你 1.65 亿代前的祖奶奶几乎一定是盘龙目动物。不过一如既往，如果试图将这个荣誉赋予某个特定的化石，那就太蠢了。盘龙目是最早的一批似哺乳爬行动物。它们是在石炭纪繁盛起来的，这也是大煤田形成的时期。最出名的盘龙目动物要属异齿龙（*Dimetrodon*）。它背上长着高大的背帆，常被人误以为是某种恐龙。没人知道异齿龙的背帆有什么用。也许它可以充当太阳能面板，帮异齿龙把体温升高到可以让肌肉活跃的温度。或许它是一个散热器，当天气炎热的时候，异齿龙可以用它在阴凉处把体温降下来。又或者这两种功能兼而有之。再或许这是一种性特征广告，像孔雀开屏的羽毛一样，只不过它是骨质的。大多数盘龙目动物在二叠纪趋于灭绝，只有作为诺亚的那些盘龙目动物幸存了下来，它们后来发展出第二拨似哺乳爬行动物，即兽孔目。接下来在三叠纪早期，兽孔目又“重新发明了许多在二叠纪晚期失去的身体形态”[11]。

与兽孔目比起来，盘龙目明显不那么像哺乳动物，但若是与犬齿兽比起来，兽孔目也要相形见绌。比如，盘龙目就像蜥蜴一样，腹部贴地，四肢展开。如同现代的针鼹，它们走路的时候身体很可能像鱼一样左右摆动。之后的兽孔目，再后来的犬齿兽，以及最后的哺乳动物，其腹部离地面越来越远，腿则越来越垂直于地面，步态也越来越不像陆上游鱼。这种“哺乳化”的趋势——也许只是凭着我们身为哺乳动物的后见之明，才会将这种变化看作渐进的趋势——还不止于此。下颌简化为单块齿骨，其他骨头则被耳朵征用（我们在第 15 会合点讨论过这个问题）。尽管不总有化石证据帮我们确定年代，但在某个时间点，我们的祖先发展出了毛发和恒温系统，发展出了乳汁和高级的育儿行为，发展出了复杂特化的牙齿，将之用于不同的用途。

我把似哺乳爬行动物的进化分成三个前后相继的波段，即盘龙目、兽孔目和犬齿兽，让这些“影子朝圣者”作为我们在这一时期停靠的锚具。哺乳动物自身是第四个波段，但它们对这些熟悉的生态型的入侵和占据要推迟到 1.5 亿年后。首先，哺乳动物的登场要等到恐龙从它们的舞台上谢幕，这一时期持续的时间如此之长，前面似哺乳爬行动物的三个波段加起来占据的时间也只有它的一半。

在我们的逆向旅程中，这三群“影子朝圣者”当中最古老的一拨将我们带回到一个颇像蜥蜴的盘龙目“诺亚”那里。它是我们在 1.65 亿代前的远祖，生活在三叠纪，距今约 3 亿年。我们差不多来到了第 16 会合点。

注释

1. 目前原针鼹属识别出了 3 个种，我很高兴其中一个种被命名为阿滕伯勒针鼹（*Zaglossus attenboroughi*）。——作者注
2. 英国的“猎迷”侦察机是在“彗星”（Comet）民航飞机的基础上改造而成的，其中机鼻部分因为内设雷达而较为突出。——译者注
3. AWACS，全称是 Airborne Warning and Control System（机载预警和控制系统）。——译者注
4. 埃弗拉德·霍姆爵士（Sir Everard Home，1756—1832），英国外科医生。他提供了最早的关于鱼龙化石的描述，也是最早研究鸭嘴兽解剖结构的人之一。——译者注
5. 当然，“电池”（battery）一词最初在电学上指的就是将多个电池单元（cell）串联起来的一套装置。如果你的晶体管收音机用了 6 块干电池，那么卖弄学问的学究会坚持称它只用了一套电池，不过由 6 个单元组成。——作者注
6. 迈克尔·法拉第（Michael Faraday，1791—1867），英国物理学家，在电磁学和电化学方面做了奠基性的工作，被誉为史上最有影响力的科学家之一。——译者注
7. 中央凹是位于人视网膜中央的小区域，视锥细胞在此富集，因此这一区域无论色觉还是视精度都是最高的。我们使用中央凹阅读、辨别人脸以及从事任

何一种需要精细视觉分辨能力的活动。——作者注

8. 图中灭绝速率的绝对数值低于 75%，因为这里的数据指的是属而非种。种的灭绝速率高于属的灭绝速率，因为每个属包含许多个种，因此属的灭绝更困难。——作者注

9. 卡特赖特先生是位了不起的人，他眉毛浓密，语速缓慢，总是有一说一，从不妄言。早在环保运动变得时髦起来之前很久，他就已经秉持这种观点，在他的课堂上讲述生态学。这对于我们的德语教育来说固然是一种损害，却对我们的人文教育颇有裨益。——作者注

10. 这个优秀的资源仍然在持续更新（http://tolweb.org），不过遗憾的是，如今少了原先那句怡人的声明："这棵树仍在建设当中。请多一些耐心：真正的生命树生长了超过 3 000 000 000 年。"——作者注

11. 这个有趣的表达方式出自哈勒姆（A. Hallam）和维格诺（P. B. Wignall）所著的《生物大灭绝及其后果》(*Mass Extinction and Their Aftermath*)。——作者注

第 16 会合点

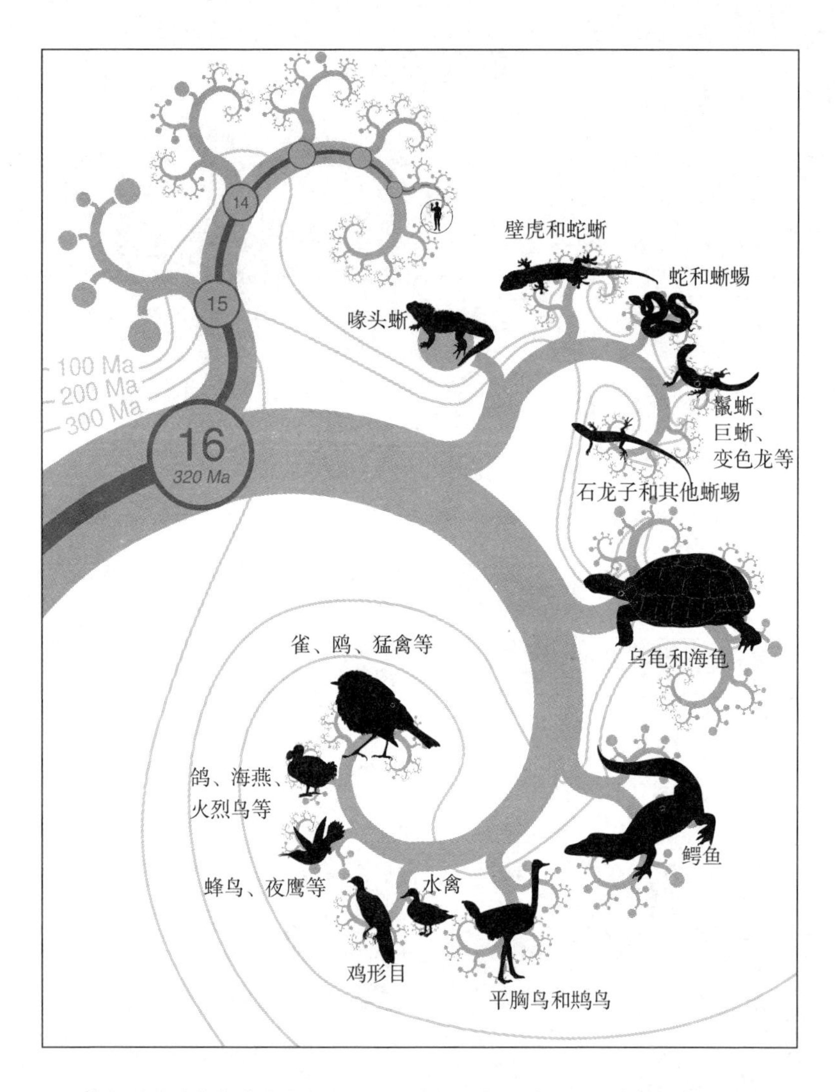

爬行动物（包括鸟类）加入。陆生脊椎动物进化的一大突破是羊膜的出现，这是一种防水又透气的卵膜。这些羊膜动物有两个很早就分道扬镳的支系存活至今，分别是哺乳动物所代表的合弓纲（Synapsida），以及由2万种“爬行动物”和鸟类组成的蜥形纲。后者在这个会合点加入了我们的队伍。这里显示的系统发生关系是相当可靠的，只有海龟（与以前认为的不同，它不再位于树上最深处的分支）和一些早期进化的蜥蜴的位置仍然存疑。

蜥形纲

16 号共祖大约是我们 1.7 亿代前的祖先。它表面上看起来应该像是某种蜥蜴（见彩图 19），生活在 3.2 亿年前的石炭纪后半段，当时热带地区无垠的沼泽里生长着巨大的石松（club moss，多数煤炭的来源），南极则覆盖着广阔的冰盖。在这个会合点，又有一大群新的朝圣者熙熙攘攘地加入我们的队伍，它们是蜥形纲动物。迄今为止，蜥形纲是我们在朝圣之路上遇见的规模最大的代表团。自 16 号共祖以来的大多数年月里，以恐龙为代表的蜥形纲动物都是这颗星球的主宰。甚至直到今天，虽然恐龙已经不在了，但蜥形纲的物种数目仍然是哺乳动物物种数目的 4 倍。大约 5 500 种哺乳动物在第 16 会合点向 20 000 种蜥形纲动物问好：蛇、蜥蜴、海龟、鳄鱼，以及在它们上空飞舞的鸟类。蜥形纲动物才是陆地脊椎动物朝圣者中的主角。我之所以说是它们加入了我们的队伍，而不是我们加入它们的队伍，唯一的原因便是我们人为选择了人类的视角来记录这场旅程。

以蜥形纲动物的视角来看，这些朝圣者分属于两个规模相当的团体：形似蜥蜴的爬行动物，即鳞龙超目（Lepidosauria），以及形如恐龙的爬行动物，即主龙类（Archosauria）。

有着蜥蜴外形的爬行动物包含将近 10 000 个现存物种，其中有鬣蜥、科摩多巨蜥（Komodo dragon）、蛇、蜥蜴（wall lizard）、石龙子、壁虎和喙头蜥（tuatara）。在它们旁边游弋的是2个（或3个）已灭绝的海生动物类群，即沧龙（mosasaur）和蛇颈龙，可能还包括鱼龙。这三个类群各自独立地爬入海洋，而且都进化成为令人胆寒的捕食者，体形最大的成员甚至比最大型的食肉恐龙还重。

恐龙自己属于蜥形纲的另一个主要类群，即主龙类。今天这一分支是由10 000种鸟类主导的，此外还包括鳄鱼以及海龟（存有争议）。已灭绝的主龙类中不仅有恐龙，还包括其他一些主要类群，比如会飞的翼手龙（pterodactyl）。这里“灭绝”一词的含义需要澄清，因为就连学校里的孩子都会告诉你，恐龙并没有完全灭绝。实际上，它们是所有陆生（或许应该说空中）脊椎动物当中最成功的类型。鸟类是由恐龙的一个分支即蜥臀目（Saurischia）进化而来的。蜥臀目恐龙，比如暴龙（*Tyrannosaurus*）和最近刚恢复身份的雷龙（*Brontosaurus*），与鸟类的关系甚至近于与另一个主要恐龙类群即鸟臀目（Ornithischia）的关系。鸟臀目这个名字起得真不幸[1]，像禽龙（*Iguanodon*）、三角龙（*Triceratops*）和长着鸭嘴的鸭嘴龙（hadrosaur），都属于鸟臀目。

近年来在中国发现的有羽毛的恐龙敲定了鸟类和蜥臀目恐龙的关系。暴龙（个别种肯定长着某种羽毛）与鸟类的关系比其与其他蜥臀目——比如吃植物的大型蜥脚类恐龙梁龙（*Diplodocus*）和腕龙（*Brachiosaurus*）——的关系还近。

这便是蜥形纲的朝圣者，蜥蜴、蛇、海龟、鳄鱼、鸟类，以及一大群影子朝圣者：空中的翼手龙，水里的鱼龙、蛇颈龙和沧龙，以及最为著名的、生活在陆地上的恐龙。尽管恐龙称霸这颗星球如此之久，甚至若不是那个残忍——不，应该说是无情——的火球将它们击倒，它们会一直称霸到今天，但由于本书关注的是从现代启程的那些朝圣者，所以不宜对恐龙过多着墨。我在这里对它们采取如此漠然的态度似乎又增添了一些残忍。[2] 它们多少也算是活了下来——以鸟类这样独特而美丽的形式——而我们将在这个会合点讲述4种鸟的故事，以此来向它们致敬。不过，首先让我们来看看雪莱那首著名的哀歌，《恐龙颂》(Ode to a Dinosaur)[3]：

在一片古老的土地上，我遇见一位旅人，
他说，两条巨大的石腿站在沙漠中央，
没有躯干……旁边的沙地上，半掩着破碎的面庞，
那蹙起的眉，抿着的唇，嘲弄的神情仿佛在下达冰凉的命令，
雕塑者显然很好地读解了它的激情。
曾被那只手把玩，曾被那颗心哺育，
如今那激情仍存，铭印在这无生命的东西上；
基座上显出这些字：
“我乃奥兹曼迪亚斯，万王之王：
功业盖世，天公折服！”
除此之外，荡然无物。
庞然毁朽的废墟周围是无边的荒凉，
唯有寂寂平沙伸展向远方。

熔岩蜥蜴的故事[4]

自然历史博物馆有个导游，曾信心十足地宣称某只恐龙有7 000万零8岁。当被问到他何以知道得如此精确时，他答道：“我刚来这里工作的时候它有7 000万岁，而那是8年前的事了。”加拉帕戈斯群

岛圣地亚哥火山大喷发的准确日期没有被记录下来，但毫无疑问它发生在1900年前后某一年的某一天，我将称之为“圣地亚哥火山日”（Santiago volcano day）。我需要像那位博物馆导游一样假装精确，尽管准确日期到底是哪天根本无关紧要。没准是1897年1月19日呢，而在108年后的2005年1月，我来到了这个岛上。

19世纪末圣地亚哥火山日这天，在世上另一个地方，某人的祖父在这一天某个特定的时辰出生了。这一天也有人死去。某个留着小胡子、身着条纹运动夹克的年轻人在这一天遇见了今生挚爱，人生从此变得不同。就跟过往的每一天一样，这是个独一无二的日子，每一秒都独一无二。这也是属于圣地亚哥大火山的日子，正是它造就了这一片熔岩荒原。2005年1月，我曾在熔岩蜥蜴（*Microlophus albemarlensis*）的陪伴下在那里漫步，尽管只有在它们打破伪装移动起来的时候，我才知道它们的存在（见彩图18）。

在这片岩浆凝固成圈、寸草不生的黑色岩地上，熔岩蜥蜴大概是唯一会动的东西了。当它们动起来的时候，它们展开的脚掌抚摸着的是过往时间的指纹，尽管它们自己意识不到这一点。指纹？过往时间？等等，这就是《熔岩蜥蜴的故事》的主题。

1835年查尔斯·达尔文在加拉帕戈斯登陆时，圣地亚哥岛是他探访的4座岛屿之一，也是唯一一座曾让他花时间消遣的岛。趁着菲茨罗伊船长驾驶着贝格尔号搜寻新鲜补给，他在岛上露营了一个星期。达尔文称之为“詹姆斯岛”（James），因为他和他的船员们用的是这些岛屿的英语名字：引人遐思的查塔姆岛（Chatham）、胡德岛（Hood）、阿尔伯马尔岛（Albemarle）、不屈岛（Indefatigable）、巴林顿岛（Barrington）、查尔斯岛（Charles）和詹姆斯岛。当时，岛上到处都是陆鬣蜥（land iguana），以至于达尔文和他的露营小队甚至难以找到扎营的空地。如今陆鬣蜥已经在圣地亚哥岛上绝迹，野狗、猪和老鼠把它们赶上了绝路。不过在这个传奇群岛的其他岛屿上，仍有许多陆鬣蜥存活。而陆鬣蜥的近亲海鬣蜥仍然分布在包括圣地亚哥岛在内的各大岛屿上。

圣地亚哥岛上那黑色的熔岩荒原是个令人难忘的奇观，几乎难以用语言形容。黑得好像雌性海鬣蜥（当然，这个比喻其实应该反过来说），这种岩石被称为绳状熔岩（rope lava），你接下来就会明白这个名字的来历。熔岩被拉伸和编织成一股股绳辫，被折叠聚拢，好像黑色的绸裙，被盘绕绞转，形成巨大的指纹。是的，指纹，这正是本篇故事的主旨。当蜥蜴跑过圣地亚哥岛上那黑色的熔岩时，它们踏着的是历史的指纹。在达尔文时代的某一天，岩浆按着喷发的次序齐整整地漫延开，将那一天，将圣地亚哥火山日，一分钟一分钟地逐次记录了下来。

要想让一个多世纪以前的某一天的完整历史一秒一秒地展现在你面前，没有多少别的办法。化石的作用与之类似，但时间尺度要大得多。化石里面的分子并不是原先构成动物身体的那些分子。就连遗迹化石，就像玛丽·利基在拉托里湖发现的那些，也并不能真的达到这个目的。没错，拉托里的遗迹让你看到曾有两个南方古猿阿法种个体（就是那些身材矮小、长着人腿和黑猩猩脑袋的原始人类）——也许是一对配偶——在此地漫步。在某种意义上，这也是被凝固的历史瞬间。但你今天看到的那些岩石并不是它当初的样子。那家人曾经漫步其上的那些新鲜火山灰，在之后数千年的光阴里，逐渐固化压缩成了岩石。圣地亚哥岛上熔岩形成的绳子和褶子则不同，构成这些巨人指纹的物质仍是它形成之初的那些物质，距今只有一个世纪。这些绳子、褶子形成的时间差异精确到了秒。

我们将在《红杉的故事》里看到，年轮以年为单位实现了同样的目的。正如熔岩的螺旋指纹在秒的尺度上留下印迹，化石的尺度是百万年，每一圈年轮标记的正好是一年。或宽或窄的圆圈意味着或好或坏的年景，而连续六七年这样的年景就形成了特征性的模式，在不同的树木上可以一再识别出同样的模式，就好像专属于那几年时间的标签。树木无论古老还是年轻，都有同样的指纹。因此，通过对年轮进行计数，依照古木遗迹的古老程度将这些模式渐次串联起来，考古学家们就能制作出一份指纹名录，其时间跨度可以超过最长寿的树木。

《红杉的故事》还会讲到科学家利用深层钻孔取样得到泥核样品，借此对海底沉积物的沉积模式进行类似的分析。而且，在数亿年这样的时间尺度上，地质学上被命名的那些地层在某种程度上也是时间的指纹。圣地亚哥岛的熔岩荒原的卓异之处在于，这些指纹的时间尺度正是我们人类在生活中熟悉的那个时间尺度，是乐曲音符的时间尺度，是画家笔触的时间尺度，也是人们日常活动和思绪流淌的时间尺度。

面对这样一幅离奇的景观，有这样的想法并不出奇。加拉帕戈斯群岛充满各式各样离奇的画面，就像直接从某个超现实主义画家的作品里走出来似的。圣塔菲岛（Santa Fe）[5]外海一个小小的沙岛看起来挺适合作为星期五[6]的领地，只不过这里没有棕榈树，取而代之的是巨大的仙人掌。仿佛亚利桑那的沙漠被移植到了蔚蓝的大海里，完全不输于任何超现实主义画家的作品。海狮在亚利桑那的沙漠里做什么？更别说还有粉艳惊人的火烈鸟、赤道企鹅、不会飞的鸬鹚急切地伸展着那短胖无力的翅膀仿佛要尝试飞翔。至于我在北西摩岛（North Seymour Island）戴着呼吸管潜水时看到的那条大型鲆鱼，更是纯粹的萨尔瓦多·达利[7]作品。若不是我们那位了不起的厄瓜多尔导游瓦伦蒂娜（Valentina）优雅地潜入水底将它指给我看，我根本不会注意到它。它变换着体色滑游而过，与下方的珊瑚融为一体，仿佛一块椭圆形的地毯。我妻子后来将这条鲆鱼和达利所绘的那块弯曲流淌的钟表相比，而不正是这幅画，这幅有弯曲的钟表的画，被称为《记忆的永恒》（*The Persistence of Memory*）吗？对于圣地亚哥岛上那不时跑过加拉帕戈斯熔岩蜥蜴的熔岩荒原来说，这倒也是个不错的名字。

如果你来到正确的地方，以正确的方式去看，你会发现，现实的奇异程度可以超过超现实主义者的想象。难怪达尔文在这些富有魔力的岛屿上获得了启迪。

《加拉帕戈斯地雀的故事》序

……唯有寂寂平沙伸展向远方。

地质时间的尺度往往远远超出了诗人和考古学家们的感知，以至于令人气馁。不过地质时间之宏大，不只相对于人类生活和人类历史所习惯的时间尺度而言。在进化本身的尺度上，它也依然宏大。这也许会让有些人感到惊讶。最早是达尔文自己的批评者，他们一直在抱怨不可能有足够的时间允许自然选择对这套理论所要求的那些变化进行筛选。我们现在已经知道了真正的问题——如果真有问题的话——恰恰相反，时间不是不够，而是太多了！如果我们只测量一小段时间里的进化速率，然后外推比如 100 万年，在进化上可能积累的变化比实际的变化量大得多。仿佛大部分时间中进化都在停步不前，或者，即使不是停步不前，也是踌躇不定，从短期来看，来回的波动掩盖了长期可能的趋势。

各种证据以及理论计算都指向这个结论。如果我们可以人为强行规定尽可能高的选择压力，达尔文主义自然选择驱动进化的速率比我们在自然中实际看到的要快得多。有一个幸运的事实可以帮助我们阐明这一点。几个世纪以来，不管他们是否充分理解自己所做的工作，我们的先辈一直在有意识地选育家畜和作物（参见《农民的故事》）。这些伟大的进化改变都完成于数百年间，至多不超过几千年：比我们利用化石记录测量到的最大的进化速率还快得多。怪不得查尔斯·达尔文在他的书里用了大量的篇幅讲驯化。

我们可以在更加受控的环境下做同样的事。要检验一个与自然界有关的假说，最直接的办法是做个实验，人为地模仿假说中的关键自然要素。比如你有一个假说，认为植物在含硝酸盐的土壤里长得更好，那么你不能只是分析一下土壤成分，看看里面是不是有硝酸盐。你需要做个实验，向一些土壤里添加硝酸盐，另一些土壤里则不添加。达尔文主义自然选择也是同样。这个假说指的是，非随机的存活差异一代代积累，会导致种群平均形态的整体偏移。要用实验检验这个假说，需要制造这样一种非随机的存活差异，看看能不能将进化引向某个预定的方向。这正是人工选择的含义。最漂亮的实验可以同时利用同一个起始种群，沿着两个相反的方向筛选两个家系，比如让一个家系的动物越来越大，另一个家系的动物越来越小。很明显，如果你想在自己老死之前拿到像样的结果，你必须选择一种生命周期（life cycle）比人短的生物作为实验对象。

人的寿命长达数十年，果蝇（*Drosophila*）和小鼠的寿命则以周或月计。在一个实验里，果蝇被分裂成了两个“家系”。其中一个家系以趋光性为繁育目标，连续几代，只有表现出最强趋光性的个体才被允许繁殖下一代。另一个家系则恰恰相反，研究者试图经过同样的代数，系统地繁育出有畏光倾向的果蝇。只经过了 20 代，在两个方向上都得到了显著的进化差异。这种遗传分异会以同样的速率永远进行下去吗？不会。因为可用的遗传差异终将耗尽，那时候我们就必须等待新突变的发生。不过在此之前已经可以看到很大的改变。

玉米的周期比果蝇长，但是在 1896 年，美国伊利诺伊州州立农业实验室（Illinois State Agricultural Laboratory）开始培育种子含油量较高的玉米品种。一个“高油”家系用于筛选含油量更高的种子，与此同时，一个“低油”家系用于筛选含油量更低的种子（见下页图）。幸运的是，这个实验的持续时间比任何普通科学家的研究生涯都长。这让我们有机会看到，经过大约 90 代的筛选，高油家系的含油量呈现出近乎线性的增长。低油家系含油量降低的速度稍慢一些，不过这大概是地板效应的结果：含油量不可能低于零。

这个实验，就像果蝇实验以及许多其他类似的实验一样，清楚地表明了筛选在驱动快速进化方面的潜在威力。将 90 代玉米、20 代果蝇乃至 20 代大象的时间转化成年份，你会发现这段时间相对于地质时间的尺度而言依然是可以忽略的。对于大部分化石记录来说，100 万年时间可以说短得不能引起人们注意，但与玉米种子含油量提高 3 倍的时间比起来，它足以让同样的事情发生 20 000 遍！当然，这并不意味着 100 万年的自然选择可以将含油量提高 60 000 倍。除了会耗尽可用的遗传差异之外，一颗玉米种子的含油量本身也有上限。不过，这些实验确实可以充当一个警告，当我们看见化石在千万年间表现出某种明显的趋势时，不要天真地以为这是对某种稳定而持续的选择压力的反应。

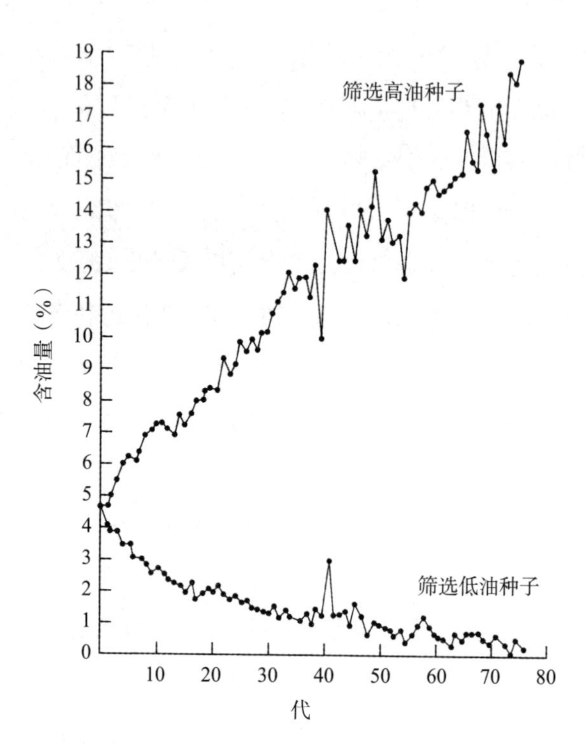

自然选择的威力。对 90 代玉米种子的高油性状和低油性状进行选择的结果。改自 Dudley 和 Lambert［117］。

毫无疑问，达尔文主义的选择压力确实存在。而且，正如我们在这整本书里一直看到的那样，它极为重要。但在化石通常代表的那种时间尺度上，选择压力并不是持续而均匀的，特别是对于较早期的化石记录来说更是如此。玉米和果蝇给予我们的启示是，哪怕是化石记录所能分辨的最短时间，也足以让达尔文主义的选择四处漫步，来回折返上万次。我猜这样的情况确实发生过。

不过我们也不能忘记，在更大的时间尺度上也有一些主要的进化趋势。借用我之前用过的一个比喻，好比有一只软木塞，在大西洋的美洲海岸附近载浮载沉。在墨西哥湾流的影响下，这枚软木塞整体上表现出向东漂移的趋势，最终会被冲到欧洲的某处海滩上。但在波浪和漩涡的影响下，如果你测量它在任意一分钟内的运动方向，你会发现它向西和向东运动的机会看起来似乎是一样的。除非你把测量的时间范围大幅度延长，否则你根本不会注意到它有任何东去的趋势。然而，这种向东漂移的趋势是真实存在的，它就在那里，也同样需要一个解释。

相对于我们短暂的一生而言，或者至少相对于一个典型的研究项目的短暂期限而言，自然进化的波浪和漩涡通常慢得让人无法察觉，但也有几个显著的意外。在牛津大学，我们这一代动物学家的遗传学都是跟埃德蒙·福特（Edmund B. Ford）学的。这是一位古怪而严厉的学者。他带着一群人花了几十年的时间追踪野外的蝴蝶、蛾和蜗牛种群中特定基因年复一年的变化情况。他们的结果有些看起来有着直截了当的达尔文主义解释，另一些则像是谜团。无论水面下方有着怎样的墨西哥湾流的推动，但波浪漩涡的噪声足以将任何信号淹没。我想说的是，对于寿命有限的达尔文主义者来说，出现这样的谜团是意料之中的事情，即使是像福特这种研究生涯极其漫长的达尔文主义者也一样。福特从他毕生的工作中得到的一条结论便是，尽管自然中真实存在的选择压力并不总是朝着相同的方向使力，但它们的威力甚至比新达尔文主义最乐观的奠基者所能想象的极致还要高出几个数量级。这再次引出了这个问题：为什么进化的速度没有比实际发生的更快？

加拉帕戈斯地雀的故事

加拉帕戈斯是一座火山群岛，其形成时间距今不超过 1 000 万年。在它仍年轻的生命里，已经发展出了蔚为壮观的生物多样性，其中最著名的要数那 14 种雀类，人们普遍相信它们是达尔文的主要灵感来源，尽管实情并非如此。[8] 加拉帕戈斯地雀是现存野生动物中被研究得最为充分的。彼得·格兰特（Peter Grant）和罗斯玛丽·格兰特（Rosemary Grant）的整个职业生涯都致力于研究这些生活在岛屿上的小型鸟类，跟踪记录它们年复一年的变化情况。继查尔斯·达尔文之后，在彼得·格兰特之前，伟大的鸟类学家戴维·拉克（David Lack，有趣的是，他的面容与达尔文很像，但胡子刮得很干净[9]）也曾拜访过这些鸟类，并取得了丰富而深刻的成果。

在近半个世纪的时间里，格兰特夫妇和他们的同事及学生每年都会回到加拉帕戈斯群岛，捕捉地雀，将它们逐个标记，测量喙和翅膀的尺寸，晚些时候还抽取了血样，进行了 DNA 分析，为它们绘制了家系图，跟踪选择压力下的基因变化。恐怕不曾有哪个野生动物种群的个体和基因经历过更彻底的研究。当地雀种群这个软木塞在进化的海洋里载浮载沉、被逐年变化的选择压力抛来掷去的时候，格兰特夫妇清楚地知道其中的每一个细节。

1977 年，这里发生了一次严重的干旱，食物骤减。在达芙妮岛这个小岛上，各种地雀的总数从 1 月份的 1 300 只骤减到 12 月份的 300 只。中嘴地雀（medium ground finch, 学名 *Geospiza fortis*）是其中的主要物种，其数量从 1 200 只减少到 180 只。仙人掌地雀（cactus finch，学名 *Geospiza scandens*）的数量从 280 只减少到 110 只。其他各个种的数据也证明，对于地雀来说，1977 年是个“恐怖年”（annus horribilis）。不过，格兰特团队可不只是数一数每种地雀有多少正在死去，又有多少还活着。作为达尔文主义者，他们还研究了每个物种的选择性死亡数据。是不是拥有某个特定特征的个体更容易在这场灾难中活下来？干旱是不是选择性地影响了一个种群的相对组成？

确实如此。在中嘴地雀种群里，幸存者比受难者平均大了 5%，喙的平均长度由干旱前的 10.68 毫米增加到 11.07 毫米。类似地，喙的平均深度[10]也从 9.42 毫米增加到 9.96 毫米。以统计科学的怀疑主义传统看来，这种变化看起来似乎不大，不过变化如此一致，不太可能是巧合的结果。但是，为什么干旱会导致这种变化呢？该团队之前已经有证据表明，体形更大、喙更大的鸟比其他鸟更善于处理坚硬多刺的大型种子，比如野草刺蒺藜的种子。在干旱最严重的时候，这是唯一能找到的种子。另一个物种，大嘴地雀（large ground finch，学名 *Geospiza magnirostris*）在处理刺蒺藜种子方面是专家。但达尔文主义所说的适者生存讲的是同一物种内部不同个体的相对存活率，而不是拿一个物种的存活率同另一个物种进行比较。而在中嘴地雀种群内部，体形最大、喙最大的个体最有机会活下来。如此一来，中嘴地雀的平均形态倒是有点像是大嘴地雀了。格兰特团队捕捉到了自然选择正在进行当中的一个小片段，而且这一切就发生在一年之内。

当干旱结束的时候，他们见证了另一个片段。这一次，自然选择仍然将地雀种群推向同一个进化方向，不过背后的原因则有所不同。和许多鸟类物种一样，中嘴地雀的雄性个体体形比雌性大，喙也更大，因此很可能使它们更容易熬过干旱。在干旱发生以前，那里有大概 600 只雄性和 600 只雌性。干旱过后幸存的 180 只中嘴地雀中，有 150 只是雄性。等到 1978 年 1 月份，雨水终于归来，草木丰美，极为适宜繁殖。不过，现在每 6 只雄鸟才有 1 只雌鸟。可想而知，为了争夺稀少的雌性，雄鸟之间发生了激烈的竞争。旱灾过后幸存的雄鸟体形本来就已经超乎寻常，这场性竞争的获胜者又往往是其中体形最大、喙最大的个体。于是自然选择再次驱动这个种群朝着体形更大、喙更大的方向进化，不过却是出于不同的原因。至于为什么雌性喜欢更大的雄性，《海豹的故事》让我们可以理解这一事实的意义，即雄性地雀作为更具竞争性的性别，体形就是比雌性大。

如果体形更大是种优势，为什么鸟儿们不一开始就发展出更大的体形？因为，在其他年份，在没有干旱发生的年份，自然选择青睐的是体形更小，喙也更小的个体。实际上，格兰特夫妇真的观察到了这一现象。碰巧在 1982 年到 1983 年，受厄尔尼诺现象的影响，当地发生了洪水。在洪水过后的数年里，种子的平衡发生了变化。像刺蒺藜这种坚硬的大种子变少了，而像茄科的 *Cacabus* 属的小而软的种子反而多起来。这就轮到体形更小、喙更小的地雀占便宜了。倒不是说更大型的鸟就不能吃小而软的种子，而是它们需要吃更多的种子才能维持大块头身体的需要。所以，体形更小的鸟儿现在就有了一个微弱的优势。于是在中嘴地雀种群内部，数据发生了变化，干旱年份的进化趋势被逆转了。

在干旱年份死去的地雀和成功活下来的地雀之间，它们的喙的尺寸差异似乎非常小，不是吗？乔纳森·韦纳（Jonathan Weiner）写了一本优秀的书来介绍格兰特夫妇的工作，即《地雀的喙》（*The Beak of the Finch*）。书里讲了一件彼得·格兰特的逸事，正好说明这个问题：

> 有一次，我的讲座刚开始，听众里有一位生物学家打断了我。“你所说的喙的尺寸差异到底有多大？”他问道，“活下来的鸟与死去的鸟的喙的差异是多少？”
>
> “半毫米，平均而言。”我告诉他。
>
> “我不相信！”他说，“我不相信半毫米的差异能有这么重要的影响。”
>
> “但事实就是如此，”我说，“先看看我的数据，然后再提问。”
>
> 接下来他什么问题也没问。

根据彼得·格兰特的计算，像 1977 年达芙妮岛那种程度的旱灾，只需要发生 23 次，就足以将中嘴地雀变成大嘴地雀的样子。当然这里并不是说它真的变成了大嘴地雀这么一个物种，但这是一个直观的方式，让我们可以想见物种起源的情形，以及这一切可以发生得多么迅速。

当然，这些可见的变化掩盖了 DNA 水平的差异。而生活在基因组时代最让人激动的一点便是，有趣且重要的动物的基因组往往会被测序。狗、鸭嘴兽、黑猩猩、腔棘鱼等等，全都有幸在过去 10 年里得到了基因测序。毫不令人意外，著名的达尔文地雀如今也加入了这个名单。

2015 年，乌普萨拉大学（Uppsala University）的一群科学家与格兰特夫妇合作，对 120 只加拉帕戈斯地雀的全基因组进行了测序。这 120 个样本分属不同的物种。他们找到了一些与喙的形状有关的 DNA 区域，并最终定位到一个名为 *ALX1* 的基因。我们已经知道人类的这个基因会影响人的五官特征。多妙啊！他们发现正是同一个基因影响了地雀的喙的形状！加拉帕戈斯地雀种群的 *ALX1* 基因家系图表现出了代表着自然选择的分异模式。从家系图还可以看出，*ALX1* 基因的不同变体通过个体的杂交在不同地雀物种之间传递并发挥功能。这些基因变体起源于数十万年前。但格兰特夫妇细致的田野工作表明，它们在各个种群中的频率变化速度惊人。种群中某个基因变体的频率可以随着自然选择压力的变动而来回摆动，让人可以在短短的一生中观察到这些变化。

如今关于加拉帕戈斯地雀的研究为我们提供了一个漂亮的例子，说明我们一旦将博物学、生态学、进化论和遗传学结合起来，就有可能解释自然的运作方式。达尔文遇见这些地雀的时候，甚至没给采集到的标本做好标记，他肯定想不到“他的”这些地雀最终会成为他如此有力的盟友。

孔雀的故事

孔雀的“尾巴”并不是形态学意义上真正的尾巴（一只鸟真正的尾巴其实是那个小不点儿“鸟屁股”），而是一个由长背羽组成的“扇子”。对于本书来说，《孔雀的故事》是一篇堪为范例的故事，因为就像真正的乔叟风格一样，它所携带的信息或寓意虽然出自一位朝圣者，却有助于其他朝圣者理解他们自身。特别是我在讨论人类进化过程中的两次主要转变时，就已经在期待着孔雀加入我们的队伍，让我们从他（我这里指的只是“他”，而不包括“她”）的故事中获益。当然，这篇故事讲的是性选择。原始人类的那两次转变，一次是从四肢行走到直立行走，另一次是随后脑容量的增大。让我们添上第三次转变，也许不如前两次那么重要，但非常具有人类的特点：体毛的丢失。为什么我们会变成裸猿（Naked Ape）？

在晚中新世的非洲生活着许多种猿类。为什么其中一种突然开始朝着一个非常不同的方向快速进化？该方向不仅不同于其他猿类，甚至不同于其他哺乳动物。是什么因素挑选出了这个物种，以很高的速度将它猛然推向一个崭新而奇异的进化方向：先是双足行走，然后头脑增大，后来某个时候又开始丢掉大部分体毛？

快速、突然、显得有些任意、朝着奇怪的方向，这些进化特征都向我提示着同一件事，那就是性选择。说到这里，我们必须先听听孔雀是怎么说的。为什么孔雀要长出这样一件华丽的裙裾，使它身体的其他部位黯然失色？镶着蓝紫鲜绿的眼点花纹，这些背羽在阳光下微微颤抖，流光闪烁。一代又一代的雌孔雀选择了炫耀着这套奢侈广告的雄孔雀，不过它们炫耀的是更古老的版本。为什么十二线极乐鸟（12-wired bird of paradise）长着红眼睛、黑颈羽和闪闪发亮的绿色缘缨，而威尔逊极乐鸟（Wilson's bird of paradise）夺人眼目的是猩红的背、黄色的颈和蓝色的头？不是因为它们各自的饮食或栖息地为这两种鸟类分别预设了合适的颜色样式。不，它们的差别既偶然又随性。把各种极乐鸟（bird of paradise）明显区别开来的那些差异特征全都如此，不仅偶然而随性，而且没谁在意——除了雌性极乐鸟。性选择就擅长这种事情，生成一些古怪随性的进化特征，朝着明显武断的方向进化，变本加厉，制造出恣肆不羁的进化奇观。

与此同时，性选择还往往会放大两性之间的差异，即两性异形（参见《海豹的故事》）。任何以性选择来解释人类脑容量增长、双足行走或体毛退化的理论都不得不面临一个难题：没有证据表明人类某一个性别比另一个性别更有头脑，或者一个性别比另一个性别更擅长双足行走。没错，两性的体毛程度确实有差异，达尔文在介绍自己的性选择理论时也曾利用这个事实来解释人类体毛的退化。据他猜测，与动物界常见的雌性选择雄性不同，是原始人类男性选择女性，而他们偏爱体毛稀少的女性。当一个性别在某个进化特征上领先于另一个性别时（在这个例子里是女性率先朝着无体毛的方向进化），我们可以把另一个性别想象成“被对方的尾流拖着”进化。这便是我们在解释男性乳头这个老难题时或多或少必须借助的思路。借用这个思路来解释男性体毛的不完全退化，认为男性被女性更彻底的体毛退化的尾流拖着进化，这倒不失为一个可行的办法。但这种“被对方的尾流拖着”的理论，在解释双足行走和头脑增长时就不那么好用了。光是试图想象一位双足行走的人类祖先与一位四肢着地的异性并肩同行，就足以让人心生疑虑，甚至感到畏缩。不过，“被对方的尾流拖着”的理论还是有它的用处的。

在一些情况下，性选择会青睐单态性（monomorphism）。我自己的猜测与杰弗里·米勒在《求偶心理》中的看法一样，即人类的配偶选择与孔雀不同，是一种双向选择。而我们的选择标准也不一样，选择长期伴侣和挑选一夜情的对象自然有不同的标准。

目前让我们先回到雄孔雀和雌孔雀的世界，它更简单，雌性负责做选择，雄性负责张扬炫耀，渴望被选择。有一种观点认为，对配偶的选择（在孔雀的例子里是由雌孔雀做出的选择）比对食物或栖息地的选择更武断、更随性。但你有理由怀疑为什么会是这样的。至少根据一种有影响力的性选择理论，这种现象有非常好的理由。该理论是由伟大的遗传学家和统计学家罗纳德·费歇尔提出来的。我在另一本书里详细地解释过这个理论（《盲眼钟表匠》第八章），所以不打算在这里赘述。其要点在于，雄性的外形和雌性的偏好，这二者共同进化，好似爆炸式的链式反应。物种内部任何一种创新，一旦它既符合雌性的偏好，又表现为雄性外观的变化，那么它就会被迅速放大，以一种无可挽回的方式驱使雌雄双方朝着某个方向亦步亦趋，越走越远。至于是哪个方向，其实没有什么决定性的理由，只不过这个进化趋势开始时碰巧是朝着那个方向罢了。雌孔雀的祖先当初碰巧朝着喜欢大扇子的方向走了一步。对于性选择的爆炸式引擎来说，这就足够了。这个引擎一旦启动，在以进化的标准看来相当短的时间内，雄孔雀就开始招展着越来越大、越来越闪亮的扇子四处炫耀，而雌孔雀对它们百看不厌。

每种极乐鸟，以及许多其他鸟类，连同鱼类、蛙类、甲虫、蜥蜴，都有这种在某个进化方向上不断放大的外形特征，或者色彩鲜艳，或者外形怪异，但各有不同的艳丽色彩，各有不同的怪异外形。对我们来说，这里的关键之处在于，性选择特别适于驱动进化朝着武断的方向飞速前行，发展出一些夸张而无用的特征，而这背后有着坚实的数学基础。前面我们讲人类进化时曾提到过，人类头脑的突然扩张恰好就是这种情形。体毛的突然减少，甚至突然产生的双足行走，都可能是这种情况。

达尔文的《人类起源》在很大程度上讲的就是性选择。他先以很长的篇幅讲述了其他动物的性选择现象，然后开始主张性选择也是我们人类这个物种近期进化的主导力量。在处理人类体毛退化这个问题时，他首先排除了体毛退化可能出于某种实用目的的原因，不过对于他的现代追随者来说，他在这里的论述显得有些轻率，让人不太舒服。有一个现象强化了他对性选择的信心。在各个人种中，无论该人种是多毛还是少毛，同一人种内部的女性都不如男性多毛。达尔文相信，原始人类男性认为多毛的女性没有什么吸引力。一代又一代的男人选择最裸露的女性作为配偶。[11] 男性的体毛特征则被女性体毛退化的尾流拖拽着进化，但一直没能完全赶上，这也就是为什么现在男性的体毛仍然多于女性。

对于达尔文来说，为性选择提供驱动力的那些选择偏好是天生的，无须解释。男人就是喜欢体表光滑的女性，仅此而已。作为自然选择的共同发现者，阿尔弗雷德·拉塞尔·华莱士讨厌达尔文性选择学说的这种武断。他希望女性挑选男性凭的不是冲动，而是对优点的考量。他希望孔雀和极乐鸟艳丽的羽毛是某种内在适应性的标志。对于达尔文来说，雌孔雀挑选雄孔雀只是因为对方好看。后来，费歇尔凭借数学为达尔文的这一理论提供了更坚实的数学根基。但对于华莱士主义者（Wallacean）[12] 来说，雌孔雀选择雄孔雀时看重的并不是对方的美丽，而是艳丽的羽毛背后所代表的健康和适合度。

换用“后华莱士”（post-Wallace）时代的语言来说，一个奉行华莱士主义的雌性实际上从雄性的外表中看到了对方的基因优劣，从而判断配偶的质量。有些老练的新华莱士主义者提出，雄性应该努力让雌性容易看到自己的素质，即便其素质很差。雌性根据雄性的质量择偶，正是这种努力的惊人后果。这种理论的提出归功于阿莫茨·扎哈维（Amotz Zahavi）、威廉·汉密尔顿（William D. Hamilton）和艾伦·格拉芬（Alan Grafen），也可以说它是多个理论的演变版本。该理论虽然有趣，但离我们目前的主题还太远。我在《自私的基因》第二版的尾注里，尽我所能地对这一理论做了详细的阐释。

关于人类进化，我们有三个问题，而这个理论把我们带回其中的第一个问题：为什么我们的体毛发生了退化？马克·帕格尔（Mark Pagel）和沃尔特·博德默（Walter Bodmer）提出了一个有趣的看法。他们认为，体毛退化可以减少体表寄生虫比如虱子的存在，因此——这与本篇故事的主题是一致的——可以作为一种性选择的广告，表明自己没有寄生虫。在体毛退化这个问题上，帕格尔和博德默沿袭了达尔文性选择的思路，但选用了威廉·汉密尔顿的新华莱士主义版本。

达尔文并不试图理解雌性为何有这种偏好，而是以这种偏好为基础，对男性的外表进行解释。华莱士主义者则寻求对性选择偏好自身的进化解释。汉密尔顿最青睐的解释总跟宣扬自身的健康有关。当生物个体选择自己的配偶时，它们寻找的是健康、没有寄生虫的个体，或者表明对方可能善于躲避或对抗寄生虫的迹象。希望被择为配偶的个体，不论自己健康与否，都会表明自身的健康状况，让择偶者很容易做出判断。火鸡和猴子身上成片裸露的皮肤就好比引人瞩目的显示屏，宣示着主人的健康状况。你甚至可以透过皮肤看到下面的血色。

与猴子不一样，人类不光臀部裸露，而且除了头顶、腋下和腹下，浑身上下全都是裸露的。人类要是感染了皮外寄生虫，比如虱子，一般只局限在这些有毛的区域。阴虱（crab louse，学名 *Phthirus pubis*）主要出现在阴部，但同样感染腋窝、颌下胡须甚至眉毛。令人烦扰的是，它们似乎是在几百万年前从大猩猩那里跳到人类身上的。头虱（head louse，学名 *Pediculus humanus capitus*）只出现在头发里。体虱（body louse，学名 *Pediculus humanus humanus*）和头虱属于同一个物种，但是不同的亚种。有趣的是，据信体虱是在人类开始穿衣服之后才进化出来的。德国的一些研究人员比较了头虱和体虱的 DNA，想看看它们是什么时候开始遗传分异的，以此来判断人们发明衣服的年代。他们测定的结果是 7.2 万年前，误差范围是正负各 4.2 万年。进一步的分析更新了这个年代，将它推进到大约 17 万年前。

虱子需要毛发藏身，而帕格尔和博德默最初的想法是，人类体毛的退化减少了虱子栖身的场所。这又带来了两个新问题。如果体毛退化有这种好处，为什么其他同样深受皮外寄生虫困扰的哺乳动物保留着它们的毛发？有些动物，比如大象和犀牛，可以承受体毛退化带来的热量损失，因为它们体形够大，没有毛发也可以维持体温，它们也确实失去了体毛。帕格尔和博德默认为，火和衣服的发明使我们无须体毛。[13] 这立刻引出了第二个问题。为什么我们保留了头顶、腋下和阴部的毛发？一定有某种更重要的优势。也许头顶的头发可以让我们免于中暑，这完全是有可能的。在作为我们进化的场所的非洲，中暑是件非常危险的事情。至于腋毛和阴毛，很可能有利于传播功能强大的信息素（靠空气传播的气味信息），我们祖先的性生活里肯定有它的位置，直到今天我们对信息素的依赖依然超出了许多人的认识。

所以，帕格尔 / 博德默理论中最直观的部分是这样的：像虱子这样的皮外寄生虫很危险（它们携带着斑疹伤寒和其他一些危险的疾病），它们更喜欢毛发而不是裸露的皮肤。体毛退化是一种有效的方式，让这些讨厌而危险的寄生虫的日子不那么好过。而且，体毛的消失也让我们更容易发现和捉去跳蚤之类的皮外寄生虫。灵长类动物会花相当多的时间捉跳蚤，不仅给自己捉，也会互相帮忙。实际上，这已经成为一种主要的社交活动，顺便有利于维系社群关系。

但我觉得帕格尔 / 博德默理论最有趣的地方反而是他们在论文里轻描淡写的部分：性选择。这也正是我把这个理论交给《孔雀的故事》来介绍的原因。对于虱子和跳蚤来说，裸露的皮肤是个坏消息。但对择偶者来说，这是个好消息，有利于它们发现潜在的配偶身上是否有虱子或跳蚤。根据汉密尔顿 / 扎哈维 / 格拉芬理论的预言，不管生物用什么方式帮助择偶者判断潜在的配偶是否有寄生虫，性选择都会让这种行为发扬光大。体毛退化就是一个漂亮的例子。当我合上帕格尔和博德默的论文时，不禁想起了托马斯 · 赫胥黎的那句名言：我真蠢！怎么就没想到呢！

不过，体毛退化只是一件小事。为了履行之前的承诺，现在让我们转向双足行走和大脑增长。关于人类进化史上更重要的这两件事，孔雀能给我们一些启示吗？既然双足行走发生在先，那么我也就先讨论它。在《阿迪的故事》里，我提到多个有关双足行走的理论，包括乔纳森 · 金登最近提出的蹲姿觅食理论，我对之相当信服。我当时说过，我将把我本人的想法推迟到《孔雀的故事》再介绍。

在我关于双足行走的进化的理论中，第一个要素便是性选择以及它驱动进化朝着非实用的武断方向前行的能力。第二个要素则是模仿的行为倾向。在英语里，“猿”（ape）这个词甚至有一个动词用法，to ape，意思是“模仿”，不过我不确定这种用法是否恰当。在所有猿类中，人类的模仿能力固然首屈一指，但黑猩猩也可以，没有理由认为南方古猿做不到。第三个要素是猿类中广泛存在的一种习惯，它们通常会暂时性地用后腿支撑着站立起来，有时是为了展示性能力，有时是展示攻击能力。大猩猩这么做的时候会用拳头敲打自己的胸膛。雄性黑猩猩也会捶打胸膛，而且有一个不寻常的表演项目，被称为“祈雨舞”（rain dance），这时候它们会后腿直立，身体前倾。有一只名叫奥利弗（Oliver）的圈养黑猩猩不仅习惯了直立行走，而且很喜欢这么做。我看过一个记录它行走的影片，它的姿态惊人地挺拔，不像一个笨拙的蹒跚学步者，倒像是挺立的军姿。奥利弗走路的样子太不像黑猩猩了，以至于引起了很多奇怪的猜想。在 DNA 检验结果证明它确实是黑猩猩之前，有人猜它可能是黑猩猩和人杂交的后代，或者是黑猩猩和倭黑猩猩的后代，甚至可能是残存的南方古猿。不幸的是，我们无法查清楚奥利弗的生活经历，似乎也没人知道是否有人教过它走路，也许是为了马戏团表演，也许是街边演出，或者这只是它自己的一个古怪癖好，甚至它可能是一个遗传突变体。抛开奥利弗暂且不提，在后腿直立行走这事上，猩猩比黑猩猩还略胜一筹；长臂猿实际上会用双足跑过林间空地，姿态和它在树上沿着枝条奔跑的时候没什么两样，当然这是在它们没有悬臂摆荡的时候。

把所有这些要素组合起来，便是我对人类双足行走之起源的看法。就像其他猿类一样，我们的祖先不在树上的时候也是四肢着地，但时不时地会用后腿支撑着站起来，也许是“跳祈雨舞”，也许是采摘枝条上垂下的果实，也许是从一个蹲姿觅食点向下一个地点转移，也许是蹚水过河，也许是炫耀阴茎，也许是以上各种原因的任意组合，总之与现代的猿类和猴子没太大差别。然后——我在这里做了一个关键的补充——在这些猿类的某个物种中发生了一件不寻常的事情。这个物种正是我们的祖先，双足行走在它们中间成为一种时尚。就和一切流行时尚一样，这个小花招的流行显得突然且神秘。若要打个比方的话，应该是传说中西班牙语咬舌音的起源，据说（很可能是假的）当初人们流行模仿某位口齿不清的朝臣的发音（在其他版本里是哈布斯堡王朝的某位皇帝或公主）。

为了简便起见，我将采取一种有偏见的叙事，假定是女人选择了男人，但请记得，事情完全可以反过来。在我想象的画面里，有一位雄猿——也许是一位中新世的奥利弗——因为精于双足站立（也许是在某种古老版本的"祈雨舞"中表现出众）而赢得众猿的喜爱或敬重，并因而获得了特别的性吸引力和社会地位。其他猿也跟着模仿它的花哨习惯，然后在当地成为一件很"酷"、很"时髦"、"谁都得会"的时尚，就好比某些地方的黑猩猩有着砸坚果或钓白蚁的习惯，这些习惯也是通过对时尚的模仿而传播开的。在我十几岁的时候，一首格外愚蠢的流行歌曲有着这样的副歌歌词：

> 人人都在说起，
> 一种走路的新方式！

尽管这句歌词很可能只是为了押韵而偷懒拼凑出来的，但毫无疑问，走路的方式确实有一种传染性的魔力，因为被羡慕所以被模仿。我当年去的寄宿学校是位于英格兰中部的奥多中学，那里曾有一个仪式，高年级的男孩子要在其他人已经就位之后才排着队进入小礼拜堂。他们走路的姿势既有昂首阔步的气派，又混杂着几分笨拙，如此特别，如此古怪，我父亲在某学期的家长开放日看到之后就给它取了个名字，叫作“奥多步”（学过了动物行为学，又做了德斯蒙德·莫里斯的同事，我现在知道了，他们这么做是为了炫耀他们的优势地位）。在美国某个特定社会群体中也流行一种四肢松垮的步态，在社交方面富于观察力的作家汤姆·伍尔夫（Tom Wolfe）给它起了个名字叫作“皮条步”（Pimp Roll）。

回到我们想象中的人类祖先所经历的事件次序。在流行这种新步态的地方，女性择偶时偏爱那些学会了这种新步态的男性。它们这种偏爱和人们想要加入这种流行趋势的动机是一样的：因为这在它们所属的社会群体中受到推崇。接下来这一步对于此处的论述至关重要。那些格外擅长这种时尚新步态的男性最有可能吸引到配偶，留下后代。但除非这种“走路”的能力有某种遗传基础，否则它没有任何进化上的意义。这种遗传基础完全是有可能的。请记住，我们现在谈论的是从事一种活动的时间发生了定量的变化，这种活动本身是事先已经存在的。对于一种已有变量的定量变化来说，如果没有某种遗传因素的影响，反而是不寻常的。

论述的下一步就是标准的性选择理论了。那些个人择偶偏好符合流行偏好的择偶者，因为它们的这种选择偏好，其后代倾向于继承父亲的双足行走技巧，其后代中的女儿也会继承母亲的这种择偶偏好。根据费歇尔的理论，这种双重选择——对于男性来说是拥有某种特质，而对女性来说是偏爱同一种特质——正是爆炸式的选择失控的要素。关键在于，这种失控进化的准确方向是武断和不可预测的。它完全可能走向相反的方向。确实，也许另一个地方的种群就是沿着相反方向进化的。当我们试图解释为什么一群猿（我们的祖先）突然朝着双足行走的方向进化，而另一群猿（黑猩猩的祖先）无动于衷时，这种方向武断而不可预测的爆炸式的进化之旅正是我们需要的东西。这一理论还有一点额外的优势，即它所描述的进化冲刺可以异乎寻常地快，而我们恰好需要利用它来解释一个本来会令人困扰的问题：据信双足行走的托迈和原人，其生活的年代与1号共祖非常近。

现在让我们看看人类进化史上另一个伟大的进步，即大脑的增长。《能人的故事》讨论了多种理论，我们同样将性选择理论留到了最后，交给《孔雀的故事》来说明。杰弗里·米勒在《求偶心理》中指出，大约有50%的人类基因在大脑中有表达，这个比例非常高。为了简明起见，我们再次以女性选择男性的角度展开接下来的叙事，但真实的情况完全可以是从另一个角度或者是双向同时进行的。一个女人如果想要深入彻底地了解一个男人的基因质量，专门考察他的大脑是个不错的办法。当然她不能直接观察他的脑子，所以她考察的是大脑的工作效果。根据前述的理论，男人应该宣扬自己的素质，使之一目了然，所以男人们不会把自己的智慧之光隐藏在骨质脑壳之下，而是把它展示出来。他们唱歌、跳舞、说动听的话，他们讲笑话、谱曲子或者写诗，他们演奏或者引用前人的作品，在洞穴的墙上或者西斯廷礼拜堂的天花板画画。好吧好吧，我知道米开朗琪罗的目的可能不在于吸引女性的注意力，事实也确实如此。不过，他的大脑完全有可能被自然选择“设计”为吸引女性的注意力，就好比他的阴茎被设计为让女性受孕，不管他个人的性偏好是什么。从这个角度看，人类的意识就好比精神层面上的孔雀尾。性选择让孔雀尾变得更壮观，而同一种力量也促成了人类大脑的扩张。米勒本人偏爱华莱士版本的性选择，而非费歇尔版本，但结果基本是一样的。大脑变得更大，这一变化既顺理成章又快速无比。

在她那本无畏的著作《觅母机器》（*The Meme Machine*）中，心理学家苏珊·布莱克莫尔（Susan Blackmore）提出了一个更激进的性选择理论解释人类意识的起源。她用了“觅母”（meme）的概念。觅母是文化遗传因子，它并非基因，和 DNA 只有比喻意义上的联系。基因通过受精卵（或者病毒）传递，觅母则通过模仿传播。如果我教你用纸折一只中国平底船模型，那么就有一个觅母从我的大脑传递到了你的大脑里。然后你可以将同一个技巧教给了另外两个人，而他们每人也各教了两个人，以此类推。那么这个觅母就像病毒一样，以指数的方式传播开来。假定我们各自的教学工作都做得不错，那么“辈分”更晚的觅母与先辈们相比不会有稳定的差异，所有这些觅母都会产生相同的折纸“表型”[14]。某些平底纸船也许比其他纸船更完美，因为其创作者也许比其他人多花了一些心思。但纸船的质量不会一代代逐渐恶化。尽管具体的表型有差异，但觅母还是得以完整地传递，就像基因一样。这个觅母传递的例子很像基因的传递，特别是病毒基因的传递。其他一些例子，比如讲话的方式，或者某种木工技巧，也许就不那么令人信服了，因为我猜随着它们在模仿家系的传递，辈分较晚的版本很可能会逐渐变得越来越不像最初的版本。

和哲学家丹尼尔·丹尼特（Daniel Dennett）一样，布莱克莫尔也相信觅母在人成为人的过程中发挥着决定性的作用。用丹尼特的话说：

> 人类的意识是所有觅母都要驶向的港湾，而人类的意识自身又是觅母的产物，是觅母把人类大脑重塑成更适宜觅母栖居的环境。进出的道路得到因地制宜的改造，又被各式各样的人造装置加强，这些装置可以提高复制过程的保真度和持久性：中国人的意识和法国人的意识有着显著的差异，认字的人也有着与文盲截然不同的头脑。[15]

只看解剖结构的话，现代人类大脑在文化大跃进之前和之后并没有什么差异，在丹尼特看来，其主要区别在于大跃进之后的大脑里觅母云集。布莱克莫尔走得更远。她用觅母来解释人类大脑容积的进化。当然这不是觅母能独占的功劳，毕竟我们这里说的是一种重大的解剖学变化。觅母也许表现为割去包皮的阴茎（这种表型有时候以一种准遗传方式，从父亲传给儿子），甚至可以表现为身体的形态（想想代代相传的那种以瘦为美的时尚，或者用颈环把脖子变得修长的习俗）。但脑容量翻倍是另一回事，它必然缘于基因库的变化。那么，在布莱克莫尔眼里，觅母对人类大脑的进化扩张有什么作用呢？这个问题再次为我们引出了性选择。

人们倾向于从受人钦佩的偶像那里复制觅母。事实上，这也正是为什么广告商肯花钱请一些没有专业资格的人来推荐产品，比如球星、影星和超模。有魅力，受尊敬，有天分，或者因为其他原因而出名的人，都是强有力的觅母供体。这一批人往往还同时具有性吸引力，因此还是强有力的基因供体，至少在多配制的社会是这样的，而我们祖先的社会很可能就是如此。在每一代人里，和普通人比起来，这些有魅力的个体都为下一代人提供了更多的基因，也提供了更多的觅母。布莱克莫尔假设人的魅力部分地来自产生觅母的意识：有创造性、艺术性、口齿伶俐有说服力的意识。那些有助于生成这种头脑的基因也善于制造有吸引力的觅母。于是，觅母库（meme pool）里的觅母所经历的准达尔文主义性选择同基因库里基因所经历的真正的达尔文主义性选择一起，手挽手共同进化。这是另一个失控进化的例子。

那么在这种观点看来，觅母在人类大脑的进化扩张过程中到底有什么作用？我觉得看待这个问题最有裨益的方式是这样的。在大脑里有这样一些遗传差异，若不是有觅母使它们表现出来，根本就不会被注意到。比如，有很好的证据表明，音乐能力的差异有遗传方面的因素。巴赫一家的音乐天赋很可能在很大程度上归功于他们的基因。在一个充满音乐觅母的世界里，音乐能力的遗传差异是性选择的潜在对象，而且备受青睐。但在音乐觅母进入人类头脑以前的世界里，与音乐能力有关的遗传差异依然存在，但不会表现出来，至少不会以相同的方式表现出来。它们不会受到性选择或自然选择。觅母选择本身不会改变大脑的尺寸，但它可以让那些本来隐藏的遗传差异显现出来。这可以被看作鲍德温效应（我们在《河马的故事》里提到过）的一种形式。

《孔雀的故事》用达尔文漂亮的性选择理论回顾了一些关于人类进化的问题。为什么我们的体毛退化了？为什么我们双足行走？为什么我们的大脑这么大？我无意过度引申，仿佛性选择可以作为一个普遍答案回答所有与人类进化有关的重要问题。在双足行走的例子里，我至少同样信服乔纳森·金登的“蹲姿觅食”理论。自从达尔文最先提出性选择理论以来，性选择长期受到忽视，如今重新受到认真的审视，以至于成为一种时尚，我为此拍手称赞。而且，它确实也为这些主要问题背后隐藏的附加问题提供了一个现成的解决方案：既然双足行走（或者大脑扩张，或者体毛退化）这么有利，为什么其他猿不照做？性选择妙就妙在，它预言的是一种方向武断的突然爆发式进化。另一方面，在大脑尺寸和双足行走方面两性异形现象的缺失，也要求一些特别的论辩。我们且在此打住，因为它需要更进一步的思考。

渡渡鸟的故事

出于显而易见的原因，陆生动物很难抵达遥远的海岛，比如加拉帕戈斯群岛或者毛里求斯岛。若是碰巧遇上那种屡次发生的诡异事故，有陆生动物乘着脱离海岸的红树林筏子漂到了一个像毛里求斯这样的岛上，它们很可能就此展开了一种轻松的生活。之所以如此，是因为来到这座岛上本来就不容易，岛上的竞争因而也就不如后方大陆上那样激烈。正如我们讲过的，这很可能就是猴子和啮齿类抵达南美洲的方式。

当我说殖民一座岛屿"很困难"的时候，我必须紧接着预防那种常见的误解。一个溺水的生物也许会绝望地企望着陆地，但没有哪个物种真的"试图"去殖民一座岛屿。物种这样的实体不会尝试去做任何事，但某个物种的某些个体也许碰巧发现自己处于殖民者的境地，可以占领一座不曾被自己的物种栖居的岛屿。可想而知，这样的个体会从这种真空中获益，以后见之明的眼光去看，结果便是我们可以说它们的物种殖民了这座岛屿。这一物种的后代也许会逐渐进化出与它们的祖先不同的生活方式，以适应陌生的岛上环境。

这就引出了《渡渡鸟的故事》。这个故事的主旨在于，陆生动物很难抵达一座岛屿，但如果它们长着翅膀，事情就容易多了。就像加拉帕戈斯地雀的祖先或者渡渡鸟的祖先所做的那样，不论它们到底是谁。会飞的动物有一种特殊的地位。它们不需要老生常谈的红树林筏子，它们的翅膀可以载着它们来到远方的岛屿，也许是因为一次罕见的事故，也许是一场大风。一旦成功抵达了海岛，它们常常会发现翅膀没了用处，特别是因为岛上通常缺少天敌。这也是为什么就像达尔文在加拉帕戈斯注意到的那样，岛上生活的动物往往非常温驯。这让它们成为水手们唾手可得的肉食来源。最著名的例子是渡渡鸟（dodo，学名 *Raphus cucullatus*）。分类学之父林奈残忍地将它们重命名为 *Didus ineptus*[16]。

“dodo”一词来自葡萄牙语，意思是“蠢笨的”。这个说法不公平。当葡萄牙水手在1507年抵达毛里求斯岛时，数量庞大的渡渡鸟极为温驯，主动接近水手们，其行为和“信任”差不了多少。为什么不信任呢？毕竟数千年来它们的祖先不曾遇见过任何天敌。哈，看看信任的下场。不幸的渡渡鸟纷纷被人用木棍敲死，先是葡萄牙水手，后来是荷兰水手，尽管他们称它的肉“难以下咽”。也许这被看作一种狩猎运动。在不到两个世纪的时间里，渡渡鸟就灭绝了。正如一再发生的那样，灭绝是直接的杀戮和一系列间接作用的共同后果。人类带来了狗、猪、老鼠和信教的难民。前三者吃掉了渡渡鸟的蛋，难民种下了甘蔗，毁掉了渡渡鸟的栖息地。

生物保护是一个非常现代的概念。我怀疑在17世纪，灭绝这个词以及它所代表的意义不曾进入任何人的脑海。我几乎不忍心讲“牛津渡渡鸟”（Oxford Dodo）的故事，它是最后一只在英格兰被制成标本的渡渡鸟。它的主人，标本剥制师约翰·特拉德斯坎特（John Tradescant），受人蛊惑将他那一大批古董珍藏遗赠给（据说）臭名昭著的伊莱亚斯·阿什莫尔（Elias Ashmole）。这也是为什么据说牛津的阿什莫林博物馆（Ashmolean Museum）本该被称为特拉德斯坎特博物馆。后来，阿什莫尔的藏品管理员们（据说错误地）决定把特拉德斯坎特的渡渡鸟标本当垃圾烧掉，只留下了喙和一只脚，现在它们位于牛津大学自然历史博物馆，我有时会在那里工作。正是在那里，它们令人难忘地启发了刘易斯·卡罗尔（Lewis Carroll）[17]，还有希莱尔·贝洛克：

以前渡渡鸟四处闲逛，
沐浴日光，自由呼吸。

如今日光仍然温暖着它的故乡，

渡渡鸟却没了踪迹！

那个曾经叽叽嘎嘎的声音，

如今永远喑哑默然——

你仍能看见它的喙和骨，

只是全在博物馆。

据信生活在相邻的留尼汪岛（Réunion）上的白渡渡鸟（*Raphus solitarius*）也遭遇了同样的命运[18]。罗德里格斯岛（Rodriguez）是马斯克林群岛（Mascarene archipelago）三座岛屿中最小的一个，曾有一种渡渡鸟的近亲生活在那里，后来也因为同样的原因灭绝，它便是罗德里格斯渡渡鸟（Rodriguez solitaire，学名 *Pezophaps solitaria*）。

渡渡鸟的祖先长着翅膀。它们的先辈像鸽子一样，凭着自己肌肉的力量飞到马斯克林群岛，也许得到了一阵怪风的帮助。一旦抵达，它们就再也不用飞翔了——没有天敌需要它们躲避——于是就失去了翅膀。就像加拉帕戈斯和夏威夷，这些岛屿也是最近火山活动的产物，存在的时间都不超过 700 万年。分子证据表明，渡渡鸟和罗德里格斯渡渡鸟很可能是从东面来到马斯克林群岛的，而不像我们自然而然猜的那样来自非洲或者马达加斯加。也许罗德里格斯渡渡鸟的大部分进化分异都发生在它们抵达罗德里格斯岛之前，那时候它们的翅膀仍然保有足够的力量，使它们可以从那里抵达毛里求斯。

何必要丢掉翅膀呢？花了那么长时间才进化出翅膀，为什么不留着呢？万一哪天有事还能派上用场。唉（为渡渡鸟而叹息），进化可不是这么想的。实际上进化从不思考，更别提未雨绸缪了。如果进化会事先打算的话，渡渡鸟就会保留着它们的翅膀，也就不会在葡萄牙和荷兰水手那残忍的破坏行动中成为活靶子。

已故的道格拉斯·亚当斯被渡渡鸟的悲伤故事打动，在他写于1970年代的某集《神秘博士》（*Doctor Who*）故事里，年长的克罗诺蒂斯教授（Professor Chronotis）在剑桥大学的房间是一台时间机器，而他只用这台机器做一件事，即满足他的私密怪癖：他不可自拔地一再回到17世纪的毛里求斯，只为给渡渡鸟掬一把泪。由于英国广播公司（BBC）的一场罢工，这集《神秘博士》从来没有播出。后来道格拉斯·亚当斯重新将这个萦绕心头的渡渡鸟故事写进了他的小说《全能侦探社》（*Dirk Gently's Holistic Detective Agency*）里。你尽可笑我多愁善感，但我必须停笔默哀——为道格拉斯，也为克罗诺蒂斯教授以及使他落泪的渡渡鸟。

无论是进化，还是作为进化引擎的自然选择，都没有先见之明。在每个物种的每一代里，最具生存和繁殖优势的那些个体为下一代种群提供了超出一般比例的基因。结果便是，这一过程虽然盲目，但依然在自然允许的范围内依循着近乎先见之明的路径。100万年后当水手们拿着大棒来到岛上的时候，翅膀或许有用。但在迫在眉睫的此时此地，翅膀不会帮助一只渡渡鸟为下一代种群提供更多的后代和基因。相反，用来支持飞翔的巨大胸肌是掌握飞行能力昂贵奢侈的代价。让翅膀退化，节省的资源可以被用于眼下更有用的东西，比如卵：它对于那些导致翅膀退化的基因的生存和繁殖来说有着即时有效的收益。

一直以来，自然选择都在做着这种事情，总是修修补补，这里缩小一点，那里长大一点，总是在调整、试验、取消，为了当下的繁殖成功率而不断优化。几百年后的生存问题不会被计算考量，原因很简单，因为根本不存在计算。一切都自动发生，某些基因在基因库里存活下来，另一些被淘汰。

一件较为喜人的后续事件减轻了牛津渡渡鸟（既是爱丽丝的渡渡鸟，也是贝洛克的渡渡鸟）结局的悲伤。我在牛津大学的同事艾伦·库珀所在的实验室获准从渡渡鸟的一块足骨中提取了一个小样本。他们还从罗德里格斯岛的一处洞穴里得到了一块罗德里格斯渡渡鸟的股骨。这些骨头提供了足够的线粒体 DNA，使他们可以一个字母一个字母地进行详尽的测序比较工作。他们将这两种已灭绝的鸟类和一大批现存的鸟类进行比较，结果确认了人们长期以来的猜测，渡渡鸟是形态发生改变了的鸽形动物。同样毫不令人意外的是，在鸠鸽科（Columbidae）内部，渡渡鸟和罗德里格斯渡渡鸟是彼此最近的亲属。但让人有些意外的是，这两种已经灭绝的不会飞的大型鸟处于鸽形动物家系图的深处。换句话说，渡渡鸟与某些会飞的鸽形动物的关系，比这些鸽形动物与其他会飞的鸽形动物的关系还近。但光看外形的话，你会认为所有会飞的鸽形动物都有更近的亲缘关系，而渡渡鸟则僻处一个偏远的分支。在鸽形动物内部，渡渡鸟最近的亲属是尼科巴鸽（Nicobar pigeon，学名 *Caloenus nicobarica*），这是一种生活在东南亚的漂亮鸽子。尼科巴鸽和渡渡鸟所在的这个支系最近的亲属是维多利亚冠鸠（Victoria crowned pigeon）和齿鸠（*Didunculus*）。前者是新几内亚一种华丽的鸟，后者生活在萨摩亚，是一种有齿的鸽形动物，看起来很像渡渡鸟，甚至它学名的含义就是“小渡渡鸟”。

牛津大学的科学家们评论道，尼科巴鸽迁徙的习性使它特别适于侵入偏远的岛屿，尼科巴鸽形态的化石在东面远至皮特凯恩群岛（Pitcairns）[19] 的太平洋岛屿上都有发现。他们接着指出，这些有冠有齿的鸽子本来就是一种不怎么飞的大型地栖鸟类。似乎这整个系群的鸽子习惯性地向岛屿殖民，然后失去飞行的能力，并变得越来越大，越来越像渡渡鸟。在马斯克林群岛，渡渡鸟和罗德里格斯渡渡鸟将这种趋势推向极致。最近的化石发现表明，在数千千米之外的斐济，它们还有另外一个近亲维提巨鸽（Viti Levu giant pigeon，学名 *Natunaornis gigoura*），它也完全丧失了飞行能力。

与《渡渡鸟的故事》类似的事情在世界各地的岛屿上不断重复上演。鸟类里面有许多科的主要成员都是会飞的物种，却都在岛屿上进化出了不会飞的类型。毛里求斯还有一种不会飞的大型红秧鸡（*Aphanapteryx bonasia*），如今也已经灭绝，有时候会被人和渡渡鸟弄混。罗德里格斯岛有一个类似的物种，罗德里格斯秧鸡（*Aphanapteryx leguati*）。秧鸡似乎为《渡渡鸟的故事》提供了一个补充，它们不仅同样进行跨岛迁徙，而且也随后失去了飞行能力。除了印度洋上的类型，秧鸡在南大西洋的特里斯坦–达库尼亚群岛（Tristan da Cunha）[20] 也有一个不会飞的种类，而且太平洋的大多数岛屿都有——或曾经有过——不会飞的秧鸡种类。在人类毁灭夏威夷的鸟类之前，群岛上有超过 12 种不会飞的秧鸡。在全世界现存的 60 多个秧鸡物种中，超过四分之一的种类是不会飞的，而且所有这些不会飞的秧鸡都住在岛上（前提是我们把新几内亚和新西兰这样的大型岛屿也包括在内）。自人类足迹到达以来，太平洋的热带岛屿上可能有多达 200 个物种走向了灭绝。

同样在毛里求斯，有一种如今已经灭绝的大型鹦鹉，毛里求斯冕鹦鹉（*Lophopsittacus mauritianus*）。这种凤头鹦鹉生活的环境可能和如今仍然（勉强）存活在新西兰的鸮鹦鹉（kakapo）[21] 的差不多。新西兰是——或者说曾是——许多不会飞的鸟类的故乡，它们分属多个不同的科。其中最为惊人的是所谓的“艾兹比尔”（adzebill），这是一种矮胖壮实的鸟，与鹤和秧鸡有远亲关系。在新西兰南岛和北岛上各有一种“艾兹比尔”，但两座岛上除了蝙蝠之外没有任何哺乳动物（原因显而易见，和渡渡鸟一样）。所以，很容易想象得到，“艾兹比尔”的生活方式和哺乳动物很像，填补了“市场的空白”。

在上述所有这些例子里，其进化故事几乎一定是《渡渡鸟的故事》的某个变形。作为祖先的飞鸟凭借自己的翅膀来到偏远的岛屿，哺乳动物的缺失使它们有机会在地面上生活。它们的翅膀再也不像当初在大陆上那样有用，于是这些鸟类放弃了飞翔，翅膀以及昂贵的飞行肌就此退化。直到最近，人们都认为有一个特别的例外，它便是所有不会飞的鸟类当中最古老也最著名的一员：属于平胸鸟类的鸵鸟目。它们有自己的故事，即《象鸟的故事》。

象鸟的故事

《一千零一夜》（*Arabian Nights*）[22] 里最能引起我儿时遐思的景象是水手辛巴达遇见的大鹏鸟，他乍一见大鹏鸟误以为这只巨大的鸟是朵遮住日光的云：

> 我以前听朝圣者和旅行者说起过，在某个岛上住着一种大鸟，名叫“大鹏”，用大象喂养自己的幼崽。

《一千零一夜》里有好几个故事提到了大鹏鸟的传说：两个与辛巴达有关，两个讲的是阿卜杜·拉赫曼（Abd-al-Rahman）的故事。马可·波罗说大鹏鸟住在马达加斯加。也有传说称马达加斯加国王的使节曾向中国皇帝进献了一根大鹏鸟的羽毛。迈克尔·德雷顿[23] 曾用这种巨鸟与众所周知的小鸟鹪鹩进行对比：

> 人类已知所有长羽毛的生物，
>
> 从巨大的鹏鸟，到微小的鹪鹩……

大鹏鸟传说的起源是什么？如果它只是幻想，为什么反复被人和马达加斯加联系在一起？

来自马达加斯加的化石告诉我们那里曾经生活过一种巨鸟，即象鸟（*Aepyornis maximus*）[24]。它甚至可能在那里一直存活到17世纪，不过更可靠的说法是，它灭绝于公元1000年左右。人们偷取象鸟蛋大概是象鸟灭绝的部分原因。象鸟蛋周长[25]可达1米，可以提供相当于200个鸡蛋那么多的食物。象鸟有3米高，体重接近半吨，相当于5只鸵鸟的重量。和传说中的大鹏鸟用翼展达到16米的双翅载着辛巴达甚至大象飞翔不同，真正的象鸟不会飞翔，其翅膀（相对）很小，和鸵鸟差不多。但是，尽管和鸵鸟是近亲，但象鸟并不是鸵鸟的放大版。与鸵鸟好似潜望镜的外形比起来，象鸟更雄壮，好比长着羽毛的坦克，还有着大头和粗脖子。考虑到传说是多么容易夸大，象鸟有可能便是大鹏鸟的前身。

与食量惊人的大鹏鸟不同，象鸟十有八九是食素的，这一点也不同于早期那些食肉的巨鸟，比如新世界的骇鸟（Phorusrhacidae）。骇鸟可以长得和象鸟一样高，还长着吓人的钩状喙，看起来仿佛可以囫囵吞下一个中等体形的律师，让它们那个“有羽暴龙”的诨名显得名副其实。这些鹤形巨鸟乍一看似乎比象鸟更适合作为恐怖的大鹏鸟的原型，不过它们灭绝得太早了，不太可能是大鹏鸟传说的源头。更何况辛巴达（或者他的阿拉伯原型）根本没到过美洲。

马达加斯加的象鸟是地球上有史以来最重的鸟，但它的个头并不是最高的。某些种类的恐鸟（moa）可以长到 3.5 米高，不过需要昂起头来才能达到这一高度，就像理查德·欧文复原的骨骼姿态一样（见下页图）。但在生活中，它们似乎通常只是稍稍抬起头，头的位置比背的高度略高一点。不过，恐鸟也不可能是大鹏鸟故事的起源，因为新西兰同样超出了辛巴达的见识范围。新西兰曾有过大概 10 种恐鸟，体形小的像是火鸡，大的则像是放大了一倍的鸵鸟。在不会飞的鸟类当中，恐鸟属于极端的情况，因为它们没有留下一点翅膀的痕迹，连残余的翼骨都没有。它们一直在新西兰南岛和北岛生活，直到毛利人到来，时间大概是 1250 年。和渡渡鸟一样，它们是易于捕捉的猎物，原因无疑也是一样的。在数千万年的时间里，除了（现在已经灭绝的）哈斯特鹰（Haast's eagle，有史以来最大的鹰），恐鸟不需要担心任何天敌。毛利人将恐鸟屠戮殆尽，吃掉好吃的部分，把剩下的丢弃，再次戳穿了那个一厢情愿的传说：高贵的野蛮人与自然环境和谐相处，令人敬仰。等到欧洲人抵达的时候，此时距离毛利人来到新西兰只过去了几个世纪，恐鸟已经彻底灭绝了。关于恐鸟的目击传说和让人难以置信的传奇故事直到今天也时有听闻，但希望极其渺茫。有一首哀伤的歌，以悲戚的新西兰口音唱道：

> 在古老的奥特亚罗瓦（Ao-tea-roa）[26]，
> 没有恐鸟，没有恐鸟。
> 找不到它们。
> 他们吃掉了它们。
> 它们消失了，再没有恐鸟！

它们消失了，再没有恐鸟！理查德·欧文爵士和大恐鸟（giant moa）的骨架在一起。欧文不仅创造了“dinosaur”（恐龙）一词，也是最先介绍恐鸟的人。

象鸟和恐鸟（但不包括肉食性的骇鸟以及其他很多种已灭绝的不会飞的鸟）都是平胸鸟。这是一个古老的鸟类家系，如今包括南美洲的美洲鸵（rhea）、澳大利亚的鸸鹋（emu）、新几内亚和澳大利亚的食火鸡（cassowary）、新西兰的无翼鸟（kiwi）和鸵鸟。鸵鸟如今只分布于非洲和阿拉伯地区，但以前在亚洲甚至欧洲是很常见的。

自然选择的力量令我感到喜悦。若是世界各地的平胸鸟各自独立进化出不会飞翔的性状，与《渡渡鸟的故事》保持一致，这应该会让我感到满足。换句话说，我宁愿平胸鸟是一个人为划分的类别，在不同地方由于相似的压力而进化出表面上的相似性。

> 唉，实情并非如此。正如《象鸟的故事》所讲的那样，平胸鸟的真实故事非常不同。

“不，等等”，他们在互联网上常这么说。上一段原封不动摘自本书的第一版，我把它用引文表示，意思是如今我们已经知道这个说法是错误的。或者换个说法，甚至可以有点得意地说，我的直觉竟被证明是正确的！

平胸鸟依然是一个古老的系群，不过我们必须也将会飞的䳍鸟（tinamou）纳入其中。这是一种生活于南美洲的地栖鸟类，形似鹌鹑（quail），长期以来被认为是鹌鹑的某种近亲。正如本章开头那个分形树所明示的那样，这群在专业上被称为古颚类（paleognaths）的鸟类彼此之间的关系近于它们和其他鸟类的关系。在这种意义上，它们并非一个人为划分的类别。不过，它们飞翔能力的丧失似乎是趋同进化的结果，而非是继承自某个不会飞的祖先。扭转我们观念的是象鸟。或者更准确地说，是从象鸟骨骼中提取的DNA。艾伦·库珀的实验室费尽周折提取了这些DNA。他是古DNA方面的顶尖权威，我们在《渡渡鸟的故事》里提到过他。象鸟的证据不像渡渡鸟的那么确凿，但是仍然具有强烈的指示意义。

本书第一版提出的标准说法是，在南方的冈瓦纳古陆分崩离析之前，平胸鸟的某个远祖进化出了不会飞翔的性状，就跟渡渡鸟一样。随着冈瓦纳古陆分裂而成的诸大陆或岛屿各自带着自己的平胸鸟分道扬镳，马达加斯加的平胸鸟变成了象鸟，南美洲的变成了美洲鸵，澳大利亚的变成了鸸鹋和食火鸡，新西兰的则变成了恐鸟和无翼鸟，而鸵鸟则出现在非洲。

如果这个故事是真的，那么我们应该可以预期马达加斯加的象鸟最近的亲属是它们在冈瓦纳古陆上的邻居，比如鸵鸟。而且由于马达加斯加从冈瓦纳古陆分离的时间较早（距今约 1.2 亿年），我们应该还可以预期象鸟是最早分离的平胸鸟支系。最近测得的象鸟 DNA 序列推翻了这两种预期。象鸟最近的亲属是……来自冈瓦纳古陆的另一端的无翼鸟。这意味着这些不会飞的大鸟在平胸鸟家系树上的位置高得令人不安。更糟的是，化石证据提示我们，无翼鸟可能特别晚才从一位会飞的祖先进化而来。更有甚者，另一种不会飞的巨鸟，新西兰的恐鸟，其最近的亲属居然是遥远的南美洲那些会飞的鴂鸟。最谨慎的结论是，平胸鸟的故事就好比另一个版本的《渡渡鸟的故事》，只是更古老，而且规模也大得多。或者按库珀团队的说法，"平胸鸟的早期进化看起来以飞行扩散和平行进化为主。飞行能力的退化至少发生了六次，体形的庞大化则至少发生了五次。"

2015 年，埃德 · 扬（Ed Yong）在一篇清晰明白的文章中引用迈克尔 · 邦斯（Michael Bunce）的话说："一大批教科书需要重写。"他接着引用了《祖先的故事》第一版，也正是前文摘抄的那一段："……'唉，实情并非如此。'振作一点，理查德，事实正是如此。"科学家们口头上常说他们乐于看到自己被证明是错误的，因为这正是科学进步的方式。不过偶尔被证明那句话不只是口头说说而已，倒还是不错的。我怀着真心的喜悦看到自己被证明是错的——同时又是对的。

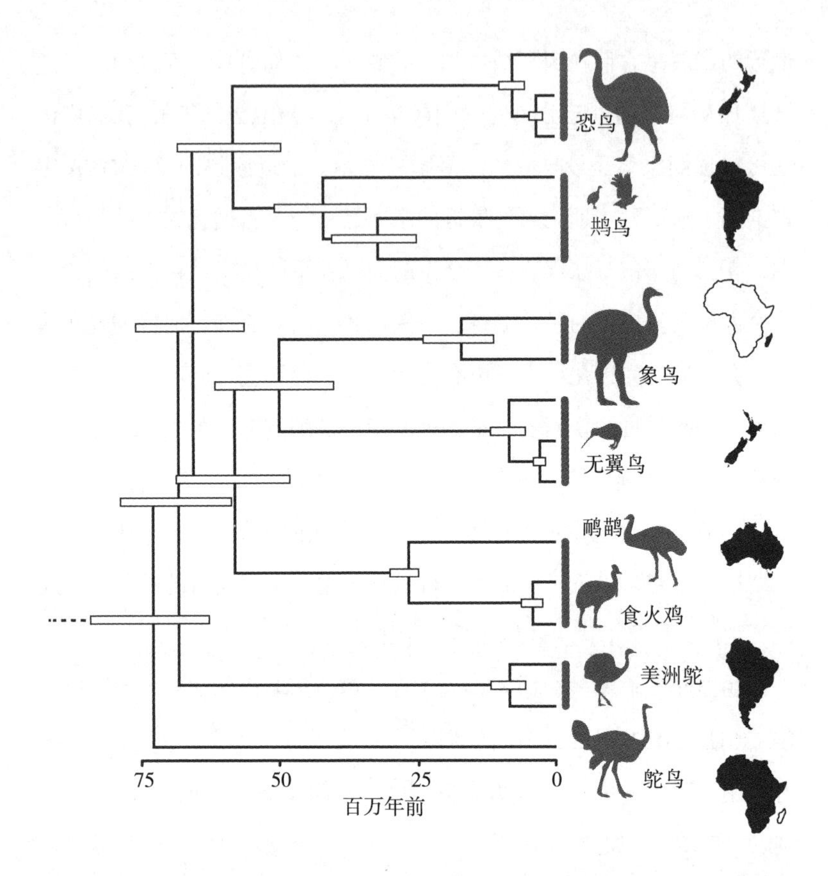

“若是世界各地的平胸鸟各自独立进化出不会飞翔的性状……这应该会让我感到满足。”这个梦想也许成真了。通过对古 DNA 的分析得到了如图所示的平胸鸟和鴂鸟的进化树。冈瓦纳古陆在 1.6 亿年前到 8 000 万年前的分崩离析不能解释这些鸟的地理分布。空心棒代表各分支分子钟测年的误差范围。改自 Mitchell 等人［291］。

注释

1. 不幸的原因在于，Ornithischia 一词的意思是“鸟的臀部”，但这种相似性既肤浅又引人误解。——作者注

2. 有一些书给了它们高规格的待遇，比如戴维·诺曼（David Norman）的《恐龙！》（*Dinosaur!*）和罗伯特·巴克（Robert Bakker）的《恐龙趣谈》（*The Dinosaur Heresies*），当然也不能忘了罗伯特·马什（Robert Mash）那本诙谐有趣而且深情的《恐龙饲养指南》（*How to Keep Dinosaur*）。——作者注
3. 这是英国浪漫主义诗人珀西·雪莱（Percy Shelley，1792—1822）的名作，原题是“奥兹曼迪亚斯”（Ozymandias），此处的“恐龙颂”是作者另拟的标题。——译者注
4. 这篇故事是我在 2005 年 1 月为《卫报》撰写的三篇文章之一，当时我正乘着一艘被称为“贝格尔”（The Beagle）的小船徜徉于加拉帕戈斯水域。——作者注
5. 圣塔菲岛以及北西摩岛、达芙妮岛都是属于加拉帕戈斯群岛的小岛。——译者注
6. 出自英国作家丹尼尔·笛福（Daniel Defoe，1660—1731）的代表作《鲁滨孙漂流记》（*Robinson Crusoe*）。星期五（Man Friday）是主人公从食人族手中救下来的原住民。——译者注
7. 萨尔瓦多·达利（Salvador Dalí，1904—1989），西班牙著名超现实主义画家。下文所说的《记忆的永恒》是他 1931 年创作完成的代表作。——译者注
8. 斯蒂芬·古尔德在《达尔文出海记》（Darwin at sea - and the virtues of port）一文中讨论过所谓的“达尔文的顿悟”，该文被编入《火烈鸟的微笑》（*The Flamingo's Smile*）一书。值得一提的是，隔绝的岛屿以生成生物多样性而闻名。夏威夷是比加拉帕戈斯更偏远的火山群岛，那里的鸟本来是一种旋蜜雀，但它们的后代迅速进化成了像加拉帕戈斯地雀一样的种类，甚至进化出了一种“啄木鸟”。类似地，大概 400 种外来的昆虫在这里进化出了 10 000 个夏威夷特有的物种，其中包括 1 种特殊的食肉毛虫和 1 种半海生的蟋蟀。除了 1 种蝙蝠和 1 种海豹之外，夏威夷没有原生的哺乳动物。哈，用爱德华·威尔逊那本精彩的《缤纷的生命》里的话说，“如今大多数旋蜜雀都已经不在了。它们在各种压力下败退消亡，例如过度捕猎、森林退化、老鼠、食肉蚁以及外来鸟类带来的疟疾和浮肿病，而当初引入这些鸟类，是为了让夏威夷的风景变得‘更丰富多彩’”。——作者注

9. 达尔文和彼得·格兰特都留着络腮胡。——译者注

10. 喙深度（beak depth）指喙基部最宽处从喙上沿到下沿的距离。——译者注

11. 当然，和我的同事德斯蒙德·莫里斯一样，我这里所说的“裸露”指的是无毛，而非不穿衣服。——作者注

12. 这是海伦娜·克罗宁（Helena Cronin）的说法，出自她那本精彩的《蚂蚁和孔雀》（*The Ant and the Peacock*）。——作者注

13. 正如本书前文讨论的那样，如果我们的体毛是在超过 100 万年前退化的，这应该意味着火的使用（超过 100 万年历史），而非衣物的发明（大概只有十几万年历史）使我们无须体毛。——作者注

14. 我们在《河狸的故事》里看到，表型通常指的是某个基因表现自己的外在方式，比如眼睛的颜色。显然，我这里用的是它类比的含义：基因若不显现出表型，则只能隐藏在染色体里；一个觅母若没有可见的表型，则被埋藏在大脑里。我在本书总序的“再生遗存”一节里提到了“自规范”，这也是一个很好的自规范的例子。另外请参见我为布莱克莫尔作品写的前言。——作者注

15. 丹尼特曾多次运用觅母理论，且极富建设性，包括《意识的解释》（*Consciousness Explained*，本段引文即出自此书）、《达尔文的危险思想》（*Darwin's Dangerous Idea*）、《自由的进化》（*Freedom Evolves*）、《破除谜咒》（*Breaking the Spell*）和《直觉泵》（*Intuition Pumps*）。——作者注

16. 意思是“笨拙的渡渡”，不过根据命名优先原则，林奈的命名较晚，所以没有成为渡渡鸟的官方学名。——译者注

17. 查尔斯·道奇森（Charles Lutwidge Dodgson，1832—1898），笔名刘易斯·卡罗尔（Lewis Carroll），英国作家、数学家、逻辑学家和摄影家，以儿童文学作品《爱丽丝漫游奇境》（*Alice's Adventures in Wonderland*）闻名于世。——译者注

18. 不过，如今在伦敦动物学会（Zoological Society of London）工作的萨姆·图尔维——他的博学实在令人震惊——为我指出，几乎可以肯定白渡渡鸟从来没有存在过：“白渡渡鸟的形象出现在 17 世纪的几幅画里，当代的旅行者又提起在留尼汪岛有一种白色的大鸟，不过语焉不详，很可能是被误导了，而

且在那个岛上没有发现任何渡渡鸟属的骨骼。尽管这个物种被赋予了 *Raphus solitarius* 这一学名，而且那位古怪的日本博物学者蜂须贺正氏（Masauji Hachisuka）辩称在留尼汪岛有两种渡渡鸟（他将它们分别命名为 *Victoriornis imperialis* 和 *Ornithaptera solitaria*），更可能的情况是，早期的目击证词也许指的是已经灭绝的留尼汪岛孤鸽（*Threskiornis solitarius*）。留尼汪岛孤鸽有骨骼留存至今，明显与现存的白色的圣鹮（sacred ibis）很像。也有可能它指的是没有成年的、灰褐色的毛里求斯渡渡鸟。再或者，它们可能只是艺术放纵的产物。”——作者注

19. 皮特凯恩群岛是英国的海外领地，位于南太平洋，由四座小岛组成。——译者注
20. 特里斯坦–达库尼亚群岛位于南大西洋，由主岛特里斯坦–达库尼亚岛连同几座无人岛屿组成。——译者注
21. 同样令人难忘地出现在道格拉斯·亚当斯的《最后一眼》里。——作者注
22. 又名“天方夜谭”，是一部阿拉伯民间故事集，部分内容可以追溯到古波斯文明时期，于公元 9 世纪以阿拉伯文成书，后经法国人安托万·加朗（Antoine Galland）翻译介绍到西方。《辛巴达的故事》并不在阿拉伯文的《一千零一夜》当中，安托万和其他欧洲译者将它连同《阿拉丁神灯》《阿里巴巴和四十大盗》等阿拉伯民间故事一同加入了《一千零一夜》的西方译本。——译者注
23. 迈克尔·德雷顿（Michael Drayton，1563—1631），文艺复兴时期的英国诗人。——译者注
24. 实际上在 *Aepyornis* 和 *Mullerornis* 这两个属里有数个相似的物种，不过只有 *A. maximus* 最配得上象鸟这个名字。——作者注
25. 不是直径。其实并没有听起来那么惊人。——作者注
26. “新西兰”在毛利语中的名字。——作者注

第 17 会合点

两栖类加入。现存两栖动物包括3个家系：蝾螈、蛙以及像蚯蚓一样的蚓螈。已记录的物种数目在6 500种到7 450种之间，其中大约90%都是蛙类。与部分化石研究不同，遗传分析总是将两栖类这3个目归入同一个系群，作为羊膜动物的姊妹系群存在，正如我们在这里显示的。目前关于3个两栖动物系群在进化上的分异次序仍然存有争议。

两栖动物

在 3.4 亿年前的石炭纪早期，距离第 16 会合点的大里程碑只有大约 2 000 万年，羊膜动物（amniote）——这个名字是哺乳动物、爬行动物和鸟类的统称——跟我们的两栖类表亲在第 17 会合点相遇了。这时泛大陆还没有形成，北方和南方的陆地环绕着前特提斯洋（pre-Tethys ocean）[1]。南极的冰盖开始形成，赤道周围有石松组成的热带森林，气候很可能和今天有些相似，但动植物当然与今天极为不同。

17 号共祖差不多是我们的 1.75 亿代远祖，也是所有现存四足动物（tetrapod）的祖先。四足动物的意思是有四只脚。我们和鸟类是放弃了四足行走的四足动物，人类放弃得晚一些，鸟类要早得多，但都被称为四足动物。换个更加贴切的说法，17 号共祖是成员众多的陆地脊椎动物的共同远祖。尽管我先前批判了后见之明的自负，但鱼类从水里走上陆地确实是我们进化史上的一个重要转变。我们将在下一个会合点的《肺鱼的故事》里给予这次转变应有的重视。

在与羊膜动物相遇之前，现代两栖动物朝圣者的 3 个主要团体已经先期会合了。它们分别是蛙类（也包括蟾蜍，它们和蛙的区别没有太大的动物学意义）、蝾螈［也包括会回到水里繁殖的各种肋突螈（newt）］和蚓螈（它们体表潮湿，没有腿，看起来像是蚯蚓或者蛇，有的打洞，有的在水里生活）。成年的蛙没有尾巴，但作为幼体的蝌蚪有一条有力的尾巴用于游泳。蝾螈的幼体和成体都有一条长尾巴，从化石来看，它们的身体比例和两栖类的祖先最像。蚓螈没有四肢，就连其祖先用来支撑四肢的肩带（pectoral girdle）和盆骨带（pelvic girdle）都没有留下一丝痕迹。蚓螈极为狭长的身体来自躯干椎骨数目的增加（它们有多达 250 块椎骨，而青蛙只有 12 块），同时它们肋骨的数目也相应地增加，以支撑身体并保护内部的结构。古怪的是，它们的尾巴非常短，几乎看不见。如果蚓螈有腿的话，其后腿大概正好位于身体的后部端点，某些已灭绝的两栖类的后腿也确实长在这个位置。

尽管成年后在陆地上生活，但大部分两栖类都需要在水中繁殖，羊膜动物则不同，其繁殖也是在陆地上进行的（某些二次进化的情形除外，比如鲸类、儒艮和鱼龙）。羊膜动物或者以胎生的方式直接产出幼崽，或者产下个头相对较大、有防水硬壳的卵。在这两种情况下，胚胎实际上漂浮在自己的“私人池塘”里。两栖动物的胚胎更像是漂浮在一个真正的池塘里，或者某个类似的环境中。在第 17 会合点与我们相遇的两栖类朝圣者虽然在陆上生活，但几乎不会远离水源，而且至少在其生活史的某个阶段，它们会重新回到水里。个别在陆上繁殖的种类则会想尽办法营造一个富含水分的环境。

树上是一个相对安全的庇护所，蛙类找到了一些办法，可以在树上繁殖而不会失去与水的生命联系。有些蛙会利用凤梨科（Bromeliaceae）植物叶丛积聚的一小汪雨水。生活在非洲的大灰攀蛙（grey tree frog，学名 *Chiromantis xerampelina*）的雌性会分泌一种液体，然后雄性会与雌性一起用后腿扑打，合作将它打发成一团稳定的白色泡沫。泡沫外围会硬化成壳，从而维持内部的湿度，使它成为集体育卵的巢穴。蝌蚪在树上那个潮湿的泡沫巢穴里发育，直到下一个雨季，它们发育成熟，从巢穴里挣脱出来，落入树下的水潭，在那里继续发育成蛙。也有其他物种会用这种泡沫筑巢技术，但它们并不协作建巢，而是由一名雌性分泌液体，一名雄性将它打发成泡沫。

有些种类的蛙朝着真正胎生——直接生出幼体——的方向做了一些有趣的转变。南美洲的囊蛙（marsupial frog）包括囊蛙属（*Gastrotheca*）的各个物种，其雌性个体会将受精卵转移到自己背上，在那里它们会被一层皮肤覆盖。小蝌蚪就在母亲背上发育，甚至可以隔着皮肤清楚地看到它们在下面扭动，直到最后破皮而出。还有其他一些种类的蛙也采取类似的方式，很可能它们是各自独立进化而来的。

另一种南美的蛙名叫达尔文蛙（*Rhinoderma darwinii*），以它们那位杰出的发现者命名。它们的胎生方式极不寻常。表面上看，雄性会吃掉它为之授精的卵，实际上这些卵并没有进入消化道。和大多数雄蛙一样，它有一个宽敞的声囊（vocal sac）。作为共鸣器，声囊可以起到放大声音的作用。同时，这个潮湿的腔体也是受精卵安居的地方。它们在那里一直发育成形态成熟的幼蛙，直到最后被父亲呕吐出来，完全放弃了蝌蚪游来游去的自由。

两栖动物和羊膜动物的关键区别在于，羊膜动物的皮肤和卵壳是不透水的。典型的两栖动物皮肤允许水自由蒸发，蒸发速率与表面积相同的一池静水相当。从皮下水分的角度来看，皮肤就跟不存在没什么两样。这一点与爬行类、鸟类和哺乳类极不一样，对于这些动物来说，皮肤的主要功能之一就是阻止水分的流失。两栖动物之中也有例外，特别是澳大利亚的各种沙漠蛙。它们的生存依赖于一个事实：哪怕沙漠也会有洪水期，尽管这段时间既短暂又分散。偶尔遇到罕见的大暴雨，沙漠蛙会制造一个填满水的茧把自己包裹起来，进入一种蛰眠状态，时间长达两年之久，甚至有人说它们可以蛰眠 7 年。某些种类的蛙还可以忍受正常冰点以下的低温，它们的办法是制造甘油作为抗冻剂。

几乎没有两栖动物生活在海水里，因此它们和蜥蜴不一样，很少出现在偏远的海岛上，这一点倒是毫不令人意外。[2] 达尔文在多部著作里都提到了这个现象。同时他还注意到，被人为带到这些海岛的蛙都活了下来。他猜测，蜥蜴的卵受到硬壳的保护，能够在海水里存活下来，蛙卵则很快被海水杀死。不过，除了南极洲之外，所有大陆都有蛙的存在，而且很可能在大陆分裂之前它们就已经生活在那里了，其间不曾中断。所以说这是一个非常成功的系群。

蛙在某些方面让我想起了鸟类。它们都对祖先的身体构造进行了多少有些怪异的改造，这一点倒不算特别出奇，但无论是鸟还是蛙，它们都以自己怪异的身体构造为基础，发展出了一整套各式各样的不同版本。蛙的种类不像鸟类那么多，但也有超过 6 500 个物种，广泛分布于世界各地，这足以令人惊叹了。鸟的身体明显为了飞翔而设计，就连鸵鸟这样不会飞的鸟也不例外。要理解成年蛙的身体构造，最好把它看成一种高度特化的跳跃机器。某些种类的蛙可以跳过相当可观的距离，以澳大利亚的长褶雨滨蛙（*Litoria nasuta*）为例，它的跳远距离可以达到体长的 50 倍，这么看来其英文俗名“火箭蛙”（rocket frog）倒是很贴切。世界上最大的蛙是生活在西非的巨谐蛙（goliath frog，学名 *Conraua goliath*），体形堪比一只小型犬，据说可以跳 3 米高。不是所有蛙都会跳，但它们全都来自会跳的祖先。某些树栖的物种，比如黑掌树蛙（Wallace’s flying frog，学名 *Rhacophorus nigropalmatus*），展开长趾，以蹼膜充当降落伞，从而延长跳跃的距离。它们滑翔的时候确实有点像鼯鼠。

蝾螈和肋突螈在水里的时候像鱼一样游泳。即使在陆地上，它们的腿也因为太短太弱而无法像我们所理解的那样走或者跑，而是像鱼的泳姿一样波状摆动，四肢只起到辅助的作用。现存大多数蝾螈的体形都很小，不过最大的可以长到 1.5 米长，颇为可观，但依然比史上曾存在过的大型两栖类小得多。在爬行动物崛起之前，这些大型两栖类才是陆地的主导者。

但是，作为两栖类和爬行类以及我们自己的祖先，17 号共祖到底长什么样子？毫无疑问，它像两栖动物多过羊膜动物，像蝾螈多过蛙——但很可能跟二者都不太像。彩图 20 所示的复原图在一定程度上是基于早石炭世的两栖类化石，比如半米长的 *Balanerpeton* 属[3]的化石复原的。至少我们能确定一点，它们都长着有五根脚趾的腿。也许和你想的不同，但这并不是一个轻率的推论。我们倾向于认为，五根手指或足趾是所有四足动物共有的源远流长的特点，按经典动物学的标准说法，这叫“五趾型肢”（pentadactyl limb）。但是最古老的四足动物（我们将在《肺鱼的故事》里遇见它们）常常有六根、七根甚至八根脚趾。现代两栖动物的前腿往往只有四根脚趾，而某些蛙类的后腿还残留有退化的第六根脚趾的迹象。不管怎样，我们越来越肯定的是，等到了 17 号共祖出现的时候，默认的脚趾数目是五根。人们很容易认为脚趾的数目无关紧要，在功能上是中性的。我对此表示怀疑。我曾试着做此猜想：在早期的时候，不同物种确实受益于它们各自的脚趾数目。对于游泳或者步行来说，它们确实比其他数目的脚趾更有效率。后来，四足动物的四肢固定为五根脚趾，很可能是由于某种内在的胚胎发育过程依赖着这个数字。成体动物的脚趾数目常常在胚胎数目的基础上有所减少。某些极端情况，比如现代马，其脚趾数目可以减少为一根，只留下中间那根。

试着想象一下五趾型肢无意间带给我们的限制，这倒是一件令人愉悦的事情。没有五趾型肢，我们就不会发明十进制的计数方式，这本书也不会用百、千乃至百万作为标准倍数。确实，如果我们沿着蛙或蝾螈的传统，默认有八根脚趾，那么我们就会很自然地用八进制算数，二进制逻辑运算也就更容易理解，也许电脑的发明会早得多。

蝾螈的故事

在进化史上，名字是个讨厌的东西。古生物学是个充满争议的学科，其中有些争议甚至可以导致私仇，这完全不是秘密。至少有 8 本名叫“争论”（*Bones of Contention*）的书已经出版。如果你研究一下两位古生物学家争吵的内容，这之中有七八成是关于某个名字的。这个化石是直立人还是古代智人？这一个是早期能人还是晚期南方古猿？争论这些问题的双方明显都坚信自己是正确的，但他们常常不过是在做蜗角之争。这些问题跟神学问题很像，我猜也许这就是它们能够引起如此富有激情的争论的原因。这种对于名字分异的执着，正是我所谓“非连续意识的暴政”（tyranny of the discontinuous mind）的一个例子。《蝾螈的故事》向非连续意识挥出了猛烈一击。

中央谷地纵贯加利福尼亚大部分地区，西边是海岸山脉，东边是内华达山脉。这些长长的山脉在谷地的南北两端相会，使这片谷地被高地包围。在这些高地上遍布着剑螈属（*Ensatina*）蝾螈。宽达 64 千米的谷地环境对蝾螈不太友好，因此没有蝾螈的踪迹。它们可以绕着谷地的边缘移动，但一般不会横穿谷地。剑螈或多或少连续分布的区域形成一个被拉长的环形。实际上，受限于它们的短腿和短暂的生命，任何一只蝾螈都不可能离开它的出生地太远。但基因则是另一回事，它们存在的时间尺度要大得多。一只蝾螈可能和它的邻居杂交，这位邻居的父母则可能与环上更远一些的邻居杂交，以此类推。因此基因可能会沿着整个环流动。这确有可能，来自加州大学伯克利分校的优雅研究揭示了实际的情形。这份研究是由我以前的同事罗伯特·斯特宾斯[4]发起的，后来其工作由戴维·韦克（David Wake）继承和延续。

在谷地南端山区一个被称为沃拉伊营（Camp Wolahi）的研究区域里，有两种明显不同的剑螈，彼此不能杂交。其中一种长着明显的黄色和黑色斑块，另一种则通体浅褐色，没有斑块。在沃拉伊营，两种剑螈的分布是重叠的，但更大范围的抽样表明，带斑块的类型是中央谷地东侧的典型种。在南加州，这片谷地被称为圣华金河谷（San Joaquin Valley）。浅褐色的类型则恰恰相反，一般出没在圣华金河谷的西侧。

要判断两个种群是否应该拥有不同的种名，不能杂交是广为接受的标准。因此，西边那个通体浅褐色的类型被称为埃氏剑螈（*Ensatina eschscholtzii*），东边有斑块的物种则被称为大斑剑螈（*Ensatina klauberi*），这应该是毋庸置疑的。但有一个例外的情形，这也正是本篇故事的要点。

如果你爬上中央谷地北端的山峰上向下俯瞰，就能看到下方的河谷，这一河谷又被称为萨克拉门托河谷（Sacramento Valley）。在这里的山上，你只能找到一种剑螈。它的外形介于有斑块的种类和通体浅褐色的种类之间：身上大部分地方是褐色的，只有一些相当不明显的斑块。它并非另外两种剑螈的杂交后代，你要这么想就错了。若要发现真相，你需要继续朝南探索，分别沿着中央谷地的西侧和东侧山脉，对两边的蝾螈种群进行抽样调查。在谷地东侧，它们的斑块越来越明显，直到最南端的大斑剑螈将这个趋势推向极致。在西侧，它们变得越来越像我们在沃拉伊营重叠分布区遇见的通体浅褐色的埃氏剑螈。

这就是为什么我们很难以绝对的信心将埃氏剑螈和大斑剑螈当作独立物种来看待。它们共同构成一个“环物种”（ring species，见彩图21）。如果你只从谷地南端抽样，你会把它们看作两个物种。但是随着调查范围逐渐向北扩大，你就会发现它们渐渐变成了对方的样子。动物学家们通常按照斯特宾斯的做法，将它们置于同一个物种即埃氏剑螈之下，但赋予它们一系列不同的亚种名。从最南端浅褐色的埃氏剑螈指名亚种（*Ensatina eschscholtzii eschscholtzii*）开始，沿着谷地西侧向北，我们会遇见埃氏剑螈黄眼亚种（*Ensatina eschscholtzii xanthoptica*）和埃氏剑螈俄勒冈亚种（*Ensatina eschscholtzii oregonensis*）。顾名思义，最后那种也出现在更北边的俄勒冈州和华盛顿州。在加利福尼亚中央谷地的最北端，是埃氏剑螈色斑亚种（*Ensatina eschscholtzii picta*），即上文提到的有不明显斑块的类型。从谷地北端沿着环形的东侧南下，我们会遇见埃氏剑螈内华达亚种（*Ensatina eschscholtzii platensis*），它们的斑块比色斑亚种更明显一些，然后是埃氏剑螈黄斑亚种（*Ensatina eschscholtzii croceater*），直到最后遇见埃氏剑螈大斑亚种（*Ensatina eschscholtzii klauberi*），也就是斑块非常明显的类型，我们之前把它看作独立物种时将它称为大斑剑螈。

斯特宾斯认为，剑螈的祖先最早来到中央谷地的北端，之后沿着谷地的东西两侧逐渐朝南扩散演变，分化程度越来越高。还有另一种可能，即它们起源于谷地南端，比如从埃氏剑螈指名亚种开始，沿着谷底西侧朝北扩散演变，到了北端又沿着另一侧南下，转了一圈最后进化出了埃氏剑螈大斑亚种。不管曾经的历史到底是哪一种情形，今天我们看到的事实是，在环形分布区域的各个部分都有杂交的发生，唯有加利福尼亚最南端，也就是环线两段相遇的地方，两个亚种不能相互杂交。

实际情况更加复杂。对于基因流来说，中央谷地似乎并不是一个绝对的屏障。看起来似乎蝾螈偶尔可以成功地穿过中央谷地。比如，黄眼亚种本来是分布于西侧的亚种，但在谷地东侧也有它们的种群，并且与那里的内华达亚种有杂交。另一个复杂情况是，在接近环形南端的地方有一个小小的缺失区域，在哪里没有任何蝾螈分布。很可能那里曾经有过蝾螈种群，不过已经灭绝了。或许它们还在，只是没被发现。有人告诉我，这片山区非常崎岖难行，很难调查。环形分布的具体情况固然复杂，但环形的基因流动的的确确是这个属的主要情况。还有一个类似的例子更为人所熟知，便是环绕北极圈（Arctic Circle）的银鸥（herring gull）和小黑背鸥（lesser black-backed gull）。

在英国，银鸥和小黑背鸥明显是不同的物种，任何人都能看出它们的差异，根据翼背侧的颜色来判断尤为容易。银鸥的翼背侧是银灰色的，而小黑背鸥是深灰色的，近乎黑色。更重要的是，这些鸟自己也能分别出它们的差异，因为尽管它们经常出现在一处，有时候甚至在混杂的鸟群里同时繁殖，但它们不会杂交。动物学家们因此很有信心地给予它们不同的学名，即 *Larus argentatus*（银鸥）和 *Larus fuscus*（小黑背鸥）。

但接下来的事情就很有趣了，有趣的地方在于它和前面讲的蝾螈的情况很像。如果你朝西跟踪调研银鸥的种群来到北美洲，然后穿过西伯利亚再回到欧洲，你会发现一个有意思的现象。随着你环绕北极一圈，“银鸥”变得越来越不像银鸥，反而越来越像小黑背鸥，结果便是以银鸥为起点，以同样位于西欧的小黑背鸥为终点，形成一个连续的环形。环形任意一段上的海鸥都与它们的近邻足够相似，以至于可以彼此杂交。这种连续的情形一直持续到位于欧洲的两个端点，环的首尾在此啮合，这里的银鸥和小黑背鸥尽管可以经由一连串能够彼此杂交的物种穿越至世界的另一头联系起来，但它们从不杂交。

像蝾螈和海鸥这样的环物种只是在空间上向我们证实了一件在时间上总在发生的事情。试想，如果我们人类和黑猩猩也是一个环物种会怎样？这并非没有可能：沿着东非大裂谷的一侧北去，然后在另一侧南下，最后形成一个环形。在环的南端有两个截然不同的物种彼此共存，但沿着环则形成一个连续不断的杂交关系，一路北上又沿着另一侧回到南边。如果这是真的，它将如何影响我们对其他物种的态度？我们又将如何看待一般表面上的不连续性？

我们的许多法律和伦理原则都建立在将智人和其他所有物种区别对待的基础上。那些将堕胎看作罪恶的人，包括极少数暗杀医生、炸毁堕胎诊所的极端分子，他们当中很多人吃肉的时候都毫不犹豫，也从来不会为关在动物园里或在实验室里牺牲的黑猩猩感到揪心。如果我们在黑猩猩和人之间找到一系列现存的中间物种，就像加利福尼亚的蝾螈一样，形成一个可以彼此杂交的连续体，他们会重新审视自己的立场吗？当然会。只不过碰巧所有这些中间物种都灭绝了。只是因为这种偶然，我们才能轻易舒适地在我们两个物种之间——或者任意两个物种之间——想象出一个巨大的鸿沟。

我以前举过一个例子。在一次公开讲座结束后，有一名感到困惑的律师向我提出了一个问题。凭着身为律师的精明，他的问题毫不含糊地瞄准了如下方向，逻辑非常严密：如果物种 A 进化成物种 B，那么必然存在一个节点，新生的子代属于新物种 B，而它的父母仍然属于旧物种 A。根据定义，不同物种的成员不能相互杂交。但是，一个孩子不可能和它的父母如此不同，以至于不能与它父母的同族杂交。他仿佛以律师特有的方式——至少律政电视剧里是这样演的——摇动着隐喻的手指，总结道，这不就不言自明地破坏了进化的根本思想吗？

这就好比说："当你加热一壶凉水时，并不存在某个特定的时刻让你可以说在这一刻凉水变成了热水，因此你没办法把水烧开泡茶。"不过，我总是试图将问题引领到有建设性的方向，所以我给这名律师讲了银鸥的故事，我想他当时对此表现出了兴趣。他的问题在于，他坚持将一个生物个体安置在某个物种内部，非此即彼，容不得半分含糊。他不接受另一种可能性，即某个个体可能位于两个物种正中间，或者位于物种 A 和物种 B 之间十分之一的位置。也正是因为这种思维的局限，才会有无穷无尽的争吵，讨论一个胚胎到底从哪个发育节点开始算作人（以及它所暗示的推论，即到底从哪个时间开始，堕胎等同于谋杀）。根据你感兴趣的人类特征的不同，一个胚胎可能是"半人"或者"百分之一人"，但同这些人讲这些话是没有用的。对于这些只讲定性的绝对论者来说，"人"这个概念就像"钻石"一样纯粹，不存在妥协的地方。绝对论者有时候很让人头疼，他们能给人带来实打实的痛苦，人类特有的痛苦。这也就是我所说的"非连续意识的暴政"，也是我写《蝾螈的故事》的起因。

在某些情况下，名字，以及不连续的类别，正是我们需要的东西。诚然，律师根本离不开它们。儿童不可以开车，成人可以。法律需要一个界限标准，比如 17 岁生日[5]。保险公司对合适年龄的看法则非常不同，这恰好能够说明这个标准的人为性质。

有些不连续性是真实的，无论采用什么标准它都存在。你是一个人，我是另一个人，而我们的名字是一种不连续的标签，准确地表示出我们的独立性。一氧化碳确实不同于二氧化碳，中间毫无重叠地带。一个分子或者包含一个碳原子和一个氧原子，或者包含一个碳原子和两个氧原子。没有哪个分子包含一个碳原子和一个半氧原子。一种是致死的毒气，另一种被植物用来制造我们所有人赖以生存的有机物。金确实不同于银，钻石晶体确实不同于石墨晶体。虽然钻石和石墨都是碳单质，但碳原子天然组织的这两种方式截然不同，二者之间没有中间物。

但不连续性常常不这么清晰。我手头的报纸上载着这样一条消息，是关于最近的流感的。不过，它算是流行病吗？这个问题正是这篇文章的主旨。

> 官方统计表明，每10万人中有144人感染了流感，卫生部门发言人如此说道。由于流行病的通常标准是每10万人中有400例感染，所以政府并不把它当作正式的流行病处理。但是这位女发言人补充道："唐纳森教授愿意坚持自己的观点，认为这是一场流行病。他相信实际病例远远高于每10万人144例。这很让人困惑，因为它取决于你采取的定义标准是什么。唐纳森教授看着自己的图表说，这是一场严重的流行病。"

我们能确知的事实是，有一定数量的人感染了流感。这本身不正是我们想要知道的事情吗？但对于那位女发言人来说，重要的问题在于，这是否算是一场"流行病"，患病者的比例是否越过了每10万人400例的卢比孔河。唐纳森教授聚精会神地盯着他的图表，这是他需要做出的重大决定。你大概会觉得，他被雇来做的事情应该是对疾病做些什么，而不是决定这到底算不算一场"正式"的流行病。

实际上，在流行病学方面，曾经有一条天然的卢比孔河：感染者达到一定规模之后，病毒或病菌突然"起飞"，其扩散速率急剧增加。

这也正是为什么公共卫生官员要竭尽全力让接种疫苗（比如百日咳）的人口比例达到一定阈值。其目的不仅在于保护疫苗接种者，还在于让病原没有机会达到“起飞”的临界规模。在这个流感的例子里，卫生部女发言人真正应该担心的问题是，流感病毒是否已经越过了让它失控的卢比孔河，换上高速装备在人群里急剧扩散。决定这个问题答案的应该采用别的办法，而不是找个每10万人400例这样的神奇数字简单做个比较。纠结于这种神奇数字正是非连续意识或定性头脑的标志。有趣的是，在这个例子里，非连续的意识忽略了真正的非连续性，即流行病的起飞点。但在一般情况下，甚至不存在真正的非连续性，也就谈不上忽略了。

许多西方国家目前正经历着所谓流行性肥胖。我周围似乎充斥着这样的证据，但我对人们偏爱的将证据变成数字的做法不感兴趣。把某个比例的人群定义为“病态肥胖”（clinically obese），这种非连续意识再次强行画了一条线，肥胖者在一边，非肥胖者在另一边。这并不是生活真实的样子。肥胖特征的分布是连续的。你可以测量每个个体有多胖，也可以据此计算群体统计指标。数数有多少人高出某条人为规定的肥胖症临界线，这种做法并不能提供更多信息，因为它紧跟着要求明确或者重新界定一条临界线。

在那些统计“贫困线以下”人数的官方数字背后，也潜伏着同样一种非连续意识。若要有效地表示一个家庭的贫困程度，你可以披露他们的收入情况，或者更好的办法是扣除物价的因素，告诉我们他们买得起什么东西。或者你可以说，“X穷得跟教堂里的老鼠似的”[6]，“Y跟克罗伊斯王[7]一样富有”，人人都知道你是什么意思。人为定义一条贫困线，从而构造出超出或低于这条线的准确人数或人口比例，这种做法有害无益。有害的原因在于，比例数字所暗示的精确性直接被“贫困线”无意义的随意性证伪。所有这些“线”都是非连续意识的欺骗性产物。在现代社会，特别是美国社会，更有政治敏感性的标签是与“白人”相对的“黑人”。这将是《蝗虫的故事》涉及的主要问题，我先把它暂且放下。在这里我只想说，我相信种族正是那种我们不需要的非连续类别。这样的例子还有很多，除非有极其强大的理由支持它们的存在，否则我们应该取消这种区分。

这里有另一个例子。英国的大学发出三种等级的学位，分别是一等学位、二等学位和三等学位。其他国家的大学也会做类似的事情，也许名字不同，比如 A、B、C 等。我想说的是，学生们并不会按照清晰的界限分为好、中、差，学生的能力或勤勉程度也没有界限分明的等级。主考官费尽心机以一种精细连续的数字尺度衡量学生的水平，给出的分数或点数也被设计成可以彼此相加的形式，或者可以用其他在数学上连续的方法操作。与三个等级比起来，这个连续的数字尺度给出的分数能传递更多的信息。然而，最后公开的只有不连续的等级。

如果学生的样本数目非常大，那么其能力和技能水平的分布情况通常是一个钟形曲线，特别好或特别差的人数都很少，大多数人都位于两者之间。也许实际分布不会像下页图那样呈现为对称的钟形，但它必然是平滑且连续的，而且随着学生人数的增加，它会变得越来越平滑。

某些主考官（特别是在非科学领域，请原谅我这么说）似乎真的相信有着某种出众的特质，叫作“一等头脑”，或者“阿尔法头脑”。一个学生要么拥有这种头脑，要么不拥有，绝无例外。这些人的任务便是将一等和二等区分开，将二等和三等区分开，就好像把绵羊和山羊区分开一样。但现实中的情况是个平滑的连续体，在绝对的“绵羊”和“山羊”之间有着各种中间形式。不过有些人很难理解这种连续性。

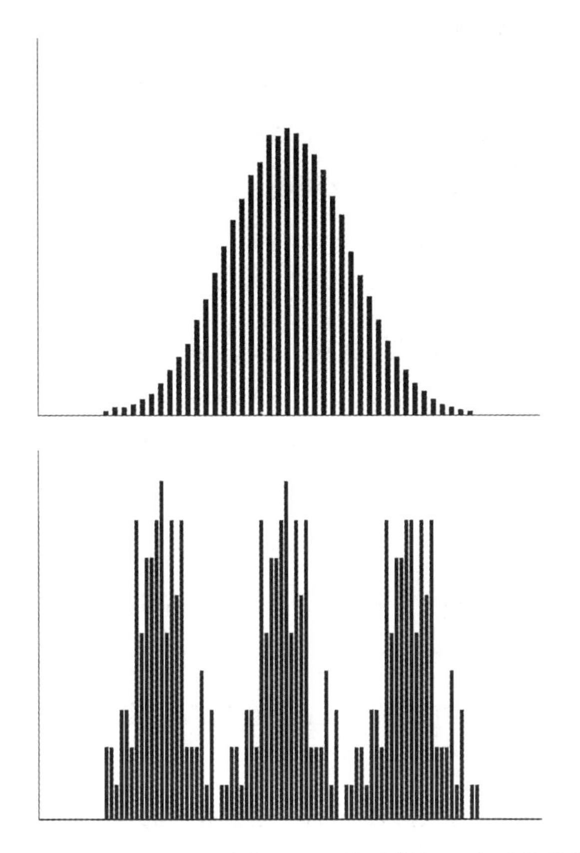

如果我的预期是错的，随着学生人数的增加，考试分数的分布越来越接近有三个峰的不连续分布（见上图下部），这倒是一个非常有趣的结果。如果是这样的话，那区分一等、二等和三等学位的做法也许真的无可厚非。

不过，当然没有这方面的证据，不然将会非常惊人，因为它有悖于我们对人类个体差异的了解。实际上，这种区分法明显不公平：同一等级顶端和底部的差异，明显大于上--等级底部和下一等级顶端的差异。如果直接公布真实的分数，或者基于这些分数排定一个次序，那么事情会公平得多。但是非连续性意识或定性头脑坚持把人们硬生生归入非此即彼的类别。

回到我们的进化主题，绵羊和山羊又是怎样的呢？两个物种之间存在界限分明的不连续性吗？或者它们就像一等成绩和二等成绩一样融为一体吗？如果只看现存的生物，那么答案往往是肯定的，它们之间有明显的不连续性。像海鸥和加利福尼亚蝾螈这样的特例是罕见的，但它们非常有启发意义，因为它们将本来常见于时域（temporal domain）的连续性翻译成了空域（spatial domain）里的现象。人类和黑猩猩肯定是通过一连串连续的中间物种与共同的祖先联系起来的，但这些中间物种都灭绝了，于是留下了一个不连续的分布。人和猴子也是这样的情况，人和袋鼠亦然，区别只在于灭绝的中间物种的链条更长，大多数节点更加古老。由于这些中间物种几乎总是已经灭绝的，我们通常可以貌似合理地假定任意两个物种之间都存在界限分明的不连续性。但本书关注的是进化史，我们对死去的物种和现存的物种同样关心。我们讨论的是史上所有存在过的动物，而不只是现存的那些，这时候进化会告诉我们，在任意两个物种之间，都存在一种渐变的连续性将它们联系起来。当我们谈论历史时，即使两个明显分立的现代物种，比如绵羊和狗，也是有联系的，通过连续平滑的链条，与它们共同的祖先联系起来。

厄恩斯特·迈耶[8]，20世纪进化研究领域的前辈，一位杰出的活动家，曾将这种非连续性的错觉——在哲学上它被称为本质主义（Essentialism）——指责为进化论思想在人类历史上出现得如此之晚的罪魁祸首。柏拉图的哲学可以被看作本质主义的思想来源。柏拉图相信，真实世界里的事物是某种理想原型的不完美的版本，其本质则存在于理想空间之中。一只完美的兔子对应于真实的兔子，其关系就好像数学家心中完美的圆和他画在沙地上的某个圆的关系。直到今天，许多人还被灌输着这种观念并深受影响，以为绵羊就是绵羊，山羊就是山羊，没有哪个物种可以进化成另一个物种，因为这意味它们必须改变自己的“本质”。

根本不存在所谓的本质。

没有哪位进化学者认为现代物种可以变成另一个现代物种。猫不能变成狗，狗也不能变成猫。实际上，猫和狗都是从一个生活在数千万年前的共同祖先进化而来。如果所有这些中间物种都还活着，那么想把猫和狗分开反而成为一项注定耗时耗力的任务，就像人们对蝾螈和海鸥所做的那样。我们之所以可以把猫和狗区分开，根本不是因为什么理想本质，而是因为一个幸运的事实（从本质论者的角度看），即所有这些中间物种都灭绝了。事实上，使得区分两个物种成为可能的，恰好是不完美——坏运气带来的零星死亡，柏拉图本人也许能看出其中的讽刺意味。这当然同样适用于人类及其近亲，当然也适用于更远的亲属。在一个完美的、有充分信息的世界里，无论是古老的化石还是近期的资料，要给动物分门别类命名将是一件不可能完成的任务。与其用分立的名字，不如用浮动的量度，就好像“冷”“暖”“凉”“热”这些词最好用摄氏度或华氏度这样的浮动量度来替代。

对于热爱思考的人来说，进化论如今已经成为广为接受的事实。那么你也许会以为生物学终于已经克服了这种本质主义的直觉。唉，事实并非如此，本质论者拒绝认输。在实践上这通常不是什么问题。每个人都同意，智人和黑猩猩是不同的物种，许多人还会指出它们甚至不属于同一个属。但同样每个人也都同意，如果你追溯人类的源流来到人和黑猩猩共同的祖先那里，再顺流走向黑猩猩，一路上这些中间物种会形成一个渐变的连续体，每一代里的个体都具备与它父辈或子辈的异性交配生育的能力。

以杂交这一标准看，每个生物个体都和它的父母属于同一物种。这个结论毫不出奇，或者可以说是显而易见的，直到你意识到它在本质主义者的脑子里导致了一个无法忍受的悖论。无论以哪种标准看，我们在进化史上的大多数祖先都属于与我们截然不同的物种，我们肯定不能和它们通婚。我们在泥盆纪的直系祖先是鱼。不过，虽然我们不能和它们杂交，但我们之间存在一条连续不断的祖先世系的链条，其中每一个环节都可以与它们在链条上的直接父辈和直接子辈杂交。

既然如此，让我们看看那些关于某块原始人类化石命名的热烈争议到底有多么空洞。匠人普遍被认为是智人的前任物种，所以我会以它为例进行接下来的说明。把匠人看作一个不同于智人的独立物种，至少在原则上有明确的意义，即使在实践上无法对它进行检验。它意味着，如果我们乘时光机回到过去遇见了我们的匠人祖先，我们将不能和它们杂交。[9]但是假想另一种情形，我们不是直奔匠人的时代，而是让时光机每千年停一次，挑选一位年轻能生育的新乘客。我们载着这位乘客继续回溯，在下一个千年的停靠点让她或他下去（假定我们对乘客的选择是男女交替的）。假如这位即上即下的时间旅行者能够适应当地的社会习俗和语言传统（其实挺难的），那么将不会有什么生物学的阻碍可以阻止她与千年前的异性通婚并生育后代。然后让我们挑选一位新乘客（这次是名男性），带着他再回溯千年。同样，从生物学的角度看，他也可以让千年前的女性受孕生子。这个链条可以一直追溯到我们的祖先在海里游泳的时代，可以一路回溯到鱼类而不曾中断，每一位从它的时代回到过去的时光机乘客都可以跟它千年前的先辈杂交。然而，当回溯到某个节点，也许是100万年前，或者长点或者短点，早晚会遇到一位祖先，我们现代人无法与其杂交，但最近的那位千年穿越者是可以的。在这个节点，我们可以说自己遇见了一个不同的物种。

生殖隔离的屏障不会突然出现。从来不曾有这样一代人，其中的某个个体可以被称为智人，但他的父母都是匠人。如果你愿意的话，你可以把它看作一个悖论，但是没有任何理由认为某个孩子和它的父母属于不同的物种，即便“父母–子女”的关系链条一直从人类延伸到鱼类再延伸到更古老的生物。实际上，只有极顽固的本质论者才会认为这是一个悖论。这就好比对于一个正在长个子的孩子来说，从来不存在某个时刻让他突然从矮个子变成了高个子。一壶水也不会突然从凉水变成了热水。习惯法律思维的人也许认为有必要在童年和成年之间划定一个界限——18岁生日零点的钟声，或者别的什么时刻。任谁都可以看出，这是一种（在某些情况下必要的）虚构。要是有更多的人能够认识到同样的道理也适用于其他方面，比如一只发育的胚胎变成“人”，那该多好！

神创论者乐于看到化石记录的“空缺”。不过他们不知道的是，生物学家也有理由喜欢这些空缺。如果没有化石记录的空缺，我们的整个物种命名系统都要崩溃。我们将没有办法给化石起名字，只好以编号或者在进化图上的位置来称呼它们。与其争论某个化石“究竟”是早期匠人还是晚期能人，不如称其为“能匠人”（*habigaster*）。这样的例子还有很多。不管怎样，这世界上的大多数事物确实可以归入各种分立的类别，特别是现存物种之间的大多数中间物种都已经灭绝，而我们的大脑正是在这样的世界里进化而来的，也许就是因为这样的原因，用各不相同的名字来称呼各种事物常常会让我们感觉更舒服一些。我和你概莫能外。所以，在这本书里我并不打算矫枉过正，以至于避免使用非连续的物种名称。不过《蝾螈的故事》向我们解释了为什么这只是人类划定的类别，而不是蕴藏在自然界深处的本质。让我们继续使用名称，仿佛它们反映了非连续性的现实，但请暗暗记得，至少在进化的世界里，这充其量只是一个出于便利考量的虚构，是对我们自身局限性的迁就迎合。

狭口蛙的故事

姬蛙属（*Microhyla*）指的是一类小型蛙，即狭口蛙（narrowmouthed frog），有时人们会把它们和小口蛙属（*Gastrophryne*）弄混。姬蛙属包含数个物种，其中有两种分布在北美洲，分别是东部狭口蛙（eastern narrowmouth，学名 *Microhyla carolinensis*）[10] 和大平原狭口蛙（Great Plains narrowmouth, 学名 *Microhyla olivacea*）[11]。这两种狭口蛙亲缘很近，在自然界中偶尔会有杂交的情形。东部狭口蛙的分布范围东至美国东海岸，从卡罗来纳州一直延续到佛罗里达州，西边则越过了得克萨斯州和俄克拉何马州的中线。大平原狭口蛙的分布区域西至下加利福尼亚（Baja California），东至得克萨斯东部和俄克拉何马东部地区，北抵密苏里州北部，与东部狭口蛙的分布范围互为镜像，因此称其为西部狭口蛙（western narrowmouth）也无不妥。关键的是，它们的分布区域在美国中部重叠：从得克萨斯东部往北直到俄克拉何马，这里有一个重叠区。我前面提到，偶尔会在这个重叠区发现杂交种，但总体而言它们的分歧就像爬虫学者之间的分歧一样大，这也是为什么我们称它们为两个不同的物种。

与任意一对物种一样，必然曾存在过一个时期，那时它们属于同一个物种。某件事使得它们分离，换用术语来说，则是某个祖先物种发生了“物种形成过程”，变成了两个物种。这个模型被用来解释进化上每个分支点上发生的事情。每个物种形成过程都始于某个物种的两个种群最初的某种分离。正如我们将在《丽鱼的故事》里看到的那样，这种分离并不总是地理隔离，而是某种使得两个种群内基因的统计分布发生稳定偏移的分离。这通常导致某种可见特征的进化分异，不论它是形状、颜色还是行为。就这两个美洲狭口蛙种群的情况而言，西部的物种比东部的近亲更适应干旱气候下的生活，但二者最明显的差异则在于它们求偶时的叫声。它们都发出尖利的鸣叫，但西部狭口蛙的叫声持续的时间（2 秒）是东部狭口蛙的两倍，主要频率也高得多：西部狭口蛙的叫声以 4 000 赫兹为主，东部狭口蛙则是 3 000 赫兹。也就是说，西部狭口蛙的叫声差不多在高音 C 调上，相当于钢琴上最高的音，而东部狭口蛙的叫声主要是低一些的升 F 调。不过，它们的叫声听起来可不像音乐。两种狭口蛙的叫声都是一些不同频率的混音，从远低于主要频率的音调延续到远高于主要频率的音调，听起来都像是嗡鸣，只是东部狭口蛙的嗡鸣声更低沉一些。西部狭口蛙的叫声不仅较长，而且先以一次短促的尖叫开始，然后频率逐渐升高，直到变成嗡鸣。东部狭口蛙则直接发出更短促的嗡鸣。

为什么我要不厌其烦地介绍它们的鸣叫声？因为我所描述的这些特征仅限于重叠区，在那里它们的区别最为清晰，而这也正是这个故事的意义所在。W. 弗兰克 · 布莱尔（W. F. Blair）广泛调查了美国各地的蛙类，用录音机将它们的叫声录了下来，结果非常有趣。在两个物种不曾相遇的地区，比如东部狭口蛙所在的佛罗里达州和西部狭口蛙所在的亚利桑那州，它们的叫声在音调上更为相似，二者的主要频率都在 3 500 赫兹左右，相当于钢琴的高音 A 调。在接近重叠区但还不属于重叠区的地方，两个物种的差异更大，但不像重叠区内的差异那么大。

结论非常有趣。在重叠区有某种因素使得两个物种的叫声差异变大了。布莱尔认为——虽然不是所有人都接受这个说法——杂交种处于不利的地位。任何一种可以帮助潜在的种间融合因素区分两个物种并避免跨种交配的力量都受到自然选择的青睐。这种也许很细小的差异在那块区域变得重要起来，因此得到了放大。伟大的进化遗传学家西奥多修斯·杜布赞斯基[12]称之为生殖隔离的“强化”。不是每个人都接受杜布赞斯基的强化学说，但至少《狭口蛙的故事》似乎支持这一理论。

关于为什么亲缘很近的物种在分布重叠区域的差异会变大，还有另一个很好的解释：它们很可能在竞争相似的资源。在《加拉帕戈斯地雀的故事》里，我们看到不同的地雀种类偏爱不同的种子。喙较大的物种会吃较大的种子，喙较小的物种吃较小的种子。当它们的分布不重叠的时候，两个物种利用的资源都较为广泛，既吃大种子，也吃小种子。当它们的分布重叠的时候，由于对方的竞争压力，每个物种都被迫进化得与对方更加不同。喙较大的物种可能进化出更大的喙，喙较小的物种则可能进化出更小的喙。和往常一样，顺便一提，请不要被这个隐喻的说法误导。所谓“被迫进化”，实际上指的是，当竞争物种存在的时候，每个物种内部那些碰巧和竞争者差异更大的个体有更大的概率存活下来。

两个物种分布重叠的时候，其差异大于它们单独存在的时候，这种现象被称为“性状替换”（character displacement）或“反向渐变”（reverse cline）。很容易将这种现象从生物学上的物种推广到其他类型的实体，只要它们共同存在时比单独存在时的差异更大。人类中的这种现象尤为诱人，但我将克制自己，就像作者们常说的那样，将它留给读者。

美西螈的故事

我们通常把幼年动物看作成体的小号版本，但这远远不算是一条规律。也许有一多半动物物种的生活史讲述的都是截然不同的故事：幼体有自己的生活，专精于某种完全不同于其父母的生活方式。浮游生物中有相当比例都是一些生物的会游泳的幼虫，它们如果能够幸存下来——统计上可能性极低——就会变成非常不同的样子。对于大多数昆虫来说，幼虫阶段承担了一生中大部分觅食和身体发育的任务，等它最终完成变态发育，成体的主要任务只是扩散和繁殖。在极端的情况下，比如蜉蝣，成体完全不觅食，甚至没有肠道和昂贵的取食器——大自然就是这么小气[13]。

毛虫就像是一台进食机器，等它吃了足够的植物、长到足够的尺寸，就会重塑自己的身体（实际上是回收），变成一只成年蝴蝶，以花蜜作为飞翔的燃料，翩翩飞舞，繁殖后代。成年蜜蜂同样从花蜜中摄取飞行肌所需的养料，同时收集花粉作为蠕虫一样的幼虫的食物。许多昆虫的幼虫在成年之前都生活在水下，而它们的成体则飞过天空，将它们的基因播向其他水面。有许多种海洋无脊椎动物的成年个体生活在海底，有时永久固着在一个地方，但幼年个体极为不同，它们以浮游生物形式将基因四处扩散。这样的生物种类很多，包括软体动物、棘皮动物（海胆、海星、海参、海蛇尾）、海鞘，许多蠕虫，以及螃蟹、龙虾还有藤壶。寄生虫通常有一系列不同的幼虫阶段，每种都有特异的食谱和生活方式。往往这些不同的生活史阶段也是寄生性的，只是寄生在非常不同的宿主身上。有些寄生虫的蛆虫有多达五种截然不同的幼虫阶段，各有自己独特的生活方式。

这一切意味着，每个个体都必须携带全套的遗传信息，包括每一个幼虫阶段的发育指令集，以及和它的特殊生活方式有关的信息。毛虫的基因“知道”如何变成蝴蝶，而蝴蝶的基因也知道如何生成毛虫。毫无疑问，这两个过程涉及的基因会有一些重叠，它们以不同的方式参与构建两种截然不同的身体。还有一些基因在毛虫体内是沉寂的，只在蝴蝶体内被激活。另一些基因则在毛虫体内活跃，一旦毛虫变成蝴蝶，它们就被关闭和遗忘。但是不管是毛虫还是蝴蝶，它们都拥有完整的全套基因，并将它们传递给下一代。这告诉我们，当一种动物进化成另一种动物，而且它们之间的差别不亚于毛虫和蝴蝶的差别时，我们不应该感到过于惊讶。让我解释一下。

童话故事里到处是青蛙变成王子或者南瓜变成马车的桥段，就连拉车的白马都可以是白老鼠变的。这样的幻想故事非常不符合进化的思想。它们不可能是真的，不是因为生物学原因，而是由于数学的限制。这样的转变具有内在的不可行性，不可能比得上我们手头的完美解释，也就是说，出于实用的考虑，我们可以将它们排除。但对于毛虫变成蝴蝶来说，这不是一个问题：它们发生了无数次，一年又一年，自然选择建立起了一整套规则。尽管没人见过蝴蝶直接变成毛毛虫，但即便它真的发生，也不会比青蛙变成王子更惊人。毕竟，青蛙不携带王子所需的基因，但它们确实携带着蝌蚪需要的基因。

我在牛津大学的前同事约翰·格登（John Gurdon）以一种引人瞩目的方式证明了这一点。1962 年，他把青蛙（准确地说是青蛙的一个细胞）变成了蝌蚪！这是有史以来人们第一次尝试克隆脊椎动物，这份工作应该得诺贝尔奖。[14] 与之类似，蝴蝶也携带着变成毛虫所需的基因。我不知道要劝说一只蝴蝶变成一只毛虫需要克服什么样的胚胎学障碍，毫无疑问这是一个非常困难的挑战，但这种可能性远不如青蛙变王子滑稽。如果一个生物学家声称成功将蝴蝶变成毛虫，我将充满兴趣地研究他的报告论文。但是如果他声称将南瓜变成了玻璃马车，或者将青蛙变成王子，那么我根本不需要看他的证据就知道他是个骗子。这二者的区别非常重要。

蝌蚪是蛙或蝾螈的幼虫。水生的蝌蚪经过剧烈的“变态”（metamorphosis）过程，变成陆生的成年蛙或者蝾螈。蝌蚪和蛙的差别也许不如毛虫和蝴蝶的差别那么大，但这并不能说明什么。蝌蚪典型的生活方式就像一条小鱼，用尾巴游泳，用鳃在水下呼吸，以植物为食。蛙则通常生活在陆地上，习于跳跃而非游泳，呼吸的是空气而不是水，捕捉活动物为食。没错，尽管它们看起来有着这样大的差别，但我们很容易想象一个外形像蛙的祖先物种可以进化成一种成体像蝌蚪的后代物种，因为所有蛙都携带着生成蝌蚪所需的基因。蛙“知道”怎么在遗传上做一只蝌蚪，蝌蚪也知道怎么做一只蛙。蝾螈也是如此，而且它们比蛙更像自己的幼体。蝾螈成年的时候不会失去蝌蚪的尾巴，尽管成体尾巴的外形往往有所不同，横截面显得更圆一些，不像蝌蚪的尾巴是扁扁的，好像船的龙骨。蝾螈的幼体通常和成体一样，都是肉食性的，而且也像成体一样长着腿。它们最明显的差别在于，幼体有长长的羽状鳃延伸于体侧。但除此之外它们还有许多不那么明显的差异。实际上，把一个蝾螈物种变成一个成体阶段也是蝌蚪的新物种并不难——只要抑制变态过程，让繁殖器官提前成熟即可。然而，如果这两个物种都只有成体变成了化石，那么在我们看来，这是一件“不可能”发生的重大进化变态事件。

我们接下来要说的是美西螈的故事，也是这篇故事的主题。这是一种奇怪的生物，生活在墨西哥的一处山间湖泊里。它的故事的核心在于，很难准确地描述美西螈到底是什么。它是蝾螈吗？好吧，算是。它的学名叫作 *Ambystoma mexicanum*，是虎纹钝口螈（*Ambystoma tigrinum*）的近亲，后者在当地也有发现，同时还广泛分布于北美各地。虎纹钝口螈的命名自有其道理，这是一种普通的蝾螈，长着圆柱形的尾巴和干燥的皮肤，在陆地上爬来爬去。美西螈却完全不像是成年的蝾螈，反倒像蝾螈幼体。实际上，它就是蝾螈幼体，只有一点特殊：它从来不会变成正常蝾螈的样子，也从来不会走出水面。它们也会交配、繁殖，但这时候它们的长相和行为依然是幼年的样子。我差点说成"它们交配繁殖的时候还是幼年"，但这就违背了"幼年"的定义。

抛开定义不管，关于现代美西螈是如何进化而来的问题，似乎没什么难解的地方。它们最近的祖先就是一种普通的陆生蝾螈，也许和虎纹钝口螈很像。该物种的幼体会游泳，长着外露的鳃和扁扁的尾巴。幼体在该阶段末期会如期变态发育成陆生的蝾螈。但这时候发生了一件显著的进化改变。也许是在激素的控制下，胚胎发育的日程表发生了偏移，以至于性器官和性行为成熟得越来越早（也有可能是一种突然的变化）。这种退化持续进行，直到个体在其他方面看来还是幼体的时候就已经达到了性成熟，于是成体阶段被直接从生活史的末端砍掉了。你也可以换种角度，不把这种变化看作性成熟相对于身体其他部位的加速（即"性早熟"），而是将它看成身体其他部分相对于性成熟的延缓（即"幼态延续"）。[15]

无论机制是性早熟还是幼态延续，这一进化过程的结果被称为"幼态生殖"（paedomorphosis）。不难看出为什么这一过程是可行的。某一发育过程相对于其他发育过程的减速或加速，在进化史上极为常见。这种现象被称为"异时发育"（heterochrony）。如果你愿意深思，便会发现，它很可能是许多（如果不是全部）解剖形态的进化差异发生的原因。如果生殖发育相对于其他发育过程出现了异时发育的差异，就可能进化出一种缺少原先的成年阶段的新物种。这似乎正是在美西螈身上发生的事情。

美西螈只是蝾螈当中的极端特例。许多物种似乎至少在某种程度上有幼态生殖的现象。其他一些物种则有另一些有趣的异时发育现象。有多个蝾螈物种被统称为“肋突螈”，它们的生活史特别能说明问题。[16]肋突螈最初作为有鳃的幼体生活在水中，然后它们离开水面，作为蝾螈在陆地上生活两三年，这时候它们失去了鳃，尾巴也不再是扁状。但是，和其他蝾螈不同，肋突螈不在陆地上繁殖。相反，它们会回到水里，重新捡起一些但不是全部幼体的特征。和美西螈不同，成年肋突螈没有鳃，因此需要时不时浮出水面呼吸，对于它们在水下求偶的行为来说，这是一个重要而且有竞争意义的限制。虽然没有幼体的鳃，但它们的尾巴确实变成了幼体尾部那种龙骨样的形态，而且在其他方面它们也很像是蝾螈幼体。但和幼体不同，它们的繁殖器官已经发育成熟，并且在水下求偶和交配。它们从不在陆上繁殖，从这个意义上看，也许不应该称这一时期的肋突螈为“成体”。

你也许会问为什么肋突螈要多此一举地变成陆生形态，反正它们最终还要回到水里繁殖，为什么不像美西螈一样自始至终都待在水里呢？答案似乎在于那些在雨季临时出现而最终注定干涸的池塘，在这种池塘里繁殖时，这种生活史自有优势，而且你必须得很好地适应旱地生活才能抵达这些池塘。抵达池塘之后，你怎么才能重新“发明”你的水生装备？这时候异时发育就派上用场了，不过这是一种奇怪的异时发育现象，当“旱地成体”完成了扩散的使命来到临时的池塘时，启动反向异时发育过程。

肋突螈向我们强调了异时发育的灵活性。它们让我们想起我之前提及的观点，即生活史某一阶段的基因“知道”如何制造其他阶段需要的身体。在旱地上生活的蝾螈，它们的基因知道如何制造水生的形态，因为这是它们以前的样子。如果需要证据，那么这正是肋突螈做的事情。

美西螈在某个方面采取了更为直接的手段。它们丢弃了祖先生活史末期在旱地生活的阶段。但负责生成旱地蝾螈的基因仍然潜伏在每一只美西螈的体内。人们早就从维兰·劳夫贝尔格和朱利安·赫胥黎的经典著作（在《阿迪的故事》的后记里提过）里得知，在实验室里给美西螈施加合适浓度的激素，就可以重新激活这些基因。被甲状腺素处理过的美西螈丢掉了它们的鳃，长成在旱地上生活的蝾螈，就像它们的祖先曾经自然而然做的那样。也许自然选择可以实现同样的壮举，只要它受到选择的青睐。一种方式也许是某种遗传改变提高了甲状腺素的自然产量（或者提高了对现有甲状腺素的敏感度）。也许美西螈在进化史上曾多次经过幼态生殖和反幼态生殖的循环。也许动物在进化过程中总体上都在持续朝着幼态生殖或反幼态生殖的方向变化，尽管不如美西螈那么显著。

幼态生殖属于那种你一旦理解了就会发现它的例子无处不在的想法。鸵鸟让你想起了什么？在第二次世界大战中，我的父亲是英王非洲步兵团（King's African Rifles）的一名军官。他的勤务兵阿里和当时大多数非洲人一样，从来没见过他的家乡闻名于世的那些大型野生动物。在第一次见到正在飞奔穿过大草原的鸵鸟时，他立刻惊声尖叫起来：“大鸡！大鸡！”阿里几乎说对了，不过更有洞察力的说法是“大鸡崽儿！”鸵鸟的两个翅膀短小而笨拙，就像刚孵化的雏鸡的翅膀。与飞鸟健壮的翎羽不同，鸵鸟的羽毛就像是雏鸡绒毛的粗糙版本。幼态生殖现象给了我们启发，让我们对鸵鸟和渡渡鸟这种不会飞的鸟的进化有了更多的理解。没错，精打细算的自然选择为不需要飞翔的鸟类选择了绒毛和短小的翅膀（参见《象鸟的故事》和《渡渡鸟的故事》）。自然选择用来实现这种优势结果的进化途径正是幼态生殖。鸵鸟是一只过度生长的小鸡崽儿。

狮子狗是过度生长的小狗崽。成年狮子狗和幼犬一样有着半圆形的前额，还有着幼犬的步态，甚至像幼犬一样招人喜欢。康拉德·洛伦茨有个淘气的想法，认为狮子狗和其他娃娃脸的犬种比如查尔斯王猎犬（King Charles spaniel）唤醒了沮丧的母亲内心的母性。不论育种人是否预先知道自己的目标，但他们肯定不知道自己实际上是在人工筛选幼态发育。

一个世纪前的著名英国动物学家沃尔特·加斯唐[17]，率先强调了幼态生殖在进化上的重要性。加斯唐的例子后来被他的女婿阿利斯特·哈迪采用，而后者是我本科时候的教授。阿利斯特爵士曾兴高采烈地引用那些有趣的诗句——我借用了其中一个片段作为《文昌鱼的故事》的开头——加斯唐喜欢用这些诗句作为传播他思想的媒介。它们在那个年代有些趣味，但我觉得还没有有趣到值得在此引用的地步，不然就要不厌其烦地为它们单列一个动物学词汇表。不过，加斯唐关于幼态生殖的想法在今天同样有趣，但这并不意味着它们是对的。

我们可以将幼态生殖看作某种进化的开场白，加斯唐的开场白。理论上它可以预言一种全新的进化方向，加斯唐和哈迪甚至相信它可以让某个进化的死胡同突然重获生机，实现一种以地质标准看来急剧的突破。如果生活史中包含一个像蝌蚪这样截然不同的幼体阶段，这种途径就显得似乎尤其可行。一个已经适应了不同的生活方式的幼体，注定可以将进化引向一个全新的方向，这一切只需要一个简单的技巧，即让性成熟的速度相对于身体其他部分的发育更快一些。

海鞘或尾索动物（tunicate，也译“被囊动物”）是脊椎动物的近亲。这也许有些让人吃惊，因为成年的海鞘是营固着生活的滤食者，通常固定在岩石或海藻上。这些软软的水袋怎么会是活泼游泳的鱼类的近亲？好吧，成年海鞘也许看起来像个袋子，但它们的幼体看起来就像蝌蚪一样。它们甚至被称为“蝌蚪幼体”（tadpole larva）。你可以想象加斯唐可以从这个现象引申出什么理论。当我们在第23会合点遇见海鞘时，我们会再重新讨论这一点，不幸的是，我们将对加斯唐的理论提出质疑。

既然成年狮子狗不过是过度生长的幼犬，那么请看看幼年猿类的头部。它们让你想起了什么？你是否会同意，幼年的黑猩猩或猩猩比成年个体更像人？我们需要承认这是个有争议的观点，但有些生物学家确实认为人类是幼年的猿，一种从来不会长大的猿，是猿类当中的美西螈。我们已经在《阿迪的故事》的后记里提到过这个观点，所以我在这里就不再赘述了。

注释

1. 更常见的说法是原特提斯洋（Proto-Tethys Ocean）。原特提斯洋存在于5.5亿至3.3亿年前，是古特提斯洋（Paleo-Tethys Ocean）的前身。——译者注
2. 萨姆·图尔维告诉我，有两种蛙分布在最偏远的海岛上，它们是斐济的两种扁手蛙，即斐济树栖扁手蛙（*Platymantis vitiensis*）和斐济陆栖扁手蛙（*Platymantis vitianus*），二者关系很近，很可能来自同一个殖民祖先。它们完全在卵内发育，而没有自由游泳的蝌蚪阶段。它们比大多数蛙更耐盐，有时陆栖扁手蛙还会出现在海滩上。如果它们的殖民祖先也有这些不寻常的特征（这似乎很有可能），那么它就提前为跨岛迁徙做好了准备。——作者注

3. 属于离片椎目（Temnospondyli）树匐螈科（Dendrerpetontidae）。——译者注

4. 罗伯特·斯特宾斯（Robert Cyril Stebbins，1915—2013），美国爬虫学家和科学插画家。其名著《西方爬行动物和两栖动物野外指南》（*A Field Guide to Western Reptiles and Amphibians*）因深刻的见解和精美的插图而被誉为该领域的《圣经》。——译者注

5. 在英国，一般年满17岁方可驾驶汽车。——译者注

6. 西方谚语，因为在17世纪之前的教堂不储存也不提供食物，故有此说。——译者注

7. 克罗伊斯王（Croesus，约前595—前546），吕底亚王国最后一位国王，被认为是第一个发行纯金和纯银货币并将其标准化用于流通的人。在古希腊和古波斯文化中，他的名字是富有者的象征。——译者注

8. 厄恩斯特·迈耶（Ernst Mayr，1904—2005），20世纪最著名的进化生物学家之一，也是分类学家、探险家、鸟类学家、博物学家和科学史家。——译者注

9. 我并不断言一定如此。我不知道这是不是事实，但我想应该是真的。我们有着合理的理由，一致认为应该给匠人一个不同的种名，那么智人不能和它们杂交便是一个自然的推论。——作者注

10. 国内一般称为卡罗姬蛙。——译者注

11. 国内一般称为美西部姬蛙。——译者注

12. 西奥多修斯·杜布赞斯基（Theodosius Dobzhansky，1900—1975），美国遗传学家、进化生物学家，是新达尔文主义或现代进化综合学说的代表人物之一。——译者注

13. 我故意用了这个词。1999年，华盛顿特区的市长接受了一位官员的辞呈，这位官员称一份预算提案“小气”，因而冒犯了市长。著名的NAACP（全国有色人种协进会）主席朱利安·邦德（Julian Bond）恰当地指出，这位市长的做法很“小气”。受到这个例子的启发，威斯康星大学一名下作的学生提起了一份正式投诉，控诉她的教授曾在一个讲座上称乔叟“小气”。这种无知的政治迫害并不是美国特有的现象。2001年，一群英国暴徒义愤填膺地用石头砸了一位儿科医师的房子，因为他们误将“儿科医师”（paediatrician）当

作“恋童癖者”(paedophile)。——作者注

14. 这话是我在2004年说的。2012年，约翰·格登爵士确实获得了诺贝尔奖。——作者注

15. 斯蒂芬·杰伊·古尔德在他的经典著作《个体发育和系统发育》(*Ontogeny and Phylogeny*)一书中解决了这个现象的命名问题，对我们非常有帮助。——作者注

16. 参见芬克–诺特(Augustus Fink-Nottle)的私人通信。——作者注

17. 沃尔特·加斯唐(Walter Garstang，1868—1949)，英国动物学家，是最早研究海洋无脊椎动物幼虫生物学的几个人之一。他去世后出版的《幼虫形态和其他动物学诗句》(*Larval Forms and Other Zoological Verses*)以诗歌的形式描述了海洋无脊椎动物幼虫的特点。——译者注

第18会合点

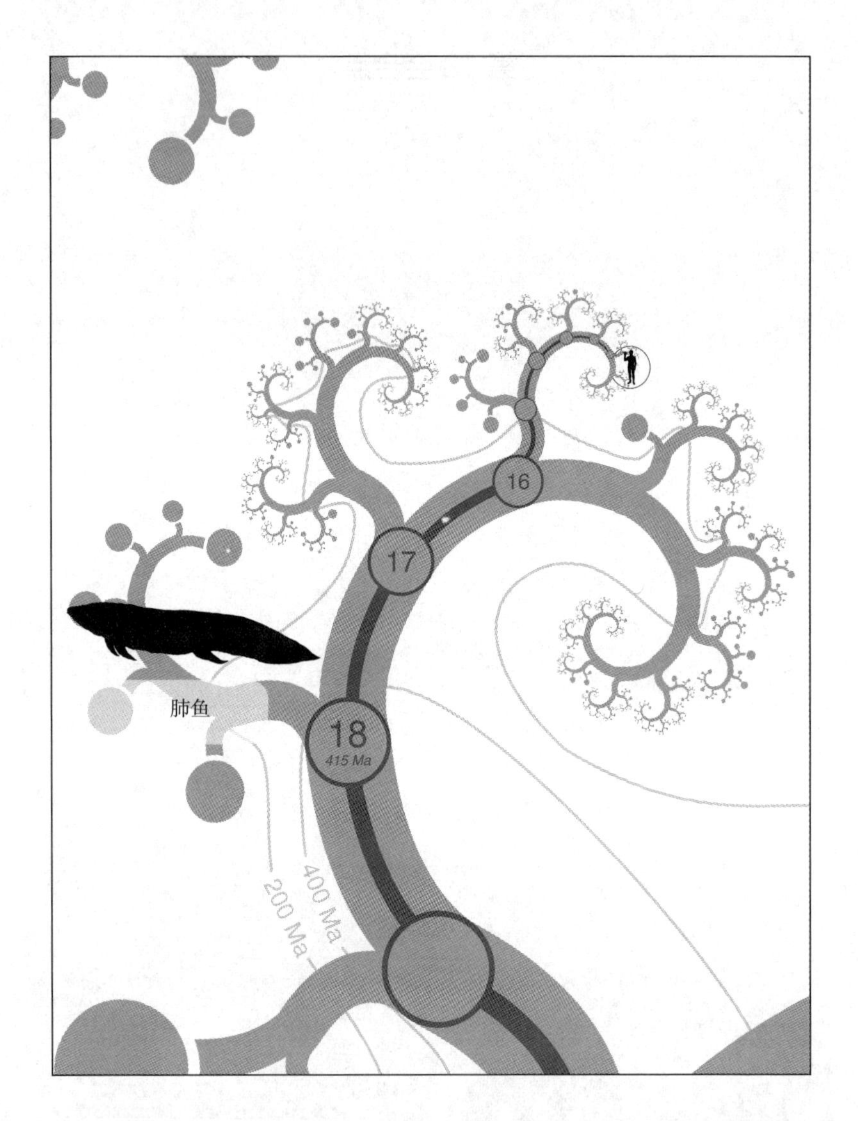

肺鱼加入。人类和其他“四足动物”可以说也是肉鳍鱼，我们的胳膊、翅膀或者腿都是改造后的肉质鳍。另外两个现存的肉鳍鱼支系分别是腔棘鱼和肺鱼。这三个支系的分离发生在志留纪（Silurian）末期，据信这一分异过程发生得很迅速，我们即使利用遗传数据也很难理出分支的次序。不管怎样，遗传研究和化石证据都开始达成一致，认为 6 个肺鱼物种是四足动物现存最近的亲属，如本图所示。

肺鱼

第 18 会合点位于水下，在早泥盆世（lower Devonian Period）温暖的浅海里，距今约 4.15 亿年。从这里开始，我们必须适应环境的剧烈变化，因为在接下来的回溯旅程中，我们的祖先家系将会一直留在海里。

我们在这里遇见的共祖大概是我们的 1.85 亿代远祖。它是一种肉鳍鱼（见彩图 22），属于肉鳍鱼总纲（Sarcopterygii）。既然我们承认鲸鱼是哺乳动物，因为它们有一位属于哺乳动物的共同祖先，那么严格来讲，我们这些陆生的四足动物也应该把自己看作肉鳍鱼，只不过我们的身体经过了高度的改造，以适应呼吸空气的生活方式。这些改造是逐步发生的，时间大概是在第 18 会合点和第 17 会合点之间，当时我们的祖先正从水里走向陆地。这里应该有一个专门的故事，一会儿将由一小群刚刚在这里加入我们的朝圣者来讲述。它们从来不曾真的脱离水生生活，是我们最近的鱼类亲属。它们便是 6 种肺鱼。

肺鱼仍然保留着我们共同祖先的基本形态，所以如果我说它们后来又进化出了一些庞大的基因组，你也许会感到吃惊。实际上，它们当中的一员，石花肺鱼（marbled lungfish），拥有目前动物界已知最大的基因组：1 330 亿个字母，而人类只有可怜巴巴的 30 亿个。这再一次说明，生物 DNA 的数量和它的外在形态之间的联系相当微弱。等遇到生活在深海的腔棘鱼时，我们会再回到这个重要的话题。腔棘鱼和肺鱼是目前仅存的两类肉鳍鱼。

肺鱼幸存至今的6个物种都生活在淡水里，体长从0.5米到2米不等，长度可以相当可观。它们是澳大利亚的澳洲肺鱼（*Neoceratodus forsteri*）、南美洲的美洲肺鱼（*Lepidosiren paradoxa*）和非洲的4种非洲肺鱼（*Protopterus*）。澳洲肺鱼和其他几种肺鱼的关系最疏远。它们长着肉质的鳍，看起来格外像是古代的肉鳍鱼，这让人颇为振奋。非洲肺鱼和美洲肺鱼与古代肉鳍鱼的相似性没那么高，因为它们的鳍退化成了长而摇曳的须状。这些鳍也许看起来像是穗缨，但最近有人观察到，养殖环境下的西非肺鱼会利用这些看起来退化无用的鳍在鱼缸底部“行走”。

肺鱼拥有的与四足动物相似的特征还不止行走。正如它们的名字暗示的那样，肺鱼也是用肺来呼吸的。它们的肺不光看起来和我们的肺很像，若用生物学家的话来说，肺鱼的肺和人的肺是同源的，也就是说，它们很可能都继承自18号共祖，而18号共祖自己大概也用肺呼吸。澳洲肺鱼长着一只肺，其他种类则有一对肺。非洲肺鱼和美洲肺鱼可以凭借肺部呼吸熬过干旱的季节。它们钻进淤泥，留一个洞用来通气，进入蛰眠状态。澳洲肺鱼则不同，它们住在不会干涸而且到处是水草的水里。在氧含量不足的水里，它们肺里的空气可以作为鳃的补充。

利用它们在水里的有利地位，呼吸着空气的肺鱼即将开启对陆地的殖民。

肺鱼的故事

从肺鱼的角度看，我们这些生活在陆地上的脊椎动物或四足动物，就是一些诡异反常的肉鳍鱼，冒险前往一片陌生的异乡环境，用鳍来走路而不是游泳。我们源于一群被称为骨鳞鱼目动物（osteolepiform）的泥盆纪肉鳍鱼，这一家系的其他支系均已灭绝。令人愉快的是，在骨鳞鱼当中有一系列连续的化石形态，随着地质时间的变迁而逐渐变得越来越不像鱼，越来越像两栖动物：真掌鳍鱼（*Eusthenopteron*）、潘氏鱼（*Panderichthys*）、提塔利克鱼（*Tiktaalik*）、棘螈（*Acanthostega*）、鱼石螈（*Ichthyostega*），其中前两种你可能会称其为鱼，后两种你十有八九会把它们当作两栖动物。最近发现的提塔利克鱼则位于中间，是个漂亮的"缺失的一环"。如今不再缺失了，它填上了这个臭名昭著的缺口，干净利落的插在这个链条当中，正位于像鱼的成员和像蝾螈的成员中间。

你也许会想，这是一个干净整洁的故事。唉，生活从来不会这么简单优雅。就在不久之前，在波兰发现了一组保存极好的脚印，所谓的"扎海尔米行迹"（Zachełmie trackway，见彩图 23）。这些足迹毫无疑问属于一只四足动物——你甚至可以区分出脚趾。然而对于我们这个"干净整洁的故事"来说，这是一个不幸的发现，因为若按照这个故事的预期，这些脚印的年代比它们"应该"属于的年代早了将近 2 000 万年。当时这些脚印是在水下踩出来的，也许是一个浅水潟湖的湖底。不论是谁留下了这些脚印，它当时毫无疑问是在行走。也许前面提到的那一系列整齐的化石只是晚期的幸存者，它们保留了更古老的祖先的生活方式。不管怎样，如果认为某个化石物种比如提塔利克鱼可能是我们的直系祖先，这样的想法总是不切实际的。相反，这一系列化石告诉我们的是，在遥远的泥盆纪的海水里曾发生了一些变化，而且这些变化可能发生了不止一次。

不管它们是谁，不管它们多么古老，我们关心的问题是，为什么那些古老的肉鳍鱼发展出了那些允许它们从水里走向陆地的变化？比如肺以及可以用来行走而非——或者同时——用来游泳的鳍。总不会是我们的祖先主动想要启动进化史上的下一次大转变吧？进化可不是这样进行的。像提塔利克鱼和棘螈这样的古代生物，它们的生活也许和陆地根本没有什么关系。这些物种的四肢和肺似乎是为了适应某种特定的水生生活方式而进化出来的。在四肢出现之后的 2 000 多万年里，这种生活方式一直是成功的。同样，我们之前提到，鳍已经严重退化的现代肺鱼也被观察到会在水下“行走”。也许其他现代鱼类也可以提供一些线索，包括那些现在似乎正朝着同样的方向进化的物种——考虑到鱼类丰富的多样性，这并不太让人意外。

有好几种现代硬骨鱼——但不是肉鳍鱼——生活在沼泽水滩里，那里氧含量很低。它们的鳃不能提取足够的氧气，因而需要空气的帮助。有些来自东南亚沼泽的常见观赏鱼，比如暹罗斗鱼（Siamese fighting fish，学名 *Betta splendens*），会频繁地浮出水面大口吸气，但它们仍然用鳃提取氧气。我猜，由于浮出水面的时候鳃仍然是湿的，你可以说它们这种吸气就相当于给鳃里的水局部供氧，就好比往水族箱里通氧一样。不过，它们实际上走得更远，因为它们的鳃室里附设了一个额外的气室，气室周围有丰富的血管。这个空腔和我们的肺没有关系，也和我们那些长着肉鳍的古代肺鱼祖先无关。正如我们将在《狗鱼的故事》里看到的那样，硬骨鱼曾经将这种原始的“肺”变成了鱼鳔，用来保持中性浮力。那些用鳃室呼吸空气的现代硬骨鱼是通过截然不同的途径重新发现了这种呼吸技术。也许最热衷于这种空气呼吸鳃室的现代鱼类要数攀鲈（climbing perch，学名 *Anabas*）。这些鱼同样生活在氧含量很低的水里，但它们呼吸空气的本事使它们可以在雨季的时候穿过陆地，迁徙到洪泛区，等这个临时家园干涸的时候再回到较深的水里。它们离开水面后可以存活数天之久。

作为一种临时措施，用鳍在陆地上行走对于鱼类的进化来说并不算是一种很难的应急办法。甚至有一种鲨鱼也会这么做，那就是肩章鲨（epaulette shark，学名 *Hemiscyllium ocellatum*）。虽然没有肺，但它们可以靠其他方法熬过缺氧的环境，而且会用鳍在潮汐池之间行走。

另一类会走路的硬骨鱼是弹涂鱼（mudskipper），比如弹涂鱼属（*Periophthalmus*）。某些弹涂鱼在水外面待的时间甚至比待在水里的时间还长。它们以昆虫和蜘蛛为食，而这些猎物通常不会出现在海里。有可能我们在泥盆纪的祖先刚走出水面的时候也享受过同样的好处，因为领先它们占据陆地的正是昆虫和蜘蛛。弹涂鱼可以拍打着身体穿过泥滩，也可以用胸鳍（相当于胳膊）爬行。这些鱼的胸鳍非常发达，可以支撑起它们的体重。实际上，弹涂鱼的求偶仪式有一部分是在陆地上进行的，雄鱼可能会像有些种类的雄性蜥蜴一样做俯卧撑，以便向雌鱼展示它们金色的下巴和喉咙。它们胸鳍的骨骼也和蝾螈这样的四足动物很像，这是一种趋同进化。通过将身体弯向一侧再突然绷直，弹涂鱼可以跳半米多高，也因此得到一大堆俗名，比如“泥猴”“跳跳鱼”“蛙鱼”和“袋鼠鱼”。它们的另一个俗名“攀木鱼”，则来自它们另一个习惯：它们会爬上红树寻找猎物。这时它们会用胸鳍抓住树干，腹鳍在身下合拢成一个吸盘，帮助固定身体。

就像前面提到的沼泽鱼一样，弹涂鱼也会将空气吸进潮湿的鳃室进行呼吸。它们还会通过皮肤吸收氧气，但皮肤必须保持潮湿。当一只弹涂鱼感觉有干燥的危险时，它会跳到小水洼里打个滚。它们的眼睛尤其害怕干燥，所以有时候它们会用一只湿润的鳍擦擦眼。它们那双凸起的眼睛距离很近，位于头顶附近，就像蛙和鳄鱼的眼睛一样，可以充当潜望镜，在身体不需露出水面的情况下看清水面外的情况。

它们来到陆地上时，经常会将凸起的眼睛缩回眼窝以保持湿润。在离开水面开始陆地之行以前，它们会在鳃室里填满水。在一本讲述生物征服陆地的畅销书里，作者引用了一位18世纪生活在印度尼西亚的艺术家的话，这位艺术家在自家屋子里把一条“蛙鱼”养了3天：“我走到哪儿它跟到哪儿，一点不怕生，就像一只小狗。”我喜欢这个想法，即我们的祖先像小狗一样爱冒险、有胆量，即使它在许多方面和现代的弹涂鱼很不一样。也许对于泥盆纪来说，这是它所能提供的最接近狗的生物？很久以前我有一位女朋友跟我解释她为什么喜欢狗：“狗输得起。”第一条朝着陆地探险的鱼无疑是输得起的典范。

作为一个类比的例子，弹涂鱼所提供的相似性也许出乎我们意料。体长大约1.2米的鱼石螈是泥盆纪这些化石当中最可贵、最习惯陆地生活的物种之一。不久前研究者用计算机对它们进行了三维重构，结果显示，它行动的样子有点像一只巨大的弹涂鱼。它当然不能像蝾螈一样蜿蜒爬行，因为它们的后腿太弱，甚至可能没法以合适的方式撑在地上。鱼石螈肯定要花大量的时间在水里，实际上它们的耳朵专门用于在水下工作。但在浅水里或陆地上，它们可以用强壮的前腿跳跃或爬行。

是什么样的选择压驱使着它们的祖先——以及我们的祖先——离开水面，朝着未知的陆地冒险？多年以来，关于这个问题最受人青睐的答案，是已故的美国古生物学家阿尔弗雷德·舍伍德·罗默（Alfred Sherwood Romer）根据地质学家约瑟夫·巴雷尔（Joseph Barrell）的观点衍生出来的假说。他认为，这些鱼并不是历尽艰辛想要征服陆地，实际上它们是想要回到水里去。在干旱的季节，鱼类很容易被困在日益干涸的池塘里。那些能够行走、能够呼吸空气的个体显然具有巨大的优势，它们可以摆脱注定干涸的池塘，前往水更深的地方。这个值得赞美的理论已经不那么流行了，不过我觉得这一变化的背后并没有一致合理的理由。不幸的是，罗默借用了当时流行的观念以支撑自己的理论，即当时人们认为泥盆纪是个干旱的时代，然而近来这个观点已经受到了质疑。不过，我不认为罗默的理论需要一个干旱的泥盆纪。即便在一个并不特别干旱的时代，也总会有那么一些浅水池塘，让某种鱼面临水可能会变得太浅的危险。如果严重的干旱可能让0.9米深的池塘陷于干涸，那么不那么严重的干旱可能会让0.3米深的池塘面临干涸的风险。只要有一些池塘会干涸，使得一些鱼需要通过迁徙来保命，这对于罗默的假说而言就足够了。即便泥盆纪晚期的世界遍地水涝，你也可以说这只会增加池塘的数目，也会有更多的池塘可能面临干涸，因此鱼类通过行走来保命的机会以及罗默的理论得到拯救的机会也会相应增加。不管怎样，我有义务说明，这一理论现在不太受欢迎。

当然，除了干旱之外还有许多其他原因可以驱使一条鱼走向陆地，无论这种冒险是临时性的还是永久的。溪流和池塘可能因为其他原因变得不适宜生存。水里可能长满野草，在这样的情况下，一条鱼若是可以穿过陆地迁往更深的水体里，那么它就可以从中获益。如果就像罗默的反对者提出的那样，泥盆纪遍布沼泽而非干旱，沼泽也可以提供丰富的机会，让行走、爬行、跳跃或其他可以穿越沼泽植被寻找深水或食物的方式成为某些鱼获得竞争优势的途径。这依然支持罗默的核心观点，即我们的祖先最初离开水不是为了向陆地殖民，而是为了回到水里。

本书初版问世以后，我的同事、牛津大学萨维尔天文学教授史蒂文·巴尔布斯（Steven Balbus）提出了一个新颖别致的观点，如果这个观点是正确的，那么不仅罗默的理论会得到证明，我先前为罗默理论打抱不平也有了依据。巴尔布斯的理论和潮汐有关。他认为，我们的鱼类祖先最初开始行走是为了从一个潮汐池走向另一个潮汐池。而对于该理论来说很重要的一个事实是，我们这颗星球的潮汐涨落的变化确实非常大。

罗默理论的实质在于，我们的肉鳍鱼祖先的陆上探险并不是由于某种开创进化新突破的欲望。它们在陆上行走是为了回到水里。抛开干旱不论，我们还能在哪里见到许多被陆地隔开的小池塘？在潮间带有许多这样的池塘，涨潮时被淹没，退潮时彼此分隔。

不过，单是这样还不足以称为一个理论。巴尔布斯的想法要天才得多。如果潮水每天都涨到同样高度，也退到同样程度，那么它对跨池塘行走的诱导作用应该微乎其微。退潮后被困在池塘里的鱼只需等上几个小时就可以重新回到海里。如果潮汐只受到月球引力或者只受到太阳引力的影响，那么潮水的变化确实会这么稳定。但事实并非如此，这才是巴尔布斯理论的核心。地球上的潮汐同时受到太阳引力和月球引力的影响，其关系非常复杂，有时是相加，有时是相减。这种变化是多方面因素相互作用的结果，包括地球绕太阳的公转、月球绕地球的公转，以及地球每天的自转。这些因素叠加的结果是，退潮时留下的池塘不会每天获得潮水的补充，而是会脱离大海或其他池塘长达数周甚至数月之久。

如果月球很小，就像大多数行星的卫星一样，即使是这个版本的理论也不可行。不过，巴尔布斯指出，我们的月球比地球这般大小的行星“应有”的卫星的尺寸要大得多。这很可能是由于另一个如今日渐得到确认的事实，即月球的形成来自早期地球和另一颗行星的撞击，那颗行星被撞碎之后，连同地球的部分表层一起重新聚集成球，形成了月球。我们的月亮大到什么程度？从我们的位置看去，它的表观直径几乎和太阳相同。这也是为什么日食如此特别：月亮几乎刚好完全遮住太阳。

一个天体所引起的潮汐力的大小，与它的视直径的三次方成正比，此外再乘以它的密度。这也就意味着，如果不考虑其他因素，太阳和月亮应该在地球上引起同样大小的潮汐力，因为在我们看来它们的尺寸差不多。但是月球的密度比太阳大得多，所以它对潮汐有更强的影响，尽管这两种力的量级仍在可比的范围内。结果便是，我们有潮汐升降幅度最大的大潮（spring tide），也有最低的小潮（neap tide），取决于太阳和月球的位置是在一条直线上（潮汐力相加），还是与地球成 90 度角（潮汐力部分抵消）。和小潮比起来，大潮在更远的岸上制造出池塘，并为其补充海水。对于一条鱼来说，它既可以在大潮的潮汐池里捕食获益，也有被困在那里的风险。它可能需要等候好几个星期，才能等来海水再次漫过大潮形成的潮汐池。若是有一对原始的腿，它就可以朝着大海走去，也许可以在更低的地方找到池塘。

巴尔布斯指出，月亮正在逐渐远离地球。月球刚形成的时候——在地球形成之后不久——看起来会非常巨大，填满整个天空，在大多数日子的大部分时间里把太阳遮得严严实实。在那些幽冥一般的日子里，它的潮汐力远远超出太阳。如果那时有任何海洋，每一次潮水都像是一次巨大的“大潮”。等到泥盆纪的时候，月亮已经退得足够远，看起来只比今天的样子大十分之一。那时候的“巴尔布斯效应”会有显著的影响：不仅月亮的潮汐力影响比今天更大，而且大潮和小潮之间也有了强烈的差别。巴尔布斯补充道，超级大陆的地理位置——北方的劳亚古陆和南方的冈瓦纳古陆——也让在它们之间呈漏斗状的特提斯洋有超大规模的潮水泛滥。

巴尔布斯的结论再次强化了我在本书第一版中的观点，即人们太仓促地抛弃了罗默的理论。泥盆纪的肉鳍鱼确实发展出了腿一样的肉质鳍，这些鳍不仅使它们因之得名，也帮助它们从一个池塘走向另一个池塘——即便称不上行走，起码也是挣扎蠕动。但这些池塘不是必然因为干旱才彼此隔离的，有可能是通过剧烈变化的潮汐，这种潮汐变化对于地球这样大小的星球来说或许并不常见，但幸运的是我们碰巧有一个大得不寻常的月亮。你可以站在一种以人为中心的立场上这么说（巴尔布斯确实这么做了）：我们这样的陆生生物只能出现在这样的星球，它要有一颗足够大的卫星，提供可以和它的恒星相比拟的潮汐力。

在骨鳞鱼的世界里也有潮水起伏，若是趁着高潮勇往直前，就可以成功吗？[1] 并不是这样的。起码这么说显得过于像一个预言了。那些使它们得名的肉质鳍帮助我们的祖先从一个池塘走向另一个池塘，或者像其他人说的那样，帮助它们拍打着身体挣扎蠕动着穿过泥盆纪的沼泽，逐渐进化得越来越强壮，直到它们预适应了将来真正走向陆地的冒险。

注释

1. 原文此句模仿莎士比亚戏剧《恺撒大帝》第四场第三幕的一句台词“There is a tide in the affairs of men, which, taken at the flood, leads on to fortune”，只将句中的“men”（人类）换成了“osteolepiforms”（骨鳞鱼）。——译者注

第 19 会合点

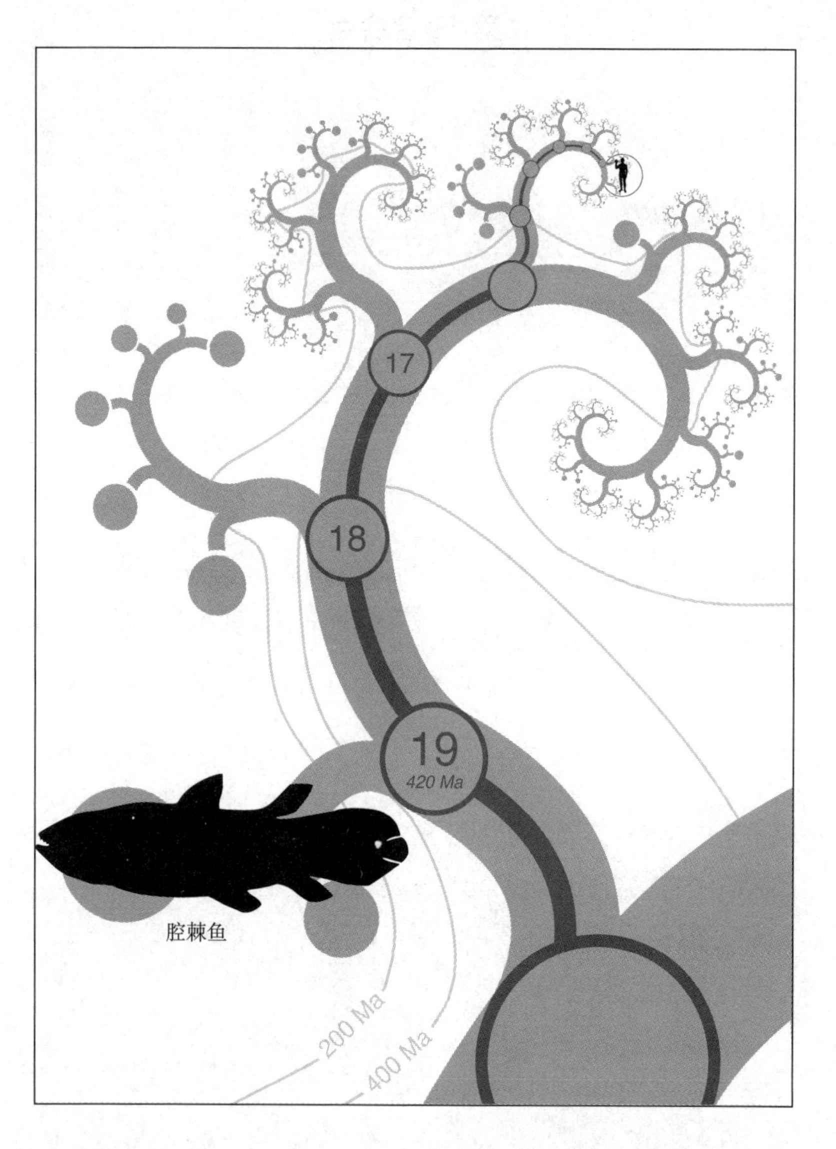

腔棘鱼加入。这越来越成为大家的共识：腔棘鱼是肉鳍鱼类最早分离出来的分支。

腔棘鱼

19 号共祖，可能是我们的 1.9 亿代先祖，它生活在大约 4.25 亿年前，那时植物正在陆地上扩张，珊瑚礁则在海里不断延伸。在这一会合点的故事里，我们将会遇见成员最稀少罕见的一群朝圣者。现存已知的腔棘鱼只有 1 个属，当初发现它仍然存活时可是一个巨大的惊喜。基思 · 汤姆森（Keith Thomson）在《活化石：腔棘鱼的故事》（*Living Fossil: the Story of the Coelacanth*）一书中对这件事进行了详细的描述。

化石记录中的腔棘鱼早已闻名遐迩，但是大家都认为它早在恐龙时代之前就已经灭绝了。然而，令人惊讶的是，在 1938 年，一条活着的腔棘鱼出现在南非渔船蜒螺号的渔获当中。幸好船长哈利 · 古森（Harry Goosen）和东伦敦博物馆那位热情的年轻馆长玛乔丽 · 考特尼–拉蒂默（Marjorie Courtenay-Latimer）是好友。博物馆离伊丽莎白港不远。古森有个习惯，一旦发现了有趣的收获，就会给玛乔丽留着。1938 年 12 月 22 日，他打电话通知她自己又有了发现。玛乔丽来到码头，一名老苏格兰水手向她展示了一堆五颜六色的弃鱼。她一开始没发现什么有趣的东西，可正当她打算离开时：

> 我看到了一只蓝色的鳍。拨开其他鱼，一条我见过的最美的

> 鱼呈现在我的面前。它有1.5米长，淡紫蓝色的身上点缀着闪亮的银色斑点。

她给这条鱼绘了一幅图，寄给了她的朋友史密斯博士（J. L. B. Smith）。史密斯是一名化学教授，不过玛乔丽知道他同时还是一名鱼类专家。这幅图让史密斯非常震惊。“哪怕看到恐龙在街上散步也不过如此。”（见彩图24）可惜的是，不知为什么，史密斯迟迟未能赶到现场。按基思·汤姆森的说法，史密斯一直不太敢相信自己的判断，后来还向他在开普敦的同事凯珀尔·巴纳德博士要了一本专用参考书。史密斯犹豫再三，向巴纳德坦白了自己的秘密困惑，而巴纳德立刻对这一发现的真实性表示怀疑。似乎几个星期之后，史密斯才终于来到东伦敦亲眼看看这条鱼。与此同时，可怜的考特尼–拉蒂默女士正在想办法处理这条腐烂恶臭的鱼。它太大了，装不进盛有福尔马林的罐子里，于是她用福尔马林浸过的布把它包裹起来。可是这些措施并不能有效延缓腐烂。最后她不得不把它剥制成标本保存，而这正是史密斯最终看见这条鱼时的状况：

> 天啊，真的是腔棘鱼！虽然来之前我就有了心理准备，但第一眼见到它，还是让我像受到爆炸的冲击一样，身体颤抖，头晕目眩，全身就像被针刺了一样。我呆呆地站在那儿，仿佛在冲击之下变成了岩石……我忘记了一切，几乎怀着畏惧地向它靠近，触碰它，抚摸它，而我的妻子静静地看着……直到这时候我才终于能说出话来，我已经忘了具体说了什么，只记得是告诉他们它真的是腔棘鱼，真真切切，这条鱼毫无疑问就是腔棘鱼，即便是我也无法对此再有任何怀疑。

史密斯以玛乔丽的姓氏为它命名，称其为矛尾鱼（*Latimeria*）。不过直到14年后，史密斯才终于见到第二条腔棘鱼，这还是多亏了张贴在科摩罗群岛的悬赏海报。科摩罗群岛离马达加斯加岛不远，实际上每年这儿都有一些腔棘鱼作为额外的捕获物被捕上岸。自此以后几乎所有的腔棘鱼样本都来自这个地方，但这些样本无一存活：因为没有一只腔棘鱼能在陆地上活过24小时。

令人遗憾的是，腔棘鱼的出现带来了恶语相向、斥其为伪造品的指控以及三位潜水员的死亡。鉴于腔棘鱼的显赫地位，这倒也可以理解。主要的困难在于，腔棘鱼喜欢生活在水下至少150米深的地方，这使得我们极难发现它们的踪影，遑论对其进行研究。直到1997年，马克·厄尔德曼（Mark Erdmann）在印度尼西亚的苏拉威西岛海域发现第二个腔棘鱼物种，即印尼腔棘鱼。在世纪之交的时候，潜水员在南非海域首次撞见了一个腔棘鱼常居种群，而从这儿往南800千米就是玛乔丽第一次见到腔棘鱼的地方。那个令人目眩的发现，让她见到了这辈子见过的最美的鱼。4年之后，玛乔丽与世长辞。

腔棘鱼的故事

最常用来形容腔棘鱼的那些词之一就是“活化石”。达尔文创造的这个词最近多少受到了一些批评[1]，受批评的原因不只是因为它那令人着迷的魅力背后是自相矛盾的用语，正如我们将看到的那样，它颇有引起误解的潜力，特别是在腔棘鱼这个例子中更是如此。

世上有这样一些生物，一方面和你我一样活生生地存在于今天的世界上，另一方面却和它们古代的祖先极其相似，差别不大。似乎应该为它们起个统称的名字，而“活化石”一词就挺好的。这儿有一个有趣却没有任何实际意义的巧合，最有名的四大活化石的名字都是以“L”开头的：鲎（*Limulus*）、海豆芽（*Lingula*）、肺鱼和矛尾鱼。鲎，又名马蹄蟹（horseshoe crab），其实它和螃蟹一点关系也没有，而是自成一派，表面上看起来像是一只大号三叶虫。现存的鲎和1.5亿年前生活在侏罗纪的达尔文鲎同属。海豆芽属于腕足动物门（Brachiopoda，有时候英文俗名又叫 lamp-shell [2]）。如果说这种动物长得与某种灯比较相似的话，那应该是指阿拉丁神灯这种造型，灯芯从茶壶嘴一样的结构里伸出来。不过，海豆芽最像的还是它们自己在4亿年前的祖先。尽管如今已经不再将它们和化石祖先归入同一个属，但是化石形态确实与现代的样子非常相似。在上一个会合点，我们在介绍各种肺鱼的时候提到了古老的肉鳍鱼与现代澳洲肺鱼的相似之处。确实，澳洲肺鱼在1870年被首次发现的时候，一开始是和2亿多年前的化石归入同一个属的，即角齿鱼属（*Ceratodus*），后来才增加了 Neo（新的）这个很恰当的前缀。

接下来就是矛尾鱼了，它属于腔棘鱼类。与另三种活化石物种不同的是，人们从不曾把矛尾鱼和那些“死化石”归入同一个属。与矛尾鱼亲缘关系最近的是7 000万年前的大盖鱼。和现存的腔棘鱼类比起来，大盖鱼有许多不同之处，特别是大盖鱼的体长比现存的腔棘鱼短了两倍半。如果把跟矛尾鱼亲缘关系稍远的物种也纳入比较，它们的形态差异就更加显著了，其中有形似鲑鱼的淡水鱼类，也有像鳗鱼一样的物种，甚至有一种腔棘鱼看上去跟水虎鱼有点像。

这让我们有点不敢肯定，不知将腔棘鱼称作“活化石”是否恰当。不过至少有一点仍然是毋庸置疑的：与我们这些已经转为陆生的“肉鳍鱼”比起来，仍然作为鱼类生活的那些肉鳍鱼物种——尤其是肺鱼——其身体的进化速度就像蜗牛爬似的。但是与此同时，它们基因组的进化并非如此，这也正是这个故事将要讲述的内容。

我们从化石中能够知晓腔棘鱼、肺鱼以及我们人类自己的祖先在进化上分道扬镳的大致时间。腔棘鱼率先分离，时间大概是 4.2 亿年前。又过了大约 500 万年，肺鱼也离开了我们，让我们这些如今所谓的四足生物开启自己的进化之旅。考虑到进化的时间尺度，或者至少相对于从分离到今天这段漫长的进化时间来看，这两次分离几乎算是在同一时间发生的，相对于物种进化的漫长岁月来说。在不同家系各自进化的过程中，它们的 DNA 又发生了怎样的改变呢?

我们可以很透彻地回答这个问题，因为腔棘鱼的全基因组也已经得到了测序，成为日渐庞大的已测序物种大家庭中的一员。但所有肺鱼都不是其中的成员，因为正如前文所言，它们的基因组大到让人束手无策——肺鱼可能拥有动物界最大的基因组。这也为我们前面的问题提供了一个快捷的答案。肺鱼向我们证明，DNA 可以发生巨大的改变，却完全可能对个体的外表没有太大的影响。基因组的整体结构和身体的整体形态之间没有明显的联系。基因组与形态之间出现这种分裂，原因之一在于基因组里的大部分 DNA 序列都是基本无用的，尤其是各种各样的寄生序列，我们将在《丝叶狸藻的故事》里介绍这种序列。肺鱼基因组的膨胀很可能主要是由这些“转座因子”导致的。腔棘鱼的转座因子没有这么夸张。它们的基因组的大小和我们人类的差不多。然而，和人类基因组一样，腔棘鱼基因组里有相当一部分被各种各样的寄生序列占据，而且这些序列仍然在活跃地跳来跳去，在进化的时间尺度上造成显著的改变。从这个意义上看，腔棘鱼基因组的进化速度基本上和其他脊椎动物乃至其他动物、真菌和植物没什么差别。

也许这并不值得惊讶。毕竟，这些寄生序列通常不会对宿主的外观产生什么影响。只要不破坏宿主的生化功能。它们能够相当自由地在基因组里复制和跳跃。如果要观察腔棘鱼DNA的进化速度是否比预想的慢，我们不应该关注那些虽然占据基因组大部分却不表现出可见影响的变化，而应该着眼于编码蛋白质的那些基因的变化，因为我们知道这些基因会对机体的形态和功能产生影响。来自中国的梁丹（音译）及其同事的研究正是采取这样的关注点。下面的树状图就是他们对1 290个蛋白编码基因的研究结果，这个结果是通过比较多种不同脊椎动物的基因组（包括一只非洲肺鱼的不完整基因组）得来的。图中各分支的长度代表了这些基因中积累的单碱基突变的数目，这些突变不太受到基因组其他部位大片段突变（比如肺鱼基因组中积累的遗传碎片）的影响。

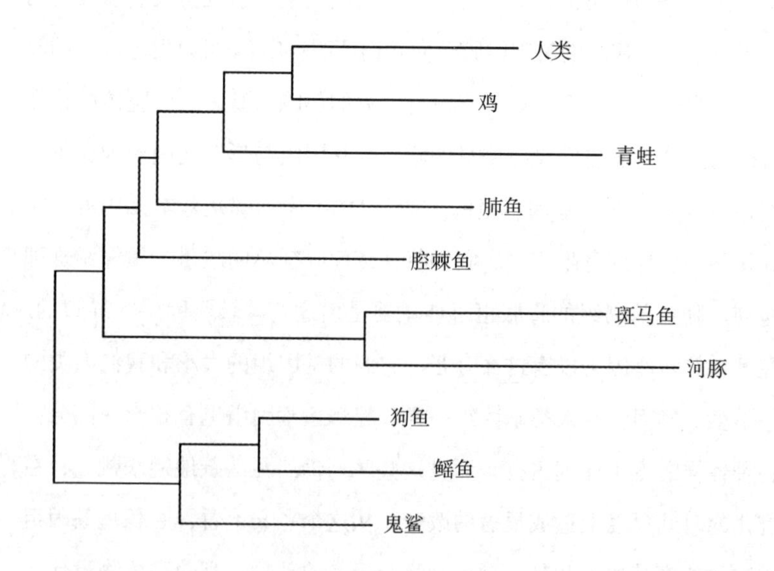

分子进化家族赛。包括两种“活化石”在内的各种脊椎动物蛋白质的进化速率。修改于梁（Liang）等著作中的表格[248]。

不论什么物种，如果编码蛋白质的基因是以恒定的速率进化的，那么我们可以预期图中这些分支的右端应该是对齐的。显然事实并非如此。但另一方面，最短的分支也并不属于形态改变最小的物种。没错，腔棘鱼似乎处于比较短的分支上，但这并不是由于其‘活化石’的显赫身份，因为相比于腔棘鱼，有人认为肺鱼才是更加名副其实的“活化石”，但肺鱼经历了和鸡一样多的进化改变，而鸡的生活方式可能是该图各种动物中变化最为剧烈的。与水生的肉鳍鱼表亲比起来，我们这些向陆地殖民的肉鳍鱼类整体上拥有更快的进化速度。尽管如此，它和形态的改变并没有明显的联系。在这个无谓的分子竞赛中，占据领奖台的分别是河豚、斑马鱼和青蛙，尽管它们的形态变化速度都不如鸡或者我们人类快（我们的虚荣心不禁低语着）。

这幅图展示了一个重要的事实。DNA 进化的速率并不总是恒定的，而且与形态学变化的程度也没有明显的相关性。上页的树状图只是一个例子，而另一个证据来自喙头蜥，一种只生活在新西兰的蜥形动物。这种罕见的生物也是“活化石”，普遍认为它与蛇类和蜥蜴的共同祖先很像（属于蜥形动物的这支朝圣者在第 16 会合点加入了我们的队伍）。然而，对喙头蜥 DNA 序列的分析表明，它们的线粒体 DNA 的进化速率在已知陆地脊椎动物中是最快的。

前段时间，苏塞克斯大学的林德尔 · 布朗厄姆（Lindell Bromham）及其同事尝试了一条更有普适意义的研究途径。他们收集了许多相关研究，比较了形态学和基于 DNA 变化程度而绘制的树状图的关系，其结果证实了《腔棘鱼的故事》所要传递的信息：遗传变化的总体速率与形态的进化无关[3]。

这并不是说遗传变化速率是恒定不变的——哪有这么好的事儿。某些谱系，如海鞘、线虫和扁虫，其分子进化的总体速度似乎比它们的近亲物种快得多。而在另一些例子里，比如在海葵的线粒体中，分子的进化速率则比相关谱系慢得多。但《腔棘鱼的故事》给了我们一种希望，而这是几十年前的动物学家们所不敢奢望的：如果选择基因的时候足够谨慎，并且采用可行的方法修正不同谱系间进化速率的差异，我们应该能够以百万年的时间精度锁定任一物种与其他物种分离的时间。这个光明的希望就是“分子钟”技术，在这场朝圣之旅中我们已经多次提到了这项技术，并且书里提到的各个会合点的时间大都是利用这个技术测定的。我们将在《天鹅绒虫的故事》的后记里介绍分子钟的原理，以及困扰该技术的一些矛盾之处。现在是时候来认识一下在我们的小赛跑中进化得最快的动物了，它们包括超过 30 000 个物种，并一起加入了我们的队列。在某种意义上，这意味着它们是脊椎动物中最成功的物种。它们就是辐鳍鱼。

注释

1. 理查德 · 福提在他的《幸存者》(*Survivors*) 一书中也谈到了这个话题。——作者注
2. Lamp-shell，腕足动物的俗名，英文字面意思是“灯罩”。——译者注
3. 该结果与一份较早的研究矛盾，但是布朗厄姆和她的同事们令人信服地证明了，这份较早的研究没能保证数据的独立性——我们在《海豹的故事》里遇到过这种重复计数的问题。——作者注

第 20 会合点

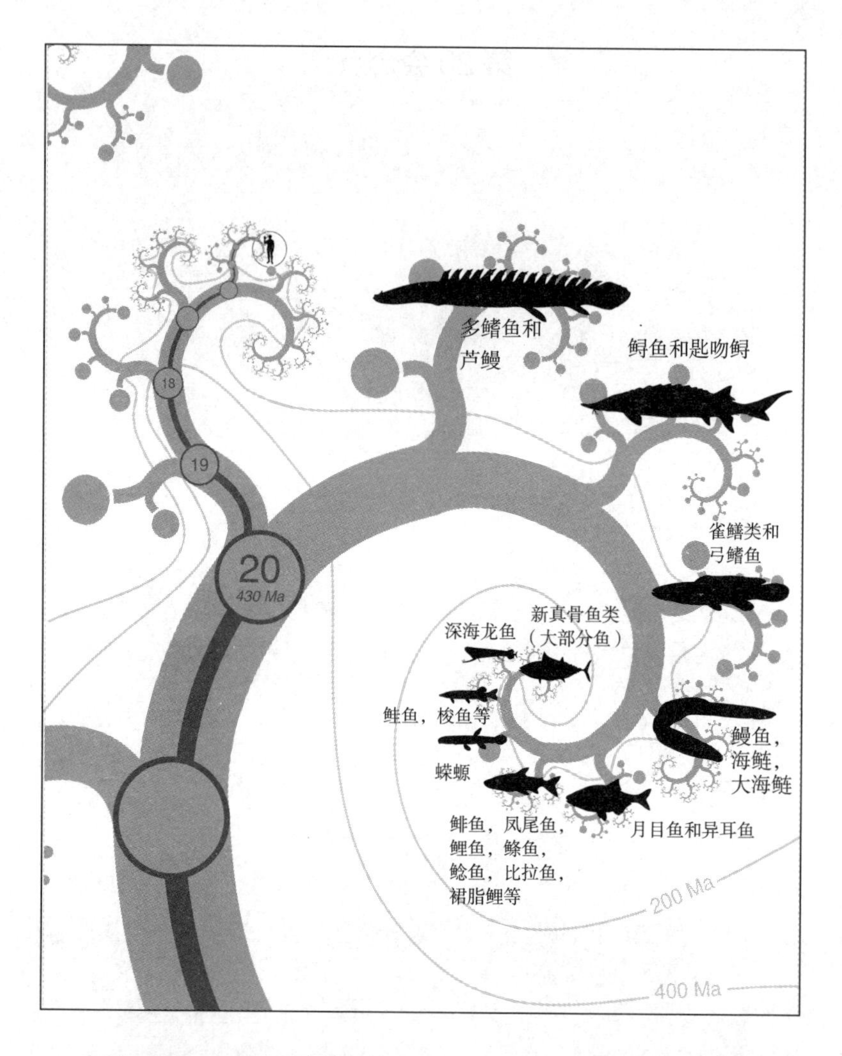

辐鳍鱼加入。辐鳍鱼是肉鳍鱼关系最近的亲戚，如果我们把所有的四足动物连同肉鳍鱼都计算在内，两组囊括的记载物种数量大致相同，大约 3 万种。更确切地说，截至 2015 年 4 月份，FishBase 这个庞大的在线数据计入了 33 000 种鱼类，其中超过 32 000 种都是辐鳍鱼。 辐鳍鱼之间的关系是 DeepFin 项目研究的重点，其结果显示在此。 最远的分支是多鳍鱼和芦鳗（12 种），其次是鲟鱼和匙吻鲟（27 种），再次是雀鳝类和弓鳍鱼（8 种）。其余的都是硬骨鱼。

辐鳍鱼

距今 4.3 亿年的第 20 会合点是一个大会合点。当时正值志留纪中期，南方仍然覆盖着从寒冷的奥陶纪余留下来的冰盖。20 号共祖将我们和辐鳍鱼（actinopterygian 或 ray-finned fish）联系到一起。据我估计，20 号共祖大概是我们的 1.95 亿代远祖。多数辐鳍鱼都属于一个庞大而成功的族群，即硬骨鱼。硬骨鱼包括 3 万多个物种，是现代脊椎动物进化的成功案例。无论是在咸水中，还是在淡水中，在不同深度的水下食物链中，硬骨鱼都占据了突出的位置。它们成功地侵入各种极端环境，无论是温泉，还是北冰洋和高山湖泊的冰水里，都有硬骨鱼存活其中。它们甚至能够在酸性的溪流、发臭的沼泽以及盐湖中茁壮成长。

辐鳍鱼之所以被冠以辐鳍之名，是因为它们鱼鳍的骨骼形态就像是维多利亚时期女士的扇子。辐鳍的根部缺乏肉质组织，而这也正是腔棘鱼以及 18 号共祖被称为肉鳍鱼的原因。不像我们人类的四肢骨头较少，而且四肢内部的肌肉可以使这些骨头产生相对运动，辐鳍鱼的鳍主要靠躯体的肌肉来控制运动。从这个意义上说，我们和肉鳍鱼更像——本来就该如此，因为我们就是适应了陆地生活的肉鳍鱼。肉鳍鱼的肉鳍上自带肌肉，就像我们不光上臂长着肱二头肌和肱三头肌，前臂的肌肉还能长得像大力水手一样强健。

辐鳍鱼大多属于硬骨鱼类，也包括个别例外，比如鲟鱼以及我们在《鸭嘴兽的故事》里介绍过的匙吻鲟。如此庞大成功的群体理应多贡献几个故事，我将把关于辐鳍鱼的大部分内容都放到这些故事里讲述。硬骨鱼朝圣者们向我们走来，熙熙攘攘，种类繁多，而正是其种类之丰富为《叶海龙的故事》提供了灵感。

叶海龙的故事

我女儿朱丽叶小时候喜欢让大人给她画鱼。当我正努力想要写一本书时，她会冲过来往我手里塞支铅笔，大喊道："画条鱼，爸爸！画条鱼！"为了让她安静下来，我会立刻画一条卡通鱼给她，总是像鲱鱼或鲈鱼那样标准鱼类的样子，而这也是她希望我给她画的唯一一类鱼：尖尖的头，流线型的身体上方和下方长着三角形的鳍，后面的尾巴也是三角形的，最后在弧形的鳃盖前方点上眼睛。我记得我不曾画出胸鳍或腹鳍，这是我的疏忽，因为这些鱼确实都长着胸鳍和腹鳍。这种标准的鱼类外形确实非常常见，小到鲦鱼，大到大海鲢，不论体形均是如此，显然这是一种很好用的外形。

当初我若有本事为她画一只叶海龙（*Phycodurus equus*），朱丽叶会说些什么呢？"不，爸爸！我不要海藻。画一条鱼，画鱼。"《叶海龙的故事》传递的信息是，动物的外形就像橡皮泥一样具有很强的可塑性（见彩图 25）。一种鱼的外形可能随着进化变得面目全非，完全失去鱼类该有的样子，只要这符合它生活方式的需要。那些与朱丽叶眼中的"标准鱼"长得特别像的鱼之所以如此，只是因为这样的形态恰好适合它们：这是一种特别适宜在开放水域游泳的外形。但是，如果存活的关键在于一动不动地挂在轻轻摇摆的海带中间，那么标准鱼型的身体就会渐渐扭曲变形，伸出大量像枝条一样的结构，变得与褐藻的叶状体相似，以至于植物学家可能会想着把它划为某种植物物种，也许是墨角藻属（*Fucus*）。

条纹虾鱼（*Aeoliscus strigatus*）生活在西太平洋的礁石上，它同样有着狡猾的伪装，假如我当初把它画给朱丽叶，恐怕她还是不会满意。它的身体本来就极其狭长，再加上一个长长的嘴巴，特别是那条穿过眼睛区域并一直延伸到尾巴的暗色条纹更是加强了这种狭长的效果。而且它的尾巴看起来一点也不像是尾巴。整条鱼就像一只加长版的虾，或者像一把可怕的剃刀——这也是它另一个别名“剃刀鱼”（razorfish）的由来。它的体表还覆盖着一层透明的盔甲，我已故的同事乔治·巴罗曾在野外观察过这种鱼，他告诉我，它就连摸起来都像是一只虾。虾鱼长得这么像虾，很可能并不是为了伪装。和许多硬骨鱼一样，虾鱼成群游动，像军队一般协调一致。但和你可能想到的其他任何一种硬骨鱼都不同，虾鱼游泳的时候是头朝下的。我并不是说它们在水里沿着竖直的方向游动，而是说它们在身体保持竖直的情况下水平游动。它们同步游动的景象，其整体效果就像是一片水草，或者更惊人的是，就像是一只巨型海胆高耸的尖刺——它们经常躲在海胆的刺丛中间避难。头朝下游泳是它们主动的选择。当遇到紧急情况时，它们完全可以迅速翻转到更加常规的水平游泳姿态并以惊人的速度逃逸。

或者，如果我为朱丽叶画一条线鳗或者宽咽鱼（学名：*Eurypharynx pelecanoides*），她又会说什么呢？这两种鱼的名字里都带着鸟类的字眼[1]。线鳗看起来非常好笑，又瘦又长，显得特别滑稽，像鸟喙一样的嘴巴大张着，跟扩音器似的。这样大张着的嘴巴看起来一点用也没有，让我不禁好奇有多少人见过这种鱼的活体样本。难道扩音器一样的颌骨可能是博物馆中干瘪的标本扭曲变形的结果？

宽咽鱼长得就像是噩梦的化身。凭着那只相对于它的身体来说显得过于庞大的嘴巴——至少看起来是这样——它能够将比自己还大的猎物囫囵吞下。还有几种别的深海鱼也有这种了不起的天赋。当然，捕食者猎杀比自己大的猎物不算什么罕见的情形，一般是捕杀后一点一点咬着吃掉。狮子就是这么做的，蜘蛛也是如此[2]。但是很难想象谁能整个吞下比自己还大的猎物。宽咽鱼和其他一些深海鱼——比如亲缘关系很近的囊鳃鳗（*Saccopharynx*）和关系不大的黑动齿鱼（学名 *Chiasmodon niger*，不属于鳗鱼）——却掌握了这种技能。它们凭借的是大得不成比例的腭骨和松弛可膨胀的胃囊。饱餐之后，胃囊就会垂在身下，看起来像是某种恶心的体表肿瘤。经过长时间的消化后，胃囊会再次收缩。我还不太清楚为什么只有蛇[3]和深海鱼类掌握了这种奇妙的吞食技能。宽咽鱼和囊鳃鳗能将猎物引诱到嘴巴附近，靠的是尾巴尖发光的诱饵。

在进化过程中，硬骨鱼的身体构造似乎能够无限改变，可以拉伸或揉捏成任何形状，不管多么偏离“标准”的鱼类形态。翻车鱼的拉丁学名 *Mola mola* 是磨盘的意思。给它起这个名字的原因显而易见：从侧面看去，它就像是一个尺寸惊人的大圆盘，直径可达 4 米，重达 2 吨。它整个外形都是圆圆的，只在身体的顶部和底部有例外，那里各长着一只长达 2 米的巨大鳍片。

在《河马的故事》中，我们在解释河马与其近亲鲸鱼的显著差异时提到，鲸一旦离开了陆地就从重力的束缚中解放了出来。毫无疑问，也存在某种类似的机制可以解释硬骨鱼呈现出来的千奇百怪的形态。但是在利用这种解放机会的过程中，硬骨鱼还有一个相比于鲨鱼或其他鱼类而言更有利的优势：它们用一种特别的方式应对浮力，狗鱼将会讲述这个故事。

狗鱼的故事

在阴郁的阿尔斯特省（Ulster）[4]，也就是“莫恩山脉冲入大海”的地方，我知道那儿有一个美丽的湖。有一天，一群孩子来到这里脱得光溜溜地下水游泳，突然有人大叫说他们看到一条大狗鱼（pike）。所有孩子——除了女孩子——都立马都逃到了岸上。对于小鱼来说，白斑狗鱼（northern pike，学名 *Esox lucius*）是一个可怕的猎手。它那美丽的伪装不是为了躲避掠食者，而是为了帮助它偷袭猎物。作为一个隐蔽的偷袭者它的长距离游泳速度并不快，反而擅长在悬停在水中，几乎一动不动，直到猎物悄悄进入攻击距离，然后出其不意实现致命一击。在隐蔽行动的时候，它只用身体后部的背鳍推动身体悄悄前行。

这种狩猎技术的关键在于是否有能力像一艘飘浮的飞艇那样，不费任何力气就能悬浮在想要的深度，保持完美的流体静力学平衡。所有的运动做功都集中于悄悄隐蔽前行。如果狗鱼需要不停游泳才能保持其自身在水中的深度，就像许多鲨鱼所做的那样，那么这种偷袭伎俩就难以奏效。硬骨鱼非常擅长毫不费力地维持和调整它们在水中的相对深度，这可能正是它们在进化上如此成功的关键。那它们是如何做到的呢？主要在于鱼鳔——一个改装版的肺，充满气体，可以灵活地控制鱼的浮力。除了某些底栖的物种在进化过程中又失去了鱼鳔外，所有的硬骨鱼——包括狗鱼和它们的猎物——都有鱼鳔。

人们通常认为鱼鳔的工作原理与浮沉子类似，但我认为这种观点不太准确。你可以自己做一个浮沉子，只需要将一段吸管两端密封，中间保留一些空气，再配上合适的重物，就能让它在一瓶水中呈漂浮状态。如果压力增加（比如通过挤压密封水瓶的两侧），空气泡被压缩，浮沉子的整体排水量变少，那么根据阿基米德原理，浮沉子会下沉。如果减轻挤压的力量，瓶中的压力降低，浮沉子中的气泡变大，浮沉子就会上浮。通过练习，你能够让自己施加的力度恰到好处，让浮沉子在水中不上不下，保持悬浮。你甚至可以实现更精细的控制，让它悬停在不同的深度。

要理解浮沉子的工作原理，关键在于明白气泡中的空气分子数量是保持不变的，变化的是气泡的体积和压力（根据玻意耳定律，体积和压力的变化呈反比例关系）。如果鱼鳔和浮沉子的工作原理相同，那就是说鱼会用肌肉的力量挤压或放松鱼鳔，从而改变鱼鳔的压力和体积，而鱼鳔当中的空气分子数量保持不变。这在理论上是可行的，却与实际情况不符。鱼并不是让鱼鳔里的空气分子数量保持不变而调节压力，相反，它调节的是鱼鳔里空气分子的数量。下沉时，鱼会从鱼鳔中吸收一些气体分子进入血液，从而减少鱼鳔的体积。上升时，则反过来从血液中释放气体分子进入鱼鳔。

事实上，浮沉子原理确实体现了空气型鱼鳔的一个主要缺陷：它们那种精细的流体静力学平衡是不稳定的。一条正在下沉的鱼会遭遇更大的外部压力，从而使鱼鳔受到挤压，如同浮沉子中的气泡那样令气体体积减小，这使得鱼受到的浮力更小，更易于下沉，进而受到更大的压力，如此反复，形成一个正反馈。同样，若保持其他情况不变，上浮时鱼的鱼鳔会膨胀，使鱼的浮力变大，推动它不断加速上浮到水面。有谣言说鱼鳔这样快速的膨胀会让整条鱼炸裂，这种说法没有得到证实，不过有个确切的事实是，当生活于深海的硬骨鱼被渔民捕获进而快速浮至水面时，过度充气的鱼鳔会把它们的胃从嘴里顶出来。也许正是这个原因，某些硬骨鱼保留着从鱼鳔里吐出多余空气的能力。另一些鱼，特别是深海鱼，则不惜代价地在鱼鳔里塞满相对不可压缩的油脂。顺便说一句，似乎也正是因为相同的原因，深海的腔棘鱼也趋同进化出了同样的策略，在其“肺”里填充脂质，这也许能解释为什么渔民们说它尝起来带有恶心的油腥味。有一些鱼，比如金枪鱼，生活方式不需要保持静止，于是它们彻底抛弃了鱼鳔。但是对于大多数硬骨鱼来说，用鱼鳔来维持身体在水中的平衡，这是一种省力又精巧的方式。

在一些硬骨鱼中，鱼鳔也被用于辅助听觉。鱼的身体大部分是由水组成的，所以声波穿过鱼体就如同在水中传播一样。但当声波撞到鱼鳔时，突然就进入了不同的介质——气体中。此时鱼鳔就起到了人类鼓膜发挥的作用。某些物种的鱼鳔紧贴着内耳。而另一些物种的鱼鳔通过一些小骨头——鳔骨（Weberian ossicles）——与内耳连接。尽管来源不同，但鳔骨的作用和我们的锤骨、砧骨和镫骨很像。

鱼鳔似乎是由一种原始的肺演变而来的，一些现存的硬骨鱼，如弓鳍鱼、雀鳝和多鳍鱼等，仍然把鱼鳔充作呼吸器官。这对某些人来说可能有点出乎意料，他们可能觉得呼吸空气似乎是伴随着生物弃水登陆而产生的一次巨大“进步”。就连达尔文都认为肺是改良的鱼鳔。事实正好相反，似乎原始的呼吸肺在进化中出现了分叉，走向了两条不同的路径：一方面，它那古老的呼吸功能被带到陆地上，直到今天我们仍然赖以维生；另一方面则出现了令人兴奋的创新：原始的肺被改造成鱼鳔，这是真正的革新。

丽鱼的故事

维多利亚湖是世界第三大湖，同时也是最年轻的湖泊之一。地质证据表明，它大概只有 10 万年的历史。这里生活着一大批此地特有的丽鱼（cichlid）。“特有”的意思是说，除了维多利亚湖之外，在任何地方没有发现过它们的踪迹，并且很有可能它们就是在这里进化诞生的。在维多利亚湖，丽鱼种的数量在200种到500种之间，最近的权威估计为450种，数字的差异取决于做计数的鱼类学家是倾向于打包，还是倾向于拆包。在这些当地特有物种中，绝大多数都属于同一个族（tribe），即朴丽鱼族（haplochromine）。它们作为一个单独的“物种群”，似乎是在过去大约10万年内进化而来的。

我们在《狭口蛙的故事》中讲到过，一个物种在进化过程中形成两个物种的过程被称为“物种形成”。真正让我们惊讶的是，维多利亚湖竟如此年轻，这就意味着这里的物种形成速率高得惊人。另外还有证据表明，大约15 000年前，这个湖泊曾经彻底干涸，所以有些人甚至进一步得出这样的结论，这里的450种特有种必然是在这么短的时间内由单一祖先发展而来的。正如我们将要看到的那样，这种说法十有八九过于夸张了。但无论如何，只要一点点计算就能帮助我们对这段时间之短暂有个直观的认识。什么样的物种形成速率能够在10万年内产生450个物种？理论上最多产的物种形成模式是连续的物种倍增。在这种理想模式下，一个祖先物种产生两个衍生物种，这两个衍生种又各自产生两个新种，然后这些新种又各自分化出两个新种，依此类推。遵循这个最高效（指数倍增）的物种形成模式，一个原始种可以很容易地在10万年中形成450个物种，任何一个家系内部两次连续的物种形成事件，平均间隔有1万年那么长，这个间隔看起来不算太短。若有哪条现代丽鱼想要寻根溯祖，那么在10万年内只会经历10个会合点。

当然，现实生活中的物种形成实际上不太可能以连续倍增的理想模式进行。在物种形成速度的另一个极端是这样一种模式：原始种连续分化出一个又一个衍生物种，而这些衍生种都没有继续分化出新种。如果物种的形成遵循的是这种最没有“效率”的模式，那么为了在10万年内产生450个物种，物种形成事件之间的间隔将只有几百年。似乎几百年也没有短暂到让人觉得不可思议的程度。真实的情况当然介于这两种极端模式之间：任何一个家系中物种形成事件之间的平均间隔大概是1 000年或几千年。这样看来，维多利亚湖物种形成的速度其实不算太快，特别是我们已经在《加拉帕戈斯地雀的故事》见识过了地雀的高速进化。不管怎样，以进化学家通常预期的速度标准来看，维多利亚湖丽鱼持续的物种形成过程仍是非常快速和高产的。也正因如此，维多利亚湖的丽鱼在生物学家眼中充满了传奇色彩[5]。

就面积而言，坦噶尼喀湖和马拉维湖只比维多利亚湖略小。不过与维多利亚湖宽阔、低浅的盆地地形不同，坦噶尼喀湖和马拉维湖是裂谷湖，狭长而幽深。它们也不像维多利亚湖这样年轻。马拉维湖，我曾无比怀旧地提到了它，是我度过第一个“海边”假期的地方，它大概有100万到200万年的历史。坦噶尼喀湖是三者当中最古老的，大概有1 200万年到1 400万年的历史。尽管有这些差异，这三个湖泊都有一个了不起的共同特征，也是这个故事的灵感来源，即这些湖中都生活着数百种不同的丽鱼，而且都是这些湖里特有的种类。维多利亚湖的丽鱼群落与坦噶尼喀湖截然不同，而马拉维湖的丽鱼群落也与它们也各不相同。三个群落在各自的湖里都已进化出了数百个物种。尽管如此，通过趋同进化，这些物种涵盖的类型却极为相似。看起来事情似乎是这样的：最初有单个或极少数的几个原始朴丽鱼种——可能是通过某条河流——进入了这些湖泊，然后从这样微不足道的开端，经历了一系列的进化分异即“物种形成”事件，进而产生了数百种不同的丽鱼种，其总体类型和其他大湖中的物种类型差不多。这种快速分化为许多不同类型的多样性进化被称为“适应辐射”。达尔文地雀是另一个著名的适应辐射的例子。不过非洲丽鱼的适应辐射尤为特别，因为它平行发生了三次[6]。

各湖泊中的大部分物种变异都与食谱有关。这三个湖中各自都有着吃浮游生物的专家、啃食岩上藻类的专家、以其他鱼类为食的捕食者、清理残渣的清道夫、抢夺食物的掠夺者以及以鱼卵为生的食卵者等。有的鱼类有清洁工的习性，比较有名的是热带地区的珊瑚鱼（见《珊瑚的故事》），而这几个湖里的丽鱼居然也进化出了有此习性的种类。丽鱼有一套复杂的双颌骨系统。除了我们能看到的“普通”外颌骨外，丽鱼的咽喉深处还有第二套咽颌（pharyngeal jaw）。可能正是这个创新使得丽鱼具备了适应多种饮食的能力，从而使它们能够在非洲的各大湖泊里多次分化出新物种。

尽管坦噶尼喀湖和马拉维湖的历史更长，但它们的物种数量并没有明显多于维多利亚湖。就好像每个湖泊中的物种数量增长到一定的平衡规模之后，并不会随着时间推移继续增多。事实上，物种数目甚至可能会减少。三个湖中，最古老的坦噶尼喀湖却包含最少的物种，而年龄居中的马拉维湖拥有最多的物种。似乎三个湖泊里丽鱼的进化都遵循着维多利亚湖的模式，即从极少的物种开始以极其快速的速度形成新种，在最初的几十万年里产生几百种新的特有物种。

在《狭口蛙的故事》里，我们提到了关于物种形成的地理隔离理论。这是最流行的理论，却不是物种形成的唯一解释，并且在不同的情况下可能有不止一个理论是正确的。“同域物种形成”（sympatric speciation）理论说的是种群可以在相同的地理区域内分离为不同的物种。在某些条件下有可能出现这种情形，特别是对于昆虫来说这反而是司空见惯的情形。在非洲小一些的火山口湖泊里有一些关于丽鱼同域物种形成的证据。不过，物种形成的地理隔离理论依然占据主导地位，并且在这个故事的余下部分里得到青睐。

根据地理隔离理论，物种的分化始于偶然的地理分区，一个原始物种因此隔绝为不同的种群。两个种群因为不再能够相互交配混血而渐行渐远，甚至在不同的选择压力的推动下朝着不同的方向进化。如果后来它们再度相遇，那么它们就不能彼此交配了，当然它们也不想这么做。它们一般会通过某种特定特征辨认出自己的同类，并避开缺乏这些特征的相似物种。自然选择会惩罚错误配对的物种，这往往发生在亲缘关系足够接近的物种之间，亲缘接近使它们愿意交配，甚至后代能够存活下来，但其后代往往是不育的，比如骡子，这就浪费了珍贵的亲代资源。许多动物学家认为动物的求偶行为的主要目的是为了避免杂交。这种说法可能有些夸大了，因为求偶行为同时还受到其他一些重要的选择压力的影响。不过，很可能确实有一些求偶行为，比如一些鲜艳的颜色和明显的宣示，是可以用规避跨种杂交来解释的，而这种“生殖隔离机制”是自然选择的结果。

碰巧，现任职于伯尔尼大学的奥利·斯豪森（Ole Seehausen）和他在莱顿大学的同事雅克·范·阿尔芬（Jacques Van Alphen）用丽鱼做了一个特别巧妙的实验。他们选择了维多利亚湖里两种关系较近的丽鱼，嗜虫朴丽鱼（*Pundamilia pundamilia*）和尼雷尔朴丽鱼（*Pundamilia nyererei*），后者是以非洲最伟大的领导人之一——坦桑尼亚的朱利叶斯·尼雷尔（Julius Nyerere）命名的。这两个物种非常相似，只不过尼雷尔朴丽鱼颜色发红，而嗜虫朴丽鱼有些发蓝（见彩图26），在正常情况下，在偏向性测试中，雌鱼更愿意选择与同种的雄鱼交配。不过斯豪森和范·阿尔芬对它们做了个极端测试，让雌鱼在人工单色光环境下对雄鱼做出选择。单色光会极显著地影响生物对颜色的感知。我清晰地记得在索尔兹伯里（Salisbury）上学时注意到的现象，那里的街道路灯是钠光灯。我们鲜红色的帽子和鲜红色的公交车在钠光灯照射下看起来都成了脏兮兮的深褐色。同样的变化也发生斯豪森和范·阿尔芬实验中的两种朴丽鱼身上。无论在白光下是红色还是蓝色，在人工单色光下都变成了脏兮兮的深褐色。结果呢？雌鱼不再考虑雄鱼的颜色，不加选择地与它们交配。这种杂交产生的后代都是能够生育的，这表明雌鱼的选择是决定纯种和杂种的唯一关键。《蝗虫的故事》里也讲述了一个类似的例子。如果两个物种间的差别稍微大一些，那么它们的后代很可能就是不育的，就像骡子。如果被隔离的种群之间的分化继续下去，那么即使隔离的种群愿意交配也将无法繁育后代。

无论生殖隔离的起因是什么，杂交的失败将两个动物群体界定为两个不同的物种。即使最初的地理屏障消失了，那么这两个物种也依然可以各自独立进化，不受彼此基因的污染。如果没有最初的地理屏障（或其他屏障）的干预，物种就永远不可能偏好于特殊的食物、栖息地和行为模式。应该注意的是，“地理屏障的干预”并不一定意味着是地理因素自身发生了变化，比如山洪暴发或火山喷发。一个始终存在的地理屏障也可以达到相同的效果，只要它足以阻碍基因的交流，却又没有强大到阻止任何偶然的跨越。在《渡渡鸟的故事》中，我们了解到有时候零星个体有幸跨越屏障抵达一个遥远的岛屿，在那里繁衍生息，与它们的亲代种群就此隔绝。

像毛里求斯和加拉帕戈斯群岛这样的岛屿提供了典型的地理隔离条件，但“岛屿”并不意味着一定就是四周被水环绕的陆地。在讨论物种的形成时，从动物的角度来说，但凡与外界隔绝的繁殖区，都可被称为“岛”。乔纳森·金登有一本讲非洲生态的书，名叫“非洲岛”，不是没有原因的。对于鱼来说，湖泊就是一座岛屿。那么，来自同一个祖先、生活在同一个湖里的鱼怎么会分化出几百个新种呢？

一个答案是，从鱼的角度看，一个大湖内部是其实分成了许多小“岛”。位于东非的这三个大湖里都有许多孤立的礁石。当然这里的“礁石”并不是珊瑚礁，而是位于或接近水面的狭窄的山脊、连续的岩石、鹅卵石或沙子。这些礁石上生长着的海藻是许多丽鱼的食物。对于这些丽鱼来说，礁石可以称得上是一座“岛”，和其他礁石之间隔着深水区，距离大到足以阻碍基因的流动。即使它们有能力从一个区域游到另一个区域，它们也不会这样做。有遗传证据支持这一点，这个证据来自对马拉维湖的菲氏突吻丽鱼（*Labeotropheus fuelleborni*）的抽样研究。生活在大礁石两端的种群共享相同的基因分布，说明沿着暗礁有充分的基因流动。但是，当研究人员从被深水隔开的其他礁石取样时，他们发现同一个物种在颜色和基因上都存在显著差异。2千米的距离就足以导致可测量的基因分离，物理距离越大，遗传差距也就越大。来自坦噶尼喀湖的一份“自然实验”提供了进一步的证据。20世纪70年代初的一场猛烈的暴雨创建了一个新的礁石，和它最近的礁石相距达14千米。这样的礁石应该是礁栖丽鱼极好的栖息地，但几年后对礁石进行检查时仍没有发现任何丽鱼。显然，从鱼的角度来看，这些大湖中确实存在着许多“岛屿”。

若要形成新的物种，两个种群必须相隔足够远，以至于罕有基因流动；但又不能离得太远，否则奠基种将根本无法抵达。物种形成的秘诀就在于“有且只有少量的基因流动”（Genes flow but not much），这句话出自乔治·巴罗的《丽鱼》（*The Cichlid Fishes*）一书中的一个章节标题，这本书也是我写这章故事的主要灵感来源。他在这个章节里还记述了另一份关于马拉维湖中4种丽鱼的遗传研究。这4种丽鱼生活在 4 个相邻的礁石周边，4 个礁石彼此间的距离在 1 千米到 2 千米。这 4 种被当地方言称为 mbuna 的丽鱼在 4 个礁石边都有分布，但在各物种内部，不同礁石的种群之间都存在着遗传差异。对基因分布的细致分析表明，不同礁石之间确实存在着基因流，但很微弱——这种微弱的基因流动正是物种形成的完美秘方。

物种形成还有另一个可能的方式，而且这种方式似乎特别适于维多利亚湖。对泥浆的放射性碳同位素测年表明，维多利亚湖约在 15 000 年前出现了干涸。当时的智人——比美索不达米亚平原最早的农民早不了多少——可以不用涉水就能从肯尼亚的基苏姆（Kisumu）走到坦桑尼亚的布科巴（Bukoba），而今天走这段旅程需要乘坐维多利亚号轮船航行 300 千米——这艘有名的大船更为人知的名字是“非洲女王号”。这是距离现在最近的一次湖水干涸事件，谁知道在那之前的岁月里维多利亚盆地历经了多少次干涸又泛滥，泛滥又干涸？在成千上万年的时间尺度上，湖水的深度可能像溜溜球一样起起伏伏。

现在，请把这个事实连同物种形成的地理隔离理论牢记在心。时不时出现干涸的维多利亚盆地会留下些什么呢？如果是彻底干涸，它可能变成一个沙漠。若是部分干涸，则会在湖泊最低洼的地方留下星散的小湖泊和小水池。被困在这些小湖泊里的鱼就有了绝佳的独立进化的机会，走上与其他小湖泊里的同类不同的道路，成为不同的物种。然后当盆地再次被淹没成为大湖，全新的物种游出原先的小环境，融入维多利亚湖的生物群中。当湖水如溜溜球般进入下一个干涸期，会有另一批物种被意外地分隔在各个小避难所里。所以让人不禁再次感叹，这是一个多么完美的物种形成条件啊！

来自线粒体 DNA 的证据支持了有关古老的坦噶尼喀湖水位升降的说法。尽管坦噶尼喀湖是一个很深的断陷湖，而并非维多利亚湖那种低浅盆地，但有证据表明，坦噶尼喀湖的水位曾经比现在低得多，那时候它被分成三个中型湖泊。遗传学证据表明，丽鱼在进化早期被分成三大类群，大概分别来自这三个古老湖泊。后来随着今天的大湖的形成，物种进一步细分。

至于维多利亚湖，埃里克·费尔海恩（Erik Verheyen）、沃尔特·萨尔兹伯格（Walter Salzburger,）、乔斯·斯诺克（Jos Snoeks）和阿克塞尔·迈耶（Axel Meyer）针对朴丽鱼线粒体进行了非常深入的遗传学研究。他们的研究并没有局限在主湖里，而是包括了邻近的河流以及卫星湖基伍湖、爱德华湖、乔治湖、艾伯特湖和其他湖泊等。他们的结果表明，维多利亚湖和较小的邻近的湖泊共享一个“物种群”，该物种群的分化始于大约10万年前。这个复杂的研究使用了我们在《长臂猿的故事》中提到的简约法、最大似然法和贝叶斯分析。费尔海恩和同事们研究了丽鱼线粒体DNA的122个单倍型在这些湖泊和邻近河流中的分布。我们在《夏娃的故事》中提到过，单倍型指的是一段足够长而且在很多个体中反复出现的DNA片段，这些个体甚至可能属于不同的物种。为简单起见，我用“基因”这个词近似地替代“单倍型”（尽管坚守正统概念的遗传学家不会这样做）。这些科学家暂时不去考虑物种形成的问题。实际上，他们想象着基因也在湖泊和河流中游动，并且计算了基因转移的频率。

费尔海恩和他的同事们用一张漂亮的图总结了他们的工作，不过这张图很容易被误读（参见彩图27）。人们可能会错误地认为，圆圈代表的是衍生物种聚集在亲代物种的周围，就像一棵家系树。或者会认为，圆圈代表小湖泊簇拥着大湖泊，就像水陆两栖飞机所用的那种航线图一样。这两种想法和该图的真正含义都不沾边。这些圆圈代表的既不是物种，也不是地理位置。其实每个圈指的都是一个单倍型——一个“基因”，一段特定长度的DNA，任何一条鱼都可能有这段DNA，也可能没有。

一个圆圈代表一个基因，圆的面积则代表携带该基因的个体的数量，不论该个体属于哪个物种，只要它来自调查范围内的湖泊和河流。最小的圆圈代表只在单个个体中发现的基因。从圆圈的面积判断，25号基因在34个个体中都有出现。两个圆圈连线上的圆圈或圆点的个数代表的是从一个基因突变成另一个基因所需要的最小突变数。读过《长臂猿的故事》你就会知道，这其实是简约分析的一种形式，但这比分析亲缘关系疏远的基因更容易，因为中间体仍在。黑色小圆点代表的是虽然没有在鱼中发现，但据推断在进化过程中可能存在的基因。这是一棵无根树，并不指明进化的方向。

地理因素在图中是用颜色来表示的。每个圆圈实际上是一个饼状图，显示了该基因在所调查的湖泊或河流中出现的次数（参见图右下角的色标）。在众多的基因中，被标记为12号、47号、7号和56号的基因只在基伍湖中出现（红圈）。77号和92号基因只在维多利亚湖中被发现（蓝色）。最为丰富的25号基因，大多出现在基伍湖，但在“乌干达诸湖”（一群离得不远的小湖泊，位于维多利亚湖以西）也有不少分布。饼状图表明25号基因还在维多利亚尼罗河、维多利亚湖和爱德华/乔治湖（为了计数方便，这两个相邻的小湖被算作一个）。需要再一次说明的是，图中不包含任何关于物种的信息。25号基因的饼状图的蓝色部分表示有两个来自维多利亚湖的个体含有这种基因，但我们完全不知道这两个个体是否属于同一物种，或者它们和基伍湖中携带此基因的物种是否相同。这张图并不是关于物种的，它取悦的是“自私的基因”理论的拥趸。

结果非常有启示性。小小的基伍湖居然是整个物种群的源泉。遗传信息显示维多利亚湖先后两次得到来自基伍湖的朴丽鱼物种补给。15 000 年前的大干旱不仅没有使该物种群灭绝，反而很可能如我们想象的那样，通过维多利亚盆地残留的一批小湖泊（如同今天的芬兰），极大地提高了物种多样性。至于基伍湖丽鱼种群的起源（基伍湖现在有 26 种朴丽鱼，其中 15 种是该湖特有的），遗传信息表明它们来自坦桑尼亚的河流。

这项工作才刚刚开始。这个设想起初让人有些胆怯，随后感到的是振奋。仔细想想，若是这些方法不只是用来研究非洲湖泊里的丽鱼，而是作为常规方法应用于对其他动物以及其他“群岛式”栖息地的研究，我们能取得多大的成就！

洞穴盲鱼的故事

世界上有很多动物生活在黑暗的洞穴里，洞穴中的生存环境与外面大为不同。许多不同类型的动物，包括扁虫、昆虫、小龙虾、蝾螈和鱼，这些洞穴栖居者一再独立地进化出许多相同的变化。有些变化是有益的，比如推迟生育、产更少但更大的卵以及延长寿命等。显然，作为眼睛功能丧失的代偿，穴居动物通常对味道和气味更敏感，或者长着长长的触须，对鱼而言则是侧线系统的改进（这是一种我们所没有的压力感觉器官，对鱼具有非常重要的意义）。其他一些变化则被认为是退化。穴居动物倾向于失去眼睛，变成瞎子，其皮肤色素也会减少，身体变白。

特别值得一提的是墨西哥脂鲤（*Astyanax mexicanus*，也称 *A. fasciatus*），因为该物种中来自不同种群的鱼曾先后随着水流进入洞穴并迅速出现一种共同的穴居退化特点，与其仍然生活在洞穴外面的同伴形成鲜明的对比。这些“墨西哥洞穴盲鱼”只生活在墨西哥的洞穴里，这些洞穴大多是同一个山谷里的石灰岩洞穴。人们一度认为不同洞穴的盲鱼分属于不同的物种——这情有可原——不过，现在认为它们属于同一个物种，即墨西哥脂鲤，这种鱼常见于墨西哥至得克萨斯州的地表水中。盲眼的种族在 29 个不同的洞穴中都有发现，而且值得重申的是，看起来似乎至少其中一些穴居种群独立地进化出了眼睛退化、表皮变白的性状，也就是说这样的事情曾独立发生了不止一次，每次都是非穴居的脂鲤进入洞穴居住，然后独立地失去了眼睛和体色。

有趣的是，看来某些种群的穴居历史比其他种群长，这体现在不同种群的脂鲤在穴居特征的进化程度上存在着梯度差异。在穴居进化的道路上走得最远的是帕穷洞（Pachon）的种群，据信这个洞穴里生存着最古老的穴居脂鲤种群。在这个梯度最“年轻”一端的是米克斯（Micos）洞穴，这里的脂鲤与非穴居种群相比并未发生多大的改变。这些种群在洞穴里生活的历史都不可能太久，因为脂鲤原本是生活在南美洲的，它进入墨西哥的时间不可能早于南北美洲物种大迁徙的时间，即 300 万年前巴拿马地峡形成的时间。我猜穴居的脂鲤种群远比这年轻得多。

不难理解的是，一直生活在暗处的生物可能从来不曾进化出眼睛；相对没那么容易理解的是，为什么盲鱼的祖先明明拥有功能正常的眼睛，却在穴居过程中如此急于摆脱这些眼睛？万一存在一种可能——哪怕这种可能性很小——穴居的鱼被水流从洞穴中带回光天化日之下，那么留住这对眼睛不是更有好处吗？当然，生物进化不是这样进行的，在此我们用更专业的术语重新阐述一遍。事实上，任何东西的构建都不是没有代价的。在洞穴环境下，那些把营养转移到身体其他部位的鱼比那些固守完整眼睛的竞争对手更有优势[7]。如果一个穴居动物并不是很需要眼睛，以至于眼睛带来的好处不足以弥补制造它们的消耗，那么眼睛就会消失。考虑到自然选择，再小的优势也具有非凡的意义。也有一些生物学家不考虑这种经济因素。对他们来说，在眼睛发育过程中的随机突变的积累足以造成眼睛的消失，因为这种突变对洞穴生物的生活没有影响，所以并不受到自然选择的惩罚。变成瞎子的途径比长出眼睛的途径多得多，所以即便单纯从统计学角度看，随机的变化也倾向于造成失明。

这也就引出了《洞穴盲鱼的故事》的主要观点，这是一个关于多洛氏法则的故事，即进化不可逆转。洞穴盲鱼看起来似乎逆转了某种进化趋势，让它在过去的进化时间里如此费力地生长出的眼睛再次消失了，这是否证明多洛氏法则并不准确？是否存在某种一般性的理论依据让我们可以断言进化是不可逆的？这两个问题的答案都是否定的。但人们需要正确认识多洛氏法则，这也是这个故事的目的所在。

除非在短时间内，否则进化无法被精确地恰好逆转。但这里需要强调的是“精确地恰好逆转”。物种的进化不太可能跟随任何事先规定的路径。因为可能的进化途径太多了。精确地恰好逆转的情形相当于一种事先规定的进化路径。进化可以遵循的进化路径如此之多，概率上来说极不可能遵循任何一个特定的路径，包括精确地恰好逆转的进化路径。但是，并没有哪个法则禁止这种进化逆转。

海豚是陆生哺乳动物的后代。它们回到大海生活，其外表的许多方面都与那些游动迅速的大型鱼类很像。但是进化并没有逆转。海豚在某些方面像鱼，但其身体内部的大部分特性都清楚地表明它哺乳动物的身份。如果进化真的能逆转，那它们就应该直接变成鱼。也许某些“鱼”就是海豚呢？会不会是从海豚到鱼的逆转进化太过完美和深远，以至于我们还没有注意到它们其实是海豚变成的呢？想打赌吗？这时候你应该在多洛氏法则上下重注，若是你考虑到分子水平上的进化改变，那就更应如此了。

这种对多洛氏法则的理解可以被称为该法则的热力学诠释。这让人想起热力学第二定律，即一个封闭系统的熵（无序度或混合程度）是增加的。一个常见的类比（它可能不只是一个类比）把热力学第二定律比作图书馆。如果没有图书馆管理员积极地把书放回正确的地方，图书馆会变得越来越无序。书的顺序变得乱七八糟。人们会把它们留在桌上，或者放在错误的架子上。随着时间流逝，图书馆的“熵”不可避免地增加。这就是为什么所有图书馆都需要图书管理员不断整理，使书籍回归秩序。

关于热力学第二定律有一个很严重的误解，认为存在一股力量驱动着系统走向某种特定的无序的目标状态。事实并非如此。这仅仅是因为让一个系统变得无序的方法远比让它有序的方法多得多。如果马虎的借书人将书随意摆放，图书馆会自动远离多数人（或者少数国家）认为的有序状态。并不存在某种系统的驱动力将其推向高熵状态。应该认为，图书馆随机地脱离原先高度有序的状态，它在所有可能的图书馆空间里如何漫游，绝大多数可能的途径都倾向于造成混乱程度的增加。同样，在一个家系可能遵循的众多进化路径中，只有一个路径可以完全逆转它进化而来的路径。多洛氏法则并不比扔 50 次硬币的法则更深奥，掷硬币时你不会每次都得到正面——也不可能都是反面，而且也没有严格的正反交替，没有任何其他预先指定的顺序。同样的“热力学”法则也说明，任何特定的“向前进化”（不管这个词意味着什么！）的方向都无法准确地再来一遍。

从这种热力学的意义上来说，多洛氏法则是正确的，也不值得大惊小怪，甚至根本不值得称之为法则，就像“抛 100 次硬币不会每次都是正面”的说法不足以被称为法则一样。你可以设想存在一种“名副其实的法则”，声称进化绝不能返回原先的状态，哪怕和祖先有隐约的相似都不行（就像海豚和鱼有隐约的相似）。这个解释倒不失为一个新颖有趣的法则，然而它是错误的（不信你问海豚）。我实在想不出任何合理的理论推理可以支持这种“法则”。

比目鱼的故事

乔叟讨人喜欢的地方就是他在《坎特伯雷故事集》的总序里表现出来的天真的完美主义。在他的朝圣之旅中有一个医生还不够——他还必须是这片土地上最好的医生。

言及医术

无人能比

而那位“忠良温厚的骑士”似乎有着基督教世界里无与伦比的勇敢、忠诚和温和。至于护卫和他的儿子，是一个“可爱精明的男子汉……精力充沛，天生神力”，甚至，他就“像五月一样清新”。就连骑士的仆人都精擅木工。读者慢慢就习惯了，如果乔叟提到了一个职业，那么那位从业者理所当然地是整个英格兰最优秀的人物。

完美主义是进化论者的恶习。我们习惯了达尔文适应论的奇妙，这诱使人们相信不可能有更好的情况了。甚至连我都忍不住想向大家推销这种观念。进化的完美主义有许多证据支持，但我们必须谨慎，多加小心。在此我只举一个历史约束的例子[8]，即所谓的“喷气式发动机效应”：想象一下，如果一个喷气式发动机不是在一个干净的图画板上设计出来，而是从螺旋桨发动机开始一个螺丝接一个螺丝，一个铆钉接一个铆钉地一步步改动而来的，它将会多么不完美。

我们将在下一个会合点遇见鳐鱼，它那扁平的身体也许是在画图板上设计出来的。它休息的时候，宽阔的“两翼”向身体两侧对称延伸。属于硬骨鱼的比目鱼则与之不同。它们休息的时候或者左侧朝下（比如鲽鱼），或者右侧朝下（比如大比目鱼和比目鱼）。无论枕在哪一侧，它们的整个头骨都是扭曲的，以至于较低一侧的眼睛移动到了较高的一侧，以方便观察。毕加索应该会喜欢它们的样子。但是，以图纸设计的标准来看，它们显然不完美。正是这种缺陷让你相信它们是进化而来的，而不是谁精心设计出来的。

毕加索会喜欢它们。鳐鱼休息时腹部向下，比目鱼（孔雀鲆）则靠右侧。右侧的眼睛随着时间的推移而进化到左边（上面）一侧。图由拉里亚沃德绘制。

注释

1. 线鳗的俗名“snipe eel”中，“snipe”一词可指沙锥属（*Gallinago*）的鸟。宽咽鱼的种名*pelecanoides*来自鹈鹕（pelican），它也有一个别名叫“鹈鹕鳗”（pelican eel）。——译者注
2. 蜘蛛猎食大型猎物时不是一口一口咬掉的，反而像是喝汤一样。它们向猎物注入消化液，然后吮吸消化的汁液，就像自带吸管似的。——作者注
3. 蛇使头骨脱臼做到这一点。对于蛇来说，吃饭一定像女人生孩子一样痛苦。——作者注
4. 阿尔斯特省，位于爱尔兰北部。——译者注
5. 维多利亚湖一直是人为灾难的受害者。1954年，英国殖民管理者向湖里引入了尼罗尖吻鲈（*Lates niloticus*），想要促进渔业的发展。这个决定遭到生物学家反对，他们认为尼罗尖吻鲈会破坏维多利亚湖独特的生态系统。他们预言的灾难最终成为现实。丽鱼不曾进化出应对尼罗尖吻鲈这样的大型掠食者的能力。大约有50种丽鱼就此灭绝，另外还有130种极度濒危。在区区半个世纪里，完全可以避免的无知行为不仅摧毁了湖泊周边的经济，并且无法挽回地抹除了无价的科学资源。——译者注
6. 多尔夫·施吕特（Dolph Schluter）在其《适应辐射生态学》（*The Ecology of Adaptive Radiation*）一书中详细论述了这个主题。——作者注
7. 如果它们被感染或受到刺激而不适，那么眼睛就是一个代价更大的奢侈品了，这可能是穴居鼹鼠尽可缩小眼睛的原因。——作者注
8. 我在《延伸的表型》一书《对于完美化的制约》这一章中提到了这些陷阱。——作者注

第21会合点

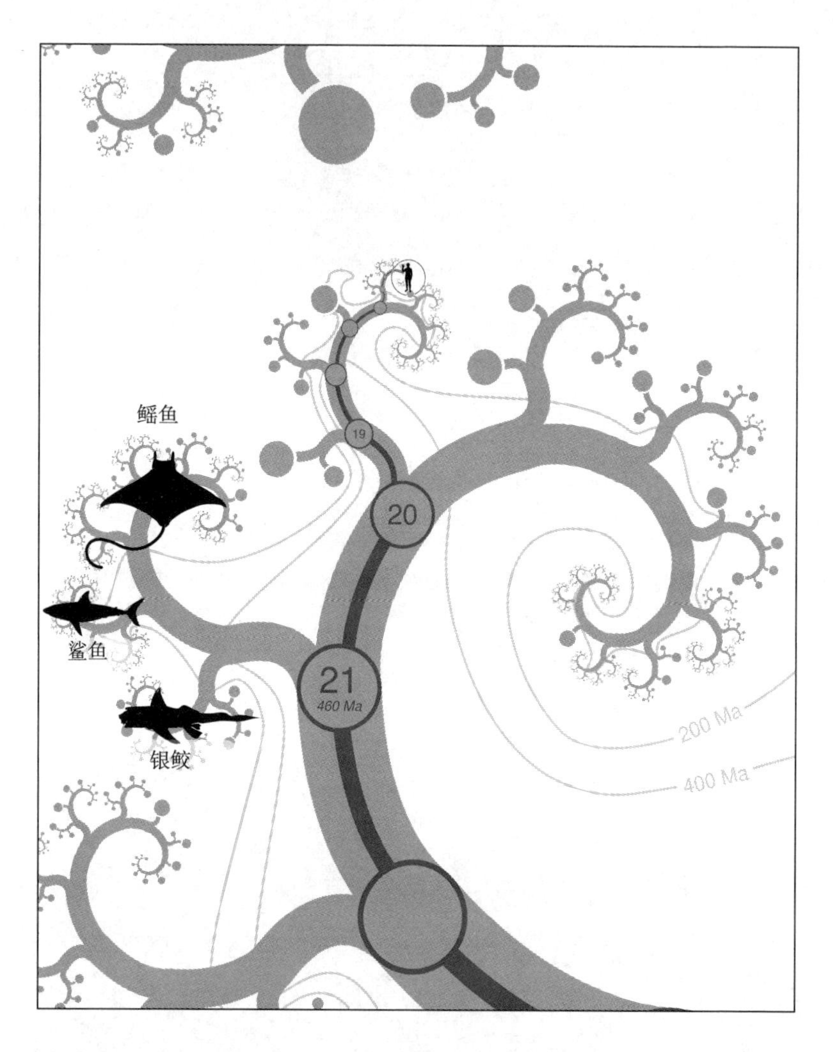

鲨鱼和它们的近亲加入。在这时候加入我们朝圣大军的软骨鱼类，包括鲨鱼和鳐鱼。化石证据毫无疑问地表明颌类脊椎动物早期分化成硬骨鱼和软骨鱼类。最近，充足的数据强烈支持这 850 种左右的软骨鱼类的亲属关系。

鲨鱼及其亲属

“来自大海的残酷的天真……”叶芝这首诗的语境完全是关于其他事物的，但这句话总是让我情不自禁地联想到鲨鱼。鲨鱼也许是世界上最高效的杀戮机器，杀戮无数，却也很无辜，因为它们并没有任何蓄意的残忍，杀戮只是为了谋生。我知道对于一些人来说大白鲨就是他们最恐怖的噩梦。如果你是其中之一，你可能不想了解到这样的事实：生活在第三纪中新世的巨齿鲨（*Carcharocles megalodon*）的体形是大白鲨的 3 倍，嘴巴和牙齿的尺寸也是如此。

我刚好是在原子弹诞生的年代长大的，所以我的噩梦不是鲨鱼，而是一架巨大、漆黑、充满未来感的三角翼飞机，携带着先进的导弹发射器，双炮塔透露出神秘的威胁，影子填满天空，也在我心里填满不祥的预感。事实上，它的形状几乎完全是蝠鲼的翻版。在我的梦里呼啸着掠过树梢的黑影，实际是高科技版的鬼蝠鲼（*Manta birostris*）。我总是觉得很难接受这个事实，即这些 7 米长的怪物其实是无害的滤食性动物，它们通过鳃摄取浮游生物，而且它们长得也非常漂亮。

那么锯齿鲨呢？它们究竟为什么长成那副样子？锤头鲨呢？锤头鲨偶尔会攻击人，但这不是它们有时侵入你梦境的原因。真正的原因在于它奇异的 T 字形的脑袋，两眼之间的距离太宽了，似乎不应该出现在科幻小说之外的地方，仿佛这种鲨鱼是疯狂的艺术家想象出来的（见彩图 28）。至于长尾鲨（*Alopias*），它难道不也是一件艺术作品，是另一个噩梦的来源吗？其尾鳍的上叶几乎与身体的其他部位一样长。长尾鲨用它巨大的尾巴驱赶猎物，然后将它们拍死。然而，关于长尾鲨的尾巴一击就能将渔民斩首的故事似乎只是另一个海上传说。我们并非在蓄意夸大这种噩梦，乌鲨（lantern shark）在深海的幽暗中悄然滑过，通过闪光彼此传递讯息，就像军事行动一样隐蔽，它们甚至能在身下发出黯淡的光，以便隐藏自己的影子。

鲨鱼、鳐鱼和其他软骨鱼，属于软骨鱼纲，在 4.6 亿年前的第 21 会合点加入了我们的朝圣队伍。它们生活在奥陶纪中期的海域中，远离冰冷和贫瘠的土地。这些新加入的朝圣者和队伍中其他生物之间最显著的差别是它们没有硬骨头。它们的骨骼是由软骨构成的。我们也把软骨用作某些特殊的用途，比如关节的连接。其实我们的整个骨架在胚胎期都是柔韧的软骨，只是之后随着矿物晶体（主要是磷酸钙）的沉积，大部分软骨都硬化了。鲨鱼则不同，除了牙齿，其骨骼从未经历过这种转变。尽管如此，它们的骨骼还是相当坚硬的，足以一口就咬断你的腿。

不同于硬骨鱼，鲨鱼没有显示出任何朝着陆地生活进化的倾向。几乎所有的鲨鱼和鳐鱼都生活在海里，虽然也有个别属朝着河口和河流做了一些冒险。鲨鱼也缺乏对于硬骨鱼来说至关重要的鱼鳔，大多数种类都必须通过不断地游动来维持它们在水中的深度。它们把代谢废物尿素保留在血液里，并且拥有一个油脂丰富的巨大肝脏，以此来帮助维持它们在水中的浮力。

如果你特别热爱鲨鱼，以至于竟敢鲁莽地拿手戳它，你会发现它的皮肤摸起来像砂纸一样，体表布满像牙齿一般尖锐的皮质鳞突。这些鳞突不仅长得像牙齿，甚至就连鲨鱼那令人畏惧的牙齿本身也是由皮质鳞突进化而来的。

软骨鱼类被分成两个主要的类群。一类体形较小，只有大约 50 种现存物种，其中包括长相诡异的银鲛，也叫幽灵鲨（见彩图 29）。如果说蝠鲼在噩梦中的形象好比轰炸机，那么深海银鲛就是更小的垂直起降喷气式战斗机。它们属于全头亚纲（Holocephali），通过它们不寻常的鳃盖，可以很容易地识别出它们。鳃盖把各个独立的鳃整个包裹起来，只留下一个统一的开口。对鲨鱼来说不同寻常的是，它们的体表并没有被皮质鳞突覆盖，而是光秃秃的“裸体”，这可能就是幽灵鲨拥有鬼魅般的外表的原因。它们与噩梦中的飞机的相似之处在于，它们尾巴并不明显，主要是利用硕大的胸鳍划水游动。

另一类软骨鱼约含 800 个物种，属于板鳃亚纲（Elasmobranchii）。现在认为板鳃亚纲可以分成两个主要分支。一个分支包括比目鱼、鳐鱼和锯鳐，可以被称为扁平鲨。另一个分支则是真正的鲨鱼，形态各异，大小不同。虽说如此，它们的体积没有很小的，似乎鲨鱼的身体构造使它们倾向于采用庞大的体形。最小的鲨鱼可能是小型乌鲨（*Etmopterus perryi*），成年体长 20 多厘米。最大的鲸鲨（*Rhincodon typus*）长达 12 米，重达 12 吨。跟最大型的鲸鱼一样，鲸鲨也是以浮游生物为食的，第二大的鲨鱼——姥鲨（*Cetorhinus maximus*）——也是如此……至于出现在我们噩梦中的巨齿鲨用保守的说法来讲，它可不是滤食者。这种生活在中新世的怪物长着巨大的牙齿，每一颗都和你的脸一样大。就像今天大多数的鲨鱼一样，巨齿鲨也是贪婪的捕食者。数亿年来，鲨鱼一直处于海洋食物链的顶端，很少发生变化。

鲨鱼经历了两个主要的繁盛时期。第一次极盛期是在古生代的海洋里，特别是在石炭纪时期。等到了中生代——也就是恐龙统治陆地的时期，古代鲨鱼的这种优势地位走向了终结。在经历了大约 1 亿年的沉寂之后，鲨鱼在白垩纪再度繁荣起来并一直持续至今。毫无疑问，鲨鱼是很成功的，并且在相当长的时间里一直如此，但是就物种数量而言，硬骨鱼远远地超过了它们，其物种数目比鲨鱼多三十几倍。

如果做一个词汇联想测试，当提到鲨鱼的时候，你很有可能会联想到“颌骨”，所以我们有理由推测，21 号共祖——也许是我们 2 亿多代前的祖先——可能就是所有长着真正的颌骨的脊椎动物的共同祖先。“有颌类动物”（gnathostomes）这个单词的前缀“gnathos”在希腊语里指的是“下颌”，这也是鲨鱼和所有其他脊椎动物所共有的特点。同时这也是经典比较解剖学的荣誉之一，它证明了颌骨是由鱼类的鳃骨部分进化而来。我们将在下一个会合点遇到另一类鱼，即无颌类（Agnathans）动物：它们长着鳃，但正如它的名字所说的那样——没有颌骨，并且缺乏成对的侧鳍和矿化的牙齿等其他一些引人注目的特征。它们就是七鳃鳗和盲鳗。

第 22 会合点

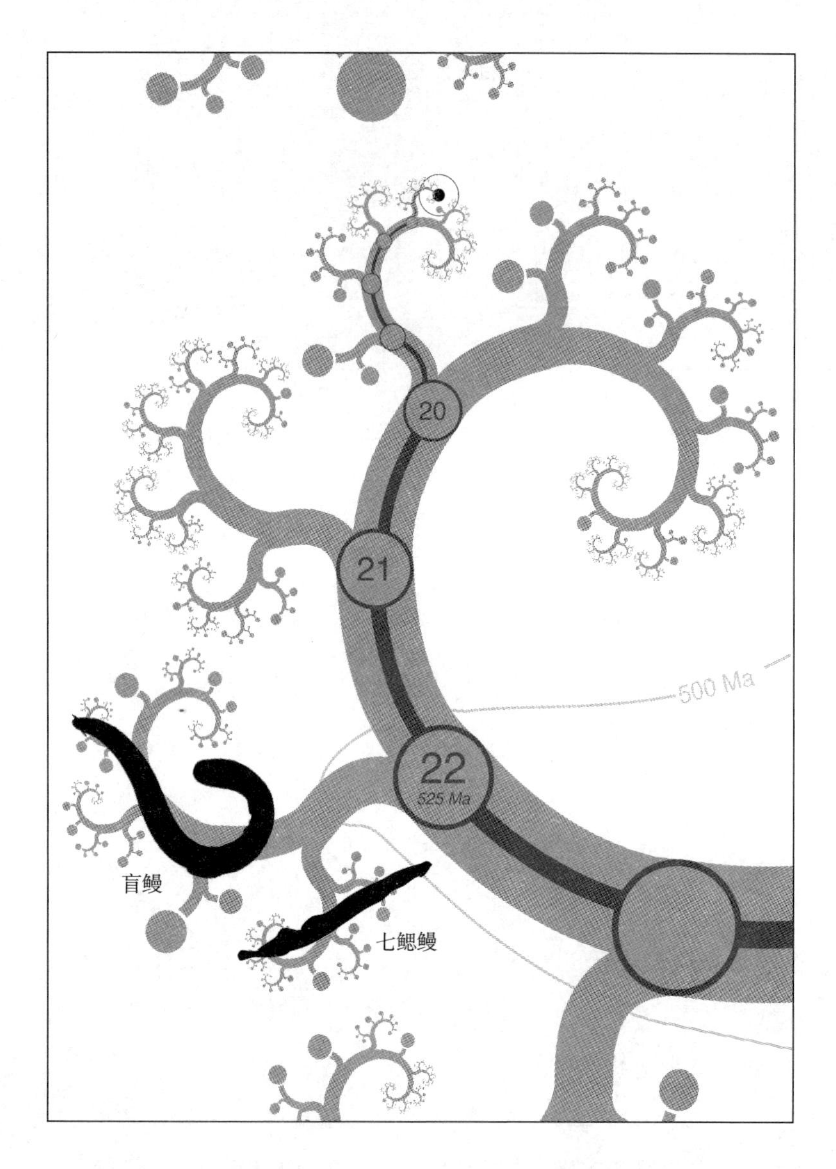

无颌类鱼加入。最近有关罕见基因组变化的分子学研究使研究人员相信七鳃鳗和盲鳗应被归于一类，成为其他所有脊椎动物的外类群，如图所示。几乎可以确定的是我们低估了深海盲鳗类物种的数量；研究的困难性意味着关于盲鳗类的系统分类关系还处在起步阶段。

七鳃鳗和盲鳗

在第 22 会合点，我们将遇见 40 种左右的七鳃鳗和大约 70 种已知的盲鳗类鱼。那是在 5.25 亿年前寒武纪早期温暖的海洋中，而我粗略地估计，22 号共祖是我们的 2.35 亿代远祖。我们在这里遇到的朝圣者没有颌骨，没有鳍，也没有骨骼，它们从脊椎动物形成初期幸存至今，向我们传递着关于脊椎动物历史的重要信息。本来还有几个重要的鱼类类群也应该在第 21 会合点和第 22 会合点之间加入我们的朝圣之旅，可惜它们的家系都已经灭绝了。虽然我们的旅程主要关心的是现在仍然存活的朝圣者，但这些灭绝了的非凡生物依然应该得到一点关注。

其中最令人印象深刻的，同时也许是泥盆纪“鱼类时代”主要捕食者的是盾皮鱼（placoderm）。它们的名字意为“盾质皮肤”（plate-skins），这指的是包裹着它们的头部和上身的坚硬的骨质装甲。它们全副武装，就连前肢都包裹着管状的外骨骼，乍一看好像螃蟹的腿。如果你富有想象力，又是在十分微弱的光线下遇到它，你很可能会以为自己撞见了一种奇怪的龙虾或螃蟹，这是情有可原的。上大学时我曾经梦想发现还活着的盾皮鱼——对于我来说，这好比幻想自己在板球比赛中为英格兰赢得满分。盾皮鱼是我们有颌类的近亲，它是最早进化出合页状颌骨的鱼类，而且颌骨上还长着简单的牙齿。尽管大多数盾皮鱼物种只有数十厘米长，但邓氏鱼（*Dunkleosteus*）可以长到 6 米长，一口就能将一条大白鲨咬成两半。最近的研究表明，某些盾皮鱼比另一些盾皮鱼与我们的关系更近。这是个激动人心的消息，因为它意味着在过去进化历程中的某个时刻，我们的祖先实际上是某种盾皮鱼。不幸的是，这也意味着“盾皮鱼”这个名称不再是一个自然的分类，而成为一种鱼类进化的等级，就像我们在讨论似哺乳爬行动物时所说的那样，这个名称将不再具有分类学上的意义。

不仅仅是我们的下颌可以追溯到盾皮鱼。我们的腿也起源于早期盾皮鱼的成对腹鳍。一些种类的盾皮鱼雄性个体在身体更下方还长着另一组附件器官。这些器官被用作外生殖器，去抓住雌性并使其受孕，与现代鲨鱼的“卷须”的用法类似。这些古老的鱼在体内孵育下一代的推测已经被最近发现的带有胚胎的盾皮鱼化石证明，这也是在化石记录中发现的最古老的怀孕母本。

如果我们把腿的出现归功于盾皮鱼，那么我们应该将手臂的出现归功于另一个关系稍远一些的亲属甲胄鱼（Ostracoderm），它包括一些最早拥有成对前鳍（胸鳍）的鱼。甲胄鱼虽然也拥有甲板，但它们既没有下颌也没有牙齿，似乎都靠吸食柔软的食物为生。毫无疑问，甲胄鱼中的一些种类——比如骨甲鱼目（Osteostraci）——比另一些种类与我们的关系更近，并且“甲胄鱼”这个词也过时了。

盾皮鱼和甲胄鱼的甲板，使任何认为钙化骨是脊椎动物用以取代软骨的高级特征的观点都沦为谎言。鲟鱼和其他一些有骨鱼都像鲨鱼一样拥有几乎完全由软骨构成的骨骼，但它们都起源于远古时期更“骨感”的、拥有厚重甲板的祖先。骨骼是一种古老的发明。

为什么有颌类的盾皮鱼和无颌类的甲胄鱼都有如此强化的躯体？古生代海洋又是怎样一番景象，以至于这些生物都需要如此坚固的保护？我们的推测是，它们的天敌很强大。这些捕食者中除了其他盾皮鱼，就是板足鲎（eurypterid）或海蝎子（sea scorpion），有些体长超过2米——有史以来最大的节肢动物。不论板足鲎是否有像现代蝎子那样的毒刺（最近的证据显示没有），它们确实是令人害怕的对手，迫使泥盆纪的鱼类，不管有颌还是无颌，都进化出装甲般的保护壳。

最后，让我们转向至今仅存的无颌鱼——七鳃鳗和盲鳗。相比古生代的板状鱼，它们与我们的关系更疏远。它们没有骨骼，也没有盔甲，这使得七鳃鳗吃起来很省事，让人不禁为国王亨利一世悲叹（学校的历史书一直在提醒我们，他死于食用过量的七鳃鳗）。但目前尚不清楚它们的祖先是否也如此口感柔软。没错，现存所有种类的七鳃鳗和盲鳗，其头骨和骨骼都是由柔软的、非钙化的软骨构成的，就连它们的牙齿都是由角蛋白构成的，就像你的指甲一样。不过，在培养皿中，七鳃鳗的软骨提取物是可以钙化的。将七鳃鳗的软骨基因表达在其他鱼类的体内，它所产生的软骨也是可以钙化的。而且，人们在化石中发现了七鳃鳗样的钙化组织。很可能22号共祖有钙化的组织，甚至可能有真正的骨头，只是在现存的七鳃鳗和盲鳗中消失了。

现代七鳃鳗终生或部分时间生活在淡水中。不同寻常之处在于，它们出生以后的最初几年都是以一种被称为“幼七鳃鳗”的简化幼虫的形式生存的。处于这种状态时，它们没有牙齿，无法视物，将自己埋在泥沙中，滤食石屑为生。之后它们会经历变态发育而成年。成年的七鳃鳗好似脊椎动物版本的蜉蝣，有大约半数的七鳃鳗物种，其成年个体是不进食的，它们把所有的精力都投入到繁殖上。剩下的那些物种的成年个体会寄生在其他鱼类身上。七鳃鳗没有颌骨，嘴巴周围有一个圆形的吸盘，有点像章鱼的吸盘，但周围有一圈圈小牙齿排列成同心圆的形状。七鳃鳗将吸盘固定在其他鱼类的体表，用小牙齿刺穿宿主的皮肤，然后像水蛭一样吸食宿主的血液。以北美五大湖为例，七鳃鳗严重地影响了渔业生产。

盲鳗生活在深海，因此对它们进行研究就更为困难。它们的身长和形态都和七鳃鳗极为相似，也像七鳃鳗一样没有下颌，也缺乏成对的附肢和成排的鳃孔。但盲鳗不是寄生生物。它们用嘴翻找出海底洞穴周围的小型无脊椎动物，或者清除腐烂的鱼或鲸的尸体。它们通常会钻入这些腐尸体内由内向外啃食。它们可以产生大量的黏液，用作润滑或防御。深海拍摄的录像显示，攻击过盲鳗的鲨鱼嘴里满是盲鳗分泌的黏液，于是只好嫌恶地远远游开。它们拥有将身体打成结的惊人天赋，凭此进入食物内部，也凭着这种结滑动逃出它们自己制造黏液陷阱，这真是一种恶心而又令人印象深刻的脱逃术。

虽然七鳃鳗和盲鳗是我们旅途迄今遇到的关系最远的亲属，但它们的鱼类属性还是促使我们将它们与目前我们朝圣之旅中的所有动物一起列入脊椎动物。然而，虽说是脊椎动物，但它们的躯干并不是由脊柱支撑的。相反，它们的“主干”是一根柔韧的杆状软骨，即所谓的脊索[1]。大多数脊椎动物（包括人类）在胚胎时期都有脊索，但在之后的发育过程中，它或多或少地被椎骨取代。在成年人中，脊索一般都保有部分片段，例如椎间盘。椎间盘的错位会给我们带来巨大的痛苦。七鳃鳗和盲鳗的“脊柱”中没有椎骨，而是一整个长盘状的结构。不过，它们确实有一些与椎骨相似的结构。七鳃鳗的脊索上方每隔一段就有一个软骨形成的箍，用以保护神经。最近发现，盲鳗尾端的脊索下方也有重复的软骨片段。这意味着，22 号共祖的体内有椎骨的雏形，身体骨架的基本结构也基本确立。虽然只有语义上的意义，不过七鳃鳗和盲鳗类被授予“脊椎动物”的称号也算是实至名归。

人们曾经认为脊椎动物是在寒武纪之后很久才出现的。也许出于一种势利的想法，我们把所有动物排成进步状的阶梯。这在某种程度上似乎是正确的、合适的，曾经存在这样一个时代，当时只有无脊椎动物，等着强健的脊椎动物的传奇入场。我这一代动物学家上学的时候都被告知，最早的脊椎动物是一种无颌鱼，即莫氏鱼（*Jamoytius*）。这个物种是以其发现者莫伊–托马斯（J. A. Moy-Thomas）的名字命名的，只是拼写显得有些太随意了。莫氏鱼生活在志留纪中期，也就是在寒武纪时期的1亿年之后，当时大部分无脊椎动物类群都已出现。显然，脊椎动物的某些祖先是生活在寒武纪的，人们认为这些祖先就是原索动物（protochordates），脊椎动物的无脊椎先驱。皮卡虫（*Pikaia*）被推崇为化石中最古老的原索动物[2]。因此，当真正的脊椎动物化石开始出现在中国的寒武纪地层甚至早期寒武纪地层中时，这是一个多么甜蜜的惊喜！这多少消除了皮卡虫的一些神秘感。皮卡虫之前，的确生活着真正的脊椎动物无颌鱼。因此脊椎动物的历史可以追溯到寒武纪早期。

到2014年为止，我们只知道3种相当相似的寒武纪脊椎动物，即海口鱼（*Haikouichthys*）、昆明鱼（*Myllokunmingi*）和钟健鱼（*Zhongjianichthys*）。我们现在可以再增添一个新的成员，即巨型斯普里格虫（*Metaspriggina*），它的化石产自加拿大一个更年轻的地层，当初皮卡虫也是出自同一地层。鉴于其广袤久远的时代，这些化石（我们会在《天鹅绒虫的故事》里再次遇到它们）的状况不佳也并不奇怪。因此我们对这些原始鱼类仍然所知甚少。作为七鳃鳗和盲鳗的亲属该有的特征，它们似乎大部分都有。它们有鳃，有分节的肌肉块构成的躯体，也有脊索，依稀像是七鳃鳗的幼年形态（不过它们很可能有功能正常的眼睛）。22号共祖应该更像这些化石物种，而非七鳃鳗或盲鳗的成年个体。七鳃鳗和盲鳗在5亿年的进化历程中都形成了各自特有的特征。

第22会合点是一个重要的里程碑。从这里开始，我们的朝圣大军首次聚齐了所有的脊椎动物。这是一件大事。传统上，动物被分为脊椎动物和无脊椎动物两个大类。这种划分在实践中一直方便好用。然而，从严格的进化角度看，脊椎动物和无脊椎动物的划分是很奇怪的，这种划分方式就像古代犹太人将人类只分为自己人和"外邦人"（字面上的其他人）两个类群一样不近人情。虽然我们脊椎动物认为自己在这个世界上很重要，然而事实上，我们脊椎动物甚至不能独占一个完整的门类。我们只是脊索动物门的一个亚门，脊索动物门才是和软体动物门（蜗牛、帽贝、鱿鱼等）或棘皮动物门（Echinodermata，包括海星、海胆等）相并立的类群。脊索动物门还包括那些虽然不是脊椎动物，却有脊索的动物，比如我们将在第24会合点遇到的文昌鱼。

抛开严格的分支理论不提，脊椎动物确实有一些特别之处。我在牛津大学的同事彼得·霍兰（Peter Holland）教授曾评论说，是时候复兴传统上对脊椎动物和无脊椎动物的区分了。他说服我相信，在基因组复杂性方面，（所有的）脊椎动物与（所有的）无脊椎动物存在着巨大的差异："在基因水平上，这大概是我们多细胞生物[3]在进化历史上经历的最大的变化。"《七鳃鳗的故事》将解释为什么可能是这样。

七鳃鳗的故事

《七鳃鳗的故事》讲的是遗传创新的诞生，它涉及我们之前遇到的一个主题：从单个基因的视角考察祖先源流家系，这种视角会让人大吃一惊，它与我们所了解的传统的家族谱系截然不同。

血红蛋白是一种非常重要的分子，它能将氧气输送到我们的组织中，并使我们的血液呈现红色。成人血红蛋白实际上是由并非完全相同的 4 个球状亚基形成的四聚体蛋白质，多肽链中的氨基酸序列表明这 4 个球状亚基紧密相连的，每个亚基就像盲鳗一样将自己缠绕成一个优美的球状。其中两个相同的亚基被称为 α 亚基（每条链有 141 个氨基酸），另两个为 β–亚基（每条链有 146 个氨基酸）。这些亚基是由人类染色体上不同的基因编码的：α 亚基编码基因位于 11 号染色体上，β–亚基编码基因位于 16 号染色体上。我们基因组所编码的球蛋白还不止这些，它还编码其他不同用途的球蛋白。例如，肌红蛋白——第一个被解析出 3D 结构的蛋白质（这个成就使研究者获得了 1962 年的诺贝尔化学奖）——是肌肉的一个组分，它被用来储存而不是运输氧气。多亏了肌红蛋白，抹香鲸可以在水下停留超过 2 个小时而无须换气。最近还发现了细胞球蛋白，它可能有助于我们的细胞应对低氧状态。此外还有其他一些功能未知的蛋白，它们的名称也同样神秘，如“球蛋白 X”和“球蛋白 Y”。

不必在意这些名字。它们令人着迷的地方在于，球蛋白基因之间的相似性说明它们不可能是各自独立进化出来的。它们是平行复制的产物，即遗传学家所谓的“种内同源基因”（paralogous gene）。正如我们在《吼猴的故事》里讨论的那样，很显然，α 球蛋白和 β 球蛋白的序列是复制粘贴的产物。至于其他球蛋白的序列，我们将会看到，它们可能是以更激进的方式复制而来的。这些经复制和变异形成的球蛋白基因是名副其实的表亲——它们都是同一个家族的成员。这些相似的基因共存于你我的身体之中。它们也肩并肩地存在于每一头疣猪、每一头袋熊、每一只猫头鹰和每一只蜥蜴的每一个细胞里。

当然，在整个生物界的范围内，所有的脊椎动物都是彼此的近亲。我们对脊椎动物进化的家系图已经很熟悉了，其各分支点代表着亲代物种发生分化，产生了子代物种。反过来看，这些分支点也是我们朝圣之旅的交汇点。但还有另一幅家系图，它也占据了同样的时间尺度，它的分支代表的不是物种的形成，而是基因组内的基因复制扩增事件。如果我们以常规的传统视角，即物种分化形成子代物种的视角溯源而上，那么我们会发现，球蛋白的分支模式与物种家系图的分支模式非常不同。如果采用基因的视角，那么物种分化产生子代的模式将并不局限于一个版本：每个基因都有它自己的家系图，有它自己的分支编年史，以及它自己的远近表亲列表。

形成我们血红蛋白的DNA序列，即 α 基因和 β 基因最开始是同一个基因的姐妹版本，即等位基因。大约5亿年前（大概在我们前面记述的甲胄鱼或盾皮鱼的时代），在某条早期鱼类的体内，一个原始的球蛋白基因偶然间复制多了一份拷贝，于是这条鱼的基因组里有了两个球蛋白基因。一份基因产生 α 球蛋白，最终定位在人类基因组的11号染色体上，另一个则是 β 基因，定位于我们基因组的16号染色体上。我们不必去徒劳地猜测在进化中间阶段的先祖体内它们各自存在于哪一条染色体上。由于参与基因组分离的染色体数目众多，可识别的DNA序列的定位以出人意料的随意方式被打乱和交换，因此，染色体编号系统不能适用于不同的动物群体。

现在事情就有趣了。鉴于产生 α 基因和 β 基因的基因重复事件发生在5亿年前，当然不可能只有我们人类基因组记录着这次事件，在基因组中不同的位置既有 α 基因也有 β 基因。我们应该也可以在其他哺乳动物以及鸟类、爬行动物、两栖动物或硬骨鱼的单个个体的基因组中看到同样的分离事件，因为我们在不到5亿年前有着共同的祖先。事实上，无论考察的是哪个物种，这种猜测都被证明是正确的。

α–β 分离代表着球蛋白家族树的一个分支点，但它并不是唯一的分支点。实际上，实际上在 α 家系和 β 家系内部还包括好几次基因重复事件：尽管我一直在暗示有一个单一的 α 基因和一个单一的 β 基因，但这并不十分准确。现在，α 基因和 β 基因各自代表着一小群关系紧密的基因，这些基因先后复制并出现在染色体上。在人类中，α 基因簇由 7 个略微不同的基因组成，其中 2 个是假基因——基因序列中出现错误的缺陷基因，这种假基因不能被转录翻译为蛋白质。还有 1 个是功能性的基因拷贝，但奇怪的是，据我们所知它从未被使用过。另外还有 2 个基因在胚胎发育的早期处于活跃状态。剩下的 2 个则编码成人血红蛋白的基因，也就是通常所说的“α”基因。令人惊讶的是，这两种 α 基因产生的是完全相同的蛋白质（尽管它们转录翻译的启动和关闭都以不同的方式进行）。整套设置来自一系列偶然的复制，混乱不堪，正是进化系统的特征，不同于工程师设计出来的系统。不过，这些偶然的复制产物为进化提供了原始素材，因为不同的拷贝不断进化，可能行使更多特定的功能。作为另一个分支的 β 球蛋白基因簇就是一个很好的例子。

人类的 β 基因簇也碰巧有 7 个球蛋白基因，和 α 基因簇的基因数目一样（这是一种巧合，其他的脊椎动物，如鸟类或硬骨鱼的 α 基因簇和 β 基因簇大小不同，反映了复制和删除的不同历史）。与 α 基因簇一样，β 基因簇中的基因并非全都有功能。其中 1 个功能基因是“标准”的 β 基因，其产物出现在成人血红蛋白中，而且有 2 个拷贝。有趣的是另外 2 个有功能的 β 基因，它们是大约 2 亿年前一次基因重复事件的产物。它们被称为 γ 球蛋白，这次重复事件让它们可以自由地进化出对于胎盘类哺乳动物具有特殊作用的蛋白。当你我还在母亲的子宫里发育的时候，我们通过胎盘从母亲的血液中获取需要的氧气。这需要一种特殊类型的胎儿血红蛋白，这种血红蛋白与氧气有更强的亲和力，因此可以从母亲的成人血红蛋白中夺取氧气。胎儿血红蛋白以 2 个 γ 球蛋白替换了成人的 2 个 β 球蛋白。通过这种方式，在通往胎盘类哺乳动物的进化道路上，基因复制和随后的功能特化提供了必要的一步。

关于球蛋白基因的近期重复事件就说到这里。更古老的基因复制事件又是怎样的呢？基因重复事件会留下两条线索：我们自己基因组中的基因之间的分化模式，以及在与我们关系更疏远的物种中存在或缺失的各种不同分歧节点。七鳃鳗和盲鳗是我们在脊椎动物中最远的亲属，也是仅有的和我们分离时间超过 5 亿年的脊椎动物。而且，尽管七鳃鳗和盲鳗具有一种携带氧气的“血红蛋白”，但这种“血红蛋白”并不像其他脊椎动物那样由 2 个 α 亚基和 2 个 β 亚基组成。这并非由于它们仅有的血红蛋白基因与我们的基因的分歧时间刚好在 α–β 分离之前，假如这样那就简单了。相反，七鳃鳗的“血红蛋白”基因分支处于球蛋白树状家系图更基部的位置，其分歧时间甚至早于我们的血红蛋白与肌红蛋白的分化。不仅如此，七鳃鳗还发展出了自己的肌肉储氧球蛋白，它们的这种“肌球蛋白”与它们的“肌红蛋白”的关系，要近于它们与其他脊椎动物的血红蛋白的关系。似乎它们从祖先球蛋白基因趋同进化出了一套氧气管理系统，就像蝙蝠和鸟类从四足祖先的腿独立进化出了翅膀。

为了追寻这些基因的历史，我们可以研究更疏远的物种和球蛋白基因。到目前为止我们所提到球蛋白，除了“球蛋白 X”，其余的只在脊椎动物——包括七鳃鳗和盲鳗——身上表达（球蛋白 X 属于外类群，在昆虫、甲壳类和扁形动物身上有表达）。更确切地说，脊椎动物特有的球蛋白大概诞生于第 22 会合点 和第 23 会合点之间，它包括四个主要谱系，其代表分别是血红蛋白（ α 和 β ）、肌红蛋白、细胞球蛋白（也存在于七鳃鳗中）和球蛋白 Y。除脊椎动物，在其他动物身上没看到这些球蛋白分支，即使在接下来的两个会合点里遇见的尾索动物和文昌鱼身上也没有。只有当我们将目光越过球蛋白转而研究其他基因家族时，我们才能得到真正的启示。在脊椎动物中，各种各样的 DNA 序列都说明，基因重复事件都发生在脊椎动物进化树的基部（经典的例子是 Hox 基因簇的四倍复制，这是《果蝇的故事》的主题）。最简单的解释是，这些基因的重复事件并不是相互独立的。相反，脊椎动物祖先的基因组在历史上以较大的区域整块复制，而且这样的复制事件可能发生了不是一次，而是两次。顺便说一句，这种复制现象在植物中很常见，但在动物身上却很少见。在 5 亿多年前的一个重要日子里，我们祖先的基因组中很多甚至全部染色体都被多了一份拷贝。而在后来的某一天，在这个祖先的某个子代的体内，这些拷贝再次被复制，在由此产生的基因组中，大多数基因都包含了 4 个副本。如今，已经不太容易察觉到这种复制模式的迹象，因为许多染色体副本已被删除、打乱或进一步加倍。不管怎样，对整个基因组的进化分析越来越支持“2R”假设，即脊椎动物祖先历史上曾出现了两轮全基因组复制。正是在这种意义上，彼得·霍兰认为脊椎动物的基因组比与它们亲缘关系最近的无脊椎动物的基因组复杂得多。大量的染色体副本和 DNA 分化可能标志着脊椎动物的崛起。

我们的基因分化也能追溯到更早的时候，早于脊椎动物，早于动物，甚至早于动植物的分化，一直回溯到单细胞细菌，回到生命自身的源头。如果回溯得足够久远，我们的每个基因都可以将自身的起源归结于某种古老基因的分异。我们可以为每个基因都写一本与本书类似的书。我们把这本书中的朝圣定为人类的朝圣，我们将这次旅行的里程碑定义为人类与其他家系的相遇地点，即在正向进化过程中。人类祖先与其他物种分道扬镳形成不同物种的地点，然而这一切都是我们主观武断的做法。我们之前说过，我们完全可以借用现代儒艮或者画眉的视角开始我们的朝圣之旅，遇见一群截然不同的共祖，最终抵达同一个坎特伯雷。但现在我们提出一个更加激进的观点：我们完全可以为任何一个基因书写一部逆向朝圣的旅程记录。

我们可以跟随 α 血红蛋白或细胞色素 C，或者任何其他已知基因的朝圣之旅。第 1 会合点会是我们所选择的基因在基因组中经历最近一次复制事件的里程碑。第 2 会合点则是更早一次的复制事件，以此类推。每个会合点的里程碑事件都会发生在某个特定的动物或植物身上，就像《七鳃鳗的故事》把一条寒武纪的鱼确定为 α 血红蛋白和 β 血红蛋白分化的载体。

进化的基因视角不断地提醒着我们它的重要性。

注释

1. “脊索”的英文 notochord 这个单词容易引人误解。在现代英语中，带“h”的“chord”一词仅有与音乐相关的含义，即“弦”，比如有首曲子叫“The Lost Chord”，这是我最喜欢的曲目之一。而notochord中的“chord”是绳子（cord）的意思。不过，“chord”是“绳索”一词在古代的拼写方式，它和音乐的联系可能源于拉丁语中的“Chorda”，而这个词的意思是乐器上的琴弦。——作者注
2. 这种寒武纪化石最初被分类为一种环节动物，后来被认为是原索动物。它在斯蒂芬·杰伊·古尔德的著作《奇妙的生命》（*Wonderful Life*）中占据了重要地位。——作者注
3. 多细胞动物就是由许多细胞组成的动物，我们将会在以后的朝圣之旅中再次遇到这个术语。——作者注

第 23 会合点

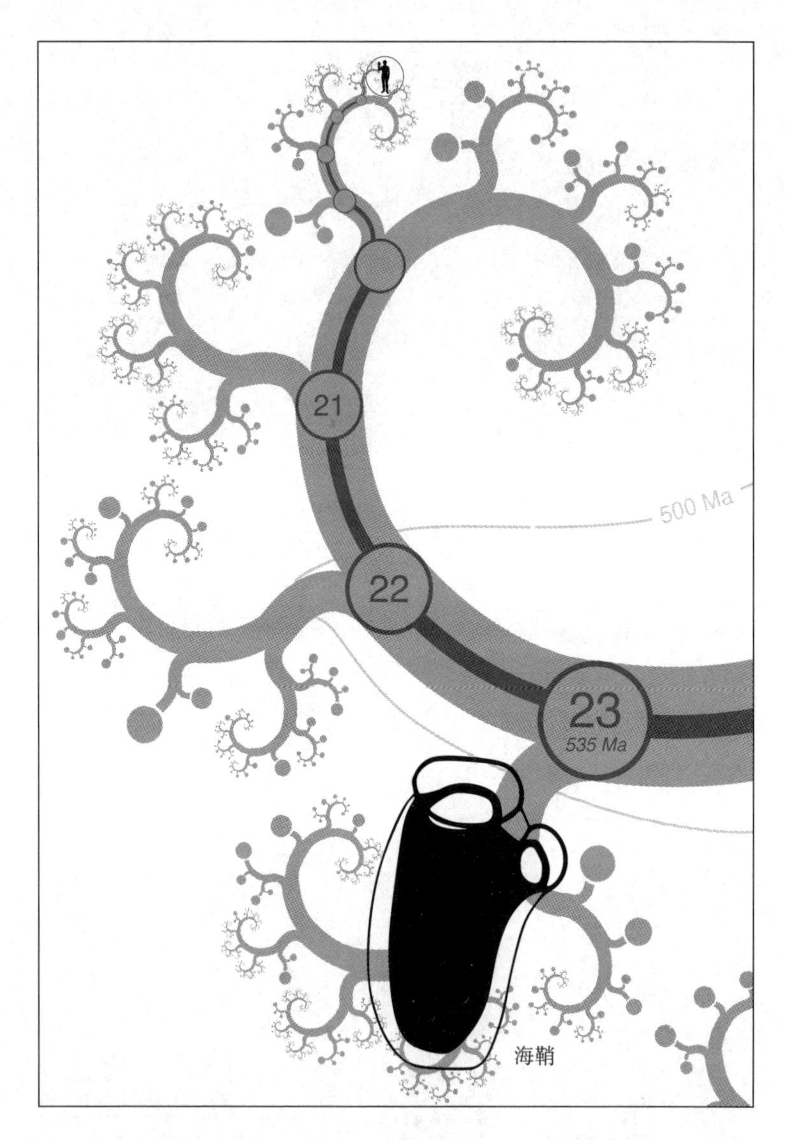

海鞘加入。有坚硬软骨“脊索”的动物被归类为“脊索动物”（在人类中，这条脊索的残余痕迹就是我们椎骨之间的椎间盘）。自 2006 年以来，对大量基因甚至整个基因组的研究越来越支持这个理论，即海鞘及类似的物种（大约有 3 000 种）远比我们将在第 24 会合点遇到的文昌鱼等脊索动物与我们人类的关系更紧密。因此，与本书的第一版相比，第 23 和第 24 会合点的顺序出现了颠倒。将脊椎动物和海鞘划为一个单独的组别（有时被称为“嗅觉”）似乎等到了多数分类学家的认可。

海鞘

乍一看，海鞘似乎不太可能进入这场以人类为中心的朝圣之旅。此前新加入的朝圣者与队伍中原先的成员不会有太离谱的差异。脊椎动物都保持着某种程度的鱼类形态，即使我们这些被陆生需求改变的陆地生物也是如此。海鞘则完全不同。它不会像鱼或其他生物一样游泳。它根本不会游泳。目前我们不明白为什么它会被取“脊索动物”这样一个引人想象的名字。海鞘锚定在岩石上生活，就像一个装满海水的袋子，内部再加上消化系统和生殖器官。这个袋子里有两个吸管样的结构，一个用来汲水，另一个用来排水。日日夜夜，水从一只吸管流进，再从另一只吸管流出，在这个过程中通过咽篮——这是一个篮状的过滤网——滤出食物颗粒。有些海鞘聚成群落生活，但每个成员都过着同样的过滤海水的生活。海鞘的样子完全无法让人联想到任何一种鱼或者任何脊椎动物（见彩图 30）。

实际上，成年的海鞘确实不像鱼。然而，像其他底栖固着生活的滤食动物一样，海鞘有一个变态发育过程，它的幼虫与浮游生物一起生活。海鞘的幼虫看起来很像蝌蚪，或者像小型的七鳃鳗幼体。和七鳃鳗幼体一样，海鞘“蝌蚪幼体”通过尾巴的左右摆动来推动身体游动。而且，这条尾巴在肛门后部继续延伸，而不是像其他大多数无脊椎动物一样，肛门正好位于身体的末端。大部分无脊椎动物都有贯穿腹部的神经索（见《沙蚕的故事》），但海鞘的神经索就像脊椎动物一样位于幼虫的背部。最重要的是，它有一条软骨构成的脊索。海鞘的幼体具备成体所不具备的脊索动物的一些基本特征。当其准备好变成成体时，幼虫就把自己的头部固定在岩石上（或者任何能让它常年生活的地方），之后它的尾巴、脊索和大部分的神经系统消失，就这样定居下来。

达尔文知道这种生活方式具有重大的意义。在海鞘的学名下，他做出了毫不新奇的介绍：

> 它们看起来几乎不像动物，由一个简单粗糙的皮囊构成，有两个凸出的小孔。它们属于赫胥黎定义的拟软体动物门（Molluscoidea）——软体动物中的一个低等门类。不过，最近有一些博物学家将它们归为蠕虫类。海鞘的幼虫外形有点像蝌蚪，并且能够自由游动。

我应该补充说明，无论是“拟软体动物门”还是“蠕虫类”，都已经不再是被科学界认可的说法，海鞘也不再被置于与软体动物或蠕虫相近的位置。达尔文继续书写自己1833年在马尔维纳斯群岛（英国称“福克兰群岛”）发现这样的幼虫时的得意，他写道：

> 科瓦列夫斯基（M. Kovalevsky）最近观察到海鞘幼虫与脊椎动物有相似之处，它们的发育方式、神经系统的相对位置都和脊椎动物很像，而且具有与脊椎动物的脊柱相近的结构……我们完全可以相信在距今极遥远的时代存在着这样一群动物，它们在许多方面与现在的海鞘幼虫极为相似，之后进化成两大分支——其

中一支退化成了现在的海鞘，而另一支逐渐崛起成为动物界发展的巅峰——脊椎动物门。

但现在专家的意见出现了分歧。关于海鞘的来历有两种理论：一种是达尔文的观点，另一种是我们之前在《蝾螈的故事》中所提到的沃尔特·加斯唐的理论。大家还记得蝾螈，还记得幼态延续吧？有时，生命周期中的幼年阶段性器官可以发育成熟并能够繁殖，也就是说虽然它身体的其他部分仍然没有发育完全，但性方面已经成熟了。我们之前将蝾螈的这种发育过程套用到狮子狗、鸵鸟和我们自己身上：在一些科学家看来，我们人类是加速了生殖发育并去掉了生命周期中成年阶段的幼年猿。

加斯唐将同样的理论应用到海鞘身上。他认为，在进化历史上某个更古老的节点上，人类先祖的成年阶段就是底栖不动的海鞘，后来逐渐进化为适于散布的蝌蚪，就像蒲公英种子用小降落伞把下一代带到远离亲代栖居地的地方。加斯唐认为，我们脊椎动物是永远不会长大的海鞘幼虫的后代，或者说是生殖器官会成熟但不能成年的海鞘幼虫。

若有第二个奥尔德斯·赫胥黎，他大概会计划这样描写长寿的人类：超级玛士撒拉[1]头朝下一动不动，变成了一只大型海鞘，永久固定在电视机前的沙发上。有个流传甚广的不实说法称，当海鞘幼虫放弃漂泊浮游的能力而过上成年生活时，它会“吃掉自己的大脑”。这种说法大概能给我们关于超级玛士撒拉的想象增添一些讽刺的意味。一定有人曾经颇为形象地表述过这个实际上相当平常的事实，就像毛毛虫的蛹一样，海鞘幼虫在经历变态发育时，会分解掉自己的幼虫组织，将它们回收利用，长成成年的身体。这个过程自然也包括了对头部神经节的破坏，这个神经节对于不停游泳的浮游生物来说非常有用，但对成年海鞘来说却没什么用处。不管这一现象是否寻常，如此有寓意的文学隐喻从来不会被人视而不见，如此丰饶的文化基因不可能不流传开来。我不止一次看到有文章提及海鞘幼虫并说道，时机来临时，海鞘安顿下来，就开始“吃掉自己的大脑，就像副教授终于拿到终身教职一样”。

在海鞘所属的亚门有一群现代动物被称为尾海鞘纲，这种动物的性成熟成年个体长得也像是海鞘的幼虫。加斯唐一心扑在这个物种上，认为它们是远古进化脚本的近现代重演。在他看来，尾海鞘纲的祖先是底栖不动的海鞘，也有一个作为浮游生物的幼虫期。它们在幼虫阶段进化出了繁殖能力，并摒弃了原先位于生命周期末期的成年阶段。这件事发生的时间可能相当晚近，让我们可以借此瞥见我们的祖先在5亿年前的经历。

加斯唐的理论无疑很有吸引力，多年来备受欢迎，尤其是在牛津，在加斯唐的女婿阿利斯特·哈迪极具说服力的影响下更加如此。唉，现在看来他的观点不太可能是正确的。证据再一次来自细致的DNA研究。关于海鞘的进化，这些研究揭示了一些意想不到的有趣特性，也算是某种补偿吧。

作为现任阿利斯特·哈迪讲席教授的彼得·霍兰向我提示了一个观点。如果尾海鞘纲是古老的加斯唐场景的现代重现，那么应该可以找到一些现代海鞘物种，它们和尾海鞘纲的亲缘关系比其他现代海鞘和尾海鞘纲的关系更近。然而DNA证据显示，在所有海鞘中最深远的分歧可能发生在尾海鞘纲和其他海鞘类生物之间。

最近对会合点的重新排序也巩固了这个观点。2006年以来，整个基因组的研究日益表明我们与海鞘的亲缘关系比我们与文昌鱼（我们将在下一会合点见面）的关系更亲密。这确实有点令人惊讶，因为文昌鱼保留了鱼类的外表，它总是被假定为我们最亲密的非脊椎动物表亲。既然海鞘先于文昌鱼加入我们的朝圣之旅，那么加斯唐的场景若要成立，则它必须发生三次才行：不仅脊椎动物丢掉了成年阶段，尾海鞘纲也是如此，就连文昌鱼也要经历一次成年阶段的丢失。这不太可能。更合理也更简明的假说是：定居生活的成年阶段是后来才进化出来的，就像达尔文认为的那样。

至于海鞘进化出定居生活方式的时机，由于这个时期化石的缺乏，测年变得极为困难且富有争议，以至于我没有勇气断言。我采用的估计认为 23 号共祖生活在大约 5.35 亿年前，它大约是我们的 2.45 亿代先祖，但我很可能是错的。不过我们可以同意达尔文的默认假设，23 号共祖的成年个体看起来起就像一只蝌蚪。它的一个后代支系保持着蝌蚪的形态，最后演变成鱼。另一个分支则一直维持蝌蚪的形态，最后定居海底，成为静止不动的滤食动物，只在幼虫阶段保留曾经的成年形态。

海鞘的生活固然静止而沉闷，它的 DNA 却并非如此。《腔棘鱼的故事》警告我们不要天真地从基因组推断身体的外形。海鞘的基因组仿佛是为了帮助我们落实这一观点而精心设计的[2]。例如，它们有动物界最快的分子进化速率。你或许会认为，这是因为它们需要一个额外的生命阶段。但在迄今为止已经测明基因组序列的 3 种海鞘中，进化速率最快的是异体住囊虫（*Oikopleura dioica*），它属于尾海鞘纲，并没有静止不动的成年期。你可能会认为，相比其他有着更复杂生命周期的海鞘来说，尾海鞘需要更少的基因。

然而异体住囊虫有大约 18 000 个基因，其他两种海鞘，玻璃海鞘（*Ciona intestinalis*）和萨氏海鞘（*Ciona savignyi*），失去了很多重要的动物基因（连通常很重要的Hox簇基因都丢失了相当一部分，Hox簇基因是《果蝇的故事》的讨论重点），只有大约16 000个基因。这两种静止不动的海鞘物种极其相似，以至于人们经常会把它们混淆。在实验室条件下，它们甚至可以杂交。然而它们的DNA序列大不相同，其差别就好比人类基因组与鸡的基因组的差别。作为本章结束时的惊喜，我们知道虽然住囊虫的基因数目几乎与人类相当，但其基因组规模是人类的四十分之一。一方面，它们削减了基因之间和基因内部的"垃圾"DNA（我们将在《丝叶狸藻的故事》里再次提到这种策略），另一方面，住囊虫采取了更激进的策略，它们删除了多余的DNA，将多个基因聚集起来形成单个的操纵子，由一组开关来激活。也许正因为这样，其染色体上基因的排列顺序在进化中发生了激烈的改变。

海鞘不仅生活方式经历了剧烈的变迁，其基因组也同样激进，它们将脊索动物的概念推到了极端。它们是解剖学和遗传学里的一个自然实验，通过一种完美的对应，帮助我们理解基因组如何进化，以及控制我们的身体发育的方法有哪些。

注释

1. 玛士撒拉（Methusela）是《圣经·创世记》中的人物，据说活了965岁。——译者注
2. 神创论者们，请注意"仿佛"这个词。——作者注

第 24 会合点

文昌鱼加入。像鱼一样的文昌鱼有 32 个物种，是最后加入我们的朝圣之旅的脊索动物种群。注意，会合点的日期从现在开始向后更具有争议（见《天鹅绒虫的故事》及其后记）。

文昌鱼

截至目前，我们遇到的所有朝圣者都属于单一而庞大的脊索动物门，而这时又有一个利索的动物蜿蜒而行加入我们的朝圣之旅。它就是文昌鱼（lancelet）。*Amphioxus* 以前是它的拉丁学名，但现在按命名法的优先级原则，它应该叫 *Branchiostoma*。不过，*Amphioxus* 这个名字太为人所熟知了，于是就保留了下来。文昌鱼是原索动物而非脊椎动物，但它显然与脊椎动物关系很近，并因此被放置在脊索动物门中。还有其他几个属的生物与文昌鱼非常类似，我在这里对它们不加区分，把它们都不太正式地称为文昌鱼。

我之所以说文昌鱼利索，是因为它优雅地表现了脊索动物的特征。它活生生地展现了教科书上的图片，而且会游泳（实际上它多数是时候都埋在沙子里的）。它的身体有脊索贯穿头尾，却没有一丝脊柱的痕迹。脊索背侧有神经管，但没有大脑，除非你把神经管前端（眼点也位于这里）的膨大当作它的大脑。当然它也没有头盖骨。它身体的侧面有鳃裂，沿着身体有成节的肌肉，但没有四肢的痕迹。它有尾巴，尾巴位于肛门后，这一点不同于肛门在身体末端的蠕虫。文昌鱼不像蠕虫，却更像鱼，它的身体更像一个直立的叶片而不是圆柱。它游动起来也像一条鱼，凭着和鱼一样的肌肉块使身体左右摆动。它的鳃裂是摄食器的一部分，而非用于呼吸。水通过口腔进入身体，再通过鳃缝排出，鳃缝充当了过滤器，滤食水中的食物颗粒。24号共祖很可能也是这么使用鳃裂的，这意味着用于呼吸的鳃极有可能是后来发展进化的产物。如果真的是这样，那么当鱼类最终从鳃部结构进化出下颌时，这其实是一个令人愉悦的逆转。

如果不得不给第24会合点确定一个时间，我猜大约是在5.4亿年前。这是我们的2.5亿代先祖生活的年代，虽然7.75亿年或更久远的时间也经常在文献中被引用。因为这个，从现在开始我将放弃描述共祖所生活的世界的样子。至于24号共祖的长相，显然我们无法肯定，但它看起来真的很像文昌鱼的说法也并非难以置信（见彩图32）。如果真是如此，这意味着文昌鱼非常原始。但这需要请文昌鱼自己来直接讲述一个有根据的故事。

文昌鱼的故事

> 如果一次阳光的抚摸就能让它的性腺成熟，
> 文昌鱼自称先祖的声明就会得到无情的嘲笑。
>
> 沃尔特·加斯唐

我们已经提到过著名的动物学家沃尔特·加斯唐，他独创性地用诗句表达了他的理论。我在上面引用加斯唐的诗句不是为了阐述他的观点，我们之前讨论关于海鞘的争论时已经介绍过他的理论（诗中“它的性腺”指的不是文昌鱼性腺，而是未成年的七鳃鳗性腺）。我在这里关注的是最后一行，尤其是“自称先祖”这个词。文昌鱼有很多的特性与真正的脊椎动物相同，以至于长期以来都被视为脊椎动物某位远古祖先的近亲孑遗。更有甚者把文昌鱼看作我们的祖先，这才是我真正要批判的对象。

我这样做对加斯唐不太公平，因为他其实非常清楚，文昌鱼作为幸存的生物不可能是我们的祖先。然而，这样的言论确实有时会产生误导。动物学专业的学生有时会陷入一种困惑，当他们看到一些被称为“原始”的现代动物时，他们会想象着自己看到的是遥远的祖先。诸如“低等动物”或“处于进化底部”之类的措辞都暴露了这种误解。这些说法不仅是势利的，而且在进化意义上也是不合逻辑的。达尔文提醒自己的话也适合我们大家：“不要使用高等和低等这样的字眼。”

文昌鱼是活生生的生物，和我们生活在同一个时代。作为现代生物，它们在进化上与我们经历了完全相同的时间。另一个不合时宜的措辞是“偏离进化主线的一个侧支”。所有现存的生物都属于某个侧支。除了抱有后见之明的偏见，否则没有哪个侧支比任何其他的更“主流”。

像文昌鱼这样的现代动物绝不应该被尊为祖先，它不应该被贬为低等，也不应该被吹捧为高等。也许略微更令人惊讶的是——这也是《文昌鱼的故事》的第二个主要论点——通常这样的态度也适用于化石。从理论上可以理解，可能存在某个特定的化石，而它正是一些现代动物的直系祖先。但这在统计学上是不太可能的，因为进化树不是一棵圣诞树或箭杆杨，而是枝丫浓密的丛林或灌木。你看到的化石生物可能不是你的祖先，但它可以帮助你了解你真正的祖先所经历过的中间阶段，至少就某些特定的身体部位而言是这样的，比如耳朵或骨盆。因此，化石在某些方面与现代动物具有相同的地位，二者都可以帮助我们猜测某些祖先阶段的特征。在正常情况下，这二者都不应该被视为先祖。最好把化石以及现代生物视作表亲，而非祖先。

支序系统派的分类学家有时候在这方面显得过度保守，他们怀着清教徒或西班牙异端审查官的热情声称化石没有任何特殊性。有些人甚至走向极端，把“不太可能找到某个特定的化石，而它恰好是某个现存物种的直系祖先”这种合理的说法解释为“根本不存在所谓的祖先”！显然本书不支持如此荒谬的观点。即使任何特定的化石都肯定不是祖先物种，但在历史上的每一个时刻都肯定有至少一个人类祖先存在（对于其他物种也是如此，同时至少有一个大象的祖先、褐雨燕的祖先、章鱼的祖先等等）。

要点在于，我们在追溯过去的逆向之旅里遇见的那些共祖，大都不是某种具体的化石。我们寄予的希望只是将共祖可能具有的那些特点拼凑起来。我们没有我们和黑猩猩的共同祖先的化石，尽管它距今只有不到 1 000 万年。但我们可以带着疑惑去猜测，用达尔文的话来说，我们的祖先最有可能是一个毛茸茸的四足动物，因为我们是唯一用后肢行走并且皮肤裸露的猿。化石可以帮助我们进行推论，但多数时候现存的生物也能通过同样间接的方式帮助我们。

文昌鱼的故事的寓意是，找到祖先远远比找到表亲更难。如果你想知道你的祖先 1 亿年前或者 5 亿年前的样子，不要试图从中生代、古生代地质层的“彩票箱”中去寻找带有“祖先”标签的化石。通常我们最可希望的是找到一系列的化石，一些化石的某个部位与我们的祖先很像，而另一些的另一个部位也代表了我们祖先的某种特征。或许这块化石告诉我们一些关于我们祖先牙齿的信息，而几百万年后另一块化石又给了我们关于祖先手臂的信息。某些特定的化石几乎可以肯定不是我们的祖先，但运气好的话，它的某些部位可能与我们祖先的相应部位很像，就好比现在美洲豹的肩胛骨与美洲狮的肩胛骨极其相似一样。

第 25 会合点

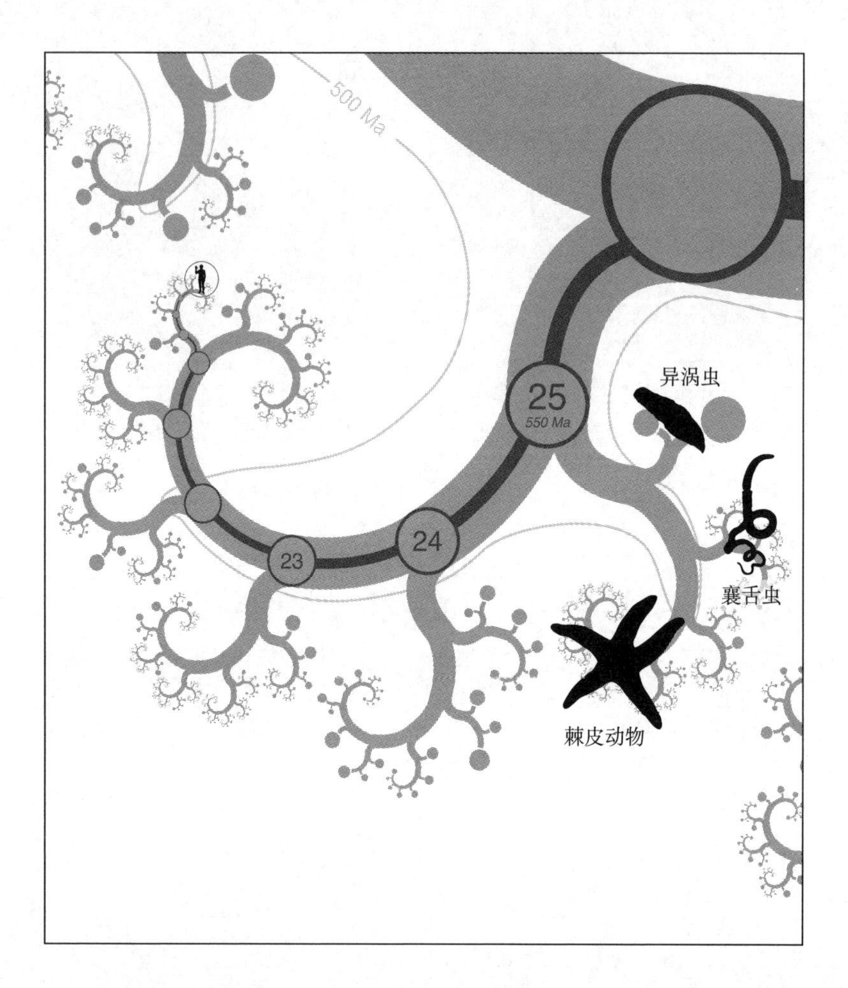

海星和它们的亲属加入。我们脊索动物属于后口动物的主要分支。最近的分子生物学研究表明其他后口动物类群组成一个属于脊索动物门的姊妹团。这个种群称为步带动物，这个团体包括含有大约 7 000 种描述过的物种的棘皮动物、半索动物门（这个门类约有 120 种襄舌虫和羽鳃类），也包括异涡虫以及上面说到的两个物种（最近发现了更多的深海物种）。除了想要在这一会合点加入我们的异涡虫，现在步带动物总门已能被人们普遍接受。

步带动物总门

我们的朝圣大军现在是一个杂糅的阵营了，它容纳了所有的脊椎动物，以及它们原始的脊索动物表亲文昌鱼和海鞘。接下来加入的朝圣者会让人觉得很意外，它们是我们在无脊椎动物中关系最近的亲戚，包括那些长相奇怪的生物：海星、海胆、海蛇尾和海参，接下来我们会称它们为“火星物种”。这些生物和另一群大部分已经灭绝的生物即海百合一起组成了棘皮动物门，字面意思是“皮肤上长满了刺”。随棘皮动物一同到来的还有各种各样的蠕虫类动物，之前由于缺乏相关的分子证据，这些生物在动物界的分类位置不在这里。类似囊舌虫（acorn worm）这样的生物，即肠鳃纲（Enteropneusta）和羽鳃纲（Pterobranchia），以前与海鞘一同被归为原索动物。现在分子证据将它们和棘皮动物一起归入步带动物总门（Ambulacraria），而且二者的亲缘关系并不太远。

还有一个奇怪的叫作异涡虫（*Xenoturbella*）的属也可能属于步带动物。没人知道该将这种东西放在哪里——它似乎缺少大部分典型的蠕虫应该有的一些特征，比如一个像样的排泄系统和贯穿身体的消化系统。动物学家为这种令人费解的小蠕虫换了一个又一个门类，都到了打算要放弃的地步。直到 1997 年，有人宣布，不管它外表长得如何，这是与海扇类（cockle）有着亲缘关系的一种高度退化的双壳类软体动物。如此自信的声明有着充足的分子证据支撑。异涡虫的DNA与海扇极为相似，并且仿佛是为了坐实此事，人们在异涡虫标本中发现了软体动物的卵。这是一次可怕的警告！就像典型的现代法医侦探的噩梦一样——受害者的DNA污染了谋杀嫌疑人的DNA——事实上，异涡虫包含软体动物DNA的原因是它以软体动物为食！研究人员再次对异涡虫进行了DNA测序，这一次特意清除了所有的内脏，他们发现了一个更令人吃惊的关系：异涡虫与步带动物总门关系很近。这个结论仍然有争议，一些研究人员坚信它们属于我们将在第27会合点遇到的无腔动物类蠕虫。但是我们还是倾向于另一个观点，即把它们的分类位置放在这里，让它们在与步带动物相遇后在第25会合点加入我们的队伍。我们暂时把这个会合点设置在大约5.5亿年前的前寒武纪晚期，但这也只是猜测。我们的25号共祖大约是我们的2.6亿代先祖。我们不知道它长什么样子，但它肯定是更像是蠕虫而非海星。一切迹象都表明，棘皮动物那星形的对称身体是从“两侧对称动物”进化而来的。

棘皮动物门是个很大的门类，包括大约6 000个现存物种和一个了不起的化石记录，一直可以追溯到寒武纪早期。那些古老的化石包括一些古怪的不对称的物种。事实上，一想到棘皮动物，人们脑海里首先冒出的就是“怪异”这个形容词。一位同事曾经将头足类软体动物（章鱼、鱿鱼和墨鱼等）描述为“火星物种”。这个说法很好，但是我觉得这个称谓应该给海星。从这个意义上说，“火星物种”是一种非常奇怪的生物，有助于通过展示我们没有的样子让我们更清楚地了解我们自己（见彩图31）。

地球上的动物大都是两侧对称的：有头有尾，有左有右。海星则是辐射对称的，嘴位于身体下表面正中，而肛门位于上表面正中。大多数棘皮动物是相似的，但心形海胆和硬币海胆重新拥有了轻微的两侧对称性，身体有了头尾，这样更适于在沙子里打洞。如果说“火星物种”海星有侧边的话，那么它们有五个侧边（个别物种的侧边数目还要更多），而不是像我们其他大多数地球物种一样只有两个侧边。地球上的动物大多有血液，而海星体内流动的是海水。地球上的大多数动物主要靠肌肉带动骨头或其他骨骼部件来运动，而海星有一套独特的液压系统，通过泵出海水来运动。实际上，海星的推进器官由身体下表面沿着五个轴线排列的数百个小“管足”组成。

每一个管足看起来都像一个末端分布着小吸盘的细长的触须。虽然对于海星的整个身体来说，一个管足产生的推动力难以让海星动起来，但数以百计的管足组合起来就能做到，速度虽慢却很有力。在液压的驱动下，管足向外伸出，在管足近体侧小囊的挤压下行使功能。每个管足循环往复地运动，就像一只只小号的腿，一旦施加完拉力，它就放松吸盘，身体离开原处，向前摆动，重新用吸盘吸住抓牢，再度拉动身体。

海胆也用相同的方法移动。长得就像疣状香肠的海参也是如此，但是正在打洞的海参则像蚯蚓一样，整个身体交替伸缩向前，头部前探，然后把后面身体往前拉。海蛇尾，（通常）有五条细长的摇摆着的腕，从近似圆形的中央圆盘向外发散出来。它通过整条辐状腕的摆动移动，而不是通过管足吸附拉动自己。海星也能通过肌肉摆动整条腕，比如会用它们捆住猎物，或者分开贻贝的壳。

对于这些“火星物种”——包括海蛇尾、大多数海胆和海星——来说，“前方”是一个很随意的方向。与大多数有一个明确的头作为前端的地球生命形式不同的是，海星可以以五条腕的任何一个作为自身的引导。数以百计的管足设法“同意”跟随引导的腕，但作为引导的腕可以随意更换成其他腕。腕之间通过神经系统进行协调，但它的神经系统和我们已经习惯了的这颗星球上的其他神经系统不同。大多数神经系统都有一根从头到尾的主干神经管，要么沿着背侧（如我们的脊髓），要么沿着腹侧，而且腹侧的情况通常是双重的神经，一左一右，中间有连接左右的梯状结构（如蠕虫和所有节肢动物）。在典型的地球生物体中，纵向主干神经上还会分支出来一些侧向神经，通常从头到脚成对地重复排列。它们通常还有神经节，这是一种局部膨胀的结构，如果膨胀得足够大，我们就可以把它定义为大脑。海星的神经系统则完全不同。正如我们所期望的，它整个呈放射状分布。在嘴周围有一个完整的圆环结构，从那里延伸出五条神经（或者更多，取决于有多少条腕），沿着腕辐散出去。你猜的没错，每条腕上的管足由这条腕上的主干神经控制。

除了管足，一些种类也有数百个所谓“叉棘”（pedicellaria）分布在五条腕的下表面。它们有小钳子，可以用于捕捉食物，或者防御小寄生虫。

尽管看起来像“火星物种”，但海星及其同类仍是我们的近亲。只有不到 4% 的物种与我们的亲缘关系比海星更近。到目前为止，动物界的大部分生物还没有加入我们的朝圣之旅。在第 26 会合点会有一波朝圣者的洪流涌来。原口类动物将以压倒性优势淹没已经在这支队伍中的众多朝圣者。

第 26 会合点

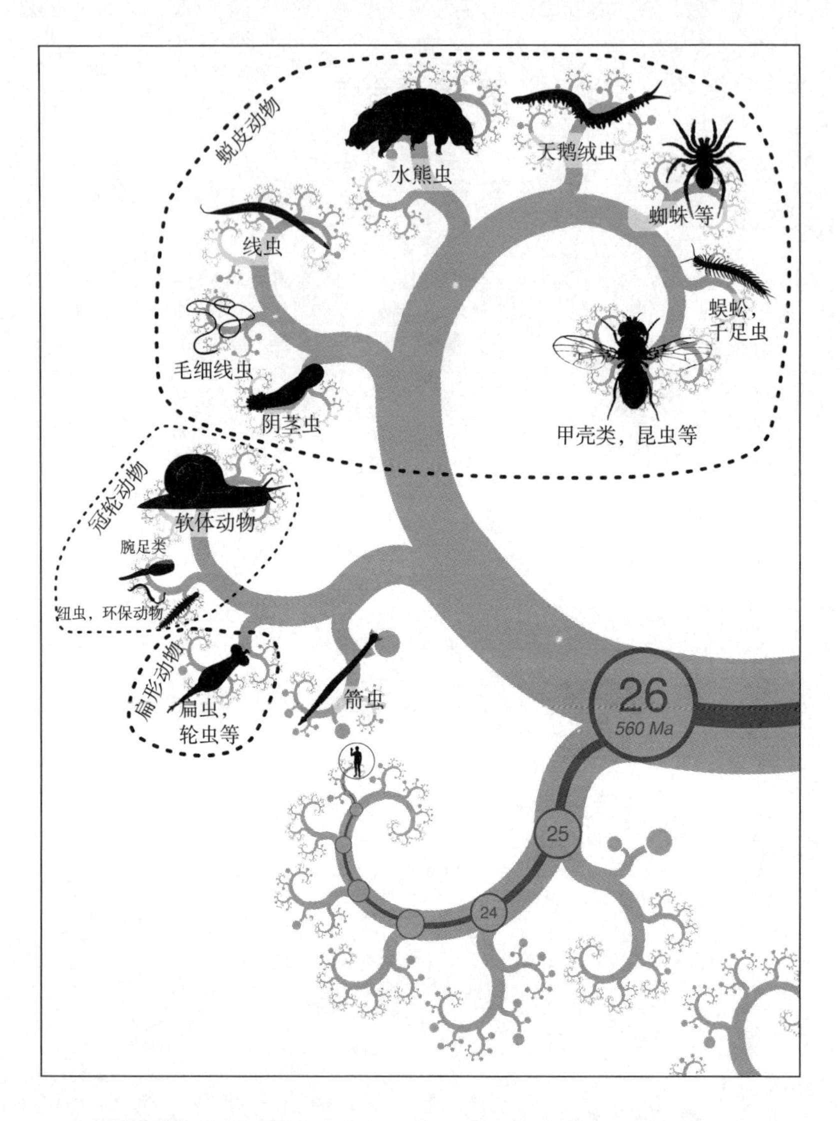

原口动物加入。在第 26 会合点，8 万多种后口动物迎来了上百万种原口动物。根据过去 15 年遗传学的理论的发展，原口动物的系统发生代表了另一种辐射进化的重排。我们标记了三个主要的种群：其中两种（蜕皮动物和冠轮动物）已被普遍接受，而第三种被接受的程度要少些。其余的种群，如在澄江生物群化石层中发现的古老的肉食类蠕虫和箭虫的代表性化石，它们的地位尚不确定：在此我们标识出可能的位置。和在第 24 会合点加入朝圣队伍的生物一样，冠轮动物内部的分支顺序也存在许多争议。因为这一原因，我们从这里开始省略等值线。

原口动物

随着地质年代越来越久远，我们越来越缺少化石证据的坚实支持。从现在开始，我们完全依赖曾在总序中提到的三角推断法判定年代。这样做积极的一面在于，现在人们使用现存生物探测基因源流的遗传手段越来越精湛。分子测年的结果支持了长期以来比较解剖学家——或者更准确地说是比较胚胎学家——的想法，即动物界的大部分生物都可被分为后口动物和原口动物两个亚界。

我们从这里开始接触胚胎学。动物的生命早期通常会经历一个重要的分水岭时期，即原肠胚的形成。敢于打破科学常规的杰出胚胎学家刘易斯·沃尔珀特（Lewis Wolpert）曾说：

> 生命过程中最重要的时期，不是出生、结婚或者死亡，而是原肠胚的形成。

原肠胚是所有动物在生命早期都需要经历的阶段。在原肠胚之前，典型的动物胚胎都是多个细胞组成的空心球，即囊胚，囊壁由单层细胞构成。在原肠胚时期，这个空心球就皱缩形成两层细胞的杯状结构。杯口合拢形成的小孔称为胚孔。因为几乎所有动物都会经历这一个时期，因此人们推测原肠胚可能是一个很古老的结构。你可能会猜测这个孔道最终形成人体两个深洞中的一个，你是对的。这就要说起动物界两大门类的分别，即后口动物（在第 26 会合点之前加入的朝圣者，包括我们人类）和原口动物（在第 26 会合点加入的巨大群体）。

在后口动物胚胎学中，胚孔最终形成肛门（或者至少在靠近胚孔的位置形成肛门），口则作为独立的穿孔随后在孔道的另一端出现。原口动物则采用不同的方式，一些原口动物的胚孔形成口，肛门随后出现，另一些原口动物的胚孔则是一个狭缝，后来狭缝中间像拉链一样合拢，两端分别形成口和肛门。原口的意思就是“先形成口”，而后口就是“后形成口”。

现代分子生物学数据支持了传统的胚胎学分类。动物确实可以分成两个主要的大类：后口动物（我们这类）和原口动物（另一类）。但是一些原来属于后口动物的门类现在则被分子修正主义者（我们将追随他们的脚步）划到了原口动物中，包括三种触手冠动物——帚虫动物门、腕足动物门和苔藓动物门——现在它们同软体动物门及环节动物门一起都归于原口动物中的冠轮动物总门（Lophotrochozoa）。不必费心去记住这些，在此处提到这些动物只是避免某些年纪的动物学家惊讶于没有在后口动物中看到它们。当然，有一些动物既不属于原口动物也不属于后口动物，我们会在随后的会合点与之相遇。

第 26 会合点是规模最大的一个会合点，更像朝圣者们的一次大集结，而非会合。这个集结点发生于何时呢？很难测算如此古老的时期。我们推测出来的时间大概是在 5.6 亿年前左右，但这可能出现很大的正负偏差，在这个故事中可能正偏差的可能性更大。同样，认为 26 号共祖是我们 2.7 亿代前的祖先的说法也只是估计。原口动物占据了朝圣队伍中的大部分。由于我们人类属于后口动物，所以我在书里给予后口动物特别的关注，并且我们现在刻画的是原口动物在一个重要的会合点集体加入朝圣行列的情景。原口动物肯定会采取另一个视角来看待这次相会，实际上任何客观的旁观者都会采用它们的视角。

原口动物的种类远多于后口动物，并包括了动物界中最大的门类。其中软体动物的物种数目是脊椎动物的两倍。另外它还包括三大蠕虫动物门：扁虫、线虫和环节蠕虫，它们的物种数目之和可能是哺乳动物物种总数的30倍还多。特别是原口动物还包括节肢动物，比如昆虫、甲壳类、蜘蛛、蝎子、蜈蚣、千足虫和其他一些较小的类群。仅昆虫的物种数目就占据了所有动物种类的四分之三，可能还要更多。杰出的前英国皇家学会主席罗伯特·梅（Robert May）就曾说：如果取一级近似的话，地球上所有生物都是昆虫。

在分子分类学出现之前，我们主要根据解剖学和胚胎学来对动物进行归组分类。与纲、目、属、种相比，分类中的“门”拥有比较特殊甚至近乎神秘的地位。很显然，同一门内部的动物相互关联。但不同门之间的动物差距如此之大，完全无法找不到任何可靠的联系。门类之间被一道无法跨越的鸿沟隔开。现今通过分子间的比较发现，各门之间的联系比我们过去认为的紧密得多。这种现象也显而易见，正如过去没有人相信所有动物都来源于原始的黏糊糊的细胞团。就像各门类内部存在层状结构的关联一样，不同的门类之间也必然存在着类似的层级关系。只是这种关联难以察觉，已丢失在遥远的年代里。

也有例外。根据胚胎学研究，在门以上的级别，原口动物和后口动物的区分得到了公认。而且在原口动物内部，人们还普遍同意环节动物（蚯蚓、水蛭和毛虫）和节肢动物存在联系，因为它们的身体都是分节的。现已证实，上述观点不太正确，事实是环节动物和软体动物的关系更密切。实际上，人们早已经发现海洋环节动物和海洋软体动物的幼虫很像，都有身体分节，并且将这两种幼虫都命名为“担轮幼虫”。如果环节动物和软体动物归于一类是正确的，那就意味着分节现象出现了两次（在环节动物和节肢动物中），而不是担轮幼虫出现了两次（在环节动物和软体动物中），“环节动物和软体动物的关系密切，而和节肢动物不同”，分子遗传学带给那些在形态学分类时代成长起来的动物学家很大的惊奇。

分子生物学证据将原口动物分为了两个或是三个主要类群，也许我们可以称之为总门。一些权威人士尚未承认这一分类，但我将采用这样的分类，尽管我承认它仍然有可能是错误的。这两个总门是蜕皮动物总门（Ecdysozoa）和冠轮动物总门。第三个可能的总门是扁形动物总门，尽管还未得到公认，但我将接受这种分类方法，而不是像有些人那样将它们和冠轮类动物归为一类。

蜕皮动物的名字源自它们的蜕皮特性（“ecdysis”一词来源于希腊语，意思是将几乎全部的外皮蜕掉）。这立刻让我们意识到，昆虫、甲壳类、蜘蛛、千足虫、蜈蚣、三叶虫和其他节肢动物等都属于蜕皮动物，同时这也意味着，在原口动物朝圣者中，蜕皮动物占据了很大一部分，比动物界的四分之三还多得多。

节肢动物在陆地（尤其是昆虫和蜘蛛）和海洋（甲壳类和早期的三叶虫）都占据了主导地位。我们猜测，节肢动物不曾进化出像某些极端的脊椎动物那样的庞大块头，只有板足鲎是个例外——这些生活在古生代的海蝎子[1]曾吓坏了古生代的鱼类。这主要是由于它们把自己包裹在坚硬的外骨骼甲板里，连手脚都塞进了坚硬的管子里，因此它们只能通过蜕皮来生长：每隔一段时间就脱掉老旧的外壳，硬化形成一个新的、更大的外壳。但我还没想明白，为什么板足鲎可以成功摆脱这种所谓的尺寸限制。

关于如何安排节肢动物内部的各分支，仍然存在争议。大部分动物学家已经不再认可早期的观点，即认为昆虫应该和多足类（蜈蚣、千足虫以及其他相似的种类）归在一起，而和甲壳动物不同。现今越来越多的人一致认为昆虫应该属于甲壳类的一个衍生类群，千足虫和蜘蛛属于外类群，各自独立地征服了陆地。大家一致同意，蜘蛛、蝎子以及让人恐惧的板足鲎均属于螯肢动物（chelicerate）。不幸的是，现存活化石物种马蹄蟹也被归入螯肢动物，尽管它表面上看起来和早已灭绝的三叶虫很像。实际上三叶虫是一个分离出来的系群。

与节肢动物一起被划为蜕皮动物的另外两群朝圣者，有时也被称作泛节肢动物（panarthropod），它们是有爪动物（onychophoran）和缓步动物（tardigrade）。有爪动物或者天鹅绒虫，例如栉蚕（*Peripatus*），现今已被归入叶足动物门（Lobopodia）。这一门类中有一个重要的化石种类，我们将在《天鹅绒虫的故事》中讲到它。虽然栉蚕看上去像是某种可爱的毛虫，但要说起可爱，还是缓步动物更胜一筹。无论何时，只要看见缓步动物，我都想把它们当作宠物来养。缓步动物有时候又被称为水熊虫，因为它们拥有像小熊崽一样讨人喜爱的长相。那确实是非常小的小熊崽：如果不用显微镜，你只能勉强看见它们，而在显微镜下，它们挥舞着八只粗短的小胳膊，带着一种婴儿般的笨拙。

蜕皮动物总门中的另一个主要门类是线虫。它们同样数目极多。许多年前，美国动物学家拉尔夫·布克斯鲍姆（Ralph Buchsbaum）描述的事实令人印象深刻：

> 即使将地球上除线虫外的其他所有物体都清除掉，我们依然可以隐约辨认出这个世界的原貌……我们能够看见高山、丘陵、

峡谷、河流、湖泊以及海洋，全都被一层线虫覆盖。树木如幽灵般伫立成行，代表着我们的街道和高速公路。各种植物和动物的位置仍然清晰可辨。假如我们有足够丰富的知识，在很多情况下，我们甚至可以通过检测它们以前身上寄生的线虫来辨识这些动植物的种类。

当我第一次读布克斯鲍姆的书时，我对这样的想象感到十分愉悦。但我不得不承认，现在重读的时候，我产生了一些怀疑。让我们暂且这样说好了，线虫无处不在，数目巨大。

蜕皮动物中更小一些的门类还包括其他各种蠕虫，其中包括曳鳃动物（priapulid）或者叫作阴茎虫（penis worm）。这些生物的名字往往起得很贴切，不过这方面的冠军要数一种名字叫鬼笔（*Phallus*）的真菌（我们会在第35会合点遇见它）。乍一看有些让人吃惊，但曳鳃动物如今的分类位置与环节动物相距甚远。

冠轮动物朝圣者的数量也许不及蜕皮动物，但绝对比我们后口动物数量多。冠轮动物的两个大门类分别是软体动物和环节动物。环节动物和线虫不容易被混淆，因为环节动物像节肢动物一样身体分节，我们在前面已经提到了。环节动物的身体从头至尾就像火车一样分成一段一段的。身体的每一节都部件齐全，比如都有神经节和血管环绕着消化系统，每节都是如此重复。节肢动物也是如此，尤为明显的是千足虫和蜈蚣，它们的各个体节几乎也都是一样的。虽然龙虾或者螃蟹体节间的差异更大，但你依然可以清晰地看到其身体从头到尾被分割成了许多的片段。不过，它们的祖先都拥有像木虱或者千足虫那样更加统一的分节结构。从这个角度看，环节动物更像木虱或者千足虫，但它们实际上与没有分节的软体动物亲缘关系更近。最常见的环节动物是普通的花园蚯蚓（这个名字一度非常恰当）。我很有幸在澳大利亚见过巨型蚯蚓（*Megascolides australis*），据说它能长到 4 米长。

冠轮动物还包括其他一些蠕虫样的门类，例如纽虫（nemertine worm），请不要将它与线虫（nematode）混淆。这种名字的相似既不幸，又毫无帮助。另外两个蠕虫样门类即线性动物（Nematomorpha）和纽皮纲（Nemertodermatida）的存在更是加剧了这种混淆。“Nema”在希腊语里是“线”的意思，而“Nemertes”是海中女神的名字。这真是不幸的巧合。有一次我们富有朝气的动物学教师托马斯先生带我们去苏格兰海岸进行海洋生物学野外实习，我们发现了一条鞋带蠕虫（*Lineus Longissimus*），它是一种具有传奇色彩的纽虫，据说能够长到 50 米长。我们的样本至少有 10 米长。

还有其他一些或多或少与蠕虫长得很像的生物，但冠轮动物中最大而且最重要的类群当属软体动物，包括蜗牛、牡蛎、菊石、章鱼等等。朝圣队伍中的软体动物小分队几乎都是以蜗牛一般的速度爬行前进，但鱿鱼是个例外。它是海洋中的游泳健将，利用喷射反推作用力前进。鱿鱼和它们的近亲章鱼是动物界中最擅长利用颜色的生物，甚至比人们熟知的变色龙更胜一筹，而且不仅仅是因为它们变色的速度很快。已经灭绝的菊石是鱿鱼的近亲，它们栖息在螺旋的壳里，并借助这个壳漂浮在水中，就像现在仍然存活的鹦鹉螺（*Nautilus*）一样。菊石曾在海洋中繁盛一时，后来与恐龙在同一时间灭绝了。我希望它们也具有变色的能力。

软体动物门中另一个主要的类型是双壳类：牡蛎、贻贝、蛤蚌和扇贝，它们都有两个壳或者瓣，并因此而得名。双壳类有一个极其有力的内收肌，其功能是关闭贝壳从而躲避捕食者。因此，不要把你的脚放进砗磲（*Tridacna*）里——你将再也拿不回来。双壳类还包括蛀船虫（*Teredo*），这种虫能够利用自己的外壳作为钻孔工具钻穿浮木、木船以及码头和防洪堤的支柱。也许你们都见过它们造成的洞口，一个规整的圆形截面。海笋（Piddock）也能做类似的事情，它们可以在石头上打洞。

这不是一个空壳。这是志留纪腕足类化石。

腕足动物看上去非常像双壳类。它们也是原口动物朝圣队伍中冠轮动物小分队的成员，但它们和双壳类软体动物的关系并不十分亲近。我们之前在《腔棘鱼的故事》中遇见了它们当中的一种活化石——海豆芽。现今，地球上只存在 350 种腕足动物，但在古生代，它们与双壳类软体动物曾势均力敌[2]。腕足类和双壳类具有表面上的相似性，但双壳类的壳是分左右的，腕足类的壳则分上下。腕足动物朝圣者以及两个同盟的冠轮动物类别——帚虫及苔藓虫的进化位置仍存在争议。正如之前提到的一样，我遵从现在的主流想法，将它们看作冠轮动物（它们确实对这个名字有所贡献）。有一些动物学家还是坚持按原来的分类将它们排除在原口动物之外，列为后口动物，但我觉得这种做法只是无谓的顽抗。

原口动物的第三个主要分支是扁形动物总门（Platyzoa），一些权威专家会把它列入冠轮动物中。‘Platy’的意思是扁平，而扁形动物这一名字来源于它的一个成员——扁形动物门（Platyhelminthes）。“helminth”即蛔虫，字面意思是肠道内的蠕虫。固然还有一些扁虫是寄生虫，比如绦虫（tapeworm）和吸虫（fluke），也有许多不靠寄生生活的扁虫，比如往往很好看的涡虫（turbellarian）。近来，一些被传统动物分类法归入扁虫的生物，例如无肠纲动物（Acoel），被分子分类学家从原口动物中移出。我们一会儿就要和它们碰面了。

扁形动物总门中的其他门类都暂时放到了扁形动物总门里，只是因为还没有为它们找到更确切的位置，而且它们多数都不扁平。这些所谓的“少数派门类”本身有着迷人的特性，其中任何一种都值得无脊椎动物学教材用一整章来陈述。然而很遗憾，我们的朝圣之旅还没有完成，必须继续上路了。这些小门类中，我只能详细讲述轮虫类动物，因为它们有故事可讲。

轮虫个头很小，以至于刚开始被当成了单细胞原生生物。事实上，轮虫是多细胞生物，而且有着相当精巧细致的身体结构。轮虫中的一个类群——蛭形轮虫，很是出名，因为人们从未发现它们的雄性个体。这也正是它的故事主旨所在，我们马上就要遇到它。

这支由许多广泛而深远的涓涓细流汇成的原口动物朝圣洪流是动物朝圣队伍中真正的主流，它们在这个会合点与年轻（相对而言）的后口动物大军会合。一直以来我们都采用后口动物的视角追踪进化进程，我们有着充分的理由，因为那也是我们人类自己的视角。从我们人类的视角看去，原口动物和后口动物的共同祖先，我们伟大的26号共祖离我们的年代如此久远，以至于难以重现它的样子。

我们试图用彩图33呈现26号共祖的样子，它似乎是某种蠕虫。

但我们只能说它的身体呈长条形，两侧对称，有左有右，有背有腹，有头有尾。确实，两侧对称动物这一名字通常用来指包括了原口动物和后口动物的大类群（再加上我们将在下一个会合点遇到的小蠕虫）。为什么蠕虫模式如此普遍？三种原口动物类群中最原始的生物，以及最原始的后口动物，都是以我们所说的蠕虫状这样的形式存在的。因此让我们开始讲述“蠕虫意味着什么”的故事吧。

我原先想借用沙蠋那灰色而泥泞的嘴巴[3]讲出蠕虫的故事。但遗憾的是，沙蠋一辈子大部分时间都在泥滩里做U型的运动，而这不适合我们要讲的故事，很快你就能看到为什么。我们需要一只更具代表性的蠕虫，它能够主动向前爬行或泳动，对于它来说，前后左右和上下有着清楚的界定。因此沙蠋的近亲——沙蚕属（*Nereis*）的沙蚕（ragworm）当仁不让地成为我们的首选主角。1884年一篇关于垂钓的杂志文章说道：“（我）所用的诱饵是沙蚕，它像潮湿的蜈蚣。”当然，它并不是蜈蚣，而是多毛纲的蠕虫。这种蠕虫生活在海里，它一般在海底爬行，但必要的时候，它也能够游泳。

沙蚕的故事

任何动物如果想从A点移动到B点，而非只是待在一个地方挥动手臂或者喷射水流，它的身体大概都要有一个特定的前端。这个前端也应该有个名字，让我们称之为“头”。头的出现是一种革新。这也符合常理，动物当然应该通过首先接触到食物的头部摄食，并将自身的感觉器官集中在这里——比如眼睛，大概还有一些触须，以及味觉和嗅觉器官。随后是神经组织的主要汇聚地——大脑——它离感觉器官最近，同时也靠近摄食器官所在的行动前端。因此我们可以将具有引导性的一端定义为头端，这里有嘴，有主要的感觉器官和大脑（如果有大脑的话）。另一个好主意就是把排便的地方放置在后部的某个地方，这里离嘴远，可以避免将排泄物重新摄入。顺便说一句，尽管从蠕虫的角度考虑，这一切都是有道理的，但我应该提醒你，这个理由显然不适用于海星这种辐射对称的动物。我很困惑为何海星及与其类似的生物选择出这个进化方向，这也是我把它们称为“火星物种”的一个原因。

回到原始蠕虫这一话题，我们知道了它为什么前后不对称，但上下不对称又是怎么回事呢？为什么有背侧和腹侧的区别呢？解释这个问题的观点既适用于海星也适用于蠕虫。重力作用造成了上部和下部之间无法避免的差别。下方就是贴近海底的部分，是摩擦力产生的地方；上部就是阳光照射的地方，是食物掉落的方向。似乎危险不会从上下两个方向同时袭来，并且无论怎样，那些危险都很可能不同。所以我们的原始蠕虫应该有一个专门的上层或“背侧”和专门的“腹侧”或下层，而不是简单地不关心哪一边贴近海底，哪边朝向天空。

将前后不对称与背腹不对称一起讨论时，我们已经自动定义了左侧和右侧。但与其他两个轴不同，我们发现没有特别的理由来区分左侧与右侧，没有理由认为动物可能采取镜像对称之外的其他方式。危险不可能从左边来的比从右边来的更多，反之亦然。食物也不可能只从左侧或右侧来，但它很可能从上方比从下方来得多。无论左侧有什么好的选择，一般没有理由期望右侧会有什么不同。左右不对称的肢体或肌肉将会很不幸地驱使动物原地打转，而不是径直奔向目标。

关于左右对称，我能想到的最好的例外是虚构的，也许这很能说明问题。根据苏格兰传说（可能是为了取悦游客而编的，据说大多数人都相信这个故事），哈吉斯（haggis）是一种生活在苏格兰高地的野生动物。它一边腿短一边腿长，这与它只在陡峭的高原山坡的一侧奔跑的习性相适应。我能想到的最漂亮的现实例子是澳大利亚水域的帆鱿，其左眼远远大于右眼。它游泳的时候身体倾斜 45 度，用较大的像望远镜一样的左眼向上看寻找食物，而较小的右眼向下看观察天敌。弯嘴鸻（wrybill）是新西兰的一种鹬，它的喙明显的弯曲向右。它用这个弯曲的喙把石子拨到一边，以暴露下方的猎物。我们在招潮蟹（fiddler crab）中看到醒目的“偏手性”，它有一个巨大的螯用于战斗，或者说用于展现自己战斗的能力。但关于不对称性，动物界也许是最有趣的故事是萨姆·图尔维告诉我的。三叶虫化石上经常显示出咬痕，表明它曾从捕食者的虎口中脱险。有趣的是，这些咬痕约 70% 都在右边。这说明三叶虫或者像澳大利亚的那种鱿鱼一样对天敌的观察是不对称的，或者它们的天敌的捕食手段具有偏手性。

但是这些都是例外，提到它们仅仅是因为好奇心以及为了与原始蠕虫及其后代的对称世界形成鲜明对比。我们那位爬行着的祖先原型有互为镜像的左侧和右侧。器官往往是成对出现的，例外很少见，一旦见到我们就会注意到它并发表评论，比如帆鱿。

那么眼睛呢？我猜 26 号共祖有眼睛，但是还远达不到它的所有当代后裔的眼睛标准。单单这么说并不能让人满意，因为眼睛的种类非常多样，以至于有人估计眼睛曾在动物界的不同类群里独立进化了 40 多次[4]。我们如何在承认这一现象的同时声称 26 号共祖有眼睛？

为了给直觉一个引导，让我先说明一下，我们说眼睛已经独立进化了 40 次，指的不是感光能力的进化，而是光学结构的进化。脊椎动物的照相机式的眼睛和甲壳动物的复眼独立进化出了独特的光学系统（其工作原理非常不同）。但这两种眼睛都传承自共同祖先（26 号共祖）的一个器官，这个器官很可能是某种形式的眼睛。

我们有遗传学的证据，而且它很有说服力。果蝇有个基因名叫“无眼基因”（*eyeless*）。遗传学家有个变态的习惯，喜欢用基因突变之后造成的不良后果来命名基因。无眼基因的正常功能和它名字恰恰相反，它负责制造眼睛。当它突变而无法在发育过程中行使正常功能时，就会产生没有眼睛的果蝇，因此得名。这真是一个荒唐而令人困惑的传统。为了避免这种情况，我不会再提到“无眼基因”这个名字，而是使用更好理解的缩写“*ey*”。*ey* 基因通常与眼睛形成有关，我们知道这一点，是因为当它出错时果蝇会变成无眼果蝇。现在这个故事开始变得有趣了。哺乳动物中存在一个非常相似的基因 *Pax 6*，在小鼠研究中也称“小眼基因”，在人类中被称为无虹膜畸形基因（*aniridia*，同样是以其突变体所产生的不良后果命名的）。

人类的无虹膜畸形基因的 DNA 序列与果蝇 *ey* 基因的相似度比其与其他人类基因的相似度更高。它一定是从共同的祖先——26 号共祖那里遗传而来。同样，我会称之为 *ey* 基因。瑞士的沃尔特·格林（Walter Gehring）和同事们做了一个非常吸引人的实验。他们将小鼠版本的 *ey* 基因引入果蝇胚胎，得到了令人震惊的结果。当基因被引入果蝇胚胎中某个本来应该产生一条腿的部位时，成年果蝇的一条腿上长了一只“异位”的眼睛。顺便提一下，这是果蝇的眼睛，是复眼，而不是小鼠的眼睛。我记得没有什么证据表明果蝇可以通过这只眼睛看到东西，但它毫无疑问是一只值得赞叹的复眼。*ey* 基因给出的指示似乎是“在这里长一只眼睛，就像你平时做的那样”。事实上，*ey* 基因不仅在小鼠和果蝇中相似，而且可以诱导两者的眼睛发育，这强有力的证据表明它也存在于 26 号共祖中；稍弱的证据标明，26 号共祖可以视物，即使只是区分光线的有无。也许，当更多的基因得到研究时，同样的观点可以从眼睛推广到其他性状。事实上，从某种意义上说，这已经成为现实——我们将会在《果蝇的故事》中谈及这个话题。

出于我们已经讨论过的原因，大脑位于身体的前端。它与身体其他部位建立神经联系。对蠕虫状动物来说，合理的做法是让神经组织通过一条沿身体长轴的主神经干贯穿头尾，很可能还有固定间隔的侧向分支，用来控制和收集局部的信息。对于沙蚕或鱼这样两侧对称的动物来说，这根主干神经要么走背部，要么走腹部，消化道则位于另一方。在此，我们击中了后口动物与原口动物之间一个主要的区别。在我们的身体中，脊髓神经是沿着背部分布的。而在典型的原口动物像沙蚕或蜈蚣里，它们的主要神经在腹侧，消化道在背侧。

如果 26 号共祖确实是某种蠕虫，那么它可能采用背侧神经模式，也可能采用腹侧神经模式。我不能把这两种模式称为后口动物模式和原口动物模式，因为两种模式的区分和这两类动物的区分并不完全一致。与棘皮动物一起在第 25 会合点加入我们而且名字极其拗口的囊舌虫（这是一种分类地位不明的后口动物）很难解读，但至少在某些角度上，它们像原口动物一样具有腹侧神经束，尽管由于其他原因它们还是被归为后口动物。我们还是换一个说法吧，把动物界分为背侧神经索动物和腹侧神经索动物。背侧神经索动物全都是后口动物，而腹侧神经索动物大多数属于原口动物，也包括一些早期的后口动物，囊舌虫可能也是其中之一。至于棘皮动物，它们退化出了显著的辐射对称性，这使它们完全不适合这种分类。

背侧神经索动物和腹侧神经索生物的区别并不限于主干神经的位置，而是可以延伸到其他方面。背侧神经索动物的心脏位于腹侧，而腹侧神经索动物的心脏位于背侧，将血液沿背部主动脉往前推进。除了这些之外还有其他一些细节，这让法国伟大的动物学家若弗鲁瓦·圣西莱尔（Geoffroy St Hilaire）在1820年提出了这样一种观点，即脊椎动物可以被看作一种背腹翻转的节肢动物或蚯蚓。在达尔文及其进化学说被接受之后，不时有动物学家提出，脊椎动物的身体构造实际上就是一个蠕虫状的祖先经过上下颠倒后逐渐进化过来的。

这就是我在这里想要支持的理论，不偏不倚，小心谨慎。另一种可能是，蠕虫状祖先内部解剖结构逐渐重新排列的同时保持了同样的外部生活方式，这对我来说似乎并不合理，因为它意味着更多内部结构的剧变。我相信最先改变的是行为方式，而且以进化的标准看，这种改变发生得相当快速，随后是许多继发的进化改变。生活中有很多现代的例子帮助我们把这个想法变得鲜活起来。卤虫（brine shrimp）就是这样的一个例子，下面我们一起来听听它的故事。

卤虫的故事

卤虫学名*Artemia*，与其近亲丰年虾都是甲壳类生物。它们游泳的时候背部朝下，因此它们的神经索（位于动物学意义上的腹侧）实际上是朝向天空的。背腹颠倒的黑腹歧须鮠（*Synodontis nigriventris*）恰恰相反，它属于后口动物，当它也用这种背部朝下的方式游泳时，它的主要神经干就位于朝向河底的那侧，而这是动物学意义上的背侧。我不知道为什么卤虫要这么做，但是黑腹歧须鮠仰泳是因为它们可以从水面或漂浮的叶子的下面摄取食物。大概是个别鱼类发现这是一个很好的食物来源，因此学会了翻身。我的猜想[5]是，随着世代的更替，那些最精于这种技巧的个体在自然选择中获得优势，它们的基因"与时俱进"，与这种技能的学习相适应，直到现在它们再也不用其他方式游泳了。

在我看来，卤虫的翻转是约5亿年前一次类似事件的重演。一种古老的、不为人知的动物，应该是某种蠕虫，像其他原口动物一样有着腹侧神经索和背侧的心脏，它像卤虫一样上下颠倒着游泳或爬行。假如有个现代动物学家出现在那个年代，他绝不会仅仅因为主要神经干所在的一侧身体朝向天空，便把这一侧标记为背侧。"显然"，他所有的动物学训练都会告诉他，它的神经索仍然在腹侧，与我们期望在一只原口动物腹侧看到的所有其他器官和功能相匹配。对于这位来到前寒武纪的动物学家来说，同样显而易见的是，这只倒转蠕虫的心脏是一个"背部"的心脏，尽管它在朝向海底的一侧的皮肤下跳动。

然而，假如给予足够的时间，经过数百万年的"颠倒"游泳或爬行，自然选择会重塑身体的所有器官和结构以适应颠倒的生活习性。最终的结果是，不像最近才翻转身体的现代卤虫，原始的背侧/腹侧同源性痕迹将完全消除。后来的古生物学家如果遭遇了当年那只蠕虫经过数百万年的颠倒生活进化而来的后代，将会对背侧和腹侧的概念重新定义。这是因为很多解剖细节在漫长的进化历史中已经发生了改变。

还有其他一些背部朝下仰泳的生物，比如水獭（特别是当它们习以为常地在肚子上用石头敲碎贝壳的时候）和仰泳蝽。仰泳蝽的命名极为恰当，它总是采取仰泳的姿势。仰泳蝽其实是一种臭虫[6]，有时被称为大水船虫[7]，它们总是躺在水里滑着它们的小细腿。它们的近亲划椿也用腿划水游泳，但它们用的是背朝上的正常姿势。

想象一下，如果现代的仰泳蝽或卤虫、黑腹歧须鮠的后裔，继续将这种仰泳的习惯保持1亿年，那么它们的身体构造是不是很有可能因为这种背腹颠倒的习性而发生彻底的改变并产生一个全新的类别？不了解它们历史的动物学家们会将卤虫的后裔归入背侧神经索动物，而把黑腹歧须鮠的后代归入腹侧神经索生物。

正如我们在《沙蚕的故事》中看到的那样，上下之间的区分在这个世界上有着重要的实践意义，借助自然选择，这种区分也体现在生物体朝向天空的一面和朝向地面的一面之间的差异。动物学意义上曾经的腹侧的变得越来越像动物学意义上的背侧，反之亦然。我相信这正是脊椎动物进化路途上曾经在某处真实发生的事情，这也是为什么现在我们的神经索位于背侧，而心脏位于腹侧的原因。现代分子胚胎学提供了支持证据，向我们揭示了决定背腹轴向的基因是如何表达的——这些基因有点像我们将在《果蝇的故事》中提到的 Hox 基因——但其细节超出了我们在这里探究的范畴。

毫无疑问，黑腹歧须鮠背腹颠倒的习性形成时间还比较短，但它已经在这个进化方向上迈出了很有启示性的一小步。它的拉丁学名 *Synodontis nigriventris* 中 nigriventris 的意思是“黑色的腹部”。在《卤虫的故事》的结尾，它为我们带来了一个有趣的小插曲。上方与下方的主要区别之一是光线的主要方位。虽然不一定在正上方，但总的来

把鱼上下颠倒。保持特征姿势的黑腹歧须鮠。

说阳光来自上方而不是下方。握住拳头，你会发现，即使在阴天，它的上表面也比下表面更亮。这个事实为我们和许多其他动物辨别三维固体物体提供了一种关键的手段。均匀着色的弯曲物体，如蠕虫或鱼，从上面看上去浅一些，从下面看起来暗一些。我说的不是身体的直接投影，而是比直接投影更微妙的东西。通过从更浅的上方到更深的下方这种光影调子的渐变，身体的曲线被流畅地勾勒出来。

反过来也是成立的。下面这幅月球陨石坑的照片是倒着的了。如果你的眼睛（更准确地说是你的大脑）和我的工作方式一样，你会看到原来是坑的地方看上去变成了山丘。把这本书颠倒过来，当光从另一个方向投射过来时，山丘就变成了陨石坑。

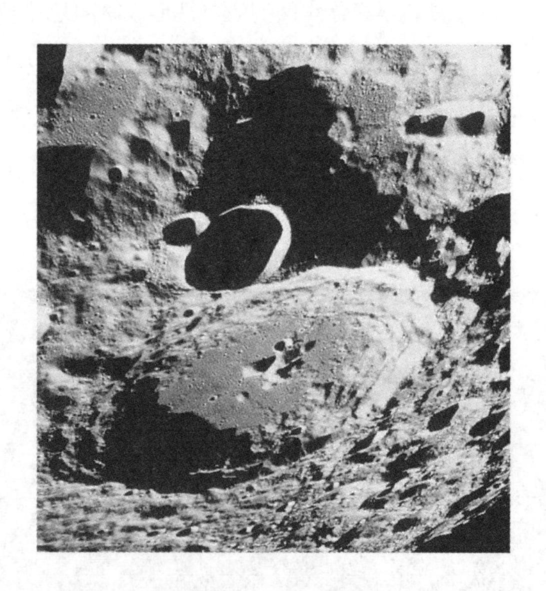

把这本书颠倒过来。月球远端的火山口。

我读研究生的时候做的第一个实验是证明新孵出的小鸡具有同样的视错觉，刚出壳就有。它们会啄模拟谷物的照片，特别是喜欢那些光线效果看起来像是从上面照下来的谷物。但如果把照片翻过来，它们就视若无物了……这似乎表明，小鸡“知道”这世界的光通常是来自上面的。但它们刚刚从鸡蛋中孵出来，是怎么知道的呢？难道仅仅3天的生活就使它们学会了这些？这是完全可能的，但我通过实验测试发现事实并非如此。我在一个特制的笼子里养了几只小鸡，在这个笼子里，唯一的光线是来自下方的。在这个光源颠倒的世界中啄食谷物的生活经验（如果经验有用的话），应该能教会它们偏爱倒着放的谷物照片。事实相反，它们的行为与生活在光线来自上方的现实世界的正常小鸡一样。很显然由于遗传的原因，所有小鸡都喜欢啄光线来自上方的物体的照片。如果我的推测没有错的话，小鸡这种关于固体的视错觉认识以及关于现实世界中主导光照方向的知识似乎是被编码在小鸡的遗传信息中的，而不是像我们一样是学来的（我猜的）——这就是我们所谓的“先天的”知识。

无论是否是学习得来的，表面阴影错觉无疑是一个强大的手段。它造就了一种微妙的伪装技巧，被称为反荫蔽。随便找一条鱼，把它从水里拿出来放到案板上，看看是不是肚子的颜色比背部浅得多？它的背部也许是深褐色或灰色的，但腹部是浅灰色，有时近乎白色。为什么是这样的呢？毫无疑问，这似乎是一种伪装的形式，用于抵消阴影梯度，而阴影梯度可能将鱼的身体曲线暴露出来。在真实世界里，在正常的上方光线照射下，一条有反荫蔽能力的鱼会看起来非常扁平是因为上方光线带来的从光亮的上方到黑暗的下方这种亮度的渐变正好被鱼的从浅色的腹部到深色的背部的颜色渐变抵消。

分类学家常常根据博物馆中的死亡标本命名新种，也许这就是为什么黑腹歧须鮠的种名是“*nigriventris*”（黑腹），而不是“*invertus*”（倒转）或别的代表上下颠倒的拉丁词[8]。如果你把黑腹歧须鮠放在板子上看，你会发现它的反荫蔽方式也是反的。它朝向天空的腹部的颜色比它朝向水底的背面的颜色更深。反向反荫蔽证明了规则存在奇妙而优雅的例外。当初第一条仰泳的鱼会非常显眼。它的皮肤着色加上上方光线的天然阴影，会让水里的它看起来极其立体。难怪习性的改变紧跟着（从进化的时间尺度看）带来了通常皮肤颜色梯度的逆转。另一种具有类似情况的生物是一种裸鳃类软体动物，即大西洋海神海蛞蝓（*Glaucus atlanticus*）。这种美丽的生物以葡萄牙僧帽水母为食，也是上下颠倒着漂浮的，而且像黑腹歧须鮠一样采用了反向反荫蔽。

反荫蔽不只在海里有用。我的老恩师尼科·廷伯根（Niko Tinbergen）在离开荷兰前往牛津之前，曾有一个学生名叫利恩·德·鲁伊特（Leen De Ruiter），他建议德·鲁伊特研究毛毛虫的反隐蔽现象。许多毛毛虫也懂得运用这种伪装技巧去欺骗天敌（主要是鸟类），就像水里的鱼儿对付它的敌人一样。这些毛毛虫的反荫蔽伪装很高超，在自然光环境下它们看起来是扁平的。德·鲁伊特找到有毛毛虫的细树枝，然后把树枝翻转过来，上面的毛毛虫立刻看上去立体多了，也显眼多了，鸟儿捉到它们的数量大幅度上升。

如果还有像德·鲁伊特一样的人将黑腹歧须鮠翻转过来，让它像正常的鱼类那样背部向上，它就会变得更立体也更显眼。[9] 黑腹歧须鮠对反向反荫蔽的运用是一个生物在进化过程中因为习性的改变而造成身体适应性改变的例子。想象一下，再过几亿年，它们的身体会发生怎样深刻的变化？“背部”和“腹部”的区分并不是神圣不可侵犯的。实际上它们可以相互转化，并且我认为在当代背侧神经索生物的远古祖先身上确实发生了转化。我敢打赌，26 号共祖的主要神经索就像原口动物一样位于腹侧。我们只不过是一种背朝下仰泳的蠕虫，我们的祖先就像是卤虫的早期版本，不知出于什么原因，将身体背腹颠倒。

《卤虫的故事》更普遍的意义在于，进化上的重大改变可能来自行为习性的改变，甚至可能来自一些后天习得的非遗传习性，基因的改变是后来的事情。我想象着，类似的故事也可能曾在第一只飞上天的鸟儿、第一条离开水的鱼儿、第一头回到海洋的鲸身上发生（如同达尔文根据会捕昆虫的熊所猜测的那样）。某个敢于冒险的先驱者的习性发生了改变，伴随而来的是漫长的进化跟进和完善。这是我们从《卤虫的故事》中学到的深远教益。

切叶蚁的故事

就像我们人类在农业革命时期所做的那样，蚂蚁也能独自创建自己的城市。切叶蚁（*Atta*）单个蚁穴中的个体数量，可以比伦敦的人口还要多。蚁穴是一个复杂的地下巢穴，深可达 6 米，周长可达 20 米，在地面上露出一个小一些的蚁丘。这个巨大的蚂蚁城市被分割为成百上千个小房间，房间之间有地道连通。树叶是整个城市的生存基础。工蚁将树叶切割成合适的大小搬运回家，形成一条窸窣作响的绿色洪流（见彩图 34）。但树叶并不是直接用来吃的，成蚁和幼虫都不吃，尽管成蚁会吮吸一些树汁。它们不辞辛劳地把树叶堆积起来，作为地下真菌生长的乐园。真菌的圆形结瘤或者“结节丝”才是它们的食物，或者准确地说是它们喂养幼蚁的食物。蚁群的采收阻止了真菌形成孢子体（相当于我们吃的蘑菇）。缺少孢子体不仅让真菌专家少了通常用来识别真菌种类的主要线索，也让真菌自己只能依赖蚁群而传播。显然，这些真菌已经进化为只有在蚁穴这种驯化环境下才能生长繁盛。这是除了人类之外还有其他物种进行农业驯化的真实例子。当一个年轻的蚁后飞出旧穴找到新巢时，她会随身携带一份珍贵的

"行李"——少量菌种，用它在新巢播种出第一批作物。这让我想起了盘尼西林的故事。盘尼西林也许是最重要的真菌了。霍华德·弗洛里（Howard Florey）、厄恩斯特·钱恩（Ernst Chain）以及他们在牛津的同事们研制盘尼西林的时候，"二战"正酣，人们认为德国对英国的入侵威胁迫在眉睫。弗洛里和他年轻的同事诺曼·希特利（Norman Heatley）故意让自己的衣服沾染这种霉菌，作为秘密保存菌种的最好方式。

蚁群–真菌群落所需的能量最终来源于用于堆肥的树叶通过光合作用所收集的太阳能。一个大型切叶蚁群收集的叶片总面积要用平方千米来衡量。有趣的是，作为另一种在建造城市方面极为成功的动物群体，白蚁也独立地发展出了真菌农场。但白蚁养真菌用的肥料是碎木屑。与切叶蚁和它们的真菌一样，白蚁养的真菌也只在白蚁的巢穴中生长，似乎也已经被驯化了。有时白蚁养的真菌会从蚁穴土堆侧面发芽长成子实体。据说，这种蘑菇非常鲜美，在曼谷的市场上作为佳肴出售。有一种西非的物种，巨型鸡纵菌（*Termitomyces titanicus*），被吉尼斯世界纪录组织者确认为世界上最大的可食用蘑菇，伞盖的直径可达 1 米。

有几种蚂蚁类群都独立进化出圈养蚜虫作为"家畜"的能力。它们的蚜虫被放到野外，像平时一样吸取树的汁液，而不像有些和蚂蚁共生的昆虫一样，住在蚁穴里，却对蚂蚁没有什么好处。蚜虫就像哺乳的奶牛，它吃很多东西，但每次只摄取一小部分营养，其余的则以糖水（蜜露）的形式从尾部分泌出来。与蚜虫吃进去的汁液相比，蜜露的营养只低一点点。没有被蚂蚁吃掉的蜜露从蚜虫寄生的树上滴落，可能就是《圣经·出埃及记》里说的"上天给予的甘露"的来源。不用感觉奇怪，蚂蚁会把这些蜜露收集起来，就像摩西的跟随者一样。有些蚂蚁甚至更进一步，它们把蚜虫集结起来提供保护，用于换取“挤奶”的权利。它们挑逗着蚜虫的尾部，促进蜜露分泌，然后直接从蚜虫的肛门处取食。

至少有一些蚜虫类型已经进化适应了这种驯化生活，它们失去了正常的防卫反应。根据一个很有趣的说法，有一些蚜虫甚至改变了尾巴上的构造以适应蚂蚁的头型。蚂蚁习惯将液体食物嘴对嘴地传递给同伴，而这个说法认为，个别蚜虫的尾部进化得好像蚂蚁的脸，促进蚂蚁“挤奶”取食，同时也得到蚂蚁的保护，免遭天敌捕食。

切叶蚁的故事告诉我们，延迟满足是农业的基石。狩猎采集者吃光他们采集和狩猎的食物，但农民并不会吃掉种子；他们把种子埋在地下，等待好几个月之后的回报。他们不会吃掉用于肥沃土壤的肥料，也不喝掉用于灌溉的水。所有这些都是为了获得延迟的奖赏。切叶蚁是最先这么做的动物。学学它们的手段，像它们一样明智。

蝗虫的故事

《蝗虫的故事》讲述的是令人头疼又敏感的种族问题。

有一对欧洲蝗虫物种，分别叫褐色雏蝗（*Chorthippus brunneus*）和异色雏蝗（*Chorthippus biguttulus*），它们长得很相像，以至于昆虫学家都难以区分。但尽管它们有时会在野外相遇，但这两个种群不会杂交。依据这个特性可以将它们界定为“纯种”。但是研究发现：如果让一只雌性蝗虫听到关在附近笼子里的同种雄虫的求偶叫声，那么这只雌性蝗虫就会欣然和另一个种的雄性蝗虫交配，“以为”——我忍不住用这个词——对方就是歌唱者。它们杂交生出的后代是健康而且可育的。这种杂交在野外通常很少发生，一只雌性蝗虫发现一只同种雄虫在附近歌唱却难以接近，恰好又有一只异种雄虫在面前，这种事情并不常见。

人们对蟋蟀做了类似的实验，所用的变量是温度。不同种类的蟋蟀鸣叫的频率不一样，不过鸣叫的频率还取决于温度的变化。如果足够了解这些蟋蟀，就可以把它们当作相当精确的温度计。幸运的是，不仅雄性蟋蟀的叫声因温度而异，雌性蟋蟀对叫声的感知也依赖于温度的高低：这两种变化是同步的，以避免出现不同种的杂交。在实验中，对于两种温度环境下的雄性叫声，雌性蟋蟀会选择处于相同温度的雄性。在不同温度下鸣叫的同种雄性，会被当作异种看待。如果给一只雌蟋蟀升温，它的偏好就会转向“热歌”，尽管这会导致它选择处于凉爽环境下的异种雄性。当然，在自然条件下通常不会发生这样的事情。如果一只雌性蟋蟀能够听见另一只雄性蟋蟀的鸣叫，那说明对方离得不太远，它们所处环境的温度应该也差不多。

蝗虫的叫声对温度也有类似的依赖关系。德国科学家用同属但不同种的雏蝗（我们前面提到过）做了个在技术上很有创意的实验。他们想办法把微型温度计（热电偶）和微型电热器贴到这些昆虫的身上。这些装置极其精细，实验者可以只加热蝗虫的头部，而不会造成胸部温度的变化，反之亦然。他们检测雌性蝗虫对不同温度下雄性蝗虫摩擦振鸣声[10]的偏好。他们发现，决定雌性蝗虫对雄性歌声偏好的是它头部的温度，但是决定雄性发声振动频率的却是雄性胸部的温度。当然幸运的是，在自然条件下没有实验人员和微型加热器，所以它们头部和胸部的温度通常是一样的，雄性和雌性所处的温度通常也相同。所以这套系统能够工作，而杂交也没有发生。

很多亲缘关系很近的生物种类在自然条件下从不发生杂交，但在人类介入下可以发生杂交，这种事情很常见。褐色雏蝗和异色雏蝗只是其中的一个例子。《丽鱼的故事》讲述了鱼类当中一个类似的故事，即单色光可以消除淡红色鱼和淡蓝色鱼之间的异种排斥。动物园里也同样有这种情况。生物学家将在人工饲养条件下可以交配但在野外并不交配的物种界定为不同的物种，就像蝗虫的情况一样。但和狮子与老虎在动物园杂交生出不育的“狮虎兽”和“虎狮兽”不同，这两种蝗虫长得都一样。显然唯一的区别就是它们的叫声不一样。就是这点，而且仅仅凭着这一点，就让它们不会杂交，也使我们将它们当作不同的种。人类的情况则不同。要跨越我们局部人口或种族间明显的差异需要超人的政治卓见。尽管如此，我们仍然乐于跨越种族的界限彼此通婚，并被明确地、不容置疑地定义为同一物种。《蝗虫的故事》要讲述的就是种族和物种的界定，以及这种界定的难度，还有这对人类种族问题的启示。

“种族”其实不是一个定义明确的词。但如我们看到的那样，“物种”就不一样了。人们对怎样界定两个动物是否属于同一物种达成了共识：就是看它们是否能够杂交。当然同一性别的动物不行，年龄太小或太大也不行，也不能其中某只动物恰好是不育的。不过这些都是些迂腐的问题，很好解决。至于化石，它们显然不能交配，我们就想象它们是否符合杂交标准：如果这两种动物不是化石而是活生生的有生育能力的异性，它们是否能杂交呢？

杂交标准使得“物种”在分类学的层级系统中被赋予了一个独特的地位。在物种之上的“属”只不过是一组彼此相似的物种的集合，并没有一个客观的标准来界定到底多相似才能被放到一个属里。其他的更高阶分类，如科、目、纲、门、界以及存在于它们之间的各种“亚”类和“超”类等概念也是如此。在“物种”的下面，“亚种”和“种族”这两个概念在使用上基本等价，同样也没有客观的标准决定两个人是否属于同一种族，或者一共有多少种族。不同种族可以相互通婚，所以有很多混血种族，这也让情况变得更加复杂，当然这种情况只发生在种以下的级别中。

物种由于充分隔离而最后不能杂交的过程中，通常会经过一个中间阶段，在这个阶段它们是作为独立的亚种或种族而存在的。分离的种族可被视作一个新物种的形成，只不过这个过程并不必然走向终点，即新物种的形成。

以能否杂交作为标准很实用，它就人类及其种族的关系做了一个清晰的裁定。所有现存的人类种族都可以相互混血杂交，所以我们都属于同一个物种，没有任何有声望的生物学家会质疑这点。世界上现在存在的人种都可以通婚，因此我们都属于人类这个物种，没有生物学家会对此有异议。但是让我提醒你一个有趣而又有点恼人的事实：尽管我们乐意通婚，产生各种各样的混血儿，但很奇怪的是我们却不愿意放弃我们多样化的民族语言。难道你不希望看到，随着混血后代变得常见，非要将人类归入某个或另一个种族的欲望会逐渐消退？这种企图显得如此荒唐，却仍然无处不在，持续涌现。不幸的是，我们的期望并不是现实，也许这个事实本身就能说明一些问题。

某个被所有美国人公认是“黑人”的人，也许只有不到八分之一的血统来自其非洲祖先，其肤色可能很浅，完全在通常所谓“白人”的正常范围之内。彩图 35 显示了四名美国政客，在所有报纸上其中两人被描述为黑人，另两人被描述为白人。如果有个火星人，他能辨别肤色的差别，却不曾受到我们习俗的影响，他大概会把他们当中的三个人归为一组，另一个人单独一组。但在我们的文化里，几乎每个人都会立刻把鲍威尔先生视作黑人，尽管在这张照片里他的肤色看起来比布什和拉姆斯菲尔德还浅一些。

可以拿一张照片做个有趣的练习，像彩图 33 那种，科林·鲍威尔站在一个典型的白人旁边（他们必须站在一起，这样可以保证光照条件是一样的）。从两张脸的额头上分别切下一个均匀的矩形区域，然后并排放一起比较。你会发现，鲍威尔和他身边的白人之间的区别很小。他的肤色可能比对方浅一些，也可能更深一些，取决于具体案例。但回头看看原始照片，你立马觉得鲍威尔是黑人。这给我们什么启示呢？

与一位天才黑人为邻。科林·鲍威尔和丹尼尔·阿拉普·莫伊。

为了充分阐述这个观点，我们再做一次“额头取样”的实验，只不过这一次换成鲍威尔和一个真正的黑人比如肯尼亚总统丹尼尔·阿拉普·莫伊（Daniel arap Moi）站在一起的照片。这一次，两张取样区域看起来大为不同。但是当我们再回到原始照片观察他们的整张脸孔，我们会再次认为鲍威尔是黑人。这张照片是鲍威尔在 2001 年 5 月拜访莫伊时拍摄的，而配套的新闻是这么说的：

> 作为第一位非裔美国人国务卿，鲍威尔在非洲受到了近乎救世主一般的待遇。也许正因为他是黑人，鲍威尔的严厉批评引起了巨大的共鸣……

看来非洲也受到文化传统同样的影响。

为什么人们如此轻易地接受这个明显的矛盾呢？口头上说“他是黑人”，但照片里显示的肤色却完全两样。这样的例子还有许多。这到底是怎么回事？原因有许多。首先，我们令人好奇地热衷于种族分类，即便我们谈到的某个个体的混血血统使这种区分毫无意义，而且这种划分和任何重要的事情都毫无关联。

第二，我们不倾向于把人看成一个混血种族，而是倾向于把他们归入这个或那个种族。一些美国公民有纯正的非洲血统，另一些人有纯正的欧洲血统（先不考虑另一个事实，即以长远的历史眼光来看，其实我们都来自非洲）。也许有些时候是为了方便，人们习惯用白人和黑人之类的叫法，而我在原则上并不反对这样的称谓。但是很多人——其数目可能比大多数人以为的多得多——都既有白人祖先，也有黑人祖先。如果我们继续用肤色进行分类，那么我们中的许多人实际上大概位于这两者之间。然而社会依旧称呼我们为两者之一。这也是“非连续思维的暴政”的一个例子，我们曾在《蝾螈的故事》里讨论过这个主题。美国人经常被要求填写一些表格，他们需要从五个选项中选一个填写：高加索人（无论它到底是什么意思，反正不可能指来自高加索地区的人）、非洲裔美国人、西班牙裔（无论是什么意思，但肯定不像它字面上的意思一样指西班牙人）、美国原住民或其他。没有一个空格是混血。但实际上，这些选项与真实情况不相符，很多人——如果不是大多数——都是上述类型或其他类型的混合。我倾向于拒绝选择任何一个，或者自己加上一个选项“人类”，尤其是当类别上写着委婉的“民族”两个字时。

第三，在“非洲裔美国人”的特例里，我们使用的语言中有一种相当于文化上的遗传决定论的东西。当孟德尔将皱皮豌豆和光皮豌豆杂交时，第一代的所有豌豆皮都是光滑的。那么光滑就是一个“显性”性状，而皱皮就是“隐性”性状。所以第一代豌豆都既有一个光皮的等位基因，也有一个皱皮的等位基因。但这些豌豆自己看起来和那些没有皱皮基因的纯种光皮豌豆没什么两样。当一个英国人和一个非洲人结婚，他们子女的肤色和大部分其他特征都介于二者之间。这和豌豆的情况不同。但我们都知道这个社会是怎么称呼这些小孩的：总还是叫他们“黑人”。黑色皮肤并不会像豌豆的光皮性状一样是完全显性的基因，但是社会对黑人的偏见使黑色成为一个显性性状，这是由社会文化决定的。见识深刻的人类学家莱昂内尔·泰格（Lionel Tiger）将这种现象归咎于白人文化中一种种族主义的比喻说法，即称这种混血为“血缘污染”。毫无疑问，对于奴隶的后裔来说，他们有一种强烈的合理愿望，想要彰显对非洲根源的认同。我已经在《夏娃的故事》中提到过这一点，当时说的是那个电视纪录片，关于一些来到英国的牙买加移民和西非所谓的“同根家族”煽情的重逢。

第四，人们对种族的划分具有高度的共识。像科林·鲍威尔一样表现出中间特征的混血儿，不会被一些人当作白人，而被另一些人当作黑人。一小部分人会称其为混血，剩下的大部分人会断定他是黑人。同样的情况也发生在任何表现出一点非洲血统的人身上，哪怕实际上他们的欧洲血统占绝对的主导地位。没有人会认为科林·鲍威尔是白人，除非他们试图通过称其为“白人”而与听众的期待形成反差从而达到某种政治目的。

有一种有用的技术叫作“观察者间相关性”，在科学研究中常被用于衡量一个判断是否有可靠的根据，即使没人能搞清楚那个根据是什么。在当前这个例子里，其背后的逻辑是这样的：我们也许不知道人们怎么判定某些人是“白人”还是“黑人”（我希望我刚才已经证明这种判断不是由于他们自身的白和黑），但肯定存在某种可靠的判断标准，因为随便找两个人，都能得出一样的判断。

这种观察者之间的相关性很高，对于各种混血的情况都适用，而这个事实本身也证明，在人类内心深处有着某种根深蒂固的东西。如果它是超越文化而存在的，这让我们忍不住联想起人类学家对色彩感知的研究。物理学家告诉我们，彩虹的红、橙、黄、绿、蓝、靛、紫只是简单连续的光谱。是生物学或者心理学或者二者的共同作用，从物理学的连续光谱中选出这些特征波长，特殊对待它们，分别起了名字。有个字表示蓝色，有个字表示绿色，但蓝和绿中间的颜色就没有了。人类学家有个有趣的实验发现（顺便提一下，这与一些有影响力的人类学理论相悖），不同文化对颜色的命名有着普遍的一致性。我们似乎对于种族的判定也有类似的共识。它甚至可能比我们对彩虹颜色达成的共识更强烈而清晰。

我前面提到，动物学家定义的物种指的是其成员在自然环境下（野外）可以杂交的动物群体。在动物园里能杂交不算数，人工授精也不行，或是用关在笼子里唱歌的雄性蝗虫去糊弄雌性蝗虫也不行，即使所生的后代具有繁殖能力。我们可能会争论这个标准是不是唯一有效的物种定义，但这确实是大多数生物学家使用的标准。

如果我们想将这个定义应用于人类，那么就会出现一个特殊的困难：我们怎么区分杂交是在自然条件还是在人工条件下进行的？这个问题不容易回答。今天，所有人类都属于同一个物种，而且他们确实也乐意相互通婚。但请记住，这个标准说的是他们是否在自然状态下选择这么做。那么人类的自然状态是什么呢？这种自然状态还存在吗？如果远古时期就如今天的某些情形一样，两个相邻的部落有不同的宗教信仰，不同的语言，不同的饮食习惯，不同的文化传统，而且相互之间还持续不断地战斗；如果各个部族的成员从小就被告知另一个部族是次等人，是“动物”（即便现在还有这种事发生）；如果他们的宗教信仰教育他们与另一个部族通婚是不被允许的禁忌，是“不守教规的”，是不洁的，那么他们之间就不会通婚。尽管在解剖学及遗传学上，他们之间是完全一样的。因此只有改变宗教信仰或者风俗习惯，才能打破这种通婚的禁忌。那么，如果有人想要对人类采用这种杂交标准来判定种族呢？就像褐色雏蝗和异色雏蝗，尽管生理上是可以杂交的，但是它们却并不杂交，所以被判定为两个不同的蝗虫物种。那么人类，至少在古代不通婚的部族里，是不是也可以基于同样的理由被判为不同的物种？要知道，褐色雏蝗和异色雏蝗除了歌声不同之外，其他任何特征都是一样的。如果诱使它们进行杂交（这很容易），它们的后代也是完全可育的。

无论我们作为观察者如何看待外表的不同，在遗传学家的眼里，今天的人类极为一致。将人类拥有的遗传变异纳入考虑，我们可检测与我们称之为“种族”的地域性人群相关的基因比例。这些基因只占据基因总数的极小一部分：根据测量方法的差异，占比在 6% 和 15% 之间——比其他物种的亚种间差异小很多。遗传学因此得出结论：种族并不是个人很重要的特征。让我们换个方式来说明这一点。假如人类被消灭，只剩下一个地方性的种族，那么人类的遗传多样性大部分还是会被保存下来。这并不是一个直觉上显而易见的判断，甚至可能会让一些人大吃一惊。比如，如果种群的差异像大多数维多利亚时期的人们曾经认为的那样重要，我们就需要保存所有人类种群才能保护人类的大部分遗传多样性。但事实并非如此。

这一定会让维多利亚时期的绝大多数生物学家感到吃惊，他们习惯于透过种族的有色眼镜看待人类。这种态度一直持续到20世纪，特别是希特勒利用权力将种族主义观点转变为了国家意志。许多其他人——不光是在德国——也有同样的想法，只是没有权力将之付诸实施。我之前曾引用过赫伯特·韦尔斯（H. G. Wells）对“新共和国”的想象（《预测》，1902年出版）。我在这里再次引用，因为这将是一个有益的提醒，提醒我们这样一位在那个时代被视为进步和左倾的顶尖知识分子竟能说出这样可怕的话，而这一切都只发生在一个世纪以前，而现在已经很少有人留意到他说过这些话：

> 新共和国会怎么对待那些下等种族呢？它将如何对待黑种人？……黄种人呢？……犹太人呢？……大群的黑种人、褐种人、下等白种人和黄种人，那些无法顺应社会对效率需要的人。然而，世界是一个现实的世界，不是什么慈善机构，我确信这些人种最终都会被淘汰……新共和国人民的伦理体制，也是将会主宰世界的伦理体制，将会优先塑造人性当中优秀、高效、美好的部分——美丽而强壮的身体，清新而强健的灵魂……而大自然一直以来所用的改造世界的方法，乃是死亡……靠的是阻止弱者传播弱小……新共和国的人民……将怀有一个理想，从而肯定杀伐的价值。

我认为我们应该对这一个世纪以来我们的态度所发生的变化感到欣慰。或者，从反面教材的警示意义上看，这可能要部分归功于希特勒，因为没人想被别人指责自己说出希特勒曾经说过的话。不过，我很好奇，未来22世纪的后人们会从我们这里引用些什么话并为之感到可怖？也许是我们对待其他物种的态度？

这些只是题外话。尽管外表有差异，但人类在遗传层面具有高度单一性。如果你比较血液样本中的蛋白分子，或者直接对基因测序，你会发现，世界上任何地方的两个人之间的差异都比两只非洲黑猩猩之间的差异小得多。若要解释这种遗传的单一性，我们可以猜测，我们的祖先（而非黑猩猩的祖先）在不久前经历了一个或者多个遗传瓶颈。世界各地各种各样的人类种群数量急剧下降，很多走向灭绝，但还是有一些人幸存下来。这是现今人类在遗传上如此单一的原因。相似的证据表明，猎豹在上次冰期末期经历了一个更加狭窄的遗传瓶颈，其遗传单一性更高。

有些人可能会觉得生化遗传学上的证据并不能令人满意，因为这似乎与他们的日常经验相悖。与猎豹不同，我们看起来并不显得单一[11]。挪威人、日本人和祖鲁人的外观的确看上去有巨大的差别。本着这世界上最好的意愿，虽然直觉上难以接受但它却是事实：他们实际上更相似，比三只黑猩猩彼此间的差异更小，尽管在我们看来黑猩猩们长得差不多。

这当然是一个在政治上敏感的话题，我曾在一个大约有20位科学家参加的集会上听到西非的一位医学研究者讲了一个有趣的讽刺笑话。会议开始的时候，主席让大家沿着圆桌轮流进行自我介绍。那位非洲人是在场的唯一一位黑人——他肤色真的挺黑，和许多“非裔美国人”不一样——他碰巧戴了一条红色的领带。他结束了自我介绍，然后笑着说：“你们可以很容易记住我，我就是那个戴红色领带的人。”他友好地嘲讽了那些身体朝后靠在椅背上假装没注意到种族差异的人。我记得巨蟒剧团（Monty Python）有个小品剧里面有类似的台词。不管怎样，尽管外表不同，但我们不能无视遗传学证据，我们确实是高度单一的物种。怎么解释这种外观的表象和实测的真实之间表面上的矛盾呢？

有一个事实是，如果你检测所有人类种族的遗传差异，并将它分解成种族间差异和种族内差异两个组分，你会发现种族间的差异占总体差异的比例非常小。人类大部分遗传差异既能在种族间找到，也能在种族内部找到。只有另外很少的一些特殊变异才能将不同种族的人区分开来。这些都是完全正确的。但因此而推断种族是一个完全没有意义的概念却是错的。

关于这一点，剑桥大学著名的遗传学家安东尼·爱德华（Anthony W. F. Edwards）在他的论文《人类基因多样性：莱文廷的谬论》（Human genetic diversity: Lewontin's fallacy）中就有说明。理查德·莱文廷（Richard C. Lewontin）是一名同样来自剑桥（美国马萨诸塞州的那个剑桥）[12]也同样著名的遗传学家。他的政治信念令人尊重，但他有个弱点就是一有机会就把自己的政治信念牵扯进科学领域。莱文廷有关种族的观点在自然科学界和社会科学界已经成为被普遍接受的正统观念。他在1972年的一篇著名论文中写道：

> 很明显，我们通常的感知，即人类不同种族或群体间存在着比族群内部更大的差异，是一种偏见。根据随机挑选的遗传差异来看，人类种族和群体间实际上非常相似，人类迄今最主要的遗传变异都来自个体之间的差异。

当然，以上所说的正是我所接受的观点。这毫并不奇怪，因为我写的这些大部分是来自莱文廷的观点。但是让我们看看莱文廷接下来的话：

> 人类的种族划分没有任何社会价值，而且破坏了社会和人类的关系。既然现在看来这种种族划分没有任何遗传学或分类学意义，那也就没有理由让它继续存在了。

我们都乐于赞同人类种族的区分毫无社会价值，并且破坏了社会和人类的关系。这也是我反对在表格上选择种族选项以及反对择业时种族歧视的原因之一。但是那并非意味着种族概念没有一点遗传学或分类学的意义。这是爱德华的观点，他的理由如下：无论种族间差异占人类总体差异的比例有多小，如果这些种族特性和其他种族特性有很高的相关性，那么依据定义，它们就包含了信息，因此也就具有分类学上的意义。

"包含信息"有着相当精准的含义。一句包含信息的话可以告诉你一些你之前不知道的东西，其中的信息量可以通过先验不确定性的下降来衡量，而先验不确定性的下降又可以通过概率的变化来衡量。这就为我们提供了一种方法，可以在数学上精确地描述一段话的信息量，但我们不必牵涉其中的细节[13]。如果我告诉你伊夫林是个男性，你立即就知道了许多有关他的信息。你关于他生殖器官形状的不确定性就降低了许多（虽然并没有彻底去除），你还了解了许多你之前不知道的事情，例如他的染色体、激素和其他的一些生化指标等。而关于他声音的低沉度、面部毛发的情况、体脂和肌肉分布等信息的不确定性也有一定减少。与维多利亚时代的偏见不同，你之前关于伊夫林的智力水平、学习能力的不确定性却没有因为获知性别而有所改变。

你之前不能确定他举重的能力以及擅长的体育项目，现在你的不确定性有了一定程度的降低，但没有定性的结论。在任何一个体育项目中，都有许多女性可以打败许多男性，尽管最强的男性往往战胜最强的女性。这表明，在我告诉你伊夫林的性别之后，你对他的奔跑速度或打网球的能力稍微有了更多的了解，但是并没有达到准确的程度。

现在回到种族问题上来。如果我告诉你苏西是个中国人，那么你之前关于这个人的不确定性会降低多少？现在你能大概确定她的头发又直又黑（或者生来是黑色的），她的眼睛是有内褶的，以及其他的一些事情。如果我告诉你科林是个"黑人"，如前所述，这并不意味着科林的肤色是黑色的。不过，无论如何，这些信息显然并非没有价值。观察者之间的高度一致性意味着存在一组特征，大部分人都能够辨认出这些特征。所以有关"科林是黑人"的描述确实可以减少先前对他的不确定性。反过来也是可以的。如果我告诉你卡尔是奥林匹克短跑冠军，那么你以前关于他的种族的不确定性就会降低许多，这是统计学上的事实。实际上，你会比较自信地猜测他是个黑人[14]。

我们讨论这个话题是因为我们想知道，种族概念是否是一种——或者曾经是一种——划分人群的有效方式，或者说包含丰富信息的方式。我们该怎么用观察者之间的一致性标准来判断这个问题？好，假设我们从下面六个国家各随机挑选出20张标准的全脸头像照片：日本、乌干达、冰岛、斯里兰卡、巴布亚新几内亚和埃及。如果我们把这120张照片给120个人看，我猜每一个人都能百分之百地将照片分成六个不同的类别。更进一步，如果我告诉他们这六个国家的名字，假如这些参与者受过良好的教育，那么他们应该可以准确地将这些照片与各个国家对应起来。我还没做过这个实验，但是我相信你们都会赞同我说的这个结果。我没做实验就下这样的结论，这似乎并不科学。但我这种自信——认为尽管没做实验但你也会赞同我的观点的自信——恰恰是我要表达的观点。

即便做实验，我不认为莱文廷会期待得到与我预测不符的结果。然而如果像他说的那样种族划分没有任何分类学和遗传学意义，就应该得出相反的结论才对。如果没有分类和遗传学意义，那么唯一导致观察者间高度一致性的途径就是文化偏见在世界范围内存在普适性。我认为莱文廷肯定不想得出这个结论。简而言之，我认为爱德华是对的，而莱文廷这次又错了。当然，总的来说莱文廷还是正确的，毕竟他是一位杰出的数学遗传学家。人类总体差异中由种族间差异所做的贡献确实是很低的。但是，不管种间差异在总体差异中占的比例有多小，这种差异在观察者间是一致的。因此，通过测量观察者间的判断一致性还是可以提供很丰富的信息。

在这里我必须再次申明，我强烈反对填写表格的时候被要求填写有关“种族”和“民族”的选项，而且强烈支持莱文廷认为种族划分的做法破坏了社会和人类关系的观点，尤其是当某些人将种族信息作为区别对待的手段时，无论这种区别对待是积极的还是消极的。对某个人贴上种族标签，在某种程度上确实能够了解到更多信息。这些信息可能让你更多地了解他的头发颜色、肤色、头发曲直、眼睛大小、鼻子高低、身体的高度等。但是这不能让你判断他胜任某项工作的能力。即便在一些少见的情况下，种族信息确实降低了你对一个人是否胜任特定工作的不确定性，将种族标签作为招聘时区别对待的基础仍然是不对的。根据能力招募短跑队员，你可能会得到一个全部由黑人组成的短跑队，那又如何？这是你无法通过种族歧视来达成的结果。

一个伟大的指挥家在挑选乐队成员时，总是让他们在幕布后演出。他们被告知不准说话，甚至被要求脱掉鞋子，以免高跟鞋的声音暴露演出者的性别。即使从统计学上来讲，女性弹竖琴的能力要优于男性，但这并不意味着在选择竖琴师的时候要女性优先。我认为，仅因对方所属某一族群就加以歧视的行为总是邪恶的。现在几乎所有人都认为，当年南非的种族隔离法是邪恶的。而在我看来，美国校园里对“少数民族”学生优待的做法，其实与种族隔离一样应该遭人诟病。这两种做法都是将一些人看成群体的代表，而不是她或他本人。这种特殊优待有时候被视为对他们数个世纪以来遭受的不公平待遇的补偿。但是，我们怎么能用对某个当代个体的补偿来弥补之前另一个团体里面一些早就死了的成员所犯下的错误呢？

有趣的是，类似这种个体和群体之间的混淆也体现在词汇的运用上，这可以作为判别一个人是不是顽固派的标志，这些人说“Jew”而不说“Jews”。

> 这位“富吉乌吉”（Fuzzy Wuzzy）是个了不起的战士，可是他分不清左右。至于帕坦人……[15]

人们都是不同的个体，同一群体的不同个体之间的差异远比群体之间的差异大。关于这一点，莱文廷无疑是正确的。

观察者间的这种共识表明种族划分并不是完全不能提供信息的，但是它提供了什么信息呢？只是关于关于一些人的共同特点所达成的共识：比如眼睛的形状和头发的卷直程度——没有更多信息，除非我们被告知了更多的条件。由于某些原因，这只是与我们种族联系相关的表面、外部、琐碎的特征——可能主要是面部的特征。但是为什么仅仅在外部特征上人类种族就表现得如此不同呢？为什么其他物种不同个体的外观相对一致，而我们人类看起来差异却这么大？若是同等程度的差异发生在动物界其他物种身上，我们很可能会把它们当作许多个不同的物种。

在政治上最可接受的解释是，任何物种的成员都对同种的异类具有很高的敏感性。基于这种观点，我们更容易察觉人类的差异，而对其他动物的差异不那么敏感。我们认为黑猩猩几乎都长得一样，但是黑猩猩们互相看起来差别可能像我们眼里基库尤人（Kikuyu）和荷兰人的差别那样明显。已故的美国心理学家托伊贝尔（H. L. Teuber）是一位研究面部识别的神经机制的专家。他想要在证明这个理论在种族层面是成立的，于是让一位中国研究生研究这个问题："为什么西方人认为中国人看起来都很像呢？"经过3年的专注研究，这位中国学生报告了他的结论："和西方人比起来，中国人确实彼此更相似。"托伊贝尔讲起这个故事来眉飞色舞，显然他把这个故事当成一个笑话来讲，所以我不知道这件事的真实原因到底是什么。但是让我相信这个结论没有任何困难，而且我并不认为这会惹怒谁。

我们的祖先在并不遥远的过去走出非洲，遍布世界各地，迎来极其丰富多样的聚居地、气候和生活方式。我们可以做一个合理的推测，环境的改变导致了强有力的选择压力，尤其是对身体裸露的部分，比如皮肤，它需要承受日照和寒风的冲击。很难想象其他物种能够将栖息地从赤道延伸到北极，从海边延伸到高耸的安第斯山脉，从干燥的沙漠到潮湿的丛林，以及中间一切过渡地带。这些不同的环境必然产生不同的自然选择压力，如果各地的人群没有因此而发生分化，那才是真正的奇怪。非洲、南美洲和东南亚密林深处的狩猎者全都不约而同地长得身材矮小，几乎可以肯定，这是因为在丛林里，狩猎者的身高实际上是一种障碍。生活在高纬度的人需要多晒太阳，这样皮肤才能合成足够的维生素D，因此他们肤色比较浅，有利于吸收太阳光。而生活在赤道附近的人面临相反的问题，他们要有深色的皮肤，抵御热带阳光中致癌的射线。这样看来，这种区域选择主要影响一些类似肤色这样的表面特征，并不妨碍人类大部分基因仍然保持一致。最近哈佛大学的戴维·赖克课题组关于古代欧洲人基因组的研究精确地找到了一些参与的基因。在选择压力最强的五个基因区域中，除了乳糖耐受（见《农民的故事》）和眼睛颜色外，还有两个基因参与了皮肤色素形成，另一个与维生素 D 的水平有关。似乎浅色皮肤遗传变异的来源是东欧的农民和斯堪的纳维亚地区的狩猎采集者，之后这些变异扩散到西欧地区深色皮肤的狩猎采集者中间。

在理论上，环境因素可以充分解释这种掩盖了我们内在相似性的表面多样性。但是对我来说，这似乎还不够充分。至少，我认为多一个解释因素将更加有助于理解，而我在这里试着根据我们先前关于文化阻碍通婚的讨论提供这样一个因素。无论是考察基因总体还是随机挑选一些基因样本来判断，我们人类都确实表现为一个非常单一的物种。但是那些能够导致易于识别的性状变异的基因——能够帮助我们将自己的同族和异族区别开的基因——却表现出不成比例的大量变异，也许这里存在着某些特别的原因。这些基因包括那些负责外表可见“标识”，比如肤色的基因。然而，我要再次说明，这种高度的辨识度是通过性选择进化而来的，特别是人类这样一个如此固守文化传统的物种更是如此。我们的婚姻在很大程度上受到文化传统的影响，也因为我们的文化——有时候是我们的宗教信仰——会鼓励我们歧视外族人，特别是在选择配偶的时候，而这些表面上的差异可以帮助我们的祖先选择本族人，排除外族人，所以这些外观基因的多样化程度超过了不同种族之间真实的基因差异程度。思想家贾雷德·戴蒙德在《第三种黑猩猩的浮沉》（*The Rise and Fall of the Third Chimpanzee*）中曾提出相似的观点，而达尔文也曾频繁地运用性选择来解释种族间的差异。

我想要陈述这个理论的两个版本：一个强版本和一个弱版本。而真相可能是这两者的某种组合。强理论认为肤色及其他显著的基因标识作为择偶时的一种辨识因素，受到积极的进化选择；弱理论可以被认为是强理论的铺垫，它认为在物种形成的早期阶段，比如语言和宗教这样的文化差异处于和地理隔离同等的地位。一旦两个群体之间的文化差异达到了初始隔离的程度，种族之间不再有基因交流将它们融为一体，这两个群体在基因的进化上就会渐行渐远，好像受到地理隔离一样。

在《丽鱼的故事》中，我们看到只要给予物种一个始于偶然的隔离，通常是地理隔离，那么同一祖先的种群可以分化成基因型截然不同的两个物种。像高山这样的屏障可以阻断两个峡谷之间的基因交流，所以两个峡谷里的种群基因库可以自由地向不同的方向漂移。通常来说之所以产生这种漂移，是因为它们受到不同的选择压力。比如山那边的气候可能比山这边湿润一些。不管怎样，截至目前，我们考虑的初始隔离都“必须”是地理隔离。

没人会认为地理隔离是某种蓄意而为。这不是“必须”在这里的含义。“必须”的意思是，如果最初没有地理上的隔离（或其他同等的隔离），这些种群之间就会通过杂交在遗传上紧密相连。如果没有最初的隔离屏障，新物种无法形成。一旦两个早期的物种已经产生了分离（开始是形成不同的亚种），从遗传角度讲，就算地理屏障消失，它们依然会渐行渐远。

这里存在一些争议。一些人认为最初的分离必须是地理隔离，而另一些人，尤其是昆虫学家，特别强调一种所谓的“同域物种形成”

现象。许多食草昆虫只吃一种特定的植物，它们在这种特定的植物上与它们的配偶相遇并繁殖后代。它们的幼虫仿佛“印随”[16]在这些它们赖以为食、赖以成长的植物上，等它们长大成熟，也会同样选择同种的植物产下自己的卵。所以假如一只成年雌虫错误地将卵产在了错误的植物上，它的雌性后代便会印随这棵错误的植物，时机成熟后，还会把卵产在错误的植物上。它的幼虫会继续这种错误，长大后仍然印随错误的植物，与其他停留在这种植物上的雄虫交配，最后再次在这些错误的植物上产下后代。

从这些昆虫的例子可以看出，亲本类型的基因传递可以在一代之内就突然切断。理论上，一个新的物种可以就此诞生，完全无须地理隔离。换言之，作为食物的两种植物的差异对于这些昆虫来说，就相当于其他动物难以逾越的高山大河。据说，在昆虫中，这种同域物种形成现象比真正的地理隔离造成的物种形成还普遍。如果是这样的话，鉴于昆虫种类占据了物种数目的大多数，甚至可以说大多数物种形成事件都是同域物种形成。若是如此，我在这里想要提出的是，人类文化也提供了一种阻隔基因流的特殊方式，在某种意义上与我刚刚讲述的昆虫的情况是等价的。

对于昆虫来说，它们对植物选择的倾向性从亲本向下遗传给子代，是借助两个伴行的事件，一个是幼虫固定取食一种植物，一个是成虫在同一种食源植物上交配和产卵。就这样，谱系建立起“传统”，并代代相传。人类的传统也是如此，只是更复杂罢了。典型的例子就是语言、宗教、社会礼仪和习俗。孩子通常跟随父母的宗教信仰和语言习惯，但就像昆虫与其食用的植物一样，大量的“错误”让人生变得有趣。昆虫与它们摄食的植物周围的昆虫交配，而人类倾向于和拥有相同语言和宗教信仰的人结婚。所以不同的语言和宗教的作用就和昆虫取食的植物或者同传统地理隔离里面高山的作用一样。不同的语言、宗教和社会习惯构成了基因流的障碍。根据我们的理论的弱版本，随机的基因差异在不同语言和宗教背景的两侧简单积累起来，正如基因差异在高山两边的生物中积累一样。随后，根据该理论的强版本，随着人们利用外观的明显差异作为择偶选择的附加区别标签，这种基因差异就得到进一步的强化，从而为最初导致隔离的文化屏障提供了补充[17]。

我当然不建议将人类分为多个物种。恰恰相反，我想说的是人类文化，主要指语言、宗教和其他文化等，使我们严重背离了随机婚配，并在过去对人类的遗传积累发挥了非同寻常的作用。即使这样，如果你将基因总体考虑在内，我们仍是一个非常单一的物种，只是在外观特征上存在一些出人意料的多样性，这些多样性琐碎而显著，成为歧视的素材。这种歧视可能不仅存在于择偶过程，也在树立敌人、仇视外人以及宗教偏见等方面发挥了作用。

果蝇的故事

1894 年，遗传学先驱威廉·贝特森（William Bateson）出版了一部名为“变异研究的材料，特别是物种起源的非连续性”（*Materials for the Study of Variation, Treated with Especial Regard to Discontinuity in the Origin of Species*）的著作。在这本书中，贝特森罗列了一个引人入胜又近乎骇人的遗传变异名录，并且思考它们可能如何启发我们对进化的认识。书中有偶蹄的马、脑袋正中长着独角的羚羊、多出一只手的人，以及单侧长有五条腿的甲虫等。在这本书里，贝特森新创了一个术语“同源异形”（homeosis），用于描述一类典型的遗传变异。同源异形的词根“homoio”在希腊语里表示“相同的”。同源异形突变（我们现在是这样称呼它，但“突变”一词在贝特森写书的时候还没有被人使用过）是指身体的某个部件出现在身体上另一个部位。

贝特森自己举的例子里有一只叶峰，它本该长触角的地方长了一条腿。当你听说这个奇怪的现象时，也许会像贝特森一样猜想这里一定隐藏着关于动物正常发育过程的重要线索。你猜对了，而这也正是这个故事的主题。这种同源异形现象——在触角的位置长了一条腿——后来在果蝇（*Drosophila*）中也被发现，并被命名为触角足突变（antennapedia）。*Drosophila* 的字面意思是“露珠爱好者”。果蝇长期以来都是遗传学家的宠儿。虽然不应该将胚胎学与遗传学混为一谈，但是近来果蝇不光是遗传学的宠儿，还成为胚胎学研究的新星。这里要讲的就是果蝇在胚胎发育中的故事。

生物的胚胎发育是受到基因控制的，但在理论上，这一调控过程可能有两种截然不同的方式。我们在《小鼠的故事》里介绍过这两种方式，分别是蓝图式和菜谱式。建筑工人在设计图纸规定的位置砌砖造房子，而面点师制作糕点却不是把面包粉和葡萄干摆在特定的位置，而是按照特定的程序处理配料，筛面粉、搅拌、打发和加热等等[18]。生物学教科书把 DNA 简单描述成设计蓝图的说法是不对的。其实胚胎发育根本不曾遵照某个设计蓝图。因为在任何情况下，DNA 都无法给最终成品长成的样子开出处方。或许其他行星上的生命形式可以这样，但难以想象这怎么起作用。那估计得是很不一样的生命形式才行。但在我们的地球上，胚胎发育遵循菜谱方式。或者可以换用另外一种和蓝图很不一样的比喻，在某种程度上这个比喻比菜谱更恰当，即胚胎发育像折纸一样遵循一系列的模式。

折纸这个比喻更适合描述胚胎的早期发育。身体主要器官的形成最初是通过细胞层的一系列折叠和内陷完成的。一旦构建生物形体的各种零部件归位，接下来的胚胎发育就主要是细胞生长，此时的胚胎就像个热气球一样，所有部件都充气膨胀开来。这是一种非常特殊的气球，身体的不同部分以精确控制的不同速率膨胀。这就是非常重要的“异速生长”现象（allometry）。《果蝇的故事》要讲的大多与胚胎发育的前期——折叠阶段相关，而不是后期的膨胀阶段。

细胞不会像砖块那样按照图纸来进行简单堆砌，决定胚胎发育的是细胞的行为。细胞之间相互吸引或者排斥，并且以多种方式改变自己的形态。细胞分泌某些化学物质，这些化学物质可以向外扩散并远距离影响其他细胞。有时细胞还会选择性地走向死亡，从而通过减少细胞的数量达到塑造形状的目的，就像雕刻家雕琢自己的作品一样。细胞就像合伙搭建土丘的白蚁，它们“知道”如何响应不同浓度梯度的化学信号，并与其相邻的细胞相互联络。同一个胚胎的所有细胞都具有相同的基因，因此细胞行为的差异不可能是由基因本身造成的。真正的差异在于到底哪个基因被激活，具体表现为细胞包含哪些基因产物即蛋白质。

在胚胎非常早期的阶段，细胞需要“知道”自己在两个主要维度上的位置，即头尾轴（前后轴）和上下轴（背腹轴）。那么这里的“知道”是什么意思呢？最初是指一个细胞的行为取决于它所处位置的化学浓度梯度，而这个梯度是沿着两个体轴分布的。胚胎的这种化学浓度梯度必然源于卵细胞本身，因此它受到母体基因的调控，而不是合子自身的核基因。举个例子，果蝇母体基因型中有一个叫 *bicoid* 的基因，它在滋养细胞中表达。*bicoid* 基因编码表达的蛋白质被转运至卵细胞，并在卵细胞的一端富集，朝另一端逐渐减少。由此而形成的浓度梯度（其他类似蛋白也是如此）标定出卵细胞的前后轴。在与此垂直的方向，类似的机制界定了卵细胞的背腹轴。

这些用于标定卵细胞体轴的浓度梯度会持续存在于受精卵随后分裂所产生的细胞内。胚胎最初的几次分裂并不增添新物质，而且分裂是不完全的：产生许多独立的细胞核，这些细胞核却没有完全被细胞膜分开。这种具有多个细胞核的细胞被称为合胞体。随后，完整的细胞膜形成，将细胞核分开，此时的胚胎便成为正常的多细胞。在这整个过程中，如我前面所述，最初形成的化学梯度一直存留于这些细胞内，因此，早期这些细胞核就沐浴于各种关键物质不同的浓度环境下，其浓度对应于最初的二维浓度梯度。这会导致在不同的细胞内会有不同的基因被激活（当然，现在我们所讨论的是合子基因，而不再是母源基因了）。细胞分化就此开始，并且在胚胎发育后期，细胞继续沿着这个原则规定的路径进一步分化。此时，胚胎自身基因所形成的更为复杂的化学浓度梯度取代了由母源基因建立的原始浓度梯度，由此产生胚胎细胞家系的分化，而这又导致细胞进一步分化。

节肢动物的身体有一个较大尺度的分区，即躯体被分成若干体节，而不仅仅是细胞群。这些体节呈线性排列，从前端的头部依次排列到末端的腹部。昆虫头部有 6 个体节，其中触角位于第二体节，接下来是下颚及其他口器。成体昆虫的头部体节被挤压在一个很小的区域内，因此它们的前后界线并不是很明显，但在胚胎发育时期可以很清楚地看到。胸部 3 个体节（T1、T2 和 T3）之间的分节线非常明显，且每个体节具有一对腿。T2 和 T3 体节通常长有翅膀，但果蝇和其他苍蝇只有 T2 体节有翅膀[19]。T3 体节上的第二对翅膀则进化为平衡棒，这是一对很小的可以振动的棒状器官，好似一对微型陀螺仪，用于飞行导航。化石显示早期昆虫具有三对翅膀，每个胸节各具一对。胸节之后排列着许多腹部体节（某些昆虫有 11 个腹节，果蝇有 8 个，这取决于你如何计算位于身体最末端的生殖器)。细胞“知道”(我们前面已经解释过其含义)它们位于哪个体节，并且根据自己的位置表现出相应的行为。这些都是通过一个在细胞内激活的特殊调控基因即“Hox”基因的中介作用来实现的。因此，可以说果蝇的故事基本上就是 Hox 基因的故事。

假如我能告诉你，每个体节都对应一个特定的 Hox 基因，并且每个特定体节内的细胞里只有对应的 Hox 基因被激活，那样事情会显得简洁得多。甚至更进一步，若是 Hox 基因在染色体上排列的顺序与它们所调控的体节的顺序相同的话，这一切就更加整饬有序了。可是事实并非这么简单，但也非常接近了。实际上，Hox 基因确实是按照正确的顺序排列在染色体上的，鉴于我们对基因工作原理的了解，这真是太美妙了。但是，昆虫只有 8 个 Hox 基因，并没有足够多的 Hox 基因来对应所有的体节，并且还有其他一些复杂因素(我在这里没法一一展开)。其实，成虫的体节与幼虫所谓的副体节(parasegment)并不完全对应。请不要问我为什么(或许设计师当时正在休假)，但是成虫的每个体节都是由幼虫的一个副体节的后半部分和下一个副体节的前半部分组成的。除非另有说明，我将依旧用“体节”一词代表幼虫的“副”体节。至于 8 个 Hox 基因是如何调控 17 个体节的问题，现在看来可能部分是通过利用化学浓度梯度的办法来完成的。每个 Hox 基因主要在一个特定的体节中表达，但是也在躯体更后端的体节中以越来越低的浓度表达。细胞可以通过比对多个上游 Hox 基因的表达梯度来判断自己所处的位置。实际情况要比这个更复杂一些，但是这里我们没有必要去深究其细节。

果蝇的 8 个 Hox 基因组成两个基因复合体，两个基因复合体分开排列于同一个染色体中。这两个复合体分别是触角足复合体

（Antennapedia Complex）和双胸复合体（Bithorax Complex）。当然，这样起名字真是双重不幸。基因复合体的名字是以其中的单个成员来命名的，而这个成员没有表现得比其他成员更重要。更糟糕的是，基因的命名通常来自它出错时的表现，而并非其正常功能。也许换一种称呼会好一些，比如前 Hox 复合体和后 Hox 复合体。尽管如此，我们还是只能使用现有的这些名字。

双胸复合体包含了最后 3 个 Hox 基因：*Ultrabithorax*，*Abdominal–A* 和 *Abdominal–B*。在此不再赘述关于这 3 个基因命名的历史渊源。这 3 个基因对动物后端的发育有如下影响：*Ultrabithorax* 在第 8 体节直至尾部末端中表达，*Abdominal–A* 在第 10 体节直至躯体末端表达，*Abdominal–B* 则在第 13 体节直至躯体末端中表达。从上述 3 个基因不同的表达起点开始，其基因产物的浓度沿体节向躯体后端逐渐下降。因此，通过对比这 3 个 Hox 基因产物的浓度，位于幼虫后部的细胞就能够"知道"自己所在的体节位置并依此表现出相应的行为。同样地，幼虫前部的细胞也是如此，由触角足复合体的 5 个 Hox 基因进行调控。

Hox 基因的使命就是明确自己在躯体中所处的位置，并把这一信息告知同一个细胞内的其他基因。现在，我们就能够很好地理解同源异形突变了。当某个 Hox 基因出现问题时，某一体节内的细胞被告知了一个错误的体节位置信息，它们根据错误信息继续发育长成它们"以为"自己应该长成的样子。例如，我们看到在本该长触角的体节上长出了一条腿。这很有道理。任何一个体节内的细胞都能够完美地组装出其他体节的解剖构造。为什么不可以呢？制造任意体节的指令本来就潜伏在每个体节的细胞内。在正常情况下，正是 Hox 基因唤起了"正确的"指令来形成每个体节所需的解剖组织结构。正如威廉·贝特森做出的正确判断一样，同源异形突变所导致的生物异常现象为揭示发育系统如何正常运作打开了一扇窗。

请记得，果蝇通常具有一对翅膀和一对平衡棒，这在昆虫中是不同寻常的。同源异形突变 *Ultrabithorax* 误导原本位于第三胸节的细胞错误地“认为”它们在第二胸节。因此位于第三胸节的细胞通力合作发育出一对额外的翅膀，而不是像正常的果蝇那样长出一对平衡棒（见彩图 36）。有研究者也曾观察到一只变异的面象虫（*Tribolium*），其所有的 15 个体节都长出了触角，可能是所有体节的细胞都错误地认为它们位于胸部的第二体节。

上述现象将我们带到了《果蝇的故事》最为精彩的部分。自从最初在果蝇中被发现以来，Hox 基因的身影无处不在：不仅是在甲壳虫等其他昆虫中，也在包括我们人类在内的几乎所有被研究的动物中存在。而且美好得让人难以置信的是，Hox 基因在不同生物体中经常发挥着相同的作用，以同样的方式告知细胞所处的体节位置，甚至以相同的顺序排列于染色体上。接下来让我们再来看看哺乳动物中的情况，这已经在小鼠中研究得十分透彻了，小鼠就是哺乳动物世界的“果蝇”。

与昆虫类似，哺乳动物也具有分节的形体，至少可以说是一种模块化的重复模式，影响到脊椎及其相关构造。可以认为每个脊椎对应于一个体节，但当我们沿着动物躯体从颈部向尾部仔细观察就会发现，并不仅仅只有脊椎骨是按照一定的规律重复排列的。所有的血管、神经、肌肉、软骨盘和肋骨都遵循一种重复的模块化的安排。和果蝇比起来，二者基本模式类似，不同之处在于细节。昆虫体节分为头部、胸部和腹部，脊椎动物分为颈部、胸部（脊柱上背部，有肋骨的部分）、腰部（脊柱下背部，无肋骨的部分）和尾部（尾骨）。与果蝇一样，无论是骨细胞、肌肉细胞、软骨细胞或者其他细胞，都需要知道它们所在的体节。与果蝇一样，这些细胞是通过 Hox 基因感知位置所在的。这些 Hox 基因与果蝇中的特定 Hox 基因是对应的，尽管自 26 号共祖以来的漫长岁月里，这些基因已经面目全非了。同样如同在果蝇中一样，这些 Hox 基因在染色体上是按照顺序排列的。脊椎动物的重复模块与昆虫大不相同，同时没有理由认为它们在第 26 会合点的共同祖先的身体是分节的。尽管如此，Hox 基因的证据表明，昆虫和脊椎动物的体节模式至少存在某种深层的相似性，这种相似性也存在于 26 号共祖中，甚至存在于其他身体模式中，包括身体不分节的动物。

在《七鳃鳗的故事》中我们看到脊椎动物基因组经历了双重拷贝，有鉴于此，你可能不会对这个现象感到惊讶：在脊椎动物比如实验小鼠中发现了 4 组而不是 1 组 Hox 基因，它们分别排列于四条染色体上。*a* 系列位于 6 号染色体上，*b* 系列在 11 号染色体上，*c* 系列在 15 号染色体上，*d* 系列在 2 号染色体上。它们之间的相似性表明它们在进化过程中是拷贝而来的：*a4*、*b4*、*c4* 、*d4* 互相匹配。也有一些缺失，因为 4 个系列各自都缺失了某些区域：*a7* 和 *b7* 相互匹配，但 *c* 系列和 *d* 系列都没有对应第 7 区域的基因。当 2 个、3 个或 4 个 Hox 基因共同影响同一个体节时，它们的效应会综合起来。与果蝇一样，小鼠的所有 Hox 基因在它所影响的第一个体节（多数位于前端）内作用最强，而在随后的体节中效应逐次递减。

还不仅如此。除了个别例外，果蝇的 8 个 Hox 基因的每一个基因与小鼠系列中对应基因的相似程度都超过了其与其他 7 个果蝇 Hox 基因的相似程度。它们在各自的染色体上的排列顺序也一样。果蝇的 8 个 Hox 基因中的每一个都能在小鼠的 13 个基因中找到一个对应。果蝇和小鼠之间这种详尽的基因–基因之间的巧合只能意味着它们共同传承于26号共祖——所有原口动物和后口动物的祖先。这意味着绝大多数的动物来自一个共同的祖先，其Hox基因的线性排列顺序与我们在现代果蝇和现代脊椎动物中看到的一样。想想看！26号共祖有Hox基因，而且排列顺序与我们一样。

我已经说过，这并不意味着26号共祖的躯体被分为离散的节。事实很可能不是这样。但是肯定有某种从头到尾的纵向浓度梯度受到沿着染色体顺序排列的同源Hox基因序列的调控。共祖们都已消亡，分子生物学家们鞭长莫及，于是寻找现代后裔们的Hox基因成为热门。24号共祖是我们和文昌鱼的共同祖先。考虑到更远的亲戚——果蝇有着与哺乳动物相同的前后序列，若是文昌鱼却没有同样的前后序列，这不免让人担忧。彼得·霍兰带领他的研究小组曾对这个现象进行过研究，他们得出了令人满意的结论。文昌鱼的确具有由14个Hox基因调控的模块化体节，并且这些Hox基因也的确是按照正确的顺序排列于染色体上的。但不同于小鼠，文昌鱼只有1个而非4个并列的Hox基因序列，这倒是与果蝇相同。其原因可能是24号共祖的出现早于脊椎动物基因组复制，这个问题我们在《七鳃鳗的故事》中讨论过。

如何策略性地选择其他动物进行研究，以便得知其他特定共祖的情况呢？除了栉水母、扁盘动物和海绵（我们将分别在第29、第30和第31会合点与它们相遇），Hox基因存在于被考察的每一种动物中。例如，我们发现它们存在于海胆、鲎、虾、软体动物、环节动物、囊舌虫、海鞘、线虫和扁虫中。这些我们都能猜到，因为所有这些动物都源自26号共祖，而且我们已经有充分的理由认为26号共祖和果蝇、老鼠等后代们一样拥有Hox基因。

刺胞动物——例如水螅（在第28会合点之后才会加入朝圣之旅）——身体呈辐射对称，也就是说它既没有前后轴，也没有背腹轴。它们有口/反口轴（嘴和嘴的背面），但并不清楚它身体的什么部分对应于长轴，那么我们还能期望Hox基因起到什么作用呢？如果水螅用Hox基因来界定其口/反口轴，那么过程将非常简洁。但是到目前为止，我们并不清楚真实情况是否如此。与果蝇和文昌鱼分别具有8个和14个Hox基因不同，大多数的刺胞动物只有2个Hox基因。如果说2个Hox基因的其中一个与果蝇前部的Hox基因复合体类似，而另外一个与后部的Hox基因复合体类似，这是可以接受的。28号共祖是我们人类与这些动物的共同祖先，推测具有相同的Hox基因。在随后的进化过程中，其中一个复制了若干次，最终进化为触角足复合体，而另外一个在同一动物支系中复制形成双胸复合体。这也正是基因组中基因数量增加的方式（参见《吼猴的故事》）。但是要想真正弄清楚这两个Hox基因在刺胞动物躯体形成过程中所起的作用，尚有待于更多的研究工作。

棘皮动物与刺胞动物一样也呈辐射对称，但这种构造是次级的。25号共祖，即棘皮动物与我们脊椎动物的共同祖先，如蠕虫一般呈现两侧对称的特征。棘皮动物的Hox基因数目在具体物种中略有差异，比如海胆具有10个Hox基因。那么，这些基因到底起什么作用呢？海星的躯体内是否隐藏着其祖先的前后轴痕迹呢？Hox基因是否沿着海星的5条腕呈现梯度分布并发挥作用呢？这可能说得通。我们知道，哺乳动物的Hox基因在手臂和腿上也有表达。我的意思并不是说从1号到13号Hox基因就是简单地按顺序从肩到指尖进行表达。真实情况可能远比这个要复杂，因为脊椎动物的四肢并不是按模块组装的，而是先有一块骨头（手臂的肱骨，腿的股骨），然后是两块骨（手臂的桡骨和尺骨，腿的胫骨和腓骨），最后是手和脚上的许多小骨头，直到指尖和脚尖。这种从我们鱼类祖先的扇形鳍传递下来的排列，显然与 Hox 基因的线性排列并不相符。即使如此，Hox 基因还是参与了脊椎动物的四肢发育。

以此类推，如果 Hox 基因对海星或者海蛇尾的腕（甚至海胆也可以被认为是一种海星，卷曲着的腕形成具五角的拱形，腕末端交会并在两端铰链在一起）的发育起作用，也不奇怪。此外，海星的腕与我们人类的四肢不同，具有真正连续的模块结构。海星具有水压探测器的管足是由两排沿其长轴平行排列的重复单元构成的。而这种重复单元正是 Hox 基因表达的典型特征。海蛇尾腕的外观和运动行为就像五条蠕虫。

托马斯·赫胥黎说过，“用丑陋的事实推翻一个美好的假设是科学最大的悲剧”。关于棘皮类动物 Hox 基因的事实可能并不丑陋，但是其 Hox 基因确实并不遵循我刚才提到的漂亮模式。实际产生的是别的模式，但它也呈现出一种惊人的美。棘皮动物的幼虫是一种小型的、两侧对称的浮游动物。而五辐对称的底栖成虫并非由幼虫转化而来。相反，在幼虫体内先发育出一个很小的迷你型成虫，它一直发育长大，直到将幼虫抛弃。在这个过程中其 Hox 基因一直以一种线性顺序表达，但并非沿着每条腕，而是沿着微小的成虫遵循的一种近似环形的模式表达。如果我们把 Hox 基因的表达轴看作一条“蠕虫”，那么只有一条“蠕虫”卷曲在幼虫体内，而非五条（对应于五条腕）。“蠕虫”的前端发育成第一条腕，而后端则发育成第五条腕。因此，海星的同源异形突变可能会导致其多长出额外的腕。事实也确实如此，贝特森的书中就记录了一只长有六条腕的变异海星。还有些种类的海星甚至具有更多的腕，一般认为这类海星是由其同源异形突变的祖先进化而来的。

迄今为止，尚未在植物、真菌和我们之前称之为原生动物的单细胞生物中发现 Hox 基因。但是在进一步探讨这个问题之前，我们最好还是先解决目前所面临的由命名带来的复杂问题。

Hox 基因不是唯一可以引起同源异形突变的基因。它只是一类更广大的控制基因——同源框（homeobox）基因中的一个基因家族。其中“框”（box）指的是这类基因的成员在其序列中总能找到一个由 180 个 DNA 字母构成的标志性序列，人们称之为“同源异形区”（homeodomain）。就连同源框基因也不是同源异形突变的唯一来源。还存在其他控制基因，比如那些“MADS 框”家族的基因。这些基因在动植物中都有发现，其突变导致本来应该长出雄蕊的部位长出花瓣。从专业术语的角度来说，Hox 基因是同源异形框基因中的一个基因家族，而同源框基因又只是一类（严格来说，是一个超类）同源基因。

在已经被发现的同源框基因家族中，另一个叫作 ParaHox 的基因家族同样参与（消化系统和神经系统的）前后轴的发育，也同样排成一个短短的线性阵列。ParaHox 基因家族最初是在文昌鱼中被确定的，但它们的分布范围比 Hox 基因广得多。ParaHox 基因与 Hox 基因能对应起来，而且按照相同的顺序排列于染色体上，看来 ParaHox 基因是 Hox 基因的“表亲”。它们当然是由同一套祖先型基因通过基因复制进化而来的。其他同源框基因虽然与 Hox 基因、ParaHox 基因的关系相距甚远，但他们自身仍会形成一个个的基因家族。*Pax* 基因家族存在于所有动物之中，其中 *Pax 6* 是这个基因家族中特别引人注目的成员之一，它其实就是果蝇的 *ey* 基因。我之前已经提到过，*Pax 6* 负责告诉相关细胞发育出眼睛。尽管果蝇和小鼠的眼睛构造迥然不同，但是这两种动物却使用相同的 *Pax 6* 基因调控眼睛的发育。与 Hox 基因的作用类似，*Pax6* 基因并不告知细胞如何制造眼睛，而只是指明这里是发育出眼睛的地方。

另一个类似的例子是一个叫作 *tinman* 的小基因家族。同样，果蝇和小鼠都有 *tinman* 基因。果蝇的 *tinman* 基因负责告知细胞发育出心脏，而且它们通常会按部就班地表达于正确的位置并制造出果蝇的心脏。与我们所预期的一样，小鼠的 *tinman* 基因同样会告知小鼠细胞在正确的位置发育出心脏。

这一整套同源框基因数目非常庞大，组成一个个基因家族和亚家族，就像动物可分为科和亚科一样。这就像我们在《七鳃鳗的故事》里讲述的血红蛋白的例子一样。相比人自己的 β 球蛋白，人类的 α 球蛋白与蜥蜴的 α 球蛋白更相近；反之人类的 β 球蛋白也与蜥蜴的 β 球蛋白相近。同样地，相比人类的 *Pax6*，人类的 *tinman* 基因与果蝇 *tinman* 基因更相近。就像构建动物家系图一样，也有可能为它们所包含的同源框基因构建一个非常全面的家系图。两个家系图都是同样有效的，都是由发生在地质历史中的某个特殊时刻的分化事件所组成的。对于动物的家系图来说，分化事件为物种的形成。而对同源框基因家系图（或球蛋白基因家系图）而言，分化事件是指基因组内的基因复制。

动物的同源框基因家系图分成两个主要分支：AntP 类和 PRD 类。我不准备介绍上述缩写的全称，因为这两个全称都很容易令人混淆。PRD 类基因包括 *Pax* 基因和各种其他亚类。AntP 类包括 Hox、ParaHox 以及各种其他亚类。除了上述两大分类外，还有很多其他亲缘关系较远的同源框基因，这些基因被（错误地）称作“歧异同源框基因”。它们不仅存在于动物中，而且也存在于植物、真菌和原生动物中。

只有动物才拥有真正的 Hox 基因，而且这些基因通常以同样的方式发挥作用，即无论动物是否具有明确的体节，Hox 基因总是可以明确身体的位置信息。尽管我们之前声称在海绵动物或栉水母体内没有发现 Hox 基因，但它们可能隐匿在未被测序的物种中，或者可能存在于其祖先中但后来丢失了。ParaHox 基因就是这样的例子。在第一个被测序的海绵基因组中并未找到 ParaHox 基因，但在另一组海绵的基因组中找到了真正的 ParaHox 基因。这意味着，所有海绵动物都曾经有过 ParaHox 基因（可能也包括 Hox 基因），但许多海绵种类丢失了这些基因，只剩下一些物种保留着 1 个 ParaHox 基因。即使发现所有动物都来自一个拥有某种形式的 ParaHox 基因的共同祖先，这也没什么值得大惊小怪的。这将大大鼓舞我的同事乔纳森 · 斯莱克（Jonathan Slack）、彼得 · 霍兰、克里斯托弗 · 格雷厄姆（Christopher Graham）以及所有为“动物”一词提出新定义的牛津同人。迄今为止，人们所说的“动物”是与植物相对而言的，这种消极的定义方式让人相当不满意。斯莱克、霍兰和格雷厄姆建议采用一种积极明确的标准，囊括所有动物并排除所有非动物种类，比如植物和原生生物。Hox 基因的故事表明，动物并不是高度差异的、相互无关联的混杂门类，并不是每个物种以一种孤立的方式获得并维持其独特的体节。如果忘掉形态学而只看基因，你会发现一个事实浮现出来：所有的动物只不过是在一个特定的主题下做出了一些微小的改变。在这样的时代，作为一位动物学家该是多么令人开心啊。

轮虫的故事

有传言说，著名的理论物理学家理查德 · 费曼（Richard Feynman）

曾经说过："如果你认为自己理解量子理论，那说明你不懂量子理论。"我忍不住想演绎出一个进化论者的版本："如果你认为自己了解性，那说明你不了解性。"有三位我认为特别值得我们学习的现代达尔文主义者，他们是约翰·梅纳德·史密斯、威廉·汉密尔顿和乔治·威廉斯（George C. Williams），可惜他们都已经过世了。这三位都曾将漫长职业生涯的大部分时间用于研究性的问题。1975 年，威廉姆斯以这样一句反思作为其著作《性与进化》（*Sex and Evolution*）的开篇："此书的写作源于如下信念：高等植物和动物中的有性生殖与当前的进化理论不一致……进化生物学面临一场危机……"。史密斯和汉密尔顿也说过类似的话。这三位现代达尔文主义大师及优秀后辈们在试图解决这一危机时遇到了困难。我在这里并不试图去解释清楚他们所做的努力，当然我自己也没有一个有竞争力的方案。事实上，《轮虫的故事》向我们展现的是有性生殖的一个结果，它仍然有待进一步的探索，从而丰富我们的进化观。

蛭形轮虫是轮虫门中较大的一个纲（见彩图 37）。蛭形轮虫的存在是进化的丑闻。这话不是我说的，是约翰·梅纳德·史密斯以斩钉截铁的语气说的。许多轮虫都是无性生殖的。从这个角度来说，它们与蚜虫、竹节虫、各种甲虫以及少数蜥蜴相似，这倒没有什么特别的地方。约翰·梅纳德·史密斯难以接受的是，蛭形轮虫全都只能通过无性生殖繁育后代，这意味着所有蛭形轮虫的共同祖先必然非常古老，才能产生 18 个属、360 个种的各种蛭形轮虫。保存于琥珀中的古代蛭形轮虫的尸体表明：这种摒弃了雄性的母系群体至少存在于 4 000 万年前，甚至更早。蛭形轮虫是动物界一个异常成功的种类，其数量惊人而且在全世界的淡水区系里都是主要的生物群。但是没人发现哪怕一只雄性[20]。

这有什么令人震惊的呢？让我们看一下所有动物的家系图。树状家系图外周树冠上的枝梢尖端代表的是物种，较粗的主枝则代表纲或者门。数以百万计的动物种类意味着这棵树要比我们日常所看到的任何树木的分枝都更加复杂。动物界仅有数十个门类，纲的数量也不是太多。轮虫门是进化树的一个分支，它又分为四个亚支，蛭形轮虫纲便是其中一支。这个纲的亚支再逐级往下分，最终产生 360 个末梢，其中每个末梢代表一个物种。其他门类也是一样，各自产生自己的纲以及更细的分类。进化树外面的末梢代表现在的物种，沿着最外层的分支向内就意味着追溯了一段历史，若是继续来到主干，那么你可能就来到了 10 亿年前。

理解了这些之后，我们现在为这幅灰色而萧索的进化树绘上颜色，把那些末梢按照它所具有的特征涂上特殊的颜色。我们先把所有代表飞行动物的末梢涂成红色——只涂能够主动飞行的种类，而排除较为常见的被动滑翔的物种。如果我们现在退后一步注视整个进化树，我们会看到红色区域被面积更大的灰色区域分割开来，这部分灰色区域代表的是不会飞行的动物群体。大部分代表昆虫、鸟类和蝙蝠的末梢都是红色的，且这些红色末梢彼此相邻。其他末梢都不是红色的。除了虱子和鸵鸟这样的特例，三个纲几乎全都是飞行动物。在整个灰色背景上分布着大片的红色斑块。

思考一下这在进化上意味着什么。三个红色斑块无疑起源于三只远古动物的祖先，即最早学会飞行的一只早期昆虫、一只早期鸟类和一只早期蝙蝠。飞行的本领一旦出现便显示出其显而易见的优越性。因此，随着这三类物种不断繁衍生息并最终形成三大类群即昆虫纲、鸟纲和哺乳纲翼手目，其绝大多数后代都保留了飞行的本领。

现在我们再为没有雄性的无性生殖物种进行同样的操作。（顺便说一句，没有雌性是不可能的。和卵细胞不同，精子太小了，无法独自完成使命。在动物界，无性生殖指的是摒弃雄性。）我们把进化树上所有代表无性生殖物种的末梢统统绘成蓝色。现在我们看到一种完全不同的色彩模式。代表飞行动物的红色区域是成片成片的，而代表无性生殖的区域则只是很小的零星分布的蓝色斑点。例如，代表一种无性生殖甲虫的蓝色末梢被周围灰色的末梢完全包围。或许一个属的三个物种都是蓝色的，但其临近的属都是灰色的。你明白这意味着什么吗？这说明无性生殖在生物进化历程中不时反复出现，但总是在进化为一个具有许多蓝色末梢的粗壮分支之前就很快灭绝了。与飞行不同，动物无性生殖这一特征并没有存在足够长的时间以产生一个由无性生殖动物组成的科、目或者纲。

可是，有一个可耻的例外！与其他所有蓝色小斑点不同，代表蛭形轮虫的区域是连续的蓝色大斑块，大得足够做一条海员的裤子。在进化史上，这意味着可能远古时期的蛭形轮虫就已经像我们刚才说的奇怪甲虫一样是无性生殖的了。无性生殖的甲虫及其他数百种无性生殖的物种会在进化成一个科、目甚至纲等更大的类群前走向灭绝，但蛭形轮虫却在很长的进化时间里一直坚守着无性生殖的路线并且繁荣昌盛，产生了一个完全是无性生殖的纲，目前物种数量已达 360 种。不像其他动物，蛭形轮虫的无性生殖能力就好比飞行能力一样，对于它们来说似乎这是一种成功的优良创新，而在进化树的其他部分，无形繁殖则是通向灭绝的快速通道。

蛭形轮虫包括 360 个物种的提法会引起一个问题。物种的生物学定义指的是一个所有个体只在内部而不与外部个体交配的群体。保持无性生殖的蛭形轮虫不能与其他任何个体交配，每一个个体都是独立的雌性，其后裔都走着其开辟的道路，与其他个体都是独立遗传。因此对蛭形轮虫而言，360 个物种的提法只意味着是 360 种类型，各类型之间的差异大到我们人类可以辨别的程度，以至于让我们有理由预计，即便它们进行有性生殖，也会避开其他类型的轮虫。

然而，并非每个人都相信蛭形轮虫真的是无性生殖。在逻辑上，“从没发现过雄性”这样一个反面陈述，和“不存在任何雄性”这样一个正面结论之间存在着巨大的鸿沟。就像奥利维娅·贾德森在她那本吸引人的动物学喜剧《塔蒂阿娜博士对所有生命的性指南》中所记述的那样，博物学家曾被发现犯过这种逻辑错误。一些表面上看起来无性生殖的物种实际上有隐藏的雄性，例如某种钩子鱼的雄性个体就非常小，它们就像寄生虫一样吸附于雌性个体身上。若是它们更小一些，我们完全可能忽略它们的存在。例如某种介壳虫的雄性也很小，用我的同事劳伦斯·赫斯特（Laurence Hurst）的话说：“它们是吸附在雌性腿上的小不点。”赫斯特还引用他的导师比尔·汉密尔顿（Bill Hamilton）狡黠的话说：

> 你看到人类做爱的频率是多少呢？如果你是一个旁观的火星人，你会非常确定我们人类是无性生殖的。

因此，若能提出更有力的证据来证明远古时期的蛭形轮虫确实是无性生殖的，那就太好了。现在遗传学家们通过分析现存动物的基因分布模式推断其进化历程的本事越来越高妙。在《夏娃的故事》中，我们了解到我们可以通过分析现代人类基因组中信号来重建早期人类的迁徙路径。当然，我们用的不是演绎逻辑。我们不能根据现代的基因推断出历史必然如何如何。相反，我们说的是，如果历史过程是这样的，那么我们今天应该期望看到怎样的基因分布模式。研究人类迁徙的学者就是用的这种方式，哈佛大学的戴维·马克·韦尔奇（David Mark Welch）和马修·梅塞尔森（Matthew Meselson）针对蛭形轮虫展开了类似的研究。他们用遗传手段推测的不是迁徙，而是无性生殖。同样，他们采用的不是演绎逻辑。他们的逻辑是，假如蛭形轮虫在数百万年里都是纯正的无生繁殖，那么现存蛭形轮虫的基因应该表现出某种特定的模式。

应该是什么样的模式呢？韦尔奇和梅塞尔森的推理极具独创性。首先你需要知道，尽管蛭形轮虫是无性生殖的，但它们都是二倍体生物，也就是说，它们像所有有性生殖的动物一样，每个染色体都有两个拷贝。不同的是，有性生殖的卵细胞或者精子仅有一套染色体，而蛭形轮虫的卵细胞有两套染色体。因此它的卵细胞与其任一体细胞都是相似的，并且女儿是母亲的同卵双胞胎，只是获得或失去一些偶然的突变而已。数百万年来，这种零星的突变在分化中逐渐积累，并在自然选择的作用下形成今天的360种蛭形轮虫。

有一只古老的雌性轮虫，我将之称为轮虫之母，它发生了突变，结果丢弃了雄性和减数分裂，改以有丝分裂的方式产生卵细胞[21]。正是从那时起，凭着雌性的克隆，起初成对的染色体便无须配对了。10条染色体取代了先前的5对染色体（或者别的什么数目，相当于人的23对染色体），每条染色体与其曾经的伴侣之间的联系越来越弱。以前有性生殖的时候，每当轮虫产生卵细胞或者精子，成对的染色体通常会发生联会，并进行基因交换。轮虫之母逐出雄性并建立起雌性王国之后的数百万年间，由于每条染色体上的基因突变都彼此独立，染色体在遗传水平上就与其昔日的伴侣彻底分离了。即便这些染色体在历史长河中共享了同一个生物体的同一个细胞，也无法阻止这种情况的发生。在有雄性和有性生殖的大好光阴里，不会出现这种情况。在那时，个体在产生卵细胞或精子前，每条染色体都与其对应的染色体配对并进行基因交换，这使得成对的染色体间歇性地交会，从而防止它们的基因内容产生漂变。

你我都有 23 对染色体。其中 1 号染色体有两条，5 号染色体有两条，17 号染色体有两条，等等。除性染色体 X 和 Y 之外，其他成对染色体之间没有明显的差异。由于每对染色体都要进行基因交换，把 17 号染色体分别称为左 17 号染色体和右 17 号染色体似乎没什么意义，因此两条染色体都叫作 17 号染色体。但是，自从轮虫之母冻结了自身的基因组，一切都改变了。左 5 号染色体完整地遗传给所有雌性后代，右 5 号染色体也是如此。而这两个“双胞胎”染色体在 4 000 多万年的时间里从未再次配对。轮虫之母的第 100 代后裔仍然具有一条左 5 号染色体和右 5 号染色体。尽管它们已经发生了一些变异，但所有左 5 号染色体还是很像，因为毕竟它们都是从同一位祖先的左 5 号染色体遗传来的。

现今的 360 种蛭形轮虫都是从轮虫之母分化而来的，都经历了同样的进化时间。360 种蛭形轮虫的所有个体仍然都具有祖先基因组中左右染色体的一条拷贝。虽然每条染色体在进化过程中经历了大量变异，但左右染色体间并没有发生基因交换。轮虫之母的时代和今天之间的任何时候，若是蛭形轮虫的祖先们但凡曾经有过一次有性生殖，那么同一个轮虫个体的左右染色体间的差异将就会减小很多。无性生殖持续至今，左右染色体间的差异甚至已经到了压根儿就认不出它们原来是配对的染色体。

现在让我们来比较一下现存的两种蛭形轮虫，例如红眼旋轮虫（*Philodina roseola*）和四角粗颈轮虫（*Macrotrachela quadricornifera*）都属于蛭形轮虫的一个亚群即旋轮科（Philodinidae），而且它们肯定有一个比轮虫之母晚得多的共同祖先。既然没有有性生殖，那么两个物种的每一个个体的体内，左右染色体在遗传上漂离的时间应该完全一样，也就是轮虫之母距离现在的时间，所以每只轮虫的左右染色体之间应该有很大的差异。但如果你比较红眼旋轮虫的左 5 号染色体和四角粗颈轮虫的左 5 号染色体，你应该会发现它们比较相似，因为它们尚没有足够的时间各自产生许多变异。同样地，两者的右 5 号染色体之间也应该没有明显区别。这样我们可以大胆预言：个体内部一对曾经配对的染色体之间的差别要比不同物种间的“左”和“左”或者“右”和“右”染色体间的差别还要大。距离轮虫之母的年代越久，这种差异就越大。如果发生有性生殖，这个预测就正好反过来。因为对于有性生殖的物种来说，不同的物种之间就没有“左”或“右”染色体之分，而同种配对染色体间会经常发生大量的基因交换。

马克·韦尔奇和梅塞尔森正是用这一对相反的预测来检验他们的理论，即蛭形轮虫确实长时间地保持了没有雄性也没有性的生殖方式，并且取得了惊人的成功。他们通过研究现存蛭形轮虫，观察配对的染色体（或者说曾经配对的染色体）基因间的差异是否比进行有性生殖所应该有的差异大。他们用采用有性生殖的其他种类的轮虫作为实验对照。结论是明确的。蛭形轮虫配对染色体间的差异确实比“本应该有”的差异更显著，根据这种差异的程度推算蛭形轮虫开始无性生殖的时间，不是 4 000 万年前（这是最古老的包含蛭形轮虫的琥珀的年龄），而是 8 000 万年前。尽管马克·韦尔奇和梅塞尔森绞尽脑汁小心翼翼地讨论是否有其他可能性产生上述的结果，但这些可能的原因都太牵强附会，而我认为他们得出的结论是正确的，即蛭形轮虫确实是一种古老的、始终而且普遍保持无性生殖，并且取得巨大成功的生物。它们真的是进化的奇葩。它们赖以维持 8 000 万年繁荣昌盛的无性生殖，却让其他同样采用无性生殖的动物在短暂的辉煌后迅速走向灭绝。

为什么我们通常都认为无性生殖会导致物种灭亡呢？这是一个关于有性生殖到底有什么好处的大问题，许多比我优秀得多的科学家编撰了一本又一本书都没能回答这个问题。我只能指出，蛭形轮虫是生物进化中的悖论中的悖论。在某种意义上，它就像行军队列中的一个士兵，士兵的母亲大喊道："看，那是我儿子！他是那个唯一一个步伐整齐的战士。"梅纳德·史密斯称它们为进化的奇葩，但也恰恰主要是他向我们指出，从表面上看，性本身就是个进化奇葩。至少对达尔文理论的肤浅理解会认为，有性生殖在自然选择中会受到很大的筛选压力，无性生殖则表现出双倍的优势。从这个意义上讲，蛭形轮虫不仅不是生物进化的奇葩，而且恰恰是动物行军队列中唯一步伐整齐的士兵。我来解释为什么。

关键在于梅纳德·史密斯所说的"性的双倍成本"（two fold cost of sex）。根据现代达尔文主义理论，个体应该尽可能多地把自己的基因遗传给后代。因此，为了将卵细胞或精子所携带的基因与其他个体的卵细胞或精子的基因混合，而在自己的每个卵细胞或精子中都扔掉一半基因，这岂不是一件很愚蠢的事吗？如果某个变异的雌性可以像蛭形轮虫那样将100%的基因遗传给她的每一个后裔，那么它不是就具有两倍的优势吗？

梅纳德·史密斯补充道，假如雄性配偶可以努力工作或者提供食物等经济支持，使得配偶可以养育两倍于无性生殖所产生的后代，那么这个推论就不成立了。在这种情况下，性的双倍成本被后代的数量翻倍抵消了。像帝企鹅这样的物种，父母在抚育后代中负担的劳动和成本大致相同，性的双倍成本就被消除了，或者至少减少很多。至于那些父母经济付出和劳动贡献不对等的物种，几乎总是雄性在逃避养育责任，而把精力用于和其他雄性打斗，这就增大了有性生殖的成本，以至于达到最初推算的两倍。这就是为什么梅纳德·史密斯的另一个提法——雄性双倍成本（twofold cost of males）——显得更合理。根据梅纳德·史密斯为我们指出的这一点，蛭形轮虫不是进化的奇葩，反倒其余所有生物才是。更确切地讲，雄性才是进化的奇葩，只不过雄性不仅存在而且广泛分布于动物界。这是为什么呢？梅纳德·史密斯写道："这让人忍不住感到，我们忽视了这件事情中某个重要的因素。"

双倍成本是梅纳德·史密斯、威廉姆斯、汉密尔顿以及其他许多年轻同事共同创立的一系列理论的起点。雄性广泛分布，却并不是凭借父亲的角色得到自然选择的青睐的，这就意味着雌雄结合带来的基因重组必然有非常突出的达尔文主义优势。定性地想象可能有哪些益处其实并不困难，已经有许多可能的好处被提了出来，有些比较显然，有些较为晦涩。问题在于如何定量地分析这些益处，并判断是否有足够多的数量可以抵消双倍成本。

若要不偏不倚地介绍所有这些理论，需要一整本书的篇幅——实际上已经有好几本书讲述这个问题了，比如我先前提到的威廉姆斯和梅纳德·史密斯的重要著作，以及格雷厄姆·贝尔（Graham Bell）精心写作的《自然的杰作》（*The Masterpiece of Nature*）。然而迄今为止依然没有十分明确的结论。针对普通读者的优秀作品首推马特·里德利的著作《红皇后》（*The Red Queen*）。尽管里德利主要偏爱的是威廉·汉密尔顿的理论，即有性生殖是生物为抵御寄生虫而进行的一场不停歇的军备竞赛，里德利并没有忘记解释问题本身以及其他一些可能的答案。对于我来说，在直奔这个故事的主题之前，我极力推荐读者先去看一看里德利的著作和其他一些相关的参考书。而这个故事的主题是提醒大家注意，性在进化上的出现产生了一些被低估的后果。是有性生殖孕育了生物基因库，使物种具有了意义，也改变了进化本身的局面。

想象一下，对于蛭形轮虫来说进化是什么样子。想想若是遵循常规的进化模式，这 360 个物种的进化历史该是多么的迥然不同。我们通常认为性的存在提高了生物多样性，在某种程度上，确实如此，这也是许多理论用于解释有性生殖克服双倍成本的基础。但是悖论在于，它似乎还会产生一个相反的结果，性也可以扮演阻碍进化分化的角色。事实上，这方面的一个特殊情形正是马克·韦尔奇和梅塞尔森研究的基础。比如，在老鼠的某个种群中，任何尝试在某个新的进化方向探索的趋势都会被性的混杂效果掩盖，也就是说任何导致进化分化的基因都会被基因库中其他基因的进化大趋势淹没。这就是地理隔离对物种形成如此重要的原因。例如，只要有一座山脉或者一片汪洋为界，就能够使一个新生的分支朝自己的路径进化，而不是被大群体拖回常规状态。

想想看蛭形轮虫的进化是多么不同。蛭形轮虫显然不会受到基因库维持常态的影响，它们根本就没有自己的基因库。如果没有有性生殖，基因库这个概念就毫无意义[22]。“基因库”或“基因池”是一个很有说服力的比喻，因为一个有性生殖群体的基因如同在液体中一样不停地混合和扩散。在时间跨度里基因库汇聚成一条河流，随着地质年代而流淌。这是我在《伊甸园之河》中描绘的场景。正是有性生殖的限制为这条河流设立了堤岸，引导物种朝着某个进化方向奔流。假如没有有性生殖，将不再有持续的通道引流，而是毫无章法地四处扩散，这样基因就不再像河流，反倒更像气味，从某个起点向四面八方扩散。

蛭形轮虫应该也经历了自然选择，但肯定与其他动物所习惯的自然选择大为不同。当交配引起基因混合时，自然选择雕琢的对象是基因库。从统计角度来说，好的基因倾向于帮助个体生存，而坏的基因却将其置于死地。在有性生殖的动物中，自然选择的直接结果是动物个体的死亡和繁殖，而长远的结果是基因库中基因的统计指标的改变。所以我说，基因库才是达尔文主义雕塑家所关注的对象。

而且，善于与其他基因协作来塑造生物形体的基因受到自然选择的青睐。这就是为何生物体是运转协调的生存机器。在有性生殖存在的前提下，对这个现象的正确理解是基因不断在不同的遗传背景下经受考验。每一代中，基因都会被混入一个新的集体，其同伴便是与它不离不弃共享一个身体的其他基因。那些习惯于和其他基因共事，能够相互融合、通力合作的基因，就能够加入胜利者的队伍，即能够将基因传递给后代的成功个体。不善于协作的基因会导致其所在的集体惨遭失败，也就是说作为基因载体的个体会在繁殖之前死去。

一个基因需要合作的关系最近的一群基因就是那些与之分享同一个身体的基因。但从长远来看，这个基因需要合作的是基因库中的所有基因，因为这个基因在一代代遗传的过程中会反复遇到基因库里的这些基因。这就是我所说的为何物种的基因库才是自然选择之斧所雕刻的实体。从近期看，自然选择就是所有个体的存活和繁殖产生差异的过程，这些个体被基因库扔出来作为检验其功能的样本。蛭形轮虫的情况却截然不同，没有类似的对基因库的雕琢，因为蛭形轮虫没有可雕琢的基因库。它只有一个庞大的基因。

我刚才提到要提醒大家注意的是有性生殖的后果，而不是关于有性生殖有何益处的理论，也不是关于为何出现有性生殖的理论。但假如我试图提出一个关于有性生殖益处的理论，抑或尝试撰文揭示“这件事情中被忽视的某个要素”，这便是我着手的地方。我将不断倾听轮虫的故事。这些生活在水塘和潮湿苔藓间的微小生物，或许正是打开生物进化悖论的一把钥匙。如果蛭形轮虫长久以来一直坚持无性生殖，那么无性生殖有什么不好？或者说，如果无性生殖对于蛭形轮虫是有利的，为什么我们其他动物不这么做并节省有性生殖的双倍成本呢？

藤壶的故事

我上寄宿学校的时候，有时会因为晚餐迟到而必须向宿管道歉：“对不起，先生，我迟到了，因为乐队训练。”或者其他任何可能的借口。有时实在找不到合适的借口而我们确实又有事情需要隐瞒时，我们习惯于喃喃道：“对不起，先生。我迟到了，因为那藤壶……”他总是很和蔼地点点头。我不知道他是否曾好奇过这个神秘的课外活动到底是什么。或许我们是受到了达尔文的故事的启发，他曾花费很多年时间专心致志地研究藤壶，以至于他的孩子们在参观完朋友家的房子后，会很迷惑地问：“那么，请问（你爸爸）在哪里研究藤壶呢？”我不能确信我们当时是否真的理解了达尔文的故事，我怀疑大家编造了这么个理由，是因为藤壶的一些特质使它显得似乎不太可能是个谎言。其实，藤壶并不像它看上去的那样，其他动物也同样如此。这就是《藤壶的故事》的主题[23]。

尽管看起来不像，但藤壶是甲壳动物。常见的普通藤壶（acorn barnacle）就像细小的帽贝一样紧紧地附着于岩石上。如果你穿鞋踩在这些岩石上，藤壶可以防止你滑倒。如果你没穿鞋，它会划伤你的脚。藤壶的内部构造与帽贝完全不同。在壳内，藤壶像仰卧扭曲的小虾，将腿伸出壳外。藤壶利用附肢的毛状梳或篮状构造过滤水中的食物颗粒。鹅颈藤壶（goose barnacle）也是如此，但它不像普通藤壶那样隐藏于圆锥形的壳内，而是立于粗壮的短柄末端。鹅颈藤壶这一名字也是由对藤壶真实性质的误解得来的。它们附肢上具有过滤作用的湿“羽毛”，使得它们看起来像是卵中的幼鸟。在人们还相信自然发生学说的年代，民间就有传说认为鹅颈藤壶会孵化成鹅，具体点说就是白额黑雁（barnacle goose），学名 *Branta leucopsis*。

最具蒙骗性的是寄居藤壶——事实上它或许还是动物界中外貌与动物学本质最风马牛不相及的纪录保持者——比如蟹奴（*Sacculina*）。蟹奴的本质与其外表简直大相径庭。要不是它的幼虫，动物学家做梦也不会想到它们竟然是藤壶。蟹奴的成体恰似一个柔软的布袋紧贴在螃蟹的下腹，将其细长分叉、犹如植物根茎的口器刺入螃蟹体内，从其组织中吸收营养。这种寄生虫既不像普通藤壶，也不像其他任何甲壳动物。其实，蟹奴已经完全失去了盔甲状的外壳，以及几乎所有节肢动物都具有的体节。单从外形看，说它是寄生植物或真菌也不为过。但是，就进化关系而言，它确实是甲壳动物，而且属于甲壳动物中特定的一类——藤壶。总之，藤壶的确不可貌相。

奇妙的是，对于这种躯体外形看起来完全不像甲壳动物的蟹奴，我们开始从 Hox 基因的角度理解它们的胚胎发育过程。没错，正是在《果蝇的故事》中作为主角的 Hox 基因。这个基因叫作 *Abdominal–A*，通常负责调控甲壳动物腹部发育，但它在蟹奴中没有表达。似乎只要抑制了 Hox 基因的表达，你就可以把一个腿脚修长、活蹦乱跳且善于游泳的动物转变为一个无定形的真菌一样的生物。

顺便提一下，蟹奴那分叉的根状系统在入侵螃蟹组织时并非毫无目的。它们首先侵入螃蟹的生殖器官，并造成螃蟹不育。这只是偶然吗？可能不是。对螃蟹的阉割不只让螃蟹绝育，正如绝育的公牛会长膘一样，绝育的螃蟹也不再是苗条、匀称的生育机器，而是将营养用于扩大体形，变得更加肥壮，从而为寄生者提供更多的食物资源[24]。

为了引入本章最后一个故事，在这里讲一则小寓言。故事的时间设定在未来。在一场史无前例的彗星撞地球的巨大灾难后，脊椎动物和节肢动物彻底从地球上消失了。5亿年后，从章鱼的后代中进化出了新的智慧生物。章鱼古生物学家发现了一个形成于21世纪的富含化石的地层。该地层不仅是当今世界的宏大横切面，而且其保存化石的多样性和多元性也令古生物学家震惊。一位章鱼专家仔细研究过这些化石的细节并综合考虑多方面的因素，最后提出一个大胆的猜想：在大灾难来临之前，生命的多样性已达到空前绝后的繁盛，构造出许多奇妙而新颖的形体模式。想象一下目前你身边如此丰富多彩的动物世界，再想象一下假如它们中的一小部分变成了化石，你就会理解这位章鱼专家的意思了。想象一下未来的古生物学家所要面临的繁重任务吧：试图根据零星而破碎的化石破解它们的亲缘关系！

这里暂且只举一个例子。你怎么给下页上图的动物分类？很显然这是一个新的"奇异的怪物"，也许应该为它命名一个新的门类？这是动物学界不曾发现的一个全新的身体蓝图？

事实并非如此。从想象中回到现实吧。实际上这个奇异的怪物只不过是一只苍蝇，学名 *Thaumatoxena andreinii*。不仅如此，这只苍蝇还属于非常有名的蚤蝇科（Phoridae）。该科比较典型的成员是下页下图所示的蛆症异蚤蝇（*Megaselia scalaris*）。

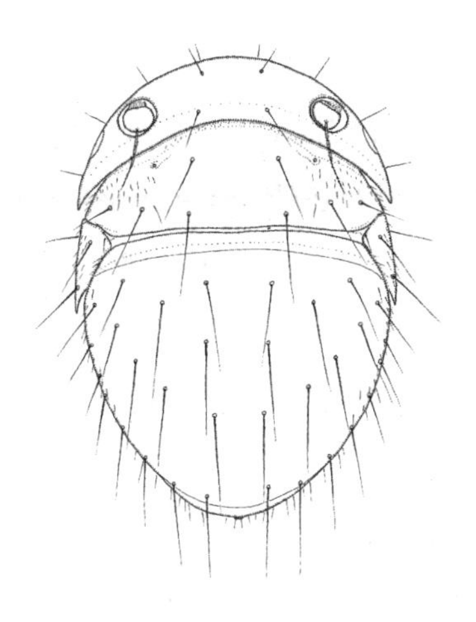

奇异的怪物？全新的身体蓝图？其实是亨利·迪士尼绘制的雌性蚤蝇。

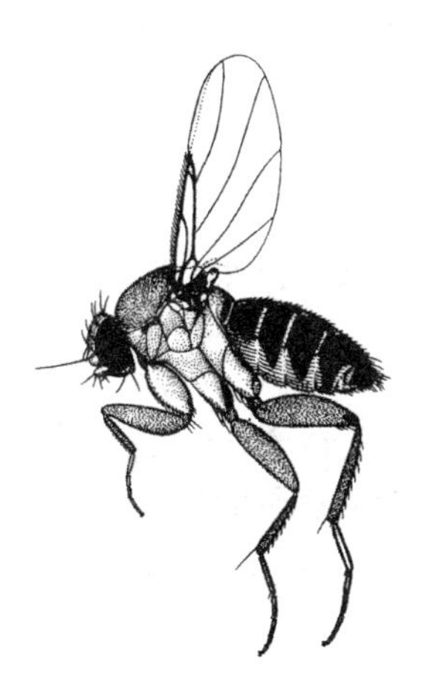

蝇应该长什么样子？由阿瑟·史密斯绘制的蚤蝇。

其实，“奇异的怪物”的传奇之处在于它们居住在白蚁的巢穴内。它们隐遁于这个世界之中，生活需要变得如此不同，以至于它们在可能相当短的时间内，就失去了所有与苍蝇相似的形态。好像回旋镖一样的身体前端只剩下头部。接下来是胸部，你可以看到翅膀的遗迹残存在胸部和腹部之间，背部表面则布满毛。

这再次体现了《藤壶的故事》的寓意。但前面讲的这个关于未来古生物学家的寓言，以及它对欢腾涌现的各种奇异怪物的痴迷，都不是无关的闲话。这是对下一个故事的铺垫，它讲的是“寒武纪大爆发”。

天鹅绒虫的故事

如果说现代动物学家承认某个事件的起源是个彻底的谜团，那么它就是“寒武纪大爆发”。寒武纪是显生宙的第一个时期，距今约 5.4 亿年，那时突然出现了我们所知的动物和植物的化石。在此之前，化石要么只是细微的痕迹，要么是难解的谜题。寒武纪之后，多细胞生物吵吵闹闹地繁盛起来，或多或少也预示着未来人类的诞生。正是由于多细胞生物化石在寒武纪的突然出现，促使学界形象地称之为“大爆发”。

神创论者喜欢“寒武纪大爆发”，因为在他们贫瘠的想象中，这个时期的世界仿佛是一所古生物的孤儿院，被各种没有双亲、不知源起的门类占据，它们仿佛被施了魔法般于一夜之间从无到有突然出现，如同长筒袜的破洞一样。在另一个极端，怀着浪漫的狂热的动物学家喜欢“寒武纪大爆发”，因为那是“田园牧歌式的梦幻生活”，动物无忧无虑地生活且极其快速地进化。那时生命有各种跳跃式的即兴创造，仿佛人类堕落前在酒神宴会上的狂欢，不像后来盛行的彻底的功利主义。我在《解析彩虹》一书中，曾引用过下面这段话，它出自一位著名生物学家，他的评价更高：

在多细胞生命产生之后不久，一场爆发式的进化革新急速扩展开来，让人几乎有这样一种感觉，多细胞生物愉悦地尝试着各种可能的路径，仿佛一边野性地舞蹈着，一边漫无目的地探索前行。

如果要找一个动物来代表寒武纪时期这种近乎疯狂的进化景象，怪诞虫（*Hallucigenia*）无疑是最合适的。它能站立吗？或许你会认为这种压根就不像生物的家伙可能终生都站不起来。你或许是对的。怪诞虫这一名字是西蒙·康韦·莫里斯（Simon Conway Morris）故意挑选的，它最初的复原图其实是上下颠倒的，这让它如同站立在牙签状的支撑腿上。而后来产自中国的化石表明，沿其“背部”分布的单排“触角”才是腿。具有单排腿？难道它像走钢丝那样保持平衡吗？并非如此。这些化石显示有第二排腿的迹象。经过重新检视最初发现的化石，发现它们确实有第二排腿。最近另一批来自中国的发现已经将其头部的细节描绘了出来，结果发现其头部并非原复原图中鬼魅般的滴状突起，而是位于另一端，现在认为滴状突起其实是背部物质被挤出形成的。怪诞虫在现代复原图——比如戴维·莱格（David Legg）为我们好心创作的精美作品——中看起来好像在真实世界中一样自然随意。怪诞虫也不再被认为是一种分类位置不明的、可能早已灭绝的“奇异的怪物”。相反，和许多其他寒武纪化石一样，它被暂时归入叶足动物门，这一门类发展至今的代表动物有栉蚕和其他有爪动物或天鹅绒虫。我们在这里即将遇到天鹅绒虫。

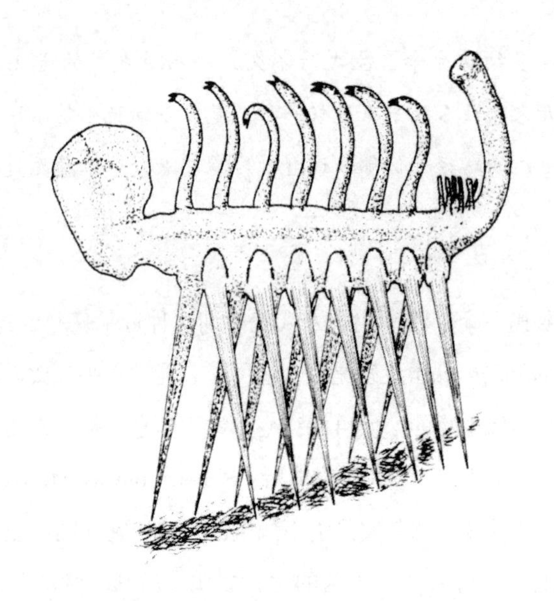

寒武纪的狂热景象。复原图中的怪诞虫被前后颠倒了。

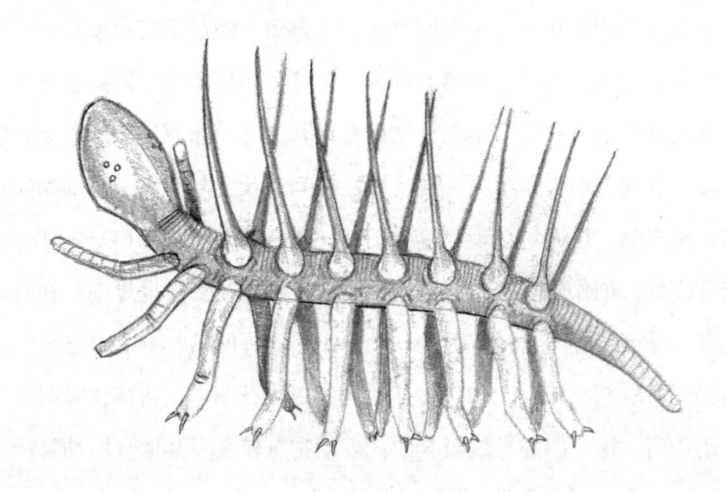

怪诞虫。戴维·莱格的当代复原图，存于牛津自然博物馆。

在以前环节动物还被认为是节肢动物近亲的时候，有爪动物常被认为是两者的“中间过渡类型”。但假如你认真思考进化的过程，你就会觉得这种过渡类型的说法并非一个非常有用的概念。如今，环节动物被归入冠轮动物，有爪动物和节肢动物属于蜕皮动物，栉蚕及其古代的亲属则与现代朝圣者们一起讲述“寒武纪大爆发”的故事。

现代有爪类动物（见彩图 38）广泛分布于热带，尤其是南半球。栉蚕、南栉蚕（*Peripatopsis*）以及所有现代有爪动物都生活在陆地上的落叶丛中和潮湿的地方。它们在那里捕食蜗牛、蠕虫、昆虫和其他小型猎物。当然，在寒武纪，怪诞虫、栉蚕和南栉蚕的远古祖先和其他生物一样，都生活在海洋里。

怪诞虫与现代有爪动物的关系至今尚有争议，而且我们必须清楚，从岩石中模糊且破损的化石，到最终在纸上通常用夸张的色彩描绘出的复原图，中间经过了相当丰富和必要的想象。在别处发现保存完好的亲属样本之前，怪诞虫曾被认为根本就不是一个完整的生物，而只是某些未知动物的部分残躯。当然，以前出现过这样的错误。在一些寒武纪的早期艺术复原场景中，有一个会游泳的水母状生物，仿佛是根据罐头里的菠萝圈想象出来的。结果表明这只是寒武纪海洋中神秘的捕食动物奇虾（*Anomalocaris*）的部分口器。其他寒武纪化石，例如埃谢栉蚕（*Aysheaia*）与现代海生的栉蚕种类极为相似，这进一步表明栉蚕具备讲述寒武纪故事的资格。

帚状奇虾。

在任何地质时期，能够成为化石的绝大多数都是动物身体中的坚硬部分，例如脊椎动物的骨骼、节肢动物的甲壳、软体动物或者腕足动物的贝壳等。但加拿大、格陵兰和中国各有一个寒武纪地层，在特殊条件下保存了生物的软体部分，这对于我们来说简直是奇迹般的馈赠。它们分别是位于加拿大不列颠哥伦比亚的布尔吉斯页岩化石群、位于格陵兰岛北部的西里斯帕西特（Sirius Passet）化石群和中国南部的澄江化石群[25]。布尔吉斯页岩化石群最早发现于1909年，80年后因斯蒂芬·古尔德的《奇妙的生命》一书而闻名于世。格陵兰北部的西里斯帕西特化石群发现于1984年，但迄今为止对其的研究远不及另外两个化石群多。同一年，侯先光发现了澄江化石群。2004年，侯博士和其他作者合著的附有漂亮插图的《中国澄江寒武纪化石》专著出版，恰好早于本书初版的出版时间，这对我来说是件幸运的事。

澄江化石群形成于5.25亿至5.2亿年前，大概与西里斯帕西特化石群处于同一时代，但比布尔吉斯页岩化石群早1 000万或1 500万年。这些著名的化石点具有相似的动物群。这里保存有大量叶足动物，其中许多看上去或多或少和现代海生的栉蚕种类有些像。还有海藻、海绵、形形色色的蠕虫、看起来很像现代种类的腕足类动物以及许多分类位置未明的物种。另外，这里还保存了大量的节肢动物，包括甲壳动物、三叶虫，以及其他许多有点像甲壳动物或三叶虫，但更可能各自属于独立类群的动物。体形庞大（有时甚至超过1米）、明显肉食性的奇虾及其同类在布尔吉斯页岩化石群均有发现。尽管目前尚不能确定奇虾到底属于哪个动物门类——或许是节肢动物的远亲——但它们肯定曾经非常壮观。当然，并非所有布尔吉斯页岩化石群的“奇异的怪物”在澄江化石群中都有发现，例如具有五只眼的欧巴宾海蝎（*Opabinia*）。

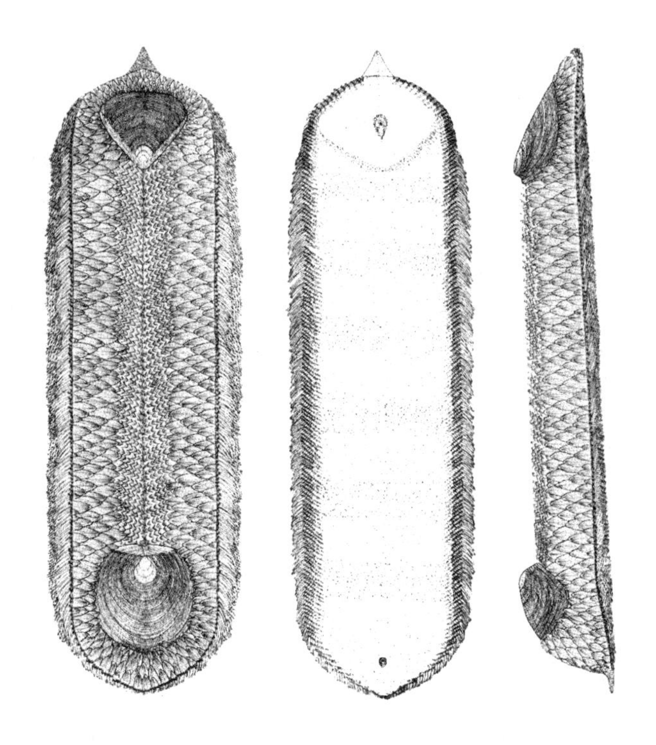

打破了伟大类群的神奇敬畏。寒武纪底层格陵兰西里斯帕西特化石群保存的布道哈氏虫。由莫里斯绘制。

格陵兰岛西里斯帕西特化石群保存有一种漂亮的生物，被称为哈氏虫（*Halkieria*）。它曾一度被认为是早期软体动物，但曾描述过许多寒武纪怪异生物的西蒙 · 康韦 · 莫里斯认为它可能与软体动物、腕足动物和环节动物这三个主要门类都有关。这让我为之心动，因为他的论点打破了动物学家长期以来对这几个门类的神秘敬畏。如果我们认真审视生物的进化过程，当我们逆时间回溯生物的会合点，会发现它们彼此间应当变得越来越相似，血缘关系越来越近。情形必然如此。不管哈氏虫是否符合这个角色，如果没有一种远古动物能把环节动物、腕足动物和软体动物联系在一起，才是令人忧虑的事情。请注意上页图中的贝壳，两端各有一个。

正如我们在第 22 会合点看到的那样，甚至在比布尔吉斯页岩化石群的文昌鱼状的皮卡虫还要早的年代，就已经有一些生物的化石看上去像是真正的脊椎动物了。传统的动物学观点从不曾认为脊椎动物会出现得这么早。但澄江化石群中保存的一些化石看起来很像无颌鱼，而先前认为它们最早也要到 5 000 万年后的奥陶纪中期才会出现。海口鱼是其中被研究得最清楚的，目前已发现了 500 多个标本。另外两种同样不好发音的物种，昆明鱼和钟健鱼，只有单个形态扭曲的标本，并且有争议认为其中之一只是化石形态比较糟糕的海口鱼。这些分类学的争论恰恰说明了解析古老化石标本的详尽信息是多么困难。下页图显示的是昆明鱼化石标本的照片和一个借助投影描绘器画出的手绘图。我真的对这种复原远古动物所体现出来的耐心深表敬意。

脊椎动物的起源被推进到寒武纪中期的事实，进一步强化了生物大爆发的概念，而这正是谜团的根基。现在看来，现代主要动物门类最早的化石的首次出现，确实都是在寒武纪之中一个狭窄的地质时期内。这并不意味着在寒武纪之前就没有这些门类的代表物种，但是至少它们大多数并没有形成化石。这该如何解释呢？目前有三种主要的假说及各种不同的组合，就像我们关于恐龙灭绝后哺乳动物的大爆发也提出了三个假说一样。

一、不存在所谓的生物大爆发。这种观点认为，爆发的只是化石的形成，而不是生物进化。事实上这些动物门类在寒武纪之前很久就已经产生了，它们的祖先散布在寒武纪之前上千万年的时间里。这种观点得到了一些分子生物学家的支持，他们主要利用分子钟技术追溯关键共祖的生存年代。例如，在 1996 年发表的一篇著名论文中，格雷戈里·雷（Gregory A. Wray）、杰弗里·雷文顿（Jeffrey S. Levinton）

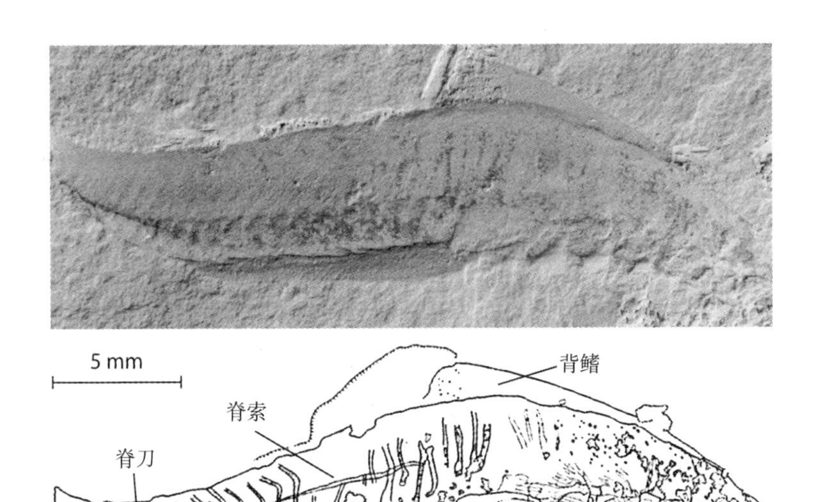

人们曾经认为脊椎动物并没有这么古老。丰娇昆明鱼化石。由舒德干等人提供。

和雷奥·夏皮罗（Leo H. Shapiro）估计脊椎动物和棘皮动物的共同祖先生活在10亿年前，而脊椎动物和软体动物的共同祖先生活于12亿年前，这大概是所谓寒武纪大爆发的历史的两倍多。分子钟技术一般总会把这种古老的进化分支的时间追溯到前寒武纪时期，这比大多数古生物学家愿意接受的时间古老得多。这一假说认为，由于某种未知的原因，寒武纪之前的生物大多未能形成化石。或许它们还没有能够形成化石的坚硬部分，比如贝壳、甲壳和骨骼等。毕竟，布尔吉斯页岩和澄江的海底将柔软躯体保存成化石的能力是极为罕见的，是其他地层不具备的。又或许只是因为，前寒武纪动物尽管具有复杂的形体模式且长期广泛存在，但它们体形太小而不能形成化石。有一个事实可以支持这种观点，即一些个体较小的动物门类在寒武纪之后也压根没有留下任何化石，以至于今天它们貌似存活的“孤儿”。确实，比如庞大而美丽的涡虫纲（Turbellia），它们是一类自由生活的扁虫，根本就没有留下化石。它们没准是昨天出生的。既然这样的话，我们有什么理由希望在寒武纪之前的地层中也发现化石呢？反方观点认为，并非所有动物都难以形成化石。比如，有些海绵动物具有坚硬的内部骨骼（见第 31 会合点）。如果它们存在于数十亿年前，我们很可能会发现它们。蠕虫类动物可能会留下一些足迹和掘洞的痕迹，若是当时没有大型动物来破坏这些痕迹的话，我们更应该发现它们。然而，这些远古痕迹只能再往前寒武纪时期追溯数千万年而已，再早就没有了。

二、延迟爆发。不同生物门类的共同祖先生活的年代确实相当接近，但在可见的化石证据大爆发之前，它们依然可以散布于前寒武纪足足数千万年的时间里。从现在回溯至这么遥远的过去，乍一看仿佛 5.2 亿年前的澄江化石群与某个比如说生活于 5.6 亿年前的假想祖先的年代非常接近。但是它们还是相差了足有 4 000 万年，比人类这一物种的存在历史还长 40 倍。想想《加拉帕戈斯地雀的故事》和《丽鱼的故事》里那种极其快速的爆发，即使 1 000 万年也算是很长的时间了。因为后见之明的偏见，如果两块古老的化石分属于两个不同的现代生物门类，我们很容易想当然地认为这两块化石之间的差别就应当像两个门类的现存代表生物之间的差别一样大。我们很容易忘记，这两个门类的现存代表生物是经历了 5 亿多年的分别进化才成了现在这个样子的。若是有一个生活在寒武纪的分类学家，他不曾受到 5 亿年后动物学后见之明的偏见的干扰，没有理由认为他还会把这两块化石置于同一个门类，也许他只会把它们放入不同的目，毕竟他可不知道这两种生物的后代会最终分化得如此厉害，以至于各自占据了一个门。

三、突然大爆发。依我看，这第三派的观点近乎精神失常，或者使用较为礼貌的词句——疯狂和不负责任地不切实际。但是我必须花些时间来解释这个观点，因为它最近莫名其妙地受到极大推崇。我要将此归咎于那些怀着浪漫主义狂热的动物学家。

第三种假说认为新的门类是在一次巨型突变跃迁后骤然形成的。下文是我之前在《解析彩虹》一书中引用的其他科学家的话，抛开这些不论，这都是一些值得尊敬的科学家：

> 当寒武纪即将结束时，好像某个装置不知怎的突然失灵，不再产生进化跃迁，不再制造主要的功能创新，而这正是产生新的门类的基础。就好像进化的主发条失去了某些动力……因此，寒武纪的生物能够产生较大的跳跃性进化，包括门一级的跃变。后来进化受到了更多的限制，只能发生温和的跳跃，最多到达“纲”一级。

再看看这段话，它出自本篇故事开端所引用的同一位著名科学家：

> 在早期生物分支中，我们发现了多种多样的大尺度突变，它们不仅与主干不同，彼此之间也大不相同。这些物种间的形态差异极大，以至于可被认为是不同门类的始祖。这些奠基者同样产生分支，但分支变异的尺度更小，这样就从各个门类的奠基者那里产生了不同的子群，即纲的形成。以此类推，尺度越来越小的

突变留下的适应性生物成为目的奠基者、科的奠基者乃至属的奠基者。

这些荒谬的言论让我忍不住反驳，就如同一个园丁盯着一棵老橡树，惊讶地说：

“真是奇怪了，这么多年来这棵老橡树没有新长出一根大树杈？这些日子里新生的全是些细枝条。”

接下来是另一段引用，该书出版于《解析彩虹》之后，我之前也从没有引用过，所以这次我要点明它的作者。安德鲁·帕克（Andrew Parker）在《眨眼之间》一书中极力宣扬了他个人那个有趣的原创理论。他认为，寒武纪大爆发的出现是因为动物突然发明了眼睛。但在开始陈述他的理论之前，帕克先是小心地做了铺垫，针对寒武纪大爆发的谜团给出了一个“大胆而且不负责任”的版本。他关于寒武纪大爆发的说法是我读到的最有“爆炸性”的版本：

在5.44亿年前，有三个外形各不相同的动物门类，然而到了5.38亿年前的时候，就已经有了38个动物门类，这个数目与今天的动物门类数目一样多。

帕克进一步澄清，他说的不是被压缩在600万年时间内的极端快速的渐进式进化。如果真是快速的渐进式进化，那这只是我们前面第二种假说的一个极端版本，还勉强能够让人接受。他也不是说——换了我的话，我会这么说——在两个门类的始祖产生进化分歧之初，虽然它们后来会形成两个门类，但当时它们并没有很大的区别，只是随后渐行渐远，先形成不同的种，然后是属，直到最后它们之间的差异达到门一级的程度。不，帕克不这么认为。他认为自己那38个门类一夜之间在5.38亿年前出现，当时就羽翼丰满，仿佛一顶巨型突变的帽子从天而降：

> 在地球上出现了38个动物门类，因而只有38个里程碑式的遗传事件，造成38种不同的内部结构。

里程碑式的遗传事件并非完全不可能。我们之前在《果蝇的故事》中提到的各种Hox基因家族的控制基因显然能够以戏剧性的方式突变。但里程碑和里程碑是不一样的。一只果蝇在本来该长触角的位置长了一双腿，这就是里程碑事件的极限了，即便如此，它依然面临很大的生存问题。这里面有一个普适的强大理由，我会简要加以解释。

一个突变个体有可能因为新的突变而境况变好。当然，这里所谓的好是相对于没有突变前的亲本类型而言。但亲本至少也要足够好才能够生存和繁殖，否则它也不能成为亲本。变异越小，就越有可能是一种提升，这很好理解。"很好理解"曾是伟大的统计学家和生物学家罗纳德·费歇尔的口头禅。有时候他所说的"很好理解"的事情对于我们这些普通人来说其实并不简单。不过就这个例子而言，我觉得不难跟上费歇尔的思路。这是一个关于定量性状的例子，比如大腿的长度，它只在一个维度上产生差异，或者变长几毫米，或者变短几毫米。

设想有一系列突变，其效应依此增强。系列的一端是一个效应为零的突变，如前所述，它应当和亲本基因一样好，至少应该好到保证个体度过童年并繁殖后代。现在想象出现了一个效果轻微的突变，比如说使腿增长或者缩短了 1 毫米。假设亲本基因并不完美，而突变体也只是与亲本基因型略有不同，那么它就会有 50% 的机会变得好一些，50% 的机会变得差一些。如果突变发生在正确方向上，就会好一些，反之则差一些。但是一个巨大的突变，即使是朝着有利的方向也很有可能比亲本表现得更糟糕，因为它好过头了。举个极端的例子，你可以想象一个大腿长达 2 米的正常人。

当然，费歇尔的论述更有普遍性一些。当我们讨论那些可以产生一个新门类的大突变时，我们面临的性状就不再限于诸如腿长之类的定量性状，这时我们就需要另外的解释。正如我之前所说的，基本要点在于让一个生物死亡的办法总要比让它活下来的办法多很多。想象一下由所有可能的动物组成的数学场景。这里，我不得不称之为“数学”场景，因为这是一个有数百个维度的场景，它包括无数仅能存在于想象中的怪物和数量相对较少的曾经真实存在过的所有动物。帕克前文所提出的“里程碑式的遗传事件”应该是指具有巨大影响的大型突变，不像腿的长度这样只在一个维度上变化，而是同时在数百个维度上产生突变。如果要想象，这就是我们现在所要讨论的突变尺度，如帕克所认为的那样，这是一类突发的、直接的变化，从一个门类突变为另一个门类。

在包括所有可能的动物的多维场景中，活着的生物好比一个个存活的孤岛，中间被充满奇形怪状的畸形突变的巨大海洋阻隔。从任何一个岛屿出发，或者腿变长一寸，或者角变钝一些，或者羽毛颜色深一点。进化就像一条在多维空间内延伸的路径，每前进一步，它所代表的身体必须能够存活而且能够繁殖下一代，就像它的父母在上一步所做的那样。如果有足够长的时间，一条足够长的路径可以从存活的起点延伸到另一个存活的目的地，目的地的距离足够远，以至于我们可以认为它代表一个不同的门类，例如软体动物。而另一条连续的路径可能从相同的起点开始，借助连续的可存活中间体，一步一步地抵达另一个可存活的目的地，我们把这个目的地认作另一个门，比如环节动物。任何一对动物门类从它们的共同祖先那里分道扬镳都必然经历过类似的过程。

接下来是这段推理的目的所在。若有一个随机突变能够一蹴而就产生一个新的门类，它不仅幅度必须足够大，而且必须在数百个维度上同时发生，更要拥有不可思议到荒谬程度的好运气，才能抵达另一个可存活的岛屿。这种程度的突变几乎不可避免地会掉进无法存活的海洋中间，别说形成一个新的门类，可能都无法形成一个动物。

神创论者愚蠢地把达尔文的自然选择比作飓风刮过一座垃圾场，然后就很幸运地组装了一架波音 747。他们当然是错的，因为他们完全曲解了自然选择学说“渐进”的“积累”的本质。但是这个垃圾场比喻完全适用于一夜间形成一个新动物门类的假说。像蚯蚓一夜之间变成蜗牛这样巨大的进化跃迁，确实必须要有垃圾场上的飓风一样的好运气才行。

因此，我们完全有信心否决上述三种假设中的第三个，那个疯狂的假说。现在只剩下前两个假说或者说两者的某种折中。这时我发现自己竟然不知所措，并且渴望获得更多的数据。正如我们在这个故事的后记中看到的那样，似乎人们更多地倾向于认为，早期的分子钟测年技术将主要的进化分支点提前到深入前寒武纪时期上亿年有些过于夸大了。另一方面，寒武纪之前少有主要动物门类的化石，并不能使我们断定这些动物门类的进化是极其神速的。关于垃圾场飓风的讨论告诉我们，所有这些寒武纪化石肯定有连续进化的祖先。这些祖先肯定存在，只是还没有被发现。无论是什么原因，也无论时间尺度多大，它们没能形成化石，但是它们一定存在过。从表面上看，所有动物隐匿行迹 1 亿年要比隐匿 1 000 万年更难想象。这让一些人倾向于短期延迟爆发的寒武纪大爆发理论。但另一方面，延迟越短，就越难想象在这样短的时间怎么会进化出如此多的生物多样性。因此，在两头堵截之下，我们很难在现有的两种假说之间做出抉择。

在澄江化石群和西里斯帕斯特化石群之前，并非完全没有多细胞动物的化石。比澄江化石群更早 2 000 万年，几乎是在寒武纪和前寒武纪的过渡时期，地球上出现了各种各样的微化石，表面上看起来像是小贝壳，因此，它们被统称为“小壳动物群”（small shell fauna）。这些动物似乎属于完全不相干的动物门类。最古老的克劳德管虫可能是一种环节动物，或者可能是类似珊瑚虫一样的动物的骨骼，也可能都不是。还有一些几乎肯定是各种两侧对称动物的甲板残片，特别是软体动物和叶足动物——天鹅绒虫的近亲，对于本篇故事来说，这真让人喜悦。这让大多数古生物学家都大吃一惊，因为这意味着原口动物不同类群间的分化发生在前寒武纪时期，在可见的“寒武纪大爆发”之前。而甲板的存在意味在最早期的寒武纪海洋中已经有捕食者在捕猎了。

也有一些关于动物多样性的更古老的线索。比如说，在寒武纪开始前 2 000 万年，也就是前寒武纪晚期的埃迪卡拉纪（Ediacaran Period），全世界范围内广泛分布着一类非常繁盛的神秘动物群，即埃迪卡拉动物群，得名于首次发现该动物群的南澳大利亚埃迪卡拉山（Ediacara Hills）。由于它们通常都掩埋在粗糙的砂岩中，很难确切地知道大多数埃迪卡拉动物到底属于什么门类，但它们的确是能形成化石的最早的大型动物之一。它们当中有一些很可能是海绵，还有一些有点像水母。其他有些像海葵或者海鳃（具羽状结构，海葵的近亲），其中一种被称为 *Haootia* 的生物甚至似乎拥有肌肉。另外一些，比如金伯拉虫（*Kimberella*），看起来像蠕虫或者蛞蝓，它们应该可以作为真正的两侧对称动物的代表了。剩下的生物只是一些谜。我们该怎样解读狄更逊水母（*Dickinsonia*，彩图 39 中的奇异怪物）呢？它是珊瑚虫？蠕虫？真菌？或者与现存生物完全不一样？在我们发现新的化石，或者新的技术来表征现存的化石之前，目前普遍的观点认为埃迪卡拉化石群虽然很惊艳，但是在寻找两侧对称动物的祖先方面并没有太多帮忙。

另外也有一些前寒武纪动物的痕迹化石。这些印迹告诉我们，早期存在着一些会爬行或穴居的大型动物，而且很可能是真正的两侧对称生物。不幸的是，它们没有告诉我们这些动物长什么模样。在中国的陡山沱有一些更古老的生物化石，主要是微型化石，它们看起来像是胚胎，尽管不清楚它们会长成什么样的动物。在纽芬兰（Newfoundland）出现的盘状的小型印痕更加古老，距今约 6 亿到 6.1 亿年。这些动物不管是什么——如果是动物的话——都要比埃迪卡拉动物群更加神秘。

这本书由 40 个会合点组成，我们期望对每个会合点的时代做一个猜测。通过可测年的化石和经化石校准的分子钟技术，我们可以为大多数会合点给出一个比较可信的时间。但当我们考察更古老的会合点时，这些化石就要让我们失望了，这并不奇怪。这意味着分子钟技术无法得到可靠的校准，我们进入了无法测年的蛮荒年代。为了保持完整性，我强迫自己给 23 号共祖之后的蛮荒年代标记上大致的年代。近来得到的一些可用证据使我有点——只是有点——偏向于延迟爆发的观点。我以前是倾向于认为不存在真正的生物大爆发的。随着更多证据的出现——我希望如此——如果我们发现自己在寻找现代动物的共祖的过程中，再一次被推向遥远的前寒武纪时期，那么我丝毫不会感到惊诧。或者我们有可能会被反向推到一个非常短暂的爆发时期，在寒武纪开始前后的 2 000 万年甚至 1 000 万年内找到现代大多数动物门类的共祖。如果是这样的话，我强烈地预计，即使我们正确地将两种寒武纪动物根据它们和现代动物的相似点放入不同的门类，那么它们在寒武纪时的相似性要明显高于它们自己与其现代后代的相似性。至少，寒武纪的动物学家不会把它们归入不同的门，而是分为更小的类别，比如亚纲。

无论前面两种假说中的任何一个得到证实，我都不惊讶。我不会冒险支持某一个。但是如果出现任何有利于第三个假说的证据，我宁愿吃掉自己的帽子。没有任何理由认为寒武纪时期的进化和今天的进化有本质的差别。所有认为进化的发条在寒武纪之后放缓的浮夸言辞，所有对激进的进化发明和无端狂野舞蹈的欢欣赞叹，所有在动物学上不负责任地认为新的门类可以在某个有福的黎明一蹴而就的观点，都是疯人呓语。关于这一点，我是敢出头断言的。

我必须说，我并不反对关于寒武纪的诗作，但请给我理查德·福提的版本。他在那本经典之作《生命简史》（*Life: An Unauthorised Biography*）的第 120 页写道：

> 我想象着夜晚站在寒武纪海滨的景象，就像第一次站在斯匹次卑尔根岛思索生命史那样。海水拍打着我的双脚，海水的样子和带给我的体验毫无新意。在海洋和陆地相交的地方有很多发黏的圆形叠层石，它们是从前寒武纪的大坟墓里逃出来的幸存者。

风呼呼地吹过我身后红色的平原，那里没有一点生命的迹象，我能感觉到被风吹起的砂砾打在腿肚子上的刺痛。但是，我看到了：脚下的沙子里有蚯蚓的粪便，这些弯弯曲曲的小东西看起来甚为亲切；沙地上残留着甲壳动物匆忙间留下的沟痕……除了风声和海浪声，这里一片寂静，没有动物在风中哀嚎。

《天鹅绒虫的故事》后记

在本书大部分章节里，我们在介绍许多共祖的时候，都会扔出一个会合点的年代，甚至有些草率地在“远祖”前面加一个数，说是多少多少代远祖。我们推算年代主要以化石为根据，正如我们将在《红杉的故事中》见到的那样，这些化石可以同大尺度的年代精确对应。但是对于追溯扁虫这样拥有柔软躯体的动物的祖先源流，化石就帮不上什么忙了。在过去 7 000 万年的化石记录中就没有腔棘鱼的踪影，这就是为什么 1938 年活腔棘鱼的发现如此让人兴奋而惊诧。化石记录，即使在最适宜保存的时代也只是破碎残缺的证据。而如今随着我们步入寒武纪时期，我们悲哀地发现几乎没有化石可用了。不管我们对寒武纪大爆发给予什么解释，每个人都赞同的是，不知道出于什么原因，几乎所有的寒武纪动物的祖先都没有能够形成化石。当我们寻找寒武纪之前的共祖时，我们在岩石中没有找到任何证据。幸运的是，化石并不是我们唯一的救赎。在《黑猩猩的故事》《象鸟的故事》《腔棘鱼的故事》以及其他地方，我们都使用了分子钟这项天才般的技术。现在是时候详细介绍一下这种技术了。

如果可度量或者可测量的进化改变是以一个固定的速率进行的，这难道不是一件很美妙的事情吗？我们可以把进化当作其自身的时钟，而且无须循环论证，因为我们可以根据具有良好化石记录的进化历史阶段来校正进化钟，然后推断没有化石记录的进化时期。但我们怎么测量进化速度呢？即使能够测量，我们凭什么预期进化变化的任何方面具有时钟那样的恒定速率呢？

我们完全不能指望腿的长度、脑的大小或者触须的数量是以恒定的速率进化的。这些特征对生存很重要，它们的进化速率肯定是极其多变的。在任何情况下，很难想象有一种统一的标准来衡量可见的进化特征。你怎么衡量腿长的进化速率？每百万年多少毫米？每百万年增减的百分比？还是其他什么指标？霍尔丹建议以“达尔文”作为进化速率的单位，它是基于每个世代的变化比例。但把这个单位应用于真正的化石上就会发现，计算的结果从毫达尔文、千达尔文到百万达尔文不等，这一点毫不奇怪。

分子变化看来是一个更有希望的计时器。首先，测量对象非常清楚。DNA 是用四种字母书写的文本信息，测量其变化速率有自然而然的办法，要做的仅仅是计算 DNA 字母差异的数目，或者如果你愿意，你可以研究 DNA 编码的蛋白质产物，计算氨基酸的差异。有理由预期，大多数分子水平上的变异是中性的，而不是被自然选择驾驭的。中性不等于无用或没有功能——它只是表明一个基因的不同版本都同样好，因此从一个版本变成另一个版本并不受到自然选择的关注。这对于分子钟来说是件好事。

尽管我有一个非常可笑的称号叫“极端达尔文主义者”（若不是这个称号听起来恭维的意思居多，我一定会更加积极地反对这种诽谤），但我不认为大多数分子水平上的变异受到自然选择的青睐。相反，我一直在关注伟大的日本遗传学家木村资生（Motoo Kimura）提出的“中性理论”，以及他的合作者太田朋子（Tomoko Ohta）拓展的

“近中性理论”。当然，现实世界对人类的品位没有兴趣，但我确实非常希望这样的理论得到验证。因为这些理论给了我们一个客观独立的进化编年史，它与我们周围生物的外观毫无关联，这让我们真的可以期望分子钟确实有可能起作用。

为了避免误会，我必须强调，中性理论绝没有否定自然选择的重要性。对于关乎生存和繁殖的可见变化，自然选择是威力无穷的。关于生命功能的美以及明显“设计”而来的复杂性，自然选择是我们所知的唯一解释。但是，若是某个变化没有导致可见的后果，那它就避开了自然选择的“雷达”，从而可以在基因库中完整地保存下来，不会受到惩罚，并给我们提供计算时间所需要的信息。

一如既往，达尔文在中性变化方面再次超出了他所处的时代。在《物种起源》的第一版第四章开头的部分，他写道：

> 这种对有利变异的保持和对有害变异的消除，我称之为“自然选择”。至于那些无利也无害的变异，将不受自然选择作用的影响，成为一个波动因素，也许和我们看到的物种多态性一样。

在第六版和最后一版中，第二句有了一个听起来更加现代的补充：

> ……或许正如我们在某些具多态性的物种中看到的那样，或者说这些特征最终会固定下来……

“固定”是一个遗传学术语，达尔文当然指的不是它现代的含义，但这为我接下来要说的观点做了一个方便的铺垫。一个新突变在群体中的起始频率注定接近于零，而当它的频率达到百分之百时，我们就说它固定了下来。为了构建分子钟，我们想要测定的进化速率，即某一固定遗传基因座的一系列突变在群体中被固定下来的速率。如果自然选择偏爱新突变胜过先前的“野生型”等位基因，并因此驱使它固定下来，突变基因就变成了正常基因。即便新的突变和先前的基因一样好——真正的中性突变，也有机会被固定下来。这与选择没有任何关系，完全取决于运气。这就像抛硬币一样，你可以计算出它发生的概率。一个中性突变一旦漂移到百分之百，它就成为新的常态，即成为那个基因座所谓的“野生型”等位基因，直到另一个突变有幸趋于固定。

如果有了一个强大的中性组分，我们就有机会拥有一个绝妙的计时器。木村自己不是非常关心分子钟的概念，但他相信——现在看起来他的想法是对的——DNA 中大部分突变是中性的，“不好也不坏”。他用一种极其简洁明了的代数方法（在此我不详细阐述）计算，并认为中性基因最终固定下来的速率完全等同于突变发生的频率，即突变率。

你看，对于希望用分子钟来计算生物进化分支（会合）点的人来说，这是多么完美！只要中性遗传基因座的突变率保持恒定，那么固定速率或者说“替代”速率也会保持恒定。你可以比较两种不同动物的相同基因，例如穿山甲和海星，它们最近的共同祖先是 25 号共祖。先计算一下海星的基因和穿山甲有多少个字母差异。假设其中一半差异是海星这个家系积累起来的，另一半差异来自穿山甲家系的积累，这样我们就知道自从基因分离之后分子钟响过多少“滴答”声，从而对第 25 会合点的年代有个估计（我们在《黑猩猩的故事》后记以及《倭黑猩猩的故事》的结尾部分对此有过讨论）。

但是问题并非如此简单，而且其复杂性也非常有趣。首先，如果你倾听分子钟走动的声音，会发现它并不像钟摆或手表走针那么有规律；它听起来更像靠近放射源的盖格计数器。完全随机！每一次“滴答”声是一个突变的固定。根据中性理论，连续两声“滴答”之间的间隔可长可短，取决于随机的“遗传漂变”。在盖格计数器中，下一次“滴答”的时间是不可预测的，但是大量“滴答”的平均间隔则是高度可预测的。我们希望分子钟可以像盖格计数器一样可预测，大体上它确实是这样的。

其次，在基因组中不同基因的变异速率也不一样。遗传学家很早就注意到了这一点，那时他们看到的只是 DNA 的产物——蛋白质，而非 DNA 本身。细胞色素 C 以自己典型的速率进化，比组蛋白快，但比球蛋白慢，而球蛋白又比血纤维蛋白肽的进化速率慢。同样，当盖格计数器暴露于一个轻度辐射源例如一块花岗岩，或者暴露于一个高度辐射源——镭，下一次“滴答”声总是不可预测的，但滴答声的平均间隔时间是可预测的，而当辐射源由花岗岩换成镭时，其频率变化非常大，而且是可预测。组蛋白就像花岗岩，以很低的频率滴答作响；血纤维蛋白肽就像镭，“滴答”声就像一个疯狂的蜜蜂发出的“嗡嗡”声；其他蛋白例如细胞色素 C（或者编码它们的基因）则居于两者之间。基因钟有一个频谱，各自有各自的速率，可用于不同目的的年代追溯，并可相互校准。

为什么不同基因变异的速率不一样呢？怎么区分“花岗岩”基因和“镭”基因呢？要记住中性突变并不是意味着没用，而是意味着同样好。花岗岩基因和镭基因同样有用，区别在于，镭基因可以在很多区域都发生改变而仍然有用。一个基因的作用方式决定了其内部一定区域可以发生改变而不影响其功能。但同一基因的其他部分对突变高度敏感，如果这些部分发生突变，基因功能就会遭到破坏。或许所有基因都有花岗岩部分，如果基因要正常工作，就不能变化太多；只要花岗岩部分没有受到影响，镭部分就可以自由突变。或许细胞色素 C 基因就是由花岗岩和镭形成的混合体；血纤维蛋白肽基因有高组分的镭部分，而组蛋白有高组分的花岗岩部分。用这种方式解释不同基因之间变异速率的差异仍有一些问题，至少仍不充分。但对我们而言重要的是，基因之前的变异速率确实存在差异，但是对任何一个给定的基因，甚至在相距甚远的物种中，其变异速率是相当稳定的。

然而，变异速率并不恒定，这给我们带来了一个严重的问题。"滴答"的速率不仅仅含糊不清，而且对于任何给定的基因，一类物种的速率总是比另一类物种的速率更大，这就引入了一个现实的偏差。细菌的 DNA 修复系统比我们复杂的保真系统低效得多，所以它们的基因突变率更高，分子钟速度更快。啮齿动物的修复系统效率同样不高，这就是为什么啮齿动物的分子进化比其他哺乳动物快。那些主要的进化变化，例如从"冷血"变为"热血"（恒温），就有潜力改变进化速率，从而干扰对分支时间的分子钟估计。不过现在有了更精良的方法，在计算的时候允许突变速率在世系内以可遗传的（所谓"自相关"）方式改变。本书的相关年代估计也尽可能采用这些方法。

另一个问题可能是意料之中的，因为我们知道当细胞分裂、DNA 复制时可能会发生突变。因为动物个体倾向于在发育早期储备生殖细胞，大量动物物种尽管差异很大，但每一代个体经历的细胞分裂次数却惊人地相似。例如，从一个母本的卵细胞回溯到当初发育成母本的受精卵，人类个体大约能数出 31 次分裂，小鼠是 25 次，果蝇则是 37 次。如果这些动物都有相同的世代时间，这些相似的数字将会成为一个很好的时钟。当然它们并非如此，其世代时间相差甚远。在果蝇中，这 30 多次细胞分裂每 30 天发生一轮，但在人类中每 30 年才发生一轮[26]。因此，我们不会期望每一年的突变率都恒定不变。如果取一个非常粗略的近似，我们也许可以期望分子钟反映出世代的数目。但实际上，当分子生物学家使用良好的化石记录来校准的谱系来研究基因序列的变化速率时，发现并非如此。实际上，似乎真有一个分子钟在计数年份而非世代。这很方便，但如何解释呢？

有一种解释是这样的，虽然大象的繁殖周期比果蝇长，但在两次生育事件之间的这些年里，大象的基因和果蝇的基因同样受宇宙射线辐射以及其他可以引起突变的因素的影响。没错，果蝇的基因每两星期就能出现在新的果蝇身上，但这和宇宙射线有什么关系呢？一只大象的基因在 10 年内受到的宇宙射线辐射，和这期间连续 250 代果蝇的基因受到的总辐射同样多。这个理论中也许揭示了部分真相，但它可能不是充分的解释。事实上，大部分突变确实是在 DNA 复制时产生的，所以我们似乎需要别的说法来解释分子钟为什么能测定年数而不是世代数。

这就要提起木村的同事太田朋子做出的一个杰出的贡献：近中性理论。正如我所说，木村根据他的完全中性理论计算出中性基因的固定速率和基因的突变速率是完全相等的。这个非常简洁的结论来自代数式中一项优雅的"消除"。这个被消除的量是种群的大小。种群大小同时出现在方程式的分子和分母中，所以在数学运算中很简便地被消除，结果固定速率就等于突变率。但是只有当相关基因确实完全中性时，这个关系才成立。太田修正了木村的这个公式，她允许突变近似于中性而不是完全中性。这就改变了整个情况，种群大小在公式中不再被消除。

这是因为，正如数学遗传学家长期计算的那样，在一个大种群中，有轻度危害的基因在被固定下来之前就很可能被自然选择剔除。而在一个小种群中，运气更有可能在自然选择发挥作用之前使这个轻度有害的基因固定下来。考虑一种极端情况，假设一个种群在一次大灾难中几乎全部消失了，仅有 6 个个体存活下来。如果 6 个个体都偶然携带了轻度的有害基因，这是不足为奇的。在这种情况下，有害基因会在该种群中固定下来。这虽是一种极端情况，但是数学统计显示这种影响还是相当普遍的。在大种群中可能被剔除的基因在小种群中有更大的可能被固定下来。

所以正如太田指出的那样，种群规模在这个公式中不能被消除。相反，它恰好对分子钟理论有利。现在我们再回到大象和果蝇的例子。寿命长的大型动物，例如大象，多半是小种群；寿命短的小型动物，例如果蝇，多半为大种群。这不是一个模糊的效应，而是相当可靠的规律，其原因也不难想象。所以尽管果蝇的繁殖周期短，倾向于加速分子钟，但它们的大种群延缓了该效应。就突变而言，大象的分子钟较慢，但是它们的小种群在固定突变方面又让分子钟加了速。

太田教授有证据表明，在垃圾 DNA 中或者同义替换[27]的情况下产生的真正的中性突变，似乎确实是在计数世代数目而非真实时间，也就是说，如果考察真实时间，世代周期较短的生物显示出加速的 DNA 进化。相反，对于造成实质改变的突变，由于受到自然选择的影响，其进化速度或多或少在真实时间上是恒定的。

无论理论原因是什么，在实际应用中，除去通常允许的例外（慎重选择我们的计时基因，并且规避有反常突变速率的物种），分子钟被证实确实是一个非常有用的工具。在使用分子钟时，要画出一系列我们感兴趣的相关物种的进化树，并估算出各个支系进化变异的总量。这并不像计算两个现代物种间的基因差别再除以二那么简单。我们需要使用基于最大似然法的先进的进化树构建技术和《长臂猿的故事》中说过的基于贝叶斯概率的系统发生技术，再配合使用一些已知年代的化石校准，以及对年代不确定性的可能估计，就可以对进化树上会合点的年代做很好的估计。

分子钟测年，特别是建立在谨慎选择的DNA、多种化石校准以及兴趣范围内分布合理的物种选择的基础上的分子钟测年方法，已经越来越被广大生物学家接受。这些技术已经成功运用于生命树的各个部位，多数情况下都与化石记录推导的有限时期相吻合。目前本书在每个环节上都广泛地依赖分子计时器技术追本溯源。

戒骄戒躁！倾听那警钟长鸣。

分子钟最终取决于化石的校准。作为生物学受惠于物理学的一个方面（见《红杉的故事》），对化石的放射性测年已被人们接受。一个分布在重要位置的化石能够可靠地确定重要进化分支点的年代下限，也能被用来校准与该门类有关的一系列基因组的进化分子钟。但当我们来到没有化石的前寒武纪时期，我们就只能依靠相对年轻的化石来校准远古祖先的分子钟，并以此估算极其古老久远的年代。这样就带来了麻烦。

人们通常认定哺乳动物和蜥形类动物（鸟、鳄鱼、蛇等）会合于3.1亿年前。直到最近，这个年代一直为许多更古老的分支点的分子钟测年提供校准。但是，任何年代的估计都有一定的误差。在科学论文中，科学家们都要记得对他们的每一个年代估值设一个“误差棒”。比如说，在年代的后面加上正负1 000万年（确实现在看来，哺乳动物和蜥形类动物更可能会合于3.2亿年前）。如果我们用分子钟测定的年代和用来校准的化石年代一致，这种误差无关紧要。当这两个年代存在很大差距时，误差棒就可能大得惊人。这意味着，如果改变一些小假设或者轻微地调整用于计算的数值，就会对最终的结果产生很大的影响。比如说，不是加减1 000万年而是加减5 000万年。误差棒太大就意味着年代估值对测量误差很敏感。

在《天鹅绒虫的故事》中，我们见到多个分子钟测年都将一些重要的进化分支点置于前寒武纪时代，例如脊椎动物和软体动物的分化时间被定于12亿年前。根据最近更复杂的测年技术，这个年代被大大拉近到7亿年至6亿年前。其实原先估计结果的误差棒也涵盖了这个新年代，算是个小小的安慰。

虽然我总体上坚定地支持分子钟技术，但是我认为对更早期的分支点的年代估计要慎重。从3.2亿年前的校准化石外推到两倍古老的会合点年代，这注定是充满危险的。例如，脊椎动物的分子进化速率（这以我们的标准计算）可能对于其他生物来说并不典型。正如我们在《七鳃鳗的故事》中看到的那样，脊椎动物的全部基因组可能经历了两轮复制加倍过程。基因复制过程突然产生的大量基因也许对近中性突变产生选择压力。一些科学家（我已经声明过，我不在其列）相信寒武纪标志着整个进化过程中的一个伟大转变。如果他们是对的，那么在分子钟需要进行彻底的重新校准才能用于前寒武纪之前的年代测定。

总体而言，当我们继续回溯到没有化石的时期时，就进入了一个几乎全凭猜测的地带。尽管如此，我对未来的研究仍充满希望。令人眼花缭乱的澄江化石群和类似的地质构造可能会大大扩展校准点的范围，从而突破至迄今无法企及的动物疆域。

与此同时，考虑到我们正徘徊于全凭猜测的古老蛮荒中，从第31会合点的海绵动物开始，对于更早的历史年代，由于很难找到化石，我们采用了下面的粗略方法来估计。我们暂时把第35会合点，即动物和真菌的会合点，划定在12亿年前。这是对多份研究的折中，有些研究认为它在10亿至9亿年前，有些认为在13亿年前，甚至16亿年前。不过，12亿年前这个时间点已经古老到足够与最古老的植物化石即大约 12 亿年前的红藻大致吻合。而后，我们依据分子钟提供的比例，将 32 号共祖到 37 号共祖分散在相应的时间范围内。尽管如此，假如我们把第 35 会合点的时间搞错了，那么从那时开始上推的所有年代都会被高估了几千万年甚至几亿年。我们进入的是没有数据的蛮荒年代，请切记这一点。在此我对年代追溯失去了信心，从现在开始，我将放弃对史前远祖代数已经显得过于自负的估计，很快我们遇到的祖先代数将动辄以 10 亿计。我们对接下来几个会合点的次序或许更确定，但它依然有可能出错。

注释

1. 在古生代也存在着巨大的陆生蝎子，长约 1 米。这个事实让我无法镇定（我最早的记忆之一就是被一只现代非洲蝎子蜇晕过去）。最大的三叶虫——霸王三叶虫，体长达 72 厘米。在石炭纪，连同翅膀长达 70 厘米的蜻蜓也兴盛一时。现今最大的节肢动物，日本蜘蛛蟹（甘氏巨螯蟹）其身长只有 30 厘米，然而，它的螯却可伸展到达 4 米。——作者注
2. 斯蒂芬 · 古尔德在《夜间驶过的轮渡》(*Ships That Pass in the Night*) 这篇优美的文章中对它们进行了比较。——作者注
3. “沙躅，张着灰色泥泞的嘴巴，歌唱着那不知是北是西还是南的某个地方，住着一群快乐、优雅的生灵……”——叶芝（W. B. Yeats，1865—1939）——作者注
4. 在我的《攀登不可能的山峰》一书中有一章题为“通往光明的四十条路”(*Fortyfold Path to Enlightenment*)，详细讨论了这个问题，我也会在本书末尾回到这个问题。——作者注
5. 我的猜测在理论上遵从了先前提到的“鲍德温效应”。从表面上看，这听起来像是拉马克主义和获得性遗传。实际上并非如此。学习不能在基因中打下印记。相反，自然选择青睐那些有助于学习某些事物的遗传特性。经过一代

代的自然选择，进化而来的后代学得如此之快，以至于习得行为变成“本能”。——作者注

6. 不是随便什么小虫子都可以称为“bug”的，它有精确的含义，专指半翅目（Hemiptera）的昆虫。——作者注

7. 在英国，划蝽科（Corixidae）被称为小水船虫（lesser water boatman），仰泳蝽科（Notonectidae）的普通仰泳蝽（*Notonecta glauca*）被称为大水船虫（greater water boatman）。——译者注

8. 尽管我得承认，黑腹歧须鮠的习性早就已经为人所知。在古埃及人的壁画和雕刻中都刻画了它惯常的游泳姿态。——作者注

9. 你可能会问实验者如何才可以迫使黑腹歧须鮠背离其自然偏好，我不知道答案。但添加一个小插曲，我确实知道如何让一只卤虫像其他正常的甲壳纲动物那样游泳，将它动物学意义上的背部朝着上方。只需从下方照一束人造光，它们会立即反转过来。显然卤虫使用光作为信号来决定朝向哪个方向。我不知道黑腹歧须鮠是否使用相同的信号。它们也可能用重力。——作者注

10. 摩擦振鸣是蝗虫和蟋蟀发出声音的方式。蝗虫用腿刮擦翅膀，蟋蟀则用两个翅膀互相刮擦。它们发出的声音很相似，但总的来说蝗虫的声音更像嗡嗡的噪声，而蟋蟀的叫声更有音乐感。有人说过，假如月光的声音能被听到，那就应该和夜间树木上蟋蟀的鸣叫一样。蝉的鸣叫声却大为不同。仿佛弯动罐头盖子可以发声一样，它们反复且快速地弯折它们的胸腔壁，持续发出吵闹的声音，它们的鸣叫声通常很大，有时有复杂的模式，可以凭借叫声识别出蝉的种类。——作者注

11. 顺便说一句，豹子也并非都长得一样。黑豹（black panther）曾经被视为一个独立的物种，其实与斑点豹相比只有一个遗传基因座的差异。——作者注

12. 指哈佛大学，位于美国马萨诸塞州剑桥市。莱文廷自 1973 年起任教于哈佛大学。——译者注

13. 实际上，莱文廷自己就是最先运用信息论的生物学家之一，并且他在自己关于种族的论文中也运用了这个理论，不过是把它作为衡量多样性的一种方便的统计办法。——作者注

14. 几年前罗杰·班尼斯特爵士（Sir Roger Bannister）说过类似的话，这让他处

于水深火热之中。我想不到有什么好理由让他遭受这种事情，只能说人们对种族问题太敏感了。——作者注

15 .Fuzzy Wuzzy 是作家吉卜林对东北非的哈登多亚（Hadendoa）人的称呼，字面意思是毛茸茸的卷发，这是哈登多亚人的外貌特征之一。这里引用吉卜林的诗句作为又一个例子，说明人们会把本来用于称呼群体的词汇用作称呼个人。——译者注

16 . 印随（imprinting）指的是这样一种现象，小动物——比如幼鹅——会对生命早期某个关键期里看到的物体形成深刻的印象，以至于幼年期会跟随这个物体。人们一般认为是康拉德·洛伦茨发现的这个现象。通常这样的物体是父亲或者母亲，但在康拉德·洛伦茨的实验中是他的靴子。等这些幼鹅长大以后，这种心理印象会影响它们对配偶的选择，通常它们会因此选择自己的同类，但也可能试图与劳伦斯的靴子交配。幼鹅的故事并非如此简单，但与这里所述的昆虫行为的相似性应该很显然。——作者注

17 . 如果要深入探讨这个理论，就必须解决一个潜在的问题，即按照数学遗传理论，地理隔离（这里假设的文化隔离也应如此）必须非常彻底才能让遗传差异稳定地维持下来。——作者注

18 . 这个著名的比喻最先由我的朋友帕特里克·贝特森爵士（Sir Patrick Bateson）提出，他是威廉·贝特森爵士的亲戚。——作者注

19 . 其他昆虫如蟑螂和甲壳虫，由于 T2 体节的翅膀进化为起保护作用的坚硬的翅鞘，因此只能使用 T3 体节的翅膀飞行。我们熟知的蟋蟀和蝗虫则进一步将翅鞘改造为声音发生器。——作者注

20 . 严谨地说，在研究蛭形轮虫的近 300 年的历史中，曾经有过一篇关于雄性蛭形轮虫的报道，作者是丹麦动物学家卡尔·魏森伯格–伦德（Carl Wesenberg-Lund，1866—1955）。他写道："带着巨大的迟疑，我冒险宣称：我在成千上万的'旋轮科'生物（轮虫）中两度看到了一个小东西，它毫无疑问是一只雄性的轮虫。但这两次我都没能把它分离出来。它以极快的速度在无数雌性之间穿梭。"（毫无疑问，这是可以理解的）甚至在戴维·马克·韦尔奇和马修·梅塞尔森提出有力证据之前，动物学家也不愿意把魏森伯格–伦德那个从未被重复的观察结果作为雄性蛭形轮虫存在的证据。——作者注

21 . 减数分裂是细胞分裂的一种特殊形式，它将染色体数目减半以制造生殖细胞。有丝分裂是细胞分裂的一种普通形式，它会复制细胞的所有染色体。——作者注

22 . 人们有时会将基因库和基因组混淆，他们所说的基因库实际上是指基因组。基因组是某个生物个体的基因集合，而基因是可以进行有性生殖的生物种群内所有基因组中基因的集合。——作者注

23 . 伟大的科学家霍尔丹讲述了一个完全不同的藤壶的故事，那是一个藤壶哲学家思考自身世界的寓言。它们总结道，现实是它们的滤食臂所能触及的一切。它们隐隐约约地产生“远见”，但却怀疑它们的物理真实，因为岩石不同部位的藤壶对距离和形状有不同的看法。这篇聪慧的寓言讲的是人类思维的局限性和宗教迷信的发展，这是霍尔丹的故事，而不是我的版本。我在这里只做推荐，不再赘言。这个故事出自他的成名作《可能的世界》（*Possible Worlds*）。——作者注

24 . 我在《延伸的表型》一书有关寄生虫的章节里，详细论述了它们巧妙地与寄主进行密切合作的生理机制。——作者注

25 . 第四个化石点是以不同方式保存了生物软体的瑞典奥斯坦（Orsten，意为“臭石”）化石群。——作者注

26 . 与卵细胞相比，精子分裂的数量更多变，与实际时间显示出弱相关性。例如，对于果蝇来说，每个雄性世代经历 40 次分裂，而人类每个雄性世代经历的分裂次数可能多出 10 倍。不过，与物种世代时间的差异相比，这依然是很小的区别。顺便说一句，男人精子细胞分裂次数比女性的卵细胞多出 10 倍，意味着大多数人类突变可以追溯到父本。更确切地说，可以追溯到父本的睾丸，大多数精子分裂发生的地方。——作者注

27 . DNA 密码具有简并性，任何一个氨基酸都能被不止一个同义的突变界定。一个同义突变对最终的结果没有影响。——作者注

3

THE ANCESTOR'S TALE

A PILGRIMAGE TO THE DAWN OF LIFE

祖先的故事

[英]理查德·道金斯 [英]黄可仁——著 许师明 郭运波——译

中信出版集团 | 北京

第 27 会合点

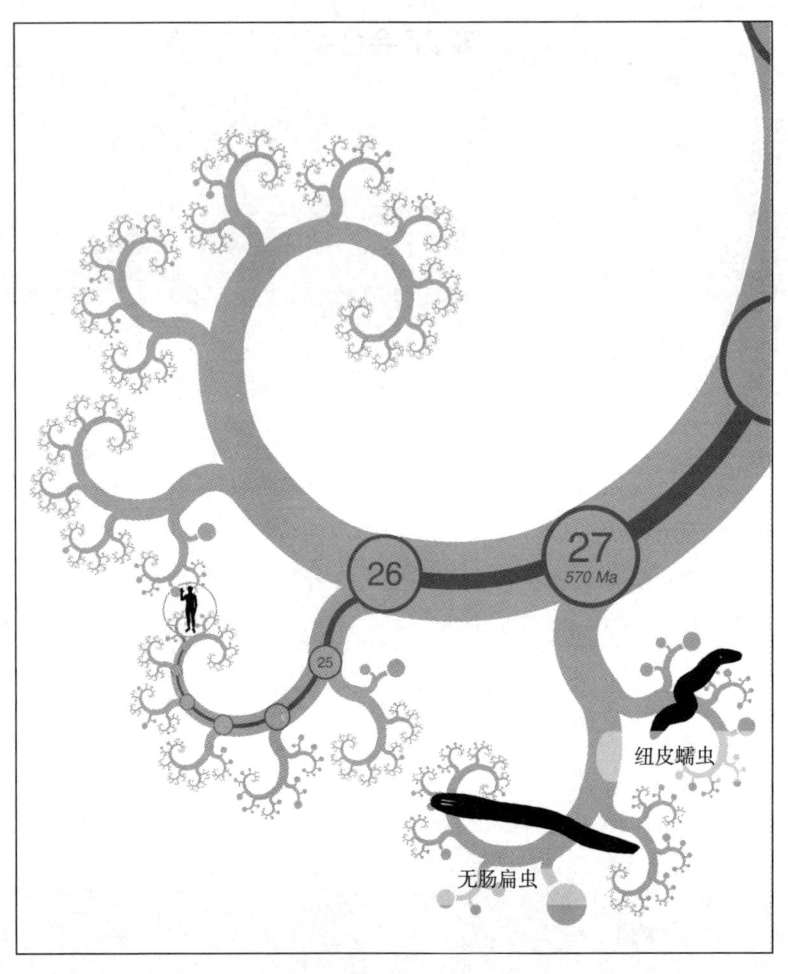

无腔扁虫加入。绝大多数两侧对称动物都属于原口动物或者后口动物。但最近分子生物学证据认为，有两个扁形动物类群既不属于后口动物，也不属于原口动物，而是一类早期分化出来的类群。这就是无肠纲（约320个种）和纽皮纲（10个种），统称为无腔扁虫。分类学家也逐渐接受这一观点。现有证据表明无肠纲与纽皮纲为姊妹类群。现在学界已经普遍接受，无腔动物与其他扁虫不是一类。尽管如此，争议仍然存在，因为学者们已经看到了许多分子进化证据，也受到了《长臂猿的故事》中讨论的“长支吸引”效应的影响。某些遗传学家最近声称，它们属于后口动物中的异涡虫（但也许这是另一种哗众取宠的误导）。

无腔扁虫

当我们谈到 26 号共祖的后代——原口动物时，我坚定地把扁形动物归入其中。但现在情况有点复杂。最近的证据强有力地表明，扁形动物是虚构的。我当然不是说扁形动物不存在，而是说不该把一大群异源的蠕虫归到同一个名字下。它们当中的大多数都是我们在第 26 会合点遇见过的真正的原口动物，但其中的一小部分，即无腔动物门（Acoelomorpha）很不一样，应该属于别的地方。究竟它们所属的位置在哪儿，仍然存在争议，但许多权威专家将其看作“基底对称生物”，换句话说，它们就是我们应该在第 27 会合点遇到的种类。我们把这次会合的年代确定在 5.65 亿年前，不过在遥远的地质年代，测年结果变得越来越不确定。

所有的扁虫都有共同之处，除了扁平外，它们没有肛门，而且缺乏体腔。体腔是人类或蚯蚓这类典型动物体内的中空结构，但并不是指肠道。肠道尽管是一个空腔，但它是外部世界的拓扑连接结构，人体的拓扑结构就如同一个甜甜圈，嘴、肛门以及二者之间的肠道构成圆环中间的孔。而体腔与此相反，是身体内部的封闭腔，是肠道、肺、心脏、肾脏等依托的地方。扁虫没有体腔。它们的内脏和其他内部器官都嵌入被称为薄壁组织的实体组织中，而不是如同肠道一般在体腔中晃荡。这似乎是一个微不足道的区别，但胚胎学定义的体腔概念深藏在动物学家的集体潜意识中。

扁虫没有肛门，怎么排出废物呢？没有别的地方，只能用口。它的肠道只是个简单的袋子，在较大的扁虫中，这个袋子分支形成一个由盲端组成的复杂系统，就像我们肺中的气管。我们的肺理论上也可以有个“肛门”——独立的排气孔，用来排出废弃的二氧化碳。鱼类也有类似的结构，因为它们用于呼吸的水流从一个孔洞——口中进入，然后通过其他的孔——鳃孔排出。我们的肺是定时开合的，扁虫的消化系统也是这样。扁虫没有肺，也没有鳃，通过表皮呼吸。它们也没有血液循环系统，所以是分支的肠道把营养运输到身体的所有部位。有一些自由生活的扁虫体形较大，大概有几十厘米长，而且常常有着优雅的体色。这些扁虫更有可能长着长长的或者分支复杂的肠道，有些甚至重新发明了肛门（甚至许多肛门）。

因为扁虫没有体腔，特别是它们没有肛门，所以它们被认为是最原始的两侧对称动物。过去一直认为，所有后口动物和原口动物的祖先，很可能就像扁虫一样。而现在，就像我开始所说的，分子生物学证据表明，存在两类无关的扁虫，其中只有一类可能是真正原始的。真正原始的这一类叫作“无腔扁虫”，包括无肠纲和纽皮纲。无肠纲因为缺少体腔而得名，和纽皮纲一样，它们这种体腔的缺乏是一种原始的特征。严格意义上的扁形动物却非如此。现在认为，严格意义上的扁虫，主要包括吸虫、绦虫和涡虫，其简单的解剖结构是后来进化的结果，它们可能后来失去了体腔和肛门。它们先经过了一个更像正常的冠轮动物的阶段，然后又回到了它们更早的祖先的样子，既没有体腔也没有肛门。它们和其他的原口动物一起，在第 26 会合点加入我们的朝圣之旅。我不会详细举出证据，但是得承认一个结论：无肠纲和纽皮纲与它们不同，因此在第 27 会合点加入我们。

至此，我应该详细描绘一下加入朝圣大军的这些小蠕虫。尽管我讨厌这么说，但是至少与我们已经见过的大多数奇迹相比，它们没多少可描述的。它们生活在海里，不仅缺乏体腔，而且缺乏严格意义上的肠子。对于有嘴的种类来说，食物被临时填进身体细胞围成的空腔里，有时直接包裹进中央的组织里。这情况只发生在像它们一样极小的动物身上。

其中一些通过给植物提供生长空间来补充食物，因此间接从植物的光合作用中获益。瓦米虫属（*Waminoa*）与双鞭毛虫（一种单细胞藻）共生，并依靠它们的光合作用生活。另一种无肠纲生物卷曲虫（*Symsagittifera*）和一种单细胞绿藻卷曲融合绿藻（*Tetraselmis convolutae*）也具有类似的共生关系。可能是共生藻类的存在让这些小蠕虫没有变得更小。这些蠕虫簇拥在海面上，使藻类得到尽可能多的阳光，看似设法使它们的共生藻类生活得更舒适，自己也从中受益。它们有个昵称叫“薄荷酱蠕虫”（mint sauce worm）。彼得·霍兰曾在给我的信中写到一种卷曲虫（*Symsagittifera roscoffensis*）：

> ……在它们的自然栖息环境里，这是令人惊奇的动物。它们看起来像布列塔尼（Brittany）海滩上的绿色“黏液”，其实是成千上万的无肠动物及与其共生的绿藻。可是当你悄悄站上去，它就消失不见了（躲到沙子里去了）！真是很奇怪。

与无肠纲不同的是，它们的姊妹群纽皮纲拥有非同寻常的特性，那就是它们的神经系统长在身体表面。事实上，尼古拉斯·霍兰（Nicholas Holland）有一个有趣的假说，认为动物的大脑最初是在皮肤中进化出来的。

无腔扁虫仍然生活在我们的世界上，因此得把它们看作现代生物。其形态和简单构造表明，自第27会合点开始，无腔扁虫就没有太大的变化。有理由认为它们与所有两侧对称动物的共同祖先很相似。

目前，我们已经聚集的朝圣队伍中包括了所有两侧对称的动物门类，这占据了动物界的一大部分。这个名字特指它们的两侧对称体形，而且有意将两个主要的辐射对称门类排除在外，并将它们归为辐射动物（Radiata），它们就是将要加入我们的朝圣者：刺胞动物（海葵、珊瑚虫、水母等等）和栉水母。对于这个简单的命名法来说遗憾的是，虽然生物学家确认海星及其同类是两侧对称动物的后代，但它们至少在成体阶段还是辐射对称的。一般认为当棘皮动物选择了底栖的生活方式时，就变成了次生的辐射对称。它们的幼虫是两侧对称的，而且和水母那样的“真正的”辐射对称动物并没有亲缘关系。而在另一方面，并不是所有的辐射动物都是辐射对称的。栉水母既是两侧对称的，也是辐射对称的，即所谓的“两侧辐射对称”，正如我们将在第29会合点看到的那样，它们还包括一些像蠕虫的种类。最近，彼得·霍兰的研究组甚至鉴定了一种像蠕虫的刺胞动物，这似乎支持了一些动物学家的看法，他们猜测所有刺胞动物都有两侧对称的祖先。

总之，两侧对称动物是个不合适的名称，它把27号共祖的后代联合起来，并且把它们和其后加入我们的朝圣者分开。另外一个可能的分类标准是“三胚层”（三层细胞）和“两胚层”（两层细胞）。在胚胎发育的关键阶段，刺胞动物和栉水母用两层主要细胞（外胚层和内胚层）构成了躯体，两侧对称动物则用了三层（在外胚层和内胚层中间加入了中胚层）。然而，即便是这个说法也存有争议。一些动物学家认为“辐射对称动物”也有中胚层细胞。我想最值得关注的不是“辐射对称”和“两侧对称”是否真的是好名称，也不是“两胚层”和“三胚层”的区别，而是应该关心谁是下一位加入的朝圣者。

可是，就连这个也是有争议的。没人怀疑刺胞动物是朝圣者大军中的单一族群，在与大部队会合之前就已经全部彼此会合为一群了；而且没人怀疑栉水母也是如此。但问题是，它们是按什么顺序彼此会合并加入我们的？各种可能性都有证据支持。而正如我们所看到的那样，一些分子分类学家甚至提出栉水母加入朝圣队伍的时间甚至比海绵还晚，这有违所有动物学家的直觉。更糟糕的是，有个很小的门——扁盘动物门，只有丝盘虫一个种，而且没人确定该把它归到哪里去。我将采用主流说法：在第 28 会合点，刺胞动物加入我们，在第 29 会合点是栉水母，在第 30 会合点是丝盘虫，与所有其他动物亲缘关系最远的生物——海绵，则在第 31 会合点加入我们。但是要警惕，这些生物的排序，尤其是丝盘虫和栉水母的排序可能会变，这意味着第 28 至第 31 会合点将要重新修订。

第 28 会合点

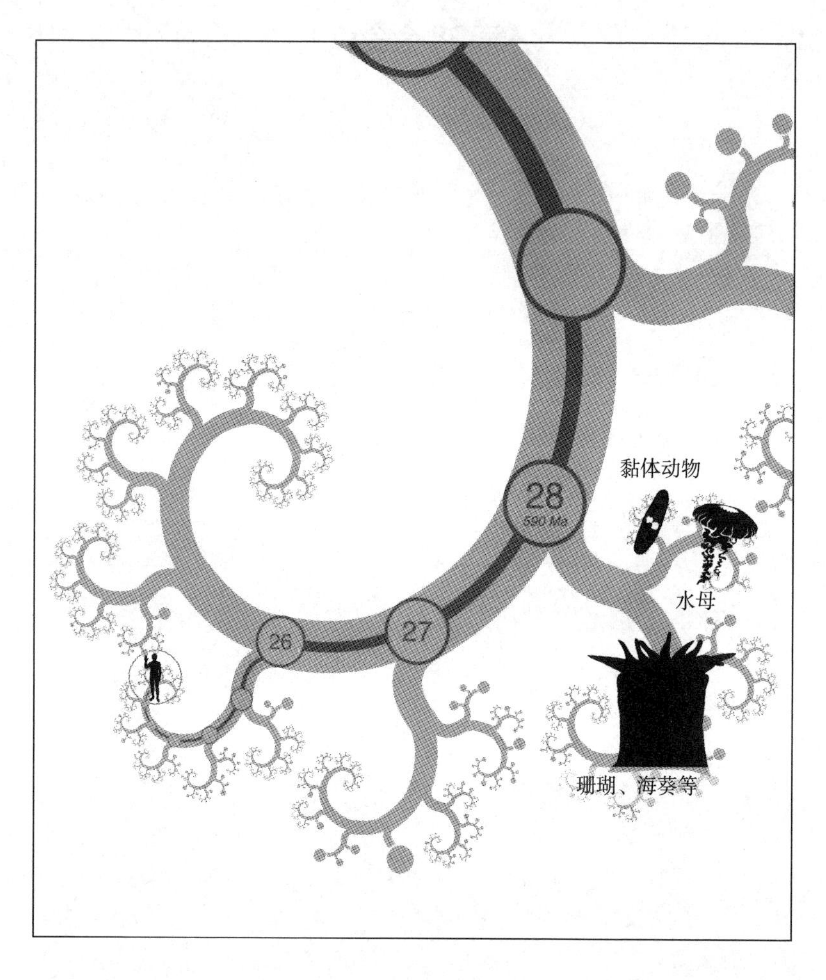

刺胞动物加入。刺胞动物（水母、珊瑚、海葵等）和栉水母的排序问题还没有得到有效解决。大多数作者把它们之一或者两者同时作为两侧对称动物的最近亲属。有些分子数据暗示，刺胞动物可能占据这个会合点的位置。但不幸的是，在大约 9 000 种刺胞动物物种内部，各个子类群的排列顺序也有争议。不过，大家公认存在两个差异深刻而根本的家系：一个是生活史以水母体阶段为主的水母，另一个家系则包括其他刺胞动物（珊瑚和海葵）。分子和形态学证据也表明，有一群几乎都是单细胞的寄生虫——被称为黏体动物（myxozoan）——实际上是高度分化的刺胞动物，跟水母有亲缘关系，如图所示。

刺胞动物

我们这个由蠕虫及其各色后裔组成的朝圣者队伍现在已经壮大了很多，此时我们来到了第 28 会合点，刺胞动物（cnidarians）在这里加入我们。它们包括淡水水螅以及我们更熟悉的海葵、珊瑚和水母等海生生物，它们都与蠕虫很不相同。和两侧对称动物不一样，它们是以身体中央的口为中心呈辐射对称的。它们没有明显的头部，没有前后左右，只有上下之分。

这次会合发生在什么时候呢？谁知道呢。只有为数不多的更古老的化石可以对分子钟进行校准，因此根据这种技术推测出的日期差异很大，从 10 亿年前到 6.5 亿年前不等。直接证据来自 5.6 亿年前的埃迪卡拉动物群化石，其中一些生物被认为是刺胞动物，[1] 以及大概 5.85 亿年前的陡山沱期微观胚胎，那可能是刺胞动物幼虫。但是，像大多数前寒武纪时期的证据一样，这些都是有争议的。我们倾向于在我们遇到海绵时为最古老的动物会合点确定一个年代。有些具有争议性的证据距今已有 6 亿至 6.3 亿年，还有一些海绵状化学痕迹可以追溯到 6.45 亿年前，因此我们把第 31 会合点的时间定位于 6.5 亿年前。根据相对遗传距离，我们现在这个会合点大致应该在 6 亿年之前，但遗传学家们的意见各不相同，彼此相差了好几亿年。

作为我们最远的动物亲属之一（其中一些甚至曾经被误认为植

物），刺胞动物常常被认为非常原始。这么说当然不对，从28号共祖开始，它们的进化时间和我们一样。但它们确实缺少许多被认为属于高等动物的特征。它们没有长距离的感觉器官，它们的神经系统是分布式的网状结构，没有会聚成脑、神经结或神经干，并且它们的消化系统只是一个单一且通常不复杂的空腔，有个开口作为嘴巴，但同时也担负着肛门的任务。

另一方面，没有多少动物可以自称有本事重塑世界地图。而刺胞动物却能构成岛屿——供人居住的岛屿，甚至大到需要而且能够建造机场。大堡礁（Great Barrier Reef）有两千多千米长。我们将在《珊瑚虫的故事》里看到，是查尔斯·达尔文本人搞清楚了这类珊瑚礁的形成机理。刺胞动物中还包括世界上最危险的有毒动物，极端的例子就是箱水母（box jellyfish），它迫使谨慎的澳大利亚泳客们穿上尼龙紧身衣裤。除了威力强大，刺胞动物所使用的武器都非同寻常。与蛇的毒牙、蜜蜂和蝎子的毒刺不同，水母的刺是从细胞内发射出来的，如同一个微型的“鱼叉”。成千上万个这样的细胞，被称为刺细胞（严格来说这只是刺细胞中的一类），每一个都配有与细胞大小相当的“鱼叉”，即刺丝囊（cnida）。“Knide”在希腊语中意为“荨麻”，刺胞动物也因此得名。并非所有刺胞动物都如箱水母那么危险，其中许多种类并不令人讨厌。当你触摸海葵的触手时，手指上黏黏的感觉就来自成百上千个微小“鱼叉”，每个小“鱼叉”都通过自己的小绳索固定在海葵身上。

刺胞动物的“鱼叉”很可能是所有动植物细胞中能找到的最复杂的胞内结构。在等待发射的静息状态下，“鱼叉”是细胞里卷曲的管子，压力作用（渗透压，如果你想刨根问底的话）导致其释放出去。绒毛“扳机”是实实在在的小绒毛，被称为刺针（cnidocil），从细胞

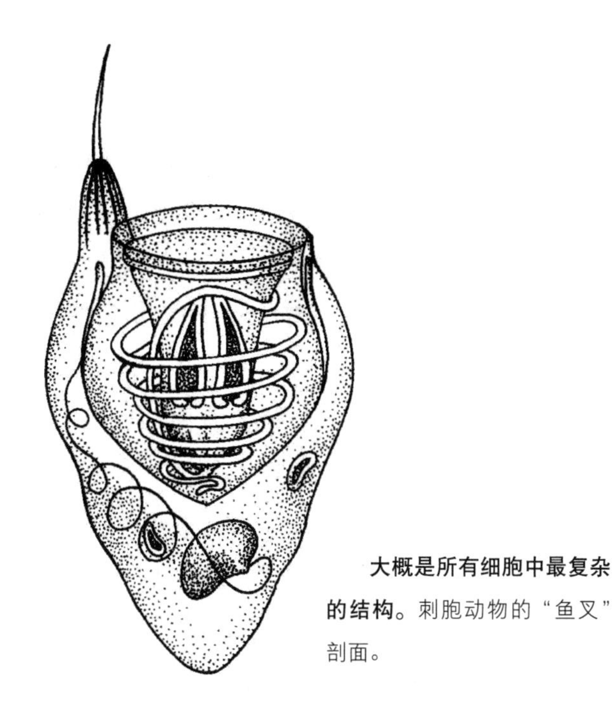

大概是所有细胞中最复杂的结构。刺胞动物的“鱼叉”剖面。

向外伸出。在被触发后，细胞爆裂开，压力迫使整个卷曲的机械翻转出去，射入受害者体内并注入毒素。一旦以这种方式触发，“鱼叉”细胞就报废了，无法再次使用。但是，如同大多数种类的细胞一样，新的刺细胞一直都在生成。

所有的刺胞动物都有刺细胞，而且只有刺胞动物才有。这就是它们另一个显著的特点。它们提供了一个少见的例子——通过一个绝对明确的单一特性即可判断该动物所属的主要类群。如果看见一个动物有刺细胞，那它就是刺胞动物。事实上也有个例外，你大概找不到比这个例外更优雅的例子，用以说明“反例恰恰证明了规律的存在”。软体动物门裸鳃亚目（Nudibranchia，它们全部在第 26 会合点加入了朝圣队伍）的海蛞蝓，通常背部长着漂亮的彩色触角，那种颜色可以吓退天敌。它长成这样自有道理，某些种类的海蛞蝓的触须中包含着刺细胞，并且和真正刺胞动物的刺细胞一样。按理说，只有刺胞动物才有刺细胞，那这是怎么回事呢？正如我刚说过的，反例恰恰证明了规律的存在。海蛞蝓吃水母，把刺细胞完好无损地转移到自己的触角里，而且还功能正常。被征用的武器仍然能够开火，用来保卫海蛞蝓，所以明亮的警戒色是有依仗的。

刺胞动物有两种可变形态：水螅体（polyp）和水母体（medusa）。海葵和水螅是典型的水螅体：附着生长，口上位，相对的底端像植物一样固定在水底。它们在捕食时，来回摆动触须，刺到小猎物后，将触须连同猎物收回口中。水母是典型的水母体，它们通过有节奏的肌肉收缩驱动自己畅游在大海中。水母的口位于中央，在身体下侧。所以，你可以将水母体看作从海底解脱并翻过身游泳的水螅体。你还可以将水螅体看作背位固定，触须朝上的水母体。很多刺胞动物都既有水螅体又有水母体，二者在生活史中交替，有点像毛毛虫和蝴蝶。

水螅通常以出芽方式繁殖，像植物似的。淡水水螅的幼体从母体的一侧长出来，最终脱落成为独立的个体——它是母体的克隆。水螅的很多海生亲属都和它有些相似，不过它们的克隆体不脱落成为单独的个体。克隆体就像植物那样，依附在母体上，成为母体的分支。这些水螅体的集合体不断分叉，让我们容易理解为什么它们会被当作植物。有时不止一种水螅体长在同一棵水螅体树上，特化形成不同的角色，如捕食、防御和生殖等。你可以将它们看作水螅体的群落，但某种意义上它们也是同一个生物个体的不同身体部位，因为整棵树就是克隆体，所有的水螅体都有相同的基因。一个水螅体捕获的食物可能为其他水螅体所用，因为它们的消化腔是连着的。水螅体树的分支和主干都是中空的，可以看作共用的胃，或者看作某种循环系统，如同我们的血管所起的作用一样。某些水螅体出芽成为微小的水母体，它们像小水母一样游走，进行有性生殖，把水螅体树的基因散布到更远的地方。

有一类被称为管水母目（Siphonophora）的刺胞动物，将群居的习性发挥到了极致。我们可以把它们看成珊瑚树，不过并非固定在岩石或一片海藻上，而是挂在一个或一群游动的水母上（当然，这些水母也是群落的一部分），或者挂在某个漂浮物的表面。僧帽水母属（*Physalia*）有一个漂浮的大气囊，上面还有垂直的帆，复杂的水螅体群落和触须在其身下摇摆。它自己不游泳而是随风和水流游荡。体形更小的帆水母（*Velella*）像一种扁平的卵圆形的筏，有一张沿对角线垂直放置的帆。它也是随风飘散的，所以它的俗名叫“乘风破浪的杰克”或“乘风水手”。你经常可以在沙滩上发现已经风干的带着帆的小“筏”。它们在海滩上褪去了原本的蓝色，看起来就像是发白的塑料制品。帆水母与真正的僧帽水母相似的地方在于它们都靠风和水流来航行。然而，帆水母和它的近亲银币水母（*Porpita*）都不是管水母目群落，而是单个的、高度改良的水螅体，悬挂在漂浮物下，而不是固定在岩石上。

很多管水母动物都可以通过向漂浮物中充填或释放气体来调整自己在水中的深度，像硬骨鱼的鱼鳔充气或放气那样。有些管水母会将游动的水母体和漂浮物结合，但所有管水母身下都有水螅和舞动的触手。社会生物学奠基人爱德华·威尔逊把管水母当作社会生物进化的四个顶峰之一（其他三个是社会性昆虫、群居哺乳动物和我们人类），这是给予刺胞动物的最高赞赏。只可惜，由于群落中的每一部分都是克隆体，彼此基因完全相同，我们搞不清应该把它们称作一个群落还是一个单独的个体。

水螅体以水母体作为偶尔传播基因的一种方式，从一个生活稳定的地方跑到另一个地方。水母可以说是相当认真地对待着水母体，把水母体作为它们全部的生活方式。相反，珊瑚把定居生活推向极致，甚至建造了坚固的房屋，注定要在那里矗立数千年。我们将按顺序来讲述它们的故事。

水母的故事

水母就像乘风破浪的杰克船长一样乘着洋流而行。它们不像梭鱼或枪乌贼那样追捕猎物，而是凭借自己长而飘逸、具有攻击性的触手去捕捉那些不幸撞上来的浮游生物。水母的确也游动，钟形躯体有节奏地收放，但并没有特定的游动方向，至少我们不能理解其方向。我们的理解受二维的局限，因为我们沿着陆地表面爬行；即便我们进入三维空间，也只是为了增加在二维空间上的移动速度。但在海洋里，第三维是最显著的，也是移动最有效率的维度。除了随深度改变的压力梯度外，还有光照梯度，更复杂的是还有色彩平衡梯度。然而不管怎样，光线随着夜幕降临必然要消失。我们看到，浮游生物青睐的深度随着 24 小时昼夜周期发生巨大的变化。

第二次世界大战期间，寻找潜水艇的声呐操作者曾困惑于一种“假海底”，它在夜晚向着海面抬升而次日清晨又下沉。事实表明，这种“假海底”乃是由数百万微小甲壳类以及其他生物组成的大批浮游生物。夜晚它们靠近海面觅食，早晨又下沉到海洋深处。为什么要这么做呢？最佳的猜测认为，日光下这些浮游生物可能容易遭遇依靠视觉捕食的鱼类和枪乌贼，因此它们白天躲在黑暗而安全的深海。可是为什么在夜间它们要耗费许多能量游到海面呢？一位研究浮游生物的学者将之比作一个人每天步行 40 千米只是为了去吃早饭。

它们靠近海面觅食，是因为食物直接或间接地来自植物，而归根结底来自太阳。海洋表层是连绵的绿色“大草原”，飘动的“青草”其实是微小的单细胞藻类。海面是食物最终的所在，是食草动物、食草动物的捕食者、食草动物的捕食者的捕食者的必然去处。因为依靠视觉搜寻猎物的捕食者在白天活动，所以食草动物和它们的一些小捕食者只有夜晚才能安全地抵达这里，它们必须忍受昼夜迁徙。很明显，它们就是这么做的，而“大草原”自身并不移动。如果大草原会迁移的话，它应该逆着动物的轨迹运动，因为浮游藻类存在的全部目的就是白天在海面吸收阳光，而且不被吃掉。

不论出于何种原因，大多数浮游生物过着白天下沉夜晚上浮的迁徙生活。水母中的大多数跟着迁徙的浮游生物群，就像马拉（Mara）和塞伦盖蒂（Serengeti）草原上追逐野生动物的狮子和鬣狗。尽管水母并不像狮子和鬣狗那样追击单个猎物，但即使它盲目地拖着触须跟在浮游生物群后面也会大有收获，这是水母游动的原因之一。一些物种则通过走 Z 字形路线来提高捕食效率，它们也不追击单个猎物，而是增加那携带了致命“鱼叉”弹药的触须所扫过的面积。还有一些物种只是上下移动。

在西太平洋帕劳群岛（Palau Islands，曾是美国在西太平洋的一个殖民地）中一个叫莫切察（Mercherchar）的岛上，有一个叫“水母湖”的地方，其中成群的水母以一种不同的方式移动。这个湖的湖底与海洋相连，因此湖水较咸，并聚居了大量水母，它也因此而得名。那里有各种水母，不过主要是硝水母（*Mastigias*），估计在 2.5 千米长、1.5 千米宽的水域内大约生活着 2 000 万只。所有的水母夜间都聚集在湖的西端。当太阳从东方升起时，它们径直向着太阳，也就是湖的东边移动。因为一个简单而有趣的原因，它们在即将到达东岸时停止前进：湖岸的树丛阻挡了直射的阳光，在湖水表面划出成片的阴暗区，这阴影阻断了光线，于是水母的光感导航系统将它们引导到此时更亮的西面。可一旦游出了树影，它们就又转向东。

这个内在的矛盾将它们困在了光影分割线附近，从而与分布在海岸边的海葵等天敌（我想这应该只是巧合）保持了安全的距离。下午，水母又随着阳光游回湖的西端，那边的树丛阴影再次阻截了整只舰队（彩图 41）。夜幕降临时，它们在湖的西边上下垂直游动，直到黎明的阳光再一次引导它们向东游。我不知道水母会在这一日两次的大迁移中得到些什么。已发表的论文对此的解释都不能令我满意。目前，这个故事告诉我们，生物世界还有很多我们仍不理解的东西，而这本身就令人振奋。

珊瑚虫的故事

世界上所有进化中的生物都会追随气候、温度和降雨等环境的变化，以及其他进化线索如捕食者和猎物关系的变化而变化，后者更为复杂，因为它涉及进化的过去历史。一些进化的物种因它们的存在而改变了其生活的栖息地，并与之相适应。我们呼吸的氧气在植物光合作用产生之前并不存在。起初氧气是毒气，这是一种极端的环境改变，绝大部分生物最初被迫忍受它，后来却赖以生存。在一个更短的时间尺度内，树木成长为密林，只需数百年时间就能将它所占据的土地由赤裸的沙地改造为顶级的森林世界。当然，顶级的森林系统是一个复杂而富饶的生态环境，也是大量其他已经适应了这个环境的植物和动物的乐土。

由于“coral”（珊瑚）这个词既指生物体（珊瑚虫）又指其建造

的坚硬物质（珊瑚），所以我引用达尔文曾使用过的旧词“polypifer”来讲述本章的故事。在数十万年的时间里，珊瑚虫改造着自身的生存环境。在前辈留下的死亡骨架结构上建造着巨大的水下山脉，像抵御海浪的堡垒。死亡之前，珊瑚虫与无数其他珊瑚虫结合在一起为后来的珊瑚虫营造了栖息地。其实不仅是为后来的珊瑚虫，也为庞大而复杂的动植物群落在此生存创造了条件。社区的概念将是本章故事的主要内容。

彩图 42 是赫伦岛（Heron Island）的景象。这是大堡礁中的一座小岛，我曾去过两次。零星分布在小岛边缘的房屋可以让你对该岛的大小有个印象。小岛周围巨大的浅色区域就是珊瑚礁，而该小岛是制高点，破碎的珊瑚形成的沙子（其中相当一部分经过了鱼的肠道）覆盖着海滩。岛上长着种类有限的植物，养育着同样有限的陆地动物。作为完全由活物形成的物体，珊瑚礁是巨大的，内部钻探显示一些珊瑚礁竟达数百米深。弧状围绕澳大利亚东北方的大堡礁长达 2 000 千米，有 1 000 多座岛屿及将近 3 000 个珊瑚礁，赫伦岛只是其中之一。在我们星球的生命栖息地中，大堡礁总被说成我们星球上唯一一个大到能从外太空看得到的生命证据（我不确定这话的真实性）。人们还说它是世界上 30% 的海洋生物的家园，但我也不太确信，这是怎么计算的呢？但没关系，大堡礁绝对非同寻常，它全部是由像海葵一样微小的珊瑚虫构成的，活珊瑚虫只占据着珊瑚礁表面一层，在表层下方全是其祖先遗骨堆积压聚而成的石灰石，某些海洋环礁下方的石灰岩可达数百米深。

只有珊瑚虫会建造暗礁。但在早期地质时代，这并不是它们的特权。藻类、海绵、软体动物和管状蠕虫等都在不同时期建造过礁石。珊瑚虫的巨大胜利，似乎源自与它们共生的微藻。它们生活在珊瑚虫的细胞内，在有阳光的浅水中进行光合作用，最终使珊瑚虫受益。这种微藻叫作虫黄藻（zooxanthellae），拥有各种不同种类的色素以便吸收阳光，这就是珊瑚礁色彩鲜艳生动的原因。珊瑚最初被误认为植物，这并不令人惊讶。因为它们以与植物相同的方式获得大量食物，也像植物一样竞争阳光。唯一欠缺的就是具备相似的形态了。此外，它们争着去遮掩，而避免被遮掩，导致珊瑚礁的整体外形看起来就像森林的树冠，并且像森林一样，珊瑚礁是很多其他生物群落的家园。

珊瑚礁大大增加了一个区域的“生态空间”（ecospace）。就像我的同事理查德·索思伍德（Richard Southwood）在他的著作《生命的故事》（*The Story of Life*）中所说的：

> 在本应被水覆盖的岩石或沙土表面，珊瑚礁提供了一个复杂的三维结构，带有很多裂缝和小孔隙，增加了大量额外的表面积。

森林也发挥着同样的作用，为生命活动和群落居住提供了大量有效的体表面积。在复杂的生态群落中，我们期待看到这种生态空间的增加。珊瑚礁是各种各样动物的家园，在其提供的巨大生态空间的各个角落安家落户。

人体器官中也存在类似的情况。人脑通过精细的沟回结构，增加有效表面积，从而提高功能容量。或许“脑珊瑚”与它如此惊人地相似也并非偶然。

达尔文是第一个理解珊瑚礁形成机制的人。他的科学处女作（在他那本关于贝格尔号航海的游记之后）是他33岁时发表的一篇名为“珊瑚礁”（*Coral Reefs*）的论文。尽管他当时并没有接触很多有助于提出或者解决问题的相关信息，但让我们以今天的眼光来看看达尔文的问题。他的珊瑚礁理论确实与他后来提出的更著名的自然选择理论和性选择理论一样，具有令人惊奇的预见性。

珊瑚虫只能生活在浅水里。它们依靠其细胞内的微藻存活，而微藻当然需要阳光。浅水区也适合丰富的浮游生物生存，这就补充了珊瑚虫的食谱。珊瑚虫一般沿海岸线生活，而且你确实能在热带海岸附近看到裙礁。但让人疑惑的是，我们也常发现珊瑚礁四周被深水围绕。大洋中的珊瑚岛就是水下珊瑚礁山脉的高峰，这是由一代又一代珊瑚虫的骨骼堆积出来的。而大堡礁是一个中间种类，虽然沿着海岸线分布，却比裙礁向外延伸得更远，与海岸之间的海水也更深。就算在远洋那些完全孤立的珊瑚岛中，活珊瑚虫也总是生活在浅水里，它们和微藻靠近阳光才能生存。而之所以有浅水，完全要感谢它们所依托的早期生活在那里的珊瑚虫。

就像我所说的，达尔文当时并不拥有充分认识该问题所需的全部信息。只有当人类可以潜到礁底，在深海中观察这些紧密的珊瑚礁后才明白，珊瑚环礁其实是古老珊瑚虫骨骼堆积的水下山脉的峰顶。在达尔文的时代，当时流行的理论认为，环礁是刚好低于海平面的火山顶部的珊瑚表层覆盖物。在这个理论框架下，没有什么问题需要探究。珊瑚虫只生活在浅水里，是火山为它们提供了落脚点以便寻找到这片浅水域。但达尔文并不认同这个说法，尽管他当时无法得知死亡的珊瑚虫堆积了如此之深。

达尔文第二个预见性的壮举就是他的理论本身。他认为环礁附近的海底在不断下沉（同时其他地方的海底在上升，因为他亲眼见证了在安第斯山高处找到的海洋生物化石）。当然，这个看法远早于大陆板块构造理论。达尔文的灵感来自他的导师，地质学家查尔斯·莱伊尔（Charles Lyell）。莱伊尔相信地壳的不同部分会相对升降。达尔文认为，随着海底下沉，它带着珊瑚礁一起沉下来。珊瑚虫在沉没的水下山脉上生长，与沉降的步调一致，使得峰顶始终靠近海面这片光明和繁荣的区域。这座山本身只是一层层曾经在阳光下繁荣昌盛的死珊瑚虫。在水下山脉底部的最古老的珊瑚虫，可能开始依托于一片被遗忘的土地或长期休眠火山的裙礁。随着土地逐渐淹没在水面之下，珊瑚礁后来成为一个堡礁，距离后退的海岸线越来越远。随着进一步的下沉，原有的陆地完全消失，只要下沉持续下去，堡礁就成为水下山脉长期延伸的基础。远洋珊瑚岛始于火山顶部的栖息地，其基底以相同的方式慢慢下沉。达尔文的想法今天仍然持续得到支持，并增加了板块构造学说来解释沉降。

珊瑚礁是顶级群落的一个教科书般的例子，这也将是《珊瑚虫的故事》的高潮。一个群落是各种物种进化到依赖于各自的存在而繁荣的集合。热带雨林是一个群落，沼泽和珊瑚礁也是。只要气候合适，有时同一种群落就会在世界的不同地方并行进化。地中海群落不仅沿地中海发展，还分布在加利福尼亚州、智利、澳大利亚西南部和非洲好望角的沿岸地区。这五个地区的某些独特植物并不相同，但是植被都具有地中海群落的典型特征，就好比东京和洛杉矶都被称为“摊大饼式扩张都市”一样。有地中海型植被，自然有与之相应的地中海型动物群。

热带的珊瑚礁群落就是如此。不论我们说的是太平洋、印度洋、红海还是加勒比海的珊瑚礁，虽然它们细节上有所不同，但本质上一样。另外，也有温带珊瑚礁，与热带珊瑚礁有一些不同，但是二者都有一个非常特别的共同点，那就是奇妙的清道夫鱼现象——这是一个奇观，体现了顶级生态群落中的微妙关系。

很多种小鱼以及一些虾，以大鱼表皮上有营养的寄生虫或黏液为食，有时甚至会游进大鱼的嘴里为大鱼剔牙，然后从鳃里游出来。凭着这样的生活方式，它们生机勃勃，繁荣不息。这真是令人惊讶的“信任”[2]，但我在这里的兴趣更集中于清道夫鱼在群落中的“角色”。每条清道夫鱼都有一个所谓的“清洁站”，大鱼游到这里来接受服务。这个规矩的好处可能在于节省了清道夫和顾客彼此寻找的时间。站点的固定性也使得清道夫能再见到“回头客”，这就建立起了至关重要的“信任”。这些清洁站被比喻为“理发店”。有人声称——尽管相关的证据最近受到了质疑——如果珊瑚礁没有了清道夫鱼，那么礁中鱼群的整体健康状况将会急剧下降。

世界各地的清道夫鱼都是独立进化的，而且由不同的鱼类担当此任。在加勒比海的珊瑚礁中，清洁工作主要由虾虎鱼家族来承担，它们通常形成小规模的清道夫队伍。另外，我在加州大学伯克利分校工作时的同事乔治·巴罗告诉我，太平洋里最有名的清道夫是一种濑鱼（wrasse），属于裂唇鱼属（*Labroides*）。裂唇鱼（*Labroides dimidiatus*）在白天经营它的“理发店”，二色裂唇鱼（*Labroides bicolor*）则为白天躲在洞穴里的夜行鱼提供服务。物种之间这样的交易分工是成熟生态系统的典型特征。巴罗教授的《丽鱼》一书介绍了非洲大湖中的一些淡水鱼，它们也在朝着清道夫鱼的习性发展。

热带珊瑚礁中，清道夫鱼和顾客间的合作关系达到了惊人美妙的程度，象征着一个生态系统有时能模拟单个有机体复杂而协调的行为。的确，它们之间的相似之处很诱人，太诱人了。食草动物以植物为生，食肉动物以食草动物为生，如果没有捕食者，群体的规模就会逐渐失去控制，造成灾难性后果；如果没有像食腐虫和细菌这类食腐生物，那么这世界将到处是尸体，而且肥料也永远无法被植物循环利用。如果没有特别的“关键”物种（它们的作用有时令人十分惊讶），整个生态系统就会“崩溃”。将每个物种视为生物群落这个超级有机体的一个器官，这是个很有吸引力的想法。

把森林比作地球的“肺”没有坏处，如果这样做能鼓励人们保护森林，可能还有好处。但是这种整体和谐的修辞手法会退化为一种精神脆弱的查理王子式的神秘主义。事实上，这个神秘的“自然平衡”的想法经常吸引那些没脑子的人去江湖庸医那里“调和他们的能量场”。然而在各自领域里维持整体和谐面貌的方式上，人体器官的平衡与群落里物种之间的平衡存在着深刻的差异。

使用这种对比必须万分谨慎，尽管这也并非毫无根据。单个生物体内有一个生态系统，一个由物种基因库里的基因组成的群落。生物体内各器官之间协调的力量与维持珊瑚礁内物种和谐幻象的力量并非完全不同。在雨林中，在珊瑚礁群落里，在动物身体的各个部位之间，都存在着平衡、结构和优雅的契合，一种共适应过程。上述平衡的单元都不是达尔文自然选择中所指的单元。这种平衡产生于较低级的选择，而选择并不偏好于一个和谐的整体。相反，和谐的部分互相依赖以求繁荣，这就出现了整体和谐的幻象。

食肉动物有食草动物才能兴旺，而食草动物有草才能繁盛。但是反过来呢？草会因食草动物而繁盛吗？食草动物会因食肉动物而兴旺吗？动物和植物都需要天敌的捕食才能生机勃勃吗？这至少不像一些社会生态学激进分子所说的那样直截了当。通常没有生物受益于被捕食。但是基于“敌人的敌人就是朋友”的原理，与竞争者相比，那些耐啃的草通常因捕食而更丰茂。有时候同类故事的主角会换成寄生虫的受害者，或者是捕食动物的受害者，尽管那样的故事更复杂。然而，群落“需要”寄生虫和捕食者就像北极熊需要牙和肝一样，这样的说法仍然具有误导性。但是“敌人的敌人就是朋友”的原理的确可以推理出某些同样的结果。或许我们可以这样看，一个生物群落，比如珊瑚礁，是一个平衡的整体，移走其中的一部分都将使其受到威胁。

由很多互相依赖因而繁荣的低级单位组成的群落遍及生物界。即便是在一个细胞之内，这个概念也一样适用。大部分的动物细胞里都有细菌群落，它们如此广泛而深入地融入细胞运作中，人们直到最近才理解其细菌的本源。线粒体曾是自由生活的细菌，而现在却是我们细胞不可分割的生存要素，正如我们的细胞对于线粒体也是必需的一样。线粒体的基因因我们的基因而兴旺发达，就像我们的基因也需要线粒体的基因才能繁荣昌盛一样。植物细胞自身并不能进行光合作用。这个化学巫术是由客座工人来完成的，它们曾经是细菌，现已改称为叶绿体。食草动物，如反刍动物和白蚁，它们自身在很大程度上消化不了纤维素，但善于寻找和咀嚼植物。填满植物的肠道给共生微生物提供了市场，它们具有有效消化植物的专门生化技术。通常，有互补技能的生物因对方的存在而更加繁盛。

对于这个已熟知的概念，我还有一点补充，那就是整个过程都反映在每个物种自己的基因中。不论是北极熊、企鹅、凯门鳄，还是原驼，它们的整个基因组都是互相依存因而繁荣的基因生态群落。这个繁荣发展的舞台就在单个生物体的细胞之内。但长期的舞台是这个物种的基因库。对有性生殖而言，基因库就是基因复制和重组之时每个基因的栖息地。

注释

1. 最近一份相关资料来自拉莎·梅农（Latha Menon），作为本书第一版的编辑，她极其优秀，不知疲倦。——作者注
2. “信任”的进化是一个有趣的进化问题，但我已经在《自私的基因》中讨论过这个问题了，所以在这里不再重复。——作者注

第 29 会合点

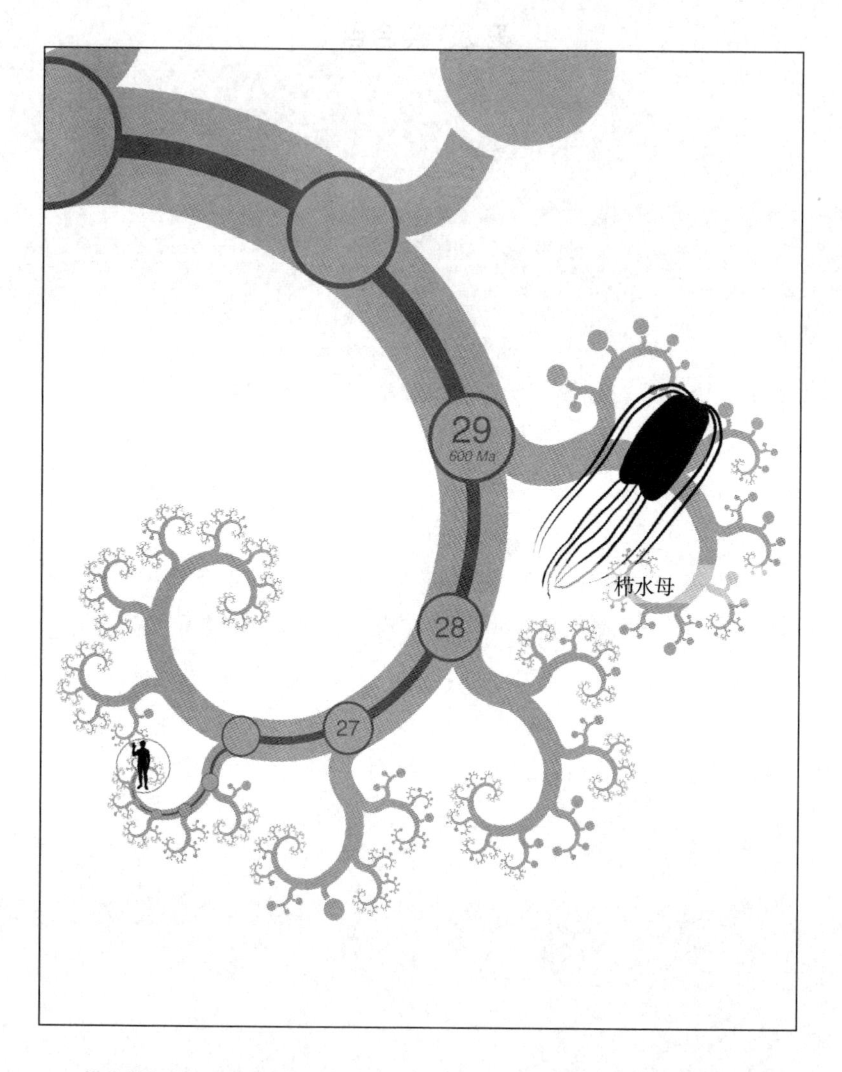

栉水母加入。两侧对称的动物，连同刺胞动物和栉水母，有时被统称为“真后生动物”。根据早期的分子研究，100 种已知的栉水母被看作其他动物最远的亲戚，但是全基因组测序暗示，它们实际上是所有动物（包括海绵）的外类群，这样的话应该把它们放在第 31 会合点。这个观点仍然没有被主流动物学家们接受，我们这里采用的是传统的看法。

栉水母

在第 29 会合点加入朝圣队伍的栉水母（ctenophores）是所有朝圣者中最美丽的动物之一。它们乍看起来的确有点像水母。由于表面的相似性，栉水母常常被错误地划归为水母；它们的主要体腔也是消化腔，基于这个共同特点，过去它们通常都被划分到腔肠动物门（Coelenterata）。与刺胞动物类似，栉水母也具有简单的神经网络，而且体壁同样只包括两层组织（有争议）。

在希腊语中，ctenophore 的意思是“持梳者”。这里的“梳子”是指凸起排列的好像头发一样的纤毛，栉水母就是通过这些纤毛的摆动代替肌肉的收缩推动身体前进的，具有类似形态的水母则是靠肌肉的收缩完成这些运动的。显然这并不是一种快速的推进系统，但对栉水母而言，或许已经足够，特别是这使得栉水母游泳的时候嘴巴朝前，这一点和鲨鱼很像，与水母不同。栉水母的种类并不多，大概只有 100 种左右，但其个体总数并不少，而且从任何标准来说，它们都在美化世界上所有的海洋。梳状触手伴随着水波同步漂动，呈现出奇妙的彩虹色（见彩图 44）。

它们精致的外表掩盖了一个事实，栉水母是凶残的捕食者，并且进化出一系列令人吃惊的手段。一些种类的栉水母长着巨大的嘴巴，甚至达到它们整个身体的宽度，可以完成看似不可能的壮举——吞掉比自己更大的栉水母。这些怪物有的甚至通过将成千上万的纤毛粘在一起成为硬尖钉而独立地发明了牙齿，这使得它们更有可能咬住大块头的猎物。它甚至可以通过打破或形成它们的嘴唇之间的细胞连接来打开和关闭嘴巴，更添几分奇异。

其他种类的栉水母倾向于用长而悬垂的触手捕捉猎物，但与水母不同，这些触手缺乏刺细胞。相反，它们有自己造的“套索细胞”，这种细胞分泌出一种胶水而不是锋利有毒的“鱼叉”。有些种类完全不是钟形的，比如美丽得引人入胜的爱神带水母（*Cestum veneris*）是这些罕见的生物之一，其英文和拉丁文名称完全是指同一个东西——爱神维纳斯的腰带。也难怪，其身体是一条长而闪闪发光的美丽的“丝带”，美得连女神都自惭形秽（见彩图45）。请注意，虽然爱神带水母像蠕虫一样长而纤细，甚至通过波动身体来游泳，但“蠕虫”的末端并不是头或者尾。相反，它的头在中间，嘴巴是腰带的“带扣”。它仍然是辐射对称的，或者严格地说，是两侧辐射对称的。

也许我们应该把栉水母看作动物形态的另一场实验。让人着迷的扁平栉水母（Platyctenida）甚至真的演变出了蠕虫般的身躯，这一事实进一步加强了这一想法。与其他栉水母挥舞着纤毛游泳不同，它们用嘴的内侧作为肉足在海底爬行，因此大多数已经失去了它们标志性的梳齿。难怪它们经常被误认为海生扁虫，尽管它们“背部”伸出来的黏性触手泄露了它们的真实身份。

现在人人都认为栉水母不是水母，但关于它们是什么却没有共识。在写这篇文章的时候，一些栉水母基因组序列已经被应用于研究，这个问题成了动物进化中的热门话题之一。它们的DNA分析已经在进化发育生物学专业的学生中间引发了一场风暴，因为证据表明栉水母与我们的关系比其与其他所有动物（包括海绵）都更远。这意味着，栉水母与其他朝圣者的会合点不在这里，它们加入朝圣队伍的时间比在第 31 会合点加入的海绵还要晚。人们对这个石破天惊的观点一直存在着可以理解的质疑，因为这意味着要么栉水母独立发明了肌肉、神经、细胞层、对称的胚胎和充满凝胶的身躯，要么海绵把这些都丢失了。

你可能认为完整的基因组 DNA 序列将会彻底解决这个问题，但是栉水母的基因组似乎缩小了许多，这使得序列比对的结论并不明显。例如，它们很可能已经失去了一些关键基因如 Hox 簇。另一个问题在于，与水母的两大主要家系在很早之前即产生深远的分化不同，存活的栉水母彼此联系紧密。这意味着一个“长分支”将栉水母与其他动物区分开，也使它们暴露于长支吸引的危害中。我们在《长臂猿的故事》中讨论过这个陷阱。

如果我们可以给更多的物种测序，或者开发更好的全基因组分析技术，或者（这样更好）找到早期分化的栉水母群体，我们或许能够坚定地说出这些朝圣者在生命之树上的位置。 在那之前，我们将栉水母放在这里，作为其他“复杂动物”的姐妹。我们说的“复杂动物”是指除了海绵和我们即将遇到的令人困惑的小不点之外的所有动物。

第 30 会合点

扁盘动物加入。与第 28 和第 29 会合点一样，第 30 和第 31 会合点的顺序也没有得到很好的确认。在第 30 会合点与我们会合的可以是扁盘动物（目前丝盘虫被当成一个单一物种的代表），也可以是海绵。目前这个顺序是随意的。如果第 30 和第 31 会合点需要交换或合并也完全不足为奇。

扁盘动物

这里要提到的是一种神秘的小生物：丝盘虫（*Trichoplax adhaerens*），扁盘动物门（Placozoa）唯一已知的物种。当然，这并不意味着史上仅有这一种扁盘动物。我必须提到的是，1896 年科学家在那不勒斯海湾中发现了另外一种扁盘动物，并将其命名为爬行扁盘虫（*Treptoplax reptans*）。然而之后却再未发现其踪迹，大多数专家认为这一特殊的标本其实就是丝盘虫。贝恩德·希尔瓦特（Bernd Schierwater）是丝盘虫研究领域公认的权威专家，来自他的实验室的分子生物学证据表明，也许存在着 200 个不同的丝盘虫遗传谱系，但它们缺乏明显的外观差异，因此妨碍了传统分类。

丝盘虫生活于海水中，与其他生物都不太像，虫体在任何方向上都不对称；虽然有点像变形虫，但丝盘虫是多细胞而不是单细胞生物；虽然有点像非常小的扁虫，但它并没有明显的前后端以及左右之分。丝盘虫非常小，直径约 2 毫米，呈不规则扁平状。丝盘虫靠体表纤毛的摆动，像个反着铺的地毯似的在其他物体表面匍匐爬行。它们以单细胞生物为食，多数是一些比它们还小的藻类，食物在体表腹面进行消化，而并不吃进体内。几乎可以肯定它是有性生殖的，但迄今为止没人观察到它的全部生活史。

丝盘虫的解剖结构与任何其他动物的关联都不大。它有两个主要的细胞层，与刺胞动物或栉水母一样。夹在两层细胞中间的是一些起到近似肌肉功能的收缩细胞。丝盘虫通过缩短这些细胞的长度来改变形状。严格地说，这两个细胞层不应被称为背侧和腹侧。上层有时被称为保护层，而下层被称为消化层。一些学者声称消化层会内陷形成临时的消化腔，但不是所有的观察者都看到了这一点，所以这可能不是真的。细致的研究结果表明：它的身体由六种不同的细胞类型组成，而非以前认为的四种。尽管如此，与人类含有200多种细胞类型相比，这算相当少了。

动物学文献中关于丝盘虫的记载有一些令人困惑的地方，希尔瓦特和他的学生塔里克·赛义德（Tareq Syed）在2002年的一篇论文中对此有所叙述。在1883年第一次被描述时，丝盘虫被认为是非常原始的，不过现在它们已经被恢复了名誉。不幸的是，它表面上看起来与一些所谓的刺胞动物浮浪幼虫（planula larva）有些相似。1907年德国动物学家蒂洛·科伦巴赫（Thilo Krumbach）认为他以前观察浮浪幼虫的时候曾见到过丝盘虫，他把这些小生物当成浮浪幼虫的变体。本来这也没什么，可是1922年，权威的《动物学手册》（*Handbuch der Zoologie*）的编辑维利·库肯萨（Willy Kükenthal）逝世，而对于丝盘虫来说不幸的是，库肯萨的继任编辑正是蒂洛·科伦巴赫本人。丝盘虫在库肯萨和科伦巴赫编写的《动物学手册》里被正式列为刺胞动物。这个观点被皮埃尔–保罗·格拉斯（Pierre-Paul Grassé）编辑的法文版《动物学手册》（*Traité de Zoologie*）照搬了过去（顺便说一句，他顽固地坚持反达尔文主义观点）。美国权威多卷本著作《无脊椎动物》（*Invertebrates*）的作者利比·海曼（Libbie Henrietta Hyman）也采纳了《动物学手册》的这个观点。

有这么多重量级权威压制着，特别是半个多世纪以来没有人见过这个动物，可怜的小丝盘虫能有什么机会呢？它一直被认为是所谓的刺胞动物幼虫，直到分子生物学革命提供了揭示其真实亲缘关系的可能性。无论它是什么，但绝对不是一个刺胞动物。2008 年全基因组测序发现，丝盘虫与我们的亲缘关系比刺胞动物更远。尽管如此，它似乎比海绵与我们的关系更近，因此我们对第 30 会合点的猜测在将来可能会改变。鉴于海绵的结构比丝盘虫的结构更复杂，30 号共祖很可能也更复杂。换句话说，我们今天看到的微观动物是二级简化的结果。它的基因组证实了这一点。丝盘虫具有约 11 000 个基因，比某些海绵（18 000 个）及我们人类（20 000 个）的基因都少一些，并且有线索表明它在进化过程中丢失了许多基因。在《果蝇的故事》中被详细讨论的同源框基因提供了一个很好的例子。丝盘虫具有单个 ParaHox 基因，之所以知道这是个 ParaHox 基因，不仅是因为基因本身的序列相似，还因为其周围的基因与我们人类的 6 个 ParaHox 基因的邻近基因相似。丝盘虫还有一些基因的排列与大多数动物基因组中围绕着 Hox 基因的那些基因相似，但它似乎已经失去了 Hox 簇本身。将这个暗喻反过来理解，柴郡猫的微笑消失了，但一部分身体仍然为它早先的定位提供了线索。这个“幽灵 Hox”观察说明了另一个观点：大多数基因不仅表现出与其他动物基因的相似性，而且它们在基因组中的顺序大致相同。作为一个动物来说，丝盘虫具有相当小的基因组（比我们人类小约 30 倍），但是，与许多其他具有小基因组的动物不同，它的 DNA 并没有真正重新排列。从长远来看，这能够允许我们在更大的尺度上比较它的基因组，最后揭示这个奇怪的小生物究竟是什么。

第 31 会合点

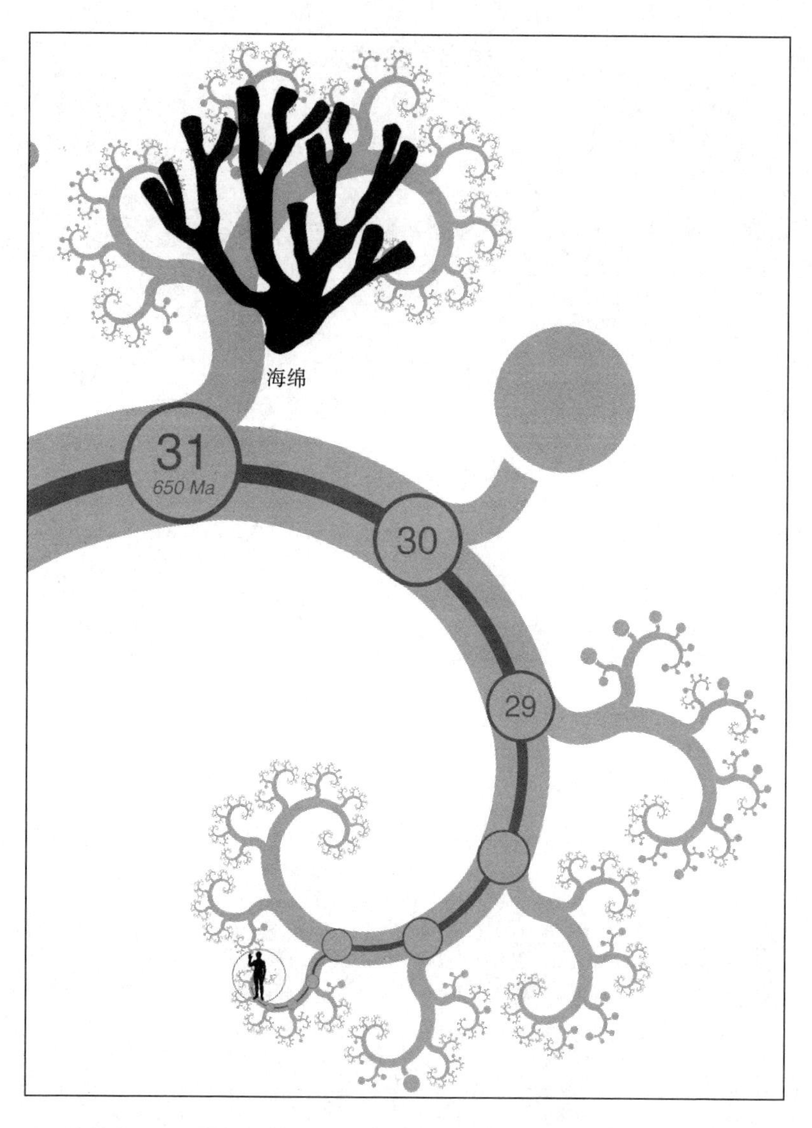

海绵加入。从林奈时代开始，“后生动物”就被划分出一个界（动物界）。目前通常认为，包含大约 1 万个物种的海绵在很早以前就与其他动物分道扬镳了，该观点得到分子生物学证据的佐证。但是少数分子分类学者认为海绵可被分为两个家系，其中一个家系与其他后生动物的关系比另一个家系更近。这表明最早的后生动物看起来真的很像海绵，也应该被归入海绵。

海绵

海绵是最后一批加入朝圣大军的后生动物（Metazoa），即真正的多细胞动物。然而海绵长期以来并未获得“后生动物”的名号，反而被冠名“侧生动物”（Parazoa），有点像是动物界的二等公民。如今，海绵已经被正式纳入后生动物。与此同时，除海绵外的其他后生动物被称为“真后生动物”。[1]

有些人听说海绵是动物而不是植物时可能会觉得诧异。和植物一样，海绵看起来不会移动。而实际上，海绵可产生细胞水平的运动，植物当然也可以。海绵与植物都没有肌肉，所以 2014 年一个研究团队发布的海绵“打喷嚏”视频时着实令人大跌眼镜。海绵会通过协调的动作把整个身体收缩，看起来似乎可以清除体内的残渣。这个反射很有用，因为海绵维生的方式便是让水不停地流经身体并滤食其中的食物颗粒。因此，海绵全身布满水孔，正是因为这样，日常浴用海绵才能蓄积大量的水。

不过日常浴用海绵并不具备典型海绵的形态。海绵体内中空，上端开口，整体呈大水罐状，身体侧面布满细小的进水口。更形象地说，假如在水中加入少量染料，就可以观测到水流通过周边细小的进水口进入活海绵体内，之后进入体内空腔并通过顶端开口排出体外。在该过程中，水流是由位于海绵腔及孔道内壁的一类特殊的细胞驱动的。这些细胞被称为领细胞（choanocyte）。每个领细胞都有一根鞭毛（类似纤毛，但比纤毛大），鞭毛的周围还有一圈细小的毛。有人认为它们是其他一些动物细胞的进化先驱，尤其是一些动物感觉器官中的细胞。领细胞也为动物的起源提供了重要线索，我们将在本章末尾看到这一点。

虽然海绵细胞既能感知也能实现信息交流，并且能够凭此完成喷嚏动作，但海绵并未进化出神经系统，而且内部结构也较为简单。它们拥有数种不同的细胞，但这些细胞尚未形成类似人体的组织和器官。海绵细胞具有全能性，即它的每个细胞都可分化为海绵所有的细胞类型。人类体细胞则不具有全能性，例如肝细胞无法分化为肾细胞或神经细胞。而海绵细胞具有极强的可塑性，其任意一个单独细胞均能够发育成为一个新个体（这点我们将详细讲述）。

因此毫不奇怪，海绵细胞没有生殖细胞和体细胞之分。在真后生动物中，生殖细胞可产生用于繁殖的细胞，并可实现基因遗传。生殖细胞为数不多，位于卵巢或睾丸，专司繁殖。体细胞是机体中非生殖细胞部分，无法实现基因随机分配。像哺乳动物这样的真后生动物会在胚胎发育早期就将一小部分细胞预留为生殖细胞，其余细胞则作为体细胞，经过若干次分裂之后或者发育成肝脏和肾脏，或者发育成骨骼和肌肉，但这些细胞之后就丧失了分裂或分化能力。

但肿瘤细胞是一个令人恐惧的例外。它们因为某些原因而丧失了停止分裂的功能。不过，《达尔文医药科学》（*The Science of Darwinian Medicine*）的作者伦道夫·内瑟（Randolph Nesse）和乔治·威廉斯认为人们不应为此感到诧异。正相反，人们应该惊讶于肿瘤居然没有更加普遍。毕竟，身体里的每个细胞都来源于数十亿代从来未曾停止分裂的生殖细胞。突然有一天一个生殖细胞被要求变成一个体细胞如肝细胞等，要求它学会不分裂的本事，要知道这在该细胞的家族历史上可是第一次。当然别误会，这个细胞的祖先所在的生物当然也有肝脏。只不过，生殖细胞——从定义上就知道——并非来源于肝细胞。

海绵所有的细胞都是生殖细胞，均具有全能性。海绵具有多种不同形态的细胞，但其发育方式与绝大多数多细胞生物不同。真后生动物胚胎在发育过程中会形成胚层，胚层以折纸一样的复杂方式折叠内陷来构建躯体。海绵的胚胎发育完全不同，它们是自组装的：每一个全能的海绵细胞都可以吸附于其他细胞之上，如同具有群居倾向的单细胞原生动物。不管怎样，现代动物学家将海绵纳入后生动物，在此我们也遵循这一称呼。它们可能是现存最原始的多细胞生物，相比其他现代动物，它们能为我们提供更多有关早期后生动物的信息。实际上，人们重建的 31 号共祖看起来与一些现代海绵的幼体十分相似。有一小群分子分类学家找到证据证明，部分海绵与人类的关系比其他海绵更近，这不仅意味着生物进化史上增加了一个会合点，而且表明那位共同的祖先就是海绵。

和其他动物一样，每种海绵均有自己独特的形状与颜色。中空的大水罐只是其中一种形态，还有其他各种变体，形成相互连通的中空管道系统。海绵通过胶原纤维（所以浴用海绵才如此蓬松）和硅或碳酸钙等矿物质骨针来加固自身结构，其中骨针的形状是区分海绵种类的最可靠的方式。有时骨针可以形成复杂而美丽的图案，例如玻璃海绵（*Euplectella*，参见彩图 47）。

尽管有坚硬的骨针存在，可海绵化石仍十分稀少，而且颇富争议。部分学者认为，海绵化石存在的确切证据要等到寒武纪大爆发之后。也有人声称在 6 亿年前甚至 6.4 亿年前的岩石中发现了原始海绵的化石。照此说法，第 31 会合点大约是在 6.5 亿年前。然而，即便是这个数字也依然比大多数分子钟估计的年代晚得多。尽管令人失望，但这么古老的年代测定通常自带警告，值得谨慎对待。

人们喜欢将海绵的外表（实际上是所有动物的外形）与该时期地球上发生的已知最大规模的全球冰川联系起来。地质学家甚至将这个时期命名为成冰纪（Cryogenian）。历史上至少发生过两次这样大规模的成冰纪，一次在 7.17 亿至 6.6 亿年前，另一次在 6.4 亿至 6.35 亿年前。目前学者对当时地球是否不分海陆完全被冰雪覆盖，形成所谓的“雪球地球”仍有争议。即使没有完全冰冻，成冰纪依然对地球和生物有剧烈和持久的影响。不管怎样，我们这次的会合点落脚在两次成冰纪之间的间冰期都可能只是一个巧合。

无论第 31 会合点处在何时何地，从原生动物到多细胞的海绵，这都是生物进化史上的一座里程碑，标志着后生动物的诞生。我们将在下述两则故事中进一步探讨其意义。

海绵的故事

北卡罗来纳大学（University of North Carolina）的亨利·威尔逊（H. V. Wilson）在 1907 年的《实验动物学杂志》（*Journal of Experimental Zoology*）发表了一篇关于海绵的论文。该研究被奉为经典，同时这篇论文的叙述方式也让人们回忆起科学论文的黄金年代，当时的论文文风自由，易于理解，篇幅又足以让人仿佛看到一个真实的人正在真实的实验室做着真实的实验。

威尔逊用一块细布充当筛子，迫使一只活海绵穿过筛子分散成单细胞。分散的细胞被收集在一碟海水中，形成一片红色的絮状物，其中主要由单细胞组成。最终絮状物沉降在碟子底部。威尔逊使用显微镜对其进行了观察，发现这些细胞的表现很像变形虫，它们独自在碟子上爬行，一旦遇到同类就会结合形成细胞块。如同威尔逊和其他学者的一系列报道显示的那样，这些细胞块最终会发育形成新的海绵。威尔逊还试着将两种不同海绵分散后混在一起。这两种海绵颜色不同，所以十分容易区分。这些细胞选择与同种的细胞融合。奇怪的是，威尔逊在文章里称之为失败的结果，因为他设想这两种细胞会融合形成一种嵌合的海绵。我不太理解他的这种想法，也许这是因为一个世纪前的动物学家有一套不同的理论框架。

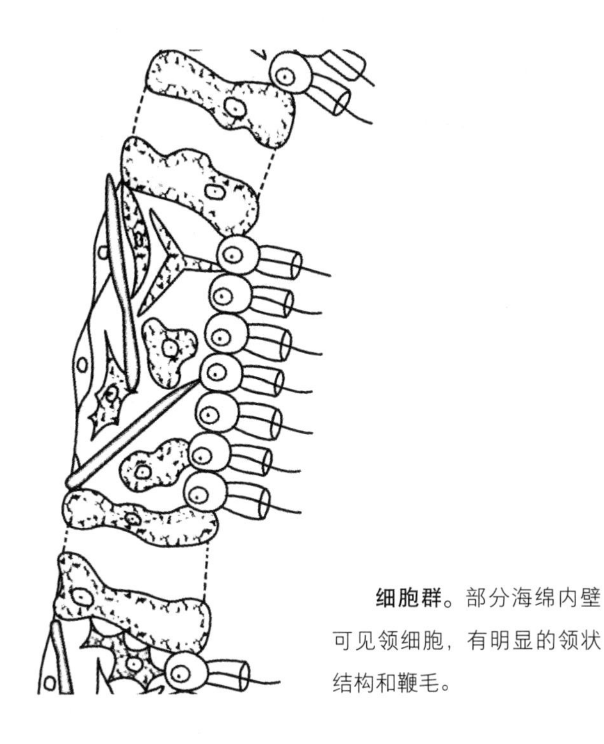

细胞群。部分海绵内壁可见领细胞，有明显的领状结构和鞭毛。

此类实验所揭示的海绵细胞的“社会”行为也许有助于理解海绵个体的正常胚胎发育过程。它是否还给了我们一些提示，告诉我们最初的多细胞动物（后生动物）是如何从单细胞祖先（原生动物）进化而来的？后生动物常被看作一个细胞群体。延续本书借鉴一些现代生物的故事来重现生物进化历史的叙述风格，《海绵的故事》是否能够折射出一段生物进化的历史？威尔逊实验中那些爬行相聚的细胞的行为是否在某种程度上再现了最早的海绵诞生的过程——由群居的原生动物进化而来？

几乎可以肯定，细节上必然有所不同，但是威尔逊的实验结果为人们提供了一种启示。绝大多数海绵细胞都是领细胞，这些细胞可以用于产生水流。上页图展示了海绵的部分体腔壁，体腔在该图的右侧。领细胞沿着内壁排列。领细胞（choanocyte）中的“choano”一词来自希腊语的“漏斗”，从图中可以看出由许多微绒毛（microvilli）组成的小漏斗或衣领状结构。每个领细胞具有一个活动的鞭毛，使水流通过海绵，而衣领结构负责从水流中过滤营养颗粒。请仔细看看领细胞的样子，我们在下一个会合点会见到相似的结构。所以，下一个故事会完善我们对多细胞生物起源的猜想。

注释

1. 有些作者把丝盘虫也从真后生动物中排除了，我们在第 30 会合点见过这种小动物。——作者注

第32会合点

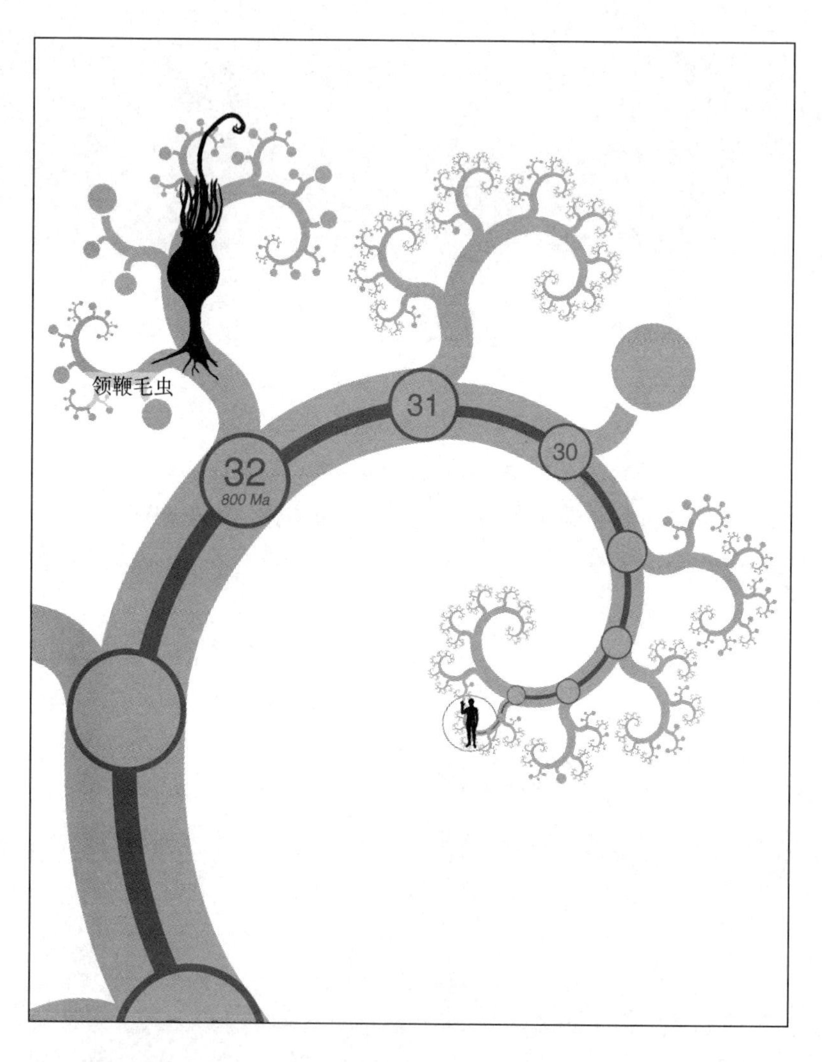

领鞭毛虫加入。约 120 种领鞭毛虫被认为是动物的近亲，该进化地位得到了形态学与分子生物学证据的强力支持。

领鞭毛虫

领鞭毛虫是最早加入朝圣队伍的原生动物，它们大约在 8 亿年前的第 32 会合点加入。不过这个数字的准确性有待检验，它是大多数分子钟估计结果中年代最近的下限。请看下页图，这些领鞭毛虫细胞令你回想起什么？没错，它们与排列在海绵体腔内壁的领细胞十分相似。人们怀疑领鞭毛虫保留着共祖的特征，或者是海绵退化成单细胞生物的产物。分子遗传学支持前一个观点，在此我把它当作独立的朝圣者，在这里加入我们的朝圣队伍。

领鞭毛虫大约有 140 种，有些可借助鞭毛自由运动，有些则附着在一根长茎上，有时候好几只聚集成一个群落，如下页图所示。它们使用鞭毛迫使水流进入漏斗中，细菌之类的食物颗粒就会被困住，进而被吞食。从这个角度来看，领鞭毛虫与海绵中的领细胞有所不同。在海绵中，每个鞭毛并非引导食物进入领细胞的漏斗中，而是协同其他领细胞形成水流，使其流入海绵体内空腔并从顶端开头流出。但是从解剖上看，单个领鞭毛虫无论是否群居生活，其表现都像极了海绵领细胞。这在《领鞭毛虫的故事》中显得尤其重要，而后者将重启《海绵的故事》所展开的多细胞起源的话题。

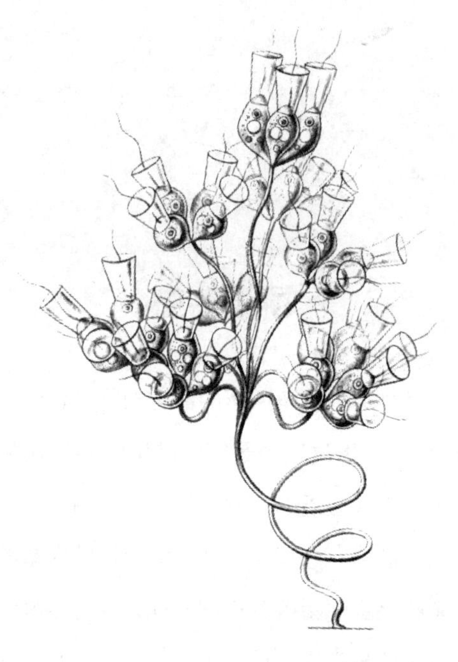

当初是否就是这样？海克尔笔下附着在茎上群居生活的领鞭毛虫。引自《自然地艺术形态》（*Kunstformen der Natur*）[171]。

领鞭毛虫的故事

动物学家始终热衷于思索原生动物到多细胞生物的进化过程。19世纪德国伟大的动物学家厄恩斯特·海克尔是最早提出后生动物起源理论的学者之一，且其部分理论直到今日仍深入人心，即最初的后生动物由群居的领鞭毛虫进化而来。

我们在《河马的故事》中已经遇见过海克尔。他富有先见之明地将河马与鲸联系在一起。他是达尔文主义的拥趸，曾前往瞻仰达尔文的住所（这令达尔文感到厌烦）。他同时还是一位杰出的画家，一位坚定的无神论者（他曾经讽刺上帝是“气态的脊椎动物”）。另外，他极力推崇如今早已不流行的重演学说，他认为“个体发育是系统发生的重演”，或者“发育中的胚胎将会登上自身所属的谱系图”。

重演学说的吸引力十分明显。每个动物幼体的发育过程就是该种成体动物“返老还童”的重演。我们都起始于单个细胞，这代表着原生动物阶段。发育的下一阶段是多个细胞组成内部中空的球状物，即囊胚。海克尔认为这代表着一个祖先进化阶段，他将该阶段的囊胚样生物称为球胞动物（blastaea）。在胚胎发育的下一个阶段，囊胚内陷，像皮球漏气一样一边凹陷，形成杯状双层细胞结构，该结构被称为原肠胚，海克尔想象了一种原肠胚样的祖先动物，称其为原肠动物（gastraea）。有着两层细胞的刺胞动物，例如水螅与海葵，很接近海克尔设想中的原肠动物。根据海克尔重演学说的观点，刺胞动物发育到原肠胚阶段后即停止发育，但我们则继续向前。在随后的发育阶段中，我们的胚胎像鱼一样具有鳃裂与尾巴。再后来，我们丢掉了尾巴。如此这般，每个胚胎在达到其适应的进化阶段后就停止攀爬它的进化树。

虽然重演学说听起来很有说服力，但是早已不流行，或者说它不是放之四海而皆准的理论。斯蒂芬·古尔德在他的著作《个体发育和系统发育》中对这个问题进行了彻底的讨论。对此我们不再赘述，但我们必须明白海克尔理论的由来。从后生动物起源的视角看，海克尔理论中最有意思的是球胞动物。在他看来，它中空的细胞团代表着一个古老的进化阶段，胚胎发育的囊胚期则重现了这一过程。人们是否能够找到与囊胚类似的现代生物？人们应该去哪里寻找这种中空细胞球结构的成年生物？

如果不在意团藻目绿色的外表与光合作用机制，那么让它们充当海克尔的球胞动物再合适不过了。团藻属（*Volvox*）是团藻目中最大的一个属，团藻目也因此而得名。海克尔自己恐怕也想象不到一个比团藻属更适合的囊胚模型。它是一个完美的球形，内部中空，与囊胚类似。团藻由一层细胞组成，且每个细胞与单细胞的领鞭毛虫类似（碰巧领鞭毛虫也呈绿色）。

然而海克尔的理论并不能一统天下。在 20 世纪中叶，一位匈牙利动物学家约万 · 哈德兹（Jovan Hadzi）提出了新观点，他认为最初的后生动物并不是圆的，而是像扁虫一样细长。若为他提出的最初的后生动物寻找一个当代的模型，那应该是一种无腔动物，我们在第 27 会合点遇到过它们。他的灵感来源于一种多细胞核的纤毛原生动物（有些动物直到今天仍保有该特征）。我们将在第 38 会合点遇见这类动物。它用纤毛在水底爬行，就像一些现存的扁虫一样。细胞核之间细胞壁的出现，将长条状的多核单细胞原生动物（合胞体）变成一种单核细胞组成的多细胞蠕虫，即最初的后生生物。哈德兹认为，圆形的后生动物，例如刺胞动物和栉水母，失去了原先细长的蠕虫体态，后来演变成放射状对称的样子，而绝大多数动物延续了两侧对称的形态并扩展成我们熟知的各种形式。

所以哈德兹对会合点的排序会与我们现在的排序有很大的出入。刺胞动物和栉水母会比无腔动物更早地加入进化的朝圣者队伍。然而很不幸，现代分子生物学证据并不支持哈德兹的观点。绝大多数动物学家支持与海克尔“群居领鞭毛虫”类似的理论，而反对哈德兹“合胞体纤毛虫”理论。但是哈德兹的理论使人们的关注点从团藻目转移到了此处所介绍的领鞭毛虫，尽管团藻目看起来是个很优雅的模型。

有一类群居领鞭毛虫十分形似海绵，甚至因而一度被称为原始海绵（*Proterospongia*）。单个独立的领鞭毛虫（或者我们是否应该冒昧地称它们为领细胞？）嵌在胶状基质中。正如海克尔杰出的画作所示，领鞭毛虫的群落并不是球形的。尽管他十分欣赏领鞭毛虫体态的优美，但是就这一点而言，恐怕他会不太高兴。组成“原始海绵”的这群细胞与海绵体内的主要细胞几乎无法区分。所以，我勉强认为领鞭毛虫是现存的最能重现海绵起源的物种，也是最能代表整个后生动物起源的物种。

领鞭毛虫本来应该和许多还没有加入朝圣者队伍的单细胞生物一起被归为“原生动物门”。但如今“原生动物”已经被认为是一个误导性的名字。随着人们对原生动物研究的逐渐深入，它们的秘密被逐渐展现，人们发现，无论从博物学的角度看，还是从它们与人类的关系角度而言，其多样性已超越了门的范畴。但不管怎样，我们将继续沿用“原生动物”这个非正式的名字来称呼单细胞真核生物。我们马上将遇见两个新加入的单细胞真核生物朝圣者。

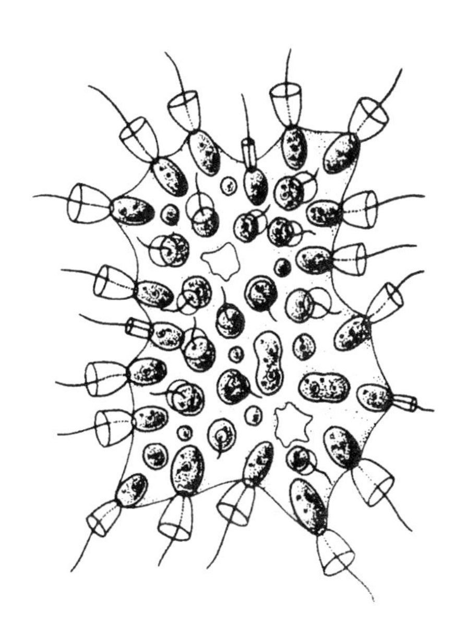

原始海绵。原始海绵与领细胞相似，其群居整体依靠鞭毛摆动在水中移动。

第33会合点

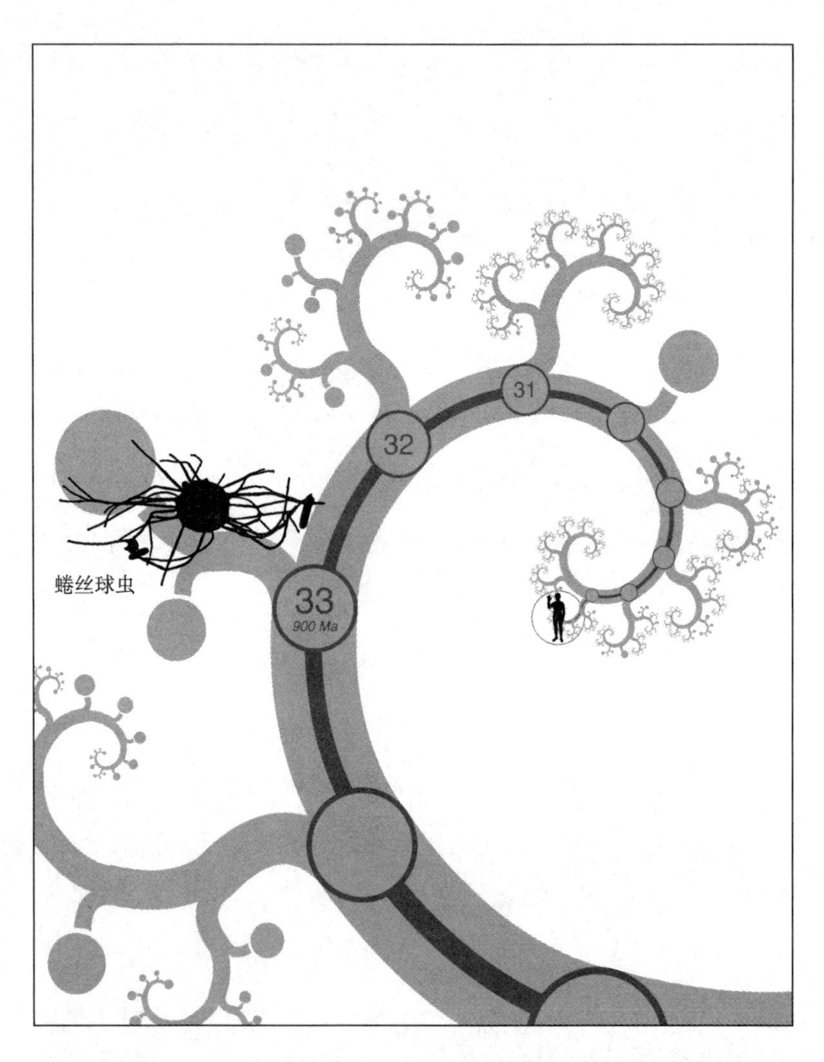

蜷丝球虫加入。直到 2008 年这个会合点才为人所知，而人们对这两个物种的认识也早不了多少。图中的剪影显示的是一只小球虫用细丝抓住了两个细菌。

蜷丝球虫

除非你是一位动物学家，否则你很可能没有听说过我们在上个会合点遇到的领鞭毛虫，这是情有可原的。但是，即使你是一位动物学家，你也很有可能没有听说过在第 33 会合点加入我们的这一对远房亲戚。小球虫（*Ministeria*）和快孢子虫（*Capsaspora*）是一对单细胞原生动物，分别于 1997 年和 2002 年被科学界认识。2008 年，奥斯陆大学的一个团队和牛津大学的极其勤劳的汤姆·卡瓦利耶–史密斯（Tom Cavalier-Smith）一起，搜集了相关的遗传学证据，证明它们是彼此最亲密的亲属，并一起加入我们的朝圣之旅。[1]

这两种生物的细胞表面都延伸出细长的丝，这两个物种所属的纲即蜷丝球虫纲（Filasterea）正得名于此。此外，有人认为这些纤细的触手是我们在前两章遇到的领细胞的鞭毛的前身。因此 33 号共祖的所有后代，包括我们自己，现在都被称为“蜷丝生物”（Filozoa）。

这两种生物虽然都长着细丝而且有密切的遗传关系，可它们的生活方式却完全不同。小球虫的全名是 *Ministeria vibrans*，被发现于离南安普顿不远的英格兰南部近海，自由地漂浮在海水中，用它的细丝从周围的海水中诱捕细菌，然后囫囵吞掉。而有一种快孢子虫（*Capsaspora owczarzaki*）生活在一种淡水蜗牛的循环系统中，不能独立生存。并非任何蜗牛物种都适合做它的宿主，而是只有一种寄生了会导致血吸虫病（schistosomiasis）的扁虫的蜗牛才行。这种使人虚弱的疾病（你可能听过它的另一个英文名字 bilharzia）是全球数亿人的沉重负担。这种快孢子虫对蜗牛有利，它用丝状触手杀死这种扁虫的幼虫并把它们吃掉，使得蜗牛在某种程度上能有限地抵抗这种疾病。这对我们也有好处。

与我们先前遇到的那些令人眼花缭乱的物种组合相比，冒昧地讲，这两种神秘的原生动物似乎有点无趣。但是它们的 DNA 却并非如此。首先，让我们做一个简单的背景介绍。从不起眼的单细胞原生动物到庞大的多细胞生物，这种复杂性的跃迁依赖于许多新能力的进化：识别细胞并将其结合在一起的能力、细胞间传递信号和物质的办法，以及启动与关闭特化的发育路径的手段。所有这些能力都编码在我们的 DNA 里，遗传学家们已经发现了许多相关的基因。我们很自然地对这些基因的进化起源很感兴趣，而最初的线索来自领鞭毛虫的相关序列。它们的基因组里包含一些相关的基因家族，但也有许多基因家族不见踪影。

缺失的几个重要基因家族，特别是参与细胞信号转导的基因，被认为是动物的独特发明。直到最近这些基因被发现存在于快孢子虫的基因组中，我们才意识到，这些基因里有许多实际上更加古老，只是在领鞭毛虫的基因组里丢失了。虽然尚不清楚这些基因在我们的单细胞亲戚的体内扮演什么角色，但看起来它们可能被这些原生动物用于局部环境的感知与交互，而并非一定要形成群落。

随着我们不断加深对这些近亲的了解，我们能够确定哪些遗传学变化确实是动物特有的（现在看来主要涉及调控基因以及参与运动的基因）。宽泛地讲，未来的动物学家甚至可以建模模拟我们祖先的基因的形式和功能，这就好比从基因组的角度重建我们的共祖。我们在这个会合点遇到的这些不起眼的小生物可能会帮助我们了解动物如何变成以及为何是现在这个样子。

当我们从这里继续逆着时光前行，一些更神秘的物种成员（以前被统称为原生动物）将陆陆续续加入我们的朝圣队伍。与它们一同加入队伍的还有多细胞生物的主要代表，比如真菌和植物。我们将不断遇到许多不起眼的生物，可能还有更多的物种尚未被发现。我们不应该为此感到沮丧，相反，这应该值得庆祝，在自然界不为人知的角落里还存在着更多的会合点。在这场地质时间尺度上的深度回溯旅程中，它们几乎是我们了解地球上主要生命类群起源的唯一线索。

注　释

1. 这本书的第一版出版于 2004 年，那时这些生物的真正关系还没被发现。因此这是一个新的会合点，从第 33 会合点开始，会合点的数字编号也相应地发生了变化。——作者注

第34 会合点

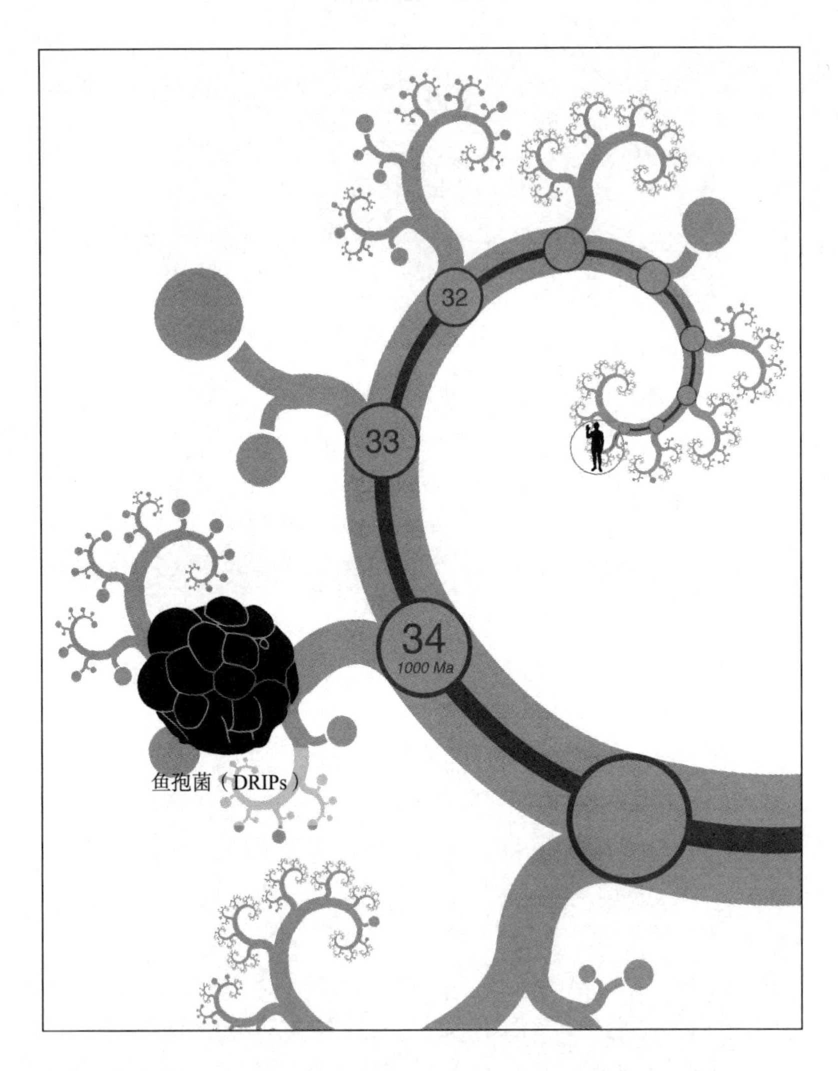

DRIPs 加入。这个群体主要是单细胞寄生虫，也称鱼孢菌，早已被确认是我们遇见真菌之前最后加入的动物群体。最初这个群体只有几个物种，后来通过 DNA 测序的办法又增加了一些更加不为人知的生物，现在总共大约有 50 种。

DRIPs

有一小群单细胞寄生虫，被称为中生粘菌虫（Mesomycetozoea）或鱼孢菌（Ichthyosporea），它们大多是鱼和其他淡水动物的寄生虫。中生粘菌虫的名称[1]表明它们与真菌和动物都有关联。的确如此，在我们逆向朝圣的旅程中，我们在与它们会合之后紧接着就要与真菌会合。这一事实来自现在的分子遗传学研究。凭借这个发现，我们不仅终于把迄今为止相当杂乱的单细胞寄生虫联系在一起，也（在一个更大的尺度上）把它们和动物及其亲属联系在一起。这个庞大的类群囊括了我们目前遇到的所有生物，它们共有一个适当的称呼，叫作动物总界（Holozoa）。这是真菌的姊妹群，我们将在下个会合点与真菌相遇。

Mesomycetozoea（中生粘菌虫）和 Ichthyosporea（鱼孢菌）这两个名字都很难记，究竟该选用哪个名字，也是个有分歧的问题。这可能就是为什么它们也被昵称为 DRIPs（DRIP 的复数形式）——取自四个属的首字母。D、I、P 分别指肤孢虫（*Dermocystidium*）、鱼孢菌（*Ichthyophonus*）和胶孢子虫（*Psorospermium*）。R 有点滥竽充数，因为它不是一个拉丁名字，它代表“Rosette agent”，是重要的商品——鲑鱼身上的一种寄生虫，现在被正式命名为 *Sphaerothecum destruens*。所以我认为这个缩写应该修正为 DIPS，或者用它的复数形式 DIPSs，不过人们还是保留了 DRIPs。似乎是天意如此，紧接着人们发现另一种也属于 DRIP 的生物，其学名恰巧是以 R 为首字母。这就是鼻孢子虫（*Rhinosporidium seeberi*），一种寄居在人类鼻腔里的寄生虫。所以我们可以刚好用这五个首字母重新设计这个名字为 DRIPS，而不用再去理会单复数这种令人尴尬的问题。

鼻孢子虫首次发现于 1890 年，我们早就知道它是引起人类以及其他哺乳动物鼻孢子虫病的元凶，但其分类地位一直不能确定。在不同的时期，鼻孢子虫从原生动物的顶梁柱转换成真菌的标杆，但分子生物学的研究表明它属于第五种 DRIP。对于讨厌双关语的人来说这是幸运的，因为它不会让鼻涕滴滴答答流个不停。[2] 相反，它会引起息肉生长而堵塞鼻孔。鼻孢子虫病是一种主要发生在热带的疾病，医生一直怀疑患者是因为在淡水河流或湖泊中洗澡而感染的。因为其他所有 DRIPs 都是淡水鱼、小龙虾或两栖动物的寄生虫，这似乎预示着淡水动物也是鼻孢子虫的主要宿主。发现它属于 DRIP 也可能在其他方面对医生有帮助。例如，用抗真菌药物来对付它的尝试已经失败了，而我们现在知道了原因：它不是一种真菌。

肤孢虫以皮肤囊肿的形式出现在鲤鱼、大马哈鱼、鳗鱼、青蛙和蝾螈的皮肤或鳃部。鱼孢菌可引起超过 80 种鱼类发生大规模感染，产生重要的经济影响。顺便说一句，胶孢子虫是我们的老朋友海克尔率先发现的，它能感染小龙虾（当然，小龙虾不是鱼，而是甲壳动物），对小龙虾经济有重要影响。至于 *Sphaerothecum*，正如我们前面所说，它可以感染鲑鱼。如今我们有了新办法对分类地位不明的生物进行基因组测序，结果发现还有几个属也属于 DRIPs，现在加入这个小团队的成员已经超过 50 个物种。

DRIPs 生物由于本身不引人注意而容易被人忽视，但它们在进化史上具有贵族般的地位——毕竟它们所处的进化分支点是整个动物界最古老而深远的。我们不知道34号共祖的长相，在我们疲倦的多细胞眼睛看来，这些单细胞生物长得都差不多。不过至少我们能确定的是，它不是像DRIP那样的寄生虫——不会寄居在鱼类、两栖动物、甲壳类或人类身上，因为所有这些生物都还躺在遥远得难以想象的未来。

通常用于描述DRIPs的一个形容词是“神秘”，而我又凭什么打破这个传统呢？如果要讲述一个神秘的DRIPs的故事，我猜它应该是关于我们这些单细胞的表亲是如何幸运地存活至今的故事。考虑到我们已经来到如此古老的会合点，哪个表亲幸存哪个表亲消亡几乎是完全偶然的。并不意外的是，科学家们在选择对哪种单细胞生物进行分子遗传学研究时也是任意武断的。人们关注DRIPs，是因为它的有些成员是经济鱼类的寄生虫，有着重要的商业意义。也许还存在另外一些单细胞生物，它们在生物的进化谱系占有同样重要的位置，但是由于它们寄生的是科摩多巨蜥而不是鲑鱼或人类，我们根本就不会注意到它们。

不过，没有人可以忽视真菌。我们即将欢迎它们的到来。

注释

1. 令人困惑的是（这样说算客气的了），Mesomycetozoa，而不是Mesomycetozoea（你能看出其中的区别吗？），已被用于指称一个更大的类群（后鞭毛生物）。这简直像是故意要让人搞混，正如Hominoidea（人猿总科）、Hominidae（人科）、Homininae（人亚科）、Hominini（人族）这些用于指代我们人类自己的近亲的名词一样。我选择抵制这些名字。——作者注
2. DRIP在英文中有“滴下”的意思。

第35会合点

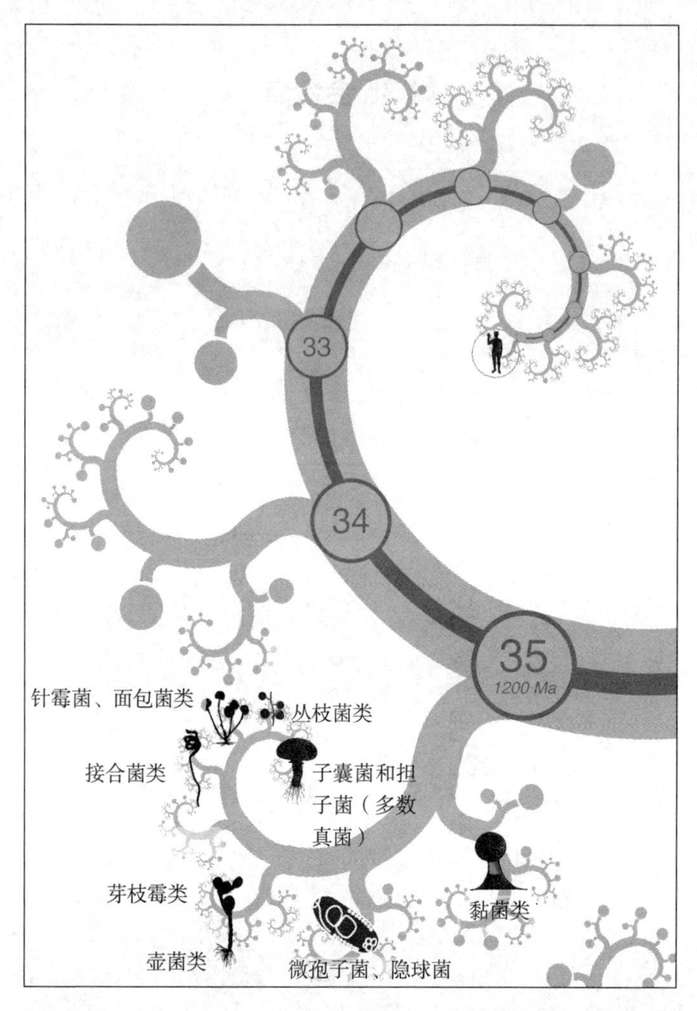

真菌加入。真菌更接近动物，分类学家将其与我们共同归为一个巨大的群体，后鞭毛生物。这里我们所说的是广义的“真菌”，包括真正的真菌和它的姊妹群（几种单细胞变形虫以及黏菌），它们统称为“菌物总界”（Holomycota）。真菌大多数早期的遗传分化主要在于将各种单细胞谱系与其他谱系区分开来，但细节尚未确定。寄生的微孢子菌（图中绘有它的剪影）是分化最早的之一，并且可能与其他一些神秘的真菌属于一类（如图所示）。我们熟悉的蘑菇躲在谱系树的深处，形成两个巨大的姊妹群：子囊菌门（截至 2008 年已发现了 64 000 种，现在可能又多很多）和担子菌门（大约是子囊菌门种类的一半）。它们最近的亲戚是 160 种与植物根系形成亲密关系的丛枝菌类（arbuscular mycorrhizal fungi）。余下的3 000来种真菌的关系才刚开始整理。我们这里展示的是一种临时的安排。

真菌

在第 35 会合点，多细胞生物王国三大类群中的第二个类群真菌加入我们的朝圣队伍。第三个类群是植物。起初可能会让人觉得奇怪，真菌看起来很像植物，但实际上它们与动物的关系更密切，分子生物学的比较研究让这点变得不容置疑。其实，这或许并不太令人吃惊。植物将太阳能引入生物圈，而动物和真菌以不同的方式依附于植物而活，而这种寄生状态让它们获益颇丰。相比植物，动物或真菌的生存方式似乎更加多样。目前只存在大约 40 万种植物，而据估计，真菌的真实数量十倍于这一数字，动物的种类也许比这还要再多两到三倍。

尽管真菌种类繁多且尤为重要，但它们无疑是在三大类群里最隐秘的一个。在数以百万计的物种中，只有 99 000 种被描述过，远不及冰山一角。即使是我们熟悉的物种，我们也只是了解其皮毛，因为蘑菇和毒菌仅仅是一个生产孢子的生殖器官，其生物体的大部分都隐藏在地下。我们在地面上看到的形似植物的结构是被真菌藏在地下的丝状物网络推出地面的，后者才是真菌的主体。这些丝状物被称为菌丝（hyphae）。属于同一个真菌个体的菌丝总称为菌丝体（mycelium）。一个真菌的菌丝体的总长度可能达到数千米，并可能覆盖相当大的土壤区域。

单个蘑菇就如同长在树上的一朵花。但这棵“树”，不是高而垂直的结构，而是在土壤表层分散得像一个巨大的地下网球拍的网线。仙女小皮伞圈（fairy ring）[1] 是一个生动的例子。圈的周长代表了菌丝体生长的程度，也许最初只是一个小小的孢子而已，从中央的起点向外传播。菌丝体扩展的圆形前缘——摄食前缘，就好比球拍的框架，是消化降解产物最丰富的地方。对于草来说，这是营养物的来源，所以环状物周围的草也常常格外茂盛。如果有子实体（各种蘑菇以及相关的数十种真菌）的话，它们也倾向于生在圆圈里。

菌丝有时被细胞壁分隔成多个细胞，但有时没有横隔，包含DNA的细胞核沿菌丝分散排列，构成合胞体，也就是有多个细胞核但细胞并不分裂的细胞组织形式（我们在果蝇的早期发育以及哈德兹的后生动物起源理论中接触过其他多核结构的例子）。并不是所有的真菌都具有丝状菌丝体。有些真菌，比如酵母，又恢复为单细胞形式，在扩散介质里分裂和生长。菌丝（或酵母细胞）所做的是消化它们遇到的各种物质：枯叶和其他腐烂的物质（土壤真菌）、凝固的牛奶（乳酪真菌）、葡萄（酿酒酵母），或葡萄工人的脚趾（如果他恰好患有脚癣）。

高效消化的关键是增大与食物的接触面积。我们通过把食物咀嚼成小块实现这个目的，食物碎块穿过长而卷曲的肠道，而肠道内丰富的突起（小肠绒毛）又进一步增大了吸收表面。每根小肠绒毛的边缘又像刷子一样，遍布毛发般的小肠微绒毛，所以一个成年人的肠道总吸收面积可达数百万平方厘米。一个真菌，比如鬼笔（这个名字很形象，见彩图48）或野生蘑菇（*Agaricus campestris*），其菌丝覆盖土壤的面积也不相上下。它们分泌消化酶以消化其菌丝体覆盖的土壤物质。不像猪或者老鼠，真菌不能来回走动来捕获食物，将其吞入体内，在体内完成消化。相反，它以丝状菌丝的方式将其“肠道”散布出去，直接穿过食物，就地消化。时不时地，菌丝会聚集在一起形成一个可识别的固体结构：蘑菇（或羊肚菌或担状菌）。这种结构可以产生孢子，孢子随风飘散，把基因传播出去，形成新的菌丝体，并最终发育出新的蘑菇。

如你所料，又有上百万的朝圣者涌入朝圣队伍，但在加入我们之前它们已经按照彼此之间的亲缘关系组成了一个个小分队。所有主要的真菌亚群的名字都以“mycete”结尾，这是希腊语的“蘑菇”，有时“mycete”也会写成“mycota”。我们已经在中生粘菌虫（Mesomycetozoea）那里遇到了“mycete”。作为 DRIPs 中的一员，这个名字暗示着它们介于动物和真菌之间的中间状态。真菌中也有一些分化较早的神秘单细胞类群，其中包括名字恰如其分的隐球菌（cryptomycetes），以及壶菌（chytridiomycetes）。最近被认为引起许多青蛙和蟾蜍物种灾难性下降的寄生性真菌蛙壶菌（*Batrachochytrium dendrobatidis*）即属于壶菌纲。不过，两个最大同时也最重要的真菌朝圣者小分队是子囊菌门（Ascomycota）和担子菌门（Basidiomycota）。

子囊菌包括一些著名而重要的真菌，如青霉菌（*Penicillium*）。第一个抗生素就是从中发现的，但被其最初的发现者亚历山大·弗莱明（Alexander Fleming）忽略了。直到 13 年后青霉菌才被霍华德·弗洛里、厄恩斯特·钱恩及其同事重新发现。顺便说一句，相当可惜的是，抗生素这个错误的名字被沿用至今。这些物质只攻击细菌，而不攻击病毒。如果它们被叫作“抗菌素”而不是抗生素，病人们也许就不会要求医生开这种药来治疗病毒感染（不仅无效，而且可能有反作用）。另一个因对它的研究而获得诺贝尔奖的子囊菌是粗糙脉孢菌

（*Neurospora crassa*），乔治·比德尔（George Beadle）和爱德华·塔特姆（Edward Tatum）利用它们发展出了“一个基因一个酶假说”。还有人类的朋友——用来制作面包、葡萄酒和啤酒的酵母，以及不友好的念珠菌（*Candida*），让人感染不愉悦的疾病比如阴道炎或鹅口疮。可食用的羊肚菌和备受推崇的松露也是子囊菌。传统上寻找松露需要借助母猪，因为松露散发出来的气味对于母猪来说极具吸引力，这个气味似乎来自α–雄甾烯醇（alpha-androstenol），而这正是公猪分泌的雄性信息素。目前还不清楚为什么松露要产生这种让自己丧命的气味。但对我们来说这可能正是它美味的来源，而在某种意义上这也是一个有待研究的有趣问题。

大部分食用菌、臭名昭著的毒蘑菇以及致幻菌都是担子菌：蘑菇、鸡油菌、牛肝菌、香菇、鬼伞、鬼笔鹅膏菇、鬼笔菌、檐状菌、羊肚菌和马勃菌等。它们的一些子实体可以达到惊人的尺寸。担子菌在经济作物方面也有重要的影响，会引起植物病害如锈病和黑穗病等。有些担子菌和子囊菌，以及一个叫球菌的特殊类群，可以和植物合作，用菌根作为植物根毛的补充。这是一个非常有意思的故事，下面我将简要介绍一下。

我们知道小肠绒毛和真菌的菌丝体都非常纤细，从而增加了消化和吸收的表面积。其实植物同样有大量纤细的根毛，以增加从土壤中吸收水和养分的表面积。但一个令人惊讶的事实是，大多数看起来像根毛的结构并不是植物本身的一部分。相反，它们是由共生的真菌提供的，这些菌丝体无论结构还是功能都和植物的根毛很像，被称为菌根。经过仔细研究，人们发现这些菌根是经过好几个独立的进化路径多次进化而来的。我们地球上的多数植物完全依赖菌根而活。

共生合作关系中有一个更令人印象深刻的壮举，即担子菌和子囊菌都可以与藻类或蓝细菌（cyanobacteria）共生形成地衣（lichen），而担子菌和子囊菌是独立进化出这种能力的。这些了不起的共生体联盟可以完成任何单独一方无法完成的事情，而且共生体的结构与原先单独的个体也有很大的区别。地衣有时会被误认为植物，这离事实其实也不太远，正如我们将在《历史性大会合》中看到的，植物原本也是与光合微生物联合起来制造食物的。几乎可以认为真菌是在“种植”被其掠夺的光合生物。这个比喻源于这样的事实：某些地衣的伙伴关系基本上是互惠互利的，而也有一些地衣里的真菌更具有剥削性。进化理论预测，如果地衣里的真菌和光合生物的繁殖是彼此依赖的，那么二者一般会形成互惠互利的合作关系；如果真菌只是从环境中捕捉可用的光合生物，那么它们的关系就是剥削性的。而事实似乎正是如此。

地衣特别吸引我的地方在于，它们的表型（参见《河狸的故事》）看起来一点也不像真菌，更不像水藻。它们构成一个非常特殊的“延伸的表型”，两套基因产物合作的结果。我在其他书中解释过我对生命的看法，地衣的这种合作与生物体内部不同基因的协作并没有本质区别。我们都是共生基因的“殖民地”，这些基因相互合作，编织出它们的表型。

注释

1. 仙女小皮伞圈是一种自然现象，即林中或草地上自然生长的蘑菇排列成圆环状，圆环直径可达到 10 米。这一现象成为世界各地很多民间传说的主题，在西欧尤为流行。——译者注

第 36 会合点

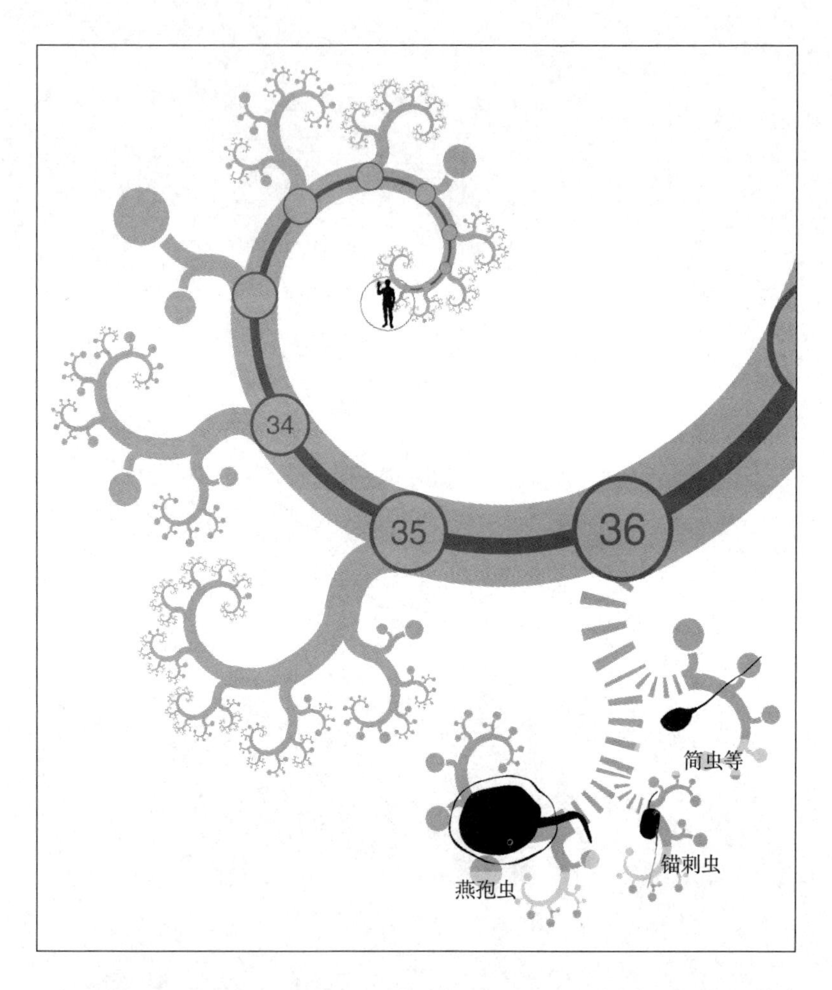

不确定的会合点。人类对这里显示的三组原生生物所知甚少，它们可能并不是作为一个单独的群体加入我们的朝圣队伍的，因此这里使用的是虚线。我们把它们组合到同一个会合点，更多的是图个方便。

不确定的会合点

微生物是如此之小

你根本无法辨识，

但乐观的人希望

通过显微镜让他现形。

他那有节的舌头下面躺着

成百排好奇的牙齿；

他那七条簇状的尾巴

有很多可爱的粉红色和紫色斑点，

每条的图案都不相同，

由四十个独立的模式组成；

他的眉毛泛着淡绿；

所有这些从来不曾为人所见——

但科学家，应该知道，

让我们确信他们的确如此……

哦！让我们永远，永远不要怀疑

那些无人知晓的存在。

——希莱尔·贝洛克

节选自《调皮的孩子怪兽多》(*More Beasts for Worse Children*, 1897)

希莱尔·贝洛克是一位才华横溢的诗人，但也是一个有偏见的人。如果上面的引文表现出反科学的偏见，我们不要太当回事。科学中存在很多我们不确定的事。科学比其他世界观优越的地方正在于我们清楚地知道我们的不确定性，我们经常可以衡量不确定的程度，并满怀乐观地工作以减少这种不确定性。

第 36 会合点就是一个例子。本书的第一版甚至都未曾提及我们在此遇到的小朝圣者们。实际上，我们当时用“不确定”这个词指代另一个会合点，但那里的迷雾如今已经被部分清除了。这里的三个类群的微型细胞能够运动，亲缘不明，被随意地跟不知道多少其他原生动物混在一起。在某种程度上，这仍然是对的。尽管现在我们把它们单独分类，与生命之树的其他主要分支相区别，并且赋予它们特有的门，即无根虫门（Apusozoa），但事实上这是一个原生动物破口袋，也许将来会发现，把它们归在一起更多的是出于微生物学的便利性，而不是自然的生物分类。虽然最近的研究认为它们是动物和真菌的近亲，但它们与我们的确切关系依然不明确。由于这些原因，我们给这个会合点打上“不确定”的标签，目前正针对这群小生物开展如火如荼的生物学和遗传学研究，尤其是在牛津大学。

我们如今获得了能窥探任何生物的基因组的新能力，你仔细想想，这是真正的奇迹——对于我们理解地球上的生命，这是一个无与伦比的进步。它将那些身份和特性模糊的物种带到聚光灯下，揭示其隐藏的丰富到难以想象的多样性。我们的认识增加了，但不可避免的是，我们的不确定性也增加了。不过这不是一件坏事。我们也许应该将贝洛克的诗句作为科学家的警示。确定性并不像人们吹捧的那般好，不确定性才是科学奋斗的动力。

第 37 会合点

变形虫加入。“变形虫”这个词应该算是一种描述，而不是一个严格的分类，因为许多不相干的真核生物也表现出变形模式。变形虫门包括许多经典的变形虫，如图中剪影所示的大变形虫，以及大部分黏菌，包括总计数千种已知物种。最近的分子分析 [106] 暂时把胶网菌（Collodictyon）和马拉维单胞虫（Malawimonas）等地位不明的单细胞生物置于变形虫门的底部。我们在这里显示了这种排列，不过它尚未被完全证实。

变形虫

在第 37 会合点加入我们的是一种小生物，在大众甚至科学界的想象中，它一度是个迥异的存在，是最原始的生物，比裸露的“原生质”复杂不了多少，这就是大变形虫（*Amoeba proteus*）。如果根据这种观点，第 37 会合点将是我们漫长的朝圣之旅的最后一站。当然，事实上我们还有一段路要走。与细菌相比，变形虫的结构相当先进而精细。它还大得出奇，肉眼可见。巨大的沼泽多核变形虫（*Pelomyxa palustris*）可以长达半厘米。

变形虫最出名的特点是没有固定的形状——因此被取名为“*proteus*”，源自希腊神话中一个会变形的神。它们通过半流质内容物的流动而移动，或者伸出伪足，或者像一个黏着的水滴，有时靠临时伸出的“腿”来行走。它们通过吞噬摄取食物，在食物周围伸出伪足，将其封闭在一个球形水泡中。被变形虫吞没将是噩梦般的经历，如果你不是小到不会做噩梦的话。沿着变形虫部分外膜排列的球形泡或液泡也可以被认为是外部世界的一部分。食物一旦进入液泡，就会被消化。

一些变形虫生活在动物的肠道里。例如，结肠内阿米巴虫（*Entamoeba coli*）在人类结肠中极为常见。不要把它跟大肠杆菌（*Escherichia coli*）相混淆，大肠杆菌个头小得多，而且很可能是结肠内阿米巴虫的食物。结肠内阿米巴虫对我们是无害的，但其近亲溶组织内阿米巴（*Entamoeba histolytica*）则会破坏结肠壁细胞，导致阿米巴痢疾（amoebic dysentery），在英式英语中俗称“德里腹泻”（Delhi Belly），在美式英语中则叫“蒙特祖玛的复仇”（Montezuma's Revenge）。

有三类差异相当大的变形虫被统称为黏菌（slime mould），因为它们独立进化出相似的生活习性（还有另一类不太相干的“黏菌”，即集胞黏菌，将在下一个会合点加入我们）。在变形虫黏菌中，最著名的是细胞黏菌，或者叫网柄菌（dictyostelids）。杰出的美国生物学家约翰·邦纳（John T. Bonner）毕生致力于研究网柄菌，接下来介绍的内容很多来自他的科学回忆录《生命周期》（*Life Cycles*）。

细胞黏菌是群居的变形虫。它们的存在事实上模糊了单细胞个体的社会性群体与多细胞个体之间的界限。在它们生命周期的某个阶段，单个的变形虫个体在土壤中爬行，捕食细菌维生，并且以一分为二的方式繁殖。进食一段时间，再次分裂。然后，它们突然转向了群居生活模式。它们向聚集中心靠拢，从那里向外散布化学诱导信号。向聚集中心汇聚的变形虫越多，它所释放的化学信号越强，聚集中心的吸引力就越大。这跟行星的诞生有点像。某个引力中心聚拢的物质碎片越多，它的引力就越大。一段时间后，只有少数聚集中心保留了下来成为行星。最后，各个主要聚集中心的变形虫联合起来，形成一个多细胞生物体，拉长成一个多细胞的“鼻涕虫”。这个长约 1 毫米的生物就连行动方式都像是鼻涕虫，前后分明，能够朝着一个特定的方向前进——比如趋光。变形虫们压抑了自己的个体特性，组成一个有机整体。

爬行一段时间后，“鼻涕虫”启动了它生命周期的最后阶段，即蘑菇状的“子实体”耸立起来。首先是头部凸起（我们把它爬行时的身体前端定义为“头部”），成为“小蘑菇”的柄。在柄的内核处，死亡细胞膨大的纤维素残骸形成一个空心管，管子顶端附近的细胞涌入空心管，邦纳将这个过程比喻为泉水倒流。细胞的涌入导致柄的顶端升起，而起初柄的末端如今成为顶端。原先位于末端的各个变形虫现在就成了一个个有着厚厚保护层的孢子。像蘑菇的孢子一样，这些孢子最终都散布开来，冲破厚厚保护层，成为一个个独立自由的、以细菌为生的变形虫。生命周期再次启动。

邦纳的研究给我们开出了一个令人大开眼界的群居微生物名单——多细胞细菌、多细胞纤毛虫、多细胞领鞭毛虫和多细胞变形虫，包括他心爱的黏菌。这些生物也许重演（或预演）了多细胞后生动物的起源过程，这对我们颇富启发。但我怀疑它们的生活方式与后生动物的祖先是完全不同的，这让它们愈加令人着迷。

第 38 会合点

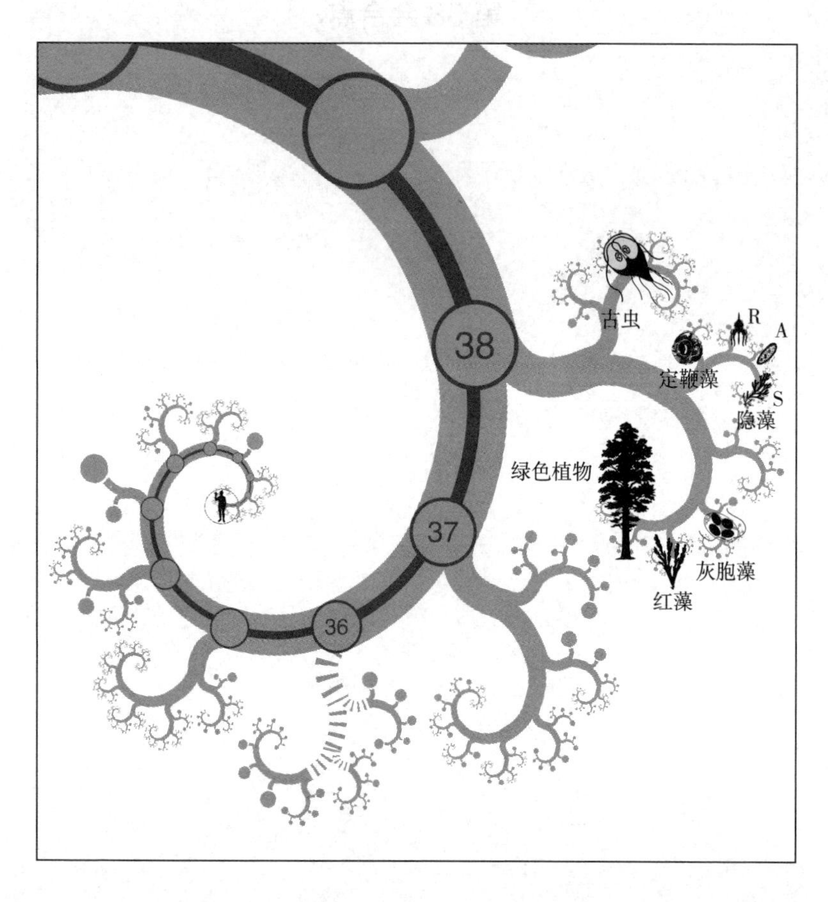

余下的真核生物（包括植物）加入朝圣队伍。这种分形系统与星形图描绘的真核生物家系图有相同的模式，那幅图里用黑色箭头表示真核生物的根基所在。就像在《长臂猿的故事》中讨论的一样，假如我们选择另一个根基位置，分支顺序可能会彻底改变。分支顺序中大多数不确定性来自大约 1 000 种古虫界生物，包括在这里显示剪影的贾第虫属。与之不同的是，如本图右上角所示，包含约 15 000 个物种的 SAR 群的进化位置现在已经得到很好的证实。在生命树这个分支占据主导地位的植物显示在底部。它们包括约 20 种单细胞的灰胞藻（glaucophytes），超过 4 000 种红藻，以及成千上万种绿色植物。这三个类群的分支顺序已被普遍接受。

捕光者及其亲属

朝圣之旅走到这个节点，我们的队伍里已经囊括了动物和真菌，以及一些有时候以单细胞生活的变形虫。它们统称无定形生物（Amorphea），这个词是最近才被造出来的，用来反映我们细胞的可塑性。在第38会合点，我们这些无定形生物——动物、真菌和其他同行者——将一起会见大型生物传统分界里的最后一个类别，即植物。但在此会合的朝圣者不仅有植物。

下页图描绘了我们目前所了解的地球上复杂生命的树状家系图。在我们进入正题前，请怀着谦卑的心态注意一下标注着“动物”的小区域。如果你没找到，请看图的右部，你会发现它夹在真菌和变形虫之间，你、我以及截至第31会合点加入队伍的所有朝圣者都属于这里。

植物界（包括红藻和传统的绿色植物）占据了顶部的主要分支。这意味着至少还有5个分支有待介绍，它们彼此差异极大，几乎个个都配得上“界”的称号。底部的一群被称为古虫界（Excavata）。图的左侧聚集了三个潜在的“界”，其首字母缩写SAR比它们各自的名称——Stramenopiles（不等鞭毛类）、Alveolates（囊泡虫类）和Rhizaria（有孔虫）——好记多了。最后，介于SAR和植物之间的是一个混杂的群，其中各物种亲缘关系不明，所以用虚线表示。

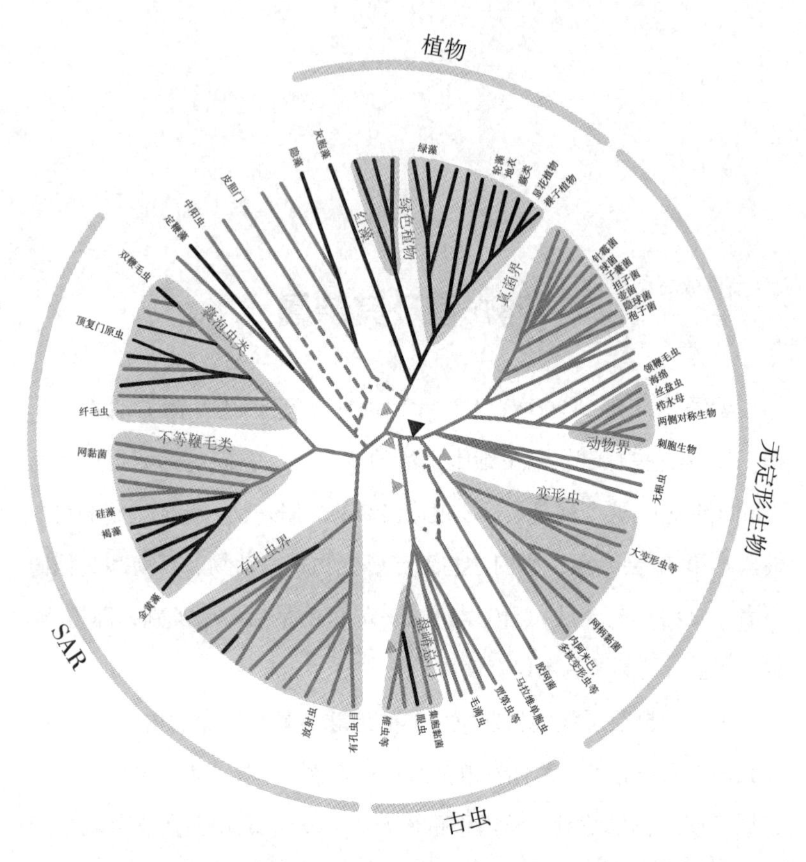

真核生物的生命树。根据进一步的研究，由法比恩 · 布恩基（Fabien Burki）绘制的图表 [106] 修改而成。黑色的分支代表捕光者。标记了名称的物种多数会在文中提到，未标记的分支可以在参考文献 [60] 中找到名称。虚线代表不确定性关系，三角形代表根的位置。

按照我们此处遵循的框架，这些陌生的“界”与植物的关系比跟我们更亲近。这就给第 38 会合点赋予了重大的意义，这意味着它代表着所有复杂生命形式（细菌在这里被排除在外，它们将占据我们旅程的最后一圈）最深处的分歧。此处谨慎的语气也暗示着这个假设尚未定论，实际上它已经在本书第一版的基础上进行了修正。主要问题在于进化树根基的确定。我们在《长臂猿的故事》中遇到过这个问题。像这样的一幅星形图可以与许多不同的进化树兼容，也就意味着不同的会合点数量和排列顺序。我们通常会用远缘外类群来确定进化树的根。但此处的问题是，即使是关系最近的远缘外类群古菌（Archaea，我们将在第 39 会合点遇见它），与我们星形图中任何一类复杂生命的关系都非常远。由于缺少可以直接比对的 DNA 序列，有很多地方都可能作为根基的合理位置。图中各个三角形代表的是不同专家建议的位置。我们选用的是一个流行的观点，把根基安放在黑三角所示的位置上。另一种常见的观点是将根基置于古虫界之中，这意味着古虫界的分支将分别加入朝圣。事实上，确实有一些明显的特征将植物与古虫界或 SAR 中的一个联系在一起。

在第 38 会合点加入队伍的成员中，有一类特殊的生物，其生活方式在进化过程中反复出现，而我们之前还不曾遇到它们。图中用黑色线条标记了采用这些生活方式的朝圣者。由图可见，它们通常出现在植物之中，但在其余生物中也较为常见。不像动物和真菌依赖其他生物或其腐烂遗骸为生，加入本会合点的这支队伍通常不把其他生物作为食物。它们大多自给自足，其中大多数从阳光中获取能量。我们也许可以笼统地称其为“捕光者”（light harvester）。

如果动物和真菌消失，这个星球上的生命仍然可以延续。但是如果没有了捕光者，生命将迅速消亡。它们位于几乎所有食物链的最底层、最基础的位置，不可或缺。它们是我们星球上最夺目的生物，是任何一个造访地球的火星人第一时间谈论的生物。迄今为止，地球上存在过的最重的生物个体属于捕光者。我们在第 38 会合点遇到的生物在全球生物量中占据惊人的比重。这并不是偶然的。在高比重的背后，几乎所有生物量的积累凭借的都是来自太阳的能量[1]。陆地上的植物和海洋中的藻类通过光合作用捕获太阳能，然后沿着食物链逐级传递，而每一级的能量传递效率只有大约10%。因为植物的存在，陆地才是绿色的；而只要有足够的养分供养能够捕光的浮游生物，海洋的表面就是蓝绿色的。这些生物仿佛在不遗余力地用绿色覆盖每一平方厘米的地表，不留丝毫空白。事实差不多正是如此，而且它们有一个非常合理的理由。

从太阳到达地球表面的光子数量是有限的，因此每一个光子都很宝贵。一个行星可以从它的恒星获得的光子的总数受其自身表面积所限，并且在任何一个时刻都只有一个侧面面向恒星。从捕光者的角度来说，地球表面但凡有一平方厘米不是绿色，都是一种疏忽，都会错失捕获光子的机会。叶子就像太阳能电池板，只有尽可能平坦才能最大限度地捕捉光子，让投资不被浪费。将你的叶子放在一个不会被其他叶子覆盖的位置，尤其是不被其他个体的叶子覆盖，这是头等大事，也是森林里的树长得那么高的原因。不在森林里却长得很高大的树可能受到了人为干扰。如果你是周围唯一的树，长得高大完全是一种浪费。最好像草一样向外伸展，这样每一单位就可以捕捉到更多的光子。森林里总是那么阴暗，这并不是偶然的，每一个到达地面的光子都意味着上方叶子的失败。

作为陆地生物，我们专注于绿色且宜人的陆地。但全球大约一半的光合作用发生在海洋。这两种环境给捕光者带来完全不同的生存问题。

空气对于可见光来说是透明的，这意味着生物可以生活在厚厚的空气层的底部还能收获光子。要击败其他捕光者就意味着要向上生长，但越往上空气就稀薄，就需要昂贵的物质支撑作为代价。所以尽管光合作用起源于海洋，并且海洋占据了更大的地球表面积，可陆地上的单个植物都很大，也提供了地球上的大部分总生物量。

大多数海洋捕光者都是漂浮的浮游生物，由水支撑，因此不需要费心构建各种结构以利于光的照射。它们不仅不需要茎和树干，甚至连树叶都是多余的：自由浮动的单个绿色细胞更为经济。竞争体现在其他方面，如其惊人的繁殖率（因此会发生水华）和复杂的物理和生化武器。

海洋的一个主要问题是：养分会沉入阳光照射不到的深处，因此生命主要生存在营养物质靠近海洋表面的地方，例如大陆的边缘。这使得我们的一些朝圣者——各种各样的海草——拥有庞大的体形——不是向上长，而是快速向下生长到达底部，牢牢抓住海底，防止被海浪粉碎或无情地搁浅在陆地上。抛开趋同进化而来的相似性，许多海草并不是真正的植物。事实上，海洋光合作用由加入本篇的6个主要类群的生物共同完成。我想首先简要描述这几个“界”，然后以最成功的植物界作为结尾，这应该是个不错的选择。

古虫界是最古怪的。我们在这里把它和捕光者及其亲属放在一起，但是坦率地说，它们更像是捕光者亲属，而不是捕光者。它们大多是单细胞生物，凭借鞭毛四处游动，通常不进行光合作用。某些种类里，线粒体退化到几乎不可见的程度。缺乏能量工厂也许可以解释它们的寄生倾向：比如寄生在肠道的贾第虫属（*Giardia*）和经性传播的阴道微生物毛滴虫属（*Trichomonas*）。不过并不是所有种类都会引起疾病。还有一些复杂迷人的种类生活在昆虫的肠道里，我们会在适当的时候讲讲它们的故事。

一些拥有可识别的（也许改良过）线粒体的古虫界生物有时会被归入它们自己的“亚界”，盘嵴总门（Discicristata），包括会光合作用的眼虫属（*Euglena*）和会引起昏睡病的锥虫属（*Trypanosoma*）。这个团体还包括集胞黏菌（acrasid slime mould），与我们之前提到的网柄菌关系并不密切。在这漫长的朝圣旅途中，我们惊叹于生命重塑身体形态的能力，采用相似生活方式的生物不断重新发明出相似的身体形态。在两个甚至三个朝圣小队中都出现了“黏菌”形态的生物，“鞭毛虫”“变形虫”也是如此。也许我们应该把“变形虫”看成一种生活方式，就像我们看待“树”一样。“树”意味着庞大的有坚硬木质的植物，出现在不同的植物家系中。[2] 变形虫和鞭毛虫看起来似乎也是如此。多细胞特性毫无疑问更是如此，它重复出现在动物、真菌、植物、褐藻和许多其他类别中，比如黏菌。

SAR 群包括三个界，其中有孔虫界包括多个单细胞类群，其中一些是绿色的，可以进行光合作用，但大部分不能，包括各种外观精致的海洋有孔虫目和放射虫。尽管大多数有孔虫和放射虫都很微小，但个别有孔虫目的物种可以长得很大，古埃及人甚至用它们的化石做货币。有孔虫常常是石灰岩的主要成分，它所形成的巨大石灰岩被用来建造高高在上的埃及金字塔。放射虫因其美丽的微型玻璃骨架而引人注目，厄恩斯特·海克尔（这位杰出的德国动物学家似乎不断地在本书中露面）的绘画作品对这种美丽的捕捉无人能及。回到建筑话题，1900 年巴黎世博会主入口的拜占庭式设计就是受了海克尔作品的启发（见后页）。虽然放射虫本身不捕光，但它们中的许多种类可以与主要的水生捕光者特别是双鞭毛虫形成共生关系。

双鞭毛虫门（Dinoflagellata）属于囊泡虫总门（Alveolata），是 SAR 中的“A”。双鞭毛虫也是单细胞生物。许多海生双鞭毛虫种类在被打扰时会闪烁微光，据说这可以吸引鱼类过来吃掉那些更小的以双鞭毛虫为食的动物。不管解释如何，这个场面在夜晚非常壮观，你会看到发光的蓝色海浪，将夜泳的游客笼罩在朦胧发光的海水中。寄生性的顶复门原虫（apicomplexan）也属于囊泡虫总门，它们本来是捕光者，但后来堕落了。导致疟疾的寄生虫疟原虫（*Plasmodium*）就是这样子。由于曾经是捕光者，疟原虫对于一些抗植物的化合物敏感，这为开发新型抗疟疾药物提供了希望。同样属于这一群体的还有弓形虫（*Toxoplasma*），一种寄生在啮齿动物和猫科动物体内并控制其大脑的寄生虫，在人类大脑中也很常见，可能会影响我们的心理和行为。囊泡虫总门另一个主要成员是用纤毛捕食的纤毛虫门，它们以其离奇的习性闻名于遗传学界。它们会把基因组的拷贝切成成千上万的碎片，塞进一个单独的细胞核供日常使用。我们稍后将要听到奇异混毛虫（*Mixotricha paradoxa*）的故事，它也属于纤毛虫。"似乎"和"*paradoxa*"这个种加词构成了故事的实质，在此我们暂时保密。

不等鞭毛类是囊泡虫的姊妹群，为"SAR"这个缩写贡献了字母"S"，它也是一个混杂的大类。它包括更多美丽的单细胞生物，比如光合硅藻将自己包装在精美的玻璃胶囊中（海克尔也为它们描绘了精美的插图）。根据一些估测，硅藻贡献了海洋一半的光合作用。不等鞭毛类也包括一些不进行光合作用的物种，比如网黏菌（slime net），属于盘蜷目（Labyrinthulida），它形成多细胞个体的途径非常独特，在其摄食的海草上留下纤维状的轨道，为多细胞快速迁移提供网络，好比公共交通系统或吃豆人（Pac-Man）游戏。不过，不等鞭毛类也独立发展出了真正的多细胞生物，如褐藻。在所有海草中，褐藻是最大最显眼的，巨型海带可以长达 100 米。墨角藻就属于褐藻，各种墨角藻在海滩上聚集成层，每个都在潮间带上有自己最适合的区域。墨角藻可能正是叶海龙（参见《叶海龙的故事》）模仿的对象。

著名的微型玻璃骨架。海克尔笔下的放射虫，摘自 1904 年发表的论文 *Kunstformen der Natur*（Art Forms in Nature）[171]。

非凡的拜占庭式设计。受放射虫早期摄影明信片启发，建筑师雷内 · 比内特（René Binet）设计了 1900 年巴黎世博会主入口。

在我们的星形图顶部，倒数第二个“界”收容了那些在分类学上无家可归的物种。其中最重要的是能进行光合作用的定鞭藻门（Haptophyta），显微镜下可看到它的几何形保护盾，它是多佛白崖（White Cliffs of Dover）和整个西欧巨大白垩地层的主要成分，白垩纪（Cretaceous Period）正是得名于这个地层。一些能进行光合作用的淡水藻如隐藻门（Cryptophyta）可能也属于这个“界”。或者它们也可能是我们最后要讲的植物的姊妹类群。

我们的逆向旅行有一个不幸的负面效应：物种超过30万种、构成陆地生命根基的植物，在本书中受到的关注却如此少。[3]针对本书第一版收到的批评，我们在这里让植物与其他生物共享一个会合点，而不是像先前那样独占一章。顺便说一句，真菌学家可能会抗议：真菌种类可能是植物的10倍以上，受到的关注却更少，不仅本书如此，更重要的是整个分类学界都这样。为了给植物或真菌正名，我们将听到一些简短的故事。但首先需要一个正式的介绍。

在本会合点提到的所有捕光者中，植物是最初的，也是最重要的。在这里新加入的物种中，95%都是植物。此外，其他光合作用生物都是从植物那里盗取的捕光细胞器，唯独有孔虫界的宝琳虫属（*Paulinella*）可能是个例外。其实这件事没有听起来那么奇怪，毕竟捕光者和其他不太可能的生物之间存在着多种多样的共生关系，我们只举两个例子：地衣和珊瑚。事实上，植物的光合作用能力最初也是盗自……不，这个故事必须等到下一章再讲。

不是所有植物都大到肉眼可见，也不是所有植物都是绿色的。植物里有旅程至今最小的独立生存的生物：单细胞绿藻（*Ostreococcus*），它比典型的细菌还小。植物里也有最重的单一生物红杉，它的故事要从十分久远的年代讲起。不同于动物，植物的多细胞性似乎有多次独立起源，例如在红藻和绿藻中反复出现（包括《领鞭毛虫的故事》中客串出场的团藻），以及我们最熟悉和印象最深刻的陆地植物。陆地植物最近的亲属是另一种绿藻，即淡水轮藻（freshwater charophytes），这暗示着植物可能不是直接从海洋来到陆地的，而是像动物一样，经历了淡水过渡阶段。化石证据表明这个过渡时期可能位于奥陶纪，节肢动物的出现应该在不久之后。这个次序是显而易见的，如果没有植物可以吃，动物到那里去又有什么好处呢？

除了少数例外如捕蝇草，植物不会动。除了少数例外如海绵，动物都会动。为什么会有这样的区别呢？一定是因为植物捕获光子为生而动物（最终）以植物为食。当然这里需要“最终”两字，因为动物会吃动物，所以植物有时候是间接或再间接被动物吃掉的。但是以光子为生，与植物将根扎进土壤一动不动有什么关系呢？以植物为食又与移动能力有什么关系呢？我猜，因为植物是静止不动的，所以动物只有会动才能吃到植物。那么植物为什么是静止的？也许跟它需要扎根在土壤中吸收养分有关。既要有能移动的最佳形状（结实且紧凑），又想有能收获更多光子的最佳形状（大的表面积，发散且笨拙），这二者可能是不可兼得的。真相如何我也不敢确定。但不管是什么原因，地球上进化来的这三大类大型生物群体中，真菌和植物大部分情况下是像雕塑一样静止的，动物则大都跑来跑去，积极奔忙。植物甚至还会利用动物来奔走，而花朵凭着美丽的颜色以及形状和气味成为这种利用关系的媒介。[4]

也许因为植物是静止的，它们已经进化出了一套模块化的生长方式。叶子是一种在每个小枝顶端重复的模块。另一种模块是茎，可以分叉产生两个较小的茎，以此类推，形成一个递归的分支模式。这样就产生出一种经济节约的重复形式，贝努瓦·曼德尔布罗特

（Benoit Mandelbrot）开创性的《自然的分形几何》（*Fractal Geometry of Nature*）一书就举了这个例子。分形优雅的自相似性构成本会合点的第一个故事，而在本书的末尾我们还会在此讨论模块化思想。在这里，我只想指出，植物的形态构建方式与基因复制时的分支方式也具有相似性。加上基因在不同物种之间的分离现象，这让我们可以谈论“生命之树”的进化，而这个比喻正是我们整个旅途中的向导。

将生命树与分形的几何特点联系起来，才有了每个会合点开始时那些美丽的图画。这些图画都是基于伦敦帝国学院（Imperial College London）詹姆斯·罗森德尔开发的一个叫 OneZoom 的计算机程序。原则上这个程序可以把数以百万计的物种显示在单个可导览的进化树上。这个可爱的想法提供了一种非常直观的方式来探索地球上生命的多样性。OneZoom 网站[5]提供了许多棵树以供探索（我们完全可以预期很快就能构建出一棵囊括了地球上所有物种的生命之树）。你可以尽情探索这些分形树：它们似乎永无尽头。像莎士比亚作品《暴风雨》（*The Tempest*）中的米兰达（Miranda）一样，它的魅力是显而易见的：“哦，天哪！这里有多少美妙的生物啊！”当你节节向上地攀登着这些分支，好像是进化树天堂里的一只达尔文主义猴子，请记住，你遇到的每一个分叉处都代表了一个真正的会合点，这正是本书所说的会合点。若是能以此呈现给达尔文，那该多么令人愉悦啊！

花椰菜的故事

本书所讲的这些故事并不局限于叙述者本人的关注点。就像乔叟所讲的故事那样，它们应该具有普遍意义，对于乔叟来说是人类的生活，于我们而言则是生命。在第 38 会合点，植物与动物会合后，花椰菜还能对这庞大的朝圣者群体讲述些什么呢？本篇故事将告诉我们一个适用于每种植物和动物的重要原则。它也可以被看成《能人的故事》的延续。

《能人的故事》主要利用了对数方法制作散点图比较不同物种的脑容量。按比例计算，体形较大的动物其大脑占比比小型动物少。更确切地说，把体重与脑质量都取对数后，所得直线的斜率恰好是 3/4。你应该还记得，这个数值正好位于两个符合直觉的比例值之间：1/1（脑质量与体重成正比）和 2/3（大脑面积与体重成正比）。但是脑质量与体重对数比的斜率，不是比 2/3 略大或比 1/1 略小，而是恰好 3/4，不多不少。如此精确的数据似乎说明应该有一个同样精确的理论。我们能为斜率 3/4 想出一个理由吗？这并非易事。

为了进一步说明问题，或者给我们一些提示，生物学家早就注意到除了大脑的大小，还有很多其他事物也遵从这个精确的 3/4 关系。特别是，各种生物的能量利用率或代谢率也遵从 3/4 规则，尽管没有理论支持，但这个规律依然被赋予自然法则的地位，被称为“克莱伯法则”（Kleiber’s Law）。下页图显示的是代谢率的对数和体重对数的散点图（关于对数–对数图，请参见《能人的故事》）。

克莱伯法则真正令人惊讶的地方在于，它的适用范围从最小的细菌直到最大的鲸鱼，跨越大约 20 个数量级。从最小的细菌到最大的哺乳动物，需要乘以 10 的 20 次方，或加 20 个零，而克莱伯法则总是成立。该法则同样适用于植物和单细胞生物。下页图显示了经最佳拟合得到的三条平行的拟合线。其中一条代表微生物，第二条代表大型冷血生物（质量超过百万分之一克的在这里都叫“大型”！），第三条代表大型恒温动物（哺乳动物和鸟类）。这三条线的斜率都是 3/4，只是高度不同：毫不意外，同样大小的恒温动物比冷血动物代谢率高。

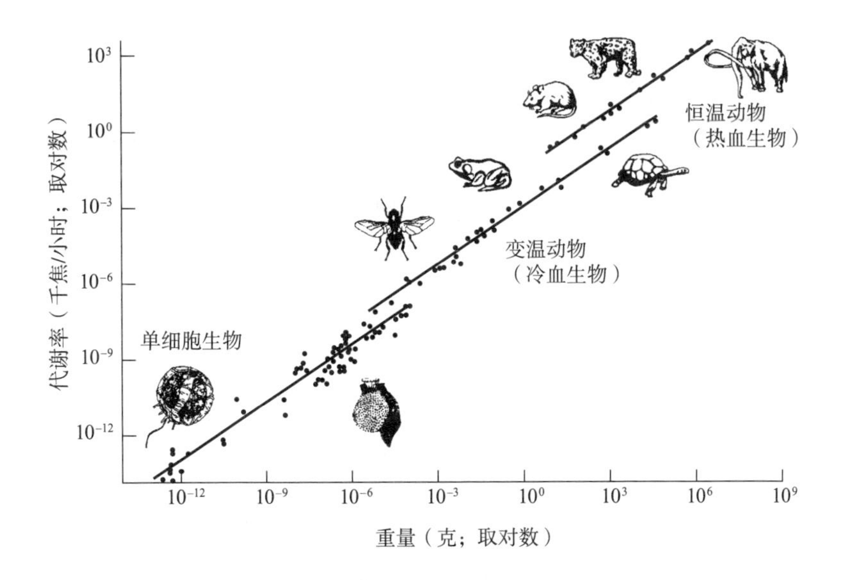

覆盖 20 多个数量级的法则。克莱伯法则，改编自 West, Brown and Enquist [438]。

多年以来，没有人能为克莱伯法则想出令人信服的解释，直到物理学家杰弗里·韦斯特（Geoffrey West）与生物学家詹姆斯·布朗（James Brown）和布莱恩·恩奎斯特（Brian Enquist）协同合作，才推导了精确的 3/4 法则。他们的推导来自数学的魔法，很难用文字来表达，不过它如此天才和重要，值得我们试一试。

韦斯特、恩奎斯特和布朗的理论（简称 WEB 理论）依据的是这样一个事实：大型生物组织存在养分供给问题。动物的血管系统和植物的输导组织都是为了解决这个问题，把“物质”运输到组织来或者从组织中运输出去。小型生物就没有这样的烦恼。对于非常小的生物来说，它的比表面积很大，通过体表就能获得所需的所有氧气。即使是多细胞生物，它的每个细胞也不会离体表很远。但是大型生物就存在运输问题，因为大部分细胞都远离营养供应点。它们需要将物质从一个地方运输到另一个地方。昆虫的气管是一个将空气运输到组织的网状管道。我们也有丰富的空气管道，只是它们仅限于肺内，而肺里还有同样丰富的血管网络，把氧气从肺运输到全身。鱼的鳃有类似的功能，布满毛细血管的鳃有丰富的表面积，可以增加水和血液的接触面积。胎盘也是如此实现母体血液和胎儿血液的交换的。树木用分支丰富的根从土壤中吸收水分，经过分支丰富的枝条供应给叶子，再将叶子合成的糖分运回树干。

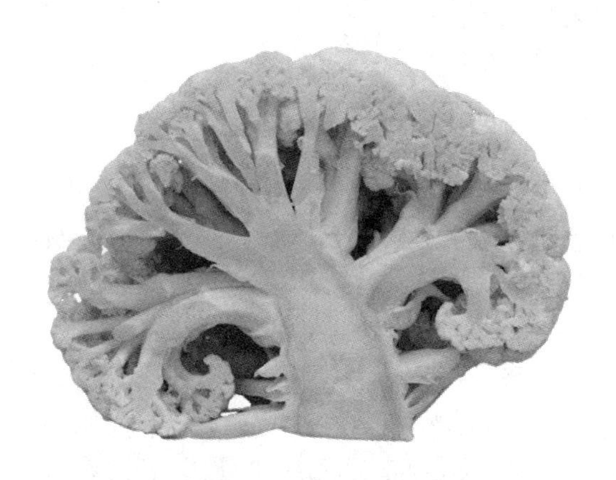

生物组织存在供应问题。花椰菜复杂的供应系统。

把刚从本地蔬菜供应商处买来的新鲜花椰菜切成两半，可以看到典型的物质输送系统。你能看到花椰菜费了很大的努力为其表面覆满的花芽打造供应网络，虽然这些花芽是人工选择的极端结果，但原理依然有效。

现在我们猜测，这种输送网络的存在，不论它运输的是空气、血液、糖分还是别的什么东西，也许正好完美地补偿了生物过大的体积。假如正是如此，那么一个花椰菜的典型细胞的营养供给状况应该与高大红杉的某个典型细胞一样，而且这两种细胞应该有相同的代谢率。由于生物体的细胞数量与其质量或体积成正比，所以在总代谢率相对于体重的对数散点图上，斜率应该是1。然而这与我们目前观察到的斜率3/4不符。与大型生物相比，小型生物实际代谢率比其质量相对应的代谢率更高。也就是说一个花椰菜细胞的代谢率高于一个红杉细胞，小鼠的代谢率高于鲸鱼。

乍一看，这似乎很奇怪。一个细胞就是一个细胞，你可能会猜测存在一个理想的代谢率，花椰菜和红杉、小鼠和鲸鱼应该都一样。可能确实如此，但是WEB理论提示运输水、血液、空气或其他物质的困难性限制了这一理想模型。两者必须有一个妥协。WEB理论定量的解释了这个妥协以及斜率是3/4的原因。

WEB理论有三个关键点。首先，分形的分支网状结构是运输物质到细胞的最经济的模式，最小的管道大概就是标准的毛细管的尺寸。我们用花椰菜举例说明，但我们自己的循环系统和肺也是如此。考虑到克莱伯法则还涵盖了单细胞生物，WEB理论提示我们，细胞内的细胞骨架可能也是这样的网状管道。其次，供应网络自身也占据了一些体积，与其供应的细胞竞争空间。一直延续到末梢的管道占据了相当一部分空间。如果你将需要供应的细胞数量增加一倍，管道占据的体积则将增加不止一倍，因为需要新的、大的管道将网络系统连接到主干上，而管道本身就会占用空间。如果在将细胞数量增加一倍的同时，要求管道的空间也只能增加一倍，那么网络系统会分布得更加稀疏。最后，无论是小鼠还是鲸鱼，最有效的运输系统应该用最少的能量运输物质，只占据固定比例的身体体积。数学运算的结果便是如此，实际观察得到的现象亦是如此。[6] 比如哺乳动物，无论是小鼠、人类还是鲸鱼，血容量（相当于运输系统的体积）都占体重的6%~7%。

把这三点结合起来看，如果需要供应的组织体积增加一倍，但要求保持最高效的运输效率，那么我们就需要一个分布更稀疏的供应网络。一个更稀疏的网络意味着每个细胞得到的东西更少，也意味着代谢率必须下降。但是确切地说，代谢率到底要降低多少呢？

WEB 计算出了这个问题的答案。结果很棒，数学计算预测得知，以代谢率的对数相对于个体体积的对数作图，将得到一条斜率为 3/4 的直线。近来这个理论的具体细节和克莱伯法则的普遍性遇到了挑战，但其基本思想仍然无可动摇。克莱伯法则来自供应网络的物理学和几何学特征，它适用于植物、动物，甚至单个细胞内部的物质运输。

红杉的故事

关于世上有哪些地方是人这辈子必去不可的，人们总是争论不休。我会推荐穆尔森林（Muir Woods），就在美国加州旧金山金门大桥（Golden Gate Bridge）的北边。甚至，如果你迟迟不愿离开它，我无法想象还有比这里更好的安息之地（我猜那里的人不会让你这么做，当然也不应该这样做）。这是一座绿色和褐色交织的寂静的大教堂，中殿高高拱起，这里有世界上最高的树——太平洋海岸红杉，它那松软的树皮消除了那些充斥在人造大教堂里的回声。在内陆的内华达山脉发现的相关物种巨杉（*Sequoiadendron giganteum*，参见彩图50），通常比红杉稍矮但更粗壮。雪曼将军树（General Sherman tree）是地球上现存最大的单体树木，其树干周长超过 30 米，高度超过 80 米，估计重量达到 1 260 吨，它便是一株巨杉。我们还不能准确确定它的年龄，但这个物种的历史至少有 3 000 年。如果把雪曼将军树砍倒，我们就能根据年轮来准确推断其年龄，但把它砍倒会是一项艰巨任务，因为它光是树皮就有大约1米厚[7]。罗纳德·里根在担任加州州长时曾发表过臭名昭著的观点，“如果你见过其中一棵，你就见过了所有”。但还是让我们祈祷这样的事不会发生。

我们怎么才能知道一棵树的年龄，甚至是像雪曼将军树这样古老的树？答案是我们可以数树桩上的年轮。数年轮，当然如今的方法更为精细复杂，已经发展成为一门优雅的学问，称为“树轮年代学”，考古学家以此可以在100年的时间精度上测定任何木制品的年龄。

这个故事的任务主要是解释我们在朝圣旅程中是如何确定历史标本年代的。年轮非常准确，但仅限于相当晚近的历史时期。化石的测年用的是另外的方法，主要涉及放射性衰变，我们将与其他技术一起讨论。

树的年轮来自一个并不出奇的事实：树在某些季节生长得更快。同样的道理，无论是夏天还是冬天，树在好年份比坏年份生长得更快。无论好年份还是坏年份都是很常见的，仅凭一圈年轮是不能判断当年是好年份还是坏年份的。但一系列的年轮会像指纹一样有宽有窄，相当广阔的范围内不同的树木都会带有同样的序列标签。树轮年代学家给这些标签编写目录。这样，当你拿到一块木块——也许它来自一艘埋在沼泽中的维京长船，你就可以拿它的年轮序列与先前收集的序列库进行比对，从而确定年代。

在旋律词典中也使用了同样的法则。假设你脑海里有一首曲子，但你记不起它的名字，怎么才能找到她呢？有很多方法，其中最简单的是用帕森斯码（Parsons Code），把曲子变成一串相对于前一个音符而上下起伏的序列（忽略第一个音符，因为很明显，它既不是上升的也不是下降的）。比如这里是备受欢迎的《伦敦德里小调》的帕森斯码，我把它输入Melodyhound网站上：

UUUDUUDDDDUUUUUDDDUD

Melodyhound网站准确地找到了我要找的旋律，不过称之为“Danny Boy”（这是美国人知道的名字，来自一首20世纪填词的歌曲）。乍一看，仅通过这样短的符号序列就能识别曲子挺令人惊讶，甚至这个序列只表示了运动的方向，而没有距离，也没有表明每个音符持续的时间。但它的确简单有效。同样的道理，一段连续的短年轮就足以识别出特定的年增长序列。

一棵刚倒下的树，其外侧年轮代表着现在，向内计数可以确定过去的年份。因此可以给刚倒下的树的年轮序列标记上日期。如果一棵年轻的树的核心序列可以和一棵老树的外层年轮序列重叠，我们便可以给老树的年轮序列标上年份。通过这种办法不断将重叠部分向后延续，原则上可以把日期标记在非常古老的树木上。只要有连续的重叠部分，我们甚至可以给亚利桑那州石化森林里的树木都标上年龄。通过这种重叠拼接的技术，可以建立起指纹模式图库，并鉴别出比我们见过的最古老的树还要古老的树木。树木年轮不仅可以用来标记树木的年龄，年轮间距变化还可以用来重建有气象记录之前的早年气候和生态模式。

树轮年代学所研究的时间范围相对晚近，与考古学家研究的时间尺度差不多。但一年一度的消长变化可不局限于树木的生长，另外还有别的规则或不规则的周期变化。任何这种循环，辅以同样的重叠拼接方法，原则上都可以用来标记时间。其中一些技术可探查的年代范围比树轮年代学更宽广。例如，沉积物以不均匀的速度沉淀在海底，形成的条纹可等同于树木的年轮。通过圆柱状的海底岩芯取样器钻取岩芯样品，我们可以统计这些条纹，识别标志序列。

另一个例子是古地磁年代测定法，我们在《树懒的故事》的序言中提到过。地球的磁场有时会翻转。原先的地磁北极突然变成地磁南极，几千年后再次翻转。这种磁极翻转在过去 1 000 万年中发生了 282 次。虽然我用了“翻转”和“突然”，但这是地质年代意义上的突然。如果磁极突然翻转，每架飞机和每艘航船都会转向，这样想想也许很有趣，但这不是磁极翻转的实际情况。“翻转”实际上需要花费几千年，其方式也比“翻转”这个词字面上的意思复杂得多。地磁北极在任何情况下都很少与地理北极（地球自转轴所在的位置）完全吻合。多年来，地磁北极在地理北极附近徘徊。目前，地磁北极距离地理北极约 483 千米，从加拿大向俄罗斯方向迅速移动。在“翻转”期间，存在磁场混乱的过渡期，其场强和方向均有巨大而复杂的变化，有时会有一个以上的地磁北极和地磁南极同时出现的情况。最终，混乱的磁场再次稳定下来。当一切尘埃落定时，可能会导致之前的地磁北极靠近地理南极，反之亦然。从稳定的徘徊到重新开始要大概 100 万年，直到下一次“翻转”。

从地质的角度上看 1 000 年不过是一瞬间。与在地理北极或地理南极附近徘徊的时间相比，“翻转”的时间可以忽略不计。如前所述，自然界自发地记录了这种事件。在火山岩中，一些矿物就像小指南针。当熔融岩石凝固时，这些矿物指针在凝固的瞬间记录了地球磁场（沉积岩也可以记录古地磁，不过过程截然不同）。“翻转”之后与“翻转”之前相比，岩石中的小指南针方向相反。这就像树的年轮一样，只不过周期是 100 万年而不是 1 年。同样，条纹图案可以互相比对，通过重叠串联也可以形成一个连续的磁场“翻转”年表。但通过计数条纹不能推算出绝对时间，因为与树的年轮不同，条纹代表的时间是不等长的。然而，不同的地方可以发现相同的条纹图案。这意味着如果可以用某种绝对测年法标定某个地方的年代，就像旋律的帕森斯码一样，磁场条纹也可以被用来识别其他地方的同一时期。与树的年轮和其他测年法一样，将来自不同地方的片段拼接起来，就可以得到完整图景。

树木年轮能很好地确定晚近文物的年代。但对于更早的时间，测年不可避免地变得不够精确，于是我们转而利用物理学上已经了解得较为充分的放射性衰变现象。为了解释放射性衰变，让我们从头开始讲起。

所有物质都是由原子构成的。自然界有 100 多种原子，对应相同数目的元素，比如铁、氧、钙、氯、碳、钠和氢等。大多数物质都不是由单一元素组成的，而是以化合物的形式存在：两个或多个不同元素的原子结合在一起就形成了化合物，如碳酸钙、氯化钠、一氧化碳等。原子结合形成化合物是由电子介导的，电子是一种微小的粒子，绕着原子核中心在轨道上运动（这是一个隐喻，可以帮助我们了解电子的真实行为，而电子的真实行为要奇怪得多）。原子核比电子大得多，但与电子运动轨道比起来又小得多。你的手主要由空白空间组成，当你的手撞上一块铁（这块铁也主要是由空白空间组成的），你会感到阻力，这是因为两个固体中的原子相互作用以防止它们相互穿过。因此，铁和石头给我们以坚固的印象，我们的大脑帮助构建了这种坚固的错觉。

长期以来，人们知道一种化合物可以分解成它的组成部分，这些组成部分又可以重新结合形成相同或不同的化合物，而这一过程会散发或消耗能量。原子间这种来来去去的相互作用构成了化学。但直到 20 世纪，原子还被认为是不可分割的，是元素的最小单位。金原子是金的最小颗粒，与铜原子有本质区别，因为铜原子是铜的最小颗粒。

现代观点则优雅得多。金原子、铜原子、氢原子等只是相同基本粒子的不同排列，就像马基因、莴苣基因、人类基因和细菌基因等并没有本质的区别，只是四种脱氧核糖核苷酸的不同组合而已。化合物长期以来被认为是 100 多种原子组成的有限的集合，与此类似，每个原子核也只是两种基本粒子——质子和中子——的一种组合而已。一个金原子核不是“金子做的”。像所有其他核一样，它是由质子和中子组成的。铁原子核与金原子核不同，不是因为它是由一种称为铁的物质组成的，而仅仅是因为它包含 26 个质子和一些中子，金原子核则由 79 个质子和一些中子组成。在原子水平上，不存在某种具备铁或金属性的物质，有的只是质子、中子和电子的不同组合。物理学家继续告诉我们，质子和中子本身由更基本的微粒夸克组成，但我们在此不再深究。

质子和中子大小几乎相同，远大于电子。中子是电中性的，而每个质子都带有一单位的电荷（被指定为正），它恰好平衡了原子核周围轨道上一个电子的负电荷。如果质子吸收电子，其负电荷中和质子的正电荷，就可以转化为中子。相反的，中子可以通过排出一单位负电荷而将自身转化为质子。相对于原子核保持不变的化学反应，这种转化是核反应，会改变原子核。它们通常涉及比化学反应更大的能量交换，这就是核武器比传统（即化学）爆炸物更具破坏性的原因。炼金术士无法成功将一种金属元素转变为另一种金属元素，只是因为他们试图用化学反应而不是核反应来实现。

每个元素在其原子核中具有特定数量的质子，在核周围的“轨道”中具有特定数量的电子：氢有 1 个，氦有 2 个，碳有 6 个，钠有 11 个，铁有 26 个，铅有 82 个，铀有 92 个。正是这些数字，所谓的原子序数，在很大程度上决定了元素的化学性质（通过电子来实现）。

中子对元素的化学性质几乎没有影响，但它们关系到元素质量和核反应。

原子核里中子的数量与质子数量大致相等，或稍多。任何给定元素的质子数是固定的，但中子数可以变化。通常碳具有 6 个质子和 6 个中子，总质量数为 12（由于电子质量可忽略不计，中子质量又与质子大致相同），因此称为碳 –12。碳 –13 有 1 个额外的中子，碳 –14 有 2 个额外的中子，但它们都有 6 个质子。这些不同“版本”的元素被称为“同位素”。这 3 个同位素都叫碳是因为它们具有相同的原子序数 6，因此具有相同的化学性质。如果在发现化学反应之前发现了核反应，也许同位素会被赋予另一个名称。在少数情况下，同位素有截然不同的名称。通常氢没有中子，氢 2（1 个质子和 1 个中子）称为氘，氢 3（1 个质子和 2 个中子）称为氚，但它们的化学性质都表现为氢。例如，氘与氧结合形成的水被称为重水，因可用于制造氢弹而闻名。

同位素中子数不同，但标志元素性质的质子数相同。在某个元素的几个同位素中，有些同位素的原子核可能不稳定，这意味着它偶尔会在一个瞬间变成另一种原子核，这种变化的具体时间是不可预测的，但变化概率是可预测的。另一些同位素是稳定的，因此它们的变化概率为零。“不稳定”换个说法就是“放射性”。铅有 4 个稳定同位素和 25 个已知的不稳定同位素。作为一种非常重的金属，铀的所有同位素都是不稳定的，都有放射性。放射性是岩石及其化石绝对测年法的关键，因此有必要额外解释一下。

当一种不稳定的放射性元素转变为另一种元素时，到底发生了什么？发生转变有各种方式，但其中最有名的两种是 α 衰变和 β 衰变。发生 α 衰变时，母核失去一颗 α 粒子，它是 2 个质子和 2 个中子组成的原子核。因此质量减少 4 个单位，但是原子序数只下降了 2 个单位（对应于丢失了 2 个质子）。因此，发生 α 衰变元素在化学上转变为质子数少 2 的另一种元素。铀 –238（具有 92 个质子和 146 个中子）衰变成钍 –234（具有 90 个质子和 144 个中子）。

β 衰变与 α 衰变不同。β 衰变是母核中的 1 个中子变成 1 个质子，它通过放射出 β 粒子实现，所谓 β 粒子就是一个单位的负电荷即一个电子。原子核的质量数保持不变，因为质子加中子的总数不变，而电子的重量可以忽略不计。但原子序数增加了 1，因为 β 衰变后原子数增加了 1。钠 –24 通过 β 衰变转变为镁 –24，质量数保持不变，都是 24，原子序数从钠的 11 增加到镁的 12。

第三种转变是中子–质子置换。1 个中子偶然击中 1 个原子核，并将 1 个质子从核中击出，从而取而代之。所以，像 β 衰变一样，在这种转变中，质量数没有变化。但是，因为失去了一个质子，原子序数减少了 1。要记住，原子序数只是原子核中质子的数量。一个元素转变为另一个元素的第四种方式是电子俘获，原子序数下降 1 而质量数保持不变。这相当于 β 衰变的逆转。在 β 衰变中，1 个中子变成质子并排出电子，电子俘获则通过中和质子电荷将质子转变为中子。所以，原子序数下降 1，质量数保持不变。钾 –40（原子序数 19）通过这种衰变方式变为氩 –40（原子序数 18）。原子核放射性转变成其他原子核的方式还有其他几种。

量子力学的基本原理之一是，不可能精确地预测一个放射性元素何时衰变。但我们可以计算发生衰变的统计学概率。这种衰变可能性是特定同位素的标志特征。一般通过测量同位素的半衰期来表征衰变可能性。为了测量放射性同位素的半衰期，可以取一块该物质，并测量放射性元素原子核的一半发生衰变所需的时间。锶 –90 的半衰期为

28 年。如果你有 100 克锶 –90，28 年后只剩 50 克，其余的将变成钇 90（它又会变成锆 –90）。这是否意味着再过 28 年，你就没有锶了？事实是你会剩下 25 克锶，再过 28 年，锶量再减半，即 12.5 克。从理论上讲，它不会等于零，但会通过连续减半不断逼近零。这就是我们将其称为半衰期的原因。

碳 –15 的半衰期为 2.4 秒。2.4 秒后，剩下的碳 –15 是原始样本的一半。再过 2.4 秒，只有原始样本的四分之一了。再过 2.4 秒，剩下八分之一，依此类推。铀 –238 的半衰期近 45 亿年。这约是太阳系的年龄。所以，在地球上第一次形成的所有铀 –238 中，大约有一半现在仍然存在。不同元素的半衰期跨度极大，短则不到一秒，长则可达数十亿年，这个了不起的特性使得放射性测量非常有实用性。

说了这些题外话，我们正在接近主题。每种放射性同位素都有其特定半衰期的事实为岩石测年提供了可能。火山岩通常含有放射性同位素，例如钾 –40。钾 –40 衰变为氩 –40，半衰期为 13 亿年。这里存在着一个潜在的时钟。但是，只是测量一个岩石中的钾 –40 的量是没有用的，因为你不知道它的原始量是多少！你需要的是钾 –40 与氩 –40 的比例。幸运的是，当岩石晶体中的钾 –40 衰变时，氩 –40（一种气体）仍然被困在晶体中。如果晶体中钾 –40 和氩 –40 含量相等，那么你就知道原始钾 –40 的一半已经衰变了。因此，晶体形成已经有 13 亿年了。比方说，如果氩 –40 的量是钾 –40 的三倍，那么原始钾 –40 只剩四分之一了（一半的一半），所以晶体的年龄是两个半衰期即 26 亿年。

结晶的瞬间，对于火山岩来说就是熔化的岩浆凝固的瞬间，也是时钟归零的瞬间。此后，母同位素稳定衰变，而子同位素也被困在晶体中。你所要做的只是测量两个量的比值，然后在物理书中查找母同位素的半衰期，很容易就能得出晶体的年龄。如前所述，化石通常见于沉积岩，而晶体通常在火山岩中，所以化石本身必须间接地通过观察夹在岩层中的火山岩进行推算。

问题在于，衰变的第一个产物往往是另一种不稳定的同位素。氩 –40 是钾 –40 衰变产生的第一种产物，恰好是稳定的。但是铀 –238 衰变时，要经过不少于 14 个不稳定的中间阶段，包括 9 次 α 衰变和 7 次 β 衰变，才能终止于稳定同位素铅 –206。到目前为止，衰变级联反应中最长的半衰期（45 亿年）来自第一级衰变，即从铀 –238 衰变为钍 –234，其半衰期长达 45 亿年。其中的一个中间阶段，从铋 –214 到钋 –210 的半衰期只有 20 分钟，这甚至不是最快的（只是最可能）。随后的转变所需的时间与第一级相比可以忽略不计，所以测量到某块岩石中铀 –238 与最终稳定的铅 –206 的比值后，可以按半衰期 45 亿年来计算其年龄。

铀 / 铅法和钾 / 氩法，以其数十亿年的半衰期，很适合用来测量古老化石的年龄。但是，对于更年轻的岩石来说，这种测量就太粗糙了。对于年轻的岩石，我们需要用半衰期较短的同位素。幸运的是，地质纪年可以选择多种同位素。你可以根据你正在研究的岩石选择最合适的同位素，以获得最佳分辨率。更妙的是，可以用不同的同位素时钟进行互相校准。

碳 –14 是通常使用的最快的放射性时钟，它也将带我们回到本篇故事开头的主题。考古学家最常用碳 –14 测年的材料之一就是木材。碳 –14 衰变成氮 –14 的半衰期为 5 730 年。碳 –14 时钟的不寻常之处在于它可以直接给死去的生物组织进行年代测定，而不必通过组织上方和下方地层的火山岩间接测年。碳 –14 测年法对于较为晚近的年代测定尤为重要，该年代范围比大多数化石都要年轻的多，而且正好跨越考古学所研究的历史范围，因此它值得被特殊对待。

世界上大部分碳元素属于稳定的碳－12，只有大约一万亿分之一的碳元素是不稳定的碳－14。由于半衰期只有几千年，如果不进行更新的话，地球上所有的碳－14都早就已经衰变为氮－14了。幸运的是，氮－14作为大气中最丰富的气体元素，总有一些原子不断地被宇宙射线轰击而转变为碳－14。碳－14的生成速率大致恒定。大气中的大多数碳，无论是碳－14还是更普遍的碳－12，都与氧结合以二氧化碳形式存在。二氧化碳被植物吸收，碳原子用于构建组织。对植物而言，碳－14和碳－12几乎是一样的（植物只对化学性质"感兴趣"，而不关心原子核的属性）。两种类型的二氧化碳按存在的比例被植物吸收。植物被动物吃掉，而动物可能被其他动物吃掉，碳－14相对于碳－12，按已知的比例分布在食物链中。相对于其半衰期而言，碳－14在食物链中存在的时间很短。在活的生物组织中，两种同位素的比例与它们在大气中的比例相当。可以肯定的是，它们偶尔会衰变成氮－14。但这种恒定速度的衰变，通过食物链与大气中不断更新的二氧化碳相联系，从而被新摄入生物体内的碳－14抵消。

在生物死亡的那一刻，这一切就发生了变化。一个捕食者一旦死去，就不再得到食物链的物质补充。一棵植物一旦死去，就不再吸收来自大气的新鲜二氧化碳。一个食草动物一旦死去，就不再食用新鲜的植物。在死亡的动物或植物体内，碳－14仍然在不断衰变成氮－14，可它无法再从大气中得到新鲜碳－14的补给。因此死亡组织内的碳－14与碳－12的比例就将持续下降，而这种下降的半衰期是5 730年。我们可以通过测量碳－14与碳－12的比例来判断动物或植物死亡时间。随着研究者们——特别是牛津大学的汤姆·海厄姆（Tom Higham）——研发出提取单个古老分子的技术从而避免了污染问题，碳－14 测年法的精确度正变得越来越高。碳－14 测年证明了都灵裹尸布（Turin Shroud）出自中世纪，因此不可能属于耶稣。碳－14能很好地为晚近历史文物定年，但是对于更古老的年代来说，由于几乎所有的碳－14 都衰变为氮－14 了，残留的碳－14 几乎无法精确测量，因此这种办法不适用于给古老样品定年。

还有其他的测年方法可以测量样品的绝对年龄，新方法也一直在涌现。拥有这么多方法的好处之一是它们共同跨越了如此巨大的时间尺度，还可以相互交叉校准。通过不同的方法验证得到的数据很难被驳倒。

丝叶狸藻的故事

丝叶狸藻是一种开黄花的水生植物，看起来有点像花园里的金鱼草。乍一看，点缀在它根部的那些小“水囊”看起来很奇怪，其英文名也因此命名[8]。但这些小水囊的用途其实相当险恶。像同一属的其他狸藻一样，丝叶狸藻是食肉植物。每个水囊都是一个致命的陷阱，一触即发。它是一个密封的低气压室，当附近的触毛被碰弯时，它会突然打开，陷阱出现，路过的动物顺流而入，被吸进囊内，然后被逐渐消化。

生物的相互利用在自然界普遍存在。丝叶狸藻的迷人之处在于它逆转了植物和动物之间的命运。但它还在另一个层面上给我们上了一堂博物课，这堂课揭示的不是生态系统中不同物种之间的剥削，而是基因组中基因之间的利用。为了理解这个古怪的小植物传递给我们的信息，我们必须暂时先把它放在一边。它会在本篇故事结尾时回到舞台，那时它那可爱的小基因组会告诉我们大多数 DNA 到底是用来做什么的。

20世纪70年代以来，生物基因组DNA总含量（被称为“C值”）几乎完全不能反映基因组的复杂性这一事实逐渐深入人心。这种现象甚至还有个名字叫作“C值悖论”。我们之前已经遇见过石花肺鱼，其臃肿的基因组有1 330亿个碱基对。该领域的领先研究者之一瑞安·格雷戈里（Ryan Gregory）喜欢讲这样一个有趣的例子：当你准备晚餐的时候，你应该泪流满面地想到，洋葱的基因组是人类的5倍。也许这是因为植物和动物遗传信息的编排方式不同？答案是否定的。在密切相关的物种之间也存在同样的差异。无肺螈属（*Plethodon*）是蝾螈的一个属，该属某些物种所包含的基因组是其他物种的4倍。洋葱的近亲也是如此。*Allium altyncolicum* 是一种类似细香葱的植物，它的基因组“只不过”是我们的2倍。野蒜（*Allium ursinum*）的基因组足足比我们大9倍。一个更突出的例子是甜玉米，同一物种的基因组含量可能会有50%的变化。

我们在《七鳃鳗的故事》里提到，在遥远的过去，全基因组复制导致脊椎动物的基因组扩张为原先的4倍。但C值悖论不能简单地用全基因组复制来解释。的确，多倍体在植物中是很普遍的，特别是像小麦这样的农作物和水仙花这种观赏植物。在这些例子中，复制是近期发生的，在显微镜下能够清楚地看到染色体有4个或6个近似相同的拷贝，而不是传统上的2个拷贝。我们还可以通过观察全基因组序列来观测更多古老的倍增事件，并寻找相似基因的多个拷贝（在脊椎动物Hox基因中可以看到这一点）。虽然在大多数开花植物中都能清楚地看到类似情况，但在洋葱的例子中却并不明显。更重要的是，它并不能解释葱属和无肺螈属不同种的基因组之间的4倍差异。

如果从技术层面上将“基因”定义为蛋白质编码序列，那么基因组大小的差异主要并不来自基因的数量。洋葱的基因组尚未测序，但我们知道，人类蛋白质编码序列仅占 DNA 的 1% 多一点，实际上我们预测洋葱中这个比例会更小。通过比较已知的基因组，很明显 C 值悖论的答案在于基因组中存在大量非编码 DNA。

“非编码 DNA”是一个糟糕的术语，它听起来像是说这些 DNA 序列是毫无用处的垃圾序列。但事实并非如此。编码 DNA 之所以叫编码 DNA，是因为它使用了“遗传密码”（DNA 的三个字母对应于蛋白质中的一个氨基酸）编码了蛋白质。非编码 DNA 不编码蛋白质，但仍然有其他功能。这个术语令人困扰，而且正如弗朗西斯·克里克（Francis Crick）指出的那样，从 DNA 到蛋白质的翻译过程也不是真正的编码。从技术上讲，这只是一种转码：将一个长度的信息转换为另一个长度的信息的方法。最好将遗传词典中“非编码 DNA”用一个误导性不强的词替代，比如“非翻译 DNA”。正如我们在《小鼠的故事》中提到的那样，这些非翻译区域包含开启和关闭基因的开关，但是这种控制区域也只占了非翻译 DNA 的十分之一不到。那么剩下的是什么？

剩下的有什么用呢？下面这个故事来自昆虫学家乔治·麦加文（George McGavin）。本书的两位作者都曾工作于牛津大学自然历史博物馆。有一天是博物馆的开放日，乔治·麦加文被一位女士搭讪，她问：“黄蜂有什么用？”他耐心地向她解释了进化的基本原理，最后得出的结论是，从人类的角度来看，生物根本不需要为了任何其他东西而存在。她满意地点头，想了一下，又问道：“虫子有什么用？”

麦加文博士说，如今他只回答道：“黄蜂是为了繁衍黄蜂而存在的。”在 DNA 的层面上这种简洁的描述非常准确。就像我们读到的，DNA 序列最终的功能是去产生更多它自身的拷贝。这是《自私的基因》这本书所传递的信息，也是 C 值悖论的关键。当然，我们可以凭着后见之明看一下某段DNA序列的作用，看看它给生物带来什么便利，从而间接地有利于序列本身。如果说我们的眼睛的进化是为了“看见”，那么从分子层面上说，红色、绿色和蓝色的视蛋白基因的进化也是为了“看见”。我们将它们的存在归因于这样一个功能，即产生能吸收一定波长的光的蛋白质，让我们不仅可以看见物体，还能看到物体的颜色（参见《吼猴的故事》）。但这只是过度简化的描述。红色和绿色视蛋白基因的存在只有一个终极的理由：它们被复制的次数多于它们的生物载体死亡的次数。回头来看，其中可能的原因有很多。或许根本只是巧合而已。而更有可能的是，他们给整个身体带来某种概率上的好处，让祖先猴子能分辨红色和绿色，能采摘到成熟的果实，从而有更多的子代，而子孙后代遗传了视蛋白基因的拷贝。大多数蛋白编码基因的存在都是由于同样的历史原因。他们与其他基因合作，确保整个基因组有更多的拷贝，使整个基因组序列能通过种群和子代代代相传。这就是为什么人们会有这种错觉，仿佛基因有某种使命或者经过设计。

但是，DNA序列复制还有其他的方法。最突出的情况是在不同的个体之间独立移动。最常见的例子是病毒，在这里介绍病毒一方面是因为它们与我们的故事相关，另一方面是因为它们将不会正式加入我们的朝圣之旅，因为目前还不清楚它们与其他生命形式的关系。

病毒是一段短的DNA或RNA，外面包裹着保护性的蛋白外衣。至少有一些病毒可能最初是其他生物基因组的碎片，后来进化出了在细胞间转移的能力。这些基因可以说事实上获得了属于它们自己的生命[9]。

病毒实在是太小了，因此不能编码出DNA复制所需的所有蛋白。猪圆环病毒（*Porcine circovirus*）是已知最小的病毒，只有1 768个碱基。病毒并不自己复制，而是搭宿主细胞的便车。宿主细胞的复制机器被用来复制病毒的基因组，同时还合成病毒的其他结构，比如壳体和允许病毒潜入细胞的结构。

在阅读这本书的时候，你的身体里就有病毒。水痘带状疱疹病毒（*Varicella zoster*）引起水痘，然后会一直潜伏在你的神经细胞中。如果你小时候得过水痘，病毒很有可能还在你体内。我们可能会问病毒这样做是为了什么？它们待在那里的原因是什么？显然，它们是为了自我复制，而你的免疫系统不知出于何种原因无法摆脱它。换句话说，病毒的存在是为了产生更多的病毒。

水痘这种类型的病毒的基因组总是与细胞的 DNA 分离，这个结论人人都能接受。但某些病毒（逆转录病毒）会将其基因组永久地粘贴到细胞 DNA 中，从而成为宿主基因组的一部分，成为我们的一部分，这就让人不太舒服了。正如你所预料的，插入点的位置可能会给宿主带来严重的问题，癌症是一种特殊的情况（一个悲惨的例子是猫的白血病）。令人类更恐惧的是一种整合到免疫系统的逆转录病毒，即臭名昭著的人类免疫缺陷病毒，HIV。尽管 HIV 最为人所熟知，但它们不是最常见的人类逆转录病毒，因为免疫细胞最终会死亡。免疫细胞死亡后，HIV 也随之死亡。有一组病毒已经克服了这个问题。我们所有人都感染了这种病毒，因为他们已经成功渗透人类的生殖细胞，从而像其他 DNA 一样会从父母传给孩子。这就是内源性逆转录病毒，它们已经感染我们和我们的祖先数百万年[10]。内源性逆转录病毒有许多类型，在我们的进化历史的不同时期感染了我们，不仅扩散到其他细胞，而且扩散到基因组的不同地方。通过这种在 DNA 上的传播，由病毒衍生的序列——也包括一些成功潜入生殖细胞的非逆转录病毒——占据了人类基因组的 10%。

这里提供一个解释，用以说明非翻译DNA何以存在，以及它们的数量为何不同：它只是简单地反映其祖先的感染史。吉基卡斯·马基奥基尼斯（Gkikas Magiorkinis）和同事最近发现，猿类基因组中内源性病毒的复制已经减缓，但在旧世界猴中并非如此。一个主要的内源性病毒科甚至已经灭绝了，但这并不意味着它们的DNA已经被移除。它只是发生了突变，该序列无法再继续复制。这些已灭绝的病毒的遗体仍然散落在我们的基因组中。

我们可以将基因组与计算机硬盘做类比。像基因组一样，从外观上不能看出硬盘里存着各种杂乱的旧物。当你删除计算机上的过时文件时，文件本身不会被删除：是文件指向的指针被删除（这就是为什么在紧急情况下，您可以恢复先前删除的文件）。类似地，在基因组中，不使用的基因通常不会被移除，但突变不断积累会逐渐偏离其原始功能序列。病毒将这个比喻又推进了一步：我们甚至在讨论"计算机病毒"，即自我复制的代码片段，有时出于程序员的恶意安排。与感染病毒的计算机一样，生物病毒或者它们的残骸，只要不影响到正常功能，就能在我们的基因组中不被发现。事实上，内源性病毒并不是我们基因组中最主要的恶意软件。它们仅仅是一个庞大阵容中的一员，这个庞大阵容通常被称为"转座元件"（transposable elements）。

转座元件也叫转座子，可以在基因组内复制：它们在单个细胞的DNA中跳跃，插入新的基因座从而实现扩散。转座子大约占人类DNA的一半，与计算机恶意软件一样，我们很少看到它们活动，因为它们持续生存的秘诀就是秘密行动。20世纪40年代，细致的研究工作证明了它们在玉米中的存在，尽管转座子占玉米基因组的比例高达85%，但人们直到几十年后才接受它，其发现者芭芭拉·麦克林托克（Barbara McClintock）也终于在1983年获得了诺贝尔奖。正如我们所知，有些转座子是病毒式的，可以在生物之间跳跃。然而，更常见的是大量不可见的转座子，专门在单个基因组中复制。DNA 测序揭示，洋葱、蝾螈、玉米和其他复杂生命形式中发现的遗传物质数量的差异主要来源于转座子数量的不同。

现在是时候回到 C 值悖论了。早在 1976 年，我在《自私的基因》一书中提出了以下建议："解释多余 DNA 最简单的方法是，把它看作一个寄生虫，或者最多是一个无害但也无用的乘客，在其他 DNA 所创造的生存机器中搭便车而已。"四年后，福特·杜利特尔（Ford Doolittle）和卡门·撒皮恩扎（Carmen Sapienza）发表了一篇开创性的研究论文，同一时间莱斯利·奥格尔（Leslie Orgel）和弗朗西斯·克里克也发表了同样的工作。前一篇论文是《自私的基因、表型范式和基因组进化》，后者是《自私的 DNA：终极寄生虫》。当然，我非常欣慰。"自私的 DNA"一词现在被用来描述所有转座元件。但是，我认为把"自私"这个词用在这里是不恰当的。按照《自私的基因》书名的初衷，所有的 DNA 片段（广义的基因）都默认是自私的，不过实际上传统的遗传机制鼓励它们相互合作。转座子是一种特殊的自私基因，我们或许可以称其为"超自私"，因为这些基因采用了另一种复制方法，在基因组内传播。

顺便说一下，转座子并不是唯一一类可以被称为"超自私"的 DNA，还有其他一些有明显恶意的 DNA。根据孟德尔遗传规则，一个正常的基因有 50% 的概率出现在任何一个精子中。称为"分离畸变者"的基因按自己的喜好扭曲这种概率。例如，老鼠的所谓 t 基因会杀死不包含它的精子。还有许多这种例子，这些遗传序列已经找到了应对孟德尔机制的手段。奥斯汀·伯特（Austin Burt）和罗伯特·特里弗斯的《基因的斗争：自私的遗传片段的生物学》（*Genes in Conflict:*

The Biology of Selfish Genetic Elements）一书非常全面地介绍了各种超自私基因。

在所有超自私的DNA中，转座子是最普遍的。如今我们比30年前更了解它们。我们知道，就像内源性病毒一样，大多数转座子都是沉寂的，通常是由于发生了不可挽回的突变或者进入基因组中某个不利的位置。再比如，我们知道人类基因组中最常见的寄生元件是一个叫作*Alu*的短序列，包含大约300个碱基，重复超过100万次。300个碱基不可能包含很多功能，*Alu*只能利用其他转座子来复制。换句话说，它是一种“超级寄生虫”，是基因组其他寄生虫的寄生虫。*Alu*是灵长类动物特有的，很可能崛起于9号共祖和8号共祖之间的某个时间。它的起源很能说明问题。它的部分DNA序列与一种编码7SL RNA分子的重要基因相匹配，而这种分子普遍存在于所有活细胞中，能协助蛋白在细胞内运输。*Alu*的诞生似乎是由于该基因的中间部分缺失了一段，从而偶然赋予它转座的能力。这给我们上了有益的一课，以揭示自然选择是如何工作的。认为基因“想要复制”，这是一种误导性的想法。只不过那些碰巧获得这种能力的序列很显然正是我们如今在自己的基因组中找到的那些序列罢了。

我们也有很多其他的转座元件，它们大多比*Alu*长，很多都以类似逆转录病毒的方式将自己粘贴到基因组中。一种颇有说服力的理论认为，像HIV这样的逆转录病毒就源于这些转座元件，它们从其他病毒那里获得了壳体蛋白，从而成为病毒。更一般的现象是，不同物种的基因组包含的转座子种类和数量都有差异，而这取决于这些物种的进化历史。这也是导致C值悖论的主要原因。为什么这些DNA在那里？就像杜利特尔和撒皮恩扎所说的那样：“当发现某个或某类功能表型不明的DNA具有一套进化策略（比如转座）以确保其在基因组中活下来，那么它的存在不需要别的解释。”

有些人被人类完美主义的恶习诱惑，反对这种想法。人们经常寻找转座子序列的功能，其实这没有必要。这些人也许被误导了，因为由转座子引起的突变确实给基因组带来了很多重要的好处。在《吼猴的故事》中我们看到，*Alu* 导致了基因的复制，从而给我们带来了三色视觉。我们还知道，转座子会夹带着决定基因开启还是关闭的“开关”序列，一起在基因组中移动，从而改变现有基因的活动。转座子对人类基因组进化产生了深刻影响，这种超自私的元件不仅占据了我们基因组的很大一部分，而且还会切割和改变我们的 DNA。我们甚至可以猜测，这种 DNA 后来参与协同进化，可以帮助整个生物体繁殖。但总体而言，寄生性 DNA 片段这种可以引起突变的行为是有害的。再次重复《吼猴的故事》中的提醒，不管这些寄生元件在多大程度上参与我们基因组的长期重塑（证据表明它们正是主要的驱动力），这并不是它们存在于我们基因组中的理由。自然选择不会因为它们哪一天会偶然提供有益的突变而把这些 DNA 片段保留在基因组中，就像悉尼·布伦纳（Sydney Brenner）[11] 那个令人难堪的评述：“也许在白垩纪就能派上用场。”

有一个叫作 ENCODE 的国际合作项目，其原本的目标是确认我们基因组中哪些部分被细胞使用，这是值得赞赏的，但他们同时误导性地激励了人们去寻找超自私 DNA 为我们提供了什么益处。最近，该研究小组声称，人类基因组 80% 的序列都有“生物化学功能”，赢得了广泛关注。鉴于我们基因组中有一半是寄生性序列，其中大部分都已经死亡或正在衰退，这个结论显得有些奇怪。但正如我们所见，有功能是一个相当不可靠的词，而 ENCODE 项目对这个词的使用比平时更不可靠。他们认为只要一个 DNA 序列与细胞有任何可重复的相互作用，那么就可以将它定义为“有生物化学功能”。这当然包括病毒和转座子的活动（它们确实有“生物化学功能”，但不一定对整个生物体有益），同时还包括一些不经意间与细胞元件发生相互作用的死亡元件。

通过采用明确的进化途径，可以提供一个更有意义的图景。如果一个特定的DNA序列为生物体提供了有用的功能，我们可以预期它是保守的，而且是在地质时间尺度上保守。这是一个相对容易测量的指标。例如，克里斯·兰兹（Chris Rands）和牛津大学的一个研究小组的最近一项研究就是寻找我们的基因组中很少发生插入或缺失突变的区域。有用的DNA不能容忍“插入缺失”这种破坏性突变，否则它们很可能被自然选择淘汰。按照这个标准，不可破坏的区域占我们总DNA的7%到9%。这7%到9%包含了人类最基本的指令。其余的部分几乎没有什么有用的功能。换句话说，这些区域发生的突变几乎不会对人类产生影响，尽管这些区域或多或少有着生物化学活动。众所周知，这些“无用”的区域通常被称为“垃圾DNA”，但是，正如转座子的例子所示，这些DNA可能有“功能”，只是不一定有益于整个生物体[12]。任何DNA的功能都是自我复制，只不过我们已经习惯了处理其中的一类DNA，而这类DNA是通过合作的方式参与个体的胚胎建设从而迂回地实现这一目的的。

无论我们用什么方法来确定DNA的功能，都需要精细和间接的计算，其中还有很多我们目前无法理解的地方。例如，序列本身可能不重要，但是DNA结构仍然有用，例如看似无用的序列可能是其他序列之间的某种填充。关于这些DNA功能的终极测试是移除我们怀疑是垃圾的90%的DNA后，看看剩下来的DNA是否还能造出一个人。这个测试不仅在技术上无法实现，而且绝对无法通过地球上的任何一个伦理委员会的审查。幸运的是，大自然已经替我们做了一个类似的实验，我们也终于可以回到本篇故事的主角，丝叶狸藻身上。

《丝叶狸藻的故事》可以起这么一个副标题：不可思议的缩小版基因组。它的基因组是我们的基因组的四十分之一，尽管它有更多的蛋白质编码基因。即使与其他有小基因组的开花植物例如与之关系亲近的猴花或者亲缘关系较远的番茄相比，它的基因组也依然很小。2013 年，一个国际研究小组对丝叶狸藻的基因组进行了测序，揭示了它实现如此壮举的秘密。正如你猜测的那样，它删除了绝大部分的超自私 DNA，转座子占其基因组的比例不到 3%。

目前还不清楚这种植物是如何做到这一点的，但是非常反直觉的是，它似乎先是把基因组进行了扩张，连续进行了三次全基因组复制。一种可能的解释是，额外的基因拷贝可以确保植物在大块删除基因组后仍能存活下来。我们对此尚不能确定，还需要做更多的研究来正确地阐明这种植物何以成功摆脱寄生的 DNA。

为什么丝叶狸藻要这样做呢？进化植物学家们没有确切的答案，但答案可能在于，就像其他食肉植物一样，丝叶狸藻生活在营养不良的环境中。确切地说，丝叶狸藻长期经受着磷元素匮乏，而磷是 DNA 的主要组成部分。在巨大的选择压力面前，它只能在 DNA 产物上减少开支。

即使在其他生物中，比如我们自己，超自私 DNA 的数量也必须受到某种控制，否则它将占据整个基因组。一种控制方法是进化出转座子抑制机制。2006 年诺贝尔医学奖授予了安德鲁 · 法厄（Andrew Fire）和克雷格 · 梅洛（Craig Mello），因为他们在 1998 年发现了前所未闻的基因控制机制。这种机制好像是基因组的免疫系统一样，被称为 RNA 干扰（RNAi）。它能识别并关闭任何在细胞中留下双链 RNA

的基因，比如转座子和逆转录病毒。自那时起，38 号共祖的后裔就进化出了用 RNA 干扰机制来调节各种基因的能力，而不仅限于寄生的基因。近来 RNA 干扰已发展成为一项基本的生物技术，但这一机制最初进化诞生的初衷显然是为了控制转座子的有害活动。最近，又发现了一组专门关闭内源性逆转录病毒的控制基因。而丝叶狸藻向我们证明，在极端情况下，可以删除一些基因组垃圾。真核生物基因组中，一般的自私基因和超自私基因之间进行着一场长期的军备竞赛，而丝叶狸藻代表了一种引人深思的极端结果，尽管这种结果可能只是暂时的。所有生物——包括我们自己在内——体内的 DNA 数量反映了过去细胞内战历史中的胜负情况。

混毛虫的故事

奇异混毛虫学名的字面意思是“意想不到的毛发组合”，我们马上就会看到为什么这么说。它是一种生活在达尔文澳白蚁（*Mastotermes darwiniensis*）肠道内的微生物。可喜的是，它生活的主要地方之一就是澳大利亚北部的达尔文镇，虽然这对于当地的居民来说未必是个好消息。

白蚁好像一个分散的巨人一样横跨热带地区。在热带大草原和森林里，白蚁密度达到每平方米 10 000 只，每年消耗掉死树、树叶和草总产量的三分之一。它们每单位面积的生物量是塞伦盖蒂和马赛马拉地区成群迁徙的羚羊的两倍，而且在整个热带地区都有分布。

如果你问白蚁取得如此惊人成功的原因，答案包括两部分。首先，它们可以吃木材，包括纤维素、木质素等其他动物通常不能消化的物质。回头我还会再讲到这一点。其次，它们高度社会化，从劳动分工中获得巨大的经济效益。白蚁丘在许多方面都好似一个大型而贪吃的生物体，有自己的解剖结构、自己的生理机能和自己的器官——不过是泥制的——包括一个巧妙的通风和冷却系统。蚁丘自己固然坐落在一个地方不会移动，但它有无数的嘴和更多的腿，其觅食区有一个足球场那么大。

在一个遵循达尔文主义的世界里，白蚁具有传奇色彩的合作之所以是可行的，是因为大多数个体是不育的，只有少数具有生育能力。不育的工蚁像父母一样照料年轻的兄弟姐妹，让蚁后成为专门的产卵工厂，而且非常高效。工蚁的少数注定要繁殖的兄弟姐妹负责将控制工蚁行为的基因传递给后代，而大多数注定不育的工蚁协助它们完成这一使命。你会发现，这个系统之所以可行，是因为一只年轻的白蚁是成为工蚁还是成为繁殖者，严格取决于非遗传因素。所有的年轻白蚁都有一张遗传门票进入抽奖环境，来决定它是成为繁殖者还是工蚁。即便存在某个基因可以让白蚁无条件不育，这个基因也显然不能传递下去。相反，起作用的是一些条件性开启的基因。如果携带这些基因的是蚁后或雄蚁，那它们就可以传递下去。而相同基因的拷贝使工蚁为了这个使命努力工作，并放弃繁衍后代。

人们常把昆虫群落比作人体，这个比喻并不坏。我们身体的大部分细胞都压抑了其个性，致力于协助少数具有繁殖能力的细胞，即存在于睾丸或卵巢里的生殖细胞，这些生殖细胞的基因通过精子或卵细胞传播到遥远的未来。但遗传相关性并不是压制个性并促进卓有成效的分工的唯一基础。任何形式的互助，只要一方可以弥补另一方的不足，双方都会受到自然选择的青睐。举一个极端的例子，假设我们潜入某只白蚁的肠道，我想我们所见的是一个火热而臭烘烘的微生物培养箱：这里是混毛虫的世界。

正如我们所见，白蚁与蜜蜂、黄蜂还有蚂蚁相比更具优势：它们有惊人的消化能力。几乎没有白蚁不能吃的东西，从房子到台球，再到价值连城的《第一对开本》(First Folios)[13]。木材是一种丰富的潜在食物来源，但几乎所有动物都因为无法消化纤维素和木质素而拒绝食用木材。白蚁和某些蟑螂是令人瞩目的例外。白蚁与蟑螂确实有关联，而达尔文白蚁和其他所谓的“低级”白蚁一样，也是一种活化石。你可以把它想象成一种介于蟑螂和高级白蚁之间的存在。

消化纤维素需要纤维素酶。大多数动物不能制造纤维素酶，但是一些微生物可以。正如《水生栖热菌的故事》将要讲的那样，细菌和古菌在生物化学方面比现存其他所有的界全部加起来还要多才多艺。动物和植物所拥有的生化技巧只是细菌的一小部分。就消化纤维素来说，食草哺乳动物都要依赖肠道中的微生物。在进化的过程中，它们建立了一种合作关系：动物利用被微生物抛弃的代谢废物，比如乙酸，而微生物本身获得了一个安全的避风港，和大量可供使用的生化原材料，而且这些原材料还经过了预处理，被切成容易食用的小块。所有食草哺乳动物的肠道内都有细菌，食物经过哺乳动物自身消化液的消化后来到这里。树懒、袋鼠、疣猴，尤其是反刍动物还各自独立进化出了新的技巧，在消化道的前部也保有微生物，这样食物在经过哺乳动物自身消化之前，需要首先经过细菌的预处理。

不同于哺乳动物，白蚁能自己制造纤维素酶，至少在所谓的“高级”白蚁中是这样。但是，更原始的白蚁(意思是更像蟑螂的)，如达尔文白蚁，其三分之一的净重来自其丰富的肠道微生物群，包括真核原生动物及细菌。白蚁把木头啃成小巧的碎片，而生活在木屑上的微生物用白蚁没有的生化工具帮助白蚁消化木材。你可以说微生物变成了白蚁工具箱中的工具。和牛一样，白蚁的生存也依赖于微生物的代谢废物。我想我们可以说，达尔文白蚁和其他原始白蚁在他们肠道中经营着一座微生物农场[14]。这最终带我们进入了混毛虫的世界。

奇异混毛虫不是细菌。像白蚁体内的许多微生物一样，它是一种大型原生生物，半毫米长或更长。我们将会看到，正是因为它足够大，它可以在体内容纳成千上万的细菌。混毛虫只生活在达尔文白蚁的肠道里，是其微生物群的一员，通过分解白蚁咬噬的碎木屑而茁壮成长。微生物填满白蚁的肠道就像白蚁填满土堆和大草原一样。如果土堆是一座白蚁小镇，每只白蚁的肠道都是一座微生物小镇。这里我们有两个层次的社区。然而现在我们来到了故事的关键，还有第三个层次的社区。混毛虫本身也是一座小镇。克利夫兰（L. R. Cleveland）和格林斯通（A. V. Grimstone）两位科学家揭示了整个故事，不过，是美国生物学家林恩·马古利斯（Lynn Margulis）的工作，让我们注意到混毛虫在进化上的意义。

20 世纪 30 年代初，当萨瑟兰（J. L. Sutherland）第一次检查混毛虫时，她看到了在表面上挥舞的两种“毛发”。混毛虫几乎被来回跳动着的成千上万的小毛发覆盖。她还看到在其前端有一些细长的鞭状结构。这两种结构看起来都很熟悉，小的像“纤毛”，大的像“鞭毛”。纤毛在动物细胞中很常见，例如在我们的鼻腔中，它们更是覆满了原生动物纤毛虫的表面。另一种传统上熟知的原生动物，鞭毛虫，有更长的鞭状的毛（不像纤毛，鞭毛经常是单个的）。纤毛和鞭毛有相同的超微结构。两者都像多股缆绳，而这些绳有着完全相同的特征：9 对管环绕形成外围，包围着 1 对中心管。

纤毛可以被看作更小更多的鞭毛。林恩·马古利斯甚至更进一步，摒弃了它们各自的名字，将它们统称为“波动足”（undulipodia），只把细菌特有的附属结构称为“鞭毛”。但是，根据萨瑟兰所处时代的分类规则，原生动物可以有纤毛或鞭毛，但两者不能并存。

在这样的背景下，萨瑟兰命名了奇异混毛虫：意想不到的毛发组合。在萨瑟兰看来，混毛虫既有纤毛，又有鞭毛，它违反了原生动物学的标准。它的前端有四根鞭毛，三根指向前，一根指向后，与先前已知的一类被称为副基体纲（Parabasalia）的鞭毛虫特征一样。但除此之外它还长着密密的一层挥舞着的纤毛。至少看起来是这样的。

事实证明，混毛虫的“纤毛”比萨瑟兰所意识到的更加出乎意料，而且也没有像她担忧的那样违反先例。令人遗憾的是她只看到了固定载片上的混毛虫，没能看到活体。混毛虫的泳姿如此自如，不可能只靠自己的波动足游泳。用克利夫兰和格林斯通的话来说，“鞭毛虫通常以不同的速度游泳，从一边转向另一边，时不时改变方向，有时还会停下来休息”。纤毛虫也是如此。然而，混毛虫通常沿一条直线自如地滑行，除非遇到物理障碍，否则永远不会停下来。克利夫兰和格林斯通得出的结论是，自如的滑行应归功于“纤毛”的波状摆动，同时另一个更令人兴奋的结论是，他们用电子显微镜证明了“纤毛”根本不是纤毛。这些“纤毛”是细菌。成千上万的细小毛发中的每一根都是一个螺旋菌，螺旋菌以整个身体构成了摆动的长毛发。一些重要的疾病，如梅毒，是由螺旋菌引起的。它们通常能自由游动，但混毛虫上的螺旋菌被卡在混毛虫体壁上，俨然成了纤毛。

它们不像纤毛那样运动，而是像螺旋菌一样运动。纤毛以划桨的方式运动，弯曲身体减少水的阻力，接着恢复身体然后用力推进。螺旋菌以一种完全不同的方式运动，非常典型，而这也正是混毛虫的“毛发”的运动姿态。惊人的是，它们似乎相互协调，像波浪一样，身体前部的螺旋菌先动起来，传递到后端，再从后端传回来。克利夫兰和格林斯通测量了波长（波峰之间的距离），大约为一百分之一毫米。这意味着螺旋菌之间彼此接触。可能它们确实直接接触，根据邻居的运动而运动，从而存在一个延时，并因而决定波长。至于为什么波状运动从前往后传播，我不认为有人找到了答案。

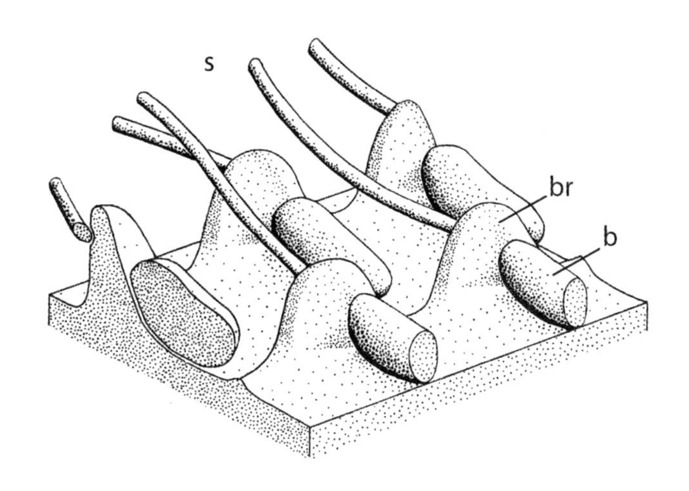

混毛虫表面排列着细菌（b），支架（br），螺旋菌（s）。摘自克利夫兰和格林斯通［70］。

不过人们确切知道的是，螺旋菌并不是随随便便卡在混毛虫表面的。相反，混毛虫表面有许多重复排列的复杂结构，用来固定螺旋菌，并且让螺旋菌指向身体后方，这样螺旋菌运动时就会驱动混毛虫向前运动。如果这些螺旋菌是寄生虫的话，很难找到比混毛虫更“友好”的宿主了。每一个螺旋菌都有自己的小位置，克利夫兰和格林斯通称其为“支架”。每个支架都是为一个或多个螺旋菌量身定制的。对纤毛来说，这种安排真是仁至义尽了。在这种情况下，若还想划清“自己”和“外来”的界限就变得相当棘手了，而这也正是本篇故事的主旨之一。

混毛虫这种结构与纤毛的相似之处还不止如此。如果你用一台分辨率足够高的显微镜观察原生动物纤毛虫（如草履虫）的结构，你会发现每一根纤毛的根部都有一个所谓的基体。尽管混毛虫的“纤毛”根本不是纤毛，但它们确实也有基体。每个螺旋菌支架的底部都有一个形似维生素片的基体。除了……好了，了解了混毛虫的这些特异本领后，你猜这些“基体”实际上是什么？对，它们都是细菌。一种与螺旋菌完全不同的细菌，呈椭圆形的、药丸状的细菌。

在混毛虫体壁的大部分区域，支架、螺旋菌和基体细菌存在着一对一的关系。每个支架容纳一个螺旋菌，其底部是一个药丸状的细菌。因此也能理解为什么萨瑟兰说她看到了“纤毛”。她自然期待能看到纤毛的基体，当她去看的时候——瞧，那里有“基体”。她不知道的是，所谓“纤毛”和“基体”都是搭便车的细菌。那四根“鞭毛”才是混毛虫真正自己拥有的波动足，但它们的作用不是推动身体，而是为成千上万像“奴隶”一样推动身体前进的螺旋菌掌舵。顺便说一句，这个令人回味的说法不是我提出的，而是塔姆（S. L. Tamm）的创造。继克利夫兰和格林斯通对混毛虫的研究之后，塔姆发现其他寄居在白蚁肠道里微生物也有同样的把戏，不过它们的奴隶不是螺旋菌，而是普通的有鞭毛的细菌。

至于混毛虫里的另一类细菌，它们长得像药丸，又好似纤毛的基体，它们是做什么的呢？它们是否有助于宿主？它们从这种关系中得到了什么吗？也许是，但还没被证实。它们很可能正在制造消化木材的纤维素酶。白蚁有力的颌骨分解木块，然后混毛虫依靠白蚁肠道中的木屑生存。这里出现的三个层次的依赖关系，让人想起乔纳森·斯威夫特（Jonathan Swift）的诗句：

所以，博物学家看到，一只跳蚤

被更小的跳蚤撕咬；

更小的跳蚤又被更加小的捕食；

无休止地继续。

如此，就像每一位诗人，

都被后来者碾压。

顺便说一下，斯威夫特诗句中间那句的韵律实在太笨拙了，也才会被奥古斯都·德·摩根（Augustus De Morgan）后来居上，成为我们现在熟悉的押韵形式：

大跳蚤背上有小跳蚤咬它们，

小跳蚤上还有小小跳蚤，如此无穷尽。

而大跳蚤本身会去寻找更大的跳蚤；

又有更大的，更大的，无穷无尽。

我们终于来到《混毛虫的故事》最奇怪的部分，也是这个故事的高潮。这整个故事讲的都是生化替代，更大的生物利用了生活在其体内的更小的生物的生化天赋，这一切都在进化上似曾相识。混毛虫留给其他朝圣者的信息是：这一切以前都发生过。于是我们来到了历史性大会合。

历史性大会合

循着逆向的生命进化之旅，本书的每一个会合点都有特殊的意义。但是在生命的历史上，可以说有一个最具决定性的事件，它是一次真正的历史性大会合，在正向的历史中真实发生的一次大会合。这就是真核细胞的起源。正是这种高科技微型机器构成了这个星球上所有大型复杂生命的微观基础。为了将它与书中其他那些比喻意义上的会合点区分开来，我称之为“历史性大会合”。“历史性”这个词有双重含义：既代表它是“重要的”，也意味着“正向年代学”，而不是逆向回溯。

真核细胞的复杂性来自其内部结构，这一点我们从彩图 49 所示的 38 号共祖重塑图中可以清楚地看到。“真核”一词指的是“真正的核”或细胞核，它是存放 DNA 的隔间。像大型办公室或工厂一样，其他的隔间有不同的用途：能源生产、存储区、装配线等等。当然也有搬运工穿梭其中来传递东西。受限于我们的宏观视野，这个微妙的世界是难以想象的。但它的自然历史要比猎豹的冲刺或蜂窝那种协作而成的复杂性更为壮观。如果戴维 · 阿滕伯勒（David Attenborough）[15] 能被缩小，他的耳语就能公正地评价这个非常小的神奇世界[16]。

最令人惊讶的是这一切的起源。我刚才说历史性大会合是一个事件，因为现在看来它带来了一个重要的结果，但实际上它应该是两个或三个事件，彼此间隔很长时间。这其中的每一个历史性大会合事件都是细菌融合形成一个更大的细胞。作为历史在近期的重演，《混毛虫的故事》让我们做好了准备，来看看事情是怎样发生的。

也许在20亿年前，一个古老的单细胞生物，也许有点像原始的原生动物，与细菌形成了一种奇特的关系：一种类似于混毛虫和它的细菌的关系。与混毛虫一样，同样的事情发生了不止一次，涉及不同的细菌。这些事件也许彼此间隔长达数亿年。我们所有的细胞都像一个个的混毛虫，里面塞满了细菌，这些细菌已经和宿主细胞进行了一代又一代的合作，已经变得面目全非，几乎看不出它们源于细菌。和混毛虫一样，甚至犹有过之，这些细菌已经如此紧密地融入真核细胞的生命，以至于当初发现它们的存在就是一次重大的科学胜利。我喜欢柴郡猫（Cheshire Cat）这个比喻，它是由内共生领域内的顶尖专家戴维·史密斯爵士（Sir David Smith）提出的，用来描述这些起源不同的元件在细胞内的协作生活：

> 在细胞环境中，入侵的生物逐渐失去自身的某些部分，慢慢融入环境，只能从一些痕迹中发现它的存在。有人联想到了爱丽丝梦游仙境时与柴郡猫的相遇。她看着它，“它消失得相当缓慢，从尾巴开始，以笑容结束，这种笑容在它消失后的一段时间里依然存在。”一个细胞里的很多物体都像柴郡猫的笑容一样。对于那些试图追溯其起源的人来说，这种笑容充满了挑战和神秘。

这些曾经自由的细菌给我们的生命带来了什么样的生化技巧？这些技巧一直沿用到现在，没了它们生命就会立即停止。其中最重要的两个作用，一是光合作用，利用太阳能合成有机化合物，生成氧气作为副产品，二是氧化代谢，恰好是光合作用过程的逆转，利用氧气（最终来自光合作用）缓慢燃烧有机化合物并重新部署最初来自太阳的能量。[17] 这些化学技术是在历史性大会合之前由（不同的）细菌开发出来的，从某种意义上说，细菌仍然是唯一的玩家。唯一不同的是，它们现在在被称为真核细胞的专门工厂里实践它们的生化艺术。

光合细菌过去被称为蓝藻。一个多么可怕的名字，因为它们中的大多数都不是蓝绿色的，也全都不是藻类。尽管有的发红，有的发黄，有的发褐，有的发黑，还有的确实是蓝绿色的，但大多数都是绿色的，所以最好称它们为“绿色细菌”。“绿色”有时也被用来形容光合作用，从这个意义上说绿色细菌是个好名字。不过它们的学名是蓝细菌。它们是真正的细菌而不是古菌，它们似乎也是一个很好的单系群。换句话说，它们全都是（而且没有遗漏）某个同样作为蓝细菌的单一祖先的后裔。

藻类、卷心菜、松树和青草的绿色都来自它们细胞中被称为叶绿体的绿色小体。叶绿体是曾经自由生活的绿色细菌的遥远后代。它们仍然有自己的DNA，仍然通过无性分裂繁殖，在每个宿主细胞内都扩增出一个数量可观的种群。就叶绿体而言，它是绿色细菌的一个繁殖种群，在植物细胞内生活和繁殖。当植物细胞分裂成两个子细胞时，它的世界会发生轻微的动荡。每个子细胞中大约会分配到一半的叶绿体，然后它们又开始繁殖新的叶绿体填充新世界。一直以来，叶绿体利用它们的绿色色素捕捉来自太阳的光子，利用宿主植物提供的水和二氧化碳将太阳能合成为有用的有机化合物。作为副产品的氧气一部分被植物利用，另一部分则通过叶子上的气孔（stomata）排放到大气中。叶绿体合成的有机化合物最终供宿主植物细胞使用。

我之前说过，很多捕光生物都是从植物那里偷取的光合作用能力。与混毛虫一样，最近我们在许多例子中可以看到，光合作用生物被俘进入真菌和动物的组织中，例如珊瑚。像褐藻这样的藻类，它们窃取光合作用能力的一个有力证据来自其胞内的膜系统。正常植物的叶绿体有两层膜，内膜是曾经的细菌外膜，外膜来自宿主细胞。但是非植物藻类通常有三层或四层膜，这显然是吞噬植物藻类细胞的结果，而植物藻类细胞本身已经吞噬了一种绿色细菌。在某些情况下，甚至还有残留的植物核，夹在膜层中间。不仅如此。双鞭毛虫通过至少连续三轮内共生获得了光合作用能力：它们吞噬藻类，藻类吞噬植物，植物吞噬一种绿色细菌。一些科学家认为它们的故事还涉及另一轮的吞噬，构成四重内共生关系。难怪人们常用俄罗斯套娃来比喻这个过程，尽管在某些情况下，很难断定相互嵌套的有机体的确切数量，因为不是所有的膜都保留下来——假设每增加一层膜吸收一点生命之光。

大气中所有的游离氧都来自绿色细菌，无论是自由生活的还是存在于叶绿体中的。如前所述，氧气第一次出现在大气中时是一种毒药。事实上，现在有些人还会说它是一种毒药，因为医生建议我们吃“抗氧化剂”。在进化过程中，发现如何利用氧气从有机化合物中提取能量（源头是太阳能）是一次辉煌的化学政变。这一发现可以被看作一种逆向光合作用，由另一种完全不同的细菌产生。与光合作用一样，细菌在技术上仍有垄断。再次与光合作用一样，像我们这样的真核细胞给这些喜氧细菌提供空间，它们以线粒体的名义生存于细胞内。通过线粒体的生化魔法我们变得如此依赖氧气，以至于“这是一种毒药”的说法只有在一种自我觉知的悖论中才有意义。汽车尾气中的一氧化碳是致命的毒物，可以通过与氧气竞争血红蛋白致生命于死地。剥夺某人的氧气是迅速杀死他们的方法。然而我们自己的细胞在没有其他帮助的情况下并不知道如何处理氧气。只有线粒体和它们的细菌近亲才知道如何处理氧气。

与叶绿体一样，分子比对告诉我们线粒体来自哪个特定的细菌类群。线粒体来自所谓的 α–变形菌（alpha-proteobacteria），因此，它们与导致斑疹伤寒和其他烦人疾病的立克次氏体有关。大多数线粒体原先的基因组都已经转移到细胞核，或者完全消失了，它们已经完全适应了真核细胞内的生活。但是，就像叶绿体一样，它们仍然通过分裂进行自主繁殖，在每个真核细胞中形成种群。虽然线粒体失去了大部分的基因，但它们没有失去所有的基因，这对于进化历史学家来说是幸运的，正如我们在这本书中不断看到的那样。

现在人们几乎已经普遍承认线粒体和叶绿体是与真核细胞共生的细菌，而这一观念在很大程度上来自马古利斯的推广。马古利斯试图给纤毛找到同样的解释。就像我们在《混毛虫的故事》中看到的那样，她受到结构重演的启发，把纤毛追溯到螺旋菌。混毛虫的故事固然美妙而有说服力，但纤毛（波动足）是共生细菌的说法却没什么说服力，几乎每一个听到马古利斯这个说法的人都觉得不可信，尽管他们都认同马古利斯关于线粒体和叶绿体的证据。

对于早期的真核生物来说，吞噬（或者入侵？）的线粒体会产生深远的影响。一个诱人的理论认为线粒体与细胞核的起源和真核基因的独特组织方式有关。与细菌不同的是，我们的基因组被分成很多基因片段：编码蛋白质的有用片段（外显子）被可以忽略的垃圾（内含子）分开。有证据表明，这些真核基因中的内含子可以追溯到一种特殊类型的自私基因元件（被称为 II 型内含子），这在线粒体的细菌亲戚中很常见。该理论认为，线粒体虽然为早期的真核生物提供了有用的服务，但宿主基因组也感染了它们的超自私 DNA 寄生虫。我们起初的基因是连续排列的有用信息，但被寄生 DNA 片段打断了，这些寄生 DNA 片段后来演变为无意义的内含子。我们细胞的许多进化特征都可以被看作对这个问题的回应。在基因翻译成蛋白质之前，需要想办法把这些寄生序列切除。因此该理论继续推测道，细胞核的进化将遗传物质与蛋白质产物分隔开，使得内含子被切掉，外显子被拼接起来。虽然我们这里不再详细展开，但这一理论经扩展后可以用来解释为什么真核生物进化出多个线性染色体，而不是保持标准的环形细菌染色体。

其他理论学者认为，线粒体是两性进化的主要原因，这发生在真核细胞进化晚期。理论上讲，我们没有道理不能有更多相互兼容的性别，就像在很多种真菌中都能看到的大量“交配型”。明知道这样会大大减少潜在的“伴侣”数量，为什么还是只有两种性别呢？可能的原因是，其中一个性别——通常是雌性，但并非总是如此——被赋予了在代际传递线粒体的任务。正如马克·里德利在《孟德尔的恶魔》一书中所解释的那样，这种模式解决了来自父母的不同线粒体之间的冲突，而这种冲突一旦发生，就很容易破坏线粒体功能，继而破坏整个细胞。

这两种理论以及其他关于真核细胞特性进化的假说必然只是推测，真核细胞的起源太古老了，而且更重要的是缺少活的媒介。但毫无疑问，真核细胞奇特的自然历史需要进化上的解释。这些假说为进一步的工作提供了灵感。

由于历史性大会合是一个发生在正向历史方向上的真正的会合，从现在开始，我们的朝圣队伍将要分道扬镳。我们本应该追随真核契约的每一个参与者，逐一逆向朝圣，直到它们在遥远的过去再一次重逢，但这会带来不必要的麻烦，将这段旅程变得复杂无比。叶绿体和线粒体都与真细菌有亲缘关系，而和另一个原核细胞类群即古菌较为疏远。但是我们的核基因，至少那些不是从线粒体中导入的基因，更接近古菌。我们逆向旅程的下一个会合对象正是古菌。

注释

1. 几乎所有，但非全部。当我们到达坎特伯雷时，答案就会揭晓。——作者注
2. 有个值得注意的有趣问题是，虽然树木是多个家系的植物分别独立进化而来的，但所有的开花植物都有相同的共同祖先，这些共祖都是木质的树木或灌木。换句话说，你花园里的杂草或花卉在其进化史的相当长的时期里都是木质的。——作者注
3. 戴维·比尔林（David Beerling）所著的《绿色星球》（*The Emerald Planet*），总结了陆地植物的进化过程，而我们在此因为篇幅受限，无法涉及。——作者注
4. 若不是已经在《攀登不可能的山峰》一书中为此花费了两章的篇幅，我本来应该在这里讲一个相关的故事。那两章分别是《花粉粒和魔法子弹》（Pollen Grains and Magic Bullets）和《密闭的花园》（A Garden Inclosed）。——作者注
5. 网址是 www.onezoom.org。——作者注
6. 实际的百分比可能略有不同，比如恒温动物和冷血动物之间就有差异。——作者注
7. 不用将它砍倒，钻取一个核心样本就能得到一个很好的估计，尽管可能会错过最小的年轮。——作者注
8. 丝叶狸藻英文名为 humped bladderwort，其中 humped 意为“有瘤的”，bladder 意为“膀胱”，wort 意为“草”。
9. 关于病毒是否有生命，这是个争论不休的问题。但所有人都认同病毒是进化的。当我们抵达最后的终点坎特伯雷时，我们会发现生命和非生命的分别其实也是非连续思维的暴政的例子。无论是否把病毒标记为生命，这都只是一个不相关的语义问题。我们知道它们如何工作，这就足够了。——作者注

10. 这就引出了一个有趣的观点，可以用来解释为什么动物在生命早期就将生殖细胞与身体的其他部分分离：防止成年后感染的病毒扩散到生殖细胞。这是一个更普遍的情况的特例：防止自私的复制因子进化出某种手段帮助自己渗透到生殖细胞里因而危害整个生物体。——作者注

11. 英国科学家，2002 年获得诺贝尔生理学或医学奖。

12. 网上有一份优秀的免费总结，可以作为相关问题的快速指南，它是肖恩·埃迪（Sean Eddy）为《当代生物学》（*Current Biology*）撰写的一篇文章，即《C 值悖论、垃圾 DNA 和 ENCODE 项目》（The C-value paradox, junk DNA and ENCODE）。——作者注

13. 这是现代学者为第一部威廉·莎士比亚剧本合集起的名字，其实际名称为“威廉·莎士比亚先生的喜剧、历史剧和悲剧”（*Mr. William Shakespeares Comedies, Histories, & Tragedies*）。

14. 从食物燃料中提取能量有两种方式：无氧和有氧。两种方式的结果都是将燃料（并非被燃烧）中的能量一点点榨取出来，成为可以被有效利用的形式。最常见的无氧代谢途径会生成丙酮酸作为主要代谢产物，而这是大多数有氧代谢级联的起点。白蚁想尽办法使肠道成为一个无氧环境，从而强迫其中的微生物只使用无氧代谢，以木材燃料生产丙酮酸，而白蚁就以丙酮酸为原料，通过有氧代谢途径释放其中的能量。——作者注

15. 英国生物学家、英国广播公司电视节目主持人及制作人，制作了大量脍炙人口的自然纪录片，如著名的《生命之源》三部曲、《蓝色星球》、《行星地球》等。

16. 迄今为止最好的尝试来自差不多 10 年前由哈佛大学赞助制作的一个动画，叫作“细胞内的生命”（The Inner Life of the Cell）。这个动画棒极了，而且在网上可以免费观看。——作者注

17. 细菌（包括古菌）还垄断了（除了闪电和人类工业化学家之外的）固氮作用。——作者注

第 39 会合点

古菌加入。绝大多数专家都认为，从细胞核 DNA 以及生化功能和细胞形态等细节的角度而言，古菌是真核生物的姊妹群。但就线粒体 DNA 而言，人类最近的亲缘关系属于 α－变形菌，因为线粒体从其进化而来（具体请见《历史性大会合》）。随着我们发展出越来越多的手段探索微观世界，越来越多的微生物“物种”被发现，生命树上的分支也越来越多。最近的一个例子就是洛基古菌，在本章正文中有介绍，在图中由单个物种（*Lokiarchaeum*）代表。对古菌的分析开始显现出一个迹象，如图中所示的那样，我们跟一些古菌的关系比跟其他古菌更近。但是，这个观点仍有争议，分支的次序也是如此。为了体现这种不确定的状态，我们与古菌不同版本的会合点被标识为会合点 39a、39b、39c 等，这些会合点将合并在一章里进行描述。绝大多数细菌（包括古菌）的剪影都差不多，所以后续的分形图将不再展示其剪影。

古菌

在我们的朝圣之旅中，真核生物第一次遇到了原核生物，后者通常被称为细菌。我们把这个会合点编号为 39，虽然这个数值有待进一步考证（更确切地说，由未来几年的研究决定）。这个会合点可能是 40 或 41，或者更大，具体取决于其星形图的根基的位置。

不管怎样，会合点数值开始变得模棱两可，因为从现在开始，寻找单一会合点的想法开始土崩瓦解。首先，历史性大会合的奇怪情形意味着我们细胞的一部分和其余的基因组有截然不同的祖先家系。还不止如此。因为原核生物的遗传交换方式，原核动物的基因随性而混乱，可以在不同物种之间实现安然无恙的“跳跃”。因此，此现象的存在使得种群的严格定义对于这些物种失效。随着我们回溯得越来越远、时间越来越古老，我们似乎可以预期，我们会沿着许多迥异的路径追踪越来越多的基因。

不过，有人已经指出，有一组核心的基因，尤其是与 DNA 复制相关的基因，并不来回跳跃，随着细菌的生长和繁殖，它总是保留在同一个细菌体内。无论这是否属实，但似乎可以确定，我们的大多数基因最近的亲属不在“真”细菌当中，如肠道里的大肠杆菌和导致斑疹伤寒的线粒体近亲。相反，决定我们身体出身的最近的血缘来自另一类主要的原核生物：古菌。

来自伊利诺伊大学的美国微生物学家卡尔·沃斯（Carl Woese）在20世纪70年代后期发现并定义了古菌（当时被称为古细菌）。起先关于古菌与其他细菌关系极其疏远的看法是备受争议的，因为它与传统观点相距甚远。不过现在它已被广泛接受，作为其发现者，沃斯也当仁不让地荣获了许多奖项，包括久负盛名的克拉福德奖（Crafoord Prize）和列文虎克奖章（Leeuwenhoek Medal）。

古菌包括那些生活在各种极端环境的物种，如高温、强酸、强碱和高盐。这些古菌看起来就像在挑战着生命忍耐的极限。没有人知道39号共祖是否也是这样的极端微生物，不过这是一种迷人的可能性。

我在牛津大学的同事汤姆·卡瓦利耶–史密斯对早期生命进化有深刻的见解，这得益于他在微生物多样性方面渊博的知识。他认为，古菌特别的生化性质是细菌对喜温性（thermophily）的适应性进化。喜温性来源于希腊语，意为“嗜热”，在实际应用中指得是生活在热泉中。他相信这些嗜热细菌分成两路进化，一些演变成为超嗜热菌（hyperthermophile），酷爱极热环境，并逐渐进化为现代古菌，另一些则离开了热泉，在较冷的环境中吞噬其他原核生物并加以利用，逐渐演变成真核生物，这种吞噬方式与《混毛虫的故事》中如出一辙。如果他对的，那我们就可以猜出第38会合点发生的地方：热泉或海底火山的喷出口。当然他也有可能是错的，而且我也应该指出他的观点尚未被普遍接受。

事实上，在该领域仍然没有什么普遍的定论。有些学者找到证据表明，不同类群的古菌通过窃取真细菌的不同基因而获得了各式各样的能力。另一些研究者则声称，真核生物并不单单是古菌的一个姊妹群；我们就是古菌的一员，是古菌进化的一个分支。根据这个日渐流行的观点，我们的核心基因与某些古菌的关系比我们与另一些古菌的关系更近。正当本章在为第二版重写时，一个来自斯堪的纳维亚的研究团队宣布他们已经找到与人类关系最密切的古菌，并调皮地称之为“洛基古菌”，因为它们是从一个叫作“洛基城堡”（Loki’s Castle）的深海热泉中提取的，该地距离挪威北部海岸几百千米。更多类似的研究相继被报道，特别是现在有了从海水中分离单个细胞的惊人技术，可以对单个细胞的基因组逐一测序（不幸的是细胞在这个过程中被破坏了）。这种办法揭示了许多新的原核生物分支，也把博物学家带入一个前所未有的局面。现在有许多生物，我们已经掌握了它们的整个基因组序列，却仍然对它们的其他方面一无所知，甚至不知道它们长什么样！这真是一个奇怪的时代。

无论人类最近的亲缘是否是洛基古菌或者其他新发现的原核生物，认为真核生物是古菌的一个进化分支看起来不无可能。如果是这样，第39会合点就像是无花果树叶一样，隐藏着多个真正的会合点。这是为什么本章开头的分形图里显示了多个会合点，众多古菌分别在第39a会合点（洛基古菌）、第39b会合点（TACK群，因它包含的四个门而得名）、第39c会合点（DPANN群，这是一个新近归类的群，包括体形微小的纳古菌门）和第39d会合点（广古菌门）加入朝圣队伍。我们不准备为这些类群分别准备一个会合点以及单独的一个章节，一方面它们的位置还存在很大的争议，另一方面，还有许许多多古菌有待发现，最重要的是，它们之间存在着疯狂的水平基因转移，DNA在物种之间换来换去，这意味着任何一个排列次序都只适用于我们基因组里的一小部分基因。考虑到本书的目的，我们在这里采取的办法是，只关注核心基因，尽可能真实充分地展现家系图的样子，同时把第39会合点旗下的各个会合点标注出来，从而指出这里的问题。

这是一个必要的妥协。

尽管存在各种疑惑，但是目前看来，古菌确实是从真细菌进化而来的。正是这些令人印象深刻的真细菌带来了本书的最后一个会合点。

第 40 会合点

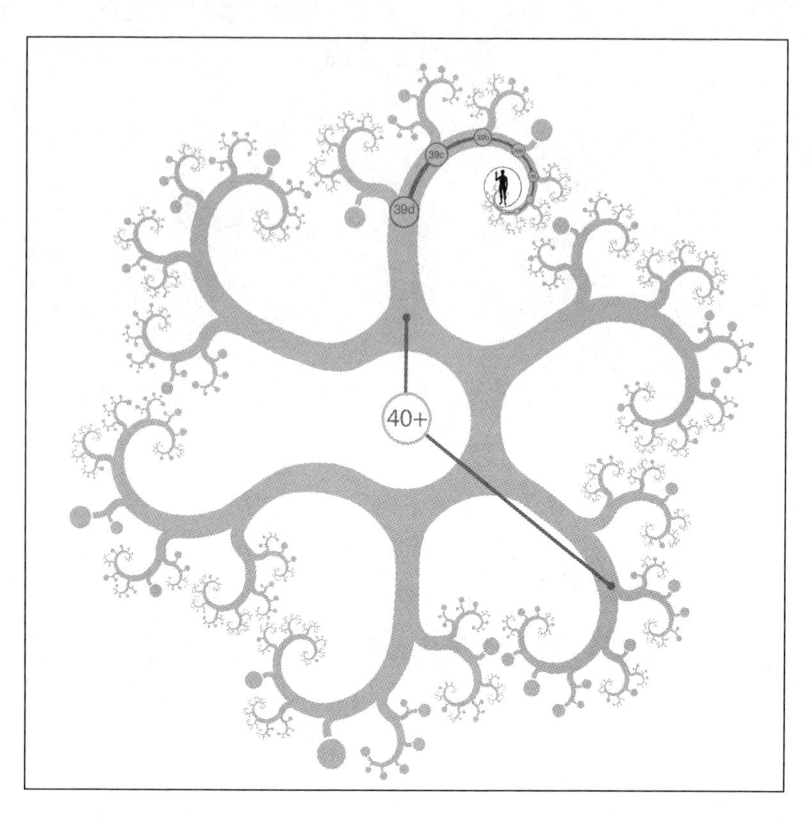

真细菌加入。三大因素使细菌之间的关系变得格外不确定。首先，细菌之间可进行 DNA 交换，所以不同的基因可以表现出截然不同的家系图。再者，它们早期的分歧导致一种星形的系统发生关系，很难分辨其次序。最后，我们没有可以用来确定生命树根基位置的外类群（有时人们也会提出其他确定根基位置的办法）。这幅雪花状的简图意在表明，我们并不清楚最终会合点的位置。传统上，生命树的根基被置于古菌和真细菌之间，图中用一根起始于 40+ 的朝上的线条来表示。不过也有说法认为生命起源于细菌内部，图中用朝向右下方的线条表示，这样的话就意味着我们最终的会合点其实是第 44 会合点。目前并不完全清楚细菌的 50 多个门类之间的关系，而且据信还有很多新的类群尚待发现。所以尽管本图中真细菌的五个分支是根据第 812 页图绘制的，但这里的展示更多是为了提供一种关于细菌多样性的印象，并非是对其进化关系的准确和深入的描绘。各个分支的标签可以在本书附录中找到。

真细菌

在朝圣之初，我们的时间机器在最低挡运行，我们考虑的时间跨度是万年级别。随后我们提升挡位，将我们的想象力升级，这时我们考虑的是百万年的时间。等到了寒武纪，我们已经加速到上亿年的尺度。一路上我们不断吸纳动物朝圣者加入我们的队伍。但是寒武纪还是太近了。生命在这颗星球上的大部分时间里都只包括原核生物。我们动物只不过是后来者。当我们抵近终点坎特伯雷时，我们的时光机器必须超高速运行，才能避免本书陷入令人无法忍受的冗长。以一种可能快得过分的速度，我们的朝圣者——如今包括所有真核生物还有古菌——飞快回溯到我所设想的最后一个会合点——第 40 会合点，与真细菌的会合。这一阶段真实的会合点也许不止一个，人类与一些真细菌的关系可能比其他真细菌更近。在这场逆向朝圣旅程的最后阶段，我们没有其他生物可进行比较，没有外类群，也没有简单的办法确定生命树的根基位置。这就是为什么上页的分形图被绘制成这个样子。

我们已经讲到过，而且在《水生栖热菌的故事》里还会再次证明，细菌是技巧超级丰富的化学家。据我所知，它们也是除了人类之外唯一创造出了人类文明标志——轮子——的生物。根瘤菌将会讲述这个故事。

根瘤菌的故事

众所周知，轮子是人类的发明。拆开任意一台稍微复杂点的机器，你都会发现轮子的身影。轮船和飞机的推进器、旋转的钻头、车床、陶匠的转盘，人类的科技建立在轮子之上，离开轮子就无法运转。轮子可能发明于公元前4000年的美索不达米亚平原。我们知道这并不是一个显而易见的发明，因为西班牙入侵时北美新世界的文明仍然缺少轮子。据说那里唯一的轮子是儿童玩具，不过这个说法太古怪了，让人生疑。这会不会也属于那种奇谈，得以传播的唯一原因只是它太好记了？就像传说中因纽特人使用50个单词来描述雪花。

每当人们有个好想法时，动物学家都习惯在动物界找到相应的现象。本书已经提及许多这样的例子，例如回声定位（蝙蝠）、电定位（鸭嘴兽）、水坝（河狸）、抛物面反光镜（帽贝用抛物面镜子聚焦图像）、红外热感应器（一些蛇类）、皮下注射器（黄蜂、蛇和蝎子）、鱼叉（刺胞动物）和喷射推进（乌贼）。既然如此，生物为什么不可以有轮子呢？

轮子之所以让人印象深刻，可能只是因为我们的双腿太平淡无奇了。在人类发明燃料（以化石形式保存的太阳能）驱动的发动机之前，动物四肢运动的速度可以轻而易举地超过人类。所以理查德三世用他的国家换取一辆四轮马车来逃难这点不足为奇。也许轮子对大多数动物而言用处不大，因为它们跑得已经够快了。毕竟，直到近代，带轮子的车辆都是用动物的腿来驱动的。人类发明轮子并不是为了要跑得比马快，而是为了让马以自身的速度或稍逊的速度来运载我们。对于马来说，轮子反而是个累赘。

另外，还有一个因素使得人们可能高估了轮子的速度。轮子运动要想达到最大效率，需要依赖另一个发明，那便是道路（或者其他光滑坚硬的表面）。功率强大的汽车在平坦的地面上行驶可以遥遥领先于马、狗和猎豹，但是到了乡间小路，或是田野沟壑，马就能把汽车远远地甩在后面。

也许我们应该换一个问题：为什么动物没有发明出道路？建造道路并没有什么技术上的困难。与河狸的水坝和园丁鸟装饰华丽的竞技场相比，修建道路就是小菜一碟。有一种掘土蜂会用石头夯实土壤，那么大型生物完全也有能力用相同的方式修平路面。

但这又会带来一个令人意想不到的问题。即使动物修路在技术层面上是可行的，但这同时也是一种危险的利他行为。如果我个人修建了一条从 A 通往 B 的道路，其他人也可以像我一样从中获利。这为什么会是个问题呢？因为达尔文主义是自私的博弈。修筑一条可能会让他人获利的道路，这种行为会受到自然选择的惩罚。一个竞争对手可以从这条道路中得到相同的益处，却不必为之付出代价。占我便宜的人不必为筑路而忧扰，大可在我苦于筑路的时候集中精力繁殖后代。除非特殊情况发生，否则基因会倾向于懒惰、自私和剥削他人，辛勤的修路者则会被淘汰。最终的结果便是，一条路都无法修成。凭着我们的先见之明，我们能看出来这对大家都不好。但是自然选择不像我们一样有着新进化出来的大脑，它可没有先见之明。

人类究竟有什么特别的，竟然能够克服我们的反社会本能，而建造所有人共享的道路？原因有很多。没有任何一个其他物种能够像人类一样建立起一个尊老爱幼、扶弱助残的福利社会。表面上看起来，这是对达尔文主义的挑战，但事实并非如此。我们的政府、警察、税收和公共工程都具有强制性，无论个人是否愿意，都必须服从。如果有人写信给税务局说，“先生，你们做得很好，但是我不想加入你们的所得税体系”，我确信他将得到税务局的注意。不幸的是，没有其他物种发明税收制度。它们发明了虚拟的篱笆，通过积极防御竞争对手而确保自己对某项资源的独享。

许多动物都是领域性动物，不仅仅鸟类与哺乳动物如此，鱼类与昆虫也是一样。它们尽力防范同种的竞争者，保护自己觅食、求爱和筑巢的地盘。如果某一动物占了很大地盘，它有可能在其领地内构建路网，并将其竞争对手排除在外。这并不是不可能，我曾经目睹母象用奔跑来压平地面以构建类似的路网，但这种路网太有限，不适合高速长途出行。任何质量的道路都将被囿于狭小的区域以防御同类竞争者。因此，这并不是一个进化出轮子的好预兆。

现在终于等到故事的讲述者登场了。出乎意料，一些非常小的生物已经进化出了完整意义上的轮子。考虑到生命最初的20亿年历史中除了细菌别无所有，这个轮子甚至可能是有史以来进化出的第一个运动装置。许多细菌，例如典型的根瘤菌，它们用线状的螺旋桨游动，其自带的旋转轴不断旋转，提供源源不断的动力。人们过去认为这些鞭毛其实是像小尾巴一样摇摆的，表面上看起来好像是螺旋转动，其实是沿着鞭毛传播的波动，就好像蛇的蠕动那样。事实则令人惊奇，细菌的鞭毛连接着一个轴，轴杆穿过细胞壁上的小孔，并可持续自由转动[1]。这是一个真正的轮轴，一个可以自由转动的轴承。它由一个微型分子马达驱动，其生物物理原理和肌肉的运动原理一样。不同的是，肌肉是一种往复式动力机，每次收缩后必须重新伸展，为下一次收缩做准备；而细菌的马达始终朝着同一个方向运动，好比一个分子涡轮机。

事实上，只有非常小的生物进化出了轮子，这可能为大型生物无法进化出轮子提供了一个最合理的解释。其实这是一个通俗且现实的原因，但同时也相当重要。大型生物会需要大型的轮子，但是与人造轮子不同，生物需要在原位生长出轮子，而不是使用其他无生命的材料进行加工和组装。对于一个大型的活器官来说，原位生长意味着相应的血液（或者其他营养液）供应，可能还需要某种神经组织。显然，若要为一个自由旋转的器官提供血管（更不必说神经），如何避免血管打结这个问题的难度自是不必赘言。这个问题也许有解决的办法，不过目前人们还没有发现。

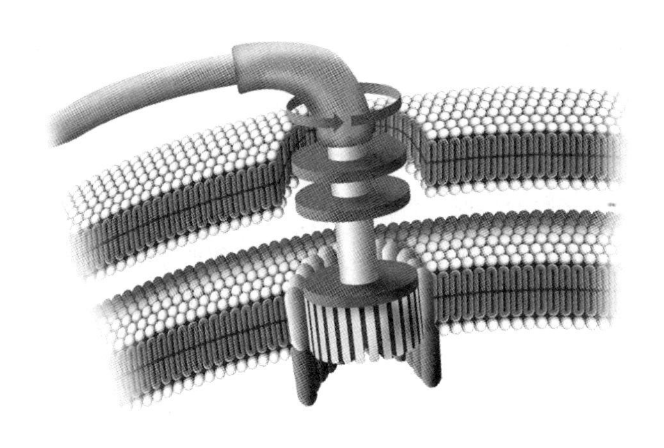

一个由分子马达驱动的真正的轮轴和可以自由旋转的轮子。

人类工程师也许会提议，可以建立一个同轴的管道系统，让血液从轮轴中央通过，流到轮子的中央。但是这样一种结构的进化中间体会是什么样子？生物进化是个循序渐进的过程，就像爬山一样，不可能从悬崖底部一步登天。工程师们可以打造突然的巨变，但是在自然界中，要想达到生物进化的峰顶，只能沿着缓坡一步步攀爬。从工程师的角度而言，轮子是个简单的发明，但对于生物进化来说，它却是难以轻易实现的，因为它位于深深峡谷的另一侧：大型生物无法抵达，只有细菌才能凭借其较小的体形进化出这样的结构。

菲利普·普尔曼（Philip Pullman）在他史诗般的儿童小说《黑暗物质》（*His Dark Materials*）中，提出了一种让人意想不到却又符合生物学的方法，解决了上述问题。他虚构了一种温和的大型动物穆尔法，它和一种可以散播圆形硬壳轮状荚果的巨树形成了共生关系。穆尔法的脚上长着角质化的亮刺，正好能穿过荚果中间的空洞，把荚果当作轮子使用。巨树也可以从这种共生关系中获益：当荚果轮子最终因磨损而被抛弃时，穆尔法就会把其中的种子播撒出来。这样，巨树把荚果进化得越来越圆作为回报，内部还有大小合适的中空孔径，穆尔法则能分泌一种高级别的润滑油。穆尔法的四肢在身体周围呈菱形排列，前后两肢位于身体中线，并且可以套上轮子，另外两肢在身体左右两侧用来蹬踏地面前行，就像没有踏板的老式自行车那样。普尔曼清楚地指出这整套办法只有在当地特殊的地理环境下才有可能应用，那里的玄武岩碰巧形成长长的缎带般的结构穿过大草原，正是天然的坚硬路面。

既然不具备普尔曼天才的共生设计，我们应该可以认为轮子作为一种发明，即使它对于动物来说是个好主意，也不可能在大型生物中进化出来。这可能是因为必须先有道路，或者血管扭曲的问题不能得到解决，或者是中间过渡状态对最终结果无利。但是细菌进化出了轮子，这是因为对于体形极小的生物来说，它们的世界迥然不同，它们遇到的技术困难也因而迥异。

事实上，在一些自称“智慧设计理论家”的神创论者眼中，细菌的鞭毛马达近来已上升至足以否认生物进化的地位。它的存在固然无可置疑，但大家对它的看法却不尽相同。我只是把这种进化上的困难作为哺乳动物等大型生物无法长出轮子的解释，然而这些神创论支持者却把细菌鞭毛马达当作无法进化产生的事物——既然无法进化而来但又实际存在，那么它必然是超自然力量的杰作。

这是自古以来就存在的“设计理论”，也称“佩利的钟表匠理论”，或者“不可还原的复杂性理论”。我不留情面地把它称为“个人怀疑理论”，因为它的典型格式是：“既然我无法想象X是如何自然形成的，那么它就一定是超自然作用的结果。”时间和科学家都向我们证明，如果有人持有这种看法，那么这只说明了其想象力的匮乏，而与自然无关。若是持有“个人怀疑理论”，但凡遇见什么无法理解的魔术表演，就会认为是超自然力量的结果。

不过，用“不可还原的复杂性理论”来解释一些实际上不存在的事物何以缺失未尝不是一个好办法，就像我解释为什么哺乳动物没长出轮子一样。这完全不同于逃避科学家的责任不去解释那些客观存在的事物，例如带轮子的细菌。但是，平心而论，把“设计理论”与“不可还原的复杂性理论”的某些版本用于想象是可行的。未来也许有来自外太空的旅客，它们来地球进行考古挖掘的时候，一定有办法分辨出工业产物和自然进化产物，例如飞机与麦克风、蝙蝠的翅膀与耳朵。试想一下他们是如何区分的，这一定很有趣。人类的设计和自然的进化有许多重叠之处，想必这会令它们在区分时大伤脑筋。如果那些外星科学家有机会研究活物，而不只是考古遗物，它们将如何看待脆弱又警觉的赛马和赛狗、抽着鼻子呼吸困难而且需要剖宫产的斗牛犬、视力模糊的京巴狗、乳房垂地的荷兰奶牛、专门腌肉用的长白猪、专门剪毛用的美利奴羊？用纳米技术打造的专为人类服务却和细菌鞭毛大小差不多的分子机器，会令那些异域学者更加摸不着头脑。

弗朗西斯·克里克在《生命本身》（*Life Itself*）一书中，半认真地推测细菌并非起源于地球，而是其他星球的种子播撒在地球上的结果。按克里克的设想，这些种子被外星人装在一个锥形火箭中送至地球。这些外星人想要传播它们的生命形式，却苦于技术壁垒无法亲自进行星际旅行，因而使用自然进化代替它们完成这项任务，极易传染和扎根的细菌自然是首选。克里克和他的同事莱斯利·奥格尔首先提出这个观点。他们猜测细菌先在原先的星球上完成了自然进化，不过这些外星人也完全有可能给细菌做了一些纳米技术改装，没准就是某种分子齿轮呢，就像根瘤菌以及其他一些细菌的鞭毛马达一样，这可能更符合科幻的味道。

不过，克里克自己并没有找到什么好的证据支持他的这种“定向泛种论”(Directed Panspermia)，不知他对此是感到遗憾还是如释重负。不过这个位于科学与科幻之间的偏远之地为我们讨论下面这个真正重要的问题提供了一个有用的思维场景。鉴于达尔文主义的自然选择如此精妙，能够让人误以为自然的造物乃是设计的产物，那么在实际生活中我们应如何区别自然选择的产物与特意设计的人造品呢？另一位著名的分子生物学家雅克·莫诺也以类似的问题作为他的著作《偶然与必然》(*Chance and Necessity*) 的开篇。自然界里真的存在“不可还原的复杂性”吗？即复杂的机体包含多个部分，任何部分的缺失对整体而言都是致命的。如果存在，是否意味着它是由某个超级智慧设计的？比如某个来自外星球的更古老、更高级的文明。

也许将来有一天会发现这样的证据。不过，哈哈，细菌鞭毛马达并不是这样。和之前那些所谓的“不可还原的复杂性”一样，细菌的鞭毛实际上是可以还原的。布朗大学的肯尼思·米勒 (Kenneth Miller) 以精妙的技巧剖析了这个问题。正如米勒展示的那样，认为细菌鞭毛马达的各个组件没有其他功能的看法是无稽之谈。例如，很多寄生性细菌都有一个能向宿主细胞注射化学物质的机制，被称为Ⅲ型分泌系统（Type Three Secretory System，简称 TTSS）。III 型分泌系统和鞭毛马达使用的是同一套蛋白质。只不过在这种情况下，这些蛋白并不为某个中央轮轴提供旋转动力，而是用于在宿主细胞壁上钻一个圆孔。米勒总结道：

> 直白地讲，III 型分泌系统用鞭毛基底的一小部分蛋白干了肮脏的勾当。但从进化的角度而言，这种关系并不令人惊讶。事实上，进化过程中投机取巧地将蛋白质混搭配合并产生新的功能，这再正常不过了。不过，根据“不可还原的复杂性理论”，这是不可能的。如果细菌鞭毛真的代表着“不可还原的复杂性”，那么只要去掉 1 个组件——更别说去掉 10 个或 15 个组件了——就会让其余部分彻底失效。但实际上 III 型分泌系统在失去绝大部分鞭毛组件的情况下仍然具备完整的功能。或许对于我们来说这个 III 型分泌系统不是个好东西，但对细菌而言，它却是一个价值很高的生化机器。
>
> III 型分泌系统在细菌中广泛存在，这证明了所谓“不可还原的复杂”鞭毛的一小部分也确实能够发挥重要的生物功能。这个功能显然是自然选择的结果，所以“鞭毛的各个组件在组装成鞭毛之前没有任何功能”的说法显然是错误的。这也意味着鞭毛源于智慧设计观点破产了。

米勒对于“智慧设计理论”的愤怒，因其虔诚的宗教信仰而愈发坚固，并在《寻找达尔文的上帝》（*Finding Darwin's God*）一书中完全流露出来。米勒的上帝（如果不是达尔文的），可以说是自然法则的同义词。神创论者试图通过“个人怀疑理论”的消极路径来证明上帝的存在，结果却适得其反。正如米勒所述，这恰恰证明了上帝正在肆意地破坏自己制定的法则。而这对于米勒这样的虔诚信徒而言，是一种卑贱又虚伪的亵渎。

作为一个无神论者，我也有自己的逻辑来支持米勒的观点。这种“个人怀疑理论”版本的智慧设计理论就算不是亵渎，至少也是懒惰的表现。我曾虚构了一篇安德鲁·赫胥黎（Andrew Huxley）爵士和艾伦·霍奇金（Alan Hodgkin）爵士的对话来讽刺这个情况。这两位爵士都担任过皇家学会主席，并因合作研究神经脉冲的分子生物物理机制而获得诺贝尔奖。

> “我说，赫胥黎，这真是一个棘手的问题。我搞不清神经脉冲的工作原理。你呢？”
>
> “我也不会啊，霍奇金。而且这些微分方程比魔鬼还难对付。我们为什么不放弃呢？直接说神经脉冲是通过神经能量传播的就好了。”
>
> “这真是个好主意，赫胥黎，我们现在就给《自然》杂志写信，只用一句话就能搞定，然后我们就可以去干点更简单的事情了。”

安德鲁·赫胥黎的哥哥朱利安·赫胥黎在很久以前嘲讽活力论时也提出过类似的观点。当时盛行的是亨利·伯格森（Henri Bergson）命名的“生命力”（*élan vital*）观点，朱利安嘲讽道，那相当于说火车引擎是被“运动力”（*élan locomotif*）驱动的[2]。我对懒惰的谴责和米勒对其他人亵渎信仰的谴责，并不适用于“定向泛种论”假说。克里克所说的是超人的设计，而非超自然的设计。这是一个很重要的差别。在克里克的世界观里，细菌的超人设计者，或者把细菌作为种子送至地球的那些生命，它们自己也是在它们星球上按照某种类似达尔文主义的选择过程进化而来的。关键的是，克里克一直在寻找丹尼尔·丹尼特所谓的“起重机”，而绝不会像亨利·伯格森那样满足于所谓的“天钩”[3]。

对“不可还原的复杂性理论”的主要反驳方式是，证明像鞭毛马达、凝血级联反应、三羧酸循环或者其他所谓不可还原的复杂事物，实际上是可还原的。“个人怀疑理论”无疑是错误的。最后提醒一句，即使我们暂时还没有想清楚某个复杂现象是如何一步步进化而来的，急着用超自然理由给予解释的想法也要么渎神，要么是懒惰的，具体是哪一种，取决于你的口味。

不过，另一个反对的声音也需要被提及，即格雷厄姆·凯恩斯–史密斯（Graham Cairns-Smith）的“拱门与脚手架”观点。格雷厄姆当时说的是另一件事情，不过该观点在此处也适用。拱门在某种意义上是不可还原的，因为一旦移除某个部分，它会立即崩塌。然而借助于脚手架，拱门可以逐渐建成。即使事后拆除脚手架，即使后来的人不再了解它的存在，也不应该认为石匠具有神秘的超自然力量。

鞭毛马达在细菌中非常常见。之所以选择根瘤菌来讲述这个故事，是因为它可以提醒我们细菌具有多么高的多样性。豆科植物（Leguminosae）都可直接利用大气中的氮气（大气中含量最高的气体），而不必吸收土壤中的含氮化合物，所以在安排作物的轮作计划时，农民喜欢种植豆科作物。不过从大气中吸收氮气并将其转化为可利用的化合物，这不是植物自己的本事，而是植物根部特殊的小瘤中共生的根瘤菌的功劳，而这些让根瘤菌可以容身的小瘤最初应该只是无意的产物。

通过利用化学手段更多样的细菌而实现各种天才化学技巧，这种做法在植物和动物中极为常见。这正是《水生栖热菌的故事》的主旨。

水生栖热菌的故事

我们已经到达了最古老的会合点，汇集了我们已知的所有生物朝圣者，现在是时候来关注一下生物的多样性了。生物多样性从根本而言是化学的多样性。各路朝圣者的生活方式涉及各种各样的化学技艺。正如我们所见，细菌，也包括古菌，都把这种化学技巧发挥得淋漓尽致。如果将细菌看作一个整体，那么它将会是地球上精湛的化学大师。就连人体自身细胞中的化学过程也在很大程度上依赖于客居在体内的细菌，而且这只是细菌本领的冰山一角。从化学角度而言，一些细菌与人类的关系甚至比它们与另一些细菌的关系还近。至少在一个化学家的眼中，如果把地球上除细菌以外的生物全都消灭，剩下的生命依然涵盖了生命的大部分范围。

接下来我将介绍的是水生栖热菌（*Thermus aquaticus*），分子生物学家亲切地称之为“Taq”。不同的细菌与人类有各种各样的差异。顾名思义，水生栖热菌喜欢生活在热水中，而且是非常热的水。就像我们在第 39 会合点看到的那样，许多古菌都是喜热或者极端嗜热的，不过这种生活方式并不是古菌的特权。喜热和极端嗜热并不是分类的依据，这更像是职业与行当，就像乔叟笔下的店员、磨坊主和内科医生。它们生活在其他生物无法生存的环境中，或者是罗托鲁瓦[4]（Rotorua）和黄石公园（Yellowstone Park）滚烫的热泉中，或者是大洋中脊的火山口。栖热菌是一种极端嗜热的真细菌，它们能在几乎沸腾的水中生存，虽然 70℃左右的水温更适合它们一些。不过它们并没有赢得细菌耐高温的纪录，有些深海中的古菌能够忍受 115℃的高温，这个温度远高平常水的沸点[5]。

栖热菌在分子生物学的圈子里非常有名，因为它是 Taq 聚合酶（Taq polymerase）的来源，这是一种 DNA 复制用的酶。当然，所有生物都有用于 DNA 复制的酶，不过栖热菌可忍受接近沸腾的水温，这点对分子生物学家十分有利，因为复制 DNA 的第一步就是要把双链 DNA 解开成两条单链，而实现这一步最简单的办法就是煮沸。将含有 DNA 和 Taq 聚合酶的缓冲液反复煮沸并冷却，即可实现复制或"扩增"DNA 的效果，哪怕初始 DNA 的含量极其微小。这种 DNA 扩增方法叫作"聚合酶链式反应"（polymerase chain reaction），简称 PCR。这是一个天才的发明。

以前，生命起源故事采取的都是大型动物的视角——人类的视角，这是可以理解的。那时候，生命被分成了动物界和植物界，两者的区别十分明显。菌类被划归为植物，因为它们中的大部分都固定生长并且不能随意移动。19 世纪前，人们几乎对细菌一无所知。后来人们借助显微镜第一次看见了细菌，却不知道该将它们划为哪一类生命。有人认为它们是微型植物，另一些人则认为它们是微型动物。还有些人将捕光细菌划为植物（例如蓝藻），其余的则归动物。他们对原生生物也做同样处理，这些单细胞真核生物不是细菌，因为它们比细菌大很多。绿色的被称为原生植物，其余则被称为原生动物。作为原生生物的代表，变形虫曾经一度被认为与所有生命的共同祖先很像。我们错得多么离谱啊！从细菌的角度来看，变形虫和人类几乎难以区分。

这些都发生在人们仅凭肉眼可见的解剖学特征对生命进行分类的

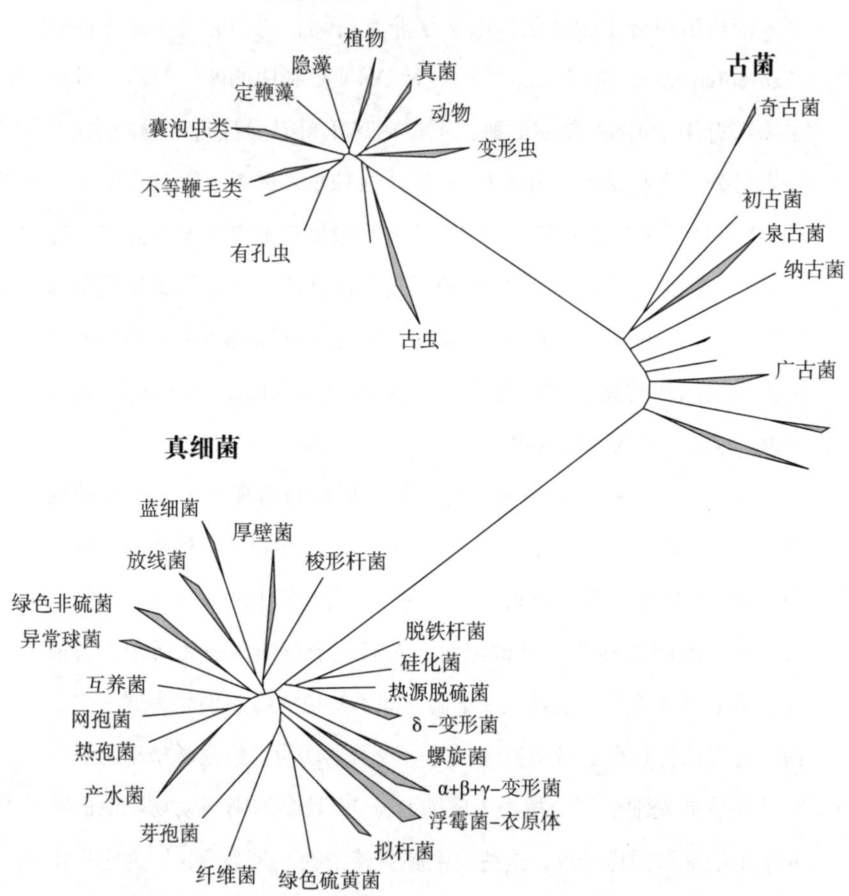

生命最基础的分类。基于最近对核糖体蛋白的分析，生命树主要被分为三大区域。真核生物和古菌内部的精确亲疏关系会略有差别，这取决于使用的分析方法。数据来自拉塞克-奈斯奎斯特和戈加藤的文章 [参考文献 237 的图 5]。

时代。所以，看起来细菌的多样性远不如动物和植物，把细菌当成原始植物或者原始动物的想法也情有可原。当我们开始使用生物分子所提供的丰富信息进行分类，并且将细菌所完善的各种化学本事纳入考虑范围时，情况就完全不同了。如今生物的分类大致如上页图所示。

如果将植物和动物视为两个界，那么根据同样的标准，微生物可以分出一大堆新的“界”，每个界都独具特色，完全不逊于动物界和植物界的地位。这张图只是反映了微生物多样性的冰山一角，不仅有些较长的分支被省略了，而且它只展示了被人们发现并能在实验室培养的生物。确实，在我们修改这篇故事的最后阶段，加州大学伯克利分校的研究人员宣称发现了一类新的超小型细菌，它们在图中的位置应该介于真细菌和古菌之间。因为这种细菌无法在实验室培养，只能从地下水中提取它们的基因组并测序。这个发现太新了，没来得及纳入这张图。谁知道还有哪些新的微生物界有待发现呢？

动物、植物和真菌只不过是生命树上的三个小分支。这三个我们熟悉的界与其他界的显著区别在于，它们所包含的生物体形较大，由许多细胞组成。其他界几乎全是微生物。为什么人们不把微生物统一成一个与多细胞生物三大界并列的微生物界呢？一个比较合理的原因是，在生化层面上，许多微生物界之间以及它们与三大界之间差异很大，就像三大界之间的差异一样大。

纠缠于微生物到底包含 20 个界还是 25 个乃至 100 个没有什么意义。实际上，细菌学家努力避免这个麻烦，他们将所有细菌分为不同的“门”（phylum），完全回避使用“界”这个字。不过有一点可以确定，从之前的生命树简图可以看出，这几十个界可以被划归为三个超界（super-kingdom），或者按照卡尔·沃斯命名法称之为“域”（domain）。我们之前提到过卡尔·沃斯，他是这个新生命观的创始者。

第一域是人类所在的真核生物域，这个域的生物陪着我们走过了大部分朝圣旅程。第二域是古菌——我们在第 39 会合点遇见的微生物。若按照之前的老观点，古菌会被与第三域的真细菌归为一类。认为古菌和真细菌只不过是不同类型的细菌，这种想法虽然很吸引人，但实际上它们根本就不是近亲。我们真核生物——至少我们的绝大多数基因——与古菌更接近。人类与一些古菌的关系甚至可能比它们与其他古菌的关系更近。也有学者提议将生命分为两个域而非三个域，一个是真细菌，另一个是其他所有生物。我们在这里不再过度展开。不过，真细菌确实与其他生物明显不同，我们朝圣之旅的最后一段正是它们的领域。我们能在旅程的最后几步与这些无处不在的高效 DNA 传播者同行，这可以说是一种殊荣。

当然，前面的星形图并不是基于我们能看到或摸到的特征。若要比较不同的生物，你需要选择它们共有的特征。如果大部分生物没有腿，那么就不能选择腿进行比较。腿、头、叶子、锁骨、根、心脏、线粒体……每一项都只属于一部分生物。DNA 则不同，它具有普遍性，而且有一些特殊基因是所有生物体共有的，只有少数而且可计量的差异。这就是我们进行大规模比对的对象。或许最好的例子就是编码核糖体的 DNA 序列。

核糖体是一种细胞器，主要用于解读 RNA 编码，并合成相应的蛋白质。核糖体广泛存在，对所有细胞而言都至关重要。核糖体自己也是由许多特殊的蛋白组成的，中间包裹着一个 RNA 核心，这个 RNA 核心与核糖体解读和翻译的 RNA 信息完全隔绝。不仅核糖体具有普遍性，就连编码它的 RNA 内核与外部蛋白的基因都很少随着时间变化，这也就意味着就连人类都和细菌共享数量相当可观的相似序列。我们可以运用之前在《长臂猿的故事》中提到的方法来推断进化关系。

不过我们必须小心，因为这些序列极易发生“长支吸引”，或者落入其他方法陷阱。不过这并不影响人们尝试着绘制生命树。我们刚才看到的基于对核糖体 RNA 核心的分析结果绘制的星形图就是最近的成果之一。当然，部分分支在生命树上的位置并不能确定，尤其对于细菌而言，这可能是因为不同的细菌能够彼此交换 DNA——我们在真核生物中还不曾遇到这个问题。不过，核糖体作为细胞生命中不可分割的部分，我们也许可以相信它的基因很少会发生交换，甚至可能完全不会交换。既然我们能够用一棵满是分支的生命树代表古老的家系历史，而不必使用交织的网络，那么本章前面的那幅星形图就是我们目前对整个生命树的认识。

通过基因组比较来测定分类学距离，是研究物种多样性的方法之一。另一种方法是考察不同生物的生活方式，我们的朝圣者所从事的职业。乍一看，细菌之间在这方面应该更为相似，比狮子和野牛或鼹鼠和树袋熊之间的差别要小。对于我们这样的大型动物来说，在地下打洞寻找蠕虫和吃桉树叶应该是两种截然不同的生活方式。不过，从化学的角度看，所有的鼹鼠、考拉、狮子和水牛都在做差不多同样的事，它们的能量都来自分解复杂的分子，而这些能量最终来自由植物固定的太阳能。考拉和水牛可以直接吃植物，而狮子和鼹鼠通过捕食其他动物来间接获取太阳能，这些动物最终又是吃植物的。

最主要的外部能量来源就是太阳。我们肉眼所能看到的一切生命，其能量来源都是寄居在植物细胞内的绿色细菌所固定的太阳能。太阳能被绿色的太阳能板（叶子）捕获，并用于驱动有机化合物的合成，例如植物中的糖和淀粉。经过一系列产能和耗能的化学反应，其余生命体凭借植物固定的太阳能生存。能量循着生命的经济系统流动，从太阳到植物到食草动物到食肉动物到食腐动物。在每一个环节，能量的每一次传递都存在浪费和损耗，不仅生物之间的能量传递是如此，生物体内的能量传递也是同样。在传递过程中，一些能量不可避免地以热的形式散失。如果没有来自太阳的巨大能量，生命就会像某些教科书上所说的那样，慢慢停止。

这种说法依然大致正确。不过这些课本并没有把细菌和古菌考虑在内。如果你是一名足够天才的化学家，为这个星球上的生命设计一种不依赖太阳能的能量流动方式并不是没有可能。如果有可能想象出这样一种化学技巧，那么一定是细菌先发现了它，甚至可能比它们利用太阳能还早，而那是在 30 多亿年前。当然一定要有一些外部的能量来源，但不一定非得是太阳能。许多物质都蕴含着化学能，只要有合适的化学反应就能释放这些能量。对于生物来说，值得发掘的能量包括氢气、硫化氢与一些含铁化合物等。我们将在《坎特伯雷》一节中再次介绍生物开发利用能源的不同方式。

虽然我们的故事总体上没有使用第一人称进行叙述，但是让我们为所有故事的尾声破个例，把这个致辞的机会交给水生栖热菌：

> 试试从我们的角度来审视生命，你们真核生物很快就不能盛气凌人了。你们这些两足行走的猿类、短尾巴的树鼩、干巴巴的肉鳍鱼、长着脊椎的爬虫、海绵、成群结队的新来者，你们这些真核生物只不过是一群单调乏味、目光偏狭、相差无几的乌合之众，你们不过是细菌生命表面花哨的泡沫。为什么？那些构成你们身体的细胞不过是细菌的殖民地，重复着我们细菌在 10 亿年前发明的把戏。我们比你们先来到这个地球，而且在你们消失之后还会继续生存下去。

坎特伯雷

作为40亿年朝圣之旅的目的地，我们的坎特伯雷笼罩着一层神秘的面纱。这是生命起源的奇点，不过我们更应该称之为“遗传”（heredity）的起源。生命本身并未被清楚地界定，这个事实与直觉和传统智慧相矛盾。在《圣经·以西结书》的第37章，先知遵命走进遗骸之谷，去辨识尚有呼吸的生命。我不禁要引用这一段话（“骨与骨相连”——多么简洁的用语）：

> 于是，我遵命说预言。正说预言的时候，出现了响声和躁动，骨头都汇聚到一处，骨与骨相连。
>
> 我在一旁观瞧，见骸骨上有筋，也长了肉，又有皮遮蔽其上，只是还没有气息。
>
> 主对我说：“人子阿，你要发预言，向风发预言，说主耶和华如此说：气息阿，要从四方而来，吹在这些被杀的人身上，使他们活过来。”

当然，风从四方而来。一支带有生气的庞大军队站立了起来。在《圣经·以西结书》中，呼吸是生死的界限。达尔文在《物种起源》的结语中也有同样的暗示：

因此，从自然界的战争里，从饥饿和死亡里，我们所能体会的最尊贵的事物，便是高等生物的诞生。从这个角度看去，生命如此庄严，造物主最初将生命的气息吹入了一种或几种生命的构造；当这个星球遵从万有引力定律而运转时，生命从一个简单却充满无限可能的起点不断进化形成如此多的美丽而精彩的形式，并且还在继续进化中。

达尔文恰当地矫正了《圣经·以西结书》中的事件顺序。生命的气息先出现，然后才创造出筋骨和皮肉进化的条件。顺便提一下，“造物主”这个词在《物种起源》第一版中并未出现。可能是出于对宗教游说的妥协，达尔文在第二版中加入了该词。达尔文后来在写给他的朋友虎克（Hooker）的信中表示了懊悔：

我长久地懊悔自己为了迎合公众的观点而使用了《摩西五经》中的“创造”，尽管我本意是指一种通过完全未知的过程而“出现”。目前物种起源还只是毫无意义的一种想法，有人可能会联想到物质起源。

达尔文可能（在我看来是“正确地”）认为原始生命的起源是一个相对（我特别强调这一点）容易的问题，他解决的那个问题才更加复杂：生命一旦诞生之后，又是如何发展出令人称奇的多样性、复杂性以及令人浮想联翩的精巧设计。尽管如此，达尔文之后（在另一封给虎克的信中）还是大胆猜想了这个开启了一切的“完全未知的过程”。为何我们没有看到生命起源不断发生，这个问题引导他做出一些猜想：

人们常说，最初生命个体诞生所需的条件现在仍然具备，并且一直都具备。但是如果（哇，多么大的一个“如果”）我们设想一下，在某个存在各种氨盐和磷酸盐以及光、热、电等物质的温暖的小池塘中，诞生了一个准备着承受更多复杂改变的蛋白复合物。在今天的条件下，它一形成就会立刻被其他生命吸收掉，而这种情况在生命诞生之前则不会发生。

生命的自然发生观受到挑战要等到后来巴斯德的实验。长久以来，人们相信腐肉里会自动长出蛆虫，鹅颈藤壶会自动孵出小鹅，甚至麦子与脏衣物在一起会生出老鼠。教会一直倔强地支持“自然发生”学说（他们在这一点及其他很多方面都紧跟亚里士多德）。我说他们“倔强”，是因为就算是事后诸葛亮也能发现，“自然发生”学说与进化论一样是对神创论的直接挑战。这种认为苍蝇或老鼠能够自发产生的观点，大大低估了创造苍蝇或老鼠的惊人成就：这是对一个可能具有思想的造物主的冒犯。毫无科学理念的大脑无法理解一只苍蝇或老鼠是如何复杂以及多么不可思议。达尔文可能是第一个全面认识到这个错误的人。

直到 1872 年，在给自然选择学说的共同发现者华莱士的信中，达尔文还质疑了他非常欣赏的《生命的开始》（*The Beginnings of Life*）一书中关于“轮虫和水熊虫是自发形成”的观点。他的质疑一如既往地直中要害。轮虫和水熊虫都是复杂的生命形态，完美地适应了各自的生活方式。如果它们是自发形成的，则意味着它们对环境的适应及复杂形态都是“由一个愉快的意外造成的，而我难以相信这一点”。这种程度的意外事件，对达尔文是一种诅咒，而从另一个不同的角度来说也应该是对教会的诅咒。达尔文学说的整个逻辑，一贯认为具有适应性的复杂个体是一步一步缓慢而渐进地发展而来的，没有任何一步需要依赖盲目的偶然性作为解释。达尔文理论给经受选择的小步变异赋予了发生的机会，为生命的解释提供了唯一可撇开纯粹运气的现实解释。如果轮虫可以突然有无到有地出现，那达尔文的毕生工作就没有意义了。

但是自然选择本身也需要一个开始。从这个意义上来说，一定曾经有过某种“自发产生”事件发生过，即便只有一次。达尔文贡献的美妙之处在于，我们必须假定存在的这次“自发产生”并不需要合成复杂的东西，比如蛆虫或者老鼠。它只需要制造一些……嗯，现在我们接近问题的核心了。如果不是生命的气息，那是什么至关重要的成分能够首先启动自然选择并历经大量积累的演变后，进化出蛆虫、老鼠和人类呢？

在我们古老的坎特伯雷，相关细节还深埋地底，也许永远不能被发现，但我们可以给这个关键成分起一个简单的名字来描述这个久远的存在。这个名字就是遗传（heredity）。我们应该找的不是模糊不清的生命的起源，而应该是遗传的起源——真正的遗传意味着某种很精确的东西。我曾经借助火种来解释过它。

火与气息争相成为生命的象征。当我们死去，生命之火熄灭。当我们的祖先第一次驯服火时，可能认为火是一种活物，甚至是神。当他们凝视火焰或灰烬时，尤其是在营火温暖并保护着他们的夜晚，他们会想象在与一个神采奕奕的、舞蹈着的精灵交流吗？火可以永不熄灭，只要不断供应燃料。火呼吸着空气；你可以切断氧气供应将之闷熄，也可以用水浇灭。野火吞噬森林，驱赶着动物玩命奔跑，如同有凶残的狼群追逐一般。如同将狼驯服成狗那样，我们的祖先捕获了火种并驯服它，时常喂养它，并清除产生的灰烬。在生火的技术发明之前，保管捕获的火种是社会褒奖的一门手艺。或许，跳跃的家火可以被盛在陶罐中与那些家火不幸熄灭的邻居交换物品。

如同蒲公英一样，人们早已观察到野火可以引发更多的火种，飞溅的火苗随风飘到远处的干草上并燃烧起来。直立人是否认为火无法自发产生，无论是平原上的野火还是炉灶的家火都必须要有火种？而首次钻木取火刷新了他们的世界观？

我们的祖先可能已经这样想象过，存在一群可繁殖的野火，或者家火的渊源可追溯到一个闪耀着光芒的祖先，而这位祖先可能借自某个遥远的部落并与其他人交换。但是这不是真正的遗传。为什么不是呢？怎么有了繁殖和谱系却不是遗传？这就是火要给我们上的一课。

真正的遗传，意味着不是继承火本身，而是继承火与火之间的差异。有些火更黄，有些更红，有些咆哮，有些噼啪作响，有些嘶嘶叫，有些冒烟，有些溅出火星。还有些火苗上带蓝色或绿色的色彩。我们的先祖，如果已经研究过他们的家犬，会清楚地发现狗的谱系与火的谱系之间的差异。对于狗来说，“龙生龙，凤生凤”，至少其显著区别于其他狗的一些特点都来自其父母，当然还有一些来自其他方面，如食物、疾病和意外。而对于火来说，所有的变化都源自环境，丝毫没有源自有繁殖能力的火花。这些都来自燃料的质量和湿度，来自风的方向和强度，来自炉灶风箱的质量，来自土壤，来自那些可以给黄色火焰增添蓝绿或紫色的微量铜和钾元素。与狗不同，成熟火种的质地根本就不是取决于产生它的火花。蓝色火种没有产生蓝色火焰，噼啪作响的火焰也不是从其火源那里继承的噼啪声。因此，火的再生并不是遗传。

生命的起源就是真正遗传的起源，我们甚至可以说也是第一个基因的起源。第一个基因，我得赶紧澄清，不是指第一个 DNA 分子。

没人知道第一个基因是否由DNA构成，而我认为不是。我说的第一个基因，指的是第一个复制因子。一个复制因子是一种实体，比如说是一个分子，能够形成一系列自身的拷贝。拷贝总是会出错，所以这个种群就会获得变异。真正遗传的关键在于，每个复制因子装备的是其复制的母本，而不是族群中的随机一员。第一个复制因子的起源并不是大概率事件，但只需要发生一次就够了。此后，这个事件的结果就会自我维持并通过达尔文主义的进化最终产生所有的生命。

一段DNA，或者在某些场合下，与DNA相似的分子RNA就是一个真正的复制因子。计算机病毒和一串字母也是如此。但是所有这些复制因子都需要一个复杂的装置来辅助它们。DNA需要一个细胞，细胞里已经有了高度适应的生化机器解读和拷贝DNA密码。计算机病毒需要电脑与电脑之间有数据传输，这些都是人类工程师遵从一定的密码原则设计的。而一串字母需要一批白痴加上训练到足够识字的大脑。第一批复制因子的独特之处在于，这个点燃了生命之火的存在，并没有任何现成的进化、设计或者教育而来的支持。除了遵守化学法则之外，第一个复制因子前无古人地开始了它的工作。

化学反应的一个有力推手就是催化剂，而某种形式的催化反应肯定参与了复制的起源。催化剂是一种可加速化学反应但不会被消耗的物质。所有生物化学都包含了催化反应，这些催化剂通常是大蛋白分子，叫作酶。一个典型的酶通过三维构象提供了化学反应分子结合所需的孔洞结构。这种结构可以将每个分子排列好，进入一个临时的化学构象，匹配好精度，这在开放的扩散体系中是不可能达到的。

根据定义，催化剂不会被其催化的化学反应消耗，但可能被生成。自催化反应就是反应过程中产生了自身的催化剂。可以想象，一个自催化反应很难启动，但是一旦启动，就会蔓延——真的就像野火，其实火具有自催化反应的一些特性。火并不是严格意义的催化剂，但是它可以自我更新。从化学上来看，火是一个放出热能的氧化反应过程，并且需要热量去助其跨越启动所需的阈值。一旦启动，火就可以像链式反应一样继续并扩散开，因为火产生了足够重新启动所需的热量。另一种著名的链式反应就是原子弹爆炸，不过在这个案例中不是化学反应而是核反应。遗传就是起始于一次幸运的自催化过程或者自我生成过程。它就像火一样迅速发生并蔓延，并最终走向了万物遵循的自然选择。

我们也通过氧化含碳燃料产生热量，但我们不会着火，因为我们的氧化反应是可控的，一步一步地将能量释放进有用的通道而不是如不可控制的热量一样耗散。这种受控的化学反应或者新陈代谢，和遗传一样是生命的普遍特征之一。那些生命起源的理论需要同时考虑遗传和新陈代谢，但有些作者将优先级弄错了。他们寻找一种有关新陈代谢自发起源的理论，而希望遗传通过某种方式紧随其后，如同其他有用的装置一样。但正如我们所见，遗传不能被当作一种有用的装置。遗传必须首先出现在舞台上，因为在遗传之前，“有用”本身没有意义。没有遗传，就没有自然选择，也不会有什么东西是有用的。“有用”这一想法只有当自然选择的遗传信息开始工作之后才能启动。

如今比较受重视的生命起源的早期理论是由俄国的亚历山大·奥巴林（Alexander I. Oparin）和英国的约翰·霍尔丹于20世纪20年代各自独立提出的。两人都更重视新陈代谢，而不是遗传。两人也都意识到很重要的一点，那就是地球大气中缺乏游离的氧气。当游离的氧气存在时，有机化合物（含碳的化合物）很容易燃烧或者氧化成二氧化碳。这对我们这些离开氧气几分钟之后就会死亡的生物来说有些奇怪。但我已经解释过，对我们的最早期的祖先而言，氧气曾经是一种致命的毒药。从我们对其他星球所知的一切可以推测地球早期大气中缺少游离氧。后期游离氧作为绿细菌产生的污染性废物开始积累。这种绿细菌刚开始是游离的，后来整合进入植物细胞中。在某个时期，我们的先祖们进化出了应对氧气的能力，后来就依赖它了。

顺便说一下，我之前已经说过氧气是由绿色植物和藻类产生的，这其实是一种过度简化的说法。植物释放氧气是对的，但是当一株植物死亡时，它腐烂的化学反应就等同于将其所有含碳物质都烧毁，这个过程消耗的氧气量相当于它一生所释放的氧气量。因此，大气中的氧气含量并没有净增加。但是有一个例外，不是所有死亡的植物都会彻底腐烂。它们有些部分会沉积成煤炭（或者其他类似物），其他部分被吃掉，而部分猎食者自身也可能会被埋葬在岩石中[6]。这个净效应使得富含能量的化合物深埋地底而一部分氧气可自由循环。焚烧化石燃料可释放这些埋藏的能量，将这些氧气转变为二氧化碳，如同将我们推向远古时代的状况。幸运的是，我们不太可能再一路回归到那个空气令人窒息的坎特伯雷。但是不要忘记，我们呼吸的氧气能够存在，是因为那些化合物被禁锢在地下，包括煤炭和石油。我们是冒着风险在使用这些燃料。

在早期地球上，氧原子一直存在，但并不是以游离的氧气气体形态存在的。它们被束缚在各种化合物中，比如二氧化硅（沙子）这样的固体，比如水这样的液体，以及二氧化碳这样的气体。今天的碳元素大多数存留于生物体中，或者以更大的比例存在于岩石中，如白垩，石灰岩和煤，而这些又有许多来自曾经活着的生物。在坎特伯雷时代，这些碳原子更多地是以二氧化碳的形式存在于大气中。

奥巴林和霍尔丹认识到，与此相似的大气环境对简单有机化合物的自发合成是有利的。这里我引用霍尔丹的原话，这是他的一段著名论断：

> 现在，当紫外线作用于水、二氧化碳和氨气的混合物时，会产生各种有机物质，包括糖以及很显然地，一些蛋白质合成所需的物质。这个事实已经由利物浦的贝里和他的同事们证实了。在当今的世界，这些物质即使能留下来，也会被降解，也就是说，它们会被微生物摧毁[7]。但在生命起源之前，这些物质得以积累，直到这些原始海洋成为滚热的稀粥。

这段话写于1929年，比米勒和尤里广为引用的实验早了20多年。从霍尔丹的角度看，米勒他们的实验只不过是贝里实验的某种重复。然而，贝里并不关心生命起源问题。他的兴趣在于光合作用，他的成就是通过照射紫外光，并在催化剂铁和镍的参与下，在溶解了二氧化碳的水溶液中合成了糖。其实是聪明的霍尔丹[8]，而不是巴里，以他典型的智慧预测了米勒–尤里实验，并重新解读贝里的工作。

米勒在尤里指导下做的实验是将两个上下摞起来的烧瓶用两根管子连接起来。下层的烧瓶中盛放着热水，代表原始海洋。上层的烧瓶盛装模拟的原始大气（当时认为主要是甲烷、氨气、水蒸气和氢气）。通过其中一根管子，从下层沸腾的“海洋”中升腾起的蒸汽进入上层烧瓶中的大气中。另一根管子中则从“大气”回流到“海洋”。在此过程中，蒸汽穿过一个火花室（模拟闪电）和一个冷却室，在那里蒸汽凝结成“雨”，回落到“海洋”中。

如此循环模拟了仅仅一周之后，海洋已经变成了黄褐色，米勒分析了其中的成分。如霍尔丹预期的那样，它变成了一锅有机化合物的“汤”，包括不少于7种构建蛋白质所必须的氨基酸。其中有3种——甘氨酸、天冬氨酸和丙氨酸——也存在于当代生物所需的20种氨基酸列表中。

米勒戏剧性的实验结果影响深远。即便地质学家现在告诉我们早期大气的成分主要是氮气和二氧化碳，那也没什么关系。不管怎样，它建立了一个一般原则：复杂的有机分子无须生命体去制造即可形成。最近，注意力转向了简单分子如硫化氢和氰化氢的反应，计算结果认为它们可由流星碰撞而产生。再加上紫外光和一些普通矿物质，剑桥大学的约翰·萨瑟兰带领的研究团队不仅制造出了原始的氨基酸（这次有 8 个），同时也有脂肪的复杂前体以及意义重大的 RNA 分子。他们的独特方法要求不同的反应在各自特殊的环境条件下发生，之后再由雨水将产物汇集到一起。

不管这些反应是否精确地重建了早期生命的发生过程，我们知道自然的非生物反应过程的确创造了复杂的有机化合物（包括氨基酸），因为我们在陨石中找到了这些东西。虽然并不知道这些化合物如何在外太空形成，但它们的确形成了，据推测它们在地球生命起源前的环境中就已经存在。这几乎让我们觉得米勒不需要如此费力去验证。虽然最初自我复制的分子如何出现依然是个谜，但至少第一个阶段——也就是米勒实验模拟的——目前看来司空见惯。

对奥巴林来说，最关键的步骤是第一个细胞的起源，并且可以肯定的是，细胞如同器官一样具有一个重要特性，那就是它们根本无法自发产生，而是需要从其他细胞复制而来。所以把第一个“细胞”（代谢者）而不是第一个‘基因’（复制者）看作生命的起源是可以理解的，我也这样认为。在那些偏好代谢优先的现代理论家中，杰出的理论物理学家弗里曼·戴森（Freeman Dyson）意识到并捍卫着这个观点，美国国家航空航天局喷气推进实验室的迈克·拉塞尔（Mike Russell）充分发展了这个理念。大多数理论学家，包括加利福尼亚的莱斯利·奥格尔，德国的曼弗雷德·艾根（Manfred Eigen）及他的同事们，以及苏格兰的格雷厄姆·凯恩斯-史密斯——格雷厄姆多少是个孤独的独行客，但不应因此将他忽略——认为自我复制更优先，这种优先不仅体现在发生的时间次序上，而且还体现在重要程度上。我认为他们是对的。

没有细胞的遗传看起来像什么？我们是不是遇到了“先有鸡还是先有蛋”的问题？确实如此，假如我们认为遗传需要DNA物质，而如果没有一大堆辅助分子包括那些只能由DNA编码信息合成的蛋白质，那么DNA无法复制。但是仅仅因为DNA是我们知道的主要自我复制因子，并不意味着这是我们能想象的唯一一个，或者说自然界曾经存在过的唯一一种自我复制因子。格雷厄姆已经令人信服地证实了早期的复制因子是无机盐晶体，而DNA是一个后来居上的篡位者，直到生命的进化使得这种遗传替代成为可能时，DNA才成为舞台上耀眼的明星。在此我不打算展开他的论点，部分原因是因为我已经在另一本书《盲眼钟表匠》中做了最充分的阐述，另外还有一个更主要的原因。关于复制是根本以及DNA一定有某种形式的先驱者的观点，格雷厄姆做了我读过的最清晰阐释。我们不清楚这个先驱者的本质，但它表现出了真正的遗传性。如果人们在心中把这个无懈可击的论断跟他另一个更具争议和猜测性的观点（认为无机盐是先驱者）捆绑在一起，那么我认为这是一种遗憾。

我对于无机盐理论并无异议，这也是为何我之前对它做过详细阐述，但我真正想强调的是复制优先，以及从某种先驱者转变为DNA的极大可能性。为了更好地阐释这个观点，我想在本书中慎重地转向一个有关先驱者可能是什么的特别理论。不管它作为最初复制因子的终极好处在哪儿，RNA毫无疑问是比DNA更好的候选者，并且也被一些理论学者在他们所谓的“RNA世界”（RNA World）中赋予先驱者的角色。为了介绍“RNA 世界”理论，我需要离题去讨论一下酶。如果复制因子是生命大戏的主角，那么酶就是联合主演，而不只是配角。

酶有一种鉴赏家般的能力，挑剔地选择催化生物化学反应，而生命完全依赖于这样一种能力。当我在学校学习酶的课程时，传统观点（我认为是错的）认为科学的传授应该用浅显易懂的例子来解释，比如用我们向水中吐的口水证明唾液淀粉酶能够消化淀粉并制造葡萄糖。从这里我们得到的印象是酶就如同腐蚀性的酸一样。使用酶来降解衣服上的脏污渍的生物洗衣粉也给我们同样的印象。但这些是分解酶，将大分子降解成小分子。我接下来要提到的还有合成酶，它们如同一个个“机器媒人”一样将小分子撮合成大分子。

细胞内部的溶液中包含了成千上万种分子以及不同形式的原子和离子。如果两两配对组合的话，将会有无限可能性，但总体来说它们不会这样。细胞内有大量潜在化学反应在等待指令，然而大部分并没有发生。当你思考下面的问题时，千万记住这一点。一个化学实验室的架子上有上百个瓶瓶罐罐，里面的物质全都安全地密封着而无法相互反应，除非药剂师将一瓶中的物质与另一瓶添加到一起。你可以说，化学实验室的架子上有大量潜在化学反应在等待指令，但同样，多数情况下都不曾发生。

但设想一下，一下子把所有的瓶子从架子上取下来并倒进同一个装满水的水缸。这看似一个荒诞的科学玩笑，但如此一个水缸不就很像一个活体细胞吗？尽管细胞内部很多膜结构使得这幅景象更加复杂。成千上万种可能发生反应的化学成分不再分装在不同的瓶子中。相反，在相同的空间里它们一直混合在一起。但是它们依然在等待，大部分不发生反应直到需要发生反应为止，如同依旧隔离在虚拟的瓶中。事实上没有虚拟的瓶子，而是酶在扮演着机器媒人的角色，或者我们甚至可以称它们为实验室机器助理。酶的分辨能力，很大程度上类似于收音机的调谐电路，把一种特定无线电接收装置与特定的发射装置相连，同时滤去上百种其他杂乱信号。

假设有一个重要的化学反应，A 与 B 反应生成 Z。在化学实验室我们从架子上取下标记了 A 的瓶子，从另一个架子上取下标记了 B 的瓶子，将它们混合在一个干净的烧瓶中，并提供其他一些必要的条件，如加热或搅拌。只需从架子上取下两个瓶子，我们就能做成我们所要的特殊反应。在活体细胞中，很多 A 分子和 B 分子混杂在大量不同分子里，沉浮在溶液中，它们可能相遇，但即便相遇也很少结合。现在我们引入另一种酶，我们可以叫它 abz 酶，其特殊形态结构可催化 A+B=Z 反应。细胞中有上百万个 abz 酶，每一个都扮演了实验室机器助理的角色。不是在架子上而是漂浮在细胞中，每个 abz 酶抓住一个 A 分子，然后又抓住漂过的 B 分子。它牢牢地将 A 控制住，使得 A 朝向一个特定的方向。同时，它也牢牢地将 B 控制住，使得 B 与 A 相邻并处于一个恰好的位置和构象，以便于结合并生成 Z。酶也可以做其他事情——就像拿着搅拌棒或者点亮煤气灯的人类实验室助理一样。它可以暂时与 A 或 B 形成化学键结合，在这个过程中交换原子或离子，不过最终这些原子或离子还会被送回来，于是酶也完好如初，这就是催化剂的特质。这一系列过程的结果就是在酶分子的控制下形成了新的 Z 分子。然后这位‘实验室助理’将新的 Z 释放到溶液中，并等待另一个 A 路过并抓住它，周而复始。

如果没有实验室机器助理，一个漂浮的 A 分子会偶然撞上一个漂浮的 B 分子，并在合适的条件下结合。但这种运气事件很少发生，与 A 或者 B 很少遇上其他可结合的分子一样。A 可能遇上 C 生成 Y，或者B可能遇上D生成X。少量的Y和X的确可一直由这种幸运的漂浮而生成，但实验室助理酶——abz酶的存在使得一切截然不同。在abz酶存在的情况下，Z以工业流水线的方式（从细胞的角度来看）大量生成：通常来说酶可将自发反应速率提高百万到亿万倍。如果引入另一种酶——acy酶，A会和C而不是B结合，同样能够以高速传送带的速度大量生成Y。我们说的是同样的A分子，并非被束缚在一个瓶子中，而是可自由地与B或者C结合，具体与哪个结合取决于哪种酶来抓取。

因此，Z和Y的生成速率取决于漂浮在细胞中的这两种竞争性实验室助理abz酶和acy酶的数量。而这又依赖于这两种基因在细胞核中的启动表达。尽管如此，但实际情况有些复杂：即便存在一个abz酶分子，它也可能处于失活状态。有一种情况会导致这种状态，那就是另一种分子过来并占据了此酶的活性位点。就好比这个实验室助理的机械臂被暂时戴上了手铐。顺便说一句，这个“手铐”的比喻提醒我声明一下，这可能误导大家对“实验室机器助理”的理解。实际上酶分子并没有可伸出的手臂去抓一些分子，比如说A，更别提戴上手铐了。只是它自身的表面有一些特殊区域，比如说对A有亲和力，或者是物理形状的吻合，或者是因为某些深奥的化学性质。这种亲和力可以被暂时削弱，就好比按计划按下开关。

多数酶分子都是特殊目的导向型“机器”，只生产一种物质，糖或者脂肪，嘌呤或者嘧啶（DNA和RNA的结构基础），或者氨基酸（其中有20种是天然蛋白质的构成基础）。但有些酶更像是程序控制的机器工具，根据指令做事。这其中的突出代表就是核糖体。我们在《水生栖热菌的故事》中简单解释过，核糖体是一种由蛋白质和RNA共同构建的庞大而复杂的机器工具。氨基酸是构建蛋白质的基本成分，早已被特异性酶制造出来并漂浮在细胞中，等待被核糖体捕获。程序指令就是RNA，准确地说是信使RNA（messenger RNA，简称mRNA）。程序指令中携带的信息，是从基因组的DNA中复制而来的，进入核糖体并当其通过“阅读磁头”时，正确的氨基酸按照条带中基因密码排列的特定顺序装备到蛋白质链上。

这种精细运转的方式已经被人们熟知，并且妙不可言。细胞内有一套小的转运RNA（transfer RNA，简称tRNA），每个大概有70个碱基。每种tRNAs选择性地与20种天然氨基酸中的一个，而且是唯一一个相结合。tRNA的另一端是反密码子，即三个与短mRNA序列精确互补的碱基。当这条mRNA的“磁带条”通过核糖体的“阅读磁头”时，每个mRNA密码子跟一个相应的tRNA反密码子结合。这使得摇摆在tRNA另一端的氨基酸被带到流水线的正确配对位置上，连接到新形成蛋白质的延伸末端。一旦新的氨基酸连上，tRNA就会脱落下来，并寻找它所青睐的新氨基酸分子，mRNA“磁带条”则继续向前缓慢移动。这个过程不断继续下去，蛋白质链一步一步伸长。惊奇的是，一个mRNA的物理链条可以同时与多个核糖体结合。这些核糖体的每一个都在这个链条的不同位置上移动其“阅读磁头”，并且每个都如挤牙膏那样挤出一条各自的新合成的蛋白质链。

每条新的蛋白质链完成后，核糖体上的mRNA彻底通过了核糖体的“阅读磁头”，蛋白质就会解离下来，并折叠成复杂的三维结构，其形状是由蛋白质链中的氨基酸序列通过物理和化学作用原则决定的。氨基酸的序列则由mRNA中编码序列的顺序决定，而mRNA编码序列由DNA中与之互补的序列决定。DNA就构成了细胞中的主数据库。

因此，DNA的编码序列控制着细胞中的活动。它决定了每种蛋白质中的特定氨基酸序列，继而决定了蛋白质的三维结构，而三维结构又反过来赋予了这种蛋白特定的酶活性。重要的是，这种控制可能是间接的，正如我们在《小鼠的故事》中所看到的，基因决定着哪些基因被启动以及何时启动。任何一个细胞里的大多数基因都没有被启动。这就是为何在这个所有反应都能够进行的“充满混合成分的大缸”中，实际上任何时间点都只有一两个反应在发生，因为只有它们的“实验室助理”处于活跃状态。

在离题讨论了催化和酶的话题后，我们现在从普通的催化反应转向特殊的自催化反应，这其中的某些形式可能在生命起源中发挥了重要作用。回想我们之前假设的例子，A 分子与 B 分子在 abz 酶的影响下生成 Z。假如 Z 本身就是它自己的 abz 酶呢？我的意思是，假如 Z 分子恰好拥有合适的形态和化学特性，可以捕获一个 A 和一个 B，将它们以正确的朝向凑到一起，并相互结合生成 Z，也就是它自己？在前面的例子中，我们可以说溶液中 abz 酶的数量会影响生成的 Z 数量。但是现在，如果实际上 Z 是一个与 abz 酶一样的分子，我们只需要一个 Z 分子去引发链式反应。第一个 Z 抓住 A 和 B 并将之结合在一起生成更多的 Z。然后这些新的 Z 再捕获更多的 A 和 B 并结合在一起生成更多的，如此循环下去。这就是自催化效应。在合适的条件下，Z 的数量会呈爆炸性指数增长。听起来这种物质作为生命起源的一种成分，大有可为。

但这都是猜想。加州斯克里普斯研究所（Scripps Institute）的朱利叶斯·雷贝克（Julius Rebek）和他的同事们将此变成了事实。他们研究了化学中真实存在的奇妙的自催化现象。在其中一个案例中，Z 是氨基腺苷三酸酯（amino adenosine triacid ester, AATE），A 是氨基腺苷，B 是五氯苯酯，这个反应不是在水中而是在氯仿中发生的。不消多说，这些特殊的化学反应细节以及这么冗长的名字都不需要记住，关键的是这个反应的产物是其自身的催化剂。第一个 AATE 分子很难形成，但一旦形成了，链式反应立即被激发，通过催化自身的反应合成了更多的 AATE。即便如此也不够，这一系列聪明的实验进一步证明了我们在此定义的真正的遗传。雷贝克和他的团队发现了一个系统，在此系统中存在不止一个自催化物质。每个自催化物质使用其偏好的成分催化自身的合成。这提出了一种可能性，即在一个呈现出真正遗传的群体中存在真实的竞争，正是达尔文自然选择的初始形态，这一发现颇富教育意义。

雷贝克实验的化学反应是高度人造的。尽管如此，他的“氯仿玩具世界”漂亮地展示了自催化原理，即一个化学反应的产品可以作为其自身的催化剂。生命的起源就需要某些类似自催化的过程。在早期地球环境中，RNA，或者某些类似 RNA 的物质可能在水溶液而不是氯仿中具有雷贝克模式的自催化效应吗？

正如德国诺贝尔化学奖获得者曼弗雷德·艾根解释的那样，这个问题令人生畏。他指出，任何一种自我复制过程都会因突变而复制错误，从而退化。想象一个自我复制的实体集合，其中每次复制事件都有极高概率产生错误。如果编码的信息想在突变的蹂躏中“不改本色”，那么每一代集合的成员中都要至少有一个跟母本完全一样。举个例子，假设一条 RNA 链中有 10 个编码单元，那么每个单元的平均错误率要低于 1/10，这样我们才能预期至少在子代的一些成员中将会有完全跟 10 个正确密码单元互补的链。但是假如错误率更高，随着代际传递，信息将会无情地退化，不管自然选择的压力有多强，这叫作“错误劫难”（error catastrophe）。我之前已经提过马克·里德利的一本优秀著作《孟德尔的恶魔》，他在著作中提出“在高级基因组中，性的出现可以避免错误劫难”。而我们在这里关心的是最简化的基因组以及威胁生命起源自身的错误劫难。

确实，短链RNA以及DNA可以在没有酶催化的情况下自发进行自我复制。但每个碱基的错误率远高于酶辅助的情况。这意味着，在一段足够长的基因能够合成并制造出一个工作的酶蛋白之前，这段羽翼尚未丰满的基因就早已经被突变毁掉了。这是生命起源中难以解决的逻辑窘境。一段能够特异性地制造酶分子的基因必须足够大，而没有酶分子辅助的话这段基因又太大了，难以精确复制。所以显然这个系统难以启动。

为了解决这个逻辑窘境，艾根提出了“超级循环理论”。它使用了老套的分而治之的策略。编码的信息被细分成足够小的亚单元，使其处于发生错误劫难的阈值以下。每个亚单元本身就是一个迷你型的自我复制因子，小到足以保证每一代至少有一个拷贝能够幸存。所有这些亚单元合作发挥一些重要的大功能，而同样程度的功能如果由单个大分子来催化必然遭遇错误劫难。

如果只根据我目前对这个理论的描述，整个系统存在不稳定的风险，因为一些亚单元自我复制的速度比其他亚单位快。这就体现出该理论的聪明之处了。每一个亚单元都是在其他单元存在的情况下繁盛起来的。更具体地说，每一个亚单元的产生都被另一个亚单位的存在催化，如此形成了一个相互依赖的循环：一个“超级循环”。这就自动阻止了任何一个成员脱离集体单独向前跑。它无法脱离，因为一切都依赖于超级循环中的其他成员的帮助。

约翰·梅纳德·史密斯指出了超级循环体系和生态系统的相似之处。鱼的数量取决于它们取食的水蚤的数量。反过来，鱼的数量也影响了吃鱼的鸟的种群数量。鸟为水藻提供鸟粪，而水藻又是水蚤赖以繁衍的食物。这个相互依赖的圈子就是一个超级循环。艾根及其同事彼得·舒斯特（Peter Schuster）提出某种分子水平的超级循环可以解决关于生命起源的逻辑窘境。

不久前，尼勒什·维迪雅（Nilesh Vaidya）和同事们在美国实验室使用一种可细分为三段的RNA分子制造出了一个三种成分组成的化学超级循环。这个RNA分子分成A、B和C三段，其中A帮助制造B，而B帮助制造C，C又帮助制造A。他们选择了RNA作为实验的基石，多半基于一个相同的理由，那就是在生命起源的早期阶段RNA世界是一个强有力的理论竞争者。要理解这一点，我们需要看看为何蛋白质是很好的酶分子，但不适合作为复制因子，为何DNA适合复制，但不适合作为一个酶，最后为何RNA可能两边都合适，足以打破这个逻辑窘境。

对于酶活性来说，三维形态结构非常关键。蛋白质很适合作为酶，因为它们可以形成任何你想要的三维结构，这种三维结构是其线性氨基酸序列自组装的结果。这主要是氨基酸与不同部位的氨基酸之间的化学亲和力决定了这条蛋白质链如何将自身打结成特殊的形态。所以蛋白质三维形态结构特异性地由一维氨基酸序列决定，而后者又是由基因的一维编码序列决定。从理论上说（实践上是另一回事，极其困难），几乎任何你想要的形态都可能通过写下一个氨基酸序列并自发组装形成：不仅仅是形成可以工作的酶，而且可以形成任何你选择的形态[9]。正是这种多变的特性使得蛋白能够胜任酶的角色。在充满各种成分的细胞中，必有一种蛋白质可从成百上千种可能的化学反应中挑选出合适的反应。

这样，能将自身打结成任何所需形态结构的蛋白质就成了绝佳的酶。但它们是糟糕的复制因子。与DNA和RNA的组成成分遵守特定配对原则（“沃森–克里克配对原则”，由两个充满激情的年轻人发现）不同，氨基酸没有这样的规则。DNA 则相反，它是一个极好的复制因子，但是一个糟糕的酶角色候选人。这是因为，与蛋白质具有几乎无限可能的三维结构形态不同，DNA 只有唯一一个基本形态，也就是著名的双螺旋结构。这个双螺旋结构非常适合复制，因为两边很容易分离，每一边都可以暴露出来作为模板并遵守沃森–克里克配对原则接受新的碱基加入。这对于其他方面的事情却没有什么好处。

RNA 既具有 DNA 作为复制因子的一些优点，也具有蛋白质作为酶形态百变的一些优点。DNA 和 RNA 都可以形成双螺旋结构，并且组成 RNA 的四个碱基与 DNA 的四个碱基非常相似，每一套都可以作为另一个的模板。另一方面，与 DNA 相比，RNA 更容易断裂成单个碱基片段，它的双螺旋形态可变性更少，而碱基配对的作用力更强。这三种特性使其作为复制因子的角色略差于 DNA，只有一些拥有小基因组的简单生物，如一些病毒，能够使用 RNA 作为它们的基本复制单位。

但 RNA 的后两种特性不只是缺点，还可以作为优点。RNA 的相对不灵活性意味着它无法形成长的双螺旋结构。而很强的碱基配对能力意味着一个 RNA 链会形成短的双螺旋结构——甚至，它会倾向于与自身的一部分结合，就和产生 RNA 拷贝一样遵循常规的沃森–克里克碱基配对原则。RNA 通常找到自身的一个小片段并与之配对，这使得它可以像一个蛋白质一样将自身扭结起来。配对原则要求这些片段的方向必须相反，所以一条扭结的 RNA 链倾向于包括一系列的发卡状弯曲结构。

RNA 分子将自身扭曲成三维形态结构的技能可能不如大的蛋白分子，但已经足以激励我们去猜想，RNA 可能已经能够装备出很多不同功能的酶了。实际上人们已经发现了很多 RNA 酶，它们被称为核酶（ribozyme）。结论就是，RNA 具有一些 DNA 作为复制因子的特性，也具有一些蛋白作为酶的性质。或许在主要的复制因子——DNA 以及主要的催化者——蛋白质出现之前，存在一个世界——RNA 就可身兼二职行使两方的功能。或许在世界之初，一个 RNA 火种点燃了自身，之后开始制造蛋白质，蛋白质反过来帮助合成 RNA。当然也有后来喧宾夺主的 DNA。这是 RNA 世界理论所期望的过程。这个设想得到了哥伦比亚大学的索尔·施皮格尔曼（Sol Spiegelman）启动的一系列有趣的实验的间接支持，这些年也被不同的课题组用各种方式重复。施皮格尔曼的实验使用了一种蛋白酶，可能会被认为作弊，但是实验所得的精彩成果成功证明了该理论的内在联系，这使得你情不自禁地感觉这都是值得的。

首先需要介绍背景知识。有一种病毒叫 Qβ。这是一种 RNA 病毒，这表明与 DNA 不同，其基因完全由 RNA 构成。它使用一种酶来复制自身的 RNA，这叫作 Qβ 复制酶。在野生状态，Qβ 是一种噬菌体——一种细菌寄生虫，尤其寄生在常见的肠道菌群大肠杆菌中。宿主细菌以为 Qβ RNA 是它自身信使 RNA 的一部分，它的核糖体也误以为如此并进行加工，但其生产出来的蛋白质却有利于病毒而不是宿主细菌。这种蛋白有四种：一种是保护病毒的衣壳蛋白，一种是将它黏附到细菌上的粘连蛋白，一种是所谓的复制因子，我稍后会再提及，还有一种是“炸弹”蛋白，在病毒完成复制时摧毁细菌细胞并释放出成千上万的病毒颗粒。上述每一个都在衣壳的包裹下转移到另一个细菌细胞中并继续这一过程。我说过我会重提复制因子。你可能认为这一定是 Qβ 复制酶，但实际上它更小也更简单。这个小小的病毒基因自身所做的就是制造一种蛋白，可将细菌为自身生产（当然出于不同的目的）的三种蛋白“缝合”在一起。当这三种蛋白被病毒自己的小蛋白锚定在一起时，组合而成的复合体就叫作Qβ 复制酶。

施皮格尔曼只从这个系统中分离出两种成分，Qβ 复制酶和QβRNA，然后将它们和一些制造RNA需要的小分子原材料一起放置于溶液中，并观察溶液中发生的现象。RNA捕获小分子并依据沃森–克里克配对原则制造自身的拷贝。在没有任何细菌宿主，也没有蛋白外壳或者病毒等任何其他部分的情况下，RNA完成了这个壮举。这本就是一个很好的结果。请注意，作为体外RNA常规活动的一部分，蛋白质合成已经完全被踢出了这个圈子。我们现在有了一个可复制自身而无须劳烦去制造蛋白质的裸露RNA复制系统。

施皮格尔曼之后又做了一件奇妙的工作。他在完全人工的试管世界里面，设计了一套完全没有细胞参与的进化。请将他的装置想象成一排长试管，每个都含有Qβ 复制酶和原材料，但没有RNA。他在第一个试管中种下少量的QβRNA，适时地复制了很多自身的拷贝。然后他取出少量液体样品并在第二个试管中滴入一滴。这份RNA种子在第二个试管中启动复制。在这一过程进行了一段时间后，他从第二个试管中取出一滴并放入第三个空试管中。以此类推。这就好比来自我们火种的火花在干草中点燃了新的火焰，而新的火再引发另一场火，如此进行连锁反应。当然结果是不同的。火不会继承其火种的任何特性，但施皮格尔曼的RNA却会。这样的结果就是自然选择下最为基础和根本的进化形式。

施皮格尔曼以模拟不同世代的方式连续从不同的试管中取RNA样品并监测其特性，包括感染细菌的能力。他的发现相当令人着迷。进化中的RNA变得越来越小，同时对细菌的感染能力也越来越弱。进行到74代[10]之后，试管中的典型RNA分子已经变得只有其“野生祖先”的一小部分。野生型RNA分子好比一串有着大概3 600个“珠子”的项链。经过74代自然选择，试管中的平均RNA分子已经将大小降低到550：这对感染细菌没啥好处，但对感染“试管”却是高明的办法。所发生的一切已经非常明了。RNA的自发突变一直在发生，而能生存下来的突变都非常好地适应了试管中的世界，而非自然世界中等待被感染的细菌。主要的区别在于，试管中的RNA分子可以丢掉所有编码那四种蛋白的遗传信息——衣壳蛋白，“炸弹”蛋白以及其他那些野生病毒感染细菌所需要的工具，只剩下在充满Qβ复制酶和原材料的试管温床中进行复制所需的最低需求。

这个最小需求的幸运儿，比它的天然祖先的十分之一还小，已经被广为人知地称为“施皮格尔曼的怪物”。因为体积更小，这个新型突变体比其竞争对手们复制速度更快，因而自然选择的力量就逐渐提升了其在种群中的数量（顺便说一句，“种群”是非常精确的词，尽管我们在讨论的是自由漂浮的分子，而不是病毒或任何形式的生物体）。

奇异的是，当这个实验重来一遍时，进化而来的施皮格尔曼怪物几乎一模一样。施皮格尔曼和另一个研究生命起源的领军人物莱斯利·奥格尔做了进一步实验，他们在溶液中加入了一些有害物质，如溴乙啶。在这类情况下，一个具有溴乙啶抗性的不同的怪物进化出来。不同的化学“障碍训练”会进化催生出不同的怪物专家。

施皮格尔曼的实验中使用了天然的野生型Qβ RNA作为实验的起点。在曼弗雷德·艾根实验室工作的萨普（M. Sumper）和卢斯（R. Luce）则得到了一个真正让人目瞪口呆的结果。在某些条件下，一个根本没有RNA而只有制造RNA所需的原材料以及Qβ复制酶的试管，可自发产生具有自我复制能力的RNA，并且在合适的条件下可进化出类似施皮格尔曼怪物的东西。说了这么多，顺便提一提，神创论者害怕（或者希望，我们宁可这么说）大分子太难进化出来。这只是自然选择不断累加的力量体现（自然选择绝不是一个盲目的随机过程），施皮格尔曼的怪物只花了几天时间就从头做起制造了一个自己。

这些实验并没有直接验证生命起源的“RNA 世界”猜想。尤其是，我们仍然在全过程中“作弊”地使用了 Qβ 复制酶。“RNA 世界”猜想将希望寄托于 RNA 自身的催化能力上。如果 RNA 能够催化其他反应，正如已知的情况，那有没有可能也可以催化自身的合成呢？萨普和卢斯的实验中没有 RNA，但提供了 Qβ 复制酶。我们所需的新实验就是连 Qβ 复制酶也不用。研究在继续，而我也期盼振奋人心的结果。不过现在我要切换到另一种理论，这与 RNA 世界以及很多现存的有关生命起源的理论都完全兼容。该理论提出的关键事件发生的地点非常有趣。不是“温暖的小池塘”而是“炽热的深层岩石”。这个理论的提出者是另一个特立独行的人，托马斯·戈尔德（Thomas Gold），原本是一个宇航员，但又足够渊博，是现在罕有的“全才科学家”，并以杰出的成就当选为英国皇家科学院院士和美国科学院院士。

戈尔德认为，我们认为太阳是生命起源的能量驱动的执念可能是错误的。也许我们又一次被那恰巧很熟悉的事误导：再一次把我们本不该得的东西当作我们以及我们生活方式的一种必然。曾经有一段时间教科书都声称所有生命都最终依赖阳光。而在 1977 年有了一个令人惊奇的发现，大洋底部的火山口生活着一群不需要阳光的奇特生物。炽热岩浆的温度将水温提升到 100 度以上，但在深海的巨大压力下这个温度远未达到沸点。周围的水很冷，温差梯度驱动着各种不同种类的细菌的新陈代谢。这些嗜热细菌，包括可利用火山喷发释放的硫化氢的硫化细菌，构成了完善的食物链底端，而上端包括长达 3 米的血红色的管蠕虫、帽贝、贻贝、海星、藤壶、白蟹、明虾、鱼以及其他能在 80 摄氏度水温中生存的环节动物。我们已经见识过有些细菌能够忍受地狱般的温度，但已知的动物几乎还无法做到这一点，而这些环节动物被相应地冠以“庞贝虫”的称号。一些硫化细菌在扇贝以及巨大的管蠕虫那里找到栖身之所，而管蠕虫具有一些特别的生化能力，可使用血红素（因此它们是血红色的）给自身的细菌提供硫。这些凭借细菌从火山口汲取能量的生物群落让每一个人感到震惊，先是因为它们的存在，继而因为它们的丰富程度，这与它们周围海底近乎贫瘠的状况形成了鲜明的反差。

即便有了这个轰动的发现，多数生物学家还是相信生命是以太阳为中心的。这些深海生物群落，尽管很迷人，但被我们中的多数人认为是稀有而不具备代表性的异常现象。戈尔德并不这样认为。他认为又热又暗且高压的深海是生命本来的归属地，也是生命的起源地。这倒不一定要在深海，也可能是深入地下的岩石中。我们这些生活在地球表面，生活在阳光和新鲜空气下的生物可能才是异类。他指出，细菌细胞壁中的藿烷类（hopanoids）有机分子在岩石中普遍存在，权威数据估计在全世界的岩石中存在 10 万亿到 100 万亿吨藿烷类物质。而这个数字轻松地超过了地表生物中大约 1 万亿吨的有机碳物质。

戈尔德注意到岩石中遍布着裂缝和空隙，虽然对于我们肉眼来说很小，但却为细菌大小的生物提供了多达 10 万亿亿个立方厘米的湿热生存空间。热能和岩石自身的化学物质，足以维持天量细菌的生存。许多细菌即便在高达 110 摄氏度的高温下依然生长得旺盛，这种能力使得它们可以在 5 千米至 10 千米深的地底生存，这个距离大概只需要细菌迁移不到 1 000 年即可到达。我们无法检验他的估计是否正确，但他的计算表明，在深层高温的地下岩石中生活的细菌菌群量可能超过了我们所熟知的地表依赖太阳的生命数量。

有关生命起源的问题，戈尔德和其他一些人已经指出，嗜热性——喜好高温的特性——在细菌和古菌中并不少见。实际上这很普遍，在细菌的谱系树上分布得非常广泛，并且这种嗜热性可能是我们熟悉的生命温良状态的原始阶段。关于化学和温度，原始地球地表的状态——一些科学家称之为"冥古代"——其实更像戈尔德提到的地下高温岩石，而非今天地表的状况。一个有说服力的例子就是，当我们向地下挖掘岩石时，我们实际上是在逆时间旅行，而我们会重新发现一些类似生命之初"灼热的坎特伯雷"环境。

1992 年戈尔德的文章发表后，物理学家保罗·戴维斯（Paul Davies）近期在其书《第五个奇迹》（*The Fifth Miracle*）中总结了很多新证据，进一步支持了这个观点。在各种不同的地下钻孔取回的样本中，在采取了非常严格小心的措施以避免地表污染后，都发现了活的、可以繁殖的嗜热细菌。其中某些细菌已经成功地在一个改造过的高压锅中进行了培养。戴维斯跟戈尔德一样，相信生命可能起源于深层地底，并且依然生活在那里的细菌可能相对来说是我们遥远祖先的未曾改变的余荫。这种想法对于我们的朝圣来说尤其诱人，因为这给我们提供了遇见某些类似最早期细菌的希望，而不是遇见我们所熟知的被现代环境中的光、冷和氧气改造过的细菌。尽管起初受到了嘲讽，但这个有关生命起源的高热深岩理论现在已经广受欢迎。这个理论是否正确还有待于更多的研究，但我承认我期望它是正确的。

还有很多其他的理论我并没有涉及。也许某一天我们会在生命起源问题上达成一定的明确共识。即便如此，我也不确定是否会有直接的证据支持，因为我怀疑所有的证据都已经湮灭了。更有可能的是，某个人提出一个非常优雅漂亮的理论而被大家接受，正如伟大的美国物理学家约翰·阿奇博尔德·惠勒（John Archibald Wheeler）在另一段文字中讲到的：

> ……我们将会牢牢抓住它的核心理念，如此简单，如此美丽，如此令人信服，以至于我们彼此要说："哦，怎么可能是别的情况呢！我们所有人怎么这么长时间都没意识到呢！"

如果最后我们不是以如此方式意识到生命起源之谜的答案，那我不认为我们还能揭开这个谜团。

主人归来

亲切和蔼的主人已经带领乔叟和其他朝圣者从伦敦到达坎特伯雷圣殿，并且担当了他们故事的制片人，又折返回来并带他们直接回到了伦敦。如果我现在返回当下，那一定很失落，因为如果指望进化能够两次遵循同一前进路线则意味着否定了我们逆向旅程的基本原理。进化从未朝向任何特定的终点。我们的逆向朝圣已经变成了一系列膨胀的集合，就好像我们被包含在包罗万象的组群中：猿类，灵长类，哺乳动物，脊椎动物，后口动物，以及所有生命的原始祖先。如果现在我们转身往前走，我们无法追溯来时的步伐。如果能够顺原路返回，则意味着进化会遵循相同的路径，将那些相同的汇聚以分岔的方式挂在反向转动的时间齿轮上。生命之河会在所有“合适”的位置上分流。光合作用和一种依赖于氧气的新陈代谢会被重新发现，真核细胞将重新组建自己，细胞将抱团组建成新的多细胞物种。这将会有新的分流，植物在一边，动物及真菌在另一边，原口动物和后口动物之间也会有新的分流。脊椎以及眼睛、耳朵、肢体、神经系统都会被重新发现。最终一个长着大脑袋、双足、灵巧的手以及眼睛前视的物种会出现，在众所周知的板球队里登峰造极，痛扁澳大利亚人。

对进化目的论的否定支撑了我最初做逆向历史叙事的决定。在本书的开场致辞中我坦承对于进化的重现模式以及进化的合理性和前行的方向性抱着谨慎的态度。所以尽管我作为主人归来却不能重走原路，但我想公开请教一下在某些方面有点像是回顾是否恰当。

重新进化

美国理论生物学家斯图尔特·考夫曼（Stuart Kauffman）在 1985 年发表的一篇文章中很好地提出了这个问题：

> 突显我们目前的无知的一个办法就是提问，假如进化从早期真核细胞已经形成的前寒武纪重来一次，那么 10 亿到 20 亿年后生物可能会是什么样？假如这个实验可以重复无数次，那么什么样的生物特性会重复出现，什么样的特性则很罕见，哪些特性容易进化，哪些则困难一些？我们目前有关进化的思考的一个主要缺陷在于，这没有引导我们提出这些问题，而实际上相关的答案可能对生物预期特性产生深远的洞见。

我特别喜欢考夫曼的统计思想。为了探求生命的法则而非特定生命的局部特征，他设计的不只是一个思想实验，而是一系列思想实验的一个统计学样本。考夫曼之问与科幻故事中有关其他星球的生命可能会是什么样的疑问类似，除了其他星球上起始条件和最后盛行的条件不同。在一个巨大的星球上，重力会施加一整套新的选择压力。如蜘蛛大小的动物无法像蜘蛛一样拥有细长的肢体（重量会将之压折），而是需要粗壮的立柱支撑，比如树桩一般的象腿。相反，在一个更小的星球上，如大象般的动物将形体柔弱，能够像跳蛛一样在物体表面跳跃滑过。这些有关躯体构建的预期适用于高重力世界和低重力世界的所有统计对象。

重力是一个行星的给定条件，生命对其没有影响。同样，其环绕恒星的距离，决定日照时长的自转速度，自转轴倾角（在一个像地球一样有着近圆形轨道的星球上，这是季节的主要决定因素），都不受生命的影响。像冥王星那样有着椭圆轨道的行星，与中心恒星距离的巨大变化是决定季节性的更显著因素。一个卫星或多个卫星的存在和它们的距离、质量以及轨道都通过潮汐作用对生命发挥着微妙但强大的影响。所有这些因素都是给定的，不受生命影响，因此在考夫曼理论实验的依次重启中都被当成常量对待。

早期的科学家把气候和大气的化学成分也当成既定条件。现在我们知道大气中，尤其是高浓度的氧气和低碳成分是受到生命影响的结果。所以，我们的理论实验必须考虑一种可能性，即进化不断运行过程中大气在生命形态进化的影响下可能发生变化。因此，生命会影响气候，甚至是主要的气候周期，例如冰期和干旱期。我已故的同事威廉·汉密尔顿，一个正确过很多次以至于我们不能忽视的人，提议说云和雨本身就是微生物适应的结果，以便帮助微生物的传播。

目前据我们所知，地球最本质的运动不受地表生命的影响。但是，在众多重启进化的理论实验中应该承认地壳运动以及由此发生的大陆位置变动事件。一个有趣的问题就是，连续进行的考夫曼进化重启思想实验中，火山爆发、地震以及来自外太空的撞击事件是否应该被假定为不变呢？如果我们设想一个足够大的重启进化的统计样本，那么可能明智的做法是把地壳构造和太空冲击当作一个可以达到平衡的重要变量。

我们应该怎样着手回答考夫曼之问呢？如果进化的“磁带”重启足够统计学意义的次数，生命会怎样？我们立刻就会意识到一大堆难度日益增加的考夫曼之间。考夫曼选择把进化时钟重设在真核细胞由细菌成分组装而成的时候。但是我们可以设想再早两个宙，在生命起源之初重启这个过程。或者走另一个极端，我们可以在更晚的阶段重启时钟，比如说在1号共祖那里，在我们与黑猩猩分道扬镳的时候，并且提出问题：既然生命已经抵达1号共组，那么重启进化之后人类是否还能进化出直立行走、扩充的大脑容量、语言、文明和棒球等。这两个极端之间，既有哺乳动物起源的考夫曼之间，也有脊椎动物起源的考夫曼之间，还有其他方面。

抛开纯粹的臆测，生命的真实历史是否为我们提供了一种自然的考夫曼实验来引导我们？是的，确实如此。在朝圣旅程中我们遇到了多个这样的自然实验。在那些“幸运”的地理隔绝区域，澳大利亚、新西兰、马达加斯加、南美，甚至是非洲，为我们提供了进化中重要事件的近似重演。

在恐龙消失后很长一段时间内，当哺乳动物展示出它们大部分的进化创造力时，这些大陆板块相互隔离，同世界的其他部分分离。虽然这种隔离并不彻底，但是足以培育出马达加斯加的狐猴和非洲兽总目古老且多元的发展。至于南美洲，我们已经发现三种经过长时间隔离而独立的哺乳动物类群。澳大利亚为这种自然实验提供了最佳的条件——它的隔离在大部分时间内近乎完美，而且那里的哺乳动物起始于一种非常小的，单一的有袋类动物。在这些已经发现的自然试验中，新西兰独具特色，这一时期它是被鸟类而非哺乳动物占据的。

当我关注这些自然实验时，多数时候给我留下深刻印象的是，相似的进化会在允许重来一次的情况下再现。我们已经看到这种相似，如袋狼与狗，袋鼹与鼹鼠，袋鼯与飞鼠，袋剑齿虎与剑齿虎（胎生哺乳动物中的多种“伪剑齿虎”）。这些差异也富有启发。袋鼠是跳跃瞪羚的替代者。在进化进程路线的后期，双足跳跃可能与四足飞奔一样快。但这两种步态有本质区别，主要体现在整体解剖结构上。我们推测，在这两种方式的原始分支点，一个支系沿着双足跳跃的方式进化，还有一支完善了四足飞奔。正如发生的一样，也许起初只是出于偶然，袋鼠跳跃，而瞪羚四足行走。我们现在对这些分化下游的不同产物感到惊奇。

哺乳动物彼此几乎在同一时间但在不同的大陆上经历了独立的进化辐射。恐龙灭绝留下的空白给了它们自由进化的空间。而恐龙在它们的世代也有相似的进化辐射，尽管有明显的疏漏——比如，为什么似乎没有“鼹鼠”恐龙的存在，我无法得到相关答案。在此之前，还有其他许多类似的情况，在似哺乳爬行动物中尤为明显，也都在相似的类型范围内达到过顶点。

我做讲座时总是尽量在结束时回答一些问题。目前为止最常见的问题是，人类可能进化成什么？我的对话者总是认为这是一个新鲜而独创的问题，而每次我的心都沉了下去。任何谨慎的进化学家都会回避这个问题。你无法详细地预测任何物种未来的进化，除了回答就统计而言，大多数物种已经灭绝了。但是尽管我们不能预测任何物种的未来，比如说 2 000 万年以后，但是我们能预测将会存在的生态类型的大概范围。那时会有食草动物和食肉动物，食草的和食嫩叶的、食肉的、食鱼的以及食虫的。这种食谱自身的预测预示着 2 000 万年后仍会有符合相应定义的食物。食嫩叶的动物的存在预示着树木将继续存在。食虫动物的存在则预示着昆虫或者其他小的细腿无脊椎动物的存在——比如都嘟（doodoo），这个术语词借自非洲。在各个种类中，食草动物、食肉动物等，都会有一定的规模。那里将会有跑的、飞的、游水的、爬树的以及打洞的。这些物种不会完全跟我们现在看到的一样，或者说与在澳大利亚或南美进化的平行物种、恐龙的近似动物，甚至更早期的类似哺乳动物的爬行类近似动物也不一样。但是会有一些相似的种类，以某种相似的方式生存。

假如在接下来的 2 000 万年里发生了堪比恐龙大灭绝的巨大灾难和种群灭绝，我们可以预期生态类型会从新的进化起点开始，并且——尽管我在第 10 会合点预测的是啮齿动物——但可能很难猜测今天动物种类中的哪些会提供这样的起点。一幅维多利亚时代的漫画（见下页图）显示，鱼龙教授在一具来自遥远轮回的过去的人类头骨上演讲。如果在恐龙时代，在鱼龙教授讨论它们灾难性的结局时，它应该很难想到它们的地位将被当时很小、无足轻重、夜行食虫的哺乳动物的后代取代。

鱼龙再现。亨利（Henry de la Beche）的这幅漫画讽刺了当时查尔斯·莱伊尔的一种观点，认为地球上气候和相关的野生动物的周期性变化将导致未来禽龙将再次漫步于丛林，而鱼龙将重现在海洋中。注意鱼龙教授讲台下的人类头骨。

不可否认，所有这些都只是关于新近的进化，并非如考夫曼设想的那么长期的重演。但是这些新近的进化当然也可以教会我们一些有关进化的固有重复性的知识。如果早期进化与晚期进化的路线相似，那么这些线索就可能累积成普遍的原则。我觉得，我们从恐龙灭绝以来的近期进化中所领悟的规则，至少可能回溯到寒武纪都是好使的，也可能可以回溯到真核细胞起源的时候。我有一种预感，在澳大利亚、马达加斯加、南美、非洲和亚洲的哺乳动物平行进化可能为回答更古老起点的考夫曼之问提供了一种样板，比如他选择的真核细胞起源作为起点。比这个里程碑事件更早的，就没有把握了。我的同事马克·里德利在《孟德尔的恶魔》一书中怀疑真核细胞起源是一个概率很低的事件，甚至比生命起源自身更加不可能。受马克的影响，我猜测大多数起始于生命起源的进化重演思想实验不会进入真核细胞体系。

我们不必像澳大利亚的自然实验一般依赖地理隔绝来研究趋同进化。我们可以设想，这个进化思想实验不是在不同地理区域的相同起点进行，而是在不同起点开始重演——很有可能在同一个地理区域：毫无关联的动物表现出的趋同进化告诉我们，这种进化与地理隔绝毫不相关。据估计，“眼睛”在动物界已经独立进化了 40~60 次。这启发我在《攀登不可能的山峰》一书中写下了《通往光明的四十条路》一章。在这本书中我引用了我的朋友——苏塞克斯大学的迈克尔·兰德（Michael Land）教授（动物眼睛比较学研究的权威）的观点：眼睛的 9 种独立的光学成像机制，每一种都经历了多次进化。承蒙他好意，本书将其绘制的示意图重印如下，其中分开的峰顶代表眼睛的独立进化。在这幅图中，兰德教授会把反例放在哪里呢？这实在是好得难以置信，就好像出自一个动物学家的梦境。2015 年《自然》杂志出版了一组微小结构的细节图，看起来像一种脊椎动物或者一只章鱼的诱人的相机式眼睛，却属于一种单细胞生物，是一只双鞭毛虫。我们在第 38 会合点遇见了双鞭毛虫，你也许还记得它们是夜晚迷人潮水发光的原因。拥有漂亮眼睛的是双鞭毛虫的一个子群，叫涡鞭毛藻科（Warnowiaceae）。

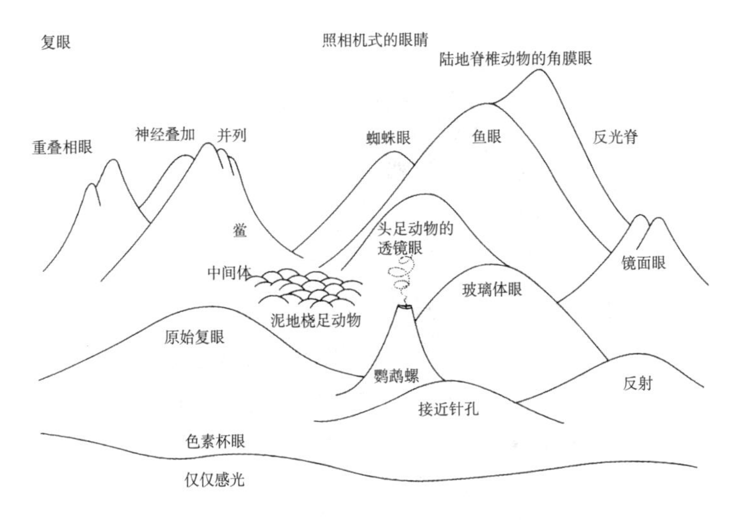

通往光明的四十条路。迈克尔·兰德绘制的关于眼睛进化的图景。

传统的动物学知识认为，一个正常的单细胞生物不可能制造装配一个包括透镜（L）和视网膜（r）的精细眼睛。视网膜被认为是由多个细胞组成的，每个细胞被图像的不同部位激活。一个单细胞生物怎么能拥有视网膜呢？好吧，还记得混毛虫的故事吗？混毛虫将成千上万的细菌整合进了它的细胞壁，每一个都扮演着游动的鞭毛角色。其他被劫持的细菌（或“志愿者”）在细胞内执行其他功能。正如我们在历史性大会合中指出的那样，我们所有的真核细胞都有一种这样的细菌：线粒体。我们看到植物细胞也有另一种细菌，以叶绿体的形式为它们进行光合作用。你可能还记得，双鞭毛虫利用了被劫持的植物细胞（一种红藻）进行光合作用，而这种红藻本身也是凭借劫持的细菌进行光合作用的，类似于俄罗斯套娃。根据《自然》杂志的报道，这些都是涡鞭毛藻眼睛的构建材料。据说和“透镜”连在一起的“角膜”是由线粒体构成的，而“视网膜”由它们劫持的藻类细胞集合而成。

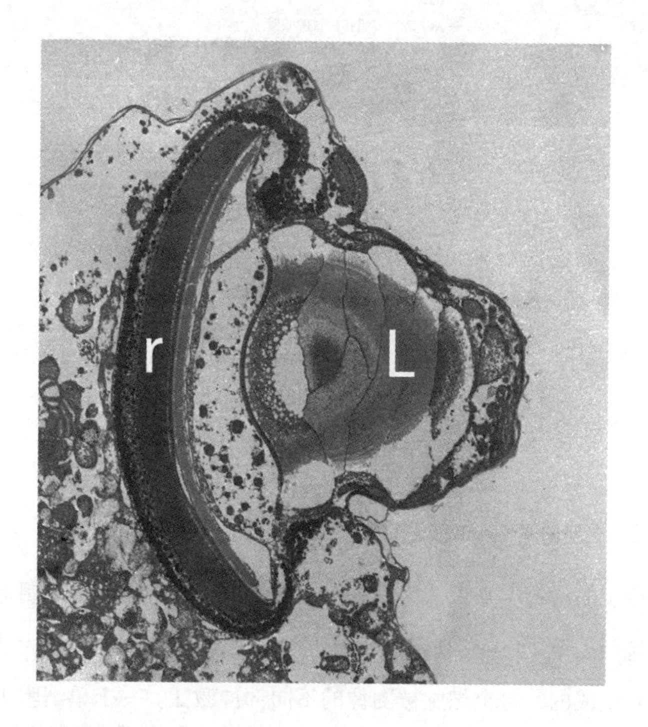

不可能形成的精细眼睛。人们在一种单细胞涡鞭毛藻（*Erythropsidinium*）中发现了由共生组分构成的眼睛状结构。图中标作“L”的结构据称可能是充当透镜的，而标作“r”的结构可能是视网膜。引自 Govelis 等人 [147]。

似乎没有任何强有力的证据表明这些微小的生物能够真正看到图像。如果真有传统意义上的视网膜，那么它的图像就需要经过某些类似神经系统的处理，而我们所知道的神经系统是由许多细胞组成的。不过，像混毛虫和涡鞭毛虫这样的单细胞生物真是让我们大开眼界……瞧瞧这个星球！

至少在这个星球上，生命看起来几乎是毫不节制地渴望进化出眼睛。我们可以自信地预测，考夫曼的统计样本将会在眼睛上达到顶峰。不仅仅是上文所说的，也可能是像昆虫、对虾或三叶虫那样的复合眼，以及像我们或乌贼那样的照相机似的眼睛，有色觉、调节焦点和光圈的机制，还很可能是如同帽贝那样的抛物面反射式眼睛，或者是如鹦鹉螺那样的针孔眼睛，这种软体动物像现代的菊石，生活在漂浮的壳内，我们曾在第 26 会合点相遇。如果宇宙中的其他行星上有生命，那么根据我们在这个行星上所知道的相同的光学原理，也有可能会有眼睛。制作眼睛的方法就这么多，我们所了解的生命可能已经把它们全都找出来了。

我们也可以对其他的适应性进化做同样的统计。回声定位——发出声音脉冲并通过精确的回声时间来导航的技巧——已经进化了至少四次：在齿鲸、油鸱、洞穴金丝燕以及最著名的蝙蝠（在蝙蝠中，它可能已经独立进化了两次）。虽然不像眼睛的进化次数那么多，但也足以让我们认为，如果条件合适，它就会进化出现。也很有可能，如果重新进化，会再次发现同样的特有规律：在困难面前展现相同的技巧。同样地，我将不再重复以前的书中的观点[11]，只是简单地总结一下我们可以预测的进化的重演。反复进化出现的回声定位都应该使用非常高频的叫声，因为它比低频有更好的细节分辨率。至少一些物种的叫声很可能是可以调频的，每次叫声都会有频率的变化，这样可以提高精确性，因为每个回声的早期部分与后期都显著不同。用于分析回声的计算装置很可能（在潜意识中）利用了多普勒效应，因为在任何有声音的行星上都必然普遍存在多普勒效应，而蝙蝠将其运用得非常老练。

我们怎么知道像眼睛或回声定位这样的东西是独立进化的呢？观察家系图即可。油鸱和洞穴金丝燕的亲戚们都不能采用回声定位。油鸱和洞穴金丝燕各自独立地发展了洞穴生活方式。我们知道它们进化出这种能力与蝙蝠和鲸鱼的方式不同，因为周围的旁系家属并不具备这种能力。不同种类的蝙蝠可能已经多次独立进化出了回声定位，不过我们不知道究竟是多少次。一些鼩鼱和海豹掌握了粗略的技能（有些盲人也学会了）。翼龙会吗？既然夜间飞行是一种很好的生活方式，而且那时候蝙蝠还没出现，因此也是有可能的。鱼龙也是如此。它们看起来很像海豚，大概以相似的方式生活。由于海豚大量使用回声定位，在海豚存在之前的日子里，推测鱼龙也这样做是合理的。由于没有直接的证据，我们必须保持开放的心态。有一点反对的证据：鱼龙有着非凡的大眼睛——这是它们最显著的特征之一——这可能意味着它们依赖视觉而不是回声定位。海豚的眼睛相对较小，它们最显著的特征之一是喙上的圆形瓜状隆起，作为一个声波“透镜”，像探照灯聚焦光束一样聚焦声波。

趋同进化并不仅仅发生在可见的层面上。如你所料，也有分子趋同的例子。在某些情况下，这可能意味着两个不同的分子进化出类似的化学功能。但是，在越来越多的例子中，人们发现一个基因或蛋白质的实际序列是趋同的。典型的例子是一种消化酶——溶菌酶，它在反刍的牛和吃叶的猴子之间表现出了意想不到的相似性。但是一个更全面的例子再次来自回声定位领域。哺乳动物内耳有一种令人着迷的声音放大机制，在这种机制中，特定的毛细胞以与传入声音的频率相同的方式振动。驱动这种振动的马达是一种叫作压力素（prestin，也译“快蛋白”）的蛋白质。上海的刘阳[12]和她的同事，以及来自伦敦玛丽女王大学（Queen Mary University）的合作者，推断出一种不同哺乳动物压力素分子的进化树。表面上看，海豚和其他齿鲸的压力素分子和蝙蝠的分子归为一类。

尽管《河马的故事》令人惊讶，但分类学家绝对相信海豚并不是蝙蝠的一种。这些动物看上去归于一类，是因为鲸鱼和蝙蝠都以相同的方式独立地改变了压力素分子，其原因也是相同的：为了更好地处理声呐分析所必需的高频声音。在压力素分子中总共有 14 个单独的氨基酸显示了这种趋同进化。

不仅仅是压力素如此。来自玛丽女王大学的研究小组对 22 种哺乳动物的 2 000 种基因进行了研究，寻找那些误将蝙蝠和海豚归于一类的因素。他们在基因组的 200 个地方发现了趋同的蛋白序列，它们主要与听力相关，但也有与视觉相关的基因。这一令人惊讶的发现暗示了视觉和听觉之间有趣的进化关系。从蛋白质编码的区域之外看调控基因转录开关的 DNA 区域，可能也很有趣。我们可能期望这些调控序列也表现出趋同性；事实上贾森·加仑特（Jason Gallant）、林赛·特雷格（Lindsay Traeger）及其同事最近揭示了一些趋同进化的电鱼（我们在《鸭嘴兽的故事》中讲过这些鱼，包括鳗鱼、鲶鱼、鳐鱼等）基因组中存在此类序列。随着越来越多的基因组被公开，通过对 DNA 序列进行仔细的计算机比对，这种研究无疑是有前景的。

像其他任何动物学家一样，我可以在脑海中搜索我的动物数据库，然后得出一个大致的估计，来回答这样的问题："X 独立进化了多少次？"更系统的统计将是一个很好的研究项目。据推测，一些 X 会给出"很多次"的答案，比如眼睛，或者"几次"，就像回声定位一样，其他的"只有一次"，甚至"从来没有"，尽管我不得不说，很难找到这样的例子。并且这些差异可能会很有趣。我怀疑我们找到了一些潜在的进化途径，生命是“渴望”被延续下去的。其他的途径有更多的“阻力”。在《攀登不可能的山峰》一书中，我设想了一个包含全部生命的巨大博物馆，包括真实的和想象的，博物馆的走廊向很多方向延伸，代表进化的变化，同样既有真实的也有想象的。其中一些走廊开阔，几乎令人心动。其他的则被那些不可能的障碍阻挡住了。进化不断地沿着简单的走廊跑下去，偶尔，出乎意料地，跨越了一个障碍。当我讨论“进化能力的进化”时，我总会使用“渴望”和“不愿”这两个词。

现在让我们快速地检验那些值得统计的，能够回答X已经进化了多少次的例子。毒刺（通过尖尖的管子在皮下注入毒液）至少独立进化了十次：水母和它们的近亲、蜘蛛、蝎子、蜈蚣、昆虫[13]、软体动物（螺）、蛇、软骨类（刺鳐）、硬骨鱼（石鱼）、哺乳动物（雄鸭嘴兽）和植物（刺荨麻）等。可以打赌，毒液，包括皮下注射，会在进化过程中一再出现。

用于社会交往的声音已经独立地出现在鸟类、哺乳动物、蟋蟀和蚱蜢、蝉、鱼和青蛙中。电场定位——弱电场的导航，已经进化了好几次，正如我们在《鸭嘴兽的故事》中所看到的那样。可能后来使用电流作为武器的生物也是如此。在所有的世界里，电的物理性质都是一样的。我们可以断定，生物在不断进化的过程中，还会使用电作为导航和进攻的手段。

真正的扑翼飞行，而不是被动滑翔或跳伞，似乎已经进化了四次：昆虫、翼龙、蝙蝠和鸟类。各种各样的跳伞和滑翔已经进化了很多次，可能独立进行了数百次，而且很可能是真正飞行的先驱。这样的例子包括蜥蜴、青蛙、蛇、飞鱼、乌贼、猫猴、有袋动物和啮齿动物（两次）。我敢下重注赌滑翔者肯定还会出现在重启的考夫曼进化中，而只会在真正的扑翼飞行者身上押一个合理的金额。

喷射推进可能已经进化了两次。头足类软体动物，如乌贼，就是以这种方式高速运动。我能想到的另一个例子同样也是软体动物，但它的速度不快。扇贝大多数时候生活在海底，但偶尔也会游泳。它们有节奏地打开和关闭它们的两个壳，就像一对快板。你可能会认为（我会）这将会把它们推向相反的方向。事实上，它们会向前移动，就像在水里咬着前行一样。这怎么可能？答案是，这些开合的动作会将水从铰链背后的一对缝隙中泵出。这两架喷气机推进了这只动物的"前进"。这个效果如此反直觉，几乎有些滑稽。

那些只进化了一次，或者根本就没有进化的东西呢？正如我们从《根瘤菌的故事》中了解到的那样，在被人类工艺发明之前，一个真正的带有自由旋转轴承的轮子似乎只在细菌中进化了一次。语言也只在我们的进化中才出现。这就是说，是眼睛进化出现频率的四十分之一。令人惊讶的是，很难想象这些"好点子"只进化过一回。

我把这个挑战留给了我在牛津大学的同事——昆虫学家兼博物学家乔治·麦加文，他列出了一个很好的列表。但与那些已经进化了很多次的列表相比，仍然是一个简短的列表。在麦加文博士的经验中，放屁甲虫是独一无二的，它们混合了化学物质以制造爆炸。这些成分是在不同的腺体中制造和保存的。当受到威胁时，它们会被喷射到甲虫尾部附近的一个空腔里，在那里它们会爆炸，迫使有害的（腐蚀性和高温）液体通过定向的喷嘴喷向敌人。这个例子是神创论者所熟知并推崇的。他们认为，由于中间状态会爆炸，所以很难循序渐进地进行进化。我在皇家学院圣诞演讲中展示了这一论点的错误，该演示在1991年的BBC电视节目中播出。我戴着第二次世界大战头盔，请紧张的观众离开后，我混合了氢醌和过氧化氢，这是爆炸所需的两种成分。什么也没有发生，它甚至没有变热。爆炸需要催化剂。我逐渐提高了催化剂的浓度，热气逐渐增大，达到了令人满意的高峰。在自然界中，甲虫提供了催化剂，并且在进化的过程中逐步、安全地增加了剂量，这是毫无困难的。

麦加文的下一个例子是射水鱼，它属于射水鱼科（Toxotidae）。它有个独门绝技，能够远距离发射“导弹”把猎物射下来。它靠近水面，朝高处的昆虫吐口水，把它撞到水里，然后吃掉。另一种可能具有“击倒”本领的捕食候选者是一种脉翅目昆虫的幼虫——蚁狮。像许多幼虫一样，它们看起来和成年的时候不一样。蚁狮长着巨大的下颚，估计是很好的恐怖电影演员。每只蚁狮都潜伏在沙子里，面前是自己挖的一个锥形陷阱。它挖坑的时候，从中心向外猛烈地移动沙子，造成坑边的锥形滑坡，而物理定律会帮忙塑造这个锥形结构。猎物，通常是蚂蚁，掉进坑里，从陡峭的山坡滑落到蚁狮的嘴里。这种捕猎方式与射水鱼的捕猎方式的相似之处是，猎物并非只是被动地掉下来。它们会被沙子等微粒撞击到坑里。然而，蚁狮的捕猎技巧不如射水鱼喷水那样精准，射水鱼是通过聚焦的双眼瞄准猎物的。

花皮蛛科（Scytodidae）的喷液蜘蛛又有点不同了。没有狼蛛的速度和网蛛的网，喷液蜘蛛会把一种有毒的胶状物喷到猎物身上，将其固定，然后爬过去把猎物咬死。这与射水鱼的捕食技巧不同。各种各样的动物，例如有毒的眼镜蛇，吐口水都是防御性的，而不是为了抓捕猎物。流星锤蜘蛛（*Mastophora*）可能是另一个独特的例子。据说它会向猎物（飞蛾，被蜘蛛合成的一种雌性飞蛾的假气味吸引）投掷一枚“导弹”。这种“导弹”就是一团丝，附着在一根丝上，蜘蛛像拉索一样旋转着（或拉着），然后卷回去。据说变色龙可以把“导弹”吐在猎物身上。这种“导弹”是舌尖的增厚部分，舌部的（更薄的）部分有点像连接鱼叉的那根绳子。舌头的尖端在技术上是弹道的，这意味着它是自由的，不像你舌头的尖端。然而，在这方面，变色龙并不是唯一的。一些火蜥蜴也会把舌头的末端扔向猎物，与变色龙不同，它们的导弹包含了部分骨骼，就像被夹在你的手指间的瓜子一样被发射出去。

麦加文的下一个一次性进化的候选者是个美丽尤物。它是潜水的钟形蜘蛛（*Argyroneta aquatica*）。这种蜘蛛的生活和捕猎完全是在水下进行的，然而与像海豚、儒艮、海龟、淡水蜗牛和其他已经回到水中的陆地动物一样，它需要呼吸空气。但与其他所有的流亡者不同的是，潜水蛛建造了自己的潜水钟。它把丝（丝是任何蜘蛛解决问题的通用方案）纺成一个容器附在一个水下植物上。蜘蛛会飞到水面上，就像一些水虫一样，用体毛裹住一层空气。但与这些虫子携带着空气四处游走一样，蜘蛛会把空气带入潜水钟，在那里释放以补充空气供给。蜘蛛坐在潜水钟里观察等候，把抓到的猎物储存在那里，并饱餐一顿。

麦加文的“一次性进化”的冠军典范是一种非洲马蝇（*Tabanus*）的幼虫。在非洲，可以预见这些幼虫生活栖息的水池最终会干涸。幼虫把自己埋在泥和蛹里。成蝇从干硬的泥土中钻出来，飞出去吸血为生，并最终在雨季来临的时候将卵产在水塘里。被埋的幼虫对于可预见的危险是脆弱的。泥浆干涸的过程中会开裂，裂缝有将幼虫的避难所撕裂的风险。理论上，如果它能以某种工程方式为任何接近它的裂缝提供一种绕开的方法，那么它就能自救。而它确实以一种非常奇妙和独特的方式实现了这一目标。在把自己埋在蛹里之前，它先螺旋地向下钻，然后，它又以相反的螺旋回到了表面。最后，它直接潜入了泥中两个螺旋之间的中心，这是它的安乐窝，它在这里度过艰难的岁月，直到雨季的回归。现在，你们明白这意味着什么了吗？幼虫被包裹在一个泥柱中，它的圆形边界在预先挖掘的螺旋洞中被削弱了。这意味着当一条裂缝穿过干燥的泥土时，如果它到达柱状体的边缘，就会从边上绕过去，而不会直接穿过中间的柱面，幼虫因而幸免于难。这就像邮票上的穿孔，防止你把邮票撕开。麦加文博士认为这个独特的技巧是这个马蝇属独一无二的天才设计[14]。

有没有什么好想法是从未经过自然选择的进化呢？据我所知，在这个星球上，没有任何动物进化出一个器官来传播或接收无线电波来进行远距离通信。火的使用是另一个例子。人类的经验表明它有多么强大。有些植物的种子需要火来发芽，但我不认为它们的用途与电鳗使用电的道理是一样的。对金属骨骼的使用是另一个例子，除了在人类的人工制品之外，它从来没有进化出现过。这可能是因为没有火很难实现这个目标。

这种比较练习，将那些进化很多次的事件加起来，并与前面讨论的地理比较一起做时（很少如此），也许能帮助我们预测这个星球以外的生活，以及猜测考夫曼思想实验在进化重新运行中的可能结果。也许不是放屁甲虫的爆炸或射水鱼的水弹，但我们对眼睛、耳朵、翅膀和带电器官都有积极的期待。

从已故的斯蒂芬·杰伊·古尔德手中接过衣钵的那些生物学家认为，所有的进化，包括后寒武纪的进化，都是非常偶然和幸运的，不太可能在考夫曼重演中再次出现。古尔德独立演示了一遍考夫曼思想，称之为“重放进化的磁带”。在第二次重新上演的时候，任何类似人类进化的机会都被普遍认为是极其渺茫的。古尔德在《奇妙的生命》一书中非常令人信服地表达了这个观点。正是这种正统观念引导我在我的开篇章节中小心翼翼地做了自我否定的告白，也引导我去进行我的逆向朝圣之旅，现在它则引导我告别那些还在坎特伯雷的朝圣同伴，并独自返回。然而……我一直在想，这种虚张声势的正统做法是否已经走得太远。我在评价古尔德的《满屋》时，为不受欢迎的进化论中的进步观点进行了辩护：不是朝向人类的进步——达尔文的禁区——而是至少在可预测的方向上取得了进步。就像我将要说的那样，像眼睛这样复杂的适应能力的积累，特别是和想象中一些奇妙的进化产物结合在一起的时候，强烈地暗示着一个进步的版本。

趋同进化还激发了剑桥地质学家西蒙·莫里斯的灵感，他的著作《生命的解决方案：孤独的宇宙中不可避免的人类》与古尔德的“偶然事件”的观点正好相反。莫里斯有意将其副标题写得近乎文学化了。他真的认为，人类进化的重演会导致人类再次出现或者出现与人类极其接近的生物。而且，对于这样一个不受欢迎的论点，他提出了一个大胆而勇敢的案例。他反复强调的两个证据是趋同性和约束。

包括这一章在内，趋同性在本书中一次又一次地与大家见面。类似的问题需要类似的回答，在很多情况下，不仅仅是两三次，而是几十次。我认为我对趋同进化的热衷非常狂热，但我遇到了莫里斯这个同党，他展示了一系列惊人的例子，其中很多我以前从未见过。尽管我通常通过援引相似的选择压力来解释趋同现象，但莫里斯补充了他的第二个证据——约束。生命的物质，以及在胚胎发育的过程中，特定问题的解决方案只会有有限种可能。给定任何特定的进化开始所处的状态，拓展思路也只有有限的几种方法。因此，如果一个考夫曼实验的两组重演实验遇到了类似的选择压力，那么发育的约束将会促使形成相同解决方案的倾向增强。

你可以看到一个技术娴熟的倡导者如何运用这两种解释来捍卫大胆的信念，即重新运行的进化将很有可能趋向进化出一个大脑、两足行走、两只灵巧的手、照相机般前视的眼睛和其他的人类特征。遗憾的是，这只在这个星球上发生过一次，但是我想它总得有第一次。我承认，莫里斯对昆虫进化的可预测性的类似案例给我留下了深刻的印象。

昆虫的特征定义如下：带关节的外骨骼，复眼，典型的六条腿步态，总是三足落地从而形成一个三角支撑（两条腿在同侧，一条腿在另一侧），从而保持平衡；通过体侧特殊的气门经气管吸入氧气；而且，在完善进化的特性列表上，重复进化——至少 12 次独立地进化——出了复杂的社会群居体，如蜜蜂。这些不是都很奇怪吗？所有这些难道都是生命大乐透的一次性大奖么？并非如此，所有的这些都是趋同进化的结果。

莫里斯列举了他的清单，其中每一项都在动物界的不同部分进化了不止一次，在很多情况下是很多次，包括在昆虫世界里独立发生的几次。如果自然发现要单独进化出昆虫的组成部分是很容易的，那么这一整大群生物都再进化一遍就不是那么难以置信了。我被莫里斯的信念吸引，我们应该停止把趋同进化看作一种绚丽夺目的稀罕物，无须在发现它时惊叹不已。也许我们应该把它看作一种常态，发现例外的情况才是令人惊讶的时候。例如，真正的句法语言似乎是我们这个物种所独有的。也许这会是重新进化出来的双足智慧动物所缺少的东西？

在本书开篇的《后见之明的自负》一章中，我听从了警告，反对寻找进化的模式、节奏或理由，但我说了我会谨慎地打打擦边球。在《主人归来》这一章里，我得以有机会洞察生物向前进化的整个过程，并看看我们能做些什么。所有进化的目的都是为了产生智人的观点被完全否定了，在我们的逆向之旅中，我们所看到的一切都无法支持这个观点。即使莫里斯也声称，如果进化一遍一遍进行，那么进化出类似于我们这种动物也只是几种结果中的一种，另外的结果可能是出现其他的物种，例如，昆虫。

价值中性和价值负载的进化

如果回顾我们漫长的朝圣之旅，我们会发现哪些其他的模式或节律呢？进化是进步的吗？至少存在一个合理的关于进步的定义，我将为之辩护。接下来我需要努力阐明这一点。首先，进步可以定义为一种微弱的、无价值判断的极简主义的趋势，是对过去趋势的可预测的延续。一个孩子的成长是进步的，我们在体重、身高和其他测量上观察到的任何趋势在接下来的一年里都在继续，在这个对进步的微弱定义中没有价值判断。癌症的生长在同样的微观层面上是进步的。在治疗中癌症的缩小也是如此。那么，在微弱的趋势上，什么是不进步的呢？随机的，无目的的波动：肿瘤生长一点，收缩一些；生长很多，收缩一点；生长一点，收缩很多，以此类推。一个进步的趋势是没有逆转的趋势，或者如果有逆转，它们就会在数量和重量等方面从主导方向上被超越。在年代序列的化石中，这种价值中立的进步意味着，从早期到中期的任何解剖特征变化趋势，都将持续从中期延续到晚期。

我现在需要澄清价值中立的进步和价值负载的进步之间的区别。我们刚刚定义的这种弱意义上的进步是价值中立的，但是大多数人所理解的进步是负载了价值的。病人在接受化疗后，肿瘤萎缩变小，医生会表示满意，他说："我们正在取得进展。"当医生们看到肿瘤的X光片中显示有很多的肿瘤转移时，他们并不会宣布肿瘤治疗正在取得进展，尽管他们完全可以这么做。这是价值负载的，不过却是负面价值。在人类政治和社会事务中，“进步”通常指的是演讲人认为的人心所向的趋势。我们回顾人类历史，认为以下趋势是进步的：废除奴隶制，公民权的拓展，减少性别或种族歧视，减少疾病和贫困，提升公共卫生，减少大气污染，普及教育。持某些政治观念的人可能会认为，这些趋势中至少有一些是负面价值的，并且怀念女性拥有投票权或被允许进入俱乐部餐厅前的日子。但是，这些趋势仍然是进步的，而且不是我们最初定义的那些微弱的、极简主义和价值中立的进步。它们是按照某种特定的价值体系界定的，即使这不是一个普适的价值体系。

令人惊讶的是，自 1903 年莱特兄弟第一次在比空气重的机器上进行动力飞行以来，航空业仅仅 100 年的历史一直都以惊人的速度取得难以置信的进展。仅仅在莱特兄弟成功 42 年之后，1945 年德国空军飞行员汉斯 · 吉多 · 穆克（Hans Guido Mutke）驾驶一架梅瑟施密特喷气式战斗机打破了音速[15]。再往后 24 年，人类已经能够在月球上行走。事实上他们不再这样做了，而且唯一的超音速客运服务已经停止了，这都是经济原因导致的暂时性逆转。在航空航天的发展方向上，飞行器速度越来越快，同时它们也在其他领域以各种各样的方式继续进步。这些进展并非与每个人的价值观都一致——例如那些不幸生活在飞行路径下的人。航空方面的进步很大程度上是由军事需求推动的。但没有人会否认这些进步体现了一整套连贯的价值观，至少一些理智的人会持有这种观点，根据这种说法，战斗机、轰炸机和制导导弹在整个 20 世纪以来都在日益改进。所有其他形式的运输工具，也可以说是其他形式的技术，包括计算机，比其他任何形式的技术都要进步得快。

我必须重申，在这些充满价值负载的进步中，价值对你或对我不一定都有积极的意义。就像我刚才说的，我们谈论的技术进步很大程度上是由军事需要推动并为军事服务的。我们可以合理地推测，在这些发明出现之前，世界是一个更安全的地方。从这个意义上来说，"进步"是有价值的——充满了消极的信号。但它仍然是一种具有重要意义的价值，超越了我最初的价值中性的极简主义定义，因为任何未来的趋势都是过去的延续。根据某些人的价值体系，武器的发展，从石头到矛，一直到长弓、燧火枪、步枪、来复枪、机关枪、炸弹、原子弹，直至不断升级至百万吨级的氢弹，这都代表了进步（即便这不是你我观念中的进步），否则制造武器的研究和开发就没法完成。

进化展示的进步不仅体现在脆弱的、价值中性的意义上。至少根据一些完全可行的价值体系，有一些进展是价值负载的。既然我们谈论的是武器，现在是时候指出，我们最熟悉的例子来自捕食者和猎物之间的军备竞赛。

在牛津英语词典中列出的"军备竞赛"的第一个用法出现于 1936 年的英国下议院的会议记录：

> 本议院不同意这样的政策。事实上，依靠本国武器装备寻求安全，这一政策只会加剧各国毁灭性的军备竞赛——不可避免地会导致战争。

1937 年，在《军备竞赛之忧》的标题下，《每日快报》称："所有人都对军备竞赛感到担忧。"不久之后，这个主题就进入了进化生物学的研究领域。在"二战"正酣的 1940 年，休·科特（Hugh Cott）在他的经典著作《动物的色彩适应》（*Adaptive Coloration in Animals*）

中写道：

> 在断言蚱蜢或蝴蝶的欺骗性外观不必如此精细之前，我们必须先确定这些昆虫的天敌的感知和识别能力。不这样做，就像不去探究敌人武器的装备和威力就断言一场战斗中的装甲巡洋舰太沉重，或者枪的射程太远一样[16]。事实上我们看到进化过程中进行的激烈军备竞赛，发生于原始丛林的斗争不亚于文明世界的战争。对于防御一方，主要表现在它的速度、警觉性、盔甲、棘刺、穴居习性、夜行性、有毒的分泌物、恶心的味道、警戒色和迷彩等；对于进攻方，则体现在速度、伏击、引诱、视觉的敏锐性、爪子、牙齿、刺、有毒的尖牙、隐形和诱人的色彩。逃逸者的速度加快，与追赶者的速度增加有关；同样，防御性装备与侵略性武器相关。因此，随着天敌感知能力的提升，生物隐藏装备也得以完美地进化。

我在牛津大学的同事约翰·克雷布斯（John Krebs）和我在1979年英国皇家学会的一篇论文中，研究了生物进化中军备竞赛的问题。我们指出，在动物军备竞赛中所看到的改善是生存所需的装备的改善，但并不意味着生存本身的改善，这其中有一个很有趣的原因。在进攻和防御之间的军备竞赛中，可能会出现一方暂时领先。但总的来说，一方的改进抵消了另一方的改进。关于军备竞赛，甚至有些自相矛盾的地方。它们对双方来说都是经济上的代价，但却没有任何净收益，因为一方的潜在收益被另一方的收益抵消了。从经济的角度来看，双方最好达成一项取消军备竞赛的协议。举一个荒唐可笑的极端例子，猎物可能会牺牲自己的数量来换取族群安全的、不受困扰的生活。无论是捕食者还是猎物，都不需要将宝贵的资源转移到肌肉中以快速奔跑，以及感知敌人的感官系统，警惕和长期的捕猎对双方来说都是浪费时间和压力的。如果能达成这样的交易联盟协议，双方都将从中受益。

不幸的是，达尔文理论告诉我们此路不通。相反，双方都竭尽全力将资源投入到竞争中，以压倒对方，双方都被迫在自有的资源条件下进行艰难的取舍。如果没有天敌，兔子就可以把所有的经济资源和所有宝贵的时间用于饲养和繁殖更多的兔子。事实却相反，他们被迫投入了大量的时间来警惕捕食者，并动用了大量的资源来升级逃生装备。反过来，这也迫使掠食者将其资源从繁殖这项核心事业转移到改进它们的武器上，以捕获猎物。在动物进化和人类科技方面，军备竞赛并没有改善生存质量，而是增加了经济资源的转移，从生活的其他方面转向了为军备竞赛提供服务。

克雷布斯和我认识到军备竞赛的不对称，这可能会导致一方将更多的经济资源转移到军备竞赛中。我们把这种不平衡称为“活命 / 美餐原则”。这个名字来源于伊索寓言的一个典故：兔子跑得比狐狸快，因为兔子跑是为了活命，而狐狸跑是为了美餐。失败的代价是不对称的。在布谷鸟和寄主之间的军备竞赛中，每一只布谷鸟都有信心回溯一连串不曾间断的祖先，其中每一个祖先都成功欺骗了它的养父母。而另一方面，寄主也可以回溯一系列祖先，但这些祖先中有些甚至从未见过布谷鸟，另一些则遇到了布谷鸟而且被它愚弄了。在寄主物种中，大量未能检测和杀死布谷鸟的基因已经成功传递了很多代。但是，那些让布谷鸟欺骗寄主失败的基因因其对后代造成了很大的危险而被淘汰。这种不对称的风险孕育了另一种不对称：资源更多地用于军备竞赛，而不是生活的其他部分。我们需要重复这一重要观点，布谷鸟失败的代价比寄主大得多。这就导致了不对称的情况，即双方如何在时间和其他经济资源的竞争中保持平衡。

军备竞赛以一种深刻而不可避免的方式朝前推进。然而，对气候的进化适应则不是如此。对于任何一个世代来说，糟糕的天气都会使掠食者和寄生者的生活变得更艰难。但随着进化过程的推移，有一个至关重要的区别。不像天气，它是无目的地波动的，捕食者和寄生者（以及猎物和宿主）本身也在系统地进化。从受害者的角度来说，系统变得更加糟糕。与冰期和旱季更替轨迹不同，过去的军备竞赛趋势可以用于推断未来，而这些趋势与飞机和武器的技术进步同样具有价值负载意义。捕食者的眼睛会变得更加锐利，但不一定会更有效，因为猎物更难被发现。双方奔跑的速度都在不断增加，但同样好处也被另一方面的改进抵消了。当兽皮变得越来越硬时，（天敌的）牙齿会变得更锋利也更长。当生物解毒的技巧提升时，毒素也变得更厉害。

随着进化时间的推移，军备竞赛也在进步。人类工程师所欣赏的生活的所有复杂而优雅的特征都变得更加复杂，更加优雅，更加陷入设计的错觉[17]。在《攀登不可能的山峰》这本书中，我区分了“设计”和“类设计”。有很多这种壮观的工程“类设计”，如秃鹰的眼睛、蝙蝠的耳朵、猎豹或瞪羚的肌肉骨骼等，都是捕食者和猎物之间进行进化军备竞赛的巅峰之作。寄生虫 / 宿主的军备竞赛甚至达到了更精细的融合，和谐共处，互惠互利。

现在是一个重要的节点。在军备竞赛中，任何复杂的类设计器官的产生都必须经过一系列渐进式的进化。这样的演进符合我们的定义，因为每一个变化都趋向于延续其前辈的方向。我们怎么知道有很多步骤，而不仅仅是一两个？这就要借助基本的概率论了。一台复杂机器的零部件，比如蝙蝠的耳朵，可能在达到某种使得其能够如真正的耳朵那样听到声音的组合之前，已经经历了上百万次的组合。从统计学上看，这是不可能的，不仅仅是因为枯燥无聊，还因为特定的零部件组合是不可能的，就如事后看来其他任何事情一样。少数几个原子的排列无法形成精密的听觉仪器。真正的蝙蝠的耳朵只是百万种可能中的一个，但它确实有用。从统计学上来说不可能的事情不能感性地解释为一次幸运的结果，它一定是由某种“非概率性发生”的过程构建的，这个过程被哲学家丹尼尔·丹尼特称为“起重机”(与“天钩”相对)。科学上已知的这样的起重机只有“设计”和“选择”。我敢打赌，整个宇宙的过去和将来也仅有“设计”和“选择”堪称这样的起重机。设计，解释了麦克风的有效复杂性，而自然选择解释了蝙蝠耳朵的有效复杂性。最终，选择解释了麦克风和一切设计，因为麦克风的设计者本身就是由自然选择产生的。然而设计不能解释任何事情，因为设计师的起源问题是不可避免的。

设计和自然选择都是一步一步渐进提高的过程。至少，自然选择不可能是任何其他东西。而设计可能是也可能不是一个原则问题，但它是一个可被观察到的事实。莱特兄弟并没有令人炫目的灵感闪现并迅速制造出一架协和式飞机或隐形轰炸机。他们建造了一个摇摇晃晃、吱呀作响的板条箱子，勉强能从地面上飞起来，就蹒跚地降落到附近的田野里。从小鹰号到卡纳维拉尔角航天基地，每一步都是建立在前人的基础之上的。改进是缓慢的，一步一步地朝着相同的方向前进，实现我们对渐进的定义。我们很难想象，一个维多利亚时代的天才能够靠他那长满络腮胡子的头脑设计出一个响尾蛇导弹。这个想法颠覆了所有的常识和所有的历史，但它并不违背概率法则，就像我们不得不说的，以回声定位方式飞行的现代蝙蝠的自发进化。

从穴居的鼩鼱祖先进化为以回声定位技术飞行的蝙蝠，并非因单个突变一蹴而就；我们可以大胆排除这种可能性，就如同排除一个魔术师只是凭运气成功地猜出一副洗好的扑克牌的完整顺序一样。在这两种情况下，运气并非完全不可能。但是，一个合格的科学家不会将答案归于如此巨大的运气。猜扑克牌的表演是一种把戏，我们都看到过一些能让不知情的观众感到困惑的把戏。大自然并不会如魔术师那样愚弄我们。我们可以排除运气，天才的达尔文低沉地道出了自然的手法。蝙蝠的回声测距是一种微小的日积月累的结果，一步步在原先的基础之上累积叠加，推动着进化的趋势在相同的方向上前进。这就是渐进的定义。这个论点适用于所有投射出设计的梦幻感并因此让人感觉在统计学上是不可能的复杂生物体。所有的一切都在渐进式进化。

朝圣归来的主人，现在不加掩饰地对进化中的主要命题感兴趣，并且注意到渐进式发展就是其中之一。但是，从进化的开始一直到现在，这种进步并不是一种统一的、不可阻挡的趋势。相反，不妨借用起初引用马克·吐温评论历史的言论来说：它是有节奏的。在军备竞赛的过程中，我们注意到其演进过程。但是这种特殊的军备竞赛结束了。也许其中一方被另一方灭绝了，也许是在一场大规模的类似灭绝恐龙的大灾难中，双方都灭绝了。然后整个过程又开始了，不是从头开始，而是从军备竞赛的某个早期阶段开始。进化的前进不是单一向上的攀登过程，而是一个像锯齿一样的起伏过程。当最后的恐龙突然让路给新的壮观的哺乳动物渐进式进化时，这个锯齿在白垩纪末期深深地凹陷下去。但是在恐龙统治时期，有很多更小一些的锯齿出现。即便在后恐龙时代迅速崛起，哺乳动物也经历了多次灭绝和重新开始的小型军备竞赛。军备竞赛与更早期的军备竞赛起起伏伏，在周期性的渐进式演变中规律地上演。

进化能力

这就是我想说的关于军备竞赛作为进化动力的全部。朝圣归来的主人从遥远的过去还带回了什么信息呢？好吧，我必须提一下所谓的宏观进化和微观进化之间的区别。之所以说“所谓的”是因为我自己的观点是，宏观进化（数百万年的大尺度进化）是当微观进化（个体生命规模的进化）被允许持续数百万年的时候所得到的结果。相反的观点认为，定性上说宏观进化与微观进化不同。这两种观点都不是那么明显地愚蠢，它们也不一定是相互矛盾的。通常情况下，这取决于你指的是什么。

我们可以再次用孩子的生长发育来做平行对比，想象一下所谓的宏观生长与微观生长之间的区别。为了研究宏观生长，我们每年都给这个孩子称重。每一个生日，我们扶着她靠在白色的门框上站好，在上面用铅笔画一条线来记录她的身高。更科学的话，我们可以测量身体的各个部分，例如头部的直径、肩膀的宽度、四肢的长度，然后画成坐标图，也许还可以根据在《匠人的故事》中给出的理由转换成对数。我们也注意到一些重要的事件，比如第一次出现阴毛，或者女孩的胸部发育和月经初潮，以及男孩的面部胡须。这些是构成宏观生长的变化，我们以年或月的时间尺度来衡量它们。我们的仪器还不够灵敏，无法捕捉到身体每天和每小时的变化——微观生长，在几个月的时间里这一变化就构成了宏观生长。或者，他们可能太敏感了。一台非常精确的称量仪可以测量每小时的增长，但每顿饭导致的重量增加和每一次排便导致的重量减轻等细节信息混在一起，反而是一团乱麻。微观生长本身，包括细胞分裂，对体重没有即时的影响，对整体身体测量的影响也难以察觉。

那么，宏观生长是微观生长的各个小插曲的总和吗？是的。但是，不同的时间尺度也会带来完全不同的研究方法和思维习惯，这也是事实。显微镜观察细胞的方式不适合用于研究整个身体层面的儿童发育。称量仪和测量尺不适合用于细胞增殖研究。在实践中，这两种时间尺度要求截然不同的学习方法和思维习惯。同样的道理也适用于宏观进化和微观进化。如果这些术语被用来表示如何最好地研究它们，我就不会对宏观进化和微观进化之间的工作区别有异议。我确实与那些把这种相当普通的操作性区别提升到几乎甚至有过之而无不及的神秘地位的人有过争论。有些人认为自然选择驱动的达尔文进化论解释了微观进化，但在原则上无法解释宏观进化，因此需要额外的成分——在极端情况下，甚至需要一种神圣的额外成分！

不幸的是，这种对“天钩”的执念已经得到了一些真正的科学家的帮助和支持，尽管他们的意图并非如此。我以前曾经讨论过“间断平衡”理论，在这本书中我已经过多地重复自己过去的观点[18]。所以我只会补充说，它的拥护者通常会提出一个办法将宏观进化和微观进化在根本上“解耦联”。这是一个毫无根据的推论。在微观层面上不需要增加额外的成分来解释宏观水平。相反，宏观层面上涌现的解释其实是微观事件在地质时间尺度上外推的结果。

微观和宏观进化的实际区别类似于我们在许多其他场合下遇到的情况。地球在地质时期的变化是由于地球上的板块构造事件在数百万年的时间里所产生的影响，这种时间跨度是一分一秒、成年累月地积累起来的。但是，就像一个孩子的成长一样，从实际操作的角度来说，目前这两种时间尺度上的研究方法尚没有共通之处。电压波动的语言对于讨论像 Microsoft Excel 这样的大型计算机程序是如何工作的，并不是很有用。无论多么复杂，没有一个讲道理的人会否认计算机程序都是由两个电压之间的时间和空间的变化来完成的。然而在编写、调试或使用大型计算机程序时，没有一个头脑清醒的人会去关注这个事实。

我从未遇到过什么正当理由怀疑下面的这一命题：宏观进化是大量的小的微观进化在地质时代里首尾相接形成的，这是通过化石而不是通过基因取样来检测的。尽管如此，我也相信，存在一些进化历史进程中的主要事件，其后进化的本质也发生了进化。进化本身可能是进步的。到目前为止，在这一章中，进步意味着个体生物在进化的过程中个体生存和繁殖的状况会变得更好，或者基因被改良得更好。但我们同时也支持进化本身的变化。随着历史的发展，进化本身会变得更好吗？进化能做些什么呢？晚期进化是对早期进化的一种改进吗？生物进化的不仅仅是它们的生存能力和繁殖能力，还有血统的进化能力吗？是否有进化的进化能力？

我在1987年的“人工生命”会议上发表的一篇论文中提出了“进化能力的进化”这个说法。人工生命是一项新的多学科相融合的学科，尤其是生物学、物理学和计算机科学，由富有远见的物理学家克里斯托弗·兰顿（Christopher Langton）创立，他曾担任该会议论文集的主编。从我的论文开始，进化能力的进化已经成为学习生物学或人工生命的学生们讨论的话题（这倒未必是因为我的论文）。早在我发明这个短语之前，其他人就已经提出了这个想法。例如，美国的鱼类学家卡雷尔·林（Karel F. Liem）于1973年提出了一种“前适应”（prospective adaptation）的说法，用来描述丽鱼革命性的颌结构，因为正如《丽鱼的故事》所描述的那样，它们的颌结构使其在所有的非洲大湖中突然而爆炸性地进化出了数百种物种。我应该说，林的建议超越了预适应的想法。预适应是指起初出于一种目的，但之后转向另一目的的进化。林的“前适应”和我的“进化能力的进化”这两种观点都认为，进化不仅是对一个新功能的共同选择，还包括了一种新的分支进化的爆发。我认为存在一种永久的，甚至是进步的趋势，使得进化能力越来越好。

在1987年，“进化能力的进化”的观点在某种程度上是一种异端，尤其是对我这个“超级达尔文主义者”来说。我被置于一种奇怪的境地，在提倡一种观点的同时，还要为此向人们道歉，而我致歉的对象甚至不明白为什么我需要为此道歉。现在这是一个被广泛讨论的观点，其他人甚至比我想象的要更进一步，例如细胞生物学家马克·基施纳（Marc Kirschner），以及进化昆虫学家玛丽·简·韦斯特－埃伯哈德（Mary Jane West-Eberhard）在她的著作《发展的可塑性和进化》（*Developmental Plasticity and Evolution*）中所阐述的观点。

是什么使一个有机体超越了擅长生存和擅长繁殖，而擅长进化呢？首先来举一个例子。我们已经认识到岛屿是物种形成的工作间。如果这些岛屿的距离足够近以便允许偶尔的移民，但又足够远以便给新移民的分支进化提供时间，这样我们有了物种形成的配方，这是进化辐射的第一步。但是多近才是离得足够近？多远才是足够远？这取决于动物的运动能力。对于木虱来说，几码的距离就相当于飞鸟或蝙蝠的数公里。加拉帕戈斯群岛的空间距离正好适合达尔文雀等小型鸟类的进化，而不一定是分支进化通常所必需的距离。因此，分离的岛屿应该被测量的不是绝对距离，而是根据我们研究的动物的迁移能力校正后的距离。就好比当我的父母问爱尔兰船夫到大布拉斯基特岛（Great Blasket Island）的距离，他回答说：“大约5千米，如果天气好的话。”

如果有一只加拉帕戈斯地雀在进化过程中减少或增加了其飞行

范围，它的进化能力就会降低。缩短飞行范围，降低了在另一个岛上进行新物种形成的机会，这层意思很容易理解。如此理解，延长飞行距离则没有那么浅显易懂的效果。后代被播种到新岛屿的频率如此之多，以至于在下一次移民到来之前，没有时间进行单独的进化。再极端一点来说，如果鸟类的飞行范围足够大，足以使岛屿之间的距离变得微不足道，这些岛屿将不再被视为一个个独立的岛屿。就基因流动而言，整个群岛都是一个大陆，因此无法培育物种的形成。如果我们选择将进化能力用于衡量物种形成的速率，高进化能力是中型运动范围的无意结果；而什么才算是中型运动范围，既不太短也不太长，取决于相关岛屿的距离。当然，这种讨论中的"岛屿"并不一定意味着被水包围的土地。正如我们在丽鱼的故事中所看到的，湖泊是水生动物的岛屿，而珊瑚礁是湖泊内的岛屿。山顶是那些不能忍受高海拔的陆地动物的岛屿。对于运动距离较短的动物而言，树可以是一座岛屿。而对于艾滋病病毒来说，每个人都是一座岛。

如果迁移范围的增加或减少导致了进化能力的增加，我们会把这称为进化的"改善"吗？在这一点上，我的超级达尔文主义者的颈毛开始颤抖，我的异端石蕊[19]开始变红。这听起来不太舒服，有点像进化的预谋。鸟类由于个体生存的自然选择而在进化过程中增加或减少它们的飞行范围，至于这种变化对进化的远期影响，这是无关紧要的。尽管如此，以我们的后见之明可能会发现，这世上现存的物种往往源自具有进化天赋的祖先物种。因此，你可以说，有一种高级的、世系间的选择，有利于进化能力。伟大的美国进化论学者乔治·威廉斯称其为"分支选择"（clade selection）的一个例子。传统的达尔文式选择让单个生物体成为精细调制的生存机器。有没有这种可能，作为分支选择的结果，生命本身也已经越来越成为一组精密调整的进化机器？如果是这样的话，我们可能会认为，在考夫曼的重新进化过程中，同样的进化能力的进化可能会被重新发现。

当我第一次写关于“进化能力的进化”的时候，我提出了一些在进化中发生的“分水岭事件”，在此之后进化的能力突然得到了提升。我能想到的最能说明分水岭事件的例子就是分节现象。你应该记得，分节是身体像火车一样的模块化，其中部件和系统在身体上连续地重复。它似乎完整地在节肢动物、脊椎动物和环节动物（尽管 Hox 基因的普遍存在表明在此之前可能已经存在了某种前后连续的组织方式）中被独立地发明出来。分节的起源不可能是渐进式的进化事件之一。硬骨鱼一般有 50 节脊椎骨，但鳗鱼有多达 200 节。蚓螈（像蠕虫一样的两栖动物）的脊椎从 95 节到 285 节不等。蛇的脊椎数量差异变化很大，我所知的最高纪录是 565 节，来自一种已灭绝的蛇。

蛇的每一节脊椎都代表着一个分区，拥有自己的肋骨、自己的肌肉块以及自己脊柱的神经。不可能有非整数个体节，体节数目的变化肯定包含了很多这样的实例：一条变异的蛇与其父母的体节数目不同，这个差别必然是整数，至少是一，可能更多。类似地，当分节现象产生时，必然是直接从没有分节的亲代过渡到（至少）有两个体节的子代。很难想象这样一个怪物能存活下来，更不用说找到配偶和繁殖后代了。但事实上它做到了，因为我们周围到处都是分节动物。很有可能，这种突变涉及 Hox 基因，就像《果蝇的故事》提到的一样。我在 1987 年的关于进化能力的论文中推测：

> ……第一个分节动物在其生命周期中获得成功，或者失败，相对来说这并不重要。毫无疑问，许多其他的新突变体是更成功的个体。第一个分节动物的重要之处在于，它的后代是进化的冠

军。它们辐射进化，形成新的物种，甚至造就新的门。无论分节现象对于第一个分节动物自身来说是否是一种有益的适应，分节代表了胚胎发育中一个孕育着进化潜能的变异。

可以很轻易地从身体中添加或减去某个体节，这增强了进化能力。体节之间的分化也是如此。在像千足虫和蚯蚓这样的动物中，大部分的体节都是一样的。但是有一再发生的一种倾向，特别是在节肢动物和脊椎动物中，某些体节为了达到特殊的目的而特化了，因而不同于其他的部分（比较一只龙虾和一只蜈蚣）。一个能够进化出分节形体模式的世系可以通过改变躯体的节段模块而迅速进化出一系列的新物种。

分节现象是一种模块化的例子，而通常来说模块化是现在学者们在撰文讨论“进化能力的进化”时常常想到的主要元素之一。在牛津英语词典中列出的有关“模块”（module）一词的许多含义中，相关的一个是：

> 一种标准化的生产单元或部件，以方便组装或更换，通常是预制的、作为自我控制的结构。

“模块的”（modular）是描述模块集合的形容词，“模块化”（modularity）是对应的抽象名词，是作为模块的属性。其他模块结构的例子包括许多植物（叶子和花朵都是模块）。但是，也许最好的模块化的例子是在细胞和生物化学层面上找到的。细胞本身是卓越的模块，细胞内的蛋白质分子也是一样，当然还有 DNA 本身。

因此，多细胞生物的出现是另一项重要的分水岭事件，它几乎可以肯定地提高了进化的能力。它比分节现象早出现上亿年，而分节本身就是一种大规模的重现，是模块化的一种跳跃。还有其他的分水岭现象吗？这本书的被题献者，约翰·梅纳德·史密斯，他与匈牙利同事厄勒斯·索特马利（Eörs Szathmàry）合作撰写了《进化中的主要转变》（*The Major Transitions in Evolution*）。他们所写的大部分的“重大转变”均符合我的标题——分水岭事件，这是进化能力的主要改进。这显然包括了复制因子的起源，因为没有它们，根本就没有进化。如果像凯恩斯－史密斯和其他人提出的那样，DNA 从一些不那么熟练的前辈手中篡夺了复制因子的关键作用，这个过程会经过一些中间阶段作为桥梁，而这每一个中间阶段都将是进化能力的飞跃。

如果我们接受 RNA 世界理论，那将会有一个重大的转变或分水岭，即拥有复制能力和酶功能的 RNA 将复制能力给了 DNA，而把酶功能给了蛋白质。细胞膜的出现将这些复制的实体（基因）聚集在一起，并阻止了基因产物的泄露，让不同基因的产物留在一起，并在细胞化学水平进行协作。一个非常重要的转变——很可能也是进化的分水岭——真核细胞的诞生，是由几个原核细胞混合而成的。有性生殖的起源也是如此，正是因为有性生殖才有了物种的概念，物种有自己的基因库，所有这些都暗示着未来的进化。约翰·梅纳德·史密斯与厄勒斯·索特马利继续列举了多细胞的起源、群落的起源（如蚂蚁和白蚁的蚁穴）以及有语言的人类社会的起源。在这些主要的转变中，至少有一些是有一个相似之处的：它们通常都是把先前独立的单元在一个更高的水平上囊括在一个更大的群体中，同时舍弃之前较低水平上的独立性。

我已经在他们的列表的基础上添加了分节现象，而且我想强调另一件事，我称之为“瓶颈”。为了能把它完整地说清楚，就要再一次重复我以前书中的内容（特别是《延伸的表型》的最后一章——《重新发现生物体》)。“瓶颈”指的是多细胞生物的一种生活史。在瓶颈期，生活史定期循环回到一个单细胞状态，再由此生长为一个多细胞生物。与这种瓶颈类型的生活史相对的，可能是一种假想的水生植物，它能够从自身脱落下多细胞小块进行繁殖，这些小块组织离开母体，生长，再脱落掉更多的小块。瓶颈效应有三个重要的结果，所有这些都是提高进化能力的好办法。

首先，进化的创新可以自下而上地重新发明，而不必像铸剑为犁一样对现有结构进行重塑。比方说，如果基因改变能从一个细胞开始改变整个发育过程，那么，心脏就有更大的机会得到彻底的改善。想象一下另一种选择：在现有心脏的不断跳动的纤维组织中长出不同的组织来改善心功能。这种重塑会损害心脏，并损害潜在的改善机会。

其次，在重复的生命周期中不断地重新设置一个一致的起始点，瓶颈效应为胚胎发育提供了一个定时“日历”。在这个日历中，可能会定时地进行一些活动。在生长周期的关键时刻，基因可能会被开启或关闭。我们假设的那种脱离母体的离散团块缺乏一个可识别的时间表来调节开与关。

第三，在没有瓶颈的情况下，离散团块的不同部位会积累不同的突变。细胞间合作的动机将会减少。实际上，细胞的亚群体会倾向于形成肿瘤，从而增加它们向脱离母体的团块贡献基因的机会。有了瓶颈效应，每一代细胞都是由单个细胞开始的，整体就有很好的机会由单一遗传背景的协作细胞群构成。在没有瓶颈的情况下，从基因的角度来看，身体的细胞可能会“各为其主”。

在进化上有另一个重要的里程碑事件与瓶颈相关，而且很可能促成了进化的发展，并可能在考夫曼的进化重演中重现。这是伟大的德国生物学家奥古斯·魏斯曼（August Weismann）所认识到的生殖细胞与体细胞的分化。正如我们在第31会合点所看到的，在发育着的胚胎中，有一部分细胞被预留用作繁殖（生殖细胞），而其余的细胞则注定要制造身体（体细胞）。生殖细胞的基因有永生的可能，有望传给数百万年后的直系后代。体细胞基因注定要经过有限次（可能数目不定）的细胞分裂，用以制造身体组织，之后随着生物体的死亡，它们的细胞系也就终结了。植物经常扰乱这种分化，特别是当它们进行营养繁殖时。这可能是植物和动物在进化方式上的一个重要区别。在体细胞分化之前，所有的活细胞都可能产生无穷多代后代，就像海绵的细胞一样。

性别的出现是一个重要的分水岭，表面上很容易与瓶颈效应和生殖细胞分化相混淆，但从逻辑上来说，它与后两者是不同的。在最普遍的形式中，性是基因组的部分混合。我们对一个特殊的、高度管制的版本非常熟悉，每个人的基因组中都有50%的基因来自双亲。我们习惯于认为有两种类型的父母，女性和男性，但这并不是有性生殖的必要部分。同配生殖（isogamy）的两个个体没有雌雄之分，各自将一半的基因组合在一起，形成一个新的个体。正如我们在《历史性大会合》中所看到的那样，雌雄的划分是进一步的分水岭事件，这发生在性本身的起源之后。这种高端管制的性在每一代都伴随着减数分裂，每个个体将其基因组的50%贡献给新的后代。如果没有这样的减数分裂，基因组的数量将会不断加倍。

细菌实践的是一种随意的有性捐赠形式，有时被称为有性生殖，但实际上还是非常不同的，它与计算机程序的剪切–粘贴或复制–粘贴等功能有更多的共同之处。从一个细菌中复制一个基因组的片段并粘贴到另一个细菌中，甚至不一定属于同一个“物种”（正是因为这样，很难定义细菌的物种）。因为基因是执行细胞操作的软件子程序，一个“粘贴”的基因可以立即在它的新环境中工作，完成和以前一样的任务[20]。

供体细菌能够得到什么好处？这可能是一个错误的问题。正确的问题可能是，被捐献的基因有什么好处？答案是，那些被捐献了的基因成功地帮助受体细菌存活并将它们传递下去，从而增加了它们在世界上的拷贝数量。目前尚不清楚的是，我们严格控制的真核生物的性是由细菌的“剪切–粘贴”行为进化而来的，还是一个全新的分水岭事件。两种可能性对随后的进化都产生了巨大的影响，而且都是“进化能力的进化”这个主题的范畴。我们在《轮虫的故事》中看到，管制的有性生殖对于未来的进化有巨大的影响，因为它使拥有自己基因库的物种的存在成为可能。

在这本《祖先的故事》(*The Ancestor's Tale*)中，祖先称谓用的是单数。我承认，部分动机是出于形式。尽管如此，在我们的朝圣之旅中，我们可能遇见了通过数百万乃至数十亿个祖先个体，一个独一无二的英雄主角像一个瓦格纳的主旋律一样反复重现：DNA。是我们的DNA把我们与自然界的其他部分联系在一起，我们一直追溯的正是DNA的旅程。在《夏娃的故事》里，当我们追溯我们基因组中包含的人类故事时，我们看到了DNA。在《倭黑猩猩的故事》里，当基因们叫嚷着要表达它们对祖先历史的不同看法时，我们看到了DNA。在《吼猴的故事》以及《七鳃鳗的故事》里，我们再次看到了DNA，基因和基因组通过复制赋予我们色觉以及脊椎动物的复杂身体，由DNA得到的家系图与传统的物种家系图类似。在《丝叶狸藻的故事》里，当我们跟踪那些使我们的基因组变得乱糟糟的DNA寄生虫时，我们看到了它。最后，在我们旅程的最后阶段，我们又看到了它。DNA在细胞之间水平转移，单一生命树的概念被碾成碎片。遗传史的主旋律在回荡，但与我们理解自然选择时所说的“自私的基因”并不是一回事。DNA 是我们在现代理解自然世界的核心。

主人的告别

作为归来的主人，如果回想起我所感激的整个朝圣之旅，我的强烈反应是一种惊奇。不仅惊奇于我们所看到如此大场面的细节，也惊奇于在任何星球上都有这样的细节。宇宙本可以保持无生命的平淡状态——仅有物理和化学作用，只剩下产生了时间和空间的宇宙爆炸散射的尘埃。事实并非如此。事实上，生命是在宇宙演化 100 亿年后（根据一些物理学家的说法）近乎白手起家演变而来的，这实在是太让人惊讶了，以至于试图用文字来形容只是徒劳。即便如此，这依然不是问题的关键。进化不仅发生了，而且最终进化出有能力理解这个过程的人类，甚至进化出能够理解这个过程的理解能力。

这场朝圣是一次旅行，不仅是字面意义上的旅行，也是我在 20 世纪 60 年代的加州作为一名年轻人所体会到的反文化意义上的旅行。相比之下，就连在海特、阿什伯里或电报大街上出售的最强力的致幻剂也是温和的。如果你想要寻找惊奇，真实世界里应有尽有。都不必离开这本书，想想爱神带水母——漂流的水母和它的小鱼叉；想想鸭嘴兽的雷达，再想想电鱼；想想能预见泥土裂缝的马蝇幼虫；想想红杉，想想孔雀，想想带有管道液压动力的海星；想想维多利亚湖的丽鱼的进化速度比海豆芽、鲎或矛尾鱼快多少个数量级？想想这样一个事实：虽然你自己的基因组充满了极度自私的 DNA 寄生虫，但它也包含了人类的历史。写作本书并不是出于骄傲，而是出于对生命本身的敬畏。如果你想为后者辩护，那就随时翻开这本书。尽管这本书是从人类的角度来写的，但完全可以从千万名朝圣者中任选一位，以它的视角写作另一本书。这个星球上的生命不仅令人惊叹，而且令人满足，对于任何一个感官没有因为熟悉而变得迟钝的人来说都是如此：事实上，我们进化出了大脑的力量来理解我们的进化起源，这件事让我们加倍地惊奇和满足。

朝圣意味着虔诚和崇敬。我在这里没有机会提及我对传统虔诚的不耐烦，以及我对任何超自然崇拜的蔑视。我毫不掩饰这一点。不是因为我希望限制或约束任何敬畏之情，不是因为我想要减少或降低我们对宇宙的真正的崇敬，一旦我们正确理解宇宙，我们就会为之感动赞叹。“恰恰相反”还不足以充分地描述我对宇宙的敬畏之情。我对超自然信仰的反对，恰恰使他们可悲地无法对现实世界的崇高伟大做出公正的评判。他们代表的是对现实世界的缩减，对现实世界所提供的奇观的践踏。

我怀疑许多自称为宗教信徒的人会发现他们同意我的看法。我将送给他们一句话，这是我在一次科学会议上听到的我最喜欢的话。我的一位资深同行与一位同事进行了长时间的争论。当争执结束时，他闪亮着眼睛说道：“你知道，我们的观点其实是一致的。只是你表述观点的方式错了！”

我觉得我已经从一场真正的朝圣旅途中归来了。

注释

1. 我们在《混毛虫的故事》中已经看到过真核生物（原生动物）的鞭毛或波动足的结构，细菌鞭毛的结构与之截然不同。真核细胞的鞭毛由 9+2 根微管组

成，细菌的鞭毛则是一个由鞭毛蛋白构成的中空管子。——作者注

2. 话说回来，亨利·伯格森作为一名活力论者，竟然是100多位诺贝尔文学奖得主中最接近一名科学家的人，这真令人沮丧。一个最接近的竞争者是伯特兰·罗素（Bertrand Russell），但他得奖是因为他的人文作品。——作者注
3. 美国哲学家丹尼尔·丹尼特在《直觉泵和思考工具》一书中以“天钩”（skyhook）和“起重机”（crane）两个比喻来对比智慧设计论和自然选择学说。“天钩”是一个源自飞行员的说法，是一种想象中的联结至天空的装置，一种想象中让飞机悬停在空中的方式。按丹尼特的说法，“拥有天钩可能会是件美事，因为它非常适合在困难的情况下起吊笨重的物体，用以加快各类项目建设，不过说来令人失望，它们是不可能的。还好我们有起重机。起重机可以做想象中天钩所做的提升工作，而且它们可以以实际的、非循环论证的方式完成这种工作”。“天钩是神奇的升降装置，无根无据。而起重机是一种毫不逊色的升降装置，且具有真实可行的优势。”——译者注
4. 新西兰北岛著名的地热区。——译者注
5. 尽管乍一看似乎很奇怪，水温竟然能高过它通常的沸点，但是请记住，水的沸点随着压力的增加而升高。——作者注
6. 一个重要的例子就是黄铁矿，一种富含能量的硫化物，间接来自硫化细菌对植物的降解。——作者注
7. 这是达尔文在他的“温暖的小池塘”书信中的观点。——作者注
8. 彼得·梅达沃（Peter Medawar）爵士这样聪明的人都将霍尔丹描述为他认识的最聪明的人。——作者注
9. 实际上，有许多不同的氨基酸序列可形成同样的形态结果，这也可以用来反驳一种幼稚的想法，即认为20种氨基酸形成一段特定的蛋白链是不可能的，理由是其概率取决于长度的20次方，这是一个天文数字。——作者注
10. 这当然指的是试管的世代：RNA的世代数会更多，因为RNA分子在每个试管世代都复制了很多次。——作者注
11. 这里说的是《盲眼钟表匠》。——作者注
12. 音译。——译者注
13. 蜜蜂、黄蜂和蚂蚁所用的注射器是修改过的产卵管，所以只有雌性叮

人。——作者注

14. 这个生活习性最早是兰博恩（W. A. Lambourn）介绍的[235]。——作者注

15. 穆克的说法是有争议的。不管怎样，第一次超音速飞行应该比1947年美国空军少校查克·伊格（Chuck Yeager）有据可查的官方记录要早，这和爱国的美国人受到的教育不一样。一位名叫乔治·韦尔奇（George Welch）的美国平民比他早了两周。——作者注

16. 汤姆·莱勒（Tom Lehrer）可能是世界上最智慧的诙谐歌曲作者，他在他的一首钢琴曲前面加了这么一句音乐指导："有点太快了。"——作者注

17. 休谟说："所有这些机器，甚至它们最小的部件，都彼此调配到极高的精度，让所有曾经为之思索的人都倍加赞叹。"——作者注

18. 我认为这是一个有趣的关于实用性的问题，不同的情境会需要不同的答案，而且这个问题本身算不上什么主要的原则问题。——作者注

19. 石蕊是一种常见的酸碱指示剂，遇酸变红，遇碱变蓝。这里是比喻。——译者注

20. 这就是转基因技术在现代农业育种中起作用的原因。例如，将"防冻"基因从北极鱼引入西红柿。它的工作原理与计算机子程序相同，从一个程序复制到另一个程序，能够可靠地交付相同的结果。转基因作物的情况并不是那么简单，但是，这个例子可以减轻人们对"非自然"移植的恐惧，比如把鱼的基因导入西红柿，好像某种鱼腥味也伴随而来。子程序就是子程序，而DNA的编程语言在鱼和西红柿中是一样的。——作者注

致 谢

当初劝我写这本书的是猎户星出版社（Orion Books）的创始人安东尼·奇塔姆（Anthony Cheetham）。不过本书未及出版，他便转去做别的项目，这也反映出我无节制的拖沓有多么严重。迈克尔·多佛（Michael Dover）以他的幽默和坚毅忍受了这种拖沓，始终给我以鼓励，而且总能聪明快速地理解我试图做什么。他的诸多明智决定之一便是引介拉莎·梅农作为本书的独立编辑。就像在《魔鬼的牧师》（*A Devil's Chaplain*）的出版过程中一样，拉莎的支持不遗余力。她那种总揽全局却不失细节的能力，她那百科全书式的知识，她对科学的热爱以及为促进科学所做的无私奉献，这一切都让我还有本书受益良多，数不胜数。出版社的其他人员也给予了莫大的帮助，特别是詹妮·康德尔（Jennie Condell）和设计师肯·威尔逊（Ken Wilson），他们付出的努力完全超出了职责的要求。

我的研究助手黄可仁紧密参与了本书从策划到研究到写作的每个阶段。他足智多谋，还极为熟悉现代生物学的各处细节，同样卓越的还有他在计算机方面的本事。如果我在这里满怀感激地宣称自己是他的学生，那么我们可以说是先后成为彼此的学生，因为在此之前我是他在牛津大学新学院（New college）的导师。他后来在艾伦·格拉芬的指导下完成了博士学位，而后者曾是我的研究生，这么算来我想黄可仁不光是我的学生，也算是我的徒孙。不管是作为学生还是老师，黄可仁都对本书做出了重要的贡献，以至于我坚持在部分故事篇章的末尾以合作者的名义加上他的名字。在本书的最后阶段，黄可仁开始了骑行穿越巴塔哥尼亚（Patagonia）的旅行，在此期间萨姆·图尔维以非凡的动物学知识和他小心运用这些知识的谨慎态度给了我巨大的帮助。

此外，还要感谢以下朋友给我的建议和帮助，他们是：迈克尔·尤德金（Michael Yudkin）、马克·格里菲斯（Mark Griffith）、史蒂夫·辛普森（Steve Simpson）、安吉拉·道格拉斯（Angela Douglas）、乔治·麦加文、杰克·佩蒂格鲁、乔治·巴罗、科林·布莱克莫尔、约翰·梅隆、亨利·贝内特–克拉克、罗宾·伊丽莎白·康韦尔（Robin Elisabeth Cornwell）、林德尔·布罗汉姆、马克·萨顿、贝西娅·托马斯（Bethia Thomas）、伊丽莎·豪利特（Eliza Howlett）、汤姆·肯普、马尔高莎·诺瓦克–肯普（Malgosia Nowak-Kemp）、理查德·福提、德里克·希维特（Derek Siveter）、亚力克斯·弗里曼（Alex Freeman）、妮基·沃伦（Nicky Warren）、格林斯通、艾伦·库珀，特别是克里斯汀·德布拉斯–巴尔斯代德（Christine DeBlase-Ballstadt）。还有其他人将在书末的注释里另行致谢。

作为出版社特邀的评阅人，马克·里德利和彼得·霍兰为本书提出的建议正是我所需要的，因此我对他们深怀感激。按惯例，作者总会表示书中如有不足皆由作者自己负责，而此处对于我来说，这样的声明显得尤为必要。

我一如既往地衷心感谢查尔斯·西蒙尼难以想象的慷慨，还要感谢我的妻子拉拉·沃德（Lalla Ward）给予我的帮助和力量。

理查德·道金斯

2004 年

2013年底理查德·道金斯联系我，提议根据近10年的研究进展对《祖先的故事》做一次更新。我必须首先感谢他让合作成为一件如此轻松的事，让我满怀热情地同意了他的提议。不过，这本书涵盖的内容如此之广，事后看来我原先估计2014年完工的想法显然太乐观了。

渐渐地我意识到，我之前参与的“OneZoom”项目会对本书的新版会有所裨益。詹姆斯·罗森德尔以发人深思的分形结构将众多物种（实际上涵盖了所有生命）容纳进同一幅图里，他的这个工具使得这本书以及整个群体生物学领域都获益良多。多亏了麦克·基西（Mike Keesey）运营良好的“PhyloPic”项目，詹姆斯·罗森德尔才得以实现他运用剪影的想法。对具体各个剪影作者的致谢参见本书末尾的相关条目。人们还应该感谢“开放式生命树”团队，这个富于雄心的项目值得我们的赞美，它代表着我们向科学的“开放获取”（open access）时代迈出了一步。类似的“开放”资源还包括约翰·霍克斯（John Hawks）和拉里·莫兰（Larry Moran）勤勉更新的博客，我跟这两位作者都有过短暂的交流并从中得到了帮助。

进化生物学领域正处于蓬勃发展之中，这让我感到尤为满足，但要全面了解最新的研究进展并非某一个人能完成的。我对动物、真核生物乃至细菌系统发生之深层部分的阐释有赖于与乔迪·帕普斯（Jordi Paps）的讨论，而他的激情永不消退。斯蒂芬·谢弗尔斯（Stephen Schiffels）在基因组分析方面提供了大量帮助，塔马斯·大卫–巴雷特（Tamas David-Barrett）在人类进化部分提供了极好的反馈。瑞安·格雷戈里好心检查了新增的《丝叶狸藻的故事》，史蒂文·巴尔布斯核实了我们对其理论的解读。当然，如果其中有任何错误或误解，那全是我自己的责任。

关于某项具体的研究或潜在的不当用语，彼得·霍兰、蒂姆·伦顿（Tim Lenton）、卡罗–贝斯·斯图尔特、法必安·伯基（Fabien Burki）、戴维·莱格和迈克尔·兰德给了许多有用的建议。我还必须感谢兰德·拉塞尔（Rand Russel）、亚力克斯·弗里曼和我的妻子妮基·沃伦，以及伊莎贝拉·吉布森（Isabella Gibson）和黛娜·查林（Dinah Challen）在绘图方面的帮助。

在出版社方面，贝亚·海明（Bea Hemming）给予了我们极大的自由，编辑霍利·哈利（Holly Harley）以坚毅的积极态度面对我们在科学方面的持续更新，而设计师海伦·尤因（Helen Ewing）也以同样的态度处理分形带来的艰巨难题。

黄可仁

2016年

延伸阅读

《祖先的故事》初版中有一份延伸阅读书目的简短清单。当考虑如何修改这个版本的清单时，我们决定还是列举我们最喜欢的生物学作家，相比特定书籍的列表来说更可能不会过时。以下是影响并激励我们的作家，他们为非专业读者写作。在我们看来，他们值得信赖，并持续给予馈赠。

Sean B. Carroll (e.g. *The Serengeti Rules: The Quest to Discover How Life Works and Why It Matters*. Princeton University Press, Princeton, N.J. 2016)

Jared Diamond (e.g. *Guns, Germs and Steel: A Short History of Everybody for the Last 13 000 Years*. Chatto & Windus, London 1997)

Richard Fortey (e.g. *Life: An Unautthorised Biography*. HarperCollins, London 1997)

Steve Jones (e.g. *Almost Like A Whale: The Origin Of Species Updated*. Double- day, London 1999)

Nick Lane (e.g. *Life Ascending: The Ten Great Inventions of Evolution*. Profile Books, London 2010)

Mark Ridley (e.g. *Mendel's Demon: Gene Justice and the Complexity of Life*. Weidenfeld & Nicolson, London 2000)

Matt Ridley (e.g. *Genome: The Autobiography Of Species In 23 Chapters*. Fourth Estate, London 1999)

Adam Rutherford (e.g. *Creation: The Origin of Life / The Future of Life*. Viking, London 2013)

Neil Shubin (e.g. *Your Inner Fish: The Amazing Discovery of our 375-million- year-old Ancestor*. Allen Lane, London 2008)

Edward O. Wilson (e.g. *The Diversity of Life*. Harvard University Press, Cam- bridge, Mass. 1992)

Carl Zimmer (e.g. *Evolution: The Triumph of an Idea*. Roberts & Co., Colorado 2001)

以下书籍针对本书阐述的内容给予了更进一步、更详尽的解读：

Benton, M.J. (2015) *Vertebrate Palaeontology*. 4th Edn. Wiley-Blackwell, Hobo- ken, New Jersey.

Brusca, R.C. & Brusca, G.J. (2003) *Invertebrates*. 2nd Edn. Sinauer Associates, Sunderland, Mass.

Macdonald, D.W. (ed.). (2009) *The Princeton Encyclopedia of Mammals*. Princeton University Press, Princeton, NJ.

Maynard Smith, J. & Szathma ry, E. (1998) *The Major Transitions in Evolution*. Oxford University Press, Oxford.

Pa ̈a ̈bo, S. (2014) *Neanderthal Man: In Search of Lost Genomes*. Basic Books, New York.

Tudge, C. (2000) *The Variety of Life: A Survey and a Celebration of all the Creatures that Have Ever Lived*. Oxford University Press, Oxford.

Watson, J.D. (ed.). (2014) *Molecular Biology of the Gene*. 7th Edn. Pearson, Boston.

关于系统发生树及复原图的说明

（方括号中的数字对应参考文献列表中所列的文献来源）

分形系统发生图

有人正雄心勃勃地试图将已发表的系统发生结果和标准的分类学方法结合起来，把地球上所有的生命都纳入同一幅树状图。你可以通过这个网址访问这棵“开放式生命树”[192]：www.opentreeoflife.org。我们采用了这棵树的第四个版本（2015 年 11 月）将我们的分形系统发生树细化到物种的水平，即将多分支结构随机安排在一连串二分的分支之间。不过，有许多对本书来说很重要的研究并没有被纳入这棵开放式生命树，而且它还也不提供分支的时间。有鉴于此，为了重建本书涉及的系统发生树的某些部分并为一些会合点测年，我们还引用了许多其他资料。这些资料来源都罗列在下面。关于会合点的年代，我们不仅使用了分子钟测年，而且还依赖许多化石证据确定年代的上限和下限[28]。

第 1 会合点：对类人猿分支次序和年代的讨论，参见《黑猩猩的故事》和《倭黑猩猩的故事》。灵长类的分支模式（第 1 到第 8 会合点）主要依据的是最近一份较为完备的灵长类系统发生树[400,

AUTOsoft tree]，其年代经过 pathd8 软件重新校准，以确定下文所述的会合点的年代。

第 2 会合点：存在年代分歧。最近两份关于基因分异年代的分子钟研究给出了不同结果，分别是 1 000 万年前 [400] 和 1 500 万年前 [373]。人类和大猩猩物种形成的时间肯定比这个时间晚得多：对大猩猩基因组的分析提示这大概是在 1 100 万年至 900 万年前 [373]。共祖生活的年代可能还要再晚一些，因此我们估计在 800 万年前。

第 3 会合点：基因分异的时间大概在 1 800 万年至 1 500 万年前 [193，400]，而物种分离的时间在 1 300 万年至 900 万年前 [193]。这还没有考虑较慢的突变速率（参见《黑猩猩的故事》)，因此我们将第 3 会合点设定在 1 400 万年前，这和化石证据的分析是一致的 [28]，与图中显示的化石范围也是匹配的。

第 4 会合点：4 个长臂猿属的分支次序和日期来自对全基因组的研究 [56, 图 4b]。请注意这一结果和一般的灵长类家系图 [400] 并不一致，而在描述属内不同种的关系时，我们还是采用了一般灵长类的分类方法。会合点的年代和化石证据是一致的，即 3 400 万年至 1 200 万年前 [28]，与使用“自相关分子钟”计算得到的基因分异时间即 2 090 万年前也是一致的 [400]（参见第 633 页）。

第 5 和第 6 会合点：系统发生和测年结果来自文献 [400]。我们故意把第 5 和第 6 会合点的年代设置得比估计的基因分异年代略早一些，分别是 2 880/2 510 万年前和 4 450/4 060 万年前（数据是平均值，来自 AUTOsoft）。这样第 5 会合点恰好落在化石记录预计的时间下限即 2 444 万年前的范围之内 [28]。

第 7 会合点：之前眼镜猴在生命树上的位置存在争议，但是这个争议已经被分子数据彻底解决 [184]。文献 [100] 给出的系统发生和测年结果将最初遗传分离的时间确定在 6 300 万年至 6 100 万年前，这与我们将这个会合点设置在 6 000 万年前是一致的，与 5 500 万年前的阿喀琉斯基猴也不矛盾 [303]。

第 8 会合点：系统发生和测年结果来自文献 [400]。分子钟研究 [113, 400] 将人类 / 狐猴的遗传分歧点放置在 6 800 万年至 6 700 万年前，对应的会合点大概在 6 600 万年至 6 500 万年前，与化石证据指示的 6 600 万年至 5 600 万年前 [28] 勉强相符。不过，关于这个年代存在很多争议 [114]：某些遗传分析得到的遗传分歧年代甚至早了 2 000 万年，从而造成 9 号、10 号和 11 号共祖的年龄也相应增长。

第 9 和第 10 会合点：这两个会合点的年代并不完全明确，我们这里依据的是分子钟测年，将它们大致安置在第 8 会合点和第 11 会合点的中点 [113]。基因家系图之间的冲突表明，第 9 会合点和第 10 会合点在时间上相距不远 [207, 304]。鼯猴内部的分歧年代来自最近一项对鼯猴重新分类的研究 [206]。树鼩内部的分支和测年则来自更早的一份对所有哺乳动物的分析 [32]，其年代根据 7 000 万年前的会合点做了成比例的调整。

第 11 会合点：现在啮齿类的系统发生已经相当完善了，这里显示的家系图来自文献 [32]，与最近大多数针对啮齿类的研究都吻合 [129]。具体的年代根据 7 500 万年前的会合点做了调整，这一会合点的年代依据则是最近一份分子钟研究 [112]，即 6 900 万年前，或 8 800 万年前，或 7 500 万年前，取决于采用哪种年代校准策略。

第 12 会合点：系统发生和测年结果来自文献 [32]，不过奇蹄目和食肉目（不包括偶蹄目和鲸类）的位置有所调整，成为与蝙蝠关系最近的亲属，与最近一项系统基因组学研究相一致 [113]，这项研究也是用来判定劳亚兽总目内部 6 个目分歧年代的依据，而各个目内部的分歧年代也相应做了成比例的调整。第 10 至第 13 会合点的准确时间都相当不确定。从实用的角度出发，我们折中了文献 [112] 所列的各种年代。

第 13 会合点：有人提议将非洲兽总目和异关节总目统一归为“大西洋兽”（Atlantogenata）[295]，尽管它们彼此分离的时间可能离第 13 会合点非常近。其他研究（比如文献 [362]）则把非洲兽看作一个外类群，和其他所有胎盘类哺乳动物相区别，本书第一版也是这么做的。这一会合点的系统发生和测年结果主要基于文献 [32]，但根据文献 [336] 有所更新，并做了成比例的调整。文献 [336] 将非洲兽总目和异关节总目的分歧时间定为 8 910 万年前，把大象看作儒艮和海牛的近亲。该会合点的年代与最近一份对基因分异时间的估计（8 900 万年前）很近 [113]。

第 14 会合点：有袋类七个目的系统发生和分化年代大多基于文献 [292]，只有最古老的分化事件即负鼠支系的分化依据的是文献 [32] 和 [306]。各个目内部的分支关系依据的是文献 [32]，年代经过成比例调整以相匹配。会合点的年代与侏罗兽的年代一致（参见 337 页和文献 [260]），分子钟技术测得的有袋类分化时间与第 15 会合点的年代很近 [112]。

第 15 会合点：单孔目动物的测年结果和系统发生依据的是文献 [32]，会合点年代依据的是文献 [113]，和化石证据提供的年代范围（1 亿 9 110 万年前至 1 亿 6 250 万年前）是一致的 [28]。

第 16 会合点：蜥形纲的系统发生依据的是 OneZoom 四足动物家系图，这是综合多个数据来源的结果，包括来自 www.birdtree.org 的鸟类数据、来自文献 [29] 的蜥蜴数据、来自文献 [342] 的蛇类数据，来自文献 [205] 的海龟数据，以及来自文献 [309] 的鳄鱼数据。海龟

的位置与文献 [67] 是一致的。蜥形纲和哺乳动物的分歧时间是经典的校准点，以前被认定为 3 亿 1 000 万年前 [28]，但最近对化石的重新分析表明它应该在 3 亿 2 500 万年前至 3 亿 2 000 万年前间，因此会合点可能在大概 3 亿 2 000 万年前。

第 17 会合点：系统发生来自文献 [204]，内部主要系群的分异年代来自文献 [341]。会合点年代与化石证据提供的年代限制（3 亿 5 010 万年前至 3 亿 3 040 万年前）[28] 吻合得很好，分子钟估计的年代在 3 亿 4 500 万年前至 3 亿 3 000 万年前之间 [45]。

第 18 会合点：根据文献 [248]，肺鱼是四足动物的姊妹家系，会合点年代严格被限制在 4 亿 1 900 万年至 4 亿 800 万年前 [298]。肺鱼系统发生来自文献 [78]，家系分化年代来自文献 [189]。

第 19 会合点：会合点年代接近第 18 会合点 [411]，因此设定在 4 亿 2 000 万年前，期间两种腔棘鱼物种分化，跟人类和黑猩猩的分化一样，或略微更古老些 [8]。

第 20 会合点：根据 www.deepfin.org（第三版）[45] 测算鳍刺鱼种系发生时间，分子钟测定肉鳍鱼与鳍刺鱼分异的时间在 4 亿 2 700 万年前，比这里显示的年代更近一些。然而，修正“年轻”肺鱼的分异年代（跟化石记录不符 [305]）将第 20 会合点推回到 4 亿 3 500 万年到 4 亿 3 000 万年前。这个范围在化石推演的 4 亿 4 500 万年前到 4 亿 2 000 万年前的范围内 [28]。在鱼的种群范围内，大多数种类级别的种群发生已经在“开放式生命树”中得以描述，除了鲟鱼 [327]、多鳍鱼 [408] 和雀鳝类 [45]。

第 21 会合点：最近的分子钟测算出鲨鱼和四足动物的基因分异约在 4 亿 6 500 万年前 [45]，与化石推算的 4 亿 6 200 万年到 4 亿 2 100 万年前一致 [28]，与发现 4 亿 6 000 万年前的鲨鱼状鳞片也相符

[370]。高等全头鱼从文献[203]记录起，新鳐目从文献[15]记录起，在“开放式生命树”中描绘到了种群级别。

第22会合点：现在已接受七鳃鳗和盲鳗类为姊妹群[188]。盲鳗类鱼发展史从文献[132]和七鳃鳗分异从文献[233]起，也为七鳃鳗属之间提供了年代和关联测算。物种细节都在“开放式生命树”中得以阐述。

第23会合点：DNA证据显示，尾索动物而非文昌鱼与脊椎动物亲缘关系最近[103]。澄江脊椎动物化石群表明会合点年代在5亿1 500万年前，可能更晚一点[28]。最早的可靠化石证据将第26会合点置于不早于5亿5 000万年前[49,图1.1]。考虑到尾索动物/文昌鱼分支顺序的不确定性，这个会合点年代可能接近第24会合点，因此5亿5 500万年前似乎是合理的。虽然长初始分支[419]暗示尾索动物内部分异发生在5亿年前，在第23会合点之后，但由于进化的加速，尾索动物内的年代不太确定[30]。因此5亿年的轮廓线必须通过尾索动物年代的主干。整个系统发生史都在“开放式生命树”中得以阐述。

第24会合点：分子钟测定最早大约在5亿4 000万年前[114、329]。文昌鱼的分异被公认为是相对近期的，而5亿年轮廓线穿过文昌鱼年代的主干。整个系统发生史都在“开放式生命树”中进行阐述。

第25会合点：根据文献[329]，这个会合点年代处于第24和26会合点中间位置，也界定了棘皮动物/半索动物分异年代在5亿3 000万年前。棘皮动物种属关系和年代分异来自文献[334]，每个种类都在“开放式生命树”中阐述详尽。根据文献[39]，异涡虫的位置非常富有争议。可能无腔动物门也属于这里[1]。

第 26 会合点：原口动物门的分支顺序主要基于文献 [119，123，190]。门类内部的种群发生过程源自“开放式生命树”，与节肢动物门不同。根据文献 [244]，节肢动物门已被进一步分解（但甲壳纲动物仍然保留）。遵循文献 [151]，腕螺（冠轮动物和扁形动物）仍然是高度不确定的。有关会合点年代的讨论可参见《天鹅绒虫的故事》。我们把化石的痕迹当作一种比较合理的准确记录 [49]，根据更古老的分子钟研究的提示，这个会合点发生在寒武纪之前的 3 500 万年前，而不是数亿年前。

第 27 会合点：根据文献 [1] 和形态学数据，以及一些总结记录 [123]，无腔动物被强烈地认为是基底两侧对称；但这一点仍然没有被完全解决。无肠纲和纽皮纲在“开放式生命树”已阐述详尽。

第 28 会合点：刺胞动物种类和亚种类的更高级别的系统发生主要基于文献 [71]（也可参考生命的刺细胞树，www.cnidarian.info 和文献 [424]），与黏体动物为姊妹组 [301]。在种群内部，系统发生时间都源自“开放式生命体”。第 661 页讨论的会合点年代：我们的选择符合化石的约束条件，约在 6 亿 3 600 万年前到 5 亿 5 000 万年前 [28]，但是请注意，根据最初的遗传分异 [329, 表 1]，即使分子钟推算的最晚年代都往往给出更早的日期，如 7 亿 900 万年到 6 亿 4 500 万年前。

第 29 会合点：从这个会合点开始年代变得非常不确定，栉水母动物门该放置何处非常富有争议（见 680 页）。所以这个会合点的日期是相当武断的。根据 28 号和 29 号共祖的不确定顺序，我们把它放在靠近刺胞动物门分化的年代。高等的 8 种栉水母动物系统发展史参考文献 [335]，相对低水平的参照“开放式生命树”。

第 30 会合点：文献 [401] 将丝盘虫发生年代置于刺胞动物和海绵之间 45% 的位置。海绵约在 6 亿 5 000 万年前，而刺胞动物约在 6

亿年前。这意味着会合点在 6 亿 2 000 万年前。

第 31 会合点：海绵的系统发展史参考了世界海绵动物数据库（www.marinespecies.org/porifera），但注意，许多论文现在开始建议或认为海绵侧系群与火成海绵（寻常海绵纲和六辐海绵纲）首先分化（文献 [10] 有不同的观点）。有关分异年代的讨论参见第 661 页。

第 32，33，34 会合点：参考文献 [384] 的分支点，从图 1 分支长度比例大致推算，可认定真菌分化时间在 12 亿年前 [321，图 1B]。第 32 和第 34 会合点的物种级别的系统发生时间源自“开放式生命树”。

第 35 会合点：早期分支真菌系统学主要来自文献 [55]，包括微孢子菌、隐秘菌物和日光蜂科 [214]，并在“开放式生命树”第三版中得以详尽阐述。一些其他分支 [402] 的剩余类群包括在“开放式生命树”的第四版。会合点年代的讨论参考第 646 页和文献 [321，329，402]。

第 36，37，38 会合点：基于文献 [50]，及文献 [106] 中的修正，并扎根于第 38 会合点星形图中实心箭头处。“开放式生命树”中已经包含了分组。也可参考文献 [4，图 1]，做相同的基础排布。

第 39 会合点：像第 795 页讨论的那样，也可参考文献 [237、538]。每个分支的系统发生史已写在“开放式生命树”。

第 40 会合点：由于不同的细菌物种定期交换基因，这个阶段的物种关系是否代表简单的分支树仍值得商榷。尽管如此，这里显示的分组是根据一项针对潜在的不交换的核糖体基因的研究 [237]。包括以下 6 个分组（从左上角顺时针方向）：1）一些模糊的门类集合，如脱铁杆菌门和热源脱硫细菌；2）古菌和真核生物；3）大多数变形菌门，包括大肠杆菌，线粒体和根瘤菌（我们的一个故事主角），连同其他细菌，如衣原体和绿色硫黄菌；4）各种嗜热群体，产水菌和异常球菌（包括另一个故事的主角，水生栖热菌）；5）蓝细菌以及放线菌（例如链霉菌属）；6）梭形杆菌和一大群厚壁菌，包括乳酸菌（酸奶中）、炭疽杆菌（炭疽病）和肉毒梭状芽胞杆菌（导致肉毒中毒，这是派生的肉毒杆菌毒素或肉毒杆菌）。详细至物种水平的系统发生史已经在“开放式生命树”中阐述清楚。但还有大量未知的其他物种、种属、目和门类等，在此并没有被阐述。

共祖复原图

马尔科姆·高德温复原

共祖的重建以我们当前的科学知识为依据，目的在于让人对每位共祖可能的外观和生活环境有个整体的印象。非骨骼的特征（比如毛发或皮肤的颜色）毋庸置疑是大量想象的产物。亨利·贝内特–克拉克（Henry Bennett-Clark）、汤姆·卡瓦利耶–史密斯、休·迪金森（Hugh Dickinson）、威廉·霍索恩（William Hawthorne）、彼得·霍兰、汤姆·肯普、安娜·内卡莉丝（Anna Nekaris）、马尔切洛·鲁塔（Marcello Ruta）、马克·萨顿（Mark Sutton）和基思·汤姆森对想象图的绘制提供了各种建议。不过，他们不应为最终图像负责：图像解读中的任何错误都只是我一个人的责任。

3号共祖：树栖四足大型猿[25]，很可能生活在亚洲[403]。其面部前突程度没有猩猩明显，眼眶更圆，间隔也更远（据中新世的安卡拉古猿推测而来）。它的前肢适于悬吊的生活，不过程度不如猩猩。它的运动方式跟长鼻猴（*Nasalis*）很像。其他值得注意的特征还包括眉骨、突出的眉间、较高的脑容量、以水果为主的饮食，以及（相对于长臂猿和旧世界猴）更大的乳腺和更弯的桡骨 [168]。

8 号共祖：基于兔猴（adapid）和始镜猴的化石。体重大概在 1~4 千克，可能是昼伏夜出或昼夜都活动的。值得注意的特征包括前突的眼部 [187]（这有利于搜寻水果或昆虫）、较短的胡须、与原猴相似的鼻子，以及适于抓握的手脚，它的手脚上长着指甲而非尖爪，这有利于它攀缘较小的枝丫。

16 号共祖：大致基于晚石炭世的羊膜动物林蜥（*Hylonomus*）绘制而成 [57]。值得注意的特征包括强壮的头骨和钢钉一样的牙齿，这有助于捕捉昆虫，此外特征还有周身形态各异的鳞片、足趾的相对长度、骨膜的存在以及羊膜动物的卵。

17 号共祖：部分基于早石炭世的一种四足动物 *Balanerpeton* [290]。请注意它突出的眼部、骨膜、隆起的肌肉块和大约 1 ∶ 3 ∶ 3 的头身尾比。尽管有些两栖动物化石的手指或脚趾的数目更少，但考虑到这个数目的增长比减少更加困难，所以很可能共祖有五根手指或脚趾。与现存的许多两栖动物相比，它的肤色更加黯淡，这是因为针对陆生天敌的夸张警戒色在这时候应该并无必要。

18 号共祖：借鉴了早泥盆世的蝶柱鱼（*Styloichthys*）。注意鱼鳍的位置、头甲、侧线以及歪形尾。

23 号共祖：与文昌鱼相似，但脊索并没有连接到喙部，也没有专门的轮器。注意色素识别的眼睛、鳃条、脊索、肌节（V 形肌肉块）和心房（躯体内的封闭空间）。

26 号共祖：双边对称的蠕虫，带有头端和贯通的肠道。注意眼睛、嘴部进食的附属物、连续重复的躯体（但不是真正的分节）和某种程度的躯体装饰。

31 号共祖：被认为是一个由外向性环细胞组成的空心球 [366]

（类似一个海绵胚胎）。纤毛被用于局部运动以及扇动食物残渣进入环细胞“领部”。还要注意细胞专业化：有性生殖是通过卵细胞和自由游动的精子完成的。共祖重建浮游生活方式，类似海绵胚胎。

38 号共祖：典型的单细胞真核生物，带有普遍的微管细胞骨架，纤毛（真核生物的鞭毛）与中心体（基体）作为其微管组织中心，具有被折叠伸入细胞质的粗面内质网包裹的有空结构的细胞核微小核糖体形成的颗粒结构。还要注意带有管状嵴的线粒体、少量的过氧化物酶体和其他细胞囊泡以及通过纤毛和短伪足结合形成的运动。依此绘制的共祖正吞噬着食物粒子（注意局部的细胞骨架结构）。

参考文献

[1] Achatz, J.G., Chiodin, M., Salvenmoser, W., *et al.* (2013) The Acoela: on their kind and kinships, especially with nemertodermatids and xenoturbellids (Bilateria *incertae sedis*). *Organisms Diversity & Evolution* **13**: 267–286.

[2] Adams, D. (1987) *Dirk Gently's Holistic Detective Agency.* William Heinemann, London.

[3] Adams, D. & Carwardine, M. (1991) *Last Chance to See.* Pan Books, London, 2nd edn.

[4] Adl, S.M., Simpson, A.G.B., Lane, C.E., *et al.* (2012) The revised classification of eukaryotes. *Journal of Eukaryotic Microbiology* **59**: 429–514.

[5] Alexander, R.D., Hoogland, J.L., Howard, R.D., *et al.* (1979) Sexual dimorphisms and breeding systems in pinnipeds, ungulates, primates, and humans. In *Evolutionary Biology and Human Social Behavior: An Anthropological Perspective* (Chagnon, N.A. & Irons, W., eds.), pp. 402–435, Duxbury Press, North Scituate, Mass.

[6] Ali, J.R. & Huber, M. (2010) Mammalian biodiversity on Madagascar controlled by ocean currents. *Nature* **463**: 653–656.

[7] Allentoft, M.E., Sikora, M., Sjögren, K.-G., *et al.* (2015) Population genomics of Bronze Age Eurasia. *Nature* **522**: 167–172.

[8] Amemiya, C.T., Alföldi, J., Lee, A.P., *et al.* (2013) The African coelacanth genome provides insights into tetrapod evolution. *Nature* **496**: 311–316.

[9] Amson, E., de Muizon, C., Laurin, M., *et al.* (2014) Gradual adaptation of bone structure to aquatic lifestyle in extinct sloths from Peru. *Proceedings of the Royal Society B: Biological Sciences* **281**: 20140192–20140192.

[10] Antcliffe, J.B., Callow, R.H.T. & Brasier, M.D. (2014) Giving the early fossil record of sponges a squeeze: The early fossil record of sponges. *Biological Reviews* **89**: 972–1004.

[11] *Arabian Nights, The* (1885) (Burton, R.F., trans.). The Kamashastra Society, Benares.

[12] Arnaud, E., Halverson, G.P. & Shields-Zhou, G. (eds.) (2011) *The geological record of Neoproterozoic glaciations.* Geological Society memoir 36. Geological Society, London.

[13] Arrese, C.A., Hart, N.S., Thomas, N., *et al.* (2002) Trichromacy in Australian marsupials. *Current Biology* **12:** 657–660.

[14] Arsuaga, J. L., Martinez, I., Arnold, L. J., *et al.* (2014) Neandertal roots: Cranial and chronological evidence from Sima de los Huesos. *Science* **344**: 1358–1363.

[15] Aschliman, N. C., Nishida, M., Miya, M., *et al.* (2012) Body plan convergence in the evolution of skates and rays (Chondrichthyes: Batoidea). *Molecular Phylogenetics and Evolution.* **63**: 28–42.

[16] Bada, J. L. & Lazcano, A. (2003) Prebiotic soup – revisiting the Miller experiment. *Science* **300:** 745–746.

[17] Bakker, R. (1986) *The Dinosaur Heresies: A Revolutionary View of Dinosaurs.* Longman Scientific and Technical, Harlow.

[18] Balbus, S. A. (2014) Dynamical, biological and anthropic consequences of equal lunar and solar angular radii. *Proceedings of the Royal Society A: Mathematical, Physical and Engineering Sciences* **470**: 20140263.

[19] Baldwin, J. M. (1896) A new factor in evolution. *American Naturalist* **30:** 441–451.

[20] Barlow, G. W. (2002) *The Cichlid Fishes: Nature's Grand Experiment in Evolution.* Perseus Publishing, Cambridge, Mass.

[21] Bateson, P. P. G. (1976) Specificity and the origins of behavior. In *Advances in the Study of Behavior* (Rosenblatt, J., Hinde, R. A., & Beer, C., eds.), vol. 6, pp. 1–20, Academic Press, New York.

[22] Bateson, W. (1894) *Materials for the Study of Variation Treated with Especial Regard to Discontinuity in the Origin of Species.* Macmillan and Co, London.

[23] Bauer, M. & von Halversen, O. (1987) Separate localization of sound recognizing and sound producing neural mechanisms in a grasshopper. *Journal of Comparative Physiology A* **161:** 95–101.

[24] Beerling, D. (2008) *The Emerald Planet: How Plants Changed Earth's History.* Oxford: Oxford Univ. Press.

[25] Begun, D. R. (1999) Hominid family values: Morphological and molecular data on relations among the great apes and humans. In *The Mentalities of Gorillas and Orangutans* (Parker, S. T., Mitchell, R. W., & Miles, H. L., eds.), chap. 1, pp. 3–42, Cambridge University Press, Cambridge.

[26] Bell, G. (1982) *The Masterpiece of Nature: The Evolution and Genetics of Sexuality.* Croom Helm, London.

[27] Belloc, H. (1999) *Complete Verse.* Random House Children's Books, London.

[28] Benton, M. J., Donoghue, P. C., Asher, R. J., *et al.* (2015) Constraints on the timescale of animal evolutionary history. *Palaeontologia Electronica* **18**: 1–106.

[29] Bergmann, P. J. & Irschick, D. J. (2012) Vertebral evolution and the diversification of squamate reptiles. *Evolution* **66**: 1044–1058.

[30] Berna, L. & Alvarez-Valin, F. (2014) Evolutionary genomics of fast evolving tunicates. *Genome Biology and Evolution* **6**: 1724–1738.

[31] Betzig, L. (1995) Medieval monogamy. *Journal of Family History* **20:** 181–216.
[32] Bininda-Emonds, O. R. P., Cardillo, M., Jones, K. E., *et al.* (2007) The delayed rise of present-day mammals. *Nature* **446**: 507–512.
[33] Blackmore, S. (1999) *The Meme Machine.* Oxford University Press, Oxford.
[34] Blair, W. F. (1955) Mating call and stage of speciation in the *Microhyla olivacea – M. carolinensis* complex. *Evolution* **9:** 469–480.
[35] Bloch, J. I. & Boyer, D. M. (2002) Grasping primate origins. *Science* **298:** 1606–1610.
[36] Blum, M. G. B. & Jakobsson, M. (2011) Deep divergences of human gene trees and models of human origins. *Molecular Biology and Evolution* **28**: 889–898.
[37] Bond, M., Tejedor, M. F., Campbell, K. E., *et al.* (2015) Eocene primates of South America and the African origins of New World monkeys. *Nature* **520**: 538–541.
[38] Bonner, J. T. (1993) *Life Cycles: Reflections of an Evolutionary Biologist.* Princeton University Press, Princeton, N.J.
[39] Bourlat, S. J., Juliusdottir, T., Lowe, C. J., *et al.* (2006) Deuterostome phylogeny reveals monophyletic chordates and the new phylum Xenoturbellida. *Nature* **444**: 85–88.
[40] Bourlat, S. J., Nielsen, C., Lockyer, A. E., *et al.* (2003) *Xenoturbella* is a deuterostome that eats molluscs. *Nature* **424:** 925–928.
[41] Briggs, D., Erwin, D., & Collier, F. (1994) *The Fossils of the Burgess Shale.* Smithsonian Institution Press, Washington, D.C.
[42] Briggs, D. E. G. & Fortey, R. A. (2005) Wonderful strife – systematics, stem groups and the phylogenetic signal of the Cambrian radiation. *Paleobiology* **31**: 94–112.
[43] Bromham, L. & Penny, D. (2003) The modern molecular clock. *Nature Reviews Genetics* **4:** 216–224.
[44] Bromham, L., Woolfit, M., Lee, M. S. Y., & Rambaut, A. (2002) Testing the relationship between morphological and molecular rates of change along phylogenies. *Evolution* **56:** 1921–1930.
[45] Broughton, R. E., Betancur-R., R., Li, C., *et al.* (2013) Multi-locus phylogenetic analysis reveals the pattern and tempo of bony fish evolution. *PLoS Currents.*
[46] Brown, C. T., Hug, L. A., Thomas, B. C., *et al.* (2015) Unusual biology across a group comprising more than 15% of domain Bacteria. *Nature* **523**: 208–211.
[47] Brunet, M., Guy, F., Pilbeam, D., *et al.* (2002) A new hominid from the Upper Miocene of Chad, central Africa. *Nature* **418:** 145–151.
[48] Buchsbaum, R. (1987) *Animals Without Backbones.* University of Chicago Press, Chicago, 3rd edn.

[49] Budd, G.E. (2009) The earliest fossil record of animals and its significance. In *Animal Evolution: Genomes, Fossils, and Trees* (Telford, M.J. & Littlewood, D.T.J., eds.), Oxford University Press, Oxford.

[50] Burki, F. (2014) The eukaryotic tree of life from a global phylogenomic perspective. *Cold Spring Harbor Perspectives in Biology* **6**: a016147–a016147.

[51] Burt, A. & Trivers, R. (2006) *Genes in Conflict: The Biology of Selfish Genetic Elements.* Cambridge, MA: Belknap Press of Harvard University Press.

[52] Butterfield, N.J. (2000) *Bangiomorpha pubescens* n. gen., n. sp.: implications for the evolution of sex, multicellularity, and the Mesoproterozoic/Neoproterozoic radiation of eukaryotes. *Paleobiology* **26**: 386–404.

[53] Butterfield, N.J. (2001) Paleobiology of the late Mesoproterozoic (ca. 1200 Ma) Hunting Formation, Somerset Island, arctic Canada. *Precambrian Research* **111**: 235–256.

[54] Cairns-Smith, A.G. (1985) *Seven Clues to the Origin of Life.* Cambridge University Press, Cambridge.

[55] Capella-Gutiérrez, S., Marcet-Houben, M. & Gabaldón, T. (2012) Phylogenomics supports microsporidia as the earliest diverging clade of sequenced fungi. *BMC Biology* **10**: 47.

[56] Carbone, L., Alan Harris, R., Gnerre, S., *et al.* (2014) Gibbon genome and the fast karyotype evolution of small apes. *Nature* **513**: 195–201.

[57] Carroll, R.L. (1988) *Vertebrate Paleontology and Evolution.* W.H. Freeman, New York.

[58] Casane, D. & Laurenti, P. (2013) Why coelacanths are not 'living fossils': A review of molecular and morphological data. *BioEssays* **35**: 332–338.

[59] Castellano, S., Parra, G., Sanchez-Quinto, F.A., *et al.* (2014) Patterns of coding variation in the complete exomes of three Neandertals. *Proceedings of the National Academy of Sciences* **111**: 6666–6671.

[60] Catania, K.C. & Kaas, J.H. (1997) Somatosensory fovea in the star-nosed mole: Behavioral use of the star in relation to innervation patterns and cortical representation. *Journal of Comparative Neurology* **387**: 215–233.

[61] Cavalier-Smith, T. (1991) Intron phylogeny: A new hypothesis. *Trends in Genetics* **7**: 145–148.

[62] Cavalier-Smith, T. (2002) The neomuran origin of archaebacteria, the negibacterial root of the universal tree and bacterial megaclassification. *International Journal of Systematic and Evolutionary Microbiology* **52**: 7–76.

[63] Cavalier-Smith, T. & Chao, E.E. (2010) Phylogeny and evolution of Apusomonadida (Protozoa: Apusozoa): New genera and species. *Protist* **161**: 549–576.

[64] Censky, E.J., Hodge, K., & Dudley, J. (1998) Overwater dispersal of lizards due to hurricanes. *Nature* **395**: 556.

[65] Chang, J. T. (1999) Recent common ancestors of all present-day individuals. *Advances in Applied Probability* **31:** 1002–1026.
[66] Chaucer, G. (2000) *Chaucer: The General Prologue on CD-ROM* (Solopova, E., ed.). Cambridge University Press, Cambridge.
[67] Chiari, Y., Cahais, V., Galtier, N., *et al.* (2012) Phylogenomic analyses support the position of turtles as the sister group of birds and crocodiles (Archosauria). *Bmc Biology* **10:** 65.
[68] Clack, J. (2002) *Gaining Ground: The Origin and Evolution of Tetrapods.* Indiana University Press, Bloomington.
[69] Clarke, R. J. (1998) First ever discovery of a well-preserved skull and associated skeleton of *Australopithecus. South African Journal of Science* **94:** 460–463.
[70] Cleveland, L. R. & Grimstone, A. V. (1964) The fine structure of the flagellate *Mixotricha paradoxa* and its associated micro-organisms. *Proceedings of the Royal Society of London: Series B* **159:** 668–686.
[71] Collins, A. G. (2009) Recent insights into cnidarian phylogeny. *Smithsonian Contributions to Marine Sciences* **38:** 139–149.
[72] Conway-Morris, S. (1998) *The Crucible of Creation: The Burgess Shale and the Rise of Animals.* Oxford University Press, Oxford.
[73] Conway-Morris, S. (2003) *Life's Solution: Inevitable Humans in a Lonely Universe.* Cambridge University Press, Cambridge.
[74] Cooper, A. & Fortey, R. (1998) Evolutionary explosions and the phylogenetic fuse. *Trends in Ecology and Evolution* **13:** 151–156.
[75] Cooper, A. & Stringer, C. B. (2013) Did the Denisovans cross Wallace's line? *Science* **342:** 321–323.
[76] Cott, H. B. (1940) *Adaptive Coloration in Animals.* Methuen, London.
[77] Crick, F. H. C. (1981) *Life Itself: Its Origin and Nature.* Macdonald, London.
[78] Criswell, K. E. (2015) The comparative osteology and phylogenetic relationships of African and South American lungfishes (*Sarcoptergii: Dipnoi*). *Zoological Journal of the Linnean Society* **174:** 801–858.
[79] Crockford, S. (2002) *Dog Evolution: A Role for Thyroid Hormone Physiology in Domestication Changes.* Johns Hopkins University Press, Baltimore.
[80] Cronin, H. (1991) *The Ant and the Peacock: Altruism and Sexual Selection from Darwin to Today.* Cambridge University Press, Cambridge.
[81] Csányi, V. (2006) *If Dogs Could Talk: Exploring the Canine Mind.* The History Press.
[82] Daeschler, E. B., Shubin, N. H. & Jenkins, F. A. (2006) A Devonian tetrapod-like fish and the evolution of the tetrapod body plan. *Nature* **440:** 757–763.
[83] Dalen, L., Orlando, L., Shapiro, B., *et al.* (2012) Partial genetic turnover in Neanderthals: continuity in the east and population replacement in the west. *Molecular Biology and Evolution* **29:** 1893–1897.

[84] Darwin, C. (1860/1859) *On The Origin of Species by Means of Natural Selection.* John Murray, London.
[85] Darwin, C. (1987/1842) *The Geology of the Voyage of HMS Beagle: The Structure and Distribution of Coral Reefs.* New York University Press, New York.
[86] Darwin, C. (2002/1839) *The Voyage of the Beagle.* Dover Publications, New York.
[87] Darwin, C. (2003/1871) *The Descent of Man.* Gibson Square Books, London.
[88] Darwin, F. (ed.) (1888) *The Life And Letters of Charles Darwin.* John Murray, London.
[89] Daubin, V., Gouy, M., & Perrière, G. (2002) A phylogenomic approach to bacterial phylogeny: Evidence for a core of genes sharing common history. *Genome Research* **12:** 1080–1090.
[90] Davies, P. (1998) *The Fifth Miracle: The Search for the Origin of Life.* Allen Lane, The Penguin Press, London.
[91] Dawkins, R. (1982) *The Extended Phenotype.* W.H. Freeman, Oxford.
[92] Dawkins, R. (1986) *The Blind Watchmaker.* Longman, London.
[93] Dawkins, R. (1989) The evolution of evolvability. In *Artificial Life* (Langton, C., ed.), pp. 201–220, Addison-Wesley, New York.
[94] Dawkins, R. (1989) *The Selfish Gene.* Oxford University Press, Oxford, 2nd edn.
[95] Dawkins, R. (1995) *River Out of Eden.* Weidenfeld & Nicolson, London.
[96] Dawkins, R. (1996) *Climbing Mount Improbable.* Viking, London.
[97] Dawkins, R. (1998) *Unweaving the Rainbow.* Penguin, London.
[98] Dawkins, R. (2003) *A Devil's Chaplain.* Weidenfeld & Nicolson, London.
[99] Dawkins, R. & Krebs, J.R. (1979) Arms races between and within species. *Proceedings of the Royal Society of London: Series B* **205:** 489–511.
[100] de Morgan, A. (2003/1866) *A Budget of Paradoxes.* The Thoemmes Library, Poole, Dorset.
[101] de Waal, F. (1995) Bonobo sex and society. *Scientific American* **272** (March): 82–88.
[102] de Waal, F. (1997) *Bonobo: The Forgotten Ape.* University of California Press, Berkeley.
[103] Delsuc, F., Brinkmann, H., Chourrout, D., *et al.* (2006) Tunicates and not cephalochordates are the closest living relatives of vertebrates. *Nature* **439**: 965–968.
[104] Dennett, D. (1991) *Consciousness Explained.* Little, Brown, Boston.
[105] Dennett, D. (1995) *Darwin's Dangerous Idea: Evolution and the Meaning of Life.* Simon & Schuster, New York.
[106] Derelle, R., Torruella, G., Klimeš, V., *et al.* (2015) Bacterial proteins pinpoint a single eukaryotic root. *Proceedings of the National Academy of Sciences of the USA* **112:** E693–E699.

[107] Deutsch, D. (1997) *The Fabric of Reality.* Allen Lane, The Penguin Press, London.
[108] Diamond, J. (1991) *The Rise and Fall of the Third Chimpanzee.* Radius, London.
[109] Dias, B.G. & Ressler, K.J. (2013) Parental olfactory experience influences behavior and neural structure in subsequent generations. *Nature Neuroscience* **17**: 89–96.
[110] Dixon, D. (1981) *After Man: A Zoology of the Future.* Granada, London.
[111] Doolittle, W.F. & Sapienza, C. (1980) Selfish genes, the phenotype paradigm and genome evolution. *Nature* **284**: 601–603.
[112] dos Reis, M., Donoghue, P.C.J. & Yang, Z. (2014) Neither phylogenomic nor palaeontological data support a Palaeogene origin of placental mammals. *Biology Letters* **10**: 20131003.
[113] dos Reis, M., Inoue, J., Hasegawa, M., *et al.* (2012) Phylogenomic datasets provide both precision and accuracy in estimating the timescale of placental mammal phylogeny. *Proceedings of the Royal Society B: Biological Sciences* **279**: 3491–3500.
[114] dos Reis, M., Thawornwattana, Y., Angelis, K., *et al.* (2015) Uncertainty in the timing of origin of animals and the limits of precision in molecular timescales. *Current Biology* **25**: 2939–2950.
[115] Douady, C.J., Catzeflis, F., Kao, D.J., *et al.* (2002) Molecular evidence for the monophyly of Tenrecidae (Mammalia) and the timing of the colonization of Madagascar by malagasy tenrecs. *Molecular Phylogenetics and Evolution* **22**: 357–363.
[116] Drayton, M. (1931–1941) *The Works of Michael Drayton.* Blackwell, Oxford.
[117] Dudley, J.W. & Lambert, R.J. (1992) Ninety generations of selection for oil and protein in maize. *Maydica* **37**: 96–119.
[118] Dulai, K.S., von Dornum, M., Mollon, J.D., & Hunt, D.M. (1999) The evolution of trichromatic color vision by opsin gene duplication in New World and Old World primates. *Genome Research* **9**: 629–638.
[119] Dunn, C.W., Hejnol, A., Matus, D.Q., *et al.* (2008) Broad phylogenomic sampling improves resolution of the animal tree of life. *Nature* **452**: 745–749.
[120] Durham, W.H. (1991) *Coevolution: Genes, Culture and Human diversity.* Stanford University Press, Stanford.
[121] Dyson, F.J. (1999) *Origins of Life.* Cambridge University Press, Cambridge, 2nd ed.
[122] Eddy, S.R. (2012) The C-value paradox, junk DNA and ENCODE. *Current Biology* **22**: R898–R899.
[123] Edgecombe, G.D., Giribet, G., Dunn, C.W., *et al.* (2011) Higher-level metazoan relationships: Recent progress and remaining questions. *Organisms Diversity & Evolution* **11**: 151–172.

[124] Edwards, A. W. F. (2003) Human genetic diversity: Lewontin's fallacy. *BioEssays* **25**: 798–801.

[125] Eigen, M. (1992) *Steps Towards Life: A Perspective on Evolution*. Oxford University Press, Oxford.

[126] Eitel, M., Osigus, H.-J., DeSalle, R., & Schierwater, B. (2013) Global diversity of the Placozoa. *PLoS ONE* **8**: e57131.

[127] Erdmann, M. (1999) An account of the first living coelacanth known to scientists from Indonesian waters. *Environmental Biology of Fishes* **54**: 439–443.

[128] Ezkurdia, I., Juan, D., Rodriguez, J. M., *et al.* (2014) Multiple evidence strands suggest that there may be as few as 19 000 human protein-coding genes. *Human Molecular Genetics* **23**: 5866–5878.

[129] Fabre, P.-H., Hautier, L., Dimitrov, D., *et al.* (2012) A glimpse on the pattern of rodent diversification: a phylogenetic approach. *BMC Evolutionary Biology* **12**: 88.

[130] Farina, R. A., Tambusso, P. S., Varela, L., *et al.* (2013) Arroyo del Vizcaino, Uruguay: a fossil-rich 30-ka-old megafaunal locality with cut-marked bones. *Proceedings of the Royal Society B: Biological Sciences* **281**: 20132211–20132211.

[131] Felsenstein, J. (2004) *Inferring phylogenies*. Sunderland, Mass: Sinauer Associates.

[132] Fernholm, B., Norén, M., Kullander, S. O., *et al.* (2013) Hagfish phylogeny and taxonomy, with description of the new genus *Rubicundus* (Craniata, Myxinidae). *Journal of Zoological Systematics and Evolutionary Research* **51**: 296–307.

[133] Ferrier, D. E. K. & Holland, P. W. H. (2001) Ancient origin of the Hox gene cluster. *Nature Reviews Genetics* **2**: 33–38.

[134] Ferrier, D. E. K., Minguillón, C., Holland, P. W. H., & Garcia-Fernàndez, J. (2000) The amphioxus Hox cluster: Deuterostome posterior flexibility and Hox14. *Evolution and Development* **2**: 284–293.

[135] Fisher, R. A. (1999/1930) *The Genetical Theory of Natural Selection: A Complete Variorum Edition*. Oxford University Press, Oxford.

[136] Fisher, S. E. & Scharff, C. (2009) FOXP2 as a molecular window into speech and language. *Trends in Genetics* **25**: 166–177.

[137] Fogle, B. (1993) *101 Questions Your Dog Would Ask Its Vet*. Michael Joseph, London.

[138] Fortey, R. (1997) *Life: An Unauthorised Biography: A Natural History of the First Four Thousand Million Years of Life on Earth*. HarperCollins, London.

[139] Fortey, R. (2012) *Survivors: The Animals and Plants that Time has Left Behind*. HarperPress, London.

[140] Freedman, A. H., Gronau, I., Schweizer, R. M., *et al.* (2014) Genome sequencing highlights the dynamic early history of dogs. *PLoS Genetics* **10**: e1004016.

[141] Fu, Q., Hajdinjak, M., Moldovan, O.T., *et al.* (2015) An early modern human from Romania with a recent Neanderthal ancestor. *Nature* **524**: 216–219.

[142] Fu, Q., Li, H., Moorjani, P., *et al.* (2014) Genome sequence of a 45,000-year-old modern human from western Siberia. *Nature* **514**: 445–449.

[143] Fu, Q., Mittnik, A., Johnson, P.L.F., *et al.* (2013) A revised timescale for human evolution based on ancient mitochondrial genomes. *Current Biology* **23**: 553–559.

[144] Gallant, J.R., Traeger, L.L., Volkening, J.D., *et al.* (2014) Genomic basis for the convergent evolution of electric organs. *Science* **344**: 1522–1525.

[145] Gardner, A. & Conlon, J.P. (2013) Cosmological natural selection and the purpose of the universe. *Complexity* **18**: 48–56.

[146] Garstang, W. (1951) *Larval Forms and Other Zoological Verses by the late Walter Garstang* (Hardy, A.C., ed.). Blackwell, Oxford.

[147] Gavelis, G.S., Hayakawa, S., White III, R.A., *et al* (2015) Eye-like ocelloids are built from different endosymbiotically acquired components. *Nature* **523**: 204–207.

[148] Geissmann, T. (2002) Taxonomy and evolution of gibbons. *Evolutionary Anthropology* **11, Supplement 1**: 28–31.

[149] Gensel, P.G. (2008) The earliest land plants. *Annual Review of Ecology, Evolution, and Systematics* **39**: 459–477.

[150] Georgy, S.T., Widdicombe, J.G., & Young, V. (2002) The pyrophysiology and sexuality of dragons. *Respiratory Physiology & Neurobiology* **133**: 3–10.

[151] Giribet, G. (2008) Assembling the lophotrochozoan (=spiralian) tree of life. *Philosophical Transactions of the Royal Society B: Biological Sciences* **363**: 1513–1522.

[152] Gold, T. (1992) The deep, hot biosphere. *Proceedings of the National Academy of Sciences of the USA* **89**: 6045–6049.

[153] Goodman, M. (1985) Rates of molecular evolution: The hominoid slowdown. *BioEssays* **3**: 9–14.

[154] Gould, S.J. (1977) *Ontogeny and Phylogeny*. The Belknap Press of Harvard University Press, Cambridge, Mass.

[155] Gould, S.J. (1985) *The Flamingo's Smile: Reflections in Natural History*. Norton, New York.

[156] Gould, S.J. (1989) *Wonderful Life: The Burgess Shale and the Nature of History*. Hutchinson Radius, London.

[157] Gould, S.J. & Calloway, C.B. (1980) Clams and brachiopods: Ships that pass in the night. *Paleobiology* **6**: 383–396.

[158] Grafen, A. (1990) Sexual selection unhandicapped by the Fisher process. *Journal of Theoretical Biology* **144**: 473–516.

[159] Granger, D.E., Gibbon, R.J., Kuman K., *et al.* (2015) New cosmogenic burial ages for Sterkfontein Member 2 Australopithecus and Member 5 Oldowan. *Nature* **522**: 85–88.

[160] Grant, P.R. (1999/1986) *Ecology and Evolution of Darwin's Finches.* Princeton University Press, Princeton, N.J., revised ed.

[161] Grant, P.R. & Grant, B.R. (2014) *40 Years of Evolution: Darwin's Finches on Daphne Major Island.* Princeton University Press, Princeton, N.J.

[162] Graur, D. & Martin, W. (2004) Reading the entrails of chickens: Molecular timescales of evolution and the illusion of precision. *Trends in Genetics* **20:** 80–86.

[163] Green, R.E., Krause, J., Briggs, A.W., *et al.* (2010) A draft sequence of the Neandertal genome. *Science* **328**: 710–722.

[164] Greenwalt, D.E., Goreva, Y.S., Siljestrom, S.M., *et al.* (2013) Hemoglobin-derived porphyrins preserved in a Middle Eocene blood-engorged mosquito. *Proceedings of the National Academy of Sciences* **110**: 18496–18500.

[165] Gribbin, J. & Cherfas, J. (1982) *The Monkey Puzzle.* The Bodley Head, London.

[166] Gribbin, J. & Cherfas, J. (2001) *The First Chimpanzee: In Search of Human Origins.* Penguin, London.

[167] Gross, J.B. (2012) The complex origin of *Astyanax* cavefish. *BMC evolutionary biology* **12**: 105.

[168] Groves, C.P. (1986) Systematics of the great apes. In *Systematics, Evolution, and Anatomy* (Swindler, D.R. & Erwin, J., eds.), *Comparative Primate Biology*, vol. 1, pp. 186–217, Alan R. Liss, New York.

[169] Hadzi, J. (1963) *The Evolution of the Metazoa.* Pergamon Press, Oxford.

[170] Haeckel, E. (1866) *Generelle Morphologie der Organismen.* Georg Reimer, Berlin.

[171] Haeckel, E. (1899–1904) *Kunstformen der Natur.*

[172] Haig, D. (1993) Genetic conflicts in human pregnancy. *The Quarterly Review of Biology* **68:** 495–532.

[173] Haldane, J.B.S. (1952) Introducing Douglas Spalding. *British Journal for Animal Behaviour* **2:** 1.

[174] Haldane, J.B.S. (1985) *On Being the Right Size and Other Essays* (Maynard Smith, J., ed.). Oxford University Press, Oxford.

[175] Halder, G., Callaerts, P., & Gehring, W.J. (1995) Induction of ectopic eyes by targeted expression of the eyeless gene in *Drosophila. Science* **267:** 1788–1792.

[176] Hallam, A. & Wignall, P.B. (1997) *Mass Extinctions and their Aftermath.* Oxford University Press, Oxford.

[177] Hamilton, W.D. (2001) *Narrow Roads of Gene Land*, vol. 2. Oxford University Press, Oxford.

[178] Hamilton, W.D. (2006) *Narrow Roads of Gene Land* (Ridley, M., ed.), vol. 3. Oxford University Press, Oxford.

[179] Hamrick, M.W. (2001) Primate origins: Evolutionary change in digital ray patterning and segmentation. *Journal of Human Evolution* **40:** 339–351.

[180] Harcourt, A.H., Harvey, P.H., Larson, S.G., & Short, R.V. (1981) Testis weight, body weight and breeding system in primates. *Nature* **293:** 55–57.
[181] Hardy, A. (1965) *The Living Stream.* Collins, London.
[182] Hardy, A.C. (1954) The escape from specialization. In *Evolution as a Process* (Huxley, J., Hardy, A.C., & Ford, E.B., eds.), Allen and Unwin, London, 1st edn.
[183] Harmand, S., Lewis, J.E., Fiebel, C.S., *et al.* (2015) 3.3-million-year-old stone tools from Lomekwi 3, West Turkana, Kenya. *Nature* **521:** 310–315.
[184] Hartig, G., Churakov, G., Warren, W.C., *et al.* (2013) Retrophylogenomics place tarsiers on the evolutionary branch of anthropoids. *Scientific Reports* **3**.
[185] Harvey, P.H. & Pagel, M.D. (1991) *The Comparative Method in Evolutionary Biology.* Oxford University Press, Oxford.
[186] Hay, J.M., Subramanian, S., Millar, C.D., *et al.* (2008) Rapid molecular evolution in a living fossil. *Trends in Genetics* **24**: 106–109.
[187] Heesy, C.P. & Ross, C.F. (2001) Evolution of activity patterns and chromatic vision in primates: Morphometrics, genetics and cladistics. *Journal of Human Evolution* **40:** 111–149.
[188] Heimberg, A.M., Cowper-Sal·lari, R., Semon, M., *et al.* (2010) microRNAs reveal the interrelationships of hagfish, lampreys, and gnathostomes and the nature of the ancestral vertebrate. *Proceedings of the National Academy of Sciences* **107**: 19379–19383.
[189] Heinicke, M.P., Sander, J.M. & Hedges, S.B. (2009) Lungfishes (Dipnoi). In *The Timetree of Life.* Hedges, S.B. & Kumar, S. (Eds). . Oxford?; New York: Oxford University Press.
[190] Hejnol, A., Obst, M., Stamatakis, A., *et al.* (2009) Assessing the root of bilaterian animals with scalable phylogenomic methods. *Proceedings of the Royal Society B: Biological Sciences* **276**: 4261–4270.
[191] Higham, T., Douka, K., Wood, R., *et al.* (2014) The timing and spatiotemporal patterning of Neanderthal disappearance. *Nature* **512**: 306–309.
[192] Hinchliff, C.E., Smith, S.A., Allman, J.F., *et al.* (2015) Synthesis of phylogeny and taxonomy into a comprehensive tree of life. *Proceedings of the National Academy of Sciences.*
[193] Hobolth, A., Dutheil, J.Y., Hawks, J., *et al.* (2011) Incomplete lineage sorting patterns among human, chimpanzee, and orangutan suggest recent orangutan speciation and widespread selection. *Genome Research* **21:** 349–356.
[194] Holland, N.D. (2003) Early central nervous system evolution: An era of skin brains? *Nature Reviews Neuroscience* **4**: 617–627.
[195] Hollmann, J., Myburgh, S., Van der Schijff, M., *et al.* (1995) Aardvark and cucumber: A remarkable relationship. *Veld and Flora* 108–109.
[196] Home, E. (1802) A description of the anatomy of the *Ornithorhynchus paradoxus. Philosophical Transactions of the Royal Society of London* **92:** 67–84.

[197] Hou, X.-G., Aldridge, R.J., Bergstrom, J., *et al.* (2004) *The Cambrian Fossils of Chengjiang, China: The Flowering of Early Animal Life.* Blackwell Science, Oxford.
[198] Huerta-Sánchez, E., Jin, X., Asan, *et al.* (2014) Altitude adaptation in Tibetans caused by introgression of Denisovan-like DNA. *Nature* **512**: 194–197.
[199] Hume, D. (1957/1757) *The Natural History of Religion* (Root, H.E., ed.). Stanford University Press, Stanford.
[200] Huxley, A. (1939) *After Many a Summer.* Chatto and Windus, London.
[201] Huxley, T.H. (2001/1836) *Man's Place in Nature.* Random House USA, New York.
[202] Ibarra-Laclette, E., Lyons, E., Hernández-Guzmán, G., *et al.* (2013) Architecture and evolution of a minute plant genome. *Nature* **498**: 94–98.
[203] Inoue, J.G., Miya, M., Lam, K., *et al.* (2010) Evolutionary origin and phylogeny of the modern holocephalans (chondrichthyes: chimaeriformes): A mitogenomic perspective. *Molecular Biology and Evolution* **27**: 2576–2586.
[204] Isaac, N.J.B., Redding, D.W., Meredith, H.M., *et al.* (2012) Phylogenetically-informed priorities for amphibian conservation. *PLoS ONE* **7**: e43912.
[205] Jaffe, A.L., Slater, G.J. & Alfaro, M.E. (2011) The evolution of island gigantism and body size variation in tortoises and turtles. *Biology Letters* **7**: 558–561.
[206] Janečka, J.E., Helgen, K.M., Lim, N.T.-L., *et al.* (2008) Evidence for multiple species of Sunda colugo. *Current Biology* **18**: R1001–R1002.
[207] Janečka, J.E., Miller, W., Pringle, T.H., *et al.* (2007) Molecular and genomic data identify the closest living relative of primates. *Science* **318**: 792–794.
[208] Jensen, S., Droser, M.L. & Gehling, J.G. (2005) Trace fossil preservation and the early evolution of animals. *Palaeogeography, Palaeoclimatology, Palaeoecology* **220**: 19–29.
[209] Jerison, H.J. (1973) *Evolution of the Brain and Intelligence.* Academic Press, New York.
[210] Jimenez-Guri, E., Philippe, H., Okamura, B., *et al.* (2007) *Buddenbrockia* is a cnidarian worm. *Science* **317**: 116–118.
[211] Johanson, D.C. & Edey, M.A. (1981) *Lucy: The Beginnings of Humankind.* Grenada, London.
[212] Jones, S. (1993) *The Language of the Genes: Biology, History, and the Evolutionary Future.* HarperCollins, London.
[213] Judson, O. (2002) *Dr. Tatiana's Sex Advice to all Creation.* Metropolitan Books, New York.
[214] Karpov, S.A., Mamkaeva, M.A., Aleoshin, V.V., *et al.* (2014) Morphology, phylogeny, and ecology of the aphelids (Aphelidea, Opisthokonta) and

proposal for the new superphylum Opisthosporidia. *Frontiers in Microbiology* **5**.
[215] Katzourakis, A. & Gifford, R. J. (2010) Endogenous viral elements in animal genomes. *PLoS Genetics* **6**: e1001191.
[216] Kauffman, S. A. (1985) Self-organization, selective adaptation, and its limits. *In Evolution at a Crossroads* (Depew, D. J. & Weber, B. H., eds.), pp. 169–207, MIT Press, Cambridge, Mass.
[217] Keeling, P. J. (2013) The number, speed, and impact of plastid endosymbioses in eukaryotic evolution. *Annual Review of Plant Biology* **64**: 583–607.
[218] Kemp, T. S. (1982) The reptiles that became mammals. *New Scientist* **93**: 581–584.
[219] Kemp, T. S. (2005) *The Origin and Evolution of Mammals.* Oxford University Press, Oxford.
[220] Kimura, M. (1994) *Population Genetics, Molecular Evolution and the Neutral Theory* (Takahata, N., ed.). University of Chicago Press, Chicago.
[221] King, H. M., Shubin, N. H., Coates, M. I., *et al.* (2011) Behavioral evidence for the evolution of walking and bounding before terrestriality in sarcopterygian fishes. *Proceedings of the National Academy of Sciences* **108**: 21146–21151.
[222] Kingdon, J. (1990) *Island Africa.* Collins, London.
[223] Kingdon, J. (2003) *Lowly Origin: Where, When and Why our Ancestors First Stood Up.* Princeton University Press, Princeton/Oxford.
[224] Kingsley, C. (1995/1863) *The Water Babies.* Puffin, London.
[225] Kipling, R. (1995/1906) *Puck of Pook's Hill.* Penguin, London.
[226] Kirschner, M. & Gerhart, J. (1998) Evolvability. *Proceedings of the National Academy of Sciences of the USA* **95**: 8420–8427.
[227] Kittler, R., Kayser, M., & Stoneking, M. (2003) Molecular evolution of *Pediculus humanus* and the origin of clothing. *Current Biology* **13**: 1414–1417.
[228] Kivell, T. L. & Schmitt, D. (2009) Independent evolution of knuckle-walking in African apes shows that humans did not evolve from a knuckle-walking ancestor. *Proceedings of the National Academy of Sciences* **106**: 14241–14246.
[229] Klein, R. G. (1999) *The Human Career: Human Biological and Cultural Origins.* Chicago University Press, Chicago/London, 2nd ed.
[230] Kong, A., Frigge, M. L., Masson, G., *et al.* (2012) Rate of de novo mutations and the importance of father's age to disease risk. *Nature* **488**: 471–475.
[231] Krings, M., Stone, A., Schmitz, R. W., *et al.* (1997) Neanderthal DNA sequences and the origin of modern humans. *Cell* **90**: 19–30.
[232] Kruuk, H. (2003) *Niko's Nature.* Oxford University Press, Oxford.
[233] Kuraku, S. (2008) Insights into cyclostome phylogenomics: Pre-2R or post-2R. *Zool. Sci.* **25**: 960–968.

[234] Lack, D. (1947) *Darwin's Finches.* Cambridge University Press, Cambridge.

[235] Lambourn, W.A. (1930) The remarkable adaptation by which a dipterous pupa (Tabanidae) is preserved from the dangers of fissures in drying mud. *Proceedings of the Royal Society of London: Series B* **106:** 83–87.

[236] Lamichhaney, S., Berglund, J., Almén, M.S., *et al.* (2015) Evolution of Darwin's finches and their beaks revealed by genome sequencing. *Nature* **518**: 371–375.

[237] Lasek-Nesselquist, E. & Gogarten, J.P. (2013) The effects of model choice and mitigating bias on the ribosomal tree of life. *Molecular Phylogenetics and Evolution* **69**: 17–38.

[238] Laskey, R.A. & Gurdon, J.B. (1970) Genetic content of adult somatic cells tested by nuclear transplantation from cultured cells. *Nature* **228:** 1332–1334.

[239] Leakey, M. (1987) The hominid footprints: Introduction. In *Laetoli: A Pliocene Site in Northern Tanzania* (Leakey, M.D. & Harris, J.M., eds.), pp. 490–496, Clarendon Press, Oxford.

[240] Leakey, M., Feibel, C., McDougall, I., & Walker, A. (1995) New four-million-year-old hominid species from Kanapoi and Allia Bay, Kenya. *Nature* **376:** 565–571.

[241] Leakey, R. (1994) *The Origin of Humankind.* Basic Books, New York.

[242] Leakey, R. & Lewin, R. (1992) *Origins Reconsidered: In Search of What Makes us Human.* Little, Brown, London.

[243] Leakey, R. & Lewin, R. (1996) *The Sixth Extinction: Biodiversity and its Survival.* Weidenfeld & Nicolson, London.

[244] Legg, D.A., Sutton, M.D. & Edgecombe, G.D. (2013) Arthropod fossil data increase congruence of morphological and molecular phylogenies. *Nature Communications* **4**.

[245] Lewis-Williams, D. (2002) *The Mind in the Cave.* Thames and Hudson, London.

[246] Lewontin, R.C. (1972) The apportionment of human diversity. *Evolutionary Biology* **6:** 381–398.

[247] Li, H. & Durbin, R. (2011) Inference of human population history from individual whole-genome sequences. *Nature* **475**: 493–496.

[248] Liang, D., Shen, X.X. & Zhang, P. (2013) One thousand two hundred ninety nuclear genes from a genome-wide survey support lungfishes as the sister group of tetrapods. *Molecular Biology and Evolution* **30**: 1803–1807.

[249] Liem, K.F. (1973) Evolutionary strategies and morphological innovations: cichlid pharyngeal jaws. *Systematic Zoology* **22:** 425–441.

[250] Lindblad-Toh, K., Wade, C.M., Mikkelsen, T.S., *et al.* (2005) Genome sequence, comparative analysis and haplotype structure of the domestic dog. *Nature* **438**: 803–819.

[251] Liu, Y., Cotton, J. A., Shen, B., *et al.* (2010) Convergent sequence evolution between echolocating bats and dolphins. *Current Biology* **20**: R53–R54.
[252] Long, J. A., Trinajstic, K. & Johanson, Z. (2009) Devonian arthrodire embryos and the origin of internal fertilization in vertebrates. *Nature* **457**: 1124–1127.
[253] Lordkipanidze, D., Ponce de Leon, M. S., Margvelashvili, A., *et al.* (2013) A complete skull from Dmanisi, Georgia, and the evolutionary biology of early *Homo. Science* **342**: 326–331.
[254] Lorenz, K. (2002) *Man Meets Dog.* Routledge Classics, Routledge, London.
[255] Lovejoy, C. O. (1981) The origin of man. *Science* **211:** 341–350.
[256] Lovejoy, C. O. (2009) Reexamining human origins in light of *Ardipithecus ramidus. Science* **326**: 74–74, 74e1–74e8.
[257] Ludeman, D. A., Farrar, N., Riesgo, A., *et al.* (2014) Evolutionary origins of sensation in metazoans: functional evidence for a new sensory organ in sponges. *BMC Evolutionary Biology* **14**: 3.
[258] Luo, Z.-X., Cifelli, R. L., & Kielan-Jaworowska, Z. (2001) Dual origin of tribosphenic mammals. *Nature* **409:** 53–57.
[259] Luo, Z.-X., Ji, Q., Wible, J. R., *et al.* (2003) An Early Cretaceous tribosphenic mammal and metatherian evolution. *Science* **302**: 1934–1940.
[260] Luo, Z.-X., Yuan, C.-X., Meng, Q.-J., *et al.* (2011) A Jurassic eutherian mammal and divergence of marsupials and placentals. *Nature* **476**: 442–445.
[261] Macaulay, V. (2005) Single, rapid coastal settlement of Asia revealed by analysis of complete mitochondrial genomes. *Science* **308**: 1034–1036.
[262] Magiorkinis, G., Blanco-Melo, D. & Belshaw, R. (2015) The decline of human endogenous retroviruses: extinction and survival. *Retrovirology* **12**: 8.
[263] Mandelbrot, B. B. (1982) *The Fractal Geometry of Nature.* San Francisco: W. H. Freeman.
[264] Manger, P. R. & Pettigrew, J. D. (1995) Electroreception and feeding behaviour of the platypus (*Ornithorhychus anatinus:* Monotrema: Mammalia). *Philosophical Transactions of the Royal Society of London: Biological Sciences* **347:** 359–381.
[265] Margulis, L. (1981) *Symbiosis in Cell Evolution.* W. H. Freeman, San Francisco.
[266] Maricic, T., Gunther, V., Georgiev, O., *et al.* (2013) A recent evolutionary change affects a regulatory element in the human FOXP2 gene. *Molecular Biology and Evolution* **30**: 844–852.
[267] Mark Welch, D. & Meselson, M. (2000) Evidence for the evolution of bdelloid rotifers without sexual reproduction or genetic exchange. *Science* **288:** 1211–1219.

[268] Martin, R.D. (1981) Relative brain size and basal metabolic rate in terrestrial vertebrates. *Nature* **293:** 57–60.
[269] Martin, W. & Koonin, E.V. (2006) Introns and the origin of nucleus–cytosol compartmentalization. *Nature* **440**: 41–45.
[270] Mash, R. (2003/1983) *How to Keep Dinosaurs.* Weidenfeld & Nicholson, London.
[271] Mathieson, I., Lazaridis, I., Rohland, N., *et al.* (2015) Eight thousand years of natural selection in Europe. *bioRxiv.*
[272] Maynard Smith, J. (1978) *The Evolution of Sex.* Cambridge University Press, Cambridge.
[273] Maynard Smith, J. (1986) Evolution – contemplating life without sex. *Nature* **324:** 300–301.
[274] Maynard Smith, J. & Szathmàry, E. (1995) *The Major Transitions in Evolution.* Oxford University Press, Oxford.
[275] Mayr, E. (1985/1982) *The Growth of Biological Thought.* Harvard University Press, Cambridge, Mass.
[276] McBrearty, S. & Jablonski, N.G. (2005) First fossil chimpanzee. *Nature* **437**: 105–108.
[277] McDougall, I., Brown, F.H. & Fleagle, J.G. (2005) Stratigraphic placement and age of modern humans from Kibish, Ethiopia. *Nature* **433**: 733–736.
[278] McPherron, S.P., Alemseged, Z., Marean, C.W., *et al.* (2010) Evidence for stone-tool assisted consumption of animal tissues before 3.39 million years ago at Dikka, Ethiopia. *Nature* **466:** 857–860.
[279] Mendez, F.L., Krahn, T., Schrack, B., *et al.* (2013) An African American paternal lineage adds an extremely ancient root to the human Y chromosome phylogenetic tree. *The American Journal of Human Genetics* **92**: 454–459.
[280] Mendez, F.L., Veeramah, K.R., Thomas, M.G., *et al.* (2015) Reply to 'The "extremely ancient" chromosome that isn't' by Elhaik *et al. European Journal of Human Genetics* **23**: 564–567.
[281] Menon, L.R., McIlroy, D. & Brasier, M.D. (2013) Evidence for Cnidaria-like behavior in ca. 560 Ma Ediacaran *Aspidella. Geology* **41**: 895–898.
[282] Menotti-Raymond, M. & O'Brien, S.J. (1993) Dating the genetic bottleneck of the African cheetah. *Proceedings of the National Academy of Sciences of the USA* **90:** 3172–3176.
[283] Meyer, M., Fu, Q., Aximu-Petri, A., *et al.* (2013) A mitochondrial genome sequence of a hominin from Sima de los Huesos. *Nature* **505**: 403–406.
[284] Meyer, M., Kircher, M., Gansauge, M.-T., *et al.* (2012) A high-coverage genome sequence from an archaic Denisovan individual. *Science* **338**: 222–226.
[285] Milius, S. (2000) Bdelloids: No sex for over 40 million years. *Science News* **157:** 326.

[286] Miller, G. (2000) *The Mating Mind: How Sexual Choice Shaped the Evolution of Human Nature.* Heinemann, London.

[287] Miller, K.R. (1999) *Finding Darwin's God: A Scientist's Search for Common Ground Between God and Evolution.* Cliff Street Books (HarperCollins), New York.

[288] Miller, K.R. (2004) The flagellum unspun: the collapse of 'irreducible complexity'. In *Debating Design: From Darwin to DNA* (Ruse, M. & Dembski, W., eds.), Cambridge University Press, Cambridge.

[289] Mills, D.R., Peterson, R.L., & Spiegelman, S. (1967) An extracellular Darwinian experiment with a self-duplicating nucleic acid molecule. *Proceedings of the National Academy of Sciences of the USA* **58:** 217–224.

[290] Milner, A.R. & Sequeira, S.E.K. (1994) The temnospondyl amphibians from the Viséan of East Kirkton. *Transactions of the Royal Society of Edinburgh, Earth Sciences* **84:** 331–361.

[291] Mitchell, K.J., Llamas, B., Soubrier, J., *et al.* (2014) Ancient DNA reveals elephant birds and kiwi are sister taxa and clarifies ratite bird evolution. *Science* **344**: 898–900.

[292] Mitchell, K.J., Pratt, R.C., Watson, L.N., *et al.* (2014) Molecular phylogeny, biogeography, and habitat preference evolution of marsupials. *Molecular Biology and Evolution* **31**: 2322–2330.

[293] Mollon, J.D., Bowmaker, J.K., & Jacobs, G.H. (1984) Variations of colour vision in a New World primate can be explained by polymorphism of retinal photopigments. *Proceedings of the Royal Society of London: Series B* **222:** 373–399.

[294] Monod, J. (1972) *Chance and Necessity: Essay on the Natural Philosophy of Modern Biology.* Collins, London.

[295] Morgan, C.C., Foster, P.G., Webb, A.E., *et al.* (2013) Heterogeneous models place the root of the placental mammal phylogeny. *Molecular Biology and Evolution* **30**: 2145–2156.

[296] Morgan, E. (1997) *The Aquatic Ape Hypothesis.* Souvenir Press, London.

[297] Moroz, L.L., Kocot, K.M., Citarella, M.R., *et al.* (2014) The ctenophore genome and the evolutionary origins of neural systems. *Nature* **510**: 109–114.

[298] Müller, J. & Reisz, R.R. (2005) Four well-constrained calibration points from the vertebrate fossil record for molecular clock estimates. *BioEssays* **27**: 1069–1075.

[299] Murdock, G.P. (1967) *Ethnographic Atlas.* University of Pittsburgh Press, Pittsburgh.

[300] Narkiewicz, M., Grabowski, J., Narkiewicz, K., *et al.* (2015) Palaeoenvironments of the Eifelian dolomites with earliest tetrapod trackways (Holy Cross Mountains, Poland). *Palaeogeography, Palaeoclimatology, Palaeoecology* **420**: 173–192.

[301] Nesnidal, M.P., Helmkampf, M., Bruchhaus, I., *et al.* (2013) Agent of whirling disease meets orphan worm: Phylogenomic analyses firmly place Myxozoa in Cnidaria. *PLoS ONE* **8**: e54576.
[302] Nesse, R.M. & Williams, G.C. (1994) *The Science of Darwinian Medicine.* Orion, London.
[303] Ni, X., Gebo, D.L., Dagosto, M., et al. (2013) The oldest known primate skeleton and early haplorhine evolution. Nature 498: 60–64.
[304] Nie, W., Fu, B., O'Brien, P.C., et al. (2008) Flying lemurs – The 'flying tree shrews'? Molecular cytogenetic evidence for a Scandentia-Dermoptera sister clade. BMC Biology 6: 18.
[305] Niedźwiedzki, G., Szrek, P., Narkiewicz, K., *et al.* (2010) Tetrapod trackways from the early Middle Devonian period of Poland. *Nature* **463**: 43–48.
[306] Nilsson, M.A., Churakov, G., Sommer, M., *et al.* (2010) Tracking marsupial evolution using archaic genomic retroposon insertions. *PLoS Biology* **8**: e1000436.
[307] Nishihara, H., Maruyama, S. & Okada, N. (2009) Retroposon analysis and recent geological data suggest near-simultaneous divergence of the three superorders of mammals. *Proceedings of the National Academy of Sciences* **106**: 5235–5240.
[308] Norman, D. (1991) *Dinosaur!* Boxtree, London.
[309] Oaks, J.R. (2011) A time-calibrated species tree of crocodylia reveals a recent radiation of the true crocodiles. *Evolution* **65**: 3285–3297.
[310] Ohta, T. (1992) The nearly neutral theory of molecular evolution. *Annual Review of Ecology and Systematics* **23:** 263–286.
[311] O'Leary, M.A., Bloch, J.I., Flynn, J.J., *et al.* (2013) The placental mammal ancestor and the post-K-Pg radiation of placentals. *Science* **339**: 662–667.
[312] Oparin, A.I. (1938) *The Origin of Life.* Macmillan, New York.
[313] Orgel, L.E. (1998) The origin of life – a review of facts and speculations. *Trends in Biochemical Sciences* **23:** 491–495.
[314] Orgel, L.E. & Crick, F.H.C. (1980) Selfish DNA: the ultimate parasite. *Nature* **284**: 604–607.
[315] Orlando, L. & Cooper, A. (2014) Using ancient DNA to understand evolutionary and ecological processes. *Annual Review of Ecology, Evolution, and Systematics* **45**: 573–598.
[316] Orlando, L., Ginolhac, A., Zhang, G., *et al.* (2013) Recalibrating *Equus* evolution using the genome sequence of an early Middle Pleistocene horse. *Nature* **499**: 74–78.
[317] Ota, K.G., Fujimoto, S., Oisi, Y., *et al.* (2011) Identification of vertebra-like elements and their possible differentiation from sclerotomes in the hagfish. *Nature Communications* **2**: 373.
[318] Pääbo, S. (2014) *Neanderthal Man: In Search of Lost Genomes.* New York, Basic Books.

[319] Pagel, M. & Bodmer, W. (2003) A naked ape would have fewer parasites. *Proceedings of the Royal Society of London: Biological Sciences (Suppl.)* **270:** S117–S119.

[320] Panchen, A.L. (2001) Étienne Geoffroy St.-Hilaire: Father of 'evo-devo'? *Evolution and Development* **3:** 41–46.

[321] Parfrey, L.W., Lahr, D.J.G., Knoll, A.H., *et al.* (2011) Estimating the timing of early eukaryotic diversification with multigene molecular clocks. *Proceedings of the National Academy of Sciences* **108**: 13624–13629.

[322] Parker, A. (2003) *In the Blink of an Eye: The Cause of the Most Dramatic Event in the History of Life.* Free Press, London.

[323] Parker, J., Tsagkogeorga, G., Cotton, J.A., *et al.* (2013) Genome-wide signatures of convergent evolution in echolocating mammals. *Nature* **502**: 228–231.

[324] Partridge, T.C., Granger, D.E., Caffee, M.W., & Clarke, R.J. (2003) Lower Pliocene hominid remains from Sterkfontein. *Science* **300:** 607–612.

[325] Patel, B.H., Percivalle, C., Ritson, D.J., *et al.* (2015) Common origins of RNA, protein and lipid precursors in a cyanosulfidic protometabolism. *Nature Chemistry* **7**: 301–307.

[326] Penfield, W. & Rasmussen, T. (1950) *The Cerebral Cortex of Man: A Clinical Study of Localization of Function.* Macmillan, New York.

[327] Peng, Z., Ludwig, A., Wang, D., *et al.* (2007) Age and biogeography of major clades in sturgeons and paddlefishes (Pisces: Acipenseriformes). *Molecular Phylogenetics and Evolution.* **42**: 854–862.

[328] Perdeck, A.C. (1957) The isolating value of specific song patterns in two sibling species of grasshoppers. *Behaviour* **12:** 1–75.

[329] Peterson, K.J., Cotton, J.A., Gehling, J.G., *et al.* (2008) The Ediacaran emergence of bilaterians: congruence between the genetic and the geological fossil records. *Philosophical Transactions of the Royal Society B: Biological Sciences* **363**: 1435–1443.

[330] Pettigrew, J.D., Manger, P.R., & Fine, S.L.B. (1998) The sensory world of the platypus. *Philosophical Transactions of the Royal Society of London: Biological Sciences* **353:** 1199–1210.

[331] Pierce, S.E., Clack, J.A. & Hutchinson, J.R. (2012) Three-dimensional limb joint mobility in the early tetrapod *Ichthyostega. Nature* **486**: 523–526.

[332] Pinker, S. (1994) *The Language Instinct: The New Science of Language and Mind.* Allen Lane, The Penguin Press, London.

[333] Pinker, S. (1997) *How the Mind Works.* Norton, New York.

[334] Pisani, D., Feuda, R., Peterson, K.J., *et al.* (2012) Resolving phylogenetic signal from noise when divergence is rapid: A new look at the old problem of echinoderm class relationships. *Molecular Phylogenetics and Evolution* **62**: 27–34.

[335] Podar, M., Haddock, S.H., Sogin, M.L., *et al.* (2001) A molecular phylogenetic framework for the phylum Ctenophora using 18S rRNA genes. *Molecular Phylogenetics and Evolution.* **21**: 218–230.

[336] Poulakakis, N. & Stamatakis, A. (2010) Recapitulating the evolution of Afrotheria: 57 genes and rare genomic changes (RGCs) consolidate their history. *Systematics and Biodiversity* **8**: 395–408.

[337] Poux, C., Madsen, O., Marquard, E., *et al.* (2005) Asynchronous colonization of Madagascar by the four endemic clades of primates, tenrecs, carnivores, and rodents as inferred from nuclear genes. *Systematic Biology* **54**: 719–730.

[338] Prüfer, K., Munch, K., Hellmann, I., *et al.* (2012) The bonobo genome compared with the chimpanzee and human genomes. *Nature* **486**: 527–531.

[339] Prüfer, K., Racimo, F., Patterson, N., *et al.* (2013) The complete genome sequence of a Neanderthal from the Altai Mountains. *Nature* **505**: 43–49.

[340] Pullman, P. (2001) *His Dark Materials Trilogy.* Scholastic Press, London.

[341] Pyron, R.A. (2011) Divergence time estimation using fossils as terminal taxa and the origins of Lissamphibia. *Systematic Biology* **60**: 466–481.

[342] Pyron, R.A., Kandambi, H.K.D., Hendry, C.R., *et al.* (2013) Genus-level phylogeny of snakes reveals the origins of species richness in Sri Lanka. *Molecular Phylogenetics and Evolution.* **66**: 969–978.

[343] Ralph, P. & Coop, G. (2013) The geography of recent genetic ancestry across Europe. *PLoS Biology* **11**: e1001555.

[344] Ramsköld, L. (1992) The second leg row of *Hallucigenia* discovered. *Lethaia* **25**: 221–224.

[345] Rands, C.M., Meader, S., Ponting, C.P., *et al.* (2014) 8.2% of the human genome is constrained: Variation in rates of turnover across functional element classes in the human lineage. *PLoS Genetics* **10**: e1004525.

[346] Reader, J. (1988) *Man on Earth.* Collins, London.

[347] Reader, J. (1998) *Africa: A Biography of the Continent.* Penguin, London.

[348] Rebek, J. (1994) Synthetic self-replicating molecules. *Scientific American* **271** (July): 48–55.

[349] Rees, M. (1999) *Just Six Numbers.* Science Masters, Weidenfeld & Nicolson, London.

[350] Reich, D., Green, R.E., Kircher, M., *et al.* (2010) Genetic history of an archaic hominin group from Denisova Cave in Siberia. *Nature* **468**: 1053–1060.

[351] Reich, D., Patterson, N., Kircher, M., *et al.* (2011) Denisova admixture and the first modern human dispersals into Southeast Asia and Oceania. *The American Journal of Human Genetics* **89**: 516–528.

[352] Richardson, M.K. & Keuck, G. (2002) Haeckel's ABC of evolution and development. *Biological Reviews* **77:** 495–528.

[353] Ridley, Mark (1983) *The Explanation of Organic Diversity – The Comparative Method and Adaptations for Mating.* Clarendon Press/Oxford University Press, Oxford.

[354] Ridley, Mark (1986) Embryology and classical zoology in Great Britain. In *A History of Embryology: The Eighth Symposium of the British Society for Developmental Biology* (Horder, T. J., Witkowski, J., & Wylie, C. C., eds.), pp. 35–67, Cambridge University Press, Cambridge.
[355] Ridley, Mark (2000) *Mendel's Demon: Gene Justice and the Complexity of Life*. Weidenfeld & Nicolson, London.
[356] Ridley, Matt (1993) *The Red Queen: Sex and the Evolution of Human Nature*. Viking, London.
[357] Ridley, Matt (2003) *Nature Via Nurture: Genes, Experience and What Makes Us Human*. Fourth Estate, London.
[358] Rinke, C., Schwientek, P., Sczyrba, A., *et al.* (2013) Insights into the phylogeny and coding potential of microbial dark matter. *Nature* **499**: 431–437.
[359] Rogers, A. R., Iltis, D. & Wooding, S. (2004) Genetic variation at the MC1R locus and the time since loss of human body hair. *Current Anthropology* **45**: 105–108.
[360] Rohde, D. L. T., Olson, S. & Chang, J. T. (2004) Modelling the recent common ancestry of all living humans. *Nature* **431**: 562–566.
[361] Rokas, A. & Holland, P. W. H. (2000) Rare genomic changes as a tool for phylogenetics. *Trends in Ecology and Evolution* **15**: 454–459.
[362] Romiguier, J., Ranwez, V., Delsuc, F., *et al.* (2013) Less is more in mammalian phylogenomics: AT-rich genes minimize tree conflicts and unravel the root of placental mammals. *Molecular Biology and Evolution* **30**: 2134–2144.
[363] Rooney, A. D., Strauss, J. V., Brandon, A. D., *et al.* (2015) A Cryogenian chronology: Two long-lasting synchronous Neoproterozoic glaciations. *Geology* **43**: 459–462.
[364] Rosindell, J. & Harmon, L. J. (2012) OneZoom: A fractal explorer for the tree of life. *PLoS Biology* **10**: e1001406.
[365] Ruiz-Trillo, I. & Paps, J. (2015) Acoelomorpha: Earliest branching bilaterans or deuterostomes? *Organisms Diversity & Evolution*.
[366] Ruppert, E. E. & Barnes, R. D. (1994) *Invertebrate Zoology*. Saunders College Publishing, Fort Worth, 6th ed.
[367] Sacks, O. (1996) *The Island of the Colour-blind and Cycad Island*. Picador, London.
[368] Saffhill, R., Schneider-Bernloer, H., Orgel, L. E., & Spiegelman, S. (1970) *In vitro* selection of bacteriophage Q ribonucleic acid variants resistant to ethidium bromide. *Journal of Molecular Biology* **51**: 531–539.
[369] Sankararaman, S., Mallick, S., Dannemann, M., *et al.* (2014) The genomic landscape of Neanderthal ancestry in present-day humans. *Nature* **507**: 354–357.
[370] Sansom, I. J., Davies, N. S., Coates, M. I., *et al.* (2012) Chondrichthyan-like scales from the Middle Ordovician of Australia. *Palaeontology* **55**: 243–247.

[371] Sarich, V.M. & Wilson, A.C. (1967) Immunological time scale for hominid evolution. *Science* **158**: 1200–1203.

[372] Scally, A. & Durbin, R. (2012) Revising the human mutation rate: implications for understanding human evolution. *Nature Reviews Genetics* **13**: 745–753.

[373] Scally, A., Dutheil, J.Y., Hillier, L.W., *et al.* (2012) Insights into hominid evolution from the gorilla genome sequence. *Nature* **483**: 169–175.

[374] Schiffels, S. & Durbin, R. (2014) Inferring human population size and separation history from multiple genome sequences. *Nature Genetics* **46**: 919–925.

[375] Schluter, D. (2000) *The Ecology of Adaptive Radiation.* Oxford University Press, Oxford.

[376] Schreiweis, C., Bornschein, U., BurguiËre, E., *et al.* (2014) Humanized Foxp2 accelerates learning by enhancing transitions from declarative to procedural performance. *Proceedings of the National Academy of Sciences* **111**: 14253–14258.

[377] Schweitzer, M.H., Zheng, W., Organ, C.L., *et al.* (2009) Biomolecular characterization and protein sequences of the campanian hadrosaur *B. canadensis. Science* **324**: 626–631.

[378] Scotese, C.R. (2001) *Atlas of Earth History*, vol. 1, Palaeography. PALEOMAP project, Arlington, Texas.

[379] Seehausen, O. & van Alphen, J.J.M. (1998) The effect of male coloration on female mate choice in closely related Lake Victoria cichlids (*Haplochromis nyererei* complex). *Behavioral Ecology and Sociobiology* **42**: 1–8.

[380] Segurel, L., Thompson, E.E., Flutre, T., *et al.* (2012) The ABO blood group is a trans-species polymorphism in primates. *Proceedings of the National Academy of Sciences* **109**: 18493–18498.

[381] Senut, B., Pickford, M., Gommery, D., *et al.* (2001) First hominid from the Miocene (Lukeino Formation, Kenya). *Comptes Rendus de l'Academie des Sciences, Series IIA – Earth and Planetary Science* **332**: 137–144.

[382] Sepkoski, J.J. (1996) Patterns of Phanerozoic extinction: A perspective from global databases. In *Global Events and Event Stratigraphy in the Phanerozoic* (Walliser, O.H., ed.), pp. 35–51, Springer-Verlag, Berlin.

[383] Seton, M., Müller, R.D., Zahirovic, S., *et al.* (2012) Global continental and ocean basin reconstructions since 200Ma. *Earth-Science Reviews* **113**: 212–270.

[384] Shalchian-Tabrizi, K., Minge, M.A., Espelund, M., *et al.* (2008) Multigene phylogeny of choanozoa and the origin of animals. *PLoS ONE* **3**: e2098.

[385] Shapiro, B., Sibthorpe, D., Rambaut, A., *et al.* (2002) Flight of the dodo. *Science* **295**: 1683.

[386] Sheets-Johnstone, M. (1990) *The Roots of Thinking.* Temple University Press, Philadelphia.

[387] Shimeld, S.M. & Donoghue, P.C.J. (2012) Evolutionary crossroads in developmental biology: cyclostomes (lamprey and hagfish). *Development* **139**: 2091–2099.

[388] Shu, D.-G., Luo, H.-L., Conway-Morris, S., *et al.* (1999) Lower Cambrian vertebrates from south China. *Nature* **402:** 42–46.

[389] Simpson, G.G. (1980) *Splendid Isolation: The Curious History of South American Mammals.* Yale University Press, New Haven.

[390] Sistiaga, A., Mallol, C., Galván, B., *et al.* (2014) The Neanderthal meal: a new perspective using faecal biomarkers. *PLoS ONE* **9**: e101045.

[391] Slack, J.M.W., Holland, P.W.H., & Graham, C.F. (1993) The zootype and the phylotypic stage. *Nature* **361:** 490–492.

[392] Smith, C.L., Varoqueaux, F., Kittelmann, M., *et al.* (2014) Novel cell types, neurosecretory cells, and body plan of the early-diverging metazoan *Trichoplax adhaerens. Current Biology* **24**: 1565–1572.

[393] Smith, D.C. (1979) From extracellular to intracellular: The establishment of a symbiosis. In *The Cell as a Habitat* (Richmond, M.H. & Smith, D.C., eds.), Royal Society of London, London.

[394] Smith, M.R. & Caron, J.-B. (2015) Hallucigenia's head and the pharyngeal armature of early ecdysozoans. *Nature* **523**: 75–78.

[395] Smolin, L. (1997) *The Life of the Cosmos.* Weidenfeld & Nicolson, London.

[396] Southwood, T.R.E. (2003) *The Story of Life.* Oxford University Press, Oxford.

[397] Spang, A., Saw, J.H., Jørgensen, S.L., *et al.* (2015) Complex archaea that bridge the gap between prokaryotes and eukaryotes. *Nature* **521**: 173–179.

[398] Sperling, E.A., Peterson, K.J. & Pisani, D. (2009) Phylogenetic-signal dissection of nuclear housekeeping genes supports the paraphyly of sponges and the monophyly of eumetazoa. *Molecular Biology and Evolution* **26**: 2261–2274.

[399] Sperling, E.A., Robinson, J.M., Pisani, D., *et al.* (2010) Where's the glass? Biomarkers, molecular clocks, and microRNAs suggest a 200-Myr missing Precambrian fossil record of siliceous sponge spicules: Sponge biomarkers, molecular clocks and microRNAs. *Geobiology* **8**: 24–36.

[400] Springer, M.S., Meredith, R.W., Gatesy, J., *et al.* (2012) Macroevolutionary dynamics and historical biogeography of primate diversification inferred from a species supermatrix. *PLoS ONE* **7**: e49521.

[401] Srivastava, M., Begovic, E., Chapman, J., *et al.* (2008) The *Trichoplax* genome and the nature of placozoans. *Nature* **454**: 955–960.

[402] Stajich, J.E., Berbee, M.L., Blackwell, M., *et al.* (2009) The Fungi. *Current Biology* **19**: R840–R845.

[403] Stewart, C.B. & Disotell, T.R. (1998) Primate evolution – in and out of Africa. *Current Biology* **8:** R582–R588.

[404] Storz, J. F., Opazo, J. C. & Hoffmann, F. G. (2013) Gene duplication, genome duplication, and the functional diversification of vertebrate globins. *Molecular Phylogenetics and Evolution* **66**: 469–478.

[405] Suga, H., Chen, Z., de Mendoza, A., *et al.* (2013) The *Capsaspora* genome reveals a complex unicellular prehistory of animals. *Nature Communications* **4**: 131.

[406] Sumper, M. & Luce, R. (1975) Evidence for *de novo* production of self-replicating and environmentally adapted RNA structures by bacteriophage Qβ replicase. *Proceedings of the National Academy of Sciences of the USA* **72:** 162–166.

[407] Sutherland, J. L. (1933) Protozoa from Australian termites. *Quarterly Journal of Microscopic Science* **76:** 145–173.

[408] Suzuki, D., Brandley, M. C. & Tokita, M. (2010) The mitochondrial phylogeny of an ancient lineage of ray-finned fishes (Polypteridae) with implications for the evolution of body elongation, pelvic fin loss, and craniofacial morphology in Osteichthyes. *BMC Evolutionary Biology* **10**: 209.

[409] Swift, J. (1733) *Poetry, A Rhapsody.*

[410] Syed, T. & Schierwater, B. (2002) *Trichoplax adhaerens:* discovered as a missing link, forgotten as a hydrozoan, rediscovered as a key to metazoan evolution. *Vie et Milieu* **52:** 177–187.

[411] Takezaki, N. (2004) The phylogenetic relationship of tetrapod, coelacanth, and lungfish revealed by the sequences of forty-four nuclear genes. *Molecular Biology and Evolution* **21**: 1512–1524.

[412] Tamm, S. L. (1982) Flagellated endosymbiotic bacteria propel a eukaryotic cell. *Journal of Cell Biology* **94:** 697–709.

[413] Taylor, C. R. & Rowntree, V. J. (1973) Running on two or four legs: which consumes more energy? *Science* **179:** 186–187.

[414] The Chimpanzee Sequencing and Analysis Consortium. (2005) Initial sequence of the chimpanzee genome and comparison with the human genome. *Nature* **437**: 69–87.

[415] Thomson, K. S. (1991) *Living Fossil: The Story of the Coelacanth.* Hutchinson Radius, London.

[416] Toups, M. A., Kitchen, A., Light, J. E., *et al.* (2011) Origin of clothing lice indicates early clothing use by anatomically modern humans in Africa. *Molecular Biology and Evolution* **28**: 29–32.

[417] Trivers, R. L. (1972) Parental investment and sexual selection. In *Sexual Selection and the Descent of Man* (Campbell, B., ed.), pp. 136–179, Aldine, Chicago.

[418] Trut, L. N. (1999) Early canid domestication: The farm-fox experiment. *American Scientist* **87:** 160–169.

[419] Tsagkogeorga, G., Turon, X., Hopcroft, R. R., *et al.* (2009) An updated 18S rRNA phylogeny of tunicates based on mixture and secondary structure models. *BMC Evolutionary Biology* **9**: 187.

[420] Tschopp, E., Mateus, O. & Benson, R. B. J. (2015) A specimen-level phylogenetic analysis and taxonomic revision of Diplodocidae (Dinosauria, Sauropoda). *PeerJ* **3**: e857.

[421] Tudge, C. (1998) *Neanderthals, Bandits and Farmers: How Agriculture Really Began.* Weidenfeld & Nicolson, London.

[422] Tudge, C. (2000) *The Variety of Life.* Oxford University Press, Oxford.

[423] Vaidya, N., Manapat, M. L., Chen, I. A., *et al.* (2012) Spontaneous network formation among cooperative RNA replicators. *Nature* **491**: 72–77.

[424] van Iten, H., Marques, A. C., Leme, J. de M., *et al.* (2014) Origin and early diversification of the phylum Cnidaria Verrill: major developments in the analysis of the taxon's Proterozoic-Cambrian history. *Palaeontology* **57**: 677–690.

[425] van Schaik, C. P., Ancrenaz, M., Borgen, G., *et al.* (2003) Orangutan cultures and the evolution of material culture. *Science* **299**: 102–105.

[426] Varricchio, D. J., Martin, A. J. & Katsura, Y. (2007) First trace and body fossil evidence of a burrowing, denning dinosaur. *Proceedings of the Royal Society B: Biological Sciences* **274**: 1361–1368.

[427] Verheyen, E., Salzburger, W., Snoeks, J., & Meyer, A. (2003) Origin of the superflock of cichlid fishes from Lake Victoria, East Africa. *Science* **300**: 325–329.

[428] Vernot, B. & Akey, J. M. (2014) Resurrecting surviving Neanderthal lineages from modern human genomes. *Science* **343**: 1017–1021.

[429] Villmoare, B., Kimbel, W. H., Seyoum, C., *et al.* (2015) Early Homo at 2.8 Ma from Ledi-Geraru, Afar, Ethiopia. *Science* **347**: 1352–1355.

[430] Vine, F. J. & Matthews, D. H. (1963) Magnetic anomalies over oceanic ridges. *Nature* **199**: 947–949.

[431] Wacey, D., Kilburn, M. R., Saunders, M., *et al.* (2011) Microfossils of sulphur-metabolizing cells in 3.4-billion-year-old rocks of Western Australia. *Nature Geoscience* **4**: 698–702.

[432] Wake, D. B. (1997) Incipient species formation in salamanders of the *Ensatina* complex. *Proceedings of the National Academy of Sciences of the USA* **94**: 7761–7767.

[433] Ward, C. V., Walker, A., & Teaford, M. F. (1991) *Proconsul* did not have a tail. *Journal of Human Evolution* **21**: 215–220.

[434] Weinberg, S. (1993) *Dreams of a Final Theory.* Hutchinson Radius, London.

[435] Weiner, J. (1994) *The Beak of the Finch.* Jonathan Cape, London.

[436] Welker, F., Collins, M. J., Thomas, J. A., *et al.* (2015) Ancient proteins resolve the evolutionary history of Darwin's South American ungulates. *Nature* **522**: 81–84.

[437] Wesenberg-Lund, C. (1930) Contributions to the biology of the Rotifera. Part II. The periodicity and sexual periods. *Det Kongelige Danske Videnskabers Selskabs Skrifter* **9, II**: 1–230.

[438] West, G.B., Brown, J.H., & Enquist, B.J. (2000) The origin of universal scaling laws in biology. In *Scaling in Biology* (Brown, J.H. & West, G.B., eds.), Oxford University Press, Oxford.

[439] West-Eberhard, M.J. (2003) *Developmental Plasticity and Evolution.* Oxford University Press, New York.

[440] Wheeler, J.A. (1990) Information, physics, quantum: The search for links. In *Complexity, Entropy, and the Physics of Information* (Zurek, W.H., ed.), pp. 3–28, Addison-Wesley, New York.

[441] White, T.D., Asfaw, B., DeGusta, D., *et al.* (2003) Pleistocene *Homo sapiens* from Middle Awash, Ethiopia. *Nature* **423:** 742–747.

[442] White, T.D., Lovejoy, C.O., Asfaw, B., *et al.* (2015) Neither chimpanzee nor human, *Ardipithecus* reveals the surprising ancestry of both. *Proceedings of the National Academy of Sciences* **112:** 4877–4884.

[443] Whiten, A., Goodall, J., McGrew, W.C., *et al.* (1999) Cultures in chimpanzees. *Nature* **399:** 682–685.

[444] Williams, G.C. (1975) *Sex and Evolution.* Princeton University Press, Princeton, N.J.

[445] Williams, G.C. (1992) *Natural Selection: Domains, Levels and Challenges.* Oxford University Press, Oxford.

[446] Williams, T.A., Foster, P.G., Cox, C.J., *et al.* (2013) An archaeal origin of eukaryotes supports only two primary domains of life. *Nature* **504:** 231–236.

[447] Wilson, E.O. (1992) *The Diversity of Life.* Harvard University Press, Cambridge, Mass.

[448] Wilson, H.V. (1907) On some phenomena of coalescence and regeneration in sponges. *Journal of Experimental Zoology* **5:** 245–258.

[449] Woese, C.R., Kandler, O., & Wheelis, M.L. (1990) Towards a natural system of organisms: Proposal for the domains Archaea, Bacteria, and Eucarya. *Proceedings of the National Academy of Sciences of the USA* **87:** 4576–4579.

[450] Wolpert, L. (1991) *The Triumph of the Embryo.* Oxford University Press, Oxford.

[451] Wolpert, L., Tickle, C., Arias, A.M., *et al.* (2015) *Principles of Development.* Oxford University Press, Oxford, 5th edn.

[452] Wray, G.A., Levinton, J.S., & Shapiro, L.H. (1996) Molecular evidence for deep Precambrian divergences among metazoan phyla. *Science* **274:** 568–573.

[453] Xiao, S.H., Yuan, X.L., & Knoll, A.H. (2000) Eumetazoan fossils in terminal Proterozoic phosphorites? *Proceedings of the National Academy of Sciences of the USA* **97:** 13684–13689.

[454] Yeats, W.B. (1984) *The Poems* (Finneran, R.J., ed.). Macmillan, London.

[455] Yin, Z., Zhu, M., Davidson, E.H., *et al.* (2015) Sponge grade body fossil with cellular resolution dating 60 Myr before the Cambrian. *Proceedings of the National Academy of Sciences* **112:** E1453–E1460.

[456] Zahavi, A. & Zahavi, A. (1997) *The Handicap Principle.* Oxford University Press, Oxford.

[457] Zhu, M. & Yu, X. (2002) A primitive fish close to the common ancestor of tetrapods and lungfish. *Nature* **418:** 767–770.

[458] Zintzen, V., Roberts, C. D., Anderson, M. J., *et al.* (2011) Hagfish predatory behaviour and slime defence mechanism. *Scientific Reports* **1:** 131.

[459] Zuckerkandl, E. & Pauling, L. (1965) Evolutionary divergence and convergence in proteins. In *Evolving Genes and Proteins* (Bryson, V. & Vogels, H. J., eds.), pp. 97–166, Academic Press, New York.